Yavuz Başar/Wilfried B. Krätzig

Mechanik der Flächentragwerke

Grundlagen der Ingenieurwissenschaften

herausgegeben von
Wilfried B. Krätzig
Theodor Lehmann
Oskar Mahrenholtz

Yavuz Basar · Wilfried B. Krätzig

Mechanik der Flächentragwerke

Theorie, Berechnungsmethoden, Anwendungsbeispiele

Springer Fachmedien Wiesbaden GmbH

CIP-Kurztitelaufnahme der Deutschen Bibliothek

Başar, Yavuz:
Mechanik der Flächentragwerke: Theorie, Berechnungsmethoden, Anwendungsbeisp.
Yavuz Başar; Wilfried B. Krätzig.
(Grundlagen der Ingenieurwissenschaften)
ISBN 978-3-322-93984-5 ISBN 978-3-322-93983-8 (eBook)
DOI 10.1007/978-3-322-93983-8

NE: Krätzig, Wilfried B.:

Prof. Dr.-Ing. Yavuz Başar
o. Prof. Dr.-Ing. Wilfried B. Krätzig
Institut für Konstruktiven Ingenieurbau – Statik und Dynamik
Ruhr-Universität Bochum

Ursprünglich erschienen bei Friedr. Vieweg & Sohn Verlagsgesellschaft mbH, Braunschweig 1985

Umschlaggestaltung: Peter Neitzke, Köln
Satz: Dr. Habering, Frankfurt

Wolfgang Zerna gewidmet, unserem verehrten Lehrer und Kollegen

Der Wille lockt die Taten nicht herbei;
der Mut stellt sich die Wege kürzer vor.

Johann Wolfgang von Goethe
(1749–1832) in Torquato Tasso

Vorwort

Das vorliegende Buch zur Mechanik der Flächentragwerke entstand aus Vorlesungen der Verfasser an der Ruhr-Universität Bochum, der University of California in Berkeley und der Yıldız Universität in Istanbul. Die weitgespannten Tragwerke des konstruktiven Ingenieurbaus haben stets zu den mechanischen Grundlagen und zu den numerischen Lösungsmethoden in einem engen, sich gegenseitig befruchtendem Verhältnis gestanden. Viele Konzepte der Kontinuumsmechanik reiften an Konstruktionsproblemen von Flächentragwerken ebenso wie eine Mehrzahl moderner, computerorientierter Lösungsverfahren, die sich ihrerseits ohne fundierte Kenntnis strukturmechanischer Grundlagen nur allzu leicht in ziellosem Formalismus oder in unbegründeter Zahlenfülle verlieren. Eine moderne, ingenieurorientierte Behandlung der Mechanik der Flächentragwerke muß daher ihren Bogen von den kontinuumsmechanischen Grundlagen bis hin zu zielorientierten Lösungsalgorithmen spannen, um typische Tragverhaltensphänomene dieser Strukturen aufzeigen zu können.

Flächentragwerke bilden bekanntlich *zweidimensionale* Tragwerksidealisierungen. Den bekannten Begriff des Linienträgers erweiternd kennzeichnen sie dreidimensionale Kontinua, deren Dickenabmessung h wesentlich kleiner ist als die Erstreckung in den übrigen Richtungen. Ein solches Tragwerk wird demnach durch zwei im Abstand h verlaufende Flächen, die *Laibungen,* von seiner Umgebung abgegrenzt. Sofern die Laibungen keine geschlossenen Flächen bilden, dient die Schalenrandfläche als dritte Abgrenzung. Die gedachte Fläche, die die Tragwerksdicke h an jeder Stelle halbiert, heißt *Mittelfläche* F; ihre Schnittlinie mit der Randfläche der *Rand* s des Flächentragwerks. Ein Flächentragwerk, dessen Mittelfläche beliebig gekrümmt und belastet ist, wird als *Schale* oder *Schalentragwerk* bezeichnet. Entartet F zu einer Ebene im Raum, so entsteht eine *Scheibe* oder *Platte,* je nachdem, ob das Tragwerk *in* seiner Mittelfläche oder *senkrecht* hierzu belastet wird.

Das vorliegende Werk umfaßt die Mechanik aller dieser Flächentragwerkstypen. In seinem Mittelpunkt stehen kontinuumsmechanische Grundkonzepte, soweit sie für die Lösungsalgorithmen und typische Tragverhaltensphänomene – die beide ebenfalls behandelt werden – bedeutsam sind. Damit versuchen die Autoren, grundlegende Theorien, Lösungsmethoden und Grundmuster des Tragverhaltens in ihrer Wechselbeziehung zu beleuchten. Gerade für den Bereich der Flächentragwerke gilt nämlich in besonderem Maße, daß sich dauerhafte und zuverlässige Konstruktionen nur in einer Symbiose aller drei Gesichtspunkte erstellen lassen.

Auf diesem Wege kommt der Tensorschreibweise heute eine überragende und zentrale Bedeutung zu: Als natürliche mathematische Sprache der *Riemann*schen Räume, zu denen Tragwerksmittelflächen zählen, bietet sie eine kompakte und übersichtliche Darstellung der komplizierten Zusammenhänge der Schalentheorie. Insbesondere nichtlineare Fragestellungen lassen sich überhaupt nur mit Hilfe des Tensorkalküls in systematischer Form darstellen. Darüber hinaus haben jüngere Forschungsarbeiten gezeigt, wie vorzüglich sich tensoriell formulierte Algorithmen in Computerprogramme umsetzen lassen, die wegen der Allgemeingültigkeit ihrer Darstellung ein ungleich weiteres Anwendungsspektrum aufweisen als konventionell formulierte.

Daher bieten die beiden ersten Kapitel kurze Einführungen in die Tensor- und Variationsrechnung für solche Leser, denen die jeweiligen Gebiete nicht vertraut sind. Die getroffene Stoffauswahl orientiert sich an den durch die Mechanik der Flächentragwerke vorbestimmten Anforderungen. Insbesondere sind die Ausführungen zur Variationsrechnung auf die Tensorschreibweise abgestimmt.

Kapitel 3 bildet die kontinuumsmechanische Basis dieses Buches. In ausführlicher Form werden die Variablen, Feldgleichungen und Randbedingungen der Schalenbiegetheorie behandelt. Dabei führt die Berücksichtigung transversaler Schubverzerrungen zu Grundgleichungen, welche frei von den Defekten einer Theorie unter Voraussetzung der *Kirchhoff-Love-Hypothese* sind.

Die Überführung in eine derartige *Normalentheorie* erfolgt im Kapitel 4. Hier finden sich außerdem verschiedene, das Grundwissen abrundende Ergänzungen zur Approximationsschärfe, zur Konsistenz der entstandenen Beziehungen, zu Näherungstheorien sowie zu anisotropen und geschichteten Querschnitten.

Im Kapitel 5 werden sodann erste Tragverhaltensphänomene von Schalen auf der Grundlage der Membrantheorie behandelt. Bei dieser einfachsten Näherung gekrümmter Flächentragwerkstheorien stehen besonders die engen Beziehungen zwischen dem Tragverhalten und der *Gauß*schen Krümmung der Mittelfläche im Blickpunkt. Das Kapitel 6 verknüpft klassische Aspekte der Schalentheorie mit den tensoriellen Grundkonzepten. Neben der Theorie flacher Schalen werden Kreiszylinderschalen behandelt, wobei die entstehenden Biegewirkungen, in der die Membranlösungen ergänzenden Form von Randstörungen, mit klassischen Lösungsmethoden bestimmt werden. Die Behandlung allgemeiner Rotationsschalen schließt dieses Kapitel ab.

Unter Anwendung der Variationsmethoden werden im Kapitel 7 schließlich die im 3. und 4. Kapitel hergeleiteten Grundgleichungen in äquivalente Variationsprinzipe transformiert. Diese dienen zur nachfolgenden Begründung sowohl der Methode der finiten Elemente als auch des Differenzen- und Mehrstellenverfahrens, zweier moderner, numerischer Lösungskonzepte. Das letzte Kapitel eröffnet interessierten Lesern den Zugang zu physikalisch und geometrisch nichtlinearen Problemstellungen, welche an der Grenze zu aktuellen Forschungsthemen angesiedelt sind.

Dieses Werk ist als Lehrbuch für Studenten der Ingenieurwissenschaften angelegt. Seine monographischen Teile können aber gerade auch theoretisch interessierten, konstruierenden Ingenieuren umfangreiche Anregungen bieten und zur Vertiefung vorhandener Grundkenntnisse dienen. Schließlich werden die ausführlich dargestellten Variationsformulierungen für numerisch tätige Ingenieure als Ausgangspunkt weitergehender Computeranwendungen von Interesse sein. Dabei entstammen viele der aufgeführten Beispiele eigenen Berechnungen der

Verfasser sowie ihrer Mitarbeiter, sie veranschaulichen abstrakte Zusammenhänge durch grundlegende Tragphänomene. Nicht zuletzt wird das Buch Ingenieurwissenschaftler bei aktuellen Forschungsthemen unterstützen und ihnen die Einarbeitung in theoretische Fragestellungen der Flächentragwerke abkürzen.

Das 1. und 3. Kapitel bilden das Fundament für das Verständnis des gesamten Buches. Darüber hinaus setzen die Kapitel 7 und 8 die Beherrschung der im Kapitel 2 kurz behandelten Variationsmethoden voraus. Im übrigen können alle Kapitel unabhängig voneinander gelesen werden.

Die Verfasser danken einer großen Zahl von Kollegen und Mitarbeitern für gegebene Anregungen und wertvolle Hinweise. Besonderer Dank gilt Frau *A. Kumpf,* die unterstützt von Frau *R. Beem,* mit großer Sorgfalt die Reinschrift des Manuskriptes erstellte, vor allem aber Herrn *W. Drilling* für die Anfertigung aller Zeichnungen und Tafeln. Dankbar erwähnt sei ferner, daß die *Deutsche Forschungsgemeinschaft* und die *Alexander-von-Humboldt-Stiftung* durch vielfältige Unterstützung zum Gelingen von Forschungsprojekten beigetragen haben, ohne die ein derartiges Buch nicht mit Substanz gefüllt werden könnte. Schließlich danken die Verfasser allen Mitarbeitern des Verlages für ihre andauernden Bemühungen um eine hervorragende Ausstattung des Buches.

Bochum, im Juli 1984 Y. Başar · W. B. Krätzig

Inhaltsverzeichnis

4 Die Normalentheorie und vertiefende Grundlagen linear elastischer Flächentragwerke ... 153

Symbolverzeichnis

Mathematische Symbole

δ^i_k	*Kronecker-Symbol* (1.1.14)
J	*Jacobi-Determinante* (1.1.30)
$,\alpha$	partielle Ableitung nach Θ^α (1.2.4)
$\mid\alpha$	kovariante Ableitung nach Θ^α auf F (1.4.19), im Kapitel 8 insbesondere auf der *unverformten* Mittelfläche $\mathring{F}$
$\Vert\alpha$	kovariante Ableitung auf der verformten Mittelfläche F im Kapitel 8
$a_{\alpha\beta}$, $a^{\alpha\beta}$	Maßtensor von F (1.2.6)
$b_{\alpha\beta}$, b^β_α, $b^{\alpha\beta}$	Krümmungstensor von F (1.3.20)
$\epsilon_{\alpha\beta}$, $\epsilon^{\alpha\beta}$	flächenhafter Permutationstensor (1.3.4)
$\Gamma_{\alpha\beta\rho}$, $\Gamma^\rho_{\alpha\beta}$	*Christoffelsymbole* (1.4.3)
$R_{\rho\alpha\beta\gamma}$	*Riemann*scher Krümmungstensor (1.4.41)
H	mittlere Krümmung von F (1.3.31)
K	*Gauß*sche Krümmung von F (1.3.31)
δ	Variationssymbol (2.1.9)
∇^2	*Laplace*-Operator (6.1.48)
∇^2_k	Krümmungsoperator (6.1.49)
L	Differentialoperator (6.2.60), (6.3.39)
L_{ik}	Differential-Suboperatoren (6.2.86)
$(\dot{\ })$	materielle Zeitableitung (8.1.3)

Bezugssysteme

Bezugssystem des *euklidischen* Raumes E3:

x^i	rechtwinkliges, rechtshändiges *kartesisches* Koordinatensystem
$\mathbf{i}_i$	zugehörige orthonormierte Vektorbasis

Bezugssystem des Schalenraumes im E3:

Θ^i	krummliniges, rechtshändiges Koordinatensystem
Θ^α	beliebig krummlinige, schiefwinklige *Gauß*sche Parameter auf F
Θ^3	geradlinige Koordinate in Richtung $\mathbf{a}_3$
$\mathbf{a}_i$	zugehörige Vektorbasis
$\mathbf{u}$, $\mathbf{t}$, $\mathbf{a}_3$	rechtshändige, orthonormierte Vektorbasis der Randkurve C
$\mathbf{t}$	Tangenteneinheitsvektor an C in Richtung s
$\mathbf{u}$	Normaleneinheitsvektor an C in F liegend, positiv nach außen
s	Randkoordinate längs C in F
t	physikalische Zeit

Geometrie des Flächentragwerks

F	Tragwerksmittelfläche
$\mathring{F}$	unverformte Tragwerksmittelfläche im Kapitel 8
r	Ortsvektor eines Punktes P von F (1.2.2)
C	Schalenrandkurve auf F
C_t	frei verformbarer Randbereich (7.1.26)
C_r	zwangsverformter Randbereich (7.1.26)
$\mathring{C}$	unverformter Schalenrand im Kapitel 8
h	Querschnittsdicke des Flächentragwerks
L	typische Abmessung von F: min $\{R_{min}, L_{min}\}$
$\lambda = h/L$	Schalenparameter (3.1.24)
F^*	Fläche des Schalenraumes, parallel zu F
r^*	Ortsvektor eines Punktes P* von F* (3.1.3)
μ_α^ρ	Schalentensor, Shifter (3.1.5)
$ds_{\langle\alpha\rangle}$	vektorielle Linienelemente (1.2.22)

Steifigkeiten

E	Elastizitätsmodul
G	Gleitmodul
ν	Querdehnungszahl
$D = \dfrac{Eh}{1-\nu^2}$	Dehnsteifigkeit (3.4.40)
$B = \dfrac{Eh^3}{12(1-\nu^2)}$	Biegesteifigkeit (3.4.40)
$Gh = \dfrac{Eh}{2(1+\nu)}$	Schubsteifigkeit (3.4.40), alle für isotrope Flächentragwerke
$H^{\alpha\beta\lambda\mu}$	Isotroper Elastizitätstensor: (3.4.41)
$G_{\lambda\mu\rho\sigma}$	Inverser isotroper Elastizitätstensor: (3.4.45)
$\overset{(n)}{E}{}^{\alpha\beta\lambda\mu}, E^{\alpha\lambda}$	Elastizitätstensoren anisotroper Flächentragwerke (3.4.22)
$D_{\alpha\beta}$	Dehnsteifigkeiten orthotroper Flächentragwerke (Bild 4.17)
$B_{\alpha\beta}$	Biege- und Drillsteifigkeiten orthotroper Flächentragwerke (Bild 4.17)
S_α	Schubsteifigkeiten orthotroper Flächentragwerke (Bild 4.17)
D_0	Dehnsteifigkeit hexagonal-anisotroper Flächentragwerke (Bild 4.18)
B_0	Biegesteifigkeit hexagonal-anisotroper Flächentragwerke (Bild 4.18)
S_0	Schubsteifigkeit hexagonal-anisotroper Flächentragwerke (Bild 4.18)

Tensorielle mechanische Variablen

p	Lastvektor der Mittelfläche: p^α, p^3 (3.2.3)
c	Lastmomentenvektor der Mittelfläche: c^α (3.2.4)
n^α	Schnittkraftvektoren mit den Komponenten:
$n^{\alpha\beta}$	Dehnungskrafttensor (3.2.21)
q^α	Querkraftvektor (3.2.21)

$\mathbf{m}^{\alpha}$ Schnittmomentenvektor mit den Komponenten des
$m^{\alpha\beta}$ Momententensors (3.2.22)
$\mathbf{n}$ Schnittkraftvektor längs C: n_t, n_u, n_3 (3.2.29)
$\mathbf{m}$ Momentenvektor längs C: m_t, m_u (3.2.30)
$\mathbf{v}$ Verschiebungsvektor der Mittelfläche: v_α, v_3 (3.2.52)
$\mathbf{w}$ Differenzvektor des Schalendirektors $(\bar{\mathbf{d}}_3 - \mathbf{a}_3)$: w_α (3.2.58)
$\hat{\mathbf{w}}$ Differenzvektor der Schalennormale $(\bar{\mathbf{a}}_3 - \mathbf{a}_3)$: $\hat{w}_\alpha$ (3.2.62)
ω Verdrehungsvektor des Schalendirektors: ω^α (3.2.86)
$\hat{\omega}$ Verdrehungsvektor der Schalennormale: $\hat{\omega}^\alpha$ (3.2.81)
$\hat{\Omega}$ Verdrehungsvektor der Mittelfläche: $\hat{\Omega}^\rho$, $\hat{\Omega}^3$ (3.2.78)
Ω Verdrehungsvektor der Mittelfläche im Rahmen einer Normalentheorie:
$\Omega^\rho = \hat{\Omega}^\rho$, $\Omega^3 = \hat{\Omega}^3$ (4.1.22)
γ Schubverzerrungswinkel: γ_α (3.2.61)
γ_{ij} Verzerrungstensor des Schalenkontinuums (3.2.116) mit den Komponenten:
$\gamma_{\alpha\beta} = \alpha_{\alpha\beta} + \Theta^3\beta_{\alpha\beta}$ tangentiale Verzerrungskomponenten
$\alpha_{\alpha\beta}$ 1. Verzerrungstensor der Mittelfläche (3.2.108)
$\beta_{\alpha\beta}$ 2. Verzerrungstensor der Mittelfläche (3.2.109)
$\gamma_{\alpha 3}$ Querschubverzerrungsmaß (3.2.113)
γ_{33} Querdehnung (3.2.115)
$\mathbf{t}^{\langle\alpha\rangle}$ Physikalischer Spannungsvektor (3.2.34) des Schalenkontinuums
τ^{ij} *Cauchy*scher Spannungstensor mit den Komponenten:
$\tau^{\alpha\rho}$ tangentiale Spannungskomponenten (3.2.39)
$\tau^{\alpha 3}$ Schubspannungskomponenten in Richtung $\mathbf{a}_3$ (3.2.39)
τ^{33} Spannungskomponenten in Richtung $\mathbf{a}_3$ auf F* (4.2.11)
$\tilde{n}^{(\alpha\beta)}$ symmetrischer Ersatztensor (3.3.17)
$n^{(\alpha\beta)}$ symmetrische Komponenten des Dehnungskrafttensors (4.3.10)
$\bar{n}^{\alpha\beta}$ bezogene Dehnungskräfte im Kapitel 5 (5.3.22)
$\bar{p}^i$ bezogene Lastkomponenten im Kapitel 5 (5.3.17)
$k^{\alpha\beta}$ partikuläre Lösung (5.3.36), (6.1.41), Wärmeleittensor (8.1.70)
ϕ, ϕ_3 reelle Schnittgrößenfunktionen (5.3.35), (6.1.40)
ψ_3 komplexe Lösungsfunktion (6.1.55)
F_3, F_3^*, $\dot{H}_3$ reelle Lösungsfunktionen (6.1.57, 61)
$N^{\alpha\beta}$ Kapitel 5, 6: Tensordichte des Dehnungskrafttensors (5.2.11),
Kapitel 8: *Piola-Kirchhoff*scher Dehnungskrafttensor 2. Art (8.3.74)
Q^α Kapitel 6: Tensordichte des Querkraftvektors (6.3.73),
Kapitel 8: *Piola-Kirchhoff*scher Querkraftvektor (8.3.74)
$M^{\alpha\beta}$ Kapitel 6: Tensordichte des Momententensors (6.3.73),
Kapitel 8: *Piola-Kirchhoff*scher Momententensor 2. Art (8.3.74)
P^i Kapitel 5, 6: Tensordichte des Lastvektors $\mathbf{p}$ (5.2.12),
Kapitel 8: Lastkomponenten hinsichtlich der verformten Basis (8.3.59)
$\bar{v}_i$ bezogene Verschiebungskomponenten im Kapitel 5 (5.3.27)
$\varphi_{\alpha\beta}$, $\varphi_{\alpha 3}$ Deformationsgradienten (3.2.66)
$\omega_{\alpha\beta}$ 2. Verzerrungstensor einer Normalentheorie (4.1.29)
$\kappa_{\alpha\beta}$ alternativer 2. Verzerrungstensor (4.3.19)
$\rho_{\alpha\beta}$ alternativer 2. Verzerrungstensor (4.3.13)

$\dot{\omega}$	Vektor des Winkelgeschwindigkeitsfeldes auf F (8.1.19)
$\dot{v}$	Vektor des Geschwindigkeitsfeldes (8.1.4)
$\dot{w}$	Geschwindigkeitsfeld des Differenzvektors (8.1.4)
c_{ik}	Geschwindigkeitsgradienten (8.1.10)
$\dot{\alpha}_{(\alpha\beta)}$	1. Verzerrungsgeschwindigkeitstensor (8.1.11)
$\dot{\omega}_{(\alpha\beta)}$	2. Verzerrungsgeschwindigkeitstensor (8.1.12)
r	skalare Wärmequellenfunktion auf F (8.1.25)
f	skalarer Wärmefluß entlang C (8.1.25)
$\mathbf{n}^0$	Randkräfte längs C: n_t^0, n_u^0, n_3^0 (3.3.47)
$\mathbf{m}^0$	Randmomente längs C: m_t^0, m_u^0 (3.3.47)
$\mathbf{v}^0$	Randverschiebungen längs C: v_t^0, v_u^0, v_3^0 (3.3.48)
ω^0	Randverdrehungen des Direktors längs C: ω_t^0, ω_u^0 (3.3.48)
$\tilde{\mathbf{n}}^0$	Randersatzkräfte einer Normalentheorie: $\tilde{n}_t^0$, $\tilde{n}_u^0$, $\tilde{n}_3^0$ (4.1.59)
E_3	Eckkraft einer Normalentheorie: (4.1.62)
T^*	Temperaturfeld im Schalenkontinuum (3.4.50)
$\tilde{T}$	Temperaturfeld im Schalenkontinuum in K (8.1.26)
T	Mittelflächentemperatur gegen Referenztemperatur: (3.4.50)
ΔT	Temperaturdifferenz: (3.4.51)
α_T	Lineare Wärmeausdehnungszahl

Energetische Variablen

$\delta^* A_a$	Virtuelle Arbeit der äußeren Kraftgrößen: (3.4.9)
$\delta^* A_i$	Virtuelle Arbeit der inneren Kraftgrößen: (3.4.17)
$\delta^* A_c$	Virtuelle Arbeit der Randkraftgrößen: (3.3.51)
π_i	Formänderungsenergiedichte: (3.4.18), (7.1.70)
Π_i	Formänderungsenergie des Gesamttragwerks (3.4.18), (7.1.75)
Π_a	Potential der äußeren Kraftgrößen (7.1.78)
A	mechanische Arbeit, freie Energie nach *Helmholtz* (8.1.58)
A_a	Arbeit der äußeren mechanischen Variablen (7.1.52)
A_i	Arbeit der inneren mechanischen Variablen (7.1.52)
Π	elastisches Gesamtpotential (7.1.79)
$\hat{\Pi}$	konjugiertes Gesamtpotential (7.1.95)
$\hat{\Pi}_i$	inneres konjugiertes Potential (7.1.92)
$\hat{\Pi}_a$	äußeres konjugiertes Potential (7.1.93)
$\hat{\pi}_i$	spezifisches inneres konjugiertes Potential (7.1.86)
I, I^*	erweiterte Funktionale (7.1.124, 127)
$\hat{I}, \hat{I}^*$	erweiterte konjugierte Funktionale (7.1.122)
ρU	Dichte der inneren Energie (8.1.25)
ρS	Dichte der Entropie (8.1.26)

Allgemeine Parameter

η	Supremum der Hauptdehnungen des Schalenkontinuums (4.2.5)
Θ	Fehlerparameter (4.2.19)
L_w	charakteristische Wellenlänge des Deformationsmusters (Bild 4.5)

0(...)	Größenordnung (4.2.2)
R	Radius einer Kreiszylinder- (Tafel 1.3), (5.2.32) oder Kugelschale (Tafel 1.4), (5.2.66), kleinster Krümmungsradius von F (4.2.3)
l	Länge einer Kreiszylinderschale (5.2.54)
γ	spezifisches Gewicht einer Flüssigkeitsfüllung (5.2.54)
q	Staudruck einer Windbelastung (5.2.63), Lastglied, z.B. (6.1.54)
g	Eigengewichtsbelastung (5.2.95)
s	Schneebelastung (5.2.92)
Δ	Diskriminante (5.3.47)
f	Stich von Paraboloidschalen
$r = r(\Theta^2)$	Meridianverlauf allgemeiner Rotationsschalen (Tafel 1.2)
λ^α	charakteristische Richtungen auf F (5.4.41)
φ_α	Neigung von F gegen Grundrißebene (6.1.74)
a, b	Grundrißabmessungen von Translationsschalen (6.1.92)
ϵ^*	Schalenparameter (6.1.54)
κ^*	Schalenparameter (6.1.53)
u, $\bar{\mu}$, $\bar{\nu}$	Parameter von *Fourier*entwicklungen (6.1.107), (6.1.129)
k	Krümmungsparameter von F (6.1.110)
ϵ	Schalenparameter (6.1.110)
κ, λ	charakteristische Wurzeln (6.1.114)
A_{rm}	freie komplexe Konstanten der allgemeinen Lösung (6.1.116)
C_{rm}	freie reelle Konstanten der allgemeinen Lösung (6.1.117)
m, n	ganzzahlige Zählvariablen einer *Fourier*entwicklung (6.1.137)
α_ρ, β_ρ	charakteristische Wurzeln einer Kreiszylinderschale (6.2.113)
κ_λ, ρ_λ	charakteristische Wurzeln einer Kreiszylinderschale (6.2.119)
ρ	Massendichte (8.1.25)
α	Massenträgheitsverhältnis (8.1.25)
F	Fließbedingung (8.2.13)

Mechanische Variablen als Matrizen

$\mathbf{p}$	Spaltenmatrix der Mittelflächen-Lastgrößen: (3.5.12)
$\mathbf{u}$	Spaltenmatrix der Mittelflächen-Verschiebungsgrößen: (3.5.12)
$\boldsymbol{\sigma}$	Spaltenmatrix der Schnittgrößen: (3.5.13)
$\boldsymbol{\epsilon}$	Spaltenmatrix der Verzerrungsgrößen: (3.5.13)
$\mathbf{t}^0$	Spaltenmatrix der Randkraftgrößen längs C_t: (3.5.15)
$\mathbf{r}^0$	Spaltenmatrix der Randweggrößen längs C_r: (3.5.15)
$\mathbf{D}_e$	Gleichgewichtsoperator
	Differentialoperator der Kinematik
$\mathbf{R}_t$	Randkraftgrößenoperator: (3.5.16)
$\mathbf{R}_r$	Randverschiebungsgrößenoperator: (3.5.16)
$\mathbf{E}$	Operator der konstitutiven Beziehungen
d_α	Operatorform der kovarianten Ableitung (3.5.14)
$\boldsymbol{\Sigma}_\alpha$	Spaltenmatrizen ausgwählter Kraftgrößen (6.3.84)
$\mathbf{V}_2$	Spaltenmatrix ausgewählter Verschiebungsgrößen (6.3.83)

$\mathbf{A}$	Koeffizientenmatrix (6.3.90)
$\mathbf{U}_a^t$	Übertragungsmatrix (6.3.91)
$\mathbf{D}^*$	adjungierter Differentialoperator (7.2.4)
σ^*	Spaltenmatrix der dualen Schnittgrößen (7.2.12)
ϵ^*	Spaltenmatrix der dualen Verzerrungsmaße (7.2.14)
ϕ	Spaltenmatrix der Schnittgrößenfunktionen (7.2.27)
Ψ	Spaltenmatrix der Inkompatibilitäten (7.2.27)

Diskretisierte Variablen

$\mathbf{U}^p$	Spalte des Verschiebungsfeldes des p-ten Elementes (7.3.3)
$\hat{\mathbf{U}}^p$	Spalte der Ansatzfreiwerte (7.3.3)
ϕ^p	Matrix der Ansatzfunktionen (7.3.3)
$\hat{\phi}^p$	Formmatrix (7.3.5)
v^p	Spalte der elementbezogenen Freiheitsgrade (7.3.5)
Ω^p	Matrix der Formfunktionen (7.3.8)
$\mathbf{H}^p$	kinematische Operatormatrix (7.3.11)
k^p	Elementsteifigkeitsmatrix (7.3.15)
p^p	Spalte der elementbezogenen Knotenkraftgrößen (7.3.17)
$\mathbf{P}$	Spalte der globalen Knotenkraftgrößen (7.3.24)
$\mathbf{K}$	globale Steifigkeitsmatrix (7.3.22)
$\mathbf{V}$	Spalte der globalen Freiheitsgrade (7.3.20)
a	kinematische Transformationsmatrix (7.3.20)
σ^p	Spalte des Schnittgrößenfeldes des p-ten Elementes (7.3.33)
$\mathbf{S}$	Summenoperator (7.4.3), (7.4.32), (Tafel 7.19)
$\mathbf{D}^\alpha$, $\mathbf{D}$	Differenzenoperator (7.4.3), (7.4.32), (Tafel 7.19)
$\mathbf{A}_\alpha$, $\mathbf{B}$, $\mathbf{C}$	Koeffizientenmatrizen des Differentialgleichungssystems (7.4.1)
$\mathbf{P}$	Spalte der vorgegebenen äußeren Wirkungen (7.4.1)
$\mathbf{Y}$	Spalte der diskreten Werte der Lösungsfunktionen (7.4.1)

Indizierungen

$_{ij}$	tensorielle Komponenten eines Raumtensors
$_{\alpha\beta}$	tensorielle Komponenten eines Flächentensors
$_{\langle\alpha\beta\rangle}$	physikalische Komponenten
$_{(\alpha\beta)}$	Kennzeichnung der Symmetrie
$_{[\alpha\beta]}$	Kennzeichnung der Antisymmetrie (Antimetrie)
$_T$	Temperatureinwirkung (3.4.49)
$_E$	elastisch (8.2.3)
$_P$	plastisch (8.2.3)

1 Mathematische Grundlagen

Gäbe es keine festen Körper in der Natur,
so wäre keine Geometrie vorstellbar.
Henri Poincaré (1854–1912) in
La Science et l'Hypothèse

In diesem Kapitel werden einige mathematische Grundlagen dargestellt, die die Basis jeder Theorie der Flächentragwerke bilden. Zunächst erfolgt eine kurze Einführung in die Tensoralgebra zweidimensionaler Räume, dabei wird die Möglichkeit zur Verallgemeinerung auf dreidimensionale Räume aufgezeigt. Eine erste Anwendung erlangen diese allgemeinen Grundlagen bei der differentialgeometrischen Untersuchung von Flächen. Dabei werden ausführlich Metrik und Krümmungseigenschaften von Flächen studiert, einige wichtige Sätze der Flächentheorie angegeben und eine Tensoranalysis auf allgemeinen Flächen eingeführt. Das Kapitel schließt mit verschiedenen für die Theorie der Flächentragwerke wichtigen Einzelfragen.

1.1 Tensoralgebra

1.1.1 Die Indexschreibweise

In diesem Buch werden wir überwiegend eine Indexschreibweise verwenden, bei der mathematische Größen durch indizierte Symbole dargestellt werden:

$$A_{\alpha\beta},\ H^{\alpha\beta\lambda\mu},\ \delta^{\beta}_{\alpha},\ A_{ij},\ H^{ijkl},\ \delta^{j}_{i}. \tag{1.1.1}$$

Dabei unterliegt die Wahl der Kernbuchstaben keiner Beschränkung. Für die Indizes wollen wir jedoch vereinbaren, daß *griechische* Buchstaben grundsätzlich die Zahlen 1, 2, *lateinische* dagegen die Zahlen 1, 2, 3 durchlaufen:

$$\begin{aligned} &\alpha, \beta, \ldots \lambda, \mu, \ldots = 1, 2 \\ &i, j, \ldots l, m, \ldots \ = 1, 2, 3. \end{aligned} \tag{1.1.2}$$

Ein mit n Indizes versehenes Symbol repräsentiert daher 2^n oder 3^n Komponenten, wenn diese durch griechische oder lateinische Buchstaben dargestellt werden. Dementsprechend vertreten ein- bzw. zweifach indizierte Symbole $2^1 = 2$ ($3^1 = 3$), $2^2 = 4$ ($3^2 = 9$) Komponenten, die sich auch in der übersichtlichen Form von Spaltenmatrizen und quadratischen Matrizen darstellen lassen:

$$c_\alpha = \begin{bmatrix} c_1 \\ c_2 \end{bmatrix}, \quad a_{\alpha\beta} = \begin{bmatrix} a_{11} & a_{12} \\ a_{21} & a_{22} \end{bmatrix}, \quad c_i = \begin{bmatrix} c_1 \\ c_2 \\ c_3 \end{bmatrix}, \quad a_{ij} = \begin{bmatrix} a_{11} & a_{12} & a_{13} \\ a_{21} & a_{22} & a_{23} \\ a_{31} & a_{32} & a_{33} \end{bmatrix}. \tag{1.1.3}$$

Ein indexfreies Symbol weist nur eine einzige Komponente auf und heißt *Skalar*.

Obere und untere Stellung der Indizes sowie deren Reihenfolge beschreiben wichtige unterschiedliche Eigenschaften. Eine Vertauschung ist daher i.a. nicht zulässig:

$$B^{\alpha\beta} \neq B^{\alpha}{}_{\beta}, \; B^{\alpha\beta} \neq B^{\beta\alpha}. \tag{1.1.4}$$

Bei einem Symbol mit unterschiedlicher Stellung der Indizes kann deren Reihenfolge durch Punkte betont werden. So kennzeichnet z.B. in $A^{\alpha}_{\cdot\,\beta}$ der Punkt α als ersten Index. Beide Indizes dürfen immer dann übereinander gestellt werden, wenn deren Reihenfolge belanglos ist:

$$A^{\alpha}_{\beta} = A_{\beta}{}^{\alpha}_{\cdot} = A^{\alpha}_{\cdot\,\beta}. \tag{1.1.5}$$

Mit der erläuterten Schreibweise werden Komponenten in zwei- (α, β, ...) oder dreidimensionalen (i, j, ...) Räumen dargestellt. Dies können Tensorkomponenten (siehe Abschnitt 1.1.6) sein, jedoch sei betont, daß nicht jede indizierte Größe Tensorcharakter besitzt.

Neben der Indexschreibweise setzen wir voraus, daß der Leser mit den Grundlagen der Vektorrechnung vertraut ist, für die wir folgende Bezeichnungen verwenden:

für die Darstellung eines *Vektors*: $\mathbf{A}$,
für das *innere Produkt (Skalarprodukt)*: $\mathbf{A} \cdot \mathbf{B} = \mathbf{B} \cdot \mathbf{A}$,
für das *äußere Produkt (Vektorprodukt)*: $\mathbf{A} \times \mathbf{B} = -\mathbf{B} \times \mathbf{A}$,
für das *Spatprodukt*: $[\mathbf{A}\,\mathbf{B}\,\mathbf{C}] = \mathbf{A} \cdot (\mathbf{B} \times \mathbf{C})$.

1.1.2 Die Summationsregel

Wir führen nun eine wichtige Regel der Tensorrechnung ein, die als *Summationsregel* oder als *Einsteinsche Summationskonvention** bezeichnet wird: *Tritt in einem indizierten Ausdruck ein und derselbe Index einmal oben und einmal unten auf, so wird über alle Zahlenwerte summiert, die der betreffende Index laut (1.1.2) annehmen kann.* Hiernach gilt beispielsweise:

$$\begin{aligned} &A^{\alpha}B_{\alpha\beta} = A^1 B_{1\beta} + A^2 B_{2\beta}, \quad C^{\alpha}_{\cdot\,\alpha\beta} = C^{1}_{\cdot\,1\beta} + C^{2}_{\cdot\,2\beta},\\ &B^{i}a_{i} = B^1 a_1 + B^2 a_2 + B^3 a_3, \quad C^{i}_{\cdot\,i} = C^{1}_{\cdot 1} + C^{2}_{\cdot 2} + C^{3}_{\cdot 3},\\ &a_{\alpha\beta}A^{\alpha}B^{\beta} = a_{11}A^1B^1 + a_{12}A^1B^2 + a_{21}A^2B^1 + a_{22}A^2B^2. \end{aligned} \tag{1.1.6}$$

In dem Ausdruck $A^{\alpha}B_{\alpha\beta}$ bezeichnet man α als *Summationsindex* oder *stummen* Index, β als *freien* oder *offenen* Index.

Die Summationsregel vermeidet die Verwendung des Summationszeichens Σ und erreicht dadurch eine stark gekürzte Schreibweise. Wir vereinbaren sie ebenfalls für Ausdrücke der Form:

$$\begin{aligned} &\frac{\partial\bar{\Theta}^{\alpha}}{\partial\Theta^{\beta}}A^{\beta} = \frac{\partial\bar{\Theta}^{\alpha}}{\partial\Theta^{1}}A^1 + \frac{\partial\bar{\Theta}^{\alpha}}{\partial\Theta^{2}}A^2, \quad \frac{\partial\Theta^{\alpha}}{\partial\bar{\Theta}^{\beta}}A_{\alpha} = \frac{\partial\Theta^{1}}{\partial\bar{\Theta}^{\beta}}A_1 + \frac{\partial\Theta^{2}}{\partial\bar{\Theta}^{\beta}}A_2,\\ &\frac{\partial L}{\partial v_{\alpha}}v_{\alpha} = \frac{\partial L}{\partial v_1}v_1 + \frac{\partial L}{\partial v_2}v_2, \end{aligned} \tag{1.1.7}$$

in denen einer der Summationsindizes in einem Quotienten auftritt.

* Albert Einstein (1879–1955); bedeutender Physiker, Schöpfer der Relativitätstheorie.

Beispiel: Die Gleichungssysteme

$$
\begin{aligned} a_{11}x^1 + a_{12}x^2 &= b_1 \\ a_{21}x^1 + a_{22}x^2 &= b_2 \end{aligned}
\qquad
\begin{aligned} a_{11}x^1 + a_{12}x^2 + a_{13}x^3 &= b_1 \\ a_{21}x^1 + a_{22}x^2 + a_{23}x^3 &= b_2 \\ a_{31}x^1 + a_{32}x^2 + a_{33}x^3 &= b_3 \end{aligned}
\tag{1.1.8}
$$

in den Unbekannten x^1, x^2 bzw. x^1, x^2, x^3 können unter Verwendung der Summationsregel und der bereits vereinbarten Indexschreibweise in die Kurzform

$$a_{\alpha\beta}x^\beta = b_\alpha, \qquad a_{ij}x^j = b_i \tag{1.1.9}$$

überführt werden. Die Umkehrung dieser Operation, die (1.1.9) in (1.1.8) transformiert, heißt: Ausschreiben einer Gleichung.

Selbstverständlich kann man die stummen Indizes einer Summation beliebig umbenennen, beispielsweise:

$$A_\alpha B^\alpha = A_\lambda B^\lambda. \tag{1.1.10}$$

Ebenfalls versteht sich von selbst, daß Ausdrücke der Form

$$A_\alpha B^\alpha A_\alpha C^\alpha, \tag{1.1.11}$$

in denen der gleiche Index mehr als zweimal Verwendung findet, sinnlos sind. Ist mit (1.1.11) der langschriftliche Ausdruck

$$(A_1B^1 + A_2B^2)\,(A_1C^1 + A_2C^2)$$

gemeint, so wäre dessen korrekte Kurzform:

$$A_\alpha B^\alpha A_\beta C^\beta = A_\lambda B^\lambda A_\rho C^\rho = \ldots \tag{1.1.12}$$

1.1.3 Definition spezieller Operator-Symbole

Ein weiteres typisches Hilfsmittel der Tensoralgebra sind die beiden im folgenden eingeführten Operatoren. Zunächst sei das *Kronecker-Delta** oder *Kronecker-Symbol* durch

$$\delta^\alpha_\beta = \delta_{\alpha\beta} = \delta^{\alpha\beta} \begin{aligned} &= 1, \text{ wenn } \alpha = \beta \\ &= 0, \text{ wenn } \alpha \neq \beta \end{aligned} \tag{1.1.13}$$

bzw. durch

$$\delta^i_j = \delta_{ij} = \delta^{ij} \begin{aligned} &= 1, \text{ wenn } i = j \\ &= 0, \text{ wenn } i \neq j \end{aligned} \tag{1.1.14}$$

definiert. In Matrixform gilt:

$$\delta^\beta_\alpha = \begin{bmatrix} \delta^1_1 & \delta^2_1 \\ \delta^1_2 & \delta^2_2 \end{bmatrix} = \begin{bmatrix} 1 & 0 \\ 0 & 1 \end{bmatrix}, \quad \delta^j_i = \begin{bmatrix} \delta^1_1 & \delta^2_1 & \delta^3_1 \\ \delta^1_2 & \delta^2_2 & \delta^3_2 \\ \delta^1_3 & \delta^2_3 & \delta^3_3 \end{bmatrix} = \begin{bmatrix} 1 & 0 & 0 \\ 0 & 1 & 0 \\ 0 & 0 & 1 \end{bmatrix}. \tag{1.1.15}$$

* Leopold Kronecker (1823–1891); Mathematiker in Berlin.

Hiervon werden wir vornehmlich die sogenannten *gemischtvarianten* Operatoren verwenden, die je einen oberen und unteren Index aufweisen. Später werden wir erkennen, daß $\delta_{\alpha\beta}(\delta_{ij})$ bzw. $\delta^{\alpha\beta}(\delta^{ij})$ die kovarianten bzw. kontravarianten Komponenten des Maßtensors im orthogonalen kartesischen Koordinatensystem sind (Abschnitt 1.4.4).

Häufig tritt das Kronecker-Symbol in einer Summation auf. Dann beschreibt die *Regel vom Austausch der stummen Indizes* diese Komponentenmultiplikation mit der entsprechenden Einheitsmatrix (1.1.15) in der Indexschreibweise:

$$A^{\alpha\rho}\delta^{\beta}_{\rho} = A^{\alpha\beta}, \quad A^{ik}\delta^{j}_{k} = A^{ij}. \tag{1.1.16}$$

Wird nämlich (1.1.16) ausgeschrieben, so findet $A^{\alpha\rho}$ (A^{ik}) nur dann den Faktor 1, wenn $\rho = \beta(k = j)$ ist, sonst den Faktor 0.

Außerdem definieren wir das e-*Symbol* durch

$$\begin{aligned} e_{\alpha\beta} = e^{\alpha\beta} &= +1 \quad \text{für } e_{12} \text{ und } e^{12}; \\ &= -1 \quad \text{für } e_{21} \text{ und } e^{21}; \\ &= 0 \quad \text{für } e_{11}, e_{22}, e^{11} \text{ und } e^{22}; \end{aligned} \tag{1.1.17}$$

bzw. durch

$$\begin{aligned} e_{ijk} = e^{ijk} &= +1 \quad \text{für lauter verschiedene Indizes in gerader Permutation: } e_{123}, \\ &\qquad e_{231}, e_{312}, e^{123}, e^{231}, e^{312}; \\ &= -1 \quad \text{für lauter verschiedene Indizes in ungerader Permutation:} \\ &\qquad e_{321}, e_{213}, e_{132}, e^{321}, e^{213}, e^{132}; \\ &= 0 \quad \text{für alle weiteren Fälle.} \end{aligned} \tag{1.1.18}$$

Das zweidimensionale e-Symbol läßt sich ebenfalls als antimetrische (schiefsymmetrische) Einsmatrix darstellen:

$$e_{\alpha\beta} = e^{\alpha\beta} = \begin{bmatrix} e_{11} & e_{12} \\ e_{21} & e_{22} \end{bmatrix} = \begin{bmatrix} e^{11} & e^{12} \\ e^{21} & e^{22} \end{bmatrix} = \begin{bmatrix} 0 & 1 \\ -1 & 0 \end{bmatrix}. \tag{1.1.19}$$

Später wird sich zeigen, daß $e_{\alpha\beta} = e^{\alpha\beta}$ $(e_{ijk} = e^{ijk})$ die Komponenten des ϵ-Tensors im orthogonalen kartesischen Bezugssystem darstellen (Abschnitt 1.4.4).

Die Anwendung der eingeführten Operator-Symbole soll nun an zwei Beispielen erläutert werden.

Beispiel: Das Bogenelement ds einer ebenen Kurve $y = y(x)$ *wird bekanntlich durch* $ds^2 = dx^2 + dy^2$ *angegeben. Bezeichnet man die kartesischen Koordinaten nun mit* $x^1 = x$, $x^2 = y$, *so entsteht unter Benutzung von* $\delta_{\alpha\beta}$ *und der Summationsregel:*

$$\begin{aligned} ds^2 &= \delta_{11}dx^1dx^1 + \delta_{12}dx^1dx^2 + \delta_{21}dx^2dx^1 + \delta_{22}dx^2dx^2 \\ &= \delta_{\alpha\beta}dx^{\alpha}dx^{\beta}. \end{aligned} \tag{1.1.20}$$

Beispiel: Die drei Einheitsvektoren (Länge: 1)

$$i_1 = i^1, \; i_2 = i^2, \; i_3 = i^3 \tag{1.1.21}$$

seien zueinander orthogonal und sollen in der angegebenen Reihenfolge ein rechtshändiges System bilden. Für dieses orthonormierte Dreibein $i_i = i^i$ *bestehen die Verknüpfungen:*

$$i_{\alpha} \cdot i_{\beta} = \delta_{\alpha\beta}, \quad i^{\alpha} \cdot i^{\beta} = \delta^{\alpha\beta}, \quad i^{\alpha} \cdot i_{\beta} = \delta^{\alpha}_{\beta}, \tag{1.1.22}$$

wie das Ausschreiben der ersten Beziehung beispielsweise bestätigt:

$$\mathbf{i}_1 \cdot \mathbf{i}_1 = 1, \quad \mathbf{i}_1 \cdot \mathbf{i}_2 = \mathbf{i}_2 \cdot \mathbf{i}_1 = 0, \quad \mathbf{i}_2 \cdot \mathbf{i}_2 = 1.$$

Außerdem existieren die Identitäten

$$\mathbf{i}_\alpha \times \mathbf{i}_\beta = e_{\alpha\beta}\mathbf{i}^3, \quad \mathbf{i}^\alpha \times \mathbf{i}^\beta = e^{\alpha\beta}\mathbf{i}_3, \tag{1.1.23}$$

da das äußere Produkt zweier Einheitsvektoren den zu beiden orthogonalen Einheitsvektor definiert. Nach skalarer Multiplikation mit $\mathbf{i}_3 = \mathbf{i}^3$ *entsteht aus (1.1.23):*

$$e_{\alpha\beta} = [\mathbf{i}_\alpha\, \mathbf{i}_\beta\, \mathbf{i}_3], \quad e^{\alpha\beta} = [\mathbf{i}^\alpha\, \mathbf{i}^\beta\, \mathbf{i}^3]. \tag{1.1.24}$$

Verwendet man den Operator $e_{ijk} = e^{ijk}$*, so lassen sich für* $\mathbf{i}_i = \mathbf{i}^i$ *die allgemeineren Identitäten*

$$\mathbf{i}_i \cdot \mathbf{i}_j = \delta_{ij}, \quad \mathbf{i}^i \cdot \mathbf{i}^j = \delta^{ij}, \quad \mathbf{i}^i \cdot \mathbf{i}_j = \delta^i_j, \tag{1.1.25}$$

$$\mathbf{i}_i \times \mathbf{i}_j = e_{ijk}\mathbf{i}^k, \quad \mathbf{i}^i \times \mathbf{i}^j = e^{ijk}\mathbf{i}_k, \tag{1.1.26}$$

$$e_{ijk} = [\mathbf{i}_i\, \mathbf{i}_j\, \mathbf{i}_k], \quad e^{ijk} = [\mathbf{i}^i\, \mathbf{i}^j\, \mathbf{i}^k] \tag{1.1.27}$$

formulieren, deren Richtigkeit der Leser durch Ausschreiben überprüfen möge. Beispielsweise folgt aus der ersten Beziehung (1.1.26) für $i = 1,\ j = 2$

$$\mathbf{i}_1 \times \mathbf{i}_2 = e_{12k}\mathbf{i}^k = e_{121}\mathbf{i}^1 + e_{122}\mathbf{i}^2 + e_{123}\mathbf{i}^3 = \mathbf{i}^3,$$

was die bisherigen Definitionen bestätigt.

AUFGABEN

1. Man vereinfache – soweit wie möglich – die folgenden Ausdrücke und schreibe diese aus (δ^β_α*: Kronecker-Delta,* $e^{\alpha\beta}$, $e_{\alpha\beta}$*: e-Symbol):*

$$A^{\alpha}_{\cdot\,\alpha\beta},\quad A^{\alpha}_{\cdot\,\beta}\delta^\mu_\rho B^\rho_\alpha,\quad H^{\alpha\beta}_{\cdot\cdot\,\rho\lambda}\delta^\rho_\alpha\delta^\lambda_\beta A_\mu,\quad \delta^\rho_\alpha\delta^\alpha_\mu,\quad e_{\alpha\beta}e^{\rho\lambda}A_{\rho\lambda},$$

$$B^{\rho\alpha}_{\cdot\cdot\,\mu}\delta^\mu_\lambda\delta^\lambda_\alpha,\quad A^{\alpha}_{\cdot\,\alpha}B^\rho_\rho,\quad e^{\rho\mu}e_{\rho\beta}\delta^\beta_\mu,\quad B^{\rho\lambda}b_{\rho\alpha}b_{\lambda\beta}.$$

2. Man vereinfache die folgende Gleichung und schreibe sie aus (δ^β_α*: Kronecker-Delta):*

$$n^{\alpha\beta}_{\cdot\cdot\,\beta} + b^{\alpha\mu}\delta^\rho_\mu s_\rho = 0.$$

3. Man beweise unter der Voraussetzung $a_{\alpha\beta} = a_{\beta\alpha}$, $a^{\alpha\beta} = a^{\beta\alpha}$ *die Identität*

$$a^{\alpha\beta}(a_{\alpha\beta,\gamma} + a_{\gamma\beta,\alpha} - a_{\alpha\gamma,\beta}) = a^{\alpha\beta}a_{\alpha\beta,\gamma}.$$

1.1.4 Koordinatensysteme und Koordinatentransformationen

Die geometrische Beschreibung der Flächentragwerke werden wir später auf der Geometrie von Referenzflächen aufbauen. Diese sind in den dreidimensionalen *euklidischen Raum* E3 – unseren Erfahrungsraum – eingebettet und durch eine zweiparametrige Schar Θ^α: Θ^1, Θ^2 von *Flächenkoordinaten* oder *Flächenparametern* eindeutig beschreibbar. Allgemeine Flächen im E3 stellen somit zweidimensionale Räume dar, die wir später als *Riemannsche Räume** R2 identifizieren werden.

* Bernhard Riemann (1826–1866); bedeutender Mathematiker, wirkte in Göttingen. Grundlegende funktionentheoretische und geometrische Arbeiten.

Wir setzen voraus, daß stets eine eindeutige Transformation zwischen den orthogonalen Koordinaten x^i des E3 und den Flächenkoordinaten Θ^α des R2 bestehen soll:

$$x^i = x^i(\Theta^1, \Theta^2). \qquad (1.1.28)$$

Jeder Punkt P auf der Fläche wird somit durch ein festes Wertepaar Θ_0^1, Θ_0^2 im R2 oder Wertetripel x_0^1, x_0^2, x_0^3 im E3 beschrieben.

Beispiel: Entsprechend Bild 1.1 sei eine Zylinder-Teilfläche mit dem Radius R *im E3 aufgespannt. Als Flächenparameter dienen die Erzeugendenkoordinate* Θ^2 *und der Breitenkreiswinkel* Θ^1. *Zwischen diesen und den kartesischen Koordinaten* x^i *lassen sich aus Bild 1.1 die Beziehungen ablesen:*

$$x^1 = R\cos\Theta^1, \quad x^2 = R\sin\Theta^1, \quad x^3 = \Theta^2.$$

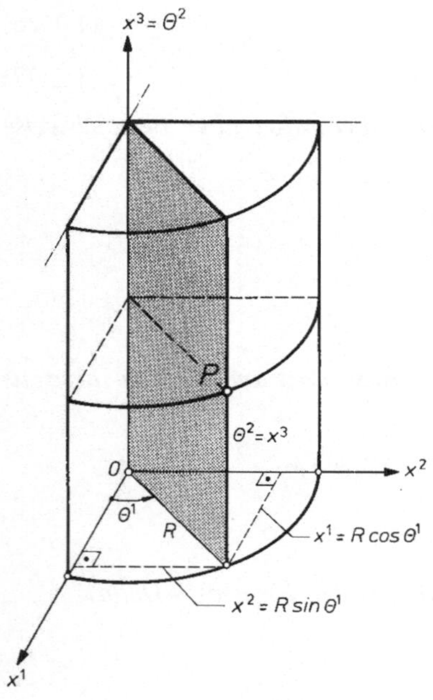

Bild 1.1 Zylinder-Teilfläche im E3

Selbstverständlich lassen sich auf jeder Fläche R2 verschiedene Systeme von Flächenparametern wählen, beispielsweise neben den ursprünglichen Koordinaten Θ^α die neuen Koordinaten $\bar{\Theta}^\alpha$. Zwischen den beiden Koordinatensystemen setzen wir die Existenz einer eindeutigen Abbildung

$$T: \Theta^\alpha = \Theta^\alpha(\bar{\Theta}^1, \bar{\Theta}^2), \quad T^{-1}: \bar{\Theta}^\alpha = \bar{\Theta}^\alpha(\Theta^1, \Theta^2) \qquad (1.1.29)$$

voraus, d.h. die Funktionen $\Theta^\alpha = \Theta^\alpha(\bar{\Theta}^1, \bar{\Theta}^2)$ seien eindeutig und mindestens einmal stetig differenzierbar. Durch das Nicht-Verschwinden der *Jakobi-Determinante*

$$J = \left|\frac{\partial\Theta^\alpha}{\partial\bar{\Theta}^\beta}\right| = \left|c^\alpha_\beta\right| \neq 0, \quad c^\alpha_\beta = \frac{\partial\Theta^\alpha}{\partial\bar{\Theta}^\beta} \qquad (1.1.30)$$

in dem betrachteten Gebiet des R2 sind die Gleichungen T in die Form T^{-1} invertierbar, und (1.1.29) stellt eine *zulässige Koordinatentransformation* dar.

Sind im R2 orthogonale kartesische Koordinaten wählbar, so werden wir diese mit lateinischen Buchstaben bezeichnen, beispielsweise mit x^α, y^α, ... Der Übergang zu den ursprünglichen Koordinaten Θ^α wird in analoger Weise durch die folgende Transformationsvorschrift beschrieben:

$$T: x^\alpha = x^\alpha(\Theta^1, \Theta^2), \quad T^{-1}: \Theta^\alpha = \Theta^\alpha(x^1, x^2). \tag{1.1.31}$$

Beispiel: Bild 1.2 zeigt eine Ebene, die durch Polarkoordinaten Θ^α *(links) sowie ein geradlinig-schiefwinkliges Koordinatensystem* $\bar{\Theta}^\alpha$ *(rechts) beschrieben wird. Die Transformation dieser beiden Parametersysteme in die ursprünglichen kartesischen Koordinaten* x^α *lassen sich aus Bild 1.2 ablesen:*

$$T_1: \begin{array}{l} x^1 = \Theta^2 \cos\Theta^1, \\ x^2 = \Theta^2 \sin\Theta^1, \end{array} \qquad T_1^{-1}: \begin{array}{l} \Theta^1 = \arctan\dfrac{x^2}{x^1}, \\ \Theta^2 = \sqrt{(x^1)^2 + (x^2)^2}, \end{array} \tag{1.1.32}$$

$$T_2: \begin{array}{l} x^1 = \bar{\Theta}^1 + \dfrac{\bar{\Theta}^2}{2}, \\ x^2 = \dfrac{\sqrt{3}}{2}\bar{\Theta}^2, \end{array} \qquad T_2^{-1}: \begin{array}{l} \bar{\Theta}^1 = x^1 - \dfrac{1}{\sqrt{3}}x^2, \\ \bar{\Theta}^2 = \dfrac{2}{\sqrt{3}}x^2. \end{array} \tag{1.1.33}$$

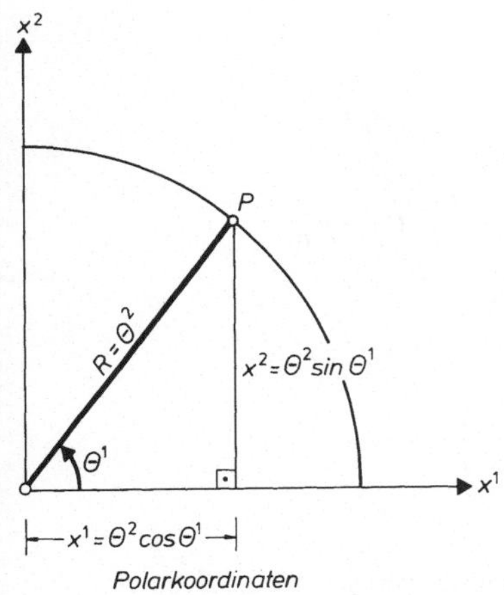

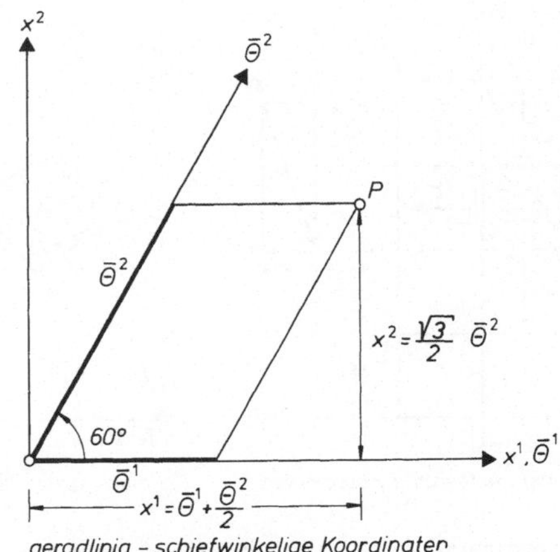

Bild 1.2 Polarkoordinaten und schiefwinklige kartesische Koordinaten auf einer Ebene

Durch Rechnung erhält man hieraus die dritte Transformation:

$$T_3: \begin{array}{l} \Theta^1 = \arctan\dfrac{\sqrt{3}\,\bar{\Theta}^2}{2\,\bar{\Theta}^1 + \bar{\Theta}^2}, \\ \Theta^2 = \sqrt{(\bar{\Theta}^1)^2 + \bar{\Theta}^1\bar{\Theta}^2 + (\bar{\Theta}^2)^2}, \end{array} \qquad T_3^{-1}: \begin{array}{l} \bar{\Theta}^1 = \Theta^2(\cos\Theta^1 - \dfrac{1}{\sqrt{3}}\sin\Theta^1), \\ \bar{\Theta}^2 = \dfrac{2}{\sqrt{3}}\Theta^2 \sin\Theta^1. \end{array} \tag{1.1.34}$$

Die Herleitung der zugehörigen Jakobi-Determinanten überlassen wir dem Leser.

Abschließend sei erwähnt, daß ebenfalls Koordinatentransformationen im dreidimensionalen euklidischen Raum E3 ausführbar sind. Ihre Zulässigkeit ist analog (1.1.29), (1.1.30) durch

$$T: \Theta^i = \Theta^i(\bar{\Theta}^1, \bar{\Theta}^2, \bar{\Theta}^3), \quad T^{-1}: \bar{\Theta}^i = \bar{\Theta}^i(\Theta^1, \Theta^2, \Theta^3),$$
$$J = \left| \frac{\partial \Theta^i}{\partial \bar{\Theta}^j} \right| = \left| c^i_j \right| \neq 0 \qquad (1.1.35)$$

gewährleistet. Der Unterschied gegenüber dem R2 besteht lediglich in der Wahl der Indizes, die nunmehr die Zahlenwerte 1, 2 und 3 durchlaufen.

1.1.5 Zum Grundgedanken der Tensorrechnung

Nach diesen einleitenden Betrachtungen seien einige Überlegungen über die Vorzüge des Tensorkonzeptes seiner Einführung im nächsten Abschnitt vorangestellt.

Dazu betrachten wir auf Bild 1.3 eine Ebene M, die die Mittelfläche eines Scheibentragwerks idealisieren soll. In dieser Ebene sei ein Temperaturfeld T als Funktion der in M gewählten Koordinaten vorgegeben. Der Wert dieser Funktion in einem beliebigen Punkt A von M hängt lediglich von der Lage von A ab und nicht etwa von dem speziellen Koordinatensystem, das zur Festlegung des Punktes A dient. Einen analogen Charakter besitzt auch der in Bild 1.3 dargestellte Vektor **K**, der eine vorgegebene Lastgröße im Punkt A verkörpern mag und ebenfalls von dem in M gewählten Koordinatensystem unabhängig ist.

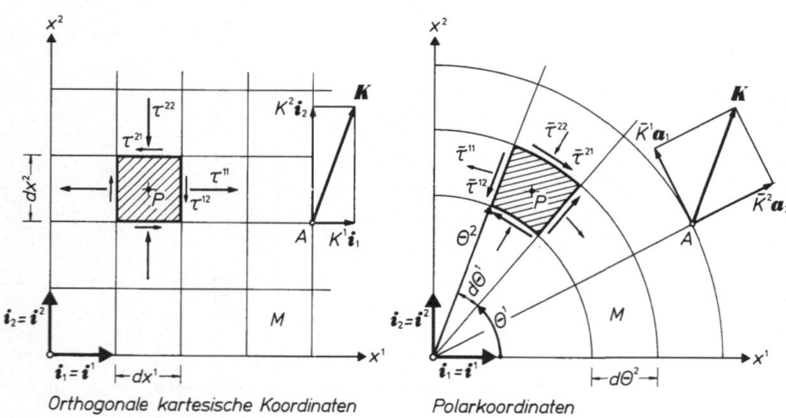

Bild 1.3 Invariante und koordinatenabhängige Größen eines Scheibentragwerks

Im Gegensatz hierzu stehen offensichtlich die Komponenten K^α dieses Vektors, deren Definition die Einführung eines *Bezugssystems* erfordert. Unter einem Bezugssystem wollen wir im folgenden stets ein Koordinatensystem und ein zugeordnetes System von Basisvektoren – zur Komponentendarstellung von Vektoren – verstehen. Im Scheibentragwerk des Bildes 1.3 kann man beispielsweise die orthonormierte Basis $\mathbf{i}_\alpha$ benutzen, die dem kartesischen Koordinatensystem x^α zugeordnet ist, aber ebenso die Basis $\mathbf{a}_\alpha$ des Polarkoordinatensystems Θ^α in A*. In beiden Fällen unterschiedlicher Basissysteme sind auch die Vektorkomponenten verschieden:

$$\mathbf{K} = K^1 \mathbf{i}_1 + K^2 \mathbf{i}_2 = K^\lambda \mathbf{i}_\lambda = \bar{K}^1 \mathbf{a}_1 + \bar{K}^2 \mathbf{a}_2 = \bar{K}^\alpha \mathbf{a}_\alpha . \qquad (1.1.36)$$

* *Die genaue Definition der Basis* $\mathbf{a}_\alpha$ *erfolgt im Abschnitt 1.2.2.*

Analog verhalten sich die Spannungskomponenten eines Punktes P. Ein und derselbe Spannungszustand oder Spannungstensor wird in beiden Bezugssystemen durch völlig unterschiedliche Komponenten $\tau^{\alpha\beta}$ bzw. $\bar{\tau}^{\alpha\beta}$ repräsentiert.

Offensichtlich sind die erwähnten thermo-mechanischen Größen in zwei Gruppen unterteilbar. Temperaturfeld T und Lastvektor **K** lassen sich unabhängig von einem Bezugssystem definieren. Daher bleiben sie bei einer Koordinatentransformation unverändert; wir nennen sie *koordinateninvariant* oder einfach *invariant*. Dagegen gehören die Vektorkomponenten K^α und die Spannungskomponenten $\tau^{\alpha\beta}$ zu den *koordinatenabhängigen* Größen, deren Definition nur hinsichtlich eines vorher vorhandenen Bezugssystems möglich und sinnvoll ist.

Will man physikalische Phänomene frei von den Zufälligkeiten eines speziellen Bezugssystems formulieren, so wählt man eine Darstellung in invarianten Größen. Dieses Vorgehen ist jedoch zur numerischen Lösung physikalischer Probleme in konkreten geometrischen Gebieten ungeeignet. Soll beispielsweise der Spannungszustand eines in festgelegter Weise berandeten und belasteten Scheibentragwerks berechnet werden, so erfordert dies die Angabe von Längen, Richtungen und Komponenten, bezogen auf ein bestimmtes Bezugssystem.

Um dennoch Formulierungen verwenden zu können, die frei von den Eigenschaften spezieller Koordinatensysteme sind, definiert das Tensorkonzept alle Komponenten hinsichtlich eines *willkürlichen* Bezugssystems. Es verlangt darüber hinaus, daß beim Wechsel zu einem anderen Bezugssystem jede Vektorkomponente sich nach einer einheitlichen Vorschrift transformiert, deren Form unabhängig von dem jeweiligen Koordinatensystem ist, d.h.:

$$\bar{K}^\alpha = \frac{\partial \Theta^\alpha}{\partial x^\lambda} K^\lambda \quad \text{bzw.} \quad K^\lambda = \frac{\partial x^\lambda}{\partial \Theta^\alpha} \bar{K}^\alpha. \tag{1.1.37}$$

Diese Transformationsvorschrift wird auch auf Tensorkomponenten mit mehrfachen Indizes übertragen. So ergibt sich beispielsweise für die Spannungskomponenten:

$$\bar{\tau}^{\alpha\beta} = \frac{\partial \Theta^\alpha}{\partial x^\lambda} \frac{\partial \Theta^\beta}{\partial x^\mu} \tau^{\lambda\mu} \quad \text{bzw.} \quad \tau^{\lambda\mu} = \frac{\partial x^\lambda}{\partial \Theta^\alpha} \frac{\partial x^\mu}{\partial \Theta^\beta} \bar{\tau}^{\alpha\beta}. \tag{1.1.38}$$

Die Vorteile dieses Konzeptes liegen auf der Hand: Alle Indizes einer Tensorgleichung transformieren sich nach dem gleichen Gesetz. Da tensorielle Beziehungen für ein willkürliches Bezugssystem hergeleitet werden, gelten sie für jedes spezielle System in der gleichen Form. Nicht die einzelne Tensorkomponente ist invariant, wohl aber die Form jeder Tensorgleichung.

Im folgenden werden wir die Definition der Tensorkomponenten vertiefen. Nach der späteren Einführung von Basisvektoren können wir diesen Komponenten die eigentlichen *Tensoren* zuordnen, die – wie der Vektor **K** des Bildes 1.3 – Invarianzcharakter besitzen.

1.1.6 Definition von Tensorkomponenten

Tensorkomponenten zweidimensionaler Riemannscher Räume R2 werden mit griechischen Buchstaben indiziert und hinsichtlich einer Koordinatentransformation der Form (1.1.29) definiert. Nach der *Anzahl* ihrer Indizes unterscheiden wir Tensorkomponenten verschiedener *Stufe*; nach der *Stellung* ihrer Indizes solche verschiedenen *Typs*.

a) Eine Funktion φ, die bei einer Koordinatentransformation invariant bleibt, ist eine *Tensorkomponente nullter Stufe*. Man bezeichnet sie auch als *invarianten Skalar* oder kurz als *Skalar*.

b) A_α sei ein System von zwei Funktionen im Koordinatensystem Θ^α und $\bar{A}_\alpha$ ein analog gebildetes Funktionensystem im Koordinatensystem $\bar{\Theta}^\alpha$. Die A_α bzw. $\bar{A}_\alpha$ bilden *Tensorkomponenten erster Stufe vom kovarianten Typ (kovariante Tensorkomponenten erster Stufe)*, wenn sie bei Ausführung einer Koordinatentransformation die Vorschrift

$$\bar{A}_\alpha = \frac{\partial \Theta^\beta}{\partial \bar{\Theta}^\alpha} A_\beta \quad \text{bzw.} \quad A_\alpha = \frac{\partial \bar{\Theta}^\beta}{\partial \Theta^\alpha} \bar{A}_\beta \tag{1.1.39}$$

erfüllen. Der tiefgestellte Index von A_α bzw. $\bar{A}_\alpha$ heißt *kovarianter Index*; (1.1.39) gilt als *kovariantes Transformationsgesetz.*

Beispiel: Durch die partielle Ableitung eines Skalars $\varphi = \varphi(\Theta^1, \Theta^2)$ *nach* Θ^α *entstehen die Funktionen* $B_\alpha = \dfrac{\partial \varphi}{\partial \Theta^\alpha}$. *Im Koordinatensystem* $\bar{\Theta}^\alpha$ *werden dementsprechend die Komponenten* $\bar{B}_\alpha = \dfrac{\partial \varphi}{\partial \bar{\Theta}^\alpha}$ *definiert. Aufgrund der Kettenregel gilt*

$$\bar{B}_\alpha = \frac{\partial \varphi}{\partial \bar{\Theta}^\alpha} = \frac{\partial \varphi}{\partial \Theta^1} \frac{\partial \Theta^1}{\partial \bar{\Theta}^\alpha} + \frac{\partial \varphi}{\partial \Theta^2} \frac{\partial \Theta^2}{\partial \bar{\Theta}^\alpha} = \frac{\partial \varphi}{\partial \Theta^\beta} \frac{\partial \Theta^\beta}{\partial \bar{\Theta}^\alpha} = \frac{\partial \Theta^\beta}{\partial \bar{\Theta}^\alpha} B_\beta;$$

d.h. durch die partielle Ableitung eines Skalars entstehen laut (1.1.39) kovariante Tensorkomponenten erster Stufe.

c) A^α und $\bar{A}^\alpha$ seien je zwei Funktionensysteme in den Koordinaten Θ^α bzw. $\bar{\Theta}^\alpha$. Beide Funktionensysteme stellen *Tensorkomponenten erster Stufe vom kontravarianten Typ* (*kontravariante Tensorkomponenten erster Stufe*) dar, wenn zwischen ihnen die Transformationsvorschrift

$$\bar{A}^\alpha = \frac{\partial \bar{\Theta}^\alpha}{\partial \Theta^\beta} A^\beta \quad \text{bzw.} \quad A^\alpha = \frac{\partial \Theta^\alpha}{\partial \bar{\Theta}^\beta} \bar{A}^\beta \tag{1.1.40}$$

besteht. (1.1.40) wird als *kontravariantes Transformationsgesetz* bezeichnet und der hochgestellte Index von A^α bzw. $\bar{A}^\alpha$ als *kontravarianter Index.*

Beispiel: Wegen der Kettenregel der Differentialrechnung befolgen die Koordinatendifferentiale $d\bar{\Theta}^\alpha$ *genau die Transformationsvorschrift (1.1.40):*

$$d\bar{\Theta}^\alpha = \frac{\partial \bar{\Theta}^\alpha}{\partial \Theta^1} d\Theta^1 + \frac{\partial \bar{\Theta}^\alpha}{\partial \Theta^2} d\Theta^2 = \frac{\partial \bar{\Theta}^\alpha}{\partial \Theta^\beta} d\Theta^\beta. \tag{1.1.41}$$

Ein kontravarianter Index transformiert sich demnach beim Wechsel des Koordinatensystems wie die Koordinatendifferentiale.

Da die Koordinatendifferentiale $d\Theta^\alpha$ somit kontravariante Tensorkomponenten erster Stufe bilden, werden die Koordinaten Θ^α selbst mit einem hochgestellten Index bezeichnet. Es sei jedoch betont, daß diese wegen der Willkür des Zusammenhangs (1.1.29) keine Tensorkomponenten darstellen; die Stellung ihrer Indizes besitzt daher nur formale Bedeutung.

d) Die obigen Definitionen können auf Tensorkomponenten beliebiger Stufe und beliebigen Typs verallgemeinert werden: Das System $A^{\alpha}_{\cdot\beta\lambda}$ der $2^3 = 8$ Funktionen beispielsweise bildet *Tensorkomponenten dritter Stufe*, deren Typ zweifach kovariant und einfach kontravariant ist, wenn sie bei einer Koordinatentransformation die Vorschrift

$$\bar{A}^{\alpha}_{\cdot\beta\gamma} = \frac{\partial\bar{\Theta}^{\alpha}}{\partial\Theta^{\rho}} \frac{\partial\Theta^{\mu}}{\partial\bar{\Theta}^{\beta}} \frac{\partial\Theta^{\lambda}}{\partial\bar{\Theta}^{\gamma}} A^{\rho}_{\cdot\mu\lambda},$$
$$A^{\alpha}_{\cdot\beta\gamma} = \frac{\partial\Theta^{\alpha}}{\partial\bar{\Theta}^{\rho}} \frac{\partial\bar{\Theta}^{\mu}}{\partial\Theta^{\beta}} \frac{\partial\bar{\Theta}^{\lambda}}{\partial\Theta^{\gamma}} \bar{A}^{\rho}_{\cdot\mu\lambda} \tag{1.1.42}$$

erfüllen. Vereinbarungsgemäß bezeichnen hierin die $\bar{A}^{\alpha}_{\cdot\beta\lambda}$ die Tensorkomponenten hinsichtlich des Systems $\bar{\Theta}^{\alpha}$.

Beispiel: Es sei zu beweisen, daß das Kronecker-Symbol δ^{β}_{α} Tensorkomponenten bildet, die in jedem Koordinatensystem der Definition (1.1.13) folgen. Dazu formen wir den Ansatz laut (1.1.42)

$$\bar{\delta}^{\alpha}_{\beta} = \frac{\partial\bar{\Theta}^{\alpha}}{\partial\Theta^{\lambda}} \frac{\partial\Theta^{\mu}}{\partial\bar{\Theta}^{\beta}} \delta^{\lambda}_{\mu} = \frac{\partial\bar{\Theta}^{\alpha}}{\partial\Theta^{\lambda}} \frac{\partial\Theta^{\lambda}}{\partial\bar{\Theta}^{\beta}} = \frac{\partial\bar{\Theta}^{\alpha}}{\partial\bar{\Theta}^{\beta}}$$

entsprechend der Regel vom Austausch der stummen Indizes (1.1.16) um. Hierin ergibt $\frac{\partial\bar{\Theta}^{\alpha}}{\partial\bar{\Theta}^{\beta}}$ den Wert Eins, wenn $\alpha = \beta$ ist, sonst den Wert Null. Somit gilt in Übereinstimmung mit der obigen Aussage:

$$\bar{\delta}^{\alpha}_{\beta} = \delta^{\alpha}_{\beta}.$$

Die Definitionen dieses Abschnittes lassen sich ohne Schwierigkeiten auf Tensorkomponenten des dreidimensionalen Raumes E3 übertragen. Diese werden mit lateinischen Buchstaben indiziert und ausgehend von einer Koordinatentransformation der Form (1.1.35) definiert. Als repräsentatives Beispiel wählen wir eine Transformationsvorschrift für Tensorkomponenten vierter Stufe:

$$\bar{A}^{ij}_{\cdot\cdot kl} = \frac{\partial\Theta^{i}}{\partial x^{m}} \frac{\partial\Theta^{j}}{\partial x^{n}} \frac{\partial x^{r}}{\partial\Theta^{k}} \frac{\partial x^{s}}{\partial\Theta^{l}} A^{mn}_{\cdot\cdot rs},$$
$$A^{ij}_{\cdot\cdot kl} = \frac{\partial x^{i}}{\partial\Theta^{m}} \frac{\partial x^{j}}{\partial\Theta^{n}} \frac{\partial\Theta^{r}}{\partial x^{k}} \frac{\partial\Theta^{s}}{\partial x^{l}} \bar{A}^{mn}_{\cdot\cdot rs}, \tag{1.1.43}$$

worin die $A^{ij}_{\cdot\cdot kl}$ bzw. $\bar{A}^{ij}_{\cdot\cdot kl}$ Tensorkomponenten hinsichtlich der Koordinatensysteme x^i bzw. Θ^i darstellen.

1.1.7 Operationen mit Tensorkomponenten

In der Tensoralgebra werden nur wenige Operationen definiert. Wir werden uns mit fünf Operationsregeln begnügen; nach Einführung des Maßtensors wird in Abschnitt 1.2.4 eine sechste folgen. Sämtliche Rechenregeln der Tensoralgebra lassen sich auf prinzipiell gleichem Weg beweisen: es wird untersucht, ob die durch die jeweilige Operation definierten Tensorkomponenten bei Ausführung einer Koordinatentransformation die Vorschriften des Abschnittes 1.1.6 erfüllen. Aus diesem Grund können wir uns auf den Beweis der zweiten und fünften Rechenregel beschränken.

a) Tensorkomponenten gleicher Stufe und gleichen Typs können *addiert* bzw. *subtrahiert* werden. Als Summe entstehen Tensorkomponenten gleicher Stufe und gleichen Typs wie die einzelnen Summanden. Als Beispiel wählen wir:

$$C_{\alpha\beta} = A_{\alpha\beta} + B_{\alpha\beta} \quad \text{bzw.} \quad C_{ij} = A_{ij} + B_{ij}. \tag{1.1.44}$$

Selbstverständlich ist die Addition kommutativ.

b) Das *Produkt* von Tensorkomponenten m-ter Stufe mit solchen n-ter Stufe ergibt Tensorkomponenten (m + n)-ter Stufe, deren Typ sich nach der Stellung der Indizes der einzelnen Faktoren richtet. Beispielsweise entsteht:

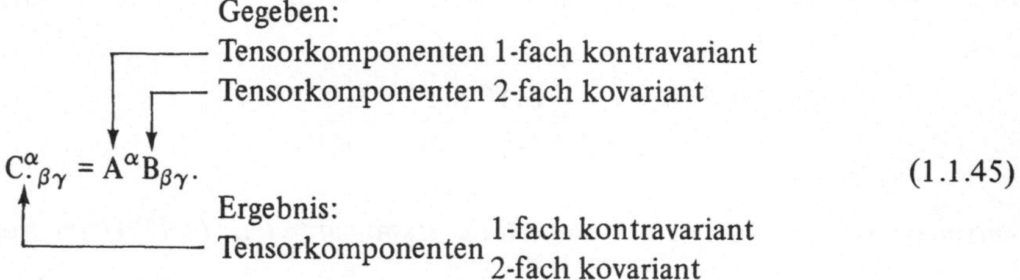

$$C^{\alpha}_{\cdot\beta\gamma} = A^{\alpha} B_{\beta\gamma}. \tag{1.1.45}$$

Zum Beweis dieser Regel bilden wir entsprechend (1.1.45):

$$\bar{C}^{\alpha}_{\cdot\beta\gamma} = \bar{A}^{\alpha} \bar{B}_{\beta\gamma},$$

wobei quergestrichene Größen die transformierten Tensorkomponenten im Koordinatensystem $\bar{\Theta}^{\alpha}$ darstellen. Da $\bar{A}^{\alpha}$ und $\bar{B}_{\beta\gamma}$ voraussetzungsgemäß

$$\bar{A}^{\alpha} = \frac{\partial \bar{\Theta}^{\alpha}}{\partial \Theta^{\rho}} A^{\rho}, \quad \bar{B}_{\beta\gamma} = \frac{\partial \Theta^{\lambda}}{\partial \bar{\Theta}^{\beta}} \frac{\partial \Theta^{\mu}}{\partial \bar{\Theta}^{\gamma}} B_{\lambda\mu}$$

erfüllen, erhalten wir mit (1.1.45) für $\bar{C}^{\alpha}_{\cdot\beta\gamma}$

$$\bar{C}^{\alpha}_{\cdot\beta\gamma} = \frac{\partial \bar{\Theta}^{\alpha}}{\partial \Theta^{\rho}} \frac{\partial \Theta^{\lambda}}{\partial \bar{\Theta}^{\beta}} \frac{\partial \Theta^{\mu}}{\partial \bar{\Theta}^{\gamma}} A^{\rho} B_{\lambda\mu} = \frac{\partial \bar{\Theta}^{\alpha}}{\partial \Theta^{\rho}} \frac{\partial \Theta^{\lambda}}{\partial \bar{\Theta}^{\beta}} \frac{\partial \Theta^{\mu}}{\partial \bar{\Theta}^{\gamma}} C^{\rho}_{\cdot\lambda\mu}$$

das Transformationsgesetz für einfach kontravariante und zweifach kovariante Tensorkomponenten dritter Stufe. Das Produkt ist kommutativ, d.h. es gilt:

$$C^{\alpha}_{\cdot\beta\gamma} = A^{\alpha} B_{\beta\gamma} = B_{\beta\gamma} A^{\alpha}. \tag{1.1.46}$$

c) Als *Überschiebung oder verjüngende Multiplikation* bezeichnet man das Gleichsetzen zweier gegenständiger Indizes während einer Multiplikation. Das Ergebnis sind Tensorkomponenten, deren Stufenzahl gegenüber der Summe der Stufenzahlen der ursprünglichen Komponenten um zwei reduziert ist:

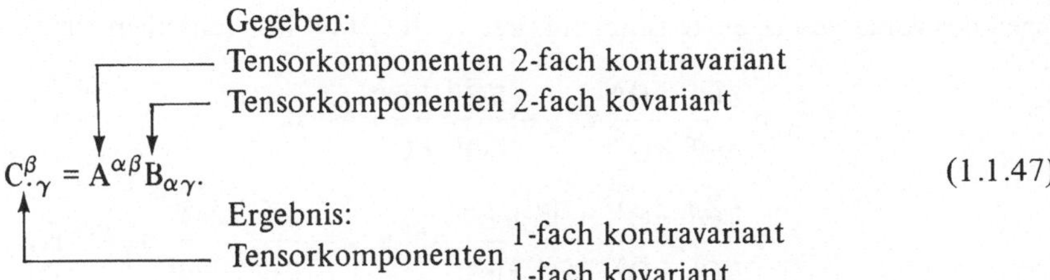

$$C^{\beta}_{\cdot\gamma} = A^{\alpha\beta}B_{\alpha\gamma}. \tag{1.1.47}$$

Eine nochmalige Überschiebung liefert hieraus den Skalar:

$$C = C^{\beta}_{\cdot\beta} = A^{\alpha\beta}B_{\alpha\beta} = A^{11}B_{11} + A^{12}B_{12} + A^{21}B_{21} + A^{22}B_{22}.$$

Wendet man die im Abschnitt 1.1.3 eingeführte Regel vom Austausch der Indizes auf die Tensorkomponenten $A^{\alpha\beta}$ an

$$A^{\alpha\beta}\delta^{\gamma}_{\alpha} = A^{\gamma\beta},$$

so können wir diese Operation jetzt als Überschiebung identifizieren.

d) Bei einer *Verjüngung* werden in einem Symbol, das Tensorkomponenten n-ter Stufe repräsentiert, zwei gegenständige Indizes einander gleichgesetzt; dadurch entstehen Tensorkomponenten mit einer auf (n − 2) reduzierten Stufenzahl. Ein Beispiel für eine Verjüngung ist:

$$C_{\beta\gamma} = A^{\alpha}_{\cdot\beta\alpha\gamma} \quad \text{bzw.} \quad C_{jk} = A^{i}_{\cdot jik}. \tag{1.1.48}$$

Im einzelnen besitzt $C_{\beta\gamma}$ folgende Komponenten:

$$C_{\beta\gamma} = \begin{bmatrix} C_{11} & C_{12} \\ C_{21} & C_{22} \end{bmatrix} = \begin{bmatrix} A^{1}_{\cdot 111} + A^{2}_{\cdot 121} & A^{1}_{\cdot 112} + A^{2}_{\cdot 122} \\ A^{1}_{\cdot 211} + A^{2}_{\cdot 221} & A^{1}_{\cdot 212} + A^{2}_{\cdot 222} \end{bmatrix}.$$

e) Die *Quotientenregel* kann als Umkehrung einer Multiplikation oder Überschiebung aufgefaßt werden: Besteht beispielsweise die Verknüpfung (1.1.47), wobei der Tensorcharakter von $C^{\beta}_{\cdot\gamma}$ und $B_{\alpha\gamma}$ bekannt ist, so sind auch die $A^{\alpha\beta}$ Tensorkomponenten, deren Stufenzahl und Typ durch den betreffenden Zusammenhang festgelegt wird:

Gegeben:
Tensorkomponenten 2-fach kovariant
Tensorkomponenten 1-fach kontravariant 1-fach kovariant

$$C^{\beta}_{\cdot\gamma} = A^{\alpha\beta}B_{\alpha\gamma}. \tag{1.1.49}$$

Ergebnis:
Tensorkomponenten 2-fach kontravariant

Zum Beweis dieser Regel gehen wir wiederum von den transformierten Komponenten

$$\overline{C}^{\beta}_{\cdot\gamma} = \overline{A}^{\alpha\beta}\overline{B}_{\alpha\gamma} \tag{1.1.50}$$

aus.

Wegen des vorausgesetzten Tensorcharakters von $\overline{C}^{\beta}_{.\gamma}$ und $\overline{B}_{\alpha\gamma}$ schreiben wir

$$\overline{C}^{\beta}_{.\gamma} = \frac{\partial\overline{\Theta}^{\beta}}{\partial\Theta^{\rho}} \frac{\partial\Theta^{\lambda}}{\partial\overline{\Theta}^{\gamma}} C^{\rho}_{.\lambda} = \frac{\partial\overline{\Theta}^{\beta}}{\partial\Theta^{\rho}} \frac{\partial\Theta^{\lambda}}{\partial\overline{\Theta}^{\gamma}} A^{\nu\rho} B_{\nu\lambda}$$

$$= \frac{\partial\overline{\Theta}^{\beta}}{\partial\Theta^{\rho}} \frac{\partial\Theta^{\lambda}}{\partial\overline{\Theta}^{\gamma}} \frac{\partial\overline{\Theta}^{\alpha}}{\partial\Theta^{\nu}} \frac{\partial\overline{\Theta}^{\eta}}{\partial\Theta^{\lambda}} A^{\nu\rho} \overline{B}_{\alpha\eta} = \frac{\partial\overline{\Theta}^{\beta}}{\partial\Theta^{\rho}} \frac{\partial\overline{\Theta}^{\alpha}}{\partial\Theta^{\nu}} \delta^{\eta}_{\gamma} A^{\nu\rho} \overline{B}_{\alpha\eta}$$

$$= \frac{\partial\overline{\Theta}^{\beta}}{\partial\Theta^{\rho}} \frac{\partial\overline{\Theta}^{\alpha}}{\partial\Theta^{\nu}} A^{\nu\rho} \overline{B}_{\alpha\gamma}$$

und gewinnen hieraus durch Vergleich mit (1.1.50) genau das Transformationsgesetz für kontravariante Tensorkomponenten zweiter Stufe:

$$\overline{A}^{\alpha\beta} = \frac{\partial\overline{\Theta}^{\alpha}}{\partial\Theta^{\nu}} \frac{\partial\overline{\Theta}^{\beta}}{\partial\Theta^{\rho}} A^{\nu\rho}.$$

Die Quotientenregel wird später oft zum Nachweis der Tensoreigenschaft neu eingeführter Tensorkomponenten verwendet, wodurch der umständlichere Beweis über Transformationsgesetze umgangen wird.

1.1.8 Symmetrie- und Antimetrieeigenschaften

Die Komponenten $A_{\alpha\beta\lambda\mu}$ heißen *symmetrisch* in Bezug auf die Indizes α und β, wenn

$$A_{\alpha\beta\lambda\mu} = A_{\beta\alpha\lambda\mu} \qquad (1.1.51)$$

gilt. Demgegenüber heißt $B_{\alpha\beta\lambda\mu}$ in Bezug auf α und β *antimetrisch*, wenn bei Vertauschung dieser Indizes ein Vorzeichenwechsel eintritt:

$$B_{\alpha\beta\lambda\mu} = -B_{\beta\alpha\lambda\mu}. \qquad (1.1.52)$$

Somit muß $B_{\alpha\beta\lambda\mu}$ den Wert Null annehmen, wenn $\alpha = \beta$ ist. Aus demselben Grund besitzt die zweifach indizierte antimetrische Größe $C_{\alpha\beta} = -C_{\beta\alpha}$ nur zwei nichtverschwindende Komponenten $C_{12} = -C_{21}$ vom gleichen Absolutwert.

Symmetrie- und Antimetrieeigenschaften werden stets in Bezug auf Indizes vom gleichen Typ definiert. Mit Hilfe der Transformationsgesetze des Abschnittes 1.1.6 kann leicht die Invarianz dieser Eigenschaft nachgewiesen werden, die somit unabhängig von dem verwendeten Koordinatensystem gilt.

Tensorkomponenten zweiter Stufe lassen sich stets in einen symmetrischen und einen antimetrischen Anteil zerlegen. Zum Beweis gehen wir von der Identität

$$A_{\alpha\beta} = \frac{1}{2}[(A_{\alpha\beta} + A_{\beta\alpha}) + (A_{\alpha\beta} - A_{\beta\alpha})]$$

aus, woraus mit den Abkürzungen

$$A_{(\alpha\beta)} = \frac{1}{2}(A_{\alpha\beta} + A_{\beta\alpha}), \quad A_{[\alpha\beta]} = \frac{1}{2}(A_{\alpha\beta} - A_{\beta\alpha}) \qquad (1.1.53)$$

die gesuchte Zerlegung

$$A_{\alpha\beta} = A_{(\alpha\beta)} + A_{[\alpha\beta]} \tag{1.1.54}$$

folgt. Runde bzw. eckige Indexklammern sollen auch im folgenden stets zur Hervorhebung symmetrischer bzw. antimetrischer Komponenten herangezogen werden. Ist beispielsweise $m^{\alpha\beta}$ eine symmetrische Größe, so soll dies durch die Darstellung

$$m^{(\alpha\beta)} = m^{\alpha\beta} = m^{\beta\alpha}$$

besonders betont werden.

AUFGABEN

4. *Man gebe dem Symbol* A *eine mögliche Indizierung, damit die folgenden Tensorgleichungen sinnvoll sind:*

$$A\,\delta^{\rho}_{\alpha} a_{\mu\beta} B^{\alpha\mu\gamma} = C^{\lambda}_{\lambda}, \quad A\,B^{\alpha\mu}_{\cdot\cdot\alpha} = \delta^{\mu}_{\nu} C^{\nu\rho}_{\cdot\cdot\rho\lambda}.$$

5. *Man zeige, daß die Überschiebung* $A_{\alpha\beta}B^{\alpha\beta}$ *stets den Wert Null ergibt, wenn* $A_{\alpha\beta}$ *symmetrisch und* $B^{\alpha\beta}$ *antimetrisch ist.*
6. *Man ermittle die symmetrischen und antimetrischen Komponenten des Ausdruckes* $m^{\lambda\alpha}b^{\beta}_{\lambda}$.
7. *Unter Verwendung der Zerlegung* $n^{\alpha\beta} = n^{(\alpha\beta)} + n^{[\alpha\beta]}$ *und der antimetrischen Komponenten* $\epsilon_{\alpha\beta}$ $(\epsilon_{12} = -\epsilon_{21} = \sqrt{a})$ *werde aus*

$$(n^{\alpha\beta} + m^{\lambda\alpha}b^{\beta}_{\lambda})\,\epsilon_{\alpha\beta} = 0$$

die folgende Identität hergeleitet:

$$n^{[\alpha\beta]} = \frac{1}{2}(m^{\lambda\beta}b^{\alpha}_{\lambda} - m^{\lambda\alpha}b^{\beta}_{\lambda}).$$

8. *Man zeige unter der Voraussetzung* $a^{\alpha\beta} = a^{\beta\alpha}$, *daß die Tensorkomponenten vierter Stufe*

$$H^{\alpha\beta\rho\lambda} = \frac{1-\nu}{2}\,(a^{\alpha\rho}a^{\beta\lambda} + a^{\alpha\lambda}a^{\beta\rho} + \frac{2\nu}{1-\nu}\,a^{\alpha\beta}a^{\rho\lambda})$$

die Symmetrieeigenschaften

$$H^{\alpha\beta\rho\lambda} = H^{\beta\alpha\rho\lambda} = H^{\alpha\beta\lambda\rho} = H^{\rho\lambda\alpha\beta}$$

aufweisen. Wieviel unabhängige Komponenten besitzt $H^{\alpha\beta\rho\lambda}$*? Bitte schreiben Sie diese aus.*

9. *Man zeige unter der Voraussetzung* $b_{\alpha\beta} = b_{\beta\alpha}$, *daß die durch*

$$R_{\rho\lambda\alpha\beta} = b_{\lambda\beta}b_{\rho\alpha} - b_{\lambda\alpha}b_{\rho\beta}$$

definierten Tensorkomponenten vierter Stufe die Symmetrieeigenschaften

$$R_{\rho\lambda\alpha\beta} = R_{\alpha\beta\rho\lambda}, \quad R_{\rho\lambda\alpha\beta} = -R_{\lambda\rho\alpha\beta}, \quad R_{\rho\lambda\alpha\beta} = -R_{\rho\lambda\beta\alpha}$$

und demnach nur vier nicht verschwindende Komponenten besitzen. Bitte schreiben Sie diese aus.

1.2 Die Metrik einer Fläche

1.2.1 Flächen- und Raumkoordinaten

Unsere Betrachtungen waren bisher von sehr abstrakter Natur. Neue Begriffe wurden mathematisch-formal eingeführt, ohne sie mit geometrischen oder gar mechanischen Vorstellungen zu verbinden. Daher wird der Leser das Werkzeug der Tensoralgebra auch noch nicht auf praktische Fragestellungen der Geometrie oder Mechanik übertragen können. Als erste Anwendung soll nun die differentialgeometrische Beschreibung von Flächen, die in den E3 eingebettet sind, im Rahmen des Tensorkonzeptes erfolgen.

Dabei beschreiben wir, wie bereits erwähnt, den dreidimensionalen euklidischen Raum E3 durch ein orthogonales kartesisches Koordinatensystem x^i und wählen die Einheitsvektoren $i_i = i^i$ in Richtung der Koordinatenachsen als zugehörige *orthonormierte Vektorbasis*. Im Rahmen dieses Bezugssystems beschreibt somit jedes feste Zahlentripel x^i einen Punkt des E3 und definiert gleichzeitig die Komponenten des Ortsvektors:

$$r = r(x^i) = x^1 i_1 + x^2 i_2 + x^3 i_3 = x^k i_k. \qquad (1.2.1)$$

Sind jedoch die Koordinaten x^i Funktionen zweier Parameter Θ^α, so beschreibt der Ortsvektor

$$r = r(\Theta^\alpha) = x^k(\Theta^\alpha) i_k \qquad (1.2.2)$$

nun ein zweidimensionales Gebilde, eine *Fläche F* (Bild 1.4), die in den E3 eingebettet ist. Jedes feste Zahlenpaar Θ_0^α ergibt einen Punkt dieser Fläche, die somit einen zweidimensionalen Raum darstellt.

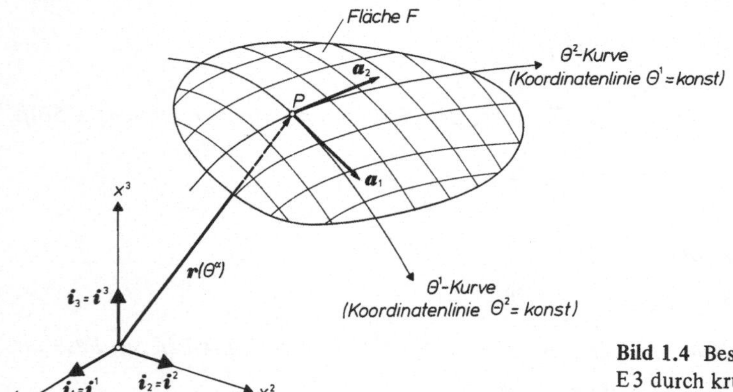

Bild 1.4 Beschreibung einer Fläche F im E3 durch krummlinige Koordinaten

Hält man einen Parameter, z.B. Θ^2, fest, so beschreibt der Ortsvektor (1.2.2) nunmehr eine auf F liegende Kurve, die als *Θ^1-Kurve* oder auch als *Koordinatenlinie Θ^2 = konst* bezeichnet wird. In entsprechender Weise wird ebenfalls die *Θ^2-Kurve* oder *Koordinatenlinie Θ^1 = konst* definiert (Bild 1.4). Somit sind jedem Punkt P von F zwei ausgezeichnete Kurven, die *Koordinaten-* oder *Parameterlinien*, zugeordnet, die die Fläche F schlicht überdecken. Die Variablen Θ^α selbst heißen *allgemeine krummlinige Flächenkoordinaten, Gaußsche Koordinaten**

* Karl Friedrich Gauß (1777–1825); gilt als der bedeutendste Mathematiker der Neuzeit, lebte in Göttingen. Grundlegende Arbeiten auf fast allen Gebieten der Mathematik.

oder *Gaußsche Parameter*. Dabei charakterisiert die Bezeichnung *krummlinig* den beliebigen Verlauf der Koordinatenlinien Θ^α = konst auf F.

Mit Hilfe der umkehrbar eindeutigen Transformationsvorschrift

$$T: \bar{\Theta}^\alpha = \bar{\Theta}^\alpha(\Theta^1, \Theta^2), \quad T^{-1}: \Theta^\alpha = \Theta^\alpha(\bar{\Theta}^1, \bar{\Theta}^2) \tag{1.2.3}$$

kann man auf F zu beliebigen neuen Koordinaten $\bar{\Theta}^\alpha$ übergehen. Diese Koordinatentransformation wird den Ausgangspunkt zur Definition von Tensorkomponenten auf der Fläche F bilden. Wie im Abschnitt 1.1.6 erläutert sollen dabei diejenigen Funktionensysteme als Tensorkomponenten bezeichnet werden, die die dortigen Transformationsvorschriften erfüllen.

1.2.2 Basisvektoren und erste Grundform der Flächentheorie

Durch partielle Ableitung des Ortsvektors (1.2.2) nach Θ^α erhält man bekanntlich in jedem Punkt P von F zwei Tangentenvektoren an die Θ^α-Kurven (Bild 1.4), die als flächenhafte Vektorbasis dienen können:

$$\mathbf{a}_\alpha = \mathbf{r}_{,\alpha} = \frac{\partial \mathbf{r}}{\partial \Theta^\alpha}\,; \tag{1.2.4}$$

wir bezeichnen sie als *kovariante Basisvektoren*. Wie in (1.2.4) möge das Komma auch im folgenden stets eine partielle Ableitung kennzeichnen, beispielsweise:

$$A_{\alpha\beta,\rho} = \frac{\partial (A_{\alpha\beta})}{\partial \Theta^\rho}, \quad \bar{A}_{\alpha\beta,\rho} = \frac{\partial (\bar{A}_{\alpha\beta})}{\partial \bar{\Theta}^\rho}.$$

Die Benennung *kovariante* Basisvektoren für $\mathbf{a}_\alpha$ resultiert aus dem Transformationsverhalten dieser Größen. Für die Basisvektoren $\bar{\mathbf{a}}_\alpha = \dfrac{\partial \mathbf{r}}{\partial \bar{\Theta}^\alpha}$ des transformierten Systems $\bar{\Theta}^\alpha$ läßt sich nämlich unter Anwendung der Kettenregel der Differentiationsrechnung

$$\bar{\mathbf{a}}_\alpha = \frac{\partial \mathbf{r}}{\partial \bar{\Theta}^\alpha} = \frac{\partial \mathbf{r}}{\partial \Theta^1}\frac{\partial \Theta^1}{\partial \bar{\Theta}^\alpha} + \frac{\partial \mathbf{r}}{\partial \Theta^2}\frac{\partial \Theta^2}{\partial \bar{\Theta}^\alpha} = \frac{\partial \mathbf{r}}{\partial \Theta^\rho}\frac{\partial \Theta^\rho}{\partial \bar{\Theta}^\alpha}$$

angeben, was wegen (1.2.4)

$$\bar{\mathbf{a}}_\alpha = \frac{\partial \Theta^\rho}{\partial \bar{\Theta}^\alpha}\,\mathbf{a}_\rho \tag{1.2.5}$$

genau dem Transformationsgesetz (1.1.39) entspricht.

Mit Hilfe der Basisvektoren $\mathbf{a}_\alpha$ definieren wir nun die *kovarianten Komponenten* des *Maßtensors** der Fläche F durch

$$a_{\alpha\beta} = a_{\beta\alpha} = \mathbf{a}_\alpha \cdot \mathbf{a}_\beta, \tag{1.2.6}$$

die wegen der Vertauschbarkeit der Vektoren eines Skalarproduktes symmetrisch sind. Ihre Tensoreigenschaft kann wiederum aus den Transformationseigenschaften bestätigt werden.

* *Der Bequemlichkeit halber werden wir* $a_{\alpha\beta}$ *später kurz als kovarianten Maßtensor bezeichnen.*

Drückt man nämlich in

$$\bar{a}_{\alpha\beta} = \bar{a}_\alpha \cdot \bar{a}_\beta$$

die Basisvektoren durch (1.2.5) aus und beachtet (1.2.6), so entsteht

$$\bar{a}_{\alpha\beta} = \frac{\partial\Theta^\rho}{\partial\bar{\Theta}^\alpha} a_\rho \cdot \frac{\partial\Theta^\lambda}{\partial\bar{\Theta}^\beta} a_\lambda = \frac{\partial\Theta^\rho}{\partial\bar{\Theta}^\alpha} \frac{\partial\Theta^\lambda}{\partial\bar{\Theta}^\beta} a_{\rho\lambda}$$

das Transformationsgesetz für kovariante Tensorkomponenten zweiter Stufe.

Um uns den Informationsinhalt des Maßtensors (1.2.6) zu verdeutlichen, führen wir durch die Parameterdarstellung

$$\Theta^\alpha = \Theta^\alpha(t) \tag{1.2.7}$$

eine vorgegebene Kurve C auf F ein. Wird demnach das Differential des Ortsvektors **r** längs C durch

$$d\mathbf{r} = \frac{\partial \mathbf{r}}{\partial\Theta^1} d\Theta^1 + \frac{\partial \mathbf{r}}{\partial\Theta^2} d\Theta^2 = \mathbf{a}_\alpha d\Theta^\alpha \tag{1.2.8}$$

mit

$$d\Theta^\alpha = \frac{d\Theta^\alpha}{dt} dt = \dot{\Theta}^\alpha dt$$

beschrieben, so finden wir für das Bogenelement ds längs C:

$$ds^2 = d\mathbf{r} \cdot d\mathbf{r} = (\mathbf{a}_\alpha\, d\Theta^\alpha) \cdot (\mathbf{a}_\beta\, d\Theta^\beta) = \mathbf{a}_\alpha \cdot \mathbf{a}_\beta\, d\Theta^\alpha d\Theta^\beta = a_{\alpha\beta}\, d\Theta^\alpha d\Theta^\beta. \tag{1.2.9}$$

Die gesamte Bogenlänge s zwischen zwei beliebigen Kurvenpunkten $t = t_0$ und $t = t_1$ wird somit durch

$$s = \int_{t_0}^{t_1} \sqrt{a_{\alpha\beta}\dot{\Theta}^\alpha\dot{\Theta}^\beta}\, dt \tag{1.2.10}$$

angegeben. Aus (1.2.10) erklärt sich die grundlegende Bedeutung von $a_{\alpha\beta}$ zur Bestimmung von Bogenlängen auf F und zugleich dessen Bezeichnung als *Maßtensor, Metriktensor* oder *metrischer Fundamentaltensor*. Dementsprechend heißt die rechte Seite der Gleichung (1.2.9), die eine quadratische Differentialform ist, *erste Grundform* oder *erste Fundamentalform* der Flächentheorie. Die Existenz einer Meßvorschrift für die Abstände einzelner Raumpunkte charakterisiert übrigens einen *metrischen* Raum. Besitzt diese darüber hinaus die Form (1.2.10), so liegt ein *Riemannscher Raum* vor.

Nach diesen Erläuterungen definieren wir durch

$$a_{\alpha\rho}a^{\rho\beta} = \delta_\alpha^\beta \tag{1.2.11}$$

die *kontravarianten Komponenten* $a^{\rho\beta}$ des *Maßtensors*.* Da $a_{\alpha\rho}$ und δ_α^β, wie bereits bewiesen, Tensorcharakter besitzen, folgen aus der Quotientenregel (1.1.49) die $a^{\rho\beta}$ als kontravariante Tensorkomponenten zweiter Stufe.

* *Später werden wir die Kurzbezeichnung kontravarianter Maßtensor verwenden.*

Eine oft benötigte Größe ist die Determinante a des kovarianten Maßtensors $a_{\alpha\beta}$:

$$a = |a_{\alpha\beta}| = a_{11}a_{22} - (a_{12})^2. \tag{1.2.12}$$

Mit ihr und unter Verwendung der bekannten *Cramer*schen Regel entsteht aus dem Gleichungssystem (1.2.11), dessen vier Zeilen der Leser zur Übung ausschreiben möge, die Matrix der kontravarianten Metrikkoeffizienten $a^{\alpha\beta}$:

$$a^{\alpha\beta} = a^{\beta\alpha} = \begin{bmatrix} a^{11} & a^{12} \\ a^{21} & a^{22} \end{bmatrix} = \frac{1}{a}\begin{bmatrix} a_{22} & -a_{12} \\ -a_{12} & a_{11} \end{bmatrix}. \tag{1.2.13}$$

Für den Sonderfall $a_{12} = 0$ folgt hieraus mit (1.2.12):

$$a^{\alpha\beta} = a^{\beta\alpha} = \begin{bmatrix} a^{11} & a^{12} \\ a^{21} & a^{22} \end{bmatrix} = \begin{bmatrix} \frac{1}{a_{11}} & 0 \\ 0 & \frac{1}{a_{22}} \end{bmatrix}. \tag{1.2.14}$$

Die Determinante von $a^{\alpha\beta}$ schließlich ermittelt sich aus (1.2.12) und (1.2.13) zu:

$$|a^{\alpha\beta}| = a^{11}a^{22} - (a^{12})^2 = \frac{1}{a}. \tag{1.2.15}$$

Mit Hilfe der kontravarianten Komponenten $a^{\alpha\rho}$ läßt sich nun der *kovarianten Basis* $\mathbf{a}_\alpha$ eine *kontravariante Basis*

$$\mathbf{a}^\alpha = a^{\alpha\rho}\mathbf{a}_\rho \tag{1.2.16}$$

zuordnen, deren kontravariante Transformationseigenschaft in ähnlicher Weise wie bei $\mathbf{a}_\alpha$ nachgewiesen werden kann. Somit lassen sich in jedem Flächenpunkt P zwei Vektorbasen $\mathbf{a}_\alpha$ und $\mathbf{a}^\alpha$ definieren, die in einer interessanten und für das Tensorkonzept typischen Wechselwirkung zueinander stehen.

Überschiebt man nämlich (1.2.16) mit $a_{\alpha\beta}$ und beachtet dabei (1.2.11)

$$a_{\alpha\beta}\mathbf{a}^\alpha = a_{\alpha\beta}a^{\alpha\rho}\mathbf{a}_\rho = \delta^\rho_\beta\mathbf{a}_\rho,$$

so folgt nach Austausch der Indizes die zu (1.2.16) duale Beziehung:

$$\mathbf{a}_\beta = a_{\alpha\beta}\mathbf{a}^\alpha. \tag{1.2.17}$$

Multipliziert man dagegen (1.2.16) skalar mit $\mathbf{a}_\beta$, so entsteht unter Beachtung von (1.2.6) und (1.2.11) die Identität

$$\mathbf{a}^\alpha \cdot \mathbf{a}_\beta = \delta^\alpha_\beta, \tag{1.2.18}$$

die neben (1.2.16) ebenfalls als Definitionsgleichung für $\mathbf{a}^\alpha$ angesehen werden kann. Aus dem Verschwinden des inneren Produktes in (1.2.18) erkennt man, daß $\mathbf{a}^1$ auf $\mathbf{a}_2$ und $\mathbf{a}^2$ auf $\mathbf{a}_1$ senkrecht stehen. Wegen der beiden Transformationen (1.2.16, 17) folgern wir ferner, daß die $\mathbf{a}^\alpha$ ebenfalls in der durch die $\mathbf{a}_\alpha$ aufgespannten Tangentialebene von F liegen, wie Bild 1.5 veranschaulicht.

Multipliziert man schließlich (1.2.16) skalar mit $\mathbf{a}^\beta$ und berücksichtigt (1.2.18), so läßt sich die zu (1.2.6) duale Definition für $a^{\alpha\beta}$ gewinnen:

$$a^{\alpha\beta} = \mathbf{a}^\alpha \cdot \mathbf{a}^\beta. \tag{1.2.19}$$

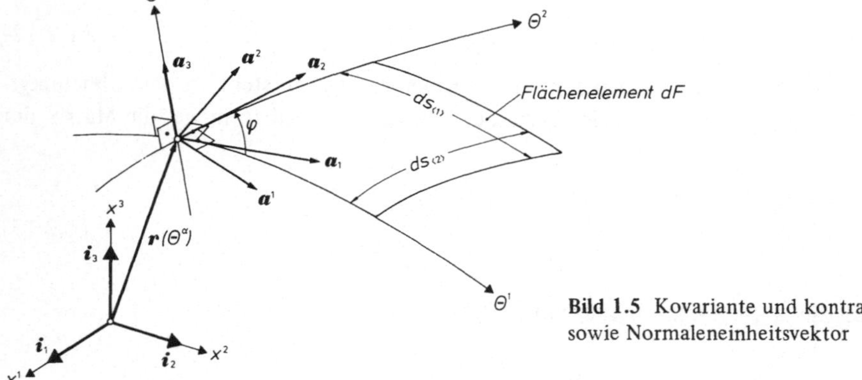

Bild 1.5 Kovariante und kontravariante Basis sowie Normaleneinheitsvektor

Aus den bisherigen Definitionen lassen sich weitere differentialgeometrische Elemente herleiten, die alle an die erste Grundform geknüpft sind. Sie verkörpern Eigenschaften, die allein durch Messungen auf der Fläche bestimmbar sind, ohne deren äußere Einbettung in den E3 zu kennen: daher gehören sie zur *inneren Geometrie* der Fläche.

Beispielsweise besitzen die Basisvektoren entsprechend (1.2.6, 19) die jeweiligen Längen:

$$|\mathbf{a}_\alpha| = \sqrt{\mathbf{a}_\alpha \cdot \mathbf{a}_\alpha} = \sqrt{a_{\alpha\alpha}}\,, \quad |\mathbf{a}^\alpha| = \sqrt{\mathbf{a}^\alpha \cdot \mathbf{a}^\alpha} = \sqrt{a^{\alpha\alpha}}\,. \tag{1.2.20}$$

Bezeichnet $\mathbf{dr}$ das Differential des Ortsvektors $\mathbf{r}$, so bestimmen sich die vektoriellen Linienelemente $\mathbf{ds}_{\langle 1\rangle}$ bzw. $\mathbf{ds}_{\langle 2\rangle}$ längs der Θ^1- bzw. Θ^2-Kurven aus (1.2.8) zu:

$$\mathbf{dr} = \mathbf{ds}_{\langle 1\rangle} + \mathbf{ds}_{\langle 2\rangle}: \quad \mathbf{ds}_{\langle 1\rangle} = \mathbf{a}_1 d\Theta^1, \quad \mathbf{ds}_{\langle 2\rangle} = \mathbf{a}_2 d\Theta^2. \tag{1.2.21}$$

Ihre Längen (Bild 1.5)

$$ds_{\langle 1\rangle} = |\mathbf{ds}_{\langle 1\rangle}| = \sqrt{a_{11}}\, d\Theta^1, \quad ds_{\langle 2\rangle} = |\mathbf{ds}_{\langle 2\rangle}| = \sqrt{a_{22}}\, d\Theta^2 \tag{1.2.22}$$

sind mittels (1.2.13) ebenfalls in der Form

$$ds_{\langle\alpha\rangle} = \sqrt{a_{\alpha\alpha}}\, d\Theta^\alpha = \sqrt{a\, a^{\beta\beta}}\; d\Theta^\alpha \quad (\alpha \neq \beta) \tag{1.2.23}$$

darstellbar. Für den von den Koordinatenlinien eingeschlossenen Winkel gilt:

$$\cos\varphi = \frac{\mathbf{a}_1}{\sqrt{a_{11}}} \cdot \frac{\mathbf{a}_2}{\sqrt{a_{22}}} = \frac{a_{12}}{\sqrt{a_{11}\, a_{22}}}\,, \quad \sin\varphi = \sqrt{1-\cos^2\varphi} = \frac{\sqrt{a}}{\sqrt{a_{11}\, a_{22}}}\,. \tag{1.2.24}$$

Orthogonale Parameterlinien werden daher durch die Bedingung

$$a_{12} = a^{12} = 0 \tag{1.2.25}$$

beschrieben, die bereits in (1.2.14) Verwendung fand.

Neben den Linienelementen $ds_{\langle\alpha\rangle}$ wird später das Flächenelement dF auf F von Bedeutung sein, das als Flächeninhalt des durch $\mathbf{ds}_{\langle 1\rangle}$ und $\mathbf{ds}_{\langle 2\rangle}$ aufgespannten Parallelogramms definiert wird:

$$dF = |\mathbf{ds}_{\langle 1\rangle} \times \mathbf{ds}_{\langle 2\rangle}| = ds_{\langle 1\rangle} ds_{\langle 2\rangle} \sin\varphi. \tag{1.2.26}$$

Mit (1.2.22) und (1.2.24) folgt hieraus der Ausdruck

$$dF = \sqrt{a}\, d\Theta^1\, d\Theta^2, \tag{1.2.27}$$

dessen Verwendung in (1.2.26) mit (1.2.21)

$$\sqrt{a} = |\mathbf{a}_1 \times \mathbf{a}_2| \tag{1.2.28}$$

liefert. Durch Quadrieren von (1.2.27) erkennen wir schließlich, daß a stets eine positive Größe darstellt.

1.2.3 Die allgemeine Rotationsfläche

Die bisher definierten differentialgeometrischen Elemente sollen beispielhaft für eine allgemeine Rotationsfläche bestimmt werden*, die auch weiterhin als Anwendungsbeispiel dienen soll. Eine derartige Fläche entsteht durch Drehung einer ebenen Kurve $r = r(\Theta^2)$ um eine in ihrer Ebene liegende Achse, beispielsweise um die x^3-Koordinatenachse. Zur Beschreibung dieser Fläche wählen wir auf Bild 1.6 Zylinderkoordinaten, d.h. Θ^1 bezeichnet den Winkel zwischen einer beliebigen Meridianebene und der (x^1, x^3)-Ebene; Θ^2 entspricht der Koordinate x^3. Somit entnehmen wir aus Bild 1.6 für den Ortsvektor:

$$\mathbf{r} = \bar{\mathbf{r}} + \Theta^2 \mathbf{i}_3 = r\cos\Theta^1\, \mathbf{i}_1 + r\sin\Theta^1\, \mathbf{i}_2 + \Theta^2\, \mathbf{i}_3. \tag{1.2.29}$$

Hieraus entstehen für Θ^1 = konst *Meridianlinien* und für Θ^2 = konst die *Breitenkreise*, die zusammen das Netz der Koordinatenlinien bilden.

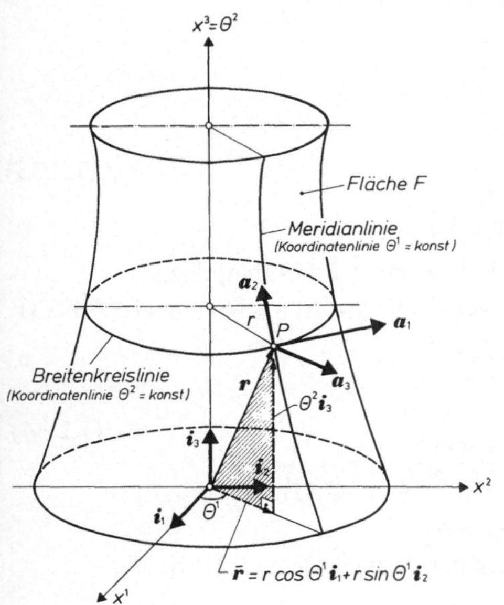

Bild 1.6 Allgemeine Rotationsfläche mit Basisvektoren $\mathbf{a}_\alpha$ im Punkt P

* Weitere Beispiele findet der Leser im Abschnitt 1.5.4; eine Zusammenfassung der Ergebnisse der Rotationsfläche dort in Tafel 1.2.

Aus dem Ortsvektor (1.2.29) lassen sich aufgrund der hergeleiteten Beziehungen folgende geometrische Elemente gewinnen. Die kovarianten Basisvektoren $\mathbf{a}_\alpha$ entstehen unter Verwendung von (1.2.4):

$$\begin{aligned} \mathbf{a}_1 &= \mathbf{r}_{,1} = -r \sin \Theta^1 \mathbf{i}_1 + r \cos \Theta^1 \mathbf{i}_2, \\ \mathbf{a}_2 &= \mathbf{r}_{,2} = r_{,2} \cos \Theta^1 \mathbf{i}_1 + r_{,2} \sin \Theta^1 \mathbf{i}_2 + \mathbf{i}_3. \end{aligned} \quad (1.2.30)$$

Die kovarianten Komponenten des Maßtensors erhält man hiermit entsprechend (1.2.6):

$$\begin{aligned} a_{11} &= \mathbf{a}_1 \cdot \mathbf{a}_1 = r^2 \sin^2 \Theta^1 + r^2 \cos^2 \Theta^1 = r^2, \\ a_{12} &= \mathbf{a}_1 \cdot \mathbf{a}_2 = -r\, r_{,2} \cos \Theta^1 \sin \Theta^1 + r\, r_{,2} \cos \Theta^1 \sin \Theta^1 = 0, \\ a_{22} &= \mathbf{a}_2 \cdot \mathbf{a}_2 = (r_{,2})^2 \cos^2 \Theta^1 + (r_{,2})^2 \sin^2 \Theta^1 + 1 = (r_{,2})^2 + 1. \end{aligned}$$

Die zugehörige Matrizendarstellung lautet:

$$a_{\alpha\beta} = \begin{bmatrix} a_{11} & a_{12} \\ a_{21} & a_{22} \end{bmatrix} = \begin{bmatrix} r^2 & 0 \\ 0 & (r_{,2})^2 + 1 \end{bmatrix}, \quad (1.2.31)$$

dabei bestätigt $a_{12} = 0$ die Orthogonalität der gewählten Koordinatenlinien.

Aus (1.2.12) und (1.2.31) entstehen die Determinante a

$$a = r^2 [(r_{,2})^2 + 1] \quad (1.2.32)$$

sowie hieraus der kovariante Maßtensor $a^{\alpha\beta}$ entsprechend (1.2.14):

$$\begin{aligned} &a^{11} = \frac{1}{a_{11}} = \frac{1}{r^2}, \quad a^{12} = 0, \quad a^{22} = \frac{1}{a_{22}} = \frac{1}{(r_{,2})^2 + 1}, \\ &a^{\alpha\beta} = \begin{bmatrix} a^{11} & a^{12} \\ a^{21} & a^{22} \end{bmatrix} = \begin{bmatrix} \frac{1}{r^2} & 0 \\ 0 & \frac{1}{(r_{,2})^2 + 1} \end{bmatrix}. \end{aligned} \quad (1.2.33)$$

Beide Komponentenarten (1.2.31, 33) möge der Leser nach (1.2.11) überprüfen.

Die kontravariante Basis $\mathbf{a}^\alpha$ gewinnt man unter Verwendung von (1.2.16) und (1.2.30, 33):

$$\begin{aligned} \mathbf{a}^1 &= a^{1\beta} \mathbf{a}_\beta = a^{11} \mathbf{a}_1 = -\frac{\sin \Theta^1}{r} \mathbf{i}_1 + \frac{\cos \Theta^1}{r} \mathbf{i}_2, \\ \mathbf{a}^2 &= a^{2\beta} \mathbf{a}_\beta = a^{22} \mathbf{a}_2 = \frac{r_{,2} \cos \Theta^1}{(r_{,2})^2 + 1} \mathbf{i}_1 + \frac{r_{,2} \sin \Theta^1}{(r_{,2})^2 + 1} \mathbf{i}_2 + \frac{1}{(r_{,2})^2 + 1} \mathbf{i}_3, \end{aligned} \quad (1.2.34)$$

deren Richtigkeit der Leser laut (1.2.18) bestätigen möge.

Vorsorglich bestimmen wir noch die Ableitungen der Basisvektoren (1.2.30):

$$\begin{aligned} \mathbf{a}_{1,1} &= -r \cos \Theta^1 \mathbf{i}_1 - r \sin \Theta^1 \mathbf{i}_2, \\ \mathbf{a}_{1,2} &= \mathbf{a}_{2,1} = -r_{,2} \sin \Theta^1 \mathbf{i}_1 + r_{,2} \cos \Theta^1 \mathbf{i}_2, \\ \mathbf{a}_{2,2} &= r_{,22} \cos \Theta^1 \mathbf{i}_1 + r_{,22} \sin \Theta^1 \mathbf{i}_2. \end{aligned} \quad (1.2.35)$$

1.2.4 Komponentendarstellung von Vektoren

Um beliebig gerichtete Vektoren auf F in Komponenten zerlegen zu können, führen wir in jedem Punkt P zusätzlich den *Normaleneinheitsvektor* ein:

$$\mathbf{a}_3 = \mathbf{a}^3. \tag{1.2.36}$$

Dieser Vektor steht senkrecht zur jeweiligen Tangentialebene an F

$$\mathbf{a}_\alpha \cdot \mathbf{a}_3 = 0, \quad \mathbf{a}^\alpha \cdot \mathbf{a}_3 = 0; \tag{1.2.37}$$

er besitzt den Betrag Eins:

$$\mathbf{a}_3 \cdot \mathbf{a}_3 = 1 \tag{1.2.38}$$

und sei so gerichtet, daß $(\mathbf{a}_1, \mathbf{a}_2, \mathbf{a}_3)$ bzw. $(\mathbf{a}^1, \mathbf{a}^2, \mathbf{a}^3)$ in der zitierten Reihenfolge jeweils ein Rechtssystem bilden. Durch geeignete Benennung der gewählten Koordinaten läßt sich stets erreichen, daß $\mathbf{a}_3$ von der Fläche nach außen weist. $\mathbf{a}_3$ ist somit eine von der Wahl der Koordinaten unabhängige, d.h. invariante Größe.

In einem beliebigen Punkt P von F sei nun ein Vektor **v** vorgegeben. Zu seiner Komponentenzerlegung kann sowohl die Vektorbasis $(\mathbf{a}_\alpha, \mathbf{a}_3)$ als auch $(\mathbf{a}^\alpha, \mathbf{a}^3)$ herangezogen werden, wodurch die beiden gleichberechtigten Darstellungen des invarianten Vektors entstehen:

$$\begin{aligned} \mathbf{v} &= v^1 \mathbf{a}_1 + v^2 \mathbf{a}_2 + v^3 \mathbf{a}_3 = v^\alpha \mathbf{a}_\alpha + v^3 \mathbf{a}_3 = v^i \mathbf{a}_i, \\ &= v_1 \mathbf{a}^1 + v_2 \mathbf{a}^2 + v_3 \mathbf{a}^3 = v_\alpha \mathbf{a}^\alpha + v_3 \mathbf{a}^3 = v_i \mathbf{a}^i. \end{aligned} \tag{1.2.39}$$

Der normale $(v_3 \mathbf{a}^3 = v^3 \mathbf{a}_3)$ und der tangentiale Zerlegungsanteil $(v_\alpha \mathbf{a}^\alpha = v^\alpha \mathbf{a}_\alpha)$ beziehen sich auf zwei invariante Richtungen; sie sind daher selbst invariant. Wir schließen somit, ausgehend von der Quotientenregel sowie der kontravarianten Transformationseigenschaft der Basis $\mathbf{a}^\alpha$, auf den kovarianten Tensorcharakter der Komponenten v_α, die wir deshalb *kovariante Vektorkomponenten* nennen. Eine analoge Überlegung zeigt, daß die v^α *kontravariante Vektorkomponenten* darstellen und $v_3 = v^3$ *invariant* ist. Durch die Zerlegung eines Vektors hinsichtlich der Basisvektoren $(\mathbf{a}_\alpha, \mathbf{a}_3)$ bzw. $(\mathbf{a}^\alpha, \mathbf{a}^3)$ erhält man somit Tensorkomponenten erster Stufe sowie einen invarianten Skalar.

Kovariante und kontravariante Komponenten stehen, wie ihre zugeordneten Basisvektoren, in enger gegenseitiger Abhängigkeit: Multipliziert man die aus (1.2.39) entstandene Identität

$$v_\alpha \mathbf{a}^\alpha = v^\alpha \mathbf{a}_\alpha$$

skalar mit $\mathbf{a}_\beta (\mathbf{a}^\beta)$, so ergibt sich mit (1.2.6, 19) und (1.2.18) die erste (zweite) der folgenden Beziehungen:

$$v_\beta = v^\alpha a_{\alpha\beta}, \quad v^\beta = v_\alpha a^{\alpha\beta}. \tag{1.2.40}$$

Mit Hilfe des kovarianten Maßtensors $a_{\alpha\beta}$ lassen sich demnach kontravariante Komponenten v^α in kovariante Komponenten v_β verwandeln; die umgekehrte Operation erfordert den kontravarianten Maßtensor $a^{\alpha\beta}$. Beide für das Tensorkonzept typischen Operationen werden als das *Herunter- bzw. Heraufziehen der Indizes* bezeichnet.

Die Regel (1.2.40) vervollständigt die Tensorkomponenten-Operationen des Abschnittes 1.1.7. Sie wurde bereits in (1.2.16, 17) verwendet und kann auf Tensorkomponenten beliebiger Stufe verallgemeinert werden. Beispielsweise gilt:

$$A_{\alpha\beta\cdot}^{\ \ \ \rho} = A_{\alpha\beta\gamma}a^{\gamma\rho}, \quad A_{\alpha\cdot\cdot}^{\ \lambda\rho} = A_{\alpha\beta\gamma}a^{\beta\lambda}a^{\gamma\rho},$$
$$A_{\alpha\beta\cdot}^{\ \ \ \rho}a_{\rho\lambda} = (A_{\alpha\beta\gamma}a^{\gamma\rho})\,a_{\rho\lambda} = A_{\alpha\beta\gamma}\delta^{\gamma}_{\lambda} = A_{\alpha\beta\lambda}. \tag{1.2.41}$$

Durch ein hierzu analoges Vorgehen läßt sich leicht die Invarianz von Ausdrücken hinsichtlich zwei gleicher, gegenständiger Indizes beweisen

$$A_{\alpha\beta}B^{\beta} = A_{\alpha\cdot}^{\ \beta}B_{\beta}, \quad C_{\cdot\ \lambda}^{\lambda} = C_{\lambda\cdot}^{\ \lambda}, \tag{1.2.42}$$

denen in der Tensorrechnung große Bedeutung zukommt. Wendet man sie auf die beliebige symmetrische Größe $r_{\alpha\beta} = r_{\beta\alpha}$ an, so erkennt man

$$r_{\alpha\lambda}a^{\lambda\beta} = r_{\lambda\alpha}a^{\lambda\beta} = r_{\alpha\cdot}^{\ \beta} = r_{\cdot\ \alpha}^{\beta} = r^{\beta}_{\alpha}, \tag{1.2.43}$$

daß nur in diesem Fall Indizes übereinandergestellt werden dürfen. Im Hinblick auf die Regel (1.2.41) und die Beziehung (1.2.11) lassen sich schließlich die δ^{β}_{α} als gemischtvariante Komponenten des Maßtensors interpretieren.

Abschließend seien noch die *normierten Basisvektoren*

$$\mathbf{a}_{\langle\alpha\rangle} = \frac{\mathbf{a}_{\alpha}}{\sqrt{a_{\alpha\alpha}}}, \quad \mathbf{a}^{\langle\alpha\rangle} = \frac{\mathbf{a}^{\alpha}}{\sqrt{a^{\alpha\alpha}}}, \quad \mathbf{a}_{\langle 3\rangle} = \mathbf{a}^{\langle 3\rangle} = \mathbf{a}_3 \tag{1.2.44}$$

eingeführt, die definitionsgemäß die Länge Eins besitzen. Wird ein Vektor $\mathbf{v}$ hinsichtlich der Vektorbasis $(\mathbf{a}_{\langle\alpha\rangle}, \mathbf{a}_{\langle 3\rangle})$ bzw. $(\mathbf{a}^{\langle\alpha\rangle}, \mathbf{a}^{\langle 3\rangle})$ zerlegt, so entstehen auf die Längeneinheit bezogene Komponenten, die sogenannten *physikalischen Komponenten:*

$$\mathbf{v} = v_{\langle\alpha\rangle}\mathbf{a}^{\langle\alpha\rangle} + v_{\langle 3\rangle}\mathbf{a}^{\langle 3\rangle} = v^{\langle\alpha\rangle}\mathbf{a}_{\langle\alpha\rangle} + v^{\langle 3\rangle}\mathbf{a}_{\langle 3\rangle}. \tag{1.2.45}$$

Im Gegensatz zu den *tensoriellen Komponenten* v_{α}, v^{α}, bei denen stets ein Teil der Komponentenlängen in den Basisvektoren ($|\mathbf{a}_{\alpha}| \neq 1$) versteckt ist, besitzen die $v_{\langle\alpha\rangle}$, $v^{\langle\alpha\rangle}$ die wahre, physikalische Größe, sie erhalten im weiteren stets die Indexmarkierung $\langle\ldots\rangle$. Tensorielle und physikalische Vektorkomponenten erfüllen laut (1.2.39), (1.2.44) und (1.2.45) folgende Zusammenhänge:

$$v_{\langle\alpha\rangle} = v_{\alpha}\sqrt{a^{\alpha\alpha}}, \quad v^{\langle\alpha\rangle} = v^{\alpha}\sqrt{a_{\alpha\alpha}}, \quad v^{\langle 3\rangle} = v_{\langle 3\rangle} = v_3\,. \tag{1.2.46}$$

Beispiel: Als Beispiel für das Herauf- und Herunterziehen der Indizes bilden wir das Skalarprodukt zweier Flächenvektoren

$$\mathbf{A} = A_{\alpha}\mathbf{a}^{\alpha} = A^{\alpha}\mathbf{a}_{\alpha}, \quad \mathbf{B} = B_{\beta}\mathbf{a}^{\beta} = B^{\beta}\mathbf{a}_{\beta}, \tag{1.2.47}$$

die tangential zu F *liegen und sich daher allein durch* $\mathbf{a}_{\alpha}$ *bzw.* $\mathbf{a}^{\alpha}$ *aufspannen lassen. Je nach der für die einzelnen Vektoren gewählten Zerlegungsart entstehen vier verschiedene Darstellungen ihres Skalarproduktes*

$$\mathbf{A}\cdot\mathbf{B} = A_{\alpha}\mathbf{a}^{\alpha}\cdot B_{\beta}\mathbf{a}^{\beta} = A_{\alpha}\mathbf{a}^{\alpha}\cdot B^{\beta}\mathbf{a}_{\beta} = A^{\alpha}\mathbf{a}_{\alpha}\cdot B_{\beta}\mathbf{a}^{\beta} = A^{\alpha}\mathbf{a}_{\alpha}\cdot B^{\beta}\mathbf{a}_{\beta},$$

die mit Rücksicht auf (1.2.6), (1.2.18, 19) zu vier gleichwertigen Komponentendarstellungen führen:

$$\mathbf{A}\cdot\mathbf{B} = A_{\alpha}B_{\beta}a^{\alpha\beta} = A_{\alpha}B^{\alpha} = A^{\alpha}B_{\alpha} = A^{\alpha}B^{\beta}a_{\alpha\beta}. \tag{1.2.48}$$

Für das Quadrat der Länge A *eines Vektors* **A** *gilt demnach:*

$$A^2 = \mathbf{A} \cdot \mathbf{A} = A_\alpha A_\beta a^{\alpha\beta} = A_\alpha A^\alpha = A^\alpha A^\beta a_{\alpha\beta}. \tag{1.2.49}$$

1.2.5 Definition von Tensoren

Im Abschnitt 1.1.6 wurden Tensorkomponenten aufgrund ihres Transformationsverhaltens definiert. Nach Einführung von Basisvektoren $\mathbf{a}_\alpha$ bzw. $\mathbf{a}^\alpha$ sind wir nunmehr in der Lage, beliebigen Tensorkomponenten jeweils eine invariante Größe zuzuordnen, die wir als *Tensor* bezeichnen werden.

Dazu definieren wir zunächst eine neue Operation, das *tensorielle Produkt.* Wird diese Operation auf beliebige Vektoren **A** und **B** (1.2.47) angewendet, so drückt sie den Tatbestand aus, daß beide Vektoren unter Wahrung ihrer Reihenfolge nebeneinander stehen:

$$\mathbf{T} = \mathbf{A}\,\mathbf{B}. \tag{1.2.50}$$

Ihr mit **T** bezeichnetes Ergebnis bildet somit weder einen Skalar (wie beim Skalarprodukt) noch einen Vektor (wie beim Vektorprodukt), sondern eine Größe höherer Stufe, die geometrisch nicht mehr interpretierbar ist: einen *Tensor zweiter Stufe.*

Für das tensorielle Produkt vereinbaren wir folgende Eigenschaften:
Sind **A**, **B** und **C** Vektoren, so gilt (*distributives Gesetz*):

$$\mathbf{A}\,(\mathbf{B} + \mathbf{C}) = \mathbf{A}\,\mathbf{B} + \mathbf{A}\,\mathbf{C}.$$

Sind **A**, **B** Vektoren und ist α ein Skalar, so gilt (*assoziatives Gesetz*):

$$(\alpha\,\mathbf{A})\,\mathbf{B} = \mathbf{A}\,(\alpha\,\mathbf{B}) = \alpha\,\mathbf{A}\,\mathbf{B}.$$

Diese beiden Regeln gestatten es, die Größe **T** als Funktion der kontravarianten Komponenten der Vektoren (1.2.47) in der Form

$$\begin{aligned}\mathbf{T} = \mathbf{A}\,\mathbf{B} &= (A^1\mathbf{a}_1 + A^2\mathbf{a}_2)\,(B^1\mathbf{a}_1 + B^2\mathbf{a}_2)\\ &= (A^1\mathbf{a}_1)\,(B^1\mathbf{a}_1) + (A^1\mathbf{a}_1)\,(B^2\mathbf{a}_2) + (A^2\mathbf{a}_2)\,(B^1\mathbf{a}_1) + (A^2\mathbf{a}_2)\,(B^2\mathbf{a}_2)\\ &= A^1B^1\mathbf{a}_1\mathbf{a}_1 + A^1B^2\mathbf{a}_1\mathbf{a}_2 + A^2B^1\mathbf{a}_2\mathbf{a}_1 + A^2B^2\mathbf{a}_2\mathbf{a}_2\end{aligned}$$

darzustellen, woraus unter Anwendung der Summationskonvention

$$\mathbf{T} = \mathbf{A}\,\mathbf{B} = A^\alpha B^\beta \mathbf{a}_\alpha \mathbf{a}_\beta \tag{1.2.51}$$

entsteht. Hätten hierbei auch kovariante Komponenten Anwendung gefunden, so wären folgende äquivalente Darstellungen möglich:

$$\mathbf{T} = A^\alpha B^\beta \mathbf{a}_\alpha \mathbf{a}_\beta = A^\alpha B_\beta \mathbf{a}_\alpha \mathbf{a}^\beta = A_\alpha B^\beta \mathbf{a}^\alpha \mathbf{a}_\beta = A_\alpha B_\beta \mathbf{a}^\alpha \mathbf{a}^\beta. \tag{1.2.52}$$

Eine Fortsetzung dieser Operation ist nicht möglich; wegen der feststehenden Reihenfolge der Basisvektoren stellt (1.2.52) lediglich ein Ordnungsprinzip für die Tensorkomponenten dar.

Nach diesen Vorbereitungen definieren wir: *Ein Tensor n-ter Stufe* ist eine invariante Größe, deren Basis ein tensorielles Produkt von n Grundvektoren darstellt, beispielsweise:

$$\mathbf{T} = T^{\alpha\beta..\lambda}\mathbf{a}_\alpha \mathbf{a}_\beta \,..\, \mathbf{a}_\lambda = T_{\alpha}^{.\beta..\lambda}\mathbf{a}^\alpha \mathbf{a}_\beta \,..\, \mathbf{a}_\lambda = ... = T_{\alpha\beta..\lambda}\,\mathbf{a}^\alpha \mathbf{a}^\beta \,..\, \mathbf{a}^\lambda. \tag{1.2.53}$$

Da in (1.2.53) nur die tangentialen Basisvektoren vertreten sind, bezeichnet man **T** auch genauer als *Flächentensor n-ter Stufe.*

Ein *Skalar* φ, der sich bekanntlich bei Koordinatentransformationen invariant verhält und daher bisher als Tensorkomponente nullter Stufe galt, darf somit kürzer als *Tensor nullter Stufe* bezeichnet werden. Ein *(Flächen-)Vektor* **A**

$$\mathbf{A} = A^\alpha \mathbf{a}_\alpha = A_\alpha \mathbf{a}^\alpha, \tag{1.2.54}$$

der eine invariante Größe darstellt, ist ein *(Flächen-)Tensor erster Stufe.* Er besitzt 2^1 Komponentenarten: die kovarianten A_α und die kontravarianten A^α. Ein *Tensor zweiter Stufe*

$$\mathbf{T} = T^{\alpha\beta} \mathbf{a}_\alpha \mathbf{a}_\beta = T^{\alpha}_{\cdot\beta} \mathbf{a}_\alpha \mathbf{a}^\beta = T_{\alpha}^{\cdot\beta} \mathbf{a}^\alpha \mathbf{a}_\beta = T_{\alpha\beta} \mathbf{a}^\alpha \mathbf{a}^\beta \tag{1.2.55}$$

ist bereits aus (1.2.52) bekannt, er weist $2^2 = 4$ verschiedene Komponentenarten auf. Ein *Tensor dritter Stufe* ist durch $2^3 = 8$ verschiedene Komponentenarten mit jeweils 8 Komponenten darstellbar, ein *Tensor vierter Stufe* bringt es schon auf $2^4 = 16$ verschiedene Komponentenarten.

Bis auf den geometrisch interpretierbaren Tensor erster Stufe (Vektor) werden wir in diesem Buch jedoch ausschließlich mit Tensorkomponenten operieren. Zur Kurzbezeichnung werden wir dabei, einem allgemeinen Brauch entsprechend, Tensorkomponenten vereinfachend als Tensoren bezeichnen, beispielsweise die $a_{\alpha\beta}$ als kovarianten, die $a^{\alpha\beta}$ als kontravarianten Maßtensor.

Beispiel: im Hinblick auf die Identität (1.2.11) definieren wir den Maßtensor oder Metriktensor E *durch:*

$$\mathbf{E} = a_{\alpha\beta} \mathbf{a}^\alpha \mathbf{a}^\beta = \delta^\alpha_\beta \mathbf{a}_\alpha \mathbf{a}^\beta = \delta^\beta_\alpha \mathbf{a}^\alpha \mathbf{a}_\beta = a^{\alpha\beta} \mathbf{a}_\alpha \mathbf{a}_\beta. \tag{1.2.56}$$

Wir bilden nun dessen Skalarprodukt mit einem beliebigen Vektor

$$\mathbf{B} = B_\alpha \mathbf{a}^\alpha = B^\alpha \mathbf{a}_\alpha$$

unter folgender Vorgehensweise:

$$\begin{aligned} \mathbf{E} \cdot \mathbf{B} &= a_{\alpha\beta} \mathbf{a}^\alpha \mathbf{a}^\beta \cdot (B_\rho \mathbf{a}^\rho) = a_{\alpha\beta} \mathbf{a}^\alpha (B_\rho \mathbf{a}^\beta \cdot \mathbf{a}^\rho) \\ &= (a_{\alpha\beta} \mathbf{a}^\alpha)(B_\rho a^{\beta\rho}) = \mathbf{a}_\beta B^\beta = \mathbf{B}. \end{aligned}$$

Das gleiche Ergebnis gewinnen wir, wenn für **E** *und* **B** *beliebige andere Komponentenarten Verwendung finden oder im obigen Skalarprodukt die Reihenfolge der Faktoren vertauscht wird:*

$$\mathbf{E} \cdot \mathbf{B} = \mathbf{B} \cdot \mathbf{E} = \mathbf{B}. \tag{1.2.57}$$

Das Skalarprodukt des Maßtensors **E** *mit einem beliebigen Flächenvektor* **B** *liefert demnach stets den ursprünglichen Vektor, weshalb der Tensor* **E** *auch den Namen Einheitstensor führt.*

1.3 Die Krümmung einer Fläche

1.3.1 Der Normaleneinheitsvektor und der ϵ-Tensor

Dem weiteren seien einige wichtige Beziehungen zwischen dem Normaleneinheitsvektor $\mathbf{a}_3$ und den beiden Vektorbasen $\mathbf{a}_\alpha$, $\mathbf{a}^\alpha$ vorangestellt. Wie der Name sagt, steht $\mathbf{a}_3$ normal zur Tangentialebene und besitzt die Länge Eins. Da das äußere Produkt zweier Vektoren bekanntlich einen dritten Vektor definiert, der zu beiden orthogonal ist, gilt mit (1.2.28):

$$\mathbf{a}_3 = \mathbf{a}^3 = \frac{\mathbf{a}_1 \times \mathbf{a}_2}{|\mathbf{a}_1 \times \mathbf{a}_2|} = \frac{\mathbf{a}_1 \times \mathbf{a}_2}{\sqrt{a}}. \qquad (1.3.1)$$

Durch skalare Multiplikation mit $\mathbf{a}_3$ folgt hieraus das Spatprodukt:

$$\sqrt{a} = [\mathbf{a}_1\, \mathbf{a}_2\, \mathbf{a}_3]. \qquad (1.3.2)$$

Nach (1.2.18) steht der kontravariante Basisvektor $\mathbf{a}^1$ rechtwinklig zu $\mathbf{a}_2$ und auch zu $\mathbf{a}_3$. Da er somit die gleiche Richtung wie $\mathbf{a}_2 \times \mathbf{a}_3$ besitzt, gilt der Ansatz

$$\alpha\, \mathbf{a}^1 = \mathbf{a}_2 \times \mathbf{a}_3$$

mit dem unbekannten Faktor α, der sich mit (1.2.18), (1.3.2) zu

$$\alpha\, \mathbf{a}^1 \cdot \mathbf{a}_1 = \alpha = (\mathbf{a}_2 \times \mathbf{a}_3) \cdot \mathbf{a}_1 = [\mathbf{a}_1\, \mathbf{a}_2\, \mathbf{a}_3] = \sqrt{a}$$

berechnet. Demnach kann für $\mathbf{a}^1$ und analog für $\mathbf{a}^2$ folgende (1.3.1) ergänzende Beziehung angegeben werden:

$$\sqrt{a}\, \mathbf{a}^1 = \mathbf{a}_2 \times \mathbf{a}_3, \quad \sqrt{a}\, \mathbf{a}^2 = \mathbf{a}_3 \times \mathbf{a}_1. \qquad (1.3.3)$$

Zur Verallgemeinerung dieser Identitäten führen wir die beiden antimetrischen Größen

$$\epsilon_{\alpha\beta} = \begin{bmatrix} \epsilon_{11} & \epsilon_{12} \\ \epsilon_{21} & \epsilon_{22} \end{bmatrix} = \sqrt{a} \begin{bmatrix} 0 & 1 \\ -1 & 0 \end{bmatrix} = \sqrt{a}\, e_{\alpha\beta}, \qquad (1.3.4)$$

$$\epsilon^{\alpha\beta} = \begin{bmatrix} \epsilon^{11} & \epsilon^{12} \\ \epsilon^{21} & \epsilon^{22} \end{bmatrix} = \frac{1}{\sqrt{a}} \begin{bmatrix} 0 & 1 \\ -1 & 0 \end{bmatrix} = \frac{1}{\sqrt{a}}\, e^{\alpha\beta}$$

ein, deren Tensoreigenschaften im übernächsten Absatz nachgewiesen werden. (1.3.4) bezeichnen wir als *Komponenten des ϵ-Tensors* oder kurz als *ϵ-Tensor*; $e_{\alpha\beta} = e^{\alpha\beta}$ gemäß (1.1.19) bilden dessen Komponenten im orthogonalen kartesischen Koordinatensystem (Abschnitt 1.4.4).

Die üblichen Kopplungen zwischen den verschiedenen Komponentenarten von (1.3.4)

$$\epsilon_{\alpha\beta} = a_{\alpha\rho}\, a_{\beta\lambda}\, \epsilon^{\rho\lambda}, \quad \epsilon^{\alpha\beta} = a^{\alpha\rho}\, a^{\beta\lambda}\, \epsilon_{\rho\lambda} \qquad (1.3.5)$$

sind leicht zu bestätigen. So folgt z.B. aus der ersten Beziehung für $\alpha = 1, \beta = 2$ unter Verwendung von (1.2.12):

$$\epsilon_{12} = a_{11}\, a_{22}\, \epsilon^{12} + a_{12}\, a_{21}\, \epsilon^{21} = a\, \epsilon^{12},$$

was wegen (1.3.4) identisch erfüllt ist.

Mit Hilfe des ϵ-Tensors läßt sich (1.3.1) in die erste der folgenden Beziehungen verallgemeinern:

$$\mathbf{a}_\alpha \times \mathbf{a}_\beta = \epsilon_{\alpha\beta}\,\mathbf{a}^3, \quad \mathbf{a}^\alpha \times \mathbf{a}^\beta = \epsilon^{\alpha\beta}\mathbf{a}_3; \tag{1.3.6}$$

die zweite entsteht durch Heraufziehen der Indizes. In entsprechender Weise erhalten wir aus (1.3.3):

$$\mathbf{a}_3 \times \mathbf{a}_\alpha = \epsilon_{\alpha\beta}\mathbf{a}^\beta, \quad \mathbf{a}^3 \times \mathbf{a}^\alpha = \epsilon^{\alpha\beta}\mathbf{a}_\beta\,, \tag{1.3.7}$$

und aus (1.3.2):

$$\epsilon_{\alpha\beta} = [\mathbf{a}_\alpha\,\mathbf{a}_\beta\,\mathbf{a}_3], \quad \epsilon^{\alpha\beta} = [\mathbf{a}^\alpha\,\mathbf{a}^\beta\,\mathbf{a}^3]. \tag{1.3.8}$$

Den Normaleneinheitsvektor $\mathbf{a}_3$ hatten wir bereits als invariante Größe erkannt. Da uns weiterhin das kovariante (kontravariante) Transformationsverhalten der Vektorbasis $\mathbf{a}_\alpha$ ($\mathbf{a}^\alpha$) bekannt ist, erweist die Anwendung der Quotientenregel auf die Beziehungen (1.3.6) $\epsilon_{\alpha\beta}$ bzw. $\epsilon^{\alpha\beta}$ als kovariante bzw. kontravariante Tensorkomponenten zweiter Stufe.

Der ϵ-Tensor dient vornehmlich zur Komponentendarstellung von Vektorprodukten. Bildet man aus den beiden beliebigen Flächenvektoren

$$\mathbf{A} = A_\alpha \mathbf{a}^\alpha = A^\alpha \mathbf{a}_\alpha, \quad \mathbf{B} = B_\beta \mathbf{a}^\beta = B^\beta \mathbf{a}_\beta$$

das Vektorprodukt

$$\mathbf{A} \times \mathbf{B} = A_\alpha \mathbf{a}^\alpha \times B_\beta \mathbf{a}^\beta = A^\alpha \mathbf{a}_\alpha \times B^\beta \mathbf{a}_\beta,$$

so nimmt dieses aufgrund von (1.3.6) die folgende Gestalt an:

$$\begin{aligned}\mathbf{A} \times \mathbf{B} &= A_\alpha B_\beta \mathbf{a}^\alpha \times \mathbf{a}^\beta = \epsilon^{\alpha\beta} A_\alpha B_\beta \mathbf{a}_3 \\ &= A^\alpha B^\beta \mathbf{a}_\alpha \times \mathbf{a}_\beta = \epsilon_{\alpha\beta} A^\alpha B^\beta \mathbf{a}^3.\end{aligned} \tag{1.3.9}$$

Abschließend erwähnen wir noch einige für Operationen im Tensorkalkül äußerst nützliche Identitäten im Zusammenhang mit dem ϵ-Tensor. Wir beginnen mit den Beziehungen:

$$a_{\alpha\beta} = \epsilon_{\alpha\lambda}\epsilon_{\beta\mu}a^{\lambda\mu}, \quad a^{\alpha\beta} = \epsilon^{\alpha\lambda}\epsilon^{\beta\mu}a_{\lambda\mu}, \tag{1.3.10}$$

$$\epsilon^{\alpha\beta}\epsilon_{\rho\lambda} = \delta^\alpha_\rho\,\delta^\beta_\lambda - \delta^\alpha_\lambda\,\delta^\beta_\rho, \tag{1.3.11}$$

deren Richtigkeit der Leser durch Zuweisung der Zahlenwerte 1, 2 an die offenen Indizes nachweisen möge. Überschiebt man nun (1.3.11) mit $a_{\alpha\nu}\,a_{\beta\eta}$, so folgt die erste der folgenden Beziehungen:

$$\begin{aligned}\epsilon_{\nu\eta}\epsilon_{\rho\lambda} &= a_{\nu\rho}a_{\eta\lambda} - a_{\nu\lambda}a_{\eta\rho}\,, \\ \epsilon^{\nu\eta}\epsilon^{\rho\lambda} &= a^{\nu\rho}a^{\eta\lambda} - a^{\nu\lambda}a^{\eta\rho};\end{aligned} \tag{1.3.12}$$

die zweite entsteht durch Heraufziehen der Indizes. Ebenfalls aus (1.3.11) finden wir für $\lambda = \beta$

$$\epsilon^{\alpha\beta}\epsilon_{\rho\beta} = \delta^\alpha_\rho. \tag{1.3.13}$$

Führt man sodann die Abkürzung

$$\delta^{\alpha\beta}_{\rho\lambda} = \epsilon^{\alpha\beta}\epsilon_{\rho\lambda} \tag{1.3.14}$$

ein, so gilt erneut nach (1.3.11):

$$\delta^{\alpha\beta}_{\rho\lambda} A^{\rho\lambda} = (\delta^{\alpha}_{\rho}\delta^{\beta}_{\lambda} - \delta^{\alpha}_{\lambda}\delta^{\beta}_{\rho}) A^{\rho\lambda} = A^{\alpha\beta} - A^{\beta\alpha}. \tag{1.3.15}$$

Schließlich seien noch die Identitäten

$$\epsilon^{\alpha\beta}\epsilon^{\lambda\mu} a_{\alpha\lambda} a_{\beta\mu} = 2, \quad \epsilon_{\alpha\beta}\epsilon_{\lambda\mu} a^{\alpha\lambda} a^{\beta\mu} = 2 \tag{1.3.16}$$

genannt, deren Überprüfung durch Ausschreiben wieder dem Leser überlassen sei.

AUFGABEN

10. *Man zeige, daß der Maßtensor* $a_{\alpha\beta}$ *und der symmetrische Tensor* $b_{\alpha\beta} = b_{\beta\alpha}$ *die folgenden Identitäten erfüllen:*

$$\frac{b_{11} a_{22} - 2\, b_{12} a_{12} + b_{22} a_{11}}{a_{11} a_{22} - (a_{12})^2} = b^{\alpha}_{\alpha},$$

$$\frac{b_{11} b_{22} - (b_{12})^2}{a_{11} a_{22} - (a_{12})^2} = b^1_1 b^2_2 - b^2_1 b^1_2.$$

11. *Die folgende Gleichung werde für den Index* $\rho = 1$ *unter Berücksichtigung aller Vereinfachungen ausgeschrieben:*

$$\epsilon^{\alpha\beta}\epsilon^{\lambda\mu} a_{\alpha\lambda} a_{\beta\mu} B^{\rho\gamma}_{\cdot\,\cdot\gamma} + \epsilon^{\alpha\beta} a_{\alpha\lambda} a^{\rho\mu} A_{\mu\gamma} C^{\gamma} \delta^{\lambda}_{\beta} - \epsilon^{\rho\gamma} a_{\gamma\lambda} D^{\nu} \delta^{\lambda}_{\nu} = 0.$$

12. *Man ermittle den Wert von c:*

$$\epsilon^{\alpha\beta}\epsilon^{\lambda\mu} a_{\alpha\lambda} a_{\beta\mu} = c, \quad \epsilon_{\alpha\beta}\epsilon^{\alpha\lambda} a_{\mu\nu} a^{\beta\rho} \delta^{\mu}_{\lambda} \delta^{\nu}_{\rho} = c.$$

13. *Gegeben seien die beiden Tensoren vierter Stufe:*

$$G_{\alpha\beta\rho\lambda} = \frac{1}{2(1-\nu)} \left(a_{\alpha\rho} a_{\beta\lambda} + a_{\alpha\lambda} a_{\beta\rho} - \frac{2\nu}{1+\nu} a_{\alpha\beta} a_{\rho\lambda}\right),$$

$$H^{\alpha\beta\rho\lambda} = \frac{1-\nu}{2} \left(a^{\alpha\rho} a^{\beta\lambda} + a^{\alpha\lambda} a^{\beta\rho} + \frac{2\nu}{1-\nu} a^{\alpha\beta} a^{\rho\lambda}\right).$$

Man zeige unter Verwendung von (1.3.12) die Richtigkeit der folgenden Identitäten:

$$G_{\alpha\beta\rho\lambda} = \frac{1}{2(1-\nu^2)} [a_{\alpha\rho} a_{\beta\lambda} + a_{\alpha\lambda} a_{\beta\rho} - \nu (\epsilon_{\alpha\rho}\epsilon_{\beta\lambda} + \epsilon_{\alpha\lambda}\epsilon_{\beta\rho})],$$

$$H^{\alpha\beta\rho\lambda} = \frac{1}{2} [a^{\alpha\rho} a^{\beta\lambda} + a^{\alpha\lambda} a^{\beta\rho} + \nu(\epsilon^{\alpha\rho}\epsilon^{\beta\lambda} + \epsilon^{\alpha\lambda}\epsilon^{\beta\rho})],$$

$$H^{\alpha\beta\lambda\mu} G_{\lambda\mu\rho\sigma} = \frac{1}{2} (\delta^{\alpha}_{\rho}\, \delta^{\beta}_{\sigma} + \delta^{\alpha}_{\sigma}\, \delta^{\beta}_{\rho}).$$

1.3.2 Die zweite Grundform der Flächentheorie

Das Skalarprodukt $\mathbf{dr} \cdot \mathbf{dr}$ des Differentials eines Ortsvektors mit sich selbst bildete bekanntlich die erste Grundform der Flächentheorie (1.2.9). Nun werden wir die zweite Grundform kennenlernen, die durch das Skalarprodukt $\mathbf{dr} \cdot \mathbf{da}_3$ definiert ist und uns in die Lage versetzen wird, nach der Metrik auch die Krümmungseigenschaften einer Fläche zu beschreiben.

Zu ihrer Herleitung werden die Identitäten

$$\mathbf{a}_{\alpha,\beta} = \mathbf{a}_{\beta,\alpha} = \mathbf{r}_{,\alpha\beta}, \tag{1.3.17}$$

$$\mathbf{a}_3 \cdot \mathbf{a}_{\alpha,\beta} = -\mathbf{a}_{3,\beta} \cdot \mathbf{a}_\alpha \tag{1.3.18}$$

benötigt, die aus (1.2.4) und (1.2.37) durch Differentiation nach Θ^β entstehen. Multipliziert man nun das Differential des Normaleneinheitsvektors

$$\mathrm{d}\,\mathbf{a}_3 = \frac{\partial\,\mathbf{a}_3}{\partial\Theta^1}\,\mathrm{d}\Theta^1 + \frac{\partial\,\mathbf{a}_3}{\partial\Theta^2}\,\mathrm{d}\Theta^2 = \mathbf{a}_{3,\beta}\,\mathrm{d}\Theta^\beta$$

skalar mit $\mathbf{dr}$ (1.2.8), so entsteht die *zweite Grundform der Flächentheorie:*

$$\mathrm{d}\mathbf{r} \cdot \mathrm{d}\mathbf{a}_3 = \mathbf{a}_\alpha \cdot \mathbf{a}_{3,\beta}\,\mathrm{d}\Theta^\alpha\,\mathrm{d}\Theta^\beta = -\,b_{\alpha\beta}\,\mathrm{d}\Theta^\alpha\,\mathrm{d}\Theta^\beta. \tag{1.3.19}$$

Die hierin eingeführte Abkürzung $b_{\alpha\beta}$ wird aus Gründen, die im nächsten Abschnitt verständlich werden, *kovarianter Krümmungstensor* genannt. Aufgrund von (1.3.17) und (1.3.18) ist $b_{\alpha\beta}$ auch wie folgt darstellbar:

$$\begin{aligned} b_{\alpha\beta} = b_{\beta\alpha} &= -\,\mathbf{a}_\alpha \cdot \mathbf{a}_{3,\beta} = -\,\mathbf{a}_\beta \cdot \mathbf{a}_{3,\alpha} = -\,\frac{1}{2}\,(\mathbf{a}_\alpha \cdot \mathbf{a}_{3,\beta} + \mathbf{a}_\beta \cdot \mathbf{a}_{3,\alpha}) \\ &= \mathbf{a}_{\alpha,\beta} \cdot \mathbf{a}_3 = \mathbf{a}_{\beta,\alpha} \cdot \mathbf{a}_3 = \frac{1}{2}\,(\mathbf{a}_{\alpha,\beta} + \mathbf{a}_{\beta,\alpha}) \cdot \mathbf{a}_3. \end{aligned} \tag{1.3.20}$$

In (1.3.19) steht auf der linken Seite als Skalarprodukt von $\mathbf{dr}$ und $\mathbf{da}_3$ eine invariante Größe. Da die Koordinatendifferentiale $\mathrm{d}\Theta^\alpha$ nach (1.1.41) kontravariante Tensorkomponenten bilden, folgen aus der Quotientenregel tensorielle Transformationseigenschaften für den Krümmungstensor $b_{\alpha\beta}$, der wegen (1.3.20) außerdem symmetrisch ist. Daher können wir die gemischtvarianten und kontravarianten Komponenten in bekannter Weise erzeugen:

$$b^\alpha_\beta = b_{\beta\rho}\,a^{\rho\alpha}, \quad b^{\alpha\beta} = b^\alpha_\rho\,a^{\rho\beta} = b_{\lambda\rho}\,a^{\lambda\alpha}\,a^{\rho\beta}. \tag{1.3.21}$$

1.3.3 Die Krümmung von Normalschnitten

Wir wollen nun die Verknüpfung der Krümmungseigenschaften einer beliebigen Fläche F mit dem Krümmungstensor (1.3.20) herleiten. Dazu sei in einem Punkt P von F ein Normalschnitt C beliebiger Schnittrichtung vorgegeben. Dieser entsteht definitionsgemäß aus dem Schnitt der Fläche F mit einer Ebene, welche die Normale $\mathbf{a}_3$ von P enthält. Diesen Normalschnitt C mit den Tangenteneinheitsvektoren $\mathbf{t}$ und $\mathbf{t}^*$ von zwei infinitesimal benachbarten Punkten P und P* zeigt Bild 1.7. Beim Grenzübergang P* → P wird $\overline{OP} = \overline{OP}^* = R$ zum *Krümmungsradius* von P und O zum zugehörigen *Krümmungsmittelpunkt.* Für die *Krümmung* $\frac{1}{R}$ im Punkte P lesen wir somit unter Verwendung des *Tangenteneinheitsvektors* $\mathbf{t}$ aus Bild 1.7 ab:

$$\mathbf{t} = \frac{\mathrm{d}\mathbf{r}}{\mathrm{d}s}: \quad \frac{1}{R} = \left|\frac{\mathrm{d}\varphi}{\mathrm{d}s}\right| = \left|\frac{\mathrm{d}\mathbf{t}}{\mathrm{d}s}\right|. \tag{1.3.22}$$

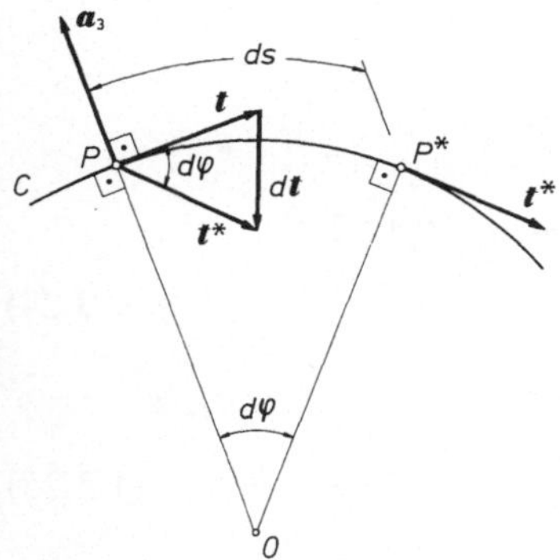

Bild 1.7 Normalschnitt im Punkt P

Da der Vektor $\frac{dt}{ds}$ stets in Richtung oder Gegenrichtung von a_3 zeigt, läßt sich dies ebenfalls durch das Skalarprodukt

$$\frac{1}{R} = \frac{dt}{ds} \cdot a_3$$

ausdrücken, wodurch für $\frac{1}{R}$ nunmehr auch negative Werte zugelassen werden. Mit der aus

$$a_3 \cdot t = 0$$

durch Differentiation sowie unter Berücksichtigung von (1.3.22) entstandenen Identität

$$\frac{dt}{ds} \cdot a_3 = -\frac{da_3}{ds} \cdot t = -\frac{da_3}{ds} \cdot \frac{dr}{ds}$$

stellen wir schließlich unter Verwendung von (1.2.9) und (1.3.19) die Krümmung $\frac{1}{R}$ als Quotient aus zweiter und erster Grundform dar:

$$\frac{1}{R} = \frac{b_{\alpha\beta}\, d\Theta^\alpha\, d\Theta^\beta}{a_{\alpha\beta}\, d\Theta^\alpha\, d\Theta^\beta}. \tag{1.3.23}$$

Mit (1.3.23) erfährt die Benennung *Krümmungstensor* für $b_{\alpha\beta}$ eine erste Rechtfertigung. Der soeben vorgestellte Gedankengang wird übrigens in der klassischen Differentialgeometrie durch den *Satz von Meusnier* folgendermaßen auf schiefe Schnitte C erweitert: Der geometrische Ort der Krümmungskreise aller ebenen Schnittkurven im Punkt P mit gemeinsamer Tangentenrichtung ist die Kugel vom Durchmesser R, die F in P berührt.

Nun denken wir uns eine Vielzahl von Normalschnitten durch den Punkt P gelegt, wobei uns die Schnittkurven mit maximaler oder minimaler Krümmung interessieren. Die Tangentenrichtung derartiger Normalschnitte auf F nennt man *Hauptrichtungen* und die zu ihnen tangentialen Flächenkurven *Krümmungslinien.* Wir werden zeigen, daß jeder Punkt einer Fläche zwei Hauptrichtungen besitzt, die orthogonal zueinander sind.

Die Tangentenrichtung eines beliebigen Normalschnittes C in P läßt sich gegenüber den

Parameterlinien Θ^α durch das Wertepaar

$$\lambda^\alpha = \frac{d\Theta^\alpha}{ds}$$

festlegen, worin s die Bogenlänge längs C angibt. Hiermit entsteht aus (1.2.9)

$$a_{\alpha\beta}\lambda^\alpha\lambda^\beta = 1 \tag{1.3.24}$$

sowie weiter aus (1.3.23)

$$\frac{1}{R} = b_{\alpha\beta}\lambda^\alpha\lambda^\beta. \tag{1.3.25}$$

Gesucht sei nun dasjenige Wertepaar λ^α, das die Krümmung (1.3.25) zu einem Extremum macht und zugleich (1.3.24) erfüllt. Zur Lösung dieser klassischen *Extremwertaufgabe mit Nebenbedingung* werde die mit Hilfe des *Lagrangefaktors** Λ gebildete Funktion

$$\phi = b_{\alpha\beta}\lambda^\alpha\lambda^\beta - \Lambda\,(a_{\alpha\beta}\lambda^\alpha\lambda^\beta - 1)$$

auf ein Extremum hin untersucht.

Die Extremalbedingungen $\dfrac{\partial\phi}{\partial\lambda^\alpha} = 0$ führen nach Division durch den Faktor 2 auf das lineare homogene Gleichungssystem

$$\begin{aligned} b_{11}\lambda^1 + b_{12}\lambda^2 - \Lambda\,(a_{11}\lambda^1 + a_{12}\lambda^2) &= 0,\\ b_{21}\lambda^1 + b_{22}\lambda^2 - \Lambda\,(a_{21}\lambda^1 + a_{22}\lambda^2) &= 0, \end{aligned} \tag{1.3.26}$$

aus dessen tensorieller Kurzform

$$b_{\alpha\beta}\lambda^\beta - \Lambda\, a_{\alpha\beta}\lambda^\beta = 0 \tag{1.3.27}$$

man nach Überschiebung mit λ^α im Hinblick auf (1.3.24) und (1.3.25) erkennt, daß der *Lagrangefaktor* den Wert

$$\Lambda = \frac{1}{R} \tag{1.3.28}$$

annehmen muß. Damit läßt sich die Lösbarkeitsbedingung des homogenen Gleichungssystems (1.3.26) als

$$\begin{vmatrix} b_{11} - \frac{1}{R}a_{11} & b_{12} - \frac{1}{R}a_{12} \\ b_{12} - \frac{1}{R}a_{12} & b_{22} - \frac{1}{R}a_{22} \end{vmatrix} = \left| b_{\alpha\beta} - \frac{1}{R}a_{\alpha\beta} \right| = 0 \tag{1.3.29}$$

formulieren, was auf die quadratische Gleichung

$$\frac{1}{R^2} - 2H\frac{1}{R} + K = 0 \tag{1.3.30}$$

* Joseph Louis Lagrange (1736–1812); Mathematiker in Turin, Berlin und Paris. Bahnbrechende Arbeiten auf dem Gebiet der Variationsrechnung, der Theorie analytischer Funktionen.

zur Bestimmung der gesuchten Hauptkrümmungen $\frac{1}{R_1}, \frac{1}{R_2}$ führt. Hierin treten die Abkürzungen

$$H = \frac{1}{2} \frac{b_{11} a_{22} - 2\, b_{12} a_{12} + b_{22} a_{11}}{a_{11} a_{22} - (a_{12})^2}, \tag{1.3.31}$$

$$K = \frac{b_{11} b_{22} - (b_{12})^2}{a_{11} a_{22} - (a_{12})^2} = \frac{|b_{\alpha\beta}|}{|a_{\alpha\beta}|} = \frac{b}{a}$$

als *mittlere* und *Gaußsche Krümmung* auf. Beide Krümmungsdefinitionen lassen sich laut (1.2.13), (1.3.21) in Ausdrücke transformieren, die allein den Krümmungstensor enthalten:

$$H = \frac{1}{2}(b_1^1 + b_2^2) = \frac{1}{2} b_\alpha^\alpha, \quad K = b_1^1 b_2^2 - b_2^1 b_1^2 = |b_\beta^\alpha|. \tag{1.3.32}$$

Andererseits erfüllen sie als Koeffizienten der quadratischen Gleichung (1.3.30) die bekannten Zusammenhänge

$$H = \frac{1}{2}\left(\frac{1}{R_1} + \frac{1}{R_2}\right), \quad K = \frac{1}{R_1 R_2}. \tag{1.3.33}$$

Da die Hauptkrümmungen $\frac{1}{R_1}, \frac{1}{R_2}$ nur von den Krümmungseigenschaften der vorgegebenen Fläche abhängen, sind H und K invariante Größen. *Gauß*sche und mittlere Krümmung werden durch das *Theorem von Cayley-Hamilton*

$$K\, \delta_\alpha^\beta = 2\, H\, b_\alpha^\beta - b_\lambda^\beta b_\alpha^\lambda \tag{1.3.34}$$

mit dem Krümmungstensor b_α^β gekoppelt, dessen Richtigkeit man mit (1.3.32) für die diskreten Werte der Indizes α und β leicht bestätigen kann.

Nach Bestimmung der Hauptkrümmungen bilden wir nun aus (1.3.27) die beiden Gleichungen

$$(b_{\alpha\beta} - \frac{1}{R_1} a_{\alpha\beta})\, \lambda_{(1)}^\beta = 0, \quad (b_{\alpha\beta} - \frac{1}{R_2} a_{\alpha\beta})\, \lambda_{(2)}^\beta = 0 \tag{1.3.35}$$

zur Ermittlung der zugehörigen Hauptrichtungen $\lambda_{(1)}^\beta$ und $\lambda_{(2)}^\beta$. Nach Überschiebung der ersten Gleichung mit $\lambda_{(2)}^\alpha$ und der zweiten mit $\lambda_{(1)}^\alpha$ sowie nachfolgender Subtraktion

$$\left(\frac{1}{R_2} - \frac{1}{R_1}\right) a_{\alpha\beta} \lambda_{(1)}^\alpha \lambda_{(2)}^\beta = 0$$

bestätigt man in Anlehnung an (1.2.48) für $\frac{1}{R_1} \neq \frac{1}{R_2}$ die Orthogonalität der beiden Hauptrichtungen:

$$a_{\alpha\beta} \lambda_{(1)}^\alpha \lambda_{(2)}^\beta = 0. \tag{1.3.36}$$

Für Nabelpunkte $\frac{1}{R_1} = \frac{1}{R_2}$ bildet jede beliebige Schnittrichtung zugleich eine Hauptrichtung, wie die aus lauter Nabelpunkten bestehende Kugel erkennen läßt.

Wird schließlich in (1.3.26) der *Lagrangefaktor* Λ eliminiert und anschließend hierin $\lambda^\alpha = \dfrac{d\Theta^\alpha}{ds}$ substituiert

$$\frac{b_{1\beta} d\Theta^\beta}{b_{2\alpha} d\Theta^\alpha} = \frac{a_{1\beta} d\Theta^\beta}{a_{2\alpha} d\Theta^\alpha},$$

so entsteht die Differentialgleichung der Krümmungslinien:

$$(b_{11} a_{12} - b_{12} a_{11}) (d\Theta^1)^2 + (b_{11} a_{22} - b_{22} a_{11}) \, d\Theta^1 \, d\Theta^2 + (b_{12} a_{22} - a_{12} b_{22}) (d\Theta^2)^2 = 0. \tag{1.3.37}$$

Im wichtigen Sonderfall

$$a_{12} = b_{12} = 0 \tag{1.3.38}$$

wird (1.3.37) sowohl durch $d\Theta^1 = 0$ als auch durch $d\Theta^2 = 0$ identisch erfüllt. Die Bedingung (1.3.38) beschreibt somit Koordinatenlinien, die zugleich Krümmungslinien bilden. Hierfür können die Hauptkrümmungen durch $d\Theta^1 = 0$ bzw. $d\Theta^2 = 0$ unmittelbar aus (1.3.23) berechnet werden:

$$\frac{1}{R_1} = \frac{b_{11}}{a_{11}} = b_1^1, \quad \frac{1}{R_2} = \frac{b_{22}}{a_{22}} = b_2^2. \tag{1.3.39}$$

Abschließend suchen wir noch diejenigen Normalschnitte des Punktes P, für die die Krümmung (1.3.23) verschwindet. Die Tangentenrichtung $\lambda = \dfrac{d\Theta^1}{d\Theta^2}$ eines solchen Normalschnittes, *Asymptotenrichtung* genannt, wird durch das Verschwinden der zweiten Grundform beschrieben:

$$b_{11} \, d\Theta^1 \, d\Theta^1 + 2 \, b_{12} \, d\Theta^1 \, d\Theta^2 + b_{22} \, d\Theta^2 \, d\Theta^2 = b_{11} (\lambda)^2 + 2 \, b_{12} \lambda + b_{22} = 0. \tag{1.3.40}$$

Da wegen der stets positiven Determinante a (1.2.12) die Gaußsche Krümmung K (1.3.31) das umgekehrte Vorzeichen wie die Diskriminante $(b_{12})^2 - b_{11} b_{22} = -b$ dieser quadratischen Gleichung aufweist, besitzen nur Flächenpunkte mit negativer Gaußscher Krümmung zwei reelle Asymptotenrichtungen. In Punkten mit verschwindender Gaußscher Krümmung $K = 0$ fallen diese Richtungen zu einer einzigen reellen Richtung zusammen, um schließlich für $K > 0$ imaginär zu werden. Diejenigen Kurven einer Fläche, die überall tangential zu den Asymptotenrichtungen verlaufen, heißen *Asymptotenlinien.*

1.3.4 Die allgemeine Rotationsfläche

Das im Abschnitt 1.2.3 begonnene Anwendungsbeispiel soll nun um die neuen geometrischen Elemente erweitert werden. Zunächst entsteht der Normaleneinheitsvektor $\mathbf{a}_3$ unter Verwendung von (1.2.30, 32) und (1.3.1):

$$\mathbf{a}_3 = \frac{\mathbf{a}_1 \times \mathbf{a}_2}{\sqrt{a}} = \frac{1}{\sqrt{(r_{,2})^2 + 1}} (\cos\Theta^1 \, \mathbf{i}_1 + \sin\Theta^1 \, \mathbf{i}_2 - r_{,2} \mathbf{i}_3). \tag{1.3.41}$$

Für den kovarianten Krümmungstensor $b_{\alpha\beta}$ finden wir unter Rückgriff auf (1.2.35), (1.3.20) und (1.3.41):

$$b_{\alpha\beta} = \mathbf{a}_{\alpha,\beta} \cdot \mathbf{a}_3 = \begin{bmatrix} b_{11} & b_{12} \\ b_{21} & b_{22} \end{bmatrix} = \begin{bmatrix} -\dfrac{r}{\sqrt{(r_{,2})^2 + 1}} & 0 \\ 0 & \dfrac{r_{,22}}{\sqrt{(r_{,2})^2 + 1}} \end{bmatrix}. \tag{1.3.42}$$

Der Leser möge dieses Ergebnis unter Benutzung von $b_{\alpha\beta} = -\mathbf{a}_\alpha \cdot \mathbf{a}_{3,\beta}$ kontrollieren. Wegen $a_{12} = 0$ und $b_{12} = 0$ sind die verwendeten Koordinatenlinien zugleich Krümmungslinien.

Der gemischtvariante Krümmungstensor b^α_β erhält unter Verwendung von (1.2.33), (1.3.21) und (1.3.42) die Form:

$$b^\alpha_\beta = b_{\beta\lambda} a^{\lambda\alpha} = \begin{bmatrix} b^1_1 & b^1_2 \\ b^2_1 & b^2_2 \end{bmatrix} = \begin{bmatrix} -\dfrac{1}{r\sqrt{(r_{,2})^2 + 1}} & 0 \\ 0 & \dfrac{r_{,22}}{\sqrt{[(r_{,2})^2 + 1]^3}} \end{bmatrix}, \tag{1.3.43}$$

womit die *Gaußsche* und mittlere Krümmung (1.3.32) lauten:

$$K = |b^\alpha_\beta| = b^1_1 b^2_2 = -\frac{r_{,22}}{r[(r_{,2})^2 + 1]^2},$$
$$H = \frac{1}{2} b^\alpha_\alpha = \frac{1}{2}(b^1_1 + b^2_2) = \frac{r_{,22} r - [(r_{,2})^2 + 1]}{2\, r[(r_{,2})^2 + 1]^{3/2}}. \tag{1.3.44}$$

Beispiel: Wir geben auf der Rotationsfläche F *des Bildes 1.6 das Vektorfeld*

$$\mathbf{v} = \mathbf{i}_1 + \Theta^2 \mathbf{i}_3 \tag{1.3.45}$$

vor. Um zunächst die kovarianten Vektorkomponenten

$$\mathbf{v} = v_\alpha \mathbf{a}^\alpha + v_3 \mathbf{a}^3$$

zu ermitteln, gewinnen wir durch skalare Multiplikation mit $\mathbf{a}_\beta$ *bzw.* $\mathbf{a}_3$ *die beiden Identitäten*

$$v_\beta = \mathbf{v} \cdot \mathbf{a}_\beta, \quad v_3 = \mathbf{v} \cdot \mathbf{a}_3,$$

die durch Anwendung von (1.2.30), (1.3.41) zu den gewünschten Komponenten führen:

$$v_1 = \mathbf{v} \cdot \mathbf{a}_1 = -r \sin \Theta^1,$$
$$v_2 = \mathbf{v} \cdot \mathbf{a}_2 = r_{,2} \cos \Theta^1 + \Theta^2, \tag{1.3.46}$$
$$v_3 = \mathbf{v} \cdot \mathbf{a}_3 = \frac{1}{\sqrt{(r_{,2})^2 + 1}} (\cos \Theta^1 - \Theta^2 r_{,2}).$$

Mit (1.2.33) entstehen hieraus die kontravarianten Komponenten v^β:

$$v^1 = a^{1\beta} v_\beta = a^{11} v_1 = -\frac{\sin \Theta^1}{r},$$
$$v^2 = a^{2\beta} v_\beta = a^{22} v_2 = \frac{r_{,2} \cos \Theta^1 + \Theta^2}{(r_{,2})^2 + 1}, \qquad v^3 = v_3, \tag{1.3.47}$$

und unter Benutzung von (1.2.31), (1.2.33) schließlich die physikalischen Vektorkomponenten (1.2.46):

$$v_{\langle 1\rangle} = v_1\sqrt{a^{11}} = -\sin\Theta^1\,, \quad v^{\langle 1\rangle} = v^1\sqrt{a_{11}} = -\sin\Theta^1\,,$$
$$v_{\langle 2\rangle} = v_2\sqrt{a^{22}} = \frac{r_{,2}\cos\Theta^1 + \Theta^2}{\sqrt{(r_{,2})^2+1}}\,, \quad v^{\langle 2\rangle} = v^2\sqrt{a_{22}} = \frac{r_{,2}\cos\Theta^1 + \Theta^2}{\sqrt{(r_{,2})^2+1}}\,, \qquad (1.3.48)$$
$$v_{\langle 3\rangle} = v^{\langle 3\rangle} = v_3\,.$$

1.3.5 Klassifikation von Flächen

Die *Gaußsche Krümmung K* bildet ein geeignetes Ordnungsprinzip zur *lokalen* Klassifikation von Flächen, das später auch das Tragverhalten entsprechend geformter Schalen treffend beschreiben wird. Hierzu definieren wir: Ein Flächenpunkt wird als *elliptischer* oder *hyperbolischer* Punkt bezeichnet, wenn seine *Gauß*sche Krümmung positiv oder negativ ist. Für $K = 0$ liegt definitionsgemäß ein *parabolischer* Punkt vor.

Eine geometrische Interpretation dieser drei Begriffe ermöglicht die Definitionsgleichung (1.3.33). Demnach besitzen elliptische Punkte stets zwei Hauptkrümmungen gleichen Vorzeichens, d.h. beide Krümmungsmittelpunkte liegen auf derselben Seite der Fläche. Bei hyperbolischen Punkten finden wir diese dagegen auf verschiedenen Seiten der Fläche. Daher sind beide Hauptkrümmungen von unterschiedlichem Vorzeichen, und zwischen ihnen existieren zwei krümmungslose Asymptotenrichtungen. In einem parabolischen Punkt verschwindet eine Hauptkrümmung, diese Hauptrichtung ist gleichzeitig Asymptotenrichtung. Die Namen der obigen Punktklassen finden ihren Ursprung in der *Dupinschen Indikatrix*, siehe z.B. [1, 5].

Auch eine *globale* Klassifikation von Flächen ist über die *Gauß*sche Krümmung möglich. Demnach wird eine Fläche, die ausschließlich elliptische Punkte enthält, als *Fläche positiver Gaußscher Krümmung* bezeichnet (Beispiel: Ellipsoid). *Flächen negativer* (Beispiel: hyperbolisches Paraboloid) bzw. *verschwindender Gaußscher Krümmung* (Beispiel: Zylinder) bestehen folgerichtig aus lauter hyperbolischen bzw. parabolischen Punkten. Die *Gauß*sche Krümmung K gestattet jedoch nicht immer eine eindeutige, globale Klassifizierung, da sich viele Flächen, wie beispielsweise die Torusfläche (Bild 1.8), aus Punkten aller drei Typen ($K \gtreqless 0$) zusammensetzen.

Eine globale Klassifizierung von Flächen kann daher vorteilhafter aufgrund ihrer Erzeugendenvorschrift erfolgen, die wegen ihrer Anschaulichkeit auch in der Schalenmechanik bevorzugt wird. Die hierdurch vorstellbare große Variantenvielfalt erfordert jedoch eine Beschränkung auf wenige Beispiele: Neben den Rotationsflächen besitzen für Schalenkonstruktionen auch Regelflächen (Bild 1.8) beträchtliche anwendungstechnische Bedeutung. Dieser Klasse gehören alle diejenigen Flächen an, die durch Führung einer geraden Erzeugenden längs zweier beliebiger Leitkurven entstehen. Variationen der Führungsvorschrift sowie der Leitkurven lassen dabei sehr unterschiedliche Formen entstehen. Werden beispielsweise gerade Leitkurven durch die Erzeugende im gleichen Verhältnis unterteilt, so ergibt sich ein *hyperbolisches Paraboloid.* Bei einem *Konoid* (Bild 1.8) dagegen bestehen die Leitkurven aus einer Geraden sowie einer gekrümmten Kurve, und die Erzeugende bewegt sich zu einer vorgegebenen Ebene parallel. Eine weitere wichtige Klasse bilden *Translationsflächen* (Bild 1.8); sie

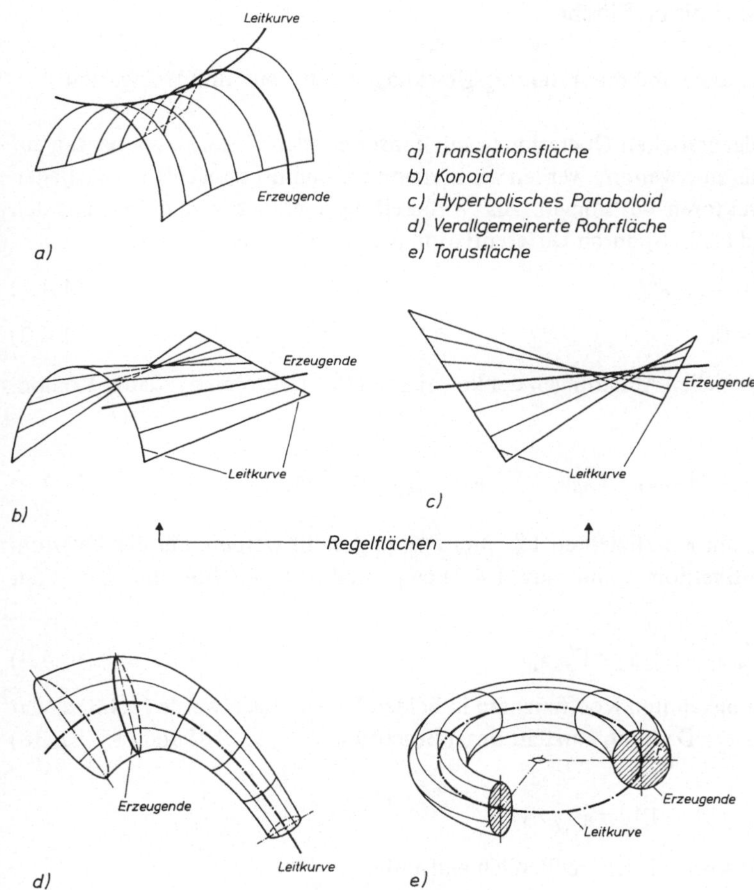

Bild 1.8 Klassifikation von Flächen nach der Erzeugendenvorschrift

werden durch Parallelverschiebung einer ebenen Erzeugenden längs einer Leitkurve beschrieben. Beispiele hierfür sind das *hyperbolische* und das *elliptische Paraboloid* sowie jeder *Zylinder* [9]. Schließlich erhält man eine *Rohrfläche,* wenn der Mittelpunkt eines Kreises auf einer Raumkurve derart bewegt wird, daß die Kreisebene stets mit der entsprechenden Normalebene dieser Raumkurve zusammenfällt. Wird der Kreis durch eine beliebige geschlossene Kurve ersetzt, die sich bei ihrer Bewegung zusätzlich nach einer bekannten Vorschrift verzerrt, so liegt eine *verallgemeinerte Rohrfläche* [10] vor (Bild 1.8).

1.4 Tensoranalysis auf einer Fläche

1.4.1 Die Christoffelsymbole und die Ableitungsgleichungen von Gauß und Weingarten

Um die bisherigen algebraischen Operationen mit Tensoren oder Tensorkomponenten auf solche der Tensoranalysis zu erweitern, werden wir in diesem Abschnitt zunächst die partiellen Ableitungen der Basisvektoren bestimmen. Als Vorbereitung hierzu gewinnen wir aus den Identitäten (1.2.18) und (1.2.38) durch Differentiation die beiden Beziehungen

$$\mathbf{a}_{\beta,\alpha} \cdot \mathbf{a}^{\lambda} = -\mathbf{a}_{\beta} \cdot \mathbf{a}^{\lambda}{}_{,\alpha}, \tag{1.4.1}$$

$$\mathbf{a}_{3,\alpha} \cdot \mathbf{a}_3 = 0. \tag{1.4.2}$$

Wir bilden nun die partiellen Ableitungen der kovarianten Basisvektoren $\mathbf{a}_\alpha$, deren Komponenten durch den Ansatz

$$\mathbf{a}_{\alpha,\beta} = \frac{\partial \mathbf{a}_\alpha}{\partial \Theta^\beta} = \Gamma^1_{\alpha\beta}\mathbf{a}_1 + \Gamma^2_{\alpha\beta}\mathbf{a}_2 + \Gamma^3_{\alpha\beta}\mathbf{a}_3 = \Gamma^\rho_{\alpha\beta}\mathbf{a}_\rho + \Gamma^3_{\alpha\beta}\mathbf{a}_3 \tag{1.4.3}$$

mit den noch unbekannten Koeffizienten $\Gamma^\rho_{\alpha\beta}$ und $\Gamma^3_{\alpha\beta}$ dargestellt werden. Für die Ableitungen des Normaleneinheitsvektors $\mathbf{a}_3$, die laut (1.4.2) tangential zu F gerichtet sind, lautet der entsprechende Ansatz:

$$\mathbf{a}_{3,\alpha} = \Gamma^1_{3\alpha}\mathbf{a}_1 + \Gamma^2_{3\alpha}\mathbf{a}_2 = \Gamma^\rho_{3\alpha}\mathbf{a}_\rho. \tag{1.4.4}$$

Zur Bestimmung der unbekannten Koeffizienten in beiden Beziehungen werde (1.4.3) skalar mit $\mathbf{a}^\lambda$ bzw. $\mathbf{a}^3$ multipliziert. Dadurch entsteht unter Beachtung von (1.2.18) und (1.2.37, 38) zunächst

$$\Gamma^\lambda_{\alpha\beta} = \mathbf{a}_{\alpha,\beta} \cdot \mathbf{a}^\lambda, \quad \Gamma^3_{\alpha\beta} = \mathbf{a}_{\alpha,\beta} \cdot \mathbf{a}_3;$$

wegen (1.3.17), (1.3.20) sowie (1.4.1) schließlich endgültig:

$$\Gamma^\lambda_{\alpha\beta} = \Gamma^\lambda_{\beta\alpha} = \mathbf{a}^\lambda \cdot \mathbf{a}_{\alpha,\beta} = \mathbf{a}^\lambda \cdot \mathbf{a}_{\beta,\alpha} = -\mathbf{a}_\beta \cdot \mathbf{a}^\lambda{}_{,\alpha}, \tag{1.4.5}$$

$$\Gamma^3_{\alpha\beta} = \Gamma^3_{\beta\alpha} = b_{\alpha\beta}. \tag{1.4.6}$$

In entsprechender Weise finden wir aus (1.4.4):

$$\Gamma^\lambda_{3\alpha} = -b^\lambda_\alpha. \tag{1.4.7}$$

Die bisherigen Koeffizienten $\Gamma^\lambda_{\alpha\beta}$ werden nun durch Koeffizienten mit heruntergezogenem Kopfindex ergänzt:

$$\Gamma_{\alpha\beta\rho} = \Gamma_{\beta\alpha\rho} = \mathbf{a}_\rho \cdot \mathbf{a}_{\alpha,\beta} = \mathbf{a}_\rho \cdot \mathbf{a}_{\beta,\alpha} \tag{1.4.8}$$

wobei aufgrund von (1.4.5) die Zusammenhänge

$$\Gamma_{\alpha\beta\rho} = \Gamma^\lambda_{\alpha\beta}a_{\rho\lambda}, \quad \Gamma^\lambda_{\alpha\beta} = \Gamma_{\alpha\beta\rho}\,a^{\rho\lambda} \tag{1.4.9}$$

bestätigt werden. (1.4.8) ist wegen (1.3.17) mit der Beziehung

$$\Gamma_{\alpha\beta\rho} = \frac{1}{2}[(\mathbf{a}_\rho \cdot \mathbf{a}_\alpha)_{,\beta} + (\mathbf{a}_\rho \cdot \mathbf{a}_\beta)_{,\alpha} - (\mathbf{a}_\alpha \cdot \mathbf{a}_\beta)_{,\rho}]$$

identisch, woraus nach (1.2.6) entsteht:

$$\Gamma_{\alpha\beta\rho} = \Gamma_{\beta\alpha\rho} = \frac{1}{2}(a_{\rho\alpha,\beta} + a_{\rho\beta,\alpha} - a_{\alpha\beta,\rho}). \tag{1.4.10}$$

Die beiden Symbole (1.4.5) und (1.4.8) sind wie die Krümmungstensoren in (1.4.6, 7) im allgemeinen Funktionen der Flächenparameter Θ^α. Man nennt $\Gamma_{\alpha\beta\rho}$ bzw. $\Gamma^\rho_{\alpha\beta}$ *Christoffelsymbole* erster* bzw. *zweiter Art,* beide Symbole sind laut (1.4.5), (1.4.10) in Bezug auf die Indizes α und β symmetrisch. Eine weitere interessante Beziehung für das Christoffelsymbol zweiter Art entsteht durch Substitution von (1.4.10) in die zweite Gleichung (1.4.9) sowie anschließende Verjüngung $\alpha = \lambda$:

$$\Gamma^\lambda_{\lambda\beta} = \frac{1}{2} a^{\rho\lambda}(a_{\rho\lambda,\beta} + a_{\rho\beta,\lambda} - a_{\lambda\beta,\rho}) = \frac{1}{2} a^{\rho\lambda} a_{\rho\lambda,\beta}.$$

In ausgeschriebener Form führt dies mit (1.2.13)

$$\begin{aligned}\Gamma^\lambda_{\lambda\beta} &= \frac{1}{2}(a^{11} a_{11,\beta} + 2\,a^{12} a_{12,\beta} + a^{22} a_{22,\beta}) \\ &= \frac{1}{2\,a}(a_{22} a_{11,\beta} - 2\,a_{12} a_{12,\beta} + a_{11} a_{22,\beta})\end{aligned}$$

unter Rückgriff auf (1.2.12) zu:

$$\Gamma^\lambda_{\lambda\beta} = \frac{1}{2\,a} a_{,\beta} = \frac{1}{\sqrt{a}}(\sqrt{a})_{,\beta}. \tag{1.4.11}$$

Zur Vervollständigung seien noch die Transformationseigenschaften der Christoffelsymbole untersucht. Bekanntlich transformieren sich die kovarianten Basisvektoren bei einem Wechsel des Koordinatensystems entsprechend

$$\bar{\mathbf{a}}^\lambda = \frac{\partial \bar{\Theta}^\lambda}{\partial \Theta^\gamma} \mathbf{a}^\gamma, \quad \bar{\mathbf{a}}_\alpha = \frac{\partial \Theta^\rho}{\partial \bar{\Theta}^\alpha} \mathbf{a}_\rho, \tag{1.4.12}$$

woraus durch Differentiation

$$\bar{\mathbf{a}}_{\alpha,\beta} = \frac{\partial \bar{\mathbf{a}}_\alpha}{\partial \bar{\Theta}^\beta} = \frac{\partial \Theta^\rho}{\partial \bar{\Theta}^\alpha} \frac{\partial \Theta^\mu}{\partial \bar{\Theta}^\beta} \mathbf{a}_{\rho,\mu} + \frac{\partial^2 \Theta^\rho}{\partial \bar{\Theta}^\alpha \partial \bar{\Theta}^\beta} \mathbf{a}_\rho \tag{1.4.13}$$

entsteht. Substituiert man dies sowie die erste Beziehung (1.4.12) in die laut (1.4.5) gültige Identität

$$\begin{aligned}\bar{\Gamma}^\lambda_{\alpha\beta} &= \bar{\mathbf{a}}^\lambda \cdot \bar{\mathbf{a}}_{\alpha,\beta} \\ &= \frac{\partial \Theta^\rho}{\partial \bar{\Theta}^\alpha} \frac{\partial \Theta^\mu}{\partial \bar{\Theta}^\beta} \frac{\partial \bar{\Theta}^\lambda}{\partial \Theta^\gamma} \Gamma^\gamma_{\rho\mu} + \frac{\partial^2 \Theta^\rho}{\partial \bar{\Theta}^\alpha \partial \bar{\Theta}^\beta} \frac{\partial \bar{\Theta}^\lambda}{\partial \Theta^\rho},\end{aligned} \tag{1.4.14}$$

so wird im Hinblick auf den zweiten Summanden der rechten Seite klar, daß die Christoffelsymbole zweiter Art keine Tensorkomponenten darstellen. Dieses Ergebnis gilt auch für die

* Elwin Bruno Christoffel (1829–1900); Mathematiker in Zürich, Berlin und Straßburg.

Symbole erster Art; die notwendigen Folgerungen hieraus werden wir im nächsten Abschnitt ziehen.

Nun lassen sich unter Berücksichtigung aller bisherigen Ergebnisse die Ableitungen (1.4.3) und (1.4.4) der Vektorbasis $\mathbf{a}_i$ durch:

$$\mathbf{a}_{\alpha,\beta} = \Gamma^{\rho}_{\alpha\beta}\mathbf{a}_{\rho} + b_{\alpha\beta}\mathbf{a}_3, \tag{1.4.15}$$

$$\mathbf{a}_{3,\alpha} = -b^{\rho}_{\alpha}\mathbf{a}_{\rho} \tag{1.4.16}$$

darstellen; beide Beziehungen werden durch

$$\mathbf{a}^{\alpha}{}_{,\beta} = -\Gamma^{\alpha}_{\beta\lambda}\mathbf{a}^{\lambda} + b^{\alpha}_{\beta}\mathbf{a}_3 \tag{1.4.17}$$

ergänzt. Diese *Ableitungsgleichungen* der Flächentheorie, die nach *Gauß* (1.4.15, 17) und *Weingarten* (1.4.16) benannt werden, bilden die Grundlage jeder Tensoranalysis auf einer Fläche F. An Hand von (1.4.15) beispielsweise können wir nun die geometrische Bedeutung der Christoffelsymbole besonders einfach verdeutlichen: Entfernt man sich vom Punkt P der Fläche längs einer Parameterlinie Θ^1 um das differentielle Maß $d\Theta^1 = 1$, so erfährt der Basisvektor $\mathbf{a}_1(\mathbf{a}_2)$ eine Änderung, die durch $\mathbf{a}_{1,1}$ $(\mathbf{a}_{2,1})$ beschrieben wird. Die Christoffelsymbole $\Gamma^{\rho}_{11}(\Gamma^{\rho}_{21})$ repräsentieren die Komponenten dieser differentiellen Änderung in Richtung der tangentialen Basis $\mathbf{a}_{\rho}$, die Krümmungskomponente $b_{11}(b_{21})$ den Zuwachs in Richtung des Normaleneinheitsvektors $\mathbf{a}_3$.

Beispiel: Für die Rotationsfläche der Abschnitte 1.2.3 und 1.3.4 werden die Christoffelsymbole unter Verwendung von (1.2.34, 35) und (1.4.5) bestimmt:

$$\begin{aligned}
&\Gamma^1_{11} = \mathbf{a}^1 \cdot \mathbf{a}_{1,1} = 0, && \Gamma^1_{12} = \mathbf{a}^1 \cdot \mathbf{a}_{1,2} = \frac{r_{,2}}{r}, && \Gamma^1_{22} = \mathbf{a}^1 \cdot \mathbf{a}_{2,2} = 0,\\
&\Gamma^2_{11} = \mathbf{a}^2 \cdot \mathbf{a}_{1,1} = -\frac{r\,r_{,2}}{(r_{,2})^2+1}, && \Gamma^2_{12} = \mathbf{a}^2 \cdot \mathbf{a}_{1,2} = 0, && \Gamma^2_{22} = \mathbf{a}^2 \cdot \mathbf{a}_{2,2} = \frac{r_{,2}\,r_{,22}}{(r_{,2})^2+1}.
\end{aligned} \tag{1.4.18}$$

Für eine Kreiszylinderfläche ($r = r(\Theta^2) = \text{konst}$) *verschwinden alle Christoffelsymbole identisch.*

1.4.2 Die kovariante Ableitung

Ebenso wie die Christoffelsymbole $\Gamma^{\lambda}_{\alpha\beta}$ besitzen auch partielle Ableitungen von Tensorkomponenten keinen Tensorcharakter: sie erfüllen nicht die Transformationsvorschriften des Abschnittes 1.1.6. Diese konzeptionelle Schwäche wird durch die sogenannte *kovariante Ableitung* beseitigt, die gerade so definiert ist, daß der Tensorcharakter bei einer derartigen Differentiation erhalten bleibt.

Zunächst ohne Nachweis der Tensoreigenschaft definieren wir die kovariante Ableitung einer Tensorkomponente erster Stufe durch:

$$\begin{aligned}
A_{\alpha}|_{\beta} &= A_{\alpha,\beta} - A_{\lambda}\Gamma^{\lambda}_{\alpha\beta},\\
A^{\alpha}|_{\beta} &= A^{\alpha}{}_{,\beta} + A^{\lambda}\,\Gamma^{\alpha}_{\lambda\beta}
\end{aligned} \tag{1.4.19}$$

und bezeichnen diese zwecks Abgrenzung zur partiellen Ableitung durch einen senkrechten

Strich. Entsprechend gelten für Tensorkomponenten zweiter Stufe die Definitionen:

$$A_{\alpha\beta}|_\gamma = A_{\alpha\beta,\gamma} - A_{\lambda\beta}\Gamma^\lambda_{\alpha\gamma} - A_{\alpha\lambda}\Gamma^\lambda_{\beta\gamma},$$

$$A^{\alpha}_{.\beta}|_\gamma = A^{\alpha}_{.\beta,\gamma} + A^{\lambda}_{.\beta}\Gamma^\alpha_{\gamma\lambda} - A^{\alpha}_{.\lambda}\Gamma^\lambda_{\beta\gamma}, \tag{1.4.20}$$

$$A^{\alpha\beta}|_\gamma = A^{\alpha\beta}_{\ \ ,\gamma} + A^{\lambda\beta}\Gamma^\alpha_{\gamma\lambda} + A^{\alpha\lambda}\Gamma^\beta_{\gamma\lambda},$$

die auf Tensorkomponenten beliebiger Stufe verallgemeinert werden können. So gilt z.B. für Tensorkomponenten dritter Stufe:

$$A^{\alpha}_{.\beta\gamma}|_\lambda = A^{\alpha}_{.\beta\gamma,\lambda} + A^{\mu}_{.\beta\gamma}\Gamma^\alpha_{\lambda\mu} - A^{\alpha}_{.\mu\gamma}\Gamma^\mu_{\beta\lambda} - A^{\alpha}_{.\beta\mu}\Gamma^\mu_{\gamma\lambda}. \tag{1.4.21}$$

Da die partielle Ableitung eines Skalars A aufgrund der Kettenregel

$$\bar{A}_{,\alpha} = \frac{\partial A}{\partial\bar{\Theta}^\alpha} = \frac{\partial A}{\partial\Theta^\beta}\frac{\partial\Theta^\beta}{\partial\bar{\Theta}^\alpha} = \frac{\partial\Theta^\beta}{\partial\bar{\Theta}^\alpha}A_{,\beta} \tag{1.4.22}$$

die kovariante Transformationsvorschrift erfüllt, sind dessen partielle und kovariante Ableitungen definitionsgemäß identische Operationen

$$A_{,\alpha} = \frac{\partial A}{\partial\Theta^\alpha} = A|_\alpha. \tag{1.4.23}$$

Aufgrund dieser Definitionen gelten für die kovariante Ableitung von Produkten und Summen die gleichen Rechenregeln wie bei der gewöhnlichen Differentiation:

$$(A_{\alpha\beta} + B_{\alpha\beta})|_\gamma = A_{\alpha\beta}|_\gamma + B_{\alpha\beta}|_\gamma,$$
$$(A_{\alpha\beta}B^{\rho\mu})|_\gamma = A_{\alpha\beta}|_\gamma B^{\rho\mu} + A_{\alpha\beta}B^{\rho\mu}|_\gamma. \tag{1.4.24}$$

Wendet man nun die Definition (1.4.20) der kovarianten Ableitung eines Tensors zweiter Stufe auf den Maßtensor $a_{\alpha\beta}$ an:

$$a_{\alpha\beta}|_\gamma = a_{\alpha\beta,\gamma} - a_{\lambda\beta}\Gamma^\lambda_{\alpha\gamma} - a_{\alpha\lambda}\Gamma^\lambda_{\beta\gamma} = a_{\alpha\beta,\gamma} - \Gamma_{\alpha\gamma\beta} - \Gamma_{\beta\gamma\alpha}$$

und drückt die Christoffelsymbole mittels (1.4.10) aus, so entsteht:

$$a_{\alpha\beta}|_\gamma = 0.$$

In ähnlicher Weise lassen sich die Identitäten

$$\delta^\alpha_\beta|_\gamma = a_{\alpha\beta}|_\gamma = a^{\alpha\beta}|_\gamma = \epsilon_{\alpha\beta}|_\gamma = \epsilon^{\alpha\beta}|_\gamma = 0 \tag{1.4.25}$$

beweisen, die als *Lemma von Ricci** häufige Verwendung finden. Hiernach verhalten sich Maß- und ϵ-Tensor bei einer kovarianten Differentiation wie konstante Faktoren, wodurch der Prozeß des Herauf- bzw. Herunterziehens von Indizes vorteilhaft auf alle Indizes einer Tensorgleichung ohne Rücksicht auf ein kovariantes Ableitungszeichen anwendbar wird:

$$A_\alpha B^{\alpha}_{.\beta}|_\gamma = (A^\rho a_{\rho\alpha})B^{\alpha}_{.\beta}|_\gamma = A^\rho(a_{\rho\alpha}B^{\alpha}_{.\beta})|_\gamma = A^\rho B_{\rho\beta}|_\gamma$$
$$= A^\alpha B_{\alpha\beta}|_\gamma. \tag{1.4.26}$$

* Curbosto Gregorio Ricci (1853–1925); italienischer Mathematiker, Begründer des Ricci-Calcules, den Einstein zur Formulierung der allgemeinen Relativitätstheorie verwendete.

Zum noch ausstehenden Nachweis des Tensorcharakters einer kovarianten Ableitung, den wir jetzt nachholen, bilden wir die kovariante Ableitung der Vektorkomponente $\bar{A}_\alpha$

$$\bar{A}_\alpha|_\beta = \bar{A}_{\alpha,\beta} - \bar{A}_\lambda \bar{\Gamma}^\lambda_{\alpha\beta} \tag{1.4.27}$$

hinsichtlich des transformierten Koordinatensystems $\bar{\Theta}^\beta$. Dabei gilt für $\bar{A}_\lambda$:

$$\bar{A}_\lambda = \frac{\partial \Theta^\nu}{\partial \bar{\Theta}^\lambda} A_\nu$$

und analog zu (1.4.13) für $\bar{A}_{\alpha,\beta}$:

$$\bar{A}_{\alpha,\beta} = \frac{\partial \Theta^\rho}{\partial \bar{\Theta}^\alpha} \frac{\partial \Theta^\mu}{\partial \bar{\Theta}^\beta} A_{\rho,\mu} + \frac{\partial^2 \Theta^\rho}{\partial \bar{\Theta}^\alpha \partial \bar{\Theta}^\beta} A_\rho .$$

Setzt man nun beide Ergebnisse sowie (1.4.14) in (1.4.27) ein

$$\bar{A}_\alpha|_\beta = \frac{\partial \Theta^\rho}{\partial \bar{\Theta}^\alpha} \frac{\partial \Theta^\mu}{\partial \bar{\Theta}^\beta} A_{\rho,\mu} + \frac{\partial^2 \Theta^\rho}{\partial \bar{\Theta}^\alpha \partial \bar{\Theta}^\beta} A_\rho$$
$$- \left(\frac{\partial \Theta^\rho}{\partial \bar{\Theta}^a} \frac{\partial \Theta^\mu}{\partial \bar{\Theta}^\beta} \underline{\frac{\partial \Theta^\nu}{\partial \bar{\Theta}^\lambda} \frac{\partial \bar{\Theta}^\lambda}{\partial \Theta^\gamma}} \Gamma^\gamma_{\rho\mu} A_\nu + \frac{\partial^2 \Theta^\rho}{\partial \bar{\Theta}^\alpha \partial \bar{\Theta}^\beta} \underline{\frac{\partial \Theta^\nu}{\partial \bar{\Theta}^\lambda} \frac{\partial \bar{\Theta}^\lambda}{\partial \Theta^\rho}} A_\nu \right)$$

und beachtet hierin, daß die unterstrichenen Terme den Kronecker-Symbolen δ^ν_γ bzw. δ^ν_ρ entsprechen, so verbleiben nach Austausch der Indizes nur zwei Summanden auf der rechten Seite, die genau die Transformationsvorschrift kovarianter Tensorkomponenten zweiter Stufe ergeben:

$$\bar{A}_\alpha|_\beta = \frac{\partial \Theta^\rho}{\partial \bar{\Theta}^\alpha} \frac{\partial \Theta^\mu}{\partial \bar{\Theta}^\beta} (A_{\rho,\mu} - A_\gamma \Gamma^\gamma_{\rho\mu}) = \frac{\partial \Theta^\rho}{\partial \bar{\Theta}^\alpha} \frac{\partial \Theta^\mu}{\partial \bar{\Theta}^\beta} A_\rho|_\mu . \tag{1.4.28}$$

In analoger Weise kann der Beweis auf Tensoren beliebiger Stufe erweitert werden. Allgemein läßt die kovariante Ableitung aus Tensorkomponenten n-ter Stufe solche der Stufe (n + 1) entstehen.* An dieser Stelle sei eingeschoben, daß der Index einer kovarianten Ableitung nach dem üblichen Vorgehen hochgezogen werden kann, beispielsweise:

$$A_\alpha|_\beta a^{\beta\lambda} = A_\alpha|^\lambda . \tag{1.4.29}$$

Im Hinblick auf spätere Untersuchungen sei die Definition der kovarianten Ableitung, die an Tensorkomponenten beliebiger Stufe erfolgte, auch auf Vektorgrößen erweitert: Für einen invarianten Vektor v gelte entsprechend (1.4.23):

$$\mathbf{v}|_\alpha = \mathbf{v}_{,\alpha} = \frac{\partial \mathbf{v}}{\partial \Theta^\alpha}, \tag{1.4.30}$$

und für einen Vektor mit kovarianten bzw. kontravarianten Transformationseigenschaften:

$$\begin{aligned} \mathbf{n}_\alpha|_\beta &= \mathbf{n}_{\alpha,\beta} - \mathbf{n}_\lambda \Gamma^\lambda_{\alpha\beta}, \\ \mathbf{n}^\alpha|_\beta &= \mathbf{n}^\alpha_{,\beta} + \mathbf{n}^\lambda \Gamma^\alpha_{\lambda\beta}. \end{aligned} \tag{1.4.31}$$

* Für den Beweis dieser Aussage kann ebenfalls die Quotientenregel verwendet werden, siehe z.B. [3].

Entsprechend dieser Definition lassen sich die Ableitungsgleichungen (1.4.15) bis (1.4.17) wie folgt darstellen:

$$\mathbf{a}_\alpha|_\beta = b_{\alpha\beta}\mathbf{a}_3. \tag{1.4.32}$$

$$\mathbf{a}^\alpha|_\beta = b^\alpha_\beta\mathbf{a}_3, \tag{1.4.33}$$

$$\mathbf{a}_3|_\alpha = \mathbf{a}_{3,\alpha} = -b^\lambda_\alpha\mathbf{a}_\lambda. \tag{1.4.34}$$

Abschließend wollen wir die beiden Komponentendarstellungen des Vektors

$$\mathbf{v} = v^\lambda\mathbf{a}_\lambda + v^3\mathbf{a}_3 = v_\lambda\mathbf{a}^\lambda + v_3\mathbf{a}^3$$

unter Anwendung der Regeln (1.4.24) und (1.4.30) kovariant nach Θ^β differenzieren:

$$\begin{aligned}\mathbf{v}_{,\beta} = \mathbf{v}|_\beta &= v^\lambda|_\beta\mathbf{a}_\lambda + v^\lambda\mathbf{a}_\lambda|_\beta + v^3|_\beta\mathbf{a}_3 + v^3\mathbf{a}_3|_\beta\\ &= v_\lambda|_\beta\mathbf{a}^\lambda + v_\lambda\mathbf{a}^\lambda|_\beta + v_3|_\beta\mathbf{a}^3 + v_3\mathbf{a}^3|_\beta.\end{aligned} \tag{1.4.35}$$

Mit (1.4.32) bis (1.4.35) entsteht hieraus:

$$\begin{aligned}\mathbf{v}_{,\beta} = \mathbf{v}|_\beta &= (v^\lambda|_\beta - b^\lambda_\beta v^3)\,\mathbf{a}_\lambda + (v^3{}_{,\beta} + b_{\lambda\beta}v^\lambda)\,\mathbf{a}_3\\ &= (v_\lambda|_\beta - b_{\lambda\beta}v_3)\,\mathbf{a}^\lambda + (v_{3,\beta} + b^\lambda_\beta v_\lambda)\,\mathbf{a}^3.\end{aligned} \tag{1.4.36}$$

Aus den Komponenten der rechten Seiten dieser Beziehung, deren tensorielle Transformationseigenschaften bekannt sind, können wir erneut ablesen, daß sich die partielle Ableitung eines invarianten Vektors wie eine kovariante Tensorkomponente erster Stufe transformiert.

Beispiel: In entsprechender Weise läßt sich für die kovariante Ableitung des kontravarianten Vektors

$$\mathbf{n}^\alpha = n^{\alpha\beta}\mathbf{a}_\beta + q^\alpha\mathbf{a}_3,$$

die Komponentendarstellung

$$\mathbf{n}^\alpha|_\lambda = (n^{\alpha\beta}|_\lambda - b^\beta_\lambda q^\alpha)\,\mathbf{a}_\beta + (n^{\alpha\beta}b_{\lambda\beta} + q^\alpha|_\lambda)\,\mathbf{a}_3 \tag{1.4.37}$$

finden, die uns im dritten Kapitel erneut begegnen wird.

Beispiel: Man zeige die Symmetrie der zweifachen kovarianten Ableitung $v_3|_{\alpha\beta}$ *eines Skalars* v_3. *Da die* $v_{3,\alpha} = v_3|_\alpha$ *kovariante Tensorkomponenten erster Stufe sind, gilt unter Rückgriff auf (1.4.19)*

$$v_3|_{\alpha\beta} = v_{3,\alpha\beta} - v_{3,\lambda}\Gamma^\lambda_{\alpha\beta} = v_{3,\beta\alpha} - v_{3,\lambda}\Gamma^\lambda_{\beta\alpha} = v_3|_{\beta\alpha},$$

Wegen der Gültigkeit des Schwarzschen Vertauschungssatzes für die partiellen Ableitungen $v_{3,\alpha\beta}$ *und wegen* $\Gamma^\lambda_{\alpha\beta} = \Gamma^\lambda_{\beta\alpha}$ *ist* $v_3|_{\alpha\beta}$ *symmetrisch.*

AUFGABEN

14. *Man schreibe die folgende Beziehung unter Verwendung der geometrischen Elemente der Tafel 1.2 für eine allgemeine Rotationsfläche aus und transformiere dabei die kovariante Ableitung in eine partielle:*

$$m^{\alpha\beta}|_\alpha - q^\beta + c^\beta = 0.$$

15. *Man schreibe die folgende Gleichung für den Index $\nu = 1$ unter Berücksichtigung aller Vereinfachungen aus:*

$$\epsilon^{\alpha\beta} a_{\beta\rho} \delta^{\rho}_{\alpha} r_{\nu} - c_{\beta} a^{\beta\rho} a_{\rho\nu} \epsilon^{\alpha\gamma} \epsilon_{\alpha\gamma} = (\epsilon^{\rho\alpha} a_{\rho\beta} a_{\lambda\gamma} k^{\gamma}_{\nu} \epsilon^{\lambda\beta})|_{\alpha}.$$

16. *Man entwickle die zweifache kovariante Ableitung $A_{\alpha}|_{\beta\gamma}$ als Funktion der Christoffel-symbole und zeige sodann, daß die Vertauschbarkeit der Indizes*

$$A_{\alpha}|_{\beta\gamma} = A_{\alpha}|_{\gamma\beta}$$

nur dann erlaubt ist, wenn der Tensor vierter Stufe

$$R^{\rho}_{\cdot\,\alpha\beta\gamma} = \Gamma^{\rho}_{\alpha\gamma,\beta} - \Gamma^{\rho}_{\alpha\beta,\gamma} + \Gamma^{\lambda}_{\alpha\gamma}\Gamma^{\rho}_{\lambda\beta} - \Gamma^{\lambda}_{\alpha\beta}\Gamma^{\rho}_{\lambda\gamma}$$

identisch verschwindet.

17. *Ausgehend von $\mathbf{A} = A_{\alpha}\mathbf{a}^{\alpha}$ zeige man, daß der Satz von Schwarz $\mathbf{A}_{,\alpha\beta} = \mathbf{A}_{,\beta\alpha}$ die Gültigkeit der beiden Identitäten erfordert:*

$$\Gamma^{\mu}_{\lambda\beta,\alpha} - \Gamma^{\mu}_{\lambda\alpha,\beta} + \Gamma^{\mu}_{\rho\alpha}\Gamma^{\rho}_{\beta\lambda} - \Gamma^{\mu}_{\rho\beta}\Gamma^{\rho}_{\alpha\lambda} = b^{\mu}_{\alpha} b_{\beta\lambda} - b^{\mu}_{\beta} b_{\alpha\lambda},$$

$$(b^{\mu}_{\alpha,\beta} + \Gamma^{\mu}_{\lambda\beta} b^{\lambda}_{\alpha}) - (b^{\mu}_{\beta,\alpha} + \Gamma^{\mu}_{\lambda\alpha} b^{\lambda}_{\beta}) = 0.$$

18. *Die Vektoren $\bar{\mathbf{a}}_3 = \mathbf{a}_3 + \mathbf{w}$ und $\bar{\mathbf{a}}_{\alpha} = \mathbf{a}_{\alpha} + \mathbf{v}_{,\alpha}$ seien voraussetzungsgemäß zueinander orthogonal. Unter Benutzung der Komponentendarstellungen $\mathbf{v} = v_{\alpha}\mathbf{a}^{\alpha} + v_3\mathbf{a}^3$ und $\mathbf{w} = w_{\alpha}\mathbf{a}^{\alpha}$ und unter Vernachlässigung des Produktes $\mathbf{w} \cdot \mathbf{v}_{,\alpha}$ werde die Identität bestätigt:*

$$w_{\alpha} = -(v_3|_{\alpha} + b^{\lambda}_{\alpha} v_{\lambda}).$$

19. *Unter der Voraussetzung des kontravarianten Charakters von $\mathbf{n}^{\alpha}$ und $\mathbf{m}^{\alpha}$ überführe man die Gleichung*

$$(\mathbf{m}^{\alpha}\sqrt{a})_{,\alpha} + (\mathbf{a}_{\alpha} \times \mathbf{n}^{\alpha}\sqrt{a}) + \mathbf{c}\sqrt{a} = 0$$

in die Form

$$\mathbf{m}^{\alpha}|_{\alpha} + \mathbf{a}_{\alpha} \times \mathbf{n}^{\alpha} + \mathbf{c} = 0.$$

20. *Man transformiere unter Verwendung der Komponentendarstellungen*

$$\mathbf{n}^{\alpha} = n^{\alpha\beta}\mathbf{a}_{\beta} + q^{\alpha}\mathbf{a}_3, \quad \mathbf{m}^{\alpha} = m^{\alpha\rho}\mathbf{a}_3 \times \mathbf{a}_{\rho},$$

$$\mathbf{p} = p^{\alpha}\mathbf{a}_{\alpha} + p^3\mathbf{a}_3, \quad \mathbf{c} = c^{\rho}\mathbf{a}_3 \times \mathbf{a}_{\rho},$$

sowie der Voraussetzung $m^{\alpha\rho} = m^{\rho\alpha}$ die vektoriellen Beziehungen

$$\mathbf{n}^{\alpha}|_{\alpha} + \mathbf{p} = 0 \quad \text{und} \quad \mathbf{m}^{\alpha}|_{\alpha} + \mathbf{a}_{\alpha} \times \mathbf{n}^{\alpha} + \mathbf{c} = 0$$

in die Gleichungen:

$$n^{\alpha\beta}|_{\alpha} - q^{\alpha} b^{\beta}_{\alpha} + p^{\beta} = 0, \quad n^{\alpha\beta} b_{\alpha\beta} + q^{\alpha}|_{\alpha} + p^3 = 0,$$

$$m^{\alpha\beta}|_{\alpha} - q^{\beta} + c^{\beta} = 0, \quad \epsilon_{\alpha\beta}(n^{\alpha\beta} + m^{\alpha\rho} b^{\beta}_{\rho}) = 0.$$

1.4.3 Der Riemannsche Krümmungstensor und einige Sätze der Flächentheorie

Wie wir wissen, wird durch eine kovariante Ableitung von Tensorkomponenten deren Stufe um eins erhöht. Die erste kovariante Ableitung (1.4.19) der Vektorkomponenten A_α

$$A_\alpha|_\beta = A_{\alpha,\beta} - \Gamma^\rho_{\alpha\beta} A_\rho \qquad (1.4.38)$$

entspricht somit Tensorkomponenten zweiter Stufe. Zur Bildung der zweiten kovarianten Ableitung $A_\alpha|_{\beta\gamma}$ haben wir demnach die Regel (1.4.20) anzuwenden:

$$A_\alpha|_{\beta\gamma} = A_\alpha|_\beta|_\gamma = (A_\alpha|_\beta)_{,\gamma} - \Gamma^\lambda_{\alpha\gamma} A_\lambda|_\beta - \Gamma^\lambda_{\beta\gamma} A_\alpha|_\lambda,$$

woraus nach Ausführung der kovarianten Ableitungen gemäß (1.4.38) entsteht:

$$\begin{aligned} A_\alpha|_{\beta\gamma} = {} & A_{\alpha,\beta\gamma} - \Gamma^\rho_{\alpha\beta,\gamma} A_\rho - \Gamma^\rho_{\alpha\beta} A_{\rho,\gamma} - \Gamma^\lambda_{\alpha\gamma} A_{\lambda,\beta} \\ & + \Gamma^\lambda_{\alpha\gamma} \Gamma^\rho_{\lambda\beta} A_\rho - \Gamma^\lambda_{\beta\gamma} A_{\alpha,\lambda} + \Gamma^\lambda_{\beta\gamma} \Gamma^\rho_{\alpha\lambda} A_\rho . \end{aligned} \qquad (1.4.39)$$

Das Ergebnis sind Tensorkomponenten dritter Stufe. Wird nun ein (1.4.39) entsprechender Ausdruck $A_\alpha|_{\gamma\beta}$ durch Vertauschung der Ableitungsindizes gewonnen, so besitzt auch die Differenz

$$A_\alpha|_{\beta\gamma} - A_\alpha|_{\gamma\beta} = R^{\rho}_{\cdot\,\alpha\beta\gamma} A_\rho \qquad (1.4.40)$$

wieder die Eigenschaft eines kovarianten Tensors dritter Stufe. Hierin repräsentiert der *Riemannsche Krümmungstensor*

$$R^{\rho}_{\cdot\,\alpha\beta\gamma} = \Gamma^\rho_{\alpha\gamma,\beta} - \Gamma^\rho_{\alpha\beta,\gamma} + \Gamma^\lambda_{\alpha\gamma} \Gamma^\rho_{\lambda\beta} - \Gamma^\lambda_{\alpha\beta} \Gamma^\rho_{\lambda\gamma} \qquad (1.4.41)$$

nach der Quotientenregel einen Tensor vierter Stufe. Er beschreibt eine wichtige Eigenschaft kovarianter Ableitungen auf beliebig gekrümmten Flächen. Im Gegensatz zur Vertauschbarkeit der Indizes von zweifach partiellen Ableitungen existiert diese Eigenschaft bei kovarianten Ableitungen laut (1.4.40) nur für solche Flächen, für die der *Riemann*sche Krümmungstensor identisch verschwindet:

$$R^{\rho}_{\cdot\,\alpha\beta\gamma} = 0. \qquad (1.4.42)$$

Diese Bedingung unterscheidet die Klasse der *euklidischen Flächen* von den allgemeineren *Riemannschen Räumen* R2.

Wir wollen nun einige Eigenschaften des *Riemann*schen Krümmungstensors untersuchen, wozu wir den *Schwarzschen Vertauschungssatz** auf einen beliebigen Flächenvektor **A** anwenden:

$$\mathbf{A}_{,\alpha\beta} = \mathbf{A}_{,\beta\alpha} \quad \text{mit} \quad \mathbf{A} = A^\lambda \mathbf{a}_\lambda = A_\lambda \mathbf{a}^\lambda. \qquad (1.4.43)$$

Für die erste partielle Ableitung $\mathbf{A}_{,\alpha}$ gilt dabei nach (1.4.36):

$$\mathbf{A}_{,\alpha} = A_\lambda|_\alpha \mathbf{a}^\lambda + b^\lambda_\alpha A_\lambda \mathbf{a}_3.$$

Eine weitere partielle Ableitung dieser Beziehung nach Θ^β ergibt schließlich unter Verwendung von (1.4.16, 17) sowie (1.4.19):

$$\begin{aligned} \mathbf{A}_{,\alpha\beta} = {} & (A_{\lambda,\alpha\beta} - \Gamma^\mu_{\lambda\alpha} A_{\mu,\beta} - \Gamma^\rho_{\beta\lambda} A_{\rho,\alpha} - \Gamma^\mu_{\lambda\alpha,\beta} A_\mu + \Gamma^\mu_{\rho\alpha} \Gamma^\rho_{\beta\lambda} A_\mu - b^\mu_\alpha b_{\beta\lambda} A_\mu)\, \mathbf{a}^\lambda \\ & + [b^\mu_\beta A_{\mu,\alpha} + b^\mu_\alpha A_{\mu,\beta} + A_\mu (b^\mu_{\alpha,\beta} - \Gamma^\mu_{\lambda\alpha} b^\lambda_\beta)]\, \mathbf{a}_3. \end{aligned} \qquad (1.4.44)$$

* Hermann Amandus Schwarz (1843–1921); Mathematiker in Zürich, Göttingen und Berlin.

Subtrahiert man hiervon wiederum einen entsprechenden, durch Vertauschung von α und β entstandenen Ausdruck, so entsteht für die Differenz die Vektorgleichung

$$\mathbf{A}_{,\alpha\beta} - \mathbf{A}_{,\beta\alpha} = (\Gamma^{\mu}_{\lambda\beta,\alpha} - \Gamma^{\mu}_{\lambda\alpha,\beta} + \Gamma^{\mu}_{\rho\alpha}\Gamma^{\rho}_{\beta\lambda} - \Gamma^{\mu}_{\rho\beta}\Gamma^{\rho}_{\alpha\lambda} + b^{\mu}_{\beta}b_{\alpha\lambda} - b^{\mu}_{\alpha}b_{\beta\lambda})\, A_{\mu}\mathbf{a}^{\lambda}$$
$$+ (b^{\mu}_{\alpha,\beta} - b^{\mu}_{\beta,\alpha} + \Gamma^{\mu}_{\lambda\beta}b^{\lambda}_{\alpha} - \Gamma^{\mu}_{\lambda\alpha}b^{\lambda}_{\beta})\, A_{\mu}\mathbf{a}^{3} = 0,$$

die für willkürliche Komponenten A_{μ} nur dann identisch erfüllt wird, wenn die beiden Beziehungen bestehen:

$$\Gamma^{\mu}_{\lambda\beta,\alpha} - \Gamma^{\mu}_{\lambda\alpha,\beta} + \Gamma^{\mu}_{\rho\alpha}\Gamma^{\rho}_{\beta\lambda} - \Gamma^{\mu}_{\rho\beta}\Gamma^{\rho}_{\alpha\lambda} = b^{\mu}_{\alpha}b_{\beta\lambda} - b^{\mu}_{\beta}b_{\alpha\lambda}, \tag{1.4.45}$$

$$(b^{\mu}_{\alpha,\beta} + \Gamma^{\mu}_{\lambda\beta}b^{\lambda}_{\alpha}) - (b^{\mu}_{\beta,\alpha} + \Gamma^{\mu}_{\lambda\alpha}b^{\lambda}_{\beta}) = 0. \tag{1.4.46}$$

Ein Vergleich der linken Seite der ersten Beziehung mit (1.4.41) läßt den *Riemannschen Krümmungstensor* $R^{\mu}_{\cdot\,\lambda\alpha\beta}$ nunmehr in der Form:

$$R^{\mu}_{\cdot\,\lambda\alpha\beta} = b_{\lambda\beta}b^{\mu}_{\alpha} - b_{\lambda\alpha}b^{\mu}_{\beta} \tag{1.4.47}$$

entstehen, woraus für seine kovarianten Komponenten

$$R_{\rho\lambda\alpha\beta} = R^{\mu}_{\cdot\,\lambda\alpha\beta}\, a_{\mu\rho} = b_{\lambda\beta}b_{\rho\alpha} - b_{\lambda\alpha}b_{\rho\beta} \tag{1.4.48}$$

folgt. Diese Darstellung zeigt vorzüglich die Symmetrieeigenschaften von $R_{\rho\lambda\alpha\beta}$:

$$R_{\rho\lambda\alpha\beta} = R_{\alpha\beta\rho\lambda}, \quad R_{\rho\lambda\alpha\beta} = -R_{\lambda\rho\alpha\beta} = -R_{\rho\lambda\beta\alpha}. \tag{1.4.49}$$

Demnach besitzt der *Riemann*sche Krümmungstensor nur vier nicht-verschwindende Komponenten

$$R_{1212} = -R_{1221} = -R_{2112} = R_{2121},$$

und ist durch eine von ihnen, beispielsweise durch

$$R_{1212} = b_{11}b_{22} - (b_{12})^2 = |b_{\alpha\beta}| = b, \tag{1.4.50}$$

vollständig bestimmt. Durch Vergleich mit der *Gauß*schen Krümmung K (1.3.31) gewinnen wir hieraus übrigens die *Gleichung von Gauß,* die mit den Eigenschaften des ϵ-Tensors folgende tensorielle Form annimmt:

$$K = \frac{R_{1212}}{a} = \frac{1}{4}\epsilon^{\rho\lambda}\epsilon^{\alpha\beta}R_{\rho\lambda\alpha\beta} \tag{1.4.51}$$

und damit die Bezeichnung *Krümmungstensor* für $R_{\rho\lambda\alpha\beta}$ erklärt.

Die Gleichung (1.4.51), in der klassischen Differentialgeometrie als *theorema egregium* bekannt, enthält eine interessante Aussage: Zwar läßt sich die *Gauß*sche Krümmung K entsprechend (1.3.32) aus dem Krümmungstensor b^{α}_{β} berechnen und erscheint daher als eine mit der zweiten Grundform der Flächentheorie verwandte Größe. Wegen der Verknüpfungen (1.4.51) sowie (1.4.10), (1.4.41) ist sie jedoch allein als Funktion des Maßtensors und dessen Ableitungen formulierbar. Die *Gauß*sche Krümmung ist demnach eine auf der Fläche meßbare Größe und gehört somit zur inneren Geometrie.

Nunmehr kehren wir zur Beziehung (1.4.46) zurück, die sich aufgrund von (1.4.20) in die tensorielle Form

$$b^{\mu}_{\alpha}|_{\beta} = b^{\mu}_{\beta}|_{\alpha}, \quad b_{\mu\alpha}|_{\beta} = b_{\mu\beta}|_{\alpha} \tag{1.4.52}$$

verwandeln läßt. (1.4.52) ist für gleiche Indizes $\alpha = \beta$ identisch erfüllt, für ungleiche Indizes verbleiben die *Gleichungen von Mainardi-Codazzi*:

$$b^{\mu}_{1}|_{2} = b^{\mu}_{2}|_{1}, \quad b_{\mu 1}|_{2} = b_{\mu 2}|_{1}. \tag{1.4.53}$$

Ohne Beweis und Herleitung führen wir noch den *Satz von Bonnet** an [1, 12]: Eine Fläche ist durch Angabe der beiden symmetrischen Tensoren $a_{\alpha\beta}$ und $b_{\alpha\beta}$, wenn diese den Gleichungen von *Gauß* (1.4.51) und von *Mainardi-Codazzi* (1.4.53) genügen, bis auf Lage und Orientierung im E3, d.h. bis auf Translationen und Rotationen, eindeutig bestimmt.

Dieser Satz unterstreicht die Bedeutung der beiden Fundamentalformen, d.h. des Metriktensors und des Krümmungstensors, zur eindeutigen Beschreibung von Flächen. Er wird später zum Schlüssel bei der Definition von Verzerrungsgrößen für Flächentragwerke werden. Die sechs Komponenten $a_{\alpha\beta}$, $b_{\alpha\beta}$ sind jedoch nicht willkürlich vorschreibbar. Soll aus ihnen eine Fläche durch $\mathbf{r}(\Theta^{\alpha})$ aufgespannt werden, so sind die drei Identitäten (1.4.51, 53) als Integrabilitätsbedingungen zu erfüllen.

Beispiel: Der Tensor

$$\omega_{\alpha\beta} = (\mathbf{a}_{\beta} \cdot \mathbf{w}_{,\alpha} - b^{\lambda}_{\alpha}\, \mathbf{a}_{\lambda} \cdot \mathbf{v}_{,\beta}),$$

worin die beiden Vektoren

$$\mathbf{v} = v_{\alpha}\mathbf{a}^{\alpha} + v_{3}\,\mathbf{a}^{3}, \quad \mathbf{w} = w_{\alpha}\mathbf{a}^{\alpha}$$

die Verknüpfungen

$$w_{\rho} = -(v_{3,\rho} + b^{\lambda}_{\rho} v_{\lambda})$$

erfüllen, soll in Komponentenform dargestellt werden; außerdem weise man seine Symmetrie nach.

Benützt man für $\mathbf{v}_{,\beta}$ *und* $\mathbf{w}_{,\alpha}$ *die beiden Ausdrücke*

$$\mathbf{v}_{,\beta} = (v^{\rho}|_{\beta} - b^{\rho}_{\beta} v^{3})\,\mathbf{a}_{\rho} + (v^{3}_{,\beta} + b^{\rho}_{\beta} v_{\rho})\,\mathbf{a}_{3},$$

$$\mathbf{w}_{,\alpha} = w_{\lambda}|_{\alpha}\mathbf{a}^{\lambda} + b^{\lambda}_{\alpha} w_{\lambda}\mathbf{a}_{3}$$

gemäß (1.4.36), so ergibt sich:

$$\omega_{\alpha\beta} = (w_{\beta}|_{\alpha} - b^{\lambda}_{\alpha} v_{\lambda}|_{\beta} + b_{\lambda\beta} b^{\lambda}_{\alpha} v_{3}).$$

Substituiert man hierin die kovariante Ableitung

$$w_{\beta}|_{\alpha} = -(v_{3}|_{\beta\alpha} + b^{\lambda}_{\beta}|_{\alpha} v_{\lambda} + b^{\lambda}_{\beta} v_{\lambda}|_{\alpha}),$$

so entsteht schließlich:

$$\omega_{\alpha\beta} = -(v_{3}|_{\beta\alpha} + b^{\lambda}_{\beta} v_{\lambda}|_{\alpha} + b^{\lambda}_{\alpha} v_{\lambda}|_{\beta} + b^{\lambda}_{\beta}|_{\alpha} v_{\lambda} - b_{\lambda\beta} b^{\lambda}_{\alpha} v_{3}).$$

Wegen $v_{3}|_{\alpha\beta} = v_{3}|_{\beta\alpha}$ *und* $b^{\lambda}_{\beta}|_{\alpha} = b^{\lambda}_{\alpha}|_{\beta}$ *ist* $\omega_{\alpha\beta}$ *hinsichtlich* α *und* β *symmetrisch.*

* Ossian Bonnet (1819–1892); französischer Mathematiker. Beiträge auf den Gebieten der Algebra, der mathematischen Physik, insbesondere der Flächentheorie.

AUFGABEN

21. *Für die allgemeine Rotationsfläche des Bildes 1.6, für die* $a_{12} = a^{21} = b_{12} = b_1^2 = b_2^1 = \Gamma_{11}^1 = \Gamma_{22}^1 = \Gamma_{12}^2 = 0$ *gilt, werde die Richtigkeit der folgenden Identitäten bestätigt:*

$$-b_{1,2}^1 = \Gamma_{12}^1 b_1^1 - \Gamma_{12}^1 b_2^2 ,$$

$$\Gamma_{11,2}^2 - \Gamma_{12}^1 \Gamma_{11}^2 + \Gamma_{11}^2 \Gamma_{22}^2 = b_{11} b_2^2 ,$$

$$-\Gamma_{12,2}^1 - \Gamma_{12}^1 \Gamma_{12}^1 + \Gamma_{12}^1 \Gamma_{22}^2 = b_1^1 b_{22} .$$

22. *Man schreibe für die allgemeine Rotationsfläche des Bildes 1.5* ($a_{12} = a^{21} = b_{12} = b_1^2 = b_2^1 = \Gamma_{11}^1 = \Gamma_{22}^1 = \Gamma_{12}^2 = 0$) *die Tensorkomponenten* $L_{\alpha\rho}^\beta$*:*

$$L_{\alpha\rho}^\beta = v^\beta|_{\alpha\rho} - (v_3 b_\alpha^\beta)|_\rho - (v_\lambda b_\alpha^\lambda + v_3|_\alpha) b_\rho^\beta + (v_\lambda b^{\lambda\beta} + v_3|^\beta) b_{\alpha\rho}$$

als Funktion von v_α, v_3 *sowie deren partiellen Ableitungen aus und bestätige unter Benutzung der Identitäten der Aufgabe 21 die Symmetrieeigenschaft* $L_{\alpha\rho}^\beta = L_{\rho\alpha}^\beta$.

1.4.4 Riemannsche und euklidische Flächen

Orthogonale kartesische Koordinaten y^α können als Sonderfall allgemeiner krummliniger Koordinaten Θ^α aufgefaßt werden. Definitionsgemäß liegt ein solches Koordinatensystem auf einer Fläche vor, wenn das Bogenelement ds durch (1.1.20):

$$ds^2 = dy^1 dy^1 + dy^2 dy^2 = \delta_{\alpha\beta} dy^\alpha dy^\beta \tag{1.4.54}$$

beschrieben wird. Für diesen Sonderfall lesen wir hieraus ab, daß der kovariante Maßtensor $a_{\alpha\beta}$ mit dem Kronecker-Symbol übereinstimmt und die Determinante a folglich den Wert Eins besitzt. Aus (1.2.6) folgt die Übereinstimmung der kovarianten Basis $\mathbf{a}_\alpha$ mit den orthonormierten Grundvektoren $\mathbf{i}_\alpha$. In ähnlicher Weise können alle weiteren differentialgeometrischen Elemente auf den Sonderfall orthogonaler kartesischer Koordinaten spezialisiert werden; man erhält zusammenfassend:

die Basisvektoren: $\mathbf{a}_\alpha = \mathbf{i}_\alpha, \quad \mathbf{a}^\alpha = \mathbf{i}^\alpha;$ (1.4.55)

den Maßtensor: $a_{\alpha\beta} = \delta_{\alpha\beta}, \quad a^{\alpha\beta} = \delta^{\alpha\beta};$ (1.4.56)

dessen Determinante: $a = |\delta_{\alpha\beta}| = 1;$ (1.4.57)

den ϵ-Tensor: $\epsilon_{\alpha\beta} = e_{\alpha\beta}, \quad \epsilon^{\alpha\beta} = e^{\alpha\beta};$ (1.4.58)

die Christoffelsymbole: $\Gamma_{\beta\gamma}^\alpha = \Gamma_{\beta\gamma\alpha} = 0;$ (1.4.59)

die kovariante Ableitung: $(...)|_\alpha = (...)_{,\alpha};$ (1.4.60)

den *Riemann*schen Krümmungstensor: $R^\rho_{\cdot\lambda\alpha\beta} = 0;$ (1.4.61)

die *Gauß*sche Krümmung: $K = 0.$ (1.4.62)

Eine Fläche im E3, die durch ein kartesisches Koordinatensystem beschreibbar ist, nennt man *euklidisch.* Diese Eigenschaft wird durch das Verschwinden des *Riemann*schen Krümmungstensors (1.4.61) oder der *Gauß*schen Krümmung (1.4.62) bestimmt und ist somit koordinateninvariant. Auf jeder euklidischen Fläche kann somit das Bogenelement aus seiner allgemeinen Form

$$ds^2 = a_{\alpha\beta} d\Theta^\alpha d\Theta^\beta \tag{1.4.63}$$

in die Sonderform (1.4.54) überführt werden. In dem zugehörigen Differentialgleichungssystem

$$a_{\alpha\beta} = \frac{\partial y^\rho}{\partial \Theta^\alpha} \frac{\partial y^\mu}{\partial \Theta^\beta} \delta_{\rho\mu} \tag{1.4.64}$$

der Transformationsvorschrift des Maßtensors stehen den drei vorhandenen Gleichungen nur die beiden unbekannten Funktionen y^α gegenüber. Die Lösbarkeit von (1.4.64) ist daher im allgemeinen nicht gegeben, sie existiert durch (1.4.61) nur für den Sonderfall einer *euklidischen Fläche* [12].

Eine Fläche im E3 bildet somit im allgemeinen einen *Riemannschen Raum* R2 mit dem Quadrat des Linienelements nach (1.4.63). Im Sonderfall $R_{\rho\lambda\alpha\beta} = 0$ bzw. $K = 0$ entartet diese zu einem *euklidischen Raum* E2. Derartige Flächen lassen sich, wie experimentell nachprüfbar ist, verzerrungsfrei auf eine Ebene abbilden.

1.5 Ergänzungen zur Flächentheorie

1.5.1 Das orthonormierte Dreibein einer Flächenkurve

Auf einer beliebigen Fläche sei eine Kurve C durch die Gleichung

$$\mathbf{r} = \mathbf{r}(s) = \mathbf{r}[\Theta^\alpha(s)]$$

gegeben, worin s die Bogenlänge längs C beschreibt. Zur Komponentendarstellung von Vektorgrößen längs C werden wir im Verlaufe späterer Untersuchungen das orthonormierte Dreibein heranziehen, das aus dem *Tangentenvektor* an C

$$\mathbf{t} = \frac{d\mathbf{r}}{ds} = \frac{\partial \mathbf{r}}{\partial \Theta^\alpha} \frac{d\Theta^\alpha}{ds} = \frac{d\Theta^\alpha}{ds} \mathbf{a}_\alpha, \tag{1.5.1}$$

dessen *Normalenvektor*

$$\mathbf{u} = \mathbf{t} \times \mathbf{a}_3 \tag{1.5.2}$$

und dem *Normaleneinheitsvektor* $\mathbf{a}_3$ von F besteht (Bild 1.9). Die neu eingeführten Vektoren

$$\mathbf{t} = t_\alpha \mathbf{a}^\alpha = t^\alpha \mathbf{a}_\alpha, \quad \mathbf{u} = u_\alpha \mathbf{a}^\alpha = u^\alpha \mathbf{a}_\alpha \tag{1.5.3}$$

sowie $\mathbf{a}_3$ sind definitionsgemäß Einheitsvektoren, stehen zueinander orthogonal und bilden in der Reihenfolge ($\mathbf{u}$, $\mathbf{t}$, $\mathbf{a}_3$) ein rechtshändiges Grundsystem. Besitzen die beiden Komponenten $\frac{d\Theta^\alpha}{ds}$ des Tangentenvektors $\mathbf{t}$ positive Vorzeichen, so weist die Kurve C in die in Bild 1.9 eingezeichnete Richtung.

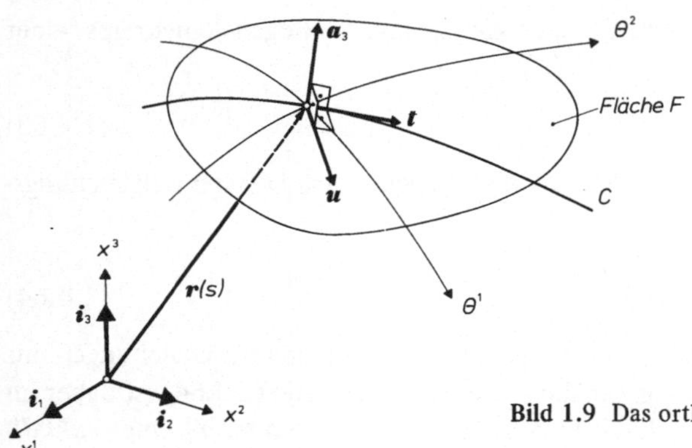

Bild 1.9 Das orthonormierte Dreibein einer Flächenkurve

Unter Verwendung des Tangentenvektors (1.5.1) schreibt sich (1.5.2) auch in der Form:

$$\mathbf{u} = \frac{d\Theta^\alpha}{ds}\,\mathbf{a}_\alpha \times \mathbf{a}_3 = -\epsilon_{\alpha\beta}\frac{d\Theta^\alpha}{ds}\,\mathbf{a}^\beta = \epsilon_{\beta\alpha}\frac{d\Theta^\alpha}{ds}\,\mathbf{a}^\beta. \tag{1.5.4}$$

Hiermit sowie mit (1.5.1) finden wir aus (1.5.3) für die einzelnen Komponenten:

$$u_\beta = \epsilon_{\beta\alpha}\frac{d\Theta^\alpha}{ds}, \quad t^\alpha = \frac{d\Theta^\alpha}{ds}, \tag{1.5.5}$$

woraus zunächst die erste der folgenden Verknüpfungen entsteht, die sodann mittels (1.3.13) invertiert wird:

$$u_\beta = \epsilon_{\beta\alpha}t^\alpha, \quad t^\rho = \epsilon^{\beta\rho}u_\beta = -\epsilon^{\rho\beta}u_\beta. \tag{1.5.6}$$

Beispiel: ein längs der Kurve C *definierter Vektor* **v** *kann hinsichtlich der Vektorbasen* ($\mathbf{a}^\alpha$, $\mathbf{a}^3$) *bzw.* ($\mathbf{u}, \mathbf{t}, \mathbf{a}_3$) *gemäß*

$$\mathbf{v} = v_\alpha \mathbf{a}^\alpha + v_3\mathbf{a}^3 = v_u\mathbf{u} + v_t\mathbf{t} + v_3\mathbf{a}_3 \tag{1.5.7}$$

in tensorielle bzw. skalare Komponenten zerlegt werden, die selbstverständlich voneinander abhängen. Multipliziert man die Zerlegung (1.5.7) skalar mit $\mathbf{a}_\beta$ *und beachtet (1.5.3):*

$$\begin{aligned} v_\beta = \mathbf{v}\cdot\mathbf{a}_\beta &= (v_u\mathbf{u} + v_t\mathbf{t} + v_3\mathbf{a}_3)\cdot\mathbf{a}_\beta \\ &= v_u u_\alpha \mathbf{a}^\alpha\cdot\mathbf{a}_\beta + v_t t_\alpha \mathbf{a}^\alpha\cdot\mathbf{a}_\beta, \end{aligned}$$

so erhält man die tensoriellen Komponenten als Funktion der skalaren:

$$v_\beta = v_u u_\beta + v_t t_\beta. \tag{1.5.8}$$

Multipliziert man dagegen (1.5.7) skalar mit **u** *bzw.* **t**, *so entstehen auf analogem Wege die Zusammenhänge:*

$$\begin{aligned} v_u &= \mathbf{v}\cdot\mathbf{u} = v^\alpha u_\alpha = v_\alpha u^\alpha, \\ v_t &= \mathbf{v}\cdot\mathbf{t} = v^\alpha t_\alpha = v_\alpha t^\alpha. \end{aligned} \tag{1.5.9}$$

1.5.2 Der Integralsatz von Gauß

Die *Divergenz* eines tangential zu einer Fläche F gerichteten Vektors

$$\mathbf{A} = \mathbf{A}(\Theta^\alpha) = A^\alpha \mathbf{a}_\alpha = A_\alpha \mathbf{a}^\alpha \tag{1.5.10}$$

definiert der (invariante) Skalar:

$$\operatorname{div} \mathbf{A} = \mathbf{a}^\alpha \cdot \frac{\partial \mathbf{A}}{\partial \Theta^\alpha} = \mathbf{a}^\alpha \cdot \mathbf{A}_{,\alpha}\,. \tag{1.5.11}$$

Wird hierin $\mathbf{A}_{,\alpha}$ gemäß (1.4.36) in Komponentenform ausgedrückt, so gilt ebenfalls

$$\operatorname{div} \mathbf{A} = A^\alpha|_\alpha. \tag{1.5.12}$$

Unter Rückgriff auf diese Definition geben wir den *Integralsatz von Gauß* ohne Herleitung an: Beschreibt $\mathbf{A}$ ein beliebiges Vektorfeld auf einer Fläche F, die durch eine geschlossene Kurve C berandet ist, so transformiert dieser Satz das Flächenintegral über F in ein Linienintegral längs C:

$$\iint_F \operatorname{div} \mathbf{A}\, dF = \oint_C \mathbf{A} \cdot \mathbf{u}\, ds. \tag{1.5.13}$$

Hierin bezeichnet s die Bogenlänge und $\mathbf{u}$ den nach außen weisenden Normalenvektor (1.5.2) der Randkurve C. Substituiert man (1.5.10), (1.5.12) sowie die zweite Beziehung (1.5.3) in den Integralsatz (1.5.13), so wird dieser in die Komponentenform umgewandelt:

$$\iint_F A^\alpha|_\alpha dF = \iint_F \frac{1}{\sqrt{a}} (\sqrt{a}\, A^\alpha)_{,\alpha} dF = \oint_C A^\alpha u_\alpha ds = \oint_C A^\alpha \epsilon_{\alpha\beta} \frac{d\Theta^\beta}{ds} ds. \tag{1.5.14}$$

A^α beschreibt voraussetzungsgemäß jedes beliebige Feld kontravarianter Vektorkomponenten. Erfüllt dieses beispielsweise mit den Tensorkomponenten $B^{\alpha\rho}$ und C^β:

$$\mathbf{B}^\alpha = B^{\alpha\rho} \mathbf{a}_\rho, \quad \mathbf{C} = C^\beta \mathbf{a}_\beta$$

die Verknüpfungen

$$A^\alpha = \mathbf{B}^\alpha \cdot \mathbf{C} = B^{\alpha\beta} C_\beta,$$

so nimmt (1.5.14) folgende Gestalten an:

$$\iint_F (\mathbf{B}^\alpha \cdot \mathbf{C})|_\alpha dF = \oint_C (\mathbf{B}^\alpha \cdot \mathbf{C})\, u_\alpha ds, \tag{1.5.15}$$

$$\iint_F (B^{\alpha\beta} C_\beta)|_\alpha dF = \oint_C (B^{\alpha\beta} C_\beta)\, u_\alpha ds. \tag{1.5.16}$$

1.5.3 Beschreibung einer Fläche von ihrer Grundrißebene aus

In diesem Abschnitt wollen wir erneut eine beliebige Fläche F im E3 beschreiben, diese Beschreibung jedoch von ihrer Grundrißebene $\overline{F}$ ausgehend vornehmen. $\overline{F}$ werde durch die Achsen des orthogonalen kartesischen Koordinatensystems x^α aufgespannt (Bild 1.10). Neben

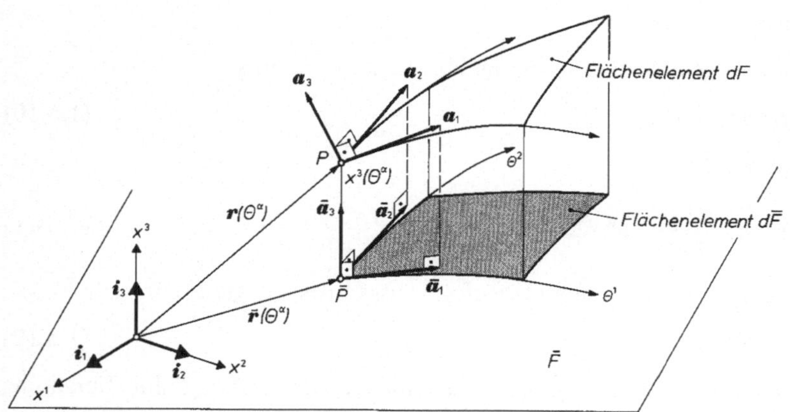

Bild 1.10 Beschreibung einer Fläche von ihrer Grundrißebene aus

x^α existiere auf $\overline{F}$ auch das krummlinige Koordinatensystem Θ^α, somit gelte für den Ortsvektor eines beliebigen Punktes $\overline{P}$ von $\overline{F}$

$$\overline{\mathbf{r}} = \overline{\mathbf{r}}\,(\Theta^1, \Theta^2) = x^\alpha\,(\Theta^1, \Theta^2)\,\mathbf{i}_\alpha. \tag{1.5.17}$$

Damit können in der Grundrißebene $\overline{F}$ alle üblichen differentialgeometrischen Elemente eingeführt werden, beispielsweise:

die Basisvektoren: $\overline{\mathbf{a}}_\alpha, \overline{\mathbf{a}}^\alpha$,

der Normaleneinheitsvektor: $\overline{\mathbf{a}}_3 = \overline{\mathbf{a}}^3$,

der Maßtensor: $\overline{a}_{\alpha\beta}, \overline{a}^{\alpha\beta}$,

die Determinante: $\overline{a} = \overline{a}_{11}\,\overline{a}_{22} - (\overline{a}_{12})^2$,

der ϵ-Tensor: $\overline{\epsilon}_{\alpha\beta} = \sqrt{\overline{a}}\begin{bmatrix} 0 & 1 \\ -1 & 0 \end{bmatrix}, \quad \overline{\epsilon}^{\alpha\beta} = \dfrac{1}{\sqrt{\overline{a}}}\begin{bmatrix} 0 & 1 \\ -1 & 0 \end{bmatrix}$,

der Krümmungstensor: $\overline{b}_{\alpha\beta} = \overline{b}^\alpha_\beta = 0$,

das Christoffelsymbol: $\overline{\Gamma}^\lambda_{\alpha\beta}$.

Es bestehen die bekannten Verknüpfungen:

$$\overline{\mathbf{a}}_\alpha = \overline{\mathbf{r}}_{,\alpha}, \qquad \overline{\mathbf{a}}^\alpha = \overline{a}^{\alpha\beta}\overline{\mathbf{a}}_\beta, \tag{1.5.18}$$

$$\overline{a}_{\alpha\beta} = \overline{\mathbf{a}}_\alpha \cdot \overline{\mathbf{a}}_\beta, \qquad \overline{a}^{\alpha\beta} = \overline{\mathbf{a}}^\alpha \cdot \overline{\mathbf{a}}^\beta, \quad \overline{a} = \overline{a}_{11}\,\overline{a}_{22} - (\overline{a}_{12})^2, \tag{1.5.19}$$

$$\overline{\mathbf{a}}_\alpha \times \overline{\mathbf{a}}_\beta = \overline{\epsilon}_{\alpha\beta}\overline{\mathbf{a}}_3, \quad \overline{\mathbf{a}}^\alpha \times \overline{\mathbf{a}}^\beta = \overline{\epsilon}^{\alpha\beta}\overline{\mathbf{a}}_3, \tag{1.5.20}$$

$$\overline{\mathbf{a}}_3 \times \overline{\mathbf{a}}_\alpha = \overline{\epsilon}_{\alpha\beta}\overline{\mathbf{a}}^\beta, \quad \overline{\mathbf{a}}_3 \times \overline{\mathbf{a}}^\alpha = \overline{\epsilon}^{\alpha\beta}\overline{\mathbf{a}}_\beta, \tag{1.5.21}$$

$$\overline{\Gamma}^\alpha_{\beta\gamma} = \overline{\mathbf{a}}^\alpha \cdot \overline{\mathbf{a}}_{\beta,\gamma}, \qquad \overline{\Gamma}_{\beta\gamma\rho} = \overline{a}_{\alpha\rho}\,\overline{\Gamma}^\alpha_{\beta\gamma}, \tag{1.5.22}$$

$$\overline{\mathbf{a}}_{\alpha,\beta} = \overline{\Gamma}^\lambda_{\alpha\beta}\overline{\mathbf{a}}_\lambda, \qquad \overline{\mathbf{a}}^\alpha{}_{,\beta} = -\,\overline{\Gamma}^\alpha_{\beta\lambda}\overline{\mathbf{a}}^\lambda. \tag{1.5.23}$$

Da der *Riemann*sche Krümmungstensor $\overline{R}^{\cdot\lambda}_{\cdot\alpha\beta\gamma}$ einer Ebene verschwindet, gilt für jedes Koordinatensystem Θ^α in $\overline{F}$ der *Schwarz*sche Vertauschungssatz·

$$A^{\alpha\beta}|_{\rho\lambda} = A^{\alpha\beta}|_{\lambda\rho}. \tag{1.5.24}$$

Hierin wie im folgenden soll der senkrechte Strich kovariante Ableitungen hinsichtlich der ebenen Koordinaten Θ^α bezeichnen.

Die ursprüngliche Fläche F läßt sich durch den Abstand $x^3 = x^3(\Theta^1, \Theta^2)$ gegenüber ihrer Grundrißebene $\overline{F}$ festlegen. Der Ortsvektor eines beliebigen Punktes P von F lautet dann gemäß Bild 1.10:

$$\mathbf{r} = \overline{\mathbf{r}} + x^3 \overline{\mathbf{a}}_3, \tag{1.5.25}$$

worin x^3 eine invariante Funktion darstellt. Ausgehend von (1.5.25) lassen sich nun die geometrischen Elemente von F unschwer mit denen von $\overline{F}$ verknüpfen. Für die Basisvektoren $\mathbf{a}_\alpha = \mathbf{r}_{,\alpha}$ erhalten wir

$$\mathbf{a}_\alpha = \overline{\mathbf{a}}_\alpha + x^3_{,\alpha}\overline{\mathbf{a}}_3, \tag{1.5.26}$$

worin $\overline{\mathbf{a}}_\alpha$ als Projektion von $\mathbf{a}_\alpha$ in der Projektionsrichtung $\overline{\mathbf{a}}_3$ auffaßbar ist. Der Maßtensor $a_{\alpha\beta}$ folgt hieraus zu:

$$a_{\alpha\beta} = \mathbf{a}_\alpha \cdot \mathbf{a}_\beta = \overline{a}_{\alpha\beta} + x^3_{,\alpha} x^3_{,\beta}. \tag{1.5.27}$$

Zur Ermittlung der Determinante a benutzen wir die Identität (1.3.1) und gewinnen mit (1.5.20), (1.5.21) sowie (1.5.26)

$$\mathbf{a}_3\sqrt{a} = (\overline{\mathbf{a}}_3 - x^3_{,1}\overline{\mathbf{a}}^1 - x^3_{,2}\overline{\mathbf{a}}^2)\sqrt{\overline{a}} = (\overline{\mathbf{a}}_3 - x^3_{,\alpha}\overline{\mathbf{a}}^\alpha)\sqrt{\overline{a}} \tag{1.5.28}$$

und durch Quadrieren schließlich

$$a = \overline{a}(1 + x^3|_\lambda x^3|^\lambda). \tag{1.5.29}$$

Da hiernach die Zusammenhänge

$$\epsilon_{\alpha\beta} = \overline{\epsilon}_{\alpha\beta}\sqrt{1 + x^3|_\lambda x^3|^\lambda}, \quad \epsilon^{\alpha\beta} = \frac{\overline{\epsilon}^{\alpha\beta}}{\sqrt{1 + x^3|_\lambda x^3|^\lambda}} \tag{1.5.30}$$

bestehen, folgt unter gleichzeitiger Beachtung von (1.5.27) aus der zweiten Beziehung (1.3.10):

$$a^{\alpha\beta} = \frac{1}{1 + x^3|_\lambda x^3|^\lambda}(\overline{a}^{\alpha\beta} + \overline{\epsilon}^{\alpha\rho}\overline{\epsilon}^{\beta\mu} x^3|_\rho x^3|_\mu). \tag{1.5.31}$$

Bildet man schließlich mit (1.5.26) (1.5.31) die kontravariante Basis $\mathbf{a}^\alpha = a^{\alpha\beta}\mathbf{a}_\beta$ und beachtet dabei (1.5.29) sowie $\overline{\epsilon}^{\beta\mu} x^3|_\beta x^3|_\mu = 0$, so entsteht

$$\mathbf{a}^\alpha = \frac{\overline{a}}{a}(D^\alpha_\nu \overline{\mathbf{a}}^\nu + x^3|^\alpha \overline{\mathbf{a}}_3), \tag{1.5.32}$$

mit der Abkürzung

$$D^\alpha_\nu = \delta^\alpha_\nu + \overline{\epsilon}^{\alpha\rho}\overline{\epsilon}^{\beta\mu}\overline{a}_{\nu\beta} x^3_{,\rho} x^3_{,\mu}. \tag{1.5.33}$$

Auf gleiche Weise lassen sich der Krümmungstensor $b_{\alpha\beta}$:

$$b_{\alpha\beta} = \mathbf{a}_3 \cdot \mathbf{a}_{\alpha,\beta} = \sqrt{\frac{\overline{a}}{a}}\,(x^3_{,\alpha\beta} - \overline{\Gamma}^\lambda_{\alpha\beta} x^3_{,\lambda}) = \sqrt{\frac{\overline{a}}{a}}\, x^3|_{\alpha\beta}, \tag{1.5.34}$$

und das Christoffelsymbol $\Gamma^{\alpha}_{\beta\gamma}$ berechnen:

$$\Gamma^{\alpha}_{\beta\gamma} = \mathrm{a}^{\alpha} \cdot \mathrm{a}_{\beta,\gamma} = \frac{\bar{\mathrm{a}}}{\mathrm{a}}(\mathrm{D}^{\alpha}_{\nu}\bar{\Gamma}^{\nu}_{\beta\gamma} + \mathrm{x}^3|^{\alpha}\, \mathrm{x}^3{}_{,\beta\gamma}). \tag{1.5.35}$$

Die hergeleiteten Beziehungen sind besonders bequem anwendbar, wenn die Grundrißfläche $\bar{\mathrm{F}}$ durch orthogonale, kartesische Koordinaten $\Theta^{\alpha} = \mathrm{x}^{\alpha}$ beschrieben wird. In diesem Fall wird wegen

$$\bar{\mathrm{a}}_{\alpha\beta} = \delta_{\alpha\beta}, \quad \bar{\mathrm{a}}^{\alpha\beta} = \delta^{\alpha\beta} \tag{1.5.36}$$

die Stellung der Indizes bei den Tensorkomponenten belanglos, und die kovarianten Ableitungen können durch die partiellen ersetzt werden.

Beispiel: Hyparfläche über rechteckigem Grundriß: Die Gleichung dieser Fläche lautet mit den orthogonalen kartesischen Koordinaten x^{α} *gemäß Tafel 1.6:*

$$\mathrm{x}^3 = \frac{\mathrm{x}^1\mathrm{x}^2}{\mathrm{c}}, \quad \mathrm{c} = \frac{\mathrm{ab}}{\mathrm{h}}.$$

Mit den Abkürzungen

$$\mathrm{m} = \frac{\mathrm{x}^1}{\mathrm{c}}, \quad \mathrm{n} = \frac{\mathrm{x}^2}{\mathrm{c}}$$

entstehen hieraus

$$\mathrm{x}^3{}_{,1} = \mathrm{n}, \quad \mathrm{x}^3{}_{,2} = \mathrm{m}, \quad \mathrm{x}^3{}_{,11} = \mathrm{x}^3{}_{,22} = 0, \quad \mathrm{x}^3{}_{,12} = \mathrm{x}^3{}_{,21} = \frac{1}{\mathrm{c}}.$$

Damit lassen sich alle differentialgeometrischen Elemente der Hyparfläche leicht ermitteln. Als Beispiel diene die Komponente b_{12}*: Da (1.5.29) wegen (1.5.36) den Ausdruck*

$$\sqrt{\frac{\bar{\mathrm{a}}}{\mathrm{a}}} = \frac{1}{\sqrt{1 + \mathrm{x}^3|_{\lambda}\mathrm{x}^3|^{\lambda}}} = \frac{1}{\sqrt{1 + \mathrm{x}^3{}_{,1}\mathrm{x}^3{}_{,1} + \mathrm{x}^3{}_{,2}\mathrm{x}^3{}_{,2}}} = \frac{1}{\sqrt{1 + \mathrm{n}^2 + \mathrm{m}^2}}.$$

liefert, berechnet sich b_{12} *aus (1.5.34) zu:*

$$\mathrm{b}_{12} = \sqrt{\frac{\bar{\mathrm{a}}}{\mathrm{a}}}\,\mathrm{x}^3|_{12} = \sqrt{\frac{\bar{\mathrm{a}}}{\mathrm{a}}}\,\mathrm{x}^3{}_{,12} = \frac{1}{\mathrm{c}\sqrt{1 + \mathrm{n}^2 + \mathrm{m}^2}}.$$

Eine vollständige Zusammenstellung aller differentialgeometrischen Elemente einer Hyparfläche enthält Tafel 1.6.

1.5.4 Geometrie spezieller Flächen

In diesem Abschnitt werden die differentialgeometrischen Elemente einiger für die Schalentheorie wichtiger Flächen in Form von Tafeln zusammengestellt. Die diesbezüglichen Ergebnisse können in ähnlicher Weise wie bei der bereits ausführlich behandelten Rotationsfläche hergeleitet werden. Tafel 1.1 enthält eine Zusammenstellung der grundlegenden Beziehungen einer beliebigen Fläche. In Tafel 1.2 sind die Ergebnisse für eine durch die Zylinderkoordinaten beschriebene Rotationsfläche dargestellt. Hieraus ergeben sich für den Sonderfall $\mathrm{r}(\Theta^2) = \mathrm{R}$

die Ausdrücke der Tafel 1.3 für eine Kreiszylinderfläche vom Radius R. Die Kugelfläche der folgenden Tafel 1.4 wird durch Kugelkoordinaten beschrieben. Der Klasse von Rotationsflächen gehört ebenfalls die Torusfläche der Tafel 1.5 an, die eine Rohrfläche mit kreisförmiger Leitkurve und Erzeugenden darstellt. Die Bogenlängen $\Theta^1 = R\bar{\Theta}^1$ und $\Theta^2 = r\bar{\Theta}^2$ beider Kurven wurden dabei als *Gauß*sche Koordinaten gewählt. Es sei erneut betont, daß die Torusfläche Punkte aller drei Typen ($K \gtreqless 0$) aufweist. In Tafel 1.6 wird das Beispiel des Abschnittes 1.5.3, eine über rechteckigem Grundriß aufgespannte Hyparfläche, vollständig dargestellt, deren Beschreibung durch orthogonale kartesische Grundrißkoordinaten x^α erfolgt. Für die durch orthogonale Koordinaten α und β beschriebenen Flächen enthält Tafel 1.7 Übersetzungsformeln der von uns verwendeten Schreibweise in diejenige der klassischen Differentialgeometrie. Dabei werden die Bogenlängen der Parameterlinien $\Theta^1 \mathrel{\hat{=}} \alpha$ und $\Theta^2 \mathrel{\hat{=}} \beta$ durch $ds_{\langle 1 \rangle} = A d\alpha$ und $ds_{\langle 2 \rangle} = B d\beta$ bezeichnet. In Tafel 1.8 sind die grundlegenden Formeln dieses Kapitels zusammengestellt.

Literatur

1 *Duschek, A.; Hochrainer, A.:* Grundzüge der Tensorrechnung in analytischer Darstellung, 3 Bände, Springer Verlag, Wien 1955

2 *Flügge, W.:* Tensor Analysis and Continuum Mechanics. Springer Verlag, Berlin 1972.

3 *Green, A.E.; Zerna, W.:* Theoretical Elasticity, At the Clarendon Press, Second Edition, Oxford 1968

4 *Kästner, S.:* Vektoren, Tensoren, Spinoren, Akademie-Verlag, Berlin 1960

5 *Klingbeil, E.:* Tensorrechnung für Ingenieure, Bibliographisches Institut, Mannheim 1966

6 *Kreyszig, E.:* Differentialgeometrie, Akademische Verlagsgesellschaft, Leipzig 1957

7 *Laugwitz, D.:* Differentialgeometrie, B.G. Teubner Verlagsgesellschaft, Stuttgart 1960

8 *Lichnerowicz, A.:* Einführung in die Tensoranalysis, Bibliographisches Institut, Mannheim 1966

9 *Rothert, H.; Stallbohm, H.:* Ein Algorithmus für Geometrie und Belastung von Flächentragwerken. Technisch-wissenschaftliche Mitteilungen des Instituts für konstruktiven Ingenieurbau, Ruhr-Universität Bochum, Nr. 72–1 (1972)

10 *Sayar, K.:* Untersuchung des Membranspannungszustandes der verallgemeinerten Rohrschalen mit besonderer Berücksichtigung der negativen Flächenkrümmung, Dissertation, Technische Universität Hannover 1961

11 *Schouten, J.A.:* Ricci-Calcules. Springer Verlag, Berlin 1954

12 *Sokolnikoff, I.S.:* Tensor Analysis, Theory and Applications. John Wiley and Sons, New York 1964 Sydney 1964

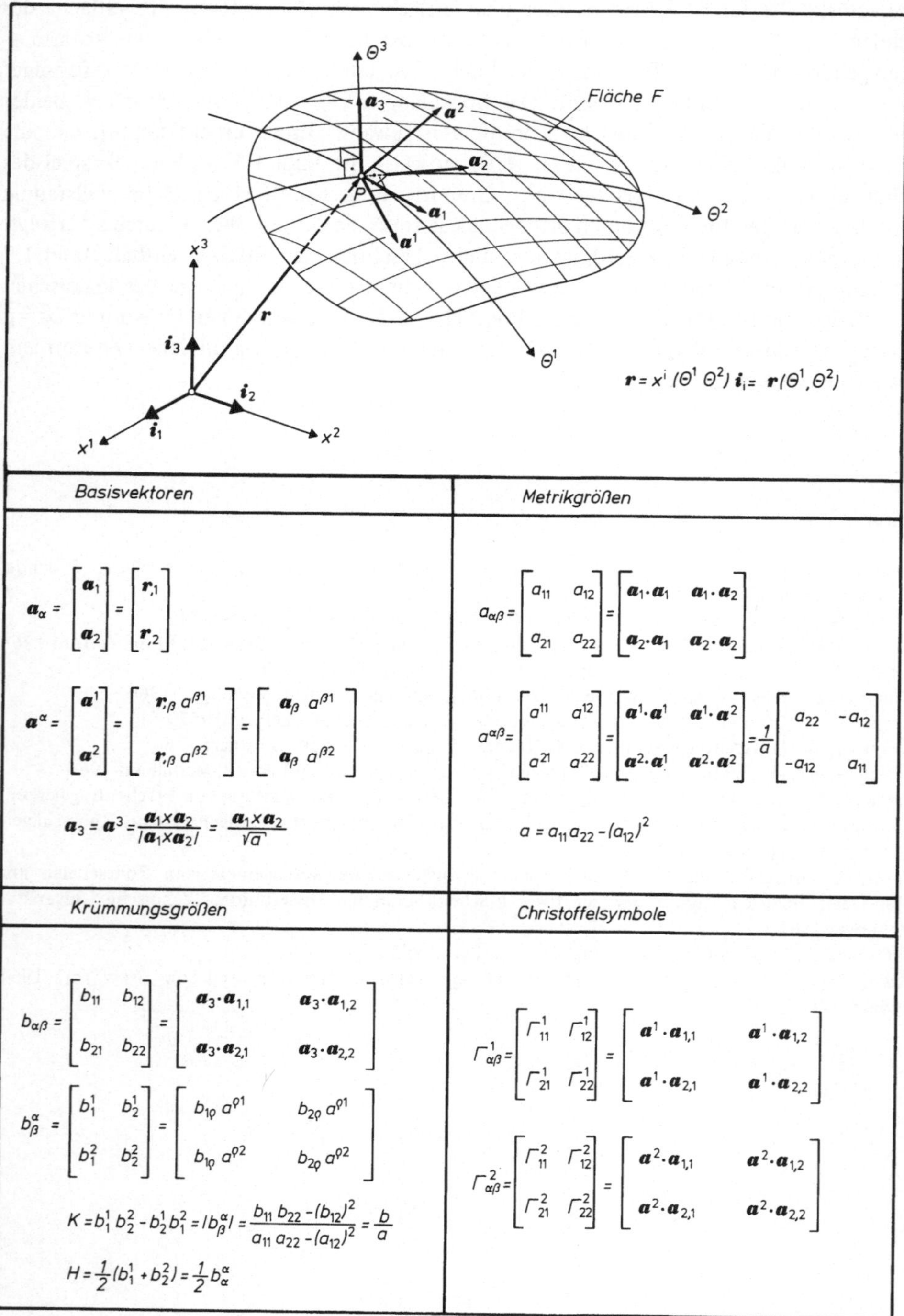

Tafel 1.1 Beschreibung einer beliebigen Fläche durch krummlinige Koordinaten

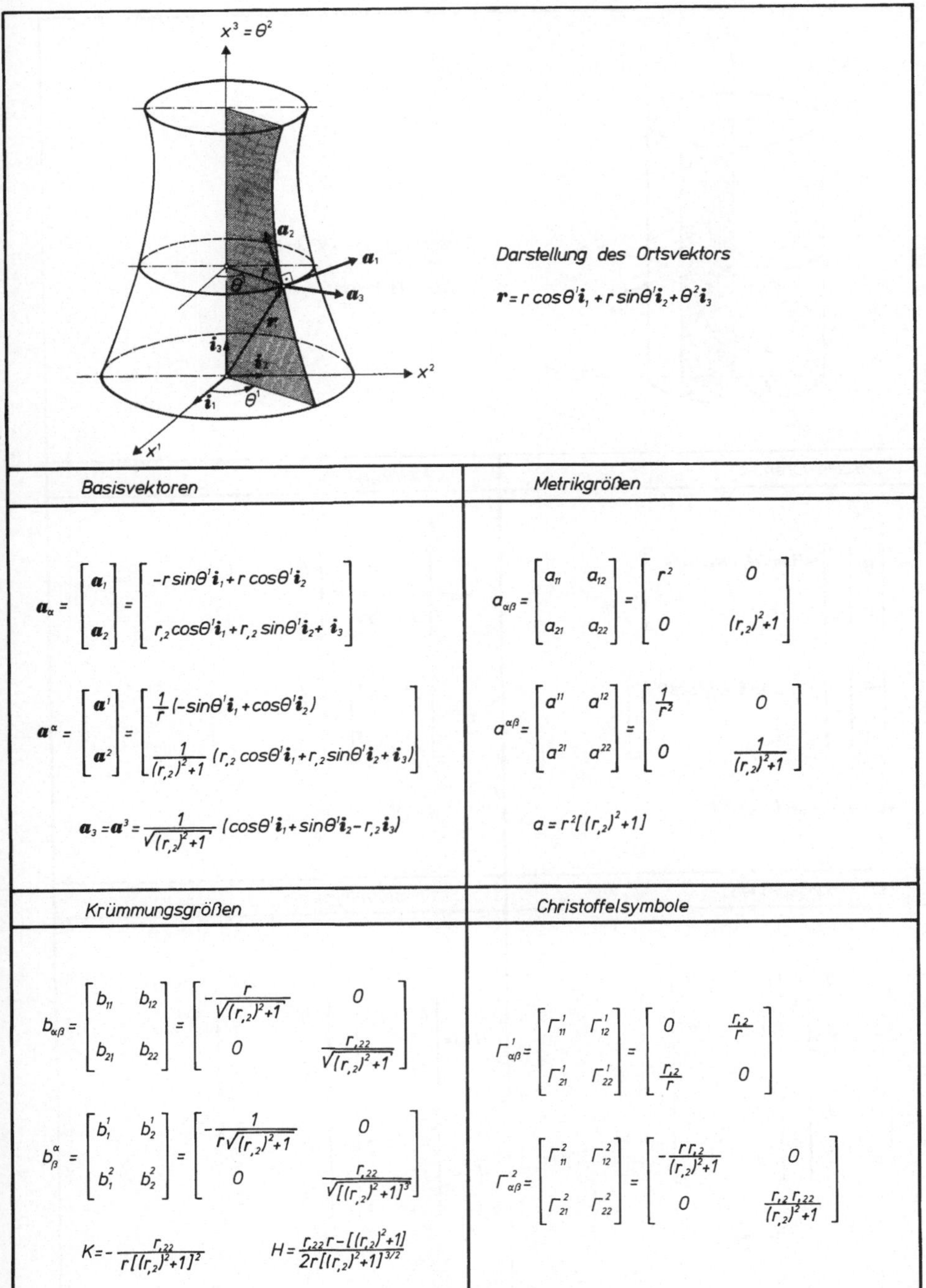

Tafel 1.2 Beschreibung einer beliebigen Rotationsfläche durch Zylinderkoordinaten

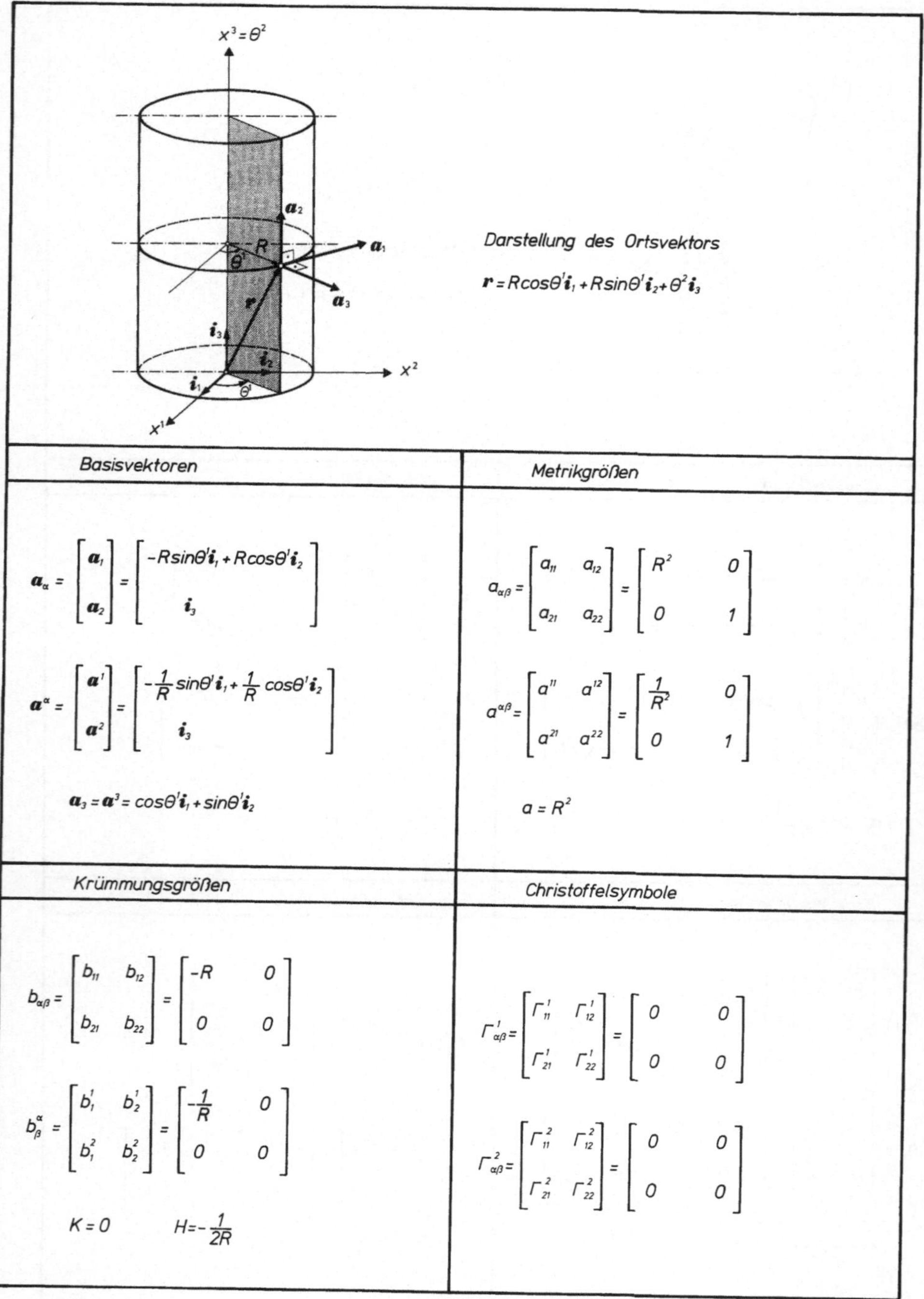

Tafel 1.3 Beschreibung der Kreiszylinderfläche durch Zylinderkoordinaten

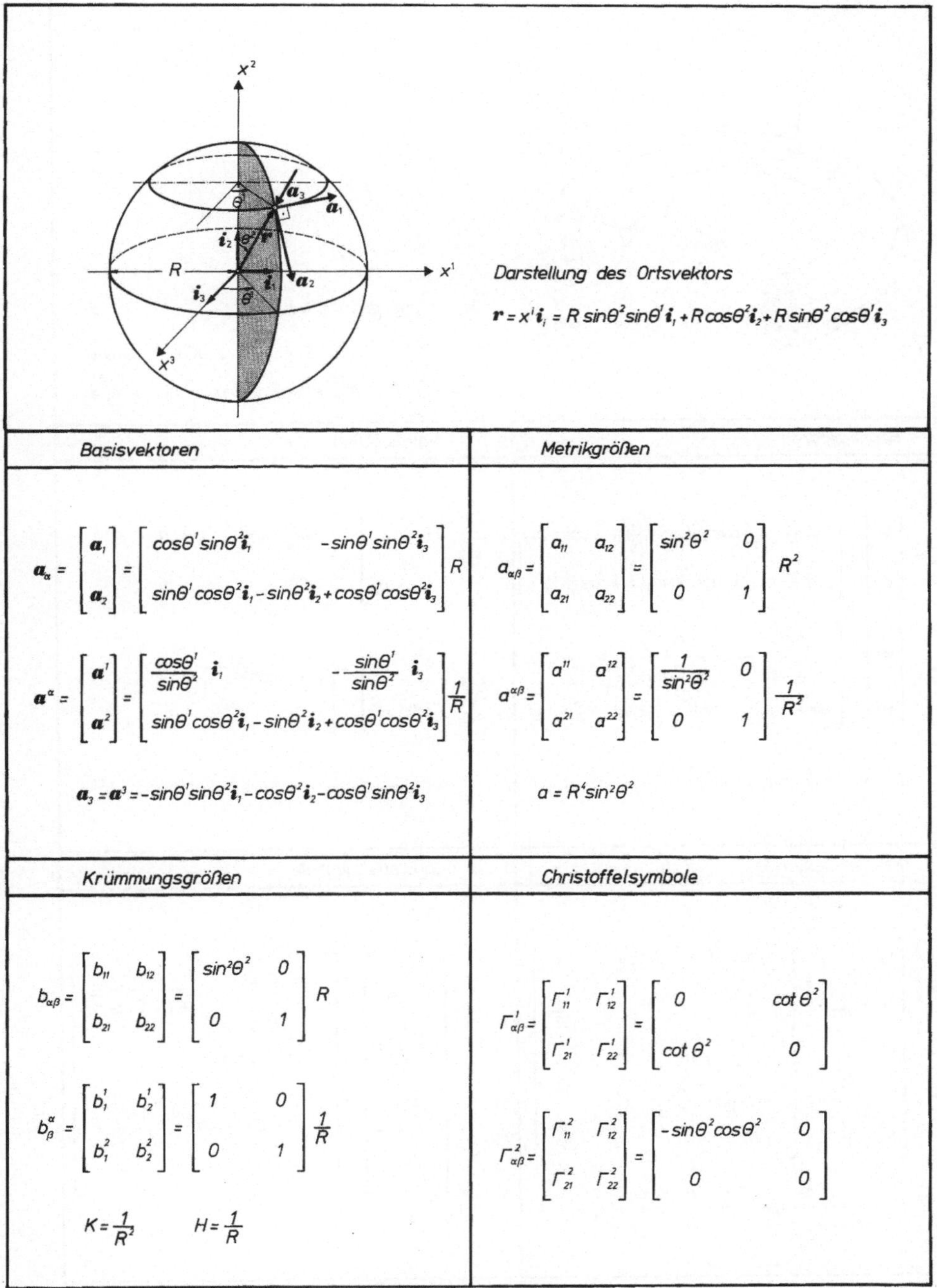

Tafel 1.4 Beschreibung der Kugelfläche durch Kugelkoordinaten

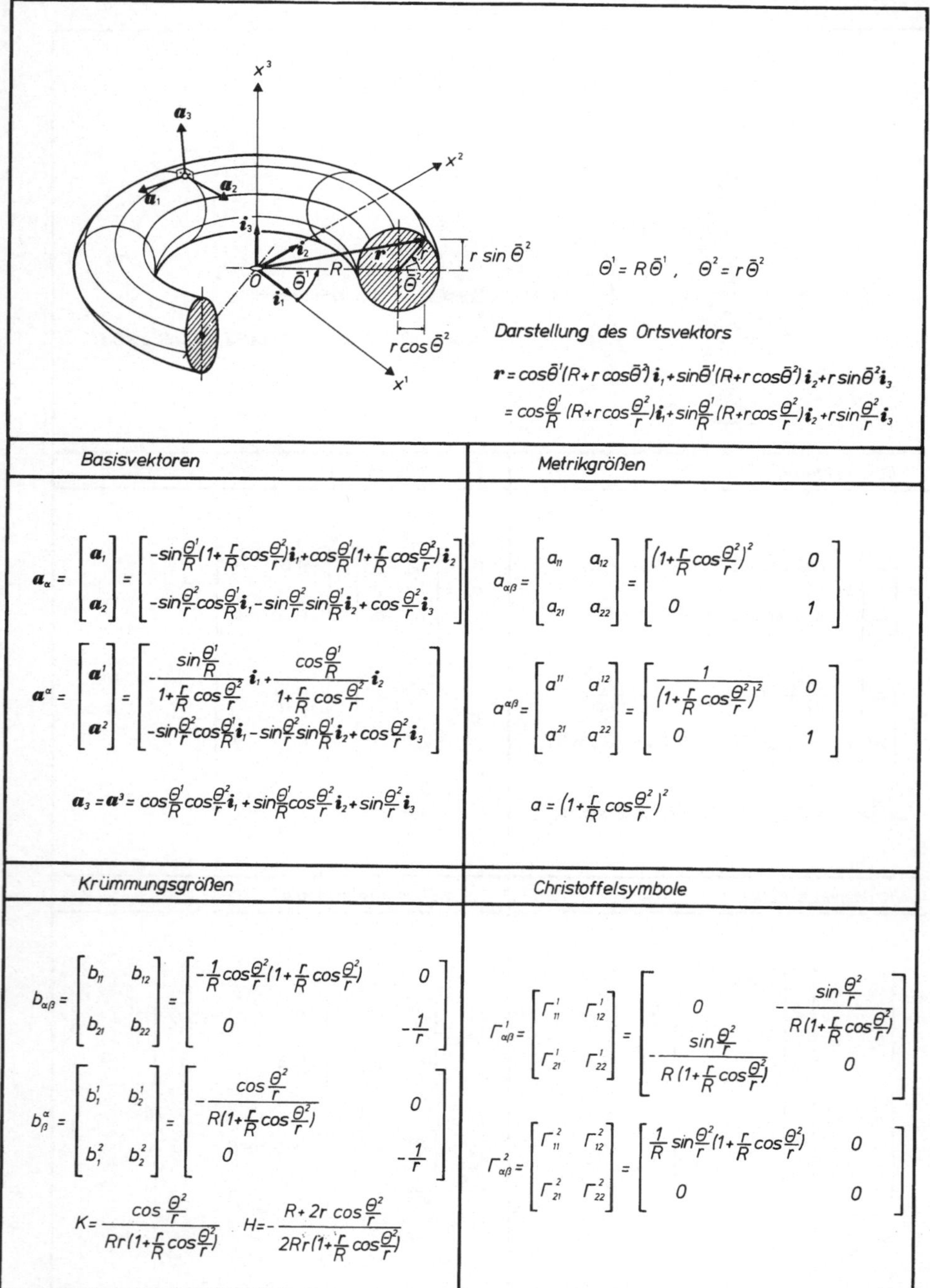

$$\Theta^1 = R\bar{\Theta}^1 , \quad \Theta^2 = r\bar{\Theta}^2$$

Darstellung des Ortsvektors

$$\boldsymbol{r} = \cos\bar{\Theta}^1 (R + r\cos\bar{\Theta}^2)\,\boldsymbol{i}_1 + \sin\bar{\Theta}^1 (R + r\cos\bar{\Theta}^2)\,\boldsymbol{i}_2 + r\sin\bar{\Theta}^2\,\boldsymbol{i}_3$$
$$= \cos\frac{\Theta^1}{R}\left(R + r\cos\frac{\Theta^2}{r}\right)\boldsymbol{i}_1 + \sin\frac{\Theta^1}{R}\left(R + r\cos\frac{\Theta^2}{r}\right)\boldsymbol{i}_2 + r\sin\frac{\Theta^2}{r}\,\boldsymbol{i}_3$$

Basisvektoren

$$\boldsymbol{a}_\alpha = \begin{bmatrix} \boldsymbol{a}_1 \\ \boldsymbol{a}_2 \end{bmatrix} = \begin{bmatrix} -\sin\frac{\Theta^1}{R}\left(1+\frac{r}{R}\cos\frac{\Theta^2}{r}\right)\boldsymbol{i}_1 + \cos\frac{\Theta^1}{R}\left(1+\frac{r}{R}\cos\frac{\Theta^2}{r}\right)\boldsymbol{i}_2 \\ -\sin\frac{\Theta^2}{r}\cos\frac{\Theta^1}{R}\boldsymbol{i}_1 - \sin\frac{\Theta^2}{r}\sin\frac{\Theta^1}{R}\boldsymbol{i}_2 + \cos\frac{\Theta^2}{r}\boldsymbol{i}_3 \end{bmatrix}$$

$$\boldsymbol{a}^\alpha = \begin{bmatrix} \boldsymbol{a}^1 \\ \boldsymbol{a}^2 \end{bmatrix} = \begin{bmatrix} -\dfrac{\sin\frac{\Theta^1}{R}}{1+\frac{r}{R}\cos\frac{\Theta^2}{r}}\boldsymbol{i}_1 + \dfrac{\cos\frac{\Theta^1}{R}}{1+\frac{r}{R}\cos\frac{\Theta^2}{r}}\boldsymbol{i}_2 \\ -\sin\frac{\Theta^2}{r}\cos\frac{\Theta^1}{R}\boldsymbol{i}_1 - \sin\frac{\Theta^2}{r}\sin\frac{\Theta^1}{R}\boldsymbol{i}_2 + \cos\frac{\Theta^2}{r}\boldsymbol{i}_3 \end{bmatrix}$$

$$\boldsymbol{a}_3 = \boldsymbol{a}^3 = \cos\frac{\Theta^1}{R}\cos\frac{\Theta^2}{r}\boldsymbol{i}_1 + \sin\frac{\Theta^1}{R}\cos\frac{\Theta^2}{r}\boldsymbol{i}_2 + \sin\frac{\Theta^2}{r}\boldsymbol{i}_3$$

Metrikgrößen

$$a_{\alpha\beta} = \begin{bmatrix} a_{11} & a_{12} \\ a_{21} & a_{22} \end{bmatrix} = \begin{bmatrix} \left(1+\frac{r}{R}\cos\frac{\Theta^2}{r}\right)^2 & 0 \\ 0 & 1 \end{bmatrix}$$

$$a^{\alpha\beta} = \begin{bmatrix} a^{11} & a^{12} \\ a^{21} & a^{22} \end{bmatrix} = \begin{bmatrix} \dfrac{1}{\left(1+\frac{r}{R}\cos\frac{\Theta^2}{r}\right)^2} & 0 \\ 0 & 1 \end{bmatrix}$$

$$a = \left(1+\frac{r}{R}\cos\frac{\Theta^2}{r}\right)^2$$

Krümmungsgrößen

$$b_{\alpha\beta} = \begin{bmatrix} b_{11} & b_{12} \\ b_{21} & b_{22} \end{bmatrix} = \begin{bmatrix} -\frac{1}{R}\cos\frac{\Theta^2}{r}\left(1+\frac{r}{R}\cos\frac{\Theta^2}{r}\right) & 0 \\ 0 & -\frac{1}{r} \end{bmatrix}$$

$$b^\alpha_\beta = \begin{bmatrix} b^1_1 & b^1_2 \\ b^2_1 & b^2_2 \end{bmatrix} = \begin{bmatrix} -\dfrac{\cos\frac{\Theta^2}{r}}{R\left(1+\frac{r}{R}\cos\frac{\Theta^2}{r}\right)} & 0 \\ 0 & -\frac{1}{r} \end{bmatrix}$$

$$K = \frac{\cos\frac{\Theta^2}{r}}{Rr\left(1+\frac{r}{R}\cos\frac{\Theta^2}{r}\right)} \qquad H = -\frac{R + 2r\cos\frac{\Theta^2}{r}}{2Rr\left(1+\frac{r}{R}\cos\frac{\Theta^2}{r}\right)}$$

Christoffelsymbole

$$\Gamma^1_{\alpha\beta} = \begin{bmatrix} \Gamma^1_{11} & \Gamma^1_{12} \\ \Gamma^1_{21} & \Gamma^1_{22} \end{bmatrix} = \begin{bmatrix} 0 & -\dfrac{\sin\frac{\Theta^2}{r}}{R\left(1+\frac{r}{R}\cos\frac{\Theta^2}{r}\right)} \\ -\dfrac{\sin\frac{\Theta^2}{r}}{R\left(1+\frac{r}{R}\cos\frac{\Theta^2}{r}\right)} & 0 \end{bmatrix}$$

$$\Gamma^2_{\alpha\beta} = \begin{bmatrix} \Gamma^2_{11} & \Gamma^2_{12} \\ \Gamma^2_{21} & \Gamma^2_{22} \end{bmatrix} = \begin{bmatrix} \frac{1}{R}\sin\frac{\Theta^2}{r}\left(1+\frac{r}{R}\cos\frac{\Theta^2}{r}\right) & 0 \\ 0 & 0 \end{bmatrix}$$

Tafel 1.5 Beschreibung der Torusfläche durch Bogenlängen längs der Erzeugenden und der Leitkurve

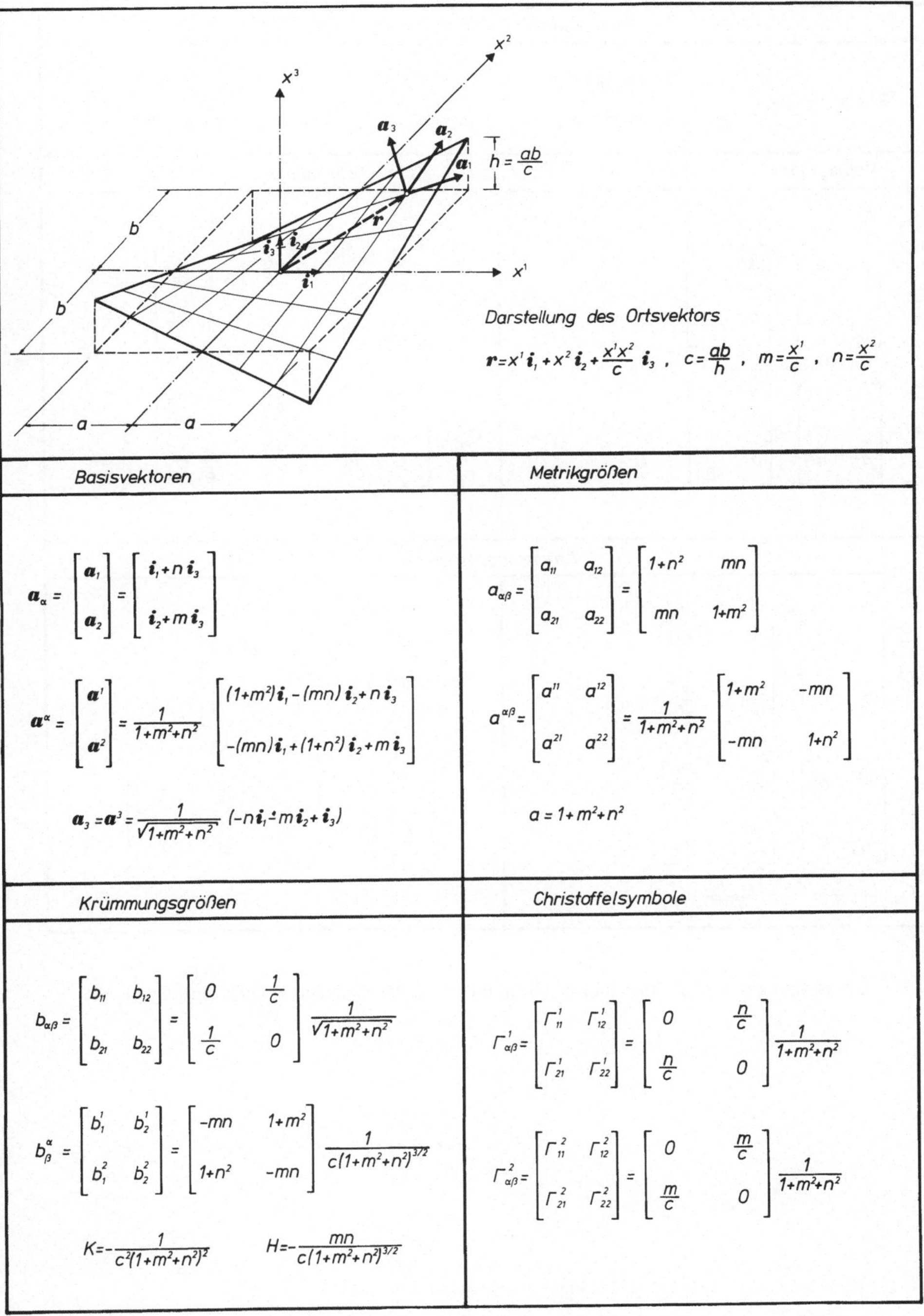

Tafel 1.6 Beschreibung einer Hyparfläche über rechteckigem Grundriß durch orthogonale kartesische Koordinaten

Koordinaten und Bezeichnungen

$\Theta^1 \triangleq \alpha\,,\ \Theta^2 \triangleq \beta$
- $\alpha,\ \beta$: *orthogonale Koordinaten auf F*
- $\frac{1}{R_1}, \frac{1}{R_2}; \frac{1}{T}$: *Krümmung; Verwindung auf F längs der Parameterlinien α und β*

Metrikgrößen

$$a_{\alpha\beta} = \begin{bmatrix} a_{11} & a_{12} \\ a_{21} & a_{22} \end{bmatrix} = \begin{bmatrix} A^2 & 0 \\ 0 & B^2 \end{bmatrix}$$

$$a^{\alpha\beta} = \begin{bmatrix} a^{11} & a^{12} \\ a^{21} & a^{22} \end{bmatrix} = \begin{bmatrix} \frac{1}{A^2} & 0 \\ 0 & \frac{1}{B^2} \end{bmatrix}$$

Christoffelsymbole

$$\Gamma^1_{\alpha\beta} = \begin{bmatrix} \Gamma^1_{11} & \Gamma^1_{12} \\ \Gamma^1_{21} & \Gamma^1_{22} \end{bmatrix} = \begin{bmatrix} \frac{1}{A}\frac{\partial A}{\partial \alpha} & \frac{1}{A}\frac{\partial A}{\partial \beta} \\ \frac{1}{A}\frac{\partial A}{\partial \beta} & -\frac{B}{A^2}\frac{\partial B}{\partial \alpha} \end{bmatrix}$$

$$\Gamma^2_{\alpha\beta} = \begin{bmatrix} \Gamma^2_{11} & \Gamma^2_{12} \\ \Gamma^2_{21} & \Gamma^2_{22} \end{bmatrix} = \begin{bmatrix} -\frac{A}{B^2}\frac{\partial A}{\partial \beta} & \frac{1}{B}\frac{\partial B}{\partial \alpha} \\ \frac{1}{B}\frac{\partial B}{\partial \alpha} & \frac{1}{B}\frac{\partial B}{\partial \beta} \end{bmatrix}$$

Krümmungsgrößen

$$b_{\alpha\beta} = \begin{bmatrix} b_{11} & b_{12} \\ b_{21} & b_{22} \end{bmatrix} = \begin{bmatrix} \frac{A^2}{R_1} & \frac{AB}{T} \\ \frac{AB}{T} & \frac{B^2}{R_2} \end{bmatrix}$$

$$b^\beta_\alpha = \begin{bmatrix} b^1_1 & b^2_1 \\ b^1_2 & b^2_2 \end{bmatrix} = \begin{bmatrix} \frac{1}{R_1} & \frac{A}{BT} \\ \frac{B}{AT} & \frac{1}{R_2} \end{bmatrix}$$

$$2H = \frac{1}{R_1} + \frac{1}{R_2} \qquad K = \frac{1}{R_1 R_2} - \left(\frac{1}{T}\right)^2$$

$$c_{\alpha\beta} = b^\varrho_\alpha\, b_{\varrho\beta} = \begin{bmatrix} b^\varrho_1\, b_{\varrho 1} & b^\varrho_1\, b_{\varrho 2} \\ b^\varrho_2\, b_{\varrho 1} & b^\varrho_2\, b_{\varrho 2} \end{bmatrix}$$

$$= \begin{bmatrix} A^2\left[\left(\frac{1}{R_1}\right)^2 + \left(\frac{1}{T}\right)^2\right] & \frac{AB}{T}\left[\frac{1}{R_1} + \frac{1}{R_2}\right] \\ \frac{AB}{T}\left[\frac{1}{R_1} + \frac{1}{R_2}\right] & B^2\left[\left(\frac{1}{R_2}\right)^2 + \left(\frac{1}{T}\right)^2\right] \end{bmatrix}$$

Tafel 1.7 Übersetzung der Tensorbezeichnungen in diejenige der klassischen Differentialgeometrie

1. Flächenbegriff, Basisvektoren und 1. Grundform

Ortsvektor der Schalenmittelfläche:

$$\mathbf{r} = \mathbf{r}(x^i) = \mathbf{r}(\Theta^\alpha) \quad \text{mit} \quad x^i = x^i(\Theta^\alpha) \quad (1.2.2)$$

Kovariante Basisvektoren:

$$\mathbf{a}_\alpha = \frac{\partial \mathbf{r}}{\partial \Theta^\alpha} = \mathbf{r}_{,\alpha} \quad (1.2.4)$$

Normaleneinheitsvektor:

$$\mathbf{a}_3 = \mathbf{a}^3 = \frac{\mathbf{a}_1 \times \mathbf{a}_2}{|\mathbf{a}_1 \times \mathbf{a}_2|} = \frac{\mathbf{a}_1 \times \mathbf{a}_2}{\sqrt{a}} \quad (1.3.1)$$

$$\mathbf{a}_\alpha \cdot \mathbf{a}_3 = 0; \quad \mathbf{a}_3 \cdot \mathbf{a}_3 = 1; \quad \mathbf{a}_3 \cdot \mathbf{a}_{3,\alpha} = 0 \quad (1.2.37, 38)$$

Metriktensoren:

$$a_{\alpha\beta} = \mathbf{a}_\alpha \cdot \mathbf{a}_\beta \quad (1.2.6) \qquad a_{\alpha\lambda} a^{\lambda\beta} = \delta_\alpha^\beta = \begin{bmatrix} 1 & 0 \\ 0 & 1 \end{bmatrix} \quad (1.2.11) \qquad a^{\alpha\beta} = \mathbf{a}^\alpha \cdot \mathbf{a}^\beta \quad (1.2.19)$$

$$a = \det a_{\alpha\beta} \quad (1.2.12) \qquad \begin{bmatrix} a^{11} & a^{12} \\ a^{21} & a^{22} \end{bmatrix} = \frac{1}{a} \begin{bmatrix} a_{22} & -a_{12} \\ -a_{12} & a_{11} \end{bmatrix} \quad (1.2.13) \qquad \frac{1}{a} = \det a^{\alpha\beta} \quad (1.2.15)$$

Kontravariante Basisvektoren:

$$\mathbf{a}^\alpha = a^{\alpha\beta} \mathbf{a}_\beta \quad (1.2.16) \qquad \mathbf{a}_\alpha \cdot \mathbf{a}^\beta = \delta_\alpha^\beta \quad (1.2.18) \qquad \mathbf{a}_\alpha = a_{\alpha\beta} \mathbf{a}^\beta \quad (1.2.17)$$

Flächenelement:

$$dF = \sqrt{a}\, d\Theta^1\, d\Theta^2 \quad (1.2.27)$$

Linienelement:

$$ds_{(\alpha)} = \sqrt{a_{\alpha\alpha}}\, d\Theta^\alpha = \sqrt{a\, a^{\beta\beta}}\, d\Theta^\alpha \; (\alpha \neq \beta) \quad (1.2.23)$$

2. Krümmung und 2. Grundform

Permutationstensor:

$$\varepsilon_{\alpha\beta} = \sqrt{a} \begin{bmatrix} 0 & 1 \\ -1 & 0 \end{bmatrix} \quad (1.3.4) \qquad \sqrt{a} = |\mathbf{a}_1 \times \mathbf{a}_2| = [\mathbf{a}_1\ \mathbf{a}_2\ \mathbf{a}_3] \quad (1.2.28, 1.3.2) \qquad \varepsilon^{\alpha\beta} = \frac{1}{\sqrt{a}} \begin{bmatrix} 0 & 1 \\ -1 & 0 \end{bmatrix} \quad (1.3.4)$$

$$\varepsilon_{\alpha\beta} = a_{\alpha\varrho} a_{\beta\lambda} \varepsilon^{\varrho\lambda}; \quad \varepsilon^{\alpha\beta} = a^{\alpha\varrho} a^{\beta\lambda} \varepsilon_{\varrho\lambda} \quad (1.3.5) \qquad a_{\alpha\beta} = \varepsilon_{\alpha\varrho} \varepsilon_{\beta\lambda} a^{\varrho\lambda}; \quad a^{\alpha\beta} = \varepsilon^{\alpha\varrho} \varepsilon^{\beta\lambda} a_{\varrho\lambda} \quad (1.3.10)$$

$$\mathbf{a}_\alpha \times \mathbf{a}_\beta = \varepsilon_{\alpha\beta} \mathbf{a}^3; \quad \mathbf{a}^\alpha \times \mathbf{a}^\beta = \varepsilon^{\alpha\beta} \mathbf{a}_3 \quad (1.3.6) \qquad \mathbf{a}_3 \times \mathbf{a}_\beta = \varepsilon_{\beta\varrho} \mathbf{a}^\varrho; \quad \mathbf{a}^3 \times \mathbf{a}^\beta = \varepsilon^{\beta\varrho} \mathbf{a}_\varrho \quad (1.3.7)$$

$$\varepsilon_{\alpha\beta} \varepsilon^{\varrho\lambda} = \delta^{\varrho\lambda}_{\alpha\beta} = \delta^\varrho_\alpha \delta^\lambda_\beta - \delta^\varrho_\beta \delta^\lambda_\alpha \quad (1.3.11) \qquad \varepsilon_{\alpha\beta} \varepsilon^{\varrho\beta} = \delta^\varrho_\alpha \quad (1.3.13) \qquad \varepsilon_{\alpha\beta} \varepsilon^{\alpha\beta} = \delta^\alpha_\alpha = 2 \quad (1.3.16)$$

Krümmungstensor:

$$b_{\alpha\beta} = -\mathbf{a}_\alpha \cdot \mathbf{a}_{3,\beta} = -\mathbf{a}_\beta \cdot \mathbf{a}_{3,\alpha} = \mathbf{a}_3 \cdot \mathbf{a}_{\alpha,\beta} = \mathbf{a}_3 \cdot \mathbf{a}_{\beta,\alpha} \quad (1.3.20)$$

$$b^\alpha_\beta = a^{\alpha\lambda} b_{\lambda\beta} \qquad b^{\alpha\beta} = a^{\alpha\lambda} a^{\beta\varrho} b_{\lambda\varrho} \quad (1.3.21)$$

Mittlere Krümmung:

$$H = \frac{1}{2} b^\alpha_\alpha \quad (1.3.31)$$

Gauß'sche Krümmung:

$$K = \frac{\det b_{\alpha\beta}}{\det a_{\alpha\beta}} = \det b^\beta_\alpha = \frac{R_{1212}}{a} \quad (1.4.51)$$

Gleichungen von Mainardi-Codazzi:

$$b^\mu_1|_2 = b^\mu_2|_1; \quad b_{\mu 1}|_2 = b_{\mu 2}|_1 \quad (1.4.53)$$

3. Tensoralgebra und Tensoranalysis

Christoffel-Symbole:

$$\Gamma_{\alpha\beta\varrho} = \frac{1}{2}(a_{\alpha\varrho,\beta} + a_{\beta\varrho,\alpha} - a_{\alpha\beta,\varrho}) \quad (1.4.10) \qquad \Gamma^\alpha_{\beta\varrho} = a^{\alpha\gamma} \Gamma_{\beta\varrho\gamma}$$

$$\Gamma^3_{\alpha\beta} = b_{\alpha\beta}, \quad \Gamma^\alpha_{\beta 3} = -b^\alpha_\beta \quad (1.4.7) \qquad \Gamma^\lambda_{\lambda\alpha} = \frac{1}{\sqrt{a}} (\sqrt{a})_{,\alpha} \quad (1.4.11)$$

Gleichungen von Gauß-Weingarten:

$$\mathbf{a}_{\alpha,\beta} = \Gamma^\lambda_{\alpha\beta} \mathbf{a}_\lambda + b_{\alpha\beta} \mathbf{a}_3 \quad (1.4.15) \qquad \mathbf{a}_\alpha|_\beta = b_{\alpha\beta} \mathbf{a}_3 \quad (1.4.32)$$

$$\mathbf{a}^\alpha_{,\beta} = -\Gamma^\alpha_{\beta\lambda} \mathbf{a}^\lambda + b^\alpha_\beta \mathbf{a}_3 \quad (1.4.16) \qquad \mathbf{a}^\alpha|_\beta = b^\alpha_\beta \mathbf{a}_3 \quad (1.4.33)$$

$$\mathbf{a}_{3,\alpha} = -b^\lambda_\alpha \mathbf{a}_\lambda \quad (1.4.17) \qquad \mathbf{a}_3|_\alpha = -b^\lambda_\alpha \mathbf{a}_\lambda \quad (1.4.34)$$

Vektorrepräsentation:

$$\mathbf{v} = v_i \mathbf{a}^i = v_\alpha \mathbf{a}^\alpha + v_3 \mathbf{a}^3 = v^i \mathbf{a}_i = v^\alpha \mathbf{a}_\alpha + v^3 \mathbf{a}_3 \quad (1.2.39)$$

Partielle und kovariante Ableitungen eines Vektors:

$$\mathbf{v}_{,\beta} = (v^\lambda|_\beta - b^\lambda_\beta v^3) \mathbf{a}_\lambda + (v^3_{,\beta} + b_{\lambda\beta} v^\lambda) \mathbf{a}_3 = (v_\lambda|_\beta - b_{\lambda\beta} v^3) \mathbf{a}^\lambda + (v^3_{,\beta} + b^\lambda_\beta v_\lambda) \mathbf{a}_3 \quad (1.4.36)$$

$$v^\lambda|_\beta = v^\lambda_{,\beta} + v^\mu \Gamma^\lambda_{\mu\beta} \qquad v_\lambda|_\beta = v_{\lambda,\beta} - v_\mu \Gamma^\mu_{\lambda\beta} \quad (1.4.19)$$

Lemma von Ricci:

$$\delta^\alpha_\beta|_\gamma = a_{\alpha\beta}|_\gamma = a^{\alpha\beta}|_\gamma = \varepsilon_{\alpha\beta}|_\gamma = \varepsilon^{\alpha\beta}|_\gamma = 0 \quad (1.4.25)$$

Integralsatz von Gauß:

$$\iint_F A^\alpha|_\alpha\, dF = \iint_F \frac{1}{\sqrt{a}} (\sqrt{a}\, A^\alpha)_{,\alpha}\, dF = \oint_C A^\alpha u_\alpha\, ds = \oint_C A^\alpha \varepsilon_{\alpha\beta} \frac{d\Theta^\beta}{ds}\, ds \quad (1.5.14)$$

Tafel 1.8 Formelzusammenstellung

2 Einführung in die Variationsrechnung

Denn überall nach dem Nutzen zu fragen, ziemt sich am wenigsten für hochsinnige und freie Männer ...
Aristoteles (384–322 v.Chr.)

Im Hinblick auf ihre vielfältige Bedeutung in der Theorie der Flächentragwerke erfolgt im vorliegenden Kapitel eine Einführung in die Variationsrechnung. Dabei werden zunächst deren Grundbegriffe erläutert und die Rechenregeln für das Variationssymbol δ angegeben. Sodann wird die Herleitung der Eulerschen Gleichungen sowie der natürlichen Randbedingungen an einigen für Flächentragwerke typischen Variationsproblemen vorgeführt. Abschließend wird die Behandlung von Variationsproblemen mit Nebenbedingungen sowie der für die Stabilitätstheorie wichtige Begriff der zweiten Variation erläutert.

2.1 Einführung

2.1.1 Ziel der Variationsrechnung

Die Variationsrechnung kann als Verallgemeinerung der Theorie der Extremwerte von Funktionen angesehen werden. Das Wesen dieser Verallgemeinerung wird am besten aus einer kurzen Wiederholung dieser Theorie verständlich. Ist $f = f(x^1, x^2, ..., x^n)$ eine in einem Gebiet F definierte Funktion von n Veränderlichen, so besteht ihr Ziel in der Bestimmung solcher Punkte in F, für die f ein Extremum annimmt. In jedem dieser Punkte ist bekanntlich das Verschwinden sämtlicher partieller Ableitungen von f eine notwendige Bedingung für das Auftreten eines Extremums:

$$\frac{\partial f}{\partial x^1} = 0, \quad \frac{\partial f}{\partial x^2} = 0, \quad ..., \quad \frac{\partial f}{\partial x^n} = 0, \qquad (2.1.1)$$

jedoch keine hinreichende: (2.1.1) kann ebenfalls durch Sattelpunkte erfüllt werden. So besitzt beispielsweise die Funktion $f(x) = (x)^3$ für $x = 0$ einen Wendepunkt, während $(x^1 = 0, x^2 = 0)$ den Sattelpunkt der Funktion $f(x^1, x^2) = x^1 x^2$ darstellt. Jeder die obigen Bedingungen erfüllende Punkt P wird daher verallgemeinernd als *stationärer Punkt* bezeichnet, (2.1.1) als die zugehörige, notwendige und hinreichende *Stationaritätsbedingung*.

Sind die Variablen $x^1, x^2, ..., x^n$ nicht unabhängig voneinander, sondern über r Bedingungen

$$\varphi_1(x^1, x^2, ..., x^n) = 0, \quad \varphi_2(x^1, x^2, ..., x^n) = 0, \quad ..., \quad \varphi_r(x^1, x^2, ..., x^n) = 0$$

miteinander verknüpft, so kann die ursprüngliche Aufgabe durch Bildung der neuen Funktion

$$\Phi = f + \lambda^1 \varphi_1 + \lambda^2 \varphi_2 + \ldots + \lambda^r \varphi_r$$

unter Verwendung der zunächst unbekannten *Lagrange*faktoren $\lambda^1, \lambda^2, \ldots, \lambda^r$ gelöst werden. Aus den hieraus herleitbaren n + r Bedingungen

$$\begin{aligned} &\frac{\partial \Phi}{\partial x^1} = 0, \quad \frac{\partial \Phi}{\partial x^2} = 0, \quad \ldots, \quad \frac{\partial \Phi}{\partial x^n} = 0, \\ &\frac{\partial \Phi}{\partial \lambda^1} = \varphi_1 = 0, \quad \frac{\partial \Phi}{\partial \lambda^2} = \varphi_2 = 0, \quad \ldots, \quad \frac{\partial \Phi}{\partial \lambda^r} = \varphi_r = 0 \end{aligned} \tag{2.1.2}$$

werden nämlich die Koordinaten der gesuchten Extremumstelle sowie die *Lagrange*faktoren bestimmt.

Im Gegensatz zur Extremwerttheorie von Funktionen befaßt sich die Variationsrechnung mit dem Verhalten von *Funktionenfunktionen* oder *Funktionalen.* Darunter versteht man eine Größe (oder auch eine Funktion), die vom Verlauf einer oder mehrerer, in gewissen Grenzen willkürlich wählbarer Argumentfunktionen abhängt [2]. Die Rolle der unabhängigen Veränderlichen einer gewöhnlichen Funktion vertreten bei einem Funktional somit dessen Argumentfunktionen, die dieses durch ihren Verlauf bestimmen. Ziel der Variationsrechnung ist es nun, die unbekannten Argumentfunktionen eines Funktionals derart zu bestimmen, daß dieses ein Extremum, mindestens jedoch einen stationären Wert annimmt.

Elementare Extremumsaufgaben erfordern für die zu untersuchende Funktion die Angabe eines Definitionsbereichs. Dementsprechend muß auch bei einem Variationsproblem die Klasse der *zulässigen Vergleichsfunktionen* von allen übrigen Funktionen abgegrenzt werden, in welche die gesuchten Lösungsfunktionen, die *Extremalen (stationäre Funktionen),* eingebettet sind. Als zulässige Vergleichsfunktionen können dabei alle diejenigen Funktionen gelten, welche bestimmte, an die Extremalen zu stellende Forderungen erfüllen. Dies sind, wie wir im Verlaufe unserer Untersuchungen erkennen werden, Stetigkeits- und Differenzierbarkeitsforderungen sowie Rand- und Nebenbedingungen. Hiermit kann das Ziel der Variationsrechnung wie folgt detailliert werden: Für ein Funktional mit einer Anzahl unbekannter Argumentfunktionen sollen aus der Klasse der zulässigen Vergleichsfunktionen diejenigen ermittelt werden, welche das Funktional zu einem Extremum (stationären Wert) machen. Zulässige Funktionen liegen dabei stets in einer genügend kleinen Nachbarschaft* zur Extremalen.

Die getroffenen Definitionen sollen nun am Beispiel einiger Variationsprobleme aus der Strukturmechanik erläutert werden. Für einen durch Gleichlast p beanspruchten Balken der Steifigkeit EI lautet bekanntlich das Prinzip vom Minimum des Gesamtpotentials:

$$\Pi = \int_0^l \frac{1}{2} EI\,(v_3'')^2\,dx - \int_0^l p v_3\,dx = \min, \qquad \frac{d(\ldots)}{dx} = (\ldots)'. \tag{2.1.3}$$

* Ist h eine positive Größe, so liegt die Funktion $f_1(x^1, x^2, \ldots, x^n)$ in der Nachbarschaft h der Funktion $f(x^1, x^2, \ldots, x^n)$, wenn für den betrachteten Definitionsbereich die Forderung $|f - f_1| < h$ erfüllt wird [2].

Hierin hängt die potentielle Energie Π *vom gesamten Verlauf der Durchbiegung* $v_3 = v_3(x)$ *zwischen den Endpunkten* $x = 0$ *und* $x = l$ *ab.* Π *stellt demnach ein Funktional dar und die Bestimmung von* v_3 *aus (2.1.3) ein Variationsproblem. Die gesuchte Extremale muß, den vorausgesetzten Lagerungsbedingungen gemäß, für* $x = 0$ *und* $x = l$ *verschwinden sowie zusätzlich alle aus der Kinematik herrührenden Stetigkeits- und Differenzierbarkeitsanforderungen erfüllen. Diese Beschränkungen definieren die Klasse der zulässigen Vergleichsfunktionen* $\overline{v}_3$, *in welche die Extremale* v_3 *eingebettet ist.*

Als weiteres Beispiel diene ein Scheibentragwerk unter der Einwirkung beliebiger Flächenlasten p^α. *Es sei längs des Teilbereichs* C_r *seiner geschlossenen Randkurve* C *unverschieblich gestützt:*

$$C_r: \; v_\alpha = 0. \tag{2.1.4}$$

Der restliche Randbereich $C_t = C - C_r$ *dagegen sei kräftefrei. Unter diesen Voraussetzungen lautet – in tensorieller Formulierung – das Prinzip vom Minimum des Gesamtpotentials:*

$$\Pi = \frac{1}{2}\iint_F DH^{\alpha\beta\rho\lambda}\alpha_{\alpha\beta}\alpha_{\rho\lambda}dF - \iint_F p^\alpha v_\alpha dF = \min. \tag{2.1.5}$$

Hierin ist der Verzerrungstensor $\alpha_{\alpha\beta}$ *gemäß (4.4.12):*

$$\alpha_{\alpha\beta} = \alpha_{\beta\alpha} = \frac{1}{2}(v_\alpha|_\beta + v_\beta|_\alpha) \tag{2.1.6}$$

durch die Verschiebungen $v_\alpha = v_\alpha(\Theta^1, \Theta^2)$ *der Mittelfläche* F *ausdrückbar, welche die unbekannten Argumentfunktionen des Funktionals* Π *verkörpern. Demgegenüber stellen die Flächenlasten* p^α, *der Elastizitätstensor* $H^{\alpha\beta\rho\lambda}$ *mit seinen in Abschnitt 3.4.3 erläuterten Symmetrieeigenschaften*

$$H^{\alpha\beta\rho\lambda} = H^{\beta\alpha\rho\lambda} = H^{\alpha\beta\lambda\rho} = H^{\rho\lambda\alpha\beta} \tag{2.1.7}$$

sowie laut (1.2.12) die in dem Flächenelement $dF = \sqrt{a}\, d\Theta^1 d\Theta^2$ *auftretende Determinante* a *vorgegebene Funktionen der Koordinaten* Θ^α *der Mittelfläche* F *dar. Die Dehnsteifigkeit* D *schließlich ist eine Konstante. Der senkrechte Strich in (2.1.6) kennzeichnet wie üblich kovariante Ableitungen hinsichtlich* Θ^α. *Die gesuchten Extremalen* v_α *sind den Randbedingungen (2.1.4) längs* C_r *unterworfen und müssen außerdem die durch (2.1.6) geforderten Differenzierbarkeitseigenschaften erfüllen, wodurch insgesamt wieder die Klasse der zulässigen Vergleichsfunktionen* $\overline{v}_\alpha$ *definiert ist.*

Für eine nur durch Flächenlasten beanspruchte Schale, welche Dehnungen, Verkrümmungen und Schubdeformationen erleide, wird das gleiche Prinzip – Abschnitt 7.1.4 gemäß – durch ein Variationsproblem der Form

$$\Pi = \iint_F U(\Theta^\alpha, v_i, w_\alpha, v_i|_\beta, w_\alpha|_\beta)dF = \min \tag{2.1.8}$$

beschrieben, worin U *eine vorgegebene Funktion der aufgeführten Argumente darstellt und* $dF = \sqrt{a}\, d\Theta^1 d\Theta^2$ *das differentielle Element der Mittelfläche* F *angibt. In diesem Variationsproblem wird nach denjenigen fünf Verschiebungsvariablen* $v_i = v_i(\Theta^1, \Theta^2)$, $w_\alpha = w_\alpha(\Theta^1, \Theta^2)$ *gesucht* $(i = 1, 2, 3; \alpha = 1, 2)$, *welche das Gesamtpotential* Π *zum Minimum machen. Im Ab-*

schnitt 7.1.4 werden wir erkennen, daß hierdurch gerade die Gleichgewichtskonfiguration des Tragwerkes beschrieben wird. Die Substitution $v_3 = w_\alpha = 0$ *überführt (2.1.8) übrigens in das soeben erläuterte Variationsprinzip (2.1.5, 6) der Scheibe.*

2.1.2 Das Variationssymbol

Zur systematischen Behandlung von Variationsproblemen betrachten wir nun die in einem Gebiet F erklärte Funktion $v = v(\Theta^1, \Theta^2)$ der beiden Veränderlichen Θ^α. Mit der gleichfalls in F definierten, willkürlichen neuen Funktion $\overset{+}{v} = \overset{+}{v}(\Theta^1, \Theta^2)$ führen wir sodann die *variierten Funktionen* von v durch

$$\overline{v}(\Theta^1, \Theta^2, \epsilon) = v(\Theta^1, \Theta^2) + \epsilon \overset{+}{v}(\Theta^1, \Theta^2) = v + \delta v \qquad (2.1.9)$$

als deren einparametrige Nachbarfunktionsschar ein. ϵ stellt hierin einen kleinen, reellen Parameter dar. Die Differenzfunktion

$$\delta v = \epsilon \overset{+}{v} = \overline{v} - v, \qquad (2.1.10)$$

welche als gedachte, beliebig kleine Änderung von v interpretierbar ist, nennen wir *Variation* von v und bezeichnen sie mit δv. Sie verschwindet für $\epsilon = 0$, wodurch die Nachbarfunktionsschar $\overline{v}$ in die ursprüngliche Funktion v überführt wird.

Zunächst unterliege die Wahl der Funktionen $\overset{+}{v}$ keiner Einschränkung. Zur Lösung von Variationsproblemen müssen sie jedoch alle diejenigen Forderungen erfüllen, welche die Schar der variierten Funktionen $\overline{v}$ zu zulässigen Vergleichsfunktionen des jeweiligen Funktionals erheben. Ist v beispielsweise längs der Berandung C von F vorgeschrieben, so muß dort $\delta v = \epsilon \overset{+}{v}$ verschwinden, damit $\overline{v}$ die gleichen Randwerte wie die ursprüngliche Funktion v annimmt.

Nach diesen Vorbemerkungen gewinnen wir durch partielle Ableitung nach Θ^α aus (2.1.10) die Beziehung

$$(\delta v)_{,\alpha} = \overline{v}_{,\alpha} - v_{,\alpha} = (\epsilon \overset{+}{v})_{,\alpha} = \epsilon(\overset{+}{v}_{,\alpha}) = \delta(v_{,\alpha}), \qquad (2.1.11)$$

wonach Variation und Differentiation vertauschbare Operationen darstellen.

Gemäß (2.1.9) gilt für jeden beliebigen Wert von ϵ, also auch für den Grenzübergang $\epsilon = 0$, die Verknüpfung $\dfrac{\partial \overline{v}(\epsilon)}{\partial \epsilon} = \overset{+}{v}$. Hierdurch können wir die *Lagrange*sche Definition der Variation

$$\delta v = \epsilon \overset{+}{v} = \epsilon \left(\frac{\partial \overline{v}(\epsilon)}{\partial \epsilon} \right)_{\epsilon=0} \qquad (2.1.12)$$

einführen, die den Ausgangspunkt der folgenden Verallgemeinerung bildet. Dazu betrachten wir zunächst die Funktion

$$U = U(v_1, v_2, v_3) = U(v_i), \qquad (2.1.13)$$

die von den drei Argumentfunktionen $v_i = v_i(\Theta^1, \Theta^2)$ der Veränderlichen Θ^α abhängt. Werden diese nun im obigen Sinne variiert:

$$\overline{v}_i = v_i + \epsilon \overset{+}{v}_i = v_i + \delta v_i, \qquad (2.1.14)$$

wobei entsprechend (2.1.12)

$$\delta v_i = \epsilon \overset{+}{v}_i = \epsilon \left(\frac{\partial \overline{v}_i(\epsilon)}{\partial \epsilon} \right)_{\epsilon=0} \qquad (2.1.15)$$

gilt, so wird die als *erste Variation* $\delta U = \epsilon \overset{+}{U}$ bezeichnete Funktion analog zu (2.1.12) durch

$$\delta U = \epsilon \overset{+}{U} = \epsilon \left(\frac{\partial \bar{U}(\epsilon)}{\partial \epsilon} \right)_{\epsilon=0} = \epsilon \left(\frac{\partial U(v_i + \epsilon \overset{+}{v}_i)}{\partial \epsilon} \right)_{\epsilon=0} \tag{2.1.16}$$

definiert. Hierin spielt die von ϵ abhängige Funktionsschar

$$\bar{U}(\epsilon) = U(v_i + \epsilon \overset{+}{v}_i) \tag{2.1.17}$$

dieselbe Rolle wie $\bar{v}$ in der *Lagrange*schen Definition (2.1.12). Nach Ausführung der Ableitung und des Grenzüberganges $\epsilon = 0$ entsteht aus (2.1.16) im Hinblick auf (2.1.15)

$$\delta U = \epsilon \overset{+}{U} = \frac{\partial U}{\partial v_1} \delta v_1 + \frac{\partial U}{\partial v_2} \delta v_2 + \frac{\partial U}{\partial v_3} \delta v_3 = \frac{\partial U}{\partial v_i} \delta v_i. \tag{2.1.18}$$

Diese wichtige Regel besagt, daß die erste Variation formal nach der gleichen Vorschrift gebildet wird wie ein Differential.

Als ihre unmittelbare Folge gelten die Rechenregeln

$$\delta (G + V) = \delta G + \delta V, \quad \delta (GV) = V\, \delta G + G\, \delta V, \tag{2.1.19}$$

in welchen G und V erneut Funktionen der Form (2.1.13) verkörpern und sich das Variationszeichen somit auf die Argumente v_i bezieht. Unter Berücksichtigung dieser Regel kann (2.1.11) auf jede kovariante Ableitung

$$v_\alpha|_\beta = v_{\alpha,\beta} - \Gamma^\lambda_{\alpha\beta} v_\lambda$$

verallgemeinert werden:

$$\delta (v_\alpha|_\beta) = \delta (v_{\alpha,\beta}) - \delta (\Gamma^\lambda_{\alpha\beta} v_\lambda) = (\delta v_\alpha)_{,\beta} - \Gamma^\lambda_{\alpha\beta} \delta v_\lambda = (\delta v_\alpha)|_\beta. \tag{2.1.20}$$

Bilden wir nunmehr gemäß (2.1.18, 20) die erste Variation einer Funktion, welche zusätzlich Θ^α sowie $v_\alpha|_\beta$ als Argumente aufweist:

$$U = U(\Theta^\alpha, v_\alpha, v_\alpha|_\beta), \tag{2.1.21}$$

so finden wir, da die Koordinaten Θ^α natürlich nicht variiert werden dürfen:

$$\delta U = \frac{\partial U}{\partial v_\alpha} \delta v_\alpha + \frac{\partial U}{\partial v_\alpha|_\beta} \delta (v_\alpha|_\beta) = \frac{\partial U}{\partial v_\alpha} \delta v_\alpha + \frac{\partial U}{\partial v_\alpha|_\beta} (\delta v_\alpha)|_\beta. \tag{2.1.22}$$

Beispiel: Die erste Variation der Funktion

$$\alpha_{\alpha\beta} = \frac{1}{2} (v_\alpha|_\beta + v_\beta|_\alpha - 2\, b_{\alpha\beta} v_3 + v_3|_\alpha v_3|_\beta) \tag{2.1.23}$$

mit dem vorgegebenen Krümmungstensor $b_{\alpha\beta} = b_{\alpha\beta}(\Theta^1, \Theta^2)$ *lautet bei Variation der Argumente* v_i *unter Beachtung von (2.1.19):*

$$\delta\alpha_{\alpha\beta} = \frac{1}{2} (\delta v_\alpha|_\beta + \delta v_\beta|_\alpha - 2\, b_{\alpha\beta} \delta v_3 + v_3|_\alpha \delta v_3|_\beta + v_3|_\beta \delta v_3|_\alpha). \tag{2.1.24}$$

Wegen (2.1.20) ist hierin die Reihenfolge von Variation und kovarianter Ableitung belanglos und bedarf daher keiner besonderen Kennzeichnung.

Als letztes betrachten wir das Integral

$$I = \iint_F U(\Theta^\alpha, v_\alpha, v_\alpha|_\beta)\, d\Theta^1\, d\Theta^2. \tag{2.1.25}$$

Seine *erste Variation*

$$\delta I = \epsilon \overset{+}{I} = \delta \iint_F U(\Theta^\alpha, v_\alpha, v_\alpha|_\beta)\, d\Theta^1\, d\Theta^2 \tag{2.1.26}$$

definieren wir erneut entsprechend (2.1.12) durch:

$$\delta I = \epsilon \left(\frac{\partial \bar{I}(\epsilon)}{\partial \epsilon}\right)_{\epsilon = 0} = \epsilon \frac{\partial}{\partial \epsilon}\left(\iint_F U(\Theta^\alpha, v_\alpha + \epsilon \overset{+}{v}_\alpha, v_\alpha|_\beta + \epsilon \overset{+}{v}_\alpha|_\beta)\, d\Theta^1\, d\Theta^2\right)_{\epsilon = 0}$$

$$= \epsilon \frac{\partial}{\partial \epsilon}\left(\iint_F \bar{U}(\epsilon)\, d\Theta^1\, d\Theta^2\right)_{\epsilon=0}. \tag{2.1.27}$$

Da die Integrationsgrenzen von ϵ unabhängig sind, folgt hieraus im Hinblick auf die Definition (2.1.16):

$$\delta I = \iint_F \epsilon \left(\frac{\partial \bar{U}(\epsilon)}{\partial \epsilon}\right)_{\epsilon = 0} d\Theta^1\, d\Theta^2 = \iint_F \delta U\, d\Theta^1\, d\Theta^2; \tag{2.1.28}$$

der Vergleich mit (2.1.26) zeigt schließlich

$$\delta \iint_F U\, d\Theta^1\, d\Theta^2 = \iint_F \delta U\, d\Theta^1\, d\Theta^2. \tag{2.1.29}$$

die Vertauschbarkeit der Variations- und Integrationsoperation. Daher gilt für das Integral (2.1.25), wenn auch (2.1.22) berücksichtigt wird:

$$\delta I = \iint_F \left(\frac{\partial U}{\partial v_\alpha}\, \delta v_\alpha + \frac{\partial U}{\partial v_\alpha|_\beta}\, \delta v_\alpha|_\beta\right) d\Theta^1\, d\Theta^2. \tag{2.1.30}$$

2.2 Variationsprobleme und Randwertaufgaben

2.2.1 Die Eulerschen Gleichungen

Variationsprobleme sind auf natürliche Weise mit Randwertproblemen verbunden und lassen sich daher in zugeordnete Differentialgleichungen und Randvorgaben überführen. Diese heißen *Eulersche Gleichungen** und *natürliche Randbedingungen.* Bei den folgenden Herlei-

* Leonhard Euler (1707–1883); Mathematiker mit vielseitigen mechanischen Interessen (Differentialgleichung der Balkenbiegung, Stabknickung); wirkte in Berlin und St. Petersburg; Begründer der Variationsrechnung.

tungen der *Euler*schen Gleichungen werden wir zunächst solche Randvorgaben voraussetzen, daß natürliche Randbedingungen ausbleiben. Ihre Behandlung wird im nächsten Abschnitt nachgeholt werden.

Als erstes Beispiel betrachten wir das Variationsproblem (2.1.8)

$$\Pi = \iint_F U(\Theta^\alpha, v_i, w_\alpha, v_i|_\beta, w_\alpha|_\beta)\, dF = \min, \quad dF = \sqrt{a}\, d\Theta^1 d\Theta^2 \tag{2.2.1}$$

einer nur durch vorgegebene Flächenlasten beanspruchten Schale. Sie sei längs ihrer gesamten Berandung C eingespannt, weshalb die zu bestimmenden Argumentfunktionen $v_i = v_i(\Theta^1, \Theta^2)$ und $w_\alpha = w_\alpha(\Theta^1, \Theta^2)$ dort den Bedingungen

$$C\colon v_i = 0, \quad w_\alpha = 0 \tag{2.2.2}$$

unterliegen. Außerdem seien sie mit ihren ersten beiden Ableitungen als stetig vorausgesetzt. Die Funktion U setzen wir ebenfalls als in F stetig und nach sämtlichen Argumenten mindestens zweimal stetig differenzierbar voraus.

Zunächst soll die notwendige Bedingung für das in (2.2.1) geforderte Minimum, die *Extremalbedingung,* aufgestellt werden. Hierzu nehmen wir an, daß die Funktionen v_i und w_α bereits die gesuchten Extremalen darstellen und führen durch

$$\overline{v}_i = v_i + \epsilon \overset{+}{v}_i = v_i + \delta v_i, \quad \overline{w}_\alpha = w_\alpha + \epsilon \overset{+}{w}_\alpha = w_\alpha + \delta w_\alpha \tag{2.2.3}$$

ihre zugehörigen variierten Funktionen ein. Da wir dabei von den Variationen δv_i, δw_α die an die Extremalen gestellten Stetigkeitseigenschaften sowie die Randbedingungen

$$C\colon \delta v_i = 0, \quad \delta w_\alpha = 0 \tag{2.2.4}$$

voraussetzen, definiert (2.2.3) die Schar der *zulässigen Vergleichsfunktionen* der vorliegenden Variationsaufgabe. Infolge der Kleinheit von ϵ liegen $\overline{v}_i$, $\overline{w}_\alpha$ in einer beliebig kleinen Nachbarschaft der Extremalen v_i, w_α. Demnach muß das entsprechend (2.2.1) gebildete Integral

$$\overline{\Pi}(\epsilon) = \iint_F U(\Theta^\alpha, v_i + \epsilon\overset{+}{v}_i, w_\alpha + \epsilon \overset{+}{w}_\alpha, v_i|_\beta + \epsilon \overset{+}{v}_i|_\beta, w_\alpha|_\beta + \epsilon \overset{+}{w}_\alpha|_\beta)\, dF, \tag{2.2.5}$$

das als Funktion von ϵ aufgefaßt wird, für $\epsilon = 0$ zu einem Minimum werden, relativ zu den Nachbarfunktionalen aller hinreichend kleinen Werte von ϵ. Diese Forderung wird bekanntlich durch

$$\left(\frac{\partial \overline{\Pi}(\epsilon)}{\partial \epsilon}\right)_{\epsilon=0} = 0 \tag{2.2.6}$$

erfüllt, woraus gemäß (2.1.27) die gesuchte *Extremalbedingung* entsteht:

$$\delta \Pi = \epsilon \overset{+}{\Pi} = \epsilon \left(\frac{\partial \overline{\Pi}(\epsilon)}{\partial \epsilon}\right)_{\epsilon=0} = 0. \tag{2.2.7}$$

Demnach kann das Funktional Π nur dann ein Minimum annehmen, wenn dessen *erste Variation* $\delta\Pi$ verschwindet. Diese notwendige Bedingung gilt herleitungsgemäß für beliebige Variationsprobleme. Verallgemeinert wird sie als *Stationaritätsbedingung* bezeichnet, da durch (2.2.6) bekanntlich nur ein stationärer Wert der Funktion $\overline{\Pi}(\epsilon)$ sichergestellt wird.

Zur Herleitung der *Euler*schen Gleichungen spezialisieren wir nun die Bedingung $\delta\Pi = 0$ unter Berücksichtigung der Rechenvorschriften (2.1.18, 29) auf das vorliegende Funktional (2.2.1) und erhalten wegen $\delta\,\mathrm{d}F = 0$:

$$\delta\Pi = \iint_F \left(\frac{\partial U}{\partial v_i}\,\delta v_i + \frac{\partial U}{\partial w_\alpha}\,\delta w_\alpha + \frac{\partial U}{\partial v_i|_\beta}\,\delta v_i|_\beta + \frac{\partial U}{\partial w_\alpha|_\beta}\,\delta w_\alpha|_\beta\right)\mathrm{d}F = 0. \tag{2.2.8}$$

Zur Elimination der Ableitung $\delta\, v_i|_\beta$ verwenden wir die Identität

$$\iint_F \frac{\partial U}{\partial v_i|_\beta}\,\delta v_i|_\beta\,\mathrm{d}F = \iint_F \left(\frac{\partial U}{\partial v_i|_\beta}\,\delta v_i\right)\Bigg|_\beta \mathrm{d}F - \iint_F \left(\frac{\partial U}{\partial v_i|_\beta}\right)\Bigg|_\beta \delta v_i\,\mathrm{d}F. \tag{2.2.9}$$

Setzen wir sodann den Ausdruck $\frac{\partial U}{\partial v_i|_\beta}\,\delta\, v_i$ als kontravarianten Tensor erster Stufe voraus, so läßt sich das erste Integral der rechten Seite mittels des *Gauß*schen Integralsatzes (1.5.14) in ein Linienintegral transformieren. Damit erhalten wir

$$\iint_F \frac{\partial U}{\partial v_i|_\beta}\,\delta v_i|_\beta\,\mathrm{d}F = \oint_C \frac{\partial U}{\partial v_i|_\beta}\,u_\beta\,\delta v_i\,\mathrm{d}s - \iint_F \left(\frac{\partial U}{\partial v_i|_\beta}\right)\Bigg|_\beta \delta v_i\,\mathrm{d}F, \tag{2.2.10}$$

worin s die Bogenlänge und $\mathbf{u} = u_\beta a^\beta$ die nach außen weisende Normale der Randkurve C angibt. Wird in (2.2.8) das von $\delta w_\alpha|_\beta$ abhängige Glied in analoger Weise umgeformt:

$$\iint_F \frac{\partial U}{\partial w_\alpha|_\beta}\,\delta w_\alpha|_\beta\,\mathrm{d}F = \oint_C \frac{\partial U}{\partial w_\alpha|_\beta}\,u_\beta\,\delta w_\alpha\,\mathrm{d}s - \iint_F \left(\frac{\partial U}{\partial w_\alpha|_\beta}\right)\Bigg|_\beta \delta w_\alpha\,\mathrm{d}F,$$

so entsteht schließlich:

$$\delta\Pi = \iint_F \left\{\left[\frac{\partial U}{\partial v_i} - \left(\frac{\partial U}{\partial v_i|_\beta}\right)\Bigg|_\beta\right]\delta v_i + \left[\frac{\partial U}{\partial w_\alpha} - \left(\frac{\partial U}{\partial w_\alpha|_\beta}\right)\Bigg|_\beta\right]\delta w_\alpha\right\}\mathrm{d}F$$
$$+ \oint_C \left[\left(\frac{\partial U}{\partial v_i|_\beta}\,u_\beta\right)\delta v_i + \left(\frac{\partial U}{\partial w_\alpha|_\beta}\,u_\beta\right)\delta w_\alpha\right]\mathrm{d}s = 0. \tag{2.2.11}$$

Hierin verschwindet im Hinblick auf die Randbedingungen (2.2.4) das Linienintegral identisch. Nach dem *Fundamentalsatz** (oder *Fundamentallemma*) der Variationsrechnung kann

* Ihm gemäß folgt für jede innerhalb der Integrationsgrenzen $[x_0, x_1]$ stetige Funktion $\varphi(x)$ aus der Beziehung

$$\int_{x_0}^{x_1} \varphi(x)\,y(x)\,\mathrm{d}x = 0,$$

in welcher $y(x)$ eine an beiden Rändern verschwindende, hinreichend oft differenzierbare, sonst jedoch willkürliche Funktion darstellt [2]:

$$\varphi(x) \equiv 0 \quad \text{in } [x_0, x_1].$$

Dieser Satz gilt entsprechend für mehrfache Integrale.

somit das verbleibende Flächenintegral nur dann identisch verschwinden, wenn die folgenden *Eulerschen Gleichungen* erfüllt werden:

$$\begin{aligned} \delta v_\alpha: &\quad \frac{\partial U}{\partial v_\alpha} - \left(\frac{\partial U}{\partial v_{\alpha|\beta}}\right)\Big|_\beta = 0, \\ \delta v_3: &\quad \frac{\partial U}{\partial v_3} - \left(\frac{\partial U}{\partial v_{3|\beta}}\right)\Big|_\beta = 0, \\ \delta w_\alpha: &\quad \frac{\partial U}{\partial w_\alpha} - \left(\frac{\partial U}{\partial w_{\alpha|\beta}}\right)\Big|_\beta = 0. \end{aligned} \tag{2.2.12}$$

Sie bilden ein vollständiges Differentialgleichungssystem zur Bestimmung der unbekannten Argumentfunktionen v_i, w_α und drücken die notwendige Bedingung für das Vorliegen eines Minimums aus. Jede Lösung dieses Systems bezeichnen wir als *Extremale* (*stationäre Funktionen*) des Variationsproblems (2.2.1).

Mit den *Euler*schen Gleichungen, die in (2.2.12) als natürliche *Bestimmungsgleichungen* der jeweiligen variierten Variablen anzusehen sind, wurde die *globale* (schwache) Aussage des ursprünglichen Variationsproblems (2.2.1) in die *lokale* (starke) Formulierung einer Randwertaufgabe umgewandelt. Beide Darstellungen sind *äquivalent* und gestatten wahlweise, unter Beachtung der vorgegebenen Randbedingungen (2.2.2), die Bestimmung der Argumentfunktionen v_i, w_α. Diese Gleichwertigkeit ermöglicht die Anwendung der verschiedenen direkten Methoden der Variationsrechnung [2, 4, 6, 15] auf die Lösung von Randwertproblemen, auf die wir im Kapitel 7 zu sprechen kommen.

Ein weiteres Beispiel bildet das Variationsproblem

$$I = \int_{x_0}^{x_1} U(x, y, y')\,dx = \text{stat}, \qquad \frac{d(\ldots)}{dx} = (\ldots)'. \tag{2.2.13}$$

welches abschließend unter der Voraussetzung vorgegebener Randwerte $y(x_0)$, $y(x_1)$ sowie stetiger zweifacher Ableitungen der Argumentfunktion $y = y(x)$ behandelt werden soll. Die Funktion U selbst sei nach ihren drei Argumenten x, y, y' zweimal stetig differenzierbar. Unter Anwendung von (2.1.18, 29) lautet hier die Stationaritätsbedingung:

$$\delta I = \int_{x_0}^{x_1} \left(\frac{\partial U}{\partial y}\,\delta y + \frac{\partial U}{\partial y'}\,\delta y'\right) dx = 0.$$

Nach Elimination von $\delta y'$ durch Teilintegration:

$$\int_{x_0}^{x_1} \frac{\partial U}{\partial y'}\,\delta y'\,dx = \left[\frac{\partial U}{\partial y'}\,\delta y\right]_{x_0}^{x_1} - \int_{x_0}^{x_1} \left(\frac{d}{dx}\,\frac{\partial U}{\partial y'}\right) \delta y\,dx$$

folgt hieraus:

$$\delta I = \int_{x_0}^{x_1} \left(\frac{\partial U}{\partial y} - \frac{d}{dx}\,\frac{\partial U}{\partial y'}\right) \delta y\,dx + \left[\frac{\partial U}{\partial y'}\,\delta y\right]_{x_0}^{x_1} = 0. \tag{2.2.14}$$

Da beide Randwerte von y vorgegeben sind, δy für $x = x_0$ und $x = x_1$ demnach verschwindet, entfällt wieder der zweite Summand. Nach dem Fundamentallemma entsteht somit als notwendige und hinreichende Bedingung für die Stationarität des Funktionals I die *Euler*sche Gleichung

$$\frac{d}{dx}\frac{\partial U}{\partial y'} - \frac{\partial U}{\partial y} = 0. \qquad (2.2.15)$$

Diese gewöhnliche Differentialgleichung zweiter Ordnung läßt sich in der Form

$$y'' U_{y'y'} + y' U_{y'y} + U_{y'x} - U_y = 0 \qquad (2.2.16)$$

ausschreiben, wenn durch die Indizes x, y, y' partielle Ableitungen von U nach den betreffenden Argumenten bezeichnet werden.

2.2.2 Die natürlichen Randbedingungen

Wir kehren noch einmal zum Variationsproblem (2.2.1) zurück. Bei seiner Behandlung hatten wir durch (2.2.2) die Argumentfunktionen v_i, w_α längs des Schalenrandes C vorgegeben. Hieraus folgte für die Variationen δv_i und δw_α das Verschwinden längs C (2.2.4), weshalb das Linienintegral in der entstandenen Extremalbedingung (2.2.11) entfiel. Als notwendige Bedingung für ein Minimum des Funktionals Π gewannen wir somit allein die *Euler*schen Gleichungen (2.2.12).

Alle für die Argumentfunktionen v_i und w_α längs des Randes C vorgebbaren Bedingungen bezeichnen wir nun als *geometrische* oder auch *wesentliche Randbedingungen* des Variationsproblems, im Falle unseres Beispiels sind dies die Gleichungen (2.2.2). Diese Festlegung kann in der Variationsrechnung noch verallgemeinert werden: Enthält ein Funktional die n-te Ableitung einer Argumentfunktion, so bilden alle Randvorgaben über diese Variable selbst sowie ihre sämtlichen Ableitungen bis zur (n – 1)-ten Ordnung geometrische Randbedingungen [12]. Bei einem Variationsproblem dürfen jedoch die geometrischen Randbedingungen vollständig oder auch teilweise fehlen. Wird in diesem Fall der Bereich zulässiger Vergleichsfunktionen entsprechend erweitert, so liefert die Extremalbedingung neben den *Euler*schen Gleichungen auch die *natürlichen* oder *restlichen Randbedingungen,* deren Anzahl mit derjenigen der fehlenden geometrischen Randbedingungen übereinstimmt.

Die Vorgehensweise zur Herleitung der natürlichen Randbedingungen soll im folgenden an dem betrachteten Variationsproblem (2.2.1) vorgeführt werden, wobei wir nunmehr von der Vorgabe (2.2.2) absehen. Da somit auch die Forderung (2.2.4) entfällt, darf das Linienintegral in der Extremalbedingung (2.2.11) nicht mehr unterdrückt werden. Die genannte Bedingung muß natürlich nach wie vor erfüllt sein, wenn zum Vergleich die engere Klasse derjenigen Funktionen herangezogen wird, die längs des Randes C mit den Extremalen übereinstimmt und für welche demnach dort $\delta v_i = \delta w_\alpha = 0$ gilt. Daher muß in (2.2.11) das Flächenintegral nach wie vor allein verschwinden, die *Euler*schen Gleichungen (2.2.12) behalten somit ihre Gültigkeit. Damit auch das verbleibende Linienintegral für willkürliche Randvariationen δv_i, δw_α identisch verschwindet, müssen nach dem Fundamentalsatz der Variationsrechnung die *natürlichen Randbedingungen*

$$C: \quad \frac{\partial U}{\partial v_{\alpha|\beta}} u_\beta = 0, \quad \frac{\partial U}{\partial v_{3|\beta}} u_\beta = 0, \quad \frac{\partial U}{\partial w_{\alpha|\beta}} u_\beta = 0 \qquad (2.2.17)$$

erfüllt sein, welche die fehlenden geometrischen Randbedingungen ersetzen. Auf ganz analoge Weise lassen sich aus der Extremalbedingung (2.2.14) die natürlichen Randbedingungen

$$x = x_0, x = x_1: \; U_{y'} = \frac{\partial U}{\partial y'} = 0 \tag{2.2.18}$$

des Variationsproblems (2.2.13) herleiten.

Die Aussage des letzten Abschnittes können wir daher derart ergänzen, daß jedes Variationsproblem seinen *Euler*schen Gleichungen und – beim Fehlen geometrischer Randbedingungen – zusätzlich den natürlichen Randbedingungen äquivalent ist. Fehlen die geometrischen Randvorgaben nur teilweise, so werden die natürlichen Randbedingungen dementsprechend eingeschränkt.

Beispiel: Es sind die Eulerschen Gleichungen sowie die natürlichen Randbedingungen für das Variationsproblem (2.1.5) eines Scheibentragwerkes herzuleiten, welches unter Berücksichtigung von (2.1.6, 7) lautet:

$$\Pi = \frac{1}{2} \iint_F DH^{\alpha\beta\rho\lambda} v_\beta|_\alpha v_\lambda|_\rho \, dF - \iint_F p^\beta v_\beta \, dF = \min. \tag{2.2.19}$$

Dabei setzen wir erneut die Gültigkeit der geometrischen Randbedingungen (2.1.4) längs des Randbereiches C_r *voraus, weshalb die Variationen* δv_α *der Verschiebungsfunktionen* $v_\alpha = v_\alpha(\Theta^1, \Theta^2)$ *dort der Forderung*

$$C_r: \; \delta v_\alpha = 0 \tag{2.2.20}$$

unterliegen, während sie auf dem restlichen Randbereich $C_t = C - C_r$ *frei wählbar sind.*

Die Extremalbedingung $\delta \Pi = 0$ *liefert hier unter Berücksichtigung von (2.1.7):*

$$\delta \Pi = \iint_F DH^{\alpha\beta\rho\lambda} v_\lambda|_\rho \delta v_\beta|_\alpha \, dF - \iint_F p^\beta \delta v_\beta \, dF = 0. \tag{2.2.21}$$

Nach Einführung des symmetrischen Längskrafttensors

$$n^{(\alpha\beta)} = DH^{\alpha\beta\rho\lambda} \alpha_{\rho\lambda} = DH^{\alpha\beta\rho\lambda} \frac{1}{2}(v_\rho|_\lambda + v_\lambda|_\rho) = DH^{\alpha\beta\rho\lambda} v_\lambda|_\rho \tag{2.2.22}$$

folgt hieraus:

$$\delta \Pi = \iint_F n^{(\alpha\beta)} \delta v_\beta|_\alpha \, dF - \iint_F p^\beta \delta v_\beta \, dF = 0.$$

Berücksichtigen wir schließlich die zu (2.2.10) analoge Umformung nach dem Gaußschen Integralsatz sowie (2.2.20):

$$\iint_F n^{(\alpha\beta)} \delta v_\beta|_\alpha \, dF = \int_{C_t} n^{(\alpha\beta)} u_\alpha \delta v_\beta \, ds - \iint_F n^{(\alpha\beta)}|_\alpha \delta v_\beta \, dF,$$

so erhalten wir

$$\delta \Pi = -\iint_F (n^{(\alpha\beta)}|_\alpha + p^\beta) \delta v_\beta \, dF + \int_{C_t} n^{(\alpha\beta)} u_\alpha \delta v_\beta \, ds, \tag{2.2.23}$$

woraus die Eulerschen Gleichungen

$$n^{(\alpha\beta)}|_\alpha + p^\beta = 0 \tag{2.2.24}$$

sowie die natürlichen Randbedingungen

$$C_t:\ n^{(\alpha\beta)}u_\alpha = 0 \tag{2.2.25}$$

entstehen. Diese Ergebnisse lassen sich auch gewinnen, wenn man die Funktion U *(2.2.1) für das vorliegende Variationsproblem spezialisiert:*

$$U = \frac{1}{2} DH^{\alpha\beta\rho\lambda} v_\alpha|_\beta v_\rho|_\lambda - p^\alpha v_\alpha ,$$

und die hieraus folgenden Ableitungen

$$\frac{\partial U}{\partial v_\alpha} = -p^\alpha, \quad \frac{\partial U}{\partial v_\alpha|_\beta} = DH^{\alpha\beta\rho\lambda} v_\rho|_\lambda = n^{(\alpha\beta)}$$

in die entsprechenden Bedingungen (2.2.12) und (2.2.17) einführt.

2.2.3 Variationsprobleme mit Nebenbedingungen

Bisher wurden nur solche Variationsprobleme behandelt, deren unbekannte Argumentfunktionen – bis auf die geometrischen Randbedingungen – willkürlich variiert werden durften. Für die Variationsrechnung sind jedoch auch Probleme von Bedeutung, deren Argumentfunktionen – nebst Randbedingungen – zusätzlichen *Nebenbedingungen* unterliegen. Ein Beispiel bildet das Variationsproblem

$$\Pi = \iint_F U^*(\Theta^\alpha, v_i, w_\alpha, v_i|_\beta, w_\alpha|_\beta)\, dF = \min \tag{2.2.26}$$

einer nur durch Flächenlasten beanspruchte Schale, deren Argumentfunktionen $v_i = v_i(\Theta^1, \Theta^2)$ und $w_\alpha = w_\alpha(\Theta^1, \Theta^2)$ unter der im Kapitel 4 eingeführten *Kirchhoff-Love-Hypothese* durch zwei *Nebenbedingungen* der Form

$$G_\alpha = G_\alpha(\Theta^\alpha, v_\alpha, w_\alpha, v_3|_\alpha), \quad \alpha = 1, 2 \tag{2.2.27}$$

miteinander verknüpft sind. Derartige Aufgabenstellungen heißen *Variationsprobleme mit Nebenbedingungen.*

Die durch (2.2.26, 27) beschriebene Aufgabe kann durch Elimination von w_α mittels (2.2.27) auf ein gewöhnliches Variationsproblem für die Verschiebungen v_i zurückgeführt werden. Ein wesentlich allgemeineres und eleganteres Vorgehen bietet jedoch die *Lagrangesche Multiplikatorenmethode,* welche die zu variierenden Argumente v_i und w_α formal von den Nebenbedingungen (2.2.27) befreit und somit ihre gleichberechtigte Behandlung gestattet. Sie besteht – ohne Beweisführung – in dem folgenden Vorgehen: Mit Hilfe der unbekannten *Lagrange*faktoren $\lambda^\alpha = \lambda^\alpha(\Theta^1, \Theta^2)$ wird zunächst die neue Funktion

$$L = U^* + \lambda^\alpha G_\alpha = L(\Theta^\alpha, v_i, w_\alpha, \lambda^\alpha, v_i|_\beta, w_\alpha|_\beta) \tag{2.2.28}$$

gebildet, mit welcher dann die ursprüngliche Aufgabe (2.2.26) unter den Nebenbedingungen

(2.2.27) durch die äquivalente Variationsaussage

$$\Pi^* = \iint_F L(\Theta^\alpha, v_i, w_\alpha, \lambda^\alpha, v_i|_\beta, w_\alpha|_\beta)\, dF = \min \tag{2.2.29}$$

ersetzt werden kann. Sie ist nun wie ein gewöhnliches Variationsproblem mit den unbekannten Argumentfunktionen v_i, w_α und λ^α weiter zu behandeln und liefert nach dem üblichen Vorgehen die folgenden *Euler*schen Gleichungen:

$$\frac{\partial L}{\partial v_\alpha} - \left(\frac{\partial L}{\partial v_\alpha|_\beta}\right)\Bigg|_\beta = 0, \quad \frac{\partial L}{\partial v_3} - \left(\frac{\partial L}{\partial v_3|_\beta}\right)\Bigg|_\beta = 0, \quad \frac{\partial L}{\partial w_\alpha} - \left(\frac{\partial L}{\partial w_\alpha|_\beta}\right)\Bigg|_\beta = 0,$$
$$\frac{\partial L}{\partial \lambda^\alpha} = G_\alpha = 0. \tag{2.2.30}$$

Hieraus wird deutlich, daß die Extremalbedingung $\delta \Pi^* = 0$ auch die Erfüllung der Nebenbedingungen (2.2.27) gewährleistet, ohne daß diese bei der Variation der Funktionen v_i und w_α besonders berücksichtigt werden müßten.

Beispiel: In dem Variationsproblem einer nur durch Flächenlasten p^3 *beanspruchten Platte*

$$\Pi = \frac{1}{2} \iint_F B H^{\alpha\beta\rho\lambda} w_\alpha|_\beta w_\rho|_\lambda \, dF - \iint_F p^3 v_3 \, dF = \min \tag{2.2.31}$$

unter den Nebenbedingungen der erwähnten Kirchhoff-Love-Hypothese

$$w_\alpha = -v_3|_\alpha = -v_{3,\alpha}, \tag{2.2.32}$$

bilden $v_3 = v_3(\Theta^1, \Theta^2)$ *und* $w_\alpha = w_\alpha(\Theta^1, \Theta^2)$ *die unbekannten Argumentfunktionen. Alle übrigen Größen, die dem Leser im Kapitel 4 erläutert werden, stellen bekannte Funktionen von* Θ^α *dar. Die Aufgabenstellung (2.2.31, 32) ist offensichtlich dem erweiterten Variationsproblem*

$$I = \frac{1}{2} \iint_F B H^{\alpha\beta\rho\lambda} w_\alpha|_\beta w_\rho|_\lambda \, dF - \iint_F p^3 v_3 \, dF + \iint_F q^\alpha (w_\alpha + v_3|_\alpha) \, dF = \min \tag{2.2.33}$$

äquivalent, in welchen die Variablen v_3, w_α, *sowie die Lagrangefaktoren* q^α *unabhängig voneinander variiert werden dürfen.*

Auf analoge Weise lassen sich auch die Argumentfunktionen von vorgegebenen geometrischen Randbedingungen befreien, wenn man sie nach Erweiterung mit entsprechenden *Lagrange*faktoren in das ursprüngliche Variationsproblem einfügt [2]. Anwendungen hierzu werden wir im Kapitel 7 kennenlernen.

Rückblickend können wir nun die im Zusammenhang mit Variationsproblemen vorkommenden Bedingungen wie folgt klassifizieren: Als *Zwangsbedingungen* bezeichnen wir alle bei der Variation a priori zu erfüllenden Konditionen, die aus den *geometrischen Randbedingungen* sowie den *Nebenbedingungen* bestehen können. Die *natürlichen Bedingungen* dagegen umfassen die *Eulerschen Gleichungen* sowie die *natürlichen Randbedingungen*, welche bekanntlich durch die zugehörige Extremalbedingung (Stationaritätsbedingung) automatisch erfüllt werden. Die soeben beschriebene Multiplikatorenmethode von *Lagrange* zur Bildung erweiterter Variationsprobleme lautet somit [2]: Für ein Variationsproblem mit Zwangsbedingungen bleibt der stationäre Charakter des zugehörigen Funktionals erhalten, wenn einige oder alle von ihnen – nach Erweiterung durch geeignete Faktoren – in das Funktional eingefügt werden, wodurch sie zu natürlichen Bedingungen werden.

2.2.4 Höhere Variationen

In Erweiterung des Begriffs der ersten Variation lassen sich für alle Funktionen und Funktionale, bei welchen dieser definiert ist, grundsätzlich, d.h. soweit vorhanden, auch *höhere Variationen* einführen. Hierzu betrachten wir erneut die Funktion (2.1.13):

$$U = U(v_1, v_2, v_3) = U(v_i), \tag{2.2.34}$$

deren erste Variation hinsichtlich ihrer Argumente v_i durch (2.1.18):

$$\delta U = \frac{\partial U}{\partial v_i} \delta v_i = \frac{\partial U}{\partial v_i} (\epsilon \overset{+}{v}_i) \tag{2.2.35}$$

gegeben ist. Die höheren Variationen dieser Funktion definieren wir nun durch

$$\delta^2 U = \delta(\delta U), \quad \delta^3 U = \delta(\delta^2 U), \quad \ldots, \quad \delta^n U = \delta(\delta^{n-1} U), \tag{2.2.36}$$

und erhalten unter Verwendung von (2.2.35) beispielsweise für die *zweite Variation*:

$$\delta^2 U = \frac{\partial^2 U}{\partial v_i \partial v_j} \delta v_i \delta v_j = \frac{\partial^2 U}{\partial v_i \partial v_j} \epsilon^2 \overset{+}{v}_i \overset{+}{v}_j, \tag{2.2.37}$$

worin erneut die Summationsregel gilt. Dementsprechend können auch weitere höhere Variationen sukzessiv ermittelt werden. Entwickeln wir nun den Wert der Funktion U an der Stelle $v_i + \epsilon \overset{+}{v}_i$ unter Berücksichtigung der Definition (2.2.36) in eine *Taylor*reihe

$$\begin{aligned} \bar{U}(\epsilon) &= U(v_i + \epsilon \overset{+}{v}_i) = U(v_i) + \frac{\partial U(v_i)}{\partial v_j} \epsilon \overset{+}{v}_j + \frac{1}{2!} \frac{\partial^2 U(v_i)}{\partial v_j \partial v_k} \epsilon^2 \overset{+}{v}_j \overset{+}{v}_k + \ldots, \\ &= U + \delta U + \frac{1}{2!} \delta^2 U + \ldots + \frac{1}{n!} \delta^n U + \ldots, \end{aligned} \tag{2.2.38}$$

so werden deren Glieder – bis auf die Konstanten $\frac{1}{n!}$ – durch die jeweiligen Variationen $\delta^n U$ beschrieben.

Gleichartige Bildungsgesetze gelten auch für Funktionale: Ersetzen wir in

$$I = \int_{x_0}^{x_1} U(x, y, y')\, dx, \quad y' = \frac{dy}{dx} \tag{2.2.39}$$

die Argumente y, y' durch $y + \epsilon \overset{+}{y}, y' + \epsilon \overset{+}{y}'$

$$\bar{I}(\epsilon) = \int_{x_0}^{x_1} U(x, y + \epsilon \overset{+}{y}, y' + \epsilon \overset{+}{y}')\, dx,$$

so finden wir, da nach (2.1.29), (2.2.36) gilt:

$$\delta I = \delta \int_{x_0}^{x_1} U\,dx = \int_{x_0}^{x_1} \delta U dx = \int_{x_0}^{x_1} \left(\frac{\partial U}{\partial y}\,\delta y + \frac{\partial U}{\partial y'}\,\delta y'\right) dx,$$

$$\delta^2 I = \delta \int_{x_0}^{x_1} \delta U\,dx = \int_{x_0}^{x_1} \delta^2 U\,dx = \int_{x_0}^{x_1} \left[\frac{\partial^2 U}{\partial y^2}\,(\delta y)^2 + 2\,\frac{\partial^2 U}{\partial y\,\partial y'}(\delta y \delta y') + \frac{\partial^2 U}{\partial y'^2}\,(\delta y')^2\right] dx \tag{2.2.40}$$

für $\overline{I}(\epsilon)$ folgende Reihendarstellung

$$\overline{I}(\epsilon) = I + \delta I + \frac{1}{2!}\,\delta^2 I + \ldots + \frac{1}{n!}\,\delta^n I + \ldots \tag{2.2.41}$$

Verschwindet beispielsweise in (2.2.41) die erste Variation δI identisch, so wird der Zuwachs $\Delta I = \overline{I} - I$, da wegen der Kleinheit von ϵ alle höheren Variationen von schnell schwindendem Einfluß auf ΔI sind, durch die zweite Variation $\delta^2 I$ geprägt. Gilt hierin somit für beliebige Variationen

$$\delta^2 I > 0, \tag{2.2.42}$$

so besitzt das durch $\delta I = 0$ stationär gemachte Funktional $\overline{I}$ für $\epsilon = 0$ ein Minimum [2, 4]. Die Entscheidung, ob die Stationaritätsbedingung $\delta I = 0$ auch zu einem bestimmten Extremum führt, kann demnach durch das Vorzeichen der zweiten Variation $\delta^2 I$ beantwortet werden. Hierauf beruht das energetische Stabilitätskriterium, das wir im Kapitel 8 kennenlernen werden.

Beispiel: Es sind alle vorhandenen Variationen der Funktion

$$\alpha_{\alpha\beta} = \frac{1}{2}\,(v_\alpha|_\beta + v_\beta|_\alpha - 2\,b_{\alpha\beta} v_3 + v_3|_\alpha v_3|_\beta) \tag{2.2.43}$$

mit dem vorgegebenen Krümmungstensor $b_{\alpha\beta}$ *anzugeben. Zur Lösung dieser Aufgabe ersetzen wir in (2.2.43) die zu variierenden Funktionen* $v_\alpha|_\beta$, v_3, $v_3|_\alpha$ *durch ihre Vergleichsfunktionen* $v_\alpha|_\beta + \epsilon\,\overset{+}{v}_\alpha|_\beta, \ldots$ *und erhalten nach Zusammenfassen von Gliedern gleicher Größenordnung in* ϵ *gemäß (2.2.38):*

$$\overline{\alpha}_{\alpha\beta} = \alpha_{\alpha\beta} + \delta\alpha_{\alpha\beta} + \frac{1}{2!}\,\delta^2\alpha_{\alpha\beta}, \tag{2.2.44}$$

mit

$$\delta\alpha_{\alpha\beta} = \epsilon\overset{+}{\alpha}_{\alpha\beta} = \frac{\epsilon}{2}(\overset{+}{v}_\alpha|_\beta + \overset{+}{v}_\beta|_\alpha - 2\,b_{\alpha\beta}\overset{+}{v}_3 + v_3|_\alpha \overset{+}{v}_3|_\beta + \overset{+}{v}_3|_\alpha v_3|_\beta),$$

$$\delta^2\alpha_{\alpha\beta} = \epsilon^2\overset{++}{\alpha}_{\alpha\beta} = \epsilon^2\,\overset{+}{v}_3|_\alpha \overset{+}{v}_3|_\beta. \tag{2.2.45}$$

Das gleiche Ergebnis ist auch durch sukzessive Anwendung von (2.2.36) erzielbar. Da (2.2.43) ein algebraischer Ausdruck zweiter Ordnung in den zu variierenden Variablen darstellt, verschwinden in (2.2.44) alle Variationen höherer Ordnung identisch.

Literatur

1 *Bleich, F.:* Buckling Strength of Metal Structures, McGraw-Hill, New York 1952
2 *Courant, R.; Hilbert, D.:* Methoden der mathematischen Physik 1, Springer Verlag, Berlin [3]1963
3 *Dym, C.L.; Shames, I.H.:* Solid Mechanics – A Variational Approach, McGraw-Hill, New York 1973
4 *Elsgolc, L.E.:* Variationsrechnung. Bibliographisches Institut, Mannheim 1970
5 *Funk, P.:* Variationsrechnung und ihre Anwendung in Physik und Technik, Springer Verlag, Berlin 1962
6 *Gelfand, I.M.; Fomin, S.V.:* Calculus of Variations, Prentice-Hall Inc., Englewood Cliffs/New Jersey 1963
7 *Klingbeil, E.:* Tensorrechnung für Ingenieure. Bibliographisches Institut, Mannheim 1966
8 *Kneschke, A.:* Differentialgleichungen und Randwertprobleme III, Teubner Verlag Stuttgart [2]1968
9 *Lanczos, C.:* The Variational Principles of Mechanics, University of Toronto Press, Toronto, [4]1970
10 *Langhaar, H.L.:* Energy Methods in Applied Mechanics, John Wiley and Sons, New York 1962
11 *Oden, J.T.; Reddy, J.N.:* Variational Methods in Theoretical Mechanics, Springer Verlag, Berlin 1976
12 *Pflüger, A.:* Stabilitätsprobleme der Elastostatik, Springer Verlag, Berlin [3]1978
13 *Sokolnikoff, J.S.:* Tensor Analysis, Theory and Applications to Geometry and Mechanics of Continua, John Wiley and Sons, New York 1964
14 *Velte, W.:* Direkte Methoden der Variationsrechnung, Teubner Verlag, Stuttgart 1976
15 *Washizu, K.:* Variational Methods in Elasticity and Plasticity, Pergamon Press, Oxford 1975

3 Die Grundgleichungen einer linearen Theorie elastischer Flächentragwerke

Man muß Hypothesen und Theorien haben,
um seine Erkenntnisse zu organisieren,
sonst bleibt alles bloßer Schutt ...
Georg Christian Lichtenberg (1742–99)

Nach der Beschreibung des Schalenraumes und einer Einführung in die für Flächentragwerke gebräuchlichen Modelltheorien werden zunächst die mechanischen Variablen definiert. In der behandelten sogenannten technischen Flächentragwerkstheorie werden dabei Formänderungen der Schalendicke als unbedeutend für das Tragverhalten angesehen, Schrägstellungen der Schalennormale jedoch berücksichtigt. Sodann erfolgt die Herleitung der Feldgleichungen und Randbedingungen sowie der konstitutiven Beziehungen. Abschließend werden die Grundgleichungen zu einer konsistenten Theorie zusammengefaßt.

3.1 Einführung

3.1.1 Die Beschreibung der Mittelfläche und des Schalenraumes

Wir beginnen mit der differentialgeometrischen Beschreibung beliebiger Flächentragwerke unter Verwendung der bereits bekannten mathematischen Hilfsmittel des ersten Kapitels. In Bild 3.1 erkennen wir die Mittelfläche F eines Flächentragwerks in ihrer unverformten Aus-

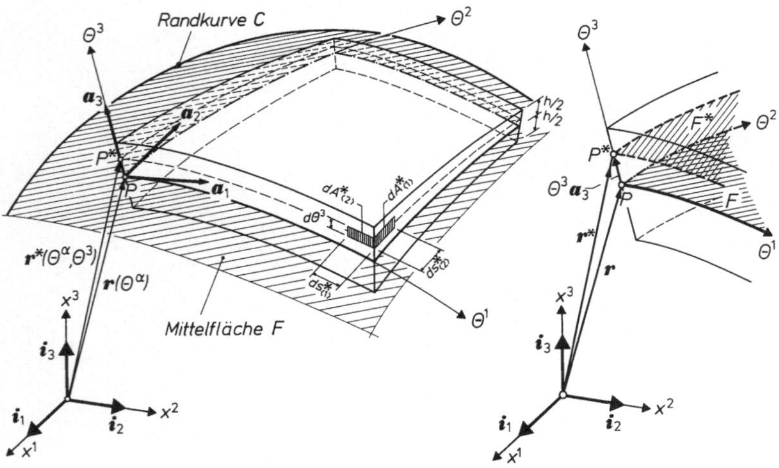

Bild 3.1 Der Raum des Flächentragwerkes (Schalenraum)

gangslage, eingebettet in den *euklidischen* Raum E3. F sei durch die krummlinigen Koordinaten Θ^α (α = 1, 2) als *Gaußsche* Parameter beschrieben. Eine willkürliche, jedoch geschlossene Randkurve C begrenze die Mittelfläche; sie braucht nicht mit den Koordinatenlinien Θ^α zusammenzufallen.

In Bezug auf das rechtshändige orthogonale *kartesische* Bezugssystem des E3 seien Punkte P von F durch den Ortsvektor

$$\begin{aligned} \mathbf{r} &= \mathbf{r}(x^i) = x^1 \mathbf{i}_1 + x^2 \mathbf{i}_2 + x^3 \mathbf{i}_3 = x^i \mathbf{i}_i \\ &= x^i(\Theta^\alpha)\mathbf{i}_i = \mathbf{r}[x^i(\Theta^\alpha)] = \mathbf{r}(\Theta^\alpha) \end{aligned} \tag{3.1.1}$$

festgelegt. Hieraus folgt nach (1.2.4)

$$\mathbf{a}_\alpha = \frac{\partial \mathbf{r}}{\partial \Theta^\alpha} = \mathbf{r}_{,\alpha} \tag{3.1.2}$$

das System der kovarianten Basisvektoren $\mathbf{a}_\alpha$, das gemeinsam mit $\mathbf{r}$ im Inneren von C als stetig vorausgesetzt werde. Damit sind bereits nach Kapitel 1 alle weiteren differentialgeometrischen Elemente von F begründet, die zu einer vollständigen Beschreibung der Mittelfläche erforderlich sind.

Um auch den Tragwerksraum außerhalb der Mittelfläche beschreiben zu können, errichten wir in jedem Punkt P von F den jeweiligen Normaleneinheitsvektor $\mathbf{a}_3$. Längs $\mathbf{a}_3$ führen wir als dritte, stets *geradlinige* Koordinate Θ^3 ein, die den von P aus gemessenen Abstand angibt. Damit beschreibt der Ortsvektor

$$\mathbf{r}^*(\Theta^i) = \mathbf{r}(\Theta^1, \Theta^2) + \Theta^3 \mathbf{a}_3(\Theta^1, \Theta^2) = \mathbf{r} + \Theta^3 \mathbf{a}_3 \tag{3.1.3}$$

mit

$$-h/2 \leqslant \Theta^3 \leqslant +h/2$$

für jeden Koordinatenwert Θ^3, der einen bestimmten Punkt P* innerhalb der *Tragwerksdicke* h kennzeichnet, eine Fläche F*. Die Eindeutigkeit der Abbildung aller Raumpunkte $P^*(x^i)$ in das ebenfalls rechtshändige Koordinatensystem Θ^j(i, j = 1, 2, 3) wird durch einen positiven Wert der Determinante

$$J = \left| \frac{\partial x^i}{\partial \Theta^j} \right| > 0$$

sichergestellt.

Werden nun sämtliche Flächen F* nach (3.1.3) durch geschlossene Kurven C* berandet, welche die Normalen $\mathbf{a}_3$ längs C aus ihnen herausschneiden, so grenzt dieser *Schalenrand* mit den beiden *Laibungsflächen* $\Theta^3 = \pm h/2$ den *Schalenraum* ab, der durch das Flächentragwerk im E3 eingenommen wird. Die kovarianten Basisvektoren von Punkten P* dieses Schalenraumes entstehen unter Beachtung von (1.2.4) und (1.4.16) in Abhängigkeit der Vektorbasis der Mittelfläche F aus (3.1.3):

$$\mathbf{a}^*_\alpha = \mathbf{r}^*_{,\alpha} = \mathbf{r}_{,\alpha} + \Theta^3 \mathbf{a}_{3,\alpha} = (\delta^\rho_\alpha - \Theta^3 b^\rho_\alpha)\, \mathbf{a}_\rho = \mu^\rho_\alpha\, \mathbf{a}_\rho . \tag{3.1.4}$$

Hierin definiert

$$\mu^\rho_\alpha = \delta^\rho_\alpha - \Theta^3 b^\rho_\alpha \tag{3.1.5}$$

den *Schalentensor,* der als *Shifter* zwischen der Mittelfläche und dem Schalenraum aufgefaßt wird. Schließlich wird durch

$$\mathbf{a}_3^* = \mathbf{r}^*_{,3} = \mathbf{a}_3 \tag{3.1.6}$$

jedem Raumpunkt P* ein dritter, zu $\mathbf{a}_\alpha^*$ orthogonaler Basisvektor zugeordnet. Die eingeführte Markierung mittels eines Sterns soll von nun an alle Größen des Schalenraumes kennzeichnen.

Mit diesen Beziehungen lassen sich die differentialgeometrischen Elemente einer beliebigen Fläche F* aus den unmarkierten der Mittelfläche F gewinnen, beispielsweise der kovariante Maßtensor:

$$a_{\alpha\beta}^* = \mathbf{a}_\alpha^* \cdot \mathbf{a}_\beta^* = a_{\alpha\beta} - 2\,\Theta^3 b_{\alpha\beta} + (\Theta^3)^2 b_{\alpha\lambda} b_\beta^\lambda\,. \tag{3.1.7}$$

Führt man diesen Ausdruck sowie den Reihenansatz

$$a^{*\alpha\beta} = \overset{\circ}{a}{}^{*\alpha\beta} + \Theta^3 \overset{1}{a}{}^{*\alpha\beta} + (\Theta^3)^2 \overset{2}{a}{}^{*\alpha\beta} + \ldots \tag{3.1.8}$$

in die Identität

$$a^{*\alpha\beta} a_{\beta\lambda}^* = \delta_\lambda^\alpha \tag{3.1.9}$$

ein, so können die unbekannten Koeffizienten $\overset{\circ}{a}{}^{*\alpha\beta}$, $\overset{1}{a}{}^{*\alpha\beta}$, ... der Reihendarstellung (3.1.8) rekursiv ermittelt werden und man erhält schließlich für den kontravarianten Metriktensor von F*:

$$a^{*\alpha\beta} = a^{\alpha\beta} + 2\,\Theta^3 b^{\alpha\beta} + 3\,(\Theta^3)^2 b^{\alpha\lambda} b_\lambda^\beta + \ldots + (n+1)\,(\Theta^3)^n b^{\alpha\lambda} b_\lambda^\rho \ldots b_\epsilon^\beta + \ldots\,. \tag{3.1.10}$$

In analoger Weise läßt sich auch für die durch

$$\mathbf{a}^{*\beta} = (\mu^{-1})_\rho^\beta \mathbf{a}^\rho \tag{3.1.11}$$

definierte inverse Form des Schalentensors μ_α^ρ eine Reihendarstellung angeben. Werden (3.1.5) und (3.1.11) in die nach (1.2.18) gültige Beziehung

$$\mathbf{a}_\alpha^* \cdot \mathbf{a}^{*\beta} = \mu_\alpha^\lambda \mathbf{a}_\lambda \cdot (\mu^{-1})_\rho^\beta\, \mathbf{a}^\rho = \mu_\alpha^\lambda\, (\mu^{-1})_\lambda^\beta = \delta_\alpha^\beta \tag{3.1.12}$$

eingeführt, so folgt hieraus:

$$(\mu^{-1})_\rho^\beta = \delta_\rho^\beta + \Theta^3 b_\rho^\beta + (\Theta^3)^2 b_\lambda^\beta b_\rho^\lambda + \ldots + (\Theta^3)^n b_\lambda^\beta b_\mu^\lambda \ldots b_\rho^\epsilon + \ldots\,. \tag{3.1.13}$$

Zur Ermittlung des Spates $\sqrt{a^*}$ beginnen wir mit der Definition (1.3.2):

$$\sqrt{a^*} = (\mathbf{a}_1^* \times \mathbf{a}_2^*) \cdot \mathbf{a}_3^*.$$

Unter Berücksichtigung von (3.1.4, 5, 6) sowie (1.3.6) finden wir zunächst:

$$\sqrt{a^*} = (\delta_1^\rho - \Theta^3 b_1^\rho)\,(\delta_2^\mu - \Theta^3 b_2^\mu)\,\epsilon_{\rho\mu}. \tag{3.1.14}$$

Schreibt man diese Gleichung aus und führt dabei die Skalare $2\,H = b_\alpha^\alpha$, $K = |b_\beta^\alpha|$ laut (1.3.32) ein, so entsteht:

$$\sqrt{a^*} = \sqrt{a}\,(1 - 2\,\Theta^3 H + (\Theta^3)^2 K). \tag{3.1.15}$$

Hieraus folgt, wie ein Blick auf (3.1.14) verrät, nach Division durch $\sqrt{a}$ gerade die Determinante des gemischtvarianten Schalentensors μ^{ρ}_{α}

$$\mu = \sqrt{\frac{a^*}{a}} = |\mu^{\rho}_{\alpha}| = 1 - 2\,\Theta^3 H + (\Theta^3)^2 K, \tag{3.1.16}$$

für deren Inverse sich ebenfalls durch Rekursion eine Reihendarstellung angeben läßt:

$$\mu^{-1} = \sqrt{\frac{a}{a^*}} = |(\mu^{-1})^{\beta}_{\rho}| = 1 + 2\,\Theta^3 H + (\Theta^3)^2 (4\,H^2 - K) + \dots . \tag{3.1.17}$$

Ferner können analog zu (1.2.23) die durch den Schalenpunkt P* in Koordinatenrichtung Θ^{α} verlaufenden *Bogenelemente* als

$$ds^*_{\langle 1\rangle} = \sqrt{a^*_{11}}\, d\Theta^1 = \sqrt{a^* a^{*22}}\, d\,\Theta^1,$$
$$ds^*_{\langle 2\rangle} = \sqrt{a^*_{22}}\, d\Theta^2 = \sqrt{a^* a^{*11}}\, d\,\Theta^2$$

oder in verallgemeinerter Form als

$$ds^*_{\langle\alpha\rangle} = \sqrt{a^*_{\alpha\alpha}}\, d\Theta^{\alpha} = \sqrt{a^* a^{*\beta\beta}}\, d\Theta^{\alpha}, \quad (\alpha \neq \beta) \tag{3.1.18}$$

dargestellt werden. Ohne Markierung durch einen Stern gilt (3.1.18) selbstverständlich auch für die Bogenelemente $ds_{\langle\alpha\rangle}$ der Mittelfläche F.

Abschließend wollen wir noch die *Flächenelemente* $dA^*_{\langle 1\rangle}$ bzw. $dA^*_{\langle 2\rangle}$ definieren. Entsprechend Bild 3.1 entspricht $dA^*_{\langle 1\rangle}$ dem Inhalt des rechteckigen, infinitesimalen Flächenstreifens mit den Seitenlängen $ds^*_{\langle 2\rangle}$ und $d\Theta^3$ im Punkt P*; eine analoge Definition gilt für $dA^*_{\langle 2\rangle}$:

$$dA^*_{\langle 1\rangle} = ds^*_{\langle 2\rangle} d\,\Theta^3 = \sqrt{a^* a^{*11}}\, d\Theta^2\, d\Theta^3,$$
$$dA^*_{\langle 2\rangle} = ds^*_{\langle 1\rangle} d\,\Theta^3 = \sqrt{a^* a^{*22}}\, d\Theta^1\, d\Theta^3.$$

Die Verallgemeinerung führt auf:

$$dA^*_{\langle\alpha\rangle} = ds^*_{\langle\beta\rangle} d\,\Theta^3 = \sqrt{a^* a^{*\alpha\alpha}}\, d\Theta^{\beta}\, d\Theta^3, \quad (\alpha \neq \beta). \tag{3.1.19}$$

3.1.2 Die Dünne-Hypothese

Die Komponenten $(\mu^{-1})^{\beta}_{\lambda}$ der Inverse des Shifters μ^{λ}_{α} lassen sich aus dem Gleichungssystem (3.1.12)

$$\mu^{\lambda}_{\alpha}\, (\mu^{-1})^{\beta}_{\lambda} = \delta^{\beta}_{\alpha}$$

nicht mehr eindeutig bestimmen, sobald die Determinante μ verschwindet:

$$\mu = |\mu^{\lambda}_{\alpha}| = |\delta^{\lambda}_{\alpha} - \Theta^3 b^{\lambda}_{\alpha}| = 0. \tag{3.1.20}$$

Unter Verwendung der stets von Null verschiedenen Determinante $a = |a_{\lambda\beta}|$ sowie des Multiplikationssatzes für Determinanten entsteht hieraus:

$$a\mu = |a_{\lambda\beta}|\,|\mu^{\lambda}_{\alpha}| = |a_{\lambda\beta}\mu^{\lambda}_{\alpha}| = |\mu_{\alpha\beta}| = |a_{\alpha\beta} - \Theta^3 b_{\alpha\beta}| = 0. \tag{3.1.21}$$

Vergleicht man dies mit der Lösbarkeitsbedingung (1.3.29)

$$|b_{\alpha\beta} - \frac{1}{R}\, a_{\alpha\beta}| = |a_{\alpha\beta} - R\, b_{\alpha\beta}| = 0 \tag{3.1.22}$$

des homogenen Gleichungssystems (1.3.26), aus der sich bekanntlich die beiden Hauptkrümmungsradien $\{R_{max}, R_{min}\}$ beliebiger Mittelflächenpunkte P bestimmen lassen, so wird folgende wichtige Schlußfolgerung deutlich: Die Eindeutigkeit von $(\mu^{-1})^{\beta}_{\alpha}$ geht erstmalig verloren, wenn Θ^3 – von Null anwachsend – den Wert R_{min} erreicht und μ somit verschwindet. Dies muß durch die Forderung

$$|\Theta^3| < |R_{min}| \tag{3.1.23}$$

ausgeschaltet werden, die gleichzeitig die Konvergenz der unendlichen Reihe (3.1.13) sicherstellt (siehe [33], S. 19).

Diese Bedingung ist jedoch weiter zu verschärfen. Ziel jeder Flächentragwerkstheorie ist es bekanntlich, das mechanische Verhalten dieser Tragwerke vereinfacht durch Funktionen ausschließlich der Mittelflächenkoordinaten Θ^{α} zu beschreiben. Dehnungen und Spannungen werden dabei höchstens als linear veränderlich über die Dicke h berücksichtigt. Ein solches *zweidimensionales Tragwerksmodell* wird, von Ausnahmen abgesehen, das wirkliche mechanische Verhalten nur im Sinne einer Näherung wiedergeben können. Die Güte der Näherung darf jedoch um so höher erwartet werden, je stärker die Tragwerksform einer Fläche nahekommt, d.h. wenn

$$|2\,\Theta^3_{max}| = h \ll L = \min\{R_{min}, L_{min}\}$$

gilt. Hierin vertritt L als *typische Mittelflächenabmessung* den kleinsten Wert aller Hauptkrümmungsradien und Abmessungen von F; h bezeichnet erneut die Tragwerksdicke.

Diesen approximativen Charakter jeder Flächentragwerkstheorie drückt die *Dünne-Hypothese*

$$\lambda = \frac{h}{L} \ll 1 \tag{3.1.24}$$

aus, wonach der *Schalenparameter* λ stets als hinreichend klein vorausgesetzt werden muß. Bei ausgeführten Flächentragwerkskonstruktionen schwankt λ etwa in den Grenzen von 1/20 (Platten) bis 1/2000 (Membranen).

Der Schalenparameter λ wird heute als eine grobe geometrische Fehlerschranke jeder Flächentragwerkstheorie betrachtet. Die Erkenntnis dieses prinzipiellen Unschärfebereichs führt zu interessanten Folgerungen. Beispielsweise wird der Schalenraum durch die einparametrige Schar (3.1.3) äquidistanter Flächen F^* beschrieben, was einem Flächentragwerk konstanter Dicke entspricht. Wegen der erwähnten Unschärfen der gesamten Theorie können die zu entwickelnden Schalengleichungen jedoch auch immer dann ohne zusätzliche Fehler verwendet werden, wenn Änderungen der Tragwerksdicke die Größenordnung von λ nicht überschreiten (siehe Bild 3.1): $h_{,\alpha} \leqslant \lambda$.

3.1.3 Flächentragwerke und Modelltheorien der Mechanik

Ein Flächentragwerk ist als ein in seiner Gestalt durch die Dünne-Hypothese (3.1.24) eingeschränkter, mit Materie gefüllter Teilraum des E3 (Schalenraum) beschreibbar, der lastabtragende Eigenschaften besitzt. Zweidimensionale Modelltheorien hierfür können nun auf zwei grundsätzlich verschiedenen Wegen entwickelt werden. Der erste Herleitungsgang definiert das Flächentragwerk als ein dünnes *klassisches Kontinuum,* d.h. als eine zusammenhängende und kompakte Menge materieller Raumpunkte, die mit jeweils drei translatorischen

Freiheitsgraden behaftet sind. Das theoretische Fundament bilden damit voraussetzungsgemäß die Grundgleichungen der Kontinuumsmechanik, die je nach der Mittelflächenkrümmung in kartesischen oder krummlinigen Koordinaten formuliert sein können.

Bei dieser Betrachtungsweise stellt man zumeist die Kinematik des Kontinuums durch Potenzreihenansätze hinsichtlich Θ^3 dar, die außerdem einen geeigneten Dünne-Parameter, z.B. λ, enthalten (siehe z.B. [25, 50]). Man schränkt sodann die Verformungsfähigkeit des Verschiebungsvektors derart ein, daß in der zugehörigen Reihendarstellung nur konstante und linear veränderliche Anteile in Θ^3 erhalten bleiben. Folgerichtig wird auch der Verzerrungstensor des Schalenraumes nur durch das konstante und linear veränderliche Glied einer Reihe approximiert. Hierzu korrespondierende zweidimensionale Schnittgrößen lassen sich aus den Komponenten τ^{ij} des Spannungstensors durch einen Integrationsprozeß über die Dicke h definieren. Beispielsweise entstehen für ein ebenes Tragwerk, das durch kartesische Koordinaten x^i beschrieben wird,

$$m^{l\alpha\beta} = \int_{-h/2}^{h/2} \tau^{\alpha\beta} (x^3)^l dx^3 \tag{3.1.25}$$

mit $l = 0$ die Dehnungskräfte, mit $l = 1$ die Biege- und Torsionsmomente. Durch das skizzierte Vorgehen lassen sich Gleichgewichtsbedingungen, kinematische und konstitutive Beziehungen eines klassischen Kontinuums zielgerecht in die entsprechenden Grundgleichungen eines flächenhaften Modells überführen, deren dynamische und kinematische Variablen ausschließlich Funktionen der Mittelflächenkoordinaten Θ^α sind. Diese Schalengrundgleichungen approximieren das wirkliche Tragverhalten in einem asymptotischen Sinn, d.h. die besten Ergebnisse sind in hinreichend dünnen Tragwerken und hinreichend großer Entfernung von Schalenrändern sowie Einzellasten zu erwarten.

Bereits in den historischen Anfängen der Plattentheorie [6, 39] von *A. Cauchy** (1828) und *S.D. Poisson*** (1829) wurde dieser Weg beschritten; ebenso in den die Schalentheorie begründenden Artikeln [1, 30] von *H. Aron* (1874) und *A.E.H. Love**** (1888). Aus der Vielzahl der nachfolgenden Forschungsarbeiten, deren wichtigste neuere [20, 22, 28, 33, 35, 50] zitiert sind, ragt der Beitrag [14] hervor, der das erwähnte Herleitungskonzept auf Tragwerke aus beliebigen Werkstoffen übertrug. Die enge deduktive Verbindung des zweidimensionalen Modells als eines flächenhaft beschriebenen, Gestalts- und Formänderungsbeschränkungen unterliegenden Körpers zur klassischen Kontinuumsmechanik begünstigte die Klärung vieler verbliebener Fragen. So führte sie u.a. zur widerspruchsfreien Herleitung einer konsistenten technischen Näherung wenigstens der linearen Schalentheorie [23]. Andere Probleme, beispielsweise die Kernfrage der Konvergenz des hergeleiteten Modells, harren trotz erfolgversprechender Ansätze [19, 42] weiterhin einer Lösung.

* Augustin Cauchy (1789–1857); französischer Ingenieur und Mathematiker; Autor bedeutender Beiträge zur Begründung der Elastizitätstheorie und zur Funktionentheorie

** Siméon Denis Poisson (1781–1840); französischer Mathematiker, Beiträge zur Mechanik dreidimensionaler Kontinua, von Stab- und Plattenproblemen; Arbeiten zur Theorie von Differentialgleichungen

*** A.E.H. Love (1863–1940); angewandter britischer Mathematiker in Oxford; Beiträge zur Mechanik der Kontinua und zur Geophysik; Hauptwerk [29]

Der zweite Weg zur Herleitung flächenhafter Modelltheorien erweitert zunächst unsere Erfahrungswelt um die Definition eines *orientierten zweidimensionalen Kontinuums*. Hierunter wird eine mit materiellen Flächenpunkten dicht belegte Fläche im E3 verstanden, beispielsweise die Tragwerksmittelfläche F. Dieses zweidimensionale Kontinuum besitze die Fähigkeit, Lasten durch Schnittgrößen abzutragen. Jedem der mit endlicher Masse behafteten Flächenpunkten sind neben den drei translatorischen zusätzlich drei *rotatorische* Freiheitsgrade (*Spin*) zugeordnet, die durch angeheftete verformbare Vektorzeiger (*Direktoren*) beschreibbar werden. Kraft- und Momentenkomponenten entsprechen diesen Freiheitsgraden als äußere Kraftgrößen auf der Fläche im Raum. Die Schnittgrößen dieses unendlich dünnen Kontinuums, das zwar vorstellbar, aber unerfahrbar ist, werden durch Schnittkräfte und Schnittmomente gebildet.

Ein derartiges zweidimensionales Modell ist dem durch *P. Duhem* (1893) und die Gebrüder *Cosserat* (1909) geschaffenen dreidimensionalen *Cosserat*-Kontinuum [8, 9] eng verwandt, in welchem neben dem klassischen Spannungstensor zusätzlich Momentenspannungen wirken. Daher wird dieses Modell auch als *Cosserat*-Fläche [17] bezeichnet. Seine Vorteile sind offensichtlich. Frei von den approximativen Unschärfen der ersten Vorgehensweise, welche die flächenhafte Beschreibung eines in Wahrheit dreidimensionalen mechanischen Vorgangs hervorruft, kann die Kinematik der Flächenpunkte unschwer exakt formuliert werden. Durch Definition einer ebenfalls flächenhaften virtuellen Arbeit lassen sich mittels eines entsprechenden Variationsfunktionals Schnittkräfte und Schnittmomente einführen. Alle Grundgleichungen und mechanischen Variablen entstehen so in einer besonders übersichtlichen Zuordnung [7, 16, 41].

Das direkte Modell der *Cosserat*-Fläche läßt alle flächenhaften Phänomene der Schalentheorie in einem viel deutlicheren Licht erscheinen als dies die zuerst beschriebene Vorgehensweise ermöglicht. Seine Schwierigkeiten sind konzeptioneller Natur. In welchem Verhältnis stehen die kinematischen und dynamischen Variablen einer verformbaren Fläche zu den Verzerrungen und Spannungen des vertrauten dreidimensionalen Kontinuums, auf dem die Festigkeitsbetrachtungen des Ingenieurwesens basieren? Auf welchem Wege lassen sich Stoffgesetze formulieren, die eine Verbindung zu unserer Erfahrungswelt schaffen könnten?

Der Vergleich beider Herleitungswege zeigt erneut, daß die Modellvorstellungen der Kontinuumsmechanik von unseren Kenntnissen der physikalischen Struktur der Materie, ob im mikroskopischen oder gar atomaren Bereich, mehr oder weniger stark abweichen. Ingenieurwissenschaftliche Modelle sind eben stets unvollkommene Bilder der Wirklichkeit, die einzelne Eigenschaften des Objektes verstärken oder abschwächen, gelegentlich sogar verzeichnen.

In der vorliegenden Einführung in die Theorie der Flächentragwerke wird eine mechanisch korrekte Darstellung angestrebt. *Modell-philosophische* Gedankengänge sollen jedoch zugunsten einer ingenieurorientiert-vereinfachten Herleitung zurücktreten, die zu einer *technischen Näherung* der Theorie der Flächentragwerke führen wird. Die Herleitung erfolgt in Anlehnung an das Modell der *Cosserat*-Fläche, wobei jedoch gleichzeitig Querverbindungen zur Kontinuumsauffassung der Schalen betont und verwendet werden. Diese Vorgehensweise unterscheidet sich von den bekannten klassischen Lehrbüchern [10, 12, 13, 45, 49]. Der an einer tiefer in die Kontinuumsmechanik eingebetteten Herleitung interessierte Leser sei auf die Monographie [31] verwiesen.

3.1.4 Annahmen und Voraussetzungen

Einführend wollen wir uns auf eine *lineare* Theorie elastischer Flächentragwerke beschränken, der folgende Annahmen zugrundeliegen:

a) Schnitt- und Verzerrungsgrößen seien im Elastizitätsgesetz durch eine lineare Beziehung verknüpft;
b) alle auftretenden kinematischen Variablen werden als infinitesimal, d.h. als sehr klein, angesehen.

Außerdem werden alle verformungsbedingten Änderungen der Tragwerksdicke sowie die Normalspannungen senkrecht zur Mittelfläche als unbedeutend vernachlässigt.

Folgerichtig darf das Gleichgewicht näherungsweise an der unverformten Konfiguration formuliert werden. Weiterhin werden alle Produkte von Verformungsgrößen in den kinematischen Beziehungen gegenüber ihren linearen Gliedern als von höherer Ordnung klein unterdrückt. Wichtigstes Charakteristikum der entstehenden linearen Theorie ist die Gültigkeit des *Superpositionsgesetzes,* nach dem jeder Tragwerkszustand durch Superposition beliebiger Teilzustände gewonnen werden darf.

3.2 Die mechanischen Variablen

3.2.1 Die Mittelflächenbelastung

Die auf beide Laibungen eines Flächentragwerks einwirkenden Lastgrößen werden gemeinsam mit den Volumenkräften zu Vektoren auf der Mittelfläche F des flächenhaften Modells zusammengefaßt. Es sind dies der *Lastvektor* **p** und der *Lastmomentenvektor* **c**, deren Intensitäten stets auf die Flächeneinheit der Mittelfläche bezogen seien.* Da somit Lastsingularitäten ausgeschlossen sind, entfallen auf ein Flächenelement $dF = \sqrt{a}\, d\Theta^1\, d\Theta^2$ nach Bild 3.2 die resultierenden Mittelflächenlasten

$$\mathbf{p}\sqrt{a}\, d\Theta^1\, d\Theta^2 \quad \text{und} \quad \mathbf{c}\sqrt{a}\, d\Theta^1\, d\Theta^2.$$

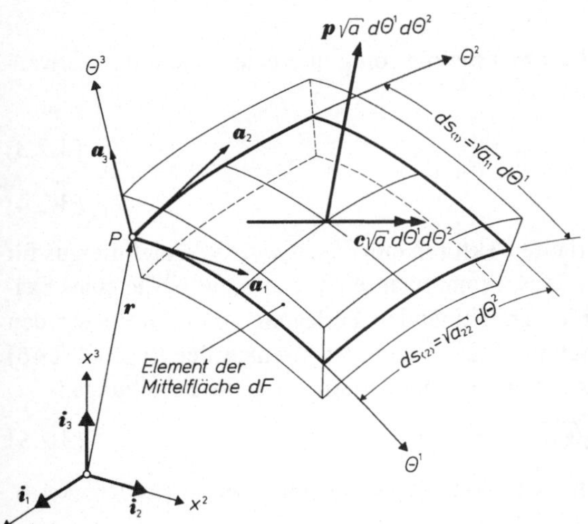

Bild 3.2 Resultierende Lastvektoren eines Elementes der Mittelfläche

* *Es sei daran erinnert, daß eine lineare Theorie die Unterschiede zwischen verformter und unverformter Mittelflächengeometrie an dieser Stelle vernachlässigt.*

Durch Zerlegung von **p** hinsichtlich der normierten (kovarianten) Basisvektoren $\mathbf{a}_{\langle i\rangle}$ gewinnen wir die *physikalischen Lastkomponenten* $p^{\langle\alpha\rangle}$ und $p^{\langle 3\rangle}$:

$$\mathbf{p} = p^{\langle 1\rangle}\mathbf{a}_{\langle 1\rangle} + p^{\langle 2\rangle}\mathbf{a}_{\langle 2\rangle} + p^{\langle 3\rangle}\mathbf{a}_{\langle 3\rangle} = p^{\langle\alpha\rangle}\mathbf{a}_{\langle\alpha\rangle} + p^{\langle 3\rangle}\mathbf{a}_{\langle 3\rangle}\,. \tag{3.2.1}$$

Den Lastmomentenvektor **c** zerlegen wir – entgegen der Regel (1.2.45) – hinsichtlich der normierten (kontravarianten) Basisvektoren $\mathbf{a}^{\langle\alpha\rangle}$ in folgende physikalische Komponenten:

$$\mathbf{c} = c^{\langle 1\rangle}\mathbf{a}^{\langle 2\rangle} - c^{\langle 2\rangle}\mathbf{a}^{\langle 1\rangle}. \tag{3.2.2}$$

Angesichts der angestrebten *technischen Näherung* der Schalentheorie soll die prinzipiell mögliche Lastmomentenkomponente $c_{\langle 3\rangle}$ in Richtung $\mathbf{a}^{\langle 3\rangle}$ zu Null vorausgesetzt werden, da ihr Auftreten anwendungstechnisch kaum realisierbar erscheint. Im Gegensatz zum Lastvektor **p** liegen daher die Komponenten des Lastmomentenvektors **c** stets in der Tangentialebene (Bild 3.3).

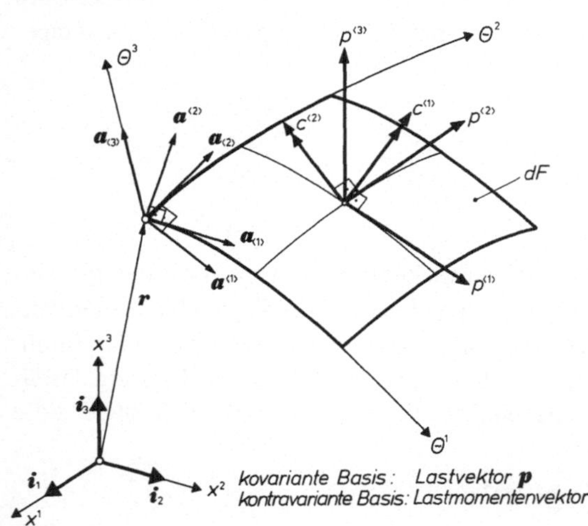

Bild 3.3 Positive Wirkungsrichtungen der physikalischen Lastkomponenten

Schließlich erklären wir die *tensoriellen Komponenten* von **p** und **c**, letztere unter Verwendung von (1.3.7), durch

$$\mathbf{p} = p^{\alpha}\mathbf{a}_{\alpha} + p^{3}\mathbf{a}_{3}, \tag{3.2.3}$$

$$\mathbf{c} = c^{\rho}\mathbf{a}_{3} \times \mathbf{a}_{\rho} = c^{\rho}\epsilon_{\rho\beta}\mathbf{a}^{\beta}. \tag{3.2.4}$$

Da **p** und **c** physikalisch deutbar als invariante Vektoren eingeführt wurden, folgt hieraus für p^{α} und c^{ρ} die Eigenschaft kontravarianter Tensorkomponenten 1. Stufe, für p^3 die eines Skalars. Wegen der umständlich und willkürlich erscheinenden Zerlegung von c bitten wir den Leser um Geduld, wir werden sie im Abschnitt 3.2.4 begründen. Gemäß der Regel (1.2.46) bestehen zwischen tensoriellen und physikalischen Komponenten von **p** die Beziehungen

$$p^{\langle 1\rangle} = p^{1}\sqrt{a_{11}}\,,\quad p^{\langle 2\rangle} = p^{2}\sqrt{a_{22}}\,,\quad p^{\langle 3\rangle} = p^{3}. \tag{3.2.5}$$

Den entsprechenden Zusammenhang für die Komponenten von **c** leiten wir unter Berücksichtigung von (1.2.13), (1.2.44), (1.3.4) und (3.2.4) ab:

$$\mathbf{c} = c^{1}\sqrt{a\,a^{22}}\,\mathbf{a}^{\langle 2\rangle} - c^{2}\sqrt{a\,a^{11}}\,\mathbf{a}^{\langle 1\rangle} = c^{1}\sqrt{a_{11}}\,\mathbf{a}^{\langle 2\rangle} - c^{2}\sqrt{a_{22}}\,\mathbf{a}^{\langle 1\rangle}. \tag{3.2.6}$$

Verallgemeinert lauten die Beziehungen (3.2.5) und (3.2.6), letztere nach Vergleich mit (3.2.2):*

$$p^{\langle\alpha\rangle} = p^{\alpha}\sqrt{a_{\alpha\alpha}}, \quad p^{\langle 3\rangle} = p^3, \quad c^{\langle\alpha\rangle} = c^{\alpha}\sqrt{a\,a^{\beta\beta}} = c^{\alpha}\sqrt{a_{\alpha\alpha}}, \quad (\alpha \neq \beta). \tag{3.2.7}$$

Beispiel: Die Ermittlung physikalischer Lastkomponenten soll an einer Rotationsschale veranschaulicht werden, deren Drehachse x^3 *entsprechend Bild 3.4 vertikal gerichtet sei. Die Schalenmittelfläche sei mit Zylinderkoordinaten* Θ^1, Θ^2 *überzogen, und die Meridiankurve werde durch* $r(\Theta^2)$ *beschrieben.*

Außendruck: Die in Gegenrichtung von $\mathbf{a}_3$ *wirkende Belastung weise die Intensität* p *je Einheit der Mittelfläche* F *auf. Daher kann man unmittelbar angeben:*

$$p^{\langle 1\rangle} = 0, \quad p^{\langle 2\rangle} = 0, \quad p^{\langle 3\rangle} = -p. \tag{3.2.8}$$

Eigengewicht: Die in Richtung der Drehachse wirkende Last besitze die Intensität g *je Einheit der Mittelfläche. Aus Bild 3.4 lesen wir somit ab:*

$$p^{\langle 1\rangle} = 0, \quad p^{\langle 2\rangle} = -g\sin\varphi, \quad p^{\langle 3\rangle} = -g\cos\varphi. \tag{3.2.9}$$

Schneelast: Diese wird üblicherweise durch eine vertikale Last repräsentiert, die auf den Grundriß der Mittelfläche bezogen ist. Mit dem Betrag s *je Einheit der Grundrißfläche folgt aus Bild 3.4:*

$$p^{\langle 1\rangle} = 0, \quad p^{\langle 2\rangle} = -s\sin\varphi\cos\varphi, \quad p^{\langle 3\rangle} = -s\cos^2\varphi. \tag{3.2.10}$$

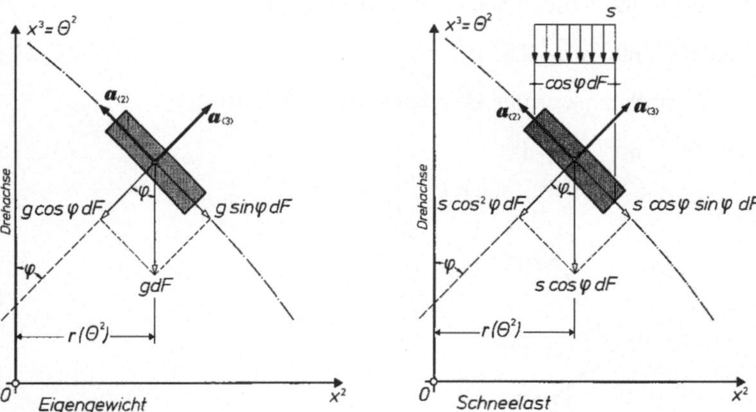

Bild 3.4 Eigengewicht und Schneelast einer Rotationsschale

* *Mancher Leser wird der Komponentenzerlegung und -bezeichnung (3.2.2) befremdend gegenüberstehen und die systematischere Form*

$$c = \bar{c}_{\langle 1\rangle}a^{\langle 1\rangle} + \bar{c}_{\langle 2\rangle}a^{\langle 2\rangle} = \bar{c}_{\langle\alpha\rangle}a^{\langle\alpha\rangle}$$

bevorzugen. Selbstverständlich wäre dies ebenso zulässig; jedoch würden dann die Transformationsgleichungen (3.2.7) zwischen den physikalischen und tensoriellen Komponenten die weniger systematische Variante

$$\bar{c}_{\langle 1\rangle} = -c^2\sqrt{a_{22}}, \quad \bar{c}_{\langle 2\rangle} = c^1\sqrt{a_{11}}$$

annehmen.

Der auftretende Winkel φ *läßt sich mit (1.3.41) als Funktion der Meridiankurve* $\mathrm{r}(\Theta^2)$ *aus*

$$\cos\varphi = \mathbf{i}_3 \cdot \mathbf{a}_3 = -\frac{\mathrm{r}_{,2}}{\sqrt{1 + (\mathrm{r}_{,2})^2}}, \tag{3.2.11}$$

$$\sin\varphi = \sqrt{1 - \cos^2\varphi} = \frac{1}{\sqrt{1 + (\mathrm{r}_{,2})^2}} \tag{3.2.12}$$

berechnen.

3.2.2 Schnittgrößentensoren und -vektoren

Wir betrachten nun ein im Gleichgewicht befindliches, belastetes und verformtes Flächentragwerk, idealisiert durch seine Mittelfläche F. Trennt man aus dieser durch fiktive Schnitte längst der Parameterlinien Θ^α ein Flächenelement dF heraus, so müssen zur Aufrechterhaltung des Gleichgewichtszustandes in den Schnittufern fiktive *innere Kraftgrößen,* sogenannte *Schnittgrößen,* wirksam werden. Diese definieren wir, der flächenhaften Modellvorstellung folgend, als resultierende *Schnittkraftvektoren* $\mathbf{n}^{\langle\alpha\rangle}$ und *Schnittmomentenvektoren* $\mathbf{m}^{\langle\alpha\rangle}$ über die Tragwerksdicke h. Beide Vektoren seien als *physikalische Größen* auf die Längeneinheit der – im Rahmen einer linearen Theorie – unverformten Parameterlinien Θ^α = konst bezogen, deren Bogenelemente durch (3.1.18) ausdrückbar sind:

$$\mathrm{ds}_{\langle\beta\rangle} = \sqrt{\mathrm{a}_{\beta\beta}}\,\mathrm{d}\Theta^\beta = \sqrt{\mathrm{a}\,\mathrm{a}^{\alpha\alpha}}\,\mathrm{d}\Theta^\beta, \quad (\alpha \neq \beta). \tag{3.2.13}$$

Entsprechend Bild 3.5 wirken damit auf das Bogenelement $\mathrm{ds}_{\langle 2\rangle}$ der Parameterlinie Θ^1 = konst (Θ^1 – Schnittufer) die resultierenden Schnittgrößenvektoren:

$$\mathbf{n}^{\langle 1\rangle}\sqrt{\mathrm{a}_{22}}\,\mathrm{d}\Theta^2, \quad \mathbf{m}^{\langle 1\rangle}\sqrt{\mathrm{a}_{22}}\,\mathrm{d}\Theta^2\,; \tag{3.2.14}$$

auf das Bogenelement $\mathrm{ds}_{\langle 1\rangle}$ der Parameterlinie Θ^2 = konst (Θ^2 – Schnittufer):

$$\mathbf{n}^{\langle 2\rangle}\sqrt{\mathrm{a}_{11}}\,\mathrm{d}\Theta^1, \quad \mathbf{m}^{\langle 2\rangle}\sqrt{\mathrm{a}_{11}}\,\mathrm{d}\Theta^1. \tag{3.2.15}$$

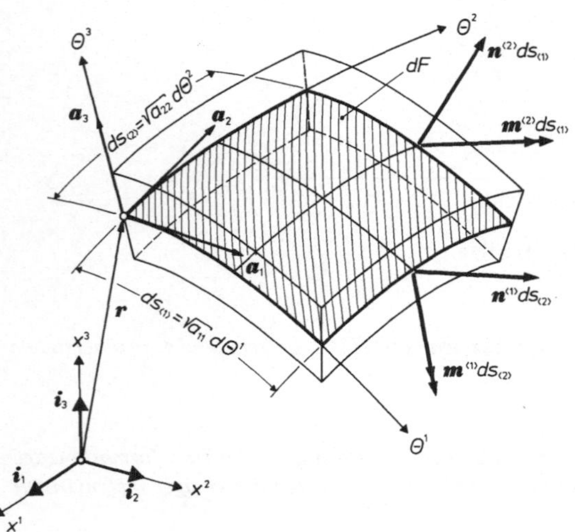

Bild 3.5 Element der Mittelfläche mit resultierenden Schnittgrößenvektoren an den positiven Schnittufern

Zusammenfassend lassen sich demnach die auf die Bogenelemente $ds_{\langle\beta\rangle}$ (3.2.13) der Parameterlinien Θ^α = konst ($\alpha \neq \beta$) wirkenden resultierenden Kraft- und Momentenvektoren durch

$$\mathbf{n}^{\langle\alpha\rangle}\sqrt{a_{\beta\beta}}\,d\Theta^\beta = \mathbf{n}^{\langle\alpha\rangle}\sqrt{a\,a^{\alpha\alpha}}\,d\Theta^\beta,$$
$$\mathbf{m}^{\langle\alpha\rangle}\sqrt{a_{\beta\beta}}\,d\Theta^\beta = \mathbf{m}^{\langle\alpha\rangle}\sqrt{a\,a^{\alpha\alpha}}\,d\Theta^\beta, \quad (\alpha \neq \beta) \tag{3.2.16}$$

darstellen.

Die Schnittkraftvektoren $\mathbf{n}^{\langle\alpha\rangle}$ besitzen als Raumvektoren auf F beliebig gerichtete Wirkungslinien. Im Gegensatz dazu werden die Momentenvektoren $\mathbf{m}^{\langle\alpha\rangle}$ als in der Tangentialebene liegend angesehen und somit – wie in jeder technischen Flächentragwerkstheorie – mögliche Komponenten $m^{\langle\alpha 3\rangle}$ in Richtung $\mathbf{a}_3$ vernachlässigt. Diese Streichung des *Quermomentenvektors* $m^{\langle\alpha 3\rangle}$ korrespondiert mit der Einführung des Lastmomentenvektors **c** als Flächenvektor in (3.2.2). Sie wird im übernächsten Abschnitt durch Herleitung von $\mathbf{m}^{\langle\alpha\rangle}$ aus den Spannungsgrößen eines dreidimensionalen Kontinuums als zulässig bestätigt werden.

Die Schnittgrößenvektoren $\mathbf{n}^{\langle\alpha\rangle}$ sollen nun hinsichtlich der normierten Basisvektoren $\mathbf{a}_{\langle i\rangle}$, die $\mathbf{m}^{\langle\alpha\rangle}$ hinsichtlich $\mathbf{a}^{\langle\alpha\rangle}$ in *physikalische* oder *natürliche* Komponenten zerlegt werden:

$$\mathbf{n}^{\langle\alpha\rangle} = n^{\langle\alpha 1\rangle}\mathbf{a}_{\langle 1\rangle} + n^{\langle\alpha 2\rangle}\mathbf{a}_{\langle 2\rangle} + q^{\langle\alpha\rangle}\mathbf{a}_{\langle 3\rangle} = n^{\langle\alpha\beta\rangle}\mathbf{a}_{\langle\beta\rangle} + q^{\langle\alpha\rangle}\mathbf{a}_{\langle 3\rangle} \tag{3.2.17}$$

$$\mathbf{m}^{\langle\alpha\rangle} = m^{\langle\alpha 1\rangle}\mathbf{a}^{\langle 2\rangle} - m^{\langle\alpha 2\rangle}\mathbf{a}^{\langle 1\rangle}. \tag{3.2.18}$$

Im Falle orthogonaler Koordinatenlinien entsprechen die hierdurch eingeführten Komponenten den bekannten

Normalkräften	$n^{\langle 11\rangle}, n^{\langle 22\rangle}$,
Schubkräften	$n^{\langle 12\rangle}, n^{\langle 21\rangle}$,
Biegemomenten	$m^{\langle 11\rangle}, m^{\langle 22\rangle}$,
Torsionsmomenten	$m^{\langle 12\rangle}, m^{\langle 21\rangle}$.

$q^{\langle 1\rangle}$ und $q^{\langle 2\rangle}$ stellen auch für schiefwinklige Koordinaten stets die *Querkräfte* dar, dagegen müssen Biege- und Torsionsmomente sowie Normal- und Schubkräfte in diesem Fall aus den Komponenten $m^{\langle\alpha\beta\rangle}$ bzw. $n^{\langle\alpha\beta\rangle}$ in geeigneter Weise zusammengesetzt werden.

Die in (3.2, 17, 18) gewählte Zerlegung entspricht für orthogonale Bezugssysteme und ebene Tragwerke der gebräuchlichen Konvention, jede Schnittgrößenkomponente im 1. Index durch ihr Schnittufer, im 2. Index durch die Richtung der durch sie hervorgerufenen Spannungen zu bezeichnen. Das negative Vorzeichen in (3.2.18) legt für diesen Fall die positive Wirkungsrichtung aller Momente derart fest, daß diese auf den durch $+\Theta^3$ beschriebenen Querschnittshälften positiver Schnittufer stets Spannungskomponenten in Richtung positiver Koordinaten Θ^α erzeugen.*

Für die weiteren Herleitungen seien nun die physikalischen Schnittgrößenvektoren $\mathbf{n}^{\langle\alpha\rangle}$, $\mathbf{m}^{\langle\alpha\rangle}$ durch neue Vektorgrößen $\mathbf{n}^\alpha$, $\mathbf{m}^\alpha$ ersetzt. Zu ihrer Definition greifen wir auf die resul-

* *Die Vektorgrößen* $m^{\langle\alpha\rangle}$ *können selbstverständlich auch gemäß*

$$m^{\langle\alpha\rangle} = m^{\langle\alpha 1\rangle}\mathbf{a}^{\langle 2\rangle} + m^{\langle\alpha 2\rangle}\mathbf{a}^{\langle 1\rangle}$$

in Momentenkomponenten zerlegt werden, wodurch diese dann als positiv definiert sind, wenn sie an positiven Schnittufern in Richtung positiver Koordinaten Θ^α *weisen. Hierdurch ändert die Beziehung (3.2.24) für* $m^{\langle\alpha 2\rangle}$ *ihr Vorzeichen, Auswirkungen auf die späteren Schnittgrößentensoren erfolgt aber nicht.*

tierenden Vektorgrößen (3.2.16) längs eines Bogenelementes $ds_{\langle\beta\rangle}$ der Koordinatenlinien Θ^α = konst zurück ($\alpha \neq \beta$):

$$\mathbf{n}^{\langle\alpha\rangle}\sqrt{a_{\beta\beta}}\,d\Theta^\beta = \mathbf{n}^{\langle\alpha\rangle}\sqrt{a\,a^{\alpha\alpha}}\,d\Theta^\beta = \mathbf{n}^\alpha\sqrt{a}\,d\Theta^\beta, \quad (\alpha \neq \beta)$$

$$\mathbf{m}^{\langle\alpha\rangle}\sqrt{a_{\beta\beta}}\,d\Theta^\beta = \mathbf{m}^{\langle\alpha\rangle}\sqrt{a\,a^{\alpha\alpha}}\,d\Theta^\beta = \mathbf{m}^\alpha\sqrt{a}\,d\Theta^\beta. \tag{3.2.19}$$

Aus den hieraus ablesbaren Transformationen

$$\mathbf{n}^\alpha = \mathbf{n}^{\langle\alpha\rangle}\sqrt{a^{\alpha\alpha}}, \quad \mathbf{m}^\alpha = \mathbf{m}^{\langle\alpha\rangle}\sqrt{a^{\alpha\alpha}} \tag{3.2.20}$$

erkennt man, daß die neuen Größen $\mathbf{n}^\alpha$, $\mathbf{m}^\alpha$ im Gegensatz zu den physikalischen Vektorgrößen $\mathbf{n}^{\langle\alpha\rangle}$, $\mathbf{m}^{\langle\alpha\rangle}$ anschaulich nicht mehr deutbar sind.

Durch die Komponentenzerlegung der eingeführten Vektorfunktionen

$$\mathbf{n}^\alpha = n^{\alpha\beta}\mathbf{a}_\beta + q^\alpha\mathbf{a}_3 \tag{3.2.21}$$

$$\mathbf{m}^\alpha = m^{\alpha\rho}\,\mathbf{a}_3 \times \mathbf{a}_\rho = m^{\alpha\rho}\epsilon_{\rho\beta}\mathbf{a}^\beta \tag{3.2.22}$$

werden schließlich der

Dehnungskrafttensor	$n^{\alpha\beta}$,
Querkraftvektor	q^α und
Momententensor	$m^{\alpha\beta}$

definiert, deren tensorielle Eigenschaften im nächsten Abschnitt bewiesen werden. Die positiven Komponenten dieser Tensoren besitzen die gleichen Wirkungsrichtungen wie die durch (3.2.17, 18) definierten physikalischen Schnittgrößenkomponenten, die auf Bild 3.6 dargestellt sind.

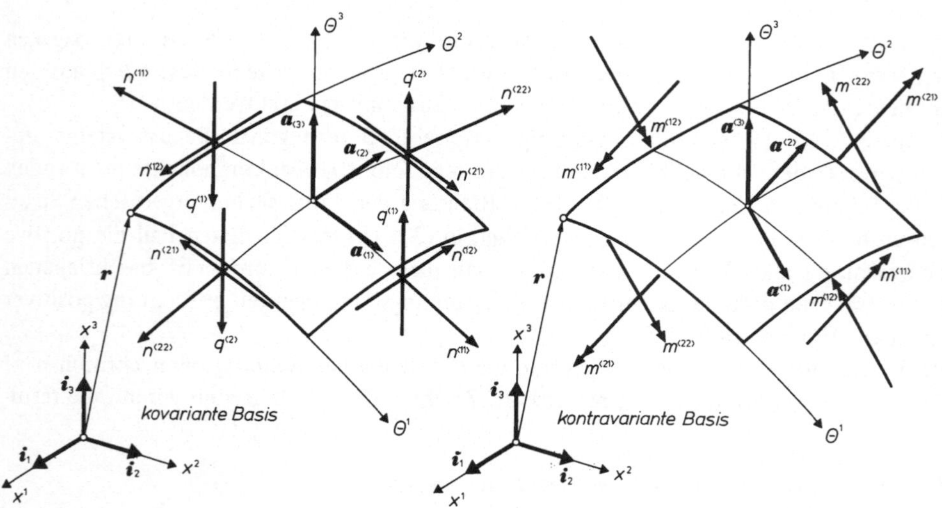

Bild 3.6 Physikalische Schnittgrößenkomponenten und deren positive Wirkungsrichtungen

Die Zerlegung (3.2.22) wird im Abschnitt 3.2.4 nachträglich begründet werden. Schreibt man diese aus:

$$\mathbf{m}^\alpha = (\mathrm{m}^{\alpha 1}\mathbf{a}^2 - \mathrm{m}^{\alpha 2}\mathbf{a}^1)\sqrt{\mathrm{a}}, \tag{3.2.23}$$

und setzt danach (3.2.21), (3.2.23) sowie (3.2.17, 18) in (3.2.20) ein, beachtet dabei (1.2.13) und (1.2.44), so entsteht die Verknüpfung zwischen den tensoriellen und physikalischen Schnittgrößenkomponenten:

$$\begin{aligned} \mathrm{n}^{\langle\alpha\beta\rangle} &= \sqrt{\frac{\mathrm{a}_{\beta\beta}}{\mathrm{a}^{\alpha\alpha}}}\,\mathrm{n}^{\alpha\beta}, \quad \mathrm{q}^{\langle\alpha\rangle} = \frac{1}{\sqrt{\mathrm{a}^{\alpha\alpha}}}\,\mathrm{q}^\alpha, \\ \mathrm{m}^{\langle\alpha\beta\rangle} &= \sqrt{\frac{\mathrm{a}_{\beta\beta}}{\mathrm{a}^{\alpha\alpha}}}\,\mathrm{m}^{\alpha\beta}. \end{aligned} \tag{3.2.24}$$

3.2.3 Die Schnittgrößen beliebiger Schnittrichtungen auf der Mittelfläche

Zu Beginn dieses Abschnittes betrachten wir ein differentielles Dreieckselement der Mittelfläche F. Dieses werde entsprechend Bild 3.7 durch zwei Koordinatenlinien und das Bogenelement ds einer beliebigen Kurve C auf F berandet. Nach Abschnitt 1.5.1 erfüllen der Tangentenvektor **t** und der Vektor **u**

$$\mathbf{t} = \mathrm{t}^\alpha\mathbf{a}_\alpha = \mathrm{t}_\alpha\mathbf{a}^\alpha, \quad \mathbf{u} = \mathbf{t}\times\mathbf{a}_3 = \mathrm{u}^\alpha\mathbf{a}_\alpha = \mathrm{u}_\alpha\mathbf{a}^\alpha \tag{3.2.25}$$

die Zusammenhänge

$$\mathrm{t}^\alpha = \frac{d\Theta^\alpha}{ds}, \quad \mathrm{u}_\beta = \epsilon_{\beta\alpha}\frac{d\Theta^\alpha}{ds} = \epsilon_{\beta\alpha}\mathrm{t}^\alpha, \quad \mathrm{t}^\alpha = \epsilon^{\rho\alpha}\mathrm{u}_\rho. \tag{3.2.26}$$

Beide Vektoren bilden mit $\mathbf{a}_3$ in der Reihenfolge ($\mathbf{u}$, $\mathbf{t}$, $\mathbf{a}_3$) das (rechtshändige) begleitende *orthonormierte Dreibein* der Randkurve C zur Komponentendarstellung der auf ihr definierten Vektoren.

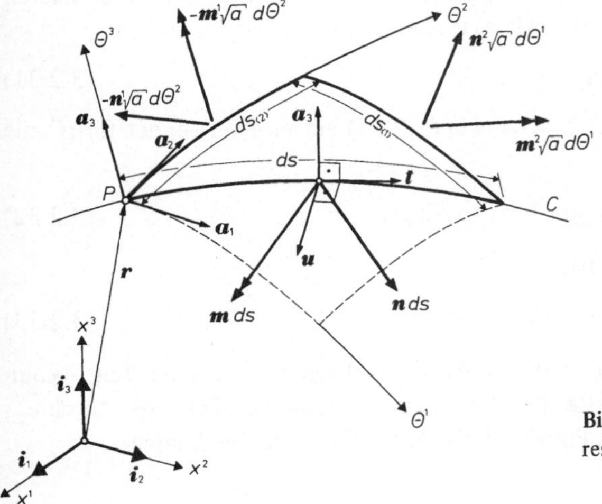

Bild 3.7 Dreieckselement der Mittelfläche mit resultierenden Schnittgrößenvektoren

Die gemäß (3.2.19) als Funktionen von $\mathbf{n}^\alpha$, $\mathbf{m}^\alpha$ ausdrückbaren Schnittgrößenresultierenden längs der Dreiecksseiten $ds_{\langle\beta\rangle}$ $(\alpha \neq \beta)$ müssen mit dem resultierenden Kraftvektor $\mathbf{n}\,ds$ und Momentenvektor $\mathbf{m}\,ds$ längs ds im Gleichgewicht stehen ($\mathbf{n}$ und $\mathbf{m}$ beziehen sich auf die Längeneinheit der Kurve C). Werden die Schnittgrößen des negativen Schnittufers $ds_{\langle 2\rangle}$ auf Bild 3.7 folgerichtig mit negativem Vorzeichen versehen, so liefert das Kräfte- und Momentengleichgewicht:

$$-\mathbf{n}^1\sqrt{a}\,d\Theta^2 + \mathbf{n}^2\sqrt{a}\,d\Theta^1 + \mathbf{n}\,ds = 0,$$
$$-\mathbf{m}^1\sqrt{a}\,d\Theta^2 + \mathbf{m}^2\sqrt{a}\,d\Theta^1 + \mathbf{m}\,ds = 0, \qquad (3.2.27)$$

wenn Glieder höherer differentieller Ordnung unterdrückt werden. Nach Kürzung durch ds und unter Benutzung von (1.3.4), (3.2.26) entstehen hieraus durch Anwendung der Summationskonvention

$$\mathbf{n} = \mathbf{n}^\alpha u_\alpha, \quad \mathbf{m} = \mathbf{m}^\alpha u_\alpha \qquad (3.2.28)$$

die inneren Kraftgrößen einer vorgegebenen Schnittrichtung C in einem beliebigen Punkt P der Mittelfläche.

Da $\mathbf{n}$ und $\mathbf{m}$ invariante Vektoren darstellen und u_α einen kovarianten Tensor 1. Stufe verkörpert, schließen wir aus (3.2.28) auf den kontravarianten Charakter der Vektorgrößen $\mathbf{n}^\alpha$ und $\mathbf{m}^\alpha$. Deshalb wurden diese Funktionen in (3.2.19) mit einem oberen Index ohne Klammer eingeführt.

Die Vektoren $\mathbf{n}$ und $\mathbf{m}$ werden nun im orthonormierten Dreibein $(\mathbf{u}, \mathbf{t}, \mathbf{a}_3)$ in Komponenten zerlegt:

$$\mathbf{n} = n_t\,\mathbf{t} + n_u\,\mathbf{u} + n_3\,\mathbf{a}_3, \qquad (3.2.29)$$

$$\mathbf{m} = m_t\,\mathbf{t} + m_u\,\mathbf{u}. \qquad (3.2.30)$$

Die hiermit definierten Komponenten beziehen sich, wie die zugehörigen Vektoren, auf die Längeneinheit der Schnittkurve C und sind somit *physikalische* Komponenten. Wegen der Invarianz von $\mathbf{n}$ und $\mathbf{m}$ und des benutzten Bezugssystems bilden sie invariante skalare Größen. Um sie durch die Schnittgrößentensoren des Abschnittes 3.2.2 auszudrücken, multiplizieren wir (3.2.29) der Reihe nach skalar mit $\mathbf{t}$, $\mathbf{u}$ sowie $\mathbf{a}_3$ und erhalten

$$n_t = \mathbf{n}\cdot\mathbf{t}, \quad n_u = \mathbf{n}\cdot\mathbf{u}, \quad n_3 = \mathbf{n}\cdot\mathbf{a}_3. \qquad (3.2.31)$$

Führt man hierin die erste Beziehung (3.2.28) sowie (3.2.25) ein und verwendet für $\mathbf{n}^\alpha$ die Zerlegung (3.2.21), so entsteht

$$n_t = n^{\alpha\beta}u_\alpha t_\beta, \quad n_u = n^{\alpha\beta}u_\alpha u_\beta, \quad n_3 = q^\alpha u_\alpha. \qquad (3.2.32)$$

Nach analogem Vorgehen folgt aus (3.2.30)

$$m_t = m^{\alpha\beta}u_\alpha u_\beta, \quad m_u = -m^{\alpha\beta}u_\alpha t_\beta, \qquad (3.2.33)$$

wenn zugleich (3.2.26) beachtet wird. Damit sind wir in der Lage, auch aus den Tensorkomponenten $n^{\alpha\beta}$, q^α, $m^{\alpha\beta}$ auf einfache Weise die physikalischen Schnittgrößen jeder durch u_α, t_α vorgegebenen Schnittrichtung C eines Punktes P der Mittelfläche zu bestimmen.

Abschließend konzentrieren wir uns auf den ersten Ausdruck (3.2.32). n_t ist eine skalare Größe; u_α, t_α sind dagegen Tensoren 1. Stufe. Aufgrund der Quotientenregel bildet somit $n^{\alpha\beta}$ einen kontravarianten Tensor 2. Stufe. Die gleiche Eigenschaft läßt sich auf analogem Wege für $m^{\alpha\beta}$ beweisen, während sich q^α als kontravarianter Tensor 1. Stufe entpuppt.

Beispiel: In einer unter 45° gegenüber der Breitenkreiskoordinate Θ^1 verlaufenden Schnittrichtung C *einer Kreiszylinderschale soll die Schnittgrößenkomponente* n_t *bestimmt werden. Aus Tafel 1.1 übernehmen wir für die kreiszylindrische Mittelfläche:*

$$a_{\alpha\beta} = \begin{bmatrix} R^2 & 0 \\ 0 & 1 \end{bmatrix}, \quad a = R^2, \quad \epsilon_{\alpha\beta} = \begin{bmatrix} 0 & R \\ -R & 0 \end{bmatrix},$$

wobei R *deren Radius bezeichnet. Für die 45°-Schnittrichtung gilt:*

$$\mathbf{t} \cdot \mathbf{a}_{\langle 1 \rangle} = \frac{\sqrt{2}}{2}, \quad \mathbf{t} \cdot \mathbf{a}_{\langle 2 \rangle} = \frac{\sqrt{2}}{2}.$$

Daraus folgt:

$$t^\alpha \mathbf{a}_\alpha \cdot \mathbf{a}_{\langle 1 \rangle} = t^1 \mathbf{a}_1 \cdot \frac{\mathbf{a}_1}{\sqrt{a_{11}}} = t^1 \sqrt{a_{11}} = \frac{\sqrt{2}}{2}: \quad t^1 = \frac{\sqrt{2}}{2\,R},$$

$$t^\alpha \mathbf{a}_\alpha \cdot \mathbf{a}_{\langle 2 \rangle} = t^2 \mathbf{a}_2 \cdot \frac{\mathbf{a}_2}{\sqrt{a_{22}}} = t^2 \sqrt{a_{22}} = \frac{\sqrt{2}}{2}: \quad t^2 = \frac{\sqrt{2}}{2}.$$

Hiermit entsteht aus (3.2.26)

$$u_\alpha = \epsilon_{\alpha\beta} t^\beta: \quad u_1 = \epsilon_{12} t^2 = \frac{R\sqrt{2}}{2}, \quad u_2 = \epsilon_{21} t^1 = -\frac{\sqrt{2}}{2},$$

$$t_\beta = a_{\beta\lambda} t^\lambda: \quad t_1 = a_{11} t^1 = \frac{R\sqrt{2}}{2}, \quad t_2 = a_{22} t^2 = \frac{\sqrt{2}}{2},$$

sowie schließlich aus der ersten Beziehung (3.2.32):

$$n_t = n^{11} \frac{R^2}{2} + n^{12} \frac{R}{2} - n^{21} \frac{R}{2} - n^{22} \frac{1}{2}.$$

3.2.4 Herleitung der Schnittgrößentensoren aus den Spannungen eines dreidimensionalen Kontinuums

Die Definition der Schnittkraft- und Schnittmomentenvektoren des flächenhaften Tragwerksmodells wurde im Abschnitt 3.2.2 anschaulich begründet. Da das wirkliche Flächentragwerk einen Teilraum des E3 erfüllt, lassen sich seine Schnittgrößen ebenfalls aus den Spannungen eines dreidimensionalen Kontinuums herleiten. Hierzu betrachten wir auf Bild 3.8 das Raumelement eines Tragwerks. Auf den jeweiligen Flächenelementen (3.1.19) der Schnittufer wirken die Spannungsresultierenden

$$\mathbf{t}^{\langle 1 \rangle} \sqrt{a^* a^{*11}}\, d\Theta^2 d\Theta^3, \quad \mathbf{t}^{\langle 2 \rangle} \sqrt{a^* a^{*22}}\, d\Theta^1 d\Theta^3, \tag{3.2.34}$$

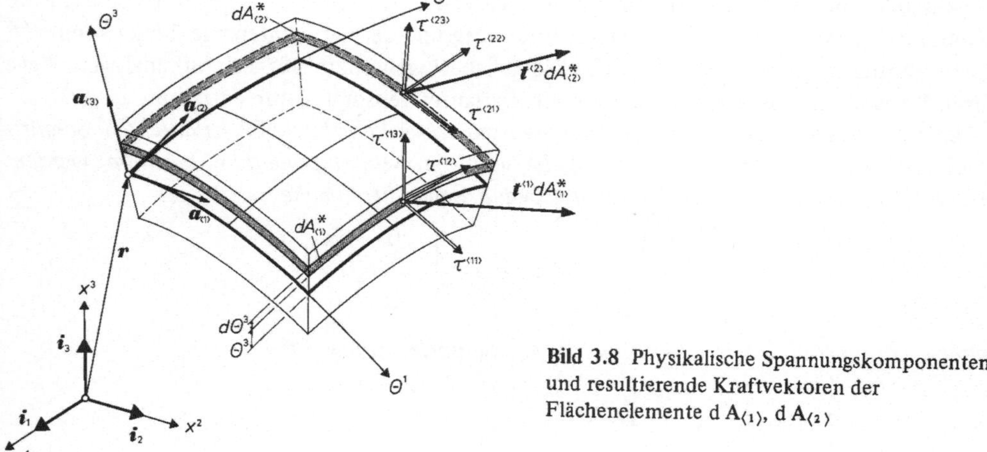

Bild 3.8 Physikalische Spannungskomponenten und resultierende Kraftvektoren der Flächenelemente $d\,A_{\langle 1\rangle}$, $d\,A_{\langle 2\rangle}$

deren *physikalische Spannungsvektoren* $\mathbf{t}^{\langle\alpha\rangle}$ entsprechend (3.2.17) in physikalische Spannungskomponenten $\tau^{\langle\alpha i\rangle}$ zerlegbar seien:

$$\mathbf{t}^{\langle\alpha\rangle} = \tau^{\langle\alpha 1\rangle}\overset{*}{\mathbf{a}}_{\langle 1\rangle} + \tau^{\langle\alpha 2\rangle}\overset{*}{\mathbf{a}}_{\langle 2\rangle} + \tau^{\langle\alpha 3\rangle}\overset{*}{\mathbf{a}}_{\langle 3\rangle} = \tau^{\langle\alpha\beta\rangle}\overset{*}{\mathbf{a}}_{\langle\beta\rangle} + \tau^{\langle\alpha 3\rangle}\overset{*}{\mathbf{a}}_{\langle 3\rangle}\,. \tag{3.2.35}$$

Diese sind, von Sonderfällen abgesehen, Funktionen aller drei Raumkoordinaten Θ^i. Dabei folgt die Indizierung von $\tau^{\langle\alpha i\rangle}$ der bereits verwendeten Vereinbarung, wonach der erste Index das Schnittufer, der zweite dagegen die Komponentenrichtung angibt.*

Erinnert man sich nun an die Definition (3.2.19) der Kraftgrößen $\mathbf{n}^\alpha$, so erhält man durch Integration der Spannungsresultierenden (3.2.34) über die Tragwerksdicke h die Verknüpfungen:

$$\begin{aligned} \mathbf{n}^1\sqrt{a}\,d\Theta^2 &= \Big(\int_{-h/2}^{h/2} \mathbf{t}^{\langle 1\rangle}\sqrt{a^*\,a^{*11}}\,d\Theta^3\Big)\,d\Theta^2, \\ \mathbf{n}^2\sqrt{a}\,d\Theta^1 &= \Big(\int_{-h/2}^{h/2} \mathbf{t}^{\langle 2\rangle}\sqrt{a^*a^{*22}}\,d\Theta^3\Big)\,d\Theta^1, \end{aligned} \tag{3.2.36}$$

die mit (3.1.16) zusammenfassend in der Form

$$\mathbf{n}^\alpha = \int_{-h/2}^{h/2} \mathbf{t}^{\langle\alpha\rangle}\mu\sqrt{a^{*\alpha\alpha}}\,d\Theta^3 \tag{3.2.37}$$

darstellbar sind. Ein analoges Vorgehen verbindet die Momentenvektoren $\mathbf{m}^\alpha$ mit dem statischen Moment $(\Theta^3\mathbf{a}_3 \times \mathbf{t}^{\langle\alpha\rangle})$ der Spannungsvektoren:

$$\mathbf{m}^\alpha = \int_{-h/2}^{h/2} (\mathbf{a}_3 \times \mathbf{t}^{\langle\alpha\rangle})\,\mu\sqrt{a^{*\alpha\alpha}}\;\Theta^3\,d\Theta^3. \tag{3.2.38}$$

* *Weitergehende Behandlungen dreidimensionaler Spannungszustände findet man in [11, 15, 46, 48].*

Aus den beiden letzten Beziehungen wird deutlich, daß $\mathbf{m}^\alpha$ wegen des Vektorprodukts $(\mathbf{a}_3 \times \mathbf{t}^{\langle\alpha\rangle})$ stets tangential zur Mittelfläche wirkt. Daher treten Quermomente $m^{\alpha 3}$ nicht auf, während $\mathbf{n}^\alpha$ selbstverständlich Komponenten in Normalenrichtung $\mathbf{a}_3$ besitzt. Funktionale Abhängigkeiten von Θ^3 eliminiert der Integrationsvorgang, somit verbleiben die $\mathbf{n}^\alpha$ und $\mathbf{m}^\alpha$ als Funktionen lediglich der Flächenparameter Θ^α.

Analog zu (3.2.24) erklären wir nun die tensoriellen Spannungskomponenten $\tau^{\alpha\beta}$ und $\tau^{\alpha 3}$ durch die Beziehungen:

$$\tau^{\langle\alpha\rho\rangle} = \sqrt{\frac{a^*_{\rho\rho}}{a^{*\alpha\alpha}}}\,\tau^{\alpha\rho}, \quad \tau^{\langle\alpha 3\rangle} = \frac{1}{\sqrt{a^{*\alpha\alpha}}}\,\tau^{\alpha 3}. \tag{3.2.39}$$

Darin bildet $\tau^{\alpha\rho}$ einen *symmetrischen* ($\tau^{\alpha\rho} = \tau^{\rho\alpha}$) Tensor 2. Stufe, während $\tau^{\alpha 3}$ einen Tensor 1. Stufe darstellt.**

Setzt man die Spannungsvektoren (3.2.35) in (3.2.37) ein, verwendet die Transformationen (3.2.39) und berücksichtigt

$$\mathbf{a}^*_{\langle\alpha\rangle}\sqrt{a^*_{\alpha\alpha}} = \mathbf{a}^*_\alpha$$

nebst (3.1.4) und (3.1.6), so folgt schließlich:

$$\mathbf{n}^\alpha = \mathbf{a}_\beta \int_{-h/2}^{h/2} \mu(\delta^\beta_\rho - \Theta^3 b^\beta_\rho)\,\tau^{\alpha\rho}\,d\Theta^3 + \mathbf{a}_3 \int_{-h/2}^{h/2} \mu\tau^{\alpha 3}\,d\Theta^3. \tag{3.2.40}$$

Der Vergleich mit (3.2.21) liefert hieraus die angestrebte Verknüpfung des Dehnungskrafttensors und des Querkraftvektors mit den tensoriellen Spannungskomponenten $\tau^{\alpha i}$ eines dreidimensionalen Kontinuums:

$$n^{\alpha\beta} = \int_{-h/2}^{h/2} \mu(\delta^\beta_\rho - \Theta^3 b^\beta_\rho)\,\tau^{\alpha\rho}\,d\Theta^3 = \int_{-h/2}^{h/2} \mu\mu^\beta_\rho\tau^{\alpha\rho}\,d\Theta^3, \tag{3.2.41}$$

$$q^\alpha = \int_{-h/2}^{h/2} \mu\tau^{\alpha 3}\,d\Theta^3. \tag{3.2.42}$$

Auf analogem Wege kann aus (3.2.38) der entsprechende Zusammenhang für den Momententensor gewonnen werden, wenn zusätzlich (1.3.7) berücksichtigt wird:

$$m^{\alpha\beta} = \int_{-h/2}^{h/2} \mu(\delta^\beta_\rho - \Theta^3 b^\beta_\rho)\,\tau^{\alpha\rho}\Theta^3\,d\Theta^3 = \int_{-h/2}^{h/2} \mu\mu^\beta_\rho\tau^{\alpha\rho}\Theta^3\,d\Theta^3. \tag{3.2.43}$$

Während dieser Herleitung, aber auch schon im Zusammenhang mit den Beziehungen (3.2.37) und (3.2.38), wurde klar, daß die in (3.2.4) und (3.2.22) vorausgesetzte Komponentenzerlegung der Momentenvektoren $\mathbf{c}$ und $\mathbf{m}^\alpha$ keine zufällige war. Trotz gleichartiger vektorieller Darstellungen weisen Kraft- und Momentenresultierende tiefgreifende physikalische Unter-

** *Diese Aussage setzt die Invarianz der dritten Koordinate Θ^3 voraus, die unseren Betrachtungen zugrundeliegt.*

schiede auf. Entscheidet man sich bei den Kräften für eine Komponentenzerlegung hinsichtlich der Basis $\mathbf{a}_\beta$, so folgt für die Momente mit ihrem Hebelarm in Richtung $\mathbf{a}_3$ zwangsläufig eine solche hinsichtlich $(\mathbf{a}_3 \times \mathbf{a}_\rho)$. Diese Unterschiede werden im Vektorkalkül durch die Attribute *polar* und *axial* differenziert [21]. Im Rahmen eines allgemeinen Tensorkonzepts kommen sie durch die kovarianten Komponentenzerlegungen (3.2.3), (3.2.21) einerseits und die Zerlegungen (3.2.4), (3.2.22) bezüglich $\epsilon_{\rho\beta}\mathbf{a}^\beta$ andererseits zum Ausdruck, deren Ursprung das vektorielle Produkt in der Definition mechanischer Momente ist.

Die beiden Beziehungen (3.2.41) und (3.2.43) gestatten uns noch einen interessanten Einblick in die Leistungsfähigkeit der Theorie der Flächentragwerke. Wie aus (3.2.41) ersichtlich, besteht der Integrand u.a. aus einem symmetrischen $(\tau^{\alpha\beta})$ und einem unsymmetrischen $(-\Theta^3 b^\beta_\rho \tau^{\alpha\rho})$ Anteil, wobei der Spannungstensor jeweils mit Faktoren unterschiedlicher Größenordnung „1" bzw. „$\Theta^3/R_{min} \approx \lambda \ll 1$" behaftet ist. Setzt man für alle Spannungskomponenten die gleiche Größenordnung voraus, so muß daher für gekrümmte Flächentragwerke der Tensor $n^{\alpha\beta}$ in Gliedern der Größenordnung λ unsymmetrisch erwartet werden, wie das Ausschreiben von (3.2.41) erkennen läßt:

$$\begin{aligned} n^{12} &= \int_{-h/2}^{h/2} \mu(\tau^{12} - \Theta^3 b^2_1 \tau^{11} - \Theta^3 b^2_2 \tau^{12})\, d\Theta^3, \\ n^{21} &= \int_{-h/2}^{h/2} \mu(\tau^{21} - \Theta^3 b^1_1 \tau^{21} - \Theta^3 b^1_2 \tau^{22})\, d\Theta^3. \end{aligned} \tag{3.2.44}$$

Da jedoch nach Abschnitt 3.1.2 der tolerierbare Fehler des flächenhaften Modells erst *unterhalb* des Schalenparameters λ liegen soll, muß diese Unsymmetrie als *wesentlich* für die Theorie *berücksichtigt* werden.

Diese Argumentation werde nun auf den Momententensor $m^{\alpha\beta}$ übertragen. Glieder analogen Aufbaus wie die die Symmetrie in (3.2.43) störenden Anteile

$$-b^\beta_\rho \int_{-h/2}^{h/2} \mu\tau^{\alpha\rho}\, (\Theta^3)^2\, d\Theta^3 \tag{3.2.45}$$

sind jedoch in dem sogenannten *zweiten Moment* oder *Bimoment*

$$m^{(2)\alpha\beta} = \int_{-h/2}^{h/2} \mu\mu^\beta_\rho \tau^{\alpha\rho}\, (\Theta^3)^2\, d\Theta^3 \tag{3.2.46}$$

(siehe beispielsweise (3.1.25) für $l = 2$ im Sonderfall der Platte) bereits vollständig als unwesentlich für das flächenhafte Tragwerksmodell vernachlässigt worden [23]. Daher ist es folgerichtig, (3.2.45) ebenfalls vollständig zu unterdrücken und $m^{\alpha\beta}$ im Rahmen der hier behandelten technischen Näherung der Theorie der Flächentragwerke stets als symmetrischen Tensor einzuführen:

$$m^{\alpha\beta} = m^{\beta\alpha} = m^{(\alpha\beta)} \approx \int_{-h/2}^{h/2} \mu\tau^{\alpha\beta}\Theta^3\, d\Theta^3. \tag{3.2.47}$$

3.2.5 Die Verschiebungsvektoren

Das Kräftegleichgewicht belasteter Tragwerke kann wahlweise durch zwei Systeme von *Kraftgrößen* beschrieben werden: die Mittelflächen- und Randlasten (*äußere dynamische Variablen*) einerseits formulieren das globale Gleichgewicht, die vollständigen Schnittgrößen (*innere dynamische Variablen*) andererseits gestatten eine elementbezogene (innere) Darstellung. Beide Funktionssysteme, die in der Strukturmechanik stets wechselseitig Verwendung finden, sind in den Gleichgewichtsbedingungen (3.3.11) bis (3.3.14) durch eine Differentiationsstufe voneinander getrennt.

Analog hierzu existieren ebenfalls zwei Systeme von *Weggrößen*, um den Verformungszustand eines Kontinuums zu beschreiben: die Verschiebungs- und Verdrehungsgrößen sowie die Verzerrungen. Die ersteren beziehen die Bewegungen einzelner Körperpunkte auf ein äußeres Referenzsystem, in unserem Falle die unverformte Ausgangsgeometrie (*äußere kinematische Variablen*). Wird ein Tragwerk deformiert, so treten relative Lageänderungen differentiell benachbarter Körperpunkte auf, die durch Verzerrungsgrößen beschrieben werden. Diese bilden das System der *inneren kinematischen Variablen*, das definitionsgemäß für jede Starrkörpertranslation oder -rotation verschwinden muß. Die beiden wiederum durch eine Differentiationsstufe getrennten Variablensysteme werden später durch die kinematischen Beziehungen (3.3.36), (3.3.37) und (3.3.41) miteinander verknüpft.

Nach diesen einleitenden Bemerkungen kehren wir zu den Flächentragwerken zurück und betrachten auf Bild 3.9 einen beliebigen Punkt P der unverformten Mittelfläche F. Der zugehörige Ortsvektor

$$\mathbf{r} = \mathbf{r}(\Theta^\alpha) \tag{3.2.48}$$

sei mit seiner ersten Ableitung als stetig vorausgesetzt. Das gesamte Flächentragwerk, das den Schalenraum innerhalb der Laibungsflächen $\Theta^3 = \pm h/2$ materiell ausfüllt, werde durch einen charakteristischen Punkt P* im Abstand Θ^3 von F repräsentiert. Dessen Ortsvektor erhält somit die bekannte Form (3.1.3):

$$\mathbf{r}^* = \mathbf{r} + \Theta^3 \mathbf{a}_3. \tag{3.2.49}$$

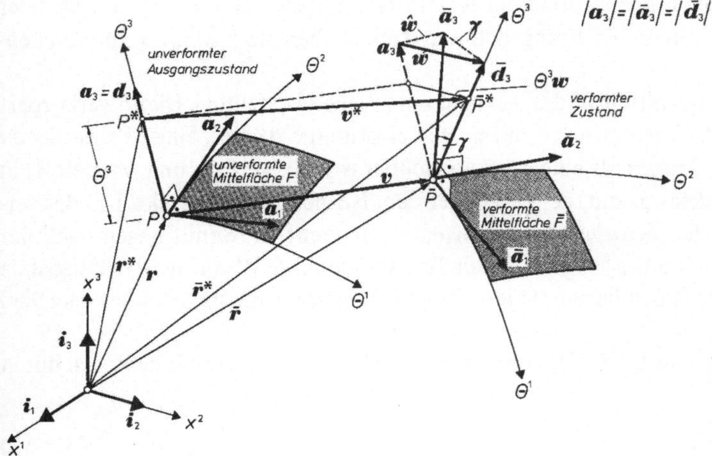

Bild 3.9 Zur Kinematik des verformten und unverformten Zustandes

Die Gaußschen Parameter Θ^α der unverformten Mittelfläche seien ebenso wie Θ^3 *konvektive* oder *körperfeste* Koordinaten, die dem Flächentragwerk eingeritzt vorstellbar sind. Dadurch werden gleiche Tragwerkspunkte P und $\overline{\mathrm{P}}$ bzw. P^* und $\overline{\mathrm{P}}^*$ *vor* und *nach* einer Verformung (Querstrich!) stets durch dasselbe Koordinatentripel Θ^α, Θ^3 gekennzeichnet, während sie ihre Lage im E3 und somit ihre Ortsvektoren ändern (siehe Bild 3.9). Gleiche Koordinatenlinien verbinden daher gleiche Punktfolgen in beiden Verformungszuständen. Da ein Zusammenfallen ursprünglich verschiedener Körperpunkte des Flächentragwerks ausgeschlossen werden soll, folgen für den Ortsvektor $\overline{\mathbf{r}}$ der verformten Lage $\overline{\mathrm{P}}$ die gleichen Stetigkeitsvoraussetzungen wie für $\mathbf{r}$.

Der Vektor, der den Punkt P mit seiner verformten Position $\overline{\mathrm{P}}$ verbindet, wird als *Verschiebungsvektor* $\mathbf{v}$ *der Mittelfläche* bezeichnet:

$$\mathbf{v} = \overline{\mathbf{r}} - \mathbf{r}, \quad \overline{\mathbf{r}} = \mathbf{r} + \mathbf{v}. \tag{3.2.50}$$

$\mathbf{v}$ legt als Funktion der Koordinaten Θ^α die verformte Mittelfläche $\overline{\mathrm{F}}$ in Bezug auf die Referenzkonfiguration F fest.

In einer linearen Theorie wird der Verschiebungsvektor $\mathbf{v}$ stets hinsichtlich der Basis der unverformten Mittelfläche in Komponenten zerlegt. Durch die Darstellung

$$\mathbf{v} = \mathrm{v}^{\langle\alpha\rangle}\mathbf{a}_{\langle\alpha\rangle} + \mathrm{v}^{\langle 3\rangle}\mathbf{a}_{\langle 3\rangle} = \mathrm{v}_{\langle\alpha\rangle}\mathbf{a}^{\langle\alpha\rangle} + \mathrm{v}_{\langle 3\rangle}\mathbf{a}^{\langle 3\rangle} \tag{3.2.51}$$

werden seine physikalischen und durch

$$\mathbf{v} = \mathrm{v}^\alpha\mathbf{a}_\alpha + \mathrm{v}^3\mathbf{a}_3 = \mathrm{v}_\alpha\mathbf{a}^\alpha + \mathrm{v}_3\mathbf{a}^3 \tag{3.2.52}$$

seine tensoriellen Komponenten definiert, so daß nach (1.2.46) folgende Zusammenhänge bestehen:

$$\mathrm{v}_{\langle\alpha\rangle} = \mathrm{v}_\alpha\sqrt{\mathrm{a}^{\alpha\alpha}}, \quad \mathrm{v}^{\langle\alpha\rangle} = \mathrm{v}^\alpha\sqrt{\mathrm{a}_{\alpha\alpha}}, \quad \mathrm{v}_{\langle 3\rangle} = \mathrm{v}^{\langle 3\rangle} = \mathrm{v}_3. \tag{3.2.53}$$

Der Verschiebungsvektor $\mathbf{v}$ allein kann jedoch die äußere Kinematik eines dünnen Flächentragwerks nicht vollständig wiedergeben. Zusätzlich hierzu treten noch relative Verschiebungen der Punkte P^* gegenüber denjenigen der Mittelfläche auf. Die *Dünne-Hypothese* $\lambda \ll 1$ des Abschnittes 3.1.2 präzisierend treffen wir nun die Annahme, daß die Relativverschiebung eines Punktes P^* gegenüber P proportional zu seinem Mittelflächenabstand Θ^3 sei. Darüber hinaus möge das Tragwerk in Θ^3-Richtung dehnungsfrei bleiben und somit keine Dickenänderung erfahren.

Von diesen Annahmen vermittelt Bild 3.9 eine anschauliche Darstellung. Hierin verkörpert der *Direktor* $\mathbf{d}_3$, der im Ausgangszustand mit $\mathbf{a}_3$ übereinstimmt: $\mathbf{d}_3 = \mathbf{a}_3$, einen *körperfesten* Einheitsvektor, der dem Tragwerk als eingeritzt vorstellbar ist. Die Verformung wandelt $\mathbf{d}_3$ in den unverändert langen Vektor $\overline{\mathbf{d}}_3$ um, der gegenüber dem Normaleneinheitsvektor $\overline{\mathbf{a}}_3$ der verformten Mittelfläche um den *Schubverzerrungswinkel* γ gedreht ist. Somit liegen nach der Verformung alle ursprünglich auf $\mathbf{a}_3$ angeordneten Tragwerkspunkte P^* auf der Wirkungslinie von $\overline{\mathbf{d}}_3$ und – infolge der postulierten Querdehnungsfreiheit – im unverändert gleichen Abstand zur Mittelfläche.

Der Ortsvektor $\overline{\mathbf{r}}^*$ eines Punktes $\overline{\mathrm{P}}^*$ des verformten Schalenraumes läßt sich demnach durch die Vektorsumme

$$\overline{\mathbf{r}}^* = \overline{\mathbf{r}} + \Theta^3\overline{\mathbf{d}}_3 \tag{3.2.54}$$

darstellen, in welcher der Zahlenwert der Koordinate Θ^3 mit derjenigen des Punktes P^* in (3.2.49) identisch ist. Der Verschiebungsvektor $\mathbf{v}^*$ dieses Punktes lautet somit:

$$\mathbf{v}^* = \bar{\mathbf{r}}^* - \mathbf{r}^* = \bar{\mathbf{r}} - \mathbf{r} + \Theta^3(\bar{\mathbf{d}}_3 - \mathbf{a}_3) = \mathbf{v} + \Theta^3\mathbf{w}, \tag{3.2.55}$$

wodurch eine zweite äußere kinematische Variable, der *Differenzvektor* $\mathbf{w}$, definiert wird:

$$\mathbf{w} = \bar{\mathbf{d}}_3 - \mathbf{a}_3. \tag{3.2.56}$$

Da im Rahmen einer linearen Theorie alle Verformungen als infinitesimal klein vorausgesetzt werden, zeigen die im Punkt $\bar{P}$ des Bildes 3.9 aufgetragenen Einsvektoren $\mathbf{a}_3 = \mathbf{d}_3$, $\bar{\mathbf{a}}_3$ und $\bar{\mathbf{d}}_3$ in Richtungen, die höchstens um infinitesimale Winkel voneinander abweichen. Wegen ihrer Längengleichheit darf der Differenzvektor $\mathbf{w}$ daher als orthogonal zu $\mathbf{a}_3$ angesehen werden. Seine physikalischen Komponenten sind somit durch

$$\mathbf{w} = w_{\langle\alpha\rangle}\mathbf{a}^{\langle\alpha\rangle} = w^{\langle\alpha\rangle}\mathbf{a}_{\langle\alpha\rangle}, \tag{3.2.57}$$

seine tensoriellen durch die Zerlegung

$$\mathbf{w} = w_\alpha \mathbf{a}^\alpha = w^\alpha \mathbf{a}_\alpha \tag{3.2.58}$$

erklärbar. Beide Komponentenarten werden durch

$$w_{\langle\alpha\rangle} = w_\alpha\sqrt{a^{\alpha\alpha}}, \quad w^{\langle\alpha\rangle} = w^\alpha\sqrt{a_{\alpha\alpha}} \tag{3.2.59}$$

miteinander verknüpft.

Der durch (3.2.56) definierte Differenzvektor $\mathbf{w}$ beschreibt, wie bereits erläutert, die Drehung der Schalennormale $\mathbf{a}_3 \rightarrow \bar{\mathbf{a}}_3$ sowie zusätzlich die Neigung $\bar{\mathbf{a}}_3 \rightarrow \bar{\mathbf{d}}_3$ der Koordinatenlinie Θ^3 um den Schubverzerrungswinkel γ. Abschließend soll $\mathbf{w}$ nun derart zerlegt werden, daß beide Phänomene getrennt erscheinen:

$$\mathbf{w} = \bar{\mathbf{d}}_3 - \mathbf{a}_3 = (\bar{\mathbf{d}}_3 - \bar{\mathbf{a}}_3) + (\bar{\mathbf{a}}_3 - \mathbf{a}_3) = \boldsymbol{\gamma} + \hat{\mathbf{w}}. \tag{3.2.60}$$

Den beiden ebenfalls zu $\mathbf{a}_3$ orthogonalen Teilvektoren $\boldsymbol{\gamma}$ und $\hat{\mathbf{w}}$ werden entsprechend (3.2.57, 58) folgende Komponenten zugeordnet:

$$\boldsymbol{\gamma} = \bar{\mathbf{d}}_3 - \bar{\mathbf{a}}_3 = \gamma_\alpha \mathbf{a}^\alpha = \gamma^\alpha \mathbf{a}_\alpha = \gamma_{\langle\alpha\rangle}\mathbf{a}^{\langle\alpha\rangle} = \gamma^{\langle\alpha\rangle}\mathbf{a}_{\langle\alpha\rangle}, \tag{3.2.61}$$

$$\hat{\mathbf{w}} = \bar{\mathbf{a}}_3 - \mathbf{a}_3 = \hat{w}_\alpha \mathbf{a}^\alpha = \hat{w}^\alpha \mathbf{a}_\alpha = \hat{w}_{\langle\alpha\rangle}\mathbf{a}^{\langle\alpha\rangle} = \hat{w}^{\langle\alpha\rangle}\mathbf{a}_{\langle\alpha\rangle}. \tag{3.2.62}$$

Wie mehrfach betont sind $\bar{\mathbf{d}}_3$ und $\bar{\mathbf{a}}_3$ Einsvektoren. Daher entspricht die Länge des Teilvektors $\boldsymbol{\gamma}$ dem Schubverzerrungswinkel γ (siehe Bild 3.9).

Der zweite Teilvektor $\hat{\mathbf{w}}$, der die Drehung der Tangentialebene von $\bar{P}$ gegenüber derjenigen in P beschreibt, hängt allein von dem Mittelflächenverschiebungsvektor $\mathbf{v}$ ab: Bestimmt man nämlich aus (3.2.50) die Basisvektoren der verformten Mittelfläche $\bar{F}$

$$\bar{\mathbf{a}}_\alpha = \bar{\mathbf{r}}_{,\alpha} = \mathbf{r}_{,\alpha} + \mathbf{v}_{,\alpha} = \mathbf{a}_\alpha + \mathbf{v}_{,\alpha}, \tag{3.2.63}$$

so entsteht die gesuchte Verknüpfung unter Verwendung von (3.2.62) als Orthogonalitätsbedingung von $\bar{\mathbf{a}}_\alpha$ zum Normaleneinheitsvektor $\bar{\mathbf{a}}_3$ von $\bar{F}$:

$$\bar{\mathbf{a}}_\alpha \cdot \bar{\mathbf{a}}_3 = (\mathbf{a}_\alpha + \mathbf{v}_{,\alpha}) \cdot (\mathbf{a}_3 + \hat{\mathbf{w}}) = \mathbf{v}_{,\alpha} \cdot \mathbf{a}_3 + \mathbf{a}_\alpha \cdot \hat{\mathbf{w}} + \mathbf{v}_{,\alpha} \cdot \hat{\mathbf{w}} = 0. \tag{3.2.64}$$

Die hierin auftretende partielle Ableitung des Mittelflächenverschiebungsvektors gewinnt man aus (3.2.52) und (1.4.36):

$$\begin{aligned} \mathbf{v}_{,\alpha} &= (v_\rho|_\alpha - v_3 b_{\rho\alpha})\,\mathbf{a}^\rho + (v_{3,\alpha} + v_\lambda b^\lambda_\alpha)\,\mathbf{a}^3 \\ &= \varphi_{\alpha\rho}\mathbf{a}^\rho + \varphi_{\alpha 3}\mathbf{a}^3, \end{aligned} \tag{3.2.65}$$

wodurch zugleich die beiden Deformationsgradienten

$$\varphi_{\alpha\rho} = (v_\rho|_\alpha - v_3 b_{\rho\alpha}), \quad \varphi_{\alpha 3} = (v_{3,\alpha} + v_\lambda b^\lambda_\alpha) \tag{3.2.66}$$

definiert werden. Hieraus sowie aus (3.2.62) entsteht die Komponentenform von (3.2.64) unter Vernachlässigung des quadratischen Verschiebungsgliedes $\mathbf{v}_{,\alpha} \cdot \hat{\mathbf{w}}$:

$$\hat{w}_\alpha = -\varphi_{\alpha 3} = -(v_{3,\alpha} + v_\lambda b^\lambda_\alpha). \tag{3.2.67}$$

3.2.6 Die Verdrehungsvektoren

Bisher haben wir das Verformungsverhalten eines Flächentragwerks durch die beiden Verschiebungsvektoren $\mathbf{v}$ und $\mathbf{w}$ beschrieben und unser Interesse damit auf die *Lageänderungen* von Tragwerkspunkten konzentriert. Dies ist jedoch nur eine von verschiedenen Möglichkeiten, die äußere Tragwerkskinematik zu beschreiben. Jede beliebige Verformung eines Tragwerkspunktes läßt sich bekanntlich ebenfalls in eine *Translation*, eine *Rotation* sowie weitere *Dehnungen* und *Gleitungen* zerlegen (siehe z.B. [15, 46]). In Anlehnung an diesen Fundamentalsatz kann somit die äußere Kinematik von Flächentragwerken in *translatorische* und *rotatorische* Bewegungsanteile aufgespalten werden. Hierdurch rücken die unterschiedlichen mechanischen Eigenschaften der Kinematen viel stärker in den Vordergrund.

Da im Verschiebungsvektor $\mathbf{v}^*$ (3.2.55) eines beliebigen Tragwerkspunktes P^*

$$\mathbf{v}^* = \mathbf{v} + \Theta^3 \mathbf{w}$$

der Vektor $\mathbf{v}$ bereits den translatorischen Bewegungsanteil des Punktes P der Mittelfläche beschreibt, sei in diesem Abschnitt die Aufmerksamkeit ausschließlich auf die gleichzeitig auftretenden Verdrehungen gerichtet. Folgerichtig betrachten wir daher zunächst eine reine *Starrkörperrotation* eines Flächentragwerks. Die zugehörige Drehachse auf Bild 3.10 (links)

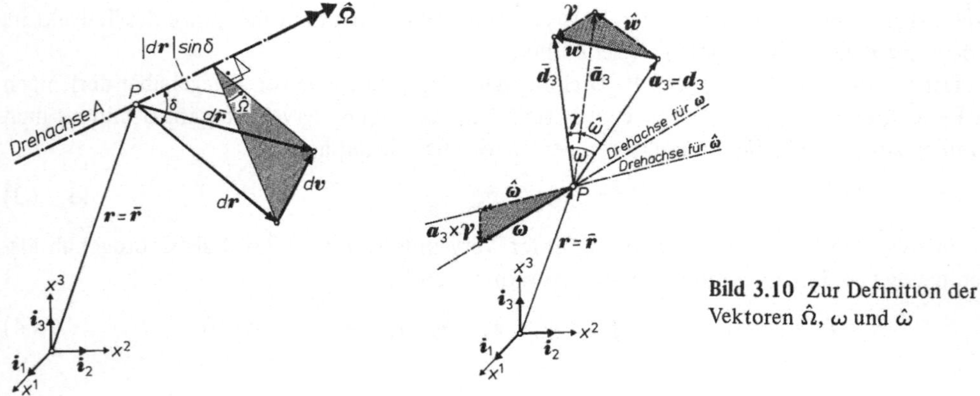

Bild 3.10 Zur Definition der Vektoren $\hat{\Omega}$, ω und $\hat{\omega}$

sei mit A bezeichnet, der als infinitesimal vorausgesetzte Drehwinkel mit $\hat{\Omega}$. Diese Starrkörperdrehung überführt das Differential $d\mathbf{r} = \mathbf{a}_\alpha d\Theta^\alpha$ des Ortsvektors $\mathbf{r}$ eines Punktes P der Mittelfläche in sein verformtes Gegenstück $d\bar{\mathbf{r}} = \bar{\mathbf{a}}_\alpha d\Theta^\alpha$; beide Vektoren weisen die gleiche Länge auf. Drückt man nun die verformte Basis $\bar{\mathbf{a}}_\alpha$ durch (3.2.63) aus, so erhält man für die Differenz $d\bar{\mathbf{r}} - d\mathbf{r}$ das Differential des Verschiebungsvektors $\mathbf{v}$ als Funktion der Verschiebungsgradienten:

$$\begin{aligned} d\bar{\mathbf{r}} - d\mathbf{r} &= (\mathbf{a}_\alpha + \mathbf{v}_{,\alpha})\, d\Theta^\alpha - \mathbf{a}_\alpha d\Theta^\alpha = \mathbf{v}_{,\alpha} d\Theta^\alpha = d\mathbf{v} \\ &= (\varphi_{\alpha\rho}\mathbf{a}^\rho + \varphi_{\alpha 3}\mathbf{a}^3)\, d\Theta^\alpha . \end{aligned} \tag{3.2.68}$$

Voraussetzungsgemäß sei $d\mathbf{v}$ durch eine reine Drehbewegung entstanden, die – wie in der Mechanik allgemein üblich – nun durch einen (polaren) Verdrehungsvektor $\hat{\boldsymbol{\Omega}}$ beschrieben werden soll. Dessen Richtung fällt mit der Drehachse A zusammen, seine Länge entspricht dem Drehwinkel $\hat{\Omega}$. Darüber hinaus sei $\hat{\boldsymbol{\Omega}}$ so orientiert, daß die Drehung als Rechtsschraube dargestellt wird.

Wie aus Bild 3.10 ersichtlich, steht der Vektor $d\mathbf{v} = \mathbf{v}_{,\alpha} d\Theta^\alpha$ rechtwinklig auf der Drehachse A und – wegen des infinitesimalen Drehwinkels $\hat{\Omega}$ – ebenfalls rechtwinklig auf $d\mathbf{r}$. Demnach besitzt $d\mathbf{v}$ die Richtung des Vektors $\hat{\boldsymbol{\Omega}} \times d\mathbf{r}$:

$$d\mathbf{v} = d\bar{\mathbf{r}} - d\mathbf{r} = \alpha(\hat{\boldsymbol{\Omega}} \times d\mathbf{r}). \tag{3.2.69}$$

α bezeichnet hierin einen noch zu bestimmenden Normierungsfaktor. Führt man die Neigung δ von $d\mathbf{r}$ gegen die Drehachse A ein, so gilt für die Länge von $(\hat{\boldsymbol{\Omega}} \times d\mathbf{r})$:

$$|\hat{\boldsymbol{\Omega}} \times d\mathbf{r}| = \hat{\Omega}\; |d\mathbf{r}| \sin\delta .$$

Andererseits liest man für infinitesimale Drehwinkel $\hat{\Omega}$ aus Bild 3.10

$$|d\mathbf{v}| = \hat{\Omega}\; |d\mathbf{r}| \sin\delta$$

ab. Die beiden nach (3.2.69) richtungsgleichen Vektoren $d\mathbf{v}$ und $\hat{\boldsymbol{\Omega}} \times d\mathbf{r}$ stimmen somit auch betragsmäßig überein, daher folgt $\alpha = 1$, d.h.:

$$d\mathbf{v} = d\bar{\mathbf{r}} - d\mathbf{r} = \hat{\boldsymbol{\Omega}} \times d\mathbf{r}. \tag{3.2.70}$$

Wegen der willkürlichen Koordinatendifferentiale $d\Theta^\alpha$ findet man hierfür mit (3.2.68) auch den Ausdruck:

$$\mathbf{v}_{,\alpha} = \bar{\mathbf{a}}_\alpha - \mathbf{a}_\alpha = \hat{\boldsymbol{\Omega}} \times \mathbf{a}_\alpha . \tag{3.2.71}$$

Dem *Verdrehungsvektor* $\hat{\boldsymbol{\Omega}}$ *der Mittelfläche* ordnen wir nun folgende tensoriellen

$$\hat{\boldsymbol{\Omega}} = \hat{\Omega}_\alpha \mathbf{a}^\alpha + \hat{\Omega}_3 \mathbf{a}^3 = \hat{\Omega}^\alpha \mathbf{a}_\alpha + \hat{\Omega}^3 \mathbf{a}_3 \tag{3.2.72}$$

und physikalischen Komponenten

$$\hat{\boldsymbol{\Omega}} = \hat{\Omega}_{\langle\alpha\rangle} \mathbf{a}^{\langle\alpha\rangle} + \hat{\Omega}_{\langle 3\rangle} \mathbf{a}^{\langle 3\rangle} = \hat{\Omega}^{\langle\alpha\rangle} \mathbf{a}_{\langle\alpha\rangle} + \hat{\Omega}^{\langle 3\rangle} \mathbf{a}_{\langle 3\rangle} \tag{3.2.73}$$

zu. Die physikalischen Komponenten (3.2.73) geben die infinitesimalen Drehwinkel um die korrespondierenden Basisvektoren als Drehachsen an. Beide Komponentenarten werden gemäß (1.2.46) durch

$$\hat{\Omega}_{\langle\alpha\rangle} = \hat{\Omega}_\alpha \sqrt{a^{\alpha\alpha}}, \quad \hat{\Omega}^{\langle\alpha\rangle} = \hat{\Omega}^\alpha \sqrt{a_{\alpha\alpha}}, \quad \hat{\Omega}^{\langle 3\rangle} = \hat{\Omega}_{\langle 3\rangle} = \Omega^3 = \Omega_3 \tag{3.2.74}$$

ineinander überführt.

Aus den Beziehungen (3.2.70, 71) ist ersichtlich, daß die Komponenten (3.2.72) des Verdrehungsvektors $\hat{\Omega}$ ausschließlich von denjenigen des Verschiebungsdifferentials bzw. von $\mathbf{v}_{,\alpha}$ abhängen. Zu ihrer Ermittlung setzt man (3.2.65) und (3.2.72) in (3.2.71) ein und berücksichtigt dabei (1.3.6, 7) sowie (3.2.67):

$$\begin{aligned} \hat{\Omega}^{\beta} \epsilon_{\beta\alpha} &= \varphi_{\alpha 3} = (\mathrm{v}_{3,\alpha} + \mathrm{v}^{\lambda} \mathrm{b}_{\lambda\alpha}) = -\hat{\mathrm{w}}_{\alpha}, \\ \hat{\Omega}^{3} \epsilon_{\alpha\rho} &= \varphi_{[\alpha\rho]} = \frac{1}{2}(\varphi_{\alpha\rho} - \varphi_{\rho\alpha}) = \frac{1}{2}(\mathrm{v}_{\rho}|_{\alpha} - \mathrm{v}_{\alpha}|_{\rho}). \end{aligned} \tag{3.2.75}$$

Zum Verständnis der zweiten Beziehung sei betont, daß (3.2.65) für eine *beliebige* Verschiebung $\mathbf{v}$ der Mittelfläche gilt. Die vorausgesetzte Starrkörperdrehung (3.2.70) erfordert jedoch eine antimetrische Komponente $\hat{\Omega}^{3} \epsilon_{\alpha\rho}$, d.h. das Verschwinden des symmetrischen Anteils $\varphi_{(\alpha\rho)}$ des Deformationsgradienten in der zweiten Beziehung (3.2.75):

$$\varphi_{(\alpha\rho)} = \frac{1}{2}(\varphi_{\alpha\rho} + \varphi_{\rho\alpha}) = \frac{1}{2}(\mathrm{v}_{\alpha}|_{\rho} + \mathrm{v}_{\rho}|_{\alpha} - 2\,\mathrm{v}_{3} \mathrm{b}_{\alpha\rho}) = 0. \tag{3.2.76}$$

Im nächsten Abschnitt werden wir erkennen, daß durch (3.2.76) gerade alle eingangs erwähnten Dehnungen und Gleitungen der Mittelfläche aus einer beliebigen Verschiebung $\mathbf{v}$ herausgefiltert werden und nur die rotatorischen Anteile übrigbleiben.

Aus (3.2.75) lassen sich nun die gesuchten Komponenten $\hat{\Omega}^{\rho}$, $\hat{\Omega}^{3}$ durch Inversion berechnen. Überschiebt man hierzu die erste Beziehung mit $\epsilon^{\rho\alpha}$, die zweite mit $\epsilon^{\alpha\rho}$, und berücksichtigt dabei:

$$\epsilon_{\beta\alpha}\epsilon^{\rho\alpha} = \delta^{\rho}_{\beta}, \quad \epsilon_{\alpha\rho}\epsilon^{\alpha\rho} = \delta^{\rho}_{\rho} = 2, \tag{3.2.77}$$

so ergeben sich diese zu:

$$\begin{aligned} \hat{\Omega}^{\rho} &= \epsilon^{\rho\alpha}\varphi_{\alpha 3} = -\epsilon^{\alpha\rho}\varphi_{\alpha 3} = -\epsilon^{\alpha\rho}(\mathrm{v}_{3,\alpha} + \mathrm{v}^{\lambda}\mathrm{b}_{\lambda\alpha}) = \hat{\mathrm{w}}_{\alpha}\epsilon^{\alpha\rho}, \\ \hat{\Omega}^{3} &= \frac{1}{2}\epsilon^{\alpha\rho}\varphi_{[\alpha\rho]} = \frac{1}{2}\epsilon^{\alpha\rho}\mathrm{v}_{\rho}|_{\alpha} = \frac{1}{2\sqrt{\mathrm{a}}}(\mathrm{v}_{2}|_{1} - \mathrm{v}_{1}|_{2}). \end{aligned} \tag{3.2.78}$$

Zur Vervollständigung unserer Herleitungen sei schließlich die aus (3.2.78), (3.2.59) und (3.2.74) unter Beachtung von (1.2.13) entstandene Verknüpfung der physikalischen Komponenten des Differenzvektors $\hat{\mathbf{w}}$ mit den Verdrehungskomponenten $\hat{\Omega}^{\langle\alpha\rangle}$ angeführt:

$$\hat{\Omega}^{\langle 1\rangle} = -\hat{\mathrm{w}}_{\langle 2\rangle}, \quad \hat{\Omega}^{\langle 2\rangle} = \hat{\mathrm{w}}_{\langle 1\rangle}. \tag{3.2.79}$$

Im Ergebnis (3.2.78, 79) fällt besonders der Zusammenhang mit dem Differenzvektor $\hat{\mathbf{w}}$ ins Auge. Dieser wurde bekanntlich im vorigen Abschnitt eingeführt, um die während einer beliebigen Verformung erfolgende starre Drehung der Schalennormale $\mathbf{a}_3$ in ihre verformte Position $\bar{\mathbf{a}}_3$ zu beschreiben (siehe Bild 3.9). Diese Rotation der Schalennormalen soll nun ebenfalls durch einen Verdrehungsvektor beschrieben werden:

$$\hat{\mathbf{w}} = \bar{\mathbf{a}}_3 - \mathbf{a}_3 = \hat{\omega} \times \mathbf{a}_3 . \tag{3.2.80}$$

Das hierin auftretende Vektorprodukt bestätigt die anschauliche Darstellung auf Bild 3.10 (rechts): Der *Drehvektor* $\hat{\omega}$ *der Schalennormale* ist wie $\hat{\mathbf{w}}$ ein Flächenvektor, für ihn gilt:

$$\begin{aligned} \hat{\omega} &= \hat{\omega}^{\alpha}\mathbf{a}_{\alpha} = \hat{\omega}_{\alpha}\mathbf{a}^{\alpha} = \hat{\omega}^{\langle\alpha\rangle}\mathbf{a}_{\langle\alpha\rangle} = \hat{\omega}_{\langle\alpha\rangle}\mathbf{a}^{\langle\alpha\rangle}, \\ \hat{\omega}_{\langle\alpha\rangle} &= \hat{\omega}_{\alpha}\sqrt{\mathrm{a}^{\alpha\alpha}}, \quad \hat{\omega}^{\langle\alpha\rangle} = \hat{\omega}^{\alpha}\sqrt{\mathrm{a}_{\alpha\alpha}}. \end{aligned} \tag{3.2.81}$$

Substituiert man (3.2.81) in die Ursprungsgleichung (3.2.80) und berücksichtigt dabei (3.2.62), so entsteht der Zusammenhang:

$$\hat{w}_\beta = \hat{\omega}^\alpha \epsilon_{\beta\alpha}, \tag{3.2.82}$$

der durch Überschiebung mit $\epsilon^{\beta\rho}$ invertiert werden kann:

$$\hat{\omega}^\rho = \hat{w}_\beta \epsilon^{\beta\rho}. \tag{3.2.83}$$

Verwendet man hierin nun die Beziehung $\epsilon^{\beta\rho} \mathbf{a}_\rho = \mathbf{a}^3 \times \mathbf{a}^\beta$, so erhält man nach Multiplikation mit $\mathbf{a}_\rho$ die zu (3.2.80) inverse Verknüpfung:

$$\hat{\omega} = \mathbf{a}_3 \times \hat{\mathbf{w}} = \mathbf{a}_3 \times (\bar{\mathbf{a}}_3 - \mathbf{a}_3). \tag{3.2.84}$$

Bevor wir das erhaltene Ergebnis interpretieren, soll noch in analoger Weise der *Drehvektor* ω *des Schalendirektors* eingeführt werden:

$$\mathbf{w} = \bar{\mathbf{d}}_3 - \mathbf{a}_3 = \omega \times \mathbf{a}_3. \tag{3.2.85}$$

Er beschreibt für eine ebenfalls beliebige Verformung die Drehung des Direktors $(\mathbf{d}_3 = \mathbf{a}_3) \rightarrow \bar{\mathbf{d}}_3$ (siehe Bild 3.10, rechts). Definiert man auch für ω folgende tensorielle und physikalische Komponenten:

$$\omega = \omega^\alpha \mathbf{a}_\alpha = \omega_\alpha \mathbf{a}^\alpha = \omega^{\langle\alpha\rangle} \mathbf{a}_{\langle\alpha\rangle} = \omega_{\langle\alpha\rangle} \mathbf{a}^{\langle\alpha\rangle}, \tag{3.2.86}$$

die durch

$$\omega_{\langle\alpha\rangle} = \omega_\alpha \sqrt{a^{\alpha\alpha}}, \quad \omega^{\langle\alpha\rangle} = \omega^\alpha \sqrt{a_{\alpha\alpha}} \tag{3.2.87}$$

ineinander überführbar sind, so gelten analog zu (3.2.82, 83, 84) die Beziehungen:

$$\begin{aligned} &w_\beta = \omega^\alpha \epsilon_{\beta\alpha}, \quad \omega^\rho = w_\beta \epsilon^{\beta\rho}, \\ &\omega = \mathbf{a}_3 \times \mathbf{w} = \mathbf{a}_3 \times (\bar{\mathbf{d}}_3 - \mathbf{a}_3). \end{aligned} \tag{3.2.88}$$

Schließlich finden wir analog zu (3.2.79) die im späteren Verlauf wichtigen Verknüpfungen:

$$\omega^{\langle 1\rangle} = -w_{\langle 2\rangle}, \quad \omega^{\langle 2\rangle} = w_{\langle 1\rangle}. \tag{3.2.89}$$

Da weiterhin die beiden in Abschnitt 3.2.5 definierten Differenzvektoren $\mathbf{w}$ und $\hat{\mathbf{w}}$ durch (3.2.60) gekoppelt sind, gilt nach (3.2.84) und (3.2.88):

$$\omega = \hat{\omega} + \mathbf{a}_3 \times \gamma \quad \text{bzw.} \quad \omega^\rho = \hat{\omega}^\rho + \epsilon^{\alpha\rho} \gamma_\alpha. \tag{3.2.90}$$

Die Erkenntnisse dieses Abschnittes seien nun folgendermaßen zusammengefaßt: Zunächst hatten wir den durch eine Starrkörperrotation verursachten *Verdrehungsvektor* $\hat{\Omega}$ *der Mittelfläche* durch (3.2.70) bestimmt. Sodann folgte in (3.2.80) der die *Drehung der Schalennormale* $\mathbf{a}_3 \rightarrow \bar{\mathbf{a}}_3$ beschreibende Vektor $\hat{\omega}$ infolge einer beliebigen Schalenverformung. Ihn erkannten wir als einen Flächenvektor, dessen (tangentiale) Komponenten (3.2.83) denjenigen von $\hat{\Omega}$ gleichen: $\hat{\omega}$ ist somit der tangentiale Teilvektor von $\hat{\Omega}$. Da nämlich die Schalennormale ihre Orthogonalitätseigenschaft definitionsgemäß während jeder Verformung bewahrt, und $\varphi_{[\alpha\rho]}$ in (3.2.78) aus jeder beliebigen Verformung den Anteil der Starrkörperdrehung $\hat{\Omega}^3$ herausfiltert, verkörpert $\hat{\Omega}$ gleichzeitig den *Verdrehungsvektor der Mittelfläche* F sowie der *Vektorbasis* für $\varphi_{(\alpha\beta)} = 0$:

$$\hat{\Omega}: (\mathbf{a}_\alpha, \mathbf{a}_3) \rightarrow (\bar{\mathbf{a}}_\alpha, \bar{\mathbf{a}}_3).$$

Der nachfolgend in (3.2.85) definierte *Verdrehungsvektor* ω *des Direktors*, der an den vollständigen Differenzvektor $\mathbf{w}$ einer gleichfalls beliebigen Verformung gekoppelt ist, erwies sich ebenfalls als ein Flächenvektor. Von $\hat{\omega}$ unterscheidet er sich laut (3.2.90) durch den Beitrag der Schubverzerrung $\mathbf{a}_3 \times \boldsymbol{\gamma}$ und beschreibt somit keine reine Starrkörperdrehung des Schalenkontinuums.

Abschließend substituieren wir (3.2.85) in den Verschiebungsvektor (3.2.55):

$$\mathbf{v}^* = \mathbf{v} + \Theta^3 \mathbf{w}$$

von Punkten außerhalb der Mittelfläche:

$$\mathbf{v}^* = \mathbf{v} + \Theta^3 (\omega \times \mathbf{a}_3). \tag{3.2.91}$$

Hierin sind die translatorischen und rotatorischen Bewegungsanteile deutlicher als in der ursprünglichen Formulierung hervorgehoben. Das Vektorprodukt in (3.2.91) bestätigt darüber hinaus, daß zur Festlegung der äußeren Kinematik des Tragwerks die Komponente $\hat{\Omega}^3$ belanglos ist. Zur gleichen Erkenntnis führen auch energetische Überlegungen, da ein Formänderungsarbeitsanteil $(\hat{\Omega}^3 c_3)$ wegen der in (3.2.2) als unrealistisch gestrichenen Lastmomentenkomponente c_3 nicht existiert.

3.2.7 Komponenten der Verschiebungs- und Verdrehungsvektoren für beliebige Schnittrichtungen

Die in den beiden letzten Abschnitten eingeführten Verschiebungsvektoren $\mathbf{v}$ und $\mathbf{w}$ bzw. $\hat{\mathbf{w}}$ wurden dort in Komponenten hinsichtlich der Basis $\mathbf{a}_i$ eines Punktes P der Mittelfläche zerlegt, ebenso die Verdrehungsvektoren ω bzw. $\hat{\omega}$. Oftmals sind jedoch außerdem die Komponenten bezüglich der *orthonormierten Basis* $\mathbf{u}, \mathbf{t}, \mathbf{a}_3$ zu bestimmen, die bereits im Abschnitt 3.2.3 durch (3.2.25) als begleitendes Dreibein einer beliebigen Richtung C in P (siehe Bild 3.7) verwendet wurde.

Wir beginnen mit der Zerlegung des Verschiebungsvektors $\mathbf{v}$ (3.2.52):

$$\mathbf{v} = v^\alpha \mathbf{a}_\alpha + v^3 \mathbf{a}_3 = v_t \mathbf{t} + v_u \mathbf{u} + v_3 \mathbf{a}_3 . \tag{3.2.92}$$

Hierin sind v_t, v_u und v_3 erneut *physikalische* Komponenten, da das Dreibein $\mathbf{u}, \mathbf{t}, \mathbf{a}_3$ vereinbarungsgemäß aus Einheitsvektoren besteht. Multipliziert man (3.2.92) der Reihe nach skalar mit $\mathbf{t} = t_\beta \mathbf{a}^\beta$, $\mathbf{u} = u_\beta \mathbf{a}^\beta$ (3.2.25) und $\mathbf{a}_3$, so entsteht die Verknüpfung mit den ursprünglichen *tensoriellen* Komponenten:

$$v_t = v^\alpha t_\alpha, \quad v_u = v^\alpha u_\alpha, \quad v_3 = v^3. \tag{3.2.93}$$

Die hierzu inverse Beziehung gewinnt man durch Multiplikation von (3.2.92) mit $\mathbf{a}^\beta$ unter erneuter Verwendung von (3.2.25):

$$v^\alpha = v_t t^\alpha + v_u u^\alpha .$$

Durch ein analoges Vorgehen folgen aus $\mathbf{w}$ (3.2.58) und ω (3.2.86) die gleichlautenden Verknüpfungen:

$$\mathbf{w} = w^\alpha \mathbf{a}_\alpha = w_t \mathbf{t} + w_u \mathbf{u},$$

$$w_t = w^\alpha t_\alpha, \quad w_u = w^\alpha u_\alpha, \qquad w^\alpha = w_t t^\alpha + w_u u^\alpha . \tag{3.2.94}$$

$$\omega = \omega^\alpha \mathbf{a}_\alpha = \omega_t \mathbf{t} + \omega_u \mathbf{u},$$

$$\omega_t = \omega^\alpha t_\alpha, \quad \omega_u = \omega^\alpha u_\alpha, \quad \omega^\alpha = \omega_t t^\alpha + \omega_u u^\alpha. \tag{3.2.95}$$

Schließlich lassen sich noch die Komponenten w_t, w_u und ω_t, ω_u mittels (3.2.88) sowie (3.2.26) ineinander überführen:

$$\begin{aligned} \omega_t &= \omega^\alpha t_\alpha = -w_\beta \epsilon^{\alpha\beta} t_\alpha = w_\beta u^\beta = w_u, \\ \omega_u &= \omega^\alpha u_\alpha = -w_\beta \epsilon^{\alpha\beta} u_\alpha = -w_\beta t^\beta = -w_t. \end{aligned} \tag{3.2.96}$$

Die Beziehungen des letzten Absatzes beschreiben die Drehung des Schalendirektors im Punkt P, ausgedrückt durch die Vektoren $\mathbf{w}$ und ω. Wie der Leser den Gleichungen (3.2.62) und (3.2.81) bis (3.2.83) entnehmen kann, bestehen gleichlautende Zerlegungen und Verknüpfungen ebenfalls für die Drehung der Schalennormale in P, dargestellt durch den Differenzvektor $\hat{\mathbf{w}}$ und den Verdrehungsvektor $\hat{\omega}$.

3.2.8 Definition der Verzerrungsgrößen

Verzerrungsgrößen beschreiben, wie erwähnt, die relativen Lageänderungen differentiell benachbarter Körperpunkte als Folge von Tragwerksverformungen. Zu ihrer anschaulichen Herleitung denken wir uns in einem beliebigen Punkt P* des unverformten Tragwerks ein Parallelepiped dV durch die vektoriellen Linienelemente (nicht summieren über α)

$$ds^*_{\langle\alpha\rangle} = \mathbf{a}^*_\alpha \, d\Theta^\alpha, \quad ds^*_{\langle 3\rangle} = \mathbf{a}^*_3 \, d\Theta^3 = \mathbf{a}_3 \, d\Theta^3 \tag{3.2.97}$$

aufgespannt. Eine beliebige Tragwerksverformung, wie sie beispielsweise Bild 3.9 zeigt, überführe dV in seine verformte Konfiguration $d\bar{V}$ mit den zugehörigen Linienelementen (nicht summieren über α):

$$d\bar{s}^*_{\langle\alpha\rangle} = \bar{\mathbf{a}}^*_\alpha d\Theta^\alpha, \; d\bar{s}^*_{\langle 3\rangle} = \bar{\mathbf{d}}^*_3 d\Theta^3 = \bar{\mathbf{d}}_3 d\Theta^3 . \tag{3.2.98}$$

Die Seitenlängen $ds^*_{\langle i\rangle}$ bzw. $d\bar{s}^*_{\langle i\rangle}$ beider Gruppen von Linienelementen und die von ihnen eingeschlossenen Winkel sind bekanntlich aus den Komponenten

$$\mathbf{a}^*_{\alpha\beta} = \mathbf{a}^*_\alpha \cdot \mathbf{a}^*_\beta, \quad \mathbf{a}^*_{\alpha 3} = \mathbf{a}^*_\alpha \cdot \mathbf{a}^*_3 = 0, \quad \mathbf{a}^*_{33} = \mathbf{a}^*_3 \cdot \mathbf{a}^*_3 = 1 \tag{3.2.99}$$

bzw.

$$\bar{\mathbf{a}}^*_{\alpha\beta} = \bar{\mathbf{a}}^*_\alpha \cdot \bar{\mathbf{a}}^*_\beta, \quad \bar{\mathbf{a}}^*_{\alpha 3} = \bar{\mathbf{a}}^*_\alpha \cdot \bar{\mathbf{d}}^*_3, \quad \bar{\mathbf{a}}^*_{33} = \bar{\mathbf{d}}^*_3 \cdot \bar{\mathbf{d}}^*_3 \tag{3.2.100}$$

bestimmbar. Beide Ausdrücke lassen sich zu den *dreidimensionalen Maßtensoren* a^*_{ij} des *unverformten* bzw. $\bar{a}^*_{ij}$ des *verformten Schalenraumes* zusammenfassen. Bezeichnet man in (3.2.100) nun die verformten Basisvektoren $\bar{\mathbf{a}}^*_\alpha$ und den verformten Direktor $\bar{\mathbf{d}}^*_3$, die alle als partielle Ableitungen des Ortsvektors

$$\bar{\mathbf{r}}^* = \mathbf{r}^* + \mathbf{v}^*$$

entstehen, einheitlich durch $\bar{\mathbf{d}}^*_i$:

$$\begin{aligned} \bar{\mathbf{d}}^*_\alpha &= \bar{\mathbf{a}}^*_\alpha = \bar{\mathbf{r}}^*{}_{,\alpha} = \mathbf{r}^*{}_{,\alpha} + \mathbf{v}^*{}_{,\alpha} = \mathbf{a}^*_\alpha + \mathbf{v}^*{}_{,\alpha}, \\ \bar{\mathbf{d}}^*_3 &= \bar{\mathbf{d}}_3 = \bar{\mathbf{r}}^*{}_{,3} = \mathbf{r}^*{}_{,3} + \mathbf{v}^*{}_{,3} = \mathbf{a}^*_3 + \mathbf{v}^*{}_{,3} , \end{aligned} \tag{3.2.101}$$

so können die beiden dreidimensionalen Maßtensoren (3.2.99, 100) in der Kurzform

$$a_{ij}^* = a_i^* \cdot a_j^*, \quad \bar{a}_{ij}^* = \bar{d}_i^* \cdot \bar{d}_j^* \tag{3.2.102}$$

einander gegenübergestellt werden.

Ihre Differenz speichert nun offensichtlich die Abstands- und Winkeländerungen des Koordinatennetzes Θ^i und stellt somit ein geeignetes Verzerrungsmaß für Punkte des Schalenraumes dar. Mit dem durch Symmetrieeigenschaften begründeten Faktor 1/2 versehen, ergänzt dieser *Verzerrungstensor von Cauchy-Green**

$$\gamma_{ij} = \gamma_{ji} = \gamma_{(ij)} = \frac{1}{2}(\bar{a}_{ij}^* - a_{ij}^*) = \frac{1}{2}(\bar{d}_i^* \cdot \bar{d}_j^* - a_i^* \cdot a_j^*) \tag{3.2.103}$$

in bekannter Weise den dreidimensionalen Spannungstensor τ^{ij} (siehe Abschnitt 3.2.4) zum Skalar der inneren Formänderungsenergie. Fügt man hierin die Basisvektoren (3.2.101) ein und streicht das quadratische Verschiebungsglied $v^*_{,i} \cdot v^*_{,j}$, so entsteht seine gleichfalls bekannte linearisierte Form (siehe [3, 15, 48] u.a.):

$$\begin{aligned} \gamma_{ij} &= \frac{1}{2}[(a_i^* + v^*_{,i}) \cdot (a_j^* + v^*_{,j}) - a_i^* \cdot a_j^*] \\ &= \frac{1}{2}[a_i^* \cdot v^*_{,j} + a_j^* \cdot v^*_{,i}]. \end{aligned} \tag{3.2.104}$$

Der Verzerrungstensor von *Cauchy-Green* soll nun der Definition flächenhafter Verzerrungsmaße zugrundegelegt werden. Verwenden wir hierzu die Form (3.2.103), so benötigen wir nur die Basisvektoren der beiden Verformungszustände, die aus den Ortsvektoren (3.1.3) und (3.2.54) durch Differentiation gewonnen werden:

$$\begin{aligned} & r^* = r + \Theta^3 a_3: \\ & r^*_{,\alpha} = a_\alpha^* = a_\alpha + \Theta^3 a_{3,\alpha}, \quad r^*_{,3} = a_3^* = a_3; \end{aligned} \tag{3.2.105}$$

$$\begin{aligned} & \bar{r}^* = \bar{r} + \Theta^3 \bar{d}_3: \\ & \bar{r}^*_{,\alpha} = \bar{a}_\alpha^* = \bar{a}_\alpha + \Theta^3 \bar{d}_{3,\alpha}, \quad \bar{r}^*_{,3} = \bar{d}_3. \end{aligned} \tag{3.2.106}$$

Wir beginnen mit den tangentialen Komponenten (i, j = α, β) des Verzerrungstensors (3.2.103), welche die in den Flächen F und F* des Tragwerks entstehenden Verformungen beschreiben:

$$\begin{aligned} \gamma_{\alpha\beta} &= \frac{1}{2}[\bar{a}_\alpha^* \cdot \bar{a}_\beta^* - a_\alpha^* \cdot a_\beta^*] \\ &= \frac{1}{2}[(\bar{a}_\alpha + \Theta^3 \bar{d}_{3,\alpha}) \cdot (\bar{a}_\beta + \Theta^3 \bar{d}_{3,\beta}) - (a_\alpha + \Theta^3 a_{3,\alpha}) \cdot (a_\beta + \Theta^3 a_{3,\beta})] \\ &= \frac{1}{2}[\bar{a}_\alpha \cdot \bar{a}_\beta - a_\alpha \cdot a_\beta] + \frac{\Theta^3}{2}[(\bar{a}_\alpha \cdot \bar{d}_{3,\beta} + \bar{a}_\beta \cdot \bar{d}_{3,\alpha}) - (a_\alpha \cdot a_{3,\beta} + a_\beta \cdot a_{3,\alpha})] \\ &\quad + \frac{(\Theta^3)^2}{2}[\bar{d}_{3,\alpha} \cdot \bar{d}_{3,\beta} - a_{3,\alpha} \cdot a_{3,\beta}]. \end{aligned}$$

* George Green (1793–1841); britischer Autodidakt mit Arbeiten zur mathematischen Physik; er und Lagrange führten den Begriff des Potentials in die Mechanik ein.

Ersetzen wir hierin den um den Schubwinkel γ gegen die Normale $\bar{\mathbf{a}}_3$ der verformten Mittelfläche geneigten Direktor $\bar{\mathbf{d}}_3$ durch (3.2.61):

$$\bar{\mathbf{d}}_3 = \bar{\mathbf{a}}_3 + \boldsymbol{\gamma},$$

so entsteht das in Θ^3 quadratische Polynom mit definitionsgemäß *symmetrischen* Koeffizienten:

$$\begin{aligned}\gamma_{\alpha\beta} &= \frac{1}{2}[\bar{\mathbf{a}}_\alpha \cdot \bar{\mathbf{a}}_\beta - \mathbf{a}_\alpha \cdot \mathbf{a}_\beta] \\ &+ \frac{\Theta^3}{2}[(\bar{\mathbf{a}}_\alpha \cdot \bar{\mathbf{a}}_{3,\beta} + \bar{\mathbf{a}}_\beta \cdot \bar{\mathbf{a}}_{3,\alpha}) - (\mathbf{a}_\alpha \cdot \mathbf{a}_{3,\beta} + \mathbf{a}_\beta \cdot \mathbf{a}_{3,\alpha}) + (\bar{\mathbf{a}}_\alpha \cdot \boldsymbol{\gamma}_{,\beta} + \bar{\mathbf{a}}_\beta \cdot \boldsymbol{\gamma}_{,\alpha})] \\ &+ \frac{(\Theta^3)^2}{2}[(\bar{\mathbf{a}}_{3,\alpha} + \boldsymbol{\gamma}_{,\alpha}) \cdot (\bar{\mathbf{a}}_{3,\beta} + \boldsymbol{\gamma}_{,\beta}) - \mathbf{a}_{3,\alpha} \cdot \mathbf{a}_{3,\beta}] \\ &= \alpha_{\alpha\beta} + \Theta^3 \beta_{\alpha\beta} + \frac{(\Theta^3)^2}{2} \mathrm{r}_{\alpha\beta}. \end{aligned} \tag{3.2.107}$$

Dessen Anfangsglied

$$\alpha_{\alpha\beta} = \alpha_{(\alpha\beta)} = \frac{1}{2}[\bar{\mathbf{a}}_\alpha \cdot \bar{\mathbf{a}}_\beta - \mathbf{a}_\alpha \cdot \mathbf{a}_\beta] = \frac{1}{2}[\bar{\mathrm{a}}_{\alpha\beta} - \mathrm{a}_{\alpha\beta}], \tag{3.2.108}$$

als Differenz der Maßtensoren von $\bar{\mathrm{F}}$ und F mit der ersten Grundform (1.2.9) verwandt, wird als *erster Verzerrungstensor der Mittelfläche* bezeichnet. Er beschreibt deren Längen- und Winkeländerungen.

Der *zweite Verzerrungstensor der Mittelfläche*

$$\beta_{\alpha\beta} = \beta_{(\alpha\beta)} = \mathrm{b}_{\alpha\beta} - \bar{\mathrm{b}}_{\alpha\beta} + \frac{1}{2}(\bar{\mathbf{a}}_\alpha \cdot \boldsymbol{\gamma}_{,\beta} + \bar{\mathbf{a}}_\beta \cdot \boldsymbol{\gamma}_{,\alpha}) \tag{3.2.109}$$

enthält als Koeffizient des linearen Gliedes von (3.2.107) laut (1.3.20) die Differenz der Krümmungstensoren beider Verformungszustände sowie ein Zusatzglied des (kleinen) Schubverzerrungswinkels γ. Sein Hauptbestandteil verkörpert somit Krümmungs- und Verwindungsänderungen von F und ist daher mit der zweiten Grundform (1.3.19) verknüpft.

In gekrümmten Flächentragwerken bewirkt der lineare Ansatz (3.2.106) für den Ortsvektor $\bar{\mathbf{r}}^*$ zusätzlich das in Θ^3 quadratische Verzerrungsglied $\frac{(\Theta^3)^2}{2}\mathrm{r}_{\alpha\beta}$. Durch Verwendung der Ableitungsgleichung von *Weingarten* (1.4.16) und des Ausdrucks

$$\bar{\mathrm{a}}^{\alpha\beta} = \mathrm{a}^{\alpha\beta} - 2\,\alpha^{\alpha\beta} = \mathrm{a}^{\alpha\beta} - 2\,\mathrm{a}^{\alpha\lambda}\mathrm{a}^{\beta\rho}\alpha_{\lambda\rho}$$

läßt sich

$$\begin{aligned}\mathrm{r}_{\alpha\beta} = \mathrm{r}_{(\alpha\beta)} &= \bar{\mathbf{a}}_{3,\alpha} \cdot \bar{\mathbf{a}}_{3,\beta} - \mathbf{a}_{3,\alpha} \cdot \mathbf{a}_{3,\beta} + \bar{\mathbf{a}}_{3,\alpha} \cdot \boldsymbol{\gamma}_{,\beta} + \bar{\mathbf{a}}_{3,\beta} \cdot \boldsymbol{\gamma}_{,\alpha} + \boldsymbol{\gamma}_{,\alpha} \cdot \boldsymbol{\gamma}_{,\beta} \\ &= (\bar{\mathrm{a}}^{\lambda\rho}\bar{\mathrm{b}}_{\lambda\alpha}\bar{\mathrm{b}}_{\rho\beta} - \mathrm{a}^{\lambda\rho}\mathrm{b}_{\lambda\alpha}\mathrm{b}_{\rho\beta}) - (\bar{\mathrm{a}}^{\rho\lambda}\bar{\mathrm{b}}_{\alpha\rho}\bar{\mathbf{a}}_\lambda \cdot \boldsymbol{\gamma}_{,\beta} + \bar{\mathrm{a}}^{\rho\lambda}\bar{\mathrm{b}}_{\beta\rho}\bar{\mathbf{a}}_\lambda \cdot \boldsymbol{\gamma}_{,\alpha} - \boldsymbol{\gamma}_{,\alpha} \cdot \boldsymbol{\gamma}_{,\beta})\end{aligned}$$

in die linearisierte Form $(\boldsymbol{\gamma}_{,\alpha} \cdot \boldsymbol{\gamma}_{,\beta} \approx 0)$

$$\mathrm{r}_{\alpha\beta} = -(\mathrm{b}^\lambda_\alpha \beta_{\lambda\beta} + \mathrm{b}^\lambda_\beta \beta_{\lambda\alpha} + 2\,\mathrm{b}^\lambda_\alpha \mathrm{b}^\rho_\beta \alpha_{\lambda\rho}) \tag{3.2.110}$$

überführen. $\mathrm{r}_{\alpha\beta}$ ist somit eine Funktion des ersten und zweiten Verzerrungstensors der Mittelfläche und liefert daher keine neuen Verzerrungsinformationen.

Als mechanische Variable ist $r_{\alpha\beta}$ in (3.2.107) jedoch hauptsächlich deshalb zu unterdrücken, weil dieses Glied wegen der Streichung höherer Momente kein energetisches Gegenstück bei den Schnittgrößen besitzt. Wie ein Größenordnungsvergleich von (3.2.110) in (3.2.107) erkennen läßt, ist die Streichung daher gerechtfertigt, solange $\Theta^3 b_\alpha^\lambda$ gegen 1 vernachlässigbar ist, d.h. die Dünne-Hypothese des Abschnittes 3.1.2 gilt:

$$\lambda \ll 1: \quad \gamma_{\alpha\beta} \approx \alpha_{\alpha\beta} + \Theta^3 \beta_{\alpha\beta}. \tag{3.2.111}$$

Zur Herleitung weiterer Komponenten (i, j = α, 3) des Verzerrungstensors (3.2.103) greifen wir wiederum auf (3.2.105, 106) sowie auf (1.2.37) zurück:

$$\begin{aligned}\gamma_{\alpha 3} &= \frac{1}{2}[\bar{\mathbf{d}}_\alpha^* \cdot \bar{\mathbf{d}}_3^* - \mathbf{a}_\alpha^* \cdot \mathbf{a}_3^*] \\ &= \frac{1}{2}[(\bar{\mathbf{a}}_\alpha + \Theta^3 \bar{\mathbf{d}}_{3,\alpha}) \cdot \bar{\mathbf{d}}_3 - (\mathbf{a}_\alpha + \Theta^3 \mathbf{a}_{3,\alpha}) \cdot \mathbf{a}_3] \\ &= \frac{1}{2}[\bar{\mathbf{a}}_\alpha \cdot \bar{\mathbf{d}}_3 - \mathbf{a}_\alpha \cdot \mathbf{a}_3 + \Theta^3(\bar{\mathbf{d}}_{3,\alpha} \cdot \bar{\mathbf{d}}_3 - \mathbf{a}_{3,\alpha} \cdot \mathbf{a}_3)] \\ &= \frac{1}{2}\bar{\mathbf{a}}_\alpha \cdot \bar{\mathbf{d}}_3. \end{aligned} \tag{3.2.112}$$

Hierin entfallen, wie durch Differentiation der Identitäten

$$\mathbf{a}_3 \cdot \mathbf{a}_3 = 1 \rightarrow \mathbf{a}_{3,\alpha} \cdot \mathbf{a}_3 = 0; \quad \bar{\mathbf{d}}_3 \cdot \bar{\mathbf{d}}_3 = 1 \rightarrow \bar{\mathbf{d}}_{3,\alpha} \cdot \bar{\mathbf{d}}_3 = 0$$

ersichtlich, die in Θ^3 linearen Anteile; somit verbleibt eine über die Tragwerksdicke konstante Schubverzerrung. Dies stimmt mit der Annahme des Abschnitts 3.2.5 überein, daß nämlich die Koordinatenlinien Θ^3 auch nach einer Verformung noch geradlinig verlaufen (siehe Bild 3.9).

Unter erneuter Verwendung von

$$\bar{\mathbf{d}}_3 = \bar{\mathbf{a}}_3 + \boldsymbol{\gamma}$$

entsteht aus (3.2.112):

$$\gamma_{\alpha 3} = \frac{1}{2}\bar{\mathbf{a}}_\alpha \cdot (\bar{\mathbf{a}}_3 + \boldsymbol{\gamma}) = \frac{1}{2}\bar{\mathbf{a}}_\alpha \cdot \boldsymbol{\gamma}, \tag{3.2.113}$$

welches mit (3.2.61) und (3.2.63) zu

$$\gamma_{\alpha 3} = \frac{1}{2}(\mathbf{a}_\alpha + \mathbf{v}_{,\alpha}) \cdot \gamma_\beta \mathbf{a}^\beta = \frac{1}{2}\gamma_\alpha \tag{3.2.114}$$

linearisierbar ist. In der Theorie der Flächentragwerke hat es sich aus energetischen Gründen eingebürgert, statt $\gamma_{\alpha 3}$ die Komponenten γ_α des Schubverzerrungsvektors als flächenhaftes Verzerrungsmaß zu verwenden.

Bildet man schließlich die letzte Komponente (i,j = 3,3) des Verzerrungstensors (3.2.103)

$$\gamma_{33} = \frac{1}{2}[\bar{\mathbf{d}}_3^* \cdot \bar{\mathbf{d}}_3^* - \mathbf{a}_3^* \cdot \mathbf{a}_3^*] = \frac{1}{2}[\bar{\mathbf{d}}_3 \cdot \bar{\mathbf{d}}_3 - \mathbf{a}_3 \cdot \mathbf{a}_3] = \frac{1}{2}[1 - 1] = 0, \tag{3.2.115}$$

so bestätigt deren Verschwinden die im Abschnitt 3.2.5 postulierte Dehnungsfreiheit des Tragwerks in Θ^3-Richtung.

Damit sind alle Verzerrungsmaße des flächenhaften Modells definiert. Die Zusammenstellung

$$\gamma_{(ij)} = \left[\begin{array}{c|c} \gamma_{(\alpha\beta)} & \gamma_{(\alpha 3)} \\ \hline \gamma_{(3\alpha)} & \gamma_{(33)} \end{array}\right] = \left[\begin{array}{c|c} \alpha_{(\alpha\beta)} + \Theta^3 \beta_{(\alpha\beta)} & \frac{1}{2}\gamma_\alpha \\ \hline \frac{1}{2}\gamma_\alpha & 0 \end{array}\right] \tag{3.2.116}$$

charakterisiert noch einmal das Wesen dieses Modells: Die zur Mittelfläche tangentialen Verzerrungskomponenten werden durch einen linearen Ansatz, die Schubverzerrungen durch ein konstantes Glied approximiert. Änderungen der Tragwerksdicke bleiben unberücksichtigt. Die Definitionen (3.2.108), (3.2.109) und (3.2.112) gelten, dies sei zurückblickend hervorgehoben, für beliebig große Verschiebungen **v** und **w**, während (3.2.114) linearisiert ist.

Nach Einführung der tensoriellen Verzerrungsmaße $\alpha_{\alpha\beta}$, $\beta_{\alpha\beta}$ und γ_α soll nun deren Verknüpfung mit den *physikalischen* Komponenten behandelt werden. Dabei sei φ der von den Parameterlinien Θ^α in einem beliebigen Punkt P der Mittelfläche eingeschlossene Winkel und $ds_{\langle\alpha\rangle}$ laut (3.1.18) das dortige Bogenelement der Koordinatenlinie Θ^α. Beide nehmen nach der Verformung die Werte $\bar{\varphi}$ und $d\bar{s}_{\langle\alpha\rangle}$ an. Das physikalische Dehnungsmaß $\alpha_{\langle\alpha\alpha\rangle}$ in Θ^α-Richtung beträgt somit

$$\alpha_{\langle\alpha\alpha\rangle} = \frac{d\bar{s}_{\langle\alpha\rangle} - ds_{\langle\alpha\rangle}}{ds_{\langle\alpha\rangle}}; \tag{3.2.117}$$

die entsprechende Winkeländerung (Gleitung) wird durch

$$\alpha_{\langle 12\rangle} = \alpha_{\langle 21\rangle} = \varphi - \bar{\varphi} \tag{3.2.118}$$

beschrieben.

Mit (3.1.18) und (3.2.108) kann man zunächst für $\alpha_{\langle\alpha\alpha\rangle}$

$$\alpha_{\langle\alpha\alpha\rangle} = \sqrt{1 + 2\frac{\alpha_{\alpha\alpha}}{a_{\alpha\alpha}}} - 1 \tag{3.2.119}$$

angeben, gültig für beliebig große Verzerrungen. Beschränkt man sich auf infinitesimale Größenordnung, so erhält man durch Abbruch der *Taylor*schen Reihe des Wurzelausdruckes nach dem linearen Glied:

$$\sqrt{1 + 2\frac{\alpha_{\alpha\alpha}}{a_{\alpha\alpha}}} = 1 + \frac{\alpha_{\alpha\alpha}}{a_{\alpha\alpha}} + \ldots \tag{3.2.120}$$

Damit lauten die physikalischen Dehnungen (3.2.119):

$$\alpha_{\langle\alpha\alpha\rangle} = \frac{\alpha_{\alpha\alpha}}{a_{\alpha\alpha}}. \tag{3.2.121}$$

Die analoge Ermittlung der Gleitung beginnt mit der aus (1.2.24) und (3.2.108) entstandenen Beziehung

$$\cos\bar{\varphi} = \cos(\varphi - \alpha_{\langle 12\rangle}) = \frac{a_{12} + 2\alpha_{12}}{\sqrt{(a_{11} + 2\alpha_{11})(a_{22} + 2\alpha_{22})}}, \tag{3.2.122}$$

die man unter Annahme infinitesimaler Verzerrungsgrößen analog zu (3.2.121) linearisieren kann:

$$\cos(\varphi - \alpha_{\langle 12\rangle}) = \cos\varphi\cos\alpha_{\langle 12\rangle} + \sin\varphi\sin\alpha_{\langle 12\rangle} \approx \cos\varphi + \alpha_{\langle 12\rangle}\sin\varphi$$
$$= \frac{1}{\sqrt{a_{11}a_{22}}}\left[a_{12} + 2\alpha_{12} - a_{12}\left(\frac{\alpha_{11}}{a_{11}} + \frac{\alpha_{22}}{a_{22}}\right)\right]. \tag{3.2.123}$$

Mit (1.2.24) folgt hieraus schließlich die physikalische Gleitung:

$$\alpha_{\langle 12\rangle} = \frac{1}{\sqrt{a}}\left[2\,\alpha_{12} - a_{12}\left(\frac{\alpha_{11}}{a_{11}} + \frac{\alpha_{22}}{a_{22}}\right)\right]. \tag{3.2.124}$$

Die zu (3.2.121) und (3.2.124) inversen Beziehungen lauten:

$$\alpha_{\alpha\alpha} = \alpha_{\langle\alpha\alpha\rangle}\,a_{\alpha\alpha},$$
$$\alpha_{12} = \frac{1}{2}\left[\sqrt{a}\,\alpha_{\langle 12\rangle} + a_{12}(\alpha_{\langle 11\rangle} + \alpha_{\langle 22\rangle})\right]. \tag{3.2.125}$$

Wie man erkennt, stimmen im Sonderfall kartesischer orthogonaler Koordinaten ($a_{\alpha\alpha} = 1$, $a_{12} = 0$) tensorielle und physikalische Verzerrungsmaße – bis auf den bekannten Faktor 2 bei der Gleitung – überein.

Um die physikalischen Verzerrungsmaße $\gamma_{\langle\alpha\beta\rangle}$ außerhalb der Mittelfläche F, d.h. Dehnungen und Gleitungen von Flächen F*, durch eine zu (3.2.116) analoge Superposition

$$\gamma_{\langle\alpha\beta\rangle} = \alpha_{\langle\alpha\beta\rangle} + \Theta^3\beta_{\langle\alpha\beta\rangle} \tag{3.2.126}$$

bestimmen zu können, definieren wir die physikalischen Komponenten des zweiten Verzerrungstensors gleichlautend zu $\alpha_{\langle\alpha\beta\rangle}$:

$$\beta_{\langle\alpha\alpha\rangle} = \frac{\beta_{\alpha\alpha}}{a_{\alpha\alpha}},$$
$$\beta_{\langle 12\rangle} = \frac{1}{\sqrt{a}}\left[2\,\beta_{12} - a_{12}\left(\frac{\beta_{11}}{a_{11}} + \frac{\beta_{22}}{a_{22}}\right)\right]. \tag{3.2.127}$$

Physikalische Maße der Querschubverzerrung $\gamma_{\langle\alpha 3\rangle}$ bzw. $\gamma_{\langle\alpha\rangle}$ schließlich lassen sich aus (3.2.114) und (3.2.61) angeben:

$$\gamma_{\langle\alpha 3\rangle} = \frac{1}{2}\gamma_{\langle\alpha\rangle} = \frac{1}{2}\gamma_\alpha\sqrt{a^{\alpha\alpha}}. \tag{3.2.128}$$

3.3 Die dynamischen und kinematischen Bedingungsgleichungen

3.3.1 Die vektoriellen Gleichgewichtsbedingungen

Nachdem im Abschnitt 3.2 Oberflächenlasten **p**, **c** sowie Schnittkraft- und Schnittmomentenvektoren $\mathbf{n}^\alpha$, $\mathbf{m}^\alpha$ definiert wurden, sollen diese dynamischen Variablen nun im Inneren des Flächentragwerks miteinander verknüpft werden. Dies erfolgt in den Gleichgewichtsbedingungen, die i.a. im *verformten* Zustand des Tragwerks formuliert werden. Wegen der

Annahme infinitesimaler Verformungen darf hierbei jedoch in einer linearen Theorie die verformte Tragwerksgeometrie näherungsweise mit der unverformten vor Aufbringung der Lasten gleichgesetzt werden. Alle im folgenden verwandten geometrischen Funktionen und Operationen beziehen sich daher auf die *unverformte* Mittelfläche.

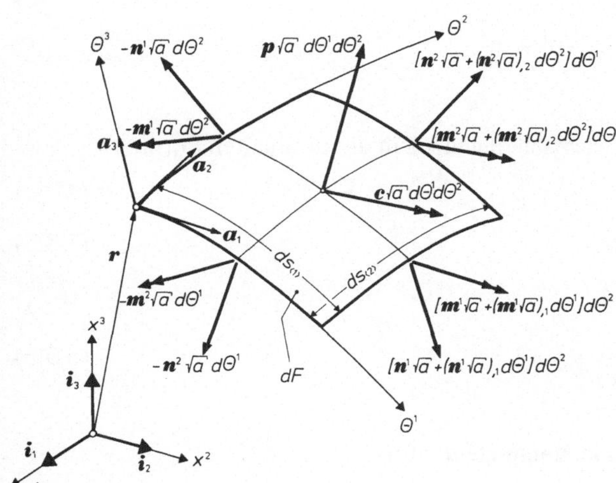

Bild 3.11 Im Gleichgewicht befindliches belastetes Schalenelement

Bild 3.11 zeigt ein differentielles Element dieser Mittelfläche, auf das ein resultierender Lastvektor $\mathbf{p}\sqrt{a}\,d\Theta^1\,d\Theta^2$ und Lastmomentenvektor $\mathbf{c}\sqrt{a}\,d\Theta^1\,d\Theta^2$ einwirken. Nach (3.2.19) treten am negativen Elementschnittufer Θ^1 = konst folgende Schnittgrößenvektoren auf:

$$-\mathbf{n}^1\sqrt{a}\,d\Theta^2, \quad -\mathbf{m}^1\sqrt{a}\,d\Theta^2,$$

die am positiven Schnittufer $(\Theta^1 + d\Theta^1)$ = konst definitionsgemäß mit positivem Vorzeichen versehen und um die differentiellen Zuwachsgrößen

$$(\mathbf{n}^1\sqrt{a})_{,1}\,d\Theta^1\,d\Theta^2, \quad (\mathbf{m}^1\sqrt{a})_{,1}\,d\Theta^1\,d\Theta^2$$

verändert wirken. Führt man die Schnittgrößen der Θ^2-Schnittufer in analoger Weise ein, so können die vektoriellen Gleichgewichtsbedingungen unmittelbar aus Bild 3.11 abgelesen werden. Für die *Kräftegleichgewichtsbedingung*

$$\begin{aligned}-\mathbf{n}^1\sqrt{a}\,d\Theta^2 + \mathbf{n}^1\sqrt{a}\,d\Theta^2 + (\mathbf{n}^1\sqrt{a})_{,1}\,d\Theta^1\,d\Theta^2 \\ -\mathbf{n}^2\sqrt{a}\,d\Theta^1 + \mathbf{n}^2\sqrt{a}\,d\Theta^1 + (\mathbf{n}^2\sqrt{a})_{,2}\,d\Theta^1\,d\Theta^2 \\ +\mathbf{p}\sqrt{a}\,d\Theta^1\,d\Theta^2 = 0\end{aligned} \tag{3.3.1}$$

entsteht, nach Kürzung durch $d\Theta^1\,d\Theta^2$ und bei Verwendung der Summationskonvention:

$$(\mathbf{n}^\alpha\sqrt{a})_{,\alpha} + \mathbf{p}\sqrt{a} = 0. \tag{3.3.2}$$

In entsprechender Weise findet man die Bedingung des *Momentengleichgewichtes*, wenn die vektoriellen Linienelemente (1.2.21)

$$d\mathbf{s}_{\langle 1\rangle} = \mathbf{a}_1\,d\Theta^1, \quad d\mathbf{s}_{\langle 2\rangle} = \mathbf{a}_2\,d\Theta^2$$

als Hebelarme der Schnittkräfte eingeführt und differentielle Glieder dritter Ordnung gestrichen werden:

$$(\mathbf{m}^\alpha \sqrt{a})_{,\alpha} + (\mathbf{a}_\alpha \times \mathbf{n}^\alpha \sqrt{a}) + \mathbf{c}\sqrt{a} = 0. \qquad (3.3.3)$$

Dividiert man schließlich (3.3.2) und (3.3.3), nach Ausführung der partiellen Ableitungen, durch $\sqrt{a}$ und berücksichtigt (1.4.11)

$$\Gamma^\lambda_{\lambda\alpha} = \frac{(\sqrt{a})_{,\alpha}}{\sqrt{a}},$$

so entstehen die vektoriellen Gleichgewichtsbedingungen in der invarianten Form:

$$\mathbf{n}^\alpha|_\alpha + \mathbf{p} = 0, \qquad (3.3.4)$$

$$\mathbf{m}^\alpha|_\alpha + \mathbf{a}_\alpha \times \mathbf{n}^\alpha + \mathbf{c} = 0. \qquad (3.3.5)$$

Hierin bedeuten entsprechend (1.4.31):

$$\begin{aligned} \mathbf{n}^\alpha|_\alpha &= \mathbf{n}^\alpha{}_{,\alpha} + \Gamma^\alpha_{\lambda\alpha}\mathbf{n}^\lambda, \\ \mathbf{m}^\alpha|_\alpha &= \mathbf{m}^\alpha{}_{,\alpha} + \Gamma^\alpha_{\lambda\alpha}\mathbf{m}^\lambda. \end{aligned} \qquad (3.3.6)$$

3.3.2 Die Gleichgewichtsbedingungen in Komponentenform

Die vektoriellen Gleichgewichtsbedingungen sollen anschließend in ihre Komponentenform überführt werden. Hierzu setzen wir zunächst die Ausdrücke (3.2.3), (3.2.21) in die Kräftegleichgewichtsbedingung (3.3.4) ein:

$$n^{\alpha\beta}|_\alpha \mathbf{a}_\beta + n^{\alpha\beta}\mathbf{a}_\beta|_\alpha + q^\alpha|_\alpha \mathbf{a}_3 + q^\alpha \mathbf{a}_3|_\alpha + p^\beta \mathbf{a}_\beta + p^3 \mathbf{a}_3 = 0. \qquad (3.3.7)$$

Unter Verwendung der Gleichungen (1.4.32, 34) von *Gauß* und *Weingarten* für die kovarianten Ableitungen der Basisvektoren $\mathbf{a}_i$ erhalten wir sodann

$$(n^{\alpha\beta}|_\alpha - q^\alpha b^\beta_\alpha + p^\beta)\,\mathbf{a}_\beta + (n^{\alpha\beta} b_{\alpha\beta} + q^\alpha|_\alpha + p^3)\,\mathbf{a}_3 = 0. \qquad (3.3.8)$$

Entsprechend entsteht mit (3.2.4), (3.2.21, 22) sowie (1.3.6, 7) aus der Momentengleichgewichtsbedingung (3.3.5)

$$(m^{\alpha\beta}|_\alpha - q^\beta + c^\beta)\,\mathbf{a}_3 \times \mathbf{a}_\beta + m^{\alpha\beta}(\epsilon_{\beta\rho}\,\mathbf{a}^\rho)|_\alpha + n^{\alpha\beta}\epsilon_{\alpha\beta}\mathbf{a}^3 = 0, \qquad (3.3.9)$$

die mit dem *Lemma* von *Ricci* (1.4.25)

$$\epsilon_{\beta\rho}|_\alpha = 0$$

sowie (1.4.33) die Form

$$(m^{\alpha\beta}|_\alpha - q^\beta + c^\beta)\mathbf{a}_3 \times \mathbf{a}_\beta + \epsilon_{\alpha\beta}\,(n^{\alpha\beta} + m^{\alpha\rho} b^\beta_\rho)\mathbf{a}^3 = 0 \qquad (3.3.10)$$

annimmt.

Die beiden Vektorgleichungen (3.3.8), (3.3.10) werden erfüllt, wenn jede ihrer Komponentengleichungen verschwindet. Hieraus entstehen die Gleichgewichtsbedingungen in Komponentenform:

$$n^{\alpha\beta}|_\alpha - q^\alpha b^\beta_\alpha + p^\beta = 0, \qquad (3.3.11)$$

$$n^{\alpha\beta} b_{\alpha\beta} + q^{\alpha}|_{\alpha} + p^3 = 0, \tag{3.3.12}$$

$$m^{\alpha\beta}|_{\alpha} - q^{\beta} + c^{\beta} = 0, \tag{3.3.13}$$

$$\epsilon_{\alpha\beta}(n^{\alpha\beta} + m^{\alpha\rho} b_{\rho}^{\beta}) = 0 \tag{3.3.14}$$

mit den bekannten Definitionen (1.4.19, 20) für die kovarianten Ableitungen der Schnittgrößentensoren:

$$\begin{aligned} n^{\alpha\beta}|_{\alpha} &= n^{\alpha\beta}{}_{,\alpha} + n^{\rho\beta}\Gamma^{\alpha}_{\alpha\rho} + n^{\alpha\rho}\Gamma^{\beta}_{\alpha\rho}, \\ q^{\alpha}|_{\alpha} &= q^{\alpha}{}_{,\alpha} + q^{\rho}\Gamma^{\alpha}_{\alpha\rho}, \\ m^{\alpha\beta}|_{\alpha} &= m^{\alpha\beta}{}_{,\alpha} + m^{\rho\beta}\Gamma^{\alpha}_{\alpha\rho} + m^{\alpha\rho}\Gamma^{\beta}_{\alpha\rho}. \end{aligned} \tag{3.3.15}$$

Die beiden ersten Bedingungen formulieren ursprungsgemäß das Kräftegleichgewicht in Richtung der Basisvektoren $\mathbf{a}_{\beta}$ und der Schalennormale $\mathbf{a}_3$; (3.3.13) drückt das Momentengleichgewicht um die kontravarianten Basisvektoren $\mathbf{a}^{\beta}$ als Drehachsen aus.

Besondere Bedeutung kommt der Momentengleichgewichtsbedingung (3.3.14) um die Schalennormale $\mathbf{a}_3$ zu. Das Verschwinden der vollständigen Überschiebung des antimetrischen Tensors $\epsilon_{\alpha\beta} = -\epsilon_{\beta\alpha}$ mit einem beliebigen anderen Tensor $\tilde{n}^{(\alpha\beta)}$ setzt dessen Symmetrie (runde Einklammerung der Indizes) voraus, wie

$$\begin{aligned} \epsilon_{\alpha\beta}\tilde{n}^{(\alpha\beta)} &= \epsilon_{\alpha\beta}\,\frac{1}{2}(\tilde{n}^{\alpha\beta} + \tilde{n}^{\beta\alpha}) = \frac{1}{2}(\epsilon_{\alpha\beta}\tilde{n}^{\alpha\beta} + \epsilon_{\beta\alpha}\tilde{n}^{\alpha\beta}) \\ &= \frac{1}{2}(\epsilon_{\alpha\beta}\tilde{n}^{\alpha\beta} - \epsilon_{\alpha\beta}\tilde{n}^{\alpha\beta}) \equiv 0 \end{aligned} \tag{3.3.16}$$

beweist. Dies bedeutet, daß durch (3.3.14) der in Klammern gesetzte Ausdruck als ein neuer, stets *symmetrischer* Tensor $\tilde{n}^{(\alpha\beta)}$ definiert wird:

$$\tilde{n}^{(\alpha\beta)} = \tilde{n}^{\alpha\beta} = \tilde{n}^{\beta\alpha} = n^{\alpha\beta} + m^{\alpha\rho} b_{\rho}^{\beta}. \tag{3.3.17}$$

Diese Symmetrieforderung läßt sich ebenfalls durch Rückgriff auf die im Abschnitt 3.2.4 eingeführten Spannungen $\tau^{\alpha\beta} = \tau^{\beta\alpha}$ eines dreidimensionalen Kontinuums verifizieren, wenn man die Definitionsgleichungen (3.2.41), (3.2.47) in (3.3.17) einsetzt:

$$\begin{aligned} \tilde{n}^{(\alpha\beta)} &= \int_{-h/2}^{h/2} \mu(\tau^{\alpha\beta} - \Theta^3 b_{\rho}^{\beta}\tau^{\alpha\rho})\,d\Theta^3 + b_{\rho}^{\beta} \int_{-h/2}^{h/2} \mu\tau^{\alpha\rho}\Theta^3\,d\Theta^3 \\ &= \int_{-h/2}^{h/2} \mu\tau^{\alpha\beta}\,d\Theta^3. \end{aligned} \tag{3.3.18}$$

Somit überträgt die Gleichgewichtsbedingung (3.3.14) die Symmetrieeigenschaft des Spannungstensors $\tau^{\alpha\beta}$ in die Theorie der Flächentragwerke. Sie läßt sich in die gleichfalls gebräuchliche Form

$$\begin{aligned} \epsilon_{\alpha\beta}(n^{\alpha\beta} + m^{\alpha\rho} b_{\rho}^{\beta}) &= \epsilon_{\alpha\beta} n^{\alpha\beta} + \epsilon_{\alpha\beta} m^{\alpha\rho} b_{\rho}^{\beta} = \epsilon_{\alpha\beta} n^{\alpha\beta} + \epsilon_{\beta\alpha} m^{\beta\rho} b_{\rho}^{\alpha} \\ &= \epsilon_{\alpha\beta}(n^{\alpha\beta} - m^{\beta\rho} b_{\rho}^{\alpha}) = 0 \end{aligned} \tag{3.3.19}$$

transformieren.

3.3.3 Hauptachsentransformation der Schnittgrößen- und Verzerrungsgrößentensoren

Im Abschnitt 3.2.3 hatten wir aus dem Dehnungskrafttensor $n^{\alpha\beta}$ und dem Momententensor $m^{\alpha\beta}$ gemäß (3.2.32, 33) resultierende Normal- und Tangentialkomponenten für beliebige Richtungen C auf der Mittelfläche bestimmt, die durch die Komponenten t_α, u_α nach (3.2.25) festgelegt waren. Hieran anknüpfend stellen wir uns jetzt die Aufgabe, Extremwerte der Normalkräfte n_u oder der Biegemomente m_t aus den entsprechenden Schnittgrößentensoren zu bestimmen.

Diese in der technischen Mechanik zentrale Frage nach den *Hauptnormalkräften* $n_{u(e)}$ und den *Hauptbiegemomenten* $m_{t(e)}$ wird verallgemeinernd durch die *Hauptachsentransformation* der jeweiligen Tensoren beantwortet. Wegen der angestrebten Orthogonalität der Hauptachsen müssen diese dabei als *symmetrisch* vorausgesetzt werden (siehe z.B. [21], S.85). Die folgenden Herleitungen werden exemplarisch für den Momententensor $m^{\alpha\beta} = m^{(\alpha\beta)}$ durchgeführt. Sie sind jedoch auf jeden symmetrischen Tensor zweiter Stufe übertragbar, beispielsweise auf $\tilde{n}^{(\alpha\beta)}$ (3.3.17) oder die Verzerrungstensoren $\alpha_{(\alpha\beta)}$ (3.2.108) und $\beta_{(\alpha\beta)}$ (3.2.109) der Mittelfläche F, um deren jeweilige Extremwerte zu bestimmen. Bei kombinierten Tragwerksbeanspruchungen sind darüber hinaus tangential zu F gerichtete Hauptspannungen und Hauptdehnungen von Punkten P* des Schalenraumes nachzuweisen, die sich aus den Komponenten des räumlichen Spannungstensors $\tau^{(\alpha\beta)}$ sowie Verzerrungstensors $\gamma_{(\alpha\beta)}$ ebenfalls durch Hauptachsentransformation berechnen lassen.

Ausgehend von Gleichung (3.2.33)

$$m_t = m^{\alpha\beta} u_\alpha u_\beta \tag{3.3.20}$$

werde ein Extremum des Biegemomentes $m_t = m_{t(e)}$ in Abhängigkeit von den Richtungskomponenten u_α unter der Nebenbedingung

$$\mathbf{u} \cdot \mathbf{u} = u_\alpha \mathbf{a}^\alpha \cdot u_\beta \mathbf{a}^\beta = u_\alpha u_\beta a^{\alpha\beta} = u_\alpha u^\alpha = 1 \tag{3.3.21}$$

gesucht. Zur Lösung dieses Problems nach der Multiplikatorenmethode von *Lagrange* wird – mit dem unbekannten Faktor Λ – eine neue Funktion

$$\phi = m_t - \Lambda(u_\alpha u^\alpha - 1) = m^{\alpha\beta} u_\alpha u_\beta - \Lambda(a^{\alpha\beta} u_\alpha u_\beta - 1) \tag{3.3.22}$$

gebildet, deren notwendige Extremalbedingung

$$\frac{\partial \phi}{\partial u_\alpha} = 2(m^{\alpha\beta} - \Lambda a^{\alpha\beta}) u_\beta = 0 \tag{3.3.23}$$

ein homogenes lineares Gleichungssystem für die Richtungskomponente u_β darstellt. Die Existenz nichttrivialer Lösungen ist an das Verschwinden der Systemdeterminante

$$|m^{\alpha\beta} - \Lambda a^{\alpha\beta}| = 0 \tag{3.3.24}$$

gebunden, was mit (1.2.13) auf folgende charakteristische Gleichung führt:

$$\Lambda^2 |a^{\alpha\beta}| - \Lambda \frac{1}{a} m^{\alpha\beta} a_{\alpha\beta} + |m^{\alpha\beta}| = 0.^* \tag{3.3.25}$$

* *Zieht man den Metriktensor* $a^{\lambda\beta}$ *aus der Existenzbedingung nichttrivialer Lösungen (3.3.24) heraus*

$$|m^{\alpha\beta} - \Lambda a^{\alpha\beta}| = |m^{\alpha}_{.\lambda} - \Lambda \delta^\alpha_\lambda| |a^{\lambda\beta}| = 0,$$

so entsteht wegen $|a^{\lambda\beta}| = a^{-1} \neq 0$ *die vereinfachte Eigenwertgleichung*

$$\Lambda^2 - \Lambda m^{\alpha}_{.\alpha} + |m^{\alpha}_{.\beta}| = 0,$$

in der lediglich Spur und Determinante des Momententensors vertreten sind.

Unter Voraussetzung der Symmetrie von $m^{\alpha\beta}$ ergeben sich hieraus zwei reelle Lösungen $\Lambda_{(1)}$ und $\Lambda_{(2)}$, die *Eigenwerte* des Momententensors (siehe [15], S. 24). Abgesehen von zentralsymmetrischen Punkten sind beide Eigenwerte verschieden. Die zugehörigen Richtungskomponenten $u_{\beta(1)}$ und $u_{\beta(2)}$, als *Eigen-* oder *Hauptrichtungen* bezeichnet, erfüllen die Extremalbedingung (3.3.23), die mit $u_{\alpha(e)}$ überschoben in

$$(m^{\alpha\beta} - \Lambda_{(e)}a^{\alpha\beta})u_{\beta(e)}u_{\alpha(e)} = m^{\alpha\beta}u_{\alpha(e)}u_{\beta(e)} - \Lambda_{(e)}\,a^{\alpha\beta}u_{\alpha(e)}u_{\beta(e)}$$

$$= m_{t(e)} - \Lambda_{(e)} = 0, \quad (e = 1, 2) \tag{3.3.26}$$

übergeht. Somit sind beide Eigenwerte $\Lambda_{(e)}$ selbst die gesuchten Extrema, die *Hauptbiegemomente*:

$$u_{\beta(1)}: \Lambda_{(1)} = m_{t(1)}, \quad u_{\beta(2)}: \Lambda_{(2)} = m_{t(2)}. \tag{3.3.27}$$

Spezialisiert man (3.3.23) für die Eigenwerte $\Lambda_{(1)}$ bzw. $\Lambda_{(2)}$ und überschiebt sie mit $u_{\alpha(2)}$ bzw. $u_{\alpha(1)}$, so gilt unter erneuter Voraussetzung der Symmetrie von $m^{\alpha\beta}$:

$$\begin{array}{l} (m^{\alpha\beta} - \Lambda_{(1)}a^{\alpha\beta})\,u_{\alpha(2)}u_{\beta(1)} = 0 \\ -\,(m^{\alpha\beta} - \Lambda_{(2)}a^{\alpha\beta})\,u_{\alpha(2)}u_{\beta(1)} = 0 \\ \hline (\Lambda_{(2)} - \Lambda_{(1)})\,a^{\alpha\beta}u_{\alpha(2)}u_{\beta(1)} = 0. \end{array} \tag{3.3.28}$$

Hieraus folgt mit $(\Lambda_{(2)} - \Lambda_{(1)}) \neq 0$ die eingangs erwähnte Orthogonalität

$$a^{\alpha\beta}u_{\alpha(2)}u_{\beta(1)} = u_{\beta(1)}u^{\beta(2)} = 0 \tag{3.3.29}$$

der beiden Eigenvektoren $\mathbf{u}_{(1)} = u_{\alpha(1)}\mathbf{a}^{\alpha}$ und $\mathbf{u}_{(2)} = u_{\beta(2)}\mathbf{a}^{\beta}$. (3.3.29) drückt das Verschwinden ihres Skalarproduktes aus, somit gilt

$$\mathbf{t}_{(1)} = \mathbf{u}_{(2)}, \quad \mathbf{t}_{(2)} = -\mathbf{u}_{(1)} \quad \text{oder} \quad \mathbf{t}_{(1)} = -\mathbf{u}_{(2)}, \quad \mathbf{t}_{(2)} = \mathbf{u}_{(1)}.$$

Berücksichtigt man dies und (3.3.29) in der ersten Beziehung (3.3.28), so stellt man durch Vergleich mit (3.2.33) fest, daß die den beiden Hauptachsen zugeordneten Torsionsmomente m_u entfallen:

$$m^{\alpha\beta}u_{\alpha(2)}u_{\beta(1)} = m^{\alpha\beta}t_{\alpha(1)}u_{\beta(1)} = -m_{u(1)} = 0. \tag{3.3.30}$$

Der Momententensor nimmt daher im Hauptachsensystem die besonders einfache Form einer *Diagonalmatrix* an:

$$\begin{bmatrix} m_{t(1)} & 0 \\ 0 & m_{t(2)} \end{bmatrix}. \tag{3.3.31}$$

Beispiel: In der technischen Mechanik wird der Momententensor zumeist in kartesischen Koordinaten x^{α} *angegeben:*

$$m^{\alpha\beta} = \begin{bmatrix} m^{11} & m^{12} \\ m^{21} & m^{22} \end{bmatrix}, \quad a^{\alpha\beta} = \begin{bmatrix} 1 & 0 \\ 0 & 1 \end{bmatrix}, \quad a^{-1} = |a^{\alpha\beta}| = 1.$$

Die zugehörige charakteristische Gleichung (3.3.25)

$$\Lambda^2 - \Lambda(m^{11} + m^{22}) + m^{11}m^{22} - (m^{12})^2 = 0$$

wird durch die bekannten Hauptbiegemomente

$$m_{t(e)} = \Lambda_{(1,2)} = \frac{m^{11} + m^{22}}{2} \pm \frac{1}{2}\sqrt{(m^{11} - m^{22})^2 + 4(m^{12})^2}$$

erfüllt. Weiterhin folgen aus der Extremalbedingung (3.3.23)

$$\begin{bmatrix} m^{11} & m^{12} \\ m^{21} & m^{22} \end{bmatrix} \begin{bmatrix} u_1 \\ u_2 \end{bmatrix} = \Lambda \begin{bmatrix} 1 & 0 \\ 0 & 1 \end{bmatrix} \begin{bmatrix} u_1 \\ u_2 \end{bmatrix}$$

zwei Bestimmungsgleichungen für die Komponenten u_α *jeder Hauptachse:*

$$m^{11}u_1 + m^{12}u_2 = \Lambda u_1,$$

$$m^{21}u_1 + m^{22}u_2 = \Lambda u_2.$$

Durch Elimination des Eigenwertes Λ *und unter Berücksichtigung des Additionstheorems für die Winkelfunktion*

$$\tan\alpha = \frac{\sin\alpha}{\cos\alpha} = \frac{u_2}{u_1}$$

gehen diese in die bekannte Richtungsbedingung

$$\tan 2\alpha = \frac{2m^{12}}{m^{11} - m^{22}}$$

über.

Neben der Hauptachsentransformation der Schnittgrößentensoren kann bemessungstechnisch noch diejenige von Bedeutung werden, die auf *Haupttorsionsmomente* $m_{u(e)}$ bzw. *Hauptschubkräfte* $n_{t(e)}$ führt. Diese treten bekanntlich in den zu $\mathbf{u}_{(1)}$ und $\mathbf{u}_{(2)}$ winkelhalbierenden Richtungen auf; eine Diagonalform ähnlich (3.3.31) entsteht jedoch nicht.

3.3.4 Die kinematischen Beziehungen

Punkte $\overline{P}^*$ des verformten Schalenkontinuums wurden im Abschnitt 3.2.5 gegenüber ihren unverformten Positionen P^* gemäß (3.2.55)

$$\mathbf{v}^* = \mathbf{v} + \Theta^3\mathbf{w} = v_\beta \mathbf{a}^\beta + v_3\mathbf{a}^3 + \Theta^3 w_\beta \mathbf{a}^\beta \tag{3.3.32}$$

durch die beiden Verschiebungsvektoren $\mathbf{v}$ und $\mathbf{w}$ festgelegt. Diesen *äußeren Weggrößen* mit ihren (3.2.52) und (3.2.58) entsprechenden Komponenten stehen die tensoriellen Verzerrungsmaße $\alpha_{\alpha\beta}$ (3.2.108), $\beta_{\alpha\beta}$ (3.2.109) sowie γ_α (3.2.114) als *innere Weggrößen* gegenüber. Beide Gruppen von Variablen werden durch die kinematischen Beziehungen miteinander verknüpft, die damit das Gegenstück zu den Gleichgewichtsbedingungen bilden, in denen *innere Kraftgrößen* in *äußere* transformiert werden.

Zur Herleitung der kinematischen Beziehungen für die beiden Verzerrungsgrößen $\alpha_{\alpha\beta}$ und $\beta_{\alpha\beta}$ bilden wir mit

$$\mathbf{v}^*_{,\alpha} = \mathbf{v}_{,\alpha} + \Theta^3\mathbf{w}_{,\alpha}$$

sowie (3.1.4)

$$\mathbf{a}^*_\alpha = \mathbf{a}_\alpha - \Theta^3 b^\lambda_\alpha \mathbf{a}_\lambda$$

die Komponenten $\gamma_{\alpha\beta}$ der linearisierten Form (3.2.104) des Verzerrungstensors von *Cauchy-Green*. Wird dabei, wie im Abschnitt 3.2.8 ausführlich begründet, der in Θ^3 quadratische Anteil unterdrückt, so lassen sich in

$$\begin{aligned}\gamma_{\alpha\beta} = \frac{1}{2} [(\mathbf{a}_\alpha \cdot \mathbf{v}_{,\beta} + \mathbf{a}_\beta \cdot \mathbf{v}_{,\alpha}) \\ + \Theta^3(\mathbf{a}_\alpha \cdot \mathbf{w}_{,\beta} + \mathbf{a}_\beta \cdot \mathbf{w}_{,\alpha} - b^\lambda_\alpha \mathbf{a}_\lambda \cdot \mathbf{v}_{,\beta} - b^\lambda_\beta \mathbf{a}_\lambda \cdot \mathbf{v}_{,\alpha})]\end{aligned} \tag{3.3.33}$$

die beiden (linearisierten) flächenhaften Verzerrungsmaße durch Vergleich mit (3.2.107) identifizieren:

$$\begin{aligned}\alpha_{\alpha\beta} &= \frac{1}{2} (\mathbf{a}_\alpha \cdot \mathbf{v}_{,\beta} + \mathbf{a}_\beta \cdot \mathbf{v}_{,\alpha}), \\ \beta_{\alpha\beta} &= \frac{1}{2} (\mathbf{a}_\alpha \cdot \mathbf{w}_{,\beta} + \mathbf{a}_\beta \cdot \mathbf{w}_{,\alpha} - b^\lambda_\alpha \mathbf{a}_\lambda \cdot \mathbf{v}_{,\beta} - b^\lambda_\beta \mathbf{a}_\lambda \cdot \mathbf{v}_{,\alpha}).\end{aligned} \tag{3.3.34}$$

Übernimmt man hierin nun die partiellen Ableitungen der Verschiebungsvektoren **v** und **w** bezüglich der Flächenkoordinaten Θ^α entsprechend (3.2.65)

$$\begin{aligned}\mathbf{v}_{,\alpha} &= (v_\lambda|_\alpha - b_{\lambda\alpha} v_3)\, \mathbf{a}^\lambda + (v_{3,\alpha} + b^\lambda_\alpha v_\lambda)\, \mathbf{a}^3 \\ &= \varphi_{\alpha\lambda} \mathbf{a}^\lambda + \varphi_{\alpha 3} \mathbf{a}^3 = \varphi_{\alpha i} \mathbf{a}^i, \\ \mathbf{w}_{,\alpha} &= w_\lambda|_\alpha \mathbf{a}^\lambda + b^\lambda_\alpha w_\lambda \mathbf{a}^3,\end{aligned} \tag{3.3.35}$$

so ergibt sich unmittelbar die Komponentenform der gesuchten Beziehungen:

$$\alpha_{\alpha\beta} = \frac{1}{2} (\varphi_{\alpha\beta} + \varphi_{\beta\alpha}) = \frac{1}{2} (v_\alpha|_\beta + v_\beta|_\alpha - 2 b_{\alpha\beta} v_3), \tag{3.3.36}$$

$$\begin{aligned}\beta_{\alpha\beta} &= \frac{1}{2} (w_\alpha|_\beta + w_\beta|_\alpha - b^\lambda_\alpha \varphi_{\beta\lambda} - b^\lambda_\beta \varphi_{\alpha\lambda}) \\ &= \frac{1}{2} (w_\alpha|_\beta + w_\beta|_\alpha - b^\lambda_\alpha v_\lambda|_\beta - b^\lambda_\beta v_\lambda|_\alpha + 2 b^\lambda_\alpha b_{\lambda\beta} v_3).\end{aligned} \tag{3.3.37}$$

Dabei wurden abkürzend die tangentialen Komponenten

$$\varphi_{\alpha\beta} = v_\beta|_\alpha - b_{\alpha\beta} v_3 \tag{3.3.38}$$

der durch (3.3.35) bzw. (3.2.66) definierten *Deformationsgradienten* verwendet.

Für spätere Vereinfachungen ist es vorteilhaft, im zweiten Verzerrungstensor (3.3.37) die Aufspaltung (3.2.60)

$$\mathbf{w} = \hat{\mathbf{w}} + \boldsymbol{\gamma}, \quad w_\lambda = \hat{w}_\lambda + \gamma_\lambda$$

vorzunehmen:

$$\begin{aligned}\beta_{\alpha\beta} &= \frac{1}{2} (\hat{w}_\alpha|_\beta + \hat{w}_\beta|_\alpha - b^\lambda_\alpha v_\lambda|_\beta - b^\lambda_\beta v_\lambda|_\alpha + 2 b^\lambda_\alpha b_{\lambda\beta} v_3) + \frac{1}{2} (\gamma_\alpha|_\beta + \gamma_\beta|_\alpha) \\ &= \omega_{\alpha\beta} + \frac{1}{2} (\gamma_\alpha|_\beta + \gamma_\beta|_\alpha).\end{aligned} \tag{3.3.39}$$

Dadurch lassen sich in dem Variablenteil $\omega_{\alpha\beta}$ die Komponenten des Vektors $\hat{\mathbf{w}}$, der bekanntlich die Drehung der Mittelflächentangentialebene beschreibt, gemäß (3.2.67) durch die Komponenten des Verschiebungstensors $\mathbf{v}$ ersetzen:

$$\begin{aligned}\omega_{\alpha\beta} &= -\frac{1}{2}(\varphi_{\alpha 3}|_\beta + \varphi_{\beta 3}|_\alpha + b_\alpha^\lambda \varphi_{\beta\lambda} + b_\beta^\lambda \varphi_{\alpha\lambda}) \\ &= -\frac{1}{2}(v_3|_{\alpha\beta} + v_3|_{\beta\alpha} + 2b_\alpha^\lambda v_\lambda|_\beta + 2b_\beta^\lambda v_\lambda|_\alpha + b_\alpha^\lambda|_\beta v_\lambda + b_\beta^\lambda|_\alpha v_\lambda - 2b_\alpha^\lambda b_{\lambda\beta} v_3) \\ &= -v_3|_{\alpha\beta} - b_\alpha^\lambda|_\beta v_\lambda - b_\alpha^\lambda v_\lambda|_\beta - b_\beta^\lambda v_\lambda|_\alpha + b_\alpha^\lambda b_{\lambda\beta} v_3 .\end{aligned} \tag{3.3.40}$$

In der letzten Zeile von (3.3.40) wurde zusätzlich die Vertauschbarkeit der zweiten kovarianten Ableitungen des Skalars v_3 sowie der Satz von *Codazzi* (1.4.52) berücksichtigt.

Ein Rückblick auf die Ausgangsform (3.2.109) des zweiten Verzerrungstensors $\beta_{\alpha\beta}$ verdeutlicht, daß der Anteil $\omega_{\alpha\beta}$ in der hier behandelten linearen Flächentragwerkstheorie gerade der Differenz der beiden Krümmungstensoren entspricht. Setzen wir später die Gültigkeit der Normalenhypothese ($\gamma = 0$) voraus, so wird damit an die Stelle von $\beta_{\alpha\beta}$ die neue Variable $\omega_{\alpha\beta}$ treten:

$$\omega_{\alpha\beta} = -(\bar{b}_{\alpha\beta} - b_{\alpha\beta}).$$

Zur abschließenden Verknüpfung der Schubverzerrungsmaße $\gamma_{\alpha 3}$ bzw. γ_α mit den Komponenten der Verschiebungsvektoren substituieren wir zunächst (3.2.60) und sodann (3.2.67) in die Identität (3.2.114):

$$\begin{aligned}\gamma_{\alpha 3} &= \frac{1}{2}\gamma_\alpha = \frac{1}{2}(w_\alpha - \hat{w}_\alpha) = \frac{1}{2}(w_\alpha + \varphi_{\alpha 3}) = \frac{1}{2}(w_\alpha + v_{3,\alpha} + b_\alpha^\lambda v_\lambda) \\ \gamma_\alpha &= w_\alpha + \varphi_{\alpha 3} = w_\alpha + v_{3,\alpha} + b_\alpha^\lambda v_\lambda .\end{aligned} \tag{3.3.41}$$

Mit den Gleichungen (3.3.36), (3.3.37) und (3.3.41) sind die kinematischen Beziehungen zur Verknüpfung innerer und äußerer Weggrößen ermittelt. Um diesen Abschnitt abzurunden, kehren wir nun noch einmal zum Deformationsgradienten (3.3.38) zurück und zerlegen ihn in seine symmetrischen und antimetrischen Bestandteile:

$$\varphi_{\alpha\beta} = \frac{1}{2}(\varphi_{\alpha\beta} + \varphi_{\beta\alpha}) + \frac{1}{2}(\varphi_{\alpha\beta} - \varphi_{\beta\alpha}) = \alpha_{(\alpha\beta)} + \varphi_{[\alpha\beta]} . \tag{3.3.42}$$

Definitionsgemäß (3.3.36) stimmt der symmetrische Anteil mit dem ersten Verzerrungstensor der Mittelfläche überein.

Der antimetrische Anteil besitzt, wie seine Darstellung als Matrix verdeutlicht,

$$\varphi_{[\alpha\beta]} = \frac{1}{2}(\varphi_{\alpha\beta} - \varphi_{\beta\alpha}) = \frac{1}{2}(v_\beta|_\alpha - v_\alpha|_\beta) = \frac{1}{2}\begin{bmatrix} 0 & v_2|_1 - v_1|_2 \\ -(v_2|_1 - v_1|_2) & 0 \end{bmatrix} \tag{3.3.43}$$

nur *eine* unabhängige Komponente. Diese entspricht, bis auf den Faktor $\sqrt{a}$, der Komponente $\hat{\Omega}^3$ des Verdrehungsvektors $\hat{\Omega}$ der Mittelfläche (3.2.78):

$$\hat{\Omega}^3 = \frac{1}{2}\epsilon^{\alpha\beta}\varphi_{[\alpha\beta]} = \frac{1}{2}\epsilon^{\alpha\beta} v_\beta|_\alpha = \frac{1}{2\sqrt{a}}(v_2|_1 - v_1|_2). \tag{3.3.44}$$

Somit weisen $\hat{\Omega}^3$ und der Tensor (3.3.43) den gleichen Informationsgehalt auf. Beide beschreiben die Verdrehung der Schalenmittelfläche um ihre Normale $\mathbf{a}_3$, was die Bezeichnung *antimetrischer Verdrehungstensor (Rotationstensor)* für $\varphi_{[\alpha\beta]}$ rechtfertigt. Die Zuordnung zwischen beiden Größen wird laut (3.3.43, 44) und (1.3.14, 15) durch

$$\hat{\Omega}^3 = \frac{1}{2}\epsilon^{\alpha\beta}\varphi_{[\alpha\beta]}, \quad \varphi_{[\alpha\beta]} = \epsilon_{\alpha\beta}\hat{\Omega}^3 \tag{3.3.45}$$

gebildet.

3.3.5 Randgrößen und Randbedingungen

Im Mittelpunkt des Abschnittes 3.3 standen bisher die dynamischen und kinematischen Feldgleichungen, Bedingungen des *Schaleninneren*; nun soll der *Schalenrand* einbezogen werden. Hierzu betrachten wir auf Bild 3.12 ein beliebiges Stück einer Schalenmittelfläche F, das durch eine geschlossene Kurve C begrenzt sei. Die Schalenrandkurve C werde dabei als stetig und glatt vorausgesetzt, so daß wir jedem Randpunkt ein orthonormiertes Dreibein $\mathbf{u}$, $\mathbf{t}$, $\mathbf{a}_3$ (3.2.25) zur eindeutigen Beschreibung der Kraft- und Weggrößenkomponenten des Schalenrandes zuordnen können. Das Dreibein sei dabei so orientiert, daß ansteigende Werte der Randkoordinate s in die Richtung $\mathbf{t}$ fallen und $\mathbf{u}$ nach außen weist.

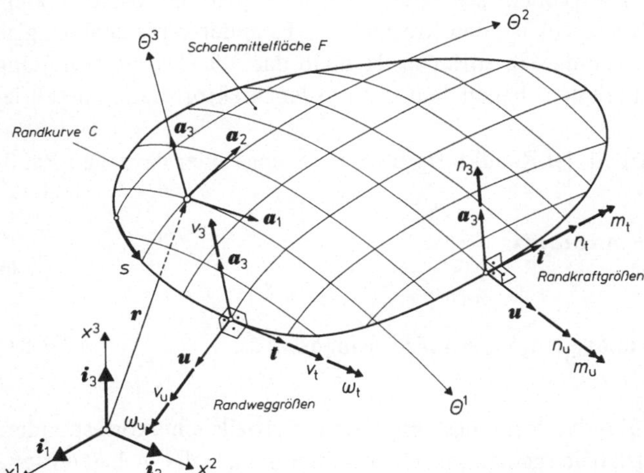

Bild 3.12 Schalenmittelfläche mit Randkurve C und vorschreibbaren Randgrößen

Die im Schaleninneren längs der Randkurve wirkenden Schnittgrößen, dargestellt durch die Tensorkomponenten $n^{\alpha\beta}$, q^α und $m^{\alpha\beta}$, können durch die Beziehungen (3.2.32, 33)

$$\begin{aligned} n_t &= n^{\alpha\beta}u_\alpha t_\beta, \quad n_u = n^{\alpha\beta}u_\alpha u_\beta, \quad n_3 = q^\alpha u_\alpha, \\ m_t &= m^{\alpha\beta}u_\alpha u_\beta, \quad m_u = -m^{\alpha\beta}u_\alpha t_\beta \end{aligned} \tag{3.3.46}$$

in die Richtungen des jeweiligen orthonormierten Dreibeins transformiert werden (3.2.29, 30):

$$\begin{aligned} \mathbf{n} &= n_t\mathbf{t} + n_u\mathbf{u} + n_3\mathbf{a}_3 = \mathbf{n}^0, \\ \mathbf{m} &= m_t\mathbf{t} + m_u\mathbf{u} \qquad\quad = \mathbf{m}^0. \end{aligned} \tag{3.3.47}$$

Diesen Schnittgrößen müssen am Schalenrand gleich große *äußere Randkraftgrößen* $\mathbf{n}^0$, $\mathbf{m}^0$ das Gleichgewicht halten.
Zur Beschreibung des *äußeren Verformungszustands* der Schale entlang C verwenden wir den Verschiebungsvektor $\mathbf{v}$ (3.2.52) der Mittelfläche und den Verdrehungsvektor $\boldsymbol{\omega}$ (3.2.86) des Schalendirektors mit den Komponenten

$$\begin{aligned} \mathbf{v} &= v_t \mathbf{t} + v_u \mathbf{u} + v_3 \mathbf{a}_3 = \mathbf{v}^0, \\ \boldsymbol{\omega} &= \omega_t \mathbf{t} + \omega_u \mathbf{u} = \boldsymbol{\omega}^0, \end{aligned} \tag{3.3.48}$$

die unmittelbar auch die Randwerte $\mathbf{v}^0$, $\boldsymbol{\omega}^0$ angeben. Ihre Verknüpfung mit den tensoriellen Komponenten beschreiben die Beziehungen (3.2.93) und (3.2.95):

$$\begin{aligned} v_t &= v^\alpha t_\alpha, \quad v_u = v^\alpha u_\alpha, \quad v_3 = v^3, \\ \omega_t &= \omega^\alpha t_\alpha, \quad \omega_u = \omega^\alpha u_\alpha. \end{aligned} \tag{3.3.49}$$

Der Leser sei erneut daran erinnert, daß alle Momentenvektoren der Abschnitte 3.2.1 und 3.2.2 als in der jeweiligen Tangentialebene wirkend vorausgesetzt wurden:

$$c^3 = c^{\langle 3 \rangle} = 0, \quad m^{\alpha 3} = m^{\langle \alpha 3 \rangle} = 0. \tag{3.3.50}$$

Obwohl der Schalenrand C zweifellos eine Drehung $\hat{\Omega}^3$ laut (3.2.78) oder (3.3.44) erfahren kann, sucht man diese in (3.3.48) vergeblich. Der Grund hierfür liegt in der Voraussetzung (3.3.50): $\hat{\Omega}^3$ verliert damit sein Gegenstück bei den Kraftgrößen. Es bildet keine unabhängige Variable mehr und muß somit als Randgröße entfallen. Deshalb darf die Gesamtverdrehung des Schalenrandes C auch allein durch den ebenen Teilvektor $\boldsymbol{\omega}$ der Direktorrotation beschrieben werden.

Wir bilden nun die virtuelle Arbeit der Randkraftgrößen $\mathbf{n}$, $\mathbf{m}$ längs einer virtuellen Randverformung:

$$\begin{aligned} \delta^* A_C &= \oint_C (\mathbf{n} \cdot \delta \mathbf{v} + \mathbf{m} \cdot \delta \boldsymbol{\omega}) \, ds \\ &= \oint_C (n_t \delta v_t + n_u \delta v_u + n_3 \delta v_3 + m_t \delta \omega_t + m_u \delta \omega_u) \, ds. \end{aligned} \tag{3.3.51}$$

Dieses Integral ordnet einzelnen Randverformungskomponenten jeweils eine korrespondierende Randkraftgröße derart zu, daß beide gemeinsam einen Anteil an virtueller Arbeit leisten.

Zur Lösung eines beliebigen Schalenrandwertproblems muß nun je Summand in (3.3.51) gerade *eine* Variable als Randwert vorgegeben werden. Die vorliegende Schalentheorie erfordert demnach je Randpunkt die Vorgabe von *fünf Randbedingungen*. Aus der Vielfalt konstruktiv realisierbarer Möglichkeiten zeigt Tafel 3.1 einige Beispiele. Viele andere Alternativen sind denkbar, insbesondere auch Linearkombinationen der Randgrößen untereinander. In keinem Fall dürfen jedoch *korrespondierende Randgrößen*, d.h. beide Komponenten eines Summanden von (3.3.51), gleichzeitig vorgeschrieben werden.

Der Begriff der korrespondierenden Randgrößen führt uns auf eine interessante Aussage über *korrespondierende Randbedingungen*. Dazu greifen wir aus einem sachgerecht beschriebenen (linearen) Schalenrandwertproblem die beliebige Kräfterandbedingung

$$n_t = n_t^0 = f(s) \quad \text{längs} \quad a \leqslant s \leqslant b \quad \text{von C} \tag{3.3.52}$$

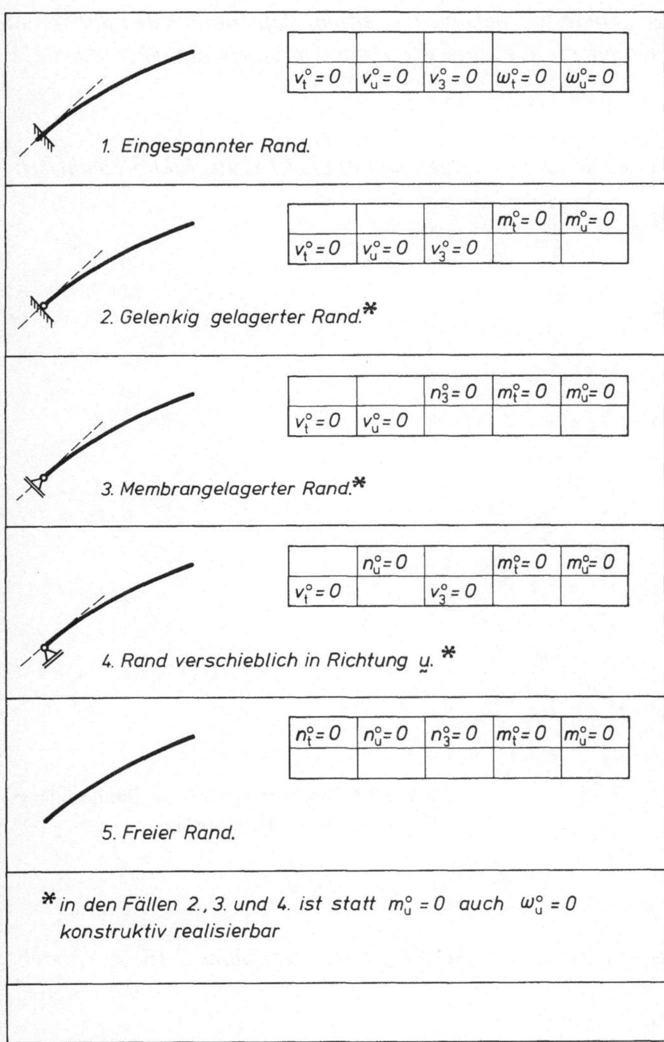

Tafel 3.1 Auswahl üblicher Randbedingungen einer Flächentragwerkstheorie unter Berücksichtigung von Schubverformungen

heraus. Für die zu n_t korrespondierende Randgröße v_t entstehe der Verlauf:

$$v_t = g(s) \quad \text{längs} \quad a \leqslant s \leqslant b \quad \text{von C.} \tag{3.3.53}$$

Im Vorgriff auf das Prinzip der virtuellen Verschiebungen (siehe Abschnitt 3.4.1) läßt sich erkennen, daß ohne Änderung der äußeren Lasten und übrigen Randbedingungen der Kräfte- und Verformungszustand des Schalentragwerks ebenfalls unverändert bleibt, wenn statt (3.3.52) die korrespondierende Verformungsrandbedingung

$$v_t = v_t^0 = g(s) \quad \text{längs} \quad a \leqslant s \leqslant b \quad \text{von C.} \tag{3.3.54}$$

vorgeschrieben wird, die ihrerseits zu $n_t = f(s)$ im angegebenen Randbereich führt.

Beispiel: Es soll der wichtige Sonderfall behandelt werden, daß die Schalenränder mit Hauptkrümmungslinien zusammenfallen, die zugleich Parameterlinien der Mittelfläche F *sind:*

$$a_{12} = b_{12} = 0.$$

Für die beiden Vektoren **t** *und* **u** *des Randteiles* 1 *läßt sich mit (1.2.14) aus Bild 3.13 ablesen:*

$$\mathbf{t} = \frac{\mathbf{a}_2}{\sqrt{a_{22}}} = \sqrt{a^{22}}\,\mathbf{a}_2 = \frac{\mathbf{a}^2}{\sqrt{a^{22}}} = \sqrt{a_{22}}\,\mathbf{a}^2,$$

$$\mathbf{u} = \frac{\mathbf{a}_1}{\sqrt{a_{11}}} = \sqrt{a^{11}}\,\mathbf{a}_1 = \frac{\mathbf{a}^1}{\sqrt{a^{11}}} = \sqrt{a_{11}}\,\mathbf{a}^1.$$

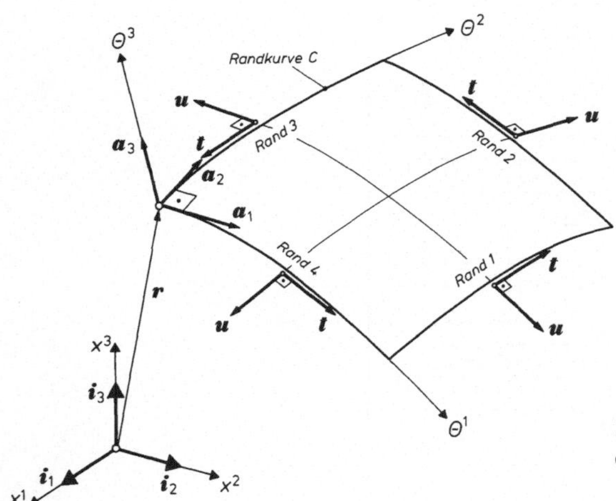

Bild 3.13 Flächentragwerk mit Rändern längs der Hauptkrümmungskoordinaten

Übertragen wir diese Herleitung auf die übrigen Schalenränder des Bildes 3.13, so entsteht insgesamt:

$$\mathit{Rand}\begin{bmatrix}1\\3\\ \\2\\4\end{bmatrix}:\ \mathbf{t} = \begin{bmatrix}0\\ \\ \mp\sqrt{a_{11}}\end{bmatrix}\mathbf{a}^1 + \begin{bmatrix}\pm\sqrt{a_{22}}\\ \\ 0\end{bmatrix}\mathbf{a}^2 = \begin{bmatrix}0\\ \\ \mp\sqrt{a^{11}}\end{bmatrix}\mathbf{a}_1 + \begin{bmatrix}\pm\sqrt{a^{22}}\\ \\ 0\end{bmatrix}\mathbf{a}_2$$

$$= t_1\mathbf{a}^1 + t_2\mathbf{a}^2 = t^1\mathbf{a}_1 + t^2\mathbf{a}_2,$$

$$\mathbf{u} = \begin{bmatrix}\pm\sqrt{a_{11}}\\ \\ 0\end{bmatrix}\mathbf{a}^1 + \begin{bmatrix}0\\ \\ \pm\sqrt{a_{22}}\end{bmatrix}\mathbf{a}^2 = \begin{bmatrix}\pm\sqrt{a^{11}}\\ \\ 0\end{bmatrix}\mathbf{a}_1 + \begin{bmatrix}0\\ \\ \pm\sqrt{a^{22}}\end{bmatrix}\mathbf{a}_2$$

$$= u_1\mathbf{a}^1 + u_2\mathbf{a}^2 = u^1\mathbf{a}_1 + u^2\mathbf{a}_2. \qquad (3.3.55)$$

In den Komponenten dieser beiden Einheitsvektoren beziehen sich die oberen Vorzeichen auf die Ränder 1 und 2, die unteren auf die Ränder 3 und 4. Diese Vereinbarung soll auch für weitere entsprechende Darstellungen gelten.

Damit können wir die Verknüpfungen (3.3.49) zwischen den skalaren und tensoriellen Randverformungen unter Beachtung von (3.2.96) in folgender Form angeben:

$$\text{Rand} \begin{bmatrix} 1 \\ 3 \\ \\ 2 \\ 4 \end{bmatrix} : \quad v_t = v^\alpha t_\alpha = \begin{bmatrix} \pm v^2 \sqrt{a_{22}} \\ \\ \mp v^1 \sqrt{a_{11}} \end{bmatrix}, \qquad v_u = v^\alpha u_\alpha = \begin{bmatrix} \pm v^1 \sqrt{a_{11}} \\ \\ \pm v^2 \sqrt{a_{22}} \end{bmatrix},$$

$$v_3 = v^3,$$

$$\omega_t = \omega^\alpha t_\alpha = w_\beta u^\beta = \begin{bmatrix} \pm \omega^2 \sqrt{a_{22}} \\ \\ \mp \omega^1 \sqrt{a_{11}} \end{bmatrix} = \begin{bmatrix} \pm w_1 \sqrt{a^{11}} \\ \\ \pm w_2 \sqrt{a^{22}} \end{bmatrix},$$

$$\omega_u = \omega^\alpha u_\alpha = -w_\beta t^\beta = \begin{bmatrix} \pm \omega^1 \sqrt{a_{11}} \\ \\ \pm \omega^2 \sqrt{a_{22}} \end{bmatrix} = \begin{bmatrix} \mp w_2 \sqrt{a^{22}} \\ \\ \pm w_1 \sqrt{a^{11}} \end{bmatrix}. \tag{3.3.56}$$

Die Transformationen (3.3.46) zwischen den Schnittgrößentensoren und den Randkraftgrößen lauten, wenn erneut (3.3.55) sowie $a = a_{11} a_{22}$ *verwendet werden:*

$$\text{Rand} \begin{bmatrix} 1 \\ 3 \\ \\ 2 \\ 4 \end{bmatrix} : \quad n_t = n^{\alpha\beta} u_\alpha t_\beta = \begin{bmatrix} + n^{12} \sqrt{a} \\ \\ - n^{21} \sqrt{a} \end{bmatrix}, \quad n_u = n^{\alpha\beta} u_\alpha u_\beta = \begin{bmatrix} n^{11} a_{11} \\ \\ n^{22} a_{22} \end{bmatrix},$$

$$n_3 = q^\alpha u_\alpha = \begin{bmatrix} \pm q^1 \sqrt{a_{11}} \\ \\ \pm q^2 \sqrt{a_{22}} \end{bmatrix},$$

$$m_t = m^{\alpha\beta} u_\alpha u_\beta = \begin{bmatrix} m^{11} a_{11} \\ \\ m^{22} a_{22} \end{bmatrix}, \quad m_u = -m^{\alpha\beta} u_\alpha t_\beta = \begin{bmatrix} - m^{12} \sqrt{a} \\ \\ + m^{21} \sqrt{a} \end{bmatrix}. \tag{3.3.57}$$

Der Schalenrand des Bildes 3.13 verletzt die eingangs aufgestellte Forderung nach Glattheit der Kurve C, diese ist nur noch *stückweise glatt*. Bei Unstetigkeiten der Randkraftgrößen in den Schaleneckpunkten, die auch durch den Wechsel des orthonormierten Dreibeins $\mathbf{u}, \mathbf{t}, \mathbf{a}_3$ entstehen können, ist (3.3.51) daher als Integral eines stückweise stetigen Integranden aufzufassen. Im Falle singulärer Randgrößen ist es durch geeignete Sprungbedingungen zu ergänzen (siehe z.B. [5]).

3.4 Die konstitutiven Beziehungen

3.4.1 Das Prinzip der virtuellen Verschiebungen

Im Abschnitt 3.3 haben wir die statischen (dynamischen) und kinematischen Feldgleichungen kennengelernt sowie den Weg zur Formulierung problemgerechter Randbedingungen aufgezeigt. Nun sollen die *konstitutiven Beziehungen*, auch als *Stoffgesetze* oder *physikalische Gleichungen* bezeichnet, für elastische Flächentragwerke hergeleitet werden, und zwar unter Verwendung des Prinzips der virtuellen Verschiebungen.

Dieses Prinzip besitzt in der Elastostatik durch seine Kopplung an die Variationsrechnung und das Axiom der Energieerhaltung grundlegende methodische Bedeutung (siehe z.B. [27, 37, 47]). Seine allgemeine Form lautet: *Die Summe der virtuellen Arbeiten aller inneren und äußeren Kraftgrößen eines im Gleichgewicht befindlichen Tragwerkes mit den korrespondierenden virtuellen Weggrößen eines geometrisch zulässigen Verschiebungsfeldes ist Null:*

$$\delta^* A_a + \delta^* A_i = 0. \tag{3.4.1}$$

Zur Erläuterung und Herleitung der für Flächentragwerke geeigneten Form des Prinzips der virtuellen Verschiebungen stellen wir uns ein beliebiges Schalenrandwertproblem vor. Auf einer Mittelfläche F seien der Lastvektor **p** (3.2.3) und der Lastmomentenvektor **c** (3.2.4) vorgegeben, auf dem Teilbereich C_t des Tragwerksrandes C die Randgrößen **n** und **m** (3.3.47). Die durch dieses äußere Kräftesystem hervorgerufenen Schnittgrößen werden durch die Tensorkomponenten $n^{\alpha\beta}$, q^{α} (3.2.21) und $m^{\alpha\beta}$ (3.2.22) beschrieben. Als äußere Weggrößen weise das betrachtete Randwertproblem das Verschiebungsfeld **v** (3.2.52), $\boldsymbol{\omega}$ (3.2.86) bzw. **w** (3.2.58) auf, welches den Verschiebungsrandbedingungen (3.3.48) auf dem Randteil $C_r = C - C_t$ genügt und im Schaleninneren zu den Verzerrungsgrößen $\alpha_{(\alpha\beta)}$ (3.2.108), $\beta_{(\alpha\beta)}$ (3.2.109) und γ_α (3.2.114) führt.

Im Gegensatz zu dem wirklichen Verschiebungsfeld **v**, $\boldsymbol{\omega}$ bzw. **w** des Randwertproblems verstehen wir unter den eingangs erwähnten *geometrisch oder kinematisch zulässigen Verschiebungen* $\bar{\mathbf{v}}$, $\bar{\boldsymbol{\omega}}$ bzw. $\bar{\mathbf{w}}$ alle diejenigen, die zwar die tatsächlichen Randbedingungen auf C_r erfüllen und auch Verzerrungsgrößen hervorrufen, jedoch ohne Beziehung zum Gleichgewicht des wirklichen Kräftesystems stehen. Die Schar aller geometrisch zulässigen Verschiebungen läßt sich besonders vorteilhaft unter Verwendung der Variation des wirklichen Verschiebungsfeldes durch

$$\begin{aligned} \bar{\mathbf{v}} &= \mathbf{v} + \delta\mathbf{v}, \\ \bar{\boldsymbol{\omega}} &= \boldsymbol{\omega} + \delta\boldsymbol{\omega} \quad \text{bzw.} \quad \bar{\mathbf{w}} = \mathbf{w} + \delta\mathbf{w} \end{aligned} \tag{3.4.2}$$

darstellen, wodurch weitere Herleitungen an das Regelwerk der Variationsrechnung gebunden sind.

Da alle geometrisch zulässigen Verschiebungsfelder (3.4.2) voraussetzungsgemäß vorgegebene geometrische Randbedingungen

$$\bar{\mathbf{v}} = \mathbf{v}^0, \quad \bar{\boldsymbol{\omega}} = \boldsymbol{\omega}^0 \quad \text{bzw.} \quad \bar{\mathbf{w}} = \mathbf{w}^0 \quad \text{längs } C_r$$

erfüllen sollen, gelten für die Randvariationen in (3.4.2):

$$\delta\mathbf{v} = 0, \quad \delta\boldsymbol{\omega} = 0 \quad \text{bzw.} \quad \delta\mathbf{w} = 0 \quad \text{längs } C_r.$$

Als zusätzliche Bedingungen haben wir nur noch die stetige Differenzierbarkeit der Variationen $\delta \mathbf{v}$, $\delta \boldsymbol{\omega}$ bzw. $\delta \mathbf{w}$ bis hinunter zur Definition virtueller Verzerrungsgrößen (sowie späterer Verträglichkeitsbedingungen) zu fordern. Unter diesen Voraussetzungen definieren die Variationen $\delta \mathbf{v}$, $\delta \boldsymbol{\omega}$ bzw. $\delta \mathbf{w}$ einen als *virtuell* bezeichneten Verschiebungszustand.

Bei Beachtung der Regeln der Variationsrechnung können damit alle bisher für das wirkliche Verschiebungsfeld hergeleiteten Beziehungen auf das virtuelle übertragen werden, beispielsweise die Komponentenzerlegung der äußeren Weggrößen (3.2.52), (3.2.86) und (3.2.58):

$$\begin{aligned} \delta \mathbf{v} &= \delta v^{\alpha} \mathbf{a}_{\alpha} + \delta v^{3} \mathbf{a}_{3}, \\ \delta \boldsymbol{\omega} &= \delta \omega^{\alpha} \mathbf{a}_{\alpha} \quad \text{bzw.} \quad \delta \mathbf{w} = \delta w^{\alpha} \mathbf{a}_{\alpha} \end{aligned} \tag{3.4.3}$$

mit den Verknüpfungen (3.2.88):

$$\delta w_{\beta} = \epsilon_{\beta\alpha} \delta \omega^{\alpha}, \quad \delta \omega^{\rho} = \epsilon^{\beta\rho} \delta w_{\beta}; \tag{3.4.4}$$

die kovarianten Ableitungen der Vektoren $\delta \mathbf{v}$ und $\delta \boldsymbol{\omega}$:

$$\begin{aligned} \delta \mathbf{v}|_{\alpha} &= \delta \mathbf{v}_{,\alpha} = \delta \varphi_{\alpha\lambda} \mathbf{a}^{\lambda} + \delta \varphi_{\alpha 3} \mathbf{a}^{3}, \\ \delta \boldsymbol{\omega}|_{\alpha} &= \delta \boldsymbol{\omega}_{,\alpha} = \delta \omega_{\lambda}|_{\alpha} \mathbf{a}^{\lambda} + b_{\alpha}^{\lambda} \delta \omega_{\lambda} \mathbf{a}^{3} \end{aligned} \tag{3.4.5}$$

sowie die Verzerrungsmaße (3.3.42), (3.3.37) und (3.3.41):

$$\delta \alpha_{(\alpha\beta)} = \delta \varphi_{(\alpha\beta)} = \frac{1}{2} (\delta \varphi_{\alpha\beta} + \delta \varphi_{\beta\alpha}) = \delta \varphi_{\alpha\beta} - \delta \varphi_{[\alpha\beta]}, \tag{3.4.6}$$

$$\delta \beta_{(\alpha\beta)} = \frac{1}{2} (\delta w_{\alpha}|_{\beta} + \delta w_{\beta}|_{\alpha} - b_{\alpha}^{\lambda} \delta \varphi_{\beta\lambda} - b_{\beta}^{\lambda} \delta \varphi_{\alpha\lambda}), \tag{3.4.7}$$

$$\delta \gamma_{\alpha} = \delta w_{\alpha} + \delta \varphi_{\alpha 3} = \delta w_{\alpha} + \delta v_{3,\alpha} + b_{\alpha}^{\lambda} \delta v_{\lambda}. \tag{3.4.8}$$

Allgemein werden wir die erste Variation jeder beliebigen kinematischen Variablen als *virtuelle Verformung* oder *Verrückung* bezeichnen. Insbesondere seien hierunter die (freien) Variationen (3.4.3) der unabhängigen Variablen $\mathbf{v}$ und $\boldsymbol{\omega}$ bzw. $\mathbf{w}$ verstanden. Dieser mathematischen Definition steht eine anschauliche Erklärung im Sprachgebrauch der Ingenieurwissenschaften gleichberechtigt zur Seite (siehe z.B. [38], S. 35). Danach wird eine virtuelle Verrückung als *unendlich kleine, mit den Zwangsbedingungen des Systems verträgliche, im übrigen aber beliebige Verformung* erklärt. Unter *Zwangsbedingungen* werden dabei sowohl die geometrischen Randbedingungen als auch sämtliche zwischen den kinematischen Variablen bestehenden Verknüpfungen verstanden, beispielsweise die kinematischen Beziehungen.

Nach diesen einführenden Bemerkungen erteilen wir nun jedem Punkt der Mittelfläche F und des Schalenrandes C eine virtuelle Verschiebung $\delta \mathbf{v}$ sowie eine virtuelle Verdrehung $\delta \boldsymbol{\omega}$. Damit läßt sich die virtuelle Arbeit der äußeren mechanischen Variablen als

$$\delta^{*} A_{a} = \iint_{F} (\mathbf{p} \cdot \delta \mathbf{v} + \mathbf{c} \cdot \delta \boldsymbol{\omega}) \, dF + \oint_{C} (\mathbf{n} \cdot \delta \mathbf{v} + \mathbf{m} \cdot \delta \boldsymbol{\omega}) \, ds \tag{3.4.9}$$

darstellen, wenn wir als virtuelle Arbeitsanteile die Skalarprodukte der wirklichen Kräfte $\mathbf{p}$, $\mathbf{n}$ und Momente $\mathbf{c}$, $\mathbf{m}$ mit den korrespondierenden virtuellen Weggrößen definieren. Die Integration erfolgt, da das Prinzip der virtuellen Verschiebungen eine *globale* Aussage vermittelt, über das gesamte Tragwerk: Mittelfläche und Schalenrand. Dabei wurde die Schalenrandarbeit aus (3.3.51) übernommen; eine Aufspaltung des Randes in Teilbereiche C_t und C_r kann jedoch unterbleiben.

Nun eliminieren wir durch die beiden vektoriellen Gleichgewichtsbedingungen (3.3.4) und (3.3.5) die Lastgrößen **p**, **c** des Flächenintegrals, wobei die eckige Klammer ein Spatprodukt bezeichnet:

$$\delta^* A_a = - \iint_F \left\{ \mathbf{n}^\alpha|_\alpha \cdot \delta \mathbf{v} + \mathbf{m}^\alpha|_\alpha \cdot \delta \boldsymbol{\omega} + [\mathbf{a}_\alpha \, \mathbf{n}^\alpha \, \delta \boldsymbol{\omega}] \right\} dF + \oint_C (\mathbf{n} \cdot \delta \mathbf{v} + \mathbf{m} \cdot \delta \boldsymbol{\omega}) \, ds. \tag{3.4.10}$$

Formen wir hierin die inneren Produkte des ersten Integranden in Produktableitungen um, verwenden sodann den Integralsatz von *Gauß* (1.5.15) und schließlich die Substitution (3.2.28):

$$\begin{aligned} \delta^* A_a &= - \iint_F \left\{ (\mathbf{n}^\alpha \cdot \delta \mathbf{v})|_\alpha + (\mathbf{m}^\alpha \cdot \delta \boldsymbol{\omega})|_\alpha \right\} dF + \oint_C (\mathbf{n} \cdot \delta \mathbf{v} + \mathbf{m} \cdot \delta \boldsymbol{\omega}) \, ds \\ &\quad + \iint_F \left\{ \mathbf{n}^\alpha \cdot \delta \mathbf{v}|_\alpha + \mathbf{m}^\alpha \cdot \delta \boldsymbol{\omega}|_\alpha + \mathbf{n}^\alpha \cdot (\mathbf{a}_\alpha \times \delta \boldsymbol{\omega}) \right\} dF \\ &= - \oint_C (\mathbf{n} \cdot \delta \mathbf{v} + \mathbf{m} \cdot \delta \boldsymbol{\omega}) \, ds + \oint_C (\mathbf{n} \cdot \delta \mathbf{v} + \mathbf{m} \cdot \delta \boldsymbol{\omega}) \, ds \\ &\quad + \iint_F \left\{ \mathbf{n}^\alpha \cdot \delta \mathbf{v}|_\alpha + \mathbf{m}^\alpha \cdot \delta \boldsymbol{\omega}|_\alpha + \mathbf{n}^\alpha \cdot (\mathbf{a}_\alpha \times \delta \boldsymbol{\omega}) \right\} dF, \end{aligned} \tag{3.4.11}$$

so tilgt sich das neu entstandene mit dem ursprünglichen Randintegral.

In das verbleibende Restintegral (3.4.11) führen wir als nächstes die beiden kovarianten Ableitungen (3.4.5) ein. Gleichzeitig transformieren wir das äußere Produkt durch Komponentenzerlegung (3.4.3) des virtuellen Drehvektors und Anwendung der Beziehungen (1.3.6)

$$\mathbf{a}_\alpha \times \delta \boldsymbol{\omega} = \mathbf{a}_\alpha \times \mathbf{a}_\lambda \delta \omega^\lambda = \epsilon_{\alpha\lambda} \delta \omega^\lambda \mathbf{a}^3 = \delta w_\alpha \mathbf{a}^3 \tag{3.4.12}$$

in eine Form, die durch (3.4.4) von den Vektorkomponenten δw_α abhängt. Berücksichtigen wir zusätzlich die Zerlegung (3.2.21, 22) der Schnittgrößenvektoren $\mathbf{n}^\alpha$, $\mathbf{m}^\alpha$, so entsteht unter Beachtung der Orthogonalität von $\mathbf{a}^\lambda$ und $\mathbf{a}^3$:

$$\begin{aligned} \delta^* A_a = \iint_F \Big\{ &(n^{\alpha\beta} \mathbf{a}_\beta + q^\alpha \mathbf{a}_3) \cdot (\delta \varphi_{\alpha\lambda} \mathbf{a}^\lambda + \delta \varphi_{\alpha 3} \mathbf{a}^3) \\ &+ m^{\alpha\rho} \epsilon_{\rho\beta} \mathbf{a}^\beta \cdot (\delta \omega_\lambda|_\alpha \mathbf{a}^\lambda + b_\alpha^\lambda \delta \omega_\lambda \mathbf{a}^3) + (n^{\alpha\beta} \mathbf{a}_\beta + q^\alpha \mathbf{a}_3) \cdot \delta w_\alpha \mathbf{a}^3 \Big\} dF \end{aligned}$$

$$= \iint\limits_F \{n^{\alpha\beta}\delta\varphi_{\alpha\beta} + q^\alpha\delta\varphi_{\alpha 3} + m^{\alpha\rho}\epsilon_{\rho\beta}\delta\omega^\beta|_\alpha + q^\alpha\delta w_\alpha\}\,dF$$

$$= \iint\limits_F \{n^{\alpha\beta}\delta\varphi_{\alpha\beta} + q^\alpha(\delta w_\alpha + \delta\varphi_{\alpha 3}) + m^{\alpha\rho}\epsilon_{\rho\beta}\delta\omega^\beta|_\alpha\}\,dF$$

$$= \iint\limits_F \{n^{\alpha\beta}\delta\varphi_{\alpha\beta} + q^\alpha\delta\gamma_\alpha + m^{\alpha\rho}\delta w_\rho|_\alpha\}\,dF. \tag{3.4.13}$$

In der letzten Zeile wurde dabei erneut die Beziehung (3.4.4) verwendet, ergänzt durch das *Ricci-Lemma* $\epsilon_{\rho\beta}|_\alpha = 0$ (1.4.25). Die Zusammenfassung der beiden an den Querkraftvektor q^α gekoppelten Glieder ließ schließlich dort den Verzerrungstensor (3.4.8) entstehen.

Nun führen wir in (3.4.13) den symmetrischen Tensor $\tilde{n}^{(\alpha\beta)}$ (3.3.17) ein:

$$n^{\alpha\beta} = \tilde{n}^{(\alpha\beta)} - m^{\alpha\rho}b^\beta_\rho \tag{3.4.14}$$

und fassen daraufhin beide mit dem Momententensor behafteten Ausdrücke unter Ausnutzung seiner Symmetrie $m^{\alpha\rho} = m^{\rho\alpha}$ zusammen:

$$\begin{aligned} -m^{\alpha\rho}b^\beta_\rho\delta\varphi_{\alpha\beta} + m^{\alpha\rho}\delta w_\rho|_\alpha &= m^{\alpha\rho}(\delta w_\rho|_\alpha - b^\beta_\rho\delta\varphi_{\alpha\beta}) \\ &= m^{\alpha\rho}\frac{1}{2}(\delta w_\alpha|_\rho + \delta w_\rho|_\alpha - b^\lambda_\alpha\delta\varphi_{\rho\lambda} - b^\lambda_\rho\delta\varphi_{\alpha\lambda}) \\ &= m^{\alpha\beta}\delta\beta_{\alpha\beta}. \end{aligned} \tag{3.4.15}$$

Beachten wir abschließend noch die für den symmetrischen Tensor $\tilde{n}^{(\alpha\beta)}$ bestehende Identität

$$\tilde{n}^{(\alpha\beta)}\delta\varphi_{\alpha\beta} = \tilde{n}^{(\alpha\beta)}(\delta\varphi_{(\alpha\beta)} + \delta\varphi_{[\alpha\beta]}) = \tilde{n}^{(\alpha\beta)}\delta\varphi_{(\alpha\beta)} = \tilde{n}^{(\alpha\beta)}\delta\alpha_{(\alpha\beta)},$$

so erhalten wir aus (3.4.13):

$$\delta^* A_a = \iint\limits_F (\tilde{n}^{(\alpha\beta)}\delta\alpha_{(\alpha\beta)} + q^\alpha\delta\gamma_\alpha + m^{(\alpha\beta)}\delta\beta_{(\alpha\beta)})\,dF \tag{3.4.16}$$

eine Form der äußeren virtuellen Arbeit, die ausschließlich aus inneren mechanischen Variablen aufgebaut ist.

Im Hinblick auf (3.4.1) bezeichnen wir daher den negativen Wert des Integrals (3.4.16) als virtuelle Arbeit $\delta^* A_i$ der inneren Kraftgrößen oder als *innere* virtuelle Arbeit. Mit (3.4.9) ist damit die gesuchte Form des *Prinzips der virtuellen Verschiebungen* gefunden.

$$\begin{aligned} \delta^* A_a + \delta^* A_i = 0 \\ &= \iint\limits_F (\mathbf{p}\cdot\delta\mathbf{v} + \mathbf{c}\cdot\delta\boldsymbol{\omega})\,dF + \oint\limits_C (\mathbf{n}\cdot\delta\mathbf{v} + \mathbf{m}\cdot\delta\boldsymbol{\omega})\,ds \\ &\quad - \iint\limits_F (\tilde{n}^{(\alpha\beta)}\delta\alpha_{(\alpha\beta)} + m^{(\alpha\beta)}\delta\beta_{(\alpha\beta)} + q^\alpha\delta\gamma_\alpha)\,dF \end{aligned}$$

$$= \iint_F (p^\alpha \delta v_\alpha + p^3 \delta v_3 + c^\alpha \delta w_\alpha)\, dF$$

$$+ \oint_C (n_t \delta v_t + n_u \delta v_u + n_3 \delta v_3 + m_t \delta \omega_t + m_u \delta \omega_u)\, ds$$

$$- \iint_F (\tilde{n}^{(\alpha\beta)} \delta \alpha_{(\alpha\beta)} + m^{(\alpha\beta)} \delta \beta_{(\alpha\beta)} + q^\alpha \delta \gamma_\alpha)\, dF. \qquad (3.4.17)$$

Zur Herleitung der Komponentenform der *äußeren* virtuellen Arbeit wurde auf die Beziehungen (3.2.3, 4), (3.4.3, 4) sowie (3.3.51) zurückgegriffen. Die runde Einklammerung der Indizes einiger Tensorkomponenten in (3.4.17) und an weiteren Stellen soll deren Symmetrie besonders hervorheben.

Als erste Anwendung mag dieses Prinzip zur Definition *korrespondierender mechanischer Variablen* dienen. Unter diesem bereits verwendeten Begriff verstehen wir Skalare, Vektoren und Tensoren sowie deren Komponenten, die als zugeordnete Größen in (3.4.17) jeweils einen gemeinsamen Arbeitsanteil bilden. Korrespondierende Variablen spielen bei der problemgerechten Formulierung mechanischer Theorien eine wichtige Rolle, wie der Hinweis auf korrespondierende Randbedingungen im Abschnitt 3.3.5 bereits andeutete. So erkennt man in (3.4.17) als die zum ersten Verzerrungstensor $\alpha_{(\alpha\beta)}$ korrespondierende Schnittgröße nicht etwa den Dehnungskrafttensor $n^{\alpha\beta}$, sondern dessen symmetrische Ersatzgröße $\tilde{n}^{(\alpha\beta)}$.

3.4.2 Formänderungsenergie und konstitutive Beziehungen hyperelastischer Flächentragwerke

Das Prinzip der virtuellen Verschiebungen (3.4.17) stellt eine *globale Aussage* über das Tragverhalten der Schale dar. Dies bedeutet, daß dieses Prinzip nicht wie die Gleichgewichtsbedingungen oder die kinematischen Beziehungen für ein differentielles Flächenelement dF gilt, sondern durch Integration über die Mittelfläche F und den Schalenrand C für das Gesamttragwerk formuliert wurde. Wie der Herleitungsgang beweist, wurden dabei keine Voraussetzungen über das Werkstoffverhalten getroffen. Wir werden uns nun dieses Prinzips bedienen, um ein kontinuumsmechanisches Modell für *elastische* Schalenwerkstoffe abzuleiten.

Hierzu fordern wir zunächst, daß an jedem Punkt $P(\Theta^\alpha)$ der Mittelfläche eine stetige und einmal stetig differenzierbare Energiefunktion $\pi_i(\Theta^\alpha)$ existiere, die als *Formänderungsenergiedichte, Dichte des elastischen Potentials* oder *potentielle Energiedichte* des Tragwerks bezeichnet werde. Sie sei auf die Flächeneinheit der unverformten Mittelfläche bezogen und somit eine *flächenhafte* Dichtefunktion. Die Formänderungsenergiedichte sei ferner *ausschließlich* und *eindeutig* von den Verzerrungsmaßen (sowie der Tragwerksgeometrie) abhängig:

$$\Pi_i = \iint_F \pi_i dF = \iint_F \pi_i(\alpha_{(\alpha\beta)}, \beta_{(\alpha\beta)}, \gamma_\alpha)\, dF. \qquad (3.4.18)$$

Wir definieren jetzt: *Ein Schalenwerkstoff heißt elastisch*, wenn eine Formänderungs-*

* *In der Kontinuumsmechanik wird die getroffene Definition oft als hyperelastisch bezeichnet. In thermodynamischem Zusammenhang entspricht für isotherme Vorgänge π_i der freien Energie, siehe z.B. [11], S. 445.*

energiedichte $\pi_i(\Theta^\alpha)$ mit den genannten Eigenschaften existiert, deren erste Variation gleich dem (negativen) Integranden der inneren virtuellen Arbeit ist. Berücksichtigen wir, daß das Integrationssymbol mit dem Variationszeichen vertauschbar und $\delta F = \delta(\sqrt{a}\, d\Theta^1 d\Theta^2) = 0$ ist, so entsteht aus (3.4.18):

$$-\delta^* A_i = \delta \Pi_i = \delta \iint_F \pi_i dF = \iint_F \delta \pi_i dF$$

$$= \iint_F \left(\frac{\partial \pi_i}{\partial \alpha_{(\alpha\beta)}} \delta \alpha_{(\alpha\beta)} + \frac{\partial \pi_i}{\partial \beta_{(\alpha\beta)}} \delta \beta_{(\alpha\beta)} + \frac{\partial \pi_i}{\partial \gamma_\alpha} \delta \gamma_\alpha \right) dF. \qquad (3.4.19)$$

Definitionsgemäß stimmt somit die virtuelle Arbeit $-\delta^* A_i$ mit der vollständigen Variation des elastischen Potentials $\delta \Pi_i$ – auch als *Formänderungsenergie* oder *potentielle Energie* bezeichnet – überein. Diese Eigenschaft des elastischen Verformungsverhaltens gestattet, da die Differentiale der Verzerrungsvariablen zulässige Variationen darstellen, die Vertauschung von Variations- und Differentiationssymbol in (3.4.19). Hierdurch formuliert $d\Pi_i$, wie aus (3.4.17) ersichtlich, die wirkliche Arbeit der inneren Kraftgrößen an den infinitesimalen Verzerrungszuwächsen; das Integral Π_i verkörpert somit die wirkliche innere Gesamtarbeit.

Aus (3.4.18) erkennen wir damit unschwer, daß diese Arbeit ausschließlich durch die Differenz von Anfangs- und Endpunkt eines Verformungsprozesses bestimmt wird. Abhängigkeiten vom zurückgelegten Weg oder der Deformationsgeschwindigkeit bestehen voraussetzungsgemäß nicht. Wird ein elastisches Schalentragwerk durch Lasteinflüsse verformt und anschließend wieder bis in den Ausgangszustand entformt, so verschwindet demnach die Formänderungsenergie dieses geschlossenen Deformationszyklus. Die Beschränkung der Variablen der Energiedichte π_i (3.4.18) auf die Verzerrungsmaße und die Verknüpfung (3.4.19) mit der virtuellen Arbeit $-\delta^* A_i$ sorgen daher für die Reversibilität elastischer Deformationen. Aus diesem Grunde ist auch für Π_i der Ausdruck *Potential* gerechtfertigt, der allgemein eine Energie der Lage kennzeichnet.

Unter Hervorhebung der Symmetrie der Verzerrungstensoren $\alpha_{(\alpha\beta)}$ und $\beta_{(\alpha\beta)}$ folgen aus (3.4.19) durch gliedweisen Vergleich mit der inneren virtuellen Arbeit in (3.4.17) die konstitutiven Beziehungen elastischer Flächentragwerke, die als lokale Aussagen für jeden Punkt der Mittelfläche erfüllt sein müssen:

$$\begin{aligned} \tilde{n}^{(\alpha\beta)} &= \frac{\partial \pi_i}{\partial \alpha_{(\alpha\beta)}} = \frac{1}{2}\left(\frac{\partial \pi_i}{\partial \alpha_{\alpha\beta}} + \frac{\partial \pi_i}{\partial \alpha_{\beta\alpha}}\right), \\ m^{(\alpha\beta)} &= \frac{\partial \pi_i}{\partial \beta_{(\alpha\beta)}} = \frac{1}{2}\left(\frac{\partial \pi_i}{\partial \beta_{\alpha\beta}} + \frac{\partial \pi_i}{\partial \beta_{\beta\alpha}}\right), \\ q^\alpha &= \frac{\partial \pi_i}{\partial \gamma_\alpha}. \end{aligned} \qquad (3.4.20)$$

Als Formänderungsenergiedichte $\pi_i(\Theta^\alpha)$ steht nun eine große Funktionenvielfalt zur Verfügung, die die getroffenen Voraussetzungen erfüllt. Aus Festigkeitsversuchen wissen wir jedoch, daß die meisten Werkstoffe im Bereich kleiner Deformationen ausreichend genau durch *lineare* Verknüpfungen von Schnitt- und Verzerrungsgrößen beschreibbar sind. In diesem

Fall der *Hookeschen* oder *linearen Elastizität* ist die Energiedichte π_i ein quadratisches Polynom, dessen allgemeinste Form

$$\pi_i = \frac{1}{2}\{\overset{(1)}{E}{}^{\alpha\beta\lambda\mu}\alpha_{(\alpha\beta)}\alpha_{(\lambda\mu)} + 2\overset{(2)}{E}{}^{\alpha\beta\lambda\mu}\alpha_{(\alpha\beta)}\beta_{(\lambda\mu)} + \overset{(3)}{E}{}^{\alpha\beta\lambda\mu}\beta_{(\alpha\beta)}\beta_{(\lambda\mu)}$$
$$+ \overset{(1)}{E}{}^{\alpha\beta\lambda}\alpha_{(\alpha\beta)}\gamma_\lambda + \overset{(2)}{E}{}^{\alpha\beta\lambda}\beta_{(\alpha\beta)}\gamma_\lambda + E^{\alpha\lambda}\gamma_\alpha\gamma_\lambda\} \tag{3.4.21}$$

lautet. Abschätzungen der einzelnen Anteile (3.4.21) dieser Formänderungsenergiedichte [36, 43] ließen erkennen, daß für isotrope Tragwerke das zweite, vierte und fünfte Glied als unwesentlich gestrichen werden dürfen:

$$\pi_i = \frac{1}{2}\{\overset{(1)}{E}{}^{\alpha\beta\lambda\mu}\alpha_{(\alpha\beta)}\alpha_{(\lambda\mu)} + \overset{(3)}{E}{}^{\alpha\beta\lambda\mu}\beta_{(\alpha\beta)}\beta_{(\lambda\mu)} + E^{\alpha\lambda}\gamma_\alpha\gamma_\lambda\}. \tag{3.4.22}$$

Die verbleibende Form (3.4.22) findet sich bereits bei *Love* [29], allerdings ohne den Anteil der Querschubverzerrungen.

Aus (3.4.22) folgen noch einige interessante Symmetrieeigenschaften der Elastizitätstensoren, die auch von späteren Einschränkungen nicht berührt werden. Infolge der Symmetrie der beiden Verzerrunstensoren $\alpha_{(\alpha\beta)}$ und $\beta_{(\alpha\beta)}$ werden in den auftretenden Überschiebungen nur die in (α,β) und (λ,μ) symmetrischen Anteile der Elastizitätstensoren berücksichtigt; diese können daher in den genannten Indizes als symmetrisch vorausgesetzt werden:

$$\overset{(n)}{E}{}^{\alpha\beta\lambda\mu} = \overset{(n)}{E}{}^{\beta\alpha\lambda\mu} = \overset{(n)}{E}{}^{\beta\alpha\mu\lambda} = \overset{(n)}{E}{}^{\alpha\beta\mu\lambda} = \overset{(n)}{E}{}^{(\alpha\beta)(\lambda\mu)}. \tag{3.4.23}$$

Außerdem folgt aus:

$$\overset{(1)}{E}{}^{\alpha\beta\lambda\mu}\alpha_{(\alpha\beta)}\alpha_{(\lambda\mu)} = \overset{(1)}{E}{}^{\lambda\mu\alpha\beta}\alpha_{(\lambda\mu)}\alpha_{(\alpha\beta)} = \overset{(1)}{E}{}^{\lambda\mu\alpha\beta}\alpha_{(\alpha\beta)}\alpha_{(\lambda\mu)} \tag{3.4.24}$$

für willkürliche Verzerrungen $\alpha_{(\alpha\beta)}$ bzw. $\alpha_{(\lambda\mu)}$ Gruppensymmetrie der ersten beiden und letzten beiden Indizes des Elastizitätstensors $\overset{(1)}{E}{}^{\alpha\beta\lambda\mu}$. Dieselbe Eigenschaft trifft für $\overset{(3)}{E}{}^{\alpha\beta\lambda\mu}$ zu:

$$\overset{(n)}{E}{}^{(\alpha\beta)(\lambda\mu)} = \overset{(n)}{E}{}^{(\lambda\mu)(\alpha\beta)}; \tag{3.4.25}$$

gleichfalls gilt:

$$E^{\alpha\lambda} = E^{\lambda\alpha} = E^{(\alpha\lambda)}. \tag{3.4.26}$$

Elastische Schalenwerkstoffe werden somit durch je sechs unabhängige Komponenten der Elastizitätstensoren $\overset{(n)}{E}{}^{\alpha\beta\lambda\mu}$ und durch drei Komponenten $E^{\alpha\lambda}$ charakterisiert.

$$\begin{array}{lllll} \overset{(n)}{E}{}^{1111}, & \overset{(n)}{E}{}^{1112}, & \overset{(n)}{E}{}^{1122}, & \qquad & E^{11}, E^{12}, \\ & \overset{(n)}{E}{}^{1212}, & \overset{(n)}{E}{}^{1222}, & & E^{22}. \\ & & \overset{(n)}{E}{}^{2222}, & & \end{array} \tag{3.4.27}$$

Alle Komponenten dürfen entsprechend der eingangs getroffenen Definition Funktionen nur der Flächenkoordinaten Θ^α sein.

3.4.3 Die Elastizitätsgleichungen isotroper Flächentragwerke

Zur Herleitung einer flächenhaften Formänderungsenergiedichte π_i (3.4.22) bedienen wir uns der Formänderungsenergie π_i^* dreidimensionaler isotroper Kontinua (siehe z.B. [15, 27, 48] u.a.):

$$\pi_i^* = \frac{1}{2} E^{*ijrs} \gamma_{ij} \gamma_{rs} , \tag{3.4.28}$$

wobei der Elastizitätstensor E^{*ijrs} im Falle *isotropen* Werkstoffverhaltens eine Funktion des Metriktensors darstellt

$$E^{*ijrs} = G\left(a^{*ir} a^{*js} + a^{*is} a^{*jr} + \frac{2\nu}{1-2\nu} a^{*ij} a^{*rs}\right) \tag{3.4.29}$$

und γ_{ij} den Verzerrungstensor (3.2.116) abkürzt.* In (3.4.29) bezeichnet G den Gleitmodul und ν die Querdehnungszahl des Werkstoffs; beide sind durch

$$G = \frac{E}{2(1+\nu)} \tag{3.4.30}$$

mit dem Elastizitätsmodul E verbunden. Der kontravariante Maßtensor des unverformten Schalenraumes wird nach (3.1.10) und (3.2.99) durch

$$\begin{aligned} a^{*\alpha\beta} &= a^{\alpha\beta} + 2\Theta^3 b^{\alpha\beta} + 3(\Theta^3)^2 b^{\alpha\lambda} b_\lambda^\beta + \ldots \\ a^{*33} &= \mathbf{a}^{*3} \cdot \mathbf{a}^{*3} = 1, \quad a^{*\alpha 3} = \mathbf{a}^{*\alpha} \cdot \mathbf{a}^{*3} = 0 \end{aligned} \tag{3.4.31}$$

gebildet. Aus diesen Beziehungen kann die auf die Einheit der Mittelfläche F des Schalentragwerks bezogene Energiedichte π_i (3.4.18) durch Integration über die Dicke h

$$\begin{aligned} &\iint\limits_F \pi_i dF = \iint\limits_F \pi_i \sqrt{a}\, d\Theta^1 d\Theta^2 = \iiint\limits_V \pi_i^* dV = \iiint\limits_V \pi_i^* \sqrt{a^*}\, d\Theta^1 d\Theta^2 d\Theta^3 , \\ &\pi_i = \int\limits_{-h/2}^{h/2} \sqrt{\frac{a^*}{a}}\, \pi_i^* d\Theta^3 = \int\limits_{-h/2}^{h/2} \mu \pi_i^* d\Theta^3 \end{aligned} \tag{3.4.32}$$

gewonnen werden, wenn zusätzlich μ entsprechend (3.1.16) verwendet wird.

Aus den Beziehungen (3.4.28), (3.4.29) sowie (3.4.31), (3.4.32) und (3.1.16) läßt sich nun unschwer erkennen, daß die Geometrie des Flächentragwerks in der Energiedichte π_i durch Metrik- und Krümmungstensor der Mittelfläche sowie die Dicke h in beliebig hohen Potenzen vertreten sein wird. Eine einfachste Näherung für π_i läßt sich nun gewinnen, wenn $a^{*\alpha\beta}$ und μ jeweils durch das konstante Glied ihrer zugehörigen Reihendarstellung ersetzt werden:

$$a^{*\alpha\beta} \approx a^{\alpha\beta}, \quad \mu \approx 1, \quad a^{*33} = 1. \tag{3.4.33}$$

Hierdurch werden alle Flächen F^* in ihren metrischen Eigenschaften der Referenzfläche F gleichgesetzt, und die elastischen Eigenschaften des Schalenraumes somit ausschließlich

* *Elastisch isotrope Werkstoffe zeigen in allen Richtungen eines Punktes gleiche elastische Eigenschaften, die durch zwei unabhängige Stoffparameter beschrieben werden können; siehe z.B. [15], S. 160; [3], S. 138; [48], S. 115; u.a.*

durch diejenigen auf der Mittelfläche beschrieben. Diese Einschränkung erscheint äußerst weitgehend und läßt kaum ein befriedigendes Ergebnis erwarten. Dennoch weist die auf diesem Wege entstehende Formänderungsenergie (3.4.39) von allen bekannt gewordenen Energiefunktionen die geringsten Mängel auf und stellt heute die einzige allseits akzeptierte Form dar. Sie geht auf *Koiter* [22] und *Naghdi* [32] zurück und wird als *erste Approximation der Schalentheorie** bezeichnet, wobei ihr Name die Möglichkeit besserer Näherungen offenläßt. Wir werden diese zentrale Frage im Kapitel 4 erneut aufgreifen und vertiefen.

Zur expliziten Herleitung der flächenhaften Formänderungsenergie π_i schreiben wir zunächst die quadratische Form (3.4.28) unter Beachtung der Orthogonalität $a^{*\alpha 3} = 0$ der Basisvektoren im Elastizitätstensor (3.4.29) aus:

$$\pi_i^* = \frac{1}{2}(E^{*\alpha\beta\lambda\mu}\gamma_{\alpha\beta}\gamma_{\lambda\mu} + 2E^{*\alpha\beta 33}\gamma_{\alpha\beta}\gamma_{33} + 4E^{*\alpha 3\lambda 3}\gamma_{\alpha 3}\gamma_{\lambda 3} + E^{*3333}\gamma_{33}\gamma_{33}). \tag{3.4.34}$$

Um die Voraussetzung $\tau^{33} = 0$ des Abschnitts 3.1.4 zu erfüllen, eliminieren wir sodann durch

$$\tau^{ij} = E^{*ijrs}\gamma_{rs}:$$

$$\tau^{33} = E^{*33\lambda\mu}\gamma_{\lambda\mu} + E^{*3333}\gamma_{33} = 0 \tag{3.4.35}$$

mit:

$$E^{*33\lambda\mu} = \frac{2G\nu}{1-2\nu}a^{*\lambda\mu}, \quad E^{*3333} = \frac{2G(1-\nu)}{1-2\nu}, \tag{3.4.36}$$

laut (3.4.29) unter der Einschränkung $\nu \neq 1/2$ die Dehnungskomponenten γ_{33} aus (3.4.34). Wir erhalten, wenn zusätzlich (3.2.114) berücksichtigt wird:

$$\pi_i^* = \frac{1}{2}(H^{*\alpha\beta\lambda\mu}\gamma_{\alpha\beta}\gamma_{\lambda\mu} + H^{*\alpha 3\lambda 3}\gamma_\alpha\gamma_\lambda), \tag{3.4.37}$$

mit

$$H^{*\alpha\beta\lambda\mu} = G(a^{*\alpha\lambda}a^{*\beta\mu} + a^{*\alpha\mu}a^{*\beta\lambda} + \frac{2\nu}{1-\nu}a^{*\alpha\beta}a^{*\lambda\mu}),$$
$$H^{*\alpha 3\lambda 3} = Ga^{*\alpha\lambda}. \tag{3.4.38}$$

Führen wir nun die Integration (3.4.32) nach Einsetzen von (3.4.37, 38) sowie der geometrischen Approximationen (3.4.33) aus, spalten jedoch vorher die zur Mittelfläche tangentialen Verzerrungskomponenten $\gamma_{\alpha\beta}$ entsprechend (3.2.116) auf, so entsteht die gesuchte Formänderungsenergie π_i isotroper Flächentragwerke:

$$\pi_i = \frac{1}{2}(DH^{\alpha\beta\lambda\mu}\alpha_{(\alpha\beta)}\alpha_{(\lambda\mu)} + BH^{\alpha\beta\lambda\mu}\beta_{(\alpha\beta)}\beta_{(\lambda\mu)} + Gha^{\alpha\lambda}\gamma_\alpha\gamma_\lambda). \tag{3.4.39}$$

Folgende Abkürzungen wurden hierin eingeführt:

$$D = \frac{Eh}{1-\nu^2} \quad \text{als } \textit{Dehnsteifigkeit},$$

* *Der Begriff selbst geht ebenfalls bereits auf Love zurück, der auch schon eine zweite Approximation herzuleiten versuchte; siehe [29], S. 528.*

$$B = \frac{Eh^3}{12(1-\nu^2)} \quad \text{als } \textit{Biegesteifigkeit} \text{ und} \tag{3.4.40}$$

$$Gh = \frac{Eh}{2(1+\nu)} \quad \text{als } \textit{Schubsteifigkeit}.^*$$

h bezeichnet wie üblich die Tragwerksdicke. Der Elastizitätstensor $H^{\alpha\beta\lambda\mu}$, der durch Abspalten des Gleitmoduls G (3.4.30) aus (3.4.38) entstand und ausschließlich die Metrik der Mittelfläche sowie die Querdehnungszahl ν enthält:

$$H^{\alpha\beta\lambda\mu} = \frac{1-\nu}{2}\left(a^{\alpha\lambda}a^{\beta\mu} + a^{\alpha\mu}a^{\beta\lambda} + \frac{2\nu}{1-\nu}a^{\alpha\beta}a^{\lambda\mu}\right), \tag{3.4.41}$$

erfüllt alle Symmetriebedingungen (3.4.23) und (3.4.25):

$$H^{\alpha\beta\lambda\mu} = H^{\beta\alpha\lambda\mu} = H^{\beta\alpha\mu\lambda} = H^{\alpha\beta\mu\lambda} = H^{\lambda\mu\alpha\beta}. \tag{3.4.42}$$

Seine sechs unabhängigen Komponenten sind:

$$\begin{array}{lll} H^{1111}, & H^{1112}, & H^{1122}, \\ & H^{1212}, & H^{1222}, \\ & & H^{2222}. \end{array} \tag{3.4.43}$$

Die *konstitutiven Beziehungen* dieser ersten Approximation linear elastischer und isotroper Flächentragwerke, auch als Elastizitätsgleichungen bezeichnet, lassen sich laut (3.4.20) folgendermaßen angeben:

$$\begin{aligned} \tilde{n}^{(\alpha\beta)} &= DH^{\alpha\beta\lambda\mu}\alpha_{(\lambda\mu)}, \quad q^\alpha = Gha^{\alpha\lambda}\gamma_\lambda, \\ m^{(\alpha\beta)} &= BH^{\alpha\beta\lambda\mu}\beta_{(\lambda\mu)}. \end{aligned} \tag{3.4.44}$$

Die Formänderungsenergiedichte (3.4.39) ist eine positiv definite quadratische Form [43] und in Gliedern der Größenordnung λ^2 fehlerhaft [22, 23]. Sie hängt von den beiden Werkstoffparametern G bzw. E (3.4.30) und ν ab und gilt gemeinsam mit den aus ihr entstandenen Elastizitätsgesetzen (3.4.44) auch für solche Änderungen der Tragwerksdicke, die den Unschärfebereich der Dünne-Hypothese (3.1.24) nicht überschreiten, d.h.:

$$h = h(\Theta^1, \Theta^2), \text{ jedoch } \; h_{,\alpha} \leqslant 0(\lambda) \ll 1.$$

Abschließend seien die konstitutiven Beziehungen (3.4.44) nach den jeweiligen Verzerrungsgrößen aufgelöst. Hierzu benötigen wir den zu (3.4.41) inversen Tensor:

$$G_{\lambda\mu\rho\sigma} = \frac{1}{2(1-\nu)}\left[a_{\lambda\rho}a_{\mu\sigma} + a_{\lambda\sigma}a_{\mu\rho} - \frac{2\nu}{1+\nu}a_{\lambda\mu}a_{\rho\sigma}\right], \tag{3.4.45}$$

der die Symmetrieeigenschaften

$$G_{\lambda\mu\rho\sigma} = G_{\mu\lambda\rho\sigma} = G_{\mu\lambda\sigma\rho} = G_{\lambda\mu\sigma\rho} = G_{\rho\sigma\lambda\mu}$$

* *Die Plattentheorie von Reissner weist eine Schubsteifigkeit von* $\frac{5}{6}$ Gh *auf, diese Abweichung liegt kontinuumsmechanisch im Unschärfebereich der Herleitung, siehe z.B.* [*12, 40*].

besitzt und gemeinsam mit (3.4.41) die Identität

$$H^{\alpha\beta\lambda\mu}G_{\lambda\mu\rho\sigma} = \frac{1}{2}(\delta^{\alpha}_{\rho}\delta^{\beta}_{\sigma} + \delta^{\alpha}_{\sigma}\delta^{\beta}_{\rho}) \tag{3.4.46}$$

erfüllt. Hiermit sowie unter Verwendung von (1.2.11) lassen sich aus (3.4.44) die *inversen konstitutiven Beziehungen*:

$$\begin{aligned} D\alpha_{(\lambda\mu)} &= G_{\lambda\mu\rho\sigma}\tilde{n}^{(\rho\sigma)}, \quad G h\gamma_{\lambda} = a_{\lambda\rho}q^{\rho}, \\ B\beta_{(\lambda\mu)} &= G_{\lambda\mu\rho\sigma}m^{(\rho\sigma)} \end{aligned} \tag{3.4.47}$$

gewinnen. Für die beiden Elastizitätstensoren (3.4.41) und (3.4.45) ist noch eine zweite Form gebräuchlich, die mittels der Identität (1.3.12) leicht verifiziert werden kann:

$$\begin{aligned} H^{\alpha\beta\lambda\mu} &= \frac{1}{2}[a^{\alpha\lambda}a^{\beta\mu} + a^{\alpha\mu}a^{\beta\lambda} + \nu(\epsilon^{\alpha\lambda}\epsilon^{\beta\mu} + \epsilon^{\alpha\mu}\epsilon^{\beta\lambda})], \\ G_{\lambda\mu\rho\sigma} &= \frac{1}{2(1-\nu^2)}[a_{\lambda\rho}a_{\mu\sigma} + a_{\lambda\sigma}a_{\mu\rho} - \nu(\epsilon_{\lambda\rho}\epsilon_{\mu\sigma} + \epsilon_{\lambda\sigma}\epsilon_{\mu\rho})]. \end{aligned} \tag{3.4.48}$$

Beispiel: Die konstitutive Beziehung $\tilde{n}^{(\alpha\beta)} = DH^{\alpha\beta\lambda\mu}\alpha_{(\lambda\mu)}$ *(3.4.44) soll für ein System orthogonaler Flächenkoordinaten* Θ^{α} *ausgeschrieben werden:*

$$a^{\alpha\beta} = \begin{bmatrix} a^{11} & 0 \\ 0 & a^{22} \end{bmatrix}, \quad a^{12} = a^{21} = 0.$$

Zunächst werden die Komponenten des Elastizitätstensors $H^{\alpha\beta\lambda\mu}$ *(3.4.41) ermittelt, sofern diese von Null verschieden sind:*

$$\begin{aligned} H^{1111} &= \frac{1-\nu}{2}\left[a^{11}a^{11} + a^{11}a^{11} + \frac{2\nu}{1-\nu}a^{11}a^{11}\right] = a^{11}a^{11}, \\ H^{1122} = H^{2211} &= \frac{1-\nu}{2}\left[\frac{2\nu}{1-\nu}a^{11}a^{22}\right] = \nu a^{11}a^{22}, \\ H^{2222} &= \frac{1-\nu}{2}\left[a^{22}a^{22} + a^{22}a^{22} + \frac{2\nu}{1-\nu}a^{22}a^{22}\right] = a^{22}a^{22}, \\ H^{1212} = H^{1221} = H^{2121} = H^{2112} &= \frac{1-\nu}{2}a^{11}a^{22}. \end{aligned}$$

Hiermit folgt aus der Werkstoffgleichung (3.4.44):

$$\begin{aligned} \tilde{n}^{(11)} &= D[H^{1111}\alpha_{(11)} + H^{1122}\alpha_{(22)}] = D[a^{11}a^{11}\alpha_{(11)} + \nu a^{11}a^{22}\alpha_{(22)}], \\ \tilde{n}^{(12)} &= D[H^{1212}\alpha_{(12)} + H^{1221}\alpha_{(21)}] = D(1-\nu)a^{11}a^{22}\alpha_{(12)}, \\ \tilde{n}^{(22)} &= D[H^{2211}\alpha_{(11)} + H^{2222}\alpha_{(22)}] = D[\nu a^{11}a^{22}\alpha_{(11)} + a^{22}a^{22}\alpha_{(22)}] \end{aligned}$$

bzw. in Matrixform:

$$\begin{bmatrix} \tilde{n}^{(11)} \\ \tilde{n}^{(12)} = \tilde{n}^{(21)} \\ \tilde{n}^{(22)} \end{bmatrix} = D \begin{bmatrix} a^{11}a^{11} & 0 & \nu a^{11}a^{22} \\ 0 & (1-\nu)a^{11}a^{22} & 0 \\ \nu a^{11}a^{22} & 0 & a^{22}a^{22} \end{bmatrix} \begin{bmatrix} \alpha_{(11)} \\ \alpha_{(12)} = \alpha_{(21)} \\ \alpha_{(22)} \end{bmatrix} .$$

Wird nun das allgemeine orthogonale Koordinatensystem Θ^α *in ein orthogonales kartesisches spezialisiert, so entsteht mit* $a^{\alpha\beta} = \delta^{\alpha\beta}$

$$\begin{bmatrix} \tilde{n}^{(11)} \\ \tilde{n}^{(12)} = \tilde{n}^{(21)} \\ \tilde{n}^{(22)} \end{bmatrix} = D \begin{bmatrix} 1 & 0 & \nu \\ 0 & 1-\nu & 0 \\ \nu & 0 & 1 \end{bmatrix} \begin{bmatrix} \alpha_{(11)} \\ \alpha_{(12)} = \alpha_{(21)} \\ \alpha_{(22)} \end{bmatrix}$$

die bekannte Form des Elastizitätsgesetzes.

3.4.4 Berücksichtigung von Temperatureinwirkungen

Wird ein Flächentragwerk Temperatureinwirkungen unterworfen, so sucht es sein Volumen zu verändern. Solange sich dabei die einzelnen Tragwerkselemente gegenseitig nicht behindern, bleibt der Schalenraum spannungsfrei. Andernfalls entstehen Reaktionsspannungen, die die unverträglichen Deformationen benachbarter Elemente zur Anpassung zwingen. Diese bezeichnet man als Temperaturspannungen, deren resultierende Kräfte und Momente als Temperaturschnittgrößen.

Zwängungsfreie Temperatureinwirkungen rufen somit ein Verzerrungsfeld $\overset{T}{\gamma}_{(ij)}$ hervor, das aus reinen *Volumendehnungen (Dilatationen)** besteht. Es wird durch temperaturabhängige Zusatzglieder in den konstitutiven Beziehungen erfaßt, die es zu bestimmen gilt.

Im Rahmen *technischer* Flächentragwerkstheorien wird bekanntlich jedes Verzerrungsfeld, also auch ein temperaturbedingtes, durch die Modellvorstellungen (3.2.116) beschrieben. Dies legt den tangentialen Verzerrungskomponenten $\gamma_{(\alpha\beta)}$ die Beschränkung eines geradlinigen Verlaufs über die Tragwerksdicke h auf; für die physikalischen Wärmedehnungskomponenten bedeutet dies somit laut (3.2.126):

$$\overset{T}{\gamma}_{\langle\alpha\beta\rangle} = \overset{T}{\alpha}_{\langle\alpha\beta\rangle} + \Theta^3 \overset{T}{\beta}_{\langle\alpha\beta\rangle} . \tag{3.4.49}$$

Der Schalenwerkstoff werde ebenfalls als *thermisch isotrop* vorausgesetzt, so daß die thermischen Ausdehnungseigenschaften – wie die elastischen – von den Koordinatenrichtungen Θ^α der Mittelfläche unabhängig sind. Somit ist das physikalische Wärmedehnungsfeld $\overset{T}{\gamma}_{\langle\alpha\beta\rangle}$ (3.4.49) dem wirkenden Temperaturfeld T^* (3.4.50) proportional, das daher ebenfalls höchstens als geradlinig über die Tragwerksdicke verlaufend Berücksichtigung finden kann: **

$$T^*(\Theta^1,\Theta^2,\Theta^3) = T(\Theta^1,\Theta^2) + \Theta^3 \frac{\Delta T(\Theta^1,\Theta^2)}{h} . \tag{3.4.50}$$

* *Winkeländerungen treten dabei nicht auf.*

** *Bei instationären Wärmeausbreitungsvorgängen ist der Temperaturverlauf über die Tragwerksdicke oft gekrümmt. Der durch eine ausgleichende geradlinige Verteilung* T^* *(3.4.50) nicht erfaßbare Anteil bewirkt dann Eigenspannungen.*

Der Proportionalitätsfaktor zwischen $\gamma^{T}_{\langle\alpha\beta\rangle}$ und T^* heißt *lineare Wärmeausdehnungszahl* α_T und ist eine Werkstoffkonstante.

Im Temperaturfeld (3.4.50) beschreibt T^* die Änderung gegenüber der Referenztemperatur T_0^* eines beliebigen Ausgangszustandes. Bild 3.14 definiert den Temperaturwert T der Tragwerksmittelfläche und die Temperaturdifferenz ΔT zwischen den Laibungen:

$$\Delta T = T^*(\Theta^3 = h/2) - T^*(\Theta^3 = -h/2). \tag{3.4.51}$$

Für beide Parameter T und ΔT sind beliebige Funktionen der Koordinaten Θ^1, Θ^2 zugelassen. Erwärmung der Mittelfläche und der positiven Laibung werden als positiv definiert.

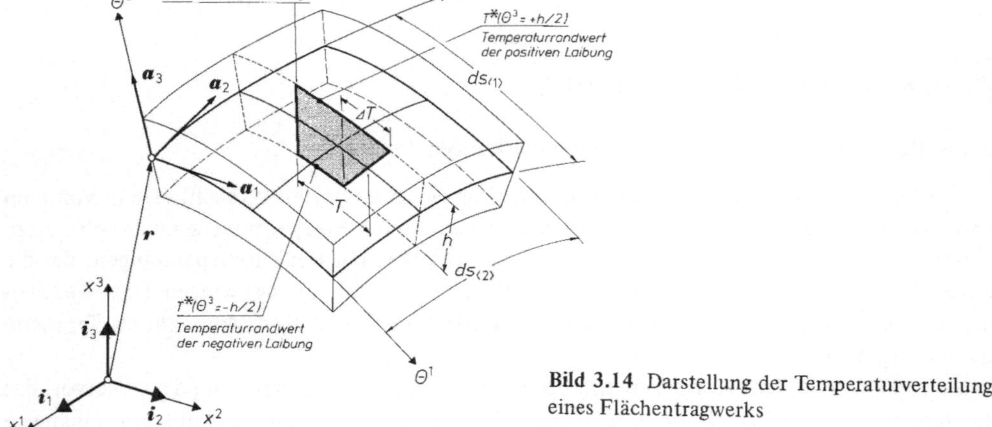

Bild 3.14 Darstellung der Temperaturverteilung eines Flächentragwerks

Kehren wir zu den möglichen Verzerrungskomponenten (3.2.116) eines Flächentragwerks zurück. Schubverzerrungen γ^{T}_{α} infolge von Wärmeeinwirkungen existieren nicht, da diese im Sinne der Mechanik dreidimensionaler Kontinua gestaltänderne (deviatorische) Verzerrungsanteile bilden. Temperaturbedingte Querdehnungen $\gamma_{(33)}$ treten dagegen sehr wohl auf, ihre Berücksichtigung würde jedoch die Grenzen des kinematischen Modells (3.2.116) überschreiten. Zusammenfassend stellen wir somit fest, daß Temperatureinwirkungen als *flächenhaft dilatatorische* Verzerrungsfelder beschrieben werden.

Wir denken uns nun auf Bild 3.14 ein beliebiges Element dF der Tragwerksmittelfläche in einem als ungedehnt angesehenen zwängungsfreien Referenzzustand. Wird es einem Temperaturfeld $T(\Theta^1, \Theta^2)$ unterworfen, so erfährt jede Elementseite $ds_{\langle\alpha\rangle}$ das gleiche physikalische Dehnungsmaß

$$\alpha^{T}_{\langle\alpha\alpha\rangle} = \alpha_T T = \frac{\alpha^{T}_{\alpha\alpha}}{a_{\alpha\alpha}}, \tag{3.4.52}$$

welches mit den tensoriellen Dehnungen $\alpha^{T}_{\alpha\alpha}$ durch (3.2.121) verbunden ist:

$$\alpha^{T}_{\alpha\alpha} = \alpha_T T a_{\alpha\alpha}. \tag{3.4.53}$$

Gleichzeitig darf das Flächenelement keine Winkeländerung erleiden, da eine reine Volumendehnung erfolgen soll. Diese gemäß (3.2.124) formulierte Bedingung:

$$\alpha^T_{\langle 12\rangle} = 0 = \frac{1}{\sqrt{a}}\left[2\alpha^T_{12} - a_{12}\left(\frac{\alpha^T_{11}}{a_{11}} + \frac{\alpha^T_{22}}{a_{22}}\right)\right] \tag{3.4.54}$$

ist für die Temperaturdehnungen (3.4.53) erfüllt, wenn

$$\alpha^T_{12} = \alpha_T T a_{12} \tag{3.4.55}$$

gewählt wird. Alle tensoriellen Dehnungskomponenten (3.4.53), (3.4.55) können daher abschließend zu folgender Tensorgleichung vereinigt werden:

$$\alpha^T_{(\alpha\beta)} = \alpha_T T a_{\alpha\beta}. \tag{3.4.56}$$

Als nächstes lassen wir einen Temperaturgradienten $\Delta T/h$ auf das Schalenelement des Bildes 3.14 einwirken. Dies wird zu Elementverkrümmungen führen, die durch die physikalischen Komponenten $\beta^T_{\langle\alpha\alpha\rangle}$ des zweiten Verzerrungstensors beschrieben werden. Da die physikalischen Komponenten *beider* Verzerrungstensoren gleichlautend definiert sind (vergleiche (3.2.121), (3.2.124) und (3.2.127)), können wir ohne ausführliche Herleitung das Ergebnis (3.4.56) auf die Auswirkung des Temperaturgradienten übertragen:

$$\beta^T_{(\alpha\beta)} = \alpha_T \frac{\Delta T}{h} a_{\alpha\beta}. \tag{3.4.57}$$

Beide Temperatureinwirkungen gemeinsam führen somit zu folgenden tensoriellen Verzerrungen des Schalenelementes:

$$\begin{aligned}\gamma_{(\alpha\beta)} &= \alpha_{(\alpha\beta)} + \Theta^3\beta_{(\alpha\beta)} = \alpha_T T a_{\alpha\beta} + \Theta^3\alpha_T \frac{\Delta T}{h} a_{\alpha\beta}\\ &= \alpha_T\left(T + \Theta^3\frac{\Delta T}{h}\right)a_{\alpha\beta},\end{aligned} \tag{3.4.58}$$

deren erste Invariante sich mit (1.2.11) zu

$$\gamma_I = \gamma_{(\alpha\beta)}a^{\alpha\beta} = \gamma^\alpha_\alpha = \alpha_T\left(T + \Theta^3\frac{\Delta T}{h}\right)\delta^\alpha_\alpha = 2\alpha_T\left(T + \Theta^3\frac{\Delta T}{h}\right) \tag{3.4.59}$$

berechnet. Der deviatorische Anteil des Flächentensors $\gamma_{(\alpha\beta)}$ verschwindet erwartungsgemäß:

$$\hat{\gamma}^\lambda_\alpha = \gamma^\lambda_\alpha - \frac{1}{2}\gamma_I\delta^\lambda_\alpha = \alpha_T\left(T + \Theta^3\frac{\Delta T}{h}\right)(\delta^\lambda_\alpha - \delta^\lambda_\alpha) = 0. \tag{3.4.60}$$

Nach diesen Vorarbeiten wenden wir uns nun dem Standardfall zu, daß elastische Verzerrungen $\alpha^S_{(\lambda\mu)}$, $\beta^S_{(\lambda\mu)}$ infolge von Schnittgrößen und Temperaturverzerrungen $\alpha^T_{(\lambda\mu)}$, $\beta^T_{(\lambda\mu)}$ gleichzeitig auftreten. Der elastische Deformationsanteil wird durch die inversen konstitutiven Beziehungen (3.4.47) beschrieben. Bezeichnen $\alpha_{(\lambda\mu)}$ und $\beta_{(\lambda\mu)}$ die Gesamtwerte der entstehenden Verzerrungen, so lauten die erweiterten Werkstoffgesetze unter Einschluß von (3.4.56, 57):

$$\begin{aligned}\alpha_{(\lambda\mu)} &= \alpha^S_{(\lambda\mu)} + \alpha^T_{(\lambda\mu)} = \frac{1}{D}G_{\lambda\mu\rho\sigma}\tilde{n}^{(\rho\sigma)} + \alpha_T T a_{\lambda\mu},\\ \beta_{(\lambda\mu)} &= \beta^S_{(\lambda\mu)} + \beta^T_{(\lambda\mu)} = \frac{1}{B}G_{\lambda\mu\rho\sigma}m^{(\rho\sigma)} + \alpha_T\frac{\Delta T}{h}a_{\lambda\mu}.\end{aligned} \tag{3.4.61}$$

Werden beide Beziehungen mit dem Elastizitätstensor $H^{\alpha\beta\lambda\mu}$ (3.4.41) überschoben und wird dabei (3.4.46) berücksichtigt, so gewinnt man nach Multiplikation mit den Steifigkeiten (3.4.40) die ursprünglichen konstitutiven Gleichungen (3.4.44), nun unter Einschluß von Temperatureinwirkungen:

$$\begin{aligned} \widetilde{n}^{(\alpha\beta)} &= D[H^{\alpha\beta\lambda\mu}\alpha_{(\lambda\mu)} - \alpha_T(1+\nu)a^{\alpha\beta}T], \\ m^{(\alpha\beta)} &= B\left[H^{\alpha\beta\lambda\mu}\beta_{(\lambda\mu)} - \alpha_T(1+\nu)a^{\alpha\beta}\frac{\Delta T}{h}\right]. \end{aligned} \tag{3.4.62}$$

Wie im Verlauf der Herleitung begründet, gilt die Werkstoffgleichung der Querkräfte unverändert.

Somit kann schließlich eine flächenhafte Formänderungsenergiedichte π_i aufgestellt werden, die auch thermische Verzerrungskomponenten berücksichtigt:

$$\begin{aligned} \pi_i = \frac{1}{2}\Big[&DH^{\alpha\beta\lambda\mu}\alpha_{(\alpha\beta)}\alpha_{(\lambda\mu)} + BH^{\alpha\beta\lambda\mu}\beta_{(\alpha\beta)}\beta_{(\lambda\mu)} + Gha^{\alpha\lambda}\gamma_\alpha\gamma_\lambda \\ &- 2\alpha_T(1+\nu)a^{\alpha\beta}\left(DT\alpha_{(\alpha\beta)} + B\frac{\Delta T}{h}\beta_{(\alpha\beta)}\right) \\ &+ 2\alpha_T^2(1+\nu)\left(DT^2 + B\left\{\frac{\Delta T}{h}\right\}^2\right)\Big]. \end{aligned} \tag{3.4.63}$$

Auch sie besitzt die Eigenschaften eines Potentials, da durch Anwendung der grundlegenden Verknüpfungen (3.4.20) wieder die konstitutiven Beziehungen (3.4.62) gewonnen werden. Das letzte, in den thermischen Verzerrungen quadratische Glied, kann dabei in (3.4.63) auch entfallen, da ihm im Rahmen ungekoppelter thermoelastischer Theorien, die Wärmeübertragungseffekte unberücksichtigt lassen, keine Bedeutung zukommt.

3.5 Einblick in die Struktur der Schalentheorie

3.5.1 Zusammenstellung der Variablen und der Bestimmungsgleichungen

Nach Abschluß der Herleitung der Grundgleichungen einer Schalentheorie mit Schubverzerrungen sollen die verschiedenen mechanischen Variablen und deren Bestimmungsgleichungen noch einmal besonders übersichtlich zusammengestellt werden. Dazu verwenden wir erneut *korrespondierende Variablen*, die als Faktoren der einzelnen Arbeitsanteile aus dem Prinzip der virtuellen Verschiebungen (3.4.17) bzw. Zeile 1 der Tafel 3.2 abgelesen werden können. Zur Verdeutlichung wurden in Tafel 3.2 alle Kraftgrößen links und alle Weggrößen rechts angeordnet; diese Trennung erfolgte gleichermaßen für die Feldgleichungen und Randbedingungen. Korrespondierende Größen stehen stets in der gleichen Zeile, deren Komponenten an gleicher Position.

Äußere mechanische Variablen sind, wie aus dem ersten Flächenintegral der virtuellen Arbeit erkennbar, der Lastvektor **p** und der Lastmomentenvektor **c** sowie der Verschiebungsvektor **v** der Mittelfläche und der Verdrehungsvektor ω. Deren Komponentenzerlegungen können den Beziehungen (3.2.3), (3.2.4) sowie (3.2.52) und (3.2.86) entnommen werden, wobei die Verknüpfung der tangentialen Drehungen ω^α mit den Komponenten w_ρ des Differenzvektors **w** (3.2.88) entstammen.

1. Prinzip der virtuellen Verschiebungen:	
$\iint_F (\boldsymbol{p}\cdot\delta\boldsymbol{v} + \boldsymbol{c}\cdot\delta\boldsymbol{\omega})\,dF + \oint_C (\boldsymbol{n}\cdot\delta\boldsymbol{v} + \boldsymbol{m}\cdot\delta\boldsymbol{\omega})\,ds - \iint_F (\tilde{n}^{(\alpha\beta)}\delta\alpha_{(\alpha\beta)} + m^{(\alpha\beta)}\delta\beta_{(\alpha\beta)} + q^{\alpha}\,\delta\gamma_{\alpha})\,dF = 0$	
2. Äußere mechanische Variablen:	
$\boldsymbol{p} = p^{\alpha}\boldsymbol{a}_{\alpha} + p^{3}\boldsymbol{a}_{3}$; $\boldsymbol{c} = c^{\rho}\varepsilon_{\rho\beta}\,\boldsymbol{a}^{\beta}$	$\boldsymbol{v} = v_{\alpha}\,\boldsymbol{a}^{\alpha} + v_3\,\boldsymbol{a}^{3}$; $\boldsymbol{\omega} = \omega_{\alpha}\,\boldsymbol{a}^{\alpha} = w_{\rho}\,\varepsilon^{\rho\alpha}\boldsymbol{a}_{\alpha}$
3. Innere mechanische Variablen:	
$\tilde{n}^{(\alpha\beta)} = n^{\alpha\beta} + m^{(\alpha\rho)}\,b_{\rho}^{\beta}$; q^{α} ; $m^{(\alpha\beta)}$	$\alpha_{(\alpha\beta)}$; γ_{α} ; $\beta_{(\alpha\beta)}$
4. Randvariablen:	
$\boldsymbol{n} = n_t\,\boldsymbol{t} + n_u\,\boldsymbol{u} + n_3\,\boldsymbol{a}_3$; $\boldsymbol{m} = m_t\,\boldsymbol{t} + m_u\,\boldsymbol{u}$	$\boldsymbol{v} = v_t\,\boldsymbol{t} + v_u\,\boldsymbol{u} + v_3\,\boldsymbol{a}_3$; $\boldsymbol{\omega} = \omega_t\,\boldsymbol{t} + \omega_u\,\boldsymbol{u}$
5. Feldgleichungen:	
$-p^{\beta} = n^{\alpha\beta}\|_{\alpha} - q^{\alpha}b_{\alpha}^{\beta}$; $-p^{3} = n^{\alpha\beta}b_{\alpha\beta} + q^{\alpha}\|_{\alpha}$; $-c^{\beta} = m^{\alpha\beta}\|_{\alpha} - q^{\beta}$	$\alpha_{(\alpha\beta)} = \frac{1}{2}(v_{\alpha}\|_{\beta} + v_{\beta}\|_{\alpha} - 2b_{\alpha\beta}v_3)$; $\gamma_{\alpha} = w_{\alpha} + v_{3,\alpha} + v_{\lambda}b_{\alpha}^{\lambda}$; $\beta_{(\alpha\beta)} = \frac{1}{2}(w_{\alpha}\|_{\beta} + w_{\beta}\|_{\alpha} - v_{\lambda}\|_{\alpha}b_{\beta}^{\lambda} - v_{\lambda}\|_{\beta}b_{\alpha}^{\lambda} + 2v_3 b_{\alpha}^{\lambda}b_{\lambda\beta})$
6. Formänderungsenergiedichte isotroper Tragwerke:	
$\pi_i = \frac{1}{2}(DH^{\alpha\beta\lambda\mu}\alpha_{(\alpha\beta)}\alpha_{(\lambda\mu)} + BH^{\alpha\beta\lambda\mu}\beta_{(\alpha\beta)}\beta_{(\lambda\mu)} + Gh\,a^{\alpha\lambda}\gamma_{\alpha}\gamma_{\lambda}) = \frac{1}{2}(\tilde{n}^{(\alpha\beta)}\alpha_{(\alpha\beta)} + m^{(\alpha\beta)}\beta_{(\alpha\beta)} + q^{\alpha}\gamma_{\alpha})$	
7. Konstitutive Beziehungen isotroper Tragwerke:	
$\tilde{n}^{(\alpha\beta)} = \frac{\partial\pi_i}{\partial\alpha_{(\alpha\beta)}} = DH^{\alpha\beta\lambda\mu}\alpha_{(\lambda\mu)}$; $q^{\alpha} = \frac{\partial\pi_i}{\partial\gamma_{\alpha}} = Gh\,a^{\alpha\lambda}\gamma_{\lambda}$; $m^{(\alpha\beta)} = \frac{\partial\pi_i}{\partial\beta_{(\alpha\beta)}} = BH^{\alpha\beta\lambda\mu}\beta_{(\lambda\mu)}$	
8. Vorschreibbare Randbedingungen:	
$\boldsymbol{n}^{\circ} = n^{\alpha\beta}u_{\alpha}t_{\beta}\,\boldsymbol{t} + n^{\alpha\beta}u_{\alpha}u_{\beta}\,\boldsymbol{u} + q^{\alpha}u_{\alpha}\,\boldsymbol{a}_3$; $\boldsymbol{m}^{\circ} = m^{\alpha\beta}u_{\alpha}u_{\beta}\,\boldsymbol{t} - m^{\alpha\beta}u_{\alpha}t_{\beta}\,\boldsymbol{u}$	$\boldsymbol{v}^{\circ} = v_{\alpha}t^{\alpha}\,\boldsymbol{t} + v_{\alpha}u^{\alpha}\boldsymbol{u} + v_3\,\boldsymbol{a}_3$; $\boldsymbol{\omega}^{\circ} = \omega_{\alpha}t^{\alpha}\,\boldsymbol{t} + \omega_{\alpha}u^{\alpha}\boldsymbol{u} = w_{\beta}u^{\beta}\boldsymbol{t} - w_{\beta}t^{\beta}\boldsymbol{u}$

Tafel 3.2 Mechanische Variablen und Bestimmungsgleichungen einer bestmöglichen linearen Flächentragwerkstheorie unter Einschluß von Schubverformungen (Typ A)

Als *innere mechanische Variablen* fungieren laut (3.4.17) die symmetrische Ersatzschnittgröße $\tilde{n}^{(\alpha\beta)}$, der Momententensor $m^{(\alpha\beta)}$ und der Querkraftvektor q^{α} sowie die beiden Verzerrungstensoren $\alpha_{(\alpha\beta)}$, $\beta_{(\alpha\beta)}$ und der Schubverzerrungsvektor γ_{α}. Die Momentengleichgewichtsbedingung (3.3.17) um die Schalennormale wurde an dieser Stelle aufgeführt, weil sie $\tilde{n}^{(\alpha\beta)}$ mit den Schnittgrößentensoren $n^{\alpha\beta}$ und $m^{(\alpha\beta)}$ verbindet.

Schließlich liefert das Randintegral der virtuellen Arbeit als *Randvariablen* noch die Kraft- und Momentenresultierenden **n**, **m** (3.3.47) sowie erneut die Verschiebungs- und Drehvektoren **v**, ω (3.3.48) der Mittelfläche.

Als Bestimmungsgleichungen für diese Variablen stehen die Gleichgewichtsbedingungen (3.3.11) bis (3.3.13) sowie die kinematischen Beziehungen (3.3.36, 37) und (3.3.41) zur Verfügung. Neben diese beiden Gruppen von Feldgleichungen treten die konstitutiven Beziehungen (3.4.20), (3.4.44) als Träger der Werkstoffeigenschaften, hier eines isotrop-elastischen Flächentragwerks. Unter Verwendung dynamischer und kinematischer Randvariablen (3.2.32, 33), (3.2.92) nebst (3.2.95) müssen schließlich entsprechend Tafel 3.1 fünf die Lagerungsart beschreibende Bedingungen formuliert werden.

Die in Tafel 3.2 zusammengestellten Grundgleichungen werden gern mit dem Attribut *bestmöglich* versehen [4, 24]. Hierdurch soll der approximative Charakter dieser Schalengleichungen betont und gleichzeitig zum Ausdruck gebracht werden, daß alle Prinzipe der Mechanik innerhalb einer kleinstmöglichen Fehlerschranke erfüllt sind. Wir werden diesen wichtigen Hinweis im Kapitel 4 vertiefen.

Dem aufmerksamen Betrachter der Tafel 3.2 mag bereits aufgefallen sein, daß in den Gleichgewichts- und Randbedingungen dieser Zusammenstellung der Dehnungskrafttensor $n^{\alpha\beta}$ auftritt, während sonst die symmetrische Ersatzgröße $\tilde{n}^{(\alpha\beta)}$ vorhanden ist. Das Gleichungswerk der Tafel 3.2 ist somit entgegen unserer Absicht keineswegs vollständig in korrespondierenden Variablen formuliert. Diese Diskrepanz soll nun durch Wahl von $n^{\alpha\beta}$, $m^{(\alpha\beta)}$ und q^{α} als neuen inneren Kraftgrößen beseitigt werden, wodurch eine konsistente Formulierung entstehen wird.

3.5.2 Eine erste bestmögliche und konsistente Formulierung

Hierzu greifen wir auf die beiden Verzerrungstensoren (3.3.36) und (3.3.37) zurück, insbesondere auf ihre den Deformationsgradienten $\varphi_{\alpha\beta}$ enthaltenden Schreibweisen:

$$\begin{aligned}\alpha_{(\alpha\beta)} &= \frac{1}{2}(\varphi_{\alpha\beta} + \varphi_{\beta\alpha}),\\ \beta_{(\alpha\beta)} &= \kappa_{(\alpha\beta)} - \frac{1}{2}b^{\lambda}_{\alpha}\varphi_{\beta\lambda} - \frac{1}{2}b^{\lambda}_{\beta}\varphi_{\alpha\lambda}\end{aligned} \tag{3.5.1}$$

mit den Abkürzungen:

$$\varphi_{\alpha\beta} = v_{\beta}|_{\alpha} - v_3 b_{\alpha\beta}, \tag{3.5.2}$$

$$\kappa_{(\alpha\beta)} = \frac{1}{2}(w_{\alpha}|_{\beta} + w_{\beta}|_{\alpha}). \tag{3.5.3}$$

Durch sie und die Symmetriebeziehung (3.3.17) transformieren sich die beiden Darstellungen der isotropen Formänderungsenergiedichte π_i in Tafel 3.2, die (3.4.39) und (3.4.44) entstammen, folgendermaßen:

$$\begin{aligned}\pi_i &= \frac{1}{2}[DH^{\alpha\beta\lambda\mu}\alpha_{(\alpha\beta)}\alpha_{(\lambda\mu)} + BH^{\alpha\beta\lambda\mu}\beta_{(\alpha\beta)}\beta_{(\lambda\mu)} + Gha^{\alpha\lambda}\gamma_{\alpha}\gamma_{\lambda}]\\ &= \frac{1}{2}\Big[DH^{\alpha\beta\lambda\mu}\frac{1}{2}(\varphi_{\alpha\beta} + \varphi_{\beta\alpha})\frac{1}{2}(\varphi_{\lambda\mu} + \varphi_{\mu\lambda})\\ &\qquad + BH^{\alpha\beta\lambda\mu}\Big(\kappa_{(\alpha\beta)} - \frac{1}{2}b^{\rho}_{\alpha}\varphi_{\beta\rho} - \frac{1}{2}b^{\rho}_{\beta}\varphi_{\alpha\rho}\Big)\Big(\kappa_{(\lambda\mu)} - \frac{1}{2}b^{\sigma}_{\lambda}\varphi_{\mu\sigma} - \frac{1}{2}b^{\sigma}_{\mu}\varphi_{\lambda\sigma}\Big)\\ &\qquad + Gha^{\alpha\lambda}\gamma_{\alpha}\gamma_{\lambda}\Big]\\ &= \frac{1}{2}[DH^{\alpha\beta\lambda\mu}\varphi_{\alpha\beta}\varphi_{\lambda\mu} + BH^{\alpha\beta\lambda\mu}(\kappa_{(\alpha\beta)} - b^{\rho}_{\beta}\varphi_{\alpha\rho})(\kappa_{(\lambda\mu)} - b^{\sigma}_{\lambda}\varphi_{\mu\sigma}) + Gha^{\alpha\lambda}\gamma_{\alpha}\gamma_{\lambda}]\\ &= \frac{1}{2}[(DH^{\alpha\beta\lambda\mu}\varphi_{\lambda\mu} - BH^{\alpha\rho\lambda\mu}b^{\beta}_{\rho}(\kappa_{(\lambda\mu)} - b^{\sigma}_{\lambda}\varphi_{\mu\sigma}))\varphi_{\alpha\beta}\\ &\qquad + BH^{\alpha\beta\lambda\mu}(\kappa_{(\lambda\mu)} - b^{\sigma}_{\lambda}\varphi_{\mu\sigma})\kappa_{(\alpha\beta)} + Gha^{\alpha\lambda}\gamma_{\alpha}\gamma_{\lambda}]\end{aligned} \tag{3.5.4}$$

$$\begin{aligned}\pi_i &= \frac{1}{2}[\tilde{n}^{(\alpha\beta)}\alpha_{(\alpha\beta)} + m^{(\alpha\beta)}\beta_{(\alpha\beta)} + q^\alpha\gamma_\alpha] \\ &= \frac{1}{2}\Big[(n^{\alpha\beta} + m^{(\alpha\lambda)}b^\beta_\lambda)\frac{1}{2}(\varphi_{\alpha\beta} + \varphi_{\beta\alpha}) \\ &\quad + m^{(\alpha\beta)}\left(\kappa_{(\alpha\beta)} - \frac{1}{2}b^\lambda_\alpha\varphi_{\beta\lambda} - \frac{1}{2}b^\lambda_\beta\varphi_{\alpha\lambda}\right) + q^\alpha\gamma_\alpha\Big] \\ &= \frac{1}{2}\left[n^{\alpha\beta}\frac{1}{2}(\varphi_{\alpha\beta} + \varphi_{\beta\alpha}) + m^{(\alpha\beta)}\kappa_{(\alpha\beta)} + m^{(\alpha\lambda)}b^\beta_\lambda\frac{1}{2}(\varphi_{\beta\alpha} - \varphi_{\alpha\beta}) + q^\alpha\gamma_\alpha\right] \\ &= \frac{1}{2}\left[n^{\alpha\beta}\varphi_{\alpha\beta} + m^{(\alpha\beta)}\kappa_{(\alpha\beta)} + (n^{\alpha\beta} + m^{(\alpha\lambda)}b^\beta_\lambda)\frac{1}{2}(\varphi_{\beta\alpha} - \varphi_{\alpha\beta}) + q^\alpha\gamma_\alpha\right] \\ &= \frac{1}{2}[n^{\alpha\beta}\varphi_{\alpha\beta} + m^{(\alpha\beta)}\kappa_{(\alpha\beta)} + q^\alpha\gamma_\alpha] \qquad (3.5.5)\end{aligned}$$

In der vorletzten Zeile von (3.5.5) verschwindet der dritte Summand als vollständige Überschiebung der symmetrischen Größe $n^{\alpha\beta} + m^{(\alpha\lambda)}b^\beta_\lambda = \tilde{n}^{(\alpha\beta)}$ mit dem antimetrischen Tensor $\varphi_{[\alpha\beta]} = \frac{1}{2}(\varphi_{\alpha\beta} - \varphi_{\beta\alpha})$. Aus dem Ergebnis wird deutlich, daß nun $\varphi_{\alpha\beta}$ sowie $\kappa_{(\alpha\beta)}$ als neue Verzerrungsmaße anzusehen sind und der (unsymmetrische) Dehnungskrafttensor $n^{\alpha\beta}$ sowie der Momententensor $m^{(\alpha\beta)}$ als deren korrespondierende Schnittgrößen. Von den ausgeführten Umformungen bleibt der durch die Schubverzerrung geleistete Energieanteil unberührt.

Transformiert man die innere virtuelle Arbeit δ^*A_i aus (3.4.17) in analoger Weise

$$\delta^*A_i = -\iint_F (n_{\alpha\beta}\,\delta\varphi_{\alpha\beta} + m^{(\alpha\beta)}\delta\kappa_{(\alpha\beta)} + q^\alpha\delta\gamma_\alpha)\,dF, \qquad (3.5.6)$$

so führt ein den Gedanken des Abschnittes 3.4.2 gleichlautender Herleitungsgang zu den neuen konstitutiven Beziehungen:

$$\begin{aligned} n^{\alpha\beta} &= \frac{\partial\pi_i}{\partial\varphi_{\alpha\beta}} = DH^{\alpha\beta\lambda\mu}\varphi_{\lambda\mu} - BH^{\alpha\rho\lambda\mu}b^\beta_\rho(\kappa_{(\lambda\mu)} - b^\sigma_\lambda\varphi_{\mu\sigma}), \\ m^{(\alpha\beta)} &= \frac{\partial\pi_i}{\partial\kappa_{(\alpha\beta)}} = BH^{\alpha\beta\lambda\mu}(\kappa_{(\lambda\mu)} - b^\sigma_\lambda\varphi_{\mu\sigma}), \qquad (3.5.7) \\ q^\alpha &= \frac{\partial\pi_i}{\partial\gamma_\alpha} = Gha^{\alpha\lambda}\gamma_\lambda. \end{aligned}$$

Dabei wurde als Energiefunktion π_i die letzte Zeile von (3.5.4) verwendet. Die neuen Elastizitätsgesetze (3.5.7) für $n^{\alpha\beta}$ und $m^{(\alpha\beta)}$ lassen sich aus den ursprünglichen Beziehungen (3.4.44) selbstverständlich auch durch Einführen von (3.5.1) sowie (3.3.17) gewinnen.

Im Elastizitätsgesetz (3.5.7) des Dehnungskrafttensors $n^{\alpha\beta}$ tritt der Deformationsgradient zweifach auf:

$$\begin{aligned} &DH^{\alpha\beta\lambda\mu}\varphi_{\lambda\mu}, \qquad (3.5.8) \\ &BH^{\alpha\rho\lambda\mu}b^\beta_\rho b^\sigma_\lambda\varphi_{\mu\sigma} = DH^{\alpha\rho\lambda\mu}\varphi_{\mu\sigma}\left(\frac{h^2}{12}b^\beta_\rho b^\sigma_\lambda\right). \end{aligned}$$

Beide Anteile unterscheiden sich hinsichtlich ihrer Größenordnung jedoch mindestens um den Faktor $\lambda^2 = (h/R_{min})^2$, weil nach (3.4.40) Biege- und Dehnsteifigkeit des Querschnittes durch

$$B = Dh^2/12 \tag{3.5.9}$$

verknüpft sind, und der gemischtvariante Krümmungstensor b^ϵ_ν die Größenordnung der Hauptkrümmungsradien der Mittelfläche aufweist. Da der Faktor $\lambda \ll 1$ eine relative obere Fehlerschranke markiert, darf im konstitutiven Gesetz (3.5.7) für $n^{\alpha\beta}$ der zweite Anteil (3.5.8) ohne Nachteil für die Genauigkeit gestrichen werden:

$$n^{\alpha\beta} = DH^{\alpha\beta\lambda\mu}\varphi_{\lambda\mu} - BH^{\alpha\rho\lambda\mu}b^\beta_\rho\kappa_{(\lambda\mu)}. \tag{3.5.10}$$

Folgerichtig vereinfacht sich auch die Formänderungsenergiedichte π_i (3.5.4), in der das in $(b^\epsilon_\nu\varphi_{\delta\epsilon})$ quadratische Glied entfallen darf:

$$\begin{aligned}\pi_i &= \frac{1}{2}[(DH^{\alpha\beta\lambda\mu}\varphi_{\lambda\mu} - BH^{\alpha\rho\lambda\mu}b^\beta_\rho\kappa_{(\lambda\mu)})\varphi_{\alpha\beta} \\ &\quad + BH^{\alpha\beta\lambda\mu}(\kappa_{(\lambda\mu)} - b^\sigma_\lambda\varphi_{\mu\sigma})\kappa_{(\alpha\beta)} + Gha^{\alpha\lambda}\gamma_\alpha\gamma_\lambda] \\ &= \frac{1}{2}[DH^{\alpha\beta\lambda\mu}\varphi_{\alpha\beta}\varphi_{\lambda\mu} - 2BH^{\alpha\beta\lambda\mu}b^\sigma_\lambda\varphi_{\mu\sigma}\kappa_{(\alpha\beta)} \\ &\quad + BH^{\alpha\beta\lambda\mu}\kappa_{(\alpha\beta)}\kappa_{(\lambda\mu)} + Gha^{\alpha\lambda}\gamma_\alpha\gamma_\lambda].\end{aligned} \tag{3.5.11}$$

In dem gemischten Glied, wie auch in den entsprechenden Termen der Ausgangsform (3.5.4), dürfen wegen der Gruppensymmetrie (3.4.25) die Indexpaare $(\alpha\beta)$ und $(\lambda\mu)$ vertauscht werden.

Als Ergebnis dieser Umformungen sind nun sämtliche Bestimmungsgleichungen in korrespondierenden Variablen formuliert; wir nennen dies eine *konsistente Formulierung*. Gegenüber Tafel 3.2 wurden in Tafel 3.3 die neuen inneren Variablen $n^{\alpha\beta}$, $\varphi_{\alpha\beta}$ und $\kappa_{(\alpha\beta)}$ sowie die zugehörigen kinematischen Beziehungen (3.5.2), (3.5.3) eingeführt. Darüber hinaus wurden die vereinfachte Energiedichte (3.5.11) und die hieraus entstandenen konstitutiven Beziehungen (3.5.10) für $n^{\alpha\beta}$ sowie (3.5.7) für $m^{(\alpha\beta)}$, q^α übernommen. Die nicht-vereinfachte vollständige Energiedichte (3.5.4) und die hierzu korrespondierenden Werkstoffgleichungen (3.5.7) enthält Tafel 3.4 als Ergänzung zu Tafel 3.3. Dem Leser überlassen sei die Transformation der thermischen Zusatzglieder nach Abschnitt 3.4.4.

Für die entstandene Formulierungsvariante der Schalengrundgleichungen sei in Anlehnung an [18] die Bezeichnung *Variante* B gewählt. Im nächsten Kapitel werden wir weitere konsistente Formulierungen kennenlernen.

Mit den beiden Alternativen (3.5.7) und (3.5.10) des Elastizitätsgesetzes für $n^{\alpha\beta}$ begegnet uns zum ersten Mal ein für den approximativen Charakter der Schalentheorie typisches Phänomen: Durch Transformation der Grundgleichungen der Tafel 3.2 entsteht eine Formulierungsvariante, in der *ohne Genauigkeitsverlust* Glieder gestrichen werden dürfen. Obwohl eine Rücktransformation selbstverständlich nicht auf das ursprüngliche Ergebnis führen würde, liegen die beiden Formulierungsvarianten der Tafeln 3.2 und 3.3 im tolerierbaren Unschärfebereich und sind somit, trotz ihrer Unterschiede, als völlig gleichwertig anzusehen.

1. Prinzip der virtuellen Verschiebungen:	
$\iint_F (\boldsymbol{p}\cdot\delta\boldsymbol{v} + \boldsymbol{c}\cdot\delta\boldsymbol{\omega})dF + \oint_C (\boldsymbol{n}\cdot\delta\boldsymbol{v} + \boldsymbol{m}\cdot\delta\boldsymbol{\omega})ds - \iint_F (n^{\alpha\beta}\,\delta\varphi_{\alpha\beta} + m^{(\alpha\beta)}\,\delta\varkappa_{(\alpha\beta)} + q^\alpha\,\delta\gamma_\alpha)dF = 0$	
2. Äußere mechanische Variablen:	
$\boldsymbol{p} = p^\alpha \boldsymbol{a}_\alpha + p^3 \boldsymbol{a}_3\,;$ $\boldsymbol{c} = c^\varrho\, \varepsilon_{\varrho\beta}\, \boldsymbol{a}^\beta$	$\boldsymbol{v} = v_\alpha\, \boldsymbol{a}^\alpha + v_3\, \boldsymbol{a}^3\,;$ $\boldsymbol{\omega} = \omega_\alpha \boldsymbol{a}^\alpha = w_\varrho\, \varepsilon^{\varrho\beta} \boldsymbol{a}_\beta$
3. Innere mechanische Variablen:	
$n^{\alpha\beta}\,;\; q^\alpha\,;\; m^{(\alpha\beta)}$	$\varphi_{\alpha\beta}\,;\; \gamma_\alpha\,;\; \varkappa_{(\alpha\beta)}$
4. Randvariablen:	
$\boldsymbol{n} = n_t\, \boldsymbol{t} + n_u \boldsymbol{u} + n_3\, \boldsymbol{a}_3\,;$ $\boldsymbol{m} = m_t\, \boldsymbol{t} + m_u \boldsymbol{u}$	$\boldsymbol{v} = v_t\, \boldsymbol{t} + v_u \boldsymbol{u} + v_3\, \boldsymbol{a}_3\,;$ $\boldsymbol{\omega} = \omega_t\, \boldsymbol{t} + \omega_u \boldsymbol{u}$
5. Feldgleichungen:	
$-p^\beta = n^{\alpha\beta}\|_\alpha - q^\alpha b^\beta_\alpha\,;$ $-p^3 = n^{\alpha\beta} b_{\alpha\beta} + q^\alpha\|_\alpha\,;$ $-c^\beta = m^{\alpha\beta}\|_\alpha - q^\beta$	$\varphi_{\alpha\beta} = v_\beta\|_\alpha - v_3\, b_{\alpha\beta}\,;$ $\gamma_\alpha = w_\alpha + v_{3,\alpha} + v_\lambda\, b^\lambda_\alpha\,;$ $\varkappa_{(\alpha\beta)} = \frac{1}{2}(w_\alpha\|_\beta + w_\beta\|_\alpha)$
6. Formänderungsenergiedichte isotroper Tragwerke:	
$\pi_i = \frac{1}{2}(DH^{\alpha\beta\lambda\mu}\, \varphi_{\alpha\beta}\, \varphi_{\lambda\mu} - 2BH^{\alpha\beta\lambda\mu} b^\sigma_\lambda \varphi_{\mu\sigma}\, \varkappa_{(\alpha\beta)} + BH^{\alpha\beta\lambda\mu} \varkappa_{(\alpha\beta)} \varkappa_{(\lambda\mu)} + Gh\, a^{\alpha\lambda} \gamma_\alpha\, \gamma_\lambda)$ $= \frac{1}{2}(n^{\alpha\beta}\, \varphi_{\alpha\beta} + m^{(\alpha\beta)}\, \varkappa_{(\alpha\beta)} + q^\alpha\, \gamma_\alpha)$	
7. Konstitutive Beziehungen isotroper Tragwerke:	
$n^{\alpha\beta} = \frac{\partial\pi_i}{\partial\varphi_{\alpha\beta}} = DH^{\alpha\beta\lambda\mu} \varphi_{\lambda\mu} - BH^{\alpha\varrho\lambda\mu} b^\beta_\varrho \varkappa_{(\lambda\mu)}\,;\quad q^\alpha = \frac{\partial\pi_i}{\partial\gamma_\alpha} = Gh\, a^{\alpha\lambda}\gamma_\lambda\,;\quad m^{(\alpha\beta)} = \frac{\partial\pi_i}{\partial\varkappa_{(\alpha\beta)}} = BH^{\alpha\beta\lambda\mu}(\varkappa_{(\lambda\mu)} - b^\sigma_\lambda\, \varphi_{\mu\sigma})$	
8. Vorschreibbare Randbedingungen:	
$\boldsymbol{n}^\circ = n^{\alpha\beta} u_\alpha t_\beta\, \boldsymbol{t} + n^{\alpha\beta}\, u_\alpha u_\beta\, \boldsymbol{u} + q^\alpha u_\alpha \boldsymbol{a}^3\,;$ $\boldsymbol{m}^\circ = m^{\alpha\beta} u_\alpha u_\beta\, \boldsymbol{t} - m^{\alpha\beta}\, u_\alpha t_\beta\, \boldsymbol{u}$	$\boldsymbol{v}^\circ = v_\alpha t^\alpha\, \boldsymbol{t} + v_\alpha u^\alpha \boldsymbol{u} + v_3\, \boldsymbol{a}_3\,;$ $\boldsymbol{\omega}^\circ = \omega_\alpha t^\alpha\, \boldsymbol{t} + \omega_\alpha u^\alpha \boldsymbol{u} = w_\beta u^\beta \boldsymbol{t} - w_\beta t^\beta \boldsymbol{u}$

Tafel 3.3 Mechanische Variablen und Bestimmungsgleichungen einer bestmögliche und konsistenten Flächentragwerkstheorie unter Einschluß von Schubverformungen (Typ B)

6. Formänderungsenergiedichte isotroper Tragwerke:
$\pi_i = \frac{1}{2}[(DH^{\alpha\beta\lambda\mu}\varphi_{\lambda\mu} - BH^{\alpha\varrho\lambda\mu}\, b^\beta_\varrho\, (\varkappa_{(\lambda\mu)} - b^\sigma_\lambda\, \varphi_{\mu\sigma}))\varphi_{\alpha\beta}$ $+ BH^{\alpha\beta\lambda\mu}(\varkappa_{(\lambda\mu)} - b^\sigma_\lambda\, \varphi_{\mu\sigma})\, \varkappa_{(\alpha\beta)} + Gh\, a^{\alpha\lambda}\gamma_\alpha\gamma_\lambda]$ $= \frac{1}{2}(n^{\alpha\beta}\varphi_{\alpha\beta} + m^{(\alpha\beta)}\, \varkappa_{(\alpha\beta)} + q^\alpha\gamma_\alpha)$
7. Konstitutive Beziehungen isotroper Tragwerke:
$n^{\alpha\beta} = \frac{\partial\pi_i}{\partial\varphi_{\alpha\beta}} = DH^{\alpha\beta\lambda\mu}\varphi_{\lambda\mu} - BH^{\alpha\varrho\lambda\mu}\, b^\beta_\varrho(\varkappa_{(\lambda\mu)} - b^\sigma_\lambda\varphi_{\mu\sigma})\,;\quad q^\alpha = \frac{\partial\pi_i}{\partial\gamma_\alpha} = Gh\, a^{\alpha\lambda}\gamma_\lambda\,;\quad m^{(\alpha\beta)} = \frac{\partial\pi_i}{\partial\varkappa_{(\alpha\beta)}} = BH^{\alpha\beta\lambda\mu}(\varkappa_{(\lambda\mu)} - b^\sigma_\lambda\varphi_{\mu\sigma})$

Tafel 3.4 Vollständige Energiedichte und konstitutive Beziehungen als Ergänzung zu Tafel 3.3

3.5.3 Feld- und Randoperatoren sowie das Strukturschema

Unsere bisherige Einsicht in den Aufbau einer konsistenten Flächentragwerkstheorie soll abschließend durch eine Untersuchung der Struktur der Bestimmungsgleichungen abgerundet werden. Die gewohnte tensorielle Kurzschreibweise werden wir dabei verlassen.

Zunächst seien die tensoriellen Komponenten p^α, p^3, c^α und v_α, v_3, w_α der *äußeren mechanischen Variablen* eines beliebigen Punktes P der Tragwerksmittelfläche in den beiden 5-zeiligen Spaltenmatrizen **p**, **u** der Last- und Verschiebungsgrößen angeordnet:

$$\mathbf{p} = \begin{bmatrix} p^\alpha \\ --- \\ p^3 \\ --- \\ c^\alpha \end{bmatrix} = \begin{bmatrix} p^1 \\ p^2 \\ --- \\ p^3 \\ --- \\ c^1 \\ c^2 \end{bmatrix}, \quad \mathbf{u} = \begin{bmatrix} v_\alpha \\ --- \\ v_3 \\ --- \\ w_\alpha \end{bmatrix} = \begin{bmatrix} v_1 \\ v_2 \\ --- \\ v_3 \\ --- \\ w_1 \\ w_2 \end{bmatrix}. \tag{3.5.12}$$

Teilspalten kürzen wir dabei durch die Bezeichnungen $\mathbf{p}^\alpha$, $\mathbf{p}^3$, $\mathbf{c}^\alpha$ sowie $\mathbf{v}_\alpha, \mathbf{v}_3, \mathbf{w}_\alpha$ ab. In analoger Weise gruppieren wir die Tensorkomponenten der *inneren mechanischen Variablen* in die beiden 10-zeiligen Spaltenvektoren σ, ϵ der Schnitt- und Verzerrungsgrößen:

$$\sigma = \begin{bmatrix} \mathbf{n}^{\alpha\beta} \\ --- \\ \mathbf{q}^\alpha \\ --- \\ \mathbf{m}^{(\alpha\beta)} \end{bmatrix} = \begin{bmatrix} n^{11} \\ n^{12} \\ n^{21} \\ n^{22} \\ --- \\ q^1 \\ q^2 \\ --- \\ m^{11} \\ m^{12} \\ m^{21} \\ m^{22} \end{bmatrix}, \quad \epsilon = \begin{bmatrix} \varphi_{\alpha\beta} \\ --- \\ \gamma_\alpha \\ --- \\ \kappa_{(\alpha\beta)} \end{bmatrix} = \begin{bmatrix} \varphi_{11} \\ \varphi_{12} \\ \varphi_{21} \\ \varphi_{22} \\ --- \\ \gamma_1 \\ \gamma_2 \\ --- \\ \kappa_{11} \\ \kappa_{12} \\ \kappa_{21} \\ \kappa_{22} \end{bmatrix}. \tag{3.5.13}$$

Hierin werden Teilspalten durch die Bezeichnungen $\mathbf{n}^{\alpha\beta}$, $\mathbf{q}^\alpha$, $\mathbf{m}^{(\alpha\beta)}$ sowie $\varphi_{\alpha\beta}$, γ_α, $\kappa_{(\alpha\beta)}$ abgekürzt. Damit wurden die einzelnen mechanischen Variablen zu den vier Spaltenmatrizen **p**, **u**, σ, ϵ vereinigt, die als je ein Punkt eines 5- bzw. 10-dimensionalen abstrakten Raumes aufgefaßt werden können.* In diesem Abschnitt werden wir daher mit Matrizen operieren, deren Elemente Skalare (p^3, v_3) sowie Tensorkomponenten erster (p^α, c^α, q^α, ...) und zweiter Stufe ($n^{\alpha\beta}$, $m^{(\alpha\beta)}$, ...) sind. Dieses Vorgehen wird zu einer willkommenen anschaulichen Interpretierbarkeit der einzelnen Operationen der Tafel 3.3 führen.

Nun schreiben wir die *kinematischen Beziehungen* der Tafel 3.3, Zeile 5, langschriftlich aus und stellen das Ergebnis unter Verwendung der Spaltenmatrizen ϵ und **u** dar. Damit gewinnen wir eine matrizielle Darstellung der kinematischen Gleichungen, wiedergegeben in Tafel 3.5. In ihnen transformiert eine (10 × 5)-Operatormatrix $\mathbf{D}_k$ die äußeren Weggrößen

* *Dem Leser sei nahegelegt, die Spaltenmatrix* **p** *nicht mit dem Lastvektor* **p** *nach (3.2.3) zu verwechseln.*

Kinematische Beziehungen:

$$
\begin{bmatrix} \varphi_{11} \\ \varphi_{12} \\ \varphi_{21} \\ \varphi_{22} \\ \gamma_1 \\ \gamma_2 \\ \varkappa_{(11)} \\ \varkappa_{(12)} \\ \varkappa_{(21)} \\ \varkappa_{(22)} \end{bmatrix}
=
\begin{bmatrix}
d_1 & 0 & -b_{11} & 0 & 0 \\
0 & d_1 & -b_{12} & 0 & 0 \\
d_2 & 0 & -b_{21} & 0 & 0 \\
0 & d_2 & -b_{22} & 0 & 0 \\
b_1^1 & b_1^2 & d_1 & 1 & 0 \\
b_2^1 & b_2^2 & d_2 & 0 & 1 \\
0 & 0 & 0 & d_1 & 0 \\
0 & 0 & 0 & \tfrac{1}{2}d_2 & \tfrac{1}{2}d_1 \\
0 & 0 & 0 & \tfrac{1}{2}d_2 & \tfrac{1}{2}d_1 \\
0 & 0 & 0 & 0 & d_2
\end{bmatrix}
\cdot
\begin{bmatrix} v_1 \\ v_2 \\ v_3 \\ w_1 \\ w_2 \end{bmatrix}
\qquad
\begin{aligned} d_1 &= \dots|_1 \\ d_2 &= \dots|_2 \end{aligned}
$$

$$
\boldsymbol{\epsilon} = \begin{bmatrix} \varphi_{\alpha\beta} \\ \gamma_\alpha \\ \varkappa_{(\alpha\beta)} \end{bmatrix}
= \begin{bmatrix} \boldsymbol{D}_{11} & -\boldsymbol{D}_{12} & \boldsymbol{0} \\ \boldsymbol{D}_{21} & \boldsymbol{D}_{22} & \boldsymbol{I} \\ \boldsymbol{0} & \boldsymbol{0} & \boldsymbol{D}_{33} \end{bmatrix}
\cdot \begin{bmatrix} \boldsymbol{v}_\alpha \\ \boldsymbol{v}_3 \\ \boldsymbol{w}_\alpha \end{bmatrix} = \boldsymbol{D}_k \boldsymbol{u}
\qquad
-\boldsymbol{p} = -\begin{bmatrix} \boldsymbol{p}^\alpha \\ \boldsymbol{p}^3 \\ \boldsymbol{c}^\alpha \end{bmatrix}
= \begin{bmatrix} \boldsymbol{D}_{11}^T & -\boldsymbol{D}_{21}^T & \boldsymbol{0} \\ \boldsymbol{D}_{12}^T & \boldsymbol{D}_{22}^T & \boldsymbol{0} \\ \boldsymbol{0} & -\boldsymbol{I} & \boldsymbol{D}_{33}^T \end{bmatrix}
\cdot \begin{bmatrix} \boldsymbol{n}^{\alpha\beta} \\ \boldsymbol{q}^\alpha \\ \boldsymbol{m}^{(\alpha\beta)} \end{bmatrix} = \boldsymbol{D}_e \boldsymbol{\sigma}
$$

Gleichgewichtsbedingungen:

$$
-\begin{bmatrix} p^1 \\ p^2 \\ p^3 \\ c^1 \\ c^2 \end{bmatrix}
=
\begin{bmatrix}
d_1 & 0 & d_2 & 0 & -b_1^1 & -b_2^1 & 0 & 0 & 0 & 0 \\
0 & d_1 & 0 & d_2 & -b_1^2 & -b_2^2 & 0 & 0 & 0 & 0 \\
b_{11} & b_{12} & b_{21} & b_{22} & d_1 & d_2 & 0 & 0 & 0 & 0 \\
0 & 0 & 0 & 0 & -1 & 0 & d_1 & \tfrac{1}{2}d_2 & \tfrac{1}{2}d_2 & 0 \\
0 & 0 & 0 & 0 & 0 & -1 & 0 & \tfrac{1}{2}d_1 & \tfrac{1}{2}d_1 & d_2
\end{bmatrix}
\cdot
\begin{bmatrix} n^{11} \\ n^{12} \\ n^{21} \\ n^{22} \\ q^1 \\ q^2 \\ m^{11} \\ m^{12} \\ m^{21} \\ m^{22} \end{bmatrix}
$$

Tafel 3.5 Kinematischer Operator und Gleichgewichtsoperator einer konsistenten linearen Flächentragwerkstheorie unter Einschluß von Schubverformungen (Typ B)

u in die Verzerrungsgrößen ϵ. Das Symbol d_α bezeichnet hierin die kovariante Ableitung:

$$d_1 \dots = \dots|_1, \quad d_2 \dots = \dots|_2. \tag{3.5.14}$$

Aus den *Gleichgewichtsbedingungen* der Tafel 3.3 entsteht eine analoge Darstellung, die Tafel 3.5 ebenfalls enthält. Hierbei transformiert der Differentialoperator $\mathbf{D}_e$, eine (5×10)-Matrix, den Vektor σ der Schnittgrößen in die (negative) Lastspalte **p**. Ein Vergleich beider Operatormatrizen $\mathbf{D}_k$ und $\mathbf{D}_e$ läßt erkennen, daß die Teiloperatoren der einen Matrix in der anderen als *transponierte* Operatoren auftreten. Dieser besondere Aufbau ist eine Folge der Formulierung in korrespondierenden Variablen und an die Verwendung der kovarianten Ableitung (3.5.14) gebunden.

Um die matrizielle Darstellung des Gleichungswerks der Flächentragwerkstheorie zu vervollständigen, sollen auch die konstitutiven Beziehungen der Tafel 3.3 in gleicher Weise ausgeschrieben werden. Das Ergebnis in Tafel 3.6 ist eine (10×10)-Matrix, die aus den Komponenten des Elastizitätstensors $H^{\alpha\beta\lambda\mu}$ und des Krümmungstensors b^{ρ}_{σ} besteht. Bei der Herleitung wurde von (3.5.9) Gebrauch gemacht.

$$\boldsymbol{\sigma} = \begin{bmatrix} \boldsymbol{n}^{\alpha\beta} \\ \boldsymbol{q}^{\alpha} \\ \boldsymbol{m}^{(\alpha\beta)} \end{bmatrix} = D \begin{bmatrix} \boldsymbol{E}_{11} & \boldsymbol{0} & -\frac{h^2}{12}\boldsymbol{E}_{13} \\ \boldsymbol{0} & \boldsymbol{E}_{22} & \boldsymbol{0} \\ -\frac{h^2}{12}\boldsymbol{E}_{13}^{T} & \boldsymbol{0} & \frac{h^2}{12}\boldsymbol{E}_{11} \end{bmatrix} \cdot \begin{bmatrix} \varphi_{\alpha\beta} \\ \gamma_{\alpha} \\ \kappa_{(\alpha\beta)} \end{bmatrix} = D\boldsymbol{E}\boldsymbol{\epsilon} \qquad \boldsymbol{E}_{11} = \begin{bmatrix} H^{1111} & H^{1112} & H^{1112} & H^{1122} \\ H^{1112} & H^{1212} & H^{1212} & H^{1222} \\ H^{1112} & H^{1212} & H^{1212} & H^{1222} \\ H^{1122} & H^{1222} & H^{1222} & H^{2222} \end{bmatrix} = \boldsymbol{E}_{11}^{T}$$

E Elastizitätsmodul
ν Querdehnungszahl
h Querschnittsdicke

$D = \frac{Eh}{1-\nu^2}$ Dehnsteifigkeit des Querschnitts

$$\boldsymbol{E}_{22} = \frac{1-\nu}{2} \begin{bmatrix} a^{11} & a^{12} \\ a^{21} & a^{22} \end{bmatrix}$$

$$\boldsymbol{E}_{13} = \begin{bmatrix} H^{1111} b_1^1 + H^{1112} b_2^1 & H^{1112} b_1^1 + H^{1212} b_2^1 & H^{1112} b_1^1 + H^{1212} b_2^1 & H^{1122} b_1^1 + H^{1222} b_2^1 \\ H^{1111} b_1^2 + H^{1112} b_2^2 & H^{1112} b_1^2 + H^{1212} b_2^2 & H^{1112} b_1^2 + H^{1212} b_2^2 & H^{1122} b_1^2 + H^{1222} b_2^2 \\ H^{1112} b_1^1 + H^{1122} b_2^1 & H^{1212} b_1^1 + H^{1222} b_2^1 & H^{1212} b_1^1 + H^{1222} b_2^1 & H^{1222} b_1^1 + H^{2222} b_2^1 \\ H^{1112} b_1^2 + H^{1122} b_2^2 & H^{1212} b_1^2 + H^{1222} b_2^2 & H^{1212} b_1^2 + H^{1222} b_2^2 & H^{1222} b_1^2 + H^{2222} b_2^2 \end{bmatrix}$$

Tafel 3.6 Operatoren des Elastizitätsgesetzes einer konsistenten linearen Flächentragwerkstheorie unter Einschluß von Schubverformungen (Typ B)

Schließlich seinen noch die Randwerte der Tafel 3.3, die wir in die beiden 5-zeiligen Spaltenmatrizen

$$\mathbf{t}^0 = \begin{bmatrix} n_t \\ n_u \\ n_3 \\ m_t \\ m_u \end{bmatrix}, \quad \mathbf{r}^0 = \begin{bmatrix} v_t \\ v_u \\ v_3 \\ \omega_t \\ \omega_u \end{bmatrix} \tag{3.5.15}$$

gruppieren, in diese Darstellung integriert. Beide Randvariablen $\mathbf{r}^0$, $\mathbf{t}^0$ sind durch Ausschreiben der jeweiligen Beziehungen:

$$\begin{aligned} n_t &= n^{\alpha\beta} u_\alpha t_\beta & v_t &= v_\alpha t^\alpha \\ n_u &= n^{\alpha\beta} u_\alpha u_\beta & v_u &= v_\alpha u^\alpha \\ n_3 &= q^\alpha u_\alpha & v_3 &= v^3 \\ m_t &= m^{\alpha\beta} u_\alpha u_\beta & \omega_t &= w_\alpha u^\alpha \\ m_u &= -m^{\alpha\beta} u_\alpha t_\beta & \omega_u &= -w_\alpha t^\alpha \end{aligned} \tag{3.5.16}$$

aus den Schnittgrößen σ und den Verschiebungsgrößen $\mathbf{u}$ matriziell transformierbar. Die auftretenden Operatoren, die erwartungsgemäß – neben einer 1 – nur die Komponenten des jeweiligen Tangenten- und Normalenvektors der Randkurve C enthalten, finden sich in Tafel 3.7.

Vorschreibbare Kraftgrößen-Randbedingungen:

$$\boldsymbol{t}^\circ = \begin{Bmatrix} n_t \\ n_u \\ n_3 \\ m_t \\ m_u \end{Bmatrix} = \left\{\begin{array}{cccc|cc|cccc} u_1t_1 & u_1t_2 & u_2t_1 & u_2t_2 & 0 & 0 & 0 & 0 & 0 & 0 \\ u_1u_1 & u_1u_2 & u_2u_1 & u_2u_2 & 0 & 0 & 0 & 0 & 0 & 0 \\ 0 & 0 & 0 & 0 & u_1 & u_2 & 0 & 0 & 0 & 0 \\ 0 & 0 & 0 & 0 & 0 & 0 & u_1u_1 & u_1u_2 & u_2u_1 & u_2u_2 \\ 0 & 0 & 0 & 0 & 0 & 0 & -u_1t_1 & -u_1t_2 & -u_2t_1 & -u_2t_2 \end{array}\right\} \bullet \begin{Bmatrix} n^{11} \\ n^{12} \\ n^{21} \\ n^{22} \\ \hline q^1 \\ q^2 \\ \hline m^{11} \\ m^{12} \\ m^{21} \\ m^{22} \end{Bmatrix} = \boldsymbol{R}_t \boldsymbol{\sigma}$$

Vorschreibbare Verschiebungsgrößen-Randbedingungen:

$$\boldsymbol{r}^\circ = \begin{Bmatrix} v_t \\ v_u \\ v_3 \\ \omega_t \\ \omega_u \end{Bmatrix} = \begin{Bmatrix} t^1 & t^2 & 0 & 0 & 0 \\ u^1 & u^2 & 0 & 0 & 0 \\ 0 & 0 & 1 & 0 & 0 \\ 0 & 0 & 0 & u^1 & u^2 \\ 0 & 0 & 0 & -t^1 & -t^2 \end{Bmatrix} \bullet \begin{Bmatrix} v_1 \\ v_2 \\ v_3 \\ w_1 \\ w_2 \end{Bmatrix} = \boldsymbol{R}_r \boldsymbol{u}$$

Tafel 3.7 Operatoren der Randgrößen einer konsistenten linearen Flächentragwerkstheorie unter Einschluß von Schubverformungen (Typ B)

Aus diesen Einzelbausteinen können wir nun das Strukturschema des Bildes 3.15 zusammensetzen, das unseren Überblick über das Gleichungswerk und die Operatorstruktur einer konsistent formulierten Flächentragwerkstheorie unter Einschluß von Schubverzerrungen

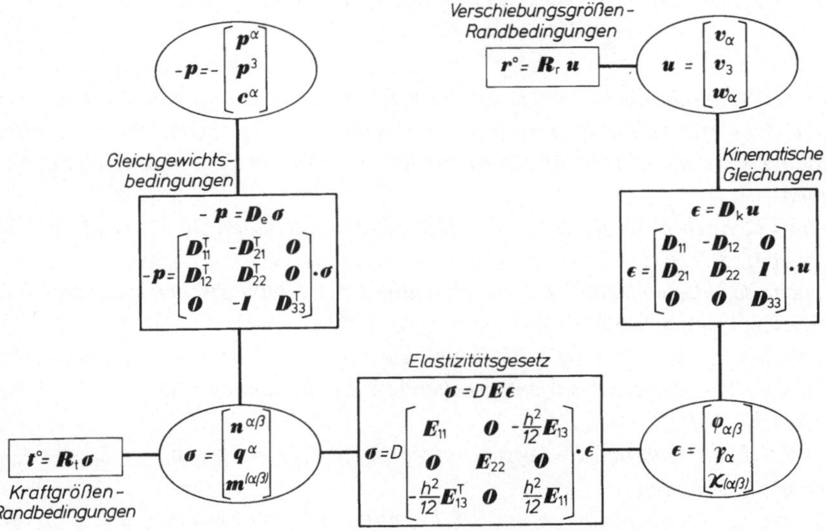

Bild 3.15 Strukturschema einer konsistenten linearen Flächentragwerkstheorie unter Einschluß von Schubverformungen (Typ B)

zunächst abschließen soll. Die einzelnen Matrixtransformationen dieses Schemas ermöglichen es, die *Navier*schen Differentialgleichungen dieser Theorie und ihre zugeordneten Randbedingungen in Matrixform anzugeben:

$$\begin{aligned} -\mathbf{p} &= \mathbf{D}_e \boldsymbol{\sigma} \\ \boldsymbol{\sigma} &= \mathrm{DE}\boldsymbol{\epsilon} \\ \boldsymbol{\epsilon} &= \mathbf{D}_k \mathbf{u} \\ \hline -\mathbf{p} &= \mathbf{D}_e(\mathrm{DE})\mathbf{D}_k \mathbf{u} \ , \end{aligned} \tag{3.5.17}$$

$$\begin{aligned} \mathbf{t}^0 &= \mathbf{R}_t \boldsymbol{\sigma} \\ \boldsymbol{\sigma} &= \mathrm{DE}\boldsymbol{\epsilon} \\ \boldsymbol{\epsilon} &= \mathbf{D}_k \mathbf{u} \\ \hline \end{aligned}$$

$$\text{vorgebbar längs } C_t\text{:} \quad \mathbf{t}^0 = \mathbf{R}_t(\mathrm{DE})\mathbf{D}_k \mathbf{u} \ , \tag{3.5.18}$$

$$\text{vorgebbar längs } C_r\text{:} \quad \mathbf{r}^0 = \mathbf{R}_r \mathbf{u} \ . \tag{3.5.19}$$

Das Randwertproblem ist linear, elliptisch und von zehnter Ordnung; diese Eigenschaften sind dem resultierenden Differentialoperator $\mathbf{D}_e(\mathrm{DE})\mathbf{D}_k$ eingeprägt. Die *Navier*sche Gleichung (3.5.17) faßt alle drei mechanischen Bestandteile: Gleichgewicht, Kinematik und Werkstoffgesetz zur *Fundamentalgleichung* des auf Bild 3.15 dargestellten Strukturschemas zusammen, ihre primären Unbekannten sind die Verschiebungsgrößen $\mathbf{u}$, in denen die Gleichgewichtsbedingungen durch sukzessives Einsetzen von $\boldsymbol{\sigma}$ und $\boldsymbol{\epsilon}$ formuliert sind. Verzerrungs- und Schnittgrößen können rückwirkend aus den kinematischen und konstitutiven Beziehungen bestimmt werden. Eine derartige Vorgehensweise wird in der Baustatik als *Weg-* oder *Verschiebungsgrößenmethode* bezeichnet. Strukturschema und Fundamentalgleichung enthalten hierfür eine ganze Reihe lösungstechnisch bedeutsamer Informationen. An dieser Stelle geben wir einen ersten Hinweis [2, 44]; diesen Aspekt werden wir später erneut aufgreifen.

AUFGABEN

1. *Das Kapitel 3 ist als Einführung besonders sorgfältig formuliert und formelmäßig detailliert. Leser, die den Tensorformalismus anhand dieses Buches zu lernen beabsichtigen, sollten trotzdem jeden Zwischenschritt sorgfältig nachvollziehen. Nur an sie wenden sich die weiteren Aufgaben.*
2. *Stellen Sie eine Fläche Ihrer Wahl entsprechend (3.1.1) dar und bilden Sie* $\mathbf{a}_\alpha$, $\mathbf{a}_3$, μ_α^ρ *(3.1.5),* $\overset{*}{a}_{\alpha\beta}$ *(3.1.7) sowie* μ *(3.1.16).*
3. *Weisen Sie nach, daß die vollständige Überschiebung eines symmetrischen und eines antimetrischen Tensors zweiter Stufe verschwindet, z.B.:* $\tilde{n}^{(\alpha\beta)}\varphi_{[\alpha\beta]} = 0$.
4. *Man zeige, daß sich* $r_{\alpha\beta}$ *laut (3.2.107) im Rahmen einer linearisierten Theorie durch den ersten und zweiten Verzerrungstensor entsprechend (3.2.110) darstellen läßt.*
5. *Verifizieren Sie (3.4.46).*
6. *Man leite (3.4.63) dadurch ab, daß die Aufspaltungen* $\alpha^S_{(\alpha\beta)} = \alpha_{(\alpha\beta)} - \alpha^T_{(\alpha\beta)}$, $\beta^S_{(\alpha\beta)} = \beta_{(\alpha\beta)} - \beta^T_{(\alpha\beta)}$ *in (3.4.39) eingesetzt werden.*
7. *Schreiben Sie die Differentialgleichungen (3.5.17) mit den Operatoren der Tafeln 3.5 und 3.6 für konstante Dehnsteifigkeit* D *und Wanddicke* h *aus.*

Literatur:

1 *Aron, H.:* Das Gleichgewicht und die Bewegung einer unendlich dünnen, beliebig gekrümmten elastischen Schale, Journ. reine und angewandte Math. 78 (1874), S. 136

2 *Başar, Y.:* Die numerische Behandlung der linearen und der nicht-linearen Biegetheorie von Rotationsschalen. Technisch-wissenschaftliche Mitteilungen, Institut für Konstruktiven Ingenieurbau, Ruhr-Universität, Nr. 74–7, Bochum 1974

3 *Becker, E.; Bürger, W.:* Kontinuumsmechanik, Verlag B. G. Teubner, Stuttgart 1975

4 *Budiansky, B.; Sanders, J. L.:* On the "Best" First Order Linear Shell Theory. Progress in Applied Mechanics, the Prager Anniversary Volume, Macmillan, New York 1963, S. 129

5 *Bufler, H.:* Die verallgemeinerten Variationsgleichungen der dünnen Platte bei Zulassung diskontinuierlicher Schnittkräfte und Verschiebungsgrößen, Ingenieur-Archiv 39 (1970), S. 330

6 *Cauchy, A.:* Sur l'equilibre et le mouvement d'une plaque solide, Exercise de mathématique 3, Paris 1828

7 *Cohen, H.; de Silva, C. N.:* Nonlinear Theory of Elastic Directed Surfaces, Journ. Math. Phys. 7 (1966), S. 960

8 *Cosserat, E. und F.:* Théorie de corps déformable, Hermann & Cie, Paris 1909

9 *Duhem, P.:* Le potentiel thermodynamique et la pression hydrostatique, Ann. Ecole Norm. (3) 10 (1893), S. 187

10 *Flügge, W.:* Statik und Dynamik der Schalen. 3., neubearbeitete Auflage, Springer-Verlag, Berlin 1962

11 *Fung, Y. C.:* Foundations of Solid Mechanics, Prentice-Hall Inc., Englewood Cliff/New Jersey 1965

12 *Girkmann, K.:* Flächentragwerke, Springer-Verlag, Wien 1963[6]

13 *Gol'denveizer, A. L.:* Theory of Elastic Thin Shells (Translation from the Russian). Pergamon Press, Oxford/London 1961

14 *Green, A. E.; Naghdi, P. M.:* Non-isothermal Theory of Rods, Plates and Shells, Int. Journ. Solids Structures 6 (1970), S. 209

15 *Green, A. E.; Zerna, W.:* Theoretical Elasticity, At the Clarendon Press, Oxford 1968[2]

16 *Green, A. E.; Naghdi, P. M.; Wainwright, W. L.:* A General Theory of a Cosserat Surface, Archive for Rational Mechanics and Analysis 20 (1965), S. 287

17 *Günther, W.:* Analoge Systeme von Schalengleichungen, Ing.-Archiv 30 (1961), S. 160

18 *Harnach, R.:* Systematische Darstellung der Energie- und Variationsprinzipe und Anwendung auf die Schalentheorie, Techn.-wiss. Mitteilungen des Instituts für Konstruktiven Ingenieurbau Nr. 74–3, Bochum 1974

19 *John, F.:* Estimates for the Derivatives of the Stresses in a Thin Shell and Interior Shell Equations, Comm. Pure Applied Math. 18 (1965), S. 235

20 *Johnson, M. W.; Reissner, E.:* On the Foundation of the Theory of Thin Elastic Shells, Journ. Math. and Physics 37 (1958), S. 375

21 *Kästner, S.:* Vektoren, Tensoren, Spinoren, Akademie-Verlag, Berlin 1963[2]

22 *Koiter, W. T.:* A Consistent First Approximation in the General Theory of Thin Elastic Shells, Proc. IUTAM-Symp. on the Theory of Thin Elastic Shells, North-Holland Publishing Comp., Amsterdam 1959

23 *Krätzig, W. B.:* Die erste Approximation der Schalentheorie und deren Unschärfebereich, in: Konstruktiver Ingenieurbau in Forschung und Praxis, Werner-Verlag, Düsseldorf 1976

24 *Krätzig, W. B.:* Optimale Schalengrundgleichungen und deren Leistungsfähigkeit, ZAMM 54 (1974), S. 265

25 *Krätzig, W. B.:* Allgemeine Schalentheorie beliebiger Werkstoffe und Verformungen, Ingenieur-Archiv 40 (1971), S. 311

26 *Kreyszig, E.:* Differentialgeometrie, Akademische Verlagsgesellschaft Geest & Portig K. G., Leipzig 1957

27 *Leipholz, H.:* Einführung in die Elastizitätstheorie, Wissenschaft und Technik-Taschenausgaben, Verlag G. Braun, Karlsruhe 1968

28 *Librescu, L.:* On the Theory of Anisotropic Elastic Shells and Plates, Int. Journ. Solids Structures 3 (1967), S. 53

29 *Love, A. E. H.:* A Treatise on the Mathematical Theory of Elasticity, Dover Publications, New York 1944[4]

30 *Love, A. E. H.:* On the Small Vibrations and Deformations of Thin Elastic Shells, Phil. Trans. Roy. Soc., 179 (1888), S. 491

31 *Naghdi, P. M.:* The Theory of Shells and Plates, in: Handbuch der Physik, Band VI, A2, Springer-Verlag, Berlin/New York 1972

32 *Naghdi, P. M.:* Further results in the derivation of the general equations of elastic shells. Int. Journ. Engng. Sci. 2 (1964), S. 269

33 *Naghdi, P. M.:* Foundations of Elastic Shell Theory, Progress in Solid Mechanics, Vol. IV. North-Holland Publishing Comp., Amsterdam 1963

34 *Naghdi, P. M.:* On the Theory of Thin Elastic Shells, Quart. Appl. Math. 14 (1957), S. 369

35 *Neuber, H.:* Allgemeine Schalentheorie I und II, Zeitschr. angew. Math. Mech. 29 (1949), S. 97 und 142

36 *Niordson, F. I.:* A Note on the Strain Energy of Elastic Shells. Int. Journ. Solids Structures 7 (1971), S. 1573

37 *Päsler, M.:* Prinzipe der Mechanik, Verlag W. de Gruyter & Co., Berlin 1968

38 *Pflüger, A.:* Stabilitätsprobleme der Elastostatik, Springer-Verlag, Berlin/New York 1974

39 *Poisson, S. D.:* Mémoire sur l'équilibre et le mouvement des corps élastiques, Mem. de l'Acad. Sci. 8, Paris 1829

40 *Reissner, E.:* On the Theory of Traverse Bending of Elastic Plates, Int. Journ. Solids Structures 12 (1976), S. 545

41 *Reissner, E.:* On the foundations of the linear theory of elastic shells, Proc. Eleventh Intern. Congr. Appl. Mech. [Munich 1964], Springer-Verlag, Berlin 1966, S. 20.

42 *Sensenig, C. B.:* A Shell Theory Compared with the Exact Threedimensional Theory of Elasticity, Int. Journ. Engng. Science 6 (1968), S. 435

43 *Serbin, H.:* Quadratic invariants of surface deformations and the strain energy of thin elastic shells, Journ. Math. Phys. 4 (1963), S. 838

44 *Stein, E.; Wunderlich, W.:* Finite-Element-Methoden als direkte Variationsverfahren der Elastostatik, in: Finite Elemente in der Statik, Verlag W. Ernst & Sohn, Berlin 1973

45 *Timoshenko, S.; Woinowsky-Krieger, S.:* Theory of Plates and Shells, McGraw-Hill, New York 1959²

46 *Truesdell, C.; Toupin, R.:* The Classical Field Theories, in: Handbuch der Physik, Bd. III/1, Springer Verlag, Berlin 1960

47 *Washizu, K.:* Variational Methods in Elasticity and Plasticity, Pergamon Press, Oxford 1968

48 *Wempner, G. A.:* Mechanics of Solids, with Applications to thin Bodies, McGraw-Hill Inc., New York 1973

49 *Wlassow, W. S.:* Allgemeine Schalentheorie und ihre Anwendung in der Technik, Akademie-Verlag, Berlin 1958

50 *Zerna, W.:* Herleitung der ersten Approximation der Theorie elastischer Schalen, Abhandl. Braunschw. Wissensch. Gesellsch. 19 (1967), S. 52

4 Die Normalentheorie und vertiefende Grundlagen linear elastischer Flächentragwerke

Irrtum verläßt uns nie, doch zieht ein höher Bedürfnis den strebenden Geist zur Wahrheit hinan.
Johann Wolfgang von Goethe (1749–1832)
in Vier Jahreszeiten

In den Abschnitten 4.1 werden, aufbauend auf den Beziehungen des letzten Kapitels, die Grundgleichungen einer Flächentragwerkstheorie mit Normalenhypothese hergeleitet. Unabhängig von ihrer praktischen Bedeutung sind Flächentragwerkstheorien gegenüber dreidimensionalen Beschreibungen als mit Fehlern behaftet anzusehen; für diese werden in den Abschnitten 4.2 Schranken angegeben. Gleichzeitig wird die Frage nach der Leistungsfähigkeit flächenhafter und höherer Approximationen angeschnitten.
Die Abschnitte 4.3 vertiefen Fragen der Struktur von Schalentheorien mit und ohne Schubverzerrungen und geben einen Einblick in die Vielzahl konsistenter Formulierungsvarianten. In den Abschnitten 4.4 schließlich werden klassische Grenzfälle und systematische Vereinfachungen der hergeleiteten Grundgleichungen untersucht. Das Kapitel schließt mit der Behandlung anisotroper und geschichteter Tragwerksquerschnitte.

4.1 Die Grundgleichungen einer Theorie mit Normalenhypothese

4.1.1 Die Normalenhypothese (Kirchhoff-Love-Hypothese)

In seinen Arbeiten zum Biegeproblem elastischer Stäbe (Elastica) hat *J. Bernoulli** ab 1691 die heute nach ihm benannte Hypothese vom Ebenbleiben der Querschnitte formuliert. Danach sollen die einzelnen Stabquerschnitte auch nach einer Verformung eben bleiben und weiterhin senkrecht zur Balkenachse stehen. Auf dieser Vernachlässigung aller Schubverzerrungen und Querschnittsverwölbungen in der Tragwerkskinematik wurde in der Folgezeit von *L. Euler* und vor allem von *L. Navier*** das Gebäude der Balkenbiegelehre als einer einfach handhabbaren, jedoch ausreichend genauen technischen Näherungstheorie errichtet.

* Jacob Bernoulli (1654–1705), Mathematiker und Physiker aus Basel; grundlegende Arbeiten zur Elastomechanik auf der Suche nach Anwendungsmöglichkeiten für die neuentdeckte Infinitesimalrechnung.

** Louis M.H. Navier (1785–1836); französischer Mathematiker und Ingenieur; Beiträge zur Elastizitätstheorie; gilt als Begründer der Baustatik.

Im Jahre 1850 griff *G. R. Kirchhoff** [46] die *Bernoulli-Hypothese* auf und übertrug sie in sehr natürlicher Weise auf Plattentragwerke. Er postulierte nämlich, daß *jede Normale zur unverformten Plattenebene auch im verformten Zustand ihre Normaleneigenschaft bezüglich der Mittelfläche beibehalte und außerdem ihre Länge nicht ändere*. Damit löste *Kirchhoff* jene von *S. Germain***, *S.D. Poisson* und *L. Navier* entwickelten Theorien ab, in denen die Plattendifferentialgleichung durch Variation empirischer Formänderungsenergien gewonnen worden war, und gab der Plattentheorie ihre heute gebräuchliche Form (wegen Einzelheiten siehe z.B. [106], S. 119).

Die *Kirchhoff*sche Hypothese wurde, nach Vorarbeiten von *H. Aron* [2], im Jahre 1888 von *A.E.H. Love* [63] einer allgemeinen Theorie ebener und gekrümmter Flächentragwerke zugrundegelegt. Während seines gesamten Lebens hat *Love* diese Arbeit vertieft und zu einem auch heute noch lesenswerten Beitrag [62] erweitert. Dabei hat er bereits die zusätzlichen Unschärfen einer Normalenhypothese bei gekrümmten Flächentragwerken erkannt und sie durch eine *erste* und *zweite* Approximation des Elastizitätsgesetzes betont. Wie bei gekrümmten Stäben führt nämlich eine über die Querschnittsdicke h geradlinige Dehnungsannahme zu gekrümmten Spannungsverläufen, deren angenäherte Wiedergabe durch Dehnungskräfte $n^{\alpha\beta}$ und Momente $m^{\alpha\beta}$ den generellen Unschärfebereich (siehe Abschnitt 3.1.3) vergrößert. Zu Ehren der beiden genannten Forscher trägt die Normalenhypothese bei Flächentragwerken heute auch den Namen *Kirchhoff-Love-Hypothese.*

Werfen wir einen kurzen Blick auf die weitere Entwicklung der Schalentheorie. Die folgenden Arbeiten haben den Gedanken einer allgemeinen Flächentragwerkstheorie zunächst nicht vertieft, sondern sich anwendungsorientierten Vereinfachungen zugewandt. Hierzu gehören der Membranzustand einer Kegelschale ([103], S. 597) und die Biegespannungen zentralsymmetrisch belasteter Rotationsschalen [5, 11, 93, 115]. Vor allem aber entstanden auf dem Weg zu analytischen Lösungen bereits früh die ersten systematischen Näherungstheorien [19, 69].

Mit dem ersten Weltkrieg dringen Schalen als Konstruktionselemente in die Technik ein und das Schwergewicht der Forschung verlagert sich damit auf bestimmte Tragwerksgeometrien, wie Kugel-, Kegel- und Zylinderschalen [10]. Für diese Schalentypen werden die Differentialgleichungen hergeleitet, geeignete Randbedingungen formuliert und Lösungsfunktionen ermittelt. Von dieser Phase eines weitgehend unkoordinierten Entdeckens der wesentlichen Tragphänomene legen die Erstauflagen der Monographien [13, 105], die 1934 bzw. 1940 erschienen, ein beredtes Zeugnis ab. Die beste Literaturübersicht hierüber enthält das Standardwerk [22].

Erst mehr als ein halbes Jahrhundert nach *Love's* grundlegendem Beitrag [63] wurden die Arbeiten an allgemeinen Flächentragwerkstheorien auf der Basis der Normalenhypothese auch von anderen Forschern wieder aufgegriffen. Dies erfolgte ungefähr gleichzeitig in den *USA* [7, 92, 104] und der *UdSSR* [28, 65]. Erneut wurden die durch die *Kirchhoff-Love-Hypothese* und die Tragwerkskrümmung verursachten Unschärfen diskutiert [80, 81], die heute durch die Definition der symmetrischen Ersatzgröße $\tilde{n}^{(\alpha\beta)}$ (3.3.17) ausgeräumt sind. Eine be-

* Gustave Robert Kirchhoff (1824–1887); deutscher Physiker, wirkte in Heidelberg und Berlin; Arbeitsgebiete: Mechanik, Elektrodynamik, Optik; Mitentdecker der Spektralanalyse.

** Sophie Germain (1776–1831); französische Mathematikerin; gewann 1816 den von Napoleon gestifteten Preis der Französischen Akademie für ihre Theorie der Plattenschwingungen.

sonders fruchtbare Forschungsepoche in Rußland führte zur Entwicklung allgemeiner Flächentragwerkstheorien in anwendungsreifen Formulierungen, wie die Lehrbücher [26, 79, 116] erkennen lassen. Dabei wurden die Schalengrundgleichungen, analog zu *Love*, überwiegend in Hauptkrümmungskoordinaten formuliert; die dem Leser bekannten Vorteile der Tensorschreibweise jedoch nicht ausgenutzt.

Tensoriell formulierte Schalenbiegetheorien gehen auf die beiden Arbeiten [77, 125] zurück, wobei dem Werk von *W. Zerna* besondere Bedeutung zukommt. Er faßte die Spannungen des Schalenraumes (siehe Abschnitt 3.2.4) als erster zu tensoriellen Last- und Schnittgrößenkomponenten zusammen und definierte aus ihnen mit $\mathbf{n}^\alpha$, $\mathbf{m}^\alpha$ (3.2.20) verwandte Schnittgrößenvektoren. Durch diese dem Leser bereits bekannten Grundelemente einer flächenhaften Beschreibung des Schalentragverhaltens wurde ein bewährtes Ingenieurkonzept mit einer für Flächentragwerke besonders zweckmäßigen mathematischen Darstellungsweise verknüpft. Verbreitung fand diese Arbeit vor allem durch die Erstauflage der Monographie [31], die sie verwendet.

Unsere Kenntnisse des Schalentragverhaltens sind durch die Einführung des Tensorformalismus ungemein vertieft worden, was einerseits in der Verallgemeinerungsfähigkeit derartiger Aussagen begründet ist. Andererseits hat sich diese höhere Abstraktionsstufe wegen der gleichzeitigen Fortentwicklung der Kontinuumsmechanik auch bei der Lösung von Einzelproblemen bewährt, beispielsweise bei der Eingrenzung der erwähnten zusätzlichen Unschärfen, in der Literatur als Suche nach einer einfachsten konsistenten Näherung bezeichnet [53, 73, 74]. Die meisten neueren Schalenforschungen verwenden heute die Tensorschreibweise, alle greifen in irgendeiner Weise auf die Gedanken in [125] zurück.

Wenden wir uns wieder unserem Ausgangspunkt zu: einer Schalentheorie unter Gültigkeit der eingangs formulierten Normalenhypothese. Die Flächentragwerkstheorie des Kapitels 3 benutzt diese Hypothese bekanntlich nicht, sie berücksichtigt statt dessen eine über die Tragwerksdicke h konstante Schubverzerrung $\gamma_{\alpha 3}$. Auf Bild 3.9 ist daher die *verformte* Koordinate Θ^3 (und somit auch der in die Richtung $\overline{\mathrm{P}}\overline{\mathrm{P}}^*$ weisende Direktor $\bar{\mathbf{d}}_3$) sowohl gerade als auch ungedehnt geblieben, jedoch um den Schubwinkel γ gegen die Normale $\bar{\mathbf{a}}_3$ der verformten Mittelfläche geneigt. Diese vollständigere Theorie, deren erste befriedigende Form übrigens erst 1957 [76] veröffentlicht wurde, haben wir vorangestellt, weil sich aus ihr eine Normalentheorie besonders übersichtlich herleiten läßt.

Um nun den Schubwinkel γ zum Verschwinden zu bringen, brauchen wir nur zu fordern, daß der verformte Direktor $\bar{\mathbf{d}}_3$ und die verformte Normale $\bar{\mathbf{a}}_3$ des Bildes 3.9 zusammenfallen sollen. Im Hinblick auf (3.2.61) wird deshalb die Normalenhypothese durch das Verschwinden des Schubverzerrungsvektors

$$\boldsymbol{\gamma} = \bar{\mathbf{d}}_3 - \bar{\mathbf{a}}_3 = 0 : \quad \gamma_\alpha = 0 \tag{4.1.1}$$

und somit wegen (3.3.41) folgerichtig durch

$$\gamma_\alpha = w_\alpha + \varphi_{\alpha 3} = w_\alpha + v_{3,\alpha} + b_\alpha^\lambda v_\lambda = 0 \tag{4.1.2}$$

beschrieben. Dadurch wird die Drehung $(\mathbf{d}_3 = \mathbf{a}_3) \rightarrow \bar{\mathbf{d}}_3$ des Direktors mit derjenigen der Schalennormale $\mathbf{a}_3 \rightarrow \bar{\mathbf{a}}_3$ identisch. Die Normaleneigenschaft der Verbindungsgerade PP* bleibt erhalten und die beiden Differenzvektoren $\mathbf{w}$, $\hat{\mathbf{w}}$ werden laut (3.2.60) gleich:

$$\mathbf{w} = \hat{\mathbf{w}} : \quad w_\alpha = \hat{w}_\alpha \, . \tag{4.1.3}$$

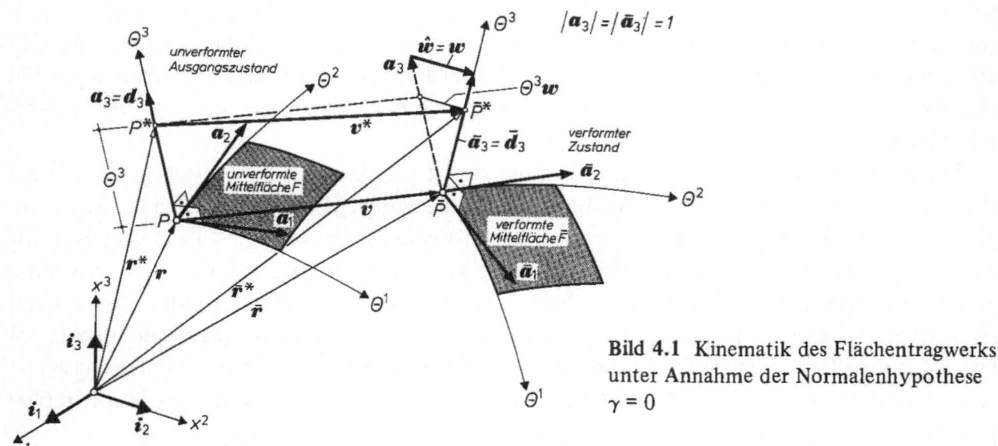

Bild 4.1 Kinematik des Flächentragwerks unter Annahme der Normalenhypothese $\gamma = 0$

Aufbauend auf dieser geänderten Kinematik, die Bild 4.1 im Vergleich zu Bild 3.9 zeigt, sollen nun die Grundgleichungen des Kapitels 3 in diejenigen einer Flächentragwerkstheorie mit Normalenhypothese transformiert werden.

4.1.2 Feldgleichungen und mechanische Variablen

Wir beginnen mit den äußeren und inneren Kraftgrößen der Abschnitte 3.2.1 und 3.2.2. Diese Variablen werden durch die kinematische Zwangsbedingung (4.1.1) der Normalenhypothese nicht berührt und können daher zunächst unverändert übernommen werden. Die *Lastvektoren* auf der Mittelfläche wurden durch die Beziehungen (3.2.3), (3.2.4)

$$\mathbf{p} = \mathrm{p}^{\alpha}\mathbf{a}_{\alpha} + \mathrm{p}^{3}\mathbf{a}_{3}\,, \tag{4.1.4}$$

$$\mathbf{c} = \mathrm{c}^{\rho}\mathbf{a}_{3} \times \mathbf{a}_{\rho} = \mathrm{c}^{\rho}\,\epsilon_{\rho\beta}\mathbf{a}^{\beta}, \tag{4.1.5}$$

ihre physikalischen Komponenten durch (3.2.7) eingeführt:

$$\mathrm{p}^{\langle\alpha\rangle} = \mathrm{p}^{\alpha}\sqrt{\mathrm{a}_{\alpha\alpha}}\,, \quad \mathrm{p}^{\langle 3\rangle} = \mathrm{p}^{3}, \quad \mathrm{c}^{\langle\alpha\rangle} = \mathrm{c}^{\alpha}\sqrt{\mathrm{a}_{\alpha\alpha}}\,. \tag{4.1.6}$$

Die *Schnittgrößen* des Flächentragwerks sind durch die beiden Schnittgrößenvektoren $\mathbf{n}^{\alpha}$, $\mathbf{m}^{\alpha}$ (3.2.20) sowie deren Komponentenzerlegungen (3.2.21), (3.2.22) definiert worden:

$$\mathbf{n}^{\alpha} = \mathrm{n}^{\alpha\beta}\mathbf{a}_{\beta} + \mathrm{q}^{\alpha}\mathbf{a}_{3}\,, \tag{4.1.7}$$

$$\mathbf{m}^{\alpha} = \mathrm{m}^{\alpha\rho}\mathbf{a}_{3} \times \mathbf{a}_{\rho} = \mathrm{m}^{\alpha\rho}\epsilon_{\rho\beta}\mathbf{a}^{\beta}, \tag{4.1.8}$$

wobei der Dehnungskrafttensor $\mathrm{n}^{\alpha\beta}$, der Querkraftvektor q^{α} und der Momententensor $\mathrm{m}^{\alpha\beta}$ durch die Transformationen (3.2.24) mit ihren jeweiligen physikalischen Komponenten verbunden sind:

$$\mathrm{n}^{\langle\alpha\beta\rangle} = \sqrt{\frac{\mathrm{a}_{\beta\beta}}{\mathrm{a}^{\alpha\alpha}}}\,\mathrm{n}^{\alpha\beta}, \quad \mathrm{q}^{\langle\alpha\rangle} = \frac{1}{\sqrt{\mathrm{a}^{\alpha\alpha}}}\,\mathrm{q}^{\alpha},$$

$$\mathrm{m}^{\langle\alpha\beta\rangle} = \sqrt{\frac{\mathrm{a}_{\beta\beta}}{\mathrm{a}^{\alpha\alpha}}}\,\mathrm{m}^{\alpha\beta}. \tag{4.1.9}$$

Ebenso unbeeinflußt von der Normalenhypothese (4.1.1) bleiben die Gleichgewichtsbedingungen (3.3.11) bis (3.3.13) sowie (3.3.17), die als *dynamische Feldgleichungen* daher ebenfalls unverändert aus Abschnitt 3.3.2 übertragen werden können:

$$n^{\alpha\beta}|_\alpha - q^\alpha b^\beta_\alpha + p^\beta = 0, \tag{4.1.10}$$

$$n^{\alpha\beta} b_{\alpha\beta} + q^\alpha|_\alpha + p^3 = 0, \tag{4.1.11}$$

$$m^{\alpha\beta}|_\alpha - q^\beta + c^\beta = 0, \tag{4.1.12}$$

$$\tilde{n}^{(\alpha\beta)} = n^{\alpha\beta} + m^{\alpha\rho} b^\beta_\rho. \tag{4.1.13}$$

Nun wenden wir uns den Weggrößen der Schalenbiegetheorie zu. Wie Bild 4.1 erkennen läßt, bleibt auch die *äußere Kinematik* unter der Normalenhypothese unverändert. Die Verschiebung $\mathbf{v}^*$ eines Punktes P^* außerhalb von F wird wie im Abschnitt 3.2.5 durch den Verschiebungsvektor $\mathbf{v}$ und den Differenzvektor $\mathbf{w}$ der Mittelfläche beschrieben:

$$\mathbf{v}^* = \mathbf{v} + \Theta^3 \mathbf{w}. \tag{4.1.14}$$

Beide Vektoren werden wie bisher durch (3.2.50) und (3.2.56) erklärt:

$$\begin{aligned} \mathbf{v} &= \bar{\mathbf{r}} - \mathbf{r}, \\ \mathbf{w} &= \hat{\mathbf{w}} = \bar{\mathbf{d}}_3 - \mathbf{a}_3 = \bar{\mathbf{a}}_3 - \mathbf{a}_3. \end{aligned} \tag{4.1.15}$$

Dabei bleiben selbstverständlich auch die Komponentenzerlegungen (3.2.52), (3.2.58)

$$\begin{aligned} \mathbf{v} &= v_\alpha \mathbf{a}^\alpha + v_3 \mathbf{a}^3, \\ \mathbf{w} &= w_\alpha \mathbf{a}^\alpha \end{aligned} \tag{4.1.16}$$

und die zugehörigen Definitionen physikalischer Vektorkomponenten (3.2.53), (3.2.59) erhalten:

$$\begin{aligned} v_{\langle\alpha\rangle} &= v_\alpha \sqrt{a^{\alpha\alpha}}, \quad v^{\langle\alpha\rangle} = v^\alpha \sqrt{a_{\alpha\alpha}}, \quad v_{\langle 3\rangle} = v^{\langle 3\rangle} = v_3, \\ w_{\langle\alpha\rangle} &= w_\alpha \sqrt{a^{\alpha\alpha}}, \quad w^{\langle\alpha\rangle} = w^\alpha \sqrt{a_{\alpha\alpha}}. \end{aligned} \tag{4.1.17}$$

Besondere Aufmerksamkeit verdient die Bedingung (3.2.67) der Orthogonalität des Normalenvektors $\bar{\mathbf{a}}_3$ zur verformten Basis $\bar{\mathbf{a}}_\alpha$, die im Kapitel 3 ausschließlich für den Teilvektor $\hat{\mathbf{w}}$ angebbar war. Nun erlangt sie infolge (4.1.3) für $\mathbf{w}$ Gültigkeit

$$w_\alpha = \hat{w}_\alpha = -\varphi_{\alpha 3} = -(v_{3,\alpha} + v_\lambda b^\lambda_\alpha) \tag{4.1.18}$$

und gewinnt damit eine Schlüsselstellung. Sie besagt nämlich, daß in einer Flächentragwerkstheorie mit Normalenhypothese die Komponenten des Differenzvektors $\mathbf{w}$ aus denjenigen des Verschiebungsvektors $\mathbf{v}$ berechenbar sind. Diese Aussage bewirkt, daß der Differenzvektor $\mathbf{w}$ seine bisherige Rolle als unabhängige mechanische Variable verliert und daher zweckmäßigerweise aus allen weiteren Beziehungen eliminiert wird.

Die Gleichsetzung (4.1.3) bzw. (4.1.15) der beiden Differenzvektoren $\mathbf{w}$ und $\hat{\mathbf{w}}$ durch die Normalenhypothese vereinigt ebenfalls die beiden Verdrehungsvektoren $\boldsymbol{\omega}$ und $\hat{\boldsymbol{\omega}}$ des Abschnittes 3.2.6. Damit wird die Drehung $\boldsymbol{\omega}$ des Schalendirektors mit der Drehung $\hat{\boldsymbol{\omega}}$ der Schalennormale identisch und es gilt laut (3.2.80), (3.2.85):

$$\mathbf{w} = \boldsymbol{\omega} \times \mathbf{a}_3 = \hat{\mathbf{w}} = \hat{\boldsymbol{\omega}} \times \mathbf{a}_3: \quad \boldsymbol{\omega} = \hat{\boldsymbol{\omega}}. \tag{4.1.19}$$

Tensorielle (3.2.86) und physikalische (3.2.87) Komponenten von $\boldsymbol{\omega}$ werden unverändert aus Kapitel 3 übernommen:

$$\begin{aligned} \boldsymbol{\omega} &= \omega^\alpha \mathbf{a}_\alpha = \omega_\alpha \mathbf{a}^\alpha = \omega^{\langle\alpha\rangle} \mathbf{a}_{\langle\alpha\rangle} = \omega_{\langle\alpha\rangle} \mathbf{a}^{\langle\alpha\rangle}, \\ \omega^{\langle\alpha\rangle} &= \omega^\alpha \sqrt{a_{\alpha\alpha}}, \quad \omega_{\langle\alpha\rangle} = \omega_\alpha \sqrt{a^{\alpha\alpha}}. \end{aligned} \tag{4.1.20}$$

Die Verknüpfungen des Differenzvektors $\mathbf{w}$ mit dem Verdrehungsvektor $\boldsymbol{\omega}$ können somit (3.2.88) entnommen werden:

$$\begin{aligned} w_\beta &= \epsilon_{\beta\alpha} \omega^\alpha, \\ \omega^\alpha &= \epsilon^{\beta\alpha} w_\beta = -\epsilon^{\beta\alpha} \varphi_{\beta 3} = -\epsilon^{\beta\alpha} (v_{3,\beta} + v_\lambda b^\lambda_\beta), \end{aligned} \tag{4.1.21}$$

wobei in der letzten Zeile die Orthogonalitätsbedingung (4.1.18) zur Elimination von w_α verwendet wurde. Hieraus wird deutlich, daß auch der Verdrehungsvektor ω in einer Flächentragwerkstheorie vom Typ *Kirchhoff-Love* keine unabhängige mechanische Variable mehr ist.

Der Verdrehungsvektor $\hat{\Omega}$ der Mittelfläche bzw. der Vektorbasis weist schließlich laut (3.2.78) folgende Komponenten auf:

$$\begin{aligned} \Omega^\alpha &= \hat{\Omega}^\alpha = \epsilon^{\beta\alpha} w_\beta = -\epsilon^{\beta\alpha}(v_{3,\beta} + v_\lambda b^\lambda_\beta), \\ \Omega^3 &= \hat{\Omega}^3 = \frac{1}{2} \epsilon^{\alpha\rho} \varphi_{[\alpha\rho]} = \frac{1}{2} \epsilon^{\alpha\rho} v_\rho|_\alpha = \frac{1}{2\sqrt{a}} (v_2|_1 - v_1|_2). \end{aligned} \tag{4.1.22}$$

Selbstverständlich entbehrt Ω^3 auch in der hier behandelten Normalentheorie sein energetisches Gegenstück c^3 bzw. $m^{\alpha 3}$. Deshalb wird in den folgenden Abschnitten erneut statt $\hat{\Omega} = \Omega$ dessen flächenhafter Teilvektor $\boldsymbol{\omega}$ Anwendung finden.

In den Verzerrungsmaßen des Abschnittes 3.2.8 muß laut (4.1.1) der Schubwinkel γ ebenfalls gestrichen werden. Somit entstehen aus den Definitionsgleichungen des ersten (3.2.108) und zweiten (3.2.109) Verzerrungstensors der Mittelfläche einschließlich (3.2.107) die Beziehungen:

$$\alpha_{(\alpha\beta)} = \frac{1}{2} [\bar{\mathbf{a}}_\alpha \cdot \bar{\mathbf{a}}_\beta - \mathbf{a}_\alpha \cdot \mathbf{a}_\beta] = \frac{1}{2} [\bar{a}_{\alpha\beta} - a_{\alpha\beta}], \tag{4.1.23}$$

$$\begin{aligned} \beta_{(\alpha\beta)} = \omega_{(\alpha\beta)} &= \frac{1}{2} [(\bar{\mathbf{a}}_\alpha \cdot \bar{\mathbf{a}}_{3,\beta} + \bar{\mathbf{a}}_\beta \cdot \bar{\mathbf{a}}_{3,\alpha}) - (\mathbf{a}_\alpha \cdot \mathbf{a}_{3,\beta} + \mathbf{a}_\beta \cdot \mathbf{a}_{3,\alpha})] \\ &= b_{\alpha\beta} - \bar{b}_{\alpha\beta}; \end{aligned} \tag{4.1.24}$$

wegen der Orthogonalität der verformten Normale (4.1.2) verschwindet außerdem jegliche Schubverzerrung (3.2.113, 114):

$$\gamma_{\alpha 3} = \frac{1}{2} \gamma_\alpha = \frac{1}{2} \bar{\mathbf{a}}_\alpha \cdot \bar{\mathbf{a}}_3 = 0. \tag{4.1.25}$$

Im Vergleich zu (3.2.116) wird daher die *innere Kinematik* eines Flächentragwerks bei Gültigkeit der Normalenhypothese nur noch durch zwei flächenhafte Verzerrungstensoren approximiert:

$$\gamma_{(ij)} = \left[\begin{array}{c|c} \gamma_{(\alpha\beta)} & \gamma_{(\alpha 3)} \\ \hline \gamma_{(3\alpha)} & \gamma_{(33)} \end{array} \right] = \left[\begin{array}{c|c} \alpha_{(\alpha\beta)} + \Theta^3 \omega_{(\alpha\beta)} & 0 \\ \hline 0 & 0 \end{array} \right], \tag{4.1.26}$$

die der Differenz der beiden Metrik- und Krümmungstensoren proportional sind. Diese Erkenntnis steht im Einklang mit dem aus der Differentialgeometrie bekannten Fundamentalsatz von *Bonnet* (siehe Abschnitt 1.4.3), wonach jede Fläche – bis auf ihre Orientierung im E3 – durch Angabe von Metrik- und Krümmungstensor eindeutig bestimmt ist.

Beide Verzerrungstensoren sind durch (3.2.121), (3.2.124) und (3.2.127) mit ihren physikalischen Komponenten verknüpft:

$$\alpha_{\langle\alpha\alpha\rangle} = \frac{\alpha_{\alpha\alpha}}{a_{\alpha\alpha}}, \quad \alpha_{\langle 12\rangle} = \frac{1}{\sqrt{a}}\left[2\alpha_{12} - a_{12}\left(\frac{\alpha_{11}}{a_{11}} + \frac{\alpha_{22}}{a_{22}}\right)\right];$$
$$\omega_{\langle\alpha\alpha\rangle} = \frac{\omega_{\alpha\alpha}}{a_{\alpha\alpha}}, \quad \omega_{\langle 12\rangle} = \frac{1}{\sqrt{a}}\left[2\omega_{12} - a_{12}\left(\frac{\omega_{11}}{a_{11}} + \frac{\omega_{22}}{a_{22}}\right)\right]. \qquad (4.1.27)$$

Schließlich können wir die Komponentenformen der beiden *kinematischen Beziehungen* (3.3.36), (3.3.37) wieder ohne Änderung übernehmen:

$$\alpha_{\alpha\beta} = \alpha_{(\alpha\beta)} = \frac{1}{2}(\varphi_{\alpha\beta} + \varphi_{\beta\alpha}) = \frac{1}{2}(v_\alpha|_\beta + v_\beta|_\alpha - 2b_{\alpha\beta}v_3), \qquad (4.1.28)$$

$$\begin{aligned}\omega_{\alpha\beta} = \omega_{(\alpha\beta)} &= \frac{1}{2}(w_\alpha|_\beta + w_\beta|_\alpha - b^\lambda_\alpha v_\lambda|_\beta - b^\lambda_\beta v_\lambda|_\alpha + 2b^\lambda_\alpha b_{\lambda\beta}v_3)\\ &= -\frac{1}{2}(\varphi_{\alpha 3}|_\beta + \varphi_{\beta 3}|_\alpha + b^\lambda_\alpha\varphi_{\beta\lambda} + b^\lambda_\beta\varphi_{\alpha\lambda}) \qquad (4.1.29)\\ &= -(v_3|_{\alpha\beta} + b^\lambda_\alpha|_\beta v_\lambda + b^\lambda_\alpha v_\lambda|_\beta + b^\lambda_\beta v_\lambda|_\alpha - b^\lambda_\alpha b_{\lambda\beta}v_3).\end{aligned}$$

Dabei wurde allerdings in der vorletzten Zeile die Orthogonalitätsbedingung (4.1.18) zur Elimination der abhängigen Variablen w_α herangezogen, wodurch der zweite Verzerrungstensor $\beta_{(\alpha\beta)}$ in die mit $\omega_{(\alpha\beta)}$ bezeichnete Variante einer Schalentheorie vom *Kirchhoff-Love*-Typ übergeht. Diese Konsequenz der Normalenhypothese kann mit (4.1.1), (4.1.3) auch (3.3.39) entnommen werden.

Das Verschwinden der Schubverzerrung in (3.3.41)

$$2\gamma_{\alpha 3} = \gamma_\alpha = w_\alpha + v_{3,\alpha} + b^\lambda_\alpha v_\lambda = 0 \qquad (4.1.30)$$

ist bereits durch (4.1.2) vorweggenommen worden; hier sei noch einmal die Identität dieser Bedingung mit (4.1.18) und (4.1.25) betont. Um die kinematischen Feldgleichungen abzurunden, seien abschließend die Verknüpfungen (3.3.38, 42) erneut aufgeführt:

$$\begin{aligned}\varphi_{\alpha\beta} &= v_\beta|_\alpha - b_{\alpha\beta}v_3\\ &= \frac{1}{2}(\varphi_{\alpha\beta} + \varphi_{\beta\alpha}) + \frac{1}{2}(\varphi_{\alpha\beta} - \varphi_{\beta\alpha}) = \alpha_{(\alpha\beta)} + \varphi_{[\alpha\beta]} \qquad (4.1.31)\\ &= \frac{1}{2}(v_\alpha|_\beta + v_\beta|_\alpha - 2b_{\alpha\beta}v_3) + \frac{1}{2}(v_\beta|_\alpha - v_\alpha|_\beta).\end{aligned}$$

4.1.3 Die konstitutiven Beziehungen

Zur Übertragung der konstitutiven Beziehungen aus Kapitel 3 gehen wir auch hier vom Prinzip der virtuellen Verschiebungen aus. Da die Komponenten γ_α des Schubverzerrungsvektors der Normalenhypothese (4.1.1) gemäß verschwinden sollen, vereinfacht sich der virtuelle Arbeitsanteil $\delta^* A_i$ der inneren mechanischen Variablen in (3.4.17) zu:

$$\delta^* A_i = -\iint_F (\tilde{n}^{(\alpha\beta)} \delta\alpha_{(\alpha\beta)} + m^{(\alpha\beta)} \delta\omega_{(\alpha\beta)}) dF. \tag{4.1.32}$$

Aus demselben Grund kann eine Energiedichte π_i, die laut Abschnitt 3.4.2 vom Weg des Verformungsprozesses unabhängig sein soll, auch nur den ersten und zweiten Verzerrungstensor (sowie die Tragwerksgeometrie) als Variable aufweisen:

$$\Pi_i = \iint_F \pi_i dF = \iint_F \pi_i(\alpha_{(\alpha\beta)}, \omega_{(\alpha\beta)}) dF. \tag{4.1.33}$$

Hieraus folgt als erste Variation des inneren Potentials:

$$\begin{aligned} \delta\Pi_i &= \iint_F \delta\pi_i dF \\ &= \iint_F \left(\frac{\partial\pi_i}{\partial\alpha_{(\alpha\beta)}} \delta\alpha_{(\alpha\beta)} + \frac{\partial\pi_i}{\partial\omega_{(\alpha\beta)}} \delta\omega_{(\alpha\beta)} \right) dF, \end{aligned} \tag{4.1.34}$$

aus der durch Vergleich mit (4.1.32) sowie unter Zugrundelegung der im Abschnitt 3.4.2 getroffenen Definition elastischer Flächentragwerke die folgenden konstitutiven Beziehungen entstehen:

$$\begin{aligned} \tilde{n}^{(\alpha\beta)} &= \frac{\partial\pi_i}{\partial\alpha_{(\alpha\beta)}} = \frac{1}{2}\left(\frac{\partial\pi_i}{\partial\alpha_{\alpha\beta}} + \frac{\partial\pi_i}{\partial\alpha_{\beta\alpha}} \right), \\ m^{(\alpha\beta)} &= \frac{\partial\pi_i}{\partial\omega_{(\alpha\beta)}} = \frac{1}{2}\left(\frac{\partial\pi_i}{\partial\omega_{\alpha\beta}} + \frac{\partial\pi_i}{\partial\omega_{\beta\alpha}} \right). \end{aligned} \tag{4.1.35}$$

Den Gedanken des Kapitels 3 weiter nachgehend kürzen wir die Funktion (3.4.22) als allgemeine Form der Energiedichte π_i um die Schubverzerrungskomponenten

$$\pi_i = \frac{1}{2} \left\{ \overset{(1)}{E}{}^{\alpha\beta\lambda\mu} \alpha_{(\alpha\beta)} \alpha_{(\lambda\mu)} + \overset{(3)}{E}{}^{\alpha\beta\lambda\mu} \omega_{(\alpha\beta)} \omega_{(\lambda\mu)} \right\}, \tag{4.1.36}$$

wobei die Symmetriebedingungen (3.4.23), (3.4.25) selbstverständlich von (4.1.1) unberührt bleiben:

$$\begin{aligned} &\overset{(n)}{E}{}^{\alpha\beta\lambda\mu} = \overset{(n)}{E}{}^{\beta\alpha\lambda\mu} = \overset{(n)}{E}{}^{\beta\alpha\mu\lambda} = \overset{(n)}{E}{}^{\alpha\beta\mu\lambda} = \overset{(n)}{E}{}^{(\alpha\beta)(\lambda\mu)}, \\ &\overset{(n)}{E}{}^{(\alpha\beta)(\lambda\mu)} = \overset{(n)}{E}{}^{(\lambda\mu)(\alpha\beta)}. \end{aligned} \tag{4.1.37}$$

Ganz analog vereinfacht sich auch die im Abschnitt 3.4.3 ermittelte Formänderungsenergiedichte (3.4.39) eines isotropen Flächentragwerks unter Gültigkeit der Normalenhypothese (4.1.1) zu:

$$\pi_i = \frac{1}{2}\left\{DH^{\alpha\beta\lambda\mu}\,\alpha_{(\alpha\beta)}\alpha_{(\lambda\mu)} + BH^{\alpha\beta\lambda\mu}\,\omega_{(\alpha\beta)}\omega_{(\lambda\mu)}\right\}, \tag{4.1.38}$$

woraus (4.1.35) nun folgende explizite konstitutive Beziehungen entstehen läßt:

$$\begin{aligned} \tilde{n}^{(\alpha\beta)} &= DH^{\alpha\beta\lambda\mu}\,\alpha_{(\lambda\mu)}, \\ m^{(\alpha\beta)} &= BH^{\alpha\beta\lambda\mu}\,\omega_{(\lambda\mu)}. \end{aligned} \tag{4.1.39}$$

Die hierin verwendeten Abkürzungen (3.4.40, 41) seien der Vollständigkeit halber noch einmal aufgeführt; es sind dies:

$$\begin{aligned} D &= \frac{Eh}{1-\nu^2} && \text{als } \textit{Dehnsteifigkeit}, \\ B &= \frac{Eh^3}{12(1-\nu^2)} = \frac{h^2}{12}D && \text{als } \textit{Biegesteifigkeit} \end{aligned} \tag{4.1.40}$$

und $H^{\alpha\beta\lambda\mu}$ als *Elastizitätstensor*:

$$H^{\alpha\beta\lambda\mu} = \frac{1-\nu}{2}\left(a^{\alpha\lambda}a^{\beta\mu} + a^{\alpha\mu}a^{\beta\lambda} + \frac{2\nu}{1-\nu}a^{\alpha\beta}a^{\lambda\mu}\right). \tag{4.1.41}$$

Eine Übernahme der inversen Werkstoffgesetze (3.4.47)

$$\begin{aligned} D\alpha_{(\lambda\mu)} &= G_{\lambda\mu\rho\sigma}\tilde{n}^{(\rho\sigma)}, \\ B\omega_{(\lambda\mu)} &= G_{\lambda\mu\rho\sigma}m^{(\rho\sigma)} \end{aligned} \tag{4.1.42}$$

mit dem zu (4.1.41) inversen Elastizitätstensor (3.4.45)

$$G_{\lambda\mu\rho\sigma} = \frac{1}{2(1-\nu)}\left(a_{\lambda\rho}a_{\mu\sigma} + a_{\lambda\sigma}a_{\mu\rho} - \frac{2\nu}{1+\nu}a_{\lambda\mu}a_{\rho\sigma}\right) \tag{4.1.43}$$

möge die Darlegungen abrunden.

Die im Abschnitt 3.4.4 vorgenommene Erweiterung der Werkstoffgesetze auf Temperatureinwirkungen gilt erneut ohne jede Änderung auch für Flächentragwerkstheorien vom *Kirchhoff-Love*-Typ, da die flächenhaft dilatatorischen Wärmeeinwirkungen keine Querschubverzerrungen auslösen können. Lediglich in der erweiterten Formänderungsenergiedichte (3.4.63) sind die durch Querkräfte verursachten Schubverzerrungen γ_α zu streichen.

4.1.4 Randgrößen und Randbedingungen

Nachdem uns die Feldgleichungen und konstitutiven Beziehungen einer Flächentragwerkstheorie vom *Kirchhoff-Love*-Typ bekannt sind, wenden wir uns nun ihren Randvariablen zu. Hierzu betrachten wir als Schalenrand erneut die auf Bild 3.12 dargestellte geschlossene Kurve C, die als beliebig, jedoch glatt und stetig auf F verlaufend vorausgesetzt werde. Zur

Komponentenzerlegung vektorieller Größen entlang C bedienen wir uns wiederum des orthonormierten Dreibeins $\mathbf{u}$, $\mathbf{t}$, $\mathbf{a}_3$, dessen Tangentialvektor $\mathbf{t}$ in die positive Randkkoordinatenrichtung s weise. Zusätzlich führen wir noch in jedem Punkt des Randes eine von C nach außen zeigende Normalenkoordinate n in Richtung $\mathbf{u}$ ein. Da s und n die wahren Bogenlängen auf F ausmessen sollen, gilt neben (3.2.25, 26) für die beiden Einheitsvektoren $\mathbf{t}$, $\mathbf{u}$:

$$\mathbf{t} = \frac{\partial \mathbf{r}}{\partial s} = \frac{\partial \mathbf{r}}{\partial \Theta^\alpha}\frac{d\Theta^\alpha}{ds} = t^\alpha \mathbf{a}_\alpha : \quad t^\alpha = \frac{d\Theta^\alpha}{ds},$$
$$\mathbf{u} = \frac{\partial \mathbf{r}}{\partial n} = \frac{\partial \mathbf{r}}{\partial \Theta^\alpha}\frac{d\Theta^\alpha}{dn} = u^\alpha \mathbf{a}_\alpha : \quad u^\alpha = \frac{d\Theta^\alpha}{dn}. \tag{4.1.44}$$

Der Verformungszustand des Tragwerks entlang der Randkurve C wird nun nach Abschnitt 3.3.5 durch den Verschiebungsvektor $\mathbf{v}$ und den Verdrehungsvektor $\boldsymbol{\omega}$ in der Form (3.3.48)

$$\mathbf{v} = v_t \mathbf{t} + v_u \mathbf{u} + v_3 \mathbf{a}_3, \tag{4.1.45}$$

$$\omega = \omega_t \mathbf{t} + \omega_u \mathbf{u} \tag{4.1.46}$$

beschrieben, wobei die hierin auftretenden Komponenten bezüglich des orthonormierten Dreibeins mit denjenigen hinsichtlich der Basis $\mathbf{a}_i$ durch (3.2.93), (3.2.95) verknüpft sind:

$$v_t = v^\alpha t_\alpha, \quad v_u = v^\alpha u_\alpha, \quad v_3 = v^3,$$
$$\omega_t = \omega^\alpha t_\alpha, \quad \omega_u = \omega^\alpha u_\alpha. \tag{4.1.47}$$

Ersetzt man in der letzten Zeile die Komponenten ω^α durch (4.1.21) und berücksichtigt (3.2.26), so entsteht:

$$\omega_t = \omega^\alpha t_\alpha = w_\beta \epsilon^{\beta\alpha} t_\alpha = w_\beta u^\beta,$$
$$\omega_u = \omega^\alpha u_\alpha = -w_\beta \epsilon^{\alpha\beta} u_\alpha = -w_\beta t^\beta. \tag{4.1.48}$$

Aus diesen Ausdrücken eliminieren wir nun die Komponenten w_β mittels der Orthogonalitätsbedingung (4.1.18) und verwenden gleichzeitig die Beziehungen (4.1.44):

$$\omega_t = -\frac{\partial v_3}{\partial \Theta^\beta} u^\beta - b^\lambda_\beta u^\beta v_\lambda = -\frac{\partial v_3}{\partial n} - b^\lambda_\beta u^\beta v_\lambda,$$
$$\omega_u = \frac{\partial v_3}{\partial \Theta^\beta} t^\beta + b^\lambda_\beta t^\beta v_\lambda = \frac{\partial v_3}{\partial s} + b^\lambda_\beta t^\beta v_\lambda. \tag{4.1.49}$$

Tauschen wir hierin mit Hilfe der Identität

$$v_\lambda = v_t t_\lambda + v_u u_\lambda, \tag{4.1.50}$$

welche aus (4.1.45) mit (4.1.16) und (3.2.25) gewonnen wurde, die Komponenten v_λ durch v_t, v_u aus, so erhalten wir schließlich:

$$\omega_t = -\frac{\partial v_3}{\partial n} - b^\lambda_\beta u^\beta (v_t t_\lambda + v_u u_\lambda), \tag{4.1.51}$$

$$\omega_u = \frac{\partial v_3}{\partial s} + b^\lambda_\beta t^\beta (v_t t_\lambda + v_u u_\lambda). \tag{4.1.52}$$

Würden wir nun die Komponenten des Verschiebungsvektors **v** längs C als Randgrößen v_t^0, v_u^0, v_3^0 vorschreiben, so wäre durch (4.1.52) auch ω_u festgelegt, weil mit $v_3^0(s)$ automatisch $v_{3,s}^0(s) = \frac{\partial v_3}{\partial s}$ vorgegeben wird. Dies trifft jedoch auf ω_t (4.1.51) nicht zu, denn die Ableitung $v_{3,n}^0(s) = \frac{\partial v_3}{\partial n}$ orthogonal zur Randkurve C bleibt durch die Vorgabe von $v_3^0(s)$ unbeeinflußt.

In einer Flächentragwerkstheorie vom *Kirchhoff-Love*-Typ stehen somit nur die *vier* Komponenten:

$$\begin{aligned} & v_t, \quad v_u, \quad v_3, \quad \omega_t \\ \text{oder:} \quad & v_t, \quad v_u, \quad v_3, \quad v_{3,n} \end{aligned} \tag{4.1.53}$$

als unabhängig wählbare Randverschiebungsgrößen zur Verfügung. Die Verdrehung ω_u wird zu einer abhängigen Variablen. Da die Kinematik des Schalenraumes durch diejenige der Mittelfläche eindeutig ausdrückbar ist, reduziert die Normalenhypothese (4.1.18) die unabhängigen Randvariablen dieses flächenhaften Modells auf vier.

Das Differentialgleichungssystem jeder Schalenbiegetheorie auf der Grundlage der Normalenhypothese ist vom elliptischen Typ und von achter Ordnung. Daher gestattet die Vorgabe der vier Verschiebungskomponenten (4.1.53) je Rand eine problemgerechte Formulierung der zu lösenden Randwertaufgabe. Zur Herleitung der hierzu korrespondierenden Randkraftgrößen werden nun die Vektoren **m** und **n** des Abschnittes 3.2.2 entsprechend (3.3.47) in Randkomponenten zerlegt:

$$\begin{aligned} \mathbf{n} &= n_t \mathbf{t} + n_u \mathbf{u} + n_3 \mathbf{a}_3 , \\ \mathbf{m} &= m_t \mathbf{t} + m_u \mathbf{u} , \end{aligned} \tag{4.1.54}$$

wobei m_t dem Biegemoment und m_u dem Torsionsmoment des Randes C entspricht. Gemäß (3.2.32, 33) sind die einzelnen Komponenten durch

$$\begin{aligned} n_t &= n^{\alpha\beta} u_\alpha t_\beta , \quad n_u = n^{\alpha\beta} u_\alpha u_\beta , \quad n_3 = q^\alpha u_\alpha , \\ m_t &= m^{\alpha\beta} u_\alpha u_\beta , \quad m_u = -m^{\alpha\beta} u_\alpha t_\beta \end{aligned} \tag{4.1.55}$$

mit den Schnittgrößentensoren verknüpft.

Die Zerlegungen (4.1.54) definieren jedoch *fünf* Randkraftgrößen. Ihre Anzahl entspricht genau den fünf Schnittgrößenkomponenten $n^{\alpha\beta}$, q^α, $m^{\alpha\beta}$ eines beliebigen Θ^α-Schnittes (Θ^α = konst.) im Tragwerksinneren (siehe z.B. Bild 3.6). Daher wird mit Sicherheit keine Komponente von (4.1.54) als mögliche abhängige Variable durch die anderen ausdrückbar sein. Dennoch können, wie oben betont, je Rand höchstens *vier* Kräftebedingungen vorgeschrieben werden, um die Randwertaufgabe problemgerecht zu formulieren.

Somit stehen wir bei den Kräfterandvariablen vor einem zunächst unlösbar erscheinenden Widerspruch. Er ist jedoch bereits aus der Plattentheorie bekannt und soll in derselben Weise wie dort behoben werden. Danach werden die wirklichen Randkraftgrößen n_t, n_u, n_3 sowie m_t, m_u durch ein äquivalentes System von vier Kraftgrößen ersetzt, deren Arbeit längs einer beliebigen virtuellen Randverschiebung $\delta \mathbf{v}$ mit derjenigen der wirklichen fünf Randgrößen übereinstimmt. Nach dem *Prinzip von Saint-Venant** darf erwartet werden, daß diese Maßnahme den Spannungs- und Verformungszustand des Flächentragwerks nur in einer schmalen Randzone verfälschen wird.

Zur Bestimmung der vier *Ersatzkraftgrößen* eliminieren wir nun in dem Integral (3.3.51) der virtuellen Randarbeit

$$\delta^* A_C = \oint_C (\mathbf{n} \cdot \delta \mathbf{v} + \mathbf{m} \cdot \delta \boldsymbol{\omega}) \, ds$$

$$= \oint_C (n_t \delta v_t + n_u \delta v_u + n_3 \delta v_3 + m_t \delta \omega_t + m_u \delta \omega_u) \, ds \qquad (4.1.56)$$

die abhängige Komponente $\delta\omega_u$ des Verdrehungsvektors durch die zu (4.1.52) analoge Beziehung. Wird dabei die partielle Integration

$$\oint_C m_u \frac{\partial \delta v_3}{\partial s} ds = [m_u \delta v_3]_C - \oint_C \frac{\partial m_u}{\partial s} \delta v_3 ds \qquad (4.1.57)$$

ausgeführt, so läßt sich der Integrand von (4.1.56) zu vier Summanden zusammenfassen:

$$\delta^* A_C = \oint_C \Big[(n_t + b^\lambda_\beta t^\beta t_\lambda m_u) \delta v_t + (n_u + b^\lambda_\beta t^\beta u_\lambda m_u) \delta v_u$$

$$+ \left(n_3 - \frac{\partial m_u}{\partial s} \right) \delta v_3 + m_t \delta \omega_t \Big] ds + [m_u \delta v_3]_C \qquad (4.1.58)$$

$$= \oint_C [\tilde{n}_t \delta v_t + \tilde{n}_u \delta v_u + \tilde{n}_3 \delta v_3 + m_t \delta \omega_t] \, ds + [m_u \delta v_3]_C ,$$

aus denen die folgenden Ersatzkraftgrößen definiert werden:

$$\tilde{n}_t = n_t + b^\lambda_\beta t^\beta t_\lambda m_u ,$$

$$\tilde{n}_u = n_u + b^\lambda_\beta t^\beta u_\lambda m_u , \qquad (4.1.59)$$

$$\tilde{n}_3 = n_3 - \frac{\partial m_u}{\partial s} .$$

Somit bilden die drei Ersatzkräfte $\tilde{n}_t$, $\tilde{n}_u$, $\tilde{n}_3$ und das Biegemoment m_t ein den wirklichen Randkraftgrößen (4.1.54) energetisch äquivalentes Ersatzsystem. Als Folge der Normalenhypothese, die ω_u zu einer abhängigen Randgröße werden ließ, ist auch das Drillmoment m_u am Rand nicht mehr unabhängig vorschreibbar, sondern kann nur in den Ersatzkräften implizit berücksichtigt werden. Das Zusatzglied der Querkraft $\tilde{n}_3$ läßt sich übrigens auch anschaulich leicht erklären [110]. Bild 4.2 zeigt hierzu den Torsionsmomentenvektor $m_u ds$ eines

* Barré de Saint-Venant (1797–1886); französischer Mathematiker und Physiker; bedeutende Beiträge auf vielen Gebieten der Kontinuumsmechanik, aus denen seine Arbeiten zur Torsionstheorie herausragen.

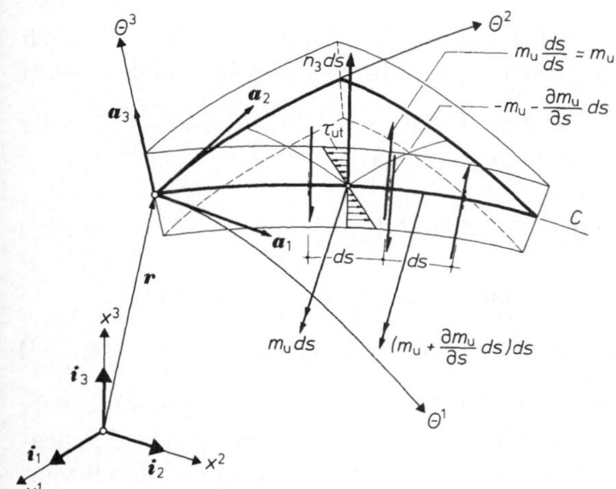

Bild 4.2 Zur Definition der Ersatzkräfte

differentiellen Randabschnittes ds, der – bis auf Glieder einer relativen Größenordnung λ – aus den linear über h veränderlichen Schubspannungen τ_{ut} entsteht (siehe z.B. (3.2.43) und (4.1.55)). Das Drillmoment $m_u ds$ läßt sich nun statisch äquivalent durch ein Kräftepaar $\pm m_u$ mit dem Hebelarm ds ersetzen. Führt man die gleiche Operation auch an dem um ds differentiell benachbarten Drillmomentenvektor $(m_u + m_{u,s} ds) ds$ aus, so verbleibt an der gemeinsamen Bereichsgrenze eine Differenzkraft $-m_{u,s} ds$. Durch Division durch ds kann diese wieder auf die Längeneinheit der Randkurve C bezogen und somit der Querkraft n_3 hinzugefügt werden (4.1.59).

Für ebene Flächentragwerke ($b_\lambda^\beta = 0$) vereinfachen sich die Ersatzkräfte (4.1.59) zu

$$\tilde{n}_t = n_t\,, \quad \tilde{n}_u = n_u\,, \quad \tilde{n}_3 = n_3 - m_{u,s}\,, \tag{4.1.60}$$

und der implizite Anteil des Torsionsmomentes m_u ist dann lediglich in der Komponente $\tilde{n}_3$ enthalten. Diese *Ersatzscherkraft* wurde 1883 durch einen Vorschlag von *Kelvin** und *Tait* [45] in die Plattentheorie eingeführt. Näherungsweise werden übrigens auch bei gekrümmten Flächentragwerken oftmals nur die Randgrößen (4.1.60) sowie m_t verwendet, was einer Vernachlässigung von $v_\lambda b_\alpha^\lambda$ gegenüber $v_{3,\alpha}$ in (4.1.18) entspricht (siehe auch Abschnitt 4.4.5). Gleichwertig mit dieser Näherung ist übrigens die Gleichsetzung von ω_t mit $-v_{3,n}$ in (4.1.51).

Kehren wir noch einmal zur virtuellen Randarbeit (4.1.58) zurück. Durch die Teilintegration (4.1.57) entstand dort das Zusatzglied

$$\Delta\delta^* A_C = [m_u \delta v_3]_C = -[m^{\alpha\beta} u_\alpha t_\beta \delta v_3]_C\,, \tag{4.1.61}$$

in dem δv_3 voraussetzungsgemäß eine stetige Funktion beschreibt. Sofern Stetigkeit auch für das Torsionsmoment m_u vorausgesetzt werden kann, verschwindet dieses Zusatzglied stets wegen des geschlossenen Integrationsweges C. Unstetigkeiten in (4.1.61) können jedoch an

* William Thomson, Lord Kelvin (1824–1907); britischer Mathematiker, Physiker, Ingenieur; Forschungsarbeiten aus der Mechanik, der Wärmelehre und der Elektrodynamik; übertrug Methoden der Thermodynamik in die Elastizitätstheorie; wurde 1866 für seine Mitarbeit an der ersten transatlantischen Telegraphenverbindung geadelt.

allen Eckpunkten des Schalenrandes, also bei nur stückweise glatter Randkurve C, durch sprunghafte Änderungen der Vektorkomponenten t_α, u_α auftreten. Dies führt an den beiden Seiten jeder Randecke a (siehe Bild 4.3) zu je einer Einzelkraft $\left.\frac{m_u ds}{ds}\right|_{-a}$ und $\left.\frac{m_u ds}{ds}\right|_{+a}$, die gemeinsam zu einer resultierenden Eckkraft in Richtung von $\mathbf{a}_3$:

$$E_3 = \left[\lim_{ds \to 0} \frac{m_u ds}{ds}\right]_{-a}^{+a} = [m_u]_{-a}^{+a} = -m^{\alpha\beta}[u_\alpha t_\beta]_{-a}^{+a} \tag{4.1.62}$$

zusammengefaßt, den nicht verschwindenden Arbeitsbeitrag (4.1.61) hervorrufen:

$$\Delta\delta^* A_C = E_3 \delta v_3 = -[m^{\alpha\beta} u_\alpha t_\beta \delta v_3]_{-a}^{+a} = -m^{\alpha\beta}\delta v_3 [u_\alpha t_\beta]_{-a}^{+a} . \tag{4.1.63}$$

Auf die grundsätzliche Möglichkeit des Auftretens derartiger Sprungbedingungen war bereits am Ende des Abschnittes 3.3.5 hingewiesen worden. Es sei jedoch betont, daß bei Schalentheorien unter Einschluß von Schubverzerrungen wegen der Erfüllung aller fünf Randbedingungen Eckkräfte (4.1.62) nicht entstehen können; auch sie sind eine Folge der *Kirchhoff-Love*-Hypothese.

Nach diesen eingehenden Herleitungen wollen wir abschließend die Randvariablen einer Flächentragwerkstheorie mit Normalenhypothese noch einmal zusammenstellen:

$$\begin{aligned}
\tilde{n}_t &= n^{\alpha\beta} u_\alpha t_\beta + b^\beta_\lambda t^\lambda t_\beta m_u , & v_t &= v_\alpha t^\alpha , \\
\tilde{n}_u &= n^{\alpha\beta} u_\alpha u_\beta + b^\beta_\lambda t^\lambda u_\beta m_u , & v_u &= v_\alpha u^\alpha , \\
\tilde{n}_3 &= q^\alpha u_\alpha - m_{u,\alpha} t^\alpha , & v_3 &= v^3 , \\
m_t &= m^{\alpha\beta} u_\alpha u_\beta , & \omega_t &= -v_{3,n} - b^\lambda_\beta u^\beta v_\lambda \\
& & &= -v_{3,\beta} u^\beta - b^\lambda_\beta u^\beta v_\lambda .
\end{aligned} \tag{4.1.64}$$

Hierbei wurde die Abkürzung

$$m_u = -m^{\alpha\beta} u_\alpha t_\beta$$

verwandt. Die Randbedingungen sind erneut im Sinne korrespondierender Variablen zu verstehen, d.h. von jedem Summand des Integranden in (4.1.58) darf nur jeweils *eine* Randgröße vorgeschrieben werden. Wie im Kapitel 3 zeigt Tafel 4.1 schließlich aus der Vielzahl konstruktiv realisierbarer Möglichkeiten einige wichtige Beispiele.

Beispiel: Wie im Abschnitt 3.3.5 sollen die Randgrößen (4.1.64) für den Sonderfall ausgeschrieben werden, daß die Schalenränder mit Hauptkrümmungslinien zusammenfallen, die gleichzeitig Parameterlinien Θ^α der Mittelfläche sind:

$$a_{12} = b_{12} = 0, \quad a = a_{11} a_{22} , \quad a^{11} = \frac{1}{a_{11}} , \quad a^{22} = \frac{1}{a_{22}} . \tag{4.1.65}$$

Die Komponenten der beiden Vektoren **t** *und* **u** *für jeden der auf Bild 4.3 dargestellten Ränder werden den Beziehungen (3.3.55) entnommen. Damit lassen sich die kinematischen Randvariablen folgendermaßen darstellen:*

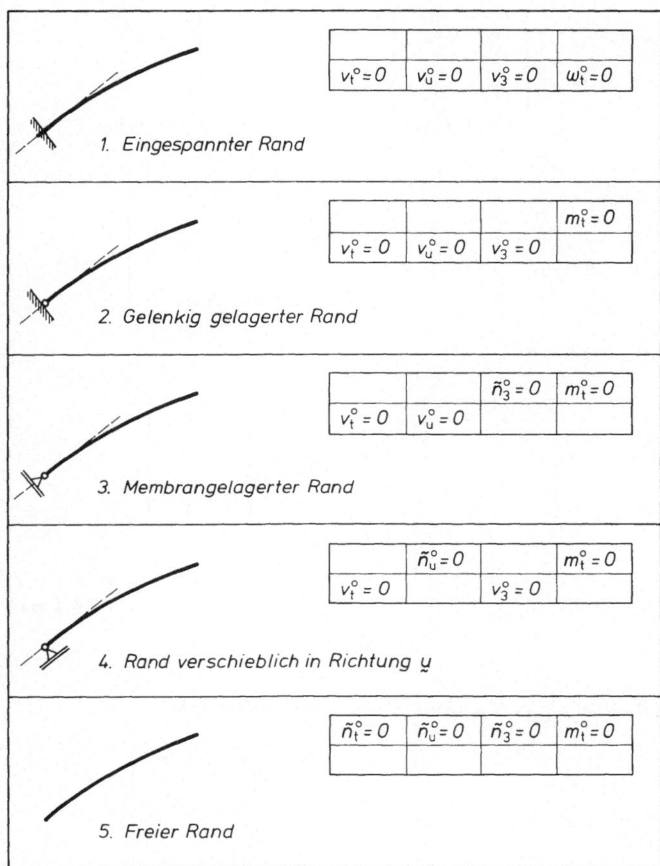

Tafel 4.1 Auswahl von Randbedingungen einer Flächentragwerkstheorie vom Kirchhoff-Love-Typ

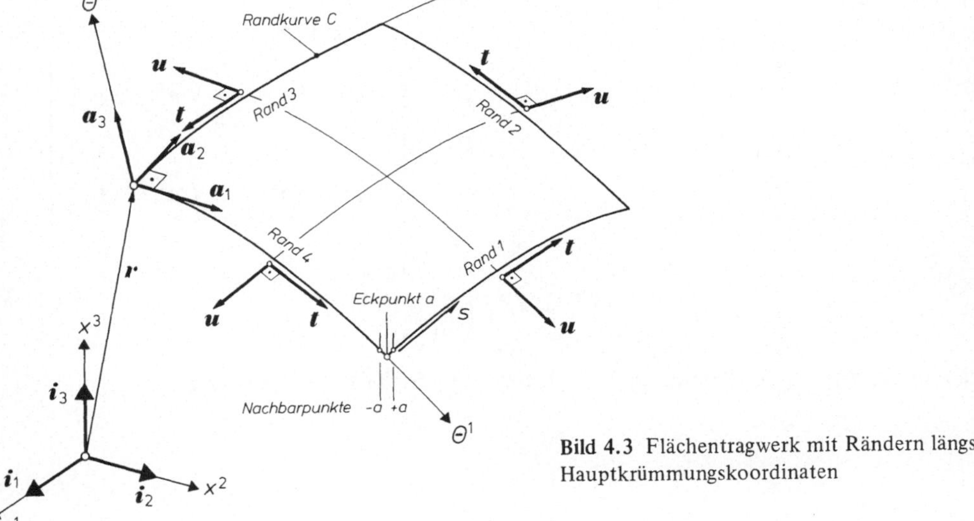

Bild 4.3 Flächentragwerk mit Rändern längs Hauptkrümmungskoordinaten

$$\text{Rand}\begin{bmatrix}1\\3\\ \\2\\4\end{bmatrix}: \quad v_t = v^\alpha t_\alpha = \begin{bmatrix}\pm v^2\sqrt{a_{22}}\\ \\ \mp v^1\sqrt{a_{11}}\end{bmatrix}, \quad v_u = v^\alpha u_\alpha = \begin{bmatrix}\pm v^1\sqrt{a_{11}}\\ \\ \pm v^2\sqrt{a_{22}}\end{bmatrix},$$

$$v_3 = v^3,$$

$$\omega_t = -v_{3,\beta}u^\beta - b^\beta_\lambda u^\lambda v_\beta = \begin{bmatrix}\mp(v_{3,1} + b^1_1 v_1)\sqrt{a^{11}}\\ \\ \mp(v_{3,2} + b^2_2 v_2)\sqrt{a^{22}}\end{bmatrix}. \quad (4.1.66)$$

Als nächsten Schritt bilden wir die Ausdrücke:

$$\text{Rand}\begin{bmatrix}1\\3\\ \\2\\4\end{bmatrix}: \quad n^{\alpha\beta}u_\alpha t_\beta = \begin{bmatrix}+n^{12}\sqrt{a}\\ \\ -n^{21}\sqrt{a}\end{bmatrix}, \quad n^{\alpha\beta}u_\alpha u_\beta = \begin{bmatrix}n^{11}a_{11}\\ \\ n^{22}a_{22}\end{bmatrix},$$

$$m_u = -m^{\alpha\beta}u_\alpha t_\beta = \begin{bmatrix}-m^{12}\sqrt{a}\\ \\ +m^{21}\sqrt{a}\end{bmatrix}, \quad (4.1.67)$$

aus denen dann die folgenden dynamischen Randvariablen (4.1.64) entstehen:

$$\text{Rand}\begin{bmatrix}1\\3\\ \\2\\4\end{bmatrix}: \quad \tilde{n}_t = n^{\alpha\beta}u_\alpha t_\beta + b^\beta_\lambda t^\lambda t_\beta m_u = \begin{bmatrix}(n^{12} - m^{12}b^2_2)\sqrt{a}\\ \\ (-n^{21} + m^{21}b^1_1)\sqrt{a}\end{bmatrix},$$

$$\tilde{n}_u = n^{\alpha\beta}u_\alpha u_\beta + b^\beta_\lambda t^\lambda u_\beta m_u = \begin{bmatrix}n^{11}a_{11}\\ \\ n^{22}a_{22}\end{bmatrix},$$

$$\tilde{n}_3 = q^\alpha u_\alpha - m_{u,\alpha}t^\alpha = \begin{bmatrix}\pm\sqrt{a_{11}}\left(q^1 + \frac{1}{\sqrt{a}}(m^{12}\sqrt{a})_{,2}\right)\\ \\ \pm\sqrt{a_{22}}\left(q^2 + \frac{1}{\sqrt{a}}(m^{21}\sqrt{a})_{,1}\right)\end{bmatrix},$$

$$m_t = m^{\alpha\beta}u_\alpha u_\beta = \begin{bmatrix}m^{11}a_{11}\\ \\ m^{22}a_{22}\end{bmatrix}. \quad (4.1.68)$$

Bei der Herleitung der Beziehung für $\tilde{n}_3$ wurde zusätzlich (4.1.65) verwendet.

4.1.5 Das Prinzip der virtuellen Verschiebungen

Das im Abschnitt 3.4.1 entwickelte Prinzip der virtuellen Verschiebungen soll nun gleichfalls den Restriktionen der Normalenhypothese (4.1.1), (4.1.2) unterworfen werden. Ausgangspunkt unserer Herleitungen sei die Form (3.4.17) dieses Prinzips, Ziel der hierzu analoge Ausdruck, der gleichfalls nur aus korrespondierenden Variablen aufgebaut sei.

Im Verlauf der bisherigen Herleitungen wurden bereits zwei Teilintegrale aus (3.4.17) im gewünschten Sinne umgeformt. Dies war zunächst der Arbeitsanteil $\delta^* A_i$ der Schnittgrößen, in welchem gemäß der Normalenhypothese der Schubverzerrungsvektor γ_α entfiel und der zweite Verzerrungstensor $\beta_{(\alpha\beta)}$ durch $\omega_{(\alpha\beta)}$ (4.1.29) zu ersetzen war.
Entsprechend (4.1.32) lautet $\delta^* A_i$:

$$\delta^* A_i = -\iint_F (\tilde{n}^{(\alpha\beta)} \delta\alpha_{(\alpha\beta)} + m^{(\alpha\beta)} \delta\omega_{(\alpha\beta)})\, dF. \tag{4.1.69}$$

Auch das Integral der virtuellen Randarbeit (4.1.58) wurde bereits in angestrebter Weise transformiert:

$$\delta^* A_C = \oint_C [\tilde{n}_t \delta v_t + \tilde{n}_u \delta v_u + \tilde{n}_3 \delta v_3 + m_t \delta\omega_t]\, ds + [m_u \delta v_3]_C\,; \tag{4.1.70}$$

$\tilde{n}_t$, $\tilde{n}_u$ und $\tilde{n}_3$ definieren hierin die Ersatzkräfte (4.1.59) des Tragwerksrandes C. Bezeichnen wir noch den zu C tangentialen Randmomentenvektor sowie den Randverdrehungsvektor mit

$$\mathbf{m}_t = m_t \mathbf{t}, \qquad \boldsymbol{\omega}_t = \omega_t \mathbf{t}, \tag{4.1.71}$$

so entsteht mit (4.1.69, 70) aus (3.4.17) folgende Zwischenform des Prinzips der virtuellen Verschiebungen:

$$\begin{aligned}
&\iint_F (\mathbf{p} \cdot \delta\mathbf{v} + \mathbf{c} \cdot \delta\boldsymbol{\omega})\, dF + \oint_C (\tilde{\mathbf{n}} \cdot \delta\mathbf{v} + \mathbf{m}_t \cdot \delta\boldsymbol{\omega}_t)\, ds + [m_u \delta v_3]_C \\
&\qquad - \iint_F (n^{(\alpha\beta)} \delta\alpha_{(\alpha\beta)} + m^{(\alpha\beta)} \delta\omega_{(\alpha\beta)})\, dF \\
&= \iint_F (p^\alpha \delta v_\alpha + p^3 \delta v_3 + c^\alpha \delta w_\alpha)\, dF \\
&\qquad + \oint_C (\tilde{n}_t \delta v_t + \tilde{n}_u \delta v_u + \tilde{n}_3 \delta v_3 + m_t \delta\omega_t)\, ds + [m_u \delta v_3]_C \\
&\qquad - \iint_F (\tilde{n}^{(\alpha\beta)} \delta\alpha_{(\alpha\beta)} + m^{(\alpha\beta)} \delta\omega_{(\alpha\beta)})\, dF = 0.
\end{aligned} \tag{4.1.72}$$

Eliminiert man in dem Arbeitsintegral der Mittelflächenlasten nun die abhängigen Komponenten des Differenzvektors **w** durch die Normalenhypothese (4.1.18), so kann dieser Anteil unter Verwendung des Integralsatzes von *Gauß* (1.5.14) folgendermaßen umgeformt werden:

$$\iint_F c^\alpha \delta w_\alpha dF = \iint_F (-c^\alpha \delta v_3|_\alpha - c^\alpha b_\alpha^\lambda \delta v_\lambda)\, dF$$

$$= \iint_F (c^\alpha|_\alpha \delta v_3 - c^\lambda b_\lambda^\alpha \delta v_\alpha)\, dF - \iint_F (c^\alpha \delta v_3)|_\alpha\, dF$$

$$= \iint_F (c^\alpha|_\alpha \delta v_3 - c^\lambda b_\lambda^\alpha \delta v_\alpha)\, dF - \oint_C c^\alpha u_\alpha \delta v_3 ds\,. \qquad (4.1.73)$$

Der Integrand des hierin auftretenden Mittelflächenintegrals kann mit den entsprechenden Summanden von (4.1.72) vereinigt werden. Das außerdem entstandene Linienintegral beschreibt den Arbeitsanteil der in Richtung **u** weisenden Komponenten der Momentenbelastung c^α längs der Randkurve C. Durch Zusammenfassung korrespondierender Größen gewinnen wir aus (4.1.72, 73):

$$\iint_F [(p^\alpha - c^\lambda b_\lambda^\alpha)\, \delta v_\alpha + (p^3 + c^\alpha|_\alpha)\, \delta v_3]\, dF$$

$$+ \oint_C [\tilde{n}_t \delta v_t + \tilde{n}_u \delta v_u + (\tilde{n}_3 - c^\alpha u_\alpha)\, \delta v_3 + m_t \delta \omega_t]\, ds + [m_u \delta v_3]_C$$

$$- \iint_F (\tilde{n}^{(\alpha\beta)} \delta \alpha_{(\alpha\beta)} + m^{(\alpha\beta)} \delta \omega_{(\alpha\beta)})\, dF = 0\,. \qquad (4.1.74)$$

Aus dieser Form des Prinzips der virtuellen Verschiebungen erkennen wir nun eine letzte Konsequenz der Normalenhypothese: Durch sie verliert auch die Momentenbelastung **c** die Eigenschaft einer unabhängig vorgebbaren Variablen; sie kann nur gemeinsam mit dem Lastvektor **p** in den *Ersatzlasten* $\tilde{\mathbf{p}}$ sowie den aus (4.1.59) weiterentwickelten *Ersatzrandkräften* $\tilde{\tilde{n}}_3$ Berücksichtigung finden:

$$\begin{aligned} \tilde{p}^\alpha &= p^\alpha - c^\lambda b_\lambda^\alpha\,, \\ \tilde{p}^3 &= p^3 + c^\alpha|_\alpha\,, \\ \tilde{\tilde{n}}_3 &= \tilde{n}_3 - c^\alpha u_\alpha = n_3 - \frac{\partial m_u}{\partial s} - c^\alpha u_\alpha\,. \end{aligned} \qquad (4.1.75)$$

Diese Zusammenhänge sind in der Fachliteratur kaum behandelt, was mit den durch Lastmomente c^α bewirkten Deformationen zusammenhängt. Zur Erläuterung denken wir uns eine rechteckige Platte, die an zwei gegenüberliegenden Rändern Θ^1 = konst gelenkig gestützt und durch konstante Lastmomente c^2 beansprucht sei. Als Schnittgrößen treten bekanntlich ($\nu = 0$) nur Querkräfte q^1 auf und als zugehörige Deformationen daher ausschließlich Schubverzerrungen γ_1.

Eine *Kirchhoff-Love*-Flächentragwerkstheorie ist jedoch nur dann als brauchbare Näherung anzusehen, wenn die Schubverzerrungen γ_α allen anderen gleichzeitig wirkenden Verzerrungen gegenüber vernachlässigbar klein sind. Enthält der Verzerrungstensor (3.2.116), wie in obigem Plattenbeispiel, ausschließlich oder überwiegend die Komponenten γ_α, so verliert eine solche Näherungstheorie ihren Sinn. Da Lastmomente c^α aber auch bei anderen Mittelflächengeometrien und Randbedingungen stets nennenswerte Schubverzerrungen hervorrufen, ist es konsequent, diese in der hier behandelten Flächentragwerkstheorie unter Gültigkeit der Normalenhypothese vollständig zu streichen:

$$\mathbf{c} = 0: \quad c^\alpha = 0. \tag{4.1.76}$$

Mit dieser Vereinfachung nimmt das Prinzip der virtuellen Verschiebungen (4.1.72) dann folgende endgültige Form an:

$$\begin{aligned}
\delta^*A_a + \delta^*A_i &= 0 \\
&= \iint_F \mathbf{p} \cdot \delta\mathbf{v}\, dF + \oint_C (\tilde{\mathbf{n}} \cdot \delta\mathbf{v} + \mathbf{m}_t \cdot \delta\boldsymbol{\omega}_t)\, ds + [m_u \delta v_3]_C \\
&\quad - \iint_F (\tilde{n}^{(\alpha\beta)} \delta\alpha_{(\alpha\beta)} + m^{(\alpha\beta)} \delta\omega_{(\alpha\beta)})\, dF \\
&= \iint_F (p^\alpha \delta v_\alpha + p^3 \delta v_3)\, dF \\
&\quad + \oint_C (\tilde{n}_t \delta v_t + \tilde{n}_u \delta v_u + \tilde{n}_3 \delta v_3 + m_t \delta\omega_t)\, ds + [m_u \delta v_3]_C \\
&\quad - \iint_F (\tilde{n}^{(\alpha\beta)} \delta\alpha_{(\alpha\beta)} + m^{(\alpha\beta)} \delta\omega_{(\alpha\beta)})\, dF.
\end{aligned} \tag{4.1.77}$$

4.1.6 Zusammenstellung und Struktur der Grundgleichungen

Das soeben hergeleitete Prinzip der virtuellen Verschiebungen (4.1.77) kann als Ausgangspunkt einer zusammenfassenden Übersicht über die auftretenden mechanischen Variablen und deren Bestimmungsgleichungen in Tafel 4.2 dienen. *Korrespondierende äußere Variablen* sind demnach der Lastvektor $\mathbf{p}$ (4.1.4) und der Verschiebungsvektor $\mathbf{v}$ (4.1.16). Durch die Einführung der Normalenhypothese (4.1.18) wurde bekanntlich der Differenzvektor $\mathbf{w}$ bzw. der Verdrehungsvektor $\boldsymbol{\omega}$ zu einer abhängigen Variablen. Das gleiche widerfuhr den Lastmomenten $\mathbf{c}$ (4.1.5). Sofern sie nicht – wie im folgenden – völlig unterdrückt werden, können sie höchstens implizit in den Ersatzgrößen (4.1.75) berücksichtigt werden.

1. Prinzip der virtuellen Verschiebungen:	
$\iint_F \boldsymbol{p}\cdot\delta\boldsymbol{v}\,dF + \oint_C(\tilde{\boldsymbol{n}}\cdot\delta\boldsymbol{v} + \boldsymbol{m}_t\cdot\delta\boldsymbol{\omega}_t)ds + [m_u\,\delta v_3]_C - \iint_F(\tilde{n}^{(\alpha\beta)}\delta\alpha_{(\alpha\beta)} + m^{(\alpha\beta)}\delta\omega_{(\alpha\beta)})dF = 0$	
2. Äußere mechanische Variablen:	
$\boldsymbol{p} = p^\alpha\boldsymbol{a}_\alpha + p^3\boldsymbol{a}_3$	$\boldsymbol{v} = v_\alpha\boldsymbol{a}^\alpha + v_3\boldsymbol{a}^3$
3. Innere mechanische Variablen:	
$\tilde{n}^{(\alpha\beta)} = n^{\alpha\beta} + m^{(\alpha\rho)}\,b_\rho^\beta;\quad m^{(\alpha\beta)} = m^{\alpha\beta}$	$\alpha_{(\alpha\beta)};\quad \omega_{(\alpha\beta)}$
4. Randvariablen:	
$\tilde{\boldsymbol{n}} = \tilde{n}_t\boldsymbol{t} + \tilde{n}_u\boldsymbol{u} + \tilde{n}_3\,\boldsymbol{a}_3;$ $\boldsymbol{m}_t = m_t\boldsymbol{t}$	$\boldsymbol{v} = v_t\boldsymbol{t} + v_u\,\boldsymbol{u} + v_3\,\boldsymbol{a}_3;$ $\boldsymbol{\omega}_t = \omega_t\boldsymbol{t}$
5. Feldgleichungen:	
$-p^\beta = n^{\alpha\beta}\vert_\alpha - q^\alpha\,b_\alpha^\beta;$ $-p^3 = n^{\alpha\beta}\,b_{\alpha\beta} + q^\alpha\vert_\alpha;$ $0 = m^{(\alpha\beta)}\vert_\alpha - q^\beta$	$\alpha_{(\alpha\beta)} = \frac{1}{2}(v_\alpha\vert_\beta + v_\beta\vert_\alpha - 2b_{\alpha\beta}\,v_3);$ $\omega_{(\alpha\beta)} = -(v_3\vert_{\alpha\beta} + v_\lambda b_\alpha^\lambda\vert_\beta + b_\alpha^\lambda\,v_\lambda\vert_\beta + b_\beta^\lambda\,v_\lambda\vert_\alpha - b_\alpha^\lambda\,b_{\lambda\beta}\,v_3)$
6. Formänderungsenergiedichte isotroper Tragwerke:	
$\pi_i = \frac{1}{2}(DH^{\alpha\beta\lambda\mu}\alpha_{(\alpha\beta)}\alpha_{(\lambda\mu)} + BH^{\alpha\beta\lambda\mu}\omega_{(\alpha\beta)}\omega_{(\lambda\mu)}) = \frac{1}{2}(\tilde{n}^{(\alpha\beta)}\alpha_{(\alpha\beta)} + m^{(\alpha\beta)}\omega_{(\alpha\beta)})$	
7. Konstitutive Beziehungen isotroper Tragwerke:	
$\tilde{n}^{(\alpha\beta)} = \frac{\partial\pi_i}{\partial\alpha_{(\alpha\beta)}} = DH^{\alpha\beta\lambda\mu}\,\alpha_{(\lambda\mu)};\qquad m^{(\alpha\beta)} = \frac{\partial\pi_i}{\partial\omega_{(\alpha\beta)}} = BH^{\alpha\beta\lambda\mu}\,\omega_{(\lambda\mu)}$	
8. Vorschreibbare Randbedingungen:	
$\tilde{\boldsymbol{n}}^\circ = (n^{\alpha\beta}u_\alpha\,t_\beta + b_\lambda^\beta t^\lambda t_\beta\,m_u)\boldsymbol{t}$ $+ (n^{\alpha\beta}u_\alpha\,u_\beta + b_\lambda^\beta t^\lambda u_\beta\,m_u)\boldsymbol{u} + (q^\alpha u_\alpha - m_{u,\alpha}\,t^\alpha)\boldsymbol{a}_3;$ $\boldsymbol{m}_t^\circ = m^{\alpha\beta}u_\alpha\,u_\beta\boldsymbol{t}$ mit: $m_u = -m^{\alpha\beta}u_\alpha\,t_\beta$ Eckkraft: $E_3 = -\,m^{\alpha\beta}[u_\alpha t_\beta]_{-a}^{+a};$	$\boldsymbol{v}^\circ = v_\alpha t^\alpha\boldsymbol{t} + v_\alpha\,u^\alpha\,\boldsymbol{u} + v_3\boldsymbol{a}_3;$ $\boldsymbol{\omega}_t^\circ = -(v_{3,n} + b_\lambda^\beta u^\lambda v_\beta)\boldsymbol{t}$

Tafel 4.2 Mechanische Variablen und Bestimmungsgleichungen einer linear-elastischen Flächentragwerkstheorie vom Kirchhoff-Love-Typ

Als *innere mechanische Variablen* wurden die symmetrische Ersatzgröße $\tilde{n}^{(\alpha\beta)}$ (4.1.13) und der Momententensor $m^{(\alpha\beta)}$ gewählt, die hierzu korrespondierenden Größen sind die beiden Verzerrungstensoren $\alpha_{(\alpha\beta)}$ und $\omega_{(\alpha\beta)}$. Da die Schubverzerrung γ_α durch die *Kirchhoff-Love*-Hypothese (4.1.1) als unwesentlich vernachlässigt wurde, degenerierte der Querkraftvektor q^α zu einer durch (4.1.12) vom Momententensor abhängigen Größe.

Randvariablen sind, wie im Abschnitt 4.1.4 ausführlich begründet, der Vektor der Ersatzkräfte $\tilde{\mathbf{n}}$ (4.1.59) und das zur Randkurve C tangentiale Randmoment $\mathbf{m}_t$ (4.1.71). Zu ihnen korrespondieren der Randverschiebungsvektor $\mathbf{v}$ und der tangentiale Anteil $\boldsymbol{\omega}_t$ des Verdrehungsvektors $\boldsymbol{\omega}$. Die im Vergleich zu einer Flächentragwerkstheorie mit Schubverzerrungen auf Tafel 3.2 fehlenden Komponenten m_u und ω_u können als abhängige Größen nur implizit vorgegeben werden: m_u in dem Ersatzvektor $\tilde{\mathbf{n}}$ und ω_u über $v_{3,s}$ sowie v_λ.

Als Bestimmungsgleichungen für die aufgezählten Variablen stehen die Gleichgewichtsbedingungen (4.1.10) bis (4.1.12) und die beiden kinematischen Beziehungen (4.1.28, 29) zur Verfügung. Das Werkstoffverhalten des isotrop-elastischen Flächentragwerks wird durch die Formänderungsenergiedichte (4.1.38) oder die beiden konstitutiven Beziehungen (4.1.39) beschrieben. Für die jeweils vier dynamischen und kinematischen Randvariablen (4.1.64) sind in Tafel 4.1 die Randbedingungen verschiedener geläufiger Lagerungsarten angegeben.

Die Grundgleichungen und Variablen der Tafel 4.2 verkörpern erneut eine bestmögliche Flächentragwerkstheorie im Sinne des Abschnittes 3.5.1, nun unter Gültigkeit der *Kirchhoff-Love*-Hypothese. Wir wollen sie jetzt dergestalt in eine konsistente Form umschreiben, daß auch die Gleichgewichts- und Kräfterandbedingungen ausschließlich in den beiden Kraftgrößen $\tilde{n}^{(\alpha\beta)}$, $m^{(\alpha\beta)}$ formuliert sind.

Zunächst werden die Querkräfte q^α als abhängige Variablen mittels (4.1.12) in den verbleibenden Gleichgewichtsbedingungen (4.1.10, 11) eliminiert:

$$q^\alpha = m^{\lambda\alpha}|_\lambda: \qquad -p^\beta = n^{\alpha\beta}|_\alpha - m^{\lambda\alpha}|_\lambda b^\beta_\alpha ,$$
$$-p^3 = n^{\alpha\beta} b_{\alpha\beta} + m^{\lambda\alpha}|_{\lambda\alpha} . \tag{4.1.78}$$

Danach erfolgt der Ersatz des Dehnungskrafttensors $n^{\alpha\beta}$ durch die symmetrische Größe (4.1.13):

$$n^{\alpha\beta} = \tilde{n}^{(\alpha\beta)} - m^{\alpha\lambda} b^\beta_\lambda: \qquad -p^\beta = \tilde{n}^{(\alpha\beta)}|_\alpha - 2m^{\alpha\lambda}|_\alpha b^\beta_\lambda - m^{\alpha\lambda} b^\beta_\lambda|_\alpha ,$$
$$-p^3 = \tilde{n}^{(\alpha\beta)} b_{\alpha\beta} + m^{\alpha\lambda}|_{\alpha\lambda} - m^{\alpha\lambda} b^\beta_\lambda b_{\alpha\beta} . \tag{4.1.79}$$

Für die Operatorform dieser Gleichungen sollen die Symmetrien der beiden Schnittgrößen besonders hervorgehoben werden:

$$-p^\beta = \frac{1}{2}(\tilde{n}^{(\alpha\beta)}|_\alpha + \tilde{n}^{(\beta\alpha)}|_\alpha - 2m^{(\alpha\lambda)}|_\alpha b^\beta_\lambda - 2m^{(\lambda\alpha)}|_\alpha b^\beta_\lambda - m^{(\alpha\lambda)} b^\beta_\lambda|_\alpha$$
$$- m^{(\lambda\alpha)} b^\beta_\lambda|_\alpha) ,$$
$$-p^3 = \frac{1}{2}(\tilde{n}^{(\alpha\beta)} b_{\alpha\beta} + \tilde{n}^{(\beta\alpha)} b_{\alpha\beta} + m^{(\alpha\beta)}|_{\alpha\beta} + m^{(\beta\alpha)}|_{\alpha\beta} - m^{(\alpha\lambda)} b^\beta_\lambda b_{\alpha\beta}$$
$$- m^{(\lambda\alpha)} b^\beta_\lambda b_{\alpha\beta}) . \tag{4.1.80}$$

Ein entsprechendes Vorgehen liefert übrigens für den zweiten Verzerrungstensor (4.1.29):

$$\omega_{(\alpha\beta)} = -\frac{1}{2}(v_3|_{\alpha\beta} + v_3|_{\beta\alpha} + v_\lambda b^\lambda_\alpha|_\beta + v_\lambda b^\lambda_\beta|_\alpha + 2v_\lambda|_\alpha b^\lambda_\beta + 2v_\lambda|_\beta b^\lambda_\alpha$$
$$-v_3(b_{\alpha\lambda} b^\lambda_\beta + b^\lambda_\alpha b_{\lambda\beta})) . \tag{4.1.81}$$

Die Randersatzkräfte in (4.1.64) nehmen durch Substitution von (4.1.13) sowie

$$m_u = -m^{\alpha\beta} u_\alpha t_\beta$$

folgende Form an:

$$\tilde{n}_t = (\tilde{n}^{(\alpha\beta)} - m^{\alpha\lambda} b^\beta_\lambda - k_1 m^{\alpha\beta}) u_\alpha t_\beta ,$$
$$\tilde{n}_u = (\tilde{n}^{(\alpha\beta)} - m^{\alpha\lambda} b^\beta_\lambda) u_\alpha u_\beta - k_2 m^{\alpha\beta} u_\alpha t_\beta , \tag{4.1.82}$$
$$\tilde{n}_3 = m^{\lambda\alpha}|_\lambda u_\alpha + m^{\alpha\beta}|_\lambda u_\alpha t_\beta t^\lambda + m^{\alpha\beta}(u_\alpha t_\beta)|_\lambda t^\lambda .$$

Dabei wurden die skalaren Abkürzungen

$$k_1 = b^\rho_\lambda t^\lambda t_\rho , \quad k_2 = b^\rho_\lambda t^\lambda u_\rho \tag{4.1.83}$$

verwendet. Das Randmoment

$$m_t = m^{\alpha\beta} u_\alpha u_\beta \tag{4.1.84}$$

in (4.1.64) sowie die dortigen Randverformungsvariablen bleiben unverändert.

Nach Abschluß dieser Umformungen lassen sich nun die Grundgleichungen einer bestmöglichen und konsistent formulierten Flächentragwerkstheorie vom *Kirchhoff-Love*-Typ in Tafel 4.3 zusammenstellen. Dabei wurden die symmetrischen Tensorkomponenten $\tilde{n}^{(\alpha\beta)}$, $m^{(\alpha\beta)}$ und $\alpha_{(\alpha\beta)}$, $\omega_{(\alpha\beta)}$ als innere Variablen verwendet. Um diese Formulierungsvariante gegenüber derjenigen des Abschnittes 3.5.2 abzugrenzen, sei sie als *Variante A* bezeichnet [36]. Auch sie ist wieder durch gewisse Symmetrien in den beiden Feldoperatoren gekennzeichnet, die es nun sichtbar zu machen gilt.

1. Prinzip der virtuellen Verschiebungen:	
$\iint_F \boldsymbol{p}\cdot\delta\boldsymbol{v}\,dF + \oint_C (\tilde{\boldsymbol{n}}\cdot\delta\boldsymbol{v} + \boldsymbol{m}_t\cdot\delta\boldsymbol{\omega}_t)ds + [m_u\,\delta v_3]_C - \iint_F(\tilde{n}^{(\alpha\beta)}\delta\alpha_{(\alpha\beta)} + m^{(\alpha\beta)}\delta\omega_{(\alpha\beta)})dF = 0$	
2. Äußere mechanische Variablen:	
$\boldsymbol{p} = p^\alpha \boldsymbol{a}_\alpha + p^3 \boldsymbol{a}_3$	$\boldsymbol{v} = v_\alpha \boldsymbol{a}^\alpha + v_3 \boldsymbol{a}^3$
3. Innere mechanische Variablen:	
$\tilde{n}^{(\alpha\beta)} = n^{\alpha\beta} + m^{(\alpha\varrho)} b_\varrho^\beta$; $m^{(\alpha\beta)} = m^{\alpha\beta}$	$\alpha_{(\alpha\beta)}$; $\omega_{(\alpha\beta)}$
4. Randvariablen:	
$\tilde{\boldsymbol{n}} = \tilde{n}_t \boldsymbol{t} + \tilde{n}_u \boldsymbol{u} + \tilde{n}_3 \boldsymbol{a}_3$; $\boldsymbol{m}_t = m_t \boldsymbol{t}$	$\boldsymbol{v} = v_t \boldsymbol{t} + v_u \boldsymbol{u} + v_3 \boldsymbol{a}_3$; $\boldsymbol{\omega}_t = \omega_t \boldsymbol{t}$
5. Feldgleichungen:	
$-p^\beta = \tilde{n}^{(\alpha\beta)}\|_\alpha - 2m^{(\alpha\lambda)}\|_\alpha b_\lambda^\beta - m^{(\alpha\lambda)} b_\lambda^\beta\|_\alpha$; $-p^3 = \tilde{n}^{(\alpha\beta)} b_{\alpha\beta} + m^{(\alpha\lambda)}\|_{\alpha\lambda} - m^{(\alpha\lambda)} b_\lambda^\beta b_{\alpha\beta}$	$\alpha_{(\alpha\beta)} = \frac{1}{2}(v_\alpha\|_\beta + v_\beta\|_\alpha - 2b_{\alpha\beta} v_3)$; $\omega_{(\alpha\beta)} = -(v_3\|_{\alpha\beta} + v_\lambda b_\alpha^\lambda\|_\beta + b_\alpha^\lambda v_\lambda\|_\beta + b_\beta^\lambda v_\lambda\|_\alpha - b_\alpha^\lambda b_{\lambda\beta} v_3)$
6. Formänderungsenergiedichte isotroper Tragwerke:	
$\pi_i = \frac{1}{2}(DH^{\alpha\beta\lambda\mu}\alpha_{(\alpha\beta)}\alpha_{(\lambda\mu)} + BH^{\alpha\beta\lambda\mu}\omega_{(\alpha\beta)}\omega_{(\lambda\mu)}) = \frac{1}{2}(\tilde{n}^{(\alpha\beta)}\alpha_{(\alpha\beta)} + m^{(\alpha\beta)}\omega_{(\alpha\beta)})$	
7. Konstitutive Beziehungen isotroper Tragwerke:	
$\tilde{n}^{(\alpha\beta)} = \frac{\partial\pi_i}{\partial\alpha_{(\alpha\beta)}} = DH^{\alpha\beta\lambda\mu}\,\alpha_{(\lambda\mu)}$; $m^{(\alpha\beta)} = \frac{\partial\pi_i}{\partial\omega_{(\alpha\beta)}} = BH^{\alpha\beta\lambda\mu}\,\omega_{(\lambda\mu)}$	
8. Vorschreibbare Randbedingungen:	
$\tilde{\boldsymbol{n}}^\circ = (\tilde{n}^{(\alpha\beta)} - m^{(\alpha\lambda)} b_\lambda^\beta - k_1\, m^{(\alpha\beta)}) u_\alpha t_\beta \boldsymbol{t}$ $+ ((\tilde{n}^{(\alpha\beta)} - m^{(\alpha\lambda)} b_\lambda^\beta) u_\alpha u_\beta - k_2\, m^{(\alpha\beta)} u_\alpha t_\beta)\boldsymbol{u}$ $+ ((m^{(\lambda\alpha)}\|_\lambda + m^{(\alpha\beta)}\|_\lambda t^\lambda t_\beta) u_\alpha + m^{(\alpha\beta)}(u_\alpha t_\beta)\|_\lambda t^\lambda)\boldsymbol{a}_3$; $\boldsymbol{m}_t^\circ = m^{(\alpha\beta)} u_\alpha u_\beta \boldsymbol{t}$ *Eckkraft:* $E_3 = -m^{(\alpha\beta)}[u_\alpha t_\beta]_{-a}^{+a}$	$\boldsymbol{v}^\circ = v_\alpha t^\alpha \boldsymbol{t} + v_\alpha u^\alpha \boldsymbol{u} + v_3 \boldsymbol{a}_3$; $\boldsymbol{\omega}_t^\circ = -(v_{3,n} + b_\lambda^\beta u^\lambda v_\beta)\boldsymbol{t}$

Tafel 4.3 Mechanische Variablen und Bestimmungsgleichungen einer konsistent formulierten linearen Flächentragwerkstheorie vom Kirchhoff-Love-Typ (Variante A)

Hierzu gruppieren wir die *unabhängigen äußeren Variablen* eines beliebigen Punktes P der Tragwerksmittelfläche in die beiden 3-zeiligen Spaltenmatrizen **p**, **u** der Last- und Verschiebungsgrößen*:

$$\mathbf{p} = \begin{bmatrix} p^\alpha \\ \hline p^3 \end{bmatrix} = \begin{bmatrix} p^1 \\ p^2 \\ \hline p^3 \end{bmatrix}, \quad \mathbf{u} = \begin{bmatrix} v_\alpha \\ \hline v_3 \end{bmatrix} = \begin{bmatrix} v_1 \\ v_2 \\ \hline v_3 \end{bmatrix}. \tag{4.1.85}$$

* *Der Leser sei erneut darauf hingewiesen, die Spaltenmatrix* **p** *nicht mit dem Lastvektor* ***p*** *nach (4.1.4) zu verwechseln.*

Analog hierzu ordnen wir die *unabhängigen inneren Variablen* in den beiden 8-zeiligen Spalten $\boldsymbol{\sigma}$, $\boldsymbol{\epsilon}$ der Schnitt- und Verzerrungsgrößen an:

$$\boldsymbol{\sigma} = \begin{bmatrix} \tilde{n}^{(\alpha\beta)} \\ --- \\ m^{(\alpha\beta)} \end{bmatrix} = \begin{bmatrix} \tilde{n}^{(11)} \\ \tilde{n}^{(12)} \\ \tilde{n}^{(21)} \\ \tilde{n}^{(22)} \\ --- \\ m^{(11)} \\ m^{(12)} \\ m^{(21)} \\ m^{(22)} \end{bmatrix}, \quad \boldsymbol{\epsilon} = \begin{bmatrix} \boldsymbol{\alpha}_{(\alpha\beta)} \\ --- \\ \boldsymbol{\omega}_{(\alpha\beta)} \end{bmatrix} = \begin{bmatrix} \alpha_{(11)} \\ \alpha_{(12)} \\ \alpha_{(21)} \\ \alpha_{(22)} \\ --- \\ \omega_{(11)} \\ \omega_{(12)} \\ \omega_{(21)} \\ \omega_{(22)} \end{bmatrix}. \tag{4.1.86}$$

Wie im Kapitel 3 lassen sich hiermit die kinematischen Beziehungen (4.1.28) und (4.1.81) in Matrixform ausschreiben; sie finden sich auf Tafel 4.4. Darin transformiert eine (8×3)-Operatormatrix $\mathbf{D}_k$ die äußeren Weggrößen $\mathbf{u}$ in die Verzerrungen $\boldsymbol{\epsilon}$. Entsprechend (3.5.14) kürzt hierbei das Operatorsymbol $d_\alpha : d_1, d_2$ die kovariante Ableitung ab; für die kovarianten Ableitungen der Krümmungstensoren wurden jedoch Vertikalstriche beibehalten.

Analog zu diesen kinematischen Beziehungen transformiert in der Matrixdarstellung der Gleichgewichtsbedingungen (4.1.80) der (3×8)-Operator $\mathbf{D}_e$ die Schnittgrößen $\boldsymbol{\sigma}$ in die (negative) Lastspalte $\mathbf{p}$. Ein Vergleich beider Operatoren der Tafel 4.4 bestätigt erneut die

$$\begin{bmatrix} \alpha_{(11)} \\ \alpha_{(12)} \\ \alpha_{(21)} \\ \alpha_{(22)} \\ --- \\ \omega_{(11)} \\ \omega_{(12)} \\ \omega_{(21)} \\ \omega_{(22)} \end{bmatrix} = \begin{bmatrix} d_1 & 0 & -b_{11} \\ \frac{1}{2}d_2 & \frac{1}{2}d_1 & -b_{12} \\ \frac{1}{2}d_2 & \frac{1}{2}d_1 & -b_{21} \\ 0 & d_2 & -b_{22} \\ --- & --- & --- \\ -(2b_1^1 d_1 + b_1^1|_1) & -(2b_1^2 d_1 + b_1^2|_1) & -(d_{11} - b_1^1 b_{11} - b_1^2 b_{12}) \\ -(b_2^1 d_1 + b_1^1 d_2 + \frac{1}{2}(b_2^1|_1 + b_1^1|_2)) & -(b_2^2 d_1 + b_1^2 d_2 + \frac{1}{2}(b_2^2|_1 + b_1^2|_2)) & -(\frac{1}{2}d_{12} + \frac{1}{2}d_{21} - b_1^1 b_{12} - b_1^2 b_{22}) \\ -(b_2^1 d_1 + b_1^1 d_2 + \frac{1}{2}(b_2^1|_1 + b_1^1|_2)) & -(b_2^2 d_1 + b_1^2 d_2 + \frac{1}{2}(b_2^2|_1 + b_1^2|_2)) & -(\frac{1}{2}d_{12} + \frac{1}{2}d_{21} - b_1^1 b_{12} - b_1^2 b_{22}) \\ -(2b_2^1 d_2 + b_2^1|_2) & -(2b_2^2 d_2 + b_2^2|_2) & -(d_{22} - b_2^1 b_{12} - b_2^2 b_{22}) \end{bmatrix} \cdot \begin{bmatrix} v_1 \\ v_2 \\ --- \\ v_3 \end{bmatrix}$$

Kinematische Beziehungen:

$$\boldsymbol{\epsilon} = \begin{bmatrix} \boldsymbol{\alpha}_{(\alpha\beta)} \\ \boldsymbol{\omega}_{(\alpha\beta)} \end{bmatrix} = \begin{bmatrix} \boldsymbol{D}_{11} & -\boldsymbol{D}_{12} \\ -\boldsymbol{D}_{21} & -\boldsymbol{D}_{22} \end{bmatrix} \cdot \begin{bmatrix} \boldsymbol{v}_\alpha \\ \boldsymbol{v}_3 \end{bmatrix} = \boldsymbol{D}_k \boldsymbol{u}$$

$$d_1 = \cdots |_1 \qquad d_2 = \cdots |_2$$

$$-\boldsymbol{p} = -\begin{bmatrix} \boldsymbol{p}^\alpha \\ \boldsymbol{p}^3 \end{bmatrix} = \begin{bmatrix} \boldsymbol{D}_{11}^T & -\boldsymbol{D}_{21}^T \\ \boldsymbol{D}_{12}^T & \boldsymbol{D}_{22}^T \end{bmatrix} \cdot \begin{bmatrix} \tilde{\boldsymbol{n}}^{(\alpha\beta)} \\ \boldsymbol{m}^{(\alpha\beta)} \end{bmatrix} = \boldsymbol{D}_e \boldsymbol{\sigma}$$

Gleichgewichsbedingungen:

$$-\begin{bmatrix} p^1 \\ p^2 \\ --- \\ p^3 \end{bmatrix} = \begin{bmatrix} d_1 & \frac{1}{2}d_2 & \frac{1}{2}d_2 & 0 & -(2b_1^1 d_1 + b_1^1|_1) & -(b_2^1 d_1 + b_1^1 d_2 + \frac{1}{2}(b_2^1|_1 + b_1^1|_2)) & -(b_2^1 d_1 + b_1^1 d_2 + \frac{1}{2}(b_2^1|_1 + b_1^1|_2)) & -(2b_2^1 d_2 + b_2^1|_2) \\ 0 & \frac{1}{2}d_1 & \frac{1}{2}d_1 & d_2 & -(2b_1^2 d_1 + b_1^2|_1) & -(b_2^2 d_1 + b_1^2 d_2 + \frac{1}{2}(b_2^2|_1 + b_1^2|_2)) & -(b_2^2 d_1 + b_1^2 d_2 + \frac{1}{2}(b_2^2|_1 + b_1^2|_2)) & -(2b_2^2 d_2 + b_2^2|_2) \\ --- & --- & --- & --- & --- & --- & --- & --- \\ b_{11} & b_{12} & b_{21} & b_{22} & (d_{11} - b_1^1 b_{11} - b_1^2 b_{12}) & (\frac{1}{2}d_{12} + \frac{1}{2}d_{21} - b_1^1 b_{12} - b_1^2 b_{22}) & (\frac{1}{2}d_{12} + \frac{1}{2}d_{21} - b_1^1 b_{12} - b_1^2 b_{22}) & (d_{22} - b_2^1 b_{12} - b_2^2 b_{22}) \end{bmatrix} \cdot \begin{bmatrix} \tilde{n}^{(11)} \\ \tilde{n}^{(12)} \\ \tilde{n}^{(21)} \\ \tilde{n}^{(22)} \\ --- \\ m^{(11)} \\ m^{(12)} \\ m^{(21)} \\ m^{(22)} \end{bmatrix}$$

Tafel 4.4 Kinematischer Operator und Gleichgewichtsoperator zu Bild 4.4

Transponiertheit der vier Teiloperatoren, eine Folge der Formulierung in korrespondierenden Variablen.

Die Matrixform der konstitutiven Beziehungen (4.1.39) mit den Komponenten $H^{\alpha\beta\lambda\mu}$ des Elastizitätstensors (4.1.41) enthält Tafel 4.5. Schließlich seien ebenfalls die Randbedingungen der Tafel 4.3 in Matrixform dargestellt, wozu die unabhängigen Randvariablen in den beiden 4-zeiligen Spalten:

$$\mathbf{t}^0 = \begin{bmatrix} \tilde{n}_t \\ \tilde{n}_u \\ \tilde{n}_3 \\ m_t \end{bmatrix}, \quad \mathbf{r}^0 = \begin{bmatrix} v_t \\ v_u \\ v_3 \\ \omega_t \end{bmatrix} \tag{4.1.87}$$

angeordnet werden. Tafel 4.6 zeigt nun die matriziellen Transformationen der beiden unabhängigen Variablen $\boldsymbol{\sigma}$ und $\mathbf{u}$ in die Randgrößen. Man erkennt noch deutlich die Verwandtschaft zu den ursprünglichen Matrizen der Tafel 3.7. Als Zusammenfassung aller hergeleiteten Operatoren gibt schließlich das Strukturdiagramm auf Bild 4.4 einen Überblick über den gesamten Aufbau einer konsistenten Flächentragwerkstheorie vom *Kirchhoff-Love*-Typ.

$$\boldsymbol{\sigma} = \begin{bmatrix} \tilde{\boldsymbol{n}}^{(\alpha\beta)} \\ \boldsymbol{m}^{(\alpha\beta)} \end{bmatrix} = D \begin{bmatrix} \boldsymbol{E}_{11} & \boldsymbol{0} \\ \boldsymbol{0} & \frac{h^2}{12}\boldsymbol{E}_{11} \end{bmatrix} \cdot \begin{bmatrix} \boldsymbol{\alpha}_{(\alpha\beta)} \\ \boldsymbol{\omega}_{(\alpha\beta)} \end{bmatrix} = D\,\boldsymbol{E}\boldsymbol{\epsilon} \qquad \boldsymbol{E}_{11} = \begin{bmatrix} H^{1111} & H^{1112} & H^{1112} & H^{1122} \\ H^{1112} & H^{1212} & H^{1212} & H^{1222} \\ H^{1112} & H^{1212} & H^{1212} & H^{1222} \\ H^{1122} & H^{1222} & H^{1222} & H^{2222} \end{bmatrix} = \boldsymbol{E}_{11}^{T}$$

E *Elastizitätsmodul*
ν *Querdehnungszahl*
h *Querschnittsdicke* $D = \frac{Eh}{1-\nu^2}$ *Dehnsteifigkeit des Querschnitts*

Tafel 4.5 Operatoren des Elastizitätsgesetzes zu Bild 4.4

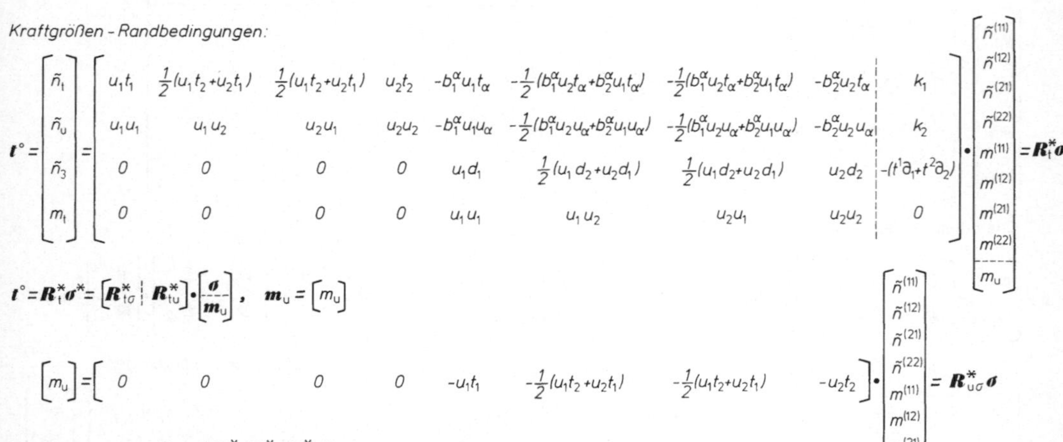

Kraftgrößen - Randbedingungen:

$$\boldsymbol{t}^\circ = \begin{bmatrix} \tilde{n}_t \\ \tilde{n}_u \\ \tilde{n}_3 \\ m_t \end{bmatrix} = \left[\begin{array}{cccccccc|c} u_1t_1 & \frac{1}{2}(u_1t_2+u_2t_1) & \frac{1}{2}(u_1t_2+u_2t_1) & u_2t_2 & -b_1^\alpha u_1t_\alpha & -\frac{1}{2}(b_1^\alpha u_2t_\alpha+b_2^\alpha u_1t_\alpha) & -\frac{1}{2}(b_1^\alpha u_2t_\alpha+b_2^\alpha u_1t_\alpha) & -b_2^\alpha u_2t_\alpha & k_1 \\ u_1u_1 & u_1u_2 & u_2u_1 & u_2u_2 & -b_1^\alpha u_1u_\alpha & -\frac{1}{2}(b_1^\alpha u_2u_\alpha+b_2^\alpha u_1u_\alpha) & -\frac{1}{2}(b_1^\alpha u_2u_\alpha+b_2^\alpha u_1u_\alpha) & -b_2^\alpha u_2u_\alpha & k_2 \\ 0 & 0 & 0 & 0 & u_1d_1 & \frac{1}{2}(u_1d_2+u_2d_1) & \frac{1}{2}(u_1d_2+u_2d_1) & u_2d_2 & -(t^1\partial_1+t^2\partial_2) \\ 0 & 0 & 0 & 0 & u_1u_1 & u_1u_2 & u_2u_1 & u_2u_2 & 0 \end{array}\right] \cdot \begin{bmatrix} \tilde{n}^{(11)} \\ \tilde{n}^{(12)} \\ \tilde{n}^{(21)} \\ \tilde{n}^{(22)} \\ m^{(11)} \\ m^{(12)} \\ m^{(21)} \\ m^{(22)} \\ \hline m_u \end{bmatrix} = \boldsymbol{R}_t^*\boldsymbol{\sigma}^*$$

$$\boldsymbol{t}^\circ = \boldsymbol{R}_t^*\boldsymbol{\sigma}^* = \left[\boldsymbol{R}_{t\sigma}^* \mid \boldsymbol{R}_{tu}^*\right] \cdot \begin{bmatrix} \boldsymbol{\sigma} \\ \hline \boldsymbol{m}_u \end{bmatrix}, \quad \boldsymbol{m}_u = [m_u]$$

$$[m_u] = \begin{bmatrix} 0 & 0 & 0 & 0 & -u_1t_1 & -\frac{1}{2}(u_1t_2+u_2t_1) & -\frac{1}{2}(u_1t_2+u_2t_1) & -u_2t_2 \end{bmatrix} \cdot \begin{bmatrix} \tilde{n}^{(11)} \\ \tilde{n}^{(12)} \\ \tilde{n}^{(21)} \\ \tilde{n}^{(22)} \\ m^{(11)} \\ m^{(12)} \\ m^{(21)} \\ m^{(22)} \end{bmatrix} = \boldsymbol{R}_{u\sigma}^*\boldsymbol{\sigma}$$

$$\boldsymbol{t}^\circ = \boldsymbol{R}_t\boldsymbol{\sigma} \quad \text{mit: } \boldsymbol{R}_t = (\boldsymbol{R}_{t\sigma}^* + \boldsymbol{R}_{tu}^* \cdot \boldsymbol{R}_{u\sigma}^*)$$

Verschiebungsgrößen - Randbedingungen:

$$\boldsymbol{r}^\circ = \begin{bmatrix} v_t \\ v_u \\ v_3 \\ \omega_t \end{bmatrix} = \left[\begin{array}{cc|c} t^1 & t^2 & 0 \\ u^1 & u^2 & 0 \\ 0 & 0 & 1 \\ -(b_1^1t^1+b_2^1t^2) & -(b_1^2t^1+b_2^2t^2) & -\partial_n \end{array}\right] \cdot \begin{bmatrix} v_1 \\ v_2 \\ \hline v_3 \end{bmatrix} = \boldsymbol{R}_r\,\boldsymbol{u}$$

Abkürzungen:

$k_1 = b_\lambda^\varrho t^\lambda t_\varrho$; $d_\alpha = \cdots|_\alpha$

$k_2 = b_\lambda^\varrho t^\lambda u_\varrho$; $\partial_\alpha = \frac{\partial \ldots}{\partial \Theta^\alpha} = \cdots,_\alpha$

Tafel 4.6 Randoperatoren zu Bild 4.4

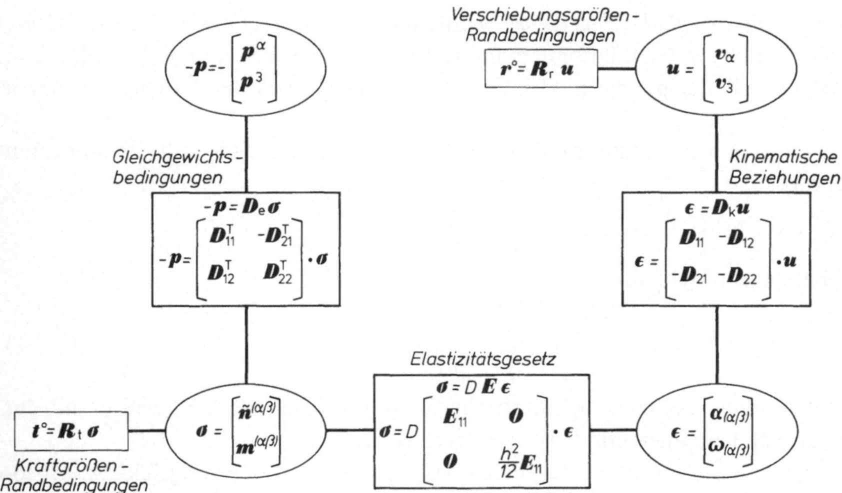

Bild 4.4 Strukturschema einer konsistenten linear-elastischen Flächentragwerkstheorie vom Kirchhoff-Love-Typ (Variante A)

4.2 Flächentragwerkstheorien als asymptotische Approximationen

4.2.1 Näherungsannahmen, Schwächen und Widersprüche

Im Verlaufe der bisherigen Herleitungen haben wir eine ganze Reihe von Näherungsannahmen getroffen, deren wesentliche wir uns kurz ins Gedächtnis zurückrufen wollen:

a) Das Gleichgewicht wurde allein durch die Schnittgrößen $n^{\alpha\beta}$, q^{α} und $m^{\alpha\beta}$ beschrieben. Höhere Momente wurden ebenso wie die aus transversalen Normalspannungen τ^{33} ableitbaren Schnittgrößen als unwesentlich vernachlässigt.

b) Als Verzerrungsvariablen wurden im Abschnitt 3.2.8 die Funktionen $\alpha_{\alpha\beta}$, $\beta_{\alpha\beta}$ und γ_{α}, im Abschnitt 4.1.2 $\alpha_{\alpha\beta}$ und $\omega_{\alpha\beta}$ eingeführt. Änderungen der Tragwerksdicke, d.h. Querdehnungen γ_{33}, wurden unterdrückt.

c) Bei der Ermittlung der elastischen Potentiale (3.4.39) bzw. (4.1.38) wurde ein flächenhafter Spannungszustand vorausgesetzt und darüber hinaus die Geometrie des Schalenraumes durch diejenige der Mittelfläche approximiert.

Im Rahmen dieses Modells können somit Dehnungen und Gleitungen sowie Spannungen innerhalb von Flächen F höchstens als linear über die Tragwerksdicke verlaufend modelliert werden, Schubverzerrungen und Schubspannungen durch konstante Anteile, Querdehnungen und transversale Normalspannungen überhaupt nicht. Als besonders nachteilig erscheint, daß einige Näherungsannahmen nur bei genauer Kenntnis des Zieles zwingend sind. Unterschiedliche Näherungen haben daher im Verlauf der Entwicklung der Schalentheorie zu einer großen Vielfalt differierender Versionen mit mehr oder weniger gravierenden Widersprüchen geführt. Schwächen und Widersprüche *innerhalb gewisser Schranken* liegen jedoch in der Natur jeder Flächentragwerkstheorie, sie bilden die sichtbaren Unschärfen eines approximativen mechanischen Modells.

Auch für die von uns hergeleitete bestmögliche Flächentragwerkstheorie – mit und ohne Berücksichtigung von Schubverzerrungen – gilt dies. Ihre Modellqualität entspricht der dem

Leser geläufigen *technischen Balkenbiegelehre*, weshalb sie auch als *technische Schalentheorie* bezeichnet wurde. Für theoretisch besonders interessierte Leser sollen nun in den folgenden Abschnitten einige ihrer Widersprüche und Unschärfen aufgezeigt sowie durch Fehlerschranken quantifiziert werden.

Als Einführung wählen wir die tangentialen Verzerrungskomponenten $\gamma_{\alpha\beta}$, die dem linearen Verschiebungsansatz

$$\mathbf{v}^* = \mathbf{v} + \Theta^3 \mathbf{w}$$

laut (3.2.107, 110) zugeordnet sind:

$$\gamma_{\alpha\beta} = \alpha_{\alpha\beta} + \Theta^3 \beta_{\alpha\beta} - \frac{(\Theta^3)^2}{2} [b^\lambda_\alpha \beta_{\lambda\beta} + b^\lambda_\beta \beta_{\lambda\alpha} + 2 b^\lambda_\alpha b^\rho_\beta \alpha_{\lambda\rho}] . \tag{4.2.1}$$

Hierin mußte bekanntlich das in Θ^3 quadratische Glied gestrichen werden, weil es auf der Seite der Schnittgrößen kein energetisches Gegenstück besaß.

Die beiden ersten Glieder approximieren daher das vollständige Verzerrungsfeld; $\gamma_{\alpha\beta}$ ist somit fehlerbehaftet. Zur Vereinfachung der geplanten Fehlerabschätzung sei die folgende Annahme getroffen: Die Mittelflächenkoordinaten Θ^α sollen so gewählt werden, daß die Längen der Basisvektoren in der Größenordnung der Einheit liegen. Hierfür vereinbaren wir folgende Schreibweise:

$$|\mathbf{a}_\alpha| \sim |\mathbf{a}^\alpha| = 0(1) . \tag{4.2.2}$$

Für die größten Komponenten des Metrik- und Krümmungstensors der unverformten Mittelfläche folgt daher aus (4.2.2):

$$a_{\alpha\beta} \sim a^{\alpha\beta} = 0(1) , \quad b_{\alpha\beta} \sim b^\beta_\alpha \sim b^{\alpha\beta} = 0(1/R) , \tag{4.2.3}$$

wenn R deren kleinsten Hauptkrümmungsradius bezeichnet. Ein Koordinatensystem mit den geforderten Eigenschaften ist stets auffindbar.

Der durch die Streichung in (4.2.1) bewirkte Abbruchfehler kann somit durch

$$|(\Theta^3)^2 b^\lambda_\alpha b^\rho_\beta \alpha_{\lambda\rho}| \leqslant \left(\frac{h}{2}\right)^2 \left(\frac{1}{R}\right)^2 \eta < \left(\frac{h}{R}\right)^2 \eta ,$$

$$\left| \frac{(\Theta^3)^2}{2} (b^\lambda_\alpha \beta_{\lambda\beta} + b^\lambda_\beta \beta_{\lambda\alpha}) \right| = \left| \frac{\Theta^3}{2} (b^\lambda_\alpha \Theta^3 \beta_{\lambda\beta} + b^\lambda_\beta \Theta^3 \beta_{\lambda\alpha}) \right| \leqslant \frac{h}{2} \frac{1}{R} \eta < \frac{h}{R} \eta \tag{4.2.4}$$

abgeschätzt werden. Hierin stellt η den betragsmäßigen Größtwert sämtlicher ebener Hauptdehnungen $\lfloor \gamma_{\alpha\beta} \rceil$ aller betrachteten Punkte P* dar:

$$\eta = \max \lfloor \gamma_{\alpha\beta} \rceil \leqslant \max \lfloor \gamma_{ij} \rceil . \tag{4.2.5}$$

Für die Komponenten der beiden Verzerrungstensoren gilt daher:

$$|\alpha_{\alpha\beta}| \leqslant \eta , \quad |\Theta^3 \beta_{\alpha\beta}| \leqslant \frac{h}{2} |\beta_{\alpha\beta}| \leqslant \eta , \tag{4.2.6}$$

wobei $|\Theta^3|$ durch $\frac{h}{2}$ abgeschätzt wurde.

Somit ist ein über die Tragwerksdicke linearer Verzerrungsansatz gegenüber dem vollständigen Ausdruck (4.2.1) in der Größenordnung des Maximalwertes von (4.2.4) fehlerhaft, was folgendermaßen ausgedrückt werden soll:

$$\gamma_{\alpha\beta} = \alpha_{\alpha\beta} + \Theta^3 \beta_{\alpha\beta} + 0(\eta\, h/R)\,. \tag{4.2.7}$$

Hierin wird der Parameter h/R durch die Tragwerksgeometrie vorgegeben. Zur Ermittlung des Verzerrungszustandes einer Schale mit einem zulässigen relativen Fehler unterhalb von h/R wäre demnach die technische Schalentheorie unbrauchbar, da sie diese Genauigkeitsanforderung nicht zu erfüllen vermag.

Um die Konsequenzen des Abbruchfehlers in (4.2.7) für die Spannungen $\tau^{\alpha\beta}$ zu ermitteln, wenden wir die bekannte Spannungs-Dehnungsbeziehung eines dreidimensionalen Körpers (siehe z.B. [31, 108]):

$$\tau^{ij} = \frac{\partial \pi_i^*}{\partial \gamma_{ij}} = E^{*ijlm} \gamma_{lm} \tag{4.2.8}$$

auf den Schalenraum an*. Hierin bezeichnet π_i^* die bereits früher verwendete Formänderungsenergiedichte (3.4.28) und E^{*ijlm} den Elastizitätstensor des als isotrop vorausgesetzten Werkstoffs (3.4.29):

$$E^{*ijlm} = G\left(a^{*il}a^{*jm} + a^{*im}a^{*jl} + \frac{2\nu}{1-2\nu} a^{*ij}a^{*lm}\right). \tag{4.2.9}$$

In ihm vertritt der Metriktensor a^{*ij} laut (3.4.31) die Komponenten

$$a^{*ij} = \left[\begin{array}{c|c} a^{*\alpha\beta} & a^{*\alpha 3} \\ \hline a^{*3\beta} & a^{*33} \end{array}\right] = \left[\begin{array}{c|c} a^{\alpha\beta} + 2\Theta^3 b^{\alpha\beta} + 3(\Theta^3)^2 b^{\alpha\lambda} b_\lambda^\beta + \ldots & 0 \\ \hline 0 & 1 \end{array}\right]; \tag{4.2.10}$$

$a^{*\alpha\beta}$ stellt dabei eine unendliche Potenzreihe in Θ^3 dar. Gleitmodul G und Querdehnzahl ν sind dem Leser ebenfalls bekannt.

Zur Realisierung des im Abschnitt 3.4.3 eingeführten flächenhaften Spannungszustandes schreiben wir nun (4.2.8) für die Komponente τ^{33} aus und bringen diese entsprechend (3.4.35, 36) zum Verschwinden. Unter Beachtung von (4.2.10) gilt:

$$\begin{aligned} &\tau^{33} = E^{*33\lambda\mu}\gamma_{\lambda\mu} + E^{*3333}\gamma_{33} = 0\,, \\ &E^{*33\lambda\mu} = \frac{2G\nu}{1-2\nu} a^{*\lambda\mu}, \quad E^{*3333} = \frac{2G(1-\nu)}{1-2\nu}\,. \end{aligned} \tag{4.2.11}$$

Mit $\nu \neq 1/2$ folgt hieraus

$$\gamma_{33} = -\frac{\nu}{1-\nu} a^{*\lambda\mu}\gamma_{\lambda\mu} = -\frac{\nu}{1-\nu}\gamma_\lambda^\lambda \tag{4.2.12}$$

die Verknüpfung tangentialer und transversaler Dehnungskomponenten, womit γ_{33} in dem aus

* *Bekanntlich bilden Spannungen in der Theorie der Flächentragwerke keine inneren Variablen, dieses sind die Größen $n^{\alpha\beta}$, q^α und $m^{\alpha\beta}$. Wir verwenden den Begriff hier im Sinne einer Bemessungsgröße.*

(4.2.8) entstehenden Elastizitätsgesetz der tangentialen Spannungskomponenten

$$\tau^{\alpha\beta} = E^{*\alpha\beta\lambda\mu}\gamma_{\lambda\mu} + E^{*\alpha\beta 33}\gamma_{33} \tag{4.2.13}$$

eliminiert werden kann. Diese Elimination liefert schließlich das Elastizitätsgesetz

$$\tau^{\alpha\beta} = H^{*\alpha\beta\lambda\mu}\gamma_{\lambda\mu} \tag{4.2.14}$$

des flächenhaften Spannungszustandes; der zugehörige Elastizitätstensor

$$H^{*\alpha\beta\lambda\mu} = G\left(a^{*\alpha\lambda}a^{*\beta\mu} + a^{*\alpha\mu}a^{*\beta\lambda} + \frac{2\nu}{1-\nu}a^{*\alpha\beta}a^{*\lambda\mu}\right) \tag{4.2.15}$$

ist dem Leser ebenfalls bereits bekannt (3.4.38).

Aus (4.2.7), (4.2.10) sowie (4,2,14, 15) wird nun deutlich, daß der flächenhafte Spannungszustand $\tau^{\alpha\beta}$ im Tragwerk als unendliche Potenzreihe der Koordinate Θ^3 zu beschreiben wäre. Infolge des linearen Dehnungsansatzes (4.2.7) sind hiervon jedoch höchstens die linearen Glieder zuverlässig, was durch die Beziehung

$$\tau^{\alpha\beta} = \overset{0}{\tau}{}^{\alpha\beta} + \Theta^3\overset{1}{\tau}{}^{\alpha\beta} + 0(E\,\eta\,h/R) \tag{4.2.16}$$

ausgedrückt werden soll.

4.2.2 Unschärfen und Fehlerschranken einer ersten Approximation

Die beiden Beziehungen (4.2.7) und (4.2.16) charakterisieren einen wichtigen Aspekt der Schalentheorie: Bezüglich der dreidimensionalen Elastizitätstheorie handelt es sich um eine Näherungstheorie, d.h. der Wert jeder Variablen kann mit Unsicherheiten behaftet sein. Unser bisheriger Herleitungsgang ermöglicht uns nun die gedankliche Konzentration dieser Unschärfen im elastischen Potential. Wählen wir nämlich einen Satz von *korrespondierenden inneren* und *äußeren Variablen,* so sind die sie verknüpfenden Gleichgewichts- und kinematischen Beziehungen im Rahmen der hier behandelten linearen Flächentragwerkstheorie als exakt anzusehen. Diese Auffassung wird durch die Operatoren-Symmetrie der Bilder 3.15 und 4.4 bekräftigt. Hinsichtlich einer allgemeinen dreidimensionalen Betrachtungsweise können diese Variablen natürlich Unschärfen besitzen. Diese versuchen wir nun zunächst durch Voraussetzungen einzugrenzen und sodann durch Abbruchfehler des elastischen Potentials zu quantifizieren.

Erste derartige Versuche gehen auf *W. T. Koiter* [53] zurück. Wichtige Beiträge stammen von *F. John* [42, 43, 44], die – neben weiteren Arbeiten [9, 99] – unseren Ausführungen zugrundeliegen. Eine ingenieurorientierte Zusammenfassung der bisherigen Erkenntnisse findet der Leser in den beiden Forschungsberichten [50, 83].

Wir begründen die Herleitung von Fehlerschranken des elastischen Potentials auf folgende Voraussetzungen:

a) Der Werkstoff des Flächentragwerks sei elastisch, homogen und isotrop, d.h. durch die Stoffkonstanten E und ν beschreibbar.
b) Die Tragwerksdicke h sei konstant, und für die Mittelflächenkrümmung gelte die Dünne-Hypothese $h/R \ll 1$.

c) Die gewählten Koordinaten Θ^α auf F sollen erneut (4.2.3) erfüllen. Darüber hinaus sind die Krümmungsänderungen so zu begrenzen, daß neben

$$b_{\alpha\beta} = 0(R^{-1})$$

insbesondere auch

$$b_{\alpha\beta}|_\lambda = 0(R^{-2}), \quad b_{\alpha\beta}|_{\lambda\mu} = 0(R^{-3}), \ldots \tag{4.2.17}$$

gilt. Diese Voraussetzung trifft für die meisten Flächentragwerke des konstruktiven Ingeneurbaus zu.

d) Von allen vorstellbaren Verformungsmustern der Mittelfläche seien nur diejenigen zugelassen, deren kleinste charakteristische Länge L_W die Bedingung $(h/L_W)^2 \ll 1$ erfüllt. Laut Bild 4.5 verknüpft L_W größenordnungsmäßig eine beliebige Variable mit ihrer Ableitung: $0(f') = 0(f)/L_W$. L_W charakterisiert besonders zutreffend das vielfältig-unterschiedliche Lösungverhalten bei Schalentragwerken (siehe z.B. Abschnitt 4.4.7).

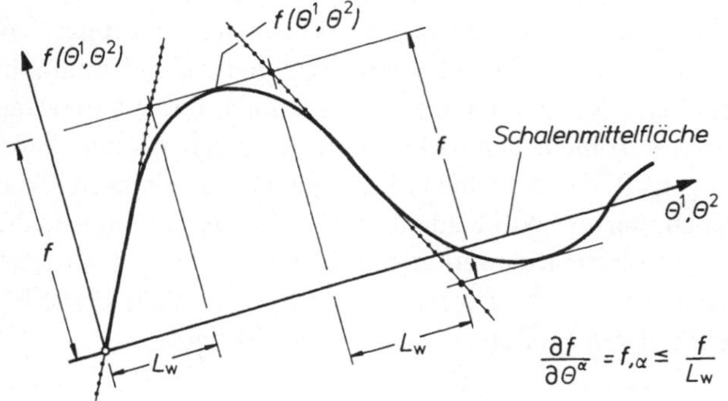

Bild 4.5 Definition der charakteristischen Länge L_W des Verformungsmusters $f(\Theta^1, \Theta^2)$

e) Sämtliche Tragwerksdehnungen besitzen durch η (4.2.5) eine (infinitesimal kleine) obere Schranke:

$$|\gamma_{ij}| \leq \eta \ll 1. \tag{4.2.18}$$

In seinen anfangs zitierten Arbeiten verwendet *John* Integraltechniken aus der Theorie partieller elliptischer Differentialgleichungen, um L2-Normen für die Tragwerksspannungen und deren Ableitungen aufzustellen. Im Rahmen dieses Buches unterstellen wir seine Ergebnisse als korrekt. Darin spielt der dimensionslose Parameter

$$\Theta = \max\left\{\frac{h}{d}, \frac{h}{L_W}, \sqrt{\frac{h}{R}}, \sqrt{\eta}\right\} \tag{4.2.19}$$

eine wichtige Rolle als Größenordnungsmaß. Ergänzend zu den bereits bekannten Variablen in Θ bezeichnet d den Abstand eines betrachteten Punktes P vom Tragwerksrand C. Das Auftreten von d in (4.2.19) lehrt uns, daß Flächentragwerkstheorien überhaupt nur in hinreichend großer Randentfernung zutreffende Ergebnisse erwarten lassen. Zur Bestimmung globaler Schranken darf d durch die kleinste Tragwerksabmessung L_{min} ersetzt werden, wodurch h/d in den Schalenparameter λ (3.1.24) übergeht.

Für die in einem lediglich längs der Ränder C belasteten Flächentragwerk wirkenden Spannungen werden in [43] unter den genannten Voraussetzungen folgende Schranken berechnet*:

$$\tau^{\alpha\beta} \leqslant 0(E\eta), \quad \tau^{\alpha 3} \leqslant 0(E\eta\Theta), \quad \tau^{33} \leqslant 0(E\eta\Theta^2); \tag{4.2.20}$$

für die zugehörigen Verzerrungen gilt:

$$\begin{aligned} &\alpha_{\alpha\beta} \leqslant 0(\eta), \quad \gamma_{\alpha 3} \sim \gamma_\alpha \leqslant 0(\eta\Theta), \quad \gamma_{33} = -\frac{\nu}{1-\nu}\gamma^\lambda_\lambda \leqslant 0(\nu\eta), \\ &\beta_{\alpha\beta} \leqslant 0(\eta/h), \end{aligned} \tag{4.2.21}$$

letztere Beziehung unter Beachtung von (4.2.12). Die Übertragung dieser Schranken auf Schalen mit Mittelflächenlasten ist gesichert, solange diese durch

$$p^\alpha \leqslant 0(E\eta\Theta), \quad p^3 \leqslant 0(E\eta\Theta^2) \tag{4.2.22}$$

eingegrenzt werden können.

Nach diesen Vorarbeiten kehren wir zum zentralen Problem dieses Abschnittes zurück, um die optimale Form des elastischen Potentials π_i und den zugehörigen Abbruchfehler zu bestimmen. Bekanntlich waren bei der Herleitung der Tragwerkskinematik im Kapitel 3 alle Änderungen der Dicke unterdrückt ($|\bar{\mathbf{a}}_3| = |\bar{\mathbf{d}}_3| = 1$) und dadurch Querdehnungen grundsätzlich ausgeschlossen worden. Ein Blick auf Bild 4.6 überzeugt uns jedoch, daß ein derartiger flächenhafter Verzerrungszustand ($\gamma_{33} = 0$) nicht der Wirklichkeit entsprechen kann. Außerdem ist er mit der bereits mehrfach getroffenen Annahme (4.2.11) eines flächenhaften Spannungszustandes ($\tau^{33} = 0$) unverträglich, der die Wirklichkeit aber ebenfalls nur unzulänglich beschreibt. Offensichtlich haben wir in Flächentragwerken mit dem gleichzeitigen Auftreten transversaler Dehnungen γ_{33} und Spannungen τ^{33} zu rechnen, und jede einschränkende Entscheidung ist von Unschärfen begleitet, deren Einfluß abgeschätzt werden muß.

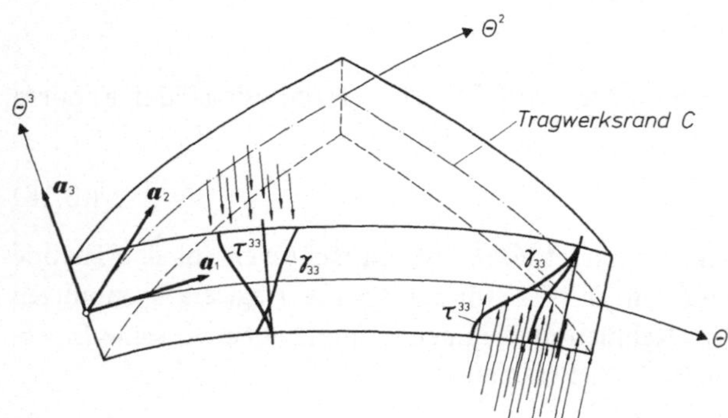

Bild 4.6 Querdehnungen γ_{33} und Querspannungen τ^{33} im Bereich von Lasten und Auflagern

Als Ausgangspunkt hierzu wählen wir erneut die Formänderungsenergiedichte π_i^* (3.4.28) eines dreidimensionalen elastischen Kontinuums, die wegen $a^*_{\alpha 3} = 0$ folgendermaßen darstellbar ist (3.4.34):

$$\pi_i^* = \frac{1}{2}(E^{*\alpha\beta\lambda\mu}\gamma_{\alpha\beta}\gamma_{\lambda\mu} + 2E^{*\alpha\beta 33}\gamma_{\alpha\beta}\gamma_{33} + 4E^{*\alpha 3\lambda 3}\gamma_{\alpha 3}\gamma_{\lambda 3} + E^{*3333}\gamma_{33}\gamma_{33}). \tag{4.2.23}$$

* *Der Leser möge das Quadrat des Parameters (4.2.19) nicht mit der Mittelflächenkoordinate* Θ^2 *verwechseln.*

Hierin setzen wir nun die Verzerrungsmaße (3.2.116) ein, behalten jedoch zusätzlich eine über den Querschnitt konstante Querdehnung γ_{33} bei. Verwenden wir sodann in den Elastizitätstensoren (4.2.9, 11) von π_i^* die Komponenten (4.2.10) des Maßtensors a^{*ij} und für μ das Polynom (3.1.16), so führt die Integration (3.4.32) auf den vollständigen Ausdruck der flächenhaften Formänderungsenergiedichte π_i. Ohne die Näherungen (3.4.33) entsteht dieser als unendliche Potenzreihe der Tragwerksdicke h:

$$\pi_i = \frac{h}{2}\left\{\overset{0}{\pi}_i + \frac{h^2}{12}\overset{2}{\pi}_i + \frac{h^4}{80}\overset{4}{\pi}_i + \ldots\right\}$$

$$= \frac{h}{2}\left\{\overset{0}{\pi}_i(\alpha_{\alpha\beta}, \gamma_\alpha, \gamma_{33}) + \frac{h^2}{12}\overset{2}{\pi}_i(\alpha_{\alpha\beta}, \beta_{\alpha\beta}, \gamma_\alpha, \gamma_{33}) + \frac{h^4}{80}\overset{4}{\pi}_i(\alpha_{\alpha\beta}, \beta_{\alpha\beta}, \gamma_\alpha, \gamma_{33}) + \ldots\right\}. \tag{4.2.24}$$

Sämtliche Terme der beiden ersten Reihenglieder von π_i findet der Leser beispielsweise in [57, 83].

Die in (4.2.24) auftretenden Einzelanteile werden nun unter Verwendung von (4.2.3), (4.2.5) und (4.2.21) größenordnungsmäßig abgeschätzt. Unterdrückt man danach alle bis auf die jeweils größten, so entsteht das Zwischenergebnis:

$$\pi_i = \frac{1}{2}\left\{DE^{\alpha\beta\lambda\mu}\alpha_{\alpha\beta}\alpha_{\lambda\mu} + BE^{\alpha\beta\lambda\mu}\beta_{\alpha\beta}\beta_{\lambda\mu} + Gha^{\alpha\lambda}\gamma_\alpha\gamma_\lambda \right.$$
$$\left. + \frac{2Eh\nu a^{\alpha\beta}}{(1-2\nu)(1+\nu)}\alpha_{\alpha\beta}\gamma_{33} + \frac{Eh(1-\nu)}{(1-2\nu)(1+\nu)}\gamma_{33}\gamma_{33}\right\} + 0(Eh\eta^2\Theta^2) \tag{4.2.25}$$

mit dem Elastizitätstensor:

$$E^{\alpha\beta\lambda\mu} = \frac{1-\nu}{2}\left(a^{\alpha\lambda}a^{\beta\mu} + a^{\alpha\mu}a^{\beta\lambda} + \frac{2\nu}{1-2\nu}a^{\alpha\beta}a^{\lambda\mu}\right) \tag{4.2.26}$$

und dem angegebenen Abbruchfehler $0(Eh\eta^2\Theta^2)$*.

Die Streichung aller Querdehnungen γ_{33} würde (4.2.25) in die Formänderungsenergie eines flächenhaften Verzerrungszustandes umwandeln, allerdings unter Beibehaltung der Schubverzerrungen γ_α. $E^{\alpha\beta\lambda\mu}$ wird dadurch zum Elastizitätstensor dieses Verzerrungszustandes; sein inverser Tensor sei der Vollständigkeit halber aufgeführt:

$$F_{\lambda\mu\rho\sigma} = \frac{1}{2(1-\nu)}\left(a_{\lambda\rho}a_{\mu\sigma} + a_{\lambda\sigma}a_{\mu\rho} - \frac{2\nu}{1+2\nu}a_{\lambda\mu}a_{\rho\sigma}\right). \tag{4.2.27}$$

Ein Blick auf die Schranken (4.2.21) der Verzerrungskomponenten $\alpha_{\alpha\beta}$ und γ_{33} macht den unzumutbar großen *zusätzlichen* Fehler dieses hypothetischen Vorgehens im Potential π_i (4.2.25) deutlich:

$$\Delta\pi_i = \frac{1}{2}\left(\frac{2Eh\nu a^{\alpha\beta}}{(1-2\nu)(1+\nu)}\alpha_{\alpha\beta}\gamma_{33} + \frac{Eh(1-\nu)}{(1-2\nu)(1+\nu)}\gamma_{33}\gamma_{33}\right) = 0(Eh\nu^2\eta^2), \tag{4.2.28}$$

* *Wir weisen den Leser daraufhin, daß unter den eingangs getroffenen Voraussetzungen auch höhere Verzerrungsmaße in (4.2.25) den angegebenen Fehler nicht ändern.*

da für alle physikalisch realen Flächentragwerke die Querdehnzahl ν den Parameter Θ bei weitem übersteigt.

$$\nu \gg \Theta \to 0(\mathrm{Eh}\nu^2\eta^2) \gg 0(\mathrm{Eh}\Theta^2\eta^2). \tag{4.2.29}$$

Dagegen bleibt man innerhalb des ursprünglichen Abbruchfehlers $0(\mathrm{Eh}\eta^2\Theta^2)$, wenn zunächst die Querdehnung γ_{33} in der Formänderungsenergiedichte (4.2.23) im Sinne von (4.2.12) transformiert wird:

$$\gamma_{33} = -\frac{\nu}{1-\nu}\,\mathrm{a}^{*\lambda\mu}\gamma_{\lambda\mu} \approx -\frac{\nu}{1-\nu}\,[\mathrm{a}^{\lambda\mu}(\alpha_{\lambda\mu} + \Theta^3\beta_{\lambda\mu}) + 2\Theta^3\mathrm{b}^{\lambda\mu}\alpha_{\lambda\mu}]. \tag{4.2.30}$$

Führt man sodann die Integration (3.4.32) über die Tragwerksdicke durch und faßt in dem (4.2.25) analogen Zwischenergebnis gleichlautende Glieder zusammen, so entsteht die bereits bekannte Formänderungsenergiedichte

$$\pi_{\mathrm{i}} = \frac{1}{2}\left\{\mathrm{DH}^{\alpha\beta\lambda\mu}\alpha_{\alpha\beta}\alpha_{\lambda\mu} + \mathrm{BH}^{\alpha\beta\lambda\mu}\beta_{\alpha\beta}\beta_{\lambda\mu} + \mathrm{Gh}\,\mathrm{a}^{\alpha\lambda}\gamma_\alpha\gamma_\lambda\right\} + 0(\mathrm{Eh}\eta^2\Theta^2) \tag{4.2.31}$$

mit dem Elastizitätstensor $\mathrm{H}^{\alpha\beta\lambda\mu}$ (3.4.41). Der durch dieses Vorgehen unterdrückte Energieanteil

$$\Delta\pi_{\mathrm{i}} = \frac{1}{2}\mathrm{Eh}\,\tau^{33}\gamma_{33} = 0(\mathrm{Eh}\,\nu\eta^2\Theta^2) \tag{4.2.32}$$

liegt laut (4.2.20, 21) um die Größe der Querdehnzahl ν unter dem in (4.2.31) verbliebenen Abbruchfehler. Daher erkennen wir, daß das elastische Potential durch einen flächenhaften Spannungszustand optimal beschrieben wird, solange (4.2.29) erfüllt ist [53, 62].

Aus der Formänderungsenergie (4.2.31) können auf der Grundlage der Beziehungen (3.4.20) und unter Verwendung der Schranken (4.2.21) erneut die Elastizitätsgesetze der Schnittgrößen gewonnen werden, nun jedoch mit ihren Abbruchfehlern. Schranken der Schnittgrößen selbst lassen sich dabei aus (4.2.20) in Verbindung mit (3.2.41, 42, 43) angeben:

$$\begin{aligned}
\tilde{\mathrm{n}}^{(\alpha\beta)} &= \mathrm{DH}^{\alpha\beta\lambda\mu}\alpha_{\lambda\mu} + 0(\mathrm{Eh}\eta\Theta^2) \leqslant 0(\mathrm{Eh}\eta) + 0(\mathrm{Eh}\eta\Theta^2),\\
\mathrm{m}^{\alpha\beta} &= \mathrm{BH}^{\alpha\beta\lambda\mu}\beta_{\lambda\mu} + 0(\mathrm{Eh}^2\eta\Theta^2) \leqslant 0(\mathrm{Eh}^2\eta) + 0(\mathrm{Eh}^2\eta\Theta^2),\\
\mathrm{q}^\alpha &= \mathrm{Gh}\,\mathrm{a}^{\alpha\lambda}\gamma_\lambda \leqslant 0(\mathrm{Eh}\eta\Theta).
\end{aligned} \tag{4.2.33}$$

Die hierzu inversen Beziehungen lauten unter Verwendung von (3.4.45):

$$\begin{aligned}
\alpha_{\lambda\mu} &= \frac{1}{\mathrm{D}}\mathrm{G}_{\lambda\mu\rho\sigma}\tilde{\mathrm{n}}^{(\rho\sigma)} + 0(\eta\Theta^2) \leqslant 0(\eta) + 0(\eta\Theta^2),\\
\beta_{\lambda\mu} &= \frac{1}{\mathrm{B}}\mathrm{G}_{\lambda\mu\rho\sigma}\mathrm{m}^{\rho\sigma} + 0(\eta\Theta^2/\mathrm{h}) \leqslant 0(\eta/\mathrm{h}) + 0(\eta\Theta^2/\mathrm{h}),\\
\gamma_\lambda &= \frac{1}{\mathrm{Gh}}\mathrm{a}_{\lambda\rho}\mathrm{q}^\rho \leqslant 0(\eta\Theta).
\end{aligned} \tag{4.2.34}$$

Mit den Zusammenhängen (4.2.31, 33, 34) verfügen wir nun über ein interessantes Werkzeug zur Beantwortung verschiedener bisher offengebliebener Fragen, beispielsweise der nach einem mutmaßlichen Anstieg des Abbruchfehlers von (4.2.31) bei Einführung der *Kirchhoff-*

Love-Hypothese ($\gamma_\alpha = 0$). Die unter Rückgriff auf (4.2.34) durchführbare Abschätzung

$$\Delta\pi_i = \frac{1}{2} G h a^{\alpha\lambda} \gamma_\alpha \gamma_\lambda \leqslant 0(Eh\eta^2\Theta^2) \qquad (4.2.35)$$

zeigt, daß der fragliche Energieanteil und der bereits in π_i vorhandene Abbruchfehler gerade von gleicher Größenordnung sind. Eine Normalentheorie wird daher im allgemeinen kein qualitativ schlechter zu bewertendes Ergebnis erzielen als die vollständige Theorie des Kapitels 3. Dies wird auch aus dem Werkstoffgesetz (4.2.33) der Querkräfte deutlich, in welchem q^α und deren (nicht angegebener) Fehler von gleicher Größenordnung sind.

Andererseits läßt sich aus den Momentengleichgewichtsbedingungen (4.1.12) mit $c^\beta = 0$

$$q^\beta = m^{\alpha\beta}|_\alpha$$

für den Querkraftvektor auch die Schranke

$$q^\beta \leqslant 0(Eh\eta\, h/L_w) \qquad (4.2.36)$$

angeben, woraus mit (4.2.21) die modifizierte Abschätzung

$$\Delta\pi_i = \frac{1}{2} q^\alpha \gamma_\alpha \leqslant 0(Eh\,\eta^2\Theta\, h/L_w) \qquad (4.2.37)$$

folgt. Somit kann in allen denjenigen Fällen, in welchen h/L_w die restlichen Parameter in (4.2.19) merkbar übersteigt, die vollständige Theorie des Kapitels 3 zu einer Verbesserung führen [53]. Dies tritt z.B. bei dünnen Flächentragwerken und stark wechselnden Lastmustern auf.

Werfen wir schließlich noch einen kritischen Blick auf das elastische Potential (4.2.31). Erstaunlicherweise ist in keinem der Elastizitätstensoren die Mittelflächenkrümmung enthalten; offensichtlich besitzt sie im Rahmen einer ersten Approximation für π_i keine Bedeutung – außer in der Größe h/R des Abbruchfehlers. Daher eröffnet (4.2.31) für *ebene* Flächentragwerke (h/R = 0) die Chance einer besonders guten Näherung, mit steigender Krümmung 1/R sind schlechtere Approximationen zu erwarten.

Gibt es ähnliche Fälle mit merkbar kleineren Abbruchfehlern auch für gekrümmte Mittelflächen? Verfeinert man zunächst die Eingrenzung (4.2.21) derart, daß

$$\begin{aligned} |\alpha_{\alpha\beta}| &\leqslant 0(\alpha) \text{ mit } \alpha = \max\,\lfloor\alpha_{\alpha\beta}\rfloor, \\ |\Theta^3\beta_{\alpha\beta}| &\leqslant 0(\beta) \text{ mit } \beta = \max\,\lfloor\Theta^3\beta_{\alpha\beta}\rfloor \leqslant \frac{h}{2}\max\,\lfloor\beta_{\alpha\beta}\rfloor \end{aligned} \qquad (4.2.38)$$

gilt, so ist diese Frage für zwei weitere Grenzfälle, die in späteren Abschnitten näher erläutert werden, positiv zu beantworten. Demnach können in der

Membrantheorie: $\epsilon_1 = \dfrac{\beta}{\alpha} \ll 1$ sowie der

Theorie dehnungsloser Verbiegungen: $\epsilon_2 = \dfrac{\alpha}{\beta} \ll 1$

Abbruchfehler der Größenordnung $0(Eh\eta^2\Theta^2\epsilon_i)$ erreicht werden [57]. Dieses Ergebnis verdeutlicht Bild 4.7. Die Problemvielfalt gekrümmter Flächentragwerke wird darin durch die

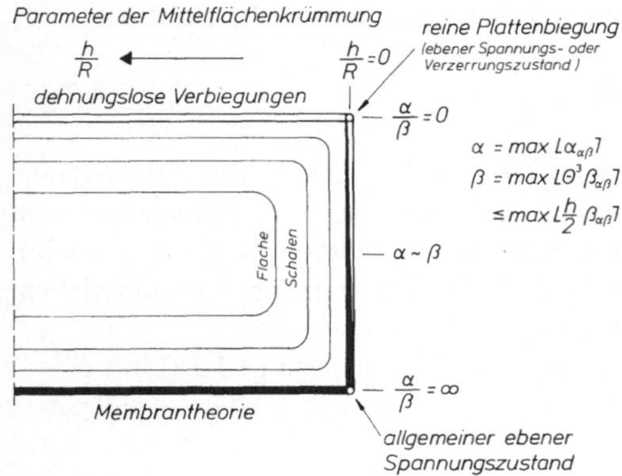

Bild 4.7 Unschärfebereich einer ersten Approximation

unendliche Halbebene dargestellt. Ihre drei Ränder, die den beiden obigen Grenzfällen und den ebenen Tragwerken entsprechen, zeichnen sich durch die Möglichkeit besonders hoher Genauigkeit des elastischen Potentials (4.2.31) aus; mit wachsendem Randabstand nehmen die Unschärfen zu.

Damit sei unser Einblick in die Unschärfen und Fehlerschranken der Schalentheorie beendet. Unerwähnt bleiben hier Fehlerabschätzungen für die kovarianten Ableitungen der Variablen, d.h. für die zu lösenden Randwertaufgaben [42, 44, 98], vor allem aber Fehlerschranken der Lösungen selbst [99]. Aus den noch spärlichen Arbeiten [39, 78, 100] zieht *Koiter* den Schluß, daß der relative Lösungsfehler im Tragwerksinneren in der Größenordnung von $\epsilon^2 = h/R + (h/L_w)^2$ statt Θ^2 erwartet werden kann, sofern die Randbedingungen der Schale und des wirklichen dreidimensionalen Tragwerks übereinstimmen. Wegen dieses Vorbehalts wird er jedoch im allgemeinen die Größenordnung $\epsilon^* = h/R + h/L_w$ kaum unterschreiten [50, 51].

4.2.3 Leistungsfähigkeit einer bestmöglichen Schalentheorie

Im letzten Abschnitt wurden unter den Voraussetzungen
a) konstanter oder nahezu konstanter Tragwerksdicke h,
b) der Dünne-Hypothese $h/R \ll 1$,
c) einer schwach veränderlichen Mittelflächenkrümmung $b_\alpha^\beta|_\gamma = 0(R^{-2})$,
d) eines homogenen, isotrop-elastischen Schalenwerkstoffs,
e) schwach veränderlicher Lasten $h/L_w \ll 1$ sowie
f) kleiner Tragwerksdehnungen $\eta \ll 1$
für alle genügend weit vom Tragwerksrand entfernten Punkte $(h/d \ll 1)$ Fehlerschranken der maßgebenden inneren Variablen aus der Literatur benannt. Diese Fehlerschranken sind dem Maximalwert Θ (4.2.19)

$$\Theta = \max\{h/d,\ h/L_w,\ \sqrt{h/R},\ \sqrt{\eta}\},$$

zumeist dessen Quadrat, proportional und weisen eine solche Struktur auf, daß sie mit Θ gegen Null streben.

Was bedeutet nun eine solche Erkenntnis? Mathematisch betrachtet stellt die Theorie der Flächentragwerke eine *asymptotische Näherung* der dreidimensionalen Kontinuumsmechanik für kleine Parameter Θ dar. Somit kann im Grenzfall $\Theta \rightarrow 0$ erwartet werden, daß die zwei- und dreidimensionalen Lösungen eines vorliegenden Problems identisch werden, d.h. der Fehler verschwindet.

Dementsprechend lassen sich Flächentragwerkstheorien auch durch Entwicklung der Ausgangsbeziehungen der Kontinuumsmechanik nach einem Dünne-Parameter $h/d \sim h/L$, h/L_w oder h/R herleiten. Dabei ist der erste Schritt üblicherweise eine *multi-couple-theory*, die jede Ausgangsgröße und -gleichung

$$V^*(\Theta^i) \quad \text{bzw.} \quad F^*(\Theta^i) = 0 \tag{4.2.39}$$

in einen unendlichen Satz zweidimensionaler Variablen und Beziehungen

$$V_l(\Theta^\alpha) \quad \text{bzw.} \quad F_l(\Theta^\alpha) = 0 \quad \text{mit } l = 0, 1, \dots \infty \tag{4.2.40}$$

transformiert [29, 58, 72, 109]. (Übrigens zeigt (3.1.25) den Satz höherer Momente einer derartigen Theorie für ein Plattenproblem). Durch Annahme einer flächenhaften Kinematik entsprechend Abschnitt 3.2.5 können hieraus sodann die in den Tafeln 3.2 und 4.2 enthaltenen Grundgleichungen der Flächentragwerkstheorie systematisch herausgefiltert werden [56, 58]. Alle in diesem Prozeß unterdrückten Gleichungen oder Glieder derselben werden, dem Approximationsziel entsprechend, als von vernachlässigbarer Größenordnung angesehen und können zu Fehlergrößen zusammengefaßt werden.

Aufgrund dieser Vorgehensweise läßt sich nachweisen, daß Schalengleichungen die in [55, 122] präzisierten Wertungskriterien von *P.M. Naghdi* [75] erfüllen sollten. Diese lauten:

a) Die Grundgleichungen müssen invariant gegen Koordinatentransformationen sein. Dies wurde in unserer Herleitung durch Verwendung der Tensorschreibweise sichergestellt.
b) Alle Energieprinzipe müssen sich invariant gegen Starrkörpertranslationen und -rotationen verhalten. Diese Forderung sichert gleichzeitig die Erfüllung aller Gleichgewichtsbedingungen [30, 57].
c) Alle Feldgleichungen, Energieprinzipe sowie daraus ableitbaren Theoreme und Beziehungen sollen gleichmäßig bis auf abschätzbare Fehlerschranken approximiert werden.
d) Die entstandene Theorie muß als Folge der Gleichwertigkeit dynamischer und kinematischer Approximationen die in den Abschnitten 3.5.3 und 4.1.6 beschriebene Operator-Symmetrie ermöglichen. Einen Teilaspekt hiervon bildet die sogenannte statisch-geometrische Analogie, die in [75, 122] explizit gefordert wird.

Flächentragwerkstheorien, die sämtliche Wertungskriterien erfüllen, werden mit den Attributen *optimal* oder *bestmöglich* belegt. Dies trifft für die Beziehungen der Tafeln 3.2 und 4.2 zu. Zukünftigen Forschungsarbeiten wird es sicherlich gelingen, einige der getroffenen Voraussetzungen zu lockern, andere zu verallgemeinern. Auch werden verfeinerte Eingrenzungen zu genaueren Fehlerabschätzungen und kleineren Modifikationen der Theorie führen. Die Grundstruktur der vorliegenden Gleichungen als einer bestmöglichen ersten Approximation wird jedoch unverändert erhalten bleiben.

4.2.4 Verfeinerte Schalentheorien und höhere Approximationen

In der Literatur finden sich viele Bemühungen mit dem Ziel, das Leistungsvermögen der Schalentheorie zu erhöhen. Nirgends konnten jedoch bisher die Grenzen wissenschaftlicher Forschung verlassen und der technischen Praxis verbesserte Wege geöffnet werden. Aus diesem Grund beschränken wir uns auf einen kurzen Überblick.

Im Abschnitt 4.2.2 wurde der Leser auf die fehlende Mittelflächenkrümmung im elastischen Potential (4.2.31) und den Werkstoffgesetzen (4.2.33, 34) hingewiesen. Immer wieder ist versucht worden, diese Schwäche der ersten Approximation zu beseitigen (siehe z.B. [88, 123, 124]). Dabei konnte gezeigt werden, daß jede diesbezügliche Verbesserung gleichzeitig zu neuen Unschärfen führen muß. Diese können durch den zwischen 0,75 und 1,00 beliebig wählbaren Faktor in (4.2.41) charakterisiert werden. Eine unter diesem Vorbehalt vollständigere Form des elastischen Potentials, die den Wertungskriterien des letzten Abschnittes genügt, entstammt [55]:

$$\pi_i = \frac{1}{2} D \Bigg[H^{\alpha\beta\lambda\mu} \alpha_{\alpha\beta} \alpha_{\lambda\mu} + \frac{1-\nu}{2} a^{\alpha\lambda} \gamma_\alpha \gamma_\lambda$$

$$+ \frac{h^2}{12} \left\{ \frac{E^{\alpha\beta\lambda\mu}}{H^{\alpha\beta\lambda\mu}} \beta_{\alpha\beta}\beta_{\lambda\mu} + [(1{,}00 \div 0{,}75) \overset{1}{H}{}^{\alpha\beta\lambda\mu} - 2HH^{\alpha\beta\lambda\mu}] [\alpha_{\alpha\beta}\beta_{\lambda\mu} + \alpha_{\lambda\mu}\beta_{\alpha\beta}] \right.$$

$$\left. + [\overset{2}{H}{}^{\alpha\beta\lambda\mu} - 2H\overset{1}{H}{}^{\alpha\beta\lambda\mu} + KH^{\alpha\beta\lambda\mu}] \alpha_{\alpha\beta}\alpha_{\lambda\mu} \Bigg] \right\} + 0(Eh\,\eta^2\Theta^2), \tag{4.2.41}$$

wobei folgende zusätzliche Elastizitätstensoren auftreten

$$\begin{aligned} \overset{1}{H}{}^{\alpha\beta\lambda\mu} &= (1-\nu)\left[b^{\alpha\lambda}a^{\beta\mu} + a^{\alpha\lambda}b^{\beta\mu} + \frac{2\nu}{1-\nu}(a^{\alpha\beta}b^{\lambda\mu} + b^{\alpha\beta}a^{\lambda\mu})\right], \\ \overset{2}{H}{}^{\alpha\beta\lambda\mu} &= \frac{1-\nu}{2}\Bigg[3b^{\alpha\rho}b^{\lambda}_{\rho}a^{\beta\mu} + 2b^{\alpha\lambda}b^{\beta\mu} + 3a^{\alpha\lambda}b^{\beta\rho}b^{\mu}_{\rho} \\ &\quad + 3b^{\alpha\rho}b^{\mu}_{\rho}a^{\beta\lambda} + 2b^{\alpha\mu}b^{\beta\lambda} + 3a^{\alpha\mu}b^{\beta\rho}b^{\lambda}_{\rho} \\ &\quad + \frac{4\nu}{1-\nu}\left[b^{\alpha\rho}b^{\beta}_{\rho}a^{\lambda\mu} + \frac{2(1-\nu)}{1-2\nu}b^{\alpha\beta}b^{\lambda\mu} + a^{\alpha\beta}b^{\lambda\rho}b^{\mu}_{\rho}\right]\Bigg] \end{aligned} \tag{4.2.42}$$

und H die mittlere sowie K die *Gauß*sche Krümmung abkürzen. Der Abbruchfehler in (4.2.41) besitzt die bereits bekannte Form, wenn

$$\Theta = \max\{h/d,\ h/L_w,\ \sim 0{,}5\ h/R,\ \sqrt{\eta}\} \tag{4.2.43}$$

gesetzt wird. Die zugehörigen konstitutiven Beziehungen für $\tilde{n}^{(\alpha\beta)}$ und $m^{(\alpha\beta)}$, die der Leser selbst herleiten möge, sind nunmehr beide Funktionen von $\alpha_{\alpha\beta}$ und $\beta_{\alpha\beta}$. Numerische Erfahrungen mit dieser Approximation liegen bisher nicht vor.

Ein besonders verbesserungsbedürftiger Punkt wird durch die Randbedingungen (4.1.64) der Normalentheorie gebildet. Wie im Abschnitt 4.1.4 begründet sind hierin die Randverwindung ω_u bzw. das Randmoment m_u explizit nicht vorschreibbar, sondern nur implizit durch die Verschiebungsfunktion $v_3(s)$ bzw. die Zusatzgrößen in (4.1.59). Dadurch entsteht im fraglichen Randbereich der Schale eine Störung der Formänderungsenergie π_i: ihr Dehnungsanteil wird über-, ihr Torsionsanteil unterschätzt.

Um beispielsweise die Steifigkeitsverhältnisse eines freien Randes besser zu approximieren, müßte der Energieanteil der Torsionsmomente vom Potential (4.1.38) subtrahiert und derjenige der Zusatzgrößen in (4.1.59) hinzugefügt werden. Auf diesem Wege lassen sich modifizierte Randbedingungen eines freien Randes herleiten, die sich von den klassischen *Kirchhoff*-Bedingungen

$$\tilde{n}_t = \tilde{n}_u = \tilde{n}_3 = m_t = 0 \tag{4.2.44}$$

durch Eigenspannungen unterscheiden. Wegen weiteren Einzelheiten der Herleitung verweisen wir auf [49], eine Zusammenfassung findet man in [37, 50]. Nennenswerte numerische Erfahrungen liegen nicht vor. Dies gilt ebenfalls für die von *A. L. Gol'denveizer* [24] modifizierten Randbedingungen einfach gelagerter und eingespannter Flächentragwerke.

Damit sind die bekannt gewordenen Modifikationen der Theorie der Flächentragwerke erschöpft. Weitere Verbesserungen können nur erwartet werden, wenn im Sinne der bereits erwähnten *multi-couple-theory* zusätzliche innere Variablen definiert werden, und damit die Geradlinigkeit der verformten Koordinate Θ^3 sowie ihre Dehnungsfreiheit aufgegeben wird.

Eine derartige Theorie für dicke Platten, die Schubverzerrungen und zusätzlich transversale Normalspannungen berücksichtigt, stammt von *E. Reissner*. Verschiedene Autoren haben höhere Momente in gekrümmten Flächentragwerken berücksichtigt, ohne jedoch numerische Ergebnisse vorweisen zu können [82, 101, 109]. Kürzlich hat *J. Hammel* [34] eine Schalentheorie mit Querschnittsverwölbungen veröffentlicht. Seine Beispiele lassen eine merkbare Reduzierung der Abbruchfehler erwarten, zeigen aber gleichzeitig den Kompliziertheitsgrad dieser Erweiterung.

Unser letzter Hinweis gelte asymptotischen Herleitungen der Grundgleichungen. Hierbei wird zunächst eine geeignete Normierung der Koordinaten (*scaling*) in den Ausgangsgleichungen der dreidimensionalen Kontinuumsmechanik ausgeführt. Werden sodann die Spannungen und Verschiebungen in Potenzreihen von $(\lambda\Theta^3)$ entwickelt, wobei λ erneut einen geeigneten Dünne-Parameter beschreibt, so lassen sich durch potenzweises Ordnen Sätze von zweidimensionalen Grundgleichungen gewinnen. Für $(\lambda\Theta^3)^0$ entsteht eine erste Näherung, durch sukzessives Heranziehen höherer Potenzen können hieraus verbesserte Approximationen gewonnen werden.

K. O. Friedrichs und *R. F. Dressler* (siehe z.B. [16, 17]) haben mit dieser Methode gezeigt, daß jedes ebene Elastizitätsproblem in erster Näherung durch die Platten- und Scheibentheorie sowie ein Randtorsionsproblem beschrieben wird. Auch auf beliebig gekrümmte Flächentragwerke ist diese Vorgehensweise übertragen worden [23, 25, 31, 61]. Darüber hinaus können durch geeignete Wahl des Dünne-Parameters λ asymptotische Grundgleichungen für Teilprobleme und Algorithmen zu ihrer schrittweisen Verbesserung hergeleitet werden. Dabei sind die jeweils ersten Näherungen bekannte Sonderfälle der Schalentheorie, die in den Abschnitten 4.4.2 bis 4.4.4 beschrieben werden. Den an dieser Methode interessierten Leser verweisen wir auf die Monographie von *H. S. Rutten* [95]; für eine Anwendung in der Praxis erscheint sie jedoch ebenfalls noch erheblich zu kompliziert.

4.3 Formulierungsvarianten linearer Flächentragwerkstheorien

4.3.1 Überblick über konsistente Formulierungsvarianten

Werfen wir einen Blick zurück. Kapitel 3 führte den Leser in die lineare Flächentragwerkstheorie unter Berücksichtigung von Schubverformungen ein, die in den ersten Abschnitten dieses Kapitels zu einer Normalentheorie vereinfacht wurde. Es folgte die Aufdeckung und Eingrenzung der der Theorie anhaftenden Unschärfen, dabei erwies sich das hergeleitete Gleichungsgebäude als eine *bestmögliche* erste Approximation. Zuvor waren die entstandenen Grundgleichungen in je eine konsistente Formulierungsvariante transformiert worden, wobei zwei verschiedene Varianten mit unterschiedlichen inneren Variablen gewählt worden waren:

Variante A: *Schnittgrößen:* $\tilde{n}^{(\alpha\beta)}$, q^{α}, $m^{(\alpha\beta)}$,

Verzerrungsgrößen: $\alpha_{(\alpha\beta)}$, γ_{α}, $\beta_{(\alpha\beta)}$,

Variante B: *Schnittgrößen:* $n^{\alpha\beta}$, q^{α}, $m^{(\alpha\beta)}$,

Verzerrungsgrößen: $\varphi_{\alpha\beta}$, γ_{α}, $\kappa_{(\alpha\beta)}$.

Bei der Normalentheorie im Abschnitt 4.1.6 entfiel in der dortigen Variante A selbstverständlich die Schubverzerrung ($\gamma_{\alpha} = 0$) und die Querkraft q^{α} wurde zu einer abhängigen Variablen. Abgesehen hiervon erfüllen beide Formulierungsvarianten das zugehörige Prinzip der virtuellen Verschiebungen (4.1.77) bzw. (3.4.17) und sind daher als mechanisch völlig gleichwertig anzusehen.

Da die Schnitt- und Verzerrungsgrößen *einer* Formulierungsvariante durch lineare Transformation aus denjenigen der *anderen* bestimmt werden können (siehe (3.5.1)), darf auch jede weitere Linearkombination von $\tilde{n}^{(\alpha\beta)}$, $m^{(\alpha\beta)}$ oder $\alpha_{(\alpha\beta)}, \beta_{(\alpha\beta)}$ als neue innere Variable eingeführt werden. Sofern dabei $\delta^{*}A_{i}$ in (4.1.77) bzw. (3.4.17) seinen Wert nicht ändert, ist die entsprechende Variante wiederum als mechanisch gleichberechtigt anzusehen [6]. Analoge Transformationen wären auch mit den äußeren Variablen denkbar, spielen jedoch wegen der anschaulichen Bedeutung von **p**, **c** bzw. **v**, **w** keine Rolle.

Prinzipiell läßt sich jedenfalls eine unbegrenzte Anzahl gleichwertiger und konsistenter Formulierungsvarianten der Schalentheorie aus unseren Grundgleichungen entwickeln. Wir möchten unsere Herleitungen noch durch eine dritte Variante abrunden, die vielfach Verwendung findet:

Variante C: *Schnittgrößen:* $n^{(\alpha\beta)}$, q_{α}, $m^{(\alpha\beta)}$,

Verzerrungsgrößen: $\alpha_{(\alpha\beta)}$, γ_{α}, $\rho_{(\alpha\beta)}$.

Bild 4.8 möge dem Leser den Überblick über die aufgeführten Formulierungsvarianten der beiden Theorietypen erleichtern.

Zunächst greifen wir jedoch erneut die Beziehung (4.1.13) auf, deren Anteile unter der Annahme (4.2.3) und mit Hilfe von (4.2.33) größenordnungsmäßig abgeschätzt werden sollen:

$$\begin{aligned}\tilde{n}^{(\alpha\beta)} &= n^{\alpha\beta} + m^{\alpha\rho} b^{\beta}_{\rho} \\ &\leqslant 0(Eh\,\eta) + 0\left(Eh\,\eta\,\frac{h}{R}\right) \approx 0(Eh\,\eta)\,. \end{aligned} \tag{4.3.1}$$

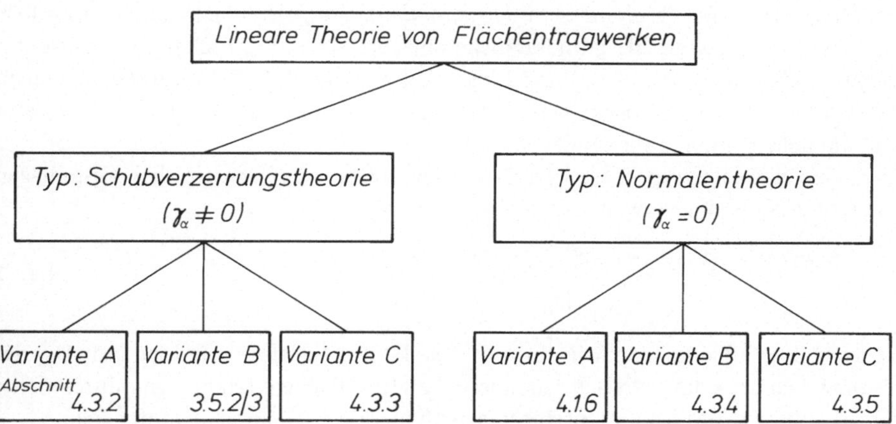

Bild 4.8 Übersicht über die behandelten Formulierungsvarianten

Darin wird der Dehnungskrafttensor durch einen Zuwachs der relativen Größenordnung $0\left(\frac{h}{R}\right)$ zum Tensor $\tilde{n}^{(\alpha\beta)}$ symmetrisiert. Als nächsten Schritt bilden wir die kovariante Ableitung dieser Beziehung. Bezeichnet L_w, wie im Abschnitt 4.2.2, erneut die charakteristische Länge des Verformungsmusters nach Bild 4.5 und L_b eine analog definierte Länge der Änderung des Mittelflächen-Krümmungstensors b^β_ρ, so entsteht mit

$$b^\beta_\rho|_\lambda \leqslant 0\left(\frac{1}{R\,L_b}\right) \tag{4.3.2}$$

die Abschätzung:

$$\begin{aligned}\tilde{n}^{(\alpha\beta)}|_\lambda &= n^{\alpha\beta}|_\lambda + m^{\alpha\rho}|_\lambda b^\beta_\rho + m^{\alpha\rho} b^\beta_\rho|_\lambda \\ &\leqslant 0(Eh\,\eta/L_w) + 0\left(Eh\,\eta/L_w \cdot \frac{h}{R}\right) + 0\left(Eh\,\eta\,\frac{h}{R\,L_b}\right) \\ &\approx 0(Eh\,\eta/L_w)\,.\end{aligned} \tag{4.3.3}$$

Hierin wird der Hauptanteil von $0(Eh\,\eta/L_w)$ durch Glieder der relativen Größenordnung $0\left(\frac{h}{R}\right)$ und $0\left(\frac{h}{R}\cdot\frac{L_w}{L_b}\right)$ ergänzt, wobei L_w und L_b für die beiden Koordinatenrichtungen Θ^1, Θ^2 durchaus unterschiedlich groß sein können.

Viele technisch wichtige Schalentragwerke weisen nun *konstante* oder *schwach veränderliche* Mittelflächenkrümmungen auf, beispielsweise die Kugel- und Kreiszylinderschalen oder die Ellipsoid- und Paraboloidschalen zweiter Ordnung. In diesen Fällen wird L_w von der charakteristischen Länge L_b der Krümmungsänderung im allgemeinen um eine Größenordnung überragt:

$$L_b \gg L_w\,, \quad \frac{L_w}{L_b} \ll 1 : \left|m^{\alpha\rho} b^\beta_\rho|_\lambda\right| \ll \left|m^{\alpha\rho}|_\lambda b^\beta_\rho\right|\,, \tag{4.3.4}$$

was die Streichung des letzten Gliedes in (4.3.3) rechtfertigt. Die folgenden Herleitungen wollen wir daher durch die Näherung

$$\tilde{n}^{(\alpha\beta)}|_\lambda \approx n^{\alpha\beta}|_\lambda + m^{\alpha\rho}|_\lambda b^\beta_\rho \tag{4.3.5}$$

auf Flächentragwerke mit *kovariant schwach veränderlicher* Mittelflächenkrümmung [52, 64] beschränken. Zwar gelten alle grundsätzlichen mechanischen Eigenschaften konsistenter Flächentragwerkstheorien auch ohne diese Einschränkung, durch (4.3.5) werden sie jedoch besonders deutlich sichtbar. Übrigens wurde mit (4.2.17) bereits im Abschnitt 4.2.2 eine zu (4.3.2) sehr ähnliche Schranke verwendet: $L_b = R$.

Bezüglich der Normalenhypothese (4.1.2) werden wir eine auf den gleichen Grundlagen (4.3.4) basierende Näherung verwenden:

$$\begin{aligned} w_\alpha &= -v_3|_\alpha - v_\rho b^\rho_\alpha , \\ w_\alpha|_\lambda &\approx -v_3|_{\alpha\lambda} - v_\rho|_\lambda b^\rho_\alpha . \end{aligned} \qquad (4.3.6)$$

Mit Blick auf (4.3.5,6) erkennen wir übrigens aus Tafel 4.4, daß der Teiloperator $\mathbf{D}_{21}$ der Formulierungsvariante A für schwach veränderliche Mittelflächenkrümmungen durch Streichung aller Ableitungen des Krümmungstensors noch merkbar vereinfacht werden kann.

4.3.2 Variante A der Schubverzerrungstheorie

Gegenüber den Grundgleichungen der Tafel 3.2 braucht zur Herleitung der konsistenten Formulierungsvariante A nur der Dehnungskrafttensor $n^{\alpha\beta}$ in den dortigen Kräftegleichgewichts- und Kräfterandbedingungen durch $\tilde{n}^{(\alpha\beta)}$ ersetzt zu werden. Unter Verwendung von (4.3.1) und (4.3.5) entsteht so aus (3.3.11, 12):

$$\begin{aligned} -p^\beta &= n^{\alpha\beta}|_\alpha - q^\alpha b^\beta_\alpha = \tilde{n}^{(\alpha\beta)}|_\alpha - m^{(\alpha\rho)}|_\alpha b^\beta_\rho - q^\alpha b^\beta_\alpha , \\ -p^3 &= n^{\alpha\beta} b_{\alpha\beta} + q^\alpha|_\alpha = \tilde{n}^{(\alpha\beta)} b_{\alpha\beta} - m^{(\alpha\rho)} b^\beta_\rho b_{\alpha\beta} + q^\alpha|_\alpha \end{aligned} \qquad (4.3.7)$$

sowie aus (3.3.46):

$$\begin{aligned} n_t &= n^{\alpha\beta} u_\alpha t_\beta = (\tilde{n}^{(\alpha\beta)} - m^{(\alpha\rho)} b^\beta_\rho)\, u_\alpha t_\beta , \\ n_u &= n^{\alpha\beta} u_\alpha u_\beta = (\tilde{n}^{(\alpha\beta)} - m^{(\alpha\rho)} b^\beta_\rho)\, u_\alpha u_\beta . \end{aligned} \qquad (4.3.8)$$

Läßt man die Einschränkung schwach veränderlicher Mittelflächenkrümmung fallen, so sind die tangentialen Gleichgewichtsbedingungen um das Glied $-m^{(\alpha\rho)} b^\beta_\rho|_\alpha$ zu erweitern (siehe Kapital 7.1).

Hiermit lassen sich bereits alle Grundgleichungen dieser Formulierungsvariante in Tafel 4.7 zusammenstellen. Definieren wir sodann erneut die Spaltenmatrizen $\mathbf{p}$, $\mathbf{u}$ der äußeren und σ, ϵ der inneren mechanischen Variablen mit den korrespondierenden Elementen der Tafel 4.8, so können die dortigen Operatormatrizen $\mathbf{D}_e$ und $\mathbf{D}_k$ aufgestellt werden. Dabei wurden wie im Abschnitt 4.1.6 die Symmetrien in den Operatoren ausgeschrieben; beispielsweise sind die tangentialen Gleichgewichtsbedingungen (4.3.7) in der Form

$$-p^\beta = \frac{1}{2}(\tilde{n}^{(\alpha\beta)}|_\alpha + \tilde{n}^{(\beta\alpha)}|_\alpha - m^{(\alpha\rho)}|_\alpha b^\beta_\rho - m^{(\rho\alpha)}|_\alpha b^\beta_\rho) - q^\alpha b^\beta_\alpha \qquad (4.3.9)$$

verwendet worden. Das Elastizitätsgesetz und die vorschreibbaren Kraftgrößen-Randbedingungen finden sich in Operatorform auf Tafel 4.9; unverändert gelten die vorschreibbaren Verschiebungsgrößen-Randbedingungen der Tafel 3.7. Im vollständigen Strukturschema dieser Formulierungsvariante auf Bild 4.9 schließlich wird die Adjungiertheit der beiden Operatoren $\mathbf{D}_e$ und $\mathbf{D}_k$ erneut in der Symmetrie ihrer Suboperatoren sichtbar (siehe Kapitel 7.1).

1. Prinzip der virtuellen Verschiebungen:	
$\iint_F(\boldsymbol{p}\cdot\delta\boldsymbol{v}+\boldsymbol{c}\cdot\delta\boldsymbol{\omega})dF+\oint_C(\boldsymbol{n}\cdot\delta\boldsymbol{v}+\boldsymbol{m}\cdot\delta\boldsymbol{\omega})ds-\iint_F(\tilde{n}^{(\alpha\beta)}\delta\alpha_{(\alpha\beta)}+m^{(\alpha\beta)}\delta\beta_{(\alpha\beta)}+q^{\alpha}\delta\gamma_{\alpha})dF=0$	
2. Äußere mechanische Variablen:	
$\boldsymbol{p}=p^{\alpha}\boldsymbol{a}_{\alpha}+p^{3}\boldsymbol{a}_{3}$; $\boldsymbol{c}=c^{\varrho}\varepsilon_{\varrho\beta}\boldsymbol{a}^{\beta}$	$\boldsymbol{v}=v_{\alpha}\boldsymbol{a}^{\alpha}+v_{3}\boldsymbol{a}^{3}$; $\boldsymbol{\omega}=\omega_{\alpha}\boldsymbol{a}^{\alpha}=w_{\varrho}\varepsilon^{\varrho\beta}\boldsymbol{a}_{\beta}$
3. Innere mechanische Variablen:	
$\tilde{n}^{(\alpha\beta)}$; q^{α}; $m^{(\alpha\beta)}=m^{\alpha\beta}$	$\alpha_{(\alpha\beta)}$; γ_{α}; $\beta_{(\alpha\beta)}$
4. Randvariablen:	
$\boldsymbol{n}=n_t\boldsymbol{t}+n_u\boldsymbol{u}+n_3\boldsymbol{a}_3$; $\boldsymbol{m}=m_t\boldsymbol{t}+m_u\boldsymbol{u}$	$\boldsymbol{v}=v_t\boldsymbol{t}+v_u\boldsymbol{u}+v_3\boldsymbol{a}_3$; $\boldsymbol{\omega}=\omega_t\boldsymbol{t}+\omega_u\boldsymbol{u}$
5. Feldgleichungen:	
$-p^{\beta}=\tilde{n}^{(\alpha\beta)}\|_{\alpha}-m^{(\alpha\varrho)}\|_{\alpha}b_{\varrho}^{\beta}-q^{\alpha}b_{\alpha}^{\beta}$ $\quad(m^{(\alpha\varrho)}b_{\varrho}^{\beta}\|_{\alpha}\approx 0)$ $-p^{3}=\tilde{n}^{(\alpha\beta)}b_{\alpha\beta}-m^{(\alpha\varrho)}b_{\varrho}^{\beta}b_{\alpha\beta}+q^{\alpha}\|_{\alpha}$ $-c^{\beta}=m^{(\alpha\beta)}\|_{\alpha}-q^{\beta}$	$\alpha_{(\alpha\beta)}=\frac{1}{2}(v_{\alpha}\|_{\beta}+v_{\beta}\|_{\alpha}-2v_3 b_{\alpha\beta})$ $\gamma_{\alpha}=w_{\alpha}+v_3\|_{\alpha}+v_{\lambda}b_{\alpha}^{\lambda}$ $\beta_{(\alpha\beta)}=\frac{1}{2}(w_{\alpha}\|_{\beta}+w_{\beta}\|_{\alpha}-v_{\lambda}\|_{\alpha}b_{\beta}^{\lambda}-v_{\lambda}\|_{\beta}b_{\alpha}^{\lambda}+2v_3 b_{\alpha}^{\lambda}b_{\lambda\beta})$
6. Formänderungsenergiedichte isotroper Tragwerke:	
$\pi_i=\frac{1}{2}(DH^{\alpha\beta\lambda\mu}\alpha_{(\alpha\beta)}\alpha_{(\lambda\mu)}+BH^{\alpha\beta\lambda\mu}\beta_{(\alpha\beta)}\beta_{(\lambda\mu)}+Gh\,a^{\alpha\lambda}\gamma_{\alpha}\gamma_{\lambda})$ $=\frac{1}{2}(\tilde{n}^{(\alpha\beta)}\alpha_{(\alpha\beta)}+m^{(\alpha\beta)}\beta_{(\alpha\beta)}+q^{\alpha}\gamma_{\alpha})$	
7. Konstitutive Beziehungen isotroper Tragwerke:	
$\tilde{n}^{(\alpha\beta)}=\frac{\partial\pi_i}{\partial\alpha_{(\alpha\beta)}}=DH^{\alpha\beta\lambda\mu}\alpha_{(\lambda\mu)}$; $\quad q^{\alpha}=\frac{\partial\pi_i}{\partial\gamma_{\alpha}}=Gh\,a^{\alpha\lambda}\gamma_{\lambda}$; $\quad m^{(\alpha\beta)}=\frac{\partial\pi_i}{\partial\beta_{(\alpha\beta)}}=BH^{\alpha\beta\lambda\mu}\beta_{(\lambda\mu)}$	
8. Vorschreibbare Randbedingungen:	
$\boldsymbol{n}^{\circ}=(\tilde{n}^{(\alpha\beta)}-m^{(\alpha\varrho)}b_{\varrho}^{\beta})u_{\alpha}t_{\beta}\boldsymbol{t}+(\tilde{n}^{(\alpha\beta)}-m^{(\alpha\varrho)}b_{\varrho}^{\beta})u_{\alpha}u_{\beta}\boldsymbol{u}+q^{\alpha}u_{\alpha}\boldsymbol{a}_3$; $\boldsymbol{m}^{\circ}=m^{(\alpha\beta)}u_{\alpha}u_{\beta}\boldsymbol{t}-m^{(\alpha\beta)}u_{\alpha}t_{\beta}\boldsymbol{u}$	$\boldsymbol{v}^{\circ}=v_{\alpha}t^{\alpha}\boldsymbol{t}+v_{\alpha}u^{\alpha}\boldsymbol{u}+v_3\boldsymbol{a}_3$; $\boldsymbol{\omega}^{\circ}=\omega_{\alpha}t^{\alpha}\boldsymbol{t}+\omega_{\alpha}u^{\alpha}\boldsymbol{u}=w_{\beta}u^{\beta}\boldsymbol{t}-w_{\beta}t^{\beta}\boldsymbol{u}$

Tafel 4.7 Mechanische Variablen und Bestimmungsgleichungen einer konsistent formulierten linearen Flächentragwerkstheorie unter Einschluß von Schubverzerrungen (Variante A)

4.3.3 Variante C der Schubverzerrungstheorie

Zunächst bilden wir mit Hilfe von (4.3.1) den symmetrischen Anteil des Dehnungskrafttensors:

$$\begin{aligned} n^{(\alpha\beta)} &= \frac{1}{2}[n^{\alpha\beta}+n^{\beta\alpha}] = \frac{1}{2}[\tilde{n}^{(\alpha\beta)} - m^{(\alpha\lambda)}b_{\lambda}^{\beta} + \tilde{n}^{(\alpha\beta)} - m^{(\beta\lambda)}b_{\lambda}^{\alpha}] \\ &= \frac{1}{2}[n^{\alpha\beta} + m^{(\alpha\lambda)}b_{\lambda}^{\beta} - m^{(\alpha\lambda)}b_{\lambda}^{\beta} + n^{\alpha\beta} + m^{(\alpha\lambda)}b_{\lambda}^{\beta} - m^{(\beta\lambda)}b_{\lambda}^{\alpha}] \\ &= n^{\alpha\beta} + \frac{1}{2}m^{(\alpha\lambda)}b_{\lambda}^{\beta} - \frac{1}{2}m^{(\beta\lambda)}b_{\lambda}^{\alpha}, \end{aligned} \tag{4.3.10}$$

wodurch die Aufspaltung

$$n^{\alpha\beta} = n^{(\alpha\beta)} + n^{[\alpha\beta]} = n^{(\alpha\beta)} - \left(\frac{1}{2}m^{(\alpha\lambda)}b_{\lambda}^{\beta} - \frac{1}{2}m^{(\beta\lambda)}b_{\lambda}^{\alpha}\right) \tag{4.3.11}$$

angegeben werden kann.

Kinematische Beziehungen:

$$
\begin{bmatrix} \alpha_{(11)} \\ \alpha_{(12)} \\ \alpha_{(21)} \\ \alpha_{(22)} \\ \hline \gamma_1 \\ \gamma_2 \\ \hline \beta_{(11)} \\ \beta_{(12)} \\ \beta_{(21)} \\ \beta_{(22)} \end{bmatrix}
=
\left[\begin{array}{cc|c|cc}
d_1 & 0 & -b_{11} & 0 & 0 \\
\frac{1}{2}d_2 & \frac{1}{2}d_1 & -b_{12} & 0 & 0 \\
\frac{1}{2}d_2 & \frac{1}{2}d_1 & -b_{21} & 0 & 0 \\
0 & d_2 & -b_{22} & 0 & 0 \\ \hline
b_1^1 & b_1^2 & d_1 & 1 & 0 \\
b_2^1 & b_2^2 & d_2 & 0 & 1 \\ \hline
-b_1^1 d_1 & -b_1^2 d_1 & (b_1^1 b_{11} + b_1^2 b_{21}) & d_1 & 0 \\
-\frac{1}{2}(b_2^1 d_1 + b_1^1 d_2) & -\frac{1}{2}(b_2^2 d_1 + b_1^2 d_2) & (b_1^1 b_{12} + b_1^2 b_{22}) & \frac{1}{2}d_2 & \frac{1}{2}d_1 \\
-\frac{1}{2}(b_2^1 d_1 + b_1^1 d_2) & -\frac{1}{2}(b_2^2 d_1 + b_1^2 d_2) & (b_1^1 b_{12} + b_1^2 b_{22}) & \frac{1}{2}d_2 & \frac{1}{2}d_1 \\
-b_2^1 d_2 & -b_2^2 d_2 & (b_2^1 b_{12} + b_2^2 b_{22}) & 0 & d_2
\end{array}\right]
\cdot
\begin{bmatrix} v_1 \\ v_2 \\ \hline v_3 \\ \hline w_1 \\ w_2 \end{bmatrix}
$$

mit:
$d_1 = \cdots|_1$
$d_2 = \cdots|_2$

$$
\boldsymbol{\epsilon} = \begin{bmatrix} \boldsymbol{\alpha}_{(\alpha\beta)} \\ \boldsymbol{\gamma}_\alpha \\ \boldsymbol{\beta}_{(\alpha\beta)} \end{bmatrix} = \begin{bmatrix} \boldsymbol{D}_{11} & -\boldsymbol{D}_{12} & \boldsymbol{0} \\ \boldsymbol{D}_{21} & \boldsymbol{D}_{22} & \boldsymbol{I} \\ -\boldsymbol{D}_{31} & \boldsymbol{D}_{32} & \boldsymbol{D}_{33} \end{bmatrix} \cdot \begin{bmatrix} \boldsymbol{v}_\alpha \\ \boldsymbol{v}_3 \\ \boldsymbol{w}_\alpha \end{bmatrix} = \boldsymbol{D}_k \boldsymbol{u}
\qquad
-\boldsymbol{p} = -\begin{bmatrix} \boldsymbol{p}^\alpha \\ \boldsymbol{p}^3 \\ \boldsymbol{c}^\alpha \end{bmatrix} = \begin{bmatrix} \boldsymbol{D}_{11}^T & -\boldsymbol{D}_{21}^T & -\boldsymbol{D}_{31}^T \\ \boldsymbol{D}_{12}^T & \boldsymbol{D}_{22}^T & -\boldsymbol{D}_{32}^T \\ \boldsymbol{0} & -\boldsymbol{I} & \boldsymbol{D}_{33}^T \end{bmatrix} \cdot \begin{bmatrix} \tilde{\boldsymbol{n}}^{(\alpha\beta)} \\ \boldsymbol{q}^\alpha \\ \boldsymbol{m}^{(\alpha\beta)} \end{bmatrix} = \boldsymbol{D}_e \boldsymbol{\sigma}
$$

Gleichgewichtsbedingungen:

$$
-\begin{bmatrix} p^1 \\ p^2 \\ \hline p^3 \\ \hline c^1 \\ c^2 \end{bmatrix}
=
\left[\begin{array}{cccc|cc|cccc}
d_1 & \frac{1}{2}d_2 & \frac{1}{2}d_2 & 0 & -b_1^1 & -b_2^1 & -b_1^1 d_1 & -\frac{1}{2}(b_2^1 d_1 + b_1^1 d_2) & -\frac{1}{2}(b_2^1 d_1 + b_1^1 d_2) & -b_2^1 d_2 \\
0 & \frac{1}{2}d_1 & \frac{1}{2}d_1 & d_2 & -b_1^2 & -b_2^2 & -b_1^2 d_1 & -\frac{1}{2}(b_2^2 d_1 + b_1^2 d_2) & -\frac{1}{2}(b_2^2 d_1 + b_1^2 d_2) & -b_2^2 d_2 \\ \hline
b_{11} & b_{12} & b_{21} & b_{22} & d_1 & d_2 & -(b_1^1 b_{11} + b_1^2 b_{21}) & -(b_1^1 b_{12} + b_1^2 b_{22}) & -(b_1^1 b_{12} + b_1^2 b_{22}) & -(b_2^1 b_{12} + b_2^2 b_{22}) \\ \hline
0 & 0 & 0 & 0 & -1 & 0 & d_1 & \frac{1}{2}d_2 & \frac{1}{2}d_2 & 0 \\
0 & 0 & 0 & 0 & 0 & -1 & 0 & \frac{1}{2}d_1 & \frac{1}{2}d_1 & d_2
\end{array}\right]
\cdot
\begin{bmatrix} \tilde{n}^{(11)} \\ \tilde{n}^{(12)} \\ \tilde{n}^{(21)} \\ \tilde{n}^{(22)} \\ \hline q^1 \\ q^2 \\ \hline m^{(11)} \\ m^{(12)} \\ m^{(21)} \\ m^{(22)} \end{bmatrix}
$$

Tafel 4.8 Kinematischer Operator und Gleichgewichtsoperator zu Bild 4.9

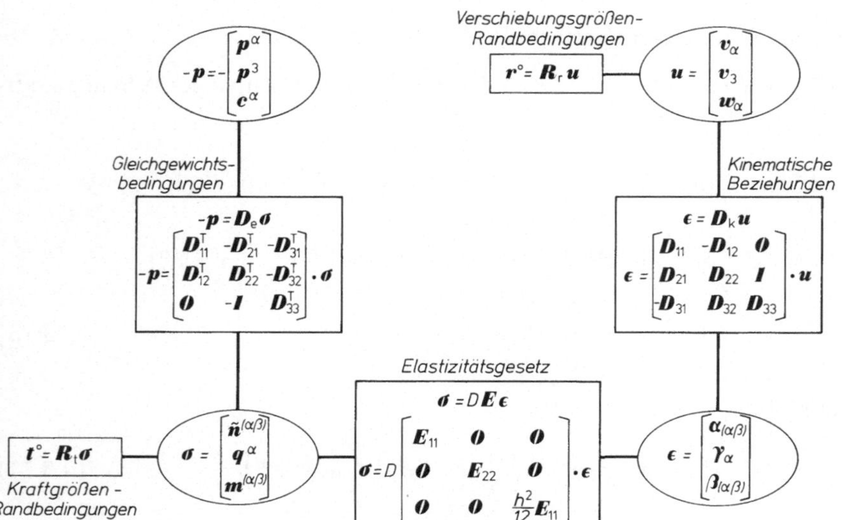

Bild 4.9 Strukturschema einer konsistent formulierten linearen Flächentragwerkstheorie unter Einschluß von Schubverformungen (Variante A)

Elastizitätsgesetz:

$$\boldsymbol{\sigma} = \begin{bmatrix} \tilde{\boldsymbol{n}}^{(\alpha\beta)} \\ \boldsymbol{q}^{\alpha} \\ \boldsymbol{m}^{(\alpha\beta)} \end{bmatrix} = D \begin{bmatrix} \boldsymbol{E}_{11} & \boldsymbol{0} & \boldsymbol{0} \\ \boldsymbol{0} & \boldsymbol{E}_{22} & \boldsymbol{0} \\ \boldsymbol{0} & \boldsymbol{0} & \frac{h^2}{12}\boldsymbol{E}_{11} \end{bmatrix} \cdot \begin{bmatrix} \boldsymbol{\alpha}_{(\alpha\beta)} \\ \boldsymbol{\gamma}_{\alpha} \\ \boldsymbol{\beta}_{(\alpha\beta)} \end{bmatrix} = D\boldsymbol{E}\boldsymbol{\epsilon} \qquad \boldsymbol{E}_{11} = \begin{bmatrix} H^{1111} & H^{1112} & H^{1112} & H^{1122} \\ H^{1112} & H^{1212} & H^{1212} & H^{1222} \\ H^{1112} & H^{1212} & H^{1212} & H^{1222} \\ H^{1122} & H^{1222} & H^{1222} & H^{2222} \end{bmatrix} = \boldsymbol{E}_{11}^{T}$$

E *Elastizitätsmodul*
ν *Querdehnungszahl*
h *Querschnittsdicke*

$D = \frac{Eh}{1-\nu^2}$ *Dehnsteifigkeit des Querschnitts*

$$\boldsymbol{E}_{22} = \frac{1-\nu}{2} \begin{bmatrix} a^{11} & a^{12} \\ a^{21} & a^{22} \end{bmatrix}$$

Vorschreibbare Kraftgrößen-Randbedingungen:

$$\boldsymbol{\sigma}^{\circ} = \begin{bmatrix} n_t \\ n_u \\ n_3 \\ m_t \\ m_u \end{bmatrix} = \left[\begin{array}{cccc|cc|cccc} u_1t_1 & u_1t_2 & u_2t_1 & u_2t_2 & 0 & 0 & -(b^1_1t_1+b^2_1t_2)u_1 & -(b^1_2t_1+b^2_2t_2)u_1 & -(b^1_1t_1+b^2_1t_2)u_2 & -(b^1_2t_1+b^2_2t_2)u_2 \\ u_1u_1 & u_1u_2 & u_1u_2 & u_2u_2 & 0 & 0 & -(b^1_1u_1+b^2_1u_2)u_1 & -(b^1_2u_1+b^2_2u_2)u_1 & -(b^1_1u_1+b^2_1u_2)u_2 & -(b^1_2u_1+b^2_2u_2)u_2 \\ 0 & 0 & 0 & 0 & u_1 & u_2 & 0 & 0 & 0 & 0 \\ 0 & 0 & 0 & 0 & 0 & 0 & u_1u_1 & u_1u_2 & u_2u_1 & u_2u_2 \\ 0 & 0 & 0 & 0 & 0 & 0 & -u_1t_1 & -u_1t_2 & -u_2t_1 & -u_2t_2 \end{array}\right] \cdot \begin{bmatrix} \tilde{n}^{(11)} \\ \tilde{n}^{(12)} \\ \tilde{n}^{(21)} \\ \tilde{n}^{(22)} \\ \hline q^1 \\ q^2 \\ \hline m^{(11)} \\ m^{(12)} \\ m^{(21)} \\ m^{(22)} \end{bmatrix} = \boldsymbol{R}_t\boldsymbol{\sigma}$$

Tafel 4.9 Operatoren des Elastizitätsgesetzes und Randoperator zu Bild 4.9

Im zweiten Schritt suchen wir durch Umformung des elastischen Potentials (3.5.5) die zu $\tilde{n}^{(\alpha\beta)}$ und $m^{(\alpha\beta)}$ korrespondierenden Verzerrungsgrößen, wobei auf (3.5.1) zurückgegriffen wird:

$$\begin{aligned} \pi_i &= \frac{1}{2}[\tilde{n}^{(\alpha\beta)}\alpha_{(\alpha\beta)} + q^\alpha\gamma_\alpha + m^{(\alpha\beta)}\beta_{(\alpha\beta)}] \\ &= \frac{1}{2}\left[(n^{\alpha\beta} + m^{(\alpha\lambda)}b^\beta_\lambda)\,\frac{1}{2}(\varphi_{\alpha\beta} + \varphi_{\beta\alpha}) + q^\alpha\gamma_\alpha + m^{(\alpha\beta)}\left(\kappa_{(\alpha\beta)} - \frac{1}{2}b^\lambda_\alpha\varphi_{\beta\lambda} - \frac{1}{2}b^\lambda_\beta\varphi_{\alpha\lambda}\right)\right] \\ &= \frac{1}{2}\left[\left(n^{\alpha\beta} + \frac{1}{2}m^{(\alpha\lambda)}b^\beta_\lambda - \frac{1}{2}m^{(\beta\lambda)}b^\alpha_\lambda\right)\frac{1}{2}(\varphi_{\alpha\beta} + \varphi_{\beta\alpha}) + q^\alpha\gamma_\alpha\right. \\ &\qquad + m^{(\alpha\beta)}\kappa_{(\alpha\beta)} + m^{(\alpha\beta)}\frac{1}{4}(b^\lambda_\beta\varphi_{\lambda\alpha} - b^\lambda_\beta\varphi_{\alpha\lambda}) \\ &\qquad \left. + m^{(\alpha\beta)}\frac{1}{4}(b^\lambda_\alpha\varphi_{\lambda\beta} - b^\lambda_\alpha\varphi_{\beta\lambda})\right] \\ &= \frac{1}{2}\left[\left(n^{\alpha\beta} + \frac{1}{2}m^{(\alpha\lambda)}b^\beta_\lambda - \frac{1}{2}m^{(\beta\lambda)}b^\alpha_\lambda\right)\frac{1}{2}(\varphi_{\alpha\beta} + \varphi_{\beta\alpha}) + q^\alpha\gamma_\alpha\right. \\ &\qquad \left. + m^{(\alpha\beta)}\left(\kappa_{(\alpha\beta)} + \frac{1}{2}b^\lambda_\alpha\varphi_{[\lambda\beta]} + \frac{1}{2}b^\lambda_\beta\varphi_{[\lambda\alpha]}\right)\right] \\ &= \frac{1}{2}[n^{(\alpha\beta)}\alpha_{(\alpha\beta)} + q^\alpha\gamma_\alpha + m^{(\alpha\beta)}\rho_{(\alpha\beta)}]\,. \end{aligned} \tag{4.3.12}$$

Interessanterweise bleibt der erste Verzerrungstensor völlig unverändert, während sich der zweite aus $\kappa_{(\alpha\beta)}$ (3.5.3) und antimetrischen Komponenten des Deformationsgradienten (3.5.2) zusammensetzt. Da diese Transformation ohne Einfluß auf die Schubverzerrung γ_α bleibt, lauten die kinematischen Beziehungen:

$$\begin{aligned}
\alpha_{(\alpha\beta)} &= \frac{1}{2}(v_\alpha|_\beta + v_\beta|_\alpha - 2v_3 b_{\alpha\beta}), \\
\gamma_\alpha &= w_\alpha + v_{3,\alpha} + v_\lambda b^\lambda_\alpha, \\
\rho_{(\alpha\beta)} &= \frac{1}{2}(w_\alpha|_\beta + w_\beta|_\alpha + b^\rho_\alpha \varphi_{[\rho\beta]} + b^\rho_\beta \varphi_{[\rho\alpha]}) \\
&= \frac{1}{2}\left(w_\alpha|_\beta + w_\beta|_\alpha + \frac{1}{2} b^\rho_\alpha (v_\beta|_\rho - v_\rho|_\beta) + \frac{1}{2} b^\rho_\beta (v_\alpha|_\rho - v_\rho|_\alpha)\right).
\end{aligned} \tag{4.3.13}$$

Substituiert man nun (4.3.10) in die Kräftegleichgewichtsbedingungen (3.3.11, 12), so entsteht:

$$\begin{aligned}
-p^\beta &= n^{\alpha\beta}|_\alpha - q^\alpha b^\beta_\alpha = n^{(\alpha\beta)}|_\alpha - \frac{1}{2} m^{(\alpha\lambda)}|_\alpha b^\beta_\lambda + \frac{1}{2} m^{(\beta\lambda)}|_\alpha b^\alpha_\lambda - q^\alpha b^\beta_\alpha, \\
-p^3 &= n^{\alpha\beta} b_{\alpha\beta} + q^\alpha|_\alpha = n^{(\alpha\beta)} b_{\alpha\beta} + q^\alpha|_\alpha{}^*
\end{aligned} \tag{4.3.14}$$

bzw.

$$-p^\beta = n^{(\alpha\beta)}|_\alpha - \frac{1}{2} m^{(\alpha\lambda)}|_\alpha b^\beta_\lambda + \frac{1}{2} m^{(\beta\lambda)}|_\alpha b^\alpha_\lambda - \frac{1}{2} m^{(\alpha\lambda)} b^\beta_\lambda|_\alpha + \frac{1}{2} m^{(\beta\lambda)} b^\alpha_\lambda|_\alpha - q^\alpha b^\beta_\alpha$$

unter Streichung bzw. Beibehaltung der mit $b^\epsilon_\lambda|_\mu$ behafteten Glieder (4.3.5). Die Momentengleichgewichtsbedingungen (3.3.13) bleiben unverändert; für die Kräfterandgrößen erhält man aus (3.3.46):

$$\begin{aligned}
n_t &= n^{\alpha\beta} u_\alpha t_\beta = \left(n^{(\alpha\beta)} - \frac{1}{2} m^{(\alpha\lambda)} b^\beta_\lambda + \frac{1}{2} m^{(\beta\lambda)} b^\alpha_\lambda\right) u_\alpha t_\beta, \\
n_u &= n^{\alpha\beta} u_\alpha u_\beta = \left(n^{(\alpha\beta)} - \frac{1}{2} m^{(\alpha\lambda)} b^\beta_\lambda + \frac{1}{2} m^{(\beta\lambda)} b^\alpha_\lambda\right) u_\alpha u_\beta = n^{(\alpha\beta)} u_\alpha u_\beta .
\end{aligned} \tag{4.3.15}$$

Schließlich transformieren wir noch die konstitutiven Beziehungen (3.4.44) in die Verzerrungsgrößen dieser Formulierungsvariante:

$$\begin{aligned}
m^{(\alpha\beta)} &= BH^{\alpha\beta\lambda\mu} \beta_{(\lambda\mu)} = BH^{\alpha\beta\lambda\mu}\left(\kappa_{(\lambda\mu)} - \frac{1}{2} b^\rho_\lambda \varphi_{\mu\rho} - \frac{1}{2} b^\rho_\mu \varphi_{\lambda\rho}\right) \\
&= BH^{\alpha\beta\lambda\mu}\left(\kappa_{(\lambda\mu)} + \frac{1}{2} b^\rho_\lambda \varphi_{[\rho\mu]} + \frac{1}{2} b^\rho_\mu \varphi_{[\rho\lambda]}\right) \\
&\qquad - BH^{\alpha\beta\lambda\mu}\left(\frac{1}{2} b^\rho_\lambda \alpha_{(\mu\rho)} + \frac{1}{2} b^\rho_\mu \alpha_{(\lambda\rho)}\right) \\
&= BH^{\alpha\beta\lambda\mu}(\rho_{(\lambda\mu)} - b^\rho_\lambda \alpha_{(\mu\rho)}) ;
\end{aligned} \tag{4.3.16}$$

* *Bekanntlich verschwindet die vollständige Überschiebung eines symmetrischen und eines antimetrischen Tensors.*

$$
\begin{aligned}
n^{(\alpha\beta)} &= \tilde{n}^{(\alpha\beta)} - \frac{1}{2} m^{(\alpha\epsilon)} b^{\beta}_{\epsilon} - \frac{1}{2} m^{(\beta\epsilon)} b^{\alpha}_{\epsilon} \\
&= DH^{\alpha\beta\lambda\mu} \alpha_{(\lambda\mu)} - \frac{1}{2} BH^{\alpha\epsilon\lambda\mu} b^{\beta}_{\epsilon} (\rho_{(\lambda\mu)} - b^{\rho}_{\lambda} \alpha_{(\mu\rho)}) \\
&\quad - \frac{1}{2} BH^{\epsilon\beta\lambda\mu} b^{\alpha}_{\epsilon} (\rho_{(\lambda\mu)} - b^{\rho}_{\lambda} \alpha_{(\mu\rho)}) \\
&= \left[DH^{\alpha\beta\lambda\mu} + \frac{B}{2} (H^{\alpha\epsilon\rho\mu} b^{\beta}_{\epsilon} b^{\lambda}_{\rho} + H^{\epsilon\beta\rho\mu} b^{\alpha}_{\epsilon} b^{\lambda}_{\rho}) \right] \alpha_{(\lambda\mu)} \\
&\quad - \frac{B}{2} (H^{\alpha\epsilon\lambda\mu} b^{\beta}_{\epsilon} + H^{\epsilon\beta\lambda\mu} b^{\alpha}_{\epsilon}) \rho_{(\lambda\mu)} \,. \qquad (4.3.17)
\end{aligned}
$$

Streichen wir in (4.3.17), ähnlich wie im Abschnitt 3.5.2, die mindestens um den Faktor $h^2/12\ R^2$ kleineren Anteile in der eckigen Klammer, so entsteht schließlich:

$$
n^{(\alpha\beta)} = DH^{\alpha\beta\lambda\mu} \alpha_{(\lambda\mu)} - \frac{B}{2} (H^{\alpha\epsilon\lambda\mu} b^{\beta}_{\epsilon} + H^{\epsilon\beta\lambda\mu} b^{\alpha}_{\epsilon}) \rho_{(\lambda\mu)} \,. \qquad (4.3.18)
$$

Neben (4.3.16, 18) gilt das Werkstoffgesetz der Querkräfte aus (3.5.7) unverändert.

Damit können erneut die Grundgleichungen dieser Formulierungsvariante zusammengestellt werden; dies erfolgt in Tafel 4.10. Die hieraus herleitbaren Operatoren $\mathbf{D}_e$ und $\mathbf{D}_k$ findet der Leser gemeinsam mit den korrespondierenden Variablen $\mathbf{p}$, $\mathbf{u}$ und σ, ϵ auf Tafel 4.11. Die zugehörigen konstitutiven Beziehungen enthält Tafel 4.12, die vorschreibbaren Randbedingungen Tafel 4.13. Bild 4.10 schließlich bietet wieder eine Gesamtübersicht über die Struktur dieser Formulierungsvariante, die auf *J. L. Sanders* [96] zurückgeht und sich bei verschiedenen anderen Autoren [53, 94] findet. Für die *Kirchhoff-Love*-Theorie (siehe Abschnitt 4.3.5) wurde sie erstmalig vollständig in [36] formuliert.

Die Bilder 3.15, 4.9 und 4.10 ermöglichen nun einen interessanten Vergleich der verschiedenen Formulierungsvarianten. Ihre Approximationsqualität ist bekanntlich in allen drei Fällen identisch, Unterschiede finden sich im Aufbau der einzelnen Teiloperatoren. Während die Variante A das einfachste konstitutive Gesetz aufweist und gleichzeitig die kompliziertesten Operatoren $\mathbf{D}_e$, $\mathbf{D}_k$, ist es bei der Variante B genau umgekehrt. Die Formulierungsvariante C nimmt in dieser Hinsicht eine Mittelstellung ein.

1. Prinzip der virtuellen Verschiebungen:	
$\iint_F (\boldsymbol{p}\cdot\delta\boldsymbol{v} + \boldsymbol{c}\cdot\delta\boldsymbol{\omega})\,dF + \oint_C (\boldsymbol{n}\cdot\delta\boldsymbol{v} + \boldsymbol{m}\cdot\delta\boldsymbol{\omega})\,ds - \iint_F (n^{(\alpha\beta)}\delta\alpha_{(\alpha\beta)} + m^{(\alpha\beta)}\delta\varrho_{(\alpha\beta)} + q^\alpha\delta\gamma_\alpha)\,dF = 0$	
2. Äußere mechanische Variablen:	
$\boldsymbol{p} = p^\alpha\boldsymbol{a}_\alpha + p^3\boldsymbol{a}_3\ ;$ $\boldsymbol{c} = c^\varrho\,\varepsilon_{\varrho\beta}\,\boldsymbol{a}^\beta$	$\boldsymbol{v} = v_\alpha\boldsymbol{a}^\alpha + v_3\boldsymbol{a}^3\ ;$ $\boldsymbol{\omega} = \omega_\alpha\boldsymbol{a}^\alpha = w_\varrho\,\varepsilon^{\varrho\beta}\,\boldsymbol{a}_\beta$
3. Innere mechanische Variablen:	
$n^{(\alpha\beta)}\ ;\ q^\alpha\ ;\ m^{(\alpha\beta)} = m^{\alpha\beta}$	$\alpha_{(\alpha\beta)}\ ;\ \gamma_\alpha\ ;\ \varrho_{(\alpha\beta)}$
4. Randvariablen:	
$\boldsymbol{n} = n_t\boldsymbol{t} + n_u\boldsymbol{u} + n_3\boldsymbol{a}_3\ ;$ $\boldsymbol{m} = m_t\boldsymbol{t} + m_u\boldsymbol{u}$	$\boldsymbol{v} = v_t\boldsymbol{t} + v_u\boldsymbol{u} + v_3\boldsymbol{a}_3\ ;$ $\boldsymbol{\omega} = \omega_t\boldsymbol{t} + \omega_u\boldsymbol{u}$
5. Feldgleichungen:	
$-p^\beta = n^{(\alpha\beta)}\vert_\alpha - \frac{1}{2}m^{(\alpha\lambda)}\vert_\alpha\, b_\lambda^\beta + \frac{1}{2}m^{(\beta\lambda)}\vert_\alpha b_\lambda^\alpha - q^\alpha b_\alpha^\beta$ $-p^3 = n^{(\alpha\beta)}b_{\alpha\beta} + q^\alpha\vert_\alpha \qquad (m^{(\alpha\lambda)}\,b_{\lambda\vert\alpha}^{\beta\vert} \approx 0)$ $-c^\beta = m^{(\alpha\beta)}\vert_\alpha - q^\beta$	$\alpha_{(\alpha\beta)} = \frac{1}{2}(v_\alpha\vert_\beta + v_\beta\vert_\alpha - 2v_3\,b_{\alpha\beta}) = \frac{1}{2}(\varphi_\beta\vert_\alpha + \varphi_\alpha\vert_\beta) = \varphi_{(\alpha\beta)}\ ;$ $\gamma_\alpha = w_\alpha + v_{3,\alpha} + v_\lambda\,b_\alpha^\lambda\ ;$ $\varrho_{(\alpha\beta)} = \frac{1}{2}(w_\alpha\vert_\beta + w_\beta\vert_\alpha + b_\alpha^\varrho\,\varphi_{[\varrho\beta]} + b_\beta^\varrho\,\varphi_{[\varrho\alpha]})$
6. Formänderungsenergiedichte isotroper Tragwerke:	
$\pi_i = \frac{1}{2}(DH^{\alpha\beta\lambda\mu}\,\alpha_{(\alpha\beta)}\,\alpha_{(\lambda\mu)} - 2BH^{\alpha\beta\lambda\mu}b_\lambda^\varrho\,\alpha_{(\mu\varrho)}\,\varrho_{(\alpha\beta)} + BH^{\alpha\beta\lambda\mu}\,\varrho_{(\alpha\beta)}\,\varrho_{(\lambda\mu)} + Gh\,a^{\alpha\lambda}\,\gamma_\alpha\,\gamma_\lambda)$ $= \frac{1}{2}(n^{(\alpha\beta)}\,\alpha_{(\alpha\beta)} + m^{(\alpha\beta)}\,\varrho_{(\alpha\beta)} + q^\alpha\gamma_\alpha)$	
7. Konstitutive Beziehungen isotroper Tragwerke:	
$n^{(\alpha\beta)} = \frac{\partial\pi_i}{\partial\alpha_{(\alpha\beta)}} = DH^{\alpha\beta\lambda\mu}\alpha_{(\lambda\mu)} - \frac{B}{2}(H^{\alpha\varepsilon\lambda\mu}b_\varepsilon^\beta + H^{\varepsilon\beta\lambda\mu}b_\varepsilon^\alpha)\varrho_{(\lambda\mu)}\ ;\ q^\alpha = \frac{\partial\pi_i}{\partial\gamma_\alpha} = Gha^{\alpha\lambda}\gamma_\lambda\ ;\ m^{(\alpha\beta)} = \frac{\partial\pi_i}{\partial\varrho_{(\alpha\beta)}} = BH^{\alpha\beta\lambda\mu}(\varrho_{(\lambda\mu)} - b_\lambda^\varrho\alpha_{(\mu\varrho)})$	
8. Vorschreibbare Randbedingungen:	
$\boldsymbol{n}^\circ = (n^{(\alpha\beta)} - \frac{1}{2}m^{(\alpha\lambda)}b_\lambda^\beta + \frac{1}{2}m^{(\beta\lambda)}b_\lambda^\alpha)\,u_\alpha t_\beta\,\boldsymbol{t}$ $+ n^{(\alpha\beta)}\,u_\alpha u_\beta\,\boldsymbol{u} + q^\alpha u_\alpha\boldsymbol{a}_3\ ;$ $\boldsymbol{m}^\circ = m^{(\alpha\beta)}\,u_\alpha u_\beta\boldsymbol{t} - m^{(\alpha\beta)}\,u_\alpha t_\beta\,\boldsymbol{u}$	$\boldsymbol{v}^\circ = v_\alpha\,t^\alpha\boldsymbol{t} + v_\alpha\,u^\alpha\boldsymbol{u} + v_3\boldsymbol{a}_3\ ;$ $\boldsymbol{\omega}^\circ = \omega_\alpha t^\alpha\boldsymbol{t} + \omega_\alpha\,u^\alpha\boldsymbol{u} = w_\beta\,u^\beta\boldsymbol{t} - w_\beta\,t^\beta\boldsymbol{u}$

Tafel 4.10 Mechanische Variablen und Bestimmungsgleichungen einer konsistent formulierten linearen Flächentragwerkstheorie unter Einschluß von Schubverzerrungen (Variante C)

$$
\begin{bmatrix} \alpha_{(11)} \\ \alpha_{(12)} \\ \alpha_{(21)} \\ \alpha_{(22)} \\ \gamma_1 \\ \gamma_2 \\ \rho_{(11)} \\ \rho_{(12)} \\ \rho_{(21)} \\ \rho_{(22)} \end{bmatrix}
=
\left[\begin{array}{cc|c|cc}
d_1 & 0 & -b_{11} & 0 & 0 \\
\frac{1}{2}d_2 & \frac{1}{2}d_1 & -b_{12} & 0 & 0 \\
\frac{1}{2}d_2 & \frac{1}{2}d_1 & -b_{21} & 0 & 0 \\
0 & d_2 & -b_{22} & 0 & 0 \\ \hline
b_1^1 & b_1^2 & d_1 & 1 & 0 \\
b_2^1 & b_2^2 & d_2 & 0 & 1 \\ \hline
\frac{1}{2}b_1^2 d_2 & -\frac{1}{2}b_1^2 d_1 & 0 & d_1 & 0 \\
-\frac{1}{4}(b_1^1-b_2^2)d_2 & \frac{1}{4}(b_1^1-b_2^2)d_1 & 0 & \frac{1}{2}d_2 & \frac{1}{2}d_1 \\
-\frac{1}{4}(b_1^1-b_2^2)d_2 & \frac{1}{4}(b_1^1-b_2^2)d_1 & 0 & \frac{1}{2}d_2 & \frac{1}{2}d_1 \\
-\frac{1}{2}b_2^1 d_1 & \frac{1}{2}b_2^1 d_1 & 0 & 0 & d_2
\end{array}\right]
\cdot
\begin{bmatrix} v_1 \\ v_2 \\ v_3 \\ w_1 \\ w_2 \end{bmatrix}
$$

mit:
$d_1 = \cdots |_1$
$d_2 = \cdots |_2$

Kinematische Beziehungen:

$$
\boldsymbol{\epsilon} = \begin{bmatrix} \boldsymbol{\alpha}_{(\alpha\beta)} \\ \gamma_\alpha \\ \boldsymbol{\rho}_{(\alpha\beta)} \end{bmatrix}
= \begin{bmatrix} \boldsymbol{D}_{11} & -\boldsymbol{D}_{12} & \boldsymbol{0} \\ \boldsymbol{D}_{21} & \boldsymbol{D}_{22} & \boldsymbol{I} \\ -\boldsymbol{D}_{31} & \boldsymbol{0} & \boldsymbol{D}_{33} \end{bmatrix}
\cdot \begin{bmatrix} \boldsymbol{v}_\alpha \\ \boldsymbol{v}_3 \\ \boldsymbol{w}_\alpha \end{bmatrix} = \boldsymbol{D}_k \boldsymbol{u}
\qquad
-\boldsymbol{p} = -\begin{bmatrix} \boldsymbol{p}^\alpha \\ \boldsymbol{p}^3 \\ \boldsymbol{c}^\alpha \end{bmatrix}
= \begin{bmatrix} \boldsymbol{D}_{11}^T & -\boldsymbol{D}_{21}^T & -\boldsymbol{D}_{31}^T \\ \boldsymbol{D}_{12}^T & \boldsymbol{D}_{22}^T & \boldsymbol{0} \\ \boldsymbol{0} & -\boldsymbol{I} & \boldsymbol{D}_{33}^T \end{bmatrix}
\cdot \begin{bmatrix} \boldsymbol{n}^{(\alpha\beta)} \\ \boldsymbol{q}^\alpha \\ \boldsymbol{m}^{(\alpha\beta)} \end{bmatrix} = \boldsymbol{D}_e \boldsymbol{\sigma}
$$

Gleichgewichtsbedingungen:

$$
-\begin{bmatrix} p^1 \\ p^2 \\ p^3 \\ c^1 \\ c^2 \end{bmatrix}
=
\left[\begin{array}{cccc|cc|cccc}
d_1 & \frac{1}{2}d_2 & \frac{1}{2}d_2 & 0 & -b_1^1 & -b_2^1 & \frac{1}{2}b_1^2 d_2 & -\frac{1}{4}(b_1^1-b_2^2)d_2 & -\frac{1}{4}(b_1^1-b_2^2)d_2 & -\frac{1}{2}b_2^1 d_2 \\
0 & \frac{1}{2}d_1 & \frac{1}{2}d_1 & d_2 & -b_1^2 & -b_2^2 & -\frac{1}{2}b_1^2 d_1 & \frac{1}{4}(b_1^1-b_2^2)d_1 & \frac{1}{4}(b_1^1-b_2^2)d_1 & \frac{1}{2}b_2^1 d_1 \\ \hline
b_{11} & b_{12} & b_{21} & b_{22} & d_1 & d_2 & 0 & 0 & 0 & 0 \\ \hline
0 & 0 & 0 & 0 & -1 & 0 & d_1 & \frac{1}{2}d_2 & \frac{1}{2}d_2 & 0 \\
0 & 0 & 0 & 0 & 0 & -1 & 0 & \frac{1}{2}d_1 & \frac{1}{2}d_1 & d_2
\end{array}\right]
\cdot
\begin{bmatrix} n^{(11)} \\ n^{(12)} \\ n^{(21)} \\ n^{(22)} \\ q^1 \\ q^2 \\ m^{(11)} \\ m^{(12)} \\ m^{(21)} \\ m^{(22)} \end{bmatrix}
$$

Tafel 4.11 Kinematischer Operator und Gleichgewichtsoperator zu Bild 4.10

$$
\boldsymbol{\sigma} = \begin{bmatrix} \boldsymbol{n}^{(\alpha\beta)} \\ \boldsymbol{q}^\alpha \\ \boldsymbol{m}^{(\alpha\beta)} \end{bmatrix}
= D \begin{bmatrix} \boldsymbol{E}_{11} & \boldsymbol{0} & -\frac{h^2}{12}\cdot\frac{1}{2}(\boldsymbol{E}_{13}+\boldsymbol{E}_{13}^*) \\ \boldsymbol{0} & \boldsymbol{E}_{22} & \boldsymbol{0} \\ -\frac{h^2}{12}\boldsymbol{E}_{13}^T & \boldsymbol{0} & \frac{h^2}{12}\boldsymbol{E}_{11} \end{bmatrix}
\cdot \begin{bmatrix} \boldsymbol{\alpha}_{(\alpha\beta)} \\ \gamma_\alpha \\ \boldsymbol{\rho}_{(\alpha\beta)} \end{bmatrix} = D\,\boldsymbol{E}\,\boldsymbol{\epsilon}
\qquad
\boldsymbol{E}_{11} = \begin{bmatrix} H^{1111} & H^{1112} & H^{1112} & H^{1122} \\ H^{1112} & H^{1212} & H^{1212} & H^{1222} \\ H^{1112} & H^{1212} & H^{1212} & H^{1222} \\ H^{1122} & H^{1222} & H^{1222} & H^{2222} \end{bmatrix} = \boldsymbol{E}_{11}^T
$$

E *Elastizitätsmodul*
ν *Querdehnungszahl*
h *Querschnittsdicke*

$D = \frac{Eh}{1-\nu^2}$ *Dehnsteifigkeit des Querschnitts*

$$
\boldsymbol{E}_{22} = \frac{1-\nu}{2} \begin{bmatrix} a^{11} & a^{12} \\ a^{21} & a^{22} \end{bmatrix}
$$

$$
\boldsymbol{E}_{13} = \begin{bmatrix}
H^{1111} b_1^1 + H^{1112} b_2^1 & H^{1112} b_1^1 + H^{1212} b_2^1 & H^{1112} b_1^1 + H^{1212} b_2^1 & H^{1122} b_1^1 + H^{1222} b_2^1 \\
H^{1111} b_1^2 + H^{1112} b_2^2 & H^{1112} b_1^2 + H^{1212} b_2^2 & H^{1112} b_1^2 + H^{1212} b_2^2 & H^{1122} b_1^2 + H^{1222} b_2^2 \\
H^{1112} b_1^1 + H^{1122} b_2^1 & H^{1212} b_1^1 + H^{1222} b_2^1 & H^{1212} b_1^1 + H^{1222} b_2^1 & H^{1222} b_1^1 + H^{2222} b_2^1 \\
H^{1112} b_1^2 + H^{1122} b_2^2 & H^{1212} b_1^2 + H^{1222} b_2^2 & H^{1212} b_1^2 + H^{1222} b_2^2 & H^{1222} b_1^2 + H^{2222} b_2^2
\end{bmatrix}
$$

$\boldsymbol{E}_{13}^*$ *entspricht* $\boldsymbol{E}_{13}$, *jedoch sind 2. und 3. Zeile vertauscht.*

Tafel 4.12 Operatoren des Elastizitätsgesetzes zu Bild 4.10

Vorschreibbare Kraftgrößen - Randbedingungen:

$$\boldsymbol{t}^\circ = \begin{bmatrix} n_t \\ n_u \\ n_3 \\ m_t \\ m_u \end{bmatrix} = \left[\begin{array}{cccc|cc|cccc} u_1 t_1 & u_1 t_2 & u_2 t_1 & u_2 t_2 & 0 & 0 & -\frac{1}{2} b_1^2 (u_1 t_2 - u_2 t_1) & -\frac{1}{2} b_2^2 (u_1 t_2 - u_2 t_1) & \frac{1}{2} b_1^1 (u_1 t_2 - u_2 t_1) & \frac{1}{2} b_2^1 (u_1 t_2 - u_2 t_1) \\ u_1 u_1 & u_1 u_2 & u_2 u_1 & u_2 u_2 & 0 & 0 & 0 & 0 & 0 & 0 \\ 0 & 0 & 0 & 0 & u_1 & u_2 & 0 & 0 & 0 & 0 \\ 0 & 0 & 0 & 0 & 0 & 0 & u_1 u_1 & u_1 u_2 & u_2 u_1 & u_2 u_2 \\ 0 & 0 & 0 & 0 & 0 & 0 & -u_1 t_1 & -u_1 t_2 & -u_2 t_1 & -u_2 t_2 \end{array}\right] \cdot \begin{bmatrix} n^{(11)} \\ n^{(12)} \\ n^{(21)} \\ n^{(22)} \\ \hline q^1 \\ q^2 \\ \hline m^{(11)} \\ m^{(12)} \\ m^{(21)} \\ m^{(22)} \end{bmatrix} = \boldsymbol{R}_t \boldsymbol{\sigma}$$

Vorschreibbare Verschiebungsgrößen - Randbedingungen:

$$\boldsymbol{r}^\circ = \begin{bmatrix} v_t \\ v_u \\ v_3 \\ \omega_t \\ \omega_u \end{bmatrix} = \begin{bmatrix} t^1 & t^2 & 0 & 0 & 0 \\ u^1 & u^2 & 0 & 0 & 0 \\ 0 & 0 & 1 & 0 & 0 \\ 0 & 0 & 0 & u^1 & u^2 \\ 0 & 0 & 0 & -t^1 & -t^2 \end{bmatrix} \cdot \begin{bmatrix} v_1 \\ v_2 \\ v_3 \\ w_1 \\ w_2 \end{bmatrix} = \boldsymbol{R}_r \boldsymbol{u}$$

Tafel 4.13 Randoperatoren zu Bild 4.10

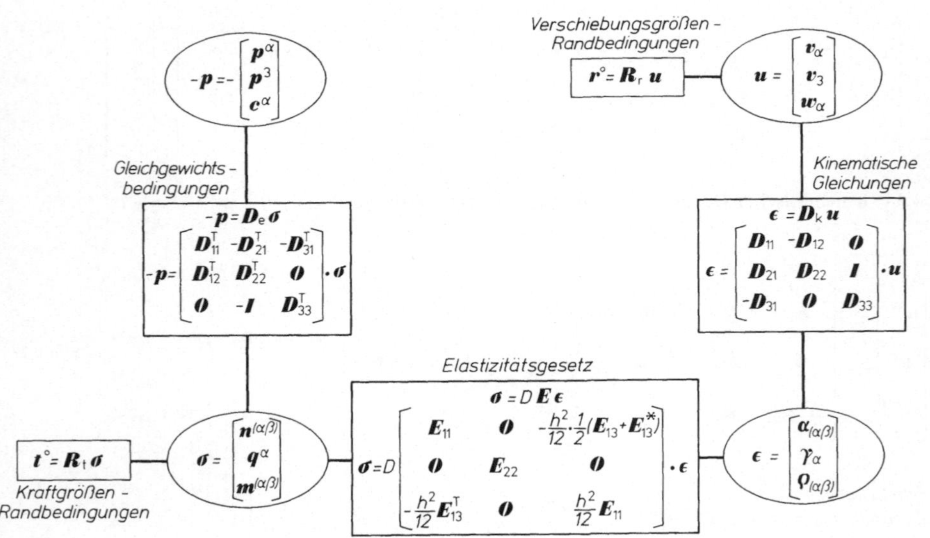

Bild 4.10 Strukturschema einer konsistent formulierten linearen Flächentragwerkstheorie unter Einschluß von Schubverformungen (Variante C)

4.3.4 Variante B der Normalentheorie

Nun wenden wir uns der Normalentheorie zu; dabei wird der Lastmomentenvektor, wie im Abschnitt 4.1.5 begründet, als nicht vorhanden vorausgesetzt: **c** = 0. Die Kräftegleichgewichtsbedingungen dieser Variante, in denen bereits der Querkraftvektor q^α als abhängige Variable eliminiert wurde, können aus (4.1.78) übernommen werden:

$$-p^\beta = n^{\alpha\beta}|_\alpha - m^{(\lambda\alpha)}|_\lambda b^\beta_\alpha ,$$

$$-p^3 = n^{\alpha\beta} b_{\alpha\beta} + m^{(\lambda\alpha)}|_{\lambda\alpha} .$$

Zugehörige kinematische Beziehungen finden wir in (3.5.2, 3). Ersetzen wir im zweiten Verzerrungsmaß $\kappa_{(\alpha\beta)}$ die kovariante Ableitung des Differenzvektors w_α durch die Näherung (4.3.6)*, so entsteht insgesamt:

$$\begin{aligned} \varphi_{\alpha\beta} &= v_\beta|_\alpha - v_3 b_{\alpha\beta} , \\ \kappa_{(\alpha\beta)} &= \frac{1}{2}(w_\alpha|_\beta + w_\beta|_\alpha) \\ &= -\frac{1}{2}(v_3|_{\alpha\beta} + v_3|_{\beta\alpha} + v_\lambda|_\alpha b^\lambda_\beta + v_\lambda|_\beta b^\lambda_\alpha) . \end{aligned} \tag{4.3.19}$$

Die konstitutiven Beziehungen zwischen den inneren Variablen $n^{\alpha\beta}$, $m^{(\alpha\beta)}$ und $\varphi_{\alpha\beta}$, $\kappa_{(\alpha\beta)}$ übernehmen wir aus (3.5.7, 10):

$$\begin{aligned} n^{\alpha\beta} &= DH^{\alpha\beta\lambda\mu}\varphi_{\lambda\mu} - BH^{\alpha\rho\lambda\mu} b^\beta_\rho \kappa_{(\lambda\mu)} , \\ m^{(\alpha\beta)} &= BH^{\alpha\beta\lambda\mu}(\kappa_{(\lambda\mu)} - b^\rho_\lambda \varphi_{\mu\rho}) ; \end{aligned} \tag{4.3.20}$$

das elastische Potential mit $\gamma_\alpha = 0$ aus (3.5.11). Die geeignete Form der vorschreibbaren Randbedingungen schließlich findet sich bereits in Tafel 4.2.

Damit sind erneut sämtliche Grundgleichungen dieser Formulierungsvariante bereitgestellt, ihre Zusammenfassung enthält Tafel 4.14. Korrespondierende Variablen **p**, **u** bzw. σ, ϵ sowie alle zugehörigen Operatoren in der gewohnten Form enthalten die Tafeln 4.15 bis 4.17; das Strukturschema dieser Variante ist auf Bild 4.11 dargestellt. Die fehlenden Verschiebungsrandbedingungen können Tafel 4.6 entnommen werden.

Gelegentlich wurden an der Formulierungsvariante B Zweifel laut, weil $\varphi_{\alpha\beta}$ bei einer beliebigen Starrkörperrotation des Tragwerks nicht verschwindet. Auch das zweite Verzerrungsmaß $\rho_{(\alpha\beta)}$ der Variante C verhält sich so. Hierzu sei bemerkt, daß die innere Energie beider Varianten selbstverständlich starrkörperinvariant ist. Die Übertragung dieser Invarianzforderung auf die einzelnen Verzerrungsmaße mag rechentechnische Vorteile bieten, mechanisch zu rechtfertigen ist sie jedoch nicht.

* *Verzichtet man auf die Einschränkung schwach veränderlicher Mittelflächenkrümmung, so muß der zweite Verzerrungstensor um die Glieder $v_\lambda b^\lambda_\beta|_\alpha$, $v_\lambda b^\lambda_\alpha|_\beta$ erweitert werden (siehe Kapitel 7.1).*

<table>
<tr><td colspan="2">1. Prinzip der virtuellen Verschiebungen:</td></tr>
<tr><td colspan="2">$\iint_F (\boldsymbol{p} \cdot \delta \boldsymbol{v}) dF + \oint_C (\tilde{\boldsymbol{n}} \cdot \delta \boldsymbol{v} + \boldsymbol{m}_t \cdot \delta \boldsymbol{\omega}_t) ds - \iint_F (n^{\alpha\beta} \delta \varphi_{\alpha\beta} + m^{(\alpha\beta)} \delta \boldsymbol{\varkappa}_{(\alpha\beta)}) dF = 0$</td></tr>
<tr><td colspan="2">2. Äußere mechanische Variablen:</td></tr>
<tr><td>$\boldsymbol{p} = p^{\alpha} \boldsymbol{a}_{\alpha} + p^3 \boldsymbol{a}_3$</td><td>$\boldsymbol{v} = v_{\alpha} \boldsymbol{a}^{\alpha} + v_3 \boldsymbol{a}^3$</td></tr>
<tr><td colspan="2">3. Innere mechanische Variablen:</td></tr>
<tr><td>$n^{\alpha\beta}, \quad m^{(\alpha\beta)} = m^{\alpha\beta}$</td><td>$\varphi_{\alpha\beta}, \quad \varkappa_{(\alpha\beta)}$</td></tr>
<tr><td colspan="2">4. Randvariablen:</td></tr>
<tr><td>$\tilde{\boldsymbol{n}} = \tilde{n}_t \boldsymbol{t} + \tilde{n}_u \boldsymbol{u} + \tilde{n}_3 \boldsymbol{a}_3;$
$\boldsymbol{m}_t = m_t \boldsymbol{t}$</td><td>$\boldsymbol{v} = v_t \boldsymbol{t} + v_u \boldsymbol{u} + v_3 \boldsymbol{a}_3;$
$\boldsymbol{\omega}_t = \omega_t \boldsymbol{t}$</td></tr>
<tr><td colspan="2">5. Feldgleichungen:</td></tr>
<tr><td>$-p^{\beta} = n^{\alpha\beta}|_{\alpha} - m^{(\lambda\alpha)}|_{\lambda} b_{\alpha}^{\beta};$
$-p^3 = n^{\alpha\beta} b_{\alpha\beta} + m^{(\lambda\alpha)}|_{\lambda\alpha}$</td><td>$\varphi_{\alpha\beta} = v_{\beta}|_{\alpha} - v_3 b_{\alpha\beta};$
$\varkappa_{(\alpha\beta)} = -\frac{1}{2}(v_3|_{\alpha\beta} + v_3|_{\beta\alpha} + v_{\lambda}|_{\alpha} b_{\beta}^{\lambda} + v_{\lambda}|_{\beta} b_{\alpha}^{\lambda}) \quad (v_{\lambda} b_{\beta}^{\lambda}|_{\alpha} \approx 0)$</td></tr>
<tr><td colspan="2">6. Formänderungsenergiedichte isotroper Tragwerke:</td></tr>
<tr><td colspan="2">$\pi_i = \frac{1}{2}(DH^{\alpha\beta\lambda\mu} \varphi_{\alpha\beta} \varphi_{\lambda\mu} - 2BH^{\alpha\beta\lambda\mu} b_{\lambda}^{\sigma} \varphi_{\mu\sigma} \varkappa_{(\alpha\beta)} + BH^{\alpha\beta\lambda\mu} \varkappa_{(\alpha\beta)} \varkappa_{(\lambda\mu)}) = \frac{1}{2}(n^{\alpha\beta} \varphi_{\alpha\beta} + m^{(\alpha\beta)} \varkappa_{(\alpha\beta)})$</td></tr>
<tr><td colspan="2">7. Konstitutive Beziehungen isotroper Tragwerke:</td></tr>
<tr><td colspan="2">$n^{\alpha\beta} = \frac{\partial \pi_i}{\partial \varphi_{\alpha\beta}} = DH^{\alpha\beta\lambda\mu} \varphi_{\lambda\mu} - BH^{\alpha\varrho\lambda\mu} b_{\varrho}^{\beta} \varkappa_{(\lambda\mu)}; \qquad m^{(\alpha\beta)} = \frac{\partial \pi_i}{\partial \varkappa_{(\alpha\beta)}} = BH^{\alpha\beta\lambda\mu} (\varkappa_{(\lambda\mu)} - b_{\lambda}^{\sigma} \varphi_{\mu\sigma})$</td></tr>
<tr><td colspan="2">8. Vorschreibbare Randbedingungen:</td></tr>
<tr><td>$\tilde{\boldsymbol{n}}^{\circ} = (n^{\alpha\beta} u_{\alpha} t_{\beta} + b_{\lambda}^{\beta} t^{\lambda} t_{\beta} m_u) \boldsymbol{t}$
$+ (n^{\alpha\beta} u_{\alpha} u_{\beta} + b_{\lambda}^{\beta} t^{\lambda} u_{\beta} m_u) \boldsymbol{u}$
$+ (m^{(\lambda\alpha)}|_{\lambda} u_{\alpha} - m_{u,\alpha} t^{\alpha}) \boldsymbol{a}_3;$
$\boldsymbol{m}_t^{\circ} = m^{(\alpha\beta)} u_{\alpha} u_{\beta} \boldsymbol{t}$ mit: $m_u = -m^{(\alpha\beta)} u_{\alpha} t_{\beta}$
Eckkraft: $E_3 = -m^{(\alpha\beta)} [u_{\alpha} t_{\beta}]_{-a}^{+a};$</td><td>$\boldsymbol{v}^{\circ} = v_{\alpha} t^{\alpha} \boldsymbol{t} + v_{\alpha} u^{\alpha} \boldsymbol{u} + v_3 \boldsymbol{a}_3;$

$\boldsymbol{\omega}_t^{\circ} = -(v_{3,n} + b_{\lambda}^{\beta} u^{\lambda} v_{\beta}) \boldsymbol{t}$</td></tr>
</table>

Tafel 4.14 Mechanische Variablen und Bestimmungsgleichungen einer konsistent formulierten linearen Flächentragwerkstheorie vom Kirchhoff-Love-Typ (Variante B)

$$
\begin{bmatrix} \alpha_{(11)} \\ \alpha_{(12)} \\ \alpha_{(21)} \\ \alpha_{(22)} \\ \hline \rho_{(11)} \\ \rho_{(12)} \\ \rho_{(21)} \\ \rho_{(22)} \end{bmatrix}
=
\left[\begin{array}{cc|c}
d_1 & 0 & -b_{11} \\
\frac{1}{2}d_2 & \frac{1}{2}d_1 & -b_{12} \\
\frac{1}{2}d_2 & \frac{1}{2}d_1 & -b_{21} \\
0 & d_2 & -b_{22} \\ \hline
-\frac{1}{2}(2b_1^1 d_1 - b_1^2 d_2) & -\frac{3}{2}b_1^2 d_1 & -d_{11} \\
-\frac{1}{4}(3b_1^1 d_2 + 2b_2^1 d_1 - b_2^2 d_2) & -\frac{1}{4}(3b_2^2 d_1 + 2b_1^2 d_2 - b_1^1 d_1) & -\frac{1}{2}(d_{12}+d_{21}) \\
-\frac{1}{4}(3b_1^1 d_2 + 2b_2^1 d_1 - b_2^2 d_2) & -\frac{1}{4}(3b_2^2 d_1 + 2b_1^2 d_2 - b_1^1 d_1) & -\frac{1}{2}(d_{12}+d_{21}) \\
-\frac{3}{2}b_2^1 d_2 & -\frac{1}{2}(2b_2^2 d_2 - b_2^1 d_1) & -d_{22}
\end{array}\right]
\cdot
\begin{bmatrix} v_1 \\ v_2 \\ \hline v_3 \end{bmatrix}
$$

Kinematische Beziehungen:

$$
\boldsymbol{\epsilon} = \begin{bmatrix} \boldsymbol{\alpha}_{(\alpha\beta)} \\ \boldsymbol{\rho}_{(\alpha\beta)} \end{bmatrix} = \begin{bmatrix} \boldsymbol{D}_{11} & -\boldsymbol{D}_{12} \\ -\boldsymbol{D}_{21} & -\boldsymbol{D}_{22} \end{bmatrix} \cdot \begin{bmatrix} \boldsymbol{v}_\alpha \\ \boldsymbol{v}_3 \end{bmatrix} = \boldsymbol{D}_k \boldsymbol{u}
\qquad
-\boldsymbol{p} = -\begin{bmatrix} \boldsymbol{p}^\alpha \\ \boldsymbol{p}^3 \end{bmatrix} = \begin{bmatrix} \boldsymbol{D}_{11}^T & -\boldsymbol{D}_{21}^T \\ \boldsymbol{D}_{12}^T & \boldsymbol{D}_{22}^T \end{bmatrix} \cdot \begin{bmatrix} \boldsymbol{n}^{(\alpha\beta)} \\ \boldsymbol{m}^{(\alpha\beta)} \end{bmatrix} = \boldsymbol{D}_e \boldsymbol{\sigma}
$$

Gleichgewichtsbedingungen:

$$
-\begin{bmatrix} p^1 \\ p^2 \\ \hline p^3 \end{bmatrix}
=
\left[\begin{array}{cccc|cccc}
d_1 & \frac{1}{2}d_2 & \frac{1}{2}d_2 & 0 & -\frac{1}{2}(2b_1^1 d_1 - b_1^2 d_2) & -\frac{1}{4}(3b_1^1 d_2 + 2b_2^1 d_1 - b_2^2 d_2) & -\frac{1}{4}(3b_1^1 d_2 + 2b_2^1 d_1 - b_2^2 d_2) & -\frac{3}{2}b_2^1 d_2 \\
0 & \frac{1}{2}d_1 & \frac{1}{2}d_1 & d_2 & -\frac{3}{2}b_1^2 d_1 & -\frac{1}{4}(3b_2^2 d_1 + 2b_1^2 d_2 - b_1^1 d_1) & -\frac{1}{4}(3b_2^2 d_1 + 2b_1^2 d_2 - b_1^1 d_1) & -\frac{1}{2}(2b_2^2 d_2 - b_2^1 d_1) \\ \hline
b_{11} & b_{12} & b_{21} & b_{22} & d_{11} & \frac{1}{2}(d_{12}+d_{21}) & \frac{1}{2}(d_{12}+d_{21}) & d_{22}
\end{array}\right]
\cdot
\begin{bmatrix} n^{(11)} \\ n^{(12)} \\ n^{(21)} \\ n^{(22)} \\ \hline m^{(11)} \\ m^{(12)} \\ m^{(21)} \\ m^{(22)} \end{bmatrix}
$$

Tafel 4.15 Kinematischer Operator und Gleichgewichtsoperator zu Bild 4.11

$$
\boldsymbol{\sigma} = \begin{bmatrix} \boldsymbol{n}^{\alpha\beta} \\ \boldsymbol{m}^{(\alpha\beta)} \end{bmatrix} = D \begin{bmatrix} \boldsymbol{E}_{11} & -\frac{h^2}{12}\boldsymbol{E}_{12} \\ -\frac{h^2}{12}\boldsymbol{E}_{12}^T & \frac{h^2}{12}\boldsymbol{E}_{11} \end{bmatrix} \cdot \begin{bmatrix} \varphi_{\alpha\beta} \\ \boldsymbol{\chi}_{(\alpha\beta)} \end{bmatrix} = D\boldsymbol{E}\boldsymbol{\epsilon}
\qquad
\boldsymbol{E}_{11} = \begin{bmatrix} H^{1111} & H^{1112} & H^{1112} & H^{1122} \\ H^{1112} & H^{1212} & H^{1212} & H^{1222} \\ H^{1112} & H^{1212} & H^{1212} & H^{1222} \\ H^{1122} & H^{1222} & H^{1222} & H^{2222} \end{bmatrix} = \boldsymbol{E}_{11}^T
$$

E *Elastizitätsmodul*
ν *Querdehnungszahl* $\qquad D = \frac{Eh}{1-\nu^2}$ *Dehnsteifigkeit des Querschnitts*
h *Querschnittsdicke*

$$
\boldsymbol{E}_{12} = \begin{bmatrix}
H^{1111} b_1^1 + H^{1112} b_2^1 & H^{1112} b_1^1 + H^{1212} b_2^1 & H^{1112} b_1^1 + H^{1212} b_2^1 & H^{1122} b_1^1 + H^{1222} b_2^1 \\
H^{1111} b_1^2 + H^{1112} b_2^2 & H^{1112} b_1^2 + H^{1212} b_2^2 & H^{1112} b_1^2 + H^{1212} b_2^2 & H^{1122} b_1^2 + H^{1222} b_2^2 \\
H^{1112} b_1^1 + H^{1122} b_2^1 & H^{1212} b_1^1 + H^{1222} b_2^1 & H^{1212} b_1^1 + H^{1222} b_2^1 & H^{1222} b_1^1 + H^{2222} b_2^1 \\
H^{1112} b_1^2 + H^{1122} b_2^2 & H^{1212} b_1^2 + H^{1222} b_2^2 & H^{1212} b_1^2 + H^{1222} b_2^2 & H^{1222} b_1^2 + H^{2222} b_2^2
\end{bmatrix}
$$

Tafel 4.16 Operatoren des Elastizitästgesetzes zu Bild 4.11

$$
\boldsymbol{t}^\circ = \begin{bmatrix} \tilde{n}_t \\ \tilde{n}_u \\ \tilde{n}_3 \\ m_t \end{bmatrix} = \left[\begin{array}{cccccccc|c} u_1 t_1 & u_1 t_2 & u_2 t_1 & u_2 t_2 & 0 & 0 & 0 & 0 & k_1 \\ u_1 u_1 & u_1 u_2 & u_2 u_1 & u_2 u_2 & 0 & 0 & 0 & 0 & k_2 \\ 0 & 0 & 0 & 0 & u_1 d_1 & \frac{1}{2}(u_1 d_2 + u_2 d_1) & \frac{1}{2}(u_1 d_2 + u_2 d_1) & u_2 d_2 & -(t^1 \partial_1 + t^2 \partial_2) \\ 0 & 0 & 0 & 0 & u_1 u_1 & u_1 u_2 & u_2 u_1 & u_2 u_2 & 0 \end{array}\right] \cdot \left[\begin{array}{c} n^{11} \\ n^{12} \\ n^{21} \\ n^{22} \\ m^{(11)} \\ m^{(12)} \\ m^{(21)} \\ m^{(22)} \\ \hline m_u \end{array}\right] = \boldsymbol{R}_t^* \boldsymbol{\sigma}^*
$$

$$
\boldsymbol{t}^\circ = \boldsymbol{R}_t^* \boldsymbol{\sigma}^* = \left[\boldsymbol{R}_{t\sigma}^* \;\vdots\; \boldsymbol{R}_{tu}^*\right] \cdot \left[\begin{array}{c} \boldsymbol{\sigma} \\ \hline \boldsymbol{m}_u \end{array}\right], \quad \boldsymbol{m}_u = \left[m_u\right]
$$

$\boldsymbol{t}^\circ = \boldsymbol{R}_t \boldsymbol{\sigma}$ *mit* $\boldsymbol{R}_t = (\boldsymbol{R}_{t\sigma}^* + \boldsymbol{R}_{tu}^* \cdot \boldsymbol{R}_{u\sigma}^*)$,

$\boldsymbol{R}_{u\sigma}^*$ *entsprechend Tafel 4.6*

Abkürzungen:

$k_1 = b_\lambda^\beta t^\lambda t_\beta; \quad d_\alpha = \cdots /_\alpha$

$k_2 = b_\lambda^\beta t^\lambda u_\beta; \quad \partial_\alpha = \dfrac{\partial \cdots}{\partial \Theta^\alpha} = \cdots,_\alpha$

Tafel 4.17 Randoperator zu Bild 4.11

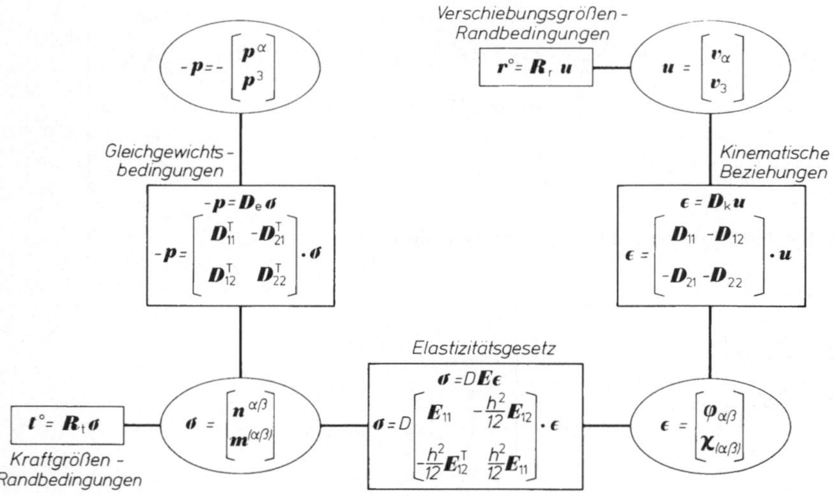

Bild 4.11 Strukturschema einer konsistent formulierten linearen Flächentragwerkstheorie vom Kirchhoff-Love-Typ (Variante B)

4.3.5 Variante C der Normalentheorie

Zur Herleitung der Grundgleichungen dieser Formulierungsvariante greifen wir auf die Zusammenstellungen des Abschnittes 4.3.3 und der Tafel 4.10 zurück, die diese Variante unter Einschluß von Schubverzerrungen behandeln. Als ersten Schritt eliminieren wir durch

$$
q^\alpha = m^{(\lambda\alpha)}|_\lambda \tag{4.3.21}
$$

den Querkraftvektor in den Kräftegleichgewichtsbedingungen (4.3.14):

$$
\begin{aligned}
-p^{\beta} &= n^{(\alpha\beta)}|_{\alpha} - \frac{1}{2} m^{(\alpha\lambda)}|_{\alpha} b^{\beta}_{\lambda} + \frac{1}{2} m^{(\beta\lambda)}|_{\alpha} b^{\alpha}_{\lambda} - m^{(\lambda\alpha)}|_{\lambda} b^{\beta}_{\alpha} \\
&= n^{(\alpha\beta)}|_{\alpha} - \frac{3}{2} m^{(\alpha\lambda)}|_{\alpha} b^{\beta}_{\lambda} + \frac{1}{2} m^{(\beta\lambda)}|_{\alpha} b^{\alpha}_{\lambda} , \qquad (4.3.22)\\
-p^{3} &= n^{(\alpha\beta)} b_{\alpha\beta} + m^{(\alpha\beta)}|_{\alpha\beta} .
\end{aligned}
$$

Die erste der kinematischen Beziehungen (4.3.13) verbleibt unverändert, im zweiten Verzerrungstensor $\rho_{(\alpha\beta)}$ wird erneut die Näherung (4.3.6) eingeführt:

$$
\begin{aligned}
\alpha_{(\alpha\beta)} &= \frac{1}{2}(v_{\alpha}|_{\beta} + v_{\beta}|_{\alpha} - 2 v_3 b_{\alpha\beta}) , \\
\rho_{(\alpha\beta)} &= \frac{1}{2}(w_{\alpha}|_{\beta} + w_{\beta}|_{\alpha} + b^{\rho}_{\alpha}\varphi_{[\rho\beta]} + b^{\rho}_{\beta}\varphi_{[\rho\alpha]}) \qquad (4.3.23)\\
&= \frac{1}{2}\left(-v_3|_{\alpha\beta} - v_3|_{\beta\alpha} + \frac{1}{2} b^{\rho}_{\alpha}(v_{\beta}|_{\rho} - 3 v_{\rho}|_{\beta}) + \frac{1}{2} b^{\rho}_{\beta}(v_{\alpha}|_{\rho} - 3 v_{\rho}|_{\alpha})\right) .
\end{aligned}
$$

Elastisches Potential und konstitutive Beziehungen werden mit $\gamma_{\alpha} = 0$ Tafel 4.10 entnommen.*

Greifen wir schließlich noch auf die Randvariablen (4.1.64) zurück und modifizieren ihre beiden Randkräfte $\tilde{n}_t$, $\tilde{n}_u$ durch die Substitution (4.3.15):

$$
\begin{aligned}
\tilde{n}_t &= \left(n^{(\alpha\beta)} - \frac{1}{2} m^{(\alpha\lambda)} b^{\beta}_{\lambda} + \frac{1}{2} m^{(\beta\lambda)} b^{\alpha}_{\lambda} \right) u_{\alpha} t_{\beta} + b^{\beta}_{\lambda} t^{\lambda} t_{\beta} m_u , \\
\tilde{n}_u &= n^{(\alpha\beta)} u_{\alpha} u_{\beta} + b^{\beta}_{\lambda} t^{\lambda} u_{\beta} m_u ,
\end{aligned}
\qquad (4.3.24)
$$

so sind erneut alle Grundgleichungen dieser Formulierungsvariante bekannt und können in Tafel 4.18 zusammengestellt werden. Alle weiteren Operator- und Variablenmatrizen enthalten die Tafeln 4.19 bis 4.21; das Strukturschema findet sich auf Bild 4.12.

* *Die unter Verzicht auf die Näherung schwach veränderlicher Mittelflächenkrümmung zusätzlich in (4.3.22, 23) entstehenden Glieder möge der interessierte Leser einfügen.*

<table>
<tr><td colspan="2">1. Prinzip der virtuellen Verschiebungen:</td></tr>
<tr><td colspan="2">$$\iint_F \boldsymbol{p}\cdot\delta\boldsymbol{v}\,dF + \oint_C(\tilde{\boldsymbol{n}}\cdot\delta\boldsymbol{v}+\boldsymbol{m}_t\cdot\delta\boldsymbol{\omega}_t)ds + [m_u\,\delta v_3]_C - \iint_F(n^{(\alpha\beta)}\delta\alpha_{(\alpha\beta)}+m^{(\alpha\beta)}\delta\varrho_{(\alpha\beta)})\,dF = 0$$</td></tr>
<tr><td colspan="2">2. Äußere mechanische Variablen:</td></tr>
<tr><td>$\boldsymbol{p} = p^\alpha \boldsymbol{a}_\alpha + p^3\boldsymbol{a}_3$</td><td>$\boldsymbol{v} = v_\alpha \boldsymbol{a}^\alpha + v_3\boldsymbol{a}^3$</td></tr>
<tr><td colspan="2">3. Innere mechanische Variablen:</td></tr>
<tr><td>$n^{(\alpha\beta)} = n^{\alpha\beta} + \frac{1}{2}m^{\alpha\lambda}b_\lambda^\beta - \frac{1}{2}m^{\beta\lambda}b_\lambda^\alpha\,;\; m^{(\alpha\beta)}$</td><td>$\alpha_{(\alpha\beta)}\,;\; \varrho_{(\alpha\beta)}$</td></tr>
<tr><td colspan="2">4. Randvariablen:</td></tr>
<tr><td>$\tilde{\boldsymbol{n}} = \tilde{n}_t\boldsymbol{t} + \tilde{n}_u\boldsymbol{u} + \tilde{n}_3\boldsymbol{a}_3\,;$
$\boldsymbol{m}_t = m_t\boldsymbol{t}$</td><td>$\boldsymbol{v} = v_t\boldsymbol{t} + v_u\boldsymbol{u} + v_3\boldsymbol{a}_3\,;$
$\boldsymbol{\omega}_t = \omega_t\boldsymbol{t}$</td></tr>
<tr><td colspan="2">5. Feldgleichungen:</td></tr>
<tr><td>$-p^\beta = n^{(\alpha\beta)}|_\alpha - \frac{3}{2}m^{(\alpha\lambda)}|_\alpha b_\lambda^\beta + \frac{1}{2}m^{(\beta\lambda)}|_\alpha b_\lambda^\alpha \quad (m^{(\alpha\lambda)}b_\lambda^\beta|_\alpha \approx 0)$
$-p^3 = n^{(\alpha\beta)}b_{\alpha\beta} + m^{(\alpha\beta)}|_{\alpha\beta}$</td><td>$\alpha_{(\alpha\beta)} = \frac{1}{2}(v_\alpha|_\beta + v_\beta|_\alpha - 2v_3\,b_{\alpha\beta}) \quad (v_\lambda\,b_\beta^\lambda|_\alpha \approx 0)$
$\varrho_{(\alpha\beta)} = \frac{1}{2}(-v_3|_{\alpha\beta} - v_3|_{\beta\alpha} + \frac{1}{2}b_\alpha^\varrho(v_\beta|_\varrho - 3v_\varrho|_\beta) + \frac{1}{2}b_\beta^\varrho(v_\alpha|_\varrho - 3v_\varrho|_\alpha))$</td></tr>
<tr><td colspan="2">6. Formänderungsenergiedichte isotroper Tragwerke:</td></tr>
<tr><td colspan="2">$\pi_i = \frac{1}{2}(DH^{\alpha\beta\lambda\mu}\alpha_{(\alpha\beta)}\,\alpha_{(\lambda\mu)} - 2BH^{\alpha\beta\lambda\mu}b_\lambda^\varrho\alpha_{(\mu\varrho)}\,\varrho_{(\alpha\beta)} + BH^{\alpha\beta\lambda\mu}\varrho_{(\alpha\beta)}\,\varrho_{(\lambda\mu)} = \frac{1}{2}(n^{(\alpha\beta)}\,\alpha_{(\alpha\beta)} + m^{(\alpha\beta)}\varrho_{(\alpha\beta)})$</td></tr>
<tr><td colspan="2">7. Konstitutive Beziehungen isotroper Tragwerke:</td></tr>
<tr><td colspan="2">$n^{(\alpha\beta)} = \frac{\partial\pi_i}{\partial\alpha_{(\alpha\beta)}} = DH^{\alpha\beta\lambda\mu}\,\alpha_{(\lambda\mu)} - \frac{B}{2}(H^{\alpha\varepsilon\lambda\mu}b_\varepsilon^\beta + H^{\varepsilon\beta\lambda\mu}b_\varepsilon^\alpha)\varrho_{(\lambda\mu)}\,; \quad m^{(\alpha\beta)} = \frac{\partial\pi_i}{\partial\varrho_{(\alpha\beta)}} = BH^{\alpha\beta\lambda\mu}(\varrho_{(\lambda\mu)} - b_\lambda^\varrho\,\alpha_{(\mu\varrho)})$</td></tr>
<tr><td colspan="2">8. Vorschreibbare Randbedingungen:</td></tr>
<tr><td>$\boldsymbol{n}^\circ = [(n^{(\alpha\beta)} - \frac{1}{2}m^{(\alpha\lambda)}b_\lambda^\beta + \frac{1}{2}m^{(\beta\lambda)}b_\lambda^\alpha)u_\alpha t_\beta + b_\lambda^\beta t^\lambda t_\beta\,m_u]\,\boldsymbol{t}$
$+(n^{(\alpha\beta)}u_\alpha\,u_\beta + b_\lambda^\beta t^\lambda u_\beta\,m_u)\,\boldsymbol{u}$
$+(m^{(\alpha\beta)}|_\alpha\,u_\beta - m_{u,\alpha}\,t^\alpha)\boldsymbol{a}_3\,;$
$\boldsymbol{m}_t^\circ = m^{(\alpha\beta)}u_\alpha\,u_\beta\,\boldsymbol{t}$ mit: $m_u = -m^{(\alpha\beta)}\,u_\alpha\,t_\beta$
Eckkraft: $E_3 = -m^{(\alpha\beta)}[u_\alpha\,t_\beta]_{-a}^{+a}\,;$</td><td>$\boldsymbol{v}^\circ = v_\alpha t^\alpha\boldsymbol{t} + v_\alpha u^\alpha\boldsymbol{u} + v_3\,\boldsymbol{a}_3$

$\boldsymbol{\omega}_t^\circ = -(v_{3,n} + b_\lambda^\beta u^\lambda v_\beta)\,\boldsymbol{t}$</td></tr>
</table>

Tafel 4.18 Mechanische Variablen und Bestimmungsgleichungen einer konsistent formulierten linearen Flächentragwerkstheorie vom Kirchhoff-Love-Typ (Variante C)

$$\begin{bmatrix} \varphi_{11} \\ \varphi_{12} \\ \varphi_{21} \\ \varphi_{22} \\ \hline \varkappa_{(11)} \\ \varkappa_{(12)} \\ \varkappa_{(21)} \\ \varkappa_{(22)} \end{bmatrix} = \left[\begin{array}{cc|c} d_1 & 0 & -b_{11} \\ 0 & d_1 & -b_{12} \\ d_2 & 0 & -b_{21} \\ 0 & d_2 & -b_{22} \\ \hline -b_1^1 d_1 & -b_1^2 d_1 & -d_{11} \\ -\frac{1}{2}(b_2^1 d_1 + b_1^1 d_2) & -\frac{1}{2}(b_2^2 d_1 + b_1^2 d_2) & -\frac{1}{2}(d_{12} + d_{21}) \\ -\frac{1}{2}(b_2^1 d_1 + b_1^1 d_2) & -\frac{1}{2}(b_2^2 d_1 + b_1^2 d_2) & -\frac{1}{2}(d_{12} + d_{21}) \\ -b_2^1 d_2 & -b_2^2 d_2 & -d_{22} \end{array}\right] \cdot \begin{bmatrix} v_1 \\ v_2 \\ \hline v_3 \end{bmatrix}$$

Kinematische Beziehungen:

$$\boldsymbol{\epsilon} = \begin{bmatrix} \boldsymbol{\varphi}_{\alpha\beta} \\ \boldsymbol{\chi}_{(\alpha\beta)} \end{bmatrix} = \begin{bmatrix} \boldsymbol{D}_{11} & -\boldsymbol{D}_{12} \\ -\boldsymbol{D}_{21} & -\boldsymbol{D}_{22} \end{bmatrix} \cdot \begin{bmatrix} \boldsymbol{v}_\alpha \\ \boldsymbol{v}_3 \end{bmatrix} = \boldsymbol{D}_k \boldsymbol{u} \qquad -\boldsymbol{p} = -\begin{bmatrix} \boldsymbol{p}^\alpha \\ \boldsymbol{p}^3 \end{bmatrix} = \begin{bmatrix} \boldsymbol{D}_{11}^T & -\boldsymbol{D}_{21}^T \\ \boldsymbol{D}_{12}^T & \boldsymbol{D}_{22}^T \end{bmatrix} \cdot \begin{bmatrix} \boldsymbol{n}^{\alpha\beta} \\ \boldsymbol{m}^{(\alpha\beta)} \end{bmatrix} = \boldsymbol{D}_e \boldsymbol{\sigma}$$

Gleichgewichtsbedingungen:

$$-\begin{bmatrix} p^1 \\ p^2 \\ \hline p^3 \end{bmatrix} = \left[\begin{array}{cccc|cccc} d_1 & 0 & d_2 & 0 & -b_1^1 d_1 & -\frac{1}{2}(b_2^1 d_1 + b_1^1 d_2) & -\frac{1}{2}(b_2^1 d_1 + b_1^1 d_2) & -b_2^1 d_2 \\ 0 & d_1 & 0 & d_2 & -b_1^2 d_1 & -\frac{1}{2}(b_2^2 d_1 + b_1^2 d_2) & -\frac{1}{2}(b_2^2 d_1 + b_1^2 d_2) & -b_2^2 d_2 \\ \hline b_{11} & b_{12} & b_{21} & b_{22} & d_{11} & \frac{1}{2}(d_{12} + d_{21}) & \frac{1}{2}(d_{12} + d_{21}) & d_{22} \end{array}\right] \cdot \begin{bmatrix} n^{11} \\ n^{12} \\ n^{21} \\ n^{22} \\ \hline m^{(11)} \\ m^{(12)} \\ m^{(21)} \\ m^{(22)} \end{bmatrix}$$

Tafel 4.19 Kinematischer Operator und Gleichgewichtsoperator zu Bild 4.12

$$\boldsymbol{\sigma} = \begin{bmatrix} \boldsymbol{n}^{(\alpha\beta)} \\ \boldsymbol{m}^{(\alpha\beta)} \end{bmatrix} = D \begin{bmatrix} \boldsymbol{E}_{11} & -\frac{h^2}{12} \cdot \frac{1}{2} (\boldsymbol{E}_{12} + \boldsymbol{E}_{12}^*) \\ -\frac{h^2}{12} \boldsymbol{E}_{12}^T & \frac{h^2}{12} \boldsymbol{E}_{11} \end{bmatrix} \cdot \begin{bmatrix} \boldsymbol{\alpha}_{(\alpha\beta)} \\ \boldsymbol{\rho}_{(\alpha\beta)} \end{bmatrix} = D \boldsymbol{E} \boldsymbol{\epsilon}$$

$$\boldsymbol{E}_{11} = \begin{bmatrix} H^{1111} & H^{1112} & H^{1112} & H^{1122} \\ H^{1112} & H^{1212} & H^{1212} & H^{1222} \\ H^{1112} & H^{1212} & H^{1212} & H^{1222} \\ H^{1122} & H^{1222} & H^{1222} & H^{2222} \end{bmatrix} = \boldsymbol{E}_{11}^T$$

E *Elastizitätsmodul*
ν *Querdehnungszahl*
h *Querschnittsdicke*

$D = \dfrac{Eh}{1-\nu^2}$ *Dehnsteifigkeit des Querschnitts*

$$\boldsymbol{E}_{12} = \begin{bmatrix} H^{1111} b_1^1 + H^{1112} b_2^1 & H^{1112} b_1^1 + H^{1212} b_2^1 & H^{1112} b_1^1 + H^{1212} b_2^1 & H^{1122} b_1^1 + H^{1222} b_2^1 \\ H^{1111} b_1^2 + H^{1112} b_2^2 & H^{1112} b_1^2 + H^{1212} b_2^2 & H^{1112} b_1^2 + H^{1212} b_2^2 & H^{1122} b_1^2 + H^{1222} b_2^2 \\ H^{1112} b_1^1 + H^{1122} b_2^1 & H^{1212} b_1^1 + H^{1222} b_2^1 & H^{1212} b_1^1 + H^{1222} b_2^1 & H^{1222} b_1^1 + H^{2222} b_2^1 \\ H^{1112} b_1^2 + H^{1122} b_2^2 & H^{1212} b_1^2 + H^{1222} b_2^2 & H^{1212} b_1^2 + H^{1222} b_2^2 & H^{1222} b_1^2 + H^{2222} b_2^2 \end{bmatrix}$$

Tafel 4.20 Operatoren des Elastizitätsgesetzes zu Bild 4.12

Vorschreibbare Kraftgrößen - Randbedingungen:

$$\boldsymbol{t}^\circ = \begin{bmatrix} \tilde{n}_t \\ \tilde{n}_u \\ \tilde{n}_3 \\ m_t \end{bmatrix} = \left[\begin{array}{cccccccc|c} u_1t_1 & u_1t_2 & u_2t_1 & u_2t_2 & -\frac{1}{2}b^2_1(u_1t_2-u_2t_1) & -\frac{1}{2}b^2_2(u_1t_2-u_2t_1) & \frac{1}{2}b^1_1(u_1t_2-u_2t_1) & \frac{1}{2}b^1_2(u_1t_2-u_2t_1) & k_1 \\ u_1u_1 & u_1u_2 & u_2u_1 & u_2u_2 & 0 & 0 & 0 & 0 & k_2 \\ 0 & 0 & 0 & 0 & u_1d_1 & \frac{1}{2}(u_1d_2+u_2d_1) & \frac{1}{2}(u_1d_2+u_2d_1) & u_2d_2 & -(t^1\partial_1+t^2\partial_2) \\ 0 & 0 & 0 & 0 & u_1u_1 & u_1u_2 & u_2u_1 & u_2u_2 & 0 \end{array}\right] \cdot \begin{bmatrix} n^{(11)} \\ n^{(12)} \\ n^{(21)} \\ n^{(22)} \\ m^{(11)} \\ m^{(12)} \\ m^{(21)} \\ m^{(22)} \\ \hline m_u \end{bmatrix} = \boldsymbol{R}^*_t \boldsymbol{\sigma}^*$$

$$\boldsymbol{m}_u = \begin{bmatrix} m_u \end{bmatrix} = \begin{bmatrix} 0 & 0 & 0 & 0 & -u_1t_1 & -\frac{1}{2}(u_1t_2+u_2t_1) & -\frac{1}{2}(u_1t_2+u_2t_1) & -u_2t_2 \end{bmatrix} \cdot \begin{bmatrix} n^{(11)} \\ n^{(12)} \\ n^{(21)} \\ n^{(22)} \\ m^{(11)} \\ m^{(12)} \\ m^{(21)} \\ m^{(22)} \end{bmatrix} = \boldsymbol{R}^*_{u\sigma} \boldsymbol{\sigma}$$

$$\boldsymbol{t}^\circ = \boldsymbol{R}^*_t \boldsymbol{\sigma}^* = \boldsymbol{R}^*_{t\sigma} \boldsymbol{\sigma} + \boldsymbol{R}^*_{tu} \boldsymbol{m}_u = (\boldsymbol{R}^*_{t\sigma} + \boldsymbol{R}^*_{tu} + \boldsymbol{R}^*_{u\sigma})\,\boldsymbol{\sigma} = \boldsymbol{R}_t \boldsymbol{\sigma}$$

Vorschreibbare Verschiebungsgrößen - Randbedingungen:

$$\boldsymbol{r}^\circ = \begin{bmatrix} v_t \\ v_u \\ v_3 \\ \omega_t \end{bmatrix} = \left[\begin{array}{cc|c} t^1 & t^2 & 0 \\ u^1 & u^2 & 0 \\ 0 & 0 & 1 \\ -(b^1_1 t^1 + b^1_2 t^2) & -(b^2_1 t^1 + b^2_2 t^2) & -\partial_n \end{array}\right] \cdot \begin{bmatrix} v_1 \\ v_2 \\ \hline v_3 \end{bmatrix} = \boldsymbol{R}_t \boldsymbol{u}$$

Abkürzungen: $k_1 = b^\beta_\lambda t^\lambda t_\beta$ $\quad k_2 = b^\beta_\lambda t^\lambda u_\beta$ $\quad d_\alpha = \ldots|_\alpha$ $\quad \partial_\alpha = \ldots,_\alpha$ $\quad \partial_n = \ldots,_n$

Tafel 4.21 Randoperatoren zu Bild 4.12

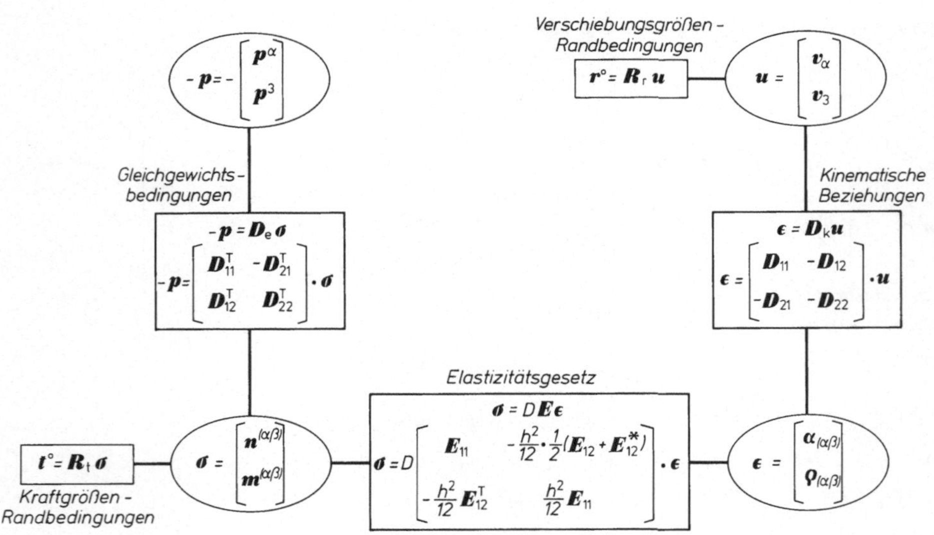

Bild 4.12 Strukturschema einer konsistent formulierten linearen Flächentragwerkstheorie vom Kirchhoff-Love-Typ (Variante C)

4.3.6 Gegenüberstellung historischer Schalentheorien

Die Adjungiertheit der Suboperatoren von $\mathbf{D}_e$ und $\mathbf{D}_k$ ist das gemeinsame Kennzeichen jeder konsistent formulierten Flächentragwerkstheorie, gleichgültig, ob es sich um eine Normalentheorie oder um eine solche mit Schubverzerrungen handelt. Diese Eigenschaft bleibt selbstverständlich auch erhalten, wenn gemischtvariante Tensorkomponenten als innere Variablen $\boldsymbol{\sigma}$, $\boldsymbol{\epsilon}$ gewählt werden [119].

In der geschichtlichen Entwicklung entstanden zunächst Normalentheorien, deren Ergebnisse im allgemeinen nicht schlechter zu bewerten sind als diejenigen von Schubverzerrungstheorien (siehe Abschnitt 4.2.2). Warum haben wir dennoch diese stets neben den Formulierungsvarianten vom *Kirchhoff-Love-Typ* behandelt? Flächentragwerkstheorien unter Einschluß von Schubverzerrungen sind frei von den zusätzlichen Näherungen (4.1.59) der Randkräfte; Randbedingungen lassen sich daher häufig übersichtlicher und korrekter beschreiben.

Wir beschließen die Betrachtungen über Formulierungsvarianten mit einem Rückblick auf historische Normalentheorien. Dabei stützen wir uns auf die Forschungsberichte [120, 121] sowie eigene Vergleiche. Interessanterweise waren die Gleichgewichtsbedingungen bereits frühzeitig korrekt formuliert, und Unschärfen traten vornehmlich in den kinematischen Beziehungen und im Werkstoffgesetz zutage. Unser Vergleich in Tafel 4.22 wird sich daher auf diese beiden Operatoren beschränken. In [121] sind erkannte Fehler im einzelnen lokalisiert. Dies mag aus historischen Gründen von Interesse sein, für den Qualitätswert einer Theorie jedoch kaum, da jede Verletzung der Symmetrie des Strukturschemas zu einer Unschärfe in der positiven Definitheit des Fundamentaloperators (siehe z.B. (3.5.17)) führt, und jede Streichung im Elastizitätsgesetz den Abbruchfehler gegenüber (4.2.33) vergrößert.

Wie bereits erwähnt, stammt die erste völlig korrekte Formulierung der linearen Schalentheorie von *P.M. Naghdi* [74], sie entspricht weitgehend der Variante A. Unsere Gegenüberstellung beginnen wir mit der sogenannten ersten *Love*schen Näherung in der Fassung von *E. Reissner* [91]. Wie im Vergleich mit Tafel 4.18 erkennbar, handelt es sich um eine im zweiten Verzerrungstensor und den Werkstoffgesetzen vereinfachte Formulierungsvariante C. In der Erstauflage der Monographie [31] von *A.E. Green/W. Zerna* ist diese Näherung durch Streichung der mit dem Krümmungstensor b_ϵ^ρ behafteten Verschiebungsglieder weitestgehend vereinfacht worden:

$$\rho_{(\alpha\beta)} = -v_3|_{\alpha\beta} \,. \tag{4.3.25}$$

W. Wunderlich konnte die Forderung nach Starrkörperinvarianz der *Reissner*schen Fassung durch Addition von

$$\Delta\rho_{\alpha\beta} = \begin{bmatrix} 0 & b_1^1 v_2|_1 \\ & \\ -b_2^2 v_1|_2 & 0 \end{bmatrix} \tag{4.3.26}$$

zum zweiten Verzerrungstensor sicherstellen, allerdings nur für Hauptkrümmungskoordinaten und auf Kosten seiner Symmetrie [122]. Auf diese Arbeit geht übrigens die bei uns verwendete Formulierung in matriziellen Operatoren zurück.

Alle erwähnten Modifikationen der *Reissner*schen Fassung weisen ein unsymmetrisches Strukturschema auf. Demgegenüber sind in der von *W.T. Koiter* in [53] hergeleiteten Theorie (Tafel 4.22) zwar die statischen und kinematischen Beziehungen einer Variante C vollständig vorhanden, das Elastizitätsgesetz ist jedoch noch mit Fehlern der relativen Größenordnung h/R behaftet.

1. Erste Näherung von A.E. Love in der Fassung von E. Reissner

Feldgleichungen:

$$\alpha_{(\alpha\beta)} = \frac{1}{2}(v_{\alpha|\beta} + v_{\beta|\alpha} - 2v_3 b_{\alpha\beta})$$
$$\rho_{(\alpha\beta)} = -\frac{1}{2}(2v_{3|\alpha\beta} + v_{\rho|\alpha} b^{\rho}_{\beta} + v_{\rho|\beta} b^{\rho}_{\alpha})$$

Konstitutive Beziehungen isotroper Tragwerke:

$$n^{(\alpha\beta)} = DH^{\alpha\beta\lambda\mu}\alpha_{(\lambda\mu)} \; ; \quad m^{(\alpha\beta)} = BH^{\alpha\beta\lambda\mu}\rho_{(\lambda\mu)}$$

2. Näherung nach W.T. Koiter

Feldgleichungen:

$$\alpha_{(\alpha\beta)} = \frac{1}{2}(v_{\alpha|\beta} + v_{\beta|\alpha} - 2v_3 b_{\alpha\beta})$$
$$\rho_{(\alpha\beta)} = \frac{1}{2}(-2v_{3|\alpha\beta} + \frac{1}{2}b^{\rho}_{\alpha}(v_{\beta|\rho} - 3v_{\rho|\beta}) + \frac{1}{2}b^{\rho}_{\beta}(v_{\alpha|\rho} - 3v_{\rho|\alpha} - 2b^{\lambda}_{\alpha}|_{\beta} v_{\lambda})$$

Konstitutive Beziehungen isotroper Tragwerke:

$$n^{(\alpha\beta)} = DH^{\alpha\beta\lambda\mu}\alpha_{(\lambda\mu)} \; ; \quad m^{(\alpha\beta)} = BH^{\alpha\beta\lambda\mu}\rho_{(\lambda\mu)}$$

3. Näherung nach W. Zerna

Feldgleichungen:

$$\alpha_{(\alpha\beta)} = \frac{1}{2}(v_{\alpha|\beta} + v_{\beta|\alpha} - 2v_3 b_{\alpha\beta})$$
$$\omega_{(\alpha\beta)} = -(v_{3|\alpha\beta} + v_{\lambda} b^{\lambda}_{\alpha}|_{\beta} + b^{\lambda}_{\alpha} v_{\lambda|\beta} + b^{\lambda}_{\beta} v_{\lambda|\alpha} - b^{\lambda}_{\alpha} b_{\lambda\beta} v_3)$$

Konstitutive Beziehungen isotroper Tragwerke:

$$n^{(\alpha\beta)} = DH^{\alpha\beta\lambda\mu}\alpha_{(\lambda\mu)} \; ; \quad m^{(\alpha\beta)} = BH^{\alpha\beta\lambda\mu}\omega_{(\lambda\mu)}$$

4. Näherung nach A.L. Gol'denveizer und A.J. Lur'e

Feldgleichungen:

$$\alpha_{(\alpha\beta)} = \frac{1}{2}(v_{\alpha|\beta} + v_{\beta|\alpha} - 2v_3 b_{\alpha\beta})$$
$$\hat{\omega}_{\alpha\beta} = -v_{3|\alpha\beta} - v_{\rho|\beta} b^{\rho}_{\alpha} + \frac{1}{2}b^{\rho}_{\beta}(v_{\alpha|\rho} - v_{\rho|\alpha})$$

Konstitutive Beziehungen isotroper Tragwerke:

$$n^{\alpha\beta} = D\overset{a}{H}{}^{\alpha\beta\lambda\mu}\alpha_{(\lambda\mu)} + B\overset{b}{H}{}^{\alpha\beta\lambda\mu}\hat{\omega}_{\lambda\mu} \; ; \quad m^{(\alpha\beta)} = B\overset{c}{H}{}^{\alpha\beta\lambda\mu}\hat{\omega}_{\lambda\mu} + B\overset{d}{H}{}^{\alpha\beta\lambda\mu}\alpha_{(\alpha\beta)}$$

Tafel 4.22 Gegenüberstellung einiger historischer Schalentheorien vom Kirchhoff-Love-Typ

Die von *W. Zerna* entwickelte erste Approximation [123] entpuppt sich in unserer Systematik als ein verstümmelter Zwitter: Ihre kinematischen Beziehungen entsprechen der Variante A, die Werkstoffgleichungen sind Teile der Variante C. Eine völlige Sonderstellung schließlich nimmt die von *A.L. Gol'denveizer/A.J. Lur'e* in [27] angegebene Theorie ein. Ihr zweiter Verzerrungstensor ist unsymmetrisch, ebenso die vier in Tafel 4.22 mit $\overset{a}{H}{}^{\alpha\beta\lambda\mu}$ bis $\overset{d}{H}{}^{\alpha\beta\lambda\mu}$ bezeichneten Elastizitätstensoren. Sie widerspricht den meisten Wertungskriterien des Abschnittes 4.2.3 und lieferte bei Vergleichsberechnungen die schlechtesten Ergebnisse [121]. *Gol'denveizer* hat sie noch mehrfach verändert [26], nicht aber entscheidend verbessert.

Vor fast 20 Jahren hat *W. T. Koiter* [53] die Variantenvielfalt der linearen Schalentheorie als einen statistischen Beweis ihres approximativen Charakters gedeutet. Heute ist, wie der Leser erkannt haben wird, eine derartige Deutung nicht länger haltbar: Inhalt und Struktur bestmöglicher linearer Schalentheorien stehen zweifelsfrei fest.

4.4 Grenzfälle und systematische Vereinfachungen

4.4.1 Grundlagen und Herleitung

Die Grundgleichungen der Theorie der Flächentragwerke enthalten verschiedene praktisch bedeutsame Grenzfälle, die nun – in einer ersten Übersicht – systematisch hergeleitet werden sollen. Zur Festlegung ihrer Gültigkeitsgrenzen verweisen wir noch einmal auf das Instrumentarium der Abschnitte 4.2.1 und 4.2.2.

Demnach wählen wir die Flächenkoordinaten Θ^α erneut in einer solchen Weise, daß die Größenordnungsbeziehungen (4.2.3) erfüllt sind:

$$a_{\alpha\beta} \sim a^{\alpha\beta} = 0(1), \quad b_{\alpha\beta} \sim b^\beta_\alpha \sim b^{\alpha\beta} = 0(1/R), \tag{4.4.1}$$

wobei R wieder den kleinsten Hauptkrümmungsradius der Mittelfläche F abkürzt. Außerdem sei an das Größenordnungsmaß Θ (4.2.19) erinnert:

$$\Theta = \max\left\{\frac{h}{L}, \frac{h}{L_W}, \sqrt{\frac{h}{R}}, \sqrt{\eta}\right\} \ll 1, \tag{4.4.2}$$

in welchem L die kleinste Tragwerksabmessung und L_W die kleinste charakteristische Länge des Verformungsmusters nach Bild 4.5 bezeichnet. Insbesondere sei hierin auf die Gültigkeit der Dünne-Hypothese

$$h/R \ll 1 \tag{4.4.3}$$

bezüglich der Hauptkrümmungsradien hingewiesen.

Die späteren Abschätzungen begründen wir wiederum auf dem betragsmäßigen Größtwert η (4.2.5) der Hauptdehnungen des betrachteten Tragwerkspunktes:

$$\eta = \max \lfloor \gamma_{\alpha\beta} \rfloor = \max \lfloor \alpha_{(\alpha\beta)} + \Theta^3 \beta_{(\alpha\beta)} \rfloor, \tag{4.4.4}$$

aus denen im Abschnitt 4.2.2 die Schranken (4.2.33)

$$\tilde{n}^{(\alpha\beta)} \leqslant 0(Eh\eta), \quad m^{(\alpha\beta)} \leqslant 0(Eh^2\eta) \tag{4.4.5}$$

hergeleitet wurden. Unter Verwendung von L_W entstehen hieraus folgende Schranken für die kovarianten Ableitungen:

$$\tilde{n}^{(\alpha\beta)}|_\lambda \leqslant 0\left(Eh\eta \frac{1}{L_W}\right), \quad m^{(\alpha\beta)}|_\lambda \leqslant 0\left(Eh^2\eta \frac{1}{L_W}\right). \tag{4.4.6}$$

Im weiteren Verlauf wird es erforderlich werden, die Wirkungen des ersten und zweiten Verzerrungstensors, d.h. Dehnungen und Verbiegungen des Querschnitts zu unterscheiden. Entsprechend (4.2.38) verfeinern wir daher die Eingrenzung (4.4.4):

$$\begin{aligned} |\alpha_{(\alpha\beta)}| &\leqslant \alpha, \quad \alpha = \max \lfloor \alpha_{(\alpha\beta)} \rfloor \\ |\Theta^3 \beta_{(\alpha\beta)}| &\leqslant \beta, \quad \beta = \max \lfloor \Theta^3 \beta_{(\alpha\beta)} \rfloor = \frac{h}{2} \max \lfloor \beta_{(\alpha\beta)} \rfloor, \end{aligned} \tag{4.4.7}$$

woraus analog zu (4.4.5, 6) folgende Schranken angebbar sind:

$$\begin{aligned} \tilde{n}^{(\alpha\beta)} &\leqslant 0(Eh\alpha), & m^{(\alpha\beta)} &\leqslant 0(Eh^2\beta), \\ \tilde{n}^{(\alpha\beta)}|_\lambda &\leqslant 0\left(Eh\alpha \frac{1}{L_W}\right), & m^{(\alpha\beta)}|_\lambda &\leqslant 0\left(Eh^2\beta \frac{1}{L_W}\right). \end{aligned} \tag{4.4.8}$$

Die angestrebten Grenzfälle und Vereinfachungen sollen anhand der Formulierungsvariante A der Normalentheorie hergeleitet werden. Sie sind auf jede andere Formulierungsvariante übertragbar. Da $\omega_{(\alpha\beta)}$ die im Rahmen dieser Variante konsistente Form des zweiten Verzerrungstensors darstellt, darf (4.4.4, 7) selbstverständlich auch auf $\omega_{(\alpha\beta)}$ angewendet werden.

4.4.2 Theorie ebener Flächentragwerke

Zunächst werde die Mittelfläche des unverformten Tragwerks als eben vorausgesetzt:

$$b_{\alpha\beta} = b^{\beta}_{\alpha} = b^{\alpha\beta} \equiv 0\,, \quad \rightarrow R = \infty\,. \tag{4.4.9}$$

Hierdurch geht der symmetrische Tensor $\tilde{n}^{(\alpha\beta)}$ (4.1.13) in den Dehnungskrafttensor $n^{\alpha\beta}$ über: dieser ist für ebene Tragwerke stets symmetrisch:

$$\tilde{n}^{(\alpha\beta)} = n^{\alpha\beta} + m^{(\alpha\rho)}b^{\beta}_{\rho} = n^{\alpha\beta} = n^{(\alpha\beta)}. \tag{4.4.10}$$

Unter Berücksichtigung von (4.4.9, 10) gewinnen wir somit aus den Grundgleichungen der Tafel 4.3 die *Gleichgewichtsbedingungen*:

$$-p^{\beta} = n^{(\alpha\beta)}|_{\alpha}\,, \qquad -p^3 = m^{(\alpha\lambda)}|_{\alpha\lambda}\,, \tag{4.4.11}$$

die *kinematischen Beziehungen*:

$$\alpha_{(\alpha\beta)} = \frac{1}{2}(v_{\alpha}|_{\beta} + v_{\beta}|_{\alpha})\,, \qquad \omega_{(\alpha\beta)} = -v_3|_{\alpha\beta} \tag{4.4.12}$$

und die *konstitutiven Gesetze* dieses Sonderfalls:

$$n^{(\alpha\beta)} = DH^{\alpha\beta\lambda\mu}\alpha_{(\lambda\mu)}\,, \qquad m^{(\alpha\beta)} = BH^{\alpha\beta\lambda\mu}\omega_{(\lambda\mu)}\,. \tag{4.4.13}$$

Die *Randvariablen* (4.1.64) vereinfachen sich folgendermaßen:

$$\begin{aligned} n_t &= n^{(\alpha\beta)}u_{\alpha}t_{\beta}\,, & \tilde{n}_3 &= q^{\alpha}u_{\alpha} - m_{u,\alpha}t^{\alpha} = m^{(\alpha\beta)}|_{\beta}u_{\alpha} - m_{u,\alpha}t^{\alpha} \\ n_u &= n^{(\alpha\beta)}u_{\alpha}u_{\beta}\,, & m_t &= m^{(\alpha\beta)}u_{\alpha}u_{\beta}\,, \\ v_t &= v_{\alpha}t^{\alpha}, & v_3 &= v^3\,, \\ v_u &= v_{\alpha}u^{\alpha}, & \omega_t &= -v_{3,n} = -v_{3,\beta}u^{\beta}. \end{aligned} \tag{4.4.14}$$

Formänderungsenergiedichte π_i und Prinzip der virtuellen Verschiebungen der Tafel 4.3 bleiben unverändert gültig. Bemerkenswert erscheint, daß die Annahme (4.4.9) einer ebenen Mittelfläche aus allen weiteren Formulierungsvarianten ebenfalls stets dieselben Grundgleichungen (4.4.11) bis (4.4.14) erzeugt: unterschiedliche Formulierungsvarianten sind an die Bedingung $b^{\beta}_{\alpha} \neq 0$ geknüpft.

Nunmehr sollen die Gleichgewichtsbedingungen, die kinematischen Beziehungen und das Werkstoffgesetz wieder in Matrizenform dargestellt werden. Durch Vergleich obiger tensorieller Beziehungen, die sich auch in Tafel 4.23 finden, mit den Suboperatoren der Tafel 4.4. läßt sich unschwer erkennen, daß $\mathbf{D}_{11}$ unverändert bleibt, während $\mathbf{D}_{12}$ sowie $\mathbf{D}_{21}$ verschwinden. Im Suboperator $\mathbf{D}_{22}$ entfallen alle Komponenten des Krümmungstensors, übrig bleibt der sogenannte Plattenoperator:

$$\mathbf{D}_{22p} = \begin{bmatrix} d_{11} \\ \frac{1}{2}(d_{12}+d_{21}) \\ \frac{1}{2}(d_{12}+d_{21}) \\ d_{22} \end{bmatrix}. \tag{4.4.15}$$

1. Theorie ebener Flächentragwerke	$b^\alpha_\beta \equiv 0$
Feldgleichungen:	
$-p^\beta = n^{(\alpha\beta)}\|_\alpha$; $-p^3 = m^{(\alpha\lambda)}\|_{\alpha\lambda}$	$\alpha_{(\alpha\beta)} = \frac{1}{2}(v_{\alpha}\|_\beta + v_\beta\|_\alpha)$; $\omega_{(\alpha\beta)} = -v_3\|_{\alpha\beta}$
Konstitutive Beziehungen isotroper Tragwerke:	
$n^{(\alpha\beta)} = DH^{\alpha\beta\lambda\mu}\,\alpha_{(\lambda\mu)}$;	$m^{(\alpha\beta)} = BH^{\alpha\beta\lambda\mu}\,\omega_{(\lambda\mu)}$
2. Membrantheorie	$b^\alpha_\beta \neq 0 \quad L_w = O(R) \gg \{(hR)^{1/2}, (\frac{\beta}{\alpha}hR)^{1/2}\}$
Feldgleichungen:	
$-p^\beta = n^{(\alpha\beta)}\|_\alpha$; $-p^3 = n^{(\alpha\beta)} b_{\alpha\beta}$	$\alpha_{(\alpha\beta)} = \frac{1}{2}(v_\alpha\|_\beta + v_\beta\|_\alpha - 2b_{\alpha\beta}\, v_3)$; $\omega_{(\alpha\beta)} = -(v_3\|_{\alpha\beta} + b^\lambda_\alpha v_\lambda\|_\beta + b^\lambda_\beta v_\lambda\|_\alpha - b^\lambda_\alpha b_{\lambda\beta}\, v_3) = 0$
Konstitutive Beziehungen isotroper Tragwerke:	
$n^{(\alpha\beta)} = DH^{\alpha\beta\lambda\mu}\,\alpha_{(\lambda\mu)}$;	$m^{(\alpha\beta)} = BH^{\alpha\beta\lambda\mu}\,\omega_{(\lambda\mu)} \equiv 0$
3. Theorie dehnungloser Verbiegungen	$b^\alpha_\beta \neq 0 \quad (\frac{\beta}{\alpha}hR)^{1/2} \gg L_w = O(R) \gg (hR)^{1/2}$
Feldgleichungen:	
$-p^\beta = -2m^{(\alpha\lambda)}\|_\alpha\, b^\beta_\lambda$; $-p^3 = m^{(\alpha\lambda)}\|_{\alpha\lambda} - m^{(\alpha\lambda)} b^\beta_\lambda b_{\alpha\beta}$	$\alpha_{(\alpha\beta)} = \frac{1}{2}(v_\alpha\|_\beta + v_\beta\|_\alpha - 2b_{\alpha\beta}\, v_3) \equiv 0$ $\omega_{(\alpha\beta)} = -(v_3\|_{\alpha\beta} + b^\lambda_\alpha v_\lambda\|_\beta + b^\lambda_\beta v_\lambda\|_\alpha - b^\lambda_\alpha b_{\lambda\beta}\, v_3)$
Konstitutive Beziehungen isotroper Tragwerke:	
$\tilde{n}^{(\alpha\beta)} = DH^{\alpha\beta\lambda\mu}\,\alpha_{(\lambda\mu)} \equiv 0$;	$m^{(\alpha\beta)} = BH^{\alpha\beta\lambda\mu}\,\omega_{(\lambda\mu)}$
4. Theorie flacher Schalen u. Randstörungstheorie	$b^\alpha_\beta \neq 0 \quad L_w = O(hR)^{1/2} \ll R$
Feldgleichungen:	
$-p^\beta = n^{(\alpha\beta)}\|_\alpha$; $-p^3 = n^{(\alpha\beta)} b_{\alpha\beta} + m^{(\alpha\lambda)}\|_{\alpha\lambda}$	$\alpha_{(\alpha\beta)} = \frac{1}{2}(v_\alpha\|_\beta + v_\beta\|_\alpha - 2b_{\alpha\beta}\, v_3)$; $\omega_{(\alpha\beta)} = -v_3\|_{\alpha\beta}$
Konstitutive Beziehungen isotroper Tragwerke:	
$n^{(\alpha\beta)} = DH^{\alpha\beta\lambda\mu}\,\alpha_{(\lambda\mu)}$;	$m^{(\alpha\beta)} = BH^{\alpha\beta\lambda\mu}\,\omega_{(\lambda\mu)}$

Tafel 4.23 Grenzfälle und systematische Vereinfachungen

Übernehmen wir noch das Werkstoffgesetz aus Tafel 4.5 sowie die modifizierten Randvariablen (4.4.14) in Anlehnung an Tafel 4.6, so läßt sich das Strukturschema der Theorie ebener Flächentragwerke in Bild 4.13 zusammenfügen. Wegen der Diagonalform aller Operatoren entkoppelt sich das mechanische Geschehen in das Dehnungs- und Biegeproblem. Demnach steht für die Variablen $\{n^{(\alpha\beta)}, \alpha_{(\alpha\beta)}, v_\alpha\}$ des *Scheibenproblems* $(\alpha/\beta = \infty)$ und für diejenigen $\{m^{(\alpha\beta)}, \omega_{(\alpha\beta)}, v_3\}$ des *Plattenproblems* $(\alpha/\beta = 0)$ je ein vollständiges Randwertproblem bereit, weshalb die Grundbeziehungen (4.4.11) bis (4.4.14) bereits in gleicher Weise getrennt wurden. Diese Entkopplung überträgt sich in das elastische Potential und in das Prinzip der virtuellen Verschiebungen aus Tafel 4.3.

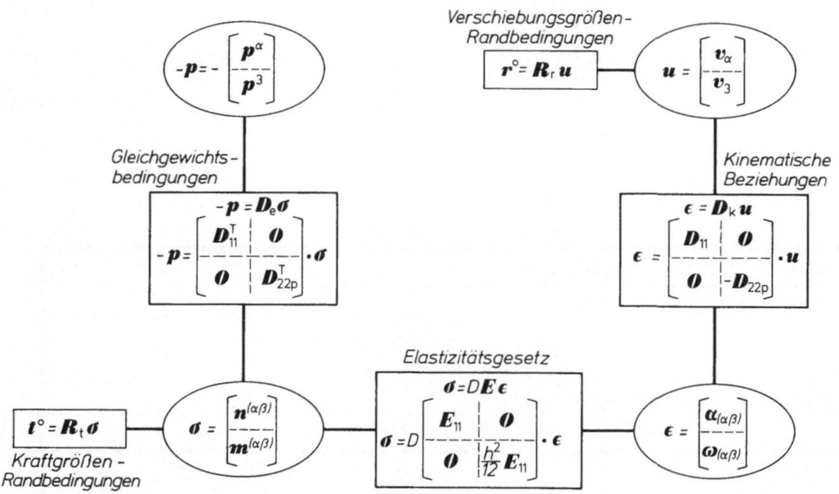

Bild 4.13 Strukturschema der Theorie ebener Flächentragwerke vom Kirchhoff-Love-Typ

Abschließend sei die Frage gestellt, ob die hergeleiteten Grundgleichungen der Theorie ebener Flächentragwerke auch unter allgemeineren Voraussetzungen als (4.4.9) Gültigkeit besitzen. Wir klären diese Frage durch Abschätzung der in (4.4.11) gegenüber den Gleichgewichtsbedingungen der Tafel 4.3 ($b^{\beta}_{\lambda}|_{\alpha} = 0$) gestrichenen Terme unter Rückgriff auf die Schranken (4.4.5, 6). Wegen der Symmetrie der Operatoren $\mathbf{D}_e$ und $\mathbf{D}_k$ gelten derartige Abschätzungen dann analog für die Tragwerkskinematik:

$$\begin{aligned} -p^{\beta} &= \tilde{n}^{(\alpha\beta)}|_{\alpha} \qquad - 2m^{(\alpha\lambda)}|_{\alpha} b^{\beta}_{\lambda} \\ &= 0\left(Eh\eta \frac{1}{L_w}\right) - 0\left(Eh\eta \frac{h}{L_w R}\right), \end{aligned} \tag{4.4.16}$$

$$\begin{aligned} -p^{3} &= \tilde{n}^{(\alpha\beta)} b_{\alpha\beta} \quad + m^{(\alpha\lambda)}|_{\alpha\lambda} \quad - m^{(\alpha\lambda)} b^{\beta}_{\lambda} b_{\alpha\beta} \\ &= 0\left(Eh\eta \frac{1}{R}\right) + 0\left(Eh\eta \frac{h}{L_w^2}\right) - 0\left(Eh\eta \frac{h}{R^2}\right). \end{aligned} \tag{4.4.17}$$

Offenbar erfordert die Streichung des zweiten Gliedes in (4.4.16) gegenüber dem ersten:

$$\frac{1}{L_w} \gg \frac{h}{L_w R} \quad \rightarrow \quad \frac{h}{R} \ll 1, \tag{4.4.18}$$

was sich als Dünne-Hypothese (4.4.3) entpuppt. Demgegenüber verlangt in (4.4.17) die Streichung des ersten Gliedes gegenüber dem zweiten:

$$\frac{1}{R} \ll \frac{h}{L_w^2} \quad \rightarrow \quad L_w \ll (hR)^{1/2}; \tag{4.4.19}$$

die des dritten gegenüber dem zweiten mit (4.4.19) erneut (4.4.18). Da im Rahmen jeder Flächentragwerkstheorie laut (4.4.2) außerdem $L_w \gg h$ erfüllt sein muß, dürfen die Grundgleichungen ebener Flächentragwerke immer dann als Näherungslösungen verwandt werden, wenn h/R gegen die Einheit vernachlässigt werden kann und L_w in den angegebenen Grenzen liegt:

$$\frac{h}{R} \approx 0, \quad h \ll L_w \ll (hR)^{1/2}. \tag{4.4.20}$$

Das Verschwinden des Krümmungstensors (4.4.9) ist demnach ein (wichtiger!) Sonderfall dieser Vereinfachung innerhalb eines allgemeineren Gültigkeitsbereichs.

4.4.3 Membrantheorie

In diesem und allen weiteren Abschnitten setzen wir die Mittelfläche als gekrümmt voraus: b_α^β besitze demnach stets mindestens *ein* von Null verschiedenes Element:

$$b_\alpha^\beta \neq 0. \tag{4.4.21}$$

Unter dieser Voraussetzung wollen wir untersuchen, ob auch ohne Mitwirkung der Momente ein Gleichgewicht möglich ist:

$$m^{(\alpha\beta)} \equiv 0. \tag{4.4.22}$$

Eine derartige Tragwirkung kennzeichnet eine Membran, wodurch der Name dieses Grenzfalls erklärt wird.

Aus der Definitionsgleichung (4.1.13) für $\tilde{n}^{(\alpha\beta)}$ entnehmen wir auch für diesen Grenzfall Symmetrie des Dehnungskrafttensors:

$$\tilde{n}^{(\alpha\beta)} = n^{\alpha\beta} + m^{(\alpha\rho)} b_\rho^\beta = n^{\alpha\beta} = n^{(\alpha\beta)}. \tag{4.4.23}$$

Die Grundgleichungen der Tafel 4.3 lassen mit (4.4.22, 23) nun folgende *Gleichgewichtsbedingungen*:

$$-p^\beta = n^{(\alpha\beta)}|_\alpha, \quad -p^3 = n^{(\alpha\beta)} b_{\alpha\beta}, \tag{4.4.24}$$

kinematische Beziehungen:

$$\alpha_{(\alpha\beta)} = \frac{1}{2}(v_\alpha|_\beta + v_\beta|_\alpha - 2 b_{\alpha\beta} v_3), \tag{4.4.25}$$

$$\omega_{(\alpha\beta)} = -(v_3|_{\alpha\beta} + b_\alpha^\lambda|_\beta v_\lambda + b_\alpha^\lambda v_\lambda|_\beta + b_\beta^\lambda v_\lambda|_\alpha - b_\alpha^\lambda b_{\lambda\beta} v_3) \tag{4.4.26}$$

und *konstitutive Gleichungen* entstehen:

$$n^{(\alpha\beta)} = DH^{\alpha\beta\lambda\mu} \alpha_{(\lambda\mu)}, \quad m^{(\alpha\beta)} \equiv 0; \tag{4.4.27}$$

letztere als Wiederholung der Voraussetzung (4.4.22).

Damit ist die eingangs gestellte Frage bereits im positiven Sinn beantwortet. Die drei unterschiedlichen Komponenten des symmetrischen Dehnungskrafttensors $n^{(\alpha\beta)}$ können gerade aus den drei Gleichgewichtsbedingungen (4.4.24) ermittelt werden, weshalb man die Membrantheorie auch als *statisch bestimmt* bezeichnet. Sodann lassen sich aus dem zu (4.4.27) inversen Elastizitätsgesetz die Komponenten $\alpha_{(\alpha\beta)}$ des ersten Verzerrungstensors berechnen und hiermit die drei Verschiebungskomponenten v_α, v_3 aus den ersten drei kinematischen Beziehungen (4.4.25). In beiden Schritten sind dabei partielle Differentialgleichungssysteme 2. Ordnung zu lösen. Somit reduziert die Membrantheorie die Ordnung des ursprünglichen Randwertproblems von 8 auf 4 und die je Rand erfüllbaren Randbedingungen folglich von 4 auf 2.

Dabei ist die zweite Gruppe von kinematischen Beziehungen (4.4.26) bei dem skizzierten Lösungsgang offenbar völlig überflüssig. In logisch schlüssigerer Weise hätte daher (4.4.22) durch die Forderung:

$$\omega_{(\alpha\beta)} \equiv 0 = -(v_3|_{\alpha\beta} + b^\lambda_{\alpha}|_\beta v_\lambda + b^\lambda_\alpha v_\lambda|_\beta + b^\lambda_\beta v_\lambda|_\alpha - b^\lambda_\alpha b_{\lambda\beta} v_3) \tag{4.4.28}$$

ersetzt werden können, deren Erfüllung im Rahmen der Membrantheorie ohnehin nicht überprüfbar ist.

Diese Form der Membrangleichungen wurde in die Zusammenstellung der Tafel 4.23 aufgenommen. Ihr Vorteil liegt in der Erhaltung des ursprünglichen Werkstoffgesetzes. Sie wurde ebenfalls dem Strukturschema des Bildes 4.14 zugrunde gelegt, dessen zugehörige Operatoren erneut Tafel 4.4 und 4.5 entnommen werden können. Die Umformung der ursprünglichen Randoperatoren aus Tafel 4.6 im Sinne von (4.4.22) sei dem Leser überlassen.

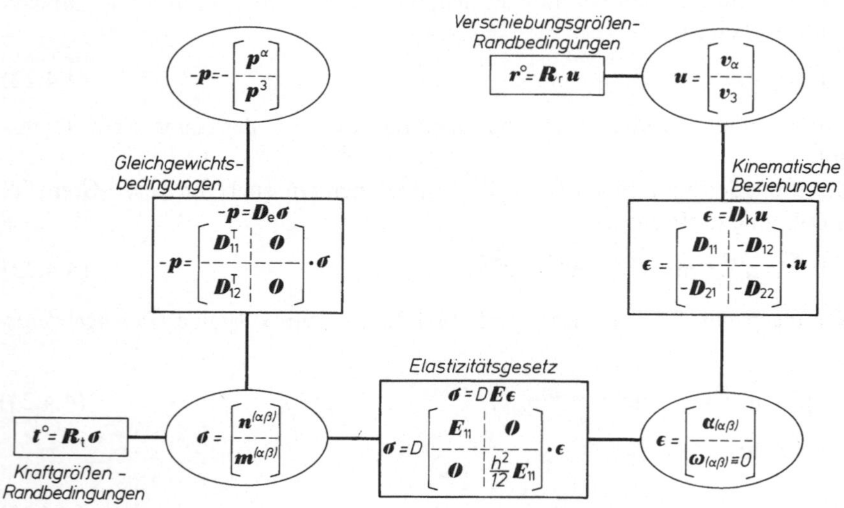

Bild 4.14 Strukturschema der Membrantheorie

Schließlich wollen wir auch hier nach den Bedingungen fragen, unter denen die Membrantheorie als Näherung verwendbar ist. Hierzu schätzen wir, wie im vorigen Abschnitt, die vernachlässigten Anteile der vollständigen Gleichgewichtsbedingungen der Tafel 4.3 ($b^\beta_\lambda|_\alpha = 0$) ab, diesmal jedoch unter Verwendung der Schranken (4.4.8):

$$\begin{aligned} -p^\beta &= \tilde{n}^{(\alpha\beta)}|_\alpha - 2m^{(\alpha\lambda)}|_\alpha b^\beta_\lambda \\ &= 0\left(Eh\,\frac{\alpha}{L_w}\right) - 0\left(Eh\,\frac{\beta h}{L_w R}\right), \end{aligned} \tag{4.4.29}$$

$$\begin{aligned} -p^3 &= \tilde{n}^{(\alpha\beta)} b_{\alpha\beta} + m^{(\alpha\lambda)}|_{\alpha\lambda} - m^{(\alpha\lambda)} b^\beta_\lambda b_{\alpha\beta} \\ &= 0\left(Eh\,\frac{\alpha}{R}\right) + 0\left(Eh\,\frac{\beta h}{L_w^2}\right) - 0\left(Eh\,\frac{\beta h}{R^2}\right). \end{aligned} \tag{4.4.30}$$

Eine Streichung des zweiten Gliedes in (4.4.29) gegenüber dem ersten erfordert:

$$\frac{\alpha}{L_w} \gg \frac{\beta h}{L_w R} \quad \to \quad \frac{\alpha}{\beta} \gg \frac{h}{R}. \tag{4.4.31}$$

Aus der größenordnungsmäßigen Gleichheit der beiden letzten Anteile von (4.4.30) folgt:

$$\frac{\beta h}{L_w^2} \sim \frac{\beta h}{R^2} \quad \to \quad L_w = 0(R) \gg (hR)^{1/2}, \tag{4.4.32}$$

ihre gemeinsame Vernachlässigung gegenüber dem ersten Glied verlangt:

$$L_w \gg \left(\frac{\beta}{\alpha} hR\right)^{1/2}. \tag{4.4.33}$$

Zusammenfassend lassen sich hieraus folgende Restriktionen angeben:

$$0 \approx \frac{h}{R} \ll \left\{\frac{\alpha}{\beta}, 1\right\}, \quad L_w = 0(R) \gg \left\{(hR)^{1/2}, \left(\frac{\beta}{\alpha} hR\right)^{1/2}\right\}. \tag{4.4.34}$$

Somit stellt die Membrantheorie nicht nur für (4.4.22) bzw. (4.4.28) eine überaus brauchbare Näherung dar, sondern immer dann, wenn h/R gegen α/β sowie die Einheit vernachlässigbar erscheint und L_w der angegebenen Bedingung unterliegt. Dies untermauert langjährige Erfahrungen mit dieser historisch frühesten Näherungstheorie für Schalen, die selbst für $\alpha \sim \beta$ noch brauchbare Ergebnisse erzielt.

4.4.4 Theorie dehnungsloser Verbiegungen

Nach diesen Überlegungen soll geprüft werden, ob auch der zur Membrantheorie duale Fall existiert, nach welchem für gekrümmte Flächentragwerke eine Lastabtragung ohne Dehnungen der Mittelfläche möglich ist:

$$\alpha_{(\alpha\beta)} \equiv 0 \quad \text{für} \quad b_\alpha^\beta \neq 0\,. \tag{4.4.35}$$

Diesen Grenzfall bezeichnet man auch als *Theorie verzerrungsfreier Verbiegungen* oder *Verformungen.*

Dem Elastizitätsgesetz des symmetrischen Tensors $\tilde{n}^{(\alpha\beta)}$ entnehmen wir mit (4.4.35) erwartungsgemäß:

$$\tilde{n}^{(\alpha\beta)} = DH^{\alpha\beta\lambda\mu}\alpha_{(\lambda\mu)} \equiv 0, \tag{4.4.36}$$

womit erneut aus Tafel 4.3 die Grundgleichungen dieses Grenzfalls gewonnen werden können ($b_\lambda^\beta|_\alpha = 0$). Es entstehen die *Gleichgewichtsbedingungen*:

$$-p^\beta = -2m^{(\alpha\lambda)}|_\alpha b_\lambda^\beta\,, \quad -p^3 = m^{(\alpha\lambda)}|_{\alpha\lambda} - m^{(\alpha\lambda)} b_\lambda^\beta b_{\alpha\beta}\,, \tag{4.4.37}$$

die *kinematischen Beziehungen*:

$$\alpha_{(\alpha\beta)} \;\equiv\; 0 = \frac{1}{2}(v_\alpha|_\beta + v_\beta|_\alpha - 2b_{\alpha\beta}v_3)\,, \tag{4.4.38}$$

$$\omega_{(\alpha\beta)} \;=\; -\;(v_3|_{\alpha\beta} + b_\alpha^\lambda v_\lambda|_\beta + b_\beta^\lambda v_\lambda|_\alpha - b_\alpha^\lambda b_{\lambda\beta} v_3) \tag{4.4.39}$$

sowie neben (4.4.36) die *konstitutive Gleichung*:

$$m^{(\alpha\beta)} = BH^{\alpha\beta\lambda\mu}\omega_{(\lambda\mu)} \,. \tag{4.4.40}$$

Auch dieser Grenzfall darf wieder als *statisch bestimmt* bezeichnet werden, da sich die drei verschiedenen Komponenten des symmetrischen Momententensors gerade aus den drei Differentialgleichungen (4.4.37) des Gleichgewichts ermitteln lassen. Im zweiten Schritt gestattet das invertierte Elastizitätsgesetz (4.4.40) sodann die Bestimmung der Komponenten des zweiten Verzerrungstensors, mit deren Hilfe aus (4.4.39) die Verschiebungen v_α, v_3 berechenbar sind. Auch in diesem Grenzfall sind erneut zwei Systeme von partiellen Differentialgleichungen 2. Ordnung zu lösen; wie in der Membrantheorie wird die Ordnung des ursprünglichen Randwertproblems und damit die Zahl der erfüllbaren Randbedingungen auf die Hälfte reduziert. Dabei bleibt im Lösungsverfahren – außer in der Definition (4.4.35) – die erste Gruppe (4.4.38) der kinematischen Beziehungen unberücksichtigt.

Die obigen Grundgleichungen der Theorie dehnungsloser Verbiegungen finden sich in Tafel 4.23; das ihnen zugeordnete Strukturschema zeigt Bild 4.15. Im Operator $\mathbf{D}_{21}$ nach Tafel 4.4 dürfen die kovarianten Ableitungen des Krümmungstensors laut (4.3.6) gestrichen werden.

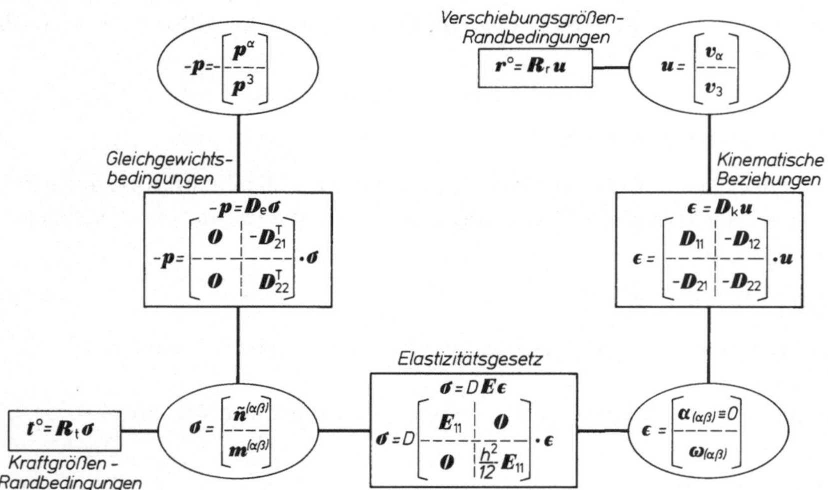

Bild 4.15 Strukturschema der Theorie dehnungsloser Verbiegungen vom Kirchhoff-Love-Typ (Variante A)

Schließlich fragen wir auch hier nach den Gültigkeitsgrenzen dieses Sonderfalls. Hierzu greifen wir auf die Gleichgewichtsabschätzungen (4.4.29, 30) zurück, in denen nunmehr entsprechend (4.4.36) die jeweils ersten Glieder zu streichen sind. Die einzelnen Bedingungen, unter denen dies möglich ist, lassen sich widerspruchsfrei zu

$$\frac{\alpha}{\beta} \ll \left(\frac{h}{R} \approx 0\right) \ll 1, \quad \left(\frac{\beta}{\alpha} hR\right)^{1/2} \gg L_w = 0(R) \gg (hR)^{1/2} \tag{4.4.41}$$

zusammenfassen: demnach ist die Theorie dehnungsloser Verbiegungen als Näherungslösung brauchbar, wenn α/β gegen h/R und dieses gegen die Einheit vernachlässigbar ist, und wenn zusätzlich L_w der formulierten Bedingung unterliegt. Um die Schärfe dieser Restriktion zu erkennen, möge der Leser versuchen, (4.4.41) durch willkürliche Zahlenwerte zu erfüllen. Dabei wird deutlich werden, daß das Anwendungsspektrum dieses Grenzfalls ungleich schmaler als dasjenige der Membrantheorie ausfällt, was immer wieder durch numerische Ergebnisse bestätigt worden ist [4, 35].

4.4.5 Theorie flacher Schalen

Im Rahmen dieses Abschnittes soll die Krümmung der Mittelfläche als so gering vorausgesetzt werden, daß der Dünne-Parameter h/R stets gegen 1 vernachlässigt werden darf:

$$b_\alpha^\beta \neq 0, \quad \text{jedoch:} \quad \lambda = \frac{h}{R} \ll 0 \rightarrow F + \lambda F \approx F. \tag{4.4.42}$$

Die entstehenden Gleichungen sind unter dem Begriff *Theorie flacher* oder *schwach gekrümmter Schalen* bekannt.

Der Definitionsgleichung (4.1.13) des symmetrischen Tensors $\tilde{n}^{(\alpha\beta)}$ entnehmen wir unter Verwendung der Schranken (4.4.5):

$$\begin{aligned} \tilde{n}^{(\alpha\beta)} &= n^{\alpha\beta} + m^{(\alpha\rho)} b_\rho^\beta = n^{\alpha\beta} = n^{(\alpha\beta)} \\ &= 0(Eh\eta) + 0\left(Eh\eta \frac{h}{R}\right) \approx 0(Eh\eta), \end{aligned} \tag{4.4.43}$$

daß der Dehnungskrafttensor $n^{\alpha\beta}$ auch dieses Sonderfalls laut (4.4.42) symmetrisch ist. Schätzen wir nun erneut die Einzelglieder der vollständigen Gleichgewichtsbedingungen (4.4.16, 17) größenordnungsmäßig ab, so ergeben sich unter der Voraussetzung (4.4.42) und der zusätzlichen Annahme

$$L_w = 0(hR)^{1/2} \ll R \tag{4.4.44}$$

folgende Vereinfachungen:

$$-p^\beta = n^{(\alpha\beta)}|_\alpha, \quad -p^3 = n^{(\alpha\beta)} b_{\alpha\beta} + m^{(\alpha\lambda)}|_{\alpha\lambda}. \tag{4.4.45}$$

Die Mittelflächenkrümmung einer flachen Schale soll zwar als gering, aber doch als so wirksam angesehen werden, daß im ersten Verzerrungstensor tangentiale und normale Verschiebungskomponenten Dehnungsanteile gleicher Größenordnung erzeugen. Unter Bezug auf (4.4.4) folgen hiermit für v_α, v_3 die Schranken

$$v_\alpha = 0(\eta L_w), \quad v_3 = 0(\eta R), \tag{4.4.46}$$

wie deren Substitution in den ersten Verzerrungstensor der Tafel 4.3 beweist:

$$\begin{aligned} \alpha_{(\alpha\beta)} &= \frac{1}{2}(v_\alpha|_\beta + v_\beta|_\alpha - 2b_{\alpha\beta}v_3) \\ &= 0\left(\eta L_w \frac{1}{L_w}\right) - 0\left(\eta R \frac{1}{R}\right) = 0(\eta). \end{aligned} \tag{4.4.47}$$

Führen wir (4.4.46) nun in den zweiten Verzerrungstensor ein, so vereinfacht sich dieser mit

(4.4.44) zu der bereits aus der Plattentheorie bekannten Form ($b^{\lambda}_{\alpha}|_{\beta} \approx 0$):

$$\omega_{(\alpha\beta)} = -(v_3|_{\alpha\beta} + b^{\lambda}_{\alpha} v_{\lambda}|_{\beta} + b^{\lambda}_{\beta} v_{\lambda}|_{\alpha} - b^{\lambda}_{\alpha} b_{\lambda\beta} v_3) \approx -v_3|_{\alpha\beta}\,.$$

$$= -0\left(\eta R \frac{1}{L_w^2}\right) - 0\left(\eta L_w \frac{1}{L_w R}\right) + 0\left(\eta R \frac{1}{R^2}\right) \approx 0(\eta/h) \qquad (4.4.48)$$

Die Elastizitätsgesetze werden unverändert der Tafel 4.3 entnommen:

$$n^{(\alpha\beta)} = DH^{\alpha\beta\lambda\mu}\alpha_{(\lambda\mu)}, \quad m^{(\alpha\beta)} = BH^{\alpha\beta\lambda\mu}\omega_{(\lambda\mu)}, \qquad (4.4.49)$$

während die Randvariablen unter der Voraussetzung (4.4.42) mit denjenigen der Platten- und Scheibentheorie (4.4.14) identisch werden.

Die Theorie flacher Schalen stellt die weitestgehende systematische Vereinfachung in der Theorie gekrümmter Flächentragwerke für beliebige Dehn- und Biegewirkungen dar, wobei die ursprüngliche Ordnung 8 des Randwertproblems nicht reduziert wird. Wie ein Vergleich ihrer Grundgleichungen in Tafel 4.23 oder im Strukturschema des Bildes 4.16 erkennen läßt, sind in ihr die Operatoren der Theorie ebener Flächentragwerke durch den einfachsten Krümmungsoperator $\mathbf{D}_{12} \triangleq b_{\alpha\beta}$ gekoppelt.

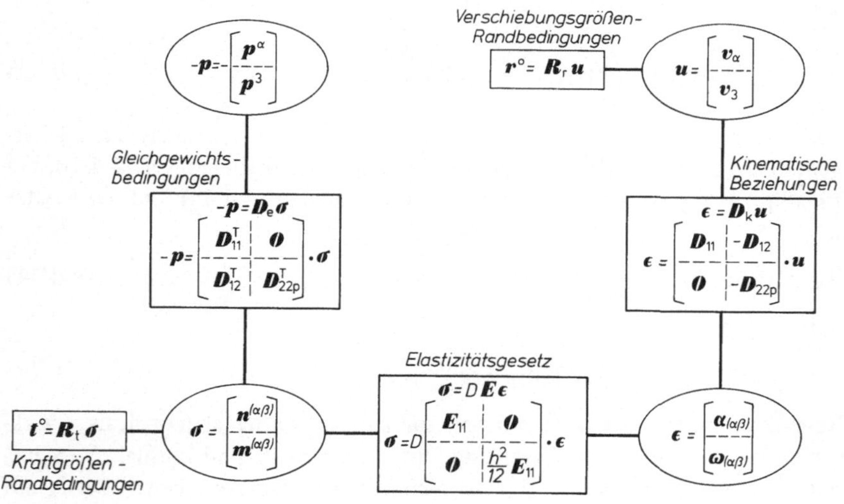

Bild 4.16 Strukturschema der Theorie flacher Schalen und der Randstörungstheorie ($p = 0$) vom Kirchhoff-Love-Typ (Variante A)

Für $b_{\alpha\beta} = 0$ gehen die Grundgleichungen (und Lösungen) dieser Theorie in diejenigen ebener Flächentragwerke über. Wegen dieser Eigenschaft und ihrer relativen Unkompliziertheit besitzt die Theorie flacher Schalen eine überragende praktische Bedeutung. Aus (4.4.42,44) sind übrigens noch weitere Vereinfachungen ableitbar, beispielsweise die Vertauschbarkeit der zweifach kovarianten Ableitung eines Vektors [52]. Der Ursprung dieser Theorie findet sich in Arbeiten von *Ch. Mushtari* [71], *W.S. Wlassow* [118] und *E. Reissner* [90].

4.4.6 Theorie der Randstörungen

Im Abschnitt 4.4.3 zeigte sich, daß die Membrantheorie die Ordnung des zu lösenden Schalenrandwertproblems von 8 auf 4 reduziert. Gleichzeitig hiermit erfolgt eine Halbierung der Anzahl der erfüllbaren Randbedingungen, wobei darüber hinaus nur diejenigen *Membranrandbedingungen* befriedigt werden können, die das erkannte langwellige Lösungsverhalten (4.4.34) hervorrufen.

Nun weisen viele Schalenprobleme lang- und kurzwellige Lösungsanteile nebeneinander auf:

$$L_{w(1)} = 0(R), \quad L_{w(2)} = 0(hR)^{1/2} \ll R. \tag{4.4.50}$$

Wählt man daher den laut (4.4.34) überaus brauchbaren langwelligen Lösungsanteil ($L_{w(1)}$) der Membrantheorie zur Abtragung der Flächenlasten, so könnten die offengebliebenen Randbedingungen durch die kurzwelligen Lösungsanteile ($L_{w(2)}$) eines homogenen Schalenbiegeproblems erfüllt werden. Diesen Zusatzschritt im Lösungsverfahren bezeichnet man als *Randstörungsproblem.*

Ein Randstörungsproblem liegt somit vor, wenn das Tragwerk keine Flächenlasten trägt, sondern durch vorgegebene Randkräfte oder Randverformungen beansprucht wird. Klingt der entstehende Spannungszustand in Richtung der orthogonal zu den Tragwerksrändern verlaufenden geodätischen Linien besonders schnell ab, so wird nur eine schmale Randzone beansprucht

$$L_w \ll \{L, R\}, \tag{4.4.51}$$

die sich somit wie eine flache Schale verhält. Daher beschreibt die homogene ($\mathbf{p} \equiv 0$) Theorie flacher Schalen gleichzeitig das Randstörungsproblem (siehe Tafel 4.23).

4.4.7 Zusammenfassung und Überblick

Nach der Herleitung dieser Grenzfälle und Vereinfachungen sei der Leser noch einmal an Bild 4.7 erinnert, das exemplarisch die unterschiedlichen Unschärfen der jeweiligen elastischen Potentiale darzustellen versuchte. Sodann soll ein zusammenfassender und vertiefter Rückblick unsere Darlegungen zunächst abschließen. Hierzu ermitteln wir den jeweiligen Fundamentaloperator $\mathbf{D}_e\mathbf{E}^*\mathbf{D}_k$ (siehe Abschnitt 3.5.3) aus den Strukturschemata der Bilder 4.4 und 4.13 bis 4.16 und zwar mit Hilfe des auf Tafel 4.24 (oben) dargestellten Matrizen-Multiplikationsschemas. Zur Erhöhung der Übersichtlichkeit wurde dabei das Elastizitätsgesetz wie folgt modifiziert:

$$\sigma = \mathrm{D E}\epsilon = \mathrm{D}\begin{bmatrix} \mathbf{E}_{11} & 0 \\ 0 & \dfrac{h^2}{12}\mathbf{E}_{11} \end{bmatrix} \cdot \epsilon = \begin{bmatrix} \mathbf{E}_{11}^* & \mathbf{0} \\ \mathbf{0} & \mathbf{E}_{22}^* \end{bmatrix} \cdot \epsilon = \mathbf{E}^*\epsilon. \tag{4.4.52}$$

Den Ausgangspunkt bilde der Fundamentaloperator der Theorie allgemeiner Flächentragwerke. Von seinen acht in Tafel 4.24 angegebenen matriziellen Elementen enthält derjenige für *ebene Flächentragwerke* nur noch die beiden Differentialoperatoren mit der höchsten Ordnung (je 4):

$$\mathbf{D}_{11}^{T}\mathbf{E}^*\mathbf{D}_{11}, \quad -\mathbf{D}_{22\,p}^{T}\mathbf{E}^*\mathbf{D}_{22\,p}. \tag{4.4.53}$$

Kinematischer Operator $\boldsymbol{D}_k$

$$\begin{bmatrix} \boldsymbol{D}_{11} & -\boldsymbol{D}_{12} \\ -\boldsymbol{D}_{21} & -\boldsymbol{D}_{22} \end{bmatrix}$$

Elastischer Operator $\boldsymbol{E}^*$

$$\begin{bmatrix} \boldsymbol{E}_{11}^* & \boldsymbol{0} \\ \boldsymbol{0} & \boldsymbol{E}_{22}^* \end{bmatrix} \begin{bmatrix} \boldsymbol{E}_{11}^*\boldsymbol{D}_{11} & -\boldsymbol{E}_{11}^*\boldsymbol{D}_{12} \\ -\boldsymbol{E}_{22}^*\boldsymbol{D}_{21} & -\boldsymbol{E}_{22}^*\boldsymbol{D}_{22} \end{bmatrix}$$

$$\begin{bmatrix} \boldsymbol{D}_{11}^T & -\boldsymbol{D}_{21}^T \\ \boldsymbol{D}_{12}^T & \boldsymbol{D}_{22}^T \end{bmatrix} \begin{bmatrix} \; & \; \\ \; & \; \end{bmatrix}$$

Fundamentaloperator $\boldsymbol{D}_e \boldsymbol{E}^* \boldsymbol{D}_k$

Gleichgewichtsoperator $\boldsymbol{D}_e$

Theorie allgemeiner Flächentragwerke

$$-\boldsymbol{p} = \left[\begin{array}{c|c} \boldsymbol{D}_{11}^T \boldsymbol{E}_{11}^* \boldsymbol{D}_{11} + \boldsymbol{D}_{21}^T \boldsymbol{E}_{22}^* \boldsymbol{D}_{21} & -\boldsymbol{D}_{11}^T \boldsymbol{E}_{11}^* \boldsymbol{D}_{12} + \boldsymbol{D}_{21}^T \boldsymbol{E}_{22}^* \boldsymbol{D}_{22} \\ \hline \boldsymbol{D}_{12}^T \boldsymbol{E}_{11}^* \boldsymbol{D}_{11} - \boldsymbol{D}_{22}^T \boldsymbol{E}_{22}^* \boldsymbol{D}_{21} & -\boldsymbol{D}_{12}^T \boldsymbol{E}_{11}^* \boldsymbol{D}_{12} - \boldsymbol{D}_{22}^T \boldsymbol{E}_{22}^* \boldsymbol{D}_{22} \end{array}\right] \cdot \boldsymbol{u}$$

Theorie ebener Flächentragwerke

$$-\boldsymbol{p} = \left[\begin{array}{c|c} \boldsymbol{D}_{11}^T \boldsymbol{E}_{11}^* \boldsymbol{D}_{11} & \boldsymbol{0} \\ \hline \boldsymbol{0} & -\boldsymbol{D}_{22p}^T \boldsymbol{E}_{22}^* \boldsymbol{D}_{22p} \end{array}\right] \cdot \boldsymbol{u} = \left[\begin{array}{c} \boldsymbol{D}_{11}^T \boldsymbol{E}_{11}^* \boldsymbol{D}_{11} \boldsymbol{v}_\alpha \\ \hline -\boldsymbol{D}_{22p}^T \boldsymbol{E}_{22}^* \boldsymbol{D}_{22p} \boldsymbol{v}_3 \end{array}\right]$$

Membrantheorie : $\boldsymbol{E}_{22}^* \rightarrow 0$

$$-\boldsymbol{p} = \left[\begin{array}{c|c} \boldsymbol{D}_{11}^T \boldsymbol{E}_{11}^* \boldsymbol{D}_{11} & -\boldsymbol{D}_{11}^T \boldsymbol{E}_{11}^* \boldsymbol{D}_{12} \\ \hline \boldsymbol{D}_{12}^T \boldsymbol{E}_{11}^* \boldsymbol{D}_{11} & -\boldsymbol{D}_{12}^T \boldsymbol{E}_{11}^* \boldsymbol{D}_{12} \end{array}\right] \cdot \boldsymbol{u} = \left\{\begin{array}{c} \boldsymbol{D}_{11}^T \\ \hline \boldsymbol{D}_{12}^T \end{array}\right\} \cdot \boldsymbol{E}_{11}^* \cdot \left[\begin{array}{c|c} \boldsymbol{D}_{11} & -\boldsymbol{D}_{12} \end{array}\right] \cdot \boldsymbol{u}$$

Theorie dehnungsloser Verbiegungen : $\boldsymbol{E}_{11}^* \rightarrow 0$

$$-\boldsymbol{p} = \left[\begin{array}{c|c} \boldsymbol{D}_{21}^T \boldsymbol{E}_{22}^* \boldsymbol{D}_{21} & \boldsymbol{D}_{21}^T \boldsymbol{E}_{22}^* \boldsymbol{D}_{22} \\ \hline -\boldsymbol{D}_{22}^T \boldsymbol{E}_{22}^* \boldsymbol{D}_{21} & -\boldsymbol{D}_{22}^T \boldsymbol{E}_{22}^* \boldsymbol{D}_{22} \end{array}\right] \cdot \boldsymbol{u} = \left\{\begin{array}{c} -\boldsymbol{D}_{21}^T \\ \hline \boldsymbol{D}_{22}^T \end{array}\right\} \cdot \boldsymbol{E}_{22}^* \cdot \left[\begin{array}{c|c} -\boldsymbol{D}_{21} & -\boldsymbol{D}_{22} \end{array}\right] \cdot \boldsymbol{u}$$

Theorie flacher Schalen und Randstörungstheorie ($\boldsymbol{p} \equiv 0$)

$$-\boldsymbol{p} = \left[\begin{array}{c|c} \boldsymbol{D}_{11}^T \boldsymbol{E}_{11}^* \boldsymbol{D}_{11} & -\boldsymbol{D}_{11}^T \boldsymbol{E}_{11}^* \boldsymbol{D}_{12} \\ \hline \boldsymbol{D}_{12}^T \boldsymbol{E}_{11}^* \boldsymbol{D}_{11} & -\boldsymbol{D}_{12}^T \boldsymbol{E}_{11}^* \boldsymbol{D}_{12} - \boldsymbol{D}_{22p}^T \boldsymbol{E}_{22}^* \boldsymbol{D}_{22p} \end{array}\right] \cdot \boldsymbol{u}$$

Tafel 4.24 Aufbau und Struktur des Fundamentaloperators

Daher entkoppelt sich das System; die ursprüngliche Ordnung 8 des Randwertproblems bleibt jedoch erhalten. In der *Theorie flacher Schalen* werden (4.4.53) durch drei Krümmungsoperatoren gekoppelt, ebenfalls unter Erhalt der Ordnung des Randwertproblems.

Völlig anders sind dagegen die Fundamentaloperatoren der *Membrantheorie* und der *Theorie dehnungsloser Verbiegungen* zu beurteilen. Beide erweisen sich als asymptotische Grenzfälle der Theorie allgemeiner Flächentragwerke für $\mathbf{E}_{22}^* = 0$ bzw. $\mathbf{E}_{11}^* = 0$ dergestalt, daß in jedem Grenzfall nur *ein* Differentialoperator 4. Ordnung verbleibt. Aus der rechten Zerlegungsform der beiden Operatoren auf Tafel 4.24 wird besonders die Möglichkeit einer sukzessiven Lösung deutlich: Kinematik → Werkstoffgesetz → Gleichgewicht (oder umgekehrt). Im Vergleich mit dem Operator $\mathbf{D}_k$ auf Bild 4.14 oder 4.15 wird noch einmal ersichtlich, daß die den jeweiligen Grenzfall definierende kinematische Bedingung für das Lösungsverfahren völlig überflüssig ist:

Membrantheorie:

$$-\mathbf{p} = \begin{Bmatrix} \mathbf{D}_{11}^T \\ --- \\ \mathbf{D}_{12}^T \end{Bmatrix} \cdot \mathbf{E}^* \cdot \alpha_{(\alpha\beta)}$$

$$\alpha_{(\alpha\beta)} = [\mathbf{D}_{11} \mid -\mathbf{D}_{12}] \cdot \mathbf{u}_1 \qquad (4.4.54)$$

definiert durch: $$\omega_{(\alpha\beta)} = [-\mathbf{D}_{21} \mid -\mathbf{D}_{22}] \cdot \mathbf{u}_1 \equiv 0; \qquad (4.4.55)$$

Theorie dehnungsloser Verbiegungen:

$$-\mathbf{p} = \begin{Bmatrix} -\mathbf{D}_{21}^T \\ ---- \\ \mathbf{D}_{22} \end{Bmatrix} \cdot \mathbf{E}^* \cdot \omega_{(\alpha\beta)}$$

$$\omega_{(\alpha\beta)} = [-\mathbf{D}_{21} \mid -\mathbf{D}_{22}] \cdot \mathbf{u}_2 \qquad (4.4.56)$$

definiert durch: $$\alpha_{(\alpha\beta)} = [\mathbf{D}_{11} \mid -\mathbf{D}_{12}] \cdot \mathbf{u}_2 \equiv 0. \qquad (4.4.57)$$

In der älteren Fachliteratur (siehe z.B. [13]) wird die homogene Lösung der Membranverformungen (4.4.54)

$$\alpha_{(\alpha\beta)} = [\mathbf{D}_{11} \mid -\mathbf{D}_{12}] \cdot \mathbf{u}_0 = 0 \qquad (4.4.58)$$

als dehnungslose Verformung bezeichnet, wogegen laut (4.4.57) nichts einzuwenden ist. Wird aus $\mathbf{u}_0$ jedoch der zweite Verzerrungstensor berechnet und hieraus unter Verwendung des Elastizitätsgesetzes ein zugeordneter Momentenverlauf

$$\mathbf{m}^{(\alpha\beta)} = \mathbf{E}_{22}^* \cdot \omega_{(\alpha\beta)} = \mathbf{E}_{22}^* \cdot [-\mathbf{D}_{21} \mid -\mathbf{D}_{22}] \cdot \mathbf{u}_0, \qquad (4.4.59)$$

so erfüllt dieser nicht das Gleichgewicht und ist daher statisch unverträglich.

Zusammenfassend erkennen wir somit die Membrantheorie und Theorie dehnungsloser Verbiegungen als asymptotische Grenzfälle der allgemeinen Biegetheorie, in denen wesentliche Bestandteile verloren gegangen sind.

Die Grenz- und Sonderfälle der Theorie der Flächentragwerke sind von uns in enger Anlehnung an die Anschauung hergeleitet worden. *W. T. Koiter* [52] hat die Fragestellung erweitert und nach denjenigen Gleichungstypen gesucht, deren charakteristische Länge L_w den gefundenen Schranken folgt:

$L_w \ll O(hR)^{1/2}$: ebene Tragwerke (4.4.20),

$L_w = O(hR)^{1/2}$: flache Schalen, Randstörungstheorie (4.4.44),

$L_w \gg O(hR)^{1/2}$: Membrantheorie (4.4.34), Theorie dehnungsloser Verbiegungen (4.4.41).

Unter Verwendung der Schranken (4.4.7) hat er weitere Grenzfälle erhalten. *H.S. Rutten* [95] hat diese Grundtypen weiter unterteilt und mit dem Hilfsmittel asymptotischer Herleitungen verschiedene Untertheorien separiert.

4.5 Anisotrope und inhomogene Tragwerksquerschnitte

4.5.1 Flächenhafte und transversale elastische Eigenschaften

Die elastischen Eigenschaften eines Schalentragwerks finden ihre Berücksichtigung bekanntlich in der Formänderungsenergiedichte π_i und den auf ihr basierenden Werkstoffgesetzen (3.4.44) bzw. (4.1.39). Diese waren in den Abschnitten 3.4.3 bzw. 4.1.3 für isotrope Querschnitte konstanter Dicke hergeleitet worden; wegen ihrer durch die Abbruchfehler in (4.2.33) charakterisierten Unschärfen gelten sie jedoch ebenfalls für alle genügend kleinen Änderungen der Tragwerksdicke:

$$h = h(\Theta^\alpha) \quad \text{mit} \quad h_{,\alpha} = 0(\Theta^2) \ll 1^*. \tag{4.5.1}$$

Ein Kontinuum bezeichnet man als *elastisch homogen*, wenn dessen elastische Eigenschaften in jedem Punkt gleich sind. In einem *flächenhaft homogenen* Schalentragwerk müssen daher die kovarianten Ableitungen der Koeffizienten der Werkstoffgesetze (3.4.44) verschwinden:

$$(DH^{\alpha\beta\lambda\mu})|_\rho = 0, \quad (BH^{\alpha\beta\lambda\mu})|_\rho = 0, \quad (Gha^{\alpha\lambda})|_\rho = 0. \tag{4.5.2}$$

Wegen des Ricci-Lemma (1.4.25) gilt:

$$H^{\alpha\beta\lambda\mu}|_\rho = 0, \quad a^{\alpha\lambda}|_\rho = 0, \tag{4.5.3}$$

daher wird dieser Sonderfall durch

$$D_{,\alpha} = B_{,\alpha} = (Gh)_{,\alpha} = 0 \tag{4.5.4}$$

beschrieben.

Im weiteren wollen wir jedoch den allgemeineren Fall *flächenhaft inhomogener* Tragwerke im Auge behalten, in welchem D, B und Gh beliebige Funktionen der Koordinaten Θ^α sind. Dabei sei elastisch inhomogenes Verhalten in Querrichtung Θ^3 nicht ausgeschlossen, etwa bei Mehrschichtenschalen. Derartige *transversale Inhomogenität* ist durch das flächenhafte Tragwerksmodell allerdings nur in ihrem resultierenden Verhalten beschreibbar; die Untersuchung von Wechselwirkungen zwischen einzelnen Schichten bedarf dreidimensionaler Betrachtungsweisen. Flächenhafte Tragwerksmodelle sind daher im Grunde stets transversal homogen.

Neben einer flächenhaften Inhomogenität kann das elastische Verhalten jedes Punktes noch richtungsabhängig sein, was als *elastische Anisotropie* bezeichnet wird. Das Werkstoffgesetz des flächenhaften Tragwerksmodells soll nun auf *flächenhaft anisotropes* Verhalten erweitert werden, bei dem die einzelnen Elastizitätstensoren der Formänderungsenergiedichte als von der Orientierung des Koordinatensystems Θ^α der Mittelfläche abhängig angesehen werden. Setzen wir erneut einen Verzerrungszustand voraus, in welchem γ_α und $\gamma_{(\alpha\beta)} = \alpha_{(\alpha\beta)} + \Theta^3\beta_{(\alpha\beta)}$ keine energetische Wechselwirkung aufweisen, so lautet der allgemeinste Ausdruck der Formänderungsenergiedichte π_i anisotroper Flächentragwerke entsprechend (3.4.21):

$$\pi_i = \frac{1}{2}\Big\{\overset{(1)}{E}{}^{\alpha\beta\lambda\mu}\alpha_{(\alpha\beta)}\alpha_{(\lambda\mu)} + 2\overset{(2)}{E}{}^{\alpha\beta\lambda\mu}\alpha_{(\alpha\beta)}\beta_{(\lambda\mu)} + \overset{(3)}{E}{}^{\alpha\beta\lambda\mu}\beta_{(\alpha\beta)}\beta_{(\lambda\mu)} + E^{\alpha\lambda}\gamma_\alpha\gamma_\lambda\Big\}. \tag{4.5.5}$$

* *Θ^2 bezeichnet das Quadrat des Größenordnungsparameters (4.2.19).*

Den folgenden Herleitungen anisotroper Werkstoffgesetze werde die Formulierungsvariante A zugrundegelegt. Deren Elastizitätsgesetz ist bekanntlich frei von Komponenten des Krümmungstensors $b_{\alpha\beta}$ und entspricht damit demjenigen ebener Flächentragwerke. Die Transformation der Ergebnisse auf andere Formulierungsvarianten sowie die Modifizierung im Sinne der *Kirchhoff-Love-Theorie* sei dem Leser überlassen.

4.5.2 Flächenhafte elastische Anisotropie

Ausgehend von der Grundform (4.5.5) der Formänderungsenergie werde in diesem Abschnitt – wie für isotrope Schalen – jede Wechselwirkung zwischen erstem und zweitem Verzerrungstensor ausgeschlossen:

$$\pi_i = \frac{1}{2}\left\{\overset{(1)}{E}{}^{\alpha\beta\lambda\mu}\alpha_{(\alpha\beta)}\alpha_{(\lambda\mu)} + \overset{(3)}{E}{}^{\alpha\beta\lambda\mu}\beta_{(\alpha\beta)}\beta_{(\lambda\mu)} + E^{\alpha\lambda}\gamma_\alpha\gamma_\lambda\right\}. \tag{4.5.6}$$

Durch Anwendung von (3.4.20) entstehen hieraus die folgenden konstitutiven Beziehungen eines beliebig anisotropen Flächentragwerks:

$$\begin{aligned} \tilde{n}^{(\alpha\beta)} &= \overset{(1)}{E}{}^{\alpha\beta\lambda\mu}\alpha_{(\lambda\mu)}, \quad q^\alpha = E^{\alpha\lambda}\gamma_\lambda, \\ m^{(\alpha\beta)} &= \overset{(3)}{E}{}^{\alpha\beta\lambda\mu}\beta_{(\lambda\mu)}. \end{aligned} \tag{4.5.7}$$

Unsere weiteren Herleitungen sollen auf orthogonale Mittelflächenkoordinaten Θ^α beschränkt werden, daher verwenden wir insbesondere:

$$\begin{aligned} &a_{\alpha\beta} = \begin{bmatrix} a_{11} & 0 \\ 0 & a_{22} \end{bmatrix}, \quad a^{\alpha\beta} = \begin{bmatrix} a^{11} & 0 \\ 0 & a^{22} \end{bmatrix}, \\ &a_{11}a^{11} = 1, \quad a_{22}a^{22} = 1, \quad a = |a_{\alpha\beta}| = a_{11}a_{22}. \end{aligned} \tag{4.5.8}$$

Im Falle allgemeiner flächenhafter Anisotropie besitzen die in (4.5.6, 7) auftretenden Elastizitätstensoren je 6 bzw. 3 unabhängige Komponenten mit paarweise symmetrischen Indizes (3.4.23), die zur Hervorhebung ihrer Gruppensymmetrie in folgendes Schema eingeordnet werden:

$$\begin{matrix} \overset{(n)}{E}{}^{1111} & \overset{(n)}{E}{}^{1112} & \overset{(n)}{E}{}^{1122} & \qquad & E^{11} & E^{12} \\ & \overset{(n)}{E}{}^{1212} & \overset{(n)}{E}{}^{1222} & & & E^{22}. \\ & & \overset{(n)}{E}{}^{2222} & & & \end{matrix} \tag{4.5.9}$$

Für Flächentragwerke mit *orthogonaler elastischer Anisotropie (Orthotropie)* hinsichtlich der beiden Koordinatenlinien Θ^α reduziert sich deren Anzahl auf 4 bzw. 2: alle Komponenten, die den Index 1 oder 2 nur einmal aufweisen, verschwinden:

$$\begin{matrix} \overset{(n)}{E}{}^{1111} & \cdot & \overset{(n)}{E}{}^{1122} & \qquad & E^{11} & \cdot \\ & \overset{(n)}{E}{}^{1212} & \cdot & & & E^{22}. \\ & & \overset{(n)}{E}{}^{2222} & & & \end{matrix} \tag{4.5.10}$$

Zur Herleitung und Begründung dieser Streichung verweisen wir auf [31]. Elastische Symmetrie eines Körpers zu zwei orthogonalen Ebenen Θ^α = konst impliziert übrigens Symmetrie bezüglich einer dritten Ebene, die zu beiden orthogonal steht (Θ^3 = konst). Im Falle *hexagonaler Anisotropie* schneiden sich in jedem Mittelflächenpunkt drei elastische Symmetrieachsen unter einem Winkel von 60°. Hierdurch halbiert sich gegenüber (4.5.10) die Anzahl der unabhängigen Komponenten der Elastizitätstensoren [31, 108]:

$$
\begin{array}{lllll}
E^{1212} = \frac{1}{2}(E^{1111} - E^{1122}) & & & & \\
\overset{(n)}{E}{}^{1111} & . & \overset{(n)}{E}{}^{1122} & E^{11} & \\
& \overset{(n)}{E}{}^{1212} & . & & E^{11}. \\
& & \overset{(n)}{E}{}^{1111} & &
\end{array}
\qquad (4.5.11)
$$

Neben isotropen Flächentragwerken sind solche mit orthogonaler und hexagonaler Anisotropie anwendungstechnisch von besonderer Bedeutung. Dabei treten sowohl *strukturelle* (*konstruktive*) als auch *materielle* Anisotropien auf. Schreiben wir nun die konstitutiven Beziehungen (4.5.7) unter Beachtung von (4.5.10, 11) aus, so läßt sich der tensorielle Operator des Elastizitätsgesetzes für derartige anisotrope Flächentragwerke wieder in gewohnter Form angeben. Er kann für $\overset{(2)}{E}{}^{\alpha\beta\lambda\mu} = 0$ Tafel 4.25 entnommen werden und – bei Bedarf – gegen denjenigen isotroper Werkstoffe im Strukturschema der Formulierungsvariante A auf Bild 4.9 bzw. 4.4 ausgetauscht werden.

$$
\boldsymbol{\sigma} = \begin{bmatrix} \hat{\boldsymbol{n}}^{(\alpha\beta)} \\ \boldsymbol{q}^{\alpha} \\ \boldsymbol{m}^{(\alpha\beta)} \end{bmatrix} = \begin{bmatrix} \overset{(1)}{\boldsymbol{E}} & \boldsymbol{0} & \overset{(2)}{\boldsymbol{E}} \\ \boldsymbol{0} & \overset{(4)}{\boldsymbol{E}} & \boldsymbol{0} \\ \overset{(2)}{\boldsymbol{E}} & \boldsymbol{0} & \overset{(3)}{\boldsymbol{E}} \end{bmatrix} \cdot \begin{bmatrix} \boldsymbol{\alpha}_{(\alpha\beta)} \\ \boldsymbol{\gamma}_{\alpha} \\ \boldsymbol{\beta}_{(\alpha\beta)} \end{bmatrix} = \boldsymbol{E}_{\sigma}\boldsymbol{\epsilon}
\qquad
\overset{(1)}{\boldsymbol{E}} = \begin{bmatrix} \overset{(1)}{E}{}^{1111} & 0 & 0 & \overset{(1)}{E}{}^{1112} \\ 0 & \overset{(1)}{E}{}^{1212} & \overset{(1)}{E}{}^{1212} & 0 \\ 0 & \overset{(1)}{E}{}^{1212} & \overset{(1)}{E}{}^{1212} & 0 \\ \overset{(1)}{E}{}^{1122} & 0 & 0 & \overset{(1)}{E}{}^{2222} \end{bmatrix}
$$

$$
\overset{(4)}{\boldsymbol{E}} = \begin{bmatrix} E^{11} & 0 \\ 0 & E^{22} \end{bmatrix}
$$

$$
\overset{(2)}{\boldsymbol{E}} = \begin{bmatrix} \overset{(2)}{E}{}^{1111} & 0 & 0 & \overset{(2)}{E}{}^{1122} \\ 0 & \overset{(2)}{E}{}^{1212} & \overset{(2)}{E}{}^{1212} & 0 \\ 0 & \overset{(2)}{E}{}^{1212} & \overset{(2)}{E}{}^{1212} & 0 \\ \overset{(2)}{E}{}^{1122} & 0 & 0 & \overset{(2)}{E}{}^{2222} \end{bmatrix}
\qquad
\overset{(3)}{\boldsymbol{E}} = \begin{bmatrix} \overset{(3)}{E}{}^{1111} & 0 & 0 & \overset{(3)}{E}{}^{1122} \\ 0 & \overset{(3)}{E}{}^{1212} & \overset{(3)}{E}{}^{1212} & 0 \\ 0 & \overset{(3)}{E}{}^{1212} & \overset{(3)}{E}{}^{1212} & 0 \\ \overset{(3)}{E}{}^{1122} & 0 & 0 & \overset{(3)}{E}{}^{2222} \end{bmatrix}
$$

Tafel 4.25 Operatoren des Elastizitästgesetzes einer konsistent formulierten linearen Theorie orthogonaler und hexagonal-anisotroper Flächentragwerke unter Einschluß von Schubverformungen (Variante A)

Wir wollen nun die einzelnen Komponenten der Elastizitätstensoren der Tafel 4.25 mit Werten belegen und werden hierzu auf Ingenieurtheorien anisotroper ebener Flächentragwerke zurückgreifen. Fallen bei den behandelten Querschnitten die Schwerlinien mit der Mittelfläche des Tragwerks zusammen, so unterbleibt jede Wechselwirkung der beiden Verzerrungstensoren $\alpha_{(\alpha\beta)}$, $\beta_{(\alpha\beta)}$ in der Formänderungsenergie (4.5.6). Dies trifft für alle symmetrisch versteiften Querschnitte entsprechend Bild 4.17, 4.18 zu.

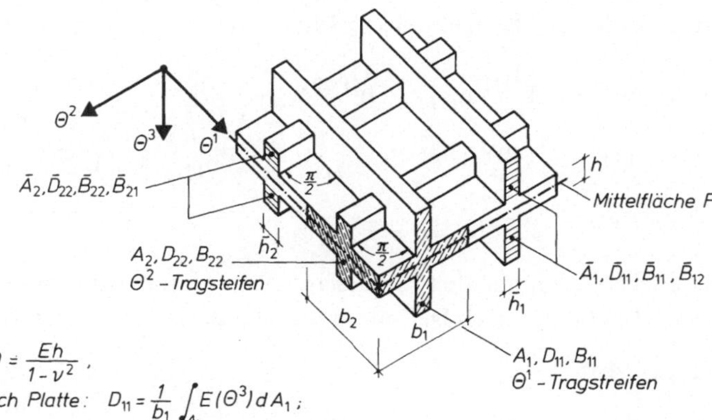

Dehnsteifigkeiten:

Platte allein: $D = \frac{Eh}{1-\nu^2}$,

Tragstreifen einschließlich Platte: $D_{11} = \frac{1}{b_1} \int_{A_1} E(\Theta^3)\, dA_1$;

$$D_{22} = \frac{1}{b_2} \int_{A_2} E(\Theta^3)\, dA_2;$$

Biegesteifigkeiten:

Platte allein: $B = \frac{Eh^3}{12(1-\nu^2)}$,

Tragstreifen einschließlich Platte: $B_{11} = \frac{1}{b_1} \int_{A_1} E(\Theta^3)(\Theta^3)^2\, dA_1$,

$$B_{22} = \frac{1}{b_2} \int_{A_2} E(\Theta^3)(\Theta^3)^2\, dA_2,$$

Drillsteifigkeiten der Rippen allein: $\bar{B}_{12} \approx \frac{1}{3b_1} \int_{\bar{A}_1} G(\Theta^3)\bar{h}_1^2\, d\bar{A}_1$,

$$\bar{B}_{21} \approx \frac{1}{3b_2} \int_{\bar{A}_2} G(\Theta^3)\bar{h}_2^2\, d\bar{A}_2,$$

Schubsteifigkeiten:

Platte allein: $S = Gh$,

Trastreifen einschließlich Platte: $S_1 \approx \frac{1}{b_1} \int_{A_1} G(\Theta^3)\, dA_1$,

$$S_2 \approx \frac{1}{b_2} \int_{A_2} G(\Theta^3)\, dA_2.$$

Bild 4.17 Bezeichnungen und Steifigkeiten eines zu F symmetrischen orthogonal-anisotropen (orthotropen) Flächentragwerks

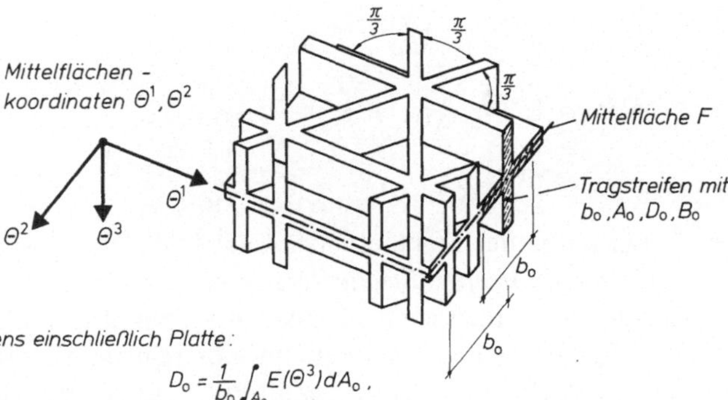

Dehnsteifigkeit jedes Tragstreifens einschließlich Platte:

$$D_0 = \frac{1}{b_0} \int_{A_0} E(\Theta^3)\, dA_0,$$

Biegesteifigkeit jedes Tragstreifens einschließlich Platte:

$$B_0 = \frac{1}{b_0} \int_{A_0} E(\Theta^3)(\Theta^3)^2\, dA_0,$$

Schubsteifigkeit jedes Tragstreifens einschließlich Platte:

$$S_0 = \frac{1}{b_0} \int_{A_0} G(\Theta^3)\, dA_0.$$

Bild 4.18 Bezeichnungen und Steifigkeiten eines zu F symmetrischen hexagonal-anisotropen Flächentragwerks

Zunächst werde das Elastizitätsgesetz (4.5.7) des symmetrischen Tensors $\tilde{n}^{(\alpha\beta)}$

$$\begin{aligned} \tilde{n}^{(11)} &= \overset{(1)}{E}{}^{1111}\alpha_{(11)} + \overset{(1)}{E}{}^{1122}\alpha_{(22)}, \\ \tilde{n}^{(12)} &= \tilde{n}^{(21)} = \overset{(1)}{E}{}^{1212}\alpha_{(12)} + \overset{(1)}{E}{}^{1221}\alpha_{(21)} = 2\overset{(1)}{E}{}^{1212}\alpha_{(12)}, \\ \tilde{n}^{(22)} &= \overset{(1)}{E}{}^{2211}\alpha_{(11)} + \overset{(1)}{E}{}^{2222}\alpha_{(22)} \end{aligned} \tag{4.5.12}$$

in physikalische Komponenten umgeschrieben. Unter Verwendung der Transformation (3.2.24), (3.2.125) sowie nach Definition physikalischer Komponenten des Elastizitätstensors $\overset{(1)}{E}{}^{\alpha\beta\lambda\mu}$ laut (1.2.46)

$$\overset{(n)}{E}{}^{\langle\alpha\beta\lambda\mu\rangle} = \overset{(n)}{E}{}^{\alpha\beta\lambda\mu}\sqrt{a_{\alpha\alpha}a_{\beta\beta}a_{\lambda\lambda}a_{\mu\mu}} \tag{4.5.13}$$

entstehen hieraus mit (4.5.8):

$$\begin{aligned} \tilde{n}^{\langle 11\rangle} &= \overset{(1)}{E}{}^{\langle 1111\rangle}\alpha_{\langle 11\rangle} + \overset{(1)}{E}{}^{\langle 1122\rangle}\alpha_{\langle 22\rangle}, \\ \tilde{n}^{\langle 12\rangle} &= \tilde{n}^{\langle 21\rangle} = \overset{(1)}{E}{}^{\langle 1212\rangle}\alpha_{\langle 12\rangle}, \\ \tilde{n}^{\langle 22\rangle} &= \overset{(1)}{E}{}^{\langle 2211\rangle}\alpha_{\langle 11\rangle} + \overset{(1)}{E}{}^{\langle 2222\rangle}\alpha_{\langle 22\rangle}. \end{aligned} \tag{4.5.14}$$

Definiert man die physikalischen Komponenten des Tensors $E^{\alpha\lambda}$ in zu (4.5.13) analoger Weise

$$E^{\langle\alpha\lambda\rangle} = E^{\alpha\lambda}\sqrt{a_{\alpha\alpha}a_{\lambda\lambda}} \tag{4.5.15}$$

und greift zusätzlich auf die Transformationen (3.2.127, 128) zurück, so wird (4.5.14) durch folgende physikalische Elastizitätsgesetze vervollständigt:

$$\begin{aligned} m^{\langle 11\rangle} &= \overset{(3)}{E}{}^{\langle 1111\rangle}\beta_{\langle 11\rangle} + \overset{(3)}{E}{}^{\langle 1122\rangle}\beta_{\langle 22\rangle}, \\ m^{\langle 12\rangle} &= m^{\langle 21\rangle} = \overset{(3)}{E}{}^{\langle 1212\rangle}\beta_{\langle 12\rangle}, \\ m^{\langle 22\rangle} &= \overset{(3)}{E}{}^{\langle 2211\rangle}\beta_{\langle 11\rangle} + \overset{(3)}{E}{}^{\langle 2222\rangle}\beta_{\langle 22\rangle}, \\ q^{\langle 1\rangle} &= E^{\langle 11\rangle}\gamma_{\langle 1\rangle}, \quad q^{\langle 2\rangle} = E^{\langle 22\rangle}\gamma_{\langle 2\rangle}. \end{aligned} \tag{4.5.16}$$

Mit der Entwicklung der Stahlbetonbauweise und der Schweißtechnik entstanden verschiedene Theorien *orthotroper Flächentragwerke*, die empirische Erweiterungen isotroper (ebener) Flächentragwerkstheorien darstellen. Dieser empirische Charakter ist aus der Gegenüberstellung und Identifizierung der Elastizitätskomponenten in Tafel 4.26 deutlich erkennbar; er mag als Begründung für die in diesem Buch ausgesparte Herleitung dienen. Die von *E. Giencke* [20, 21] angegebene Theorie orthotroper Platten kombiniert die Biege- und Dehnsteifigkeiten der Tragstreifen mit den Querdehnungseigenschaften, der Schub- sowie Torsionssteifigkeit isotroper Tragwerke.* Dadurch wird das Tragwerk als zu weich eingeschätzt. Eine

* *Die bei Giencke mögliche Unsymmetrie der Torsionsmomente $m^{12} \neq m^{21}$ wurde korrigiert.*

physikalische Komponenten	*Umrechnung auf tens. Kompon.*	*Komponenten der Theorie nach:* Giencke	Klöppel / Schardt	Huber
$\overset{(1)}{E}{}^{\langle 1111\rangle}$	$\overset{(1)}{E}{}^{1111}\ a_{11}\ a_{11}$	D_{11}	$D+\bar{D}_{11}$	D_{11}
$\overset{(1)}{E}{}^{\langle 1122\rangle}=E^{\langle 2211\rangle}$	$\overset{(1)}{E}{}^{1122}\ a_{11}\ a_{22}$	νD	νD	$\nu_1 D_{11}=\nu_2 D_{22}$
$\overset{(1)}{E}{}^{\langle 2222\rangle}$	$\overset{(1)}{E}{}^{2222}\ a_{22}\ a_{22}$	D_{22}	$D+\bar{D}_{22}$	D_{22}
$\overset{(1)}{E}{}^{\langle 1212\rangle}$	$\overset{(1)}{E}{}^{1212}\ a_{11}\ a_{22}$	$(1-\nu)D$	$(1-\nu)D$	$(1-\sqrt{\nu_1\nu_2})\sqrt{D_{11}D_{22}}$
$\overset{(3)}{E}{}^{\langle 1111\rangle}$	$\overset{(3)}{E}{}^{1111}\ a_{11}\ a_{11}$	B_{11}	$B+\bar{B}_{11}$	B_{11}
$\overset{(3)}{E}{}^{\langle 1122\rangle}=E^{\langle 2211\rangle}$	$\overset{(3)}{E}{}^{1122}\ a_{11}\ a_{22}$	νB	νB	$\hat{\nu}_1 B_{11}=\hat{\nu}_2 B_{22}$
$\overset{(3)}{E}{}^{\langle 2222\rangle}$	$\overset{(3)}{E}{}^{2222}\ a_{22}\ a_{22}$	B_{22}	$B+\bar{B}_{22}$	B_{22}
$\overset{(3)}{E}{}^{\langle 1212\rangle}$	$\overset{(3)}{E}{}^{1212}\ a_{11}\ a_{22}$	$(1-\nu)B+\bar{B}_{12}+\bar{B}_{21}$	$(1-\nu)B+\bar{B}_{12}+\bar{B}_{21}$	$(1-\sqrt{\hat{\nu}_1\hat{\nu}_2})\sqrt{B_{11}B_{22}}$
$E^{\langle 11\rangle}$	$E^{11}\ a_{11}$	(S_1)	(S_1)	(S_1)
$E^{\langle 22\rangle}$	$E^{22}\ a_{22}$	(S_2)	(S_2)	(S_2)

Tafel 4.26 Physikalische Komponenten der Elastizitätstensoren orthotroper Flächentragwerke

Variante größerer Steifigkeit geht auf *K. Klöppel/R. Schardt* [38, 47] zurück, bei ihnen wird das isotrope Grundtragwerk (D, B) durch die Rippen des jeweiligen Tragstreifens versteift:

$$\bar{D}_{11}=\frac{1}{b_1}\int\limits_{\bar{A}_1} E(\Theta^3)\,d\bar{A}_1,\ \ldots\,. \tag{4.5.17}$$

In den erheblich früheren Arbeiten von *M. T. Huber* [8, 40, 41] werden aus den Biege- und Dehnsteifigkeiten der Tragstreifen zur Erzwingung der Gruppensymmetrie von $\overset{(n)}{E}{}^{\alpha\beta\lambda\mu}$ mechanisch unanschauliche Quer-, Schub- und Drillsteifigkeiten definiert [68, 84, 107]. Insbesondere dürfen die Parameter ν_1, ν_2, $\hat{\nu}_1$, $\hat{\nu}_2$ nicht mit Querdehnzahlen isotroper Werkstoffe verwechselt werden. Alle Abkürzungen der Tafel 4.26 sind in Bild 4.17 erläutert; insbesondere bezeichnet A_α die Querschnittsfläche des gesamten Θ^α-Tragstreifens, $\bar{A}_\alpha$ nur den Anteil außerhalb der Grundschicht. Da alle zitierten Theorien orthotroper Platten vom *Kirchhoff-Love*-Typ sind, wurden die Schubsteifigkeiten in Tafel 4.26 eingeklammert.

Physikalische Komponenten der Elastizitätstensoren *hexagonal anisotroper Flächentragwerke* entnehmen wir [47], wobei die verwendeten Bezeichnungen in Bild 4.18 zusammengestellt sind. Dabei bezeichnet A_0 die Querschnittsfläche eines Tragstreifens. In Übereinstimmung mit (4.5.11) lauten die physikalischen Werkstoffgleichungen (ohne Berücksichtigung des Drillwiderstandes der Rippen):

$$\begin{bmatrix} \tilde{n}^{\langle 11\rangle} \\ \tilde{n}^{\langle 12\rangle} \\ \tilde{n}^{\langle 22\rangle} \end{bmatrix} = \frac{9}{8} D_0 \begin{bmatrix} 1 & 0 & 1/3 \\ 0 & 1/3 & 0 \\ 1/3 & 0 & 1 \end{bmatrix} \cdot \begin{bmatrix} \alpha_{\langle 11\rangle} \\ \alpha_{\langle 12\rangle} \\ \alpha_{\langle 22\rangle} \end{bmatrix},$$

$$\begin{bmatrix} m^{\langle 11\rangle} \\ m^{\langle 12\rangle} \\ m^{\langle 22\rangle} \end{bmatrix} = \frac{9}{8} B_0 \begin{bmatrix} 1 & 0 & 1/3 \\ 0 & 1/3 & 0 \\ 1/3 & 0 & 1 \end{bmatrix} \cdot \begin{bmatrix} \beta_{\langle 11\rangle} \\ \beta_{\langle 12\rangle} \\ \beta_{\langle 22\rangle} \end{bmatrix}, \qquad (4.5.18)$$

$$\begin{bmatrix} q^{\langle 1\rangle} \\ q^{\langle 2\rangle} \end{bmatrix} = \frac{3}{2} S_0 \begin{bmatrix} 1 & 0 \\ 0 & 1 \end{bmatrix} \cdot \begin{bmatrix} \gamma_{\langle 1\rangle} \\ \gamma_{\langle 2\rangle} \end{bmatrix}.$$

Zu den Formeln der Bilder 4.17, 4.18 ist noch zu bemerken, daß für Einstoffquerschnitte Elastizitäts- und Schubmodul selbstverständlich *vor* das Integrationssymbol gezogen werden können.

4.5.3 Unsymmetrisch versteifte Querschnitte

Während bei anisotropen Flächentragwerken mit symmetrisch zur Tragschicht angeordneten Versteifungen die Schwerlinien beider Querschnittsufer Θ^α = konst in die Mittelfläche F fallen, liegen diese bei unsymmetrisch versteiften Querschnitten in unterschiedlicher Höhe. Die Mittelfläche F eines derartigen Tragwerks, entsprechend Bild 4.19 beispielsweise in der Mitte zwischen beiden Schwerlinien definiert, ist in diesem Fall eine geometrisch nicht ausgezeichnete, fiktive Fläche.

Für derartige Querschnitte tritt offensichtlich stets eine Kopplung zwischen Dehnungs- und Biegewirkungen auf. Daher gilt für sie die vollständige Form (4.5.5) des elastischen Potentials, aus der folgende Elastizitätsgesetze entstehen:

$$\begin{aligned} \tilde{n}^{(\alpha\beta)} &= \overset{(1)}{E}{}^{\alpha\beta\lambda\mu} \alpha_{(\lambda\mu)} + \overset{(2)}{E}{}^{\alpha\beta\lambda\mu} \beta_{(\lambda\mu)}, \\ m^{(\alpha\beta)} &= \overset{(2)}{E}{}^{\alpha\beta\lambda\mu} \alpha_{(\lambda\mu)} + \overset{(3)}{E}{}^{\alpha\beta\lambda\mu} \beta_{(\lambda\mu)}, \\ q^\alpha &= E^{\alpha\lambda} \gamma_\lambda . \end{aligned} \qquad (4.5.19)$$

Diese sind in Tafel 4.25 in Operatorform dargestellt. Zur Bestimmung der Kopplungskomponenten $\overset{(2)}{E}{}^{\alpha\beta\lambda\mu}$ greifen wir zunächst die erste der konstitutiven Beziehungen (4.5.19) heraus und transformieren sie, analog zu (4.5.14), in physikalische Komponenten:

$$\tilde{n}^{\langle 11\rangle} = \overset{(1)}{E}{}^{\langle 1111\rangle} \alpha_{\langle 11\rangle} + \overset{(1)}{E}{}^{\langle 1122\rangle} \alpha_{\langle 22\rangle} + \overset{(2)}{E}{}^{\langle 1111\rangle} \beta_{\langle 11\rangle} + \overset{(2)}{E}{}^{\langle 1122\rangle} \beta_{\langle 22\rangle} . \qquad (4.5.20)$$

Hierin substituieren wir:

$$\beta_{\langle 11\rangle} = 1, \quad \alpha_{\langle 11\rangle} = \alpha_{\langle 22\rangle} = \beta_{\langle 22\rangle} = 0 . \qquad (4.5.21)$$

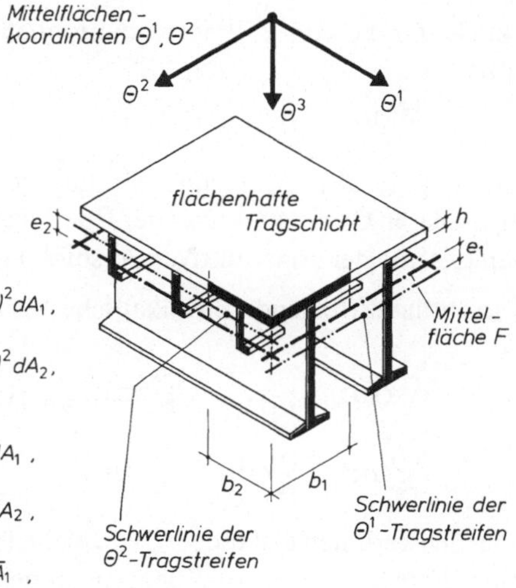

Dehnsteifigkeiten:

Platte allein: $D = \frac{Eh}{1-\nu^2}$,

Tragstreifen einschließlich Platte: $D_{11} = \frac{1}{b_1}\int_{A_1} E(\Theta^3)dA_1$,

$D_{22} = \frac{1}{b_2}\int_{A_2} E(\Theta^3)dA_2$,

Biegesteifigkeiten:

Platte allein: $B = \frac{Eh^3}{12(1-\nu^2)}$,

Tragstreifen einschließlich Platte: $B_{11} = \frac{1}{b_1}\int_{A_1} E(\Theta^3)(\Theta^3-e_1)^2 dA_1$,

$B_{22} = \frac{1}{b_2}\int_{A_2} E(\Theta^3)(\Theta^3-e_2)^2 dA_2$,

Schwerlinienabstände (Laut Definition: $e_2 = -e_1$):

$e_1 = \frac{1}{D_{11} b_1}\int_{A_1} E(\Theta^3)\Theta^3 dA_1$,

$e_2 = \frac{1}{D_{22} b_2}\int_{A_2} E(\Theta^3)\Theta^3 dA_2$,

Drillsteifigkeiten der Rippen allein: $\bar{B}_{12} \approx \frac{1}{3b_1}\int_{\bar{A}_1} G(\Theta^3)(\bar{h}_1)^2 d\bar{A}_1$,

$\bar{B}_{21} \approx \frac{1}{3b_2}\int_{\bar{A}_2} G(\Theta^3)(\bar{h}_2)^2 d\bar{A}_2$,

($\bar{h}_1$, bzw. $\bar{h}_2$ sind die Schmalseiten der Teilrechtecke der Rippen "1" bzw. "2", $\bar{A}_1$ bzw $\bar{A}_2$ währen Querschnittsflächen)

Schubsteifigkeiten:

Platte allein: $S = Gh$,

Tragstreifen einschließlich Platte: $S_1 \approx \frac{1}{b_1}\int_{A_1} G(\Theta^3)dA_1$,

$S_2 \approx \frac{1}{b_2}\int_{A_2} G(\Theta^3)dA_2$.

Bild 4.19 Bezeichnungen und Steifigkeiten eines zu F unsymmetrischen orthogonal-anisotropen (orthotropen) Flächentragwerks

In der um $\Theta^3 = e_1$ (siehe Bild 4.19) von der Mittelfläche entfernt liegenden Schwerachse des Θ^1-Tragstreifens entsteht hierdurch eine Dehnung $e_1\beta_{\langle 11\rangle}$, die die Normalkraft

$$\tilde{n}^{\langle 11\rangle} = e_1 \overset{(1)}{E}{}^{\langle 1111\rangle}\beta_{\langle 11\rangle} = e_1 D_{11}\beta_{\langle 11\rangle} \tag{4.5.22}$$

hervorruft. Hieraus erkennen wir:

$$\overset{(2)}{E}{}^{\langle 1111\rangle} = e_1 \overset{(1)}{E}{}^{\langle 1111\rangle} = e_1 D_{11}. \tag{4.5.23}$$

Substituiert man in (4.5.20) sodann

$$\beta_{\langle 22\rangle} = 1, \quad \alpha_{\langle 11\rangle} = \alpha_{\langle 22\rangle} = \beta_{\langle 11\rangle} = 0\,, \tag{4.5.24}$$

so wird die Größe der aus diesem Verformungsfall entstehenden Normalkraft $\tilde{n}^{\langle 11\rangle}$ von der Querdehnung der Tragschicht, aber auch von der Querbiegesteifigkeit der Rippen abhängen.

Die wirkliche Größe von $\overset{(2)}{E}{}^{\langle 1122\rangle}$ ist somit erheblich unsicherer als diejenige von $\overset{(2)}{E}{}^{\langle 1111\rangle}$, weshalb häufig

$$\overset{(2)}{E}{}^{\langle 1122\rangle} = 0 \tag{4.5.25}$$

gesetzt wird [21, 38]. Ähnliches gilt für die Schubkraft $n^{\langle 12\rangle}$ infolge von Verwindungen $\beta_{\langle 12\rangle} = \beta_{\langle 21\rangle}$, deren Größe stark von der Querbiegesteifigkeit der Rippen, der Lage ihres Schubmittelpunktes und der konstruktiven Ausbildung der Rippenkreuzungen abhängt. Zusammenfassend seien daher folgende physikalische Komponenten des Kopplungstensors $\overset{(2)}{E}{}^{\alpha\beta\lambda\mu}$ empfohlen:

$$\begin{aligned} &\overset{(2)}{E}{}^{\langle 1111\rangle} = e_1 D_{11}\,, \quad \overset{(2)}{E}{}^{\langle 2222\rangle} = e_2 D_{22}\,, \\ &\overset{(2)}{E}{}^{\langle 1122\rangle} = \overset{(2)}{E}{}^{\langle 2211\rangle} = \overset{(2)}{E}{}^{\langle 1212\rangle} = 0\,, \end{aligned} \tag{4.5.26}$$

wobei die Schwerlinienabstände e_α vorzeichenbehaftet – positiv in Richtung $+\Theta^3$ – einzusetzen sind. Vollständigere Kopplungskomponenten findet der Leser in [14, 15, 114].

Für die Elastizitätstensoren $\overset{(1)}{E}{}^{\alpha\beta\lambda\mu}$, $\overset{(3)}{E}{}^{\alpha\beta\lambda\mu}$ gelten die Herleitungen des Abschnittes 4.5.2 mit den Abkürzungen des Bildes 4.19. Darin können für Einstoffquerschnitte die Moduln E und G erneut vor das Integrationszeichen gezogen werden.

Jedes Flächentragwerksmodell stellt eine mehr oder minder weitgehende Idealisierung eines dreidimensionalen Körpers dar, was bei anisotropen Querschnitten besonders deutlich wird: das Tragwerk des Bildes 4.19 kann nur noch äußerst näherungsweise flächenhaft erfaßt werden. Dies kam in den Bemerkungen zur Herleitung der Kopplungskomponenten (4.5.26) zum Ausdruck und findet sich als Kritik am Konzept strukturell-anisotroper Flächentragwerke bei manchem Autor [68, 84]. Experimentelle Ermittlungen der Elastizitätstensoren $\overset{(n)}{E}{}^{\alpha\beta\lambda\mu}$, gelegentlich als Abhilfe vorgeschlagen [22, 105], können im Bereich der linearen Statik zweifellos eine zutreffendere Einschätzung der globalen Steifigkeit bewirken. Bei nichtlinearen Problemen mit lokalen Versagensmechanismen der Rippen erscheinen anisotrope Flächentragwerksmodelle dagegen grundsätzlich unangebracht.

4.5.4 Mehrschichten- und Mehrstoffquerschnitte

Mehrschichtenquerschnitte bestehen aus einzelnen Lagen verschiedenen Materials, wobei die beiden Deckschichten zumeist steifer und dünner als die Kernschichten sind. Jede Schicht kann flächenhaft anisotrope Steifigkeitseigenschaften besitzen, die strukturellen oder materiellen Ursprungs sein können, wie die beiden Sandwichquerschnitte auf Bild 4.20 beweisen. Mehrschichtenquerschnitte werden oftmals konstruiert, um aus anisotropen Teilschichten einen im Mittel isotropen Gesamtquerschnitt aufzubauen.

Im Rahmen eines Flächentragwerksmodells können Mehrschichtenschalen nur in einer über den Querschnitt integrierten Betrachtungsweise behandelt werden. Alle Ergebnisse sind somit höchstens in dem Maße als brauchbar anzusehen, in welchem die über den Querschnitt geradlinige Verzerrungsannahme (3.2.116) keine unzulässig großen Abweichungen von der Wirklichkeit erzeugt (siehe Bild 4.21), und die Spannungen der einzelnen Schichten nachträglich aus den Schnittgrößen des flächenhaften Modells bestimmt werden dürfen. Spannungs-

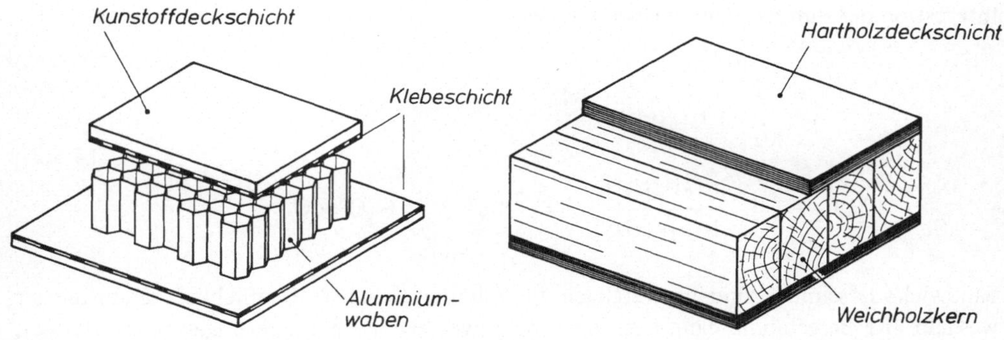

Bild 4.20 Beispiele dreischichtiger Sandwichquerschnitte aus dem Flugzeugbau und Holzbau

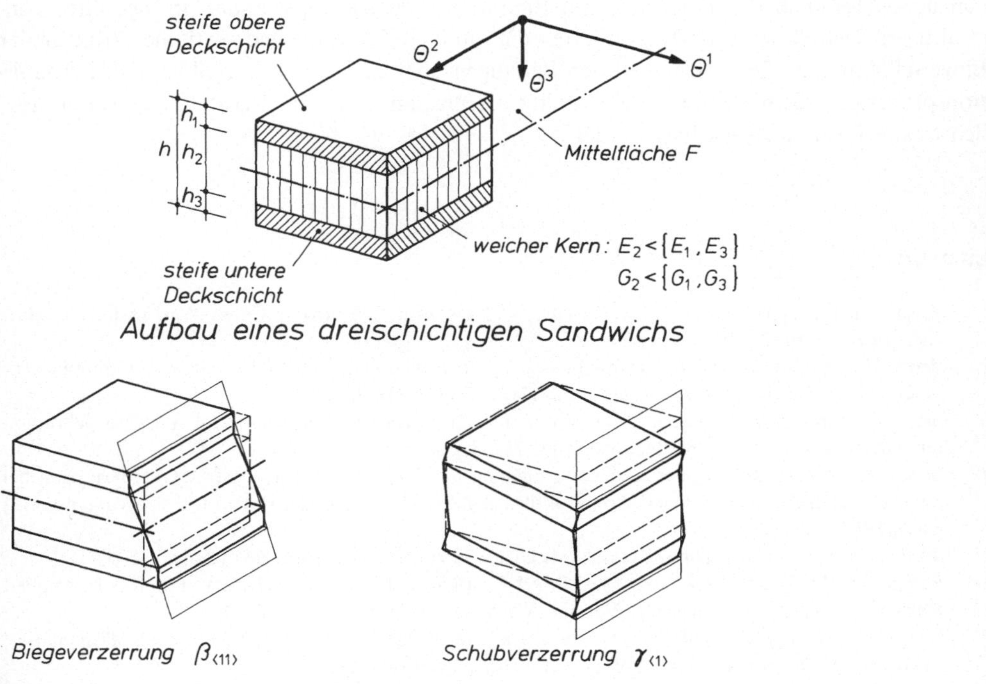

Bild 4.21 Wirkliche und durch eine Flächentragwerkstheorie erfaßbare Verzerrungen eines dreischichtigen Sandwich

und Verzerrungseffekte zwischen den einzelnen Schichten (Eigenspannungen, Schlupf in den Klebungen, Faltenbildung einzelner Lagen, ...) bleiben somit unberücksichtigt. Auf die hierzu erforderlichen verfeinerten linearen [33, 66, 86, 89, 97, 102, 113] und nichtlinearen [1, 67, 111, 112] Theorien sei hingewiesen.

Sofern der Gesamtquerschnitt *flächenhaft isotropes* Werkstoffverhalten zeigt, können die in (3.4.40) bzw. (4.1.40) eingeführten isotropen Dehn-, Biege- und Schubsteifigkeiten durch

Integration der Einzelschichten gewonnen werden:

$$D_s = \int_{-h/2}^{h/2} \frac{E(\Theta^3)}{1-[\nu(\Theta^3)]^2} d\Theta^3,$$
$$B_s = \int_{-h/2}^{h/2} \frac{E(\Theta^3)[\Theta^3]^2}{1-[\nu(\Theta)^3]^2} d\Theta^3, \quad S_s = \int_{-h/2}^{h/2} G(\Theta^3)\, d\Theta^3. \tag{4.5.27}$$

Sandwichquerschnitte sind im Vergleich zu Vollquerschnitten oft erheblich schubweicher, weshalb ihre Berechnung dann nach einer Schubverzerrungstheorie erfolgen sollte. Bei allen *flächenhaft anisotropen* Mehrschichtenschalen kann erneut das Formelwerk der Bilder 4.17, 4.18 und 4.19 Anwendung finden.

Mehrschichtenschalen gelten als typische Konstruktionselemente des Leichtbaus und werden überwiegend in der Flugzeug- und Raumfahrtindustrie angewendet. Infolge ihrer konstruktiven Vielfalt wird ihr Tragverhalten empfindlich durch die geometrische Struktur der Einzelschichten, die Nachgiebigkeit der Klebungen, aber auch durch Einzelheiten des Produktionsprozesses [70] beeinflußt. Daher sollte die Bestimmung ihrer Elastizitätstensoren möglichst experimentell abgesichert werden.

Literatur

1 *Alwan, A.M.*: Large Deflection of Sandwich Plates with Orthotropic Cores. Am. Inst. Aeronaut. Astronaut. Journ. 2 (1964), S. 1820

2 *Aron, H.*: Das Gleichgewicht und die Bewegung einer unendlich dünnen, beliebig gekrümmten elastischen Schale. Journ. reine und angewandte Math., 78 (1874), S. 136

3 *Başar, Y./Harnach, R./Harte, R.*: Zum Problem verzerrungsfreier Verbiegungen bei negativ gekrümmten Rotationsschalen. Die Bautechnik 57 (1977), S. 190

4 *Başar, Y./Rothert, H.*: Numerische Untersuchung des Problems verzerrungsfreier Verbiegungen bei randbelasteten Rotationsschalen. konstruktiver ingenieurbau berichte, Heft 20, S. 65. Vulkan-Verlag Essen 1974

5 *Bolle, L.*: Festigkeitsberechnung von Kugelschalen. Schweiz. Bauzeitung 66 (1915), S. 105

6 *Budiansky, B./Sanders, J.L.*: On the „Best" First-Order Linear Shell Theory. Progress in Applied Mechanics, the Prager Anniversary Volume, Macmillan, New York 1963, S. 129

7 *Byrne, R.*: Theory of Small Deformations of a Thin Elastic Shell. Seminar Reports in Mathematics, University of California – LA, Publ. in Math. (NS), 2 (1944), S. 103

8 *Cornelius, W.*: Die Berechnung der ebenen Flächentragwerke mittels der Theorie der orthogonalanisotropen Platte. Der Stahlbau 21 (1952), S. 21, S. 43, S. 60

9 *Danielson, D.A.*: Improved error estimates in the linear theory of thin elastic shells. Proc. Kon. Ned. Ak. Wet. B 73 (1971), S. 294

10 *Dischinger, F.*: Handbuch für Eisenbetonbau, Bd. 6, Kap. 2: Schalen und Rippenkuppeln. 4. Auflage, Verlag W. Ernst und Sohn, Berlin 1928

11 *Dubois, F.*: Über die Festigkeit der Kegelschale. Diss. E. T. H. Zürich, 1917

12 *Esslinger, M.*: Die orthotrope Scheibe. Der Stahlbau 28 (1959), S. 183

13 *Flügge, W.*: Statik und Dynamik der Schalen. 3. Neubearbeitete Auflage, Springer-Verlag, Berlin 1962

14 *Försching, H.*: Grundlagen der Aeroelastik. Springer-Verlag, Berlin 1974

15 *Försching, H.*: Eigenschwingungen der axialsymmetrisch belasteten, orthotropen Kreiskegelschale. Zeitschr. Flugwiss. 17 (1969), S. 73

16 *Friedrichs, K.O./Dressler, R.F.*: A Boundary-Layer Theory for Elastic Plates. Comm. Pure Appl. Math. 19 (1961), S. 1
17 *Friedrichs, K.O.*: Asymptotic phenomena in mathematical physics. Bull. Amer. Math. Soc. 61 (1955), S. 485
18 *Geckeler, J.*: Handbuch der Physik, Bd. 6, Kap. 3: Elastostatik. Springer-Verlag, Berlin 1928
19 *Geckeler, J.*: Über die Festigkeit achsensymmetrischer Schalen. Forsch.-Arb. Ing. Wes., Heft 276, Berlin 1926
20 *Giencke, E.*: Ein einfaches und genaues finites Verfahren zur Berechnung von orthotropen Scheiben und Platten. Der Stahlbau 36 (1967), S. 270, S. 303
21 *Giencke, E.*: Die Grundgleichungen für die orthotrope Platte mit exzentrischen Streifen. Der Stahlbau 24 (1955), S. 128
22 *Girkmann, K.*: Flächentragwerke. 6. Auflage, Springer-Verlag, Wien 1963
23 *Gol'denveizer, A.L.*: Boundary layer and its interaction with the interior state of stress of an elastic thin shell. Prikl. Math. Mekh. 33 (1969), S. 971
24 *Gol'denveizer, A.L.*: The Principles of reducing three-dimensional problems of elasticity to two-dimensional problems of the theory of plates and shells. Proc. 11th Int. Congr. Appl. Mech. München 1964, Springer-Verlag, Berlin 1966, S. 306
25 *Gol'denveizer, A.L.*: Derivation of an approximate theory of shells by means of asymptotic integration of the equations of the theory of elasticity. Prikl. Math. Mekh. 27 (1963), S. 903
26 *Gol'denveizer, A.L.*: Theory of Elastic Thin Shells (Translation from the Russian). Pergamon Press, Oxford/London 1961
27 *Gol'denveizer, A.L./Lur'e, A.J.*: Die mathematische Theorie elastischer Schalen (in Russisch). Prikl. Math. Mekh. 11 (1947), S. 565
28 *Gol'denveizer, A.L.*: Equations of the theory of thin shells (in Russisch). Prikl. Math. Mekh. 4 (1940), S. 35
29 *Green, A.E./Naghdi, P.M.*: Non-isothermal theory of rods, plates and shells. Int. J. Solids Structures 6 (1970), S. 209
30 *Green, A.E./Laws, N./Naghdi, P.M.*: Rods, plates and shells. Proc. Camb. Phil. Soc. 64 (1968), S. 895
31 *Green, A.E./Zerna, W.*: Theoretical Elasticity. 2nd Edition, At the Clarendon Press, Oxford 1968
32 *Green, A.E./Zerna, W.*: The equilibrium of thin elastic shells. Quart. Journ. Mech. Appl. Math. 3 (1950), S. 9
33 *Grigoliuk, E.I./Kogan, F.A.*: Present status of the multilayered shell theory (in russisch). Prikl. Math. Mekh. 36 (1972), S. 8
34 *Hammel, J.W.*: Geometrisch nichtlineare Schalengleichungen als Approximation eines dreidimensionalen Kontinuums. Habilitationsschrift T.U. Darmstadt 1977
35 *Harnach, R./Rothert, H.*: On the theory of inextensional bending of shell structures. Int. J. Solids Struct. 12 (1976), S. 359
36 *Harnach, R.*: Systematische Darstellung der Energie- und Variationsprinzipe und Anwendung auf die Schalentheorie. Techn.-wiss. Mitteilungen des Instituts für Konstruktiven Ingenieurbau Nr. 74-3, Bochum 1974
37 *Hejden, A.M.A. van der*: On modified boundary conditions for the free edge of a shell. Delft University Press, Delft 1976
38 *Henning, G.*: Zur genauen Berechnung konstruktiv orthotroper Platten. Der Stahlbau 41 (1972), S. 78
39 *Ho, C.L./Knowles, J.K.*: Energy inequalities and error estimates for torsion of elastic shells of revolution. ZAMP 21 (1970), S. 352
40 *Huber, M.T.*: Über die genaue Berechnung einer orthotropen Platte. Der Bauingenieur 6 (1925), S. 878
41 *Huber, M.T.*: Die Theorie der kreuzweise bewehrten Eisenbetonplatten, nebst Anwendungen auf mehrere bautechnisch wichtige Aufgaben über rechteckige Platten. Der Bauingenieur 4 (1923), S. 354, 392
42 *John, F.*: Refined interior equations for thin elastic shells. Comm. Pure and Appl. Math. 24 (1971), S. 583
43 *John, F.*: Refined interior shell equations. Proc. 2nd IUTAM Symposium on the Theory of Thin Shells, Copenhagen 1967. Springer-Verlag, S. 1, Berlin 1969

44 *John, F.*: Estimates for the derivatives of the stresses in a thin shell and interior shell equations. Comm. Pure and Appl. Math. 18 (1965), S. 235

45 *Kelvin, Lord/Tait, P. G.*: Treatise of Natural Philosophy. Vol. 1, Part 2, London 1883, S. 188

46 *Kirchhoff, G. R.*: Über das Gleichgewicht und die Bewegung einer elastischen Scheibe. J. Mathematik (Crelle) 40 (1850), S. 51

47 *Klöppel, K./Schardt, R.*: Systematische Ableitung der Differentialgleichungen für ebene anisotrope Flächentragwerke. Der Stahlbau 29 (1960), S. 33

48 *Kollar, L.*: Die dehnungslosen Formänderungen von Schalen. konstruktiver ingenieurbau berichte, Heft 20, S. 35. Vulkan-Verlag Essen 1974

49 *Koiter, W. T./Hejden, A. M. A. van der*: Modified boundary conditions at a free edge of a thin plate or shell. Proc. Kon. Ned. Ak. Wet., B. 84 (1981)

50 *Koiter, W. T./Simmonds, J. G.*: Foundations of Shell Theory. Delft University of Technology, Laboratory of Engineering Mechanics, WTHD 40, Report Nr. 473, 1972; Proc. 13. IUTAM Congress Moscow 1972, Springer-Verlag, Berlin 1973, S. 150

51 *Koiter, W. T.*: On the foundations of the linear theory of thin elastic shells. Proc. Kon. Ned. Ak. Wet., B. 73 (1970), S. 169

52 *Koiter, W. T.*: A systematic simplification of the general equations in the linear theory of thin shells. Proc. Koninkl. Ned. Akad. Wet. B 64 (1961), S. 612

53 *Koiter, W. T.*: A consistent first approximation in the general theory of thin elastic shells. Proc. IUTAM Symp. on the Theory of Thin Elastic Shells, Delft 1959. North-Holland Publ. Comp., Amsterdam 1960

54 *Krätzig, W. B.*: On the Structure of Consistent Linear Shell Theories. Beitrag in: Proc. 3. IUTAM Symposium on Shell Theory. North-Holland Publ. Comp., Amsterdam 1980

55 *Krätzig, W. B.*: Die erste Approximation der Schalentheorie und deren Unschärfebereich. Beitrag in: Konstruktiver Ingenieurbau in Forschung und Praxis, Werner-Verlag, Düsseldorf 1976

56 *Krätzig, W. B.*: Optimale Schalengrundgleichungen und deren Leistungsfähigkeit. ZAMM 54 (1974), S. 265

57 *Krätzig, W. B.*: Thermodynamics of Deformations and Shell Theory. Techn.-wiss. Mitteilungen des Instituts für Konstruktiven Ingenieurbau Nr. 71-3, Bochum 1971

58 *Krätzig, W. B.*: Allgemeine Schalentheorie beliebiger Werkstoffe und Verformungen. Ingenieur-Archiv 40 (1971), S. 311

59 *Laws, N.*: A boundary-layer theory for plates with initial stress. Proc. Camb. Phil. Soc. 62 (1966), S. 313

60 *Librescu, L. I.*: Some results concerning the refined theory of elastic multilayered shells. Rev. Roum. Sci. Techn.-Mec. Appl. 20 (1975), S. 93, 285, 471, 573

61 *Librescu, L.*: On the theory of anistropic elastic shells and plates. Int. J. Solids Structures 3 (1967), S. 53

62 *Love, A. E. H.*: A Treatise on the Mathematical Theory of Elasticity. Fourth edition, Dover Publications, New York, 1944

63 *Love, A. E. H.*: On the Small Vibrations and Deformations of Thin Elastic Shells, Phil. Trans. Roy. Soc., 179 (1888), S. 491

64 *Lukasiewicz, S. A.*: On the Equations of the Theory of Shells of Slowly Varying Curvatures. ZAMP 22 (1971), S. 1044

65 *Lur'e, A. I.*: General theory of thin elastic shells (in Russisch). Prikl. Mat. Mekh. 4 (1940), S. 7

66 *Malcolm, D. J./Glockner, P. G.*: Cosserat Surface and Sandwich Shell Equilibrium. Journ. Eng. Mech. Div., Proc. ASCE 98 (1972), S. 1075

67 *Malcolm, D. J./Glockner, P. G.*: Nonlinear Sandwich Shell and Cosserat Surface Theory. Journ. Eng. Mech. Div., Proc. ASCE 98 (1972), S. 1183

68 *Massonet, Ch.*: Plaques et coques cylindriques orthotropes à nervures dissymmetriques. Abh. IVBH 19 (1959)

69 *Meissner, E.*: Das Elastizitätsproblem für dünne Schalen von Ringflächen-, Kugel- oder Kegelform. Phys. Z. 14 (1913), S. 343

70 *Moser, K.*: Einfluß interlaminarer Imperfektionen auf das Tragverhalten von GFP-Tragkonstruktionen. Plaste und Kautschuk 26 (1979), S. 156

71 *Mushtari, Ch.*: Einige Verallgemeinerungen der Theorie dünner Schalen (in Russisch). Istvestia Fiz.-Math. obsh. pri Kazanskom Universitete 11 (1938), Serie 8
72 *Naghdi, P.M.*: The Theory of Shells and Plates. Beitrag in: Handbuch der Physik, Band VI, A2, Springer-Verlag, Berlin/New York 1972
73 *Naghdi, P.M.*: Further results in the derivation of the general equations of elastic shells. Int. Journ. Engng. Sci, 2 (1964), S. 269
74 *Naghdi, P.M.*: A new derivation of the general equations of elastic shells. Int. Journ. Engng. Sci. 1 (1963), S. 509
75 *Naghdi, P.M.*: Foundations of elastic shell theory. Progress in Solid Mechanics, edited by I.N. Sneddon and R. Hill. North-Holland Publ. Comp., Amsterdam 1963
76 *Naghdi, P.M.*: On the theory of thin elastic shells. Quart. Appl. Math. 14 (1957), S. 369
77 *Neuber, H.*: Allgemeine Schalentheorie. Z. angew. Math. Mech. 29 (1949), S. 97 und S. 142
78 *Nordgren, R.P.*: A bound on the error in plate theory. Quart. Appl. Math. 28 (1971), S. 587
79 *Novozhilov, V.*: The Theory of Thin shells. P. Noordhoff Ltd., Groningen (Niederlande) 1959
80 *Novozhilov, V.*: On an error in a hypothesis of the theory of shells. Compt. Rend. Acad. Sci. SSSR, 38 (1943), S. 160
81 *Novozhilov, V./Finkel'shtein, R.*: On the incorrectness of Kirchhoff's hypothesis in the theory of shells (in Russisch). Prikl. Math. Mekh. 7 (1943), S. 331
82 *Oliveira, E.R./de Arantes, E.*: A Theory of Shells involving Moments of Arbitrary Order. Nat. Lab. Civ. Eng., Lisbon 1967
83 *Pietraszkiewicz, W.*: Introduction to the Non-Linear Theory of Shells. Ruhr-Universität Bochum, Mitteilung Nr. 10 aus dem Institut für Mechanik, Bochum 1977
84 *Pflüger, A.*: Zum Beulproblem anisotroper Rechteckplatten. Ingenieur-Archiv 16 (1947), S. 111
85 *Reissner, E.*: Note on the Effect of Transverse Shear Deformation in Laminated Anisotropic Plates. Report US San Diego, Dept. Appl. Mech. Eng. Sc., La Jolla 1979
86 *Reissner, E.*: Transverse bending of laminated anisotropic plates. Journ. Eng. Mech. Div., Proc. ASCE 102 (1976), S. 559
87 *Reissner, E.*: A Consistent Treatment of Transverse Shear Deformation in Laminated Anisotropic Plates. J. Am. Inst. Aeronautics and Astronautics 10 (1972), S. 716
88 *Reissner, E.*: On Consistent First Approximations in the General Linear Theory of Thin Elastic Shells. Ing. Archiv 40 (1971), S. 402
89 *Reissner, E.*: Small Bending and Stretching of Sandwich-Type Shells. N.A.C.A. Techn. Note No. 1832, Washington 1949
90 *Reissner, E.*: Stresses and small displacements of shallow shells. Journ. Math. Phys. 25 (1946), S. 80 und 25 (1947), S. 279
91 *Reissner, E.*: Note on the Expressions for the Strains in a Bent, Thin Shell. Am. J. Math. 64 (1942), S. 768
92 *Reissner, E.*: A New Derivation of the Equations for the Deformation of Elastic Shells. Americ. Journ. Math. 63 (1941), S. 177
93 *Reissner, H.*: Spannungen in Kugelschalen (Kuppeln). Müller-Breslau-Festschrift, Verlag A. Kröner, Leipzig 1912
94 *Rothert, H.*: Zur Definition von Sonderfällen in der linearen Schalentheorie. ZAMM 51 (1971), S. 497
95 *Rutten, H.S.*: Theory and Design of Shells on the Basis of Asymptotic Analysis. Rutten + Kruisman, Voorburg 1973
96 *Sanders, J.L.*: An Improved First-Approximation Theory for Thin Shells, NASA Technical Report R-24 (1959)
97 *Schmidt, R.*: Sandwich Shells of Arbitrary Shape. Journ. Appl. Mech. 31 (1964), S. 239
98 *Sensenig, C.B.*: A shell theory compared with the exact three-dimensional theory of elasticity. Int. J. Engng. Sci. 6 (1968), S. 435
99 *Simmonds, J.G.*: Pointwise displacement errors in linear shell theory resulting from errors in the stress-strain relations. J. Appl. Math. Phys. 23 (1974), S. 265
100 *Simmonds, J.G.*: An improved estimate for the error in the classical linear theory of plate bending. Quart. Appl. Math. 29 (1971), S. 439

101 *Soler, A.I.*: Higher-order Theories for Structural Analysis using Legendre Polynomial Expansions. Journ. Appl. Mech. 36 (1969), S. 757

102 *Stein, M./Mayers, J.*: A small deflection theory for curved sandwich plates. N.A.C.A. Tech. Note No. 1008, Washington 1951

103 *Stodola, A.*: Die Dampfturbinen. 4. Auflage, Berlin 1910

104 *Synge, J.L./Chien, W.Z.*: The intrinsic theory of elastic shells and plates. Von Kármán Anniver. Vol., (1941), S. 103

105 *Timoshenko, S./Woinowsky-Krieger, S.*: Theory of Plates and Shells. 2. edition, McGraw-Hill Book Comp., New York 1959

106 *Timoshenko, S.*: History of Strength of Materials McGraw-Hill Book Company, New York 1953

107 *Trenks, K.*: Beitrag zur Berechnung orthogonal anisotroper Rechteckplatten. Der Bauingenieur 29 (1954), S. 372

108 *Wempner, G.*: Mechanics of Solids. McGraw-Hill Book Company, New York 1973

109 *Wempner, G.A.*: Invariant Multicouple Theory of Shells. Journ. Eng. Mech. Div., ASCE, 98 (1972), S. 1397

110 *Wempner, G.A.*: The Boundary Conditions for Thin Shells and their Physical Meaning. Z. angew. Math. Mech. 47 (1967), S. 136

111 *Wempner, G.A.*: Theory for Moderately Large Deflections of Sandwich Shells with Dissimilar Facings. Int. Journ. Sol. Struct. 3 (1967), S. 367

112 *Wempner, G.A.*: Theory of Moderately Large Deflections of Thin Sandwich Shells. Journ. Appl. Mech. 32 (1965), S. 76

113 *Wempner, G.A./Baylor, J.L.*: General Theory of Sandwich Plates with Dissimilar Facings. Int. Journ. Sol. Struct. 1 (1965), S. 157

114 *Wiedemann, J.*: Beitrag zum Problem orthotroper Platten ohne allgemeine Neutralebene. Luftfahrttechnik 8 (1962), S. 283; 9 (1963), S. 73, S. 118

115 *Wissler, H.*: Festigkeitsberechnung von Ringflächenschalen. Diss. E.T.H. Zürich, 1916

116 *Wlassow, W.S.*: Allgemeine Schalentheorie und ihre Anwendung in der Technik. Akademie-Verlag, Berlin 1958

117 *Wlassow, W.S.*: Basic differential equations in general theory of elastic shells (in Russisch). Prikl. Mat. Mekh. 8 (1944), S. 109 (Engl. Übersetzung: NACA TM 1241 (1951), S. 58)

118 *Wlassow, W.S.*: Differentialgrundgleichungen der allgemeinen Schalentheorie (in Russisch). Prikl. Mat. Mekh. 8 (1944), H. 2. Amer. Übersetzung: NACA TM 1241 (1951)

119 *Wunderlich, W.*: On a Consistent Shell Theory in Mixed Tensor Formulation. Proc. III IUTAM Symposium on Shell Theory, Tbilisi 1978, North-Holland Publ. Comp. (1980)

120 *Wunderlich, W.*: Vergleich verschiedener Approximationen der Theorie dünner Schalen. Beitrag in: Techn.-wiss. Mitteilung des Instituts für Konstruktiven Ingenieurbau, Ruhr-Universität, Nr. 73-1, Bochum 1973

121 *Wunderlich, W./Eggers, H./Niemann, H.*: Berechnung von Schalentragwerken mit numerischen, den Rechenautomaten angepaßten Methoden. Bericht über das DFG-Forschungsvorhaben Du 25-2, Lehrstuhl für Statik, T.U. Braunschweig 1969

122 *Wunderlich, W.*: Differentialsystem und Übertragungsmatrizen der Biegetheorie allgemeiner Rotationsschalen. Heft 4 der Schriftenreihe des Lehrstuhls für Stahlbau der Techn. Hochschule Hannover, 1966

123 *Zerna, W.*: Herleitung der ersten Approximation der Theorie elastischer Schalen. Abhandl. Braunschw. Wiss. Ges. 19 (1967), S. 52

124 *Zerna, W.*: Mathematisch strenge Theorie elastischer Schalen. ZAMM 42 (1962), S. 333

125 *Zerna, W.*: Beitrag zur allgemeinen Schalenbiegetheorie. Ing.-Archiv 17 (1949), S. 149

5 Membrantheorie

Zur Belohnung für die Erfindung der Statik sind wir jetzt gezwungen, zu berechnen, was wir bauen.
Felix Candela

Durch die Membrantheorie wird ein für Schalentragwerke typisches, besonders wirtschaftliches Tragverhalten beschrieben, bei dem nur Membrankräfte auftreten. Dieses Kapitel stellt hierfür die grundlegenden Beziehungen zunächst in allgemeinen krummlinigen Koordinaten zusammen und erläutert deren Anwendung an Kreiszylinder- und Kugelschalen. Unter Verwendung ebener Koordinaten und einer Schnittgrößenfunktion wird sodann das Membrangleichgewicht auf eine einzige Differentialgleichung zweiter Ordnung zurückgeführt, die für verschiedene Schalenformen integriert wird. Am Beispiel allgemeiner Rotationsschalen werden abschließend die grundlegenden Eigenschaften des Differentialgleichungssystems der Membrantheorie sowie die sachgerechten Stützungsmöglichkeiten von Schalen negativer Gaußscher *Krümmung diskutiert und Anwendungen des Charakteristikenverfahrens erläutert.*

5.1 Vorbemerkungen

Unter den in Abschnitt 4.4.3 besprochenen Voraussetzungen kann ein gekrümmtes Flächentragwerk beliebig verteilte Flächenlasten allein durch tangential zur Mittelfläche wirkende Dehnungskräfte abtragen. Dieses günstige Tragverhalten, das einen Vorzug gekrümmter Flächentragwerke darstellt, wird durch die *Membrantheorie* beschrieben. Als *Membranschalen* bezeichnet man dabei diejenigen Tragwerke, deren Lastabtragung weitgehend durch die erwähnten *Membrankräfte* erfolgt.

Laut (4.4.22) oder (5.2.1) unterdrückt die Membrantheorie sämtliche Biegeschnittgrößen. Der verbleibende Längskrafttensor ist folgerichtig entsprechend (4.1.13) symmetrisch; er läßt sich daher allein aus den Kräftegleichgewichtsbedingungen bestimmen, d.h. aus einem statisch bestimmten Rechengang. Kinematische und konstitutive Beziehungen können nachfolgend zur Bestimmung des Verzerrungs- und Verschiebungszustandes der Schale dienen. Die Bedeutung der Membrantheorie liegt jedoch nicht allein in dieser vereinfachten Berechnungsweise, sondern vielmehr in der Beschreibung eines besonders wirtschaftlichen Tragverhaltens sowie in der Herausstellung der hierfür notwendigen konstruktiven Anforderungen.

Die Entfaltung eines Membranzustandes in einer Schale erfordert neben Stetigkeits- und Gleichmäßigkeitsanforderungen an die Mittelflächengeometrie sowie die Belastung vor allem die Einhaltung eingeschränkter Kraft- und Verformungsrandbedingungen. Lassen sich diese konstruktiv nicht vollständig erfüllen, so werden zusätzliche Biegewirkungen aktiviert, welche die Anpassung der Ränder an die wirklichen Lagerungsbedingungen erzwingen.

Häufig jedoch klingen diese Effekte von den Schalenrändern aus verhältnismäßig rasch ab, so daß ein großer Mittelbereich des Tragwerks einen Membranzustand aufweist. In einem derartigen Fall kann die Membrantheorie als erster Berechnungsschritt angesehen werden. Die durch sie nicht erfüllbaren Randbedingungen können sodann in einem nachfolgenden Rechengang im Rahmen einer Randstörungs-Biegetheorie berücksichtigt werden, die wir im Kapitel 6 behandeln.

Im Gegensatz zur vollständigen Biegetheorie, die stets durch elliptische Differentialgleichungssysteme beschrieben wird, führt die Membrantheorie für *positive, negative* oder *verschwindende Gauß*sche Krümmung K (1.3.31) des jeweils betrachteten Mittelflächenbereichs auf solche von *elliptischen, hyperbolischen* oder *parabolischen* Typs. Für hyperbolische Systeme erweisen sich die Charakteristiken darüber hinaus als Asymptotenlinien der Schalenmittelfläche. Wegen dieser Verwandtschaft der Differentialgleichungssysteme zu den differentialgeometrischen Eigenschaften der Mittelfläche stellt die Membrantheorie den besten Weg zum fundierten Verständnis des Tragverhaltens von Schalen sowie ihrer sachgerechten konstruktiven Gestaltung dar.

Historisch wurde die Membrantheorie durch Arbeiten von *G. Lamé* [37], *L. Lecornu* [38] und *M. Lévy* [39] begründet; die erste deutschsprachige Veröffentlichung stammt von *H. Reissner* [52]. Während der frühen Entwicklung der Schalenmechanik diente die Membrantheorie zur Berechnung vieler anwendungstechnisch wichtiger Konstruktionen, wobei rotationssymmetrische Kuppeln und Behälter besonders intensiv erforscht wurden. Wir begnügen uns hier mit einem Hinweis auf die umfangreichen Literaturangaben dieser Entwicklungsphase in den Monographien [7, 9, 22, 24, 27, 71].

Durch Einführung einer Spannungsfunktion (Schnittgrößenfunktion) gelang *A. Pucher* [46, 47] 1934 die Rückführung der Membrangleichgewichtsbedingungen eines elliptischen Paraboloids auf eine partielle Differentialgleichung zweiter Ordnung, die er sodann mit Hilfe des Differenzenverfahrens integrierte. Als Koordinatennetz wurde dabei die orthogonale Projektion eines kartesischen Systems auf die Schalenmittelfläche gewählt. Später wurde diese Darstellung in Tensorschreibweise [28, 57] auf Schalen beliebiger Krümmung und über beliebiger Grundrißfläche verallgemeinert. Die *Pucher*sche Theorie eröffnete die Möglichkeit zur Berechnung mannigfaltiger Schalenformen, wie Hinweise auf die Lehrbücher [7, 8, 26, 31] sowie eine größere Zahl von Einzelbeiträgen [17, 62, 64, 68] andeuten mögen.

Ebenso weitreichende Arbeiten, jedoch für Rotationsschalen, sind von *W.S. Wlassow* begründet worden. Er hat 1937 [71] die Gleichgewichtsbedingungen flächenlastfreier allgemeiner Rotationsschalen für positive *Gauß*sche Krümmung der Mittelfläche durch entsprechende Wahl der unabhängigen Variablen auf die *Cauchy-Riemann*schen Differentialgleichungen bzw. die Potentialgleichung zurückführen können. Durch diesen Brückenschlag zur Funktionentheorie entstanden breit gefächerte Anwendungsforschungen, von denen wir [50, 65] zitieren. *A.L. Gol'denveizer* [25] und *I. Vekua* [70] haben später diese Erkenntnisse zusammengefaßt und bestätigt.

Die Verwendung von Schnittgrößenfunktionen in der Schalenmechanik ist durch *Pucher* und *Wlassow* begründet worden; ihre numerischen Anwendungen haben sich zunächst auf elliptische Differentialgleichungen und damit auf Randwertprobleme konzentriert. Beide Konzepte werden wir in unsere, von einem übergeordneten Standpunkt bestimmte Darstellung integrieren. Für hyperbolische und parabolische Differentialgleichungssysteme, d.h. für alle Anfangswertprobleme, stützen wir unsere Darlegung auf die Arbeit von *K. Sayar* [60], die insbesondere eine Verbindung von der Theorie partieller Differentialgleichungen [13, 29, 59, 66] zu modernen numerischen Lösungsverfahren findet.

5.2 Membrantheorie in allgemeinen Koordinaten

5.2.1 Grundgleichungen

Im Rahmen der Membrantheorie wird laut (4.4.22) der Momententensor $m^{\alpha\beta}$ und folgerichtig entsprechend (4.1.12) auch der Querkraftvektor q^{α} gegenüber dem Längskrafttensor $n^{\alpha\beta}$ als vernachlässigbar klein vorausgesetzt:

$$m^{\alpha\beta} \approx 0, \quad q^{\alpha} \approx 0. \tag{5.2.1}$$

Demzufolge verschwindet der Momentenvektor $\mathbf{m}^{\alpha}$ (4.1.8), und das Gleichgewicht der Schale wird allgemein durch den Längskraftvektor $\mathbf{n}^{\alpha}$ beschrieben, der im Gegensatz zu (4.1.7) tangential zur Mittelfläche gerichtet ist:

$$\mathbf{n}^{\alpha} = n^{\alpha\beta}\mathbf{a}_{\beta}\,. \tag{5.2.2}$$

Aufgrund von (4.1.13) und (5.2.1) stimmt weiterhin der Längskrafttensor $n^{\alpha\beta}$ mit $\tilde{n}^{(\alpha\beta)}$ überein, dieser ist somit im Rahmen der Membrantheorie stets symmetrisch:

$$n^{\alpha\beta} = n^{\beta\alpha} = n^{(\alpha\beta)} = \tilde{n}^{(\alpha\beta)}. \tag{5.2.3}$$

Seine Verknüpfung (4.1.9) mit den physikalischen Komponenten $n^{\langle\alpha\beta\rangle}$ gilt unverändert:

$$n^{\langle\alpha\beta\rangle} = n^{\langle\beta\alpha\rangle} = \sqrt{\frac{a_{\beta\beta}}{a^{\alpha\alpha}}}\, n^{\alpha\beta}. \tag{5.2.4}$$

Hierin bezeichnet bekanntlich der jeweils erste Index das Schnittufer, der zweite die jeweilige Komponentenrichtung (Bild 5.1).

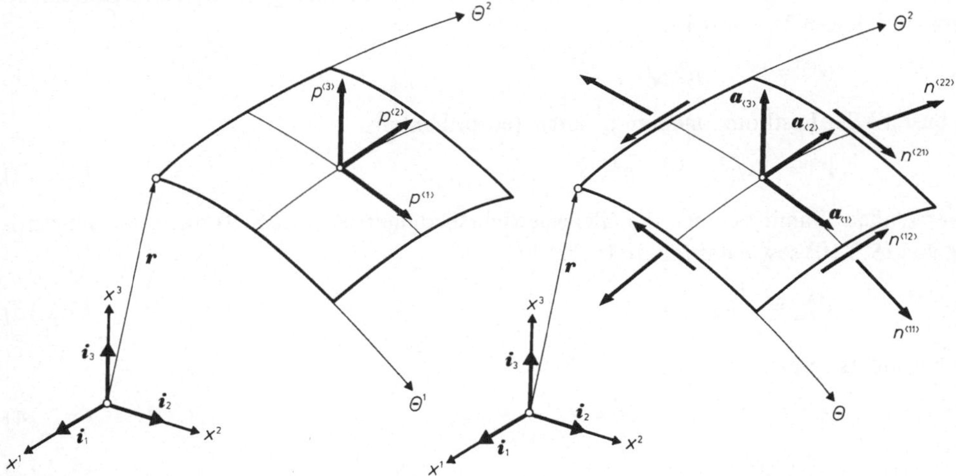

Bild 5.1 Physikalische Last- und Schnittgrößenkomponenten der Membrantheorie und deren positive Wirkungsrichtungen

Die Lasten der Schalenmittelfläche F werden durch den auf deren Flächeneinheit bezogenen Lastvektor

$$\mathbf{p} = p^{\alpha}\mathbf{a}_{\alpha} + p^{3}\mathbf{a}_{3} = p^{\langle\alpha\rangle}\mathbf{a}_{\langle\alpha\rangle} + p^{\langle 3\rangle}\mathbf{a}_{\langle 3\rangle} \tag{5.2.5}$$

erfaßt, dessen tensorielle p^i und physikalische Komponenten $p^{\langle i\rangle}$ durch (4.1.6):

$$p^{\langle\alpha\rangle} = p^{\alpha}\sqrt{a_{\alpha\alpha}}, \quad p^{\langle 3\rangle} = p^{3} \tag{5.2.6}$$

miteinander verbunden sind. Ein Lastmomentenvektor **c** kann nicht berücksichtigt werden.

Das Gleichgewicht eines durch je zwei differentiell benachbarte Parameterlinien begrenzten Elementes dF der Schalenmittelfläche wird entsprechend (3.3.2, 4) durch eine der folgenden Beziehungen beschrieben:

$$(\mathbf{n}^{\alpha}\sqrt{a})_{,\alpha} + \mathbf{p}\sqrt{a} = 0, \quad \mathbf{n}^{\alpha}|_{\alpha} + \mathbf{p} = 0. \tag{5.2.7}$$

Nach bekanntem Vorgehen (siehe Abschnitt 3.3.2) entstehen hieraus die tensoriellen Gleichgewichtsbedingungen

$$n^{\alpha\beta}|_{\alpha} + p^{\beta} = 0, \tag{5.2.8}$$

$$n^{\alpha\beta}b_{\alpha\beta} + p^{3} = 0 \tag{5.2.9}$$

mit der kovarianten Ableitung

$$n^{\alpha\beta}|_{\alpha} = n^{\alpha\beta}{}_{,\alpha} + n^{\rho\beta}\Gamma^{\alpha}_{\alpha\rho} + n^{\alpha\rho}\Gamma^{\beta}_{\alpha\rho} \tag{5.2.10}$$

des Dehnungskrafttensors. Diese Kräftegleichgewichtsbedingungen in Richtung der beiden Basisvektoren $\mathbf{a}_{\beta}$ sowie der Normalen $\mathbf{a}_3$ können mittels (5.2.1) auch unmittelbar aus den Bedingungen (3.3.11, 12) hergeleitet werden. Wie erkennbar lassen sich im Rahmen der Membrantheorie die drei Schnittkraftkomponenten $n^{\alpha\beta} = n^{\beta\alpha}$ ohne Rückgriff auf das Verformungsverhalten allein aus den Gleichgewichtsbedingungen (5.2.8, 9) bestimmen. Damit liegt – wie eingangs erwähnt – eine *statisch bestimmte Aufgabe* vor.

Bei manchen Problemstellungen erweist es sich als zweckmäßig, anstelle des Längskrafttensors $n^{\alpha\beta}$ dessen Tensordichte

$$N^{\alpha\beta} = N^{\beta\alpha} = n^{\alpha\beta}\sqrt{a} \tag{5.2.11}$$

und anstelle der Lastkomponenten p^i deren Tensordichten

$$P^{\alpha} = p^{\alpha}\sqrt{a}, \quad P^{3} = p^{3}\sqrt{a} \tag{5.2.12}$$

zu verwenden. Damit nehmen die Gleichgewichtsbedingungen (5.2.8, 9) unter Berücksichtigung von (5.2.10) sowie der Identität (1.4.11)

$$\Gamma^{\lambda}_{\lambda\alpha} = \frac{1}{\sqrt{a}}(\sqrt{a})_{,\alpha} \tag{5.2.13}$$

eine besonders einfache Form an:

$$N^{\alpha\beta}{}_{,\alpha} + N^{\alpha\rho}\Gamma^{\beta}_{\alpha\rho} + P^{\beta} = 0, \tag{5.2.14}$$

$$N^{\alpha\beta}b_{\alpha\beta} + P^{3} = 0. \tag{5.2.15}$$

Der Kräftezustand längs einer beliebigen Kurve C der Mittelfläche, beispielsweise einer Randkurve, wird durch den auf die Längeneinheit von C bezogenen Vektor **n** beschrieben, dessen Zerlegung im orthonormierten Dreibein ($\mathbf{u}$, $\mathbf{t}$, $\mathbf{a}_3$) laut (4.1.54) die physikalischen Randkräfte

$$\mathbf{n} = n_t \mathbf{t} + n_u \mathbf{u} \tag{5.2.16}$$

liefert. Diese sind mit den tensoriellen Komponenten $n^{\alpha\beta}$ gemäß (4.1.55) verknüpft:

$$n_t = n^{\alpha\beta} u_\alpha t_\beta, \quad n_u = n^{\alpha\beta} u_\alpha u_\beta, \tag{5.2.17}$$

worin u_α, t_β die Vektorkomponenten von $\mathbf{u}$, $\mathbf{t}$ verkörpern. Die Zerlegung (5.2.16) verdeutlicht, daß in der Membrantheorie lediglich tangentiale Randkräfte n_t, n_u oder deren Kombinationen längs der Schalenränder vorschreibbar sind. In welcher Form dies zu erfolgen hat, wird durch den Typ des Differentialgleichungssystems (5.2.8, 9) bestimmt und von uns im Abschnitt 5.3.4 systematisch behandelt werden.

Nach diesen Grundgleichungen zur Berechnung der Membranschnittgrößen widmen wir uns nun dem zugehörigen Verformungszustand. Der Verzerrungstensor $\alpha_{\alpha\beta}$, der gemäß (4.1.27) Dehnungen $\alpha_{\langle\alpha\alpha\rangle}$ und Gleitungen $\alpha_{\langle 12\rangle}$ der Mittelfläche ausdrückt:

$$\alpha_{\langle\alpha\alpha\rangle} = \frac{\alpha_{\alpha\alpha}}{a_{\alpha\alpha}}, \quad \alpha_{\langle 12\rangle} = \frac{1}{\sqrt{a}} \left[2\alpha_{12} - a_{12}\left(\frac{\alpha_{11}}{a_{11}} + \frac{\alpha_{22}}{a_{22}} \right) \right], \tag{5.2.18}$$

ist mit dem Längskrafttensor $n^{\alpha\beta}$ laut (4.1.39, 42) und (5.2.3) durch die konstitutiven Beziehungen

$$n^{\alpha\beta} = D H^{\alpha\beta\rho\lambda} \alpha_{\rho\lambda}, \quad D\alpha_{\alpha\beta} = G_{\alpha\beta\rho\lambda} n^{\rho\lambda} \tag{5.2.19}$$

verbunden. Hierin beschreiben D die Dehnsteifigkeit (4.1.40) und $H^{\alpha\beta\rho\lambda}$, $G_{\alpha\beta\rho\lambda}$ den Elastizitätstensor (4.1.41, 43):

$$D = \frac{Eh}{1-\nu^2}, \tag{5.2.20}$$

$$\begin{aligned} H^{\alpha\beta\rho\lambda} &= \frac{1-\nu}{2}\left(a^{\alpha\rho} a^{\beta\lambda} + a^{\alpha\lambda} a^{\beta\rho} + \frac{2\nu}{1-\nu} a^{\alpha\beta} a^{\rho\lambda} \right), \\ G_{\alpha\beta\rho\lambda} &= \frac{1}{2(1-\nu)}\left(a_{\alpha\rho} a_{\beta\lambda} + a_{\alpha\lambda} a_{\beta\rho} - \frac{2\nu}{1+\nu} a_{\alpha\beta} a_{\rho\lambda} \right). \end{aligned} \tag{5.2.21}$$

Zur Bestimmung der Komponenten v_i des Verschiebungsvektors

$$\mathbf{v} = v_\alpha \mathbf{a}^\alpha + v_3 \mathbf{a}^3 = v^\alpha \mathbf{a}_\alpha + v^3 \mathbf{a}_3, \tag{5.2.22}$$

die entsprechend (4.1.17) mit den physikalischen Komponenten $v_{\langle i\rangle}$ durch

$$v_{\langle\alpha\rangle} = v_\alpha \sqrt{a^{\alpha\alpha}}, \quad v^{\langle\alpha\rangle} = v^\alpha \sqrt{a_{\alpha\alpha}}, \quad v_{\langle 3\rangle} = v^{\langle 3\rangle} = v_3 \tag{5.2.23}$$

in Verbindung stehen, dienen die kinematischen Beziehungen (4.1.28):

$$\alpha_{\alpha\beta} = \frac{1}{2}(v_\alpha|_\beta + v_\beta|_\alpha - 2b_{\alpha\beta} v_3). \tag{5.2.24}$$

Ihnen gleichwertig ist die vektorielle Beziehung:

$$\alpha_{\alpha\beta} = \frac{1}{2}(\mathbf{a}_\alpha \cdot \mathbf{v}_{,\beta} + \mathbf{a}_\beta \cdot \mathbf{v}_{,\alpha}) \tag{5.2.25}$$

Bei der Lösung des Differentialgleichungssystems (5.2.24) sind die Integrationsfreiwerte derart festzulegen, daß die auftretenden Randverschiebungen die Aufnahme der durch die Membranlösung geforderten Randkräfte nicht stören. Insbesondere darf die Schalenmittelfläche keine dehnungslosen Verbiegungen erleiden, die laut (4.4.38) durch die Bedingung

$$\alpha_{\alpha\beta} = \frac{1}{2}(v_{\alpha}|_{\beta} + v_{\beta}|_{\alpha} - 2b_{\alpha\beta}v_3) = 0 \tag{5.2.26}$$

ermöglicht werden und in der Schale erhebliche Biegeeffekte aktivieren können.

Die Verdrehung der Schalennormale schließlich wird durch die Komponenten ω^{α} beschrieben, die gemäß (4.1.21) den Verschiebungen v_i durch

$$\omega^{\alpha} = -\epsilon^{\beta\alpha}(v_{3,\beta} + v_{\lambda}b^{\lambda}_{\beta}) \tag{5.2.27}$$

zugeordnet sind. Deren physikalische Komponenten lauten nach (4.1.20):

$$\omega^{\langle\alpha\rangle} = \omega^{\alpha}\sqrt{a_{\alpha\alpha}}, \quad \omega_{\langle\alpha\rangle} = \omega_{\alpha}\sqrt{a^{\alpha\alpha}}. \tag{5.2.28}$$

Längs einer willkürlichen Schalenrandkurve C wird der Verschiebungszustand wieder vorteilhaft durch die im orthonormierten Dreibein $(\mathbf{u}, \mathbf{t}, \mathbf{a}_3)$ definierten Komponenten

$$\mathbf{v} = v_t\mathbf{t} + v_u\mathbf{u} + v_3\mathbf{a}_3$$

beschrieben, wofür die Verknüpfungen

$$v_t = v^{\alpha}t_{\alpha}, \quad v_u = v^{\alpha}u_{\alpha}, \quad v_3 = v^3 \tag{5.2.29}$$

bestehen. Den Drehwinkel ω_t der Schalennormale um den Tangentenvektor $\mathbf{t}$ der Randkurve C entnehmen wir (4.1.49):

$$\omega_t = -v_{3,n} - b^{\lambda}_{\beta}u^{\beta}v_{\lambda} = -v_{3,\beta}u^{\beta} - b^{\lambda}_{\beta}u^{\beta}v_{\lambda}, \tag{5.2.30}$$

wobei $v_{3,n}$ die Ableitung normal zu C in Richtung $\mathbf{u}$ bezeichnet. Die Ermittlung der Membranverformungen ist für alle diejenigen Aufgaben von besonderer Bedeutung, für die eine Korrektur der Membranlösung durch eine Randstörungsberechnung erforderlich erscheint.

Mit den aus (5.2.1) folgenden Vereinfachungen sowie dem zu (5.2.16) dualen Verschiebungsvektor der Randkurve C

$$\tilde{\mathbf{v}} = v_t\mathbf{t} + v_u\mathbf{u}$$

lautet schließlich das Prinzip der virtuellen Verschiebungen (4.1.77) für die Membrantheorie:

$$\begin{aligned}\delta^*A_a + \delta^*A_i &= \iint_F \mathbf{p}\cdot\delta\mathbf{v}\,dF + \oint_C(\mathbf{n}\cdot\delta\tilde{\mathbf{v}})ds - \iint_F n^{\alpha\beta}\delta\alpha_{\alpha\beta}dF \\ &= \iint_F (p^{\alpha}\delta v_{\alpha} + p^3\delta v_3)dF + \oint_C (n_t\delta v_t + n_u\delta v_u)ds \\ &\quad - \iint_F n^{\alpha\beta}\delta\alpha_{\alpha\beta}dF = 0.\end{aligned} \tag{5.2.31}$$

Hieraus erkennen wir, daß längs jedes Schalenrandes C weder n_3 noch v_3 vorschreibbar sind. Abschließend sind in Tafel 5.1 noch einmal sämtliche Grundgleichungen zusammengestellt.

5.2.2 Die Membrantheorie der Kreiszylinderschale

Als erste Anwendung der Membrantheorie wollen wir die Kreiszylinderschale kennenlernen. Die Mittelfläche sei gemäß Bild 5.2 durch Zylinderkoordinaten Θ^{α} beschrieben, wo-

<table>
<tr><td colspan="2">1. Prinzip der virtuellen Verschiebungen:</td></tr>
<tr><td colspan="2">$\iint_F \boldsymbol{p}\cdot\delta\boldsymbol{v}\, dF + \oint_C \boldsymbol{n}\cdot\delta\tilde{\boldsymbol{v}}\, ds - \iint_F n^{\alpha\beta}\,\delta\alpha_{\alpha\beta}\, dF = 0$</td></tr>
<tr><td colspan="2">2. Äußere mechanische Variablen:</td></tr>
<tr><td>$\boldsymbol{p} = p^\alpha \boldsymbol{a}_\alpha + p^3 \boldsymbol{a}_3$</td><td>$\boldsymbol{v} = v_\alpha \boldsymbol{a}^\alpha + v_3 \boldsymbol{a}^3$</td></tr>
<tr><td colspan="2">3. Innere mechanische Variablen:</td></tr>
<tr><td>$n^{\alpha\beta} = n^{(\alpha\beta)}$</td><td>$\alpha_{\alpha\beta} = \alpha_{(\alpha\beta)}$</td></tr>
<tr><td colspan="2">4. Randvariablen:</td></tr>
<tr><td>$\boldsymbol{n} = n_t \boldsymbol{t} + n_u \boldsymbol{u}$</td><td>$\tilde{\boldsymbol{v}} = v_t \boldsymbol{t} + v_u \boldsymbol{u}$</td></tr>
<tr><td colspan="2">5. Feldgleichungen:</td></tr>
<tr><td>$-p^\beta = n^{\alpha\beta}|_\alpha\,; \quad -p^3 = n^{\alpha\beta} b_{\alpha\beta}$</td><td>$\alpha_{(\alpha\beta)} = \frac{1}{2}(v_{\alpha}|_\beta + v_\beta|_\alpha - 2 b_{\alpha\beta} v_3)$</td></tr>
<tr><td colspan="2">6. Formänderungsenergiedichte isotroper Tragwerke:</td></tr>
<tr><td colspan="2">$\pi_i = \frac{1}{2} D H^{\alpha\beta\lambda\mu} \alpha_{\alpha\beta}\, \alpha_{\lambda\mu} = \frac{1}{2} n^{\alpha\beta} \alpha_{\alpha\beta}$</td></tr>
<tr><td colspan="2">7. Konstitutive Beziehungen isotroper Tragwerke:</td></tr>
<tr><td colspan="2">$n^{\alpha\beta} = D H^{\alpha\beta\lambda\mu} \alpha_{\lambda\mu}$ oder $D\alpha_{\alpha\beta} = G_{\alpha\beta\varrho\lambda}\, n^{\varrho\lambda}$</td></tr>
<tr><td colspan="2">8. Vorschreibbare Randvariablen:</td></tr>
<tr><td>$\boldsymbol{n} = n^{\alpha\beta} u_\alpha t_\beta \boldsymbol{t} + n^{\alpha\beta} u_\alpha u_\beta \boldsymbol{u}$</td><td>$\tilde{\boldsymbol{v}} = v_\alpha t^\alpha \boldsymbol{t} + v_\alpha u^\alpha \boldsymbol{u}$</td></tr>
</table>

Tafel 5.1 Mechanische Variablen und Bestimmungsgleichungen der Membrantheorie

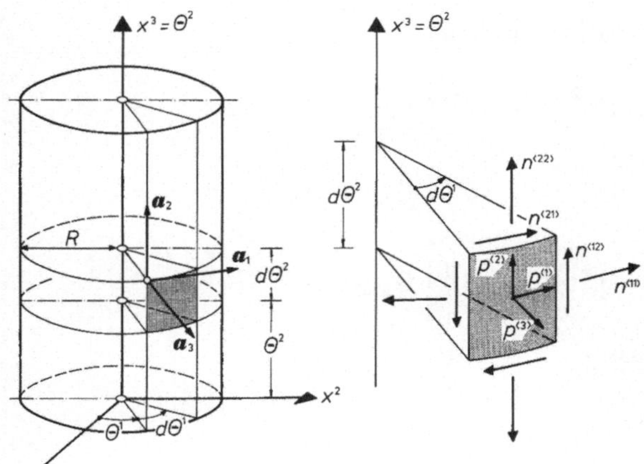

Bild 5.2 Kreiszylinderschale: Geometrie, positive physikalische Last- und Schnittgrößenkomponenten

bei Θ^1 den Breitenkreiswinkel und $\Theta^2 = x^3$ die kartesische Koordinate in Richtung der Drehachse angeben. Demnach fallen die Koordinatenlinien mit den Breitenkreisen und Erzeugenden zusammen, wofür folgende differentialgeometrische Elemente Tafel 1.3 entnommen werden:

$$\begin{bmatrix} a_{11} & a_{12} \\ a_{21} & a_{22} \end{bmatrix} = \begin{bmatrix} R^2 & 0 \\ 0 & 1 \end{bmatrix}, \quad \begin{bmatrix} a^{11} & a^{12} \\ a^{21} & a^{22} \end{bmatrix} = \begin{bmatrix} \frac{1}{R^2} & 0 \\ 0 & 1 \end{bmatrix}, \quad a = R^2,$$
$$\begin{bmatrix} b_{11} & b_{12} \\ b_{21} & b_{22} \end{bmatrix} = \begin{bmatrix} -R & 0 \\ 0 & 0 \end{bmatrix}, \quad \begin{bmatrix} b_1^1 & b_2^1 \\ b_1^2 & b_2^2 \end{bmatrix} = \begin{bmatrix} -\frac{1}{R} & 0 \\ 0 & 0 \end{bmatrix}, \quad \Gamma^\alpha_{\beta\gamma} = 0. \tag{5.2.32}$$

Hiermit errechnen sich die Komponenten des Elastizitätstensors $G_{\alpha\beta\rho\lambda}$ (5.2.21) zu:

$$G_{1111} = \frac{1}{2(1-\nu)}\left(a_{11}a_{11} + a_{11}a_{11} - \frac{2\nu}{1+\nu} a_{11}a_{11}\right) = \frac{a_{11}a_{11}}{1-\nu^2} = \frac{R^4}{1-\nu^2},$$

$$G_{1122} = \frac{1}{2(1-\nu)}\left(a_{12}a_{12} + a_{12}a_{12} - \frac{2\nu}{1+\nu} a_{11}a_{12}\right) = -\frac{\nu}{1-\nu^2} a_{11}a_{22} = -\frac{\nu R^2}{1-\nu^2},$$

$$G_{1212} = \frac{1}{2(1-\nu)}\left(a_{11}a_{22} + a_{12}a_{12} - \frac{2\nu}{1+\nu} a_{12}a_{12}\right) = \frac{a_{11}a_{22}}{2(1-\nu)} = \frac{R^2}{2(1-\nu)},$$

$$G_{2222} = \frac{1}{2(1-\nu)}\left(a_{22}a_{22} + a_{22}a_{22} - \frac{2\nu}{1+\nu} a_{22}a_{22}\right) = \frac{a_{22}a_{22}}{1-\nu^2} = \frac{1}{1-\nu^2},$$

$$G_{1112} = G_{2221} = 0. \tag{5.2.33}$$

Unter Verwendung dieser Ergebnisse lassen sich nun die Grundgleichungen der Membrantheorie kreiszylindrischer Schalen ausschreiben. Ersetzt man dabei kovariante Ableitungen durch partielle ($\Gamma^{\alpha}_{\beta\gamma} = 0$), so ergeben sich die Gleichgewichtsbedingungen (5.2.8,9) zu

$$\begin{aligned} n^{11}{}_{,1} + n^{12}{}_{,2} + p^1 &= 0, \\ n^{12}{}_{,1} + n^{22}{}_{,2} + p^2 &= 0, \\ -Rn^{11} + p^3 &= 0. \end{aligned} \tag{5.2.34}$$

Das Elastizitätsgesetz (5.2.19) nimmt zunächst die Form

$$\alpha_{11} = \frac{1}{D}(G_{1111}n^{11} + G_{1112}n^{12} + G_{1121}n^{21} + G_{1122}n^{22}),$$

$$\alpha_{12} = \frac{1}{D}(G_{1211}n^{11} + G_{1212}n^{12} + G_{1221}n^{21} + G_{1222}n^{22}),$$

$$\alpha_{22} = \frac{1}{D}(G_{2211}n^{11} + G_{2212}n^{12} + G_{2221}n^{21} + G_{2222}n^{22})$$

an, mit (5.2.20), (5.2.33) entsteht hieraus:

$$\begin{aligned} \alpha_{11} &= \frac{R^2}{Eh}(R^2 n^{11} - \nu n^{22}), \\ \alpha_{12} &= \frac{1+\nu}{Eh} R^2 n^{12}, \\ \alpha_{22} &= \frac{1}{Eh}(n^{22} - \nu R^2 n^{11}). \end{aligned} \tag{5.2.35}$$

Für die kinematischen Beziehungen (5.2.24) finden wir:

$$\begin{aligned} \alpha_{11} &= (v_{1,1} + Rv_3), \\ \alpha_{12} &= \frac{1}{2}(v_{1,2} + v_{2,1}), \\ \alpha_{22} &= v_{2,2}. \end{aligned} \tag{5.2.36}$$

Vor einer Integration der Differentialgleichungen (5.2.34, 36) erscheint ihre Umwandlung in physikalische Variablen zweckmäßig, wozu die Transformationsbeziehungen (5.2.4, 6), (5.2.18) und (5.2.23) unter Verwendung von (5.2.32) auf die Kreiszylinderschale zu spezialisieren sind. Durch die hieraus entstehenden Kopplungen

$$\begin{aligned} &p^{\langle 1\rangle} = Rp^1, && p^{\langle 2\rangle} = p^2, && p^{\langle 3\rangle} = p^3, \\ &n^{\langle 11\rangle} = R^2 n^{11}, && n^{\langle 12\rangle} = Rn^{12}, && n^{\langle 22\rangle} = n^{22}, \\ &\alpha_{\langle 11\rangle} = \frac{\alpha_{11}}{R^2}, && \alpha_{\langle 12\rangle} = \frac{2}{R}\alpha_{12}, && \alpha_{\langle 22\rangle} = \alpha_{22}, \\ &v_{\langle 1\rangle} = \frac{v_1}{R}, && v_{\langle 2\rangle} = v_2, && v_{\langle 3\rangle} = v_3 \end{aligned} \tag{5.2.37}$$

werden die Gleichgewichtsbedingungen (5.2.34) in

$$n^{\langle 11\rangle}{}_{,1} + Rn^{\langle 12\rangle}{}_{,2} + Rp^{\langle 1\rangle} = 0, \tag{5.2.38}$$

$$n^{\langle 12\rangle}{}_{,1} + Rn^{\langle 22\rangle}{}_{,2} + Rp^{\langle 2\rangle} = 0, \tag{5.2.39}$$

$$n^{\langle 11\rangle} - Rp^{\langle 3\rangle} = 0, \tag{5.2.40}$$

das Elastizitätsgesetz (5.2.35) in

$$\alpha_{\langle 11\rangle} = \frac{1}{Eh}(n^{\langle 11\rangle} - \nu n^{\langle 22\rangle}), \tag{5.2.41}$$

$$\alpha_{\langle 12\rangle} = \frac{2(1+\nu)}{Eh} n^{\langle 12\rangle}, \tag{5.2.42}$$

$$\alpha_{\langle 22\rangle} = \frac{1}{Eh}(n^{\langle 22\rangle} - \nu n^{\langle 11\rangle}) \tag{5.2.43}$$

und schließlich die kinematischen Beziehungen (5.2.36) in

$$\alpha_{\langle 11\rangle} = \frac{1}{R}(v_{\langle 1\rangle,1} + v_{\langle 3\rangle}), \tag{5.2.44}$$

$$\alpha_{\langle 12\rangle} = (v_{\langle 1\rangle,2} + \frac{1}{R} v_{\langle 2\rangle,1}), \tag{5.2.45}$$

$$\alpha_{\langle 22\rangle} = v_{\langle 2\rangle,2} \tag{5.2.46}$$

überführt. Bei entsprechenden Umbezeichnungen sind diese Gleichungen mit denen der einschlägigen Literatur identisch (siehe z.B. [22, 24, 45]).

Ergänzend finden wir die Verdrehungskomponenten $\omega_{\langle\alpha\rangle}$ durch Einsetzen von (5.2.27) in den Ausdruck (5.2.28) unter Verwendung von (5.2.32), (5.2.37):

$$\omega^{\langle 1\rangle} = \omega_{\langle 1\rangle} = v_{\langle 3\rangle,2}, \quad \omega^{\langle 2\rangle} = \omega_{\langle 2\rangle} = -\frac{1}{R}(v_{\langle 3\rangle,1} - v_{\langle 1\rangle}). \tag{5.2.47}$$

Wegen der Orthogonalität der verwendeten Basis ($a_{12} = 0$) ist die Unterscheidung physikalischer Komponenten mit tief- und hochstehenden Indizes mechanisch ohne Bedeutung. Daher dürfen alle physikalischen Komponenten auch einheitlich mit tiefstehenden Indizes geschrieben werden.

5.2.3 Allgemeine Lösung und deren Sonderfälle

Die Gleichgewichtsbedingungen (5.2.38) bis (5.2.40) bilden ein partielles Differentialgleichungssystem, aus denen sich die Schnittkräfte $n^{\langle\alpha\beta\rangle}$ für beliebig verteilte Lasten ohne Mühe berechnen lassen: Gleichung (5.2.40) liefert unmittelbar die Ringkräfte $n^{\langle 11\rangle}$; aus den beiden anderen Gleichungen folgen die Schub- und Meridiankräfte durch Integration nach Θ^2:

$$n^{\langle 11\rangle} = Rp^{\langle 3\rangle}, \quad n^{\langle 12\rangle} = -\int\left(p^{\langle 1\rangle} + \frac{1}{R}n^{\langle 11\rangle}{}_{,1}\right) d\Theta^2 + C_1(\Theta^1),$$
$$n^{\langle 22\rangle} = -\int\left(p^{\langle 2\rangle} + \frac{1}{R}n^{\langle 12\rangle}{}_{,1}\right) d\Theta^2 + C_2(\Theta^1). \tag{5.2.48}$$

Dabei sind die Integrationsfreiwerte C_1 und C_2 beliebige Funktionen der Breitenkreiskoordinate Θ^1 und aus den Randbedingungen zu bestimmen. Gemäß (5.2.48) wird der Verlauf der Ringkräfte $n^{\langle 11\rangle}$ ausschließlich durch die Lastkomponente $p^{\langle 3\rangle}$ bestimmt. Da die Ringkraft $n^{\langle 11\rangle}$ somit durch Randbedingungen nicht beeinflußbar ist, muß sie längs der Erzeugendenränder Θ^1 = konst durch eine entsprechende Stützung aufgenommen werden. Wegen $C_1 = C_1(\Theta^1)$ kann auch der gesamte Verlauf der Schubkräfte $n^{\langle 12\rangle}$ längs dieser Ränder nicht vorgegeben werden. Hieraus wird die Sonderstellung aller Schalenränder deutlich, die längs der Erzeugenden verlaufen. Deren Stützungen sind stets den dort wirkenden Membrankräften anzupassen, um einen Membranzustand zu erzielen.

Entfällt die Lastkomponente $p^{\langle 2\rangle}$ und hängen $p^{\langle 1\rangle}$ sowie $p^{\langle 3\rangle}$ nur von der Breitenkreiskoordinate Θ^1 ab, so entsteht aus (5.2.48) nach Ausführung beider Integrationen:

$$n^{\langle 11\rangle} = Rp^{\langle 3\rangle}, \quad n^{\langle 12\rangle} = -\left(p^{\langle 1\rangle} + \frac{1}{R}\frac{dn^{\langle 11\rangle}}{d\Theta^1}\right)\Theta^2 + C_1(\Theta^1),$$
$$n^{\langle 22\rangle} = \frac{1}{R}\frac{d}{d\Theta^1}\left(p^{\langle 1\rangle} + \frac{1}{R}\frac{dn^{\langle 11\rangle}}{d\Theta^1}\right)\frac{(\Theta^2)^2}{2} - \frac{1}{R}\frac{dC_1(\Theta^1)}{d\Theta^1}\Theta^2 + C_2(\Theta^1). \tag{5.2.49}$$

Die Lösungsdiskussion beschränken wir mittels $p^{\langle 1\rangle} = p^{\langle 3\rangle} = 0$ auf eine randbelastete Teilschale, deren Mittelfläche gemäß Bild 5.3 durch die Erzeugenden $\Theta^1 = 0$, $\Theta^1 = \varphi$ sowie die Breitenkreise $\Theta^2 = 0$, $\Theta^2 = l$ berandet sei. Hiermit vereinfacht sich die Lösung (5.2.49) zu:

$$n^{\langle 11\rangle} = 0, \quad n^{\langle 12\rangle} = C_1(\Theta^1), \quad n^{\langle 22\rangle} = -\frac{1}{R}\frac{dC_1(\Theta^1)}{d\Theta^1}\Theta^2 + C_2(\Theta^1), \tag{5.2.50}$$

worin wir die folgenden beiden Sonderfälle unterscheiden wollen:

a) Längs des Breitenkreises $\Theta^2 = 0$ wirke eine stetig verteilte Randmeridiankraft $p(\Theta^1)$:

$$\Theta^2 = 0: n^{\langle 12\rangle} = 0, \quad n^{\langle 22\rangle} = p(\Theta^1).$$

Diese Randbedingungen werden von der Lösung (5.2.50) für $C_1 = 0$ und $C_2 = p(\Theta^1)$ erfüllt:

$$n^{\langle 11\rangle} = 0, \quad n^{\langle 12\rangle} = 0, \quad n^{\langle 22\rangle} = p(\Theta^1). \tag{5.2.51}$$

In der Schale wirken ausschließlich Normalkräfte $n^{\langle 22\rangle}$ in feststehender Verteilung längs jedes Breitenkreisschnittes. Die Erzeugenden pflanzen demnach die am Rand $\Theta^2 = 0$ eingeleiteten

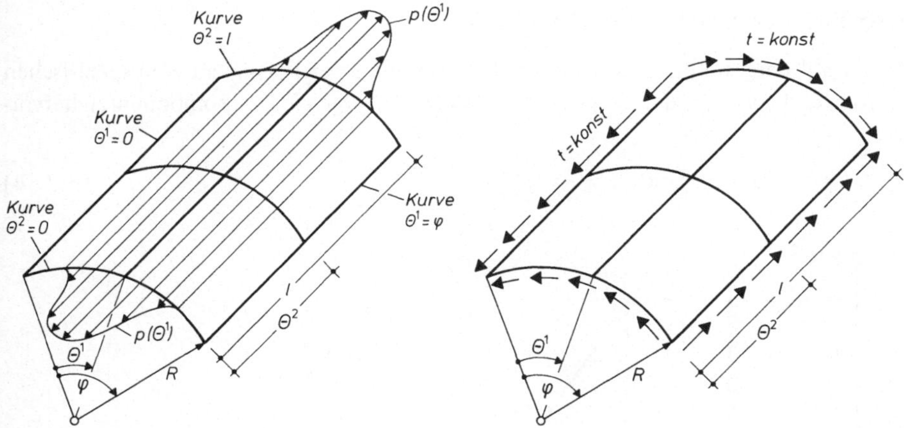

Bild 5.3 Randbelastete Kreiszylinderschale

Randkräfte unverändert bis zum anderen Rand $\Theta^2 = l$ fort, wo sie durch eine entsprechende Stützung aufzunehmen sind. Eine Verteilung konzentrierter Randlasten, wie sie von Scheibentragwerken her bekannt ist, unterbleibt. Daher bleibt der Gültigkeitsbereich dieser Membranlösung auf schwach veränderliche Randlasten $p(\Theta^1)$ beschränkt.

b) Längs der Breitenkreislinie $\Theta^2 = 0$ wirke eine konstante Randschubkraft t:

$$\Theta^2 = 0: n^{\langle 12\rangle} = t = \text{konst}, \quad n^{\langle 22\rangle} = 0.$$

Werden hieraus erneut die in (5.2.50) vorkommenden Integrationsfunktionen bestimmt, so erkennt man mit $C_1 = t$ und $C_2 = 0$ die in Bild 5.3 skizzierte, konstante Schubbeanspruchung in der gesamten Teilschale sowie längs aller Ränder (*shear-panel*):

$$n^{\langle 11\rangle} = 0, \quad n^{\langle 12\rangle} = t, \quad n^{\langle 22\rangle} = 0. \tag{5.2.52}$$

Abschließend wollen wir für beliebige Lasten $p^{\langle i\rangle}$ die Verschiebungen $v_{\langle i\rangle}$ ermitteln. Hierzu eliminieren wir in den kinematischen Beziehungen (5.2.44) bis (5.2.46) zunächst die Verzerrungen $\alpha_{\langle\alpha\beta\rangle}$ mittels (5.2.41) bis (5.2.43). Nach Integration erhält man hieraus sodann:

$$\begin{aligned}
v_{\langle 2\rangle} &= \int \frac{(n^{\langle 22\rangle} - \nu n^{\langle 11\rangle})}{Eh}\, d\Theta^2 + C_3(\Theta^1),\\
v_{\langle 1\rangle} &= \int \left[\frac{2(1+\nu)}{Eh}\, n^{\langle 12\rangle} - \frac{1}{R}\, v_{\langle 2\rangle,1}\right] d\Theta^2 + C_4(\Theta^1),\\
v_{\langle 3\rangle} &= \frac{R}{Eh}\,(n^{\langle 11\rangle} - \nu n^{\langle 22\rangle}) - v_{\langle 1\rangle,1},
\end{aligned} \tag{5.2.53}$$

wobei die Integrationsfunktionen $C_3(\Theta^1)$ und $C_4(\Theta^1)$ wiederum allein von der Veränderlichen Θ^1 abhängen und aus den Verformungsrandbedingungen zu bestimmen sind.

5.2.4 Kreiszylinderschale unter Flüssigkeitsdruck

Die in Bild 5.4 dargestellte Kreiszylinderschale sei mit einer Flüssigkeit vom spezifischen Gewicht γ vollständig gefüllt, deren hydrostatischer Druck folgende Lastkomponenten hervorruft:

$$p^{\langle 1\rangle} = 0, \quad p^{\langle 2\rangle} = 0, \quad p^{\langle 3\rangle} = \gamma(l - \Theta^2). \tag{5.2.54}$$

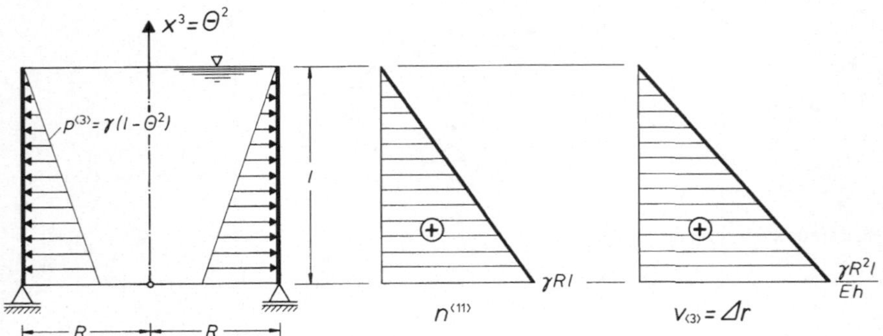

Bild 5.4 Kreiszylinderschale unter Flüssigkeitsdruck

Zur Ermittlung der entstehenden Schnittkräfte $n^{\langle\alpha\beta\rangle}$ setzen wir (5.2.54) in die allgemeine Lösung (5.2.49) ein und erhalten:

$$n^{\langle 11\rangle} = \gamma R(l - \Theta^2), \quad n^{\langle 12\rangle} = C_1(\Theta^1), \quad n^{\langle 22\rangle} = -\frac{1}{R}\frac{dC_1(\Theta^1)}{d\Theta^1}\Theta^2 + C_2(\Theta^1). \tag{5.2.55}$$

Hierin sind noch die Integrationsfunktionen C_1 und C_2 festzulegen. Wählt man zu ihrer Bestimmung einen kräftefreien oberen Rand mit den Bedingungen

$$\Theta^2 = l : n^{\langle 12\rangle} = 0, \quad n^{\langle 22\rangle} = 0, \tag{5.2.56}$$

so verschwinden C_1 und C_2. Damit verbleibt eine über die Höhe linear veränderliche Ringkraft $n^{\langle 11\rangle}$:

$$n^{\langle 11\rangle} = \gamma R(l - \Theta^2), \quad n^{\langle 12\rangle} = 0, \quad n^{\langle 22\rangle} = 0, \tag{5.2.57}$$

durch die der Flüssigkeitsdruck aufgenommen wird.

Zur Berechnung der durch (5.2.57) hervorgerufenen Verschiebungen setzen wir die Unverschieblichkeit des unteren Schalenrandes in beiden Tangentialrichtungen voraus

$$\Theta^2 = 0 : v_{\langle 1\rangle} = 0, \quad v_{\langle 2\rangle} = 0. \tag{5.2.58}$$

Wegen der Drehsymmetrie dürfen in (5.2.53) alle Ableitungen nach Θ^1 sowie die die Drehsymmetrie störende Komponente $v_{\langle 1\rangle}$ unterdrückt werden; man erhält mit (5.2.57):

$$v_{\langle 2\rangle} = -\frac{\nu\gamma R}{2Eh}\Theta^2(2l - \Theta^2) + C_3, \quad v_{\langle 1\rangle} = 0, \quad v_{\langle 3\rangle} = \frac{\gamma R^2}{Eh}(l - \Theta^2). \tag{5.2.59}$$

Mit Rücksicht auf die Randbedingungen (5.2.58) muß die Integrationskonstante C_3 verschwinden, daher entsteht endgültig:

$$v_{\langle 2\rangle} = -\frac{\nu\gamma R}{2Eh}\Theta^2(2l-\Theta^2),\quad v_{\langle 1\rangle}=0,\quad v_{\langle 3\rangle}=\frac{\gamma R^2}{Eh}(l-\Theta^2). \tag{5.2.60}$$

Durch diese Verschiebungen erfolgt gemäß (5.2.47) eine konstante Drehung der Meridiantangente der Schale

$$\omega_{\langle 1\rangle} = -\frac{\gamma R^2}{Eh}, \tag{5.2.61}$$

insbesondere auch am Fußpunkt $\Theta^2 = 0$. Dieser Punkt erfährt außerdem gemäß (5.2.60) die Radialverschiebung

$$\Delta r(\Theta^2=0) = v_3(\Theta^2=0) = \frac{\gamma R^2 l}{Eh}. \tag{5.2.62}$$

5.2.5 Kreiszylinderschale unter Windlast

Die Kreiszylinderschale des vorigen Beispiels werde nun einer quasistatischen Windlast mit der Verteilung

$$p^{\langle 1\rangle}=0,\quad p^{\langle 2\rangle}=0,\quad p^{\langle 3\rangle}=-q\,f(\Theta^1), \tag{5.2.63}$$

unterworfen, worin q = konst den Staudruck und $f = f(\Theta^1)$ eine in Ringrichtung beliebig periodische, jedoch zweifach stetig differenzierbare Funktion darstellen. Hiermit errechnen sich die zugehörigen Schnittkräfte aus (5.2.49) zu:

$$n^{\langle 11\rangle} = -qRf(\Theta^1),\quad n^{\langle 12\rangle} = q\frac{df(\Theta^1)}{d\Theta^1}\Theta^2 + C_1(\Theta^1),$$

$$n^{\langle 22\rangle} = -\frac{q}{2R}\frac{d^2f(\Theta^1)}{(d\Theta^1)^2}(\Theta^2)^2 - \frac{1}{R}\frac{dC_1(\Theta^1)}{d\Theta^1}\Theta^2 + C_2(\Theta^1).$$

Bestimmt man hiermit aus (5.2.56) die Integrationsfunktionen:

$$C_1 = -ql\frac{df}{d\Theta^1},\quad C_2 = -\frac{ql^2}{2R}\frac{d^2f}{(d\Theta^1)^2},$$

so lautet die endgültige Lösung:

$$n^{\langle 11\rangle} = -qRf(\Theta^1),\quad n^{\langle 12\rangle} = -q\frac{df(\Theta^1)}{d\Theta^1}(l-\Theta^2),\quad n^{\langle 22\rangle} = -\frac{q}{2R}\frac{d^2f(\Theta^1)}{(d\Theta^1)^2}(l-\Theta^2)^2. \tag{5.2.64}$$

Zugeordnete Verschiebungen können wie im vorigen Beispiel berechnet werden.
Im Sonderfall cos-förmiger Umfangsverteilung

$$p^{\langle 1\rangle}=0,\quad p^{\langle 2\rangle}=0,\quad p^{\langle 3\rangle}=-q\cos n\Theta^1$$

lautet die Lösung

$$\begin{aligned} n^{\langle 11\rangle} &= -qR\cos n\Theta^1,\quad n^{\langle 12\rangle} = nq(l-\Theta^2)\sin n\Theta^1,\\ n^{\langle 22\rangle} &= \frac{n^2q}{2R}(l-\Theta^2)^2\cos n\Theta^1. \end{aligned} \tag{5.2.65}$$

5.2.6 Die Membrantheorie der Kugelschale

Zur Beschreibung der Schalenmittelfläche wählen wir Bild 5.5 gemäß das orthogonale Netz der Meridiane Θ^1 = konst und der Breitenkreise Θ^2 = konst. Wegen der Benennungsreihenfolge weist der Normaleneinheitsvektor $\mathbf{a}_3$ zum Kugelmittelpunkt, positive Last- und Verschiebungskomponenten $p^3 = p_3$, $v^3 = v_3$ sind daher nach innen gerichtet. Die folgenden differentialgeometrischen Elemente entnehmen wir Tafel 1.4:

$$\begin{bmatrix} a_{11} & a_{12} \\ a_{21} & a_{22} \end{bmatrix} = R^2 \begin{bmatrix} \sin^2\Theta^2 & 0 \\ 0 & 1 \end{bmatrix}, \quad \begin{bmatrix} a^{11} & a^{12} \\ a^{21} & a^{22} \end{bmatrix} = \frac{1}{R^2} \begin{bmatrix} \dfrac{1}{\sin^2\Theta^2} & 0 \\ 0 & 1 \end{bmatrix}, \quad a = R^4 \sin^2\Theta^2,$$

$$\begin{bmatrix} b_{11} & b_{12} \\ b_{21} & b_{22} \end{bmatrix} = R \begin{bmatrix} \sin^2\Theta^2 & 0 \\ 0 & 1 \end{bmatrix}, \quad \begin{bmatrix} b^1_1 & b^1_2 \\ b^2_1 & b^2_2 \end{bmatrix} = \frac{1}{R} \begin{bmatrix} 1 & 0 \\ 0 & 1 \end{bmatrix}, \tag{5.2.66}$$

$$\begin{bmatrix} \Gamma^1_{11} & \Gamma^1_{12} \\ \Gamma^1_{21} & \Gamma^1_{22} \end{bmatrix} = \begin{bmatrix} 0 & \cot\Theta^2 \\ \cot\Theta^2 & 0 \end{bmatrix}, \quad \begin{bmatrix} \Gamma^2_{11} & \Gamma^2_{12} \\ \Gamma^2_{21} & \Gamma^2_{22} \end{bmatrix} = \begin{bmatrix} -\sin\Theta^2 \cos\Theta^2 & 0 \\ 0 & 0 \end{bmatrix}.$$

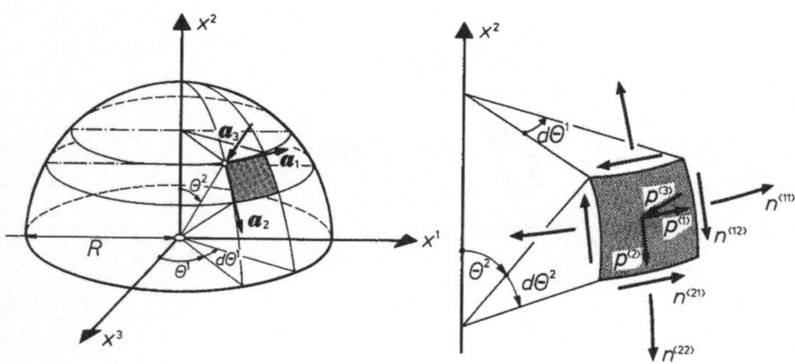

Bild 5.5 Kugelschale: Geometrie, positive physikalische Last- und Schnittgrößenkomponenten

Infolge der drehsymmetrischen Geometrie hängen die Elemente (5.2.66) und damit auch der Elastizitätstensor $G_{\alpha\beta\rho\lambda}$ (5.2.21) nur von Θ^2 ab, seine Komponenten lauten:

$$G_{1111} = \frac{1}{1-\nu^2} R^4 \sin^4\Theta^2, \qquad G_{1122} = -\frac{1}{1-\nu^2} R^4 \sin^2\Theta^2,$$

$$G_{1212} = \frac{1}{2(1-\nu)} R^4 \sin^2\Theta^2, \quad G_{2222} = \frac{1}{1-\nu^2} R^4, \tag{5.2.67}$$

$$G_{1112} = G_{2221} = 0.$$

Unter Verwendung dieser Ergebnisse sollen nun die Grundgleichungen des Abschnittes 5.2.1 auf die Kugelgeometrie spezialisiert werden. Dazu schreiben wir die Gleichgewichtsbedingungen (5.2.8, 9) unter Beachtung von (5.2.66) aus:

$$\begin{aligned} &n^{11}{}_{,1} + n^{12}{}_{,2} + 3\Gamma^1_{12} n^{12} + p^1 = 0, \\ &n^{12}{}_{,1} + n^{22}{}_{,2} + \Gamma^2_{11} n^{11} + \Gamma^1_{12} n^{22} + p^2 = 0, \\ &b_{11} n^{11} + b_{22} n^{22} + p^3 = 0 \end{aligned} \qquad (5.2.68)$$

und erhalten nach Einsetzen von (5.2.66):

$$\begin{aligned} &n^{11}{}_{,1} + n^{12}{}_{,2} + 3\cot\Theta^2 n^{12} + p^1 = 0, \\ &n^{12}{}_{,1} + n^{22}{}_{,2} - \sin\Theta^2\cos\Theta^2 n^{11} + \cot\Theta^2 n^{22} + p^2 = 0, \\ &R\sin^2\Theta^2 n^{11} + Rn^{22} + p^3 = 0. \end{aligned} \qquad (5.2.69)$$

Dementsprechend entsteht mit (5.2.67) aus der zweiten Form des Elastizitätsgesetzes (5.2.19)

$$\begin{aligned} \alpha_{11} &= \frac{R^4\sin^2\Theta^2}{D(1-\nu^2)}(\sin^2\Theta^2 n^{11} - \nu n^{22}), \\ \alpha_{12} &= \frac{R^4\sin^2\Theta^2}{D(1-\nu)} n^{12}, \\ \alpha_{22} &= \frac{R^4}{D(1-\nu^2)}(n^{22} - \nu\sin^2\Theta^2 n^{11}) \end{aligned} \qquad (5.2.70)$$

sowie mit (5.2.66) aus den kinematischen Beziehungen (5.2.24):

$$\begin{aligned} \alpha_{11} &= v_{1,1} + \sin\Theta^2\cos\Theta^2 v_2 - R\sin^2\Theta^2 v_3, \\ \alpha_{12} &= \frac{1}{2}(v_{1,2} + v_{2,1} - 2\cot\Theta^2 v_1), \\ \alpha_{22} &= v_{2,2} - Rv_3. \end{aligned} \qquad (5.2.71)$$

Der Vollständigkeit halber seien noch die Verdrehungskomponenten ω^α gemäß (5.2.27), (5.2.66) angegeben:

$$\omega^1 = \frac{1}{R^2\sin\Theta^2}\left(v_{3,2} + \frac{1}{R}v_2\right), \quad \omega^2 = -\frac{1}{R^2\sin\Theta^2}\left(v_{3,1} + \frac{1}{R}v_1\right). \qquad (5.2.72)$$

Für die physikalischen Komponenten (5.2.4, 6), (5.2.18), (5.2.23) und (5.2.28) finden wir unter Beachtung von (5.2.66):

$$\begin{aligned} &p^{\langle 1\rangle} = R\sin\Theta^2 p^1, \quad p^{\langle 2\rangle} = Rp^2, \quad p^{\langle 3\rangle} = p^3, \\ &n^{\langle 11\rangle} = R^2\sin^2\Theta^2 n^{11}, \quad n^{\langle 12\rangle} = R^2\sin\Theta^2 n^{12}, \quad n^{\langle 22\rangle} = R^2 n^{22}, \\ &\alpha_{\langle 11\rangle} = \frac{1}{R^2\sin^2\Theta^2}\alpha_{11}, \quad \alpha_{\langle 12\rangle} = \frac{2}{R^2\sin\Theta^2}\alpha_{12}, \quad \alpha_{\langle 22\rangle} = \frac{1}{R^2}\alpha_{22}, \\ &v_{\langle 1\rangle} = \frac{1}{R\sin\Theta^2}v_1, \quad v_{\langle 2\rangle} = \frac{1}{R}v_2, \quad v_{\langle 3\rangle} = v_3, \\ &\omega^{\langle 1\rangle} = R\sin\Theta^2\omega^1, \quad \omega^{\langle 2\rangle} = R\omega^2. \end{aligned} \qquad (5.2.73)$$

Wegen der Orthogonalität des Koordinatensystems ist erneut die Unterscheidung physikalischer Komponenten mit tief- und hochstehenden Indizes mechanisch ohne Bedeutung.

Unter Verwendung von (5.2.73) werden nun die Grundgleichungen in physikalische Variablen transformiert. So folgen aus den Gleichgewichtsbedingungen (5.2.69), wenn diese der Reihe nach mit $R^2 \sin^2 \Theta^2$, $R^2 \sin \Theta^2$ und R erweitert werden:

$$\begin{aligned} &n^{\langle 11\rangle}{}_{,1} + n^{\langle 12\rangle}{}_{,2} \sin \Theta^2 + 2n^{\langle 12\rangle} \cos \Theta^2 + p^{\langle 1\rangle} R \sin \Theta^2 = 0, \\ &n^{\langle 12\rangle}{}_{,1} + n^{\langle 22\rangle}{}_{,2} \sin \Theta^2 + (n^{\langle 22\rangle} - n^{\langle 11\rangle}) \cos \Theta^2 + p^{\langle 2\rangle} R \sin \Theta^2 = 0, \\ &n^{\langle 11\rangle} + n^{\langle 22\rangle} + p^{\langle 3\rangle} R = 0. \end{aligned} \tag{5.2.74}$$

Wiederum mit (5.2.73) sowie (5.2.20) nehmen die Elastizitätsgleichungen (5.2.70) die Gestalt

$$\begin{aligned} \alpha_{\langle 11\rangle} &= \frac{1}{Eh} (n^{\langle 11\rangle} - \nu n^{\langle 22\rangle}), \\ \alpha_{\langle 12\rangle} &= \frac{2(1+\nu)}{Eh} n^{\langle 12\rangle}, \\ \alpha_{\langle 22\rangle} &= \frac{1}{Eh} (n^{\langle 22\rangle} - \nu n^{\langle 11\rangle}) \end{aligned} \tag{5.2.75}$$

an. Ganz analog finden wir aus den kinematischen Beziehungen (5.2.71)

$$\begin{aligned} \alpha_{\langle 11\rangle} &= \frac{1}{R \sin \Theta^2} (v_{\langle 1\rangle,1} + \cos \Theta^2 v_{\langle 2\rangle} - \sin \Theta^2 v_{\langle 3\rangle}), \\ \alpha_{\langle 12\rangle} &= \frac{1}{R} \left(v_{\langle 1\rangle,2} + \frac{1}{\sin \Theta^2} v_{\langle 2\rangle,1} - \cot \Theta^2 v_{\langle 1\rangle} \right), \\ \alpha_{\langle 22\rangle} &= \frac{1}{R} (v_{\langle 2\rangle,2} - v_{\langle 3\rangle}), \end{aligned} \tag{5.2.76}$$

und schließlich aus (5.2.72)

$$\begin{aligned} \omega^{\langle 1\rangle} &= \omega_{\langle 1\rangle} = \frac{1}{R} (v_{\langle 3\rangle,2} + v_{\langle 2\rangle}), \\ \omega^{\langle 2\rangle} &= \omega_{\langle 2\rangle} = -\frac{1}{R} \left(\frac{v_{\langle 3\rangle,1}}{\sin \Theta^2} + v_{\langle 1\rangle} \right). \end{aligned} \tag{5.2.77}$$

5.2.7 Drehsymmetrisch belastete Kugelschale

Wir setzen nunmehr die Kugelschale als drehsymmetrisch gelagert und belastet voraus. In diesem Fall bildet jede Meridianebene zugleich eine Symmetrieebene des Schnittgrößen- und Verschiebungszustandes; alle diejenigen Variablen, die diese Symmetrie stören, verschwinden identisch:

$$p^{\langle 1\rangle} = n^{\langle 12\rangle} = v_{\langle 1\rangle} = \alpha_{\langle 12\rangle} = \omega_{\langle 2\rangle} = 0. \tag{5.2.78}$$

Außerdem entfallen alle Ableitungen nach Θ^1. Unter diesen Voraussetzungen wird die erste Gleichgewichtsbedingung (5.2.74) identisch erfüllt; die beiden anderen gehen in

$$\frac{dn^{\langle 22\rangle}}{d\Theta^2}\sin\Theta^2 + (n^{\langle 22\rangle} - n^{\langle 11\rangle})\cos\Theta^2 + p^{\langle 2\rangle}R\sin\Theta^2 = 0, \tag{5.2.79}$$

$$n^{\langle 11\rangle} + n^{\langle 22\rangle} + p^{\langle 3\rangle}R = 0 \tag{5.2.80}$$

über. Eliminiert man in der ersten Beziehung $n^{\langle 11\rangle}$ mittels der zweiten, so entsteht nach Multiplikation mit $\sin\Theta^2$ die gewöhnliche Differentialgleichung

$$\frac{dn^{\langle 22\rangle}}{d\Theta^2}\sin^2\Theta^2 + 2n^{\langle 22\rangle}\sin\Theta^2\cos\Theta^2 = -R(p^{\langle 2\rangle}\sin^2\Theta^2 + p^{\langle 3\rangle}\cos\Theta^2\sin\Theta^2) \tag{5.2.81}$$

zur Ermittlung von $n^{\langle 22\rangle}$. Da deren linke Seite dem totalen Differential $\dfrac{d(n^{\langle 22\rangle}\sin^2\Theta^2)}{d\Theta^2}$ entspricht, führt die Integration nach Θ^2 auf das Ergebnis:

$$n^{\langle 22\rangle} = -\frac{R}{\sin^2\Theta^2}\left[\int (p^{\langle 2\rangle}\sin^2\Theta^2 + p^{\langle 3\rangle}\cos\Theta^2\sin\Theta^2)\,d\Theta^2 + C_1\right], \tag{5.2.82}$$

wobei die Integrationskonstante C_1 aus einer geeigneten Randbedingung zu ermitteln ist. Anschließend kann $n^{\langle 11\rangle}$ aus (5.2.80) berechnet werden.

Die Schnittkraft $n^{\langle 22\rangle}$ kann jedoch auch durch eine anschauliche Vorgehensweise bestimmt werden, die für drehsymmetrische Belastung auf beliebige Rotationsschalen übertragbar ist. Hierzu wird die auf den Kuppelteil oberhalb eines beliebigen Horizontalschnittes $\Theta^2 = \text{konst}$ entfallende Gesamtlast P gemäß Bild 5.6 mit den längs des Schnittrandes angreifenden Normalkräften $n^{\langle 22\rangle}$ ins Gleichgewicht gesetzt:

$$\begin{aligned} n^{\langle 22\rangle}\sin\Theta^2\, 2\pi R\sin\Theta^2 &= -P, \\ n^{\langle 22\rangle} &= -\frac{P}{2\pi R\sin^2\Theta^2}. \end{aligned} \tag{5.2.83}$$

Bei Anwendung dieser Beziehung ist P aus den jeweils vorgegebenen Lastkomponenten zu ermitteln.

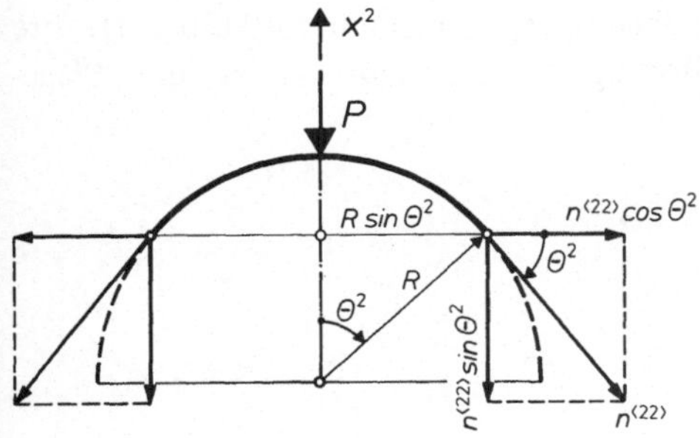

Bild 5.6 Zum Gleichgewicht drehsymmetrisch belasteter Kugelschalen

Zur Berechnung der Verschiebungen $v_{\langle i\rangle}$ verwenden wir die Beziehungen (5.2.76). Infolge der vorausgesetzten Drehsymmetrie (5.2.78) entfällt hiervon die zweite Gleichung, die beiden verbleibenden vereinfachen sich zu:

$$\alpha_{\langle 11\rangle} = \frac{1}{R}(v_{\langle 2\rangle} \cot \Theta^2 - v_{\langle 3\rangle}), \tag{5.2.84}$$

$$\alpha_{\langle 22\rangle} = \frac{1}{R}\left(\frac{dv_{\langle 2\rangle}}{d\Theta^2} - v_{\langle 3\rangle}\right). \tag{5.2.85}$$

Durch Elimination von $v_{\langle 3\rangle}$ entsteht hieraus die gewöhnliche Differentialgleichung:

$$\frac{dv_{\langle 2\rangle}}{d\Theta^2} - v_{\langle 2\rangle} \cot \Theta^2 = R(\alpha_{\langle 22\rangle} - \alpha_{\langle 11\rangle}). \tag{5.2.86}$$

Nach Multiplikation mit $\frac{1}{\sin \Theta^2}$ wird die linke Seite erneut zu einem vollständigen Differential. Führt man sodann die Integration aus, so entsteht unter Berücksichtigung von (5.2.75):

$$v_{\langle 2\rangle} = \sin \Theta^2 \left[\frac{R(1+\nu)}{Eh} \int \frac{1}{\sin \Theta^2} (n^{\langle 22\rangle} - n^{\langle 11\rangle})\, d\Theta^2 + C_2\right]. \tag{5.2.87}$$

Hierin ist die Integrationskonstante C_2 erneut aus einer geeigneten Randbedingung zu ermitteln. Für $v_{\langle 3\rangle}$ ergibt sich schließlich unter Verwendung der ersten Gleichung (5.2.75) sowie (5.2.84):

$$v_{\langle 3\rangle} = -\frac{R}{Eh}[n^{\langle 11\rangle} - \nu n^{\langle 22\rangle}] + v_{\langle 2\rangle} \cot \Theta^2. \tag{5.2.88}$$

Für eine spätere Anwendung der Randstörungstheorie führen wir noch die nach außen als positiv definierte Horizontalverschiebung Δr ein. Bild 5.7 erläutert deren Verknüpfung mit den Komponenten des Verschiebungsvektors

$$\Delta r = v_{\langle 2\rangle} \cos \Theta^2 - v_{\langle 3\rangle} \sin \Theta^2, \tag{5.2.89}$$

deren Umformung mit (5.2.88)

$$\Delta r = \frac{R}{Eh} \sin \Theta^2 (n^{\langle 11\rangle} - \nu n^{\langle 22\rangle}) \tag{5.2.90}$$

liefert. Da hierin die Integrationskonstante C_2 nicht mehr auftritt, erkennen wir, daß die Verschiebung Δr in der Membrantheorie durch Randbedingungen nicht beeinflußbar ist. Ihre Verhinderung führt somit in jedem Fall zu einer Störung des Membranzustandes durch Biegewirkungen.

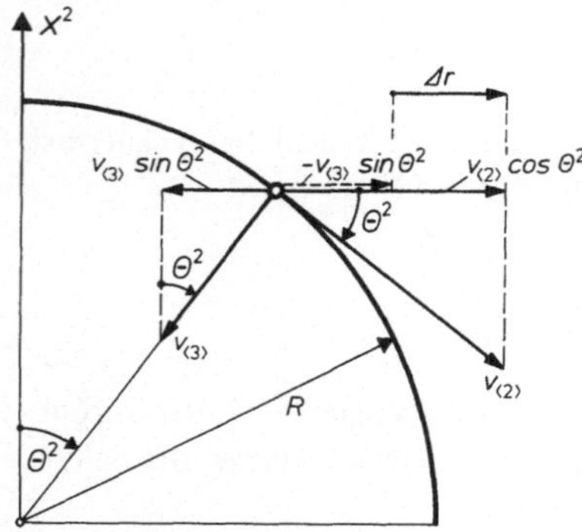

Bild 5.7 Positive Horizontalverschiebung drehsymmetrisch belasteter Kugelschalen

Eine Variable mit derselben Eigenschaft ist die Drehung $\omega_{\langle 1 \rangle}$ der Meridiantangente, die sich aus (5.2.77) durch Elimination der Verschiebungen mittels (5.2.87, 88) ergibt zu:

$$\omega_{\langle 1 \rangle} = \omega^{\langle 1 \rangle} = \frac{\cot \Theta^2}{Eh}(1 + \nu)(n^{\langle 22 \rangle} - n^{\langle 11 \rangle}) - \frac{1}{Eh}\frac{d(n^{\langle 11 \rangle} - \nu n^{\langle 22 \rangle})}{d\Theta^2}. \qquad (5.2.91)$$

Auch in diesem Ausdruck tritt die Integrationskonstante C_2 nicht auf.

5.2.8 Kugelschale unter Schnee- und Eigengewichtslast

a) *Schneelast.* Diese sei gleichmäßig über die Grundrißfläche verteilt und besitze die Intensität s je Flächeneinheit des Grundrisses. Mit den Bezeichnungen des Bildes 5.8 können die Lastkomponenten analog zu (3.2.10) angegeben werden:

$$p^{\langle 1 \rangle} = 0, \quad p^{\langle 2 \rangle} = s \sin \Theta^2 \cos \Theta^2, \quad p^{\langle 3 \rangle} = s \cos^2 \Theta^2. \qquad (5.2.92)$$

Selbstverständlich ließe sich $n^{\langle 22 \rangle}$ durch die Integration (5.2.82) ermitteln, jedoch erscheint hier der anschauliche Weg (5.2.83) vorteilhafter. Da die Schneelastresultierende P des oberhalb des Breitenkreises Θ^2 = konst liegenden Kuppelteiles nach Bild 5.8 die Größe

$$P = \pi (R \sin \Theta^2)^2 s = s\pi R^2 \sin^2 \Theta^2$$

aufweist, entsteht hieraus

$$n^{\langle 22 \rangle} = -\frac{sR}{2}, \qquad (5.2.93)$$

und folglich mit $p^{\langle 3 \rangle}$ nach (5.2.92) aus (5.2.80)

$$n^{\langle 11 \rangle} = \frac{sR}{2}(1 - 2\cos^2 \Theta^2) = -\frac{sR}{2}\cos 2\Theta^2. \qquad (5.2.94)$$

b) *Eigengewichtslast.* Die auf die Einheit der Schalenmittelfläche bezogene Eigengewichtslast g besitzt gemäß Bild 5.8 folgende Lastkomponenten:

$$p^{\langle 1 \rangle} = 0, \quad p^{\langle 2 \rangle} = g \sin \Theta^2, \quad p^{\langle 3 \rangle} = g \cos \Theta^2. \qquad (5.2.95)$$

Auf den oberhalb des Breitenkreises Θ^2 = konst liegenden Kuppelteil mit der Oberfläche

$$O = 2\pi R f = 2\pi R^2 (1 - \cos \Theta^2)$$

entfällt somit die Lastresultierende

$$P = 2\pi g R^2 (1 - \cos \Theta^2), \qquad (5.2.96)$$

die laut (5.2.83) sowie (5.2.80, 95) folgende Schnittkräfte hervorruft:

$$n^{\langle 22 \rangle} = -gR\frac{1 - \cos \Theta^2}{\sin^2 \Theta^2} = -\frac{gR}{1 + \cos \Theta^2}, \qquad (5.2.97)$$

$$n^{\langle 11 \rangle} = -gR\left(\cos \Theta^2 - \frac{1}{1 + \cos \Theta^2}\right). \qquad (5.2.98)$$

Bild 5.8 stellt die Schnittgrößen beider Lastfälle graphisch dar. Auffallend ist der konstante Verlauf der Meridiankraft $n^{\langle 22 \rangle}$ infolge Schneelast. Im Scheitel nehmen die jeweiligen Meridian-

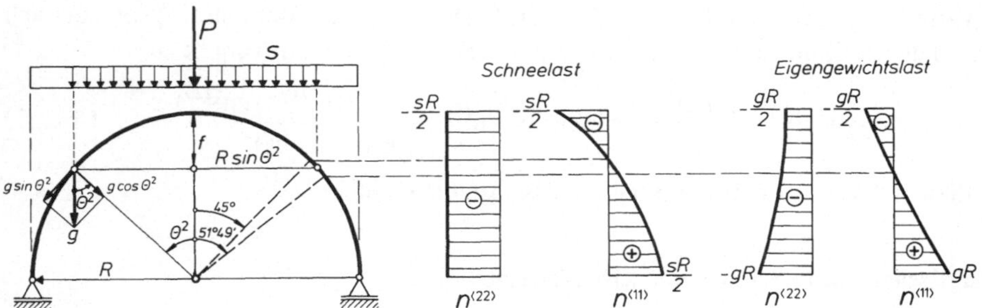

Bild 5.8 Kugelschale unter Schnee- und Eigengewichtslast

und Breitenkreiskräfte gleiche Werte an, weil sich hier die beiden Parameterscharen Θ^1, Θ^2 zu einem Punkt zusammenziehen. Besonders interessant jedoch ist der Vorzeichenwechsel der Ringkräfte $n^{\langle 11 \rangle}$ in der sogenannten *Bruchfuge*, deren genaue Höhenlage ($\Theta^2 = 45°$ für Schneelast, $\Theta^2 = 51°49'$ für Eigengewichtslast) von der jeweiligen Belastung abhängt. Oberhalb der Bruchfuge verkürzen sich die druckbeanspruchten Breitenkreise, während sie sich unterhalb dieser verlängern.

Die Kenntnis dieses Verformungsverhaltens ist für die Konstruktion solcher Kugelkappen bedeutsam, die zur Aufnahme der Horizontalkomponenten der Meridiandruckkräfte am Kappenrand mit einem Zugring umschlossen sind. Da sich der Schalenrand oberhalb der Bruchfuge zu verkürzen sucht, der Zugring jedoch zu verlängern, sind die Dehnungen in der Anschlußfuge unverträglich. Der Membranzustand wird daher hier durch Biegestörungen ergänzt werden müssen.

5.2.9 Kugelschale unter Randlast

Am oberen Rand einer offenen Kugelschale greife eine drehsymmetrische Linienlast der Intensität r je Einheit der Randlänge an; Flächenlasten $p^{\langle i \rangle}$ seien nicht vorhanden. Zerlegt man diese Randlast gemäß Bild 5.9 in Komponenten, so erfordert die Aufnahme des horizontalen Anteils (r cot Ψ) die Anordnung eines Druckringes, um ein Gleichgewicht durch Membrankräfte zu ermöglichen. In die Schale selbst wird nur die tangentiale Komponente (r/sin Ψ) eingeleitet.

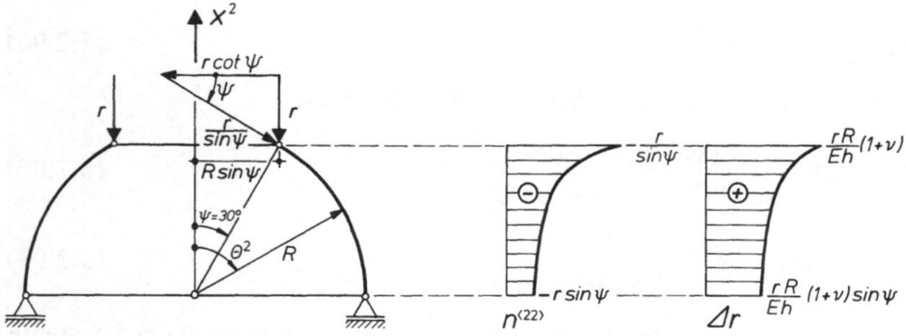

Bild 5.9 Kugelschale unter Randlast

Die Berechnung der Schnittkräfte gestaltet sich wieder mittels (5.2.83) besonders einfach. Mit der Gesamtlast

$$P = 2\pi R\, r \sin\Psi$$

folgt hieraus

$$n^{\langle 22\rangle} = -\frac{\sin\Psi}{\sin^2\Theta^2}\, r \tag{5.2.99}$$

und schließlich wegen (5.2.80)

$$n^{\langle 11\rangle} = -n^{\langle 22\rangle} = \frac{\sin\Psi}{\sin^2\Theta^2}\, r\,. \tag{5.2.100}$$

Diesen Schnittgrößen sind laut (5.2.90, 91) die Verformungen

$$\Delta r = \frac{rR}{Eh}\,\frac{\sin\Psi}{\sin\Theta^2}(1+\nu), \qquad \omega_{\langle 1\rangle} = \omega^{\langle 1\rangle} = 0 \tag{5.2.101}$$

zugeordnet. Der Verlauf von $n^{\langle 22\rangle}$ und Δr ist in Bild 5.9 wiedergegeben.

Wegen der einfachen Geometrie sind eine Vielzahl weiterer Probleme an Kugelschalen untersucht worden, beispielsweise Kuppeln auf Einzelstützen [22]. Besonders interessant erscheinen geschlossene Kugelschalen, in deren Polen Einzelkräfte und -momente als Gleichgewichtsgruppen angreifen [41, 42]. Dem interessierten Leser geben wir einen Hinweis auf die entstehenden vielfältig singulären Lösungen [40, 71].

5.3 Membrantheorie in ebenen Koordinaten

5.3.1 Beschreibung der Mittelfläche durch ebene Koordinaten

Im Abschnitt 1.5.3 wurde die differentialgeometrische Beschreibung einer gekrümmten Fläche F durch die Koordinaten Θ^α ihrer Projektionsebene $\bar{F}$ erläutert, die so gewählt worden war, daß sie mit der Ebene (x^1, x^2) eines orthogonalen kartesischen Koordinatensystems x^i zusammenfiel. Dabei wurde die Mittelfläche durch eine Gleichung der Form

$$x^3 = x^3(\Theta^1, \Theta^2) \tag{5.3.1}$$

beschrieben, in der x^3 die Abstände der Mittelflächenpunkte P zu ihren Projektionen $\bar{P}$ angab (Bild 5.10). Jeder in $\bar{F}$ liegende Ortsvektor $\bar{\mathbf{r}} = \bar{\mathbf{r}}(\Theta^1, \Theta^2)$ sei wie üblich an das krummlinige Koordinatensystem Θ^α gebunden, dessen differentialgeometrische Elemente (Markierung durch Querstrich) daher bekannten Beziehungen der Flächentheorie genügen:

$$\bar{\mathbf{a}}_\alpha = \bar{\mathbf{r}}_{,\alpha}\,, \qquad \bar{\mathbf{a}}^\alpha = \bar{a}^{\alpha\beta}\bar{\mathbf{a}}_\beta\,, \tag{5.3.2}$$

$$\bar{a}_{\alpha\beta} = \bar{\mathbf{a}}_\alpha \cdot \bar{\mathbf{a}}_\beta\,, \qquad \bar{a}^{\alpha\beta} = \bar{\mathbf{a}}^\alpha \cdot \bar{\mathbf{a}}^\beta\,, \qquad \bar{a} = \bar{a}_{11}\bar{a}_{22} - (\bar{a}_{12})^2, \tag{5.3.3}$$

$$\bar{\epsilon}_{\alpha\beta} = \sqrt{\bar{a}}\begin{bmatrix} 0 & 1 \\ -1 & 0 \end{bmatrix}, \qquad \bar{\epsilon}^{\alpha\beta} = \frac{1}{\sqrt{\bar{a}}}\begin{bmatrix} 0 & 1 \\ -1 & 0 \end{bmatrix}, \tag{5.3.4}$$

$$\bar{\Gamma}^\alpha_{\beta\gamma} = \bar{\mathbf{a}}^\alpha \cdot \bar{\mathbf{a}}_{\beta,\gamma}\,, \qquad \bar{b}_{\alpha\beta} = 0. \tag{5.3.5}$$

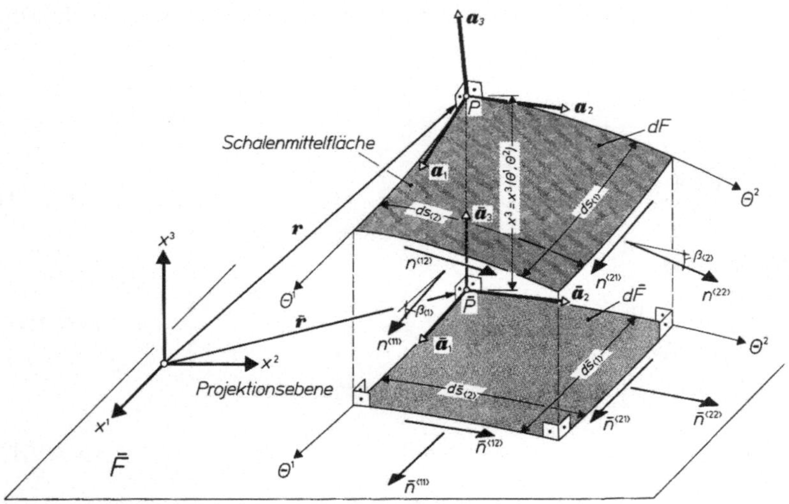

Bild 5.10 Einführung neuer Schnittgrößen $\bar{n}^{\langle\alpha\beta\rangle}$ in der Projektionsebene

Infolge $\bar{b}_{\alpha\beta} = 0$ verschwinden gemäß (1.4.32) bis (1.4.34) alle kovarianten Ableitungen der Basisvektoren $\mathbf{a}_i$ der Ebene $\bar{F}$:

$$\bar{\mathbf{a}}_{\alpha}|_{\beta} = 0, \quad \bar{\mathbf{a}}^{\alpha}|_{\beta} = 0, \quad \bar{\mathbf{a}}_3|_{\alpha} = 0. \tag{5.3.6}$$

Die differentialgeometrischen Elemente der Mittelfläche F (ohne Markierung) lassen sich nun aus denjenigen der Projektionsebene $\bar{F}$ ohne Schwierigkeiten aufbauen. Unter Verwendung der aus (5.3.1) bestimmbaren partiellen Ableitungen $x^3{}_{,\alpha}$, $x^3{}_{,\alpha\beta}$ sowie der Ausdrücke (5.3.2) bis (5.3.5) erhält man entsprechend Abschnitt 1.5.3

die Basisvektoren:

$$\mathbf{a}_{\alpha} = \bar{\mathbf{a}}_{\alpha} + x^3{}_{,\alpha}\bar{\mathbf{a}}_3\,, \tag{5.3.7}$$

$$\mathbf{a}^{\alpha} = \frac{\bar{a}}{a}(D^{\alpha}_{\nu}\bar{\mathbf{a}}^{\nu} + x^3|^{\alpha}\bar{\mathbf{a}}_3)\,, \tag{5.3.8}$$

mit

$$D^{\alpha}_{\nu} = \delta^{\alpha}_{\nu} + \bar{\epsilon}^{\alpha\rho}\bar{\epsilon}^{\beta\mu}\bar{a}_{\nu\beta}x^3{}_{,\rho}x^3{}_{,\mu}\,, \tag{5.3.9}$$

den Normaleneinheitsvektor:

$$\mathbf{a}_3 = \sqrt{\frac{\bar{a}}{a}}\,(\bar{\mathbf{a}}_3 - x^3{}_{,\alpha}\bar{\mathbf{a}}^{\alpha})\,, \tag{5.3.10}$$

den Maßtensor:

$$a_{\alpha\beta} = \bar{a}_{\alpha\beta} + x^3{}_{,\alpha}x^3{}_{,\beta}, \quad a^{\alpha\beta} = \frac{\bar{a}}{a}\,(\bar{a}^{\alpha\beta} + \bar{\epsilon}^{\alpha\rho}\bar{\epsilon}^{\beta\mu}x^3|_{\rho}x^3|_{\mu})\,, \tag{5.3.11}$$

die Determinante des Maßtensors:

$$a = \bar{a}(1 + x^3|_\lambda x^3|^\lambda), \tag{5.3.12}$$

den ϵ-Tensor:

$$\epsilon_{\alpha\beta} = \sqrt{\frac{a}{\bar{a}}}\,\bar{\epsilon}_{\alpha\beta}\,, \quad \epsilon^{\alpha\beta} = \sqrt{\frac{\bar{a}}{a}}\,\bar{\epsilon}^{\alpha\beta}\,, \tag{5.3.13}$$

den Krümmungstensor:

$$b_{\alpha\beta} = \sqrt{\frac{\bar{a}}{a}}\,x^3|_{\alpha\beta}\,, \tag{5.3.14}$$

sowie *das Christoffelsymbol:*

$$\Gamma^\alpha_{\beta\gamma} = \frac{\bar{a}}{a}(D^\alpha_\nu \bar{\Gamma}^\nu_{\beta\gamma} + x^3|^\alpha x^3{}_{,\beta\gamma})\,. \tag{5.3.15}$$

In sämtlichen Abschnitten 5.3 kennzeichnet der senkrechte Strich kovariante Ableitungen bezüglich der Projektionsebene $\bar{F}$.

5.3.2 Definition neuer mechanischer Variablen

Als nächstes stellen wir uns die Aufgabe, das Membrangleichgewicht derart zu beschreiben, daß alle differentialgeometrischen Funktionen und kovarianten Ableitungen auf die ebene Metrik bezogen werden. Hierzu erweitern wir zunächst den auf die Flächeneinheit der Mittelfläche F bezogenen Belastungsvektor **p** um den laut (5.3.12) invarianten Faktor

$$\sqrt{\frac{a}{\bar{a}}} = \sqrt{\frac{a\, d\Theta^1 d\Theta^2}{\bar{a}\, d\Theta^1 d\Theta^2}} = \frac{dF}{d\bar{F}}\,, \tag{5.3.16}$$

der das Verhältnis des Flächenelementes dF von F zu seiner Projektion $d\bar{F}$ auf $\bar{F}$ angibt (Bild 5.10). Durch Zerlegung des neu entstandenen Vektors $\mathbf{p}\sqrt{\frac{a}{\bar{a}}}$ hinsichtlich der Basis $\bar{\mathbf{a}}_i$ von $\bar{F}$ gewinnt man dessen tensorielle Komponenten

$$\sqrt{\frac{a}{\bar{a}}}\,\mathbf{p} = \bar{p}^\alpha \bar{\mathbf{a}}_\alpha + \bar{p}^3 \bar{\mathbf{a}}_3\,. \tag{5.3.17}$$

Im Hinblick auf den Faktor (5.3.16) beziehen sich der neue Lastvektor $\sqrt{\frac{a}{\bar{a}}}\,\mathbf{p}$ sowie seine physikalischen Komponenten

$$\sqrt{\frac{a}{\bar{a}}}\,\mathbf{p} = \bar{p}^{\langle\alpha\rangle} \bar{\mathbf{a}}_{\langle\alpha\rangle} + \bar{p}^{\langle 3\rangle} \bar{\mathbf{a}}_{\langle 3\rangle} \tag{5.3.18}$$

auf die Einheit der Grundrißfläche $\bar{F}$. Analog zu (5.2.6) gelten dabei die Zusammenhänge

$$\bar{p}^{\langle\alpha\rangle} = \bar{p}^\alpha \sqrt{\bar{a}_{\alpha\alpha}}\,, \quad \bar{p}^{\langle 3\rangle} = \bar{p}^3\,. \tag{5.3.19}$$

Substituiert man sodann (5.3.7, 10) in (5.2.5), so lassen sich durch Vergleich mit (5.3.17) die Verknüpfungen

$$\bar{p}^\alpha = \sqrt{\frac{a}{\bar{a}}}\,p^\alpha - x^3|^\alpha p^3, \qquad \bar{p}^3 = p^3 + \sqrt{\frac{a}{\bar{a}}}\,x^3|_\alpha p^\alpha \tag{5.3.20}$$

ablesen. Wird in (5.2.2) die Basis $\mathbf{a}_\beta$ ebenfalls durch (5.3.7) ersetzt, so folgt nach Multiplikation mit $\sqrt{\frac{a}{\bar{a}}}$

$$\sqrt{\frac{a}{\bar{a}}}\,\mathbf{n}^\alpha = \bar{n}^{\alpha\beta}\bar{\mathbf{a}}_\beta + \bar{n}^{\alpha\beta} x^3|_\beta \bar{\mathbf{a}}_3 , \tag{5.3.21}$$

worin

$$\bar{n}^{\alpha\beta} = \bar{n}^{\beta\alpha} = n^{\alpha\beta}\sqrt{\frac{a}{\bar{a}}} \tag{5.3.22}$$

den neuen Längskrafttensor bezeichnet. Seine zugehörigen physikalischen Komponenten seien analog zu (5.2.4) durch

$$\bar{n}^{\langle\alpha\beta\rangle} = \bar{n}^{\langle\beta\alpha\rangle} = \sqrt{\frac{\bar{a}_{\beta\beta}}{\bar{a}^{\alpha\alpha}}}\,\bar{n}^{\alpha\beta} \tag{5.3.23}$$

definiert.

Zur anschaulichen Deutung der neu eingeführten Schnittkräfte $\bar{n}^{\langle\alpha\beta\rangle}$ führen wir entsprechend Bild 5.10 die Neigungen $\beta_{\langle\alpha\rangle}$ der Basisvektoren $\mathbf{a}_\alpha$ gegen ihre Projektionen $\bar{\mathbf{a}}_\alpha$ ein, die mit den auf F definierten Linienelementen $ds_{\langle\alpha\rangle}$ sowie deren Projektionen $d\bar{s}_{\langle\alpha\rangle}$ durch

$$\cos\beta_{\langle\alpha\rangle} = \frac{|\bar{\mathbf{a}}_\alpha|}{|\mathbf{a}_\alpha|} = \frac{\sqrt{\bar{a}_{\alpha\alpha}}}{\sqrt{a_{\alpha\alpha}}} = \frac{d\bar{s}_{\langle\alpha\rangle}}{ds_{\langle\alpha\rangle}} \tag{5.3.24}$$

verknüpft sind. Hiermit sowie unter Verwendung von (5.2.4), (5.3.22, 23) und (1.2.13) lassen sich zunächst die Transformationsvorschriften

$$\begin{aligned}
n^{\langle 11\rangle} &= \bar{n}^{\langle 11\rangle}\sqrt{\frac{\bar{a}_{22}}{\bar{a}_{11}}}\sqrt{\frac{a_{11}}{a_{22}}} = \bar{n}^{\langle 11\rangle}\frac{\cos\beta_{\langle 2\rangle}}{\cos\beta_{\langle 1\rangle}} ,\\
n^{\langle 22\rangle} &= \bar{n}^{\langle 22\rangle}\sqrt{\frac{\bar{a}_{11}}{\bar{a}_{22}}}\sqrt{\frac{a_{22}}{a_{11}}} = \bar{n}^{\langle 22\rangle}\frac{\cos\beta_{\langle 1\rangle}}{\cos\beta_{\langle 2\rangle}} ,\\
n^{\langle 12\rangle} &= \bar{n}^{\langle 12\rangle} .
\end{aligned} \tag{5.3.25}$$

bestätigen. Ihre Umformung mit (5.3.24)

$$\begin{aligned}
\bar{n}^{\langle 11\rangle} &= n^{\langle 11\rangle}\cos\beta_{\langle 1\rangle}\frac{ds_{\langle 2\rangle}}{d\bar{s}_{\langle 2\rangle}} , \quad \bar{n}^{\langle 22\rangle} = n^{\langle 22\rangle}\cos\beta_{\langle 2\rangle}\frac{ds_{\langle 1\rangle}}{d\bar{s}_{\langle 1\rangle}} ,\\
\bar{n}^{\langle 12\rangle} &= n^{\langle 12\rangle}\cos\beta_{\langle 2\rangle}\frac{ds_{\langle 2\rangle}}{d\bar{s}_{\langle 2\rangle}} , \quad \bar{n}^{\langle 21\rangle} = n^{\langle 21\rangle}\cos\beta_{\langle 1\rangle}\frac{ds_{\langle 1\rangle}}{d\bar{s}_{\langle 1\rangle}}
\end{aligned} \tag{5.3.26}$$

zeigt ferner, daß die neuen Variablen $\bar{n}^{\langle\alpha\beta\rangle}$ richtungsmäßig mit den Grundrißkomponenten von $n^{\langle\alpha\beta\rangle}$ in $\bar{F}$ übereinstimmen und daß sie sich auf die Längeneinheit der ebenen Parameterlinien Θ^α = konst beziehen.

Unter Verwendung der Basis $\bar{a}_i$ können auch für den Verschiebungsvektor **v** neue Tensorkomponenten

$$\mathbf{v} = \bar{v}_\alpha \bar{\mathbf{a}}^\alpha + \bar{v}_3 \bar{\mathbf{a}}^3 = \bar{v}^\alpha \bar{\mathbf{a}}_\alpha + \bar{v}^3 \bar{\mathbf{a}}_3 \tag{5.3.27}$$

eingeführt werden, seine partielle Ableitung liefert mit (5.3.6):

$$\mathbf{v}_{,\beta} = \mathbf{v}|_\beta = \bar{v}_\alpha|_\beta \bar{\mathbf{a}}^\alpha + \bar{v}_3|_\beta \bar{\mathbf{a}}^3 = \bar{v}^\alpha|_\beta \bar{\mathbf{a}}_\alpha + \bar{v}^3|_\beta \bar{\mathbf{a}}_3 \,. \tag{5.3.28}$$

Wieder bezieht sich die kovariante Ableitung auf die Projektionsebene $\bar{F}$.

5.3.3 Die Grundgleichungen

Den neu eingeführten mechanischen Variablen sollen nun entsprechende Bestimmungsgleichungen zugeordnet werden. Zur Herleitung der Gleichgewichtsbedingungen stellen wir die erste Gleichung (5.2.7) mit Rücksicht auf die Zerlegung (5.3.21) wie folgt dar:

$$\left[\left(\sqrt{\frac{a}{\bar{a}}}\,\mathbf{n}^\alpha\right)\sqrt{\bar{a}}\,\right]_{,\alpha} + \mathbf{p}\sqrt{a} = 0. \tag{5.3.29}$$

Ausführung der partiellen Ableitung sowie anschließende Division durch $\sqrt{\bar{a}}$ läßt aufgrund von (1.4.11)

$$\left(\sqrt{\frac{a}{\bar{a}}}\,\mathbf{n}^\alpha\right)\Big|_\alpha + \sqrt{\frac{a}{\bar{a}}}\,\mathbf{p} = 0 \tag{5.3.30}$$

mit der kovarianten Ableitung

$$\left(\sqrt{\frac{a}{\bar{a}}}\,\mathbf{n}^\alpha\right)\Big|_\alpha = \left(\sqrt{\frac{a}{\bar{a}}}\,\mathbf{n}^\alpha\right)_{,\alpha} + \left(\sqrt{\frac{a}{\bar{a}}}\,\mathbf{n}^\alpha\right)\bar{\Gamma}^\lambda_{\lambda\alpha} \tag{5.3.31}$$

entstehen. Hieraus folgen unter Benutzung von (5.3.6) und (5.3.17, 21) die Komponentenbedingungen*

$$\bar{n}^{\alpha\beta}|_\alpha + \bar{p}^\beta = 0, \tag{5.3.32}$$

$$\bar{n}^{\alpha\beta} x^3|_{\alpha\beta} + \bar{n}^{\alpha\beta}|_\alpha x^3|_\beta + \bar{p}^3 = 0 \tag{5.3.33}$$

für das Kräftegleichgewicht in Richtung von $\bar{\mathbf{a}}_\beta$ und $\bar{\mathbf{a}}_3$. Mit (5.3.32) ist (5.3.33) auch in der Form

$$\bar{n}^{\alpha\beta} x^3|_{\alpha\beta} + \bar{p}^3 - \bar{p}^\beta x^3|_\beta = 0 \tag{5.3.34}$$

darstellbar.

Da alle kovarianten Ableitungen auf die *euklidische* Projektionsebene $\bar{F}$ bezogen und somit zweifache Differentiationen vertauschbar sind

$$A_\alpha|_{\beta\gamma} = A_\alpha|_{\gamma\beta}\,,$$

lassen sich die tangentialen Gleichgewichtsbedingungen (5.3.32) unter Verwendung einer

* Für jede skalare Funktion x^3 gilt: $x^3|_{\alpha\beta} = x^3|_{\beta\alpha}$.

Schnittgrößenfunktion ϕ identisch erfüllen. Diese wird durch

$$\bar{n}^{\alpha\beta} = \bar{\epsilon}^{\alpha\gamma}\bar{\epsilon}^{\beta\rho}\,\phi|_{\gamma\rho} - k^{\alpha\beta} \qquad (5.3.35)$$

definiert; dabei beschreibt die Funktion $k^{\alpha\beta} = k^{\beta\alpha}$ eine partikuläre Lösung der inhomogenen Differentialgleichung

$$k^{\alpha\beta}|_{\alpha} = \bar{p}^{\beta}. \qquad (5.3.36)$$

Substituiert man nun (5.3.35) in die verbleibende dritte Gleichgewichtsbedingung (5.3.34), so wird das Membrangleichgewicht auf eine einzige Differentialgleichung zweiter Ordnung

$$\bar{\epsilon}^{\alpha\gamma}\bar{\epsilon}^{\beta\rho}x^3|_{\alpha\beta}\phi|_{\gamma\rho} = q \qquad (5.3.37)$$

zurückgeführt, deren inhomogenes Glied

$$q = x^3|_{\alpha\beta}k^{\alpha\beta} - \bar{p}^3 + \bar{p}^{\beta}x^3|_{\beta} \qquad (5.3.38)$$

die vorgegebenen Lastkomponenten $\bar{p}^i$ enthält.

Nach Lösung der Differentialgleichung (5.3.37) und Bestimmung der Membrankräfte aus (5.3.35, 36) schlägt das neue Elastizitätsgesetz

$$\alpha_{\alpha\beta} = \sqrt{\frac{\bar{a}}{a}}\,\frac{G_{\alpha\beta\rho\lambda}}{D}\,\bar{n}^{\rho\lambda}, \qquad (5.3.39)$$

das sich aus (5.2.19) und (5.3.22) ergibt, die Brücke zu den Verzerrungen $\alpha_{\alpha\beta}$. $G_{\alpha\beta\rho\lambda}$ sowie D sind hierin durch (5.2.20, 21) erklärt. Schließlich gewinnen wir mit (5.3.7) und (5.3.28) aus (5.2.25) die fehlenden kinematischen Beziehungen

$$\alpha_{\alpha\beta} = \frac{1}{2}(\bar{v}_{\alpha}|_{\beta} + \bar{v}_{\beta}|_{\alpha} + x^3|_{\alpha}\bar{v}_3|_{\beta} + x^3|_{\beta}\bar{v}_3|_{\alpha}), \qquad (5.3.40)$$

die sich analog zu (5.3.37) zu einer einzigen Differentialgleichung zweiter Ordnung für die Komponente $\bar{v}_3$ zusammenfassen lassen:

$$\bar{\epsilon}^{\lambda\alpha}\bar{\epsilon}^{\mu\beta}(\alpha_{\lambda\mu}|_{\alpha\beta} - x^3|_{\lambda\beta}\bar{v}_3|_{\mu\alpha}) = 0.$$

5.3.4 Orthogonale kartesische Koordinaten: die Puchersche Theorie

Für Schalen über rechteckigem Grundriß wird die Projektionsebene $\bar{F}$ zweckmäßigerweise durch orthogonale kartesische Koordinaten $\Theta^{\alpha} = x^{\alpha}$ beschrieben, wodurch in den Beziehungen des vorigen Abschnittes alle kovarianten Ableitungen durch partielle ersetzbar sind. Wegen $\bar{a}_{\alpha\beta} = \delta_{\alpha\beta}$, $\bar{a}^{\alpha\beta} = \delta^{\alpha\beta}$ erkennen wir gleichzeitig aus (5.3.19) und (5.3.23) die Identität tensorieller und physikalischer Komponenten:

$$\bar{p}^{\langle i\rangle} = \bar{p}^i, \quad \bar{n}^{\langle\alpha\beta\rangle} = \bar{n}^{\alpha\beta}. \qquad (5.3.41)$$

Unter Berücksichtigung von (5.3.11) liefern damit die Verknüpfungen (5.3.25)

$$\begin{aligned} n^{\langle 11\rangle} &= \bar{n}^{\langle 11\rangle}\sqrt{\frac{a_{11}}{a_{22}}} = \bar{n}^{\langle 11\rangle}\sqrt{\frac{1+(x^3{}_{,1})^2}{1+(x^3{}_{,2})^2}}\,,\\ n^{\langle 22\rangle} &= \bar{n}^{\langle 22\rangle}\sqrt{\frac{a_{22}}{a_{11}}} = \bar{n}^{\langle 22\rangle}\sqrt{\frac{1+(x^3{}_{,2})^2}{1+(x^3{}_{,1})^2}}\,,\\ n^{\langle 12\rangle} &= \bar{n}^{\langle 21\rangle}. \end{aligned} \qquad (5.3.42)$$

Durch entsprechendes Vorgehen folgt mit $k^{12} = 0$ aus (5.3.36):

$$k^{11} = \int \bar{p}^{\langle 1 \rangle} dx^1, \quad k^{22} = \int \bar{p}^{\langle 2 \rangle} dx^2, \tag{5.3.43}$$

und damit aus (5.3.35):

$$\bar{n}^{\langle 11 \rangle} = \Phi_{,22} - \int \bar{p}^{\langle 1 \rangle} dx^1, \quad \bar{n}^{\langle 22 \rangle} = \Phi_{,11} - \int \bar{p}^{\langle 2 \rangle} dx^2, \quad \bar{n}^{\langle 12 \rangle} = -\Phi_{,12}. \tag{5.3.44}$$

Schließlich läßt sich die Differentialgleichung (5.3.37) unter Berücksichtigung von (5.3.38, 43) in der Form

$$x^3{}_{,22}\Phi_{,11} - 2x^3{}_{,12}\Phi_{,12} + x^3{}_{,11}\Phi_{,22} = -\bar{p}^{\langle 3 \rangle} + x^3{}_{,1}\bar{p}^{\langle 1 \rangle} + x^3{}_{,2}\bar{p}^{\langle 2 \rangle} +$$

$$+ x^3{}_{,11} \int \bar{p}^{\langle 1 \rangle} dx^1 + x^3{}_{,22} \int p^{\langle 2 \rangle} dx^2 \tag{5.3.45}$$

ausschreiben. Sie wurde erstmalig von *A. Pucher* [46] angegeben.

Bekanntlich ist die Differentialgleichung zweiter Ordnung (5.3.45) von *elliptischem, hyperbolischem* oder *parabolischem* Typ, je nachdem, ob ihre Diskriminante

$$\Delta = (x^3{}_{,12})^2 - x^3{}_{,11}x^3{}_{,22} \tag{5.3.46}$$

negativ, positiv oder Null ist.* Nach Umformung dieser Diskriminante unter Rückgriff auf (5.3.14) sowie (1.3.31)

$$\Delta = \frac{a}{\bar{a}} [(b_{12})^2 - b_{11}b_{22}] = -K \frac{a^2}{\bar{a}} \tag{5.3.47}$$

wird wegen der stets positiven Determinante $\bar{a}$ ein bemerkenswerter Zusammenhang zwischen der *Gauß*schen Krümmung K und dem Typ der Differentialgleichung (5.3.45) erkennbar. Demnach ist deren Typ

elliptisch, wenn die Mittelfläche aus lauter elliptischen Punkten ($K > 0$) besteht,
hyperbolisch, bei lauter hyperbolischen Punkten ($K < 0$) und
parabolisch im Falle lauter parabolischer Punkte ($K = 0$).

Somit hängt der Typ der Differentialgleichung (5.3.45) ausschließlich von der *Gauß*schen Krümmung des Integrationsgebietes der vorgegebenen Schalenmittelfläche ab. Setzt sich diese, wie beispielsweise die Torusfläche des Bildes 1.8, aus Flächenpunkten aller drei Arten ($K \gtreqless 0$) zusammen, so weist (5.3.45) auch alle drei oben genannten Typen auf.

Als *Charakteristiken* der Differentialgleichung (5.3.45) bezeichnet man die Integralkurven der Differentialgleichung

$$x^3{}_{,11}(dx^1)^2 + 2x^3{}_{,12}dx^1dx^2 + x^3{}_{,22}(dx^2)^2 = 0,$$

die wegen (5.3.14) auch in der Form

$$b_{11}(dx^1)^2 + 2b_{12}dx^1dx^2 + b_{22}(dx^2)^2 = 0 \tag{5.3.48}$$

darstellbar ist. Diese Gleichung stimmt für $dx^\alpha = d\Theta^\alpha$ gerade mit der Differentialgleichung (1.3.40) zur Bestimmung der Asymptotenlinien einer Fläche überein. Für Mittelflächen negati-

* siehe z. B. [11], S. 410.

ver Gaußscher Krümmung ($K < 0$) besitzt demnach die Differentialgleichung (5.3.45) zwei Scharen reeller Charakteristiken, die zugleich die Asymptotenlinien darstellen. Bei Mittelflächen verschwindender Gaußscher Krümmung ($K = 0$) fallen beide Scharen in eine zusammen, während bei solchen positiver *Gauß*scher Krümmung ($K > 0$) keine reellen Charakteristiken vorhanden sind.

Im Gegensatz zur Biegetheorie kann daher in der Membrantheorie zur Formulierung der Randbedingungen keine einheitliche Vorschrift angegeben werden; vielmehr ist diese dem Typ der jeweiligen Differentialgleichung anzupassen. Für das Membranproblem von Schalen positiver *Gauß*scher Krümmung ($K > 0$), das durch ein Differentialgleichungssystem elliptischen Typs beschrieben wird, sind *Randwertprobleme sachgemäß**, bei denen die Lösung von der Gesamtheit der Vorgaben längs der Schalenberandung abhängt. Für Schalen negativer *Gauß*scher Krümmung ($K < 0$) dagegen erweisen sich zur Behandlung des hyperbolischen Differentialgleichungssystems *Anfangswertprobleme* oder *Anfangs-Randwertprobleme* als sachgemäß. Mit ihnen werden wir uns in Abschnitt 5.4.4 eingehend befassen und dabei die wichtige Rolle der Charakteristiken bzw. Asymptotenlinien für das Tragverhalten erkennen. Das *Anfangswertproblem* der *parabolischen* Kreiszylinderschale wurde bereits einführend in den Abschnitten 5.2.3 bis 5.2.5 behandelt.

5.3.5 Elliptisches Paraboloid über rechteckigem Grundriß

Bild 5.11 zeigt die Mittelfläche einer elliptischen Paraboloidschale über rechteckigem Grundriß mit den Seitenlängen 2a und 2b; f gibt ihre Pfeilhöhe an. Auf die Schale wirke eine gleichmäßig verteilte Vertikallast der Intensität s je Einheit der Grundrißfläche. Ihre Komponenten lauten somit:

$$\overline{p}^{\langle 1\rangle} = 0, \quad \overline{p}^{\langle 2\rangle} = 0, \quad \overline{p}^{\langle 3\rangle} = -s = \text{konst}. \tag{5.3.49}$$

Die Schale sei längs ihrer vier Ränder auf vertikalen Binderscheiben gestützt, die in ihrer Ebene starr, rechtwinklig hierzu jedoch biegeweich sind. Da sie somit nur Schubkräfte aufnehmen können, sind laut (5.3.44, 49) folgende Randbedingungen zu erfüllen:

$$x^1 = \pm a : \overline{n}^{\langle 11\rangle} = \Phi_{,22} = 0\,, \tag{5.3.50}$$

$$x^2 = \pm b : \overline{n}^{\langle 22\rangle} = \Phi_{,11} = 0\,. \tag{5.3.51}$$

Die Schalenmittelfläche des elliptischen Paraboloids wird im Koordinatensystem x^α der Projektionsebene $\overline{F}$ durch die Gleichung

$$x^3 = -\frac{f}{2}\left[\left(\frac{x^1}{a}\right)^2 + \left(\frac{x^2}{b}\right)^2\right] + f \tag{5.3.52}$$

beschrieben. Ihre Horizontalschnitte $x^3 = \text{konst}$ erzeugen Ellipsen, Vertikalschnitte $x^\alpha = \text{konst}$ dagegen je eine Schar kongruenter Parabeln. Mit den aus (5.3.52) folgenden Ableitungen

$$x^3{}_{,11} = -\frac{f}{a^2}, \quad x^3{}_{,12} = 0\,, \quad x^3{}_{,22} = -\frac{f}{b^2} \tag{5.3.53}$$

* Ein Differentialgleichungsproblem wird sachgemäß genannt, wenn es den Forderungen genügt: a) die Lösung muß existieren; b) die Lösung muß eindeutig sein; c) die Lösung soll von den vorgegebenen Daten stetig abhängen ([13], S. 176).

sowie (5.3.49) lautet die Differentialgleichung (5.3.45):

$$\frac{1}{b^2}\Phi_{,11} + \frac{1}{a^2}\Phi_{,22} = -\frac{s}{f}. \qquad (5.3.54)$$

Da sie eine negative Diskriminante besitzt:

$$\Delta = (x^3_{,12})^2 - x^3_{,11}x^3_{,22} = -\frac{f^2}{a^2b^2} < 0,$$

ist sie von elliptischem Typ; die an je zwei gegenüberliegenden Seiten vorgeschriebenen Randbedingungen (5.3.50, 51) sind daher sachgerecht.

Die gesuchte Schnittgrößenfunktion Φ kann aus der Lösung Φ^H der homogenen Gleichung (5.3.54) und einer partikulären Lösung Φ^P zusammengesetzt werden, welche die vorgegebene Belastung erfaßt:

$$\Phi = \Phi^P + \Phi^H. \qquad (5.3.55)$$

Wählen wir hierin

$$\begin{aligned} \Phi^P &= -\frac{sb^2}{2f}(x^1)^2, \\ \Phi^H &= \sum_n C_n \cos\alpha_n x^1 \cosh\beta_n x^2, \quad n = 1, 3, 5, \ldots \end{aligned} \qquad (5.3.56)$$

mit

$$\alpha_n = \frac{n\pi}{2a}, \quad \beta_n = \frac{n\pi}{2b},$$

wobei C_n Integrationskonstanten darstellen, so entstehen gemäß (5.3.44, 49) folgende Grundrißkräfte [24]:

$$\begin{aligned} \bar{n}^{\langle 11\rangle} &= \Phi_{,22} = \frac{\pi^2}{4b^2}\sum_n n^2 C_n \cos\alpha_n x^1 \cosh\beta_n x^2, \\ \bar{n}^{\langle 22\rangle} &= \Phi_{,11} = -\frac{\pi^2}{4a^2}\sum_n n^2 C_n \cos\alpha_n x^1 \cosh\beta_n x^2 - \frac{sb^2}{f}, \\ \bar{n}^{\langle 12\rangle} &= -\Phi_{,12} = \frac{\pi^2}{4ab}\sum_n n^2 C_n \sin\alpha_n x^1 \sinh\beta_n x^2. \\ & \qquad n = 1, 3, 5, \ldots \end{aligned} \qquad (5.3.57)$$

Da sie die längs $x^1 = \pm a$ vorgegebenen Randbedingungen (5.3.50) identisch erfüllen, sind die Integrationskonstanten C_n nur noch an die Bedingungen (5.3.51) längs der Ränder $x^2 = \pm b$ anzupassen. Hierzu entwickeln wir das konstante Glied $\frac{sb^2}{f}$ der Längskraft $\bar{n}^{\langle 22\rangle}$ in eine *Fourier*-Reihe, in dem wir es als gerade Funktion von x^1 der Periode 4a auffassen (siehe [24], S. 44):

$$\frac{sb^2}{f} = \frac{4sb^2}{\pi f}\sum_n \frac{1}{n}\sin\frac{n\pi}{2}\cos\alpha_n x^1, \quad n = 1, 3, 5, \ldots. \qquad (5.3.58)$$

Gemäß (5.3.51) bestimmen sich dann die Konstanten C_n zu:

$$C_n = -\frac{16 s a^2 b^2}{n^3 \pi^3 f \cosh \frac{n\pi}{2}} \sin \frac{n\pi}{2}, \quad n = 1, 3, 5, \ldots . \tag{5.3.59}$$

Damit lassen sich die Grundrißkräfte $\bar{n}^{\langle\alpha\beta\rangle}$ aus (5.3.57, 58) und danach die Schalenkräfte $n^{\langle\alpha\beta\rangle}$ gemäß (5.3.42) (5.3.52) aus

$$n^{\langle 11\rangle} = \bar{n}^{\langle 11\rangle} \frac{b^2}{a^2} \sqrt{\frac{a^4 + f^2(x^1)^2}{b^4 + f^2(x^2)^2}}, \quad n^{\langle 22\rangle} = \bar{n}^{\langle 22\rangle} \frac{a^2}{b^2} \sqrt{\frac{b^4 + f^2(x^2)^2}{a^4 + f^2(x^1)^2}}, \quad n^{\langle 12\rangle} = \bar{n}^{\langle 12\rangle} \tag{5.3.60}$$

berechnen.

Bild 5.11 zeigt den Verlauf der Schnittkräfte $n^{\langle 11\rangle}$ und $n^{\langle 12\rangle}$ eines elliptischen Paraboloids über quadratischem Grundriß ($a = b = 20$ m) für eine Lastintensität $s = 10$ kN/m². In den Eckpunkten werden die Schubkräfte $n^{\langle 12\rangle}$ unendlich. Wegen der nicht vorhandenen Verwindung ($x^3_{,12} = 0$) der Schalenmittelfläche enthält die dritte Gleichgewichtsbedingung (5.3.54) nämlich keinen Schubkraftanteil ($\bar{n}^{\langle 12\rangle} = -\Phi_{,12}$). Bei den gewählten Randbedingungen (5.3.50, 51) kann daher in den Eckpunkten s nur durch unendlich große Schubkräfte abgetragen werden.

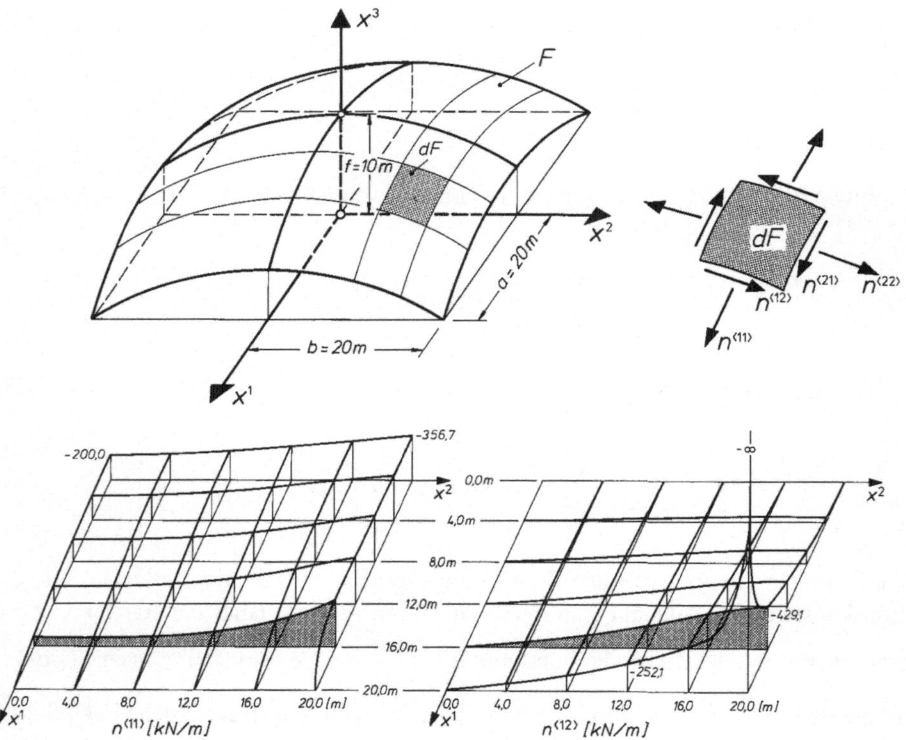

Bild 5.11 Elliptisches Paraboloid über rechteckigem Grundriß, die Schalenkräfte $n^{\langle 11\rangle}$ und $n^{\langle 12\rangle}$ infolge Schneelast $s = 10$ kN/m²

5.3.6 Rotationsparaboloidschale über gleichseitigem Dreieckgrundriß

Als nächstes Beispiel wählen wir eine rotationssymmetrische Paraboloidschale, deren Horizontalschnitte Kreise bilden. Daher vereinfacht sich die Differentialgleichung (5.3.54) mit a = b zu:

$$\Phi,_{11} + \Phi,_{22} = -\frac{sa^2}{f}. \tag{5.3.61}$$

Spannt man diese Schale entsprechend Bild 5.12 über gleichseitigem Dreieckgrundriß, so entsteht mit $a = \sqrt{2}\, h/3$:

$$\Phi,_{11} + \Phi,_{22} = -\frac{2sh^2}{9f}, \tag{5.3.62}$$

wobei f den Stich der Schalenmittelfläche über der Projektionsebene $\bar{F}$ im Dreiecksschwerpunkt $x^1 = x^2 = 0$ bezeichnet. (5.3.62) ist eine inhomogene *Potentialgleichung*, in der s wieder die Lastintensität je Flächeneinheit des Grundrisses bezeichnet. Aus den Gleichungen der drei Randgeraden in der Projektionsebene $\bar{F}$ bilden wir nun die Schnittgrößenfunktion:

$$\Phi = \frac{sh}{18f}\left(x^2 + \frac{h}{3}\right)\left(x^2 + x^1\sqrt{3} - \frac{2h}{3}\right)\left(x^2 - x^1\sqrt{3} - \frac{2h}{3}\right)$$

$$= \frac{sh}{18f}\left[(x^2)^3 - h(x^2)^2 - 3(x^1)^2x^2 - h(x^1)^2 + \frac{4}{27}h^3\right], \tag{5.3.63}$$

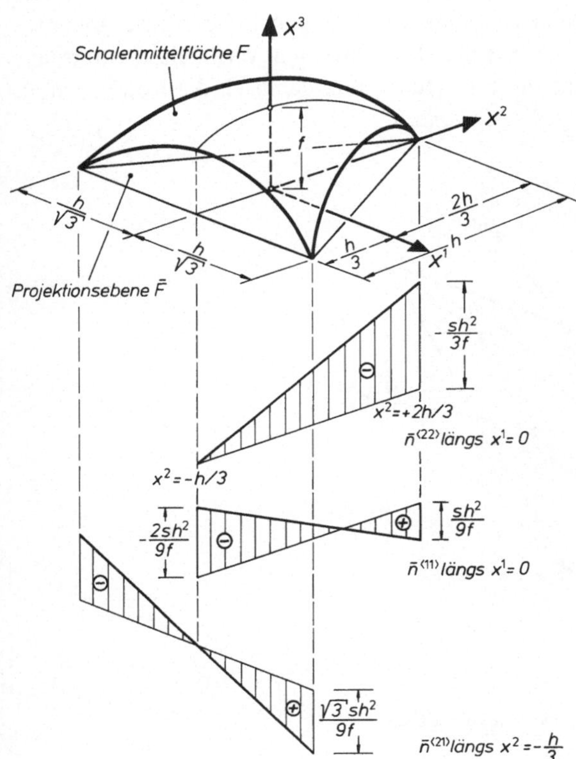

Bild 5.12 Rotationsparaboloidschale über gleichseitigem Dreiecksgrundriß

die – wie der Leser kontrollieren möge – die Differentialgleichung (5.3.62) identisch erfüllt. Die entstehenden Schnittgrößen

$$\begin{aligned} \bar{n}^{\langle 11 \rangle} &= \Phi_{,22} = \frac{sh}{3f}\left(x^2 - \frac{h}{3}\right), \\ \bar{n}^{\langle 22 \rangle} &= \Phi_{,11} = -\frac{sh}{3f}\left(x^2 + \frac{h}{3}\right), \\ \bar{n}^{\langle 12 \rangle} &= -\Phi_{,12} = \frac{sh}{3f} x^1 \end{aligned} \tag{5.3.64}$$

– auf Bild 5.12 dargestellt – nehmen auf dem Schalenrand $x^2 = -h/3$ folgende Werte an:

$$\bar{n}^{\langle 22 \rangle}\left(x^2 = -\frac{h}{3}\right) = 0, \quad \bar{n}^{\langle 12 \rangle}\left(x^2 = -\frac{h}{3}\right) = \frac{sh}{3f} x^1 .$$

Diese Bedingungen entsprechen einer in ihrer Ebene starren, senkrecht hierzu jedoch biegeweichen Randaussteifung. Analoge Bedingungen werden längs der beiden anderen Ränder erfüllt.

5.3.7 Hyperbolisches Paraboloid über rechteckigem Grundriß (Hypar)

Bild 5.13 zeigt die Mittelfläche eines hyperbolischen Paraboloids, begrenzt durch vier gerade Erzeugende (Asymptotenlinien). Die Schale spannt sich wieder über rechteckigem Grundriß, worauf sich die beiden Erzeugendenscharen als zueinander orthogonale Geradenscharen projizieren. Im folgenden soll die Wirkung einer willkürlich verteilten Vertikallast untersucht werden, die je Einheit der Grundrißfläche die Intensität q und demnach die Komponenten

$$\bar{p}^{\langle 1 \rangle} = 0, \quad \bar{p}^{\langle 2 \rangle} = 0, \quad \bar{p}^{\langle 3 \rangle} = -q(x^1, x^2) \tag{5.3.65}$$

besitzt.

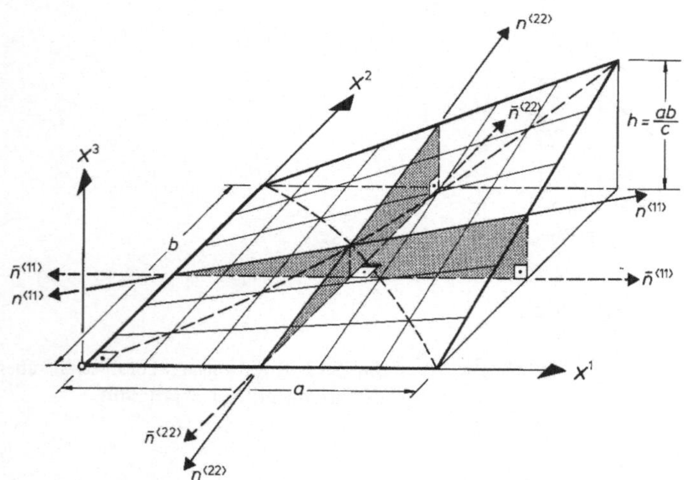

Bild 5.13 Hyperbolisches Paraboloid über rechteckigem Grundriß

Gemäß Bild 5.13 lautet die Gleichung der Mittelfläche

$$x^3 = \frac{x^1 x^2}{c}, \quad c = \frac{ab}{h}. \tag{5.3.66}$$

Werden die hieraus folgenden Ableitungen

$$x^3{}_{,11} = 0, \quad x^3{}_{,12} = \frac{1}{c}, \quad x^3{}_{,22} = 0$$

nebst (5.3.65) in die Differentialgleichung (5.3.45) eingesetzt, so nimmt diese die besonders einfache Form

$$\Phi_{,12} = -\frac{c}{2} q(x^1, x^2)$$

an. Wegen der positiven Diskriminante

$$\Delta = (x^3{}_{,12})^2 - x^3{}_{,11} x^3{}_{,22} = \frac{1}{c^2} > 0 \tag{5.3.67}$$

ist sie hyperbolisch. Ihre allgemeine Lösung lautet offensichtlich

$$\Phi = -\frac{c}{2} \iint q(x^1, x^2)\, dx^1 dx^2 + G(x^1) + H(x^2), \tag{5.3.68}$$

worin $G(x^1)$ und $H(x^2)$ beliebige Funktionen darstellen, die aus den Randbedingungen zu ermitteln sind.

Damit berechnen sich die Grundrißkräfte entsprechend (5.3.44), (5.3.65) zu:

$$\begin{aligned} \bar{n}^{\langle 11 \rangle} &= \Phi_{,22} = -\frac{c}{2} \int q(x^1, x^2)_{,2}\, dx^1 + H(x^2)_{,22}, \\ \bar{n}^{\langle 22 \rangle} &= \Phi_{,11} = -\frac{c}{2} \int q(x^1, x^2)_{,1}\, dx^2 + G(x^1)_{,11}, \\ \bar{n}^{\langle 12 \rangle} &= -\Phi_{,12} = \frac{c}{2} q(x^1, x^2). \end{aligned} \tag{5.3.69}$$

Erstaunlicherweise erhalten die Schubkräfte $\bar{n}^{\langle 12 \rangle}$ keine der beiden Funktionen $G(x^1)$ bzw. $H(x^2)$; sie sind somit an den Schalenrändern nicht vorschreibbar. Zur Aufrechterhaltung des Membranzustandes müssen demnach die Schubkräfte an den Rändern durch geeignete Stützkonstruktionen vollständig aufgenommen werden. Aus (5.3.69) geht weiterhin hervor, daß Normalkräfte $\bar{n}^{\langle 11 \rangle}$ und $\bar{n}^{\langle 22 \rangle}$ nur an je einem der gegenüberliegenden Ränder vorgeschrieben werden können. Daher ist für eine willkürlich verteilte Last $\bar{p}^3 = -q(x^1, x^2)$ eine normalkraftfreie Abstützung aller vier Schalenränder nicht möglich.

Eine Ausnahme bildet jedoch die gleichmäßig verteilte Belastung

$$q = s = \text{konst.}$$

Da in diesem Fall die Lösung (5.3.69) die Form

$$\bar{n}^{\langle 11 \rangle} = H_{,22}, \quad \bar{n}^{\langle 22 \rangle} = G_{,11}, \quad \bar{n}^{\langle 12 \rangle} = \frac{c}{2} s \tag{5.3.70}$$

annimmt, durchlaufen die Normalkräfte $\bar{n}^{\langle 11\rangle}$ und $\bar{n}^{\langle 22\rangle}$ die Schale unverändert längs der betreffenden Erzeugenden bis zum gegenüberliegenden Rand (Bild 5.13). Wählt man somit $H_{,22} = G_{,11} = 0$, so erfolgt die Lastabtragung allein durch Schubkräfte:

$$\bar{n}^{\langle 11\rangle} = 0, \quad \bar{n}^{\langle 22\rangle} = 0, \quad \bar{n}^{\langle 12\rangle} = \frac{c}{2} s. \tag{5.3.71}$$

Die Hauptrichtungen dieses Kräftezustandes schließen mit den Koordinatenachsen x^1 und x^2 einen Winkel von 45° ein. Somit entstehen durch die Last s in den gewölbeartigen Fasern der Schale Druckkräfte und in deren seilartig herabhängenden Fasern Zugkräfte. Diese Lastabtragung kann sich jedoch nur dann einstellen, wenn die Schalenränder in Richtung der Erzeugenden unverschieblich gestützt sind. Eventuelle Nachgiebigkeiten können in der Schale erhebliche Biegeeffekte im Sinne dehnungsloser Verbiegungen hervorrufen. Auf dieses Phänomen weist *Duddeck* [20] bei seiner Untersuchung einer flachen Hyparschale nach der Biegetheorie hin. Sein Ergebnis wird durch Nachrechnungen der Biegetheorie [1] und auf experimentellem Wege [5] bestätigt.

Wegen ihrer günstigen Tragwirkung, vor allem wegen ihrer einfachen Herstellungsweise, finden hyperbolische Paraboloide im Bauwesen verbreitete Anwendung, auch in Form zusammengesetzter Konstruktionen. Hinsichtlich ihrer vielfältigen Gestaltungsmöglichkeiten sei der Leser auf die ausführlichen Darstellungen [7, 8, 17, 22, 26, 31] verwiesen. Weitere Berechnungsunterlagen finden sich in den Arbeiten [20, 34, 54, 55, 61].

5.3.8 Parabolischer Zylinder über rechteckigem Grundriß

Der in Bild 5.14 dargestellte parabolische Zylinder über rechteckigem Grundriß

$$x^3 = -h(x^1)^2 + f, \quad h = \frac{f}{b^2} \tag{5.3.72}$$

soll für eine gleichmäßig verteilte Vertikalbelastung

$$\bar{p}^{\langle 1\rangle} = 0, \quad \bar{p}^{\langle 2\rangle} = 0, \quad \bar{p}^{\langle 3\rangle} = -s = \text{konst} \tag{5.3.73}$$

untersucht werden. Im vorliegenden Fall lautet die Differentialgleichung (5.3.45):

$$\Phi_{,22} = -\frac{s}{2h}. \tag{5.3.74}$$

Die Diskriminante (5.3.46) verschwindet und die Differentialgleichung erweist sich somit als parabolisch. Ihre allgemeine Lösung lautet:

$$\Phi = -\frac{s(x^2)^2}{4h} + C_1(x^1)x^2 + C_2(x^1), \tag{5.3.75}$$

worin $C_1(x^1)$ und $C_2(x^1)$ Integrationsfunktionen darstellen.
Zu deren Bestimmung setzen wir einen zur Schnittebene $x^2 = 0$ symmetrischen Schnittkraftverlauf sowie eine normalkraftfreie Stützung der beiden Parabelendbögen voraus:

$$x^2 = 0 : \bar{n}^{\langle 12\rangle} = -\Phi_{,12} = 0,$$

$$x^2 = \pm\frac{l}{2} : \bar{n}^{\langle 22\rangle} = \Phi_{,11} = 0.$$

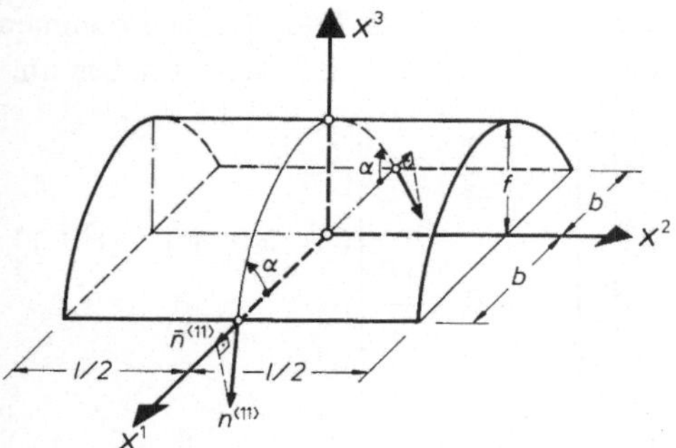

Bild 5.14 Parabolischer Zylinder über rechteckigem Grundriß

Diese Bedingungen werden erfüllt, wenn beide Funktionen C_1 und C_2 in (5.3.75) verschwinden. Damit entstehen aus (5.3.42, 44) folgende Schalenkräfte:

$$\bar{n}^{\langle 11\rangle} = \frac{n^{\langle 11\rangle}}{\sqrt{1+4h^2(x^1)^2}} = -\frac{s}{2h}, \quad \bar{n}^{\langle 22\rangle} = n^{\langle 22\rangle} = 0, \quad \bar{n}^{\langle 12\rangle} = n^{\langle 12\rangle} = 0. \qquad (5.3.76)$$

Diese Tragwirkung entspricht gerade derjenigen eines Parabelbogens von der Spannweite 2b unter Gleichlast s.

5.4 Membrantheorie allgemeiner Rotationsschalen

5.4.1 Das Differentialgleichungssystem

Die Mittelfläche einer Rotationsschale entstehe gemäß Bild 5.15 durch Drehung einer willkürlichen ebenen Kurve $r = r(\Theta^2) = r(x^3)$, der *Meridiankurve*, um die x^3-Achse. Als *Gauß*sche Parameter seien der Breitenkreiswinkel Θ^1 und die kartesische Koordinate $\Theta^2 = x^3$ in Richtung

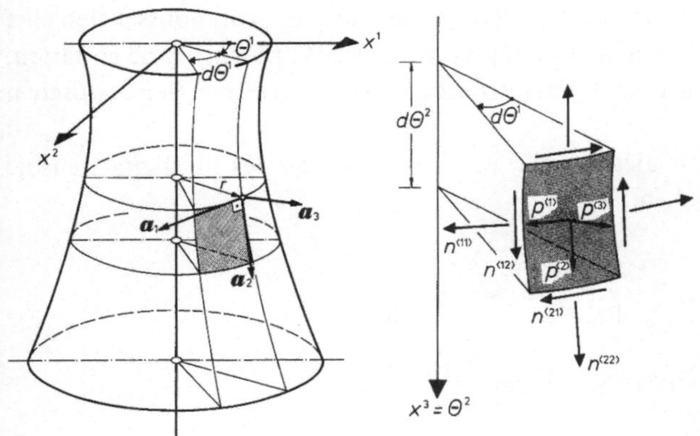

Bild 5.15 Allgemeine Rotationsschale: Geometrie; positive physikalische Last- und Schnittgrößenkomponenten

der Drehachse gewählt. Diese *Zylinderkoordinaten* überziehen somit die Mittelfläche mit dem orthogonalen Netz der *Breitenkreise* (Kurven Θ^2 = konst) und *Meridiane* (Kurven Θ^1 = konst).

Alle differentialgeometrischen Elemente dieser Fläche können aus Tafel 1.2 übernommen werden; wir schreiben sie jedoch unter Verwendung der Determinante a folgendermaßen um:

$$a_{\alpha\beta} = \begin{bmatrix} a_{11} & a_{12} \\ a_{21} & a_{22} \end{bmatrix} = \begin{bmatrix} r^2 & 0 \\ 0 & \frac{a}{r^2} \end{bmatrix}, \quad a^{\alpha\beta} = \begin{bmatrix} a^{11} & a^{12} \\ a^{21} & a^{22} \end{bmatrix} = \begin{bmatrix} \frac{1}{r^2} & 0 \\ 0 & \frac{r^2}{a} \end{bmatrix}, \quad a = r^2[(r_{,2})^2 + 1],$$

$$b_{\alpha\beta} = \begin{bmatrix} b_{11} & b_{12} \\ b_{21} & b_{22} \end{bmatrix} = \begin{bmatrix} -\frac{r^2}{\sqrt{a}} & 0 \\ 0 & \frac{r r_{,22}}{\sqrt{a}} \end{bmatrix}, \quad b^{\beta}_{\alpha} = \begin{bmatrix} b^1_1 & b^1_2 \\ b^2_1 & b^2_2 \end{bmatrix} = \begin{bmatrix} -\frac{1}{\sqrt{a}} & 0 \\ 0 & \frac{r^3 r_{,22}}{\sqrt{(a)^3}} \end{bmatrix}, \tag{5.4.1}$$

$$\Gamma^1_{\alpha\beta} = \begin{bmatrix} \Gamma^1_{11} & \Gamma^1_{12} \\ \Gamma^1_{21} & \Gamma^1_{22} \end{bmatrix} = \begin{bmatrix} 0 & \frac{r_{,2}}{r} \\ \frac{r_{,2}}{r} & 0 \end{bmatrix}, \quad \Gamma^2_{\alpha\beta} = \begin{bmatrix} \Gamma^2_{11} & \Gamma^2_{12} \\ \Gamma^2_{21} & \Gamma^2_{22} \end{bmatrix} = \begin{bmatrix} -\frac{r^3 r_{,2}}{a} & 0 \\ 0 & \frac{r_{,2} r_{,22} r^2}{a} \end{bmatrix}.$$

Wegen der stets positiven Funktion r wird das Vorzeichen der *Gaußschen* Krümmung

$$K = -\frac{r^3 r_{,22}}{(a)^2} \tag{5.4.2}$$

ausschließlich durch die Ableitung $r_{,22}$ bestimmt. Daher unterscheiden wir Rotationsflächen positiver, negativer und verschwindender *Gaußscher* Krümmung, wenn $r_{,22}$ negativ, positiv oder Null ist. Selbstverständlich können auch innerhalb derselben Fläche Punkte aller drei Typen auftreten. Infolge dieser geometrischen Vielfalt werden uns die Rotationsschalen eine sehr allgemeine Diskussion des Differentialgleichungssystems der Membrantheorie gestatten, dessen Typ – wie bereits im Abschnitt 5.3.4 gezeigt wurde – vom Vorzeichen der *Gaußschen* Krümmung abhängt.

Mit (5.4.1) lassen sich bereits an dieser Stelle die Komponenten des Elastizitätstensors $G_{\alpha\beta\rho\lambda}$ (5.2.21) folgendermaßen angeben:

$$\begin{aligned} &G_{1111} = \frac{r^4}{1-\nu^2}, \quad G_{1122} = -\frac{\nu}{1-\nu^2} a, \quad G_{1212} = \frac{a}{2(1-\nu)}, \\ &G_{2222} = \frac{(a)^2}{r^4(1-\nu^2)}, \quad G_{1112} = 0, \quad G_{1222} = 0. \end{aligned} \tag{5.4.3}$$

Zur Herleitung der Gleichgewichtsbedingungen gehen wir nun von den in Tensordichten $N^{\alpha\beta}$, P^i formulierten Gleichungen (5.2.14, 15) aus, die mit (5.4.1) ausgeschrieben werden:

$$N^{11}{}_{,1} + N^{12}{}_{,2} + 2\frac{r_{,2}}{r} N^{12} + P^1 = 0, \tag{5.4.4}$$

$$N^{22}{}_{,2} + N^{12}{}_{,1} - \frac{r^3 r_{,2}}{a} N^{11} + \frac{r_{,2} r_{,22} r^2}{a} N^{22} + P^2 = 0, \tag{5.4.5}$$

$$-\frac{r^2}{\sqrt{a}} N^{11} + \frac{r r_{,22}}{\sqrt{a}} N^{22} + P^3 = 0. \tag{5.4.6}$$

Mit Hilfe der letzten Gleichgewichtsaussage kann die Ringkraft N^{11} aus den ersten beiden eliminiert werden. Führt man dabei die abkürzenden Bezeichnungen

$$\overline{N}^{11} = N^{11}, \quad \overline{N}^{12} = r^2 N^{12}, \quad \overline{N}^{22} = N^{22} \tag{5.4.7}$$

sowie

$$\overline{P}^1 = \frac{\sqrt{a}}{r} P^3{}_{,1} + r P^1, \quad \overline{P}^2 = -\frac{r r_{,2}}{\sqrt{a}} P^3 + P^2 \tag{5.4.8}$$

ein, so entsteht nach einigen Umformungen das Differentialgleichungssystem zweiter Ordnung

$$\begin{aligned} &r_{,22} \overline{N}^{22}{}_{,1} + \frac{1}{r} \overline{N}^{12}{}_{,2} + \overline{P}^1 = 0, \\ &\overline{N}^{22}{}_{,2} + \frac{1}{r^2} \overline{N}^{12}{}_{,1} + \overline{P}^2 = 0 \end{aligned} \tag{5.4.9}$$

für die *reduzierten Schnittkräfte* $\overline{N}^{12}$ und $\overline{N}^{22}$. Nach ihrer Bestimmung kann die Ringkraft $\overline{N}^{11} = N^{11}$ aus der algebraischen Gleichung (5.4.6) berechnet werden. Zur abschließenden Transformation in die physikalischen Komponenten $n^{\langle\alpha\beta\rangle}$ dienen laut (5.2.4), (5.2.11) und (5.4.1) die Verknüpfungen:

$$\begin{aligned} n^{\langle 11 \rangle} &= \overline{N}^{11} \sqrt{\frac{a_{11}}{a a^{11}}} = \overline{N}^{11} \frac{r^2}{\sqrt{a}}, \\ n^{\langle 22 \rangle} &= \overline{N}^{22} \sqrt{\frac{a_{22}}{a a^{22}}} = \overline{N}^{22} \frac{\sqrt{a}}{r^2}, \\ n^{\langle 12 \rangle} &= \overline{N}^{12} \sqrt{\frac{a_{22}}{a a^{11}}} \frac{1}{r^2} = \frac{\overline{N}^{12}}{r^2}, \end{aligned} \tag{5.4.10}$$

wobei die Abkürzungen (5.4.7) verwendet wurden. Nachzutragen wären an dieser Stelle die aus (5.2.6) sowie (5.4.1) folgenden Zusammenhänge zwischen den physikalischen Lastkomponenten und den zugehörigen Tensordichten (5.2.12):

$$p^{\langle 1 \rangle} = \frac{r P^1}{\sqrt{a}}, \quad p^{\langle 2 \rangle} = \frac{P^2}{r}, \quad p^{\langle 3 \rangle} = \frac{P^3}{\sqrt{a}}. \tag{5.4.11}$$

Die Elastizitätsgleichungen entsprechen denjenigen der Kreiszylinderschale (5.2.41) bis (5.2.43):

$$\begin{aligned} \alpha_{\langle 11 \rangle} &= \frac{1}{Eh} (n^{\langle 11 \rangle} - \nu n^{\langle 22 \rangle}), \\ \alpha_{\langle 12 \rangle} &= \frac{2(1+\nu)}{Eh} n^{\langle 12 \rangle}, \\ \alpha_{\langle 22 \rangle} &= \frac{1}{Eh} (n^{\langle 22 \rangle} - \nu n^{\langle 11 \rangle}). \end{aligned} \tag{5.4.12}$$

Dabei erfüllen die physikalischen Verzerrungen $\alpha_{\langle\alpha\beta\rangle}$ gemäß (5.2.18), (5.4.1) folgende Kopplungen mit ihren zugehörigen tensoriellen Komponenten:

$$\alpha_{\langle 11\rangle} = \frac{\alpha_{11}}{r^2}, \quad \alpha_{\langle 22\rangle} = \frac{r^2}{a}\alpha_{22}, \quad \alpha_{\langle 12\rangle} = \frac{2\alpha_{12}}{\sqrt{a}}. \tag{5.4.13}$$

Mit (5.4.1) lassen sich schließlich die kinematischen Beziehungen (5.2.24) wie folgt ausschreiben:

$$\begin{aligned} v_{1,1} + \frac{r^3 r_{,2}}{a} v_2 + \frac{r^2}{\sqrt{a}} v_3 &= \alpha_{11}, \\ v_{2,2} - \frac{r_{,2} r_{,22} r^2}{a} v_2 - \frac{r\, r_{,22}}{\sqrt{a}} v_3 &= \alpha_{22}, \\ v_{1,2} + v_{2,1} - \frac{2 r_{,2}}{r} v_1 &= 2\alpha_{12}. \end{aligned} \tag{5.4.14}$$

Durch Elimination der Durchbiegung v_3 können die ersten beiden Beziehungen zu einer einzigen zusammengefaßt werden. Definiert man auch hier *reduzierte Verschiebungen*

$$V_1 = \frac{v_1}{r^2}, \quad V_2 = v_2, \tag{5.4.15}$$

so entsteht das zu (5.4.9) völlig gleichlautende Differentialgleichungssystem zweiter Ordnung

$$\begin{aligned} r_{,22} V_{1,1} + \frac{1}{r} V_{2,2} + d_1 &= 0, \\ V_{1,2} + \frac{1}{r^2} V_{2,1} + d_2 &= 0, \end{aligned} \tag{5.4.16}$$

in welchem

$$d_1 = -\frac{r_{,22}}{r^2}\alpha_{11} - \frac{1}{r}\alpha_{22}, \quad d_2 = -\frac{2}{r^2}\alpha_{12} \tag{5.4.17}$$

die inhomogenen Glieder abkürzen.

Zwischen dem Gleichgewichtsproblem (5.4.9) einer flächenlastfreien Rotationsschale ($\bar{P}^1 = \bar{P}^2 = 0$) und dem homogenen ($d_1 = d_2 = 0$) Verschiebungsproblem (5.4.16), das nach Abschnitt 4.4.4 die dehnungslosen Verbiegungen beschreibt, besteht somit eine vollständige formale Dualität durch die Variablenzuordnung:

$$\bar{N}^{22} \leftrightarrow V_1, \quad \bar{N}^{12} \leftrightarrow V_2. \tag{5.4.18}$$

Diese *statisch-kinematische Analogie* ist von *W.S. Wlassow* [71, 72] entdeckt und formuliert worden. Sie gestattet es, alle bei den Gleichgewichtsbedingungen bewährten Lösungsverfahren ebenfalls zur Bestimmung der Verschiebungen zu verwenden, insbesondere auch deren Lösbarkeitsaussagen.

5.4.2 Die Membrantheorie und die klassischen Differentialgleichungen zweiter Ordnung

Soeben wurde das Membrangleichgewicht von Rotationsschalen mit beliebiger Meridiankurve $r = r(\Theta^2)$ durch das Differentialgleichungssystem (5.4.9) beschrieben, worin als Unbekannte die Schnittkraftvariablen $\overline{N}^{22}$, $\overline{N}^{12}$ (5.4.7) verwendet wurden. Im folgenden soll dieses System derart umgeformt werden, daß die bereits in Abschnitt 5.3.4 erläuterte Verbindung zwischen Membrantheorie und Mittelflächengeometrie auch hier sichtbar wird. Als Meridianlinie diene eine Kurve zweiter Ordnung mit dem Mittelpunkt im Koordinatenursprung

$$r^2 = R^2 - \alpha(\Theta^2)^2, \quad \alpha = \frac{R^2 - R_b^2}{H^2}, \tag{5.4.19}$$

worin R eine Konstante und α einen dimensionslosen Parameter kennzeichnen. Die gewählte Kurve beschreibt für alle positiven Werte von α Ellipsen, für negative Werte dagegen Hyperbeln. Wie Bild 5.16 zeigt, erzeugt somit ihre Drehung um die x^3-Achse Rotationsellipsoide ($\alpha > 0$) sowie einschalige Hyperboloide ($\alpha < 0$), während für $\alpha = 0$ eine Kreiszylinderschale entsteht.

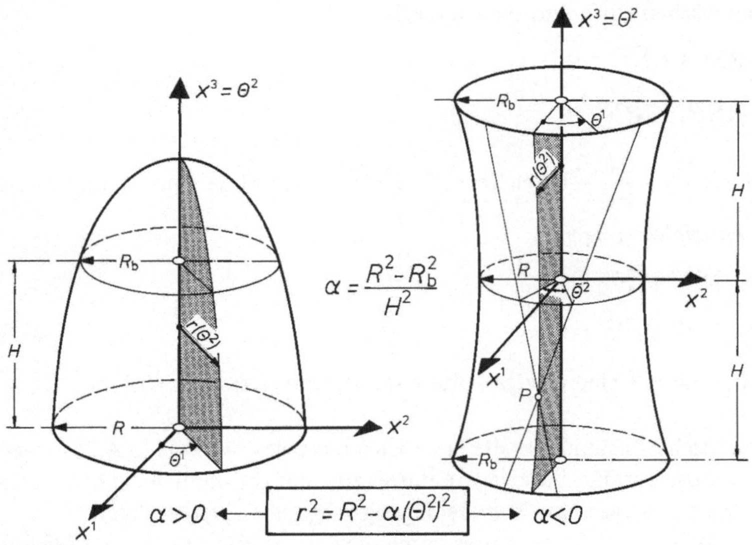

Bild 5.16 Zwei Rotationsschalen vom Typ $r^2 = R^2 - \alpha(\Theta^2)^2$: Ellipsoidschale ($\alpha > 0$) und Hyperboloidschale ($\alpha < 0$)

Die letztgenannte Schalenklasse werden wir jedoch nicht weiterverfolgen. Wie die Umformung der *Gauß*schen Krümmung (5.4.2) unter Verwendung der Ableitungen

$$r_{,2} = -\alpha\frac{\Theta^2}{r}, \quad r_{,22} = -\alpha\frac{r^2 + \alpha(\Theta^2)^2}{r^3} = -\alpha\frac{R^2}{r^3} \tag{5.4.20}$$

gemäß (5.4.19) bestätigt:

$$K = \alpha\left(\frac{R}{a}\right)^2, \tag{5.4.21}$$

besitzen Rotationsellipsoide positives ($K > 0$), einschalige Hyperboloide dagegen negatives *Gauß*sches Krümmungsmaß ($K < 0$). Da dem Vorzeichen der *Gauß*schen Krümmung in der Membrantheorie eine besondere Bedeutung zukommt, wollen wir nunmehr diese beiden Schalenklassen getrennt untersuchen.

Zur Umformung von (5.4.9) werden wir in beiden Fällen Θ^2 durch eine neue Koordinate $\bar{\Theta}^2$ ersetzen, den Breitenkreiswinkel Θ^1 dagegen unverändert lassen. Für Ellipsoidschalen ($K > 0$, $\alpha > 0$), die wir als erstes behandeln wollen, führen wir die Transformationsvorschrift

$$\bar{\Theta}^2 = \operatorname{artanh}\left(\sqrt{\alpha}\,\frac{\Theta^2}{R}\right) \tag{5.4.22}$$

mit der nach (5.4.19) gültigen Beziehung

$$\frac{\partial(\ldots)}{\partial\Theta^2} = \frac{\partial(\ldots)}{\partial\bar{\Theta}^2}\frac{\partial\bar{\Theta}^2}{\partial\Theta^2} = \frac{\sqrt{\alpha}\,R}{R^2-\alpha(\Theta^2)^2}\,\frac{\partial(\ldots)}{\partial\bar{\Theta}^2} = \frac{\sqrt{\alpha}\,R}{r^2}\,\frac{\partial(\ldots)}{\partial\bar{\Theta}^2}$$

ein. Unter Beachtung von (5.4.20) geht damit (5.4.9) – für das homogene Problem ($\bar{P}^1 = \bar{P}^2 = 0$) – in die *Cauchy-Riemann*schen Differentialgleichungen über

$$\begin{aligned} -(\sqrt{\alpha}\,R\bar{N}^{22})^{\cdot} + \bar{N}^{12\prime} &= 0,\\ +(\sqrt{\alpha}\,R\bar{N}^{22})^{\prime} + \bar{N}^{12\cdot} &= 0, \end{aligned} \tag{5.4.23}$$

wobei $(\ldots)^{\cdot} = \dfrac{\partial(\ldots)}{\partial\Theta^1}$ und $(\ldots)' = \dfrac{\partial(\ldots)}{\partial\bar{\Theta}^2}$ bezeichnen. Durch Elimination je einer Variablen entstehen hieraus die *Potentialgleichungen*

$$\nabla^2\bar{N}^{22} = \bar{N}^{22\prime\prime} + \bar{N}^{22\cdot\cdot} = 0, \tag{5.4.24}$$

$$\nabla^2\bar{N}^{12} = \bar{N}^{12\prime\prime} + \bar{N}^{12\cdot\cdot} = 0, \tag{5.4.25}$$

welche die Membrantheorie auf eine einzige Differentialgleichung zweiter Ordnung für $\bar{N}^{22}$ oder $\bar{N}^{12}$ zurückführen.

Für rotationssymmetrische Zustände ist die erste Gleichung des Systems (5.4.23) wegen $(\ldots)^{\cdot} = 0$ und $\bar{N}^{12} = 0$ identisch erfüllt; die zweite entartet zu einer gewöhnlichen Differentialgleichung erster Ordnung, für die nur eine Randbedingung vorgegeben werden kann.

Die Beschreibung des Membrangleichgewichtes durch die *Cauchy-Riemann*schen Gleichungen zeigt dessen enge Verbindung mit der Funktionentheorie für positive *Gauß*sche Krümmung [19, 71]. Das Problem wird dabei auf die Ermittlung einer analytischen Funktion der komplexen Veränderlichen $\Psi = \bar{\Theta}^2 + i\Theta^1$ zurückgeführt, als deren Real- und Imaginärteile die Funktionen $\bar{N}^{12}$ und $\sqrt{\alpha}\,R\bar{N}^{22}$ auftreten. Diese haben ihrerseits die Potentialgleichungen (5.4.24, 25) zu erfüllen.

Zur Lösung des *elliptischen** Differentialgleichungssystems (5.4.23) ist im allgemeinen eine Komponente des tangential zur Mittelfläche gerichteten Randkraftvektors **n** (5.2.16) längs der gesamten Schalenberandung C vorzuschreiben [60, 70]. Bei positiver *Gauß*scher Krümmung erweisen sich somit *Randwertprobleme* als sachgemäß, in denen die Lösungsfunktionen

* In allgemeiner Form wird die Typeneinteilung des Differentialgleichungssystems (5.4.9) in Abschnitt 5.4.3 durchgeführt.

von der Gesamtheit der Vorgaben längs C abhängen. Für jede der elliptischen Differentialgleichungen zweiter Ordnung (5.4.24, 25) lassen sich drei Arten von Randwertproblemen angeben, wobei die unbekannte Funktion $\overline{N}^{22}$ ($\overline{N}^{12}$) selbst, ihre Ableitung $\frac{\partial \overline{N}^{22}}{\partial n}$ $\left(\frac{\partial \overline{N}^{12}}{\partial n}\right)$ in Richtung der Kurvennormale **u** von C oder deren Linearkombination vorgeschrieben werden kann [60, 66].

Die beiden Potentialgleichungen (5.4.24) und (5.4.25) können jeweils in eine gewöhnliche Differentialgleichung überführt werden, wenn für die Variablen geeignete *Fourier*reihen eingeführt werden. Für eine geschlossene, bezüglich des Nullmeridians symmetrisch belastete Rotationsschale gilt beispielsweise für die symmetrische Schnittkraftvariable $\overline{N}^{22}$:

$$\overline{N}^{22}(\Theta^1, \Theta^2) = \sum_{n=0}^{\infty} \overline{N}_n^{22}(\overline{\Theta}^2) \cos n\Theta^1. \tag{5.4.26}$$

Hierdurch entsteht aus (5.4.24) für jede einzelne Harmonische n die gewöhnliche Differentialgleichung zur Bestimmung der nur von $\overline{\Theta}^2$ abhängigen Funktion $\overline{N}_n^{22}$:

$$\overline{N}_n^{22\prime\prime} - n^2 \overline{N}_n^{22} = 0. \tag{5.4.27}$$

Mit den Konstanten A_n und B_n lautet ihre allgemeine Lösung

$$\overline{N}_n^{22} = A_n e^{-n\overline{\Theta}^2} + B_n e^{+n\overline{\Theta}^2}. \tag{5.4.28}$$

Nach Einsetzen erhalten wir aus der ersten Beziehung (5.4.23) die Schubkräfte $\overline{N}^{12}$ und aus (5.4.6, 7) die Ringkräfte $\overline{N}^{11}$. Zugehörige physikalische Komponenten $n^{\langle\alpha\beta\rangle}$ werden sodann gemäß (5.4.10) ermittelt und können einheitlich wie folgt dargestellt werden:

$$n^{\langle\alpha\beta\rangle} = k \sum_{n=0}^{\infty} F_n(\overline{\Theta}^2) f(n\Theta^1). \tag{5.4.29}$$

Diese Lösung wird in Tafel 5.2 für die Harmonische n angegeben.* Die Schubkraft $n^{\langle 12\rangle}$ enthält wegen der Integration eine freie additive Konstante. Hierdurch wird der Sonderfall der Schubbeanspruchung infolge äußerer Momente beschrieben, welche die Schale um ihre Drehachse x^3 tordieren.

Für die Ellipsoidschale $\alpha = +\frac{1}{2}$ ist das charakteristische Verhalten der Membranlösung bei ansteigenden Harmonischen n in Bild 5.17 veranschaulicht. Es zeigt den Verlauf einer Lösung der Meridiankraft $n^{\langle 22\rangle}$ ($A_n = 1$, $B_n = 0$) längs des Nullmeridians $\Theta^1 = 0$. Bei $n = 0$ und $n = 1$ sind im Scheitel Singularitäten vorhanden. Daher muß dort für $n = 0$ eine Einzelkraft, für $n = 1$ dagegen ein Einzelmoment angreifen, um das Gleichgewicht der Schale herzustellen. Die Lösungen für $n \geqslant 2$ klingen gleichmäßig und umso stärker ab, je größer n ist.

Bei Hyperboloidschalen ($\alpha < 0$, $K < 0$) ersetzen wir Θ^2 im Unterschied zu (5.4.22) durch

$$\overline{\Theta}^2 = \arctan\left(\sqrt{|\alpha|}\,\frac{\Theta^2}{R}\right), \tag{5.4.30}$$

* Sie wurde von *Duddeck* [19] aufgestellt. Die Diagramme der Bilder 5.17 und 5.18 stammen ebenfalls aus dieser Arbeit.

	k	$F_n(\bar{\Theta}^2)$ Ellipsoide $\alpha > 0$	Hyperboloide $\alpha < 0$	$f(n\Theta^1)$
$n^{\langle 11\rangle}$	$\frac{\lvert\alpha\rvert R^2}{\sqrt{a}\, r^2}$	$-A_n e^{-n\bar{\Theta}^2} - B_n e^{+n\bar{\Theta}^2}$	$A_n \cos n\bar{\Theta}^2 + B_n \sin n\bar{\Theta}^2$	$\cos n\Theta^1$
$n^{\langle 22\rangle}$	$\frac{\sqrt{a}}{r^2}$	$A_n e^{-n\bar{\Theta}^2} + B_n e^{+n\bar{\Theta}^2}$	$A_n \cos n\bar{\Theta}^2 + B_n \sin n\bar{\Theta}^2$	$\cos n\Theta^1$
$n^{\langle 12\rangle} = n^{\langle 21\rangle}$	$\frac{\sqrt{\lvert\alpha\rvert}\, R}{r^2}$	$A_n e^{-n\bar{\Theta}^2} - B_n e^{+n\bar{\Theta}^2} + \frac{\text{konst}}{\sin n\Theta^1}$	$A_n \sin n\bar{\Theta}^2 - B_n \cos n\bar{\Theta}^2 + \frac{\text{konst}}{\sin n\Theta^1}$	$\sin n\Theta^1$

Tafel 5.2 Physikalische Schnittkräfte der Ellipsoidschale ($\alpha > 0$) und der Hyperboloidschale ($\alpha < 0$) für die Harmonische n der Lösung (5.4.29)

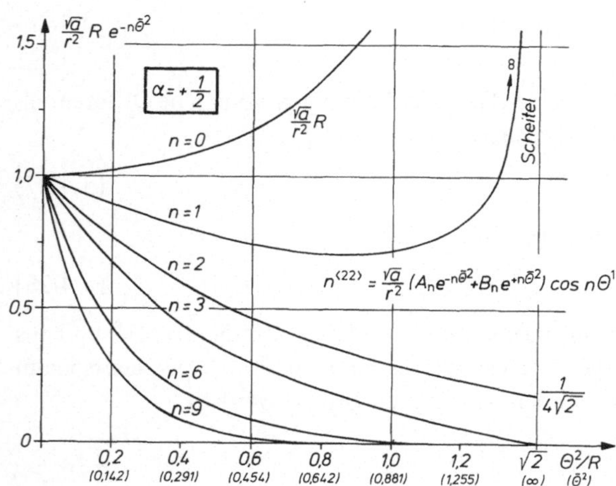

Bild 5.17 Lösungsanteil von $n^{\langle 22\rangle}$ für die Ellipsoidschale $\alpha = +\frac{1}{2}$ ($A_n = 1$, $B_n = 0$, $\Theta^1 = 0$)

womit gilt:

$$\frac{\partial(\ldots)}{\partial\,\Theta^2} = \frac{\partial(\ldots)}{\partial\,\bar{\Theta}^2}\frac{\partial\bar{\Theta}^2}{\partial\Theta^2} = \frac{R\sqrt{|\alpha|}}{R^2 + |\alpha|\,(\Theta^2)^2}\frac{\partial(\ldots)}{\partial\,\bar{\Theta}^2} = \frac{R\sqrt{|\alpha|}}{r^2}\frac{\partial(\ldots)}{\partial\,\bar{\Theta}^2}. \tag{5.4.31}$$

Die neue Koordinate $\bar{\Theta}^2$ gibt den im Taillenkreis zu messenden Winkel $2\bar{\Theta}^2$ an, um den die beiden geraden Erzeugenden (Asymptotenlinien) eines Punktes P gespreizt sind (Bild 5.16). $\bar{\Theta}^2$ bleibt kleiner als $\pi/2$.

Unter Berücksichtigung von (5.4.20) und (5.4.31) nimmt das Differentialgleichungssystem (5.4.9) für den homogenen Fall ($\bar{P}^1 = \bar{P}^2 = 0$) die Gestalt

$$\begin{aligned}(\sqrt{|\alpha|}\;R\bar{N}^{22})^{\cdot} + \bar{N}^{12\prime} &= 0,\\ (\sqrt{|\alpha|}\;R\bar{N}^{22})' + \bar{N}^{12\,\cdot} &= 0\end{aligned} \tag{5.4.32}$$

an, worin erneut $(\ldots)^{\cdot} = \dfrac{\partial(\ldots)}{\partial\,\Theta^1}$ und $(\ldots)' = \dfrac{\partial(\ldots)}{\partial\,\bar{\Theta}^2}$ abkürzen. Nach Elimination von $\bar{N}^{22}$ bzw. $\bar{N}^{12}$ folgen hieraus die hyperbolischen *Wellengleichungen*

$$\bar{N}^{22\prime\prime} - \bar{N}^{22\,\cdot\cdot} = 0, \tag{5.4.33}$$

$$\bar{N}^{12\prime\prime} - \bar{N}^{12\,\cdot\cdot} = 0, \tag{5.4.34}$$

von denen jede allein das Membrangleichgewicht der Hyperboloidschale beschreibt. Im Gegensatz zu (5.4.23) ist das System (5.4.32) vom *hyperbolischen* Typ. Wie in Abschnitt 5.4.4 erläutert wird, erweisen sich daher zu seiner Lösung *Anfangswertprobleme* oder *Anfangs-Randwertprobleme* als sachgemäß.

Analog zu (5.4.27) kann auch die Wellengleichung (5.4.33) mit (5.4.26) in eine gewöhnliche Differentialgleichung überführt werden:

$$\overline{N}_n^{22\prime\prime} + n^2 \overline{N}_n^{22} = 0, \tag{5.4.35}$$

deren allgemeine Lösung lautet:

$$\overline{N}_n^{22} = A_n \cos n\overline{\Theta}^2 + B_n \sin n\overline{\Theta}^2. \tag{5.4.36}$$

Die physikalischen Schnittkräfte $n^{\langle\alpha\beta\rangle}$ werden wiederum durch Lösungen der Form (5.4.29) beschrieben, die für die Harmonische n in Tafel 5.2 dargestellt sind.

Bild 5.18 verdeutlicht das unterschiedliche Tragverhalten der Hyperboloidschale $\alpha = -1$ gegenüber dem Rotationsellipsoid. Die Meridiankräfte $n^{\langle 22\rangle}$ ($A_n = 1$, $B_n = 0$, $\Theta^1 = 0$) werden von der Taille $\Theta^2 = 0$ aus mit wachsendem Θ^2 kleiner, da sich die Schale kegelförmig öffnet und daher diesen Schnittkräften Breitenkreise mit größerem Umfang anbietet. Die Kurven für $n > 3$ klingen nicht ab, sondern verlaufen wellenförmig durch die gesamte Schale.

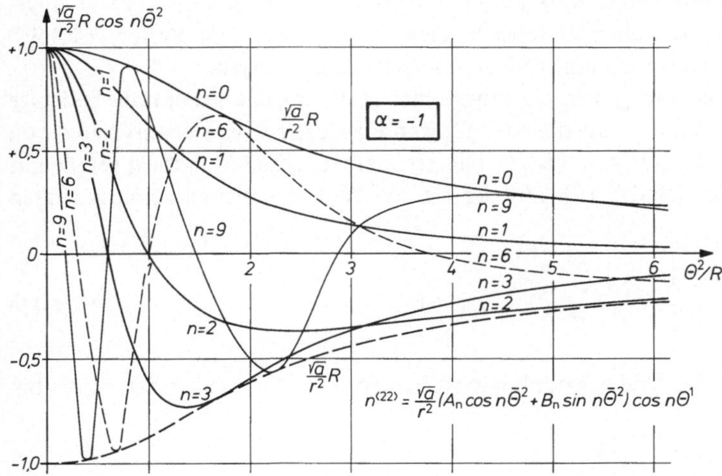

Bild 5.18 Lösungsanteil von $n^{\langle 22\rangle}$ für die Hyperboloidschale $\alpha = -1$ ($A_n = 1$, $B_n = 0$, $\Theta^1 = 0$)

5.4.3 Die Membrantheorie und allgemeine Differentialgleichungssysteme 2. Ordnung

Da die dritte Gleichgewichtsbedingung (5.2.9) stets eine Substitution der Schnittkraft n^{11} durch n^{12} und n^{22} erlaubt, läßt sich das Membrangleichgewicht auch beliebiger Schalen in der Regel durch das folgende simultane Differentialgleichungssystem 2. Ordnung beschreiben:

$$\begin{aligned} a_1 \overline{N}^{22}{}_{,1} + a_2 \overline{N}^{22}{}_{,2} + a_3 \overline{N}^{12}{}_{,1} + a_4 \overline{N}^{12}{}_{,2} &= A(\overline{N}^{22}, \overline{N}^{12}, \Theta^1, \Theta^2), \\ b_1 \overline{N}^{22}{}_{,1} + b_2 \overline{N}^{22}{}_{,2} + b_3 \overline{N}^{12}{}_{,1} + b_4 \overline{N}^{12}{}_{,2} &= B(\overline{N}^{22}, \overline{N}^{12}, \Theta^1, \Theta^2). \end{aligned} \tag{5.4.37}$$

Hierin vertreten $\overline{N}^{22}$, $\overline{N}^{12}$ – wie in (5.4.9) – die unbekannten Schnittkraftvariablen. Die Koeffizienten a_i, b_i (i = 1, 2, 3, 4) hängen allein von den unabhängigen Variablen Θ^α ab, die Glieder A, B i.a. jedoch auch von den gesuchten Schnittkraftfunktionen. Dieses *halblineare* Differentialgleichungssystem wird durch die Substitutionen

$$\begin{aligned} a_1 &= r_{,22}, \quad a_2 = 0, \quad a_3 = 0, \quad a_4 = \frac{1}{r}, \\ b_1 &= 0, \quad b_2 = 1, \quad b_3 = \frac{1}{r^2}, \quad b_4 = 0, \end{aligned} \tag{5.4.38}$$

sowie

$$\begin{aligned} A &= A(\Theta^1, \Theta^2) = -\overline{P}^1 = -\frac{\sqrt{a}}{r} P^3{}_{,1} - rP^1, \\ B &= B(\Theta^1, \Theta^2) = -\overline{P}^2 = \frac{r r_{,2}}{\sqrt{a}} P^3 - P^2, \end{aligned} \tag{5.4.39}$$

bzw.

$$\begin{aligned} \overline{N}^{22} &\leftrightarrow V_1, \quad A = -d_1 = \frac{r_{,22}}{r^2}\alpha_{11} + \frac{1}{r}\alpha_{22}, \\ \overline{N}^{12} &\leftrightarrow V_2, \quad B = -d_2 = \frac{2}{r^2}\alpha_{12} \end{aligned} \tag{5.4.40}$$

mit den beiden *linearen* Systemen (5.4.9), (5.4.16) identisch. Zum Zwecke größerer Allgemeingültigkeit werden die folgenden Untersuchungen zunächst an dem System (5.4.37) durchgeführt und ihre Ergebnisse sodann auf Rotationsschalen übertragen.

Hierzu betrachten wir ein vorgegebenes Lösungsgebiet $\kappa\,(\Theta^1, \Theta^2)$, in welchem eine beliebige Kurve C verlaufe. Neben dem Koordinatennetz Θ^α werde κ durch zwei Kurvenscharen von Hilfsvariablen $\lambda^1 = \lambda^1(\Theta^1, \Theta^2)$, $\lambda^2 = \lambda^2(\Theta^1, \Theta^2)$ derart überdeckt, daß λ^1 = konst gerade mit der Kurve C zusammenfällt (Bild 5.19). Mit der als von Null verschieden vorausgesetzten *Jacobi*-Determinante

$$\Phi = \begin{bmatrix} \lambda^1{}_{,1} & \lambda^1{}_{,2} \\ \lambda^2{}_{,1} & \lambda^2{}_{,2} \end{bmatrix} = \lambda^1{}_{,1}\lambda^2{}_{,2} - \lambda^1{}_{,2}\lambda^2{}_{,1} \neq 0 \tag{5.4.41}$$

sei die Zuordnung zwischen den beiden Koordinatensystemen Θ^α und λ^α umkehrbar eindeutig.

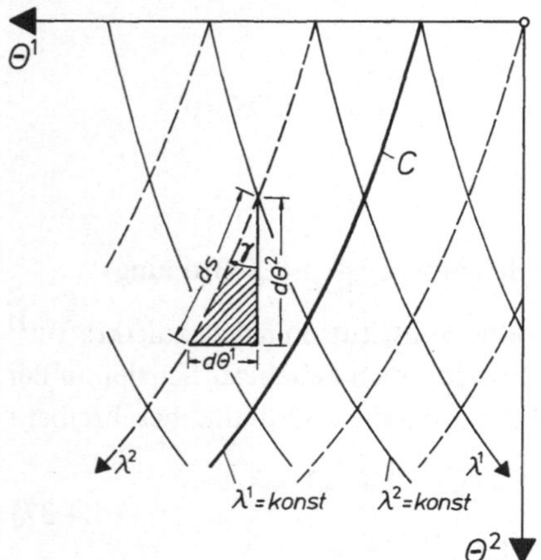

Bild 5.19 Definition der Charakteristiken

Wir setzen jetzt voraus, daß längs C die Lösungsfunktionen $\overline{N}^{22}$, $\overline{N}^{12}$ des Systems (5.4.37) vorgegeben seien und fragen, ob damit ihr Verlauf auch in jeder Umgebung von C stets eindeutig festgelegt sei. Zur Beantwortung bilden wir zunächst nach der Kettenregel der Differentialrechnung die Ableitungen

$$\begin{aligned} \overline{N}^{22}{}_{,1} &= \frac{\partial \overline{N}^{22}}{\partial \lambda^1}\lambda^1{}_{,1} + \frac{\partial \overline{N}^{22}}{\partial \lambda^2}\lambda^2{}_{,1}, \quad \overline{N}^{12}{}_{,1} = \frac{\partial \overline{N}^{12}}{\partial \lambda^1}\lambda^1{}_{,1} + \frac{\partial \overline{N}^{12}}{\partial \lambda^2}\lambda^2{}_{,1}, \\ \overline{N}^{22}{}_{,2} &= \frac{\partial \overline{N}^{22}}{\partial \lambda^1}\lambda^1{}_{,2} + \frac{\partial \overline{N}^{22}}{\partial \lambda^2}\lambda^2{}_{,2}, \quad \overline{N}^{12}{}_{,2} = \frac{\partial \overline{N}^{12}}{\partial \lambda^1}\lambda^1{}_{,2} + \frac{\partial \overline{N}^{12}}{\partial \lambda^2}\lambda^2{}_{,2}, \end{aligned} \tag{5.4.42}$$

mit denen (5.4.37) die folgende Form annimmt:

$$\begin{aligned} &(a_1\lambda^1{}_{,1} + a_2\lambda^1{}_{,2})\frac{\partial \overline{N}^{22}}{\partial \lambda^1} + (a_3\lambda^1{}_{,1} + a_4\lambda^1{}_{,2})\frac{\partial \overline{N}^{12}}{\partial \lambda^1} = \\ &\qquad A - (a_1\lambda^2{}_{,1} + a_2\lambda^2{}_{,2})\frac{\partial \overline{N}^{22}}{\partial \lambda^2} - (a_3\lambda^2{}_{,1} + a_4\lambda^2{}_{,2})\frac{\partial \overline{N}^{12}}{\partial \lambda^2}, \\ &(b_1\lambda^1{}_{,1} + b_2\lambda^1{}_{,2})\frac{\partial \overline{N}^{22}}{\partial \lambda^1} + (b_3\lambda^1{}_{,1} + b_4\lambda^1{}_{,2})\frac{\partial \overline{N}^{12}}{\partial \lambda^1} = \\ &\qquad B - (b_1\lambda^2{}_{,1} + b_2\lambda^2{}_{,2})\frac{\partial \overline{N}^{22}}{\partial \lambda^2} - (b_3\lambda^2{}_{,1} + b_4\lambda^2{}_{,2})\frac{\partial \overline{N}^{12}}{\partial \lambda^2}. \end{aligned} \tag{5.4.43}$$

Voraussetzungsgemäß sind die Variablen $\overline{N}^{22}$, $\overline{N}^{12}$ und damit auch ihre Ableitungen $\frac{\partial \overline{N}^{22}}{\partial \lambda^2}$, $\frac{\partial \overline{N}^{12}}{\partial \lambda^2}$ längs C bekannte Funktionen. Daher lassen sich aus dem Gleichungssystem (5.4.43) die von C hinausführenden Ableitungen $\frac{\partial \overline{N}^{22}}{\partial \lambda^1}$, $\frac{\partial \overline{N}^{12}}{\partial \lambda^1}$ unter Verwendung der Nennerdeterminante

$$N = \begin{vmatrix} (a_1\lambda^1{}_{,1} + a_2\lambda^1{}_{,2}) & (a_3\lambda^1{}_{,1} + a_4\lambda^1{}_{,2}) \\ (b_1\lambda^1{}_{,1} + b_2\lambda^1{}_{,2}) & (b_3\lambda^1{}_{,1} + b_4\lambda^1{}_{,2}) \end{vmatrix}, \tag{5.4.44}$$

sowie der Zählerdeterminanten

$$\begin{aligned} Z_1 &= \begin{vmatrix} A - (a_1\lambda^2{}_{,1} + a_2\lambda^2{}_{,2})\frac{\partial \overline{N}^{22}}{\partial \lambda^2} - (a_3\lambda^2{}_{,1} + a_4\lambda^2{}_{,2})\frac{\partial \overline{N}^{12}}{\partial \lambda^2} & (a_3\lambda^1{}_{,1} + a_4\lambda^1{}_{,2}) \\ B - (b_1\lambda^2{}_{,1} + b_2\lambda^2{}_{,2})\frac{\partial \overline{N}^{22}}{\partial \lambda^2} - (b_3\lambda^2{}_{,1} + b_4\lambda^2{}_{,2})\frac{\partial \overline{N}^{12}}{\partial \lambda^2} & (b_3\lambda^1{}_{,1} + b_4\lambda^1{}_{,2}) \end{vmatrix}, \\ Z_2 &= \begin{vmatrix} (a_1\lambda^1{}_{,1} + a_2\lambda^1{}_{,2}) & A - (a_1\lambda^2{}_{,1} + a_2\lambda^2{}_{,2})\frac{\partial \overline{N}^{22}}{\partial \lambda^2} - (a_3\lambda^2{}_{,1} + a_4\lambda^2{}_{,2})\frac{\partial \overline{N}^{12}}{\partial \lambda^2} \\ (b_1\lambda^1{}_{,1} + b_2\lambda^1{}_{,2}) & B - (b_1\lambda^2{}_{,1} + b_2\lambda^2{}_{,2})\frac{\partial \overline{N}^{22}}{\partial \lambda^2} - (b_3\lambda^2{}_{,1} + b_4\lambda^2{}_{,2})\frac{\partial \overline{N}^{12}}{\partial \lambda^2} \end{vmatrix} \end{aligned} \tag{5.4.45}$$

angeben:

$$\frac{\partial \overline{N}^{22}}{\partial \lambda^1} = \frac{Z_1}{N}, \quad \frac{\partial \overline{N}^{12}}{\partial \lambda^1} = \frac{Z_2}{N}. \tag{5.4.46}$$

Hiermit können die gesuchten Funktionswerte längs jeder in der Nachbarschaft von C gelegenen Parameterlinie $\lambda^1 + d\lambda^1$ = konst durch die ersten beiden Glieder einer *Taylor*reihe angenähert werden:

$$\begin{aligned} \overline{N}^{22}(\lambda^1 + d\lambda^1, \lambda^2) &= \overline{N}^{22}(\lambda^1, \lambda^2) + \frac{\partial \overline{N}^{22}}{\partial \lambda^1} d\lambda^1, \\ \overline{N}^{12}(\lambda^1 + d\lambda^1, \lambda^2) &= \overline{N}^{12}(\lambda^1, \lambda^2) + \frac{\partial \overline{N}^{12}}{\partial \lambda^1} d\lambda^1. \end{aligned} \tag{5.4.47}$$

Die Lösbarkeit der eingangs gestellten Frage hängt somit von der Nennerdeterminante (5.4.44) ab. Verschwindet sie längs der gewählten Kurve C, während eine der Zählerdeterminanten (5.4.45) von Null verschieden ist, so existiert keine Lösung des Gleichungssystems (5.4.43). Die Variablen $\overline{N}^{22}$, $\overline{N}^{12}$ lassen sich in diesem Fall in keiner Umgebung der Kurve C gemäß (5.4.47) bestimmen. Verschwinden dagegen längs C auch die beiden Zählerdeterminanten:

$$Z_1 = 0, \quad Z_2 = 0, \tag{5.4.48}$$

so werden die Gleichungen (5.4.43) linear abhängig und besitzen unendlich viele Lösungen. Somit stellen wir fest, daß im Falle N = 0 die Lösbarkeit des Gleichungssystems die Erfüllung der *Verträglichkeitsbedingungen* (5.4.48) längs C erfordert.

Jetzt bleibt noch zu klären, unter welchen Bedingungen die Nennerdeterminante (5.4.44) verschwindet. Hierzu setzen wir diese zu Null und erhalten mit den Abkürzungen

$$a_{jk} = a_j b_k - a_k b_j \quad (j, k = 1, 2, 3, 4) \tag{5.4.49}$$

folgende Gleichung

$$N = a_{13}\lambda^1_{,1}\lambda^1_{,1} + (a_{14} + a_{23})\lambda^1_{,1}\lambda^1_{,2} + a_{24}\lambda^1_{,2}\lambda^1_{,2} = 0. \tag{5.4.50}$$

Führen wir hierin – nach Division durch $\lambda^1_{,1}\lambda^1_{,1}$ – den Richtungstangens der betrachteten Parameterlinie $\lambda^1 = \lambda^1(\Theta^1, \Theta^2)$ = konst

$$\tan\gamma = \frac{d\Theta^1}{d\Theta^2} = -\frac{\lambda^1_{,2}}{\lambda^1_{,1}} \tag{5.4.51}$$

gemäß Bild 5.19 ein, so entsteht die quadratische Gleichung:

$$a_{24}\tan^2\gamma - (a_{14} + a_{23})\tan\gamma + a_{13} = 0. \tag{5.4.52}$$

Unter Verwendung der Diskriminante

$$\Delta = (a_{14} + a_{23})^2 - 4a_{13}a_{24} \tag{5.4.53}$$

lauten deren Lösungen:

$$\tan\gamma = \frac{a_{14} + a_{23} \pm \sqrt{\Delta}}{2a_{24}}. \tag{5.4.54}$$

Somit sind jedem Punkt des Lösungsgebietes κ mit positiver Diskriminante (5.4.53) zwei ausgezeichnete reelle Richtungen zugeordnet, welche die *Charakteristikenbedingung* (5.4.50) erfüllen. Die zu diesen Richtungen tangential verlaufenden reellen Kurvenscharen werden *Charakteristiken* genannt. Fällt somit die ursprüngliche Kurve C mit einer der Charakteristiken zusammen, so müssen die Lösungsfunktionen $\overline{N}^{22}$, $\overline{N}^{12}$ in jedem Punkt von C den Verträglichkeitsbedingungen (5.4.48) genügen, damit das Differentialgleichungssystem (5.4.37) in der Umgebung von C überhaupt eine Lösung besitzen kann. Für negative Werte der Diskriminante Δ dagegen dürfen sie längs jeder Kurve C von κ beliebige Werte besitzen. In diesem Fall ist stets ein Lösungspaar gemäß (5.4.47) in der Umgebung von C ermittelbar.

Die gewonnenen Erkenntnisse sollen nun auf das Differentialgleichungssystem der Rotationsschale (5.4.9) übertragen werden. Unter Berücksichtigung von (5.3.38, 49) und (5.4.51) folgen aus der Charakteristikenbedingung (5.4.52) die quadratische Differentialgleichung:

$$\tan^2 \gamma = \left(\frac{d\Theta^1}{d\Theta^2}\right)^2 = \frac{r_{,22}}{r}, \tag{5.4.55}$$

und hieraus die beiden linearen Gleichungen

$$\tan \gamma_1 = \frac{d\Theta^1}{d\Theta^2} = \sqrt{\frac{r_{,22}}{r}} = \frac{df(\Theta^2)}{d\Theta^2}, \quad \tan \gamma_2 = \frac{d\Theta^1}{d\Theta^2} = -\sqrt{\frac{r_{,22}}{r}} = -\frac{df(\Theta^2)}{d\Theta^2}, \tag{5.4.56}$$

die (5.4.54) entsprechen. Deren Integralkurven

$$\Theta^1 = +f(\Theta^2) + \lambda^1, \quad \Theta^1 = -f(\Theta^2) + \lambda^2,$$

bzw. (5.4.57)

$$\lambda^1 = \Theta^1 - f(\Theta^2) = \text{konst}, \quad \lambda^2 = \Theta^1 + f(\Theta^2) = \text{konst}$$

sind die bereits erwähnten Charakteristiken des Systems (5.4.9). Sie überdecken für $r_{,22} > 0$, d.h. laut (5.4.2) für $K < 0$, das Lösungsgebiet κ durch zwei reelle, zu den Meridianlinien symmetrische Kurvenscharen, die Bild 5.20 zeigt.

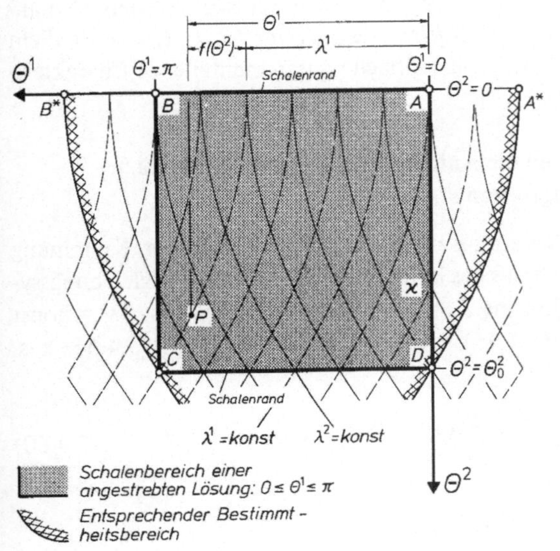

Bild 5.20 Schematischer Charakteristikenverlauf einer Rotationsschale negativer *Gauß*scher Krümmung

Zur geometrischen Deutung der Charakteristiken formen wir (5.4.55) unter Berücksichtigung von (5.4.1) um:

$$-\frac{r^2}{\sqrt{a}}(d\Theta^1)^2+\frac{r\,r_{,22}}{\sqrt{a}}(d\Theta^2)^2=b_{11}(d\Theta^1)^2+2b_{12}\,d\Theta^1 d\Theta^2+b_{22}(d\Theta^2)^2=0\,. \tag{5.4.58}$$

Durch Vergleich mit (1.3.40) erkennen wir hieraus, daß die Charakteristiken des Differentialgleichungssystems (5.4.9) mit den Asymptotenlinien der Schalenmittelfläche zusammenfallen. Demnach sind sie allein durch Vorgabe der Mittelflächengeometrie festgelegt. Wie in Abschnitt 5.3.4 gezeigt wurde, gilt dieses Ergebnis für beliebige Mittelflächen. Die für die Charakteristiken gewonnenen Ergebnisse verdeutlichen die besondere Bedeutung der Asymptotenlinien hinsichtlich des Tragverhaltens. Die Schnittkraftfunktionen $\overline{N}^{22}$, $\overline{N}^{12}$ dürfen längs einer Asymptotenlinie λ^1 = konst oder λ^2 = konst nicht willkürlich vorgegeben werden; vielmehr müssen diese Funktionen längs dieser Kurven durch die Verträglichkeitsbedingungen $Z_1 = 0$ und $Z_2 = 0$ verknüpft sein, damit sie – im Falle $\Delta > 0$ – ein Lösungssystem des Differentialgleichungssystems (5.4.9) bilden.

Abschließend kommen wir noch einmal auf die Diskriminante (5.4.53) zurück, die wir mit (5.4.2), (5.4.38) und (5.4.49) folgendermaßen darstellen:

$$\Delta=\frac{4r_{,22}}{r^3}=-4\frac{a^2}{r^6}K\,. \tag{5.4.59}$$

Hieraus erkennen wir, daß das untersuchte Eindeutigkeitsverhalten der Lösung durch die *Gauß*sche Krümmung K bestimmt wird. Zusammenfassend stellen wir fest, daß für $\Delta < 0$, $K > 0$ keine reellen Charakteristiken existieren und die Lösung sich stets eindeutig aus den Vorgaben längs jeder willkürlichen Kurve C bestimmen läßt. Das zugehörige Differentialgleichungssystem ist *elliptisch*. Der *parabolische* Typ mit einer einzigen reellen Charakteristikenschar entsteht für $\Delta = K = 0$, der *hyperbolische* dagegen für $\Delta > 0$, $K < 0$. Er allein weist zwei reelle, mit den Asymptotenlinien der Mittelfläche zusammenfallende Charakteristikenscharen auf.

5.4.4 Die charakteristische Normalform und die Anfangs-Randwertprobleme des hyperbolischen Differentialgleichungssystems

Nunmehr beschränken wir uns auf Rotationsschalen negativer *Gauß*scher Krümmung ($K < 0$). Zur Herleitung eines Lösungsverfahrens des hyperbolischen Differentialgleichungssystems (5.4.9) werde die Verträglichkeitsbedingung $Z_1 = 0$ der Charakteristikenschar λ^1 = konst unter Berücksichtigung von (5.4.38, 41), (5.4.45) sowie der ersten Kopplung (5.4.56) ausgeschrieben:

$$\frac{\partial\overline{N}^{22}}{\partial\lambda^2}\left(-\frac{r_{,22}}{r^2}\lambda^1{}_{,1}\lambda^2{}_{,1}+\frac{1}{r}\lambda^1{}_{,2}\lambda^2{}_{,2}\right)-\frac{\partial\overline{N}^{12}}{\partial\lambda^2}\frac{\Phi}{r^3}+\frac{A}{r^2}\lambda^1{}_{,1}-\frac{B}{r}\lambda^1{}_{,2}=0. \tag{5.4.60}$$

Wird hierin der Faktor von $\dfrac{\partial\overline{N}^{22}}{\partial\lambda^2}$ mit (5.4.51, 56) umgeformt:

$$-\frac{r_{,22}}{r^2}\lambda^1{}_{,1}\lambda^2{}_{,1}+\frac{1}{r}\lambda^1{}_{,2}\lambda^2{}_{,2} = \frac{r_{,22}}{r^2}\lambda^1{}_{,2}\left(-\lambda^2{}_{,1}\frac{\lambda^1{}_{,1}}{\lambda^1{}_{,2}}+\frac{r}{r_{,22}}\lambda^2{}_{,2}\right)$$

$$= \frac{r_{,22}}{r^2}\lambda^1{}_{,2}\left(\lambda^2{}_{,1}\frac{1}{\tan\gamma_1}+\lambda^2{}_{,2}\frac{1}{\tan^2\gamma_1}\right)$$

$$= \frac{r_{,22}}{r^2\tan\gamma_1}\lambda^1{}_{,2}\left(\lambda^2{}_{,1}-\lambda^2{}_{,2}\frac{\lambda^1{}_{,1}}{\lambda^1{}_{,2}}\right)$$

$$= -\frac{r_{,22}}{r^2\tan\gamma_1}\Phi, \tag{5.4.61}$$

so entsteht nach Multiplikation mit $-r^3$

$$\Phi\frac{\partial\overline{N}^{12}}{\partial\lambda^2}+q\Phi\frac{\partial\overline{N}^{22}}{\partial\lambda^2}-Ar\lambda^1{}_{,1}+Br^2\lambda^1{}_{,2}=0, \tag{5.4.62}$$

wobei für die Abkürzung q gemäß (5.4.55) gilt:

$$q=\frac{rr_{,22}}{\tan\gamma_1}=\frac{rr_{,22}}{\sqrt{\frac{r_{,22}}{r}}}=r^2\sqrt{\frac{r_{,22}}{r}}. \tag{5.4.63}$$

Weiterhin ergibt sich mit der Bogenlänge s längs der Charakteristik λ^1 = konst sowie (5.4.41, 51):

$$\frac{d\overline{N}^{12}}{ds}=\frac{d\overline{N}^{12}}{d\lambda^2}\frac{d\lambda^2}{ds}=\frac{d\overline{N}^{12}}{d\lambda^2}\left(\lambda^2{}_{,1}\frac{d\Theta^1}{ds}+\lambda^2{}_{,2}\frac{d\Theta^2}{ds}\right)$$

$$=\frac{d\overline{N}^{12}}{d\lambda^2}\frac{d\Theta^1}{ds}\left(\lambda^2{}_{,1}+\lambda^2{}_{,2}\frac{d\Theta^2}{d\Theta^1}\right)=\frac{d\overline{N}^{12}}{d\lambda^2}\frac{d\Theta^1}{ds}\left(\lambda^2{}_{,1}-\lambda^2{}_{,2}\frac{\lambda^1{}_{,1}}{\lambda^1{}_{,2}}\right)$$

$$=-\frac{1}{\lambda^1{}_{,2}}\frac{d\overline{N}^{12}}{d\lambda^2}\frac{d\Theta^1}{ds}\Phi.$$

Analog gilt auch

$$\frac{d\overline{N}^{22}}{ds}=-\frac{1}{\lambda^1{}_{,2}}\frac{d\overline{N}^{22}}{d\lambda^2}\frac{d\Theta^1}{ds}\Phi,$$

und schließlich nach Bild 5.19 sowie (5.4.51):

$$\sin\gamma_1=\frac{d\Theta^1}{ds},\quad \tan\gamma_1=\frac{d\Theta^1}{d\Theta^2}=-\frac{\lambda^1{}_{,2}}{\lambda^1{}_{,1}}.$$

Hiermit wird die Gleichung (5.4.62) in ihre *charakteristische Normalform*

$$\left(\frac{d\overline{N}^{12}}{ds}+q\frac{d\overline{N}^{22}}{ds}\right)_{\lambda^1=\text{konst}}=K_1+K_2 \tag{5.4.64}$$

überführt. Die verwendeten Abkürzungen

$$K_1=Ar\cos\gamma_1,\quad K_2=Br^2\sin\gamma_1 \tag{5.4.65}$$

sind unter Berücksichtigung der nach (5.4.56) gültigen Beziehungen

$$\sin\gamma_1 = \frac{\tan\gamma_1}{\sqrt{1+\tan^2\gamma_1}} = \sqrt{\frac{r_{,22}}{r+r_{,22}}}, \qquad \cos\gamma_1 = \sqrt{\frac{r}{r+r_{,22}}}$$

sowie (5.4.39) auch folgendermaßen darstellbar:

$$K_1 = -\overline{P}^1 r \sqrt{\frac{r}{r+r_{,22}}}, \quad K_2 = -\overline{P}^2 r^2 \sqrt{\frac{r_{,22}}{r+r_{,22}}}. \tag{5.4.66}$$

Die Normalform (5.4.64) läßt sich leicht auf die der Lösung $\tan\gamma_2 = -\tan\gamma_1$ zugeordneten Charakteristikenschar λ^2 = konst mit der Bogenlänge $\bar{s}$ umschreiben. Unter Beachtung von (5.4.63, 65) entsteht:

$$\left(\frac{d\overline{N}^{12}}{d\bar{s}} - q\,\frac{d\overline{N}^{22}}{d\bar{s}}\right)_{\lambda^2 = \text{konst}} = K_1 - K_2\,. \tag{5.4.67}$$

Aus den längs der Charakteristikenscharen gültigen Beziehungen (5.4.64, 67) können die Lösungsfunktionen $\overline{N}^{22}$, $\overline{N}^{12}$ ermittelt werden. Ihre Eindeutigkeit jedoch kann nur dann sichergestellt werden, wenn sie gleichzeitig noch *Zusatzbedingungen* genügen. Diese legen fest, in welcher Form die Schnittkraftvariablen $\overline{N}^{22}$, $\overline{N}^{12}$ längs der Schalenberandung sachgemäß vorzuschreiben sind, und können in der Regel aus den folgenden vier Sätzen der Theorie partieller Differentialgleichungen gefolgert werden [13, 29, 59, 60].

Satz 1: Cauchysches Anfangswertproblem. Im Lösungsgebiet κ sei gemäß Bild 5.21a eine glatte Kurve C vorgegeben, deren Tangente nirgends die Charakteristiken λ^α = konst berührt. Die Koeffizienten des ursprünglichen Differentialgleichungssystems (5.4.9) seien außerdem als zweimal stetig differenzierbare Funktionen vorausgesetzt. Werden nun auf einem Stück $\widehat{AB}$ der *Cauchyschen Anfangskurve* C die gesuchten Funktionen $\overline{N}^{22}$, $\overline{N}^{12}$ als stetig differenzierbare Funktionen vorgeschrieben, so wird damit ein stetiges Lösungspaar $\overline{N}^{22}$, $\overline{N}^{12}$ mit ebenfalls stetigen Ableitungen in dem krummlinigen, durch die Charakteristiken der Punkte A und B gebildeten Viereck AP_1BP_2 bestimmt.

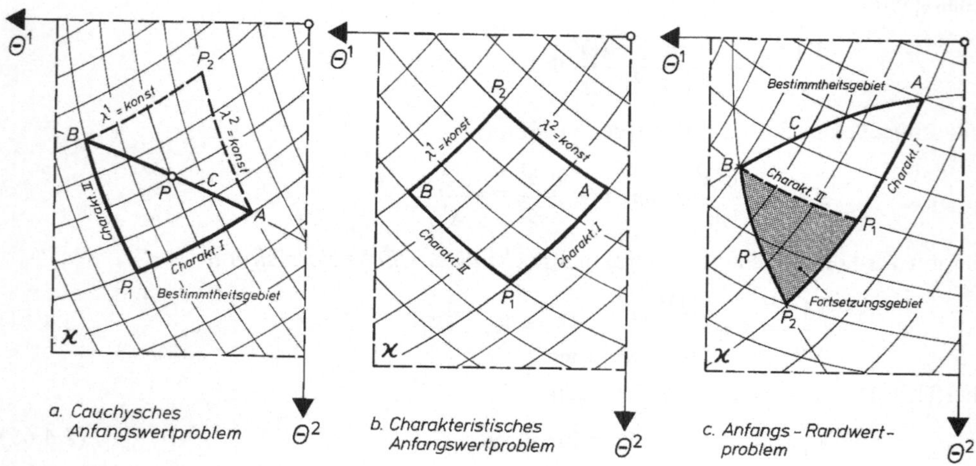

Bild 5.21 Sachgemäße Probleme des hyperbolischen Differentialgleichungssystems

Satz 2: Charakteristisches Anfangswertproblem. Durch die Vorgabe der Funktion $\bar{N}^{22}$ auf den beiden durch P_1 verlaufenden Charakteristikenbögen $\widehat{P_1A}$ und $\widehat{P_1B}$ und eines Wertes der Funktion $\bar{N}^{12}$ in irgendeinem Punkt dieser beiden Bögen wird eine eindeutige Lösung in dem krummlinigen Viereck P_1AP_2B festgelegt. Entsprechendes gilt bei Vorgabe der Funktion $\bar{N}^{12}$ und eines Wertes der Funktion $\bar{N}^{22}$ (Bild 5.21 b).

Satz 3: Gemischtes Anfangs- und Randwertproblem. In κ sei neben C eine zweite, ebenfalls nicht-charakteristische Kurve R gemäß Bild 5.21 c gegeben. Sie schließe mit der ursprünglichen Kurve C einen solchen Winkelraum ein, in welchem eine einzige durch B verlaufende Charakteristik enthalten ist. Werden nun längs des Bogens $\widehat{AB}$ von C die beiden Funktionen $\bar{N}^{22}$, $\bar{N}^{12}$, längs des Bogens $\widehat{BP_2}$ von R jedoch nur eine dieser Funktionen vorgeschrieben, so ist damit ein eindeutiges Lösungssystem $\bar{N}^{22}$, $\bar{N}^{12}$ in dem krummlinigen Dreieck ABP_2 festgelegt.

Satz 4: Erweitertes Anfangs- und Randwertproblem. Satz 3 kann in der Weise erweitert werden, daß man längs der *Randkurve* R statt einer der beiden Funktionen $\bar{N}^{22}$, $\bar{N}^{12}$ eine beliebige Linearkombination aus ihnen vorgibt.

Die Menge aller Punkte, in denen die Lösungsfunktionen $\bar{N}^{22}$, $\bar{N}^{12}$ allein durch ihre Vorgabe längs eines Teiles $\widehat{AB}$ einer Anfangskurve C ermittelbar sind, nennt man *Bestimmtheitsgebiet* (z.B. das Dreieck AP_1B des Bildes 5.21 a). In diesem hängt der Verlauf von $\bar{N}^{22}$, $\bar{N}^{12}$ nicht von ihren Werten außerhalb des Bogenstückes $\widehat{AB}$ ab. Als *Fortsetzungsgebiet* wird dagegen eine solche Punktmenge bezeichnet, in der zur Ermittlung einer eindeutigen Lösung noch Vorgaben längs einer Randkurve erforderlich sind (z.B. das Dreieck P_1BP_2 des Bildes 5.21 c).

Die oben formulierten Sätze zeigen deutlich, daß bei Schalen negativer *Gauß*scher Krümmung die Schnittkraftvariablen keineswegs längs der gesamten Berandung (*Randwertprobleme*) vorgeschrieben werden dürfen. Eine derartige Formulierung ist nur für elliptische Differentialgleichungssysteme, d.h. für Schalen positiver *Gauß*scher Krümmung, sachgemäß. Hyperbolische Differentialgleichungssysteme können dagegen als *Anfangswertprobleme* oder *Anfangs-Randwertprobleme* sachgemäß behandelt werden. Ihre Lösungsfunktionen $\bar{N}^{22}$, $\bar{N}^{12}$ brauchen außerdem nicht – wie bei elliptischen Systemen – *analytische* Funktionen* zu sein, da die Charakteristiken Unstetigkeiten in den Ableitungen der Anfangswerte $\bar{N}^{22}(C)$, $\bar{N}^{12}(C)$ längs einer Kurve C in das Innere des Bestimmtheitsgebietes fortpflanzen [29].

Zur Erläuterung des Anfangs-Randwertproblems betrachten wir einen durch die Parameterlinien Θ^α = konst begrenzten, negativ gekrümmten Ausschnitt einer Rotationsschale (Bild 5.22). Die gewählten Schalenränder berühren nirgends die Asymptotenlinien. In Anlehnung an die obigen Sätze können wir somit $\overline{AB}$ als *Cauchy*sche Anfangskurve, $\overline{AD}$ und $\overline{BC}$ als Randkurven im Sinne des 3. Satzes ansehen und die folgenden zwei *Anfangs-Randwertprobleme* für die betrachtete Aufgabe angeben [60].

a) Längs der Anfangskurve $\overline{AB}$ (Kurve $\Theta^2 = 0$) werden die beiden Schnittkräfte

$$\Theta^2 = 0: \quad \bar{N}^{22} = \bar{N}^{22}_{AB}, \quad \bar{N}^{12} = \bar{N}^{12}_{AB}$$

als Anfangsbedingungen, längs der Randkurven $\overline{AD}$ und $\overline{BC}$ dagegen nur die Schubkraft

$$\Theta^1 = 0: \quad \bar{N}^{12} = \bar{N}^{12}_{AD}, \quad \Theta^1 = \Theta^1_0: \quad \bar{N}^{12} = \bar{N}^{12}_{BC}$$

* Eine Funktion zweier reeller Veränderlichen heißt in einem gewissen Gebiet analytisch, wenn sie sich in jedem Punkt (Θ^1_0, Θ^2_0) dieses Gebietes durch eine konvergente Potenzreihe hinsichtlich $(\Theta^1 - \Theta^1_0)$, $(\Theta^2 - \Theta^2_0)$ darstellen läßt.

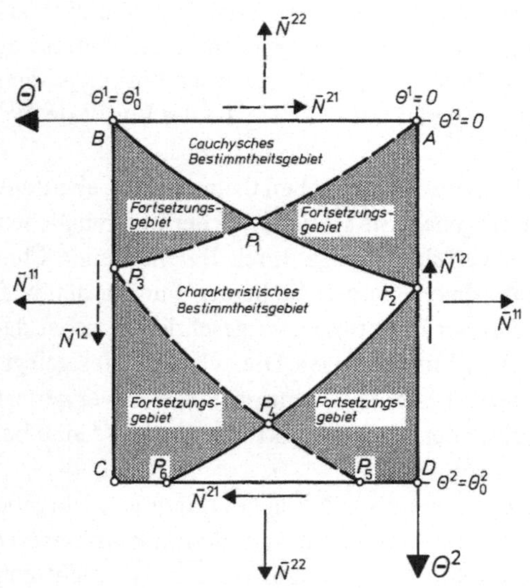

Bild 5.22 Anfangs-Randwertproblem der negativ gekrümmten Rotationsschale

vorgeschrieben, wobei $\bar{N}^{12}_{AB}$, $\bar{N}^{22}_{AB}$, ... vorgegebene Funktionen darstellen. Längs des Randes $\overline{CD}$ schließlich werden keinerlei Bedingungen vorgegeben.

Die Asymptotenlinien der Punkte A und B sowie ihre Reflexionen an den Rändern $\overline{AD}$ und $\overline{BC}$ unterteilen somit das Lösungsgebiet κ derart, daß in den Einzelgebieten eine eindeutige Lösung ermittelbar ist (Bild 5.22). Die Vorgabe der Schubkraft $\bar{N}^{12}$ längs $\overline{P_2D}$ und $\overline{P_3C}$ beeinflußt dabei das Lösungspaar $\bar{N}^{22}$, $\bar{N}^{12}$ nicht im Bereich $AP_2P_4P_3B$, sondern nur in den sich anschließenden Fortsetzungsgebieten.

Diesem Anfangs-Randwertproblem kann durch folgende Stützungsart der Schalenränder entsprochen werden. $\overline{AB}$ wird als freier Rand ausgebildet:

$$\Theta^2 = 0: \quad \bar{N}^{22} = 0, \quad \bar{N}^{12} = 0. \tag{5.4.68}$$

$\overline{AD}$ und $\overline{BC}$ werden nur in Ringrichtung Θ^1 unverschieblich gestützt:

$$\Theta^1 = 0, \quad \Theta^1 = \Theta^1_0: \quad \bar{N}^{12} = 0. \tag{5.4.69}$$

$\overline{CD}$ schließlich wird in beiden Tangentialrichtungen Θ^α festgehalten, um die Membrankräfte $\bar{N}^{22}$, $\bar{N}^{12}$ vollständig aufzunehmen.

Durch die Randbedingung (5.4.69) verschwindet die Ableitung der Schubkraft $\bar{N}^{12}{}_{,2}$ im Eckpunkt A. Mit dem Wert $\bar{N}^{22}{}_{,1}(0,0) = 0$ entsprechend (5.4.68) liefert jedoch die erste Gleichgewichtsbedingung (5.4.9) im gleichen Punkt:

$$\bar{N}^{12}{}_{,2} = -r\bar{P}^1 .$$

Für alle Lastfälle mit $\bar{P}^1(0,0) \neq 0$ (bzw. $\bar{P}^1(\Theta^1_0,0) \neq 0$) verursacht somit die gewählte Stützungsart eine Unstetigkeit der ersten Ableitung $\bar{N}^{12}{}_{,2}$ in A (bzw. B), die sich längs der betreffenden Asymptotenlinien in das Schaleninnere fortpflanzt und stetige, jedoch nur stückweise stetig differenzierbare Schnittkräfte ergibt [60].

b) Das zweite Anfangs-Randwertproblem unterscheidet sich von dem ersten lediglich dadurch, daß längs der Ränder $\overline{AD}$ und $\overline{BC}$ statt der Schubkraft $\bar{N}^{12}$ die Längskraft $\bar{N}^{22}$ derart vorgeschrieben wird, daß dort die Ringkraft $\bar{N}^{11}$ verschwindet. Gemäß (5.4.6, 7) führt dies auf die Bedingung

$$\Theta^1 = 0, \quad \Theta^1 = \Theta_0^1: \quad \bar{N}^{22} = -\frac{\sqrt{a}}{r r_{,22}} P^3, \tag{5.4.70}$$

welche durch eine unverschiebliche Stützung der betreffenden Ränder in Meridianrichtung Θ^2 konstruktiv verwirklicht werden kann. Die Stützungsart der übrigen Ränder $\overline{AB}$ und $\overline{CD}$ bleibt gegenüber der ersten Version unverändert. Damit bewahren die Anfangsbedingungen (5.4.68) ihre Gültigkeit.

Im vorliegenden Fall weist die Schnittkraftfunktion $\bar{N}^{22}$ selbst durch die Werte

$$\bar{N}^{22} = 0, \quad \bar{N}^{22} = -\frac{\sqrt{a}}{r r_{,22}} P^3 \tag{5.4.71}$$

gemäß (5.4.68, 70) eine Unstetigkeit in den beiden Eckpunkten A und B auf, wenn dort die Lastkomponente P^3 nicht verschwindet. Die dritte Gleichgewichtsbedingung (5.4.6) wird somit nicht erfüllt und die Schnittkräfte $\bar{N}^{\alpha\beta}$ können in A und B nicht eindeutig bestimmt werden. Obwohl die Asymptotenscharen nur Unstetigkeiten der Ableitungen fortpflanzen, scheinen sie auch bei Unstetigkeiten der Schnittkräfte selbst eine Rolle zu spielen [60].

Abschließend betrachten wir eine Rotationsschale ($K < 0$), die als drehsymmetrisches Bauwerk nur durch ihre Breitenkreise berandet ist (Bild 5.15). Sie sei bezüglich des Nullmeridians symmetrisch belastet, womit die Berechnung auf eine Schalenhälfte zwischen den Breitenkreisen $\Theta^1 = 0$ und $\Theta^1 = \pi$ reduziert werden kann. Das hyperbolische Differentialgleichungssystem läßt sich in diesem Fall auch durch ein *Anfangswertproblem* lösen [35, 44, 60]. Längs der gewählten Anfangskurve $\overline{AB}$ ist hierzu die Vorgabe der beiden Variablen $\bar{N}^{22}$, $\bar{N}^{12}$ gemäß Bild 5.20 bis zu den Punkten A^* und B^* zu erweitern, durch deren Asymptotenlinien die gesamte Schalenhälfte in ein *Cauchy*sches Bestimmtheitsgebiet eingebettet wird. Längs des anderen Randes $\overline{CD}$ werden keinerlei Bedingungen vorgegeben. Dieses Anfangswertproblem erfordert somit einen in beiden Tangentialrichtungen Θ^α unverschieblichen Rand $\overline{CD}$ und einen freien Rand $\overline{AB}$, auf welchem beliebige Anfangswerte vorgegeben werden können.

5.4.5 Das Charakteristikenverfahren für hyperbolische Differentialgleichungssysteme

Die numerische Behandlung des Membrangleichgewichtes negativ gekrümmter Schalen kann mit dem *Charakteristikenverfahren* erfolgreich durchgeführt werden. Dieses basiert auf der Diskretisierung der charakteristischen Normalform eines hyperbolischen Differentialgleichungssystems* unter Benutzung finiter Differenzen und eines Charakteristikennetzes, das in der Membrantheorie durch die Asymptotenlinien der Schalenmittelfläche gebildet wird.

Zur näheren Erläuterung greifen wir auf Rotationsschalen ($K < 0$) zurück und betrachten entsprechend Bild 5.23 zwei benachbarte Punkte P_1 und P_2 der Mittelfläche. In diesen seien die

* Allgemeines kann der Leser hierüber in [12] nachlesen. Das Verfahren wurde von *Sayar* [60] auf Rohrschalen und von *Krätzig* [35] auf Rotationsschalen angewendet.

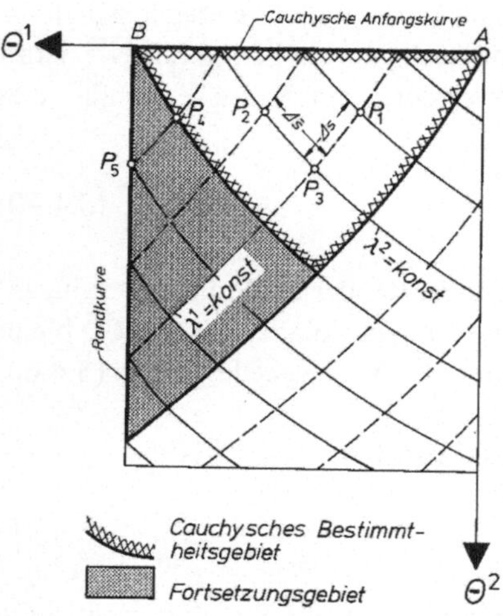

Bild 5.23 Zur Anwendung des Charakteristikenverfahrens

Werte der Schnittkraftvariablen $\overline{N}^{22}, \overline{N}^{12}$ bekannt, gesucht dagegen deren Werte in dem Schnittpunkt P_3 der durch P_1 und P_2 verlaufenden Asymptotenlinien $\lambda^1 = \text{konst}$ und $\lambda^2 = \text{konst}$. Zu ihrer Bestimmung benutzen wir die charakteristische Normalform (5.4.64, 67), worin wir die Ableitungen erster Ordnung (in den jeweiligen Asymptotenrichtungen) durch Differenzenformeln ersetzen. Mit den Schrittlängen Δs und $\Delta \bar{s}$ gemäß Bild 5.23 entstehen die beiden finiten Gleichungen

$$(\overline{N}^{12}_{(3)} - \overline{N}^{12}_{(1)}) + q_{(1)}(\overline{N}^{22}_{(3)} - \overline{N}^{22}_{(1)}) = \Delta s(K_{1(1)} + K_{2(1)}), \tag{5.4.72}$$

$$(\overline{N}^{12}_{(3)} - \overline{N}^{12}_{(2)}) - q_{(2)}(\overline{N}^{22}_{(3)} - \overline{N}^{22}_{(2)}) = \Delta \bar{s}(K_{1(2)} - K_{2(2)}), \tag{5.4.73}$$

deren Lösung die gesuchten Funktionswerte $\overline{N}^{22}_{(3)}, \overline{N}^{12}_{(3)}$ im Punkt P_3 ergibt. Ausgehend von Vorgaben längs einer Anfangskurve $\overline{AB}$ können die gesuchten Funktionswerte somit an allen Gitterpunkten des Asymptotennetzes sukzessiv ermittelt werden. Bei feiner Netzteilung lassen sich die krummlinigen Abstände Δs und $\Delta \bar{s}$ in (5.4.72, 73) durch die geradlinigen Abstände der Gitterpunkte ersetzen [60].

Enthält der Lösungsbereich auch ein Fortsetzungsgebiet, so verfügt man an den Stützstellen seiner Randkurve jeweils über eine Randbedingung und braucht daher für sie nur noch eine der beiden Gleichungen (5.4.64, 67) zu diskretisieren. Für die Gitterpunkte der in Bild 5.23 dargestellten Randkurve wird hierzu die Bedingung (5.4.64) herangezogen. Die Behandlung aller inneren Gitterpunkte erfolgt in der oben beschriebenen Form.

Nach Ermittlung des Lösungspaares $\overline{N}^{22}, \overline{N}^{12}$ wird die Ringkraft $\overline{N}^{11} = N^{11}$ aus der dritten Gleichgewichtsbedingung (5.4.6) berechnet. Alle Variablen werden abschließend gemäß (5.4.10) in physikalische Schnittkräfte $n^{\langle\alpha\beta\rangle}$ transformiert.

Als Anwendungsbeispiel für das erläuterte Charakteristikenverfahren diene die Kühlturmschale gemäß Bild 5.24. Auf die Schale wirke eine quasi-statische, hinsichtlich des Nullmeridians symmetrische Windlast

$$p^{\langle 1\rangle} = p^{\langle 2\rangle} = 0, \quad p^{\langle 3\rangle} = -c(\overline{\Theta}^1)q(\overline{\Theta}^2),$$

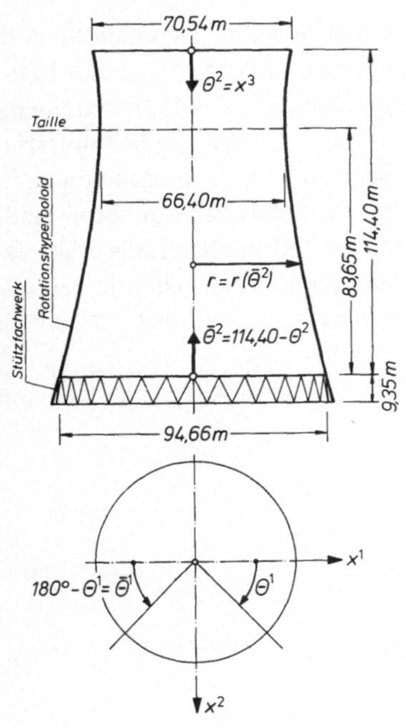

Meridiankurve: $r = 72{,}10819\sqrt{1+[(\bar\Theta^2-83{,}65)/127{,}50588]^2} - 38{,}90819$

Belastung: Windlast $p^{\langle 3\rangle} = -c(\bar\Theta^1)\,q(\bar\Theta^2)$

$$\text{mit } q(\bar\Theta^2) = \begin{cases} 0{,}80\ \mathrm{kN/m^2} & 8 \leq \bar\Theta^2 + 9{,}35 < 20 \\ 1{,}10\ \mathrm{kN/m^2} & 20 \leq \bar\Theta^2 + 9{,}35 < 100 \\ 1{,}30\ \mathrm{kN/m^2} & 100 \leq \bar\Theta^2 + 9{,}35 \end{cases}$$

$c(\bar\Theta^1)$ gemäß Bild 5.25:

$$c(\bar\Theta^1) = \begin{cases} \cos\frac{180}{72}\bar\Theta^1 & 0° \leq \bar\Theta^1 \leq 72° \\ -0{,}225\cos\frac{180}{33}(\bar\Theta^1-72) - 0{,}775 & 72° \leq \bar\Theta^1 \leq 105° \\ -0{,}55 & 105° \leq \bar\Theta^1 \leq 180° \end{cases}$$

Randvorgaben: $\bar\Theta^2 = 114{,}40 \rightarrow \bar N^{22} = \bar N^{12} = 0 \quad (n^{\langle 22\rangle} = n^{\langle 12\rangle} = 0)$

$\bar\Theta^2 = 0 \quad \rightarrow$ keine Vorgabe

Bild 5.24 Kühlturmschale als Anwendungsbeispiel für das Charakteristikenverfahren

wobei die Druckverteilung $c(\overline{\Theta}^1)$ in Umfangsrichtung sowie die Höhenverteilung des Staudrucks $q(\overline{\Theta}^2)$ ebenfalls Bild 5.24 zu entnehmen sind. Bild 5.25 veranschaulicht den Verlauf von $c(\overline{\Theta}^1)$.

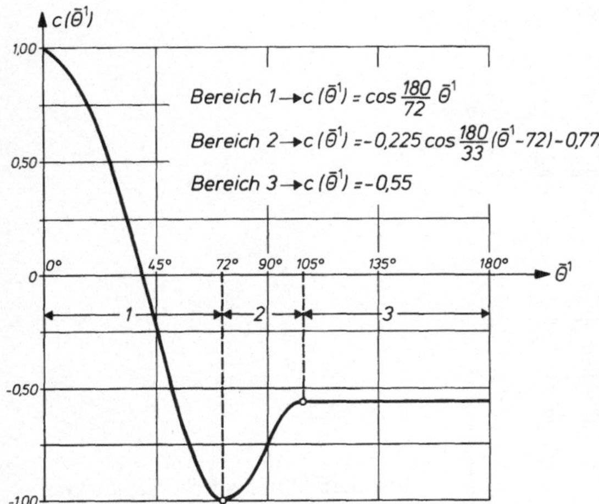

Bild 5.25 Windlastverteilung in Breitenkreisrichtung

Durch die Vorgabe $\overline{N}^{22} = \overline{N}^{12} = 0$ längs des oberen Schalenrandes $\overline{\Theta}^2 = 114{,}50$ m läßt sich diese Aufgabe als ein Anfangswertproblem im Sinne des Abschnittes 5.4.4 behandeln. Wegen der Symmetrie bezüglich des Nullmeridians braucht nur die Schalenhälfte zwischen $\bar{\Theta}^1 = 0$ und $\bar{\Theta}^1 = 180°$ berechnet zu werden. In Bild 5.26 sind die Membrankräfte $n^{\langle\alpha\beta\rangle}$ dieses Lastfalles dargestellt, die einer entsprechenden elektronischen Berechnung [35, 44] entstammen. Die Lastabtragung erfolgt überwiegend durch die Meridiankräfte $n^{\langle 22\rangle}$ sowie die Schubkräfte $n^{\langle 12\rangle}$. Die Größtwerte von $n^{\langle 22\rangle}$ entstehen dabei am unteren Schalenrand, diejenigen von $n^{\langle 12\rangle}$ in der Nähe der Einschnürung $\bar{\Theta}^2 = 83{,}65$ m. Wegen der schwachen Meridiankrümmung sind die Ringkräfte $n^{\langle 11\rangle}$ klein. Die Berechnung dieses Beispieles nach der vollständigen Biegetheorie [43] zeigt, daß für die hier angenommene Windverteilung die dargestellten Normal- und Schubkräfte der Membrantheorie eine ausreichende Genauigkeit besitzen (vgl. Abschnitt 7.4.3).

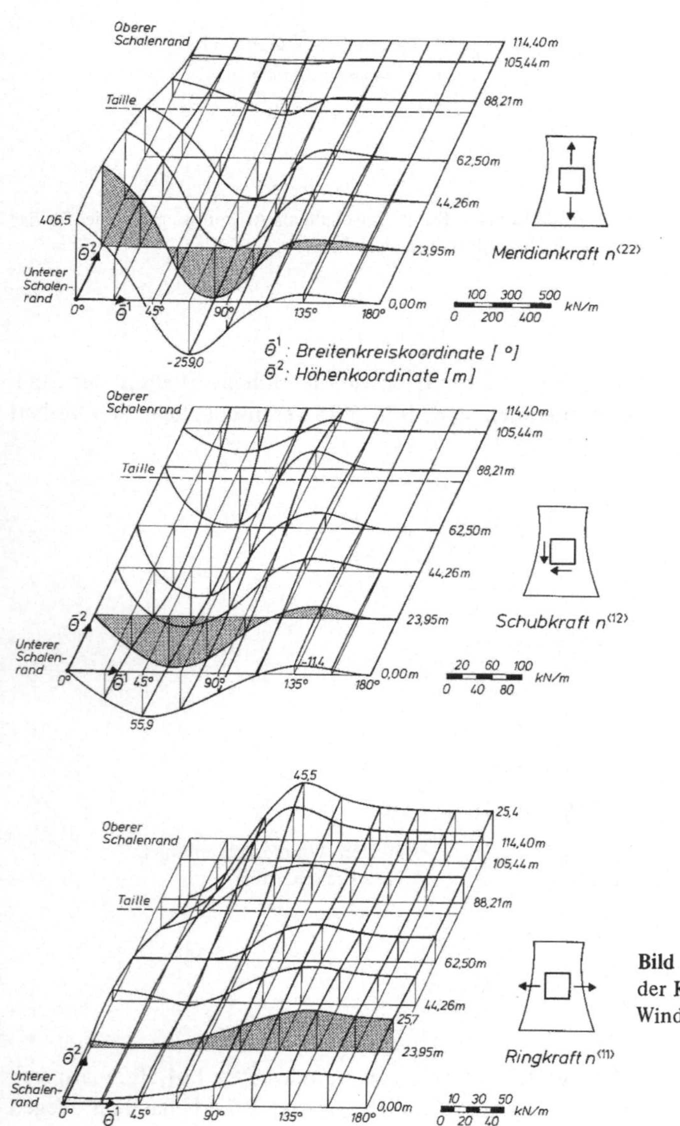

Bild 5.26 Physikalische Schnittkräfte der Kühlturmschale (Bild 5.24) unter Windlast

Literatur

1 *Almannai, A./Başar, Y./Rothert, H.:* Inextensional Bending of Shells – Numerical Results. IDMMA Dergisi, Heft 2, Istanbul 1978, S. 19–32
2 *Aschenbrenner, R.:* Membrane Stresses of Parabolic Conoid Shells. J. Amer. Concrete Inst. 60 (1963), S. 1415–1427
3 *Başar, Y./Harnach, R./Harte, R.:* Zum Problem verzerrungsfreier Verbiegungen bei negativ gekrümmten Rotationsschalen. Die Bautechnik 54 (1977), S. 190–195
4 *Başar, Y./Rothert, H.:* Numerische Untersuchung des Problems verzerrungsfreier Verbiegungen bei randbelasteten Rotationsschalen. konstruktiver ingenieurbau-berichte, Heft 20, Vulkan-Verlag, Essen 1974, S. 65–86
5 *Başar, Y./Rothert, H.:* Experimentelle Untersuchung verzerrungsfreier Verbiegungen bei Schalentragwerken und ihre Verhinderung durch konstruktive Maßnahmen. konstruktiver ingenieurbau-berichte, Heft 20, Vulkan-Verlag, Essen 1974, S. 52–64
6 *Behlendorff, E.:* Über Randwertprobleme bei Häuten und dünnen Schalen im Membranspannungszustand. Z. angew. Math. Mech. 36 (1956), S. 399–413
7 *Beles, A.A./Soare, V.M.:* Berechnung von Schalentragwerken. Bauverlag GmbH, Wiesbaden/Berlin 1972
8 *Beles, A.A./Soare, V.M.:* Das elliptische und hyperbolische Paraboloid im Bauwesen. VEB Verlag für Bauwesen, Berlin 1971
9 *Billington, D.P.:* Thin Shell Concrete Structures. McGraw-Hill, New York 1965
10 *Born, J.:* Praktische Schalenstatik, Band 1, Die Rotationsschalen. Verlag von Wilhelm Ernst & Sohn, Berlin/München 1968
11 *Bronstein, I./Semendjajew, K.:* Taschenbuch der Mathematik. Verlag H. Deutsch, Zürich/Frankfurt 1967
12 *Collatz, L.:* The Numerical Treatment of Differential Equations. Springer-Verlag, Berlin/Heildelberg/New York 1966
13 *Courant, R./Hilbert, D.:* Methoden der mathematischen Physik, Band II, Springer-Verlag, Berlin/Heidelberg/New York 1968
14 *Csonka, P.:* Kontrollformeln zur Spannungsberechnung von Kappenschalen. Die Bautechnik 37 (1960), S. 59–62
15 *Csonka, P.:* Symmetrisch bzw. antimetrisch belastete symmetrische und antimetrische Schalen. Bautechnik 38 (1961), S. 413–415.
16 *Csonka, P.:* Eine praktische Formulierung des Prinzipes des statischen Massenausgleiches bei affinen Schalen. Bautechnik 38 (1961), S. 53–54
17 *Csonka, P.:* Membranschalen. Bauingenieur-Praxis, Heft 16, Verlag von Wilhelm Ernst & Sohn, Berlin/München 1966
18 *Diaz, E.:* Membrantheorie und Berechnung für Schalenflächen zweiter Ordnung mit neuartigen Randformen. Dissertation der Technischen Hochschule Hannover 1963
19 *Duddeck, H.:* Die Biegeberechnung technischer Rotationsschalen mit Rändern entlang Breitenkreisen. Der Bauingenieur 39 (1964), S. 435–445
20 *Duddeck, H.:* Die Biegetheorie der flachen hyperbolischen Paraboloidschale $z=\bar{c}xy$. Ingenieur Archiv 31 (1962), S. 44–78
21 *Fischer, A.:* Großkühltürme für Kraftwerke, Berechnung und Bauausführung. Schweizerische Bauzeitung 68 (1950), S. 563
22 *Flügge, W.:* Statik und Dynamik der Schalen. Springer-Verlag, Berlin/Göttingen/Heildelberg 1962
23 *Förster, W./Schlüssler, K.H.:* Der Membranspannungszustand der windbelasteten Kugelschale. Der Bauingenieur 42 (1967), S. 21–27
24 *Girkmann, K.:* Flächentragwerke. 6. Auflage, Springer-Verlag, Wien 1963
25 *Goldenveizer, A.L.:* Die Membrantheorie der Schalen aus Flächen zweiter Ordnung (in Russisch). Prikl. Mat. Mekh. 11 (1947), H. 2
26 *Gould, P.L.:* Static Analysis of Shells. Lexington Books, Massachusetts 1977
27 *Gravina, P.B.J.:* Theorie und Berechnung der Rotationsschalen. Springer-Verlag, Berlin/Göttingen/Heidelberg 1961

28 *Green, A.E./Zerna, W.:* Theoretical Elasticity. 2. Auflage, At the Clarendon Press 1968, Oxford
29 *Haack, W./Hellwig, G.:* Über Systeme hyperbolischer Differentialgleichungen erster Ordnung, Teil I und II. Mathematische Zeitschrift 53 (1950), S. 244 u. 340
30 *Haack, W.:* Allgemeine Randwertprobleme für Differentialgleichungen vom elliptischen Typus. Mathematische Nachrichten, Bd. 7 (1952), S. 1
31 *Haas, A.M.:* Design of Thin Concrete Shells. Bd. 1, Positive Curvature Index 1962; Bd. 2, Negative Curvature Index 1967. John Wiley & Sons. New York/London
32 *Hampe, E.:* Statik rotationssymmetrischer Flächentragwerke, Band 1 bis 4, VEB Verlag für Bauwesen, Berlin 1971
33 *Heuck, K.:* Zwei Beiträge zur Schalentheorie. Dissertation der technischen Universität Hannover 1963
34 *Hotzler, H.:* Schnittgrößen und Formänderungen der flachen verwundenen Schale in trigonometrischen Doppelreihen infolge beliebiger Normallasten und Temperaturbeanspruchungen. Bautechnik 47 (1970), S. 130–135
35 *Krätzig, W.B.:* Schnittgrößen und Verformungen windbeanspruchter Naturzugkühltürme. Beton- und Stahlbetonbau 61 (1966), S. 247–255
36 *Krätzig, W.B./Peters, H.L.:* Naturzug-Kühlturm Kraftwerk Schmehausen, Entwurfsbedingungen und konstruktive Gestaltung. Beton- und Stahlbetonbau 64 (1969), S. 105–113
37 *Lamé, G.:* Leçons sur la théorie mathématique de l'elasticité des corps solides. Paris 1852
38 *Lecornu, L.:* Sur l'equilibre des surfaces flexibles et inextensibles. Paris 1880
39 *Levy, M.:* Statique graphique. Paris 1887
40 *Lukasiewicz, S.:* Local loads in plates and shells. Sijthoff & Noordhoff International Publishers, Alphen/Niederlande 1979
41 *Martin, F.:* Die Membran-Kugelschale unter Einzellasten. Ingenieur-Archiv 17 (1949), S. 167
42 *Messmer, G.:* Über eine Gruppe von Singularitäten im Membranspannungszustand der Kugelschale. Ingenieur-Archiv 28 (1959), S. 208
43 *Niemann, H.J./Peters, H.L./Zerna, W.:* Naturzugkühltürme im Wind. Der Einfluß der Oberflächenrauhigkeit auf die Beanspruchung des Schalentragwerkes. Beton- und Stahlbetonbau 67 (1972)
44 *Peters, H.L.:* Der Kühlturm als Membranschale. konstruktiver ingenieurbau-berichte, Heft 1, Vulkan-Verlag, Essen 1968, S. 44–50
45 *Pflüger, A.:* Elementare Schalenstatik. Springer-Verlag, Berlin/Heidelberg/Göttingen 1960
46 *Pucher, A.:* Über den Spannungszustand in gekrümmten Flächen. Beton und Eisen 33 (1934), S. 298
47 *Pucher, A.:* Die Berechnung von doppelt gekrümmten Schalen mittels Differenzengleichungen. Der Bauingenieur 18 (1937), S. 118
48 *Rabich, R.:* Der Einfluß realer Randbedingungen auf Schnittkräfte und Konstruktion der flachen Hypar-Schalen mit geraden, unterstützten Rändern. Wissenschaftliche Zeitschrift der Technischen Universität Dresden 19 (1970), S. 1559–1565
49 *Rabinovic, I.M.:* Hängedächer, Bauverlag GmbH, Wiesbaden/Berlin 1966
50 *Rabotnow, J.:* Einige Lösungen der Membrantheorie der Schalen (in Russisch). Prikl. Mat. Mekh. 10 (1946), H. 5/6
51 *Reissner, E.:* On the Solution of a Class of Problems in Membrane Theory of Thin Shells. Journal Mech. Phys. Solids 7 (1959), S. 242–246
52 *Reissner, H.:* Spannungen in Kugelschalen (Kuppeln). Müller-Breslau-Festschrift, Verlag A. Kröner, Leipzig 1912, S. 181
53 *Rish, R.F./Steel, T.F.:* Design and Solution of Hyperbolic Cooling Towers. Proc. Amer. Soc. Civ. Eng. 85 (1959), S. 89
54 *Rothert, H.:* Anwendung der Schalentheorie auf hyperbolische Paraboloide. Dissertation der Ruhr-Universität Bochum 1970
55 *Rothert, H.:* Zur Membrantheorie der schiefwinkligen hyperbolischen Paraboloidschale in Asymptotendarstellung. Ingenieur-Archiv 40 (1971), S. 304–310
56 *Rüdiger, D.:* Dehnspannungen und Verschiebungen der Konoidschalen. Österreichisches Ingenieur-Archiv 9 (1955), S. 37–44
57 *Rüdiger, D.:* Spannungen und Verschiebungen der krummen Flächen mit schiefem Grundriß. Österreichisches Ingenieur-Archiv 9 (1955), S. 265–273
58 *Rüdiger, D./Urban, J.:* Kreiszylinderschalen. B.G. Teubner Verlagsgesellschaft, Leipzig 1955

59 *Sauer, R.:* Anfangswertprobleme bei partiellen Differentialgleichungen (Die Grundlehren der Mathematischen Wissenschaften, Bd. LXII). Springer-Verlag, Berlin/Göttingen/Heidelberg 1958
60 *Sayar, K.:* Untersuchung des Membranspannungszustandes der verallgemeinerten Rohrschalen mit besonderer Berücksichtigung der negativen Flächenkrümmung. Dissertation der Technischen Universität Hannover 1961
61 *Schnobrich, W.C.:* Analysis of Hipped Roof Hyperbolic Paraboloid Structures. Journal of the Structural Division, ASCE 98, No. ST7 (July 1972), S. 1575–1583
62 *Soare, M.:* Tafeln für die Berechnung des elliptischen Paraboloids über rechteckigem Grundriß in der Membrantheorie. Österreichisches Ingenieur-Archiv 16 (1961), S. 49–54
63 *Soare, M.:* Application of Finite Difference Equations to Shell Analysis. Pergamon Press, Oxford/London 1967
64 *Soare, M.:* Zur Membrantheorie der Konoidschalen. Der Bauingenieur 33 (1958), S. 256–265.
65 *Sokolowski, W.:* Die Gleichgewichtsbedingungen der Membrantheorie der Schalen (in Russisch). Prikl. Mat. Mekh. 8 (1943), H. 1
66 *Sommerfeld, A.:* Partielle Differentialgleichungen der Physik (Vorlesungen über Theoretische Physik, Band VI), Akademischer Verlag, Leipzig 1958
67 *Tschech, E.:* Die Membranspannungen in Kegelschalen. Österreichisches Ingenieur-Archiv 13 (1959), S. 23–27
68 *Tungl, E.:* Membranspannungszustand im elliptischen Paraboloid. Österreichisches Ingenieur-Archiv 10 (1956), S. 308–314
69 *Vekua, I.N.:* Über die Bedingungen der Verwirklichung des momentenfreien Spannungsgleichgewichtes von Schalen positiver Krümmung. I.U.T.A.M. Proceeding of the Symposium on the Theory of Thin Elastic Shells. North-Holland Publishing Company (1960), Amsterdam, S. 270
70 *Vekua, I.N.:* Systeme von Differentialgleichungen erster Ordnung vom elliptischen Typus und Randwertaufgaben. VEB Deutscher Verlag, Berlin 1956
71 *Wlassow, W.S.:* Allgemeine Schalentheorie und ihre Anwendung in der Technik. Akademie-Verlag, Berlin 1958
72 *Wlassow, W.S.:* Berechnung von Rotationsschalen unter unsymmetrischer Belastung (in Russisch). Projekt und Standard, 5 (1937), Heft 3 und 4
73 *Zerna, W.:* Zur Membrantheorie der allgemeinen Rotationsschalen. Ingenieur-Archiv 17 (1949), S. 223–232
74 *Zerna, W.:* Membrantheorie verallgemeinerter Rotationsschalen. Ingenieur-Archiv 19 (1951), S. 228–230
75 *Zerna, W.:* Berechnung des Membranzustandes doppelt gekrümmter Schalen über beliebigem Grundriß. Ingenieur-Archiv 28 (1959), S. 363–365

6 Lineare Schalenbiegetheorie

Einem ist sie die hohe, himmlische Göttin, dem anderen eine tüchtige Kuh, die ihn mit Butter versorgt.
Friedrich von Schiller (1759–1805) über die Wissenschaft

Dieses Kapitel behandelt die Theorie flacher Schalen sowie die Biegetheorie kreiszylindrischer und allgemeiner Rotationsschalen. Dabei liegt der Schwerpunkt auf einer Einbettung dieser klassischen Themen in das allgemeine Konzept einer tensoriellen Schalentheorie. Außerdem werden die klassischen Lösungsverfahren behandelt sowie beispielhafte Einblicke in das Tragverhalten von Schalenkonstruktionen gegeben.

6.1 Die Theorie flacher Schalen

6.1.1 Annahmen und Vorbemerkungen

Wir beziehen uns erneut auf die im Kapitel 4 abgeleiteten Grundgleichungen einer linearen Schalenbiegetheorie unter Gültigkeit der Normalenhypothese. Bereits im Abschnitt 4.4.5 waren aus ihnen die Ausgangsgleichungen der Theorie flacher Schalen gewonnen worden, die nun noch einmal vollständig und aus verfeinerten Abschätzungen hergeleitet werden sollen. Hierzu beginnen wir mit einer Zusammenstellung derjenigen Annahmen, die die allgemeine Schalenbiegetheorie in die Theorie flacher Schalen überführen:

a) Die Schalendicke h sei gegenüber dem kleinsten Wert R aller Hauptkrümmungsradien ($b_\alpha^\beta \neq 0$) stets vernachlässigbar klein:

$$\lambda = \frac{h}{R} \ll 1 \rightarrow F + \lambda F = F(1+\lambda) \approx F. \tag{6.1.1}$$

b) Die Größenordnung der tangentialen Komponenten v_α des Verschiebungsvektors **v** unterschreite diejenige der Normalenkomponente v_3 um den Faktor L_w/R. Mit dem Normierungsfaktor η nach (4.2.18) werde dies folgendermaßen ausgedrückt (4.4.46)*:

$$v_\alpha = 0(\eta L_w), \quad v_3 = 0(\eta R). \tag{6.1.2}$$

* Hierin sowie in den folgenden Abschätzungen werden erneut normierte Basisvektoren $\mathbf{a}_i$ vorausgesetzt (4.2.2), (6.1.8).

Hierin beschreibt die kleinste Wellenlänge L_w des charakteristischen Verformungsmusters entsprechend Bild 4.5 das Differentiationsverhalten der Lösung, beispielsweise:

$$\frac{\partial v_i}{\partial \Theta^\alpha} = 0\left(\frac{v_i}{L_w}\right), \quad \frac{\partial^2 v_i}{\partial \Theta^\alpha \partial \Theta^\beta} = 0\left(\frac{v_i}{L_w^2}\right). \tag{6.1.3}$$

c) Dabei unterliegt L_w der Forderung (4.4.44):

$$L_w = 0(hR)^{1/2}, \quad L_w^2 = 0(hR), \tag{6.1.4}$$

woraus mit Rücksicht auf (6.1.1) die Aussage:

$$\lambda^* = \left(\frac{L_w}{R}\right)^2 = 0\left(\frac{h}{R}\right) = 0(\lambda) \ll 1 \rightarrow F + \lambda^* F = F(1+\lambda^*) \approx F \tag{6.1.5}$$

hergeleitet werden kann.

d) Die Geometrie der Schalenmittelfläche werde als *euklidisch* angesehen, weshalb zweifache kovariante Ableitungen beliebiger Funktionen vertauschbar sind:

$$A_\alpha|_{\beta\gamma} - A_\alpha|_{\gamma\beta} = R^\rho_{.\alpha\beta\gamma} A_\rho \approx 0 \rightarrow A_\alpha|_{\beta\gamma} \approx A_\alpha|_{\gamma\beta}. \tag{6.1.6}$$

Diese Näherung wird in der Regel immer dann erfüllt sein, wenn der kleinste Krümmungsradius R alle Seitenabmessungen L der Mittelfläche derart überwiegt, daß analog zu (6.1.5) auch $(L/R)^2$ gegen Eins vernachlässigt werden darf:

$$\lambda^{**} = \left(\frac{L}{R}\right)^2 = 0(\lambda) \ll 1 \rightarrow F + \lambda^{**} F = F(1+\lambda^{**}) \approx F. \tag{6.1.7}$$

Darüber hinaus sollen alle differentialgeometrischen Elemente der Mittelfläche höchstens schwach veränderliche Funktionen darstellen.

Diese Annahmen sind selbstverständlich erst rückblickend auf die historische Entwicklung derart verallgemeinert darstellbar. Die ersten Anfänge der linearen Theorie flacher Schalen entwickelten sich aus nichtlinearen Ansätzen zur Untersuchung von Beulvorgängen. Im Jahre 1938 veröffentlichte *K. Marguerre* [103] eine Neuformulierung der auf *Th. v. Kármán* zurückgehenden Theorie der Platte großer Verformungen. Dabei vernachlässigte er erstmalig das Quadrat der Neigung der vorverformten Mittelfläche zur Plattenebene gegenüber der Einheit, was (6.1.7) entspricht.

Ebenfalls im Jahre 1938 postulierte *Ch. Mushtari* [115] die grundlegenden Annahmen (6.1.1) bis (6.1.7) und begründete damit auf empirischem Wege die gegenüber der allgemeinen Schalenbiegetheorie zu treffenden Näherungen. Hierauf aufbauend entwickelte *W. S. Wlassow* [168] die beiden simultanen Differentialgleichungen (6.1.43), (6.1.47) vierter Ordnung für die Normalverschiebung v_3 sowie eine Schnittgrößenfunktion ϕ_3 in Hauptkrümmungskoordinaten. Der übersichtliche Aufbau dieser beiden Differentialgleichungen folgte dabei aus der Übernahme des Elastizitätsgesetzes für Platten und aus der Näherungsannahme einer ebenen Mittelflächenmetrik. Zulässigkeit und Schranken dieser Annahmen finden sich in den frühen Arbeiten [55, 129, 130]. 1947 wendet *S. Ambartsumyan* [5] die Theorie flacher Schalen auf eine Kugelkalotte an; das 1949 in seiner russischen Erstauflage erscheinende Werk [167] enthält bereits eine Vielzahl weiterer Anwendungsbeispiele.

Als Ergebnis von Arbeiten des Jahres 1943 veröffentlicht *E. Reissner* 1947 [135] eine Theorie flacher Kugelschalen über Kreisgrundriß, deren mechanischer Inhalt vollständig mit den erwähnten russischen Entwicklungen übereinstimmt. Insbesondere reduziert er darin das soeben erwähnte simultane Differentialgleichungssystem, das auch er erhielt, zu einer einzigen Differentialgleichung vierter Ordnung für eine komplexe Lösungsfunktion. Wie bei den russischen Autoren finden sich auch bei *Reissner* [136] frühzeitig quantitative Abschätzungen des durch (6.1.7) begangenen Fehlers; weitere Angaben hierzu sind in [7, 33, 47, 90, 134] enthalten. *F. Berman* [16] ergänzt die Theorie flacher Schalen durch die Wirkung von Temperaturfeldern. *A.E. Green* und *W. Zerna* [60] verallgemeinern die geometrischen Approximationen von *Reissner* erstmalig in einer tensoriellen Darstellung, während *I.N. Vekua* [160, 161] die Lösungsvielfalt der Theorie durch Einführung komplexer Koordinaten auf der Mittelfläche zu erweitern sucht.

Nach diesem kurzen Rückblick auf die Entstehungsphase der Theorie flacher Schalen sollen nun zunächst deren Grundgleichungen durch konsequente Anwendung der getroffenen Annahmen aus denjenigen der Abschnitte 4.1.2 und 4.1.3 hergeleitet werden.

6.1.2 Die Grundgleichungen

Hierzu erinnern wir uns, daß unter allen speziellen Koordinatensystemen, für die unsere tensoriellen Beziehungen gelten, stets auch ein solches auffindbar ist, dessen Basisvektoren (nahezu) die Länge Eins aufweisen:

$$|\mathbf{a}_\alpha| \sim |\mathbf{a}^\alpha| = 0(1)\,. \tag{6.1.8}$$

Damit gelten entsprechend (4.2.3), (4.2.41, 43) folgende Größenordnungsbeziehungen:

$$\begin{aligned} &a_{\alpha\beta} \sim a^{\alpha\beta} = 0(1), \quad b_{\alpha\beta} \sim b_\alpha^\beta \sim b^{\alpha\beta} = 0(1/R)\,, \\ &H^{\alpha\beta\lambda\mu} \sim G_{\lambda\mu\rho\sigma} = 0(1)\,, \end{aligned} \tag{6.1.9}$$

die erneut zu Abschätzungszwecken verwendet werden sollen.

Wir beginnen mit der Orthogonalitätsbedingung (4.1.18) des Normalenvektors $\bar{\mathbf{a}}_3$ zur verformten Basis $\bar{\mathbf{a}}_\alpha$. Unter Verwendung der Schranken (6.1.2, 3) sowie (6.1.9) folgt hieraus

$$\begin{aligned} w_\alpha &= -(v_{3,\alpha} + v_\lambda b_\alpha^\lambda) \\ &= -0\left(\eta R \frac{1}{L_w}\right) - 0\left(\eta L_w \frac{1}{R}\right) \approx -0\left(\eta R \frac{1}{L_w}\right) \\ &\approx -v_{3,\alpha} \end{aligned} \tag{6.1.10}$$

die Streichung des zweiten Gliedes der rechten Seite, da dieses gegenüber dem ersten um den Faktor $\lambda^* = (L_w/R)^2$ kleiner und somit laut (6.1.5) vernachlässigbar ist. Im ersten Verzerrungstensor (4.1.28) besitzen dagegen alle Verschiebungsanteile laut (6.1.2, 3) gleiche Größenordnung, so daß dieser unverändert übernommen werden kann:

$$\begin{aligned} \alpha_{\alpha\beta} = \alpha_{(\alpha\beta)} &= \frac{1}{2}(v_\alpha|_\beta + v_\beta|_\alpha - 2b_{\alpha\beta}v_3) \\ &= 0\left(\eta L_w \frac{1}{L_w}\right) - 0\left(\eta R \frac{1}{R}\right) = 0(\eta)\,. \end{aligned} \tag{6.1.11}$$

Die Berücksichtigung von (6.1.2, 3) neben (6.1.9, 10) schließlich approximiert den zweiten Verzerrungstensor (4.1.29)

$$\begin{aligned}\omega_{\alpha\beta} = \omega_{(\alpha\beta)} &= \frac{1}{2}(w_{\alpha}|_{\beta} + w_{\beta}|_{\alpha} - b^{\lambda}_{\alpha}v_{\lambda}|_{\beta} - b^{\lambda}_{\beta}v_{\lambda}|_{\alpha} + 2b^{\lambda}_{\alpha}b_{\lambda\beta}v_3)\\ &= 0\left(\eta R\frac{1}{L_w^2}\right) - 0\left(\eta L_w\frac{1}{L_wR}\right) + 0\left(\eta R\frac{1}{R^2}\right)\\ &= 0\left(\eta\frac{R}{L_w^2}\right) - 0\left(\eta\frac{R}{L_w^2}\frac{L_w^2}{R^2}\right) + 0\left(\eta\frac{R}{L_w^2}\frac{L_w^2}{R^2}\right) \approx 0\left(\eta\frac{R}{L_w^2}\right)\\ &\approx \frac{1}{2}(w_{\alpha}|_{\beta} + w_{\beta}|_{\alpha}) \approx -v_3|_{\alpha\beta} = -v_3|_{\beta\alpha}\end{aligned} \tag{6.1.12}$$

aufgrund von (6.1.5) zu der in der Plattentheorie streng gültigen Form.

Die Größenordnungen der Schnittkräfte lassen sich nun mittels (6.1.11, 12) sowie (6.1.9) aus (4.1.39, 40) abschätzen:

$$\tilde{n}^{(\alpha\beta)} = 0(Eh\eta)\,, \quad m^{(\alpha\beta)} = 0\left(Eh^3\eta\frac{R}{L_w^2}\right). \tag{6.1.13}$$

Damit folgt aus der Symmetriebedingung (4.1.13):

$$\begin{aligned}n^{\alpha\beta} &= \tilde{n}^{(\alpha\beta)} - m^{(\alpha\rho)}b^{\beta}_{\rho}\\ &= 0(Eh\eta) - 0\left(Eh\eta\frac{hR}{L_w^2}\frac{h}{R}\right) \approx 0(Eh\eta)\\ &\approx \tilde{n}^{(\alpha\beta)} = n^{(\alpha\beta)},\end{aligned} \tag{6.1.14}$$

daß der Längskrafttensor $n^{\alpha\beta}$ infolge (6.1.1), (6.1.4) im Rahmen dieser Theorie stets als symmetrisch angesehen werden darf. Mit seiner Kennzeichnung durch $n^{(\alpha\beta)}$ lauten somit die konstitutiven Beziehungen (4.1.39, 42):

$$\begin{aligned}n^{(\alpha\beta)} &= DH^{\alpha\beta\lambda\mu}\alpha_{(\lambda\mu)}, & D\alpha_{(\lambda\mu)} &= G_{\lambda\mu\rho\sigma}n^{(\rho\sigma)},\\ m^{(\alpha\beta)} &= BH^{\alpha\beta\lambda\mu}\omega_{(\lambda\mu)}, & B\omega_{(\lambda\mu)} &= G_{\lambda\mu\rho\sigma}m^{(\rho\sigma)}.\end{aligned} \tag{6.1.15}$$

Für die hierin auftretenden Elastizitätstensoren (4.1.41, 43) und Steifigkeiten (4.1.40) gilt unverändert:

$$\begin{aligned}H^{\alpha\beta\lambda\mu} &= \frac{1-\nu}{2}\left(a^{\alpha\lambda}a^{\beta\mu} + a^{\alpha\mu}a^{\beta\lambda} + \frac{2\nu}{1-\nu}a^{\alpha\beta}a^{\lambda\mu}\right),\\ G_{\lambda\mu\rho\sigma} &= \frac{1}{2(1-\nu)}\left(a_{\lambda\rho}a_{\mu\sigma} + a_{\lambda\sigma}a_{\mu\rho} - \frac{2\nu}{1+\nu}a_{\lambda\mu}a_{\rho\sigma}\right),\end{aligned} \tag{6.1.16}$$

$$D = \frac{Eh}{1-\nu^2}, \quad B = \frac{Eh^3}{12(1-\nu^2)} = \frac{h^2}{12}D, \tag{6.1.17}$$

wobei erneut h die Schalendicke, E den Elastizitätsmodul und ν die Querkontraktionszahl des als linear elastisch und isotrop vorausgesetzten Schalenwerkstoffes bezeichnen. Anisotrope sowie inhomogene Tragwerksquerschnitte lassen sich mit den Angaben der Abschnitte 4.5 ebenfalls wieder mühelos berücksichtigen.

Kinematische und konstitutive Beziehungen müssen abschließend noch durch konsistente Gleichgewichtsbedingungen vervollständigt werden. Dazu übernehmen wir zunächst die Momentengleichgewichtsbedingung (4.1.12) unter der naheliegenden Voraussetzung $c^\beta = 0$:

$$m^{(\alpha\beta)}|_\alpha - q^\beta = 0 \tag{6.1.18}$$

und eliminieren mit ihrer Hilfe die Querkräfte aus der tangentialen Gleichgewichtsbedingung (4.1.10):

$$\begin{aligned} n^{(\alpha\beta)}|_\alpha - q^\alpha b^\beta_\alpha + p^\beta &= n^{(\alpha\beta)}|_\alpha - m^{(\rho\alpha)}|_\rho b^\beta_\alpha + p^\beta \\ &= 0\left(Eh\eta\frac{1}{L_w}\right) - 0\left(Eh\eta\frac{1}{L_w}\frac{hR}{L_w^2}\frac{h}{R}\right) + 0(p^\beta) = 0\,. \end{aligned} \tag{6.1.19}$$

Deren Abschätzung mittels (6.1.4), (6.1.13) zeigt, daß der Einfluß der Querkräfte um den Faktor λ kleiner ausfällt als derjenige der Dehnungskräfte und somit gemäß (6.1.1) unterdrückt werden darf:

$$n^{(\alpha\beta)}|_\alpha + p^\beta = 0. \tag{6.1.20}$$

Diese Näherung wurde bereits 1933 von *L.H. Donnell* für Kreiszylinderschalen begründet [36]. Führt man schließlich eine analoge Umformung und Abschätzung auch mit der Kräftegleichgewichtsbedingung (4.1.11) durch:

$$\begin{aligned} n^{(\alpha\beta)}b_{\alpha\beta} + q^\alpha|_\alpha + p^3 &= n^{(\alpha\beta)}b_{\alpha\beta} + m^{(\rho\alpha)}|_{\rho\alpha} + p^3 \\ &= 0\left(Eh\eta\frac{1}{R}\right) + 0\left(Eh\eta\frac{1}{R}\frac{hR}{L_w^2}\frac{hR}{L_w^2}\right) + 0(p^3) = 0\,, \end{aligned} \tag{6.1.21}$$

so wird deutlich, daß in diesem Fall der Querkraftanteil wegen (6.1.4) von gleicher Größenordnung ist und somit beibehalten werden muß.

Damit sind auch die Gleichgewichtsbedingungen der Theorie flacher Schalen formuliert. Abschließend seien noch die Verdrehungskomponenten (4.1.21) in ihrer durch (6.1.10) vereinfachten Form ergänzt:

$$\omega^\alpha = \epsilon^{\beta\alpha} w_\beta = -\epsilon^{\beta\alpha} v_{3,\beta}\,. \tag{6.1.22}$$

6.1.3 Das Prinzip der virtuellen Verschiebungen und die vorschreibbaren Randvariablen

Bereits im Abschnitt 4.4.5 hatten wir durch die Symmetrie der Suboperatoren des Bildes 4.16 nachweisen können, daß die Theorie flacher Schalen eine mechanisch konsistente Näherung darstellt. Diese Eigenschaft wollen wir nun anhand des Prinzips der virtuellen Verschiebungen aus der Sicht der Variationsrechnung bestätigen und auf die vorschreibbaren Randvariablen ausweiten.

Hierzu denken wir uns in Anlehnung an den Abschnitt 3.4.1 eine beliebig belastete Schale, deren Tragwerksrand C in den Randteil C_t, auf welchem die Randkraftgrößen vorgeschrieben seien, und in den Randteil $C_r = C - C_t$ mit vorgegebenen Randverschiebungen unterteilt sei. Längs C_r gilt somit:

$$[\delta v_t = \delta v_u = \delta v_3 = \delta\omega_t]_{C_r} = 0. \tag{6.1.23}$$

Unter Einbeziehung von (6.1.14) sowie (6.1.23) übernehmen wir nun aus Abschnitt 4.1.5 das Prinzip der virtuellen Verschiebungen (4.1.77):

$$\int_{C_t} (\tilde{n}_t^0 \delta v_t + \tilde{n}_u^0 \delta v_u + \tilde{n}_3^0 \delta v_3 + m_t^0 \delta \omega_t)\, ds + [m_u \delta v_3]_{C_t}$$

$$+ \iint_F (p^\beta \delta v_\beta + p^3 \delta v_3)\, dF - \iint_F (n^{(\alpha\beta)} \delta \alpha_{(\alpha\beta)} + m^{(\alpha\beta)} \delta \omega_{(\alpha\beta)})\, dF = 0, \qquad (6.1.24)$$

worin die vorgegebenen Randwerte der Kräftevariablen längs C_t durch $\tilde{n}_t^0$, $\tilde{n}_u^0$, $\tilde{n}_3^0$ sowie m_t^0 gekennzeichnet sind. (6.1.24) wird sodann unter Beachtung des ersten (6.1.11) sowie des zweiten (6.1.12) Verzerrungstensors und der Symmetrie von $n^{(\alpha\beta)}$ folgendermaßen umgeformt:

$$\int_{C_t} (\tilde{n}_t^0 \delta v_t + \tilde{n}_u^0 \delta v_u + \tilde{n}_3^0 \delta v_3 + m_t^0 \delta \omega_t)\, ds + [m_u \delta v_3]_{C_t}$$

$$+ \iint_F (p^\beta \delta v_\beta + p^3 \delta v_3 - n^{(\alpha\beta)} \delta v_\beta|_\alpha + b_{\alpha\beta} n^{(\alpha\beta)} \delta v_3 + m^{(\alpha\beta)} \delta v_3|_{\beta\alpha})\, dF = 0. \qquad (6.1.25)$$

Im Flächenintegral von (6.1.25) sind noch die beiden Ableitungen $\delta v_\beta|_\alpha$ und $\delta v_3|_{\beta\alpha}$ zu eliminieren. Aus:

$$\iint_F n^{(\alpha\beta)} \delta v_\beta|_\alpha dF = \iint_F (n^{(\alpha\beta)} \delta v_\beta)|_\alpha\, dF - \iint_F n^{(\alpha\beta)}|_\alpha \delta v_\beta dF$$

entsteht bei Anwendung des *Gauß*schen Integralsatzes (1.5.16):

$$\iint_F n^{(\alpha\beta)} \delta v_\beta|_\alpha dF = \oint_C n^{(\alpha\beta)} u_\alpha \delta v_\beta ds - \iint_F n^{(\alpha\beta)}|_\alpha \delta v_\beta dF. \qquad (6.1.26)$$

Unter Verwendung von (6.1.10) und im Vorgriff auf (6.1.18) gilt entsprechend für:

$$\iint_F m^{(\alpha\beta)} (\delta v_3|_\beta)|_\alpha dF = \oint_C m^{(\alpha\beta)} u_\alpha \delta v_3|_\beta ds - \iint_F m^{(\alpha\beta)}|_\alpha \delta v_3|_\beta dF$$

$$= -\oint_C m^{(\alpha\beta)} u_\alpha \delta w_\beta ds - \iint_F q^\alpha \delta v_3|_\alpha dF \qquad (6.1.27)$$

sowie analog für:

$$\iint_F q^\alpha \delta v_3|_\alpha dF = \oint_C q^\alpha u_\alpha \delta v_3 ds - \iint_F q^\alpha|_\alpha \delta v_3 dF. \qquad (6.1.28)$$

Werden diese Ergebnisse in (6.1.25) substituiert, so entsteht

$$\int\limits_{C_t} (\tilde{n}_t^0 \delta v_t + \tilde{n}_u^0 \delta v_u + \tilde{n}_3^0 \delta v_3 + m_t^0 \delta \omega_t)\, ds + [m_u \delta v_3]_{C_t}$$

$$+ \iint\limits_F [(n^{(\alpha\beta)}|_\alpha + p^\beta)\, \delta v_\beta + (n^{(\alpha\beta)} b_{\alpha\beta} + q^\alpha|_\alpha + p^3)\, \delta v_3]\, dF - \delta^* A_C = 0 \tag{6.1.29}$$

unter Berücksichtigung von (6.1.23) sowie mit der Abkürzung:

$$\delta^* A_C = \int\limits_{C_t} (n^{(\alpha\beta)} \delta v_\beta + m^{(\alpha\beta)} \delta w_\beta + q^\alpha \delta v_3) u_\alpha\, ds\,. \tag{6.1.30}$$

Im Zuge der weiteren Umformungen führen wir in (6.1.30) gemäß (4.1.21) den Ausdruck

$$\delta w_\beta = \epsilon_{\beta\lambda} \delta \omega^\lambda \tag{6.1.31}$$

ein und transformieren sodann die tensoriellen Komponenten δv_β und $\delta\omega^\lambda$ entsprechend (4.1.50) in ihre zugehörigen skalaren hinsichtlich **t** und **u**. Damit ergibt sich:

$$\delta^* A_C = \int\limits_{C_t} [(n^{(\alpha\beta)} u_\alpha t_\beta)\, \delta v_t + (n^{(\alpha\beta)} u_\alpha u_\beta)\, \delta v_u + (q^\alpha u_\alpha)\, \delta v_3$$

$$+ (m^{(\alpha\beta)} u_\alpha u_\beta)\, \delta \omega_t - (m^{(\alpha\beta)} u_\alpha t_\beta)\, \delta \omega_u]\, ds\,, \tag{6.1.32}$$

wobei noch (1.5.6) berücksichtigt wurde. Da hierin die Verdrehungskomponente $\delta\omega_u$ laut (4.1.48) und (6.1.22) die Beziehung

$$\delta \omega_u = \epsilon^{\alpha\beta} u_\alpha \delta v_{3,\beta} = \delta v_{3,\beta} t^\beta = \frac{\partial \delta v_3}{\partial s} \tag{6.1.33}$$

erfüllt und somit eine abhängige Randvariable darstellt, wird sie – wie im Abschnitt 4.1.4 – durch partielle Integration eliminiert:

$$\int\limits_{C_t} (m^{(\alpha\beta)} u_\alpha t_\beta)\, \delta \omega_u\, ds = \int\limits_{C_t} (m^{(\alpha\beta)} u_\alpha t_\beta)\, \frac{\partial \delta v_3}{\partial s}\, ds$$

$$= [m^{(\alpha\beta)} u_\alpha t_\beta \delta v_3]_{C_t} - \int\limits_{C_t} \frac{\partial}{\partial s} (m^{\alpha\beta} u_\alpha t_\beta)\, \delta v_3\, ds\,. \tag{6.1.34}$$

Führt man nun dieses Ergebnis in (6.1.32) und beides weiter in (6.1.29) ein, so erhält man nach Bündelung aller zusammengehörigen Glieder abschließend:

$$\int\limits_{C_t} \Big[(\tilde{n}_t^0 - n^{(\alpha\beta)} u_\alpha t_\beta)\, \delta v_t + (\tilde{n}_u^0 - n^{(\alpha\beta)} u_\alpha u_\beta)\, \delta v_u + \left(\tilde{n}_3^0 - q^\alpha u_\alpha - \frac{\partial}{\partial s} (m^{\alpha\beta} u_\alpha t_\beta) \right) \delta v_3$$

$$+ (m_t^0 - m^{(\alpha\beta)} u_\alpha u_\beta)\, \delta \omega_t \Big]\, ds + [(m_u + m^{(\alpha\beta)} u_\alpha t_\beta)\, \delta v_3]_{C_t}$$

$$+ \iint\limits_F [(n^{(\alpha\beta)}|_\alpha + p^\beta)\, \delta v_\beta + (n^{(\alpha\beta)} b_{\alpha\beta} + q^\alpha|_\alpha + p^3)\, \delta v_3]\, dF = 0. \tag{6.1.35}$$

Nach dem Fundamentallemma der Variationsrechnung erfordert die Erfüllung dieser Extremalbedingung das identische Verschwinden aller runden Klammerausdrücke. Aus dem Flächenintegral in (6.1.35) entstehen somit als *Euler*sche Gleichungen die beiden Kräftegleichgewichtsbedingungen (6.1.20, 21), wobei daran erinnert sei, daß die Momentengleichgewichtsbedingung (6.1.18) bereits im Sinne einer Abkürzung verwandt wurde. Das Linienintegral liefert uns die längs C_t zu erfüllenden Randbedingungen

$$n_t = \tilde{n}_t^0, \quad n_u = \tilde{n}_u^0, \quad \tilde{n}_3 = \tilde{n}_3^0, \quad m_t = m_t^0$$

mit dem System der vorschreibbaren Randkraftgrößen:

$$\begin{aligned} n_t &= n^{(\alpha\beta)} u_\alpha t_\beta , \\ n_u &= n^{(\alpha\beta)} u_\alpha u_\beta , \\ \tilde{n}_3 &= n_3 - \frac{\partial m_u}{\partial s} = q^\alpha u_\alpha - m_{u,\alpha} t^\alpha , \\ m_t &= m^{(\alpha\beta)} u_\alpha u_\beta . \end{aligned} \tag{6.1.36}$$

Außerdem erhalten wir die bekannte Kopplung

$$m_u = -m^{(\alpha\beta)} u_\alpha t_\beta \tag{6.1.37}$$

für das Drillmoment. Durch Vergleich mit (4.1.55) wird gleichzeitig deutlich, daß in der Theorie flacher Schalen die vorschreibbaren tangentialen Randkräfte mit den wirklichen Kraftresultierenden n_t, n_u übereinstimmen. Ein Drillmomentenanteil tritt zufolge der in (6.1.33) verwendeten Näherung nur noch in der Komponente $\tilde{n}_3$ auf, die genau der bekannten Ersatzscherkraft der Plattentheorie entspricht.

Die (6.1.36) zugeordneten Verschiebungs-Randvariablen werden durch v_t, v_u, v_3 und ω_t beschrieben, wofür entsprechend (4.1.47, 48) sowie der für w_α geltenden Näherung (6.1.10) folgende Zusammenhänge bestehen:

$$\begin{aligned} v_t &= v^\alpha t_\alpha = v_\alpha t^\alpha , \\ v_u &= v^\alpha u_\alpha = v_\alpha u^\alpha , \\ v_3 &= v^3 , \\ \omega_t &= w_\alpha u^\alpha = -\frac{\partial v_3}{\partial \Theta^\alpha} u^\alpha = -\frac{\partial v_3}{\partial n} . \end{aligned} \tag{6.1.38}$$

Selbstverständlich sind alle Randvariablen erneut im Sinne korrespondierender Variablen zu verstehen, von denen je Zeile (6.1.36, 38) nur jeweils *eine* vorschreibbar ist. Hierzu sei auf die Randbedingungsauswahl der Tafel 4.1 verwiesen. Abschließend werden sämtliche Ergebnisse der beiden Abschnitte 6.1.2 und 6.1.3 in Tafel 6.1 zusammengefaßt.

6.1.4 Differentialgleichungen und Differentialgleichungssysteme dünner oder schwach gekrümmter Tragwerke

Rückblickend auf den bisherigen Inhalt dieses Kapitels wird der Leser vergeblich nach einer Rechtfertigung für die Benennung *Theorie flacher Schalen* suchen. Bisher wurde nämlich aus den allgemeinen Schalengrundgleichungen der Tafel 4.3, der sogenannten ersten Approxima-

<table>
<tr><td colspan="2">1. Prinzip der virtuellen Verschiebungen:</td></tr>
<tr><td colspan="2">$\iint_F \boldsymbol{p} \cdot \delta \boldsymbol{v} dF + \oint_C (\tilde{\boldsymbol{n}} \cdot \delta \boldsymbol{v} + \boldsymbol{m}_t \cdot \delta \boldsymbol{\omega}_t) ds + [m_u \delta v_3]_C - \iint_F (n^{(\alpha\beta)} \delta \alpha_{(\alpha\beta)} + m^{(\alpha\beta)} \delta \omega_{(\alpha\beta)}) dF = 0$</td></tr>
<tr><td colspan="2">2. Äußere mechanische Variablen:</td></tr>
<tr><td>$\boldsymbol{p} = p^\alpha \boldsymbol{a}_\alpha + p^3 \boldsymbol{a}_3$</td><td>$\boldsymbol{v} = v_\alpha \boldsymbol{a}^\alpha + v_3 \boldsymbol{a}^3$</td></tr>
<tr><td colspan="2">3. Innere mechanische Variablen:</td></tr>
<tr><td>$n^{(\alpha\beta)} = n^{\alpha\beta}$; $m^{(\alpha\beta)} = m^{\alpha\beta}$</td><td>$\alpha_{(\alpha\beta)}$; $\omega_{(\alpha\beta)}$</td></tr>
<tr><td colspan="2">4. Randvariablen:</td></tr>
<tr><td>$\tilde{\boldsymbol{n}} = n_t \boldsymbol{t} + n_u \boldsymbol{u} + \tilde{n}_3 \boldsymbol{a}_3$;
$\boldsymbol{m}_t = m_t \boldsymbol{t}$</td><td>$\boldsymbol{v} = v_t \boldsymbol{t} + v_u \boldsymbol{u} + v_3 \boldsymbol{a}_3$;
$\boldsymbol{\omega}_t = \omega_t \boldsymbol{t}$</td></tr>
<tr><td colspan="2">5. Feldgleichungen:</td></tr>
<tr><td>$-p^\beta = n^{(\alpha\beta)}|_\alpha$
$-p^3 = n^{(\alpha\beta)} b_{\alpha\beta} + m^{(\alpha\lambda)}|_{\alpha\lambda}$</td><td>$\alpha_{(\alpha\beta)} = \frac{1}{2}(v_\alpha|_\beta + v_\beta|_\alpha - 2b_{\alpha\beta} v_3)$
$\omega_{(\alpha\beta)} = -v_3|_{\alpha\beta}$</td></tr>
<tr><td colspan="2">6. Formänderungsenergiedichte isotroper Tragwerke:</td></tr>
<tr><td colspan="2">$\pi_i = \frac{1}{2}(DH^{\alpha\beta\lambda\mu} \alpha_{(\alpha\beta)} \alpha_{(\lambda\mu)} + BH^{\alpha\beta\lambda\mu} \omega_{(\alpha\beta)} \omega_{(\lambda\mu)}) = \frac{1}{2}(n^{(\alpha\beta)} \alpha_{(\alpha\beta)} + m^{(\alpha\beta)} \omega_{(\alpha\beta)})$</td></tr>
<tr><td colspan="2">7. Konstitutive Beziehungen isotroper Tragwerke:</td></tr>
<tr><td colspan="2">$n^{(\alpha\beta)} = \frac{\partial \pi_i}{\partial \alpha_{(\alpha\beta)}} = DH^{\alpha\beta\lambda\mu} \alpha_{(\lambda\mu)}$; $m^{(\alpha\beta)} = \frac{\partial \pi_i}{\partial \omega_{(\alpha\beta)}} = BH^{\alpha\beta\lambda\mu} \omega_{(\lambda\mu)}$</td></tr>
<tr><td colspan="2">8. Vorschreibbare Randbedingungen:</td></tr>
<tr><td>$\tilde{\boldsymbol{n}}^\circ = n^{(\alpha\beta)} u_\alpha t_\beta \boldsymbol{t}$
$+ n^{(\alpha\beta)} u_\alpha u_\beta \boldsymbol{u}$
$+ (m^{(\lambda\alpha)}|_\lambda u_\alpha + (m^{(\alpha\beta)} u_\alpha t_\beta)|_\lambda t^\lambda) \boldsymbol{a}_3$;
$\boldsymbol{m}_t^\circ = m^{(\alpha\beta)} u_\alpha u_\beta \boldsymbol{t}$
Eckkraft: $E_3 = -m^{(\alpha\beta)} [u_\alpha t_\beta]_{-a}^{+a}$</td><td>$\boldsymbol{v}^\circ = v_\alpha t^\alpha \boldsymbol{t} + v_\alpha u^\alpha \boldsymbol{u} + v_3 \boldsymbol{a}_3$;

$\boldsymbol{\omega}_t^\circ = -v_{3,\alpha} u^\alpha \boldsymbol{t} = -v_{3,n} \boldsymbol{t}$</td></tr>
</table>

Tafel 6.1 Mechanische Variablen und Bestimmungsgleichungen einer konsistenten Theorie flacher Schalen (Donnell-Marguerre) vom Kirchhoff-Love-Typ

tion, lediglich eine Version abgeschwächter Approximationsschärfe hergeleitet, die Glieder der Größenordnung λ und λ^* konsequent unterdrückt. Diese Theorie darf immer dann ohne Erwartung eines Genauigkeitsverlustes angewendet werden, wenn der Wert $\sqrt{h/R}$ die Restwerte des Parameters Θ (4.2.19) stark unterschreitet:

$$\sqrt{\frac{h}{R}} \ll \Theta = \max\left\{\frac{h}{d}, \frac{h}{L_w}, \sqrt{\eta}\right\}, \tag{6.1.39}$$

was für alle sehr dünnen oder sehr schwach gekrümmten Flächentragwerke zutrifft. Genau dies ist von *Donnell* [36] 1933, vor *Marguerre* [103] und *Wlassow* [168], zutreffend beschrieben worden.

Von Schalentheorien dieser Approximationsstufe *Donnell-Marguerre* bzw. *Donnell-Wlassow* sind natürlich ebenfalls wieder die bekannten asymptotischen Grenzfälle – Membrantheorie und Theorie dehnungsloser Verbiegungen – abspaltbar. Interessanterweise fallen für sie alle Formulierungsvarianten des Kapitels 4 zu einer einzigen zusammen (siehe auch Abschnitt 7.1.1). Die in den Abschnitten 4.1.6, 4.3.4 und 4.3.5 behandelten Theorievarianten vom *Kirchhoff-Love*-Typ gehören somit einer höheren Approximationsstufe an, für die die Näherungsannahmen des Abschnittes 6.1.1 nicht zutreffen.

Bisher unberücksichtigt geblieben war die Annahme d) einer (näherungsweise) *euklidischen* Mittelflächengeometrie. Mit ihr wird die Reihenfolge der kovarianten Ableitungen vertauschbar, wodurch im folgenden die Grundgleichungen des Abschnittes 6.1.2 zu einem simultanen System von zwei Differentialgleichungen vierter Ordnung zusammengefaßt werden können. In dieser für analytische Lösungen besonders vorteilhaften Darstellung wird neben der Durchbiegung v_3 die *Schnittgrößenfunktion* ϕ_3 als primäre Variable verwendet. Ihre Definition erfolgt durch

$$n^{(\alpha\beta)} = \epsilon^{\alpha\gamma}\epsilon^{\beta\rho}\phi_3|_{\gamma\rho} - k^{(\alpha\beta)}, \tag{6.1.40}$$

worin $k^{(\alpha\beta)}$ eine symmetrische Partikularlösung der inhomogenen Gleichung

$$k^{(\alpha\beta)}|_\alpha = p^\beta \tag{6.1.41}$$

darstellt. Die beiden Differentialgleichungen zur Bestimmung von v_3 und ϕ_3, eine Gleichgewichts- und eine Verträglichkeitsbedingung, werden in Anlehnung an [60] aufgestellt.

Aufgrund des *Ricci-Lemmas* ($\epsilon^{\alpha\beta}|_\lambda = 0$) sowie der Annahme (6.1.6) erfüllt die eingeführte Schnittgrößenfunktion ϕ_3 (6.1.40) die Kräftegleichgewichtsbedingungen (6.1.20) identisch. Wird in der verbleibenden Gleichgewichtsbedingung (6.1.21) der Querkraftvektor q^α durch (6.1.18) eliminiert:

$$n^{(\alpha\beta)}b_{\alpha\beta} + m^{(\alpha\beta)}|_{\alpha\beta} + p^3 = 0, \tag{6.1.42}$$

so entsteht hieraus unter Verwendung des Elastizitätsgesetzes (6.1.15, 16) der Momente sowie von (6.1.12) und (6.1.40):

$$Ba^{\alpha\beta}a^{\gamma\rho}v_3|_{\alpha\beta\gamma\rho} - \epsilon^{\alpha\gamma}\epsilon^{\beta\rho}b_{\alpha\beta}\phi_3|_{\gamma\rho} - p^3 + b_{\alpha\beta}k^{(\alpha\beta)} = 0, \tag{6.1.43}$$

wobei erneut (6.1.6) und das *Ricci-Lemma* ($H^{\alpha\beta\gamma\rho}|_{\alpha\beta} = 0$) berücksichtigt wurden.

Damit haben wir bereits eine erste Differentialgleichung vierter Ordnung für ϕ_3 und v_3 gewonnen, die durch Formulierung der Kräftegleichgewichtsbedingung der Normalenrichtung in den beiden Lösungsfunktionen entstanden ist. Zur Herleitung einer weiteren Bestimmungsgleichung überschieben wir die zweifache kovariante Ableitung der kinematischen Beziehung (6.1.11):

$$\begin{aligned}\alpha_{\lambda\mu}|_{\alpha\beta} = \frac{1}{2}(&v_\lambda|_{\mu\alpha\beta} + v_\mu|_{\lambda\alpha\beta} - 2b_{\lambda\mu}|_{\alpha\beta}v_3 - 2b_{\lambda\mu}|_\alpha v_3|_\beta \\ &- 2b_{\lambda\mu}|_\beta v_3|_\alpha - 2b_{\lambda\mu}v_3|_{\alpha\beta})\end{aligned} \tag{6.1.44}$$

mit $\epsilon^{\lambda\alpha}\epsilon^{\mu\beta}$. Unter Beachtung von (6.1.6) sowie (1.4.52) verbleibt nur das letzte Glied der rechten Seite und man erhält:

$$\epsilon^{\lambda\alpha}\epsilon^{\mu\beta}(\alpha_{\lambda\mu}|_{\alpha\beta} - b_{\lambda\beta}v_3|_{\mu\alpha}) = 0. \tag{6.1.45}$$

Diese Kopplung zwischen dem ersten Verzerrungstensor $\alpha_{\alpha\beta}$ und der Durchbiegung v_3 stellt eine *Verträglichkeitsbedingung* für beide Variablen dar. Mit dem durch (6.1.40) ergänzten inversen Elastizitätsgesetz (6.1.15)

$$\alpha_{\lambda\mu} = \frac{G_{\lambda\mu\xi\eta}}{D}(\epsilon^{\xi\gamma}\epsilon^{\eta\rho}\phi_3|_{\gamma\rho} - k^{(\xi\eta)})$$

sowie mit (6.1.17) entsteht hieraus:

$$\epsilon^{\lambda\alpha}\epsilon^{\mu\beta}\epsilon^{\xi\gamma}\epsilon^{\eta\rho}G_{\lambda\mu\xi\eta}\phi_3|_{\alpha\beta\gamma\rho} - \frac{Eh}{(1-\nu^2)}\epsilon^{\lambda\alpha}\epsilon^{\mu\beta}b_{\lambda\beta}v_3|_{\mu\alpha} - G_{\lambda\mu\xi\eta}\epsilon^{\lambda\alpha}\epsilon^{\mu\beta}k^{(\xi\eta)}|_{\alpha\beta} = 0,$$

nach Umformung des ersten Gliedes gemäß (6.1.16), (1.3.10):

$$\epsilon^{\lambda\alpha}\epsilon^{\mu\beta}\epsilon^{\xi\gamma}\epsilon^{\eta\rho}G_{\lambda\mu\xi\eta}\phi_3|_{\alpha\beta\gamma\rho} = \frac{1}{2(1-\nu)}\left[a^{\alpha\gamma}a^{\beta\rho} + a^{\alpha\rho}a^{\beta\gamma} - \frac{2\nu}{1+\nu}a^{\alpha\beta}a^{\gamma\rho}\right]\phi_3|_{\alpha\beta\gamma\rho}$$

$$= \frac{1}{1-\nu^2}a^{\alpha\beta}a^{\gamma\rho}\phi_3|_{\alpha\beta\gamma\rho}$$

sowie nach Umbenennung einiger Indizes:

$$a^{\alpha\beta}a^{\gamma\rho}\phi_3|_{\alpha\beta\gamma\rho} + Eh\,\epsilon^{\alpha\gamma}\epsilon^{\beta\rho}b_{\alpha\beta}v_3|_{\gamma\rho} - (1-\nu^2)\epsilon^{\alpha\beta}\epsilon^{\gamma\rho}G_{\alpha\gamma\xi\eta}k^{(\xi\eta)}|_{\beta\rho} = 0. \tag{6.1.46}$$

Wird sodann noch das letzte Glied gemäß (3.4.48) und (1.3.13) in

$$(1-\nu^2)\,\epsilon^{\alpha\beta}\epsilon^{\gamma\rho}G_{\alpha\gamma\xi\eta}k^{(\xi\eta)}|_{\beta\rho} = \frac{\epsilon^{\alpha\beta}\epsilon^{\gamma\rho}}{2}\left[a_{\alpha\xi}a_{\gamma\eta} + a_{\alpha\eta}a_{\gamma\xi} - \nu(\epsilon_{\alpha\xi}\epsilon_{\gamma\eta} + \epsilon_{\alpha\eta}\epsilon_{\gamma\xi})\right]k^{(\xi\eta)}|_{\beta\rho}$$

$$= \epsilon^{\alpha\beta}\epsilon^{\gamma\rho}k_{(\alpha\gamma)}|_{\beta\rho} - \nu k^{(\alpha\beta)}|_{\alpha\beta}$$

umgeformt, so entsteht schließlich:

$$a^{\alpha\beta}a^{\gamma\rho}\phi_3|_{\alpha\beta\gamma\rho} + Eh\,\epsilon^{\alpha\gamma}\epsilon^{\beta\rho}b_{\alpha\beta}v_3|_{\gamma\rho} - \epsilon^{\alpha\beta}\epsilon^{\gamma\rho}k_{(\alpha\gamma)}|_{\beta\rho} + \nu k^{(\alpha\beta)}|_{\alpha\beta} = 0. \tag{6.1.47}$$

Diese Gleichung ergänzt (6.1.43) zu einem simultanen Differentialgleichungssystem für die Variablen v_3 und ϕ_3, welches von achter Ordnung und von elliptischem Typ ist. Zu seiner Lösung müssen demnach längs C je vier Randgrößen (6.1.36, 38) im Sinne eines Randwertproblems vorgegeben werden.

Beide Differentialgleichungen enthalten den die Platten- und Scheibentheorie beherrschenden zweifachen *Laplace*-Operator vierter Ordnung:

$$\nabla^4 \ldots = a^{\alpha\beta}a^{\gamma\rho}\ldots|_{\alpha\beta\gamma\rho}, \quad (\nabla^2 \ldots = a^{\alpha\beta}\ldots|_{\alpha\beta}) \tag{6.1.48}$$

und sind durch einen Krümmungsoperator zweiter Ordnung:

$$\nabla_k^2 \ldots = \epsilon^{\alpha\gamma}\epsilon^{\beta\rho}b_{\alpha\beta}\ldots|_{\gamma\rho} \tag{6.1.49}$$

miteinander verknüpft. Für ebene Flächentragwerke ($b_{\alpha\beta} = 0$) erfolgt somit eine Entkopplung, wobei (6.1.43) das Plattenproblem und (6.1.47) das Scheibenproblem in Form der bekannten Bipotentialgleichungen beschreiben. Hieraus wird erneut offenbar, daß jedes Schalentragwerk durch seine Mittelflächenkrümmung eine Synthese von Platten- und Scheibentragwirkung aufweist. Dies wird besonders in der verbreiteten Operatorenschreibweise des Differentialgleichungssystems (6.1.43, 47) deutlich, bei der wir uns – der Übersicht halber – auf Tragwerke ohne Tangentiallasten ($p^\beta = 0 \rightarrow k^{(\alpha\beta)} = 0$) beschränken:

$$\begin{aligned} B\,\nabla^4 v_3 - \nabla_k^2\phi_3 - p^3 &= 0\,, \\ \nabla^4\phi_3 + Eh\,\nabla_k^2 v_3 &= 0\,. \end{aligned} \tag{6.1.50}$$

Die beiden Beziehungen (6.1.43, 47) sollen nun auf verschiedenen Wegen zu einer einzigen Differentialgleichung reduziert werden. Hierzu wird zunächst (6.1.43) mit 1/B und (6.1.47) mit einem noch zu bestimmenden Faktor k^* multipliziert. Nach Addition:

$$a^{\alpha\beta}a^{\gamma\rho}(v_3|_{\alpha\beta\gamma\rho} + k^*\phi_3|_{\alpha\beta\gamma\rho}) + k^*Eh\,\epsilon^{\alpha\gamma}\epsilon^{\beta\rho}b_{\alpha\beta}(v_3|_{\gamma\rho} - \frac{1}{k^*EhB}\phi_3|_{\gamma\rho})$$

$$= \frac{p^3}{B} - \frac{b_{\alpha\beta}k^{(\alpha\beta)}}{B} + k^*(\epsilon^{\alpha\beta}\epsilon^{\gamma\rho}k_{(\alpha\gamma)}|_{\beta\rho} - \nu k^{(\alpha\beta)}|_{\alpha\beta}) \qquad (6.1.51)$$

wählen wir k^* derart, daß die beiden Koeffizienten der Schnittgrößenfunktion ϕ_3 identisch werden:

$$k^* = -\frac{1}{k^*EhB}, \qquad k^{*2} = -\frac{1}{EhB} = -\frac{12(1-\nu^2)}{E^2h^4},$$

$$k^* = \pm\, i\kappa^* = \pm i\,\frac{\sqrt{12(1-\nu^2)}}{Eh^2}, \qquad i = \sqrt{-1}. \qquad (6.1.52)$$

Damit läßt der positive Parameter $k^* = +i\kappa^*$ aus (6.1.51) unter Berücksichtigung von (6.1.41) die komplexe Differentialgleichung vierter Ordnung:

$$a^{\alpha\beta}a^{\gamma\rho}\Psi_3|_{\alpha\beta\gamma\rho} + i\epsilon^*\epsilon^{\alpha\gamma}\epsilon^{\beta\rho}b_{\alpha\beta}\Psi_3|_{\gamma\rho} = q \qquad (6.1.53)$$

mit den Abkürzungen:

$$\epsilon^* = \frac{\sqrt{12(1-\nu^2)}}{h} = Eh\kappa^*,$$

$$q = \frac{p^3}{B} - i\kappa^*\nu\, p^\alpha|_\alpha - \frac{b_{\alpha\beta}k^{(\alpha\beta)}}{B} + i\kappa^*\epsilon^{\alpha\beta}\epsilon^{\gamma\rho}k_{(\alpha\gamma)}|_{\beta\rho} \qquad (6.1.54)$$

für die komplexe Lösungsfunktion

$$\Psi_3 = v_3 + i\kappa^*\phi_3 \qquad (6.1.55)$$

entstehen. Ihre Operatorform lautet entsprechend (6.1.48, 49):

$$\nabla^4\Psi_3 + i\epsilon^*\nabla_k^2\Psi_3 = (\nabla^4 + i\epsilon^*\nabla_k^2)\,\Psi_3 = q\,. \qquad (6.1.56)$$

Der negative Parameter $k^* = -i\kappa^*$ führt in analoger Weise auf die zu (6.1.53) konjugierte Gleichung für die zu (6.1.55) konjugiert komplexe Lösungsfunktion. Als deren Realteil tritt die Durchbiegung v_3, als deren Imaginärteil – bis auf den Faktor κ^* – die Schnittgrößenfunktion ϕ_3 auf. Aus beiden können die Schnittgrößen $n^{(\alpha\beta)}$, $m^{(\alpha\beta)}$ und q^α entsprechend (6.1.40), (6.1.12, 15) und (6.1.18) berechnet werden. Zur Transformation in physikalische Komponenten dienen die Beziehungen (4.1.9).

Diese Reduktion des Differentialgleichungssystems (6.1.43), (6.1.47) zu einer komplexen Differentialgleichung vierter Ordnung (6.1.53) geht – für flache Kugelschalen – auf *Reissner* [135] zurück und wurde von *Green/Zerna* [60] in der wiedergegebenen Form verallgemeinert. Für Mittelflächen zweiter Ordnung finden sich weitere Reduktionswege bei *Wlassow* [167], die in einer verallgemeinerten Form ebenfalls vorgestellt und dabei – soweit notwendig – lösungstechnisch richtiggestellt werden sollen*.

* Wlassow übersah den Lösungsanteil H_3^* in (6.1.62).

Als erstes führen wir den Lösunganansatz

$$v_3 = a^{\epsilon\delta} a^{\lambda\mu} F_3^*|_{\epsilon\delta\lambda\mu} \tag{6.1.57}$$

in die zweite Differentialgleichung (6.1.47) ein:

$$a^{\alpha\beta} a^{\gamma\rho} \phi_3|_{\alpha\beta\gamma\rho} + Eh\,\epsilon^{\epsilon\lambda}\epsilon^{\delta\mu} b_{\epsilon\delta}\, a^{\alpha\beta} a^{\gamma\rho} F_3^*|_{\alpha\beta\gamma\rho\lambda\mu} = 0, \tag{6.1.58}$$

der Übersicht halber erneut unter dem Vorbehalt $p^\beta = 0$, d.h. $k^{(\alpha\beta)} = 0$. Beschränken wir uns außerdem auf kovariant schwach veränderliche Mittelflächen [95, 96] konstanter Dehnsteifigkeit

$$b_{\epsilon\delta}|_\sigma = (Eh)_{,\sigma} \approx 0, \tag{6.1.59}$$

so entsteht hieraus die homogene Bipotentialgleichung

$$\nabla^4 H_3 = a^{\alpha\beta} a^{\gamma\rho} H_3|_{\alpha\beta\gamma\rho} = 0 \tag{6.1.60}$$

für die skalare Funktion:

$$H_3 = \phi_3 + Eh\,\epsilon^{\epsilon\lambda}\epsilon^{\delta\mu} b_{\epsilon\delta} F_3^*|_{\lambda\mu} = \phi_3 + Eh\,\nabla_k^2 F_3^*. \tag{6.1.61}$$

Deren Lösung läßt sich folgendermaßen darstellen:

$$\phi_3 = -Eh\,\epsilon^{\epsilon\lambda}\epsilon^{\delta\mu} b_{\epsilon\delta} F_3^*|_{\lambda\mu} + H_3^*, \tag{6.1.62}$$

wobei H_3^* die allgemeine Lösungsfunktion der homogenen Bipotentialgleichung abkürzt. Eliminiert man nun v_3 und ϕ_3 durch (6.1.57, 62) aus der ersten Differentialgleichung (6.1.43), so entsteht unter erneuter Verwendung der Voraussetzung (6.1.59) eine einzige partielle, inhomogene Differentialgleichung achter Ordnung

$$\begin{aligned} B\, a^{\alpha\beta} a^{\gamma\rho} a^{\epsilon\delta} a^{\lambda\mu} F_3^*|_{\alpha\beta\gamma\rho\epsilon\delta\lambda\mu} &+ Eh\,\epsilon^{\alpha\gamma}\epsilon^{\beta\rho} b_{\alpha\beta}\epsilon^{\epsilon\lambda}\epsilon^{\delta\mu} b_{\epsilon\delta} F_3^*|_{\gamma\rho\lambda\mu} \\ &- \epsilon^{\alpha\gamma}\epsilon^{\beta\rho} b_{\alpha\beta} H_3^*|_{\gamma\rho} - p^3 = 0 \end{aligned} \tag{6.1.63}$$

für die reelle Lösungsfunktion F_3^*. Ihre Operatorenschreibweise lautet:

$$B\nabla^4\nabla^4 F_3^* + Eh\,\nabla_k^2\nabla_k^2 F_3^* - \nabla_k^2 H_3^* - p^3 = 0. \tag{6.1.64}$$

Nach Ermittlung ihrer allgemeinen Lösung sowie eines geeigneten partikulären Integrals der inhomogenen Gleichung können die ursprünglichen Variablen v_3 und ϕ_3 gemäß (6.1.57, 62) aus F_3^* berechnet werden.

Die umgekehrte Eliminationsstrategie führen wir in Operatorenschreibweise vor. Der Lösungsansatz

$$\phi_3 = \nabla^4 F_3^{**} \tag{6.1.65}$$

transformiert die erste Differentialgleichung (6.1.50) unter der Voraussetzung $B_{,\sigma} \approx 0$ in die inhomogene Bipotentialgleichung:

$$\nabla^4\left(v_3 - \frac{1}{B}\nabla_k^2 F_3^{**}\right) = \nabla^4 G_3 = \frac{p^3}{B}, \tag{6.1.66}$$

deren vollständige Lösung unter Verwendung der allgemeinen Lösungsfunktion G_3^* der homogenen Differentialgleichung sowie eines partikulären Integrals G_3^{**} der inhomogenen Gleichung folgendermaßen dargestellt werden kann:

$$v_3 = \frac{1}{B}\nabla_k^2 F_3^{**} + G_3^* + G_3^{**}. \tag{6.1.67}$$

Eliminiert man nun mittels (6.1.65, 67) v_3 und ϕ_3 aus der zweiten Beziehung (6.1.50), so führt dies erneut auf eine partielle Differentialgleichung achter Ordnung

$$\nabla^4\nabla^4 F_3^{**} + \frac{Eh}{B}\nabla_k^2\nabla_k^2 F_3^{**} + Eh\nabla_k^2(G_3^* + G_3^{**}) = 0, \tag{6.1.68}$$

deren Aufbau mit dem von (6.1.64) fast identisch ist. Im Zuge der Herleitung von (6.1.66) wurde übrigens die Identität der beiden Produktoperatoren

$$\nabla^4\nabla_k^2 \ldots = \nabla_k^2\nabla^4 \ldots$$

verwendet, was der Annahme kovariant schwach veränderlicher Mittelflächen (6.1.59) entspricht. Nach Lösung von (6.1.68) können die ursprünglichen Variablen v_3 und ϕ_3 gemäß (6.1.65, 67) aus F_3^{**} sowie G_3^*, G_3^{**} berechnet werden.

Die Differentialgleichungen (6.1.50) und (6.1.56) gelten im Rahmen der *Donnell-Marguerre*schen Approximationsstufe für jede Mittelflächengeometrie, (6.1.64) und (6.1.68) mit leichten Einschränkungen. Ein übereinstimmender Gleichungsaufbau kann auch für anisotrope Werkstoffe und für Mehrschichtenschalen erreicht werden [4, 7].

Abschließend wollen wir noch einen kurzen Blick auf die im Differentialgleichungssystem (6.1.50) bzw. in der äquivalenten komplexen Differentialgleichung (6.1.56) versteckten Grenzfälle werfen, der Übersicht halber erneut für $p^\beta = 0$. Für $b_{\alpha\beta} = 0$ verschwindet der Operator ∇_k^2 und wir erhalten die bekannten Platten- und Scheibengleichungen für *ebene Flächentragwerke*:

$$B\nabla^4 v_3 = p^3, \qquad \nabla^4\phi_3 = 0. \tag{6.1.69}$$

Grundgleichungen der *Membrantheorie* entstehen laut (4.4.22) für $B \to 0$ ($b_{\alpha\beta} \neq 0$):

$$\nabla_k^2\phi_3 = -p^3, \qquad \nabla_k^2 v_3 = -\frac{1}{Eh}\nabla^4\phi_3; \tag{6.1.70}$$

solche der *Theorie dehnungsloser Verformungen* lassen sich entsprechend (4.4.35) durch den Grenzübergang $Eh \to \infty$ ($b_{\alpha\beta} \neq 0$) gewinnen:

$$\nabla_k^2\phi_3 = B\nabla^4 v_3 - p^3, \quad \nabla_k^2 v_3 = 0. \tag{6.1.71}$$

Die bereits durch (6.1.55) eingeführte komplexe Lösungsfunktion

$$\Psi_3 = v_3 + i\kappa^*\phi_3$$

transformiert diese Einzelbeziehungen in folgende erneut komplexe Differentialgleichungen:

$$\begin{aligned} b_{\alpha\beta} \equiv 0: &\qquad \nabla^4\Psi_3 = \frac{p^3}{B}, \\ b_{\alpha\beta} \neq 0, \quad B \to 0: &\qquad \nabla_k^2\Psi_3 = -\frac{1}{Eh}\nabla^4\phi_3 - i\kappa^* p^3, \\ Eh \to \infty: &\qquad \nabla_k^2\Psi_3 = i\kappa^*(B\nabla^4 v_3 - p^3). \end{aligned} \tag{6.1.72}$$

Die Grenzfälle der Membrantheorie und der Theorie dehnungsloser Verbiegungen entstehen hier in einer auffallenden dualen Form (6.1.70, 71), die eine sukzessive Berechnung beider Lösungsfunktionen aus simultanen Differentialgleichungen ermöglicht. Bei der Bewertung der entstehenden Näherungslösungen ist jedoch zu beachten, daß aus ϕ_{3M} zwar ein Membranverschiebungsfeld v_{3M} ermittelt werden kann, dessen zweifache Ableitungen dürfen jedoch keine Momente $m^{\alpha\beta}$ hervorrufen. Diese wären nämlich nicht im Gleichgewicht! Ebenso wäre selbstverständlich auch eine Schnittgrößenfunktion ϕ_{3B} als Folge einer dehnungslosen Verbiegung v_{3B} zulässig. Dehnungskräfte dürfen aus ihr jedoch ebenfalls nicht berechnet werden, da ihre Dehnungen mit v_{3B} unverträglich wären [76]. Diesem Dilemma kann man im Grunde nur im Rahmen der in den Abschnitten 4.4.3 und 4.4.4 enthaltenen mechanisch vollständigen Näherungstheorien entgehen. Abweichend hiervon könnte man allerdings auch beide Grenzfälle als Näherungen ausschließlich für Teilprobleme betrachten, d.h. die Membrantheorie approximiert lediglich das Gleichgewicht, die Theorie dehnungsloser Verbiegungen lediglich das homogene Verformungsfeld:

$$\nabla_K^2 \phi_3 = -p^3, \qquad \nabla_K^2 v_3 = 0. \tag{6.1.73}$$

6.1.5 Flachheit der Schalenmittelfläche

Sämtliche Differentialgleichungen des Abschnittes 6.1.4 setzen die Vertauschbarkeit der zweifachen kovarianten Ableitungen (6.1.6) voraus. Diese ist für Tragwerke *euklidischer* Mittelflächengeometrie, d.h. für solche mit verschwindender *Gauß*scher Krümmung ($K = 0$: Ebenen, Zylinderflächen, ...) grundsätzlich erfüllt. Für alle anderen Flächen ($K \neq 0$) kann diese Forderung nur im Sinne einer Näherung erhoben werden. Zu ihrer Veranschaulichung ordnen wir der Schalenmittelfläche F erneut eine Grundrißebene $\overline{F}$ zu, auf der das Koordinatennetz Θ^α umkehrbar eindeutig abbildbar ist, und beschreiben F von $\overline{F}$ aus im Sinne der im Abschnitt 1.5.3 verwendeten Parallelprojektion (Bild 1.10).

Wählen wir auf der Projektionsebene $\overline{F}$ vorübergehend Längenkoordinaten, erneut mit den Eigenschaften (6.1.8), so beschreiben die Ableitungen $x^3{}_{,\alpha}$ die Neigungen φ_α der Basisvektoren $\mathbf{a}_\alpha$ auf F gegen ihre Projektionen $\bar{\mathbf{a}}_\alpha$ auf $\overline{F}$. Diese setzen wir nun als so klein voraus, daß ihr Quadrat gegenüber der Einheit vernachlässigt werden darf:

$$1 + x^3{}_{,\alpha} x^3{}_{,\beta} = 1 + x^3|_\alpha x^3|_\beta \approx 1, \quad x^3{}_{,\alpha} = \tan \varphi_\alpha . \tag{6.1.74}$$

Aus (6.1.1) folgt hieraus die Größenordnungsbeziehung:

$$x^3{}_{,\alpha} = 0\left(\sqrt{\frac{h}{R}}\right). \tag{6.1.75}$$

Überträgt man sodann die Näherung (6.1.74) auf allgemeine Grundrißkoordinaten in $\overline{F}$, so lassen sich aus den Beziehungen (1.5.26) bis (1.5.35) oder auch (5.3.11) bis (5.3.15) u.a. folgende Approximationen ablesen:

$$\mathbf{a}_\alpha = \bar{\mathbf{a}}_\alpha + x^3{}_{,\alpha} \bar{\mathbf{a}}_3 , \quad \mathbf{a}^\alpha \approx \bar{\mathbf{a}}^\alpha + x^3|^\alpha \bar{\mathbf{a}}_3 , \quad \mathbf{a}_3 \approx \bar{\mathbf{a}}_3 - x^3{}_{,\alpha} \bar{\mathbf{a}}^\alpha ; \tag{6.1.76}$$

$$\begin{aligned} a_{\alpha\beta} &\approx \bar{a}_{\alpha\beta} , \quad & a^{\alpha\beta} &\approx \bar{a}^{\alpha\beta}, \quad a \approx \bar{a} , \\ \epsilon_{\alpha\beta} &\approx \bar{\epsilon}_{\alpha\beta} , & \epsilon^{\alpha\beta} &\approx \bar{\epsilon}^{\alpha\beta}, \\ b_{\alpha\beta} &\approx x^3|_{\alpha\beta} , & b^\beta_\alpha &\approx x^3|^\beta_\alpha , \end{aligned} \tag{6.1.77}$$

Außerdem gilt

$$\Gamma^{\alpha}_{\beta\gamma} \approx \overline{\Gamma}^{\alpha}_{\beta\gamma}\,, \tag{6.1.78}$$

wenn (6.1.74) auch auf Produkte der Neigungsänderung ausgedehnt wird. Darin beziehen sich alle quergestrichenen Größen und die kovariante Ableitung – wie in den Abschnitten 1.5.3 und 5.3.2 – auf die Projektionsebene $\overline{F}$. Anschaulich interpretiert bewirkt das Flachheitskriterium (6.1.74) demnach, daß alle metrischen Eigenschaften von F sowie Operationen auf F durch diejenigen der Projektionsebene $\overline{F}$ ersetzt werden dürfen.

Daher gilt beispielsweise für die Elastizitätstensoren (6.1.16) die Näherung:

$$\begin{aligned} H^{\alpha\beta\lambda\mu} &\approx \frac{1-\nu}{2}\left(\bar{a}^{\alpha\lambda}\bar{a}^{\beta\mu} + \bar{a}^{\alpha\mu}\bar{a}^{\beta\lambda} + \frac{2\nu}{1-\nu}\,\bar{a}^{\alpha\beta}\bar{a}^{\lambda\mu}\right), \\ G_{\lambda\mu\rho\sigma} &\approx \frac{1}{2(1-\nu)}\left(\bar{a}_{\lambda\rho}\bar{a}_{\mu\sigma} + \bar{a}_{\lambda\sigma}\bar{a}_{\mu\rho} - \frac{2\nu}{1+\nu}\,\bar{a}_{\lambda\mu}\bar{a}_{\rho\sigma}\right), \end{aligned} \tag{6.1.79}$$

für die Ermittlung der Querkräfte aus dem Momententensor (6.1.18):

$$q^{\beta} = m^{(\alpha\beta)}|_{\alpha} \approx m^{(\alpha\beta)}{}_{,\alpha} + m^{(\rho\beta)}\overline{\Gamma}^{\alpha}_{\rho\alpha} + m^{(\alpha\rho)}\overline{\Gamma}^{\beta}_{\rho\alpha}\,. \tag{6.1.80}$$

Alle überstrichenen Werte hierin beziehen sich laut (6.1.77, 78) auf die Grundrißfläche $\overline{F}$, und kovariante Differentiationen sind in $\overline{F}$ auszuführen.

Durch die Verwendung der Projektionsebene $\overline{F}$ und die mit dem Flachheitskriterium verbundenen Approximationen verlieren die differentialgeometrischen Elemente der Mittelfläche F ihre ursprüngliche Schlüsselstellung. Daher erscheint es vorteilhaft, auch den Belastungsvektor **p** nicht mehr bezüglich $\mathbf{a}_i$, sondern entsprechend (5.3.17, 18) hinsichtlich der Basis $\bar{\mathbf{a}}_i$ von $\overline{F}$ (siehe Bild 1.10) in Komponenten zu zerlegen:

$$\sqrt{\frac{a}{\bar{a}}}\,\mathbf{p} = \bar{p}^{\alpha}\bar{\mathbf{a}}_{\alpha} + \bar{p}^{3}\bar{\mathbf{a}}_{3} = \bar{p}^{\langle\alpha\rangle}\bar{\mathbf{a}}_{\langle\alpha\rangle} + \bar{p}^{\langle 3\rangle}\bar{\mathbf{a}}_{\langle 3\rangle}\,. \tag{6.1.81}$$

Die neuen Komponenten $\bar{p}_i$ sind mit p_i durch (5.3.20, 21) verknüpft; wegen (6.1.77) vereinfacht sich dies zu:

$$\begin{aligned} \bar{p}^{\alpha} &= p^{\alpha} - x^3|^{\alpha}p^3, \qquad \bar{p}^3 = p^3 + x^3|_{\alpha}p^{\alpha}, \\ p^{\alpha} &= \bar{p}^{\alpha} + x^3|^{\alpha}\bar{p}^3, \qquad p^3 = \bar{p}^3 - x^3|_{\alpha}\bar{p}^{\alpha}. \end{aligned} \tag{6.1.82}$$

Auch dem Verschiebungsvektor **v** ordnen wir durch Zerlegung hinsichtlich der Basis $\bar{\mathbf{a}}^i$ neue Komponenten $\bar{v}_i$ zu, die wir den ursprünglichen gegenüberstellen:

$$\mathbf{v} = \bar{v}_{\alpha}\bar{\mathbf{a}}^{\alpha} + \bar{v}_3\bar{\mathbf{a}}^3 = v_{\alpha}\mathbf{a}^{\alpha} + v_3\mathbf{a}^3. \tag{6.1.83}$$

Nach Einsetzen von (6.1.76) erhalten wir hieraus folgende Verknüpfungen:

$$\begin{aligned} \bar{v}_{\alpha} &= v_{\alpha} - x^3{}_{,\alpha}v_3\,, \qquad \bar{v}_3 = v_3 + x^3|^{\alpha}v_{\alpha}\,, \\ v_{\alpha} &= \bar{v}_{\alpha} + x^3{}_{,\alpha}\bar{v}_3\,, \qquad v_3 = \bar{v}_3 - x^3|^{\alpha}\bar{v}_{\alpha}\,. \end{aligned} \tag{6.1.84}$$

Schätzt man die zweite dieser Beziehungen mittels (6.1.2, 4) sowie (6.1.75) ab, so erweist sich deren Glied $x^3|^{\alpha}v_{\alpha}$ als vernachlässigbar klein. In der Theorie flacher Schalen wird somit jede Unterscheidung zwischen den beiden Komponenten v_3 und $\bar{v}_3$ belanglos, was natürlich nicht für die tangentialen Komponenten gilt:

$$\bar{v}_\alpha = v_\alpha - x^3{}_{,\alpha} v_3 , \qquad \bar{v}_3 \approx v_3 . \tag{6.1.85}$$

Schließlich folgt aus diesen Approximationen für den zweiten Verzerrungstensor $\omega_{(\alpha\beta)}$ (6.1.12):

$$\omega_{(\alpha\beta)} \approx -\bar{v}_3|_{\alpha\beta} = -\bar{v}_3|_{\beta\alpha} \tag{6.1.86}$$

sowie für den ersten mit (6.1.76) und

$$v_{,\alpha} = \bar{v}_\lambda|_\alpha \bar{a}^\lambda + \bar{v}_{3,\alpha}\bar{a}^3, \quad \bar{v}_\lambda|_\alpha = \bar{v}_{\lambda,\alpha} - \bar{\Gamma}^\mu_{\lambda\alpha}\bar{v}_\mu \tag{6.1.87}$$

aus (3.3.34):

$$\alpha_{(\alpha\beta)} = \frac{1}{2}(\bar{v}_\alpha|_\beta + \bar{v}_\beta|_\alpha + x^3|_\alpha \bar{v}_3|_\beta + x^3|_\beta \bar{v}_3|_\alpha), \tag{6.1.88}$$

worin sich die kovarianten Ableitungen erneut auf $\bar{F}$ beziehen.

Mit allen getroffenen Näherungen und Ergänzungen lautet schließlich das auf die Projektionsebene bezogene vollständige Differentialgleichungssystem (6.1.43), (6.1.47) der Theorie flacher Schalen:

$$\begin{aligned} &B\bar{a}^{\alpha\beta}\bar{a}^{\gamma\rho}\bar{v}_3|_{\alpha\beta\gamma\rho} - \bar{\epsilon}^{\alpha\gamma}\bar{\epsilon}^{\beta\rho}x^3|_{\alpha\beta}\phi_3|_{\gamma\rho} - \bar{p}^3 + x^3|_\alpha\bar{p}^\alpha + x^3|_{\alpha\beta}k^{(\alpha\beta)} = 0, \\ &\bar{a}^{\alpha\beta}\bar{a}^{\gamma\rho}\phi_3|_{\alpha\beta\gamma\rho} + Eh\bar{\epsilon}^{\alpha\gamma}\bar{\epsilon}^{\beta\rho}x^3|_{\alpha\beta}\bar{v}_3|_{\gamma\rho} - \bar{\epsilon}^{\alpha\beta}\bar{\epsilon}^{\gamma\rho}k_{(\alpha\gamma)}|_{\beta\rho} \\ &\qquad + \nu k^{(\alpha\beta)}|_{\alpha\beta} = 0. \end{aligned} \tag{6.1.89}$$

Der Gültigkeitsbereich des Flachheitskriteriums (6.1.74), dessen verallgemeinerte Form (6.1.7) darstellt, ist von verschiedenen Autoren einer Beurteilung unterzogen worden, wobei Neigungsgrenzwerte $|x^3{}_{,\alpha}|$ von 0,35 [134] und 0,44 [23] über 0,58 [16] bis hin zu 0,70 und 0,80 [167] genannt wurden. Hinter diesen subjektiven Urteilen steht ein zumeist ungenannter Genauigkeitsmaßstab. Oftmals ist versucht worden, aus dem Neigungsfehler auf den Fehler der gesamten Theorie flacher Schalen zu schließen. Dies erscheint jedoch nur bei sehr großen Neigungen und äußerst geringen Genauigkeitsansprüchen vertretbar zu sein.

Als zusätzliche Vereinfachung der Theorie flacher Schalen wird in vielen Veröffentlichungen (siehe besonders [65, 132], aber auch [7, 87, 114]) ebenfalls das Glied $x^3|_\alpha\bar{p}^\alpha$ in der ersten Differentialgleichung (6.1.89) gestrichen. Damit wird nicht nur das Quadrat der Neigung, sondern die Neigung selbst gegenüber der Einheit unterdrückt. Als Folge dieser anwendungstechnisch weit verbreiteten Näherung werden alle Unterschiede zwischen den Vektoren $\mathbf{a}_3$ und $\bar{\mathbf{a}}_3$ (siehe Bild 1.10) unwesentlich: p^3 und $\bar{p}^3$ sind wie v_3 und $\bar{v}_3$ als identisch anzusehen. Bei gleichzeitiger Umformung der zweiten Differentialgleichung (6.1.89) mit (1.3.12) erhält man für diese Approximationsstufe:

$$\begin{aligned} &B\bar{a}^{\alpha\beta}\bar{a}^{\gamma\rho}\bar{v}_3|_{\alpha\beta\gamma\rho} - \bar{\epsilon}^{\alpha\gamma}\bar{\epsilon}^{\beta\rho}x^3|_{\alpha\beta}\phi_3|_{\gamma\rho} - \bar{p}^3 + x^3|_{\alpha\beta}k^{(\alpha\beta)} = 0, \\ &\bar{a}^{\alpha\beta}\bar{a}^{\gamma\rho}\phi_3|_{\alpha\beta\gamma\rho} + Eh\bar{\epsilon}^{\alpha\gamma}\bar{\epsilon}^{\beta\rho}x^3|_{\alpha\beta}\bar{v}_3|_{\gamma\rho} - \bar{a}_{\alpha\beta}\bar{a}^{\gamma\rho}k^{(\alpha\beta)}|_{\gamma\rho} \\ &\qquad + (1+\nu)k^{(\alpha\beta)}|_{\alpha\beta} = 0. \end{aligned} \tag{6.1.90}$$

Im Zuge der Berechnung flacher Schalendächer werden als weitestgehende Approximationsstufe dieser Theorie oftmals die Tangentiallasten vollständig unterdrückt oder finden –

wie in der Scheibentheorie üblich – höchstens als Randlasten Berücksichtigung [33, 72, 73, 74, 92, 167]:

$$p^\beta \equiv 0 \rightarrow k^{(\alpha\beta)} \equiv 0.$$

Die hierfür geltenden Differentialgleichungen (6.1.50), (6.1.64) und (6.1.68) wurden bereits im Abschnitt 6.1.4 formuliert, wobei die auftretenden Operatoren nun auf die Projektionsebene bezogen sind.

6.1.6 Flache Translationsschalen über rechteckigem Grundriß

Das Tragverhalten flacher Schalen soll in den folgenden Abschnitten näher erläutert werden. Ausgehend von allgemeinen Schalenmittelflächen zweiter Ordnung, die gemäß Bild 6.1 durch

$$x^3 = \frac{1}{2}[b_{11}(x^1)^2 + 2b_{12}(x^1)(x^2) + b_{22}(x^2)^2 - 2f] \tag{6.1.91}$$

($b_{\alpha\beta}$ = konst) über einer rechteckigen Grundrißebene $\bar{F}$ aufspannbar sind, wählen wir die Grundrißprojektionen x^α der Flächenparameter Θ^α als ein orthogonales kartesisches Koordinatennetz. Für $b_{11} = b_{22} = 0$ entsteht demnach aus (6.1.91) eine durch ihre Asymptotenlinien begrenzte Hyparfläche (siehe Tafel 1.6); für $b_{12} = 0$ die Klasse der Translationsflächen zweiter Ordnung (f, f_1, f_2 positiv in Richtung $-x^3$):

$$\begin{aligned} x^3 &= \frac{1}{2}[b_{11}(x^1)^2 + b_{22}(x^2)^2 - 2f\,] \\ &= \frac{1}{2}\left[\frac{8f_1}{a^2}(x^1)^2 + \frac{8f_2}{b^2}(x^2)^2 - 2(f_1+f_2)\right]. \end{aligned} \tag{6.1.92}$$

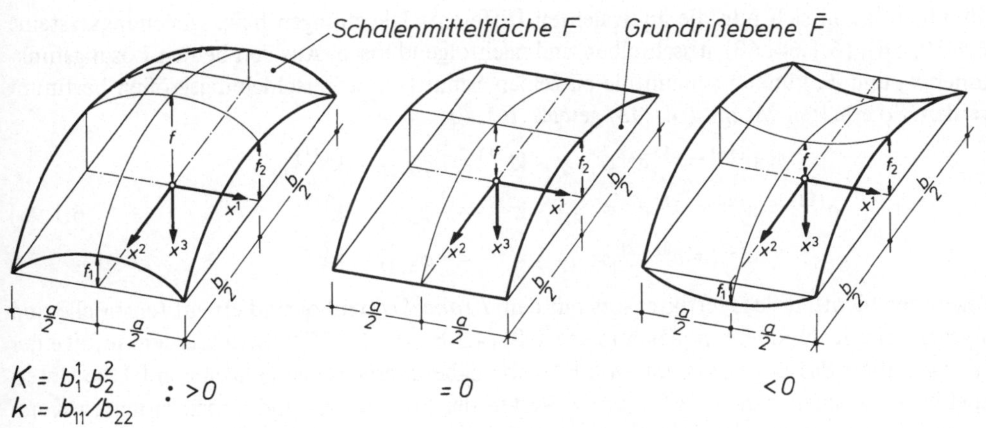

Bild 6.1 Verschiedene Translationsschalen über rechteckigem Grundriß

Tragverhalten und Lösungsverfahren flacher Translationsschalen sind in vielen Veröffentlichungen [22, 75, 110, 117, 122, 176] der Fachliteratur behandelt worden, die wir zusammenfassend [6, 8, 21, 83, 152] wiedergeben wollen.

Im Rahmen der Näherung (6.1.77) approximieren Metrik- und Permutationstensor der Grundrißebene $\overline{F}$

$$\bar{a}_{\alpha\beta} = \bar{a}^{\alpha\beta} = \delta^{\beta}_{\alpha} = \begin{bmatrix} 1 & 0 \\ 0 & 1 \end{bmatrix}, \quad \bar{\epsilon}_{\alpha\beta} = \bar{\epsilon}^{\alpha\beta} = \begin{bmatrix} 0 & 1 \\ -1 & 0 \end{bmatrix} \tag{6.1.93}$$

die entsprechenden Tensoren der Schalenmittelfläche F; die Komponenten des Krümmungstensors einer Translationsfläche zweiter Ordnung werden durch

$$b_{\alpha\beta} = b^{\alpha\beta} = b^{\beta}_{\alpha} = x^{3}{}_{,\alpha\beta} = \begin{bmatrix} \dfrac{8f_1}{a^2} & 0 \\ 0 & \dfrac{8f_2}{b^2} \end{bmatrix} \tag{6.1.94}$$

angenähert. Da die *Christoffel*symbole der orthogonalen kartesischen Grundrißkoordinaten x^{α} verschwinden, werden kovariante und partielle Ableitungen gleich.

Wir beginnen mit der expliziten Darstellung der beiden Operatoren (6.1.48, 49), die unter Verwendung von (6.1.93) auf die Projektionsebene $\overline{F}$ bezogen werden:

$$\begin{aligned} \nabla^4 \ldots &= \bar{a}^{\alpha\beta}\bar{a}^{\gamma\rho} \ldots|_{\alpha\beta\gamma\rho} = \bar{a}^{\alpha\beta}\bar{a}^{\gamma\rho} \ldots{}_{,\alpha\beta\gamma\rho} \\ &= \ldots{}_{,1111} + 2 \ldots{}_{,1122} + \ldots{}_{,2222} \\ &= (\ldots{}_{,11} + \ldots{}_{,22})(\ldots{}_{,11} + \ldots{}_{,22}) = \nabla^2\nabla^2 \ldots, \\ \nabla^2_k \ldots &= \bar{\epsilon}^{\alpha\gamma}\bar{\epsilon}^{\beta\rho} b_{\alpha\beta} \ldots|_{\gamma\rho} = \bar{\epsilon}^{\alpha\gamma}\bar{\epsilon}^{\beta\rho} b_{\alpha\beta} \ldots{}_{,\gamma\rho} \\ &= b_{11} \ldots{}_{,22} + b_{22} \ldots{}_{,11}\,. \end{aligned} \tag{6.1.95}$$

Mit ihnen lassen sich nun die äquivalenten Differentialgleichungen bzw. -gleichungssysteme (6.1.50, 56), (6.1.64, 68) ausschreiben und nachfolgend lösen. Aus den beiden Lösungsfunktionen v_3 und ϕ_3 können sodann die einzelnen Schnitt- und Verschiebungsgrößen bestimmt werden. So erhalten wir mit (6.1.93) gemäß (6.1.40):

$$\begin{aligned} n^{(11)} &= \bar{\epsilon}^{12}\bar{\epsilon}^{12}\phi_{3,22} - k^{(11)} = \phi_{3,22} - k^{(11)}, \\ n^{(12)} = n^{(21)} &= \bar{\epsilon}^{12}\bar{\epsilon}^{21}\phi_{3,21} - k^{(12)} = -\phi_{3,12} - k^{(12)}, \\ n^{(22)} &= \bar{\epsilon}^{21}\bar{\epsilon}^{21}\phi_{3,11} - k^{(22)} = \phi_{3,11} - k^{(22)}. \end{aligned} \tag{6.1.96}$$

Wegen der Identität des Metriktensors mit dem *Kronecker*symbol sind erneut tensorielle und physikalische Komponenten gleich (siehe z.B. (4.1.6, 9), (4.1.17)). Da außerdem infolge der Orthogonalität des Bezugssystems von $\overline{F}$ (sowie näherungsweise desjenigen von F) die Unterscheidung zwischen den *physikalischen* Werten der kovarianten und kontravarianten Komponenten bedeutungslos wird, werden im weiteren für physikalische Größen stets tiefstehende Indizes verwendet:

$$\begin{bmatrix} n_{\langle 11\rangle} \\ n_{\langle 12\rangle} = n_{\langle 21\rangle} \\ n_{\langle 22\rangle} \end{bmatrix} = \begin{bmatrix} \phi_{\langle 3\rangle,22} \\ -\phi_{\langle 3\rangle,12} \\ \phi_{\langle 3\rangle,11} \end{bmatrix} - \begin{bmatrix} k_{\langle 11\rangle} \\ k_{\langle 12\rangle} \\ k_{\langle 22\rangle} \end{bmatrix}. \tag{6.1.97}$$

Unter Rückgriff auf die Beziehungen (6.1.12, 15) und (6.1.16) sowie den im Beispiel von Abschnitt 3.4.3 ausgeschriebenen Elastizitätstensor erhalten wir die Biege- und Torsionsmomente aus:

$$\begin{bmatrix} m_{\langle 11\rangle} \\ m_{\langle 12\rangle} = m_{\langle 21\rangle} \\ m_{\langle 22\rangle} \end{bmatrix} = -B \begin{bmatrix} 1 & 0 & \nu \\ 0 & 1-\nu & 0 \\ \nu & 0 & 1 \end{bmatrix} \begin{bmatrix} v_{\langle 3\rangle,11} \\ v_{\langle 3\rangle,12} \\ v_{\langle 3\rangle,22} \end{bmatrix}. \tag{6.1.98}$$

Für die Querkräfte entsteht gemäß (6.1.18):

$$\begin{bmatrix} q_{\langle 1\rangle} \\ q_{\langle 2\rangle} \end{bmatrix} = \begin{bmatrix} m_{\langle 11\rangle,1} + m_{\langle 12\rangle,2} \\ m_{\langle 12\rangle,1} + m_{\langle 22\rangle,2} \end{bmatrix}. \tag{6.1.99}$$

An die positiven Wirkungsrichtungen aller Lasten und Schnittgrößen in Verbindung mit dem gewählten Bezugssystem sei der Leser durch Bild 6.2 erinnert. Die Randkraftgrößen (4.1.68) passen wir den vereinfachten Ausdrücken (6.1.36) an:

$$\text{Rand} \begin{bmatrix} 1 \\ 3 \\ \\ 2 \\ 4 \end{bmatrix} : \quad n_t = \begin{bmatrix} n_{\langle 12\rangle} \\ -n_{\langle 12\rangle} \end{bmatrix}, \quad n_u = \begin{bmatrix} n_{\langle 11\rangle} \\ n_{\langle 22\rangle} \end{bmatrix},$$

$$\tilde{n}_3 = \begin{bmatrix} \pm\bar{q}_{\langle 1\rangle} \\ \pm\bar{q}_{\langle 2\rangle} \end{bmatrix} = \begin{bmatrix} \pm(q_{\langle 1\rangle} + m_{\langle 12\rangle,2}) \\ \pm(q_{\langle 2\rangle} + m_{\langle 12\rangle,1}) \end{bmatrix}, \tag{6.1.100}$$

$$m_t = \begin{bmatrix} m_{\langle 11\rangle} \\ m_{\langle 22\rangle} \end{bmatrix};$$

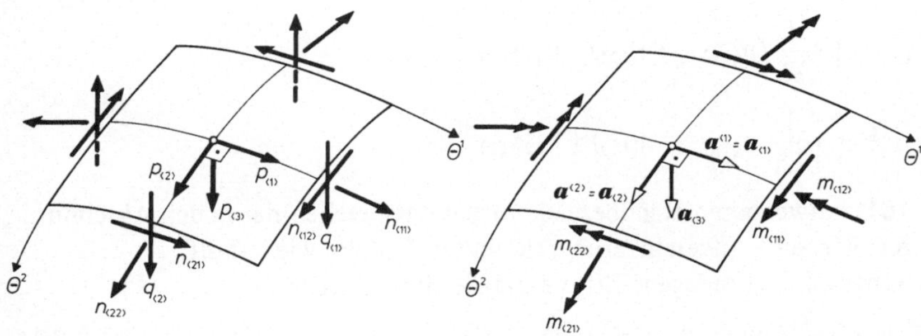

Bild 6.2 Physikalische Last- und Schnittgrößenkomponenten flacher Schalen über Rechteckgrundriß und deren positive Wirkungsrichtungen

die Randweggrößen (4.1.66) in analoger Weise (6.1.38):

$$\text{Rand}\begin{bmatrix}1\\3\\ \\2\\4\end{bmatrix}: \quad v_t = \begin{bmatrix}\pm v_{\langle 2\rangle}\\ \\ \mp v_{\langle 1\rangle}\end{bmatrix}, \qquad v_u = \begin{bmatrix}\pm v_{\langle 1\rangle}\\ \\ \pm v_{\langle 2\rangle}\end{bmatrix},$$
$$v_3 = v_{\langle 3\rangle}, \qquad \omega_t = \begin{bmatrix}\mp v_{\langle 3\rangle,1}\\ \\ \mp v_{\langle 3\rangle,2}\end{bmatrix}. \tag{6.1.101}$$

Hierin sind noch die tangentialen Verschiebungskomponenten zu bestimmen. Substituieren wir in die aus dem ersten Verzerrungstensor (6.1.11) ableitbaren Beziehungen

$$\alpha_{\langle 11\rangle} = v_{\langle 1\rangle,1} - b_{11} v_{\langle 3\rangle},$$
$$\alpha_{\langle 22\rangle} = v_{\langle 2\rangle,2} - b_{22} v_{\langle 3\rangle}$$

die Mittelflächendehnungen aus dem Elastizitätsgesetz (6.1.15), wobei die Beziehung $\alpha_{\langle 12\rangle} = 2\alpha_{12}$ laut (4.1.27) zu beachten ist:

$$\begin{bmatrix}n_{\langle 11\rangle}\\ n_{\langle 12\rangle}\\ n_{\langle 22\rangle}\end{bmatrix} = D\begin{bmatrix}1 & 0 & \nu\\ 0 & \frac{1-\nu}{2} & 0\\ \nu & 0 & 1\end{bmatrix}\begin{bmatrix}\alpha_{\langle 11\rangle}\\ \alpha_{\langle 12\rangle}\\ \alpha_{\langle 22\rangle}\end{bmatrix},$$
$$\begin{bmatrix}\alpha_{\langle 11\rangle}\\ \alpha_{\langle 12\rangle}\\ \alpha_{\langle 22\rangle}\end{bmatrix} = \frac{1}{Eh}\begin{bmatrix}1 & 0 & -\nu\\ 0 & 2(1+\nu) & 0\\ -\nu & 0 & 1\end{bmatrix}\begin{bmatrix}n_{\langle 11\rangle}\\ n_{\langle 12\rangle}\\ n_{\langle 22\rangle}\end{bmatrix}, \tag{6.1.102}$$

so entsteht durch Integration:

$$v_{\langle 1\rangle} = \int\left[\frac{1}{Eh}(n_{\langle 11\rangle} - \nu n_{\langle 22\rangle}) + b_{11} v_{\langle 3\rangle}\right]dx^1,$$
$$v_{\langle 2\rangle} = \int\left[\frac{1}{Eh}(n_{\langle 22\rangle} - \nu n_{\langle 11\rangle}) + b_{22} v_{\langle 3\rangle}\right]dx^2. \tag{6.1.103}$$

Die in (6.1.100, 101) verwendeten Randbezeichnungen entsprechen der in den Abschnitten 3.3.5 bzw. 4.1.4 getroffenen Laufvereinbarung; sie sind in Bild 6.3 wiederholt.

Wir lösen nun zunächst die homogene Differentialgleichung (6.1.56):

$$\nabla^4 \Psi_3 + i\epsilon^* \nabla_k^2 \Psi_3 = 0 \quad (i = \sqrt{-1}), \tag{6.1.104}$$

die unter Verwendung der Operatoren (6.1.95) eine flache Translationsschale ohne Flächenlasten ($p^i = 0$) beschreibt. Dabei würden die Darlegungen des letzten Abschnittes in Ψ_3 gemäß (6.1.55) ebenfalls die Verwendung der Verschiebungskomponente $\overline{v}_3$ gestatten:

$$\Psi_3 = v_3 + i\kappa^* \phi_3 \approx \overline{v}_3 + i\kappa^* \phi_3. \tag{6.1.105}$$

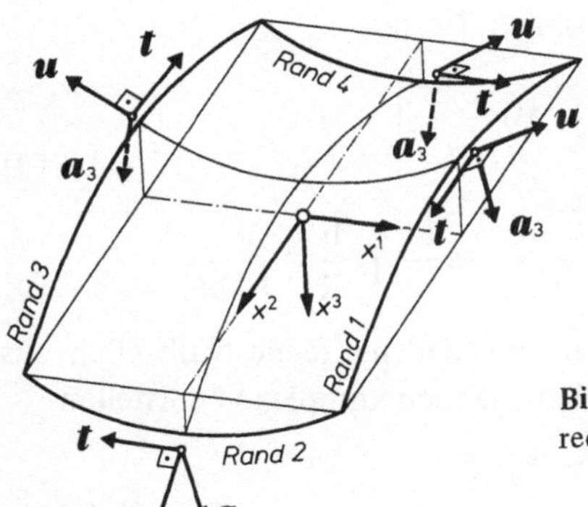

Bild 6.3 Bezeichnung der Ränder einer flachen Schale über rechteckigem Grundriß

Mit den komplexen Konstanten A_{rm} wählen wir als Lösungsansatz:

$$\Psi_3 = A_{rm}\, e^{\rho\mu x^2} \cos \mu x^1 , \tag{6.1.106}$$

wobei der Parameter

$$\mu = \frac{m\pi}{a} \tag{6.1.107}$$

für m = 1, 3, 5, ... längs der beiden Schalenränder $x^1 = \pm a/2$ *Navier*sche Randbedingungen erzwingt:

$$x^1 = \pm a/2:\ \Psi_3^0 = \Psi_{3,11}^0 = \Psi_{3,22}^0 = \nabla^2 \Psi_3^0 \equiv 0,$$

d.h. laut (6.1.55), (6.1.97, 98) und (6.1.103):

$$\begin{aligned} & v_{\langle 3\rangle} = 0, \quad m_{\langle 11\rangle} = -B(v_{\langle 3\rangle,11} + \nu v_{\langle 3\rangle,22}) = 0, \\ & n_{\langle 11\rangle} = \phi_{\langle 3\rangle,22} = 0, \quad v_{\langle 2\rangle} = 0. \end{aligned} \tag{6.1.108}$$

Die Randbedingungen entlang der restlichen Ränder $x^2 = \pm b/2$ (Bild 6.1) seien beliebig. Setzt man nun (6.1.106) sowie (6.1.95) in obige Differentialgleichung ein, so entsteht unter Berücksichtigung von ϵ^* (6.1.54) die charakteristische Gleichung

$$(1-\rho^2)^2 - \frac{2i}{\epsilon^2}(1 - k\rho^2) = 0, \tag{6.1.109}$$

in welcher folgende Abkürzungen verwandt wurden:

$$\begin{aligned} k &= \frac{b_{11}}{b_{22}} = \frac{b^2 f_1}{a^2 f_2}, \quad \epsilon^2 = \mu^2 \frac{h}{b_{22}} \frac{1}{\sqrt[4]{3(1-\nu^2)}}, \\ \epsilon &= \mu \sqrt[4]{\left(\frac{h}{b_{22}}\right)^2 \frac{1}{3(1-\nu^2)}}. \end{aligned} \tag{6.1.110}$$

Als erstes bestimmen wir die Lösung der charakteristischen Gleichung (6.1.109) für eine flache Kugelschale, die im Rahmen der getroffenen Näherungen (6.1.77) einer flachen, elliptischen Paraboloidschale mit identischen Hauptkrümmungen gleicht:

$$b_{11} = b_{22} = \frac{1}{R}:\quad k = +1{,}0. \tag{6.1.111}$$

Hiermit vereinfacht sich (6.1.109) zu der mühelos auflösbaren Form:

$$(1-\rho^2)^2 - \frac{2i}{\epsilon^2}(1-\rho^2) = (1-\rho^2)\left[(1-\rho^2) - \frac{2i}{\epsilon^2}\right] = 0 \tag{6.1.112}$$

mit: $\epsilon = \mu \sqrt[4]{\dfrac{(hR)^2}{3(1-\nu^2)}} = \mu R \sqrt{\dfrac{h}{R}} \sqrt[4]{\dfrac{1}{3(1-\nu^2)}} = m \dfrac{R}{a} \sqrt{\dfrac{h}{R}} \pi \sqrt[4]{\dfrac{1}{3(1-\nu^2)}}$.

Als Wurzeln gewinnt man aus der ersten Klammer zwei verschiedene, reelle Nullstellen; aus dem zweiten Klammerausdruck zwei ebenfalls verschiedene, jedoch komplexe Nullstellen:

$$\begin{aligned} &1-\rho^2 = 0, && \rho^2 = 1: && \rho_{1,2} = \pm 1, \\ &1-\rho^2 - i\frac{2}{\epsilon^2} = 0, && \rho^2 = 1 - i\frac{2}{\epsilon^2}: && \rho_{3,4} = \pm(\kappa - i\lambda)^*, \end{aligned} \tag{6.1.113}$$

mit den durch Anwendung des *Moivre*schen Satzes der Theorie komplexer Zahlen hergeleiteten Abkürzungen:

$$\kappa = \frac{1}{\sqrt{2}} \sqrt{\sqrt{1+\frac{4}{\epsilon^4}}+1}, \quad \lambda = \frac{1}{\sqrt{2}} \sqrt{\sqrt{1+\frac{4}{\epsilon^4}}-1}. \tag{6.1.114}$$

Für sehr kleine Parameter ϵ existieren hierfür die asymptotischen Grenzen

$$\epsilon \to 0: \quad \kappa = \lambda = \frac{1}{\epsilon}. \tag{6.1.115}$$

Die allgemeine Lösung der homogenen Differentialgleichung (6.1.104) – nun in der physikalischen Variablen $\Psi_{\langle 3\rangle} = \Psi_3$ – lautet somit für k = +1,0:

$$\Psi_{\langle 3\rangle} = \Big\{ A_{1m} e^{(\kappa - i\lambda)\mu x^2} + A_{2m} e^{-(\kappa - i\lambda)\mu x^2} + A_{3m} e^{\mu x^2} + A_{4m} e^{-\mu x^2} \Big\} \cos \mu x^1, \tag{6.1.116}$$

wobei A_{rm} für jeden Parameter μ bzw. m einen Satz von 4 komplexen Konstanten bezeichnet. Zerlegt man die Konstanten und die komplexen Exponentialfunktionen, letztere mittels der *Euler*schen Beziehungen, in ihre Real- und Imaginärteile, so erhält man:

$$\begin{aligned} v_{\langle 3\rangle} = \Big\{ &[C_{1m} \cos \lambda\mu x^2 + C_{2m} \sin \lambda\mu x^2]\, e^{\kappa\mu x^2} \\ &+ [C_{3m} \cos \lambda\mu x^2 + C_{4m} \sin \lambda\mu x^2]\, e^{-\kappa\mu x^2} \\ &+ C_{5m}\, e^{\mu x^2} + C_{6m}\, e^{-\mu x^2} \Big\} \cos \mu x^1, \\ \phi_{\langle 3\rangle} = \frac{1}{\kappa^*} \Big\{ &[-C_{1m} \sin \lambda\mu x^2 + C_{2m} \cos \lambda\mu x^2]\, e^{\kappa\mu x^2} \\ &+ [C_{3m} \sin \lambda\mu x^2 - C_{4m} \cos \lambda\mu x^2]\, e^{-\kappa\mu x^2} \\ &+ C_{7m}\, e^{\mu x^2} + C_{8m}\, e^{-\mu x^2} \Big\} \cos \mu x^1 \end{aligned} \tag{6.1.117}$$

mit nunmehr 8 reellen Konstanten C_{rm} je Parameter m.

* Den Imaginärteil λ bitten wir nicht mit (6.1.1) zu verwechseln.

Aus den beiden Lösungsfunktionen v_3 und ϕ_3 können unter Rückgriff auf die Beziehungen (6.1.97) bis (6.1.103) sämtliche Schnitt- und Verschiebungs- sowie Randgrößen hergeleitet werden; für verschwindende Querdehnung $\nu = 0$ sind sie in Tafel 6.2 zusammengestellt. Die hierin auftretenden 8 freien Konstanten $C_r \triangleq C_{rm}$ lassen sich aus den 2 x 4 Randbedingungen längs der Schalenränder $x^2 = \pm b/2$ im Sinne eines Randwertproblems stets eindeutig bestimmen.

Bei näherem Hinsehen besitzen die Lösungen (6.1.117) eine besonders einfache Struktur. Ihr mit den Konstanten C_{5m} bis C_{8m} verknüpfter Anteil stellt, wie man durch Substitution von (6.1.106, 111) nebst (6.1.95) in die homogene Differentialgleichung (6.1.72) nach Vergleich mit (6.1.113) erkennt

$$\nabla_k^2 \Psi_3 = -\frac{\mu^2}{R} A_{rm} e^{\rho\mu x^2} \cos \mu x^1 (1 - \rho^2) = 0, \tag{6.1.118}$$

gerade die Lösung der homogenen Membrantheorie oder der homogenen Theorie dehnungsloser Verbiegungen dar. Die restlichen Lösungsanteile beschreiben zwei gedämpfte harmonische Schwingungen, die von beiden Schalenrändern aus ins Tragwerksinnere hinein abklingen. Der Zeitverlauf eines Schwingungsvorganges wird hierin durch die Koordinate x^2 ersetzt. Jede harmonische Schwingung kann bekanntlich durch ihre Periode und ihre Dämpfung gekennzeichnet werden. Die Periode T, die durch die Bedingung $\lambda\mu T = 2\pi$ definiert wird und längs x^2 die Länge einer vollen Schwingung angibt, lautet für kleine Parameter ϵ (6.1.115):

$$T = \frac{2\pi}{\lambda\mu} \approx \frac{2\pi}{\mu}\epsilon = \frac{2\pi R}{\sqrt[4]{3(1-\nu^2)}} \sqrt{\frac{h}{R}}. \tag{6.1.119}$$

Die Dämpfung dagegen kann durch das Verhältnis zweier, um eine volle Periode T versetzter Amplituden charakterisiert werden. Mit den Bezeichnungen $v_{\langle 3\rangle n}$ und $v_{\langle 3\rangle n+1}$ ergibt sich laut (6.1.119) für deren Verhältnis

$$\frac{v_{\langle 3\rangle n}}{v_{\langle 3\rangle n+1}} = \frac{e^{-\lambda\mu x^2}}{e^{-\lambda\mu(x^2+T)}} = e^{\lambda\mu T} = e^{2\pi} = 535{,}5 \tag{6.1.120}$$

eine feste Zahl von sehr großem Betrag. Die beiden schwingungsartigen Lösungsanteile sind somit stets außerordentlich stark gedämpft, was Bild 6.4 zu verdeutlichen versucht: die Amplitude $v_{\langle 3\rangle n+1}$ ist dort im gewählten Maßstab nicht mehr darstellbar.

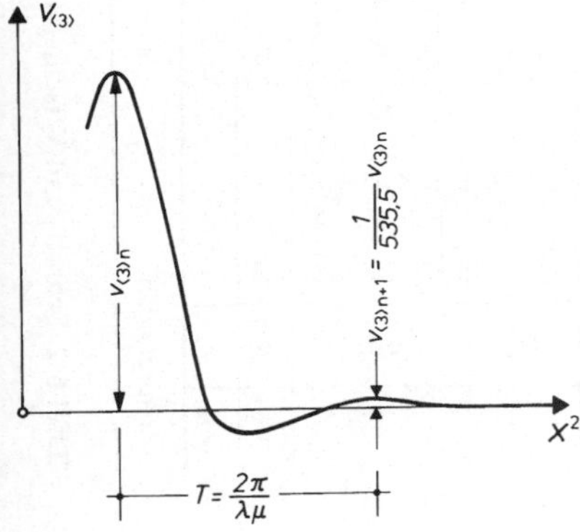

Bild 6.4 Lösungsfunktion in Form einer gedämpften harmonischen Schwingung

	Vorfaktor	$e^{\varkappa_1\mu x^2}\cos\lambda_1\mu x^2$	$e^{\varkappa_1\mu x^2}\sin\lambda_1\mu x^2$	$e^{-\varkappa_1\mu x^2}\cos\lambda_1\mu x^2$	$e^{-\varkappa_1\mu x^2}\sin\lambda_1\mu x^2$	$e^{\varkappa_2\mu x^2}\cos\lambda_2\mu x^2$	$e^{\varkappa_2\mu x^2}\sin\lambda_2\mu x^2$	$e^{-\varkappa_2\mu x^2}\cos\lambda_2\mu x^2$	$e^{-\varkappa_2\mu x^2}\sin\lambda_2\mu x^2$	
$v_{\langle 3\rangle}$		C_1	C_2	C_3	C_4	C_5	C_6	C_7	C_8	$\cos\mu x^1$
$\Phi_{\langle 3\rangle}$	$\frac{1}{\varkappa^*}$	$-C_2$	C_1	C_4	$-C_3$	C_6	$-C_5$	$-C_8$	C_7	$\cos\mu x^1$
$n_{\langle 11\rangle}$	$\frac{\mu^2}{\varkappa^*}$	$2\varkappa_1\lambda_1C_1 -(\varkappa_1^2-\lambda_1^2)C_2$	$(\varkappa_1^2-\lambda_1^2)C_1 +2\varkappa_1\lambda_1C_2$	$2\varkappa_1\lambda_1C_3 +(\varkappa_1^2-\lambda_1^2)C_4$	$-(\varkappa_1^2-\lambda_1^2)C_3 +2\varkappa_1\lambda_1C_4$	$(\varkappa_2^2-\lambda_2^2)C_6 -2\varkappa_2\lambda_2C_5$	$-(\varkappa_2^2-\lambda_2^2)C_5 -2\varkappa_2\lambda_2C_6$	$-2\varkappa_2\lambda_2C_7 -(\varkappa_2^2-\lambda_2^2)C_8$	$(\varkappa_2^2-\lambda_2^2)C_7 -2\varkappa_2\lambda_2C_8$	$\cos\mu x^1$
$n_{\langle 12\rangle}$	$\frac{\mu^2}{\varkappa^*}$	$\lambda_1C_1-\varkappa_1C_2$	$\varkappa_1C_1+\lambda_1C_2$	$-(\lambda_1C_3+\varkappa_1C_4)$	$\varkappa_1C_3-\lambda_1C_4$	$-(\lambda_2C_5-\varkappa_2C_6)$	$-(\varkappa_2C_5+\lambda_2C_6)$	$\lambda_2C_7+\varkappa_2C_8$	$-(\varkappa_2C_7-\lambda_2C_8)$	$\sin\mu x^1$
$n_{\langle 22\rangle}$	$\frac{\mu^2}{\varkappa^*}$	C_2	$-C_1$	$-C_4$	C_3	$-C_6$	C_5	C_8	$-C_7$	$\cos\mu x^1$
$m_{\langle 11\rangle}$	$B\mu^2$	C_1	C_2	C_3	C_4	C_5	C_6	C_7	C_8	$\cos\mu x^1$
$m_{\langle 12\rangle}$	$B\mu^2$	$\varkappa_1C_1+\lambda_1C_2$	$-(\lambda_1C_1-\varkappa_1C_2)$	$-(\varkappa_1C_3-\lambda_1C_4)$	$-(\lambda_1C_3+\varkappa_1C_4)$	$(\varkappa_2C_5+\lambda_2C_6)$	$-(\lambda_2C_5-\varkappa_2C_6)$	$-(\varkappa_2C_7-\lambda_2C_8)$	$-(\lambda_2C_7+\varkappa_2C_8)$	$\sin\mu x^1$
$m_{\langle 22\rangle}$	$B\mu^2$	$-(\varkappa_1^2-\lambda_1^2)C_1 -2\varkappa_1\lambda_1C_2$	$2\varkappa_1\lambda_1C_1 -(\varkappa_1^2-\lambda_1^2)C_2$	$-(\varkappa_1^2-\lambda_1^2)C_3 +2\varkappa_1\lambda_1C_4$	$-2\varkappa_1\lambda_1C_3 -(\varkappa_1^2-\lambda_1^2)C_4$	$-(\varkappa_2^2-\lambda_2^2)C_5 -2\varkappa_2\lambda_2C_6$	$2\varkappa_2\lambda_2C_5 -(\varkappa_2^2-\lambda_2^2)C_6$	$-(\varkappa_2^2-\lambda_2^2)C_7 +2\varkappa_2\lambda_2C_8$	$-2\varkappa_2\lambda_2C_7 -(\varkappa_2^2-\lambda_2^2)C_8$	$\cos\mu x^1$
$q_{\langle 1\rangle}$	$B\mu^3$	$(\varkappa_1^2-\lambda_1^2-1)C_1 +2\varkappa_1\lambda_1C_2$	$-2\varkappa_1\lambda_1C_1 +(\varkappa_1^2-\lambda_1^2-1)C_2$	$(\varkappa_1^2-\lambda_1^2-1)C_3 -2\varkappa_1\lambda_1C_4$	$2\varkappa_1\lambda_1C_3 +(\varkappa_1^2-\lambda_1^2-1)C_4$	$(\varkappa_2^2-\lambda_2^2-1)C_5 +2\varkappa_2\lambda_2C_6$	$-2\varkappa_2\lambda_2C_5 +(\varkappa_2^2-\lambda_2^2-1)C_6$	$(\varkappa_2^2-\lambda_2^2-1)C_7 -2\varkappa_2\lambda_2C_8$	$2\varkappa_2\lambda_2C_7 +(\varkappa_2^2-\lambda_2^2-1)C_8$	$\sin\mu x^1$
$q_{\langle 2\rangle}$	$B\mu^3$	$-(\varkappa_1^3-3\varkappa_1\lambda_1^2-\varkappa_1)C_1 -(3\varkappa_1^2\lambda_1-\lambda_1^3-\lambda_1)C_2$	$(3\varkappa_1^2\lambda_1-\lambda_1^3-\lambda_1)C_1 -(\varkappa_1^3-3\varkappa_1\lambda_1^2-\varkappa_1)C_2$	$(\varkappa_1^3-3\varkappa_1\lambda_1^2-\varkappa_1)C_3 -(3\varkappa_1^2\lambda_1-\lambda_1^3-\lambda_1)C_4$	$(3\varkappa_1^2\lambda_1-\lambda_1^3-\lambda_1)C_3 +(\varkappa_1^3-3\varkappa_1\lambda_1^2-\varkappa_1)C_4$	$-(\varkappa_2^3-3\varkappa_2\lambda_2^2-\varkappa_2)C_5 -(3\varkappa_2^2\lambda_2-\lambda_2^3-\lambda_2)C_6$	$(3\varkappa_2^2\lambda_2-\lambda_2^3-\lambda_2)C_5 -(\varkappa_2^3-3\varkappa_2\lambda_2^2-\varkappa_2)C_6$	$(\varkappa_2^3-3\varkappa_2\lambda_2^2-\varkappa_2)C_7 -(3\varkappa_2^2\lambda_2-\lambda_2^3-\lambda_2)C_8$	$(3\varkappa_2^2\lambda_2-\lambda_2^3-\lambda_2)C_7 +(\varkappa_2^3-3\varkappa_2\lambda_2^2-\varkappa_2)C_8$	$\cos\mu x^1$
$\bar{q}_{\langle 1\rangle}$	$B\mu^3$	$(2\varkappa_1^2-2\lambda_1^2-1)C_1 +4\varkappa_1\lambda_1C_2$	$-4\varkappa_1\lambda_1C_1 +(2\varkappa_1^2-2\lambda_1^2-1)C_2$	$(2\varkappa_1^2-2\lambda_1^2-1)C_3 -4\varkappa_1\lambda_1C_4$	$4\varkappa_1\lambda_1C_3 +(2\varkappa_1^2-2\lambda_1^2-1)C_4$	$(2\varkappa_2^2-2\lambda_2^2-1)C_5 +4\varkappa_2\lambda_2C_6$	$-4\varkappa_2\lambda_2C_5 +(2\varkappa_2^2-2\lambda_2^2-1)C_6$	$(2\varkappa_2^2-2\lambda_2^2-1)C_7 -4\varkappa_2\lambda_2C_8$	$4\varkappa_2\lambda_2C_7 +(2\varkappa_2^2-2\lambda_2^2-1)C_8$	$\sin\mu x^1$
$\bar{q}_{\langle 2\rangle}$	$B\mu^3$	$-(\varkappa_1^3-3\varkappa_1\lambda_1^2-2\varkappa_1)C_1 -(3\varkappa_1^2\lambda_1-\lambda_1^3-2\lambda_1)C_2$	$(3\varkappa_1^2\lambda_1-\lambda_1^3-2\lambda_1)C_1 -(\varkappa_1^3-3\varkappa_1\lambda_1^2-2\varkappa_1)C_2$	$(\varkappa_1^3-3\varkappa_1\lambda_1^2-2\varkappa_1)C_3 -(3\varkappa_1^2\lambda_1-\lambda_1^3-2\lambda_1)C_4$	$(3\varkappa_1^2\lambda_1-\lambda_1^3-2\lambda_1)C_3 +(\varkappa_1^3-3\varkappa_1\lambda_1^2-2\varkappa_1)C_4$	$-(\varkappa_2^3-3\varkappa_2\lambda_2^2-2\varkappa_2)C_5 -(3\varkappa_2^2\lambda_2-\lambda_2^3-2\lambda_2)C_6$	$(3\varkappa_2^2\lambda_2-\lambda_2^3-2\lambda_2)C_5 -(\varkappa_2^3-3\varkappa_2\lambda_2^2-2\varkappa_2)C_6$	$(\varkappa_2^3-3\varkappa_2\lambda_2^2-2\varkappa_2)C_7 -(3\varkappa_2^2\lambda_2-\lambda_2^3-2\lambda_2)C_8$	$(3\varkappa_2^2\lambda_2-\lambda_2^3-2\lambda_2)C_7 +(\varkappa_2^3-3\varkappa_2\lambda_2^2-2\varkappa_2)C_8$	$\cos\mu x^1$
$v_{\langle 1\rangle}$	$\frac{\mu}{\varepsilon^*}$	$(2\varkappa_1\lambda_1+\frac{\varepsilon^*b_{11}}{\mu^2})C_1 -(\varkappa_1^2-\lambda_1^2)C_2$	$(\varkappa_1^2-\lambda_1^2)C_1 +(2\varkappa_1\lambda_1+\frac{\varepsilon^*b_{11}}{\mu^2})C_2$	$(2\varkappa_1\lambda_1+\frac{\varepsilon^*b_{11}}{\mu^2})C_3 +(\varkappa_1^2-\lambda_1^2)C_4$	$-(\varkappa_1^2-\lambda_1^2)C_3 +(2\varkappa_1\lambda_1+\frac{\varepsilon^*b_{11}}{\mu^2})C_4$	$-(2\varkappa_2\lambda_2-\frac{\varepsilon^*b_{11}}{\mu^2})C_5 +(\varkappa_2^2-\lambda_2^2)C_6$	$-(\varkappa_2^2-\lambda_2^2)C_5 -(2\varkappa_2\lambda_2-\frac{\varepsilon^*b_{11}}{\mu^2})C_6$	$-(2\varkappa_2\lambda_2-\frac{\varepsilon^*b_{11}}{\mu^2})C_7 -(\varkappa_2^2-\lambda_2^2)C_8$	$(\varkappa_2^2-\lambda_2^2)C_7 -(2\varkappa_2\lambda_2-\frac{\varepsilon^*b_{11}}{\mu^2})C_8$	$\sin\mu x^1$
$v_{\langle 2\rangle}$	$\frac{\mu}{\varepsilon^*}$	$\frac{1}{\varkappa_1^2+\lambda_1^2}\cdot [(\lambda_1+\varkappa_1\frac{\varepsilon^*b_{22}}{\mu^2})C_1 +(\varkappa_1-\lambda_1\frac{\varepsilon^*b_{22}}{\mu^2})C_2]$	$-\frac{1}{\varkappa_1^2+\lambda_1^2}\cdot [(\varkappa_1-\lambda_1\frac{\varepsilon^*b_{22}}{\mu^2})C_1 -(\lambda_1+\varkappa_1\frac{\varepsilon^*b_{22}}{\mu^2})C_2]$	$-\frac{1}{\varkappa_1^2+\lambda_1^2}\cdot [(\lambda_1+\varkappa_1\frac{\varepsilon^*b_{22}}{\mu^2})C_3 -(\varkappa_1-\lambda_1\frac{\varepsilon^*b_{22}}{\mu^2})C_4]$	$-\frac{1}{\varkappa_1^2+\lambda_1^2}\cdot [(\varkappa_1-\lambda_1\frac{\varepsilon^*b_{22}}{\mu^2})C_3 +(\lambda_1+\varkappa_1\frac{\varepsilon^*b_{22}}{\mu^2})C_4]$	$-\frac{1}{\varkappa_2^2+\lambda_2^2}\cdot [(\lambda_2-\varkappa_2\frac{\varepsilon^*b_{22}}{\mu^2})C_5 +(\varkappa_2+\lambda_2\frac{\varepsilon^*b_{22}}{\mu^2})C_6]$	$\frac{1}{\varkappa_2^2+\lambda_2^2}\cdot [(\varkappa_2+\lambda_2\frac{\varepsilon^*b_{22}}{\mu^2})C_5 -(\lambda_2-\varkappa_2\frac{\varepsilon^*b_{22}}{\mu^2})C_6]$	$\frac{1}{\varkappa_2^2+\lambda_2^2}\cdot [(\lambda_2-\varkappa_2\frac{\varepsilon^*b_{22}}{\mu^2})C_7 -(\varkappa_2+\lambda_2\frac{\varepsilon^*b_{22}}{\mu^2})C_8]$	$\frac{1}{\varkappa_2^2+\lambda_2^2}\cdot [(\varkappa_2+\lambda_2\frac{\varepsilon^*b_{22}}{\mu^2})C_7 +(\lambda_2-\varkappa_2\frac{\varepsilon^*b_{22}}{\mu^2})C_8]$	$\cos\mu x^1$
$v_{\langle 3\rangle,1}$	μ	$-C_1$	$-C_2$	$-C_3$	$-C_4$	$-C_5$	$-C_6$	$-C_7$	$-C_8$	$\sin\mu x^1$
$v_{\langle 3\rangle,2}$	μ	$\varkappa_1C_1+\lambda_1C_2$	$-(\lambda_1C_1-\varkappa_1C_2)$	$-(\varkappa_1C_3-\lambda_1C_4)$	$-(\lambda_1C_3+\varkappa_1C_4)$	$\varkappa_2C_5+\lambda_2C_6$	$-(\lambda_2C_5-\varkappa_2C_6)$	$-(\varkappa_2C_7-\lambda_2C_8)$	$-(\lambda_2C_7+\varkappa_2C_8)$	$\cos\mu x^1$

Abkürzungen: $\mu=\frac{m\pi}{a}$, $\varepsilon^*=\frac{\sqrt{12(1-\nu^2)}}{h}=\frac{2\sqrt{3}}{h}$, $\varkappa^*=\frac{\sqrt{12(1-\nu^2)}}{Eh^2}=\frac{2\sqrt{3}}{Eh^2}$

Tafel 6.2 Schnitt- und Verschiebungsgrößen der allgemeinen Lösung einer flachen Kugelschale ($\nu = 0$)

Die allgemeine Lösung einer flachen Kugelschale ohne Flächenbelastung setzt sich demnach aus dem Anteil der Membrantheorie und der Theorie dehnungsloser Verformungen – zwei schwach abklingenden Exponentialfunktionen – sowie aus dem Beitrag der Randstörungen zusammen, der zwei stark gedämpften Schwingungen entspricht. Deren charakteristische Länge L_w (siehe Bild 4.5) wird, für kleine Parameter ϵ, durch den Kugelradius R und den Schalenparameter $\frac{h}{R}$ gemäß (6.1.119) in der bereits im Abschnitt 4.4.5 vorhergesagten Weise (4.4.44) bestimmt:

$$L_w \approx \frac{T}{6} \approx R\sqrt{\frac{h}{R}} = (hR)^{1/2}. \tag{6.1.121}$$

Diese übersichtliche Lösungsstruktur wiederholt sich bei den allgemeinen Translationsschalen ($k \neq +1{,}0$) jedoch nicht. In diesem Fall besitzt die charakteristische Gleichung (6.1.109) vier verschiedene, komplexe Wurzeln:

$$\rho_{1,2} = \pm(\kappa_1 + i\lambda_1), \qquad \rho_{3,4} = \pm(\kappa_2 - i\lambda_2), \tag{6.1.122}$$

deren Real- und Imaginärteile durch [7]

$$\begin{aligned}
\left.\begin{matrix}\kappa_1\\ \lambda_1\end{matrix}\right\} = \Bigg\{ \frac{1}{\sqrt{8}\epsilon^2} \Bigg[\Bigg(& [\sqrt{2}\epsilon^2 + \sqrt{\sqrt{k^4 + 4\epsilon^4(1-k)^2} - k^2}]^2 \\
& + [-\sqrt{2}k + \sqrt{\sqrt{k^4 + 4\epsilon^4(1-k)^2} + k^2}]^2\Bigg)^{1/2} \\
& \pm [\sqrt{2}\epsilon^2 + \sqrt{\sqrt{k^4 + 4\epsilon^4(1-k)^2} - k^2}]\Bigg]\Bigg\}^{1/2}, \\
\left.\begin{matrix}\kappa_2\\ \lambda_2\end{matrix}\right\} = \Bigg\{ \frac{1}{\sqrt{8}\epsilon^2} \Bigg[\Bigg(& [\sqrt{2}\epsilon^2 - \sqrt{\sqrt{k^4 + 4\epsilon^4(1-k)^2} - k^2}]^2 \\
& + [\sqrt{2}k + \sqrt{\sqrt{k^4 + 4\epsilon^4(1-k)^2} + k^2}]^2\Bigg)^{1/2} \\
& \mp [\sqrt{2}\epsilon^2 - \sqrt{\sqrt{k^4 + 4\epsilon^4(1-k)^2} - k^2}]\Bigg]\Bigg\}^{1/2}
\end{aligned} \tag{6.1.123}$$

darstellbar sind. Damit lautet die allgemeine Lösung der homogenen Differentialgleichung (6.1.104), angegeben in der physikalischen Komponente $\Psi_{\langle 3\rangle} = \Psi_3$:

$$\begin{aligned}
\Psi_{\langle 3\rangle} = \{ & A_{1m} e^{(\kappa_1 + i\lambda_1)\mu x^2} + A_{2m} e^{-(\kappa_1 + i\lambda_1)\mu x^2} \\
& + A_{3m} e^{(\kappa_2 - i\lambda_2)\mu x^2} + A_{4m} e^{-(\kappa_2 - i\lambda_2)\mu x^2}\} \cos \mu x^1,
\end{aligned} \tag{6.1.124}$$

worin die A_{rm} erneut einen Satz von 4 komplexen Konstanten je Parameter m (6.1.107) bezeichnen. Zerlegt man Konstanten und Lösungsfunktionen wieder in ihre Real- und Imaginärteile, letztere mit Hilfe der *Euler*schen Beziehungen, so erhält man die beiden Grundlösungen:

$$\begin{aligned}
v_{\langle 3\rangle} = \{ & [C_{1m} \cos \lambda_1 \mu x^2 + C_{2m} \sin \lambda_1 \mu x^2]\, e^{\kappa_1 \mu x^2} \\
& + [C_{3m} \cos \lambda_1 \mu x^2 + C_{4m} \sin \lambda_1 \mu x^2]\, e^{-\kappa_1 \mu x^2} \\
& + [C_{5m} \cos \lambda_2 \mu x^2 + C_{6m} \sin \lambda_2 \mu x^2]\, e^{\kappa_2 \mu x^2} \\
& + [C_{7m} \cos \lambda_2 \mu x^2 + C_{8m} \sin \lambda_2 \mu x^2]\, e^{-\kappa_2 \mu x^2}\} \cos \mu x^1,
\end{aligned}$$

$$\phi_{\langle 3\rangle} = \frac{1}{\kappa^*}\{[C_{1m}\sin\lambda_1\mu x^2 - C_{2m}\cos\lambda_1\mu x^2]\,e^{\kappa_1\mu x^2} + [-C_{3m}\sin\lambda_1\mu x^2 + C_{4m}\cos\lambda_1\mu x^2]\,e^{-\kappa_1\mu x^2} + [-C_{5m}\sin\lambda_2\mu x^2 + C_{6m}\cos\lambda_2\mu x^2]\,e^{\kappa_2\mu x^2} + [C_{7m}\sin\lambda_2\mu x^2 - C_{8m}\cos\lambda_2\mu x^2]\,e^{-\kappa_2\mu x^2}\}\cos\mu x^1 \tag{6.1.125}$$

mit 8 nunmehr reellen Konstanten C_{rm} je Parameterwert m.

Auch für diese Lösung lassen sich wieder alle gewünschten Kraft- und Weggrößen entsprechend (6.1.97) bis (6.1.103) ohne Schwierigkeiten herleiten, das Ergebnis enthält Tafel 6.3: $C_r \triangleq C_{rm}$. Nunmehr bauen sich alle Lösungsfunktionen aus je *zwei* von jedem Schalenrand $x^2 = \pm\, b/2$ aus abklingenden Schwingungen auf. Wie die Darstellung der Real- und Imaginärteile (6.1.123) auf Bild 6.5 vermittelt, werden Abklingverhalten und Frequenz der beiden Lösungspaare umso unterschiedlicher, je stärker die Mittelfläche von einer Zylinderschale

	Vorfaktor	$e^{\varkappa\mu x^2}\cos\lambda\mu x^2$	$e^{\varkappa\mu x^2}\sin\lambda\mu x^2$	$e^{-\varkappa\mu x^2}\cos\lambda\mu x^2$	$e^{-\varkappa\mu x^2}\sin\lambda\mu x^2$	$e^{\mu x^2}$	$e^{-\mu x^2}$	
$v_{\langle 3\rangle}$		C_1	C_2	C_3	C_4	C_5	C_6	$\cos\mu x^1$
$\Phi_{\langle 3\rangle}$	$\frac{1}{\varkappa^*}$	C_2	$-C_1$	$-C_4$	C_3	C_7	C_8	$\cos\mu x^1$
$n_{\langle 11\rangle}$	$\frac{\mu^2}{\varkappa^*}$	$-2\varkappa\lambda C_1+(\varkappa^2-\lambda^2)C_2$	$-(\varkappa^2-\lambda^2)C_1-2\varkappa\lambda C_2$	$-2\varkappa\lambda C_3-(\varkappa^2-\lambda^2)C_4$	$(\varkappa^2-\lambda^2)C_3-2\varkappa\lambda C_4$	C_7	C_8	$\cos\mu x^1$
$n_{\langle 12\rangle}$	$\frac{\mu^2}{\varkappa^*}$	$-(\lambda C_1-\varkappa C_2)$	$-(\varkappa C_1+\lambda C_2)$	$\lambda C_3+\varkappa C_4$	$-(\varkappa C_3-\lambda C_4)$	C_7	$-C_8$	$\sin\mu x^1$
$n_{\langle 22\rangle}$	$\frac{\mu^2}{\varkappa^*}$	$-C_2$	C_1	C_4	$-C_3$	$-C_7$	$-C_8$	$\cos\mu x^1$
$m_{\langle 11\rangle}$	$B\mu^2$	C_1	C_2	C_3	C_4	C_5	C_6	$\cos\mu x^1$
$m_{\langle 12\rangle}$	$B\mu^2$	$\varkappa C_1+\lambda C_2$	$-(\lambda C_1-\varkappa C_2)$	$-(\varkappa C_3-\lambda C_4)$	$-(\lambda C_3+\varkappa C_4)$	C_5	$-C_6$	$\sin\mu x^1$
$m_{\langle 22\rangle}$	$B\mu^2$	$-(\varkappa^2-\lambda^2)C_1-2\varkappa\lambda C_2$	$2\varkappa\lambda C_1-(\varkappa^2-\lambda^2)C_2$	$-(\varkappa^2-\lambda^2)C_3+2\varkappa\lambda C_4$	$-2\varkappa\lambda C_3-(\varkappa^2-\lambda^2)C_4$	$-C_5$	$-C_6$	$\cos\mu x^1$
$q_{\langle 1\rangle}$	$B\mu^3$	$(\varkappa^2-\lambda^2-1)C_1+2\varkappa\lambda C_2$	$-2\varkappa\lambda C_1+(\varkappa^2-\lambda^2-1)C_2$	$(\varkappa^2-\lambda^2-1)C_3-2\varkappa\lambda C_4$	$2\varkappa\lambda C_3+(\varkappa^2-\lambda^2-1)C_4$			$\sin\mu x^1$
$q_{\langle 2\rangle}$	$B\mu^3$	$(-\varkappa^3+3\varkappa\lambda^2+\varkappa)C_1$ $+(-3\varkappa^2\lambda+\lambda^3+\lambda)C_2$	$(3\varkappa^2\lambda-\lambda^3-\lambda)C_1$ $+(-\varkappa^3+3\varkappa\lambda^2+\varkappa)C_2$	$(\varkappa^3-3\varkappa\lambda^2-\varkappa)C_3$ $+(-3\varkappa^2\lambda+\lambda^3+\lambda)C_4$	$(3\varkappa^2\lambda-\lambda^3-\lambda)C_3$ $+(\varkappa^3-3\varkappa\lambda^2-\varkappa)C_4$			$\cos\mu x^1$
$\bar{q}_{\langle 1\rangle}$	$B\mu^3$	$(2\varkappa^2-2\lambda^2-1)C_1$ $+4\varkappa\lambda C_2$	$-4\varkappa\lambda C_1$ $+(2\varkappa^2-2\lambda^2-1)C_2$	$(2\varkappa^2-2\lambda^2-1)C_3$ $-4\varkappa\lambda C_4$	$4\varkappa\lambda C_3$ $+(2\varkappa^2-2\lambda^2-1)C_4$	C_5	C_6	$\sin\mu x^1$
$\bar{q}_{\langle 2\rangle}$	$B\mu^3$	$(-\varkappa^3+3\varkappa\lambda^2+2\varkappa)C_1$ $+(-3\varkappa^2\lambda+\lambda^3+2\lambda)C_2$	$(3\varkappa^2\lambda-\lambda^3-2\lambda)C_1$ $+(-\varkappa^3+3\varkappa\lambda^2+2\varkappa)C_2$	$(\varkappa^3-3\varkappa\lambda^2-2\varkappa)C_3$ $+(-3\varkappa^2\lambda+\lambda^3+2\lambda)C_4$	$(3\varkappa^2\lambda-\lambda^3-2\lambda)C_3$ $+(\varkappa^3-3\varkappa\lambda^2-2\varkappa)C_4$	C_5	$-C_6$	$\cos\mu x^1$
$v_{\langle 1\rangle}$	$\frac{\mu}{\varepsilon^*}$	$-(2\varkappa\lambda-\frac{\varepsilon^*}{\mu^2R})C_1$ $+(\varkappa^2-\lambda^2)C_2$	$-(\varkappa^2-\lambda^2)C_1$ $-(2\varkappa\lambda-\frac{\varepsilon^*}{\mu^2R})C_2$	$-(2\varkappa\lambda-\frac{\varepsilon^*}{\mu^2R})C_3$ $-(\varkappa^2-\lambda^2)C_4$	$(\varkappa^2-\lambda^2)C_3$ $-(2\varkappa\lambda-\frac{\varepsilon^*}{\mu^2R})C_4$	$C_7+\frac{\varepsilon^*}{\mu^2R}C_5$	$C_8+\frac{\varepsilon^*}{\mu^2R}C_6$	$\sin\mu x^1$
$v_{\langle 2\rangle}$	$\frac{\mu}{\varepsilon^*}$	$\frac{1}{\varkappa^2+\lambda^2}[-(\lambda-\frac{\varepsilon^*}{\mu^2R}\varkappa)C_1$ $-(\varkappa+\frac{\varepsilon^*}{\mu^2R}\lambda)C_2]$	$\frac{1}{\varkappa^2+\lambda^2}[(\varkappa+\frac{\varepsilon^*}{\mu^2R}\lambda)C_1$ $-(\lambda-\frac{\varepsilon^*}{\mu^2R}\varkappa)C_2]$	$\frac{1}{\varkappa^2+\lambda^2}[(\lambda-\frac{\varepsilon^*}{\mu^2R}\varkappa)C_3$ $-(\varkappa+\frac{\varepsilon^*}{\mu^2R}\lambda)C_4]$	$\frac{1}{\varkappa^2+\lambda^2}[(\varkappa+\frac{\varepsilon^*}{\mu^2R}\lambda)C_3$ $+(\lambda-\frac{\varepsilon^*}{\mu^2R}\varkappa)C_4]$	$(-C_7+\frac{\varepsilon^*}{\mu^2R}C_5)$	$C_8-\frac{\varepsilon^*}{\mu^2R}C_6$	$\cos\mu x^1$
$v_{\langle 3\rangle,1}$	μ	$-C_1$	$-C_2$	$-C_3$	$-C_4$	$-C_5$	$-C_6$	$\sin\mu x^1$
$v_{\langle 3\rangle,2}$	μ	$\varkappa C_1+\lambda C_2$	$-(\lambda C_1-\varkappa C_2)$	$-(\varkappa C_3-\lambda C_4)$	$-(\lambda C_3+\varkappa C_4)$	$+C_5$	$-C_6$	$\cos\mu x^1$

Abkürzungen: $\mu = \frac{m\pi}{a}$, $\varepsilon^* = \frac{\sqrt{12(1-\nu^2)}}{h} = \frac{2\sqrt{3}}{h}$, $\varkappa^* = \frac{\sqrt{12(1-\nu^2)}}{Eh^2} = \frac{2\sqrt{3}}{Eh^2}$

Tafel 6.3 Schnitt- und Verschiebungsgrößen der allgemeinen Lösung einer beliebigen flachen Translationsschale ($\nu = 0$)

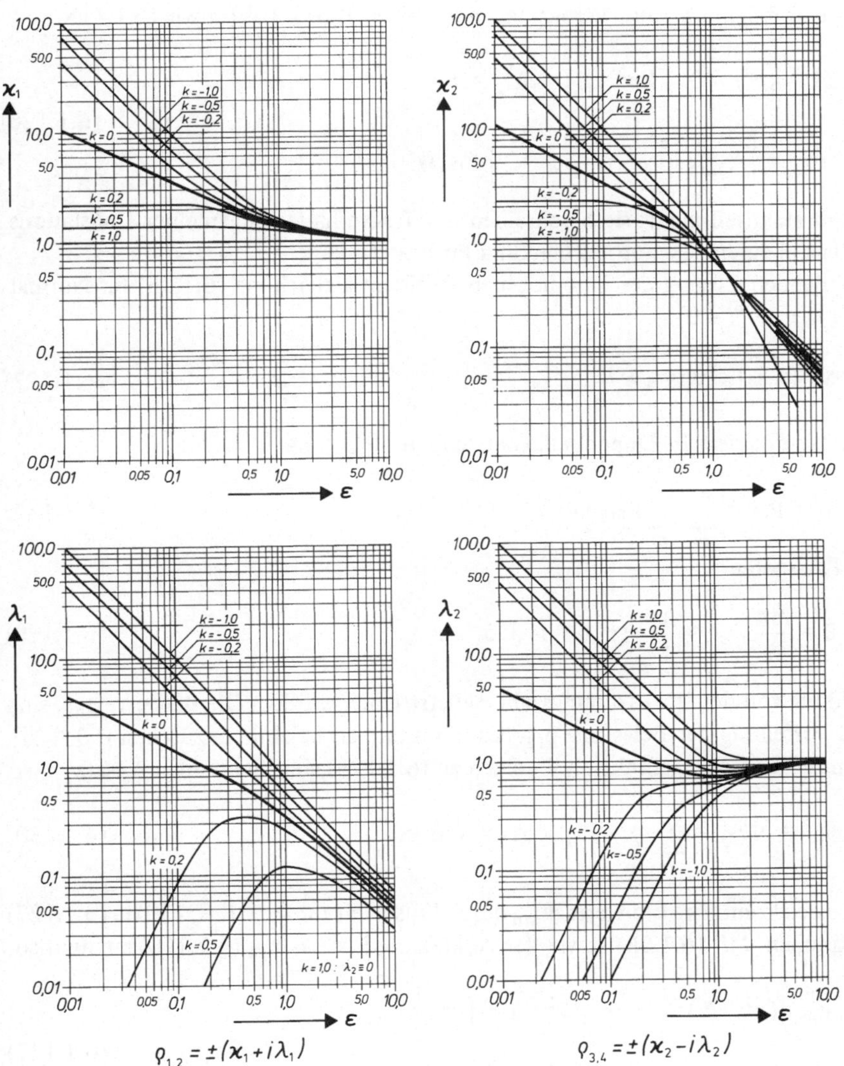

Bild 6.5 Real- und Imaginärteile der Wurzeln der charakteristischen Gleichung für die Fundamentallösung flacher Translationsschalen

(k = 0) abweicht. Einer starken (schwachen) Dämpfung $\kappa_1\mu$, $\kappa_2\mu$ ist dabei stets eine kurze (lange) Periode

$$T_1 = \frac{2\pi}{\lambda_1\mu} \quad \text{und} \quad T_2 = \frac{2\pi}{\lambda_2\mu}$$

zugeordnet. Wegen der Verknüpfung von $\kappa_{1,2}$ und $\lambda_{1,2}$ mit dem Parameter μ wird für höhere Harmonische die Dämpfung größer und die Periode kleiner: ein bei allen Schalentragwerken zu beobachtendes Phänomen. Im Gegensatz zur Kugelschale bilden für $k \neq +1{,}0$ homogene

Membrantheorie und dehnungslose Verbiegungen gemäß (6.1.106, 109) sowie (6.1.118):

$$(1 - k\rho^2) = 0, \quad k\rho^2 = 1: \quad \rho_{1,2} = \pm\frac{1}{k},$$
$$\overline{\Psi}_{\langle 3\rangle} = \left\{A_{3m} e^{\frac{\mu}{k}x^2} + A_{4m} e^{-\frac{\mu}{k}x^2}\right\} \cos \mu x^1 \tag{6.1.126}$$

keinen Lösungsbestandteil mehr; sie beschreiben das Tragverhalten allgemeiner Translationsschalen höchstens in einem asymptotischen Sinn für $B \to 0$ oder $k \to +1{,}0$.

Zur abschließenden Lösung der inhomogenen Differentialgleichung (6.1.56) für Normallasten* p^3 ($p^\alpha = 0 \to k^{(\alpha\beta)} = 0$):

$$\nabla^4 \Psi_3 + i\epsilon^* \nabla_k^2 \Psi_3 = \frac{p^3}{B} \tag{6.1.127}$$

wählen wir eine als *Fourier*sche Doppelreihe darstellbare Belastung

$$p^3 = p_{\langle 3\rangle} = \sum_m \sum_n p_{mn} \cos \bar{\mu} x^1 \cos \bar{\nu} x^2, \tag{6.1.128}$$

in welcher die Parameter

$$\bar{\mu} = \frac{m\pi}{a}, \quad \bar{\nu} = \frac{n\pi}{b} \quad (m,n = 1, 3, 5, \ldots) \tag{6.1.129}$$

zur Unterscheidung von der Querdehnungszahl ν überstrichen wurden. Die Beiwerte p_{mn} sind durch Art und Verteilung der Belastung $p_{\langle 3\rangle}$ bestimmt und als bekannt anzusehen [53, 126]. Wählen wir nun für die Lösungsfunktion Ψ_3 einen zu (6.1.128) gleichlautenden Ansatz

$$\Psi_3 = \Psi_{\langle 3\rangle} = \sum_m \sum_n \Psi_{mn} \cos \bar{\mu} x^1 \cos \bar{\nu} x^2, \tag{6.1.130}$$

so lassen sich dessen komplexe Freiwerte Ψ_{mn} durch Einsetzen von (6.1.128, 130) in (6.1.127) gliedweise bestimmen. Mit (6.1.95) sowie der Abkürzung $k = b_{11}/b_{22}$ (6.1.110) entsteht so:

$$\Psi_{mn}[(\bar{\mu}^2 + \bar{\nu}^2)^2 - i\epsilon^* b_{22}(\bar{\mu}^2 + k\bar{\nu}^2)] = \frac{1}{B} p_{mn}$$
$$\Psi_{mn} = \frac{1}{B} p_{mn} \frac{(\bar{\mu}^2 + \bar{\nu}^2)^2 + i\epsilon^* b_{22} \; (\bar{\mu}^2 + k\bar{\nu}^2)}{(\bar{\mu}^2 + \bar{\nu}^2)^4 + (\epsilon^* b_{22})^2 (\bar{\mu}^2 + k\bar{\nu}^2)^2}. \tag{6.1.131}$$

Nach Zerlegung von Ψ_3 in Real- und Imaginärteil gemäß (6.1.55) finden wir unter Berücksichtigung der ersten Beziehung (6.1.54) sowie von (6.1.17) die beiden Grundlösungen:

$$v_{\langle 3\rangle} = \frac{1}{B} \sum_m \sum_n p_{mn} F \, (\bar{\mu}^2 + \bar{\nu}^2)^2 \cos \bar{\mu} x^1 \cos \bar{\nu} x^2,$$
$$\phi_{\langle 3\rangle} = \frac{12(1 - \nu^2)}{h^2} b_{22} \sum_m \sum_n p_{mn} F \, (\bar{\mu}^2 + k\bar{\nu}^2) \cos \bar{\mu} x^1 \cos \bar{\nu} x^2 \tag{6.1.132}$$

* Tangentiallasten werden in [7, 65, 74] behandelt.

mit der Abkürzung

$$F = [(\bar{\mu}^2 + \bar{\nu}^2)^4 + (\epsilon^* b_{22})^2 (\bar{\mu}^2 + k\bar{\nu}^2)^2]^{-1}. \qquad (6.1.133)$$

Hieraus sind erneut entsprechend (6.1.97) bis (6.1.103) alle Kraft- und Weggrößen herleitbar. Für verschwindende Querdehnung $\nu = 0$ sind diese in Tafel 6.4 zusammengestellt.

	Vorfaktor		*Faktor der allgemeinen Translationsschale*	*Faktor der Kugelschale*	*Reihenglied*
$p_{\langle 3\rangle}$					$\cos\bar{\mu}x^1 \cos\bar{\nu}x^2$
$v_{\langle 3\rangle}$	$\frac{1}{B}$		$(\bar{\mu}^2+\bar{\nu}^2)^2 \cdot F_T$	F_K	$\cos\bar{\mu}x^1 \cos\bar{\nu}x^2$
$\Phi_{\langle 3\rangle}$	$\frac{12(1-\nu^2)}{h^2} b_{22}$ *		$(\bar{\mu}^2+k\bar{\nu}^2) \cdot F_T$	$\frac{1}{(\bar{\mu}^2+\bar{\nu}^2)} \cdot F_K$	$\cos\bar{\mu}x^1 \cos\bar{\nu}x^2$
$n_{\langle 11\rangle}$	$\frac{12(1-\nu^2)}{h^2} b_{22}$ *		$-\bar{\nu}^2(\bar{\mu}^2+k\bar{\nu}^2) \cdot F_T$	$-\frac{\bar{\nu}^2}{(\bar{\mu}^2+\bar{\nu}^2)} \cdot F_K$	$\cos\bar{\mu}x^1 \cos\bar{\nu}x^2$
$n_{\langle 12\rangle}$	$\frac{12(1-\nu^2)}{h^2} b_{22}$ *		$\bar{\mu}\bar{\nu}(\bar{\mu}^2+k\bar{\nu}^2) \cdot F_T$	$\frac{\bar{\mu}\bar{\nu}}{(\bar{\mu}^2+\bar{\nu}^2)\bar{\nu}^2} \cdot F_K$	$\sin\bar{\mu}x^1 \sin\bar{\nu}x^2$
$n_{\langle 22\rangle}$	$\frac{12(1-\nu^2)}{h^2} b_{22}$ *		$-\bar{\mu}^2(\bar{\mu}^2+k\bar{\nu}^2) \cdot F_T$	$-\frac{\bar{\mu}^2}{(\bar{\mu}^2+\bar{\nu}^2)} \cdot F_K$	$\cos\bar{\mu}x^1 \cos\bar{\nu}x^2$
$m_{\langle 11\rangle}$			$\bar{\mu}^2(\bar{\mu}^2+\bar{\nu}^2)^2 \cdot F_T$	$\bar{\mu}^2 \cdot F_K$	$\cos\bar{\mu}x^1 \cos\bar{\nu}x^2$
$m_{\langle 12\rangle}$			$-\bar{\mu}\bar{\nu}(\bar{\mu}^2+\bar{\nu}^2)^2 \cdot F_T$	$-\bar{\mu}\bar{\nu} \cdot F_K$	$\sin\bar{\mu}x^1 \sin\bar{\nu}x^2$
$m_{\langle 22\rangle}$		$\cdot \sum_m \sum_n p_{mn} \cdot$ $m = 1, 3, 5, \ldots$ $n = 1, 3, 5, \ldots$	$\bar{\nu}^2(\bar{\mu}^2+\bar{\nu}^2)^2 \cdot F_T$	$\bar{\nu}^2 \cdot F_K$	$\cos\bar{\mu}x^1 \cos\bar{\nu}x^2$
$q_{\langle 1\rangle}$			$-\bar{\mu}(\bar{\mu}^2+\bar{\nu}^2)^3 \cdot F_T$	$-\bar{\mu}(\bar{\mu}^2+\bar{\nu}^2) \cdot F_K$	$\sin\bar{\mu}x^1 \cos\bar{\nu}x^2$
$q_{\langle 2\rangle}$			$-\bar{\nu}(\bar{\mu}^2+\bar{\nu}^2)^3 \cdot F_T$	$-\bar{\nu}(\bar{\mu}^2+\bar{\nu}^2) \cdot F_K$	$\cos\bar{\mu}x^1 \sin\bar{\nu}x^2$
$\bar{q}_{\langle 1\rangle}$			$-\bar{\mu}(\bar{\mu}^2+\bar{\nu}^2)^2(\bar{\mu}^2+2\bar{\nu}^2) \cdot F_T$	$-\bar{\mu}(\bar{\mu}^2+2\bar{\nu}^2) \cdot F_K$	$\sin\bar{\mu}x^1 \cos\bar{\nu}x^2$
$\bar{q}_{\langle 2\rangle}$			$-\bar{\nu}(\bar{\mu}^2+\bar{\nu}^2)^2(2\bar{\mu}^2+\bar{\nu}^2) \cdot F_T$	$-\bar{\nu}(2\bar{\mu}^2+\bar{\nu}^2) \cdot F_K$	$\cos\bar{\mu}x^1 \sin\bar{\nu}x^2$
$v_{\langle 1\rangle}$	$\frac{1}{B}$		$\bar{\mu}[b_{11}\bar{\mu}^2+\bar{\nu}^2(2b_{11}-b_{22})] \cdot F_T$	$\frac{\bar{\mu}}{R(\bar{\mu}^2+\bar{\nu}^2)} \cdot F_K$	$\sin\bar{\mu}x^1 \cos\bar{\nu}x^2$
$v_{\langle 2\rangle}$	$\frac{1}{B}$		$\bar{\nu}[\bar{\mu}^2(2b_{22}-b_{11})+b_{22}\bar{\nu}^2] \cdot F_T$	$\frac{\bar{\nu}}{R(\bar{\mu}^2+\bar{\nu}^2)} \cdot F_K$	$\cos\bar{\mu}x^1 \sin\bar{\nu}x^2$
$v_{\langle 3\rangle,1}$	$\frac{1}{B}$		$-\bar{\mu}(\bar{\mu}^2+\bar{\nu}^2)^2 \cdot F_T$	$-\bar{\mu} \cdot F_K$	$\sin\bar{\mu}x^1 \cos\bar{\nu}x^2$
$v_{\langle 3\rangle,2}$	$\frac{1}{B}$		$-\bar{\nu}(\bar{\mu}^2+\bar{\nu}^2)^2 \cdot F_T$	$-\bar{\nu} \cdot F_K$	$\cos\bar{\mu}x^1 \sin\bar{\nu}x^2$

Abkürzungen: $F_T = [(\bar{\mu}^2+\bar{\nu}^2)^4 + (\varepsilon^* b_{22})^2(\bar{\mu}^2+k\bar{\nu}^2)^2]^{-1}$, $\bar{\mu} = \frac{m\pi}{a}$, $\bar{\nu} = \frac{n\pi}{b}$, $\varepsilon^* = \frac{\sqrt{12(1-\nu^2)}}{h}$

$F_K = [(\bar{\mu}^2+\bar{\nu}^2)^2 + (\frac{\varepsilon^*}{R})^2]^{-1}$, $\frac{\varepsilon^*}{R} = \frac{\sqrt{12(1-\nu^2)}}{hR}$, $k = \frac{b_{11}}{b_{22}} = \frac{b^2 f_1}{a^2 f_2}$

* *Für eine Kugelschale lautet der Vorfaktor:* $\frac{12(1-\nu^2)}{h^2 R}$

Tafel 6.4 Schnitt- und Verschiebungsgrößen normalbelasteter flacher Translations- und Kugelschalen ($\nu = 0$)

Die Lösungsfunktionen (6.1.132) erfüllen längs aller Schalenränder *Navier*sche Randbedingungen (siehe Bild 6.1):

$$\left.\begin{aligned} x^1 &= \pm\frac{a}{2} \\ x^2 &= \pm\frac{b}{2} \end{aligned}\right\}: \quad \begin{aligned} &v_{\langle 3\rangle} = v_{\langle 3\rangle,11} = v_{\langle 3\rangle,22} = \nabla^2 v_{\langle 3\rangle} \equiv 0, \\ &\phi_{\langle 3\rangle} = \phi_{\langle 3\rangle,11} = \phi_{\langle 3\rangle,22} = \nabla^2 \phi_{\langle 3\rangle} \equiv 0. \end{aligned} \tag{6.1.134}$$

Im einzelnen verschwinden laut Tafel 6.4 folgende Randvariablen (6.1.100, 101):

$$\begin{aligned} x^1 &= \pm\frac{a}{2}: \quad n_u = n_{\langle 11\rangle}, \quad m_t = m_{\langle 11\rangle}, \quad v_3 = v_{\langle 3\rangle}, \quad v_t = \pm\, v_{\langle 2\rangle}, \\ x^2 &= \pm\frac{b}{2}: \quad n_u = n_{\langle 22\rangle}, \quad m_t = m_{\langle 22\rangle}, \quad v_3 = v_{\langle 3\rangle}, \quad v_t = \mp v_{\langle 1\rangle}. \end{aligned} \tag{6.1.135}$$

Ihre konstruktive Verwirklichung erfahren diese Bedingungen durch in ihrer Tragebene steife Binderscheiben, die senkrecht zu dieser jedoch sehr weich sind [33, 34].

6.1.7 Flache Kugelschalen über rechteckigem Grundriß

Nun kehren wir zum Tragverhalten flacher Kugelschalen über Rechteckgrundriß zurück, die im Rahmen der getroffenen Näherungen (6.1.74) flachen elliptischen Paraboloidschalen gleicher Krümmung entsprechen. Verwenden wir deren Krümmungsradius R, gegebenenfalls aus (6.1.94) ermittelt, in

$$b_{11} = b_1^1 = b_{22} = b_2^2 = \frac{1}{R}$$

sowie

$$k = \frac{b_{11}}{b_{22}} = 1{,}0\,,$$

so lauten die beiden Lösungsfunktionen (6.1.132) des einer Normalbelastung p^3 unterworfenen Tragwerks unter Verwendung von (6.1.133):

$$\begin{aligned} v_{\langle 3\rangle} &= \frac{1}{B}\sum_m\sum_n p_{mn}\frac{1}{\left[(\bar\mu^2+\bar\nu^2)^2+\left(\frac{\epsilon^*}{R}\right)^2\right]}\cos\bar\mu x^1\cos\bar\nu x^2, \\ \phi_{\langle 3\rangle} &= \frac{12(1-\nu^2)}{h^2 R}\sum_m\sum_n p_{mn}\frac{1}{(\bar\mu^2+\bar\nu^2)\left[(\bar\mu^2+\bar\nu^2)^2+\left(\frac{\epsilon^*}{R}\right)^2\right]}\cos\bar\mu x^1\cos\bar\nu x^2. \end{aligned} \tag{6.1.136}$$

Die aus diesen *Fourier*reihen entstehenden Schnitt- und Verschiebungsgrößen können – für $\nu = 0$ – ebenfalls Tafel 6.4 entnommen werden.

Eine Vorstellung vom Schnittgrößenverlauf flacher Kugelschalen liefert das auf Bild 6.6 dargestellte Tragwerk über Quadratgrundriß. Es stehe unter der Wirkung einer Gleichlast der Intensität p

$$p^3 = p_{\langle 3\rangle} = \frac{16p}{\pi^2}\sum_m\sum_n\frac{1}{mn}\cos\bar\mu x^1\cos\bar\nu x^2, \tag{6.1.137}$$

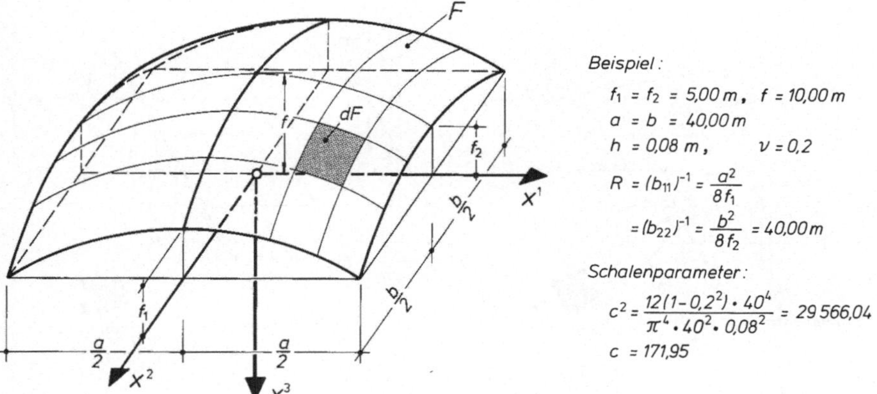

Bild 6.6 Flache Kugelschale über rechteckigem Grundriß, allgemeine Bezeichnungen und Beispiel

für deren *Fourier*entwicklung die in (6.1.128) eingeführte Belastungsfunktion somit folgendermaßen lautet:

$$p_{mn} = \frac{16p}{\pi^2}\,\frac{1}{mn}\,, \tag{6.1.138}$$

und besitze allseits *Navier*sche Randbedingungen. Übrigens war die gleiche Schale mit modifizierten Randvorgaben und unter einer Schneelast bereits im Kapitel 5 – Membrantheorie – behandelt worden. Ihr Schalenparameter (6.1.139) beträgt:

$$c^2 = 29566{,}04, \quad c = 171{,}95.$$

Die auf Bild 6.7 wiedergegebenen Biege- und Torsionsmomente infolge einer Gleichlast der Intensität $p = 10\ \mathrm{kN/m^2}$ verlaufen deutlich in Form von den Schalenrändern her abklingenden Schwingungen. Gleichartige Randstörungen sind ebenfalls dem dominierenden Membrangrundbetrag der Dehnungskräfte aufgeprägt. Die Schnittgrößenverläufe des Bildes 6.7 können unschwer aus den konvergenten Reihen der Tafel 6.4 numerisch berechnet werden; um mit diesen eine vierstellige Genauigkeit zu erzielen, wurde der Programmlauf im Mittel nach dem 60. Reihenglied abgebrochen:

$$1 \leqslant (m,n) \leqslant 59.$$

Bekanntlich läßt sich die Geometrie einer flachen Schale in den einzelnen *Fourier*reihen der Tafel 6.4 in zwei Parametern konzentrieren. Betrachten wir beispielsweise die Dehnungskraft $n_{\langle 11\rangle}$ einer Kugelschale unter Gleichlast $p_{\langle 3\rangle}$ (6.1.137) und substituieren in ihren Reihenausdruck $\bar{\mu},\bar{\nu}$ nach (6.1.129) sowie ϵ^* (6.1.54), so erhalten wir:

$$n_{\langle 11\rangle} = -\frac{12(1-\nu^2)}{h^2 R}\sum_m\sum_n \frac{16p}{\pi^2 mn}\cdot\frac{\bar{\nu}^2\cos\bar{\mu}x^1\cos\bar{\nu}x^2}{(\bar{\mu}^2+\bar{\nu}^2)\left[(\bar{\mu}^2+\bar{\nu}^2)^2+\left(\frac{\epsilon^*}{R}\right)^2\right]}$$

$$= -\frac{12(1-\nu^2)}{h^2R^2}R\,\frac{16p}{\pi^2}\sum_m\sum_n\frac{n^2\pi^2\cos\frac{m\pi}{a}x^1\cos\frac{n\pi}{b}x^2}{mn\,b^2\left(\frac{m^2}{a^2}+\frac{n^2}{b^2}\right)\pi^2\left[\left(\frac{m^2}{a^2}+\frac{n^2}{b^2}\right)^2\pi^4+\frac{12(1-\nu^2)}{h^2R^2}\right]}\,.$$

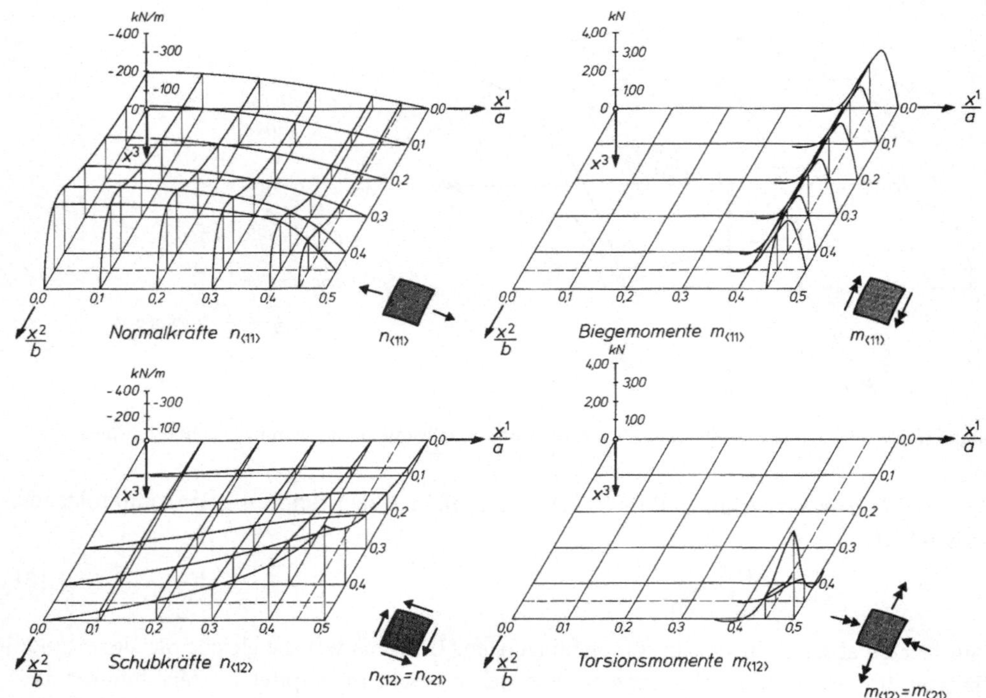

Bild 6.7 Schnittgrößenverläufe der flachen Kugelschale Bild 6.6 ($p_{\langle 3\rangle} = 10$ kN/m²)

Nach Definition der beiden neuen Parameter:

$$c^2 = \frac{12(1-\nu^2)\,a^4}{h^2R^2\pi^4} \quad \text{und} \quad \alpha = \frac{a}{b} \tag{6.1.139}$$

sowie einigen weiteren Umformungen entsteht hieraus:

$$n_{\langle 11\rangle} = pR\,\overset{*}{n}_{\langle 11\rangle}$$

mit:

$$\overset{*}{n}_{\langle 11\rangle} = -\frac{16}{\pi^2}\alpha^2c^2\sum_m\sum_n \frac{n\cos\frac{m\pi}{a}x^1\cos\frac{\alpha n\pi}{a}x^2}{m(m^2+\alpha^2n^2)\,[(m^2+\alpha^2n^2)^2+c^2]}\,. \tag{6.1.140}$$

In ähnlicher Weise lassen sich alle *Fourier*reihen der Tafel 6.4 darstellen, beispielsweise:

$$\begin{aligned} &n_{\langle 12\rangle} = pR\overset{*}{n}_{\langle 12\rangle}, \quad n_{\langle 22\rangle} = pR\overset{*}{n}_{\langle 22\rangle},\\ &m_{\langle 11\rangle} = pa^2\overset{*}{m}_{\langle 11\rangle}, \quad m_{\langle 12\rangle} = pa^2\overset{*}{m}_{\langle 12\rangle},\\ &m_{\langle 22\rangle} = pa^2\overset{*}{m}_{\langle 22\rangle}. \end{aligned} \tag{6.1.141}$$

Die mit einem Stern versehenen dimensionslosen Funktionen können vorberechnet werden und in Abhängigkeit der beiden Parameter c und α (6.1.139) als Bemessungshilfen tabelliert oder graphisch dargestellt werden [1, 6, 31, 33]. Derartige Darstellungen, die eigenen Berechnungen entstammen, finden sich für die Seitenverhältnisse α: {1,0, 1,2} auf den Bildern 6.8 und 6.9. Dabei wurden die Biege- und Torsionsmomentenfunktionen mit dem Parameter c verzerrt, um für jede Krümmung gleichermaßen darstellbare Verläufe zu erhalten. Sie zeigen, für wachsende Parameter c, in hervorragender Weise den Übergang von den fast ebenen zu stärker gekrümmten Schalen. Bei den Biegemomenten wird dabei deutlich, wie sich diese mit zunehmender Tragwerkskrümmung aus der Mitte in die Randzonen umlagern und gleichzeitig so stark abnehmen, daß sie – verglichen mit den Normalkräften – zu Nebenspannungen werden.

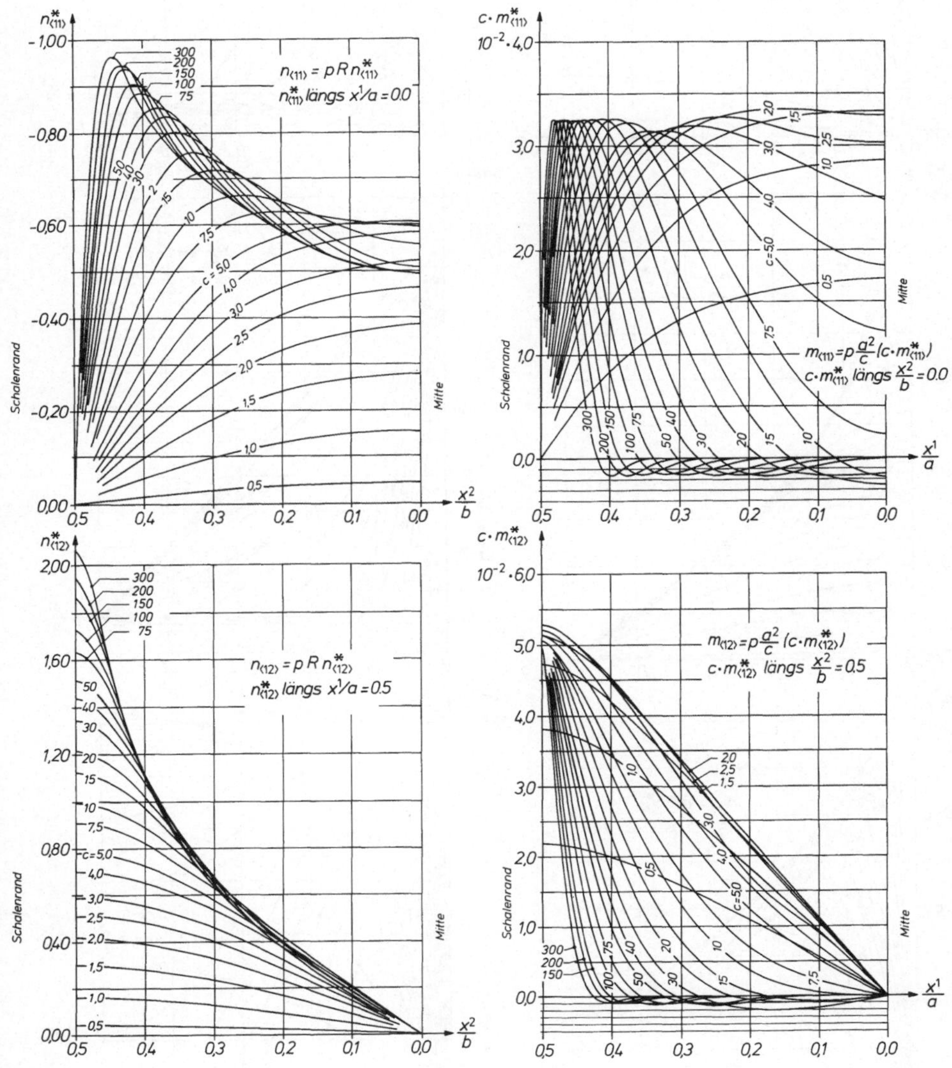

Bild 6.8 Schnittgrößenverläufe für Kugelschalen über quadratischem Grundriß ($m_{\langle 11\rangle}$ und $m_{\langle 12\rangle}$ für $\nu = 0$)

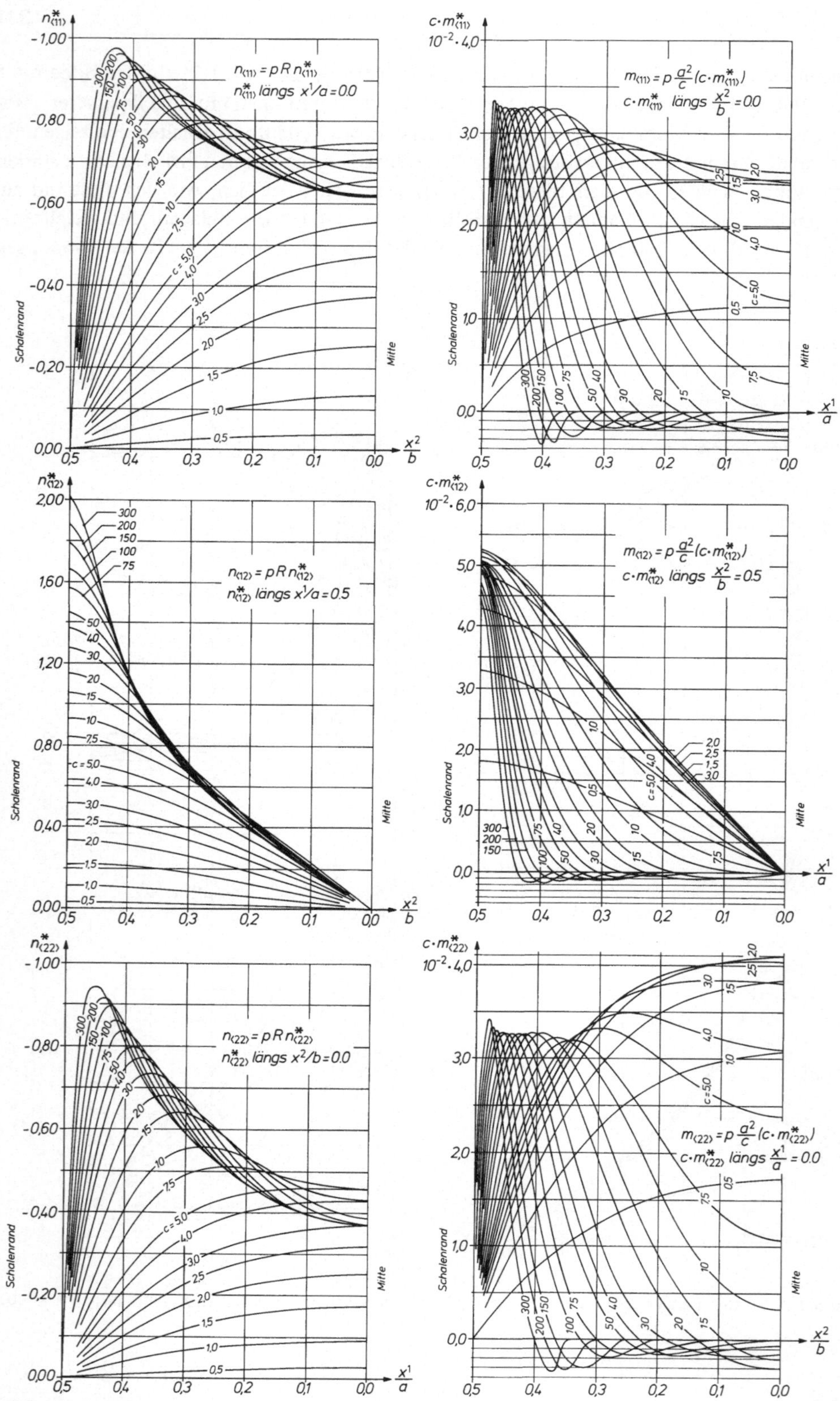

Bild 6.9 Schnittgrößenverläufe für Kugelschalen über Rechteckgrundriß $\alpha = a/b = 1,2$ ($m_{\langle 11 \rangle}$, $m_{\langle 12 \rangle}$ und $m_{\langle 22 \rangle}$ für $\nu = 0$)

Liegen andere als *Navier*sche Randbedingungen vor, so sind den Kraft- und Weggrößen der Tafel 6.4 noch geeignete Lösungen des homogenen Randwertproblems zu überlagern, wie sie bereits im letzten Abschnitt als Sonderfall allgemeiner Translationsschalen angegeben wurden (siehe (6.1.117) und Tafel 6.2). Dabei entnahmen wir der charakteristischen Gleichung (6.1.112), daß sich die allgemeine Lösung für Kugelschalen aus Anteilen der Membrantheorie, der dehnungslosen Verbiegungen sowie der Randstörungen aufbaut. Diese Sonderstellung soll nun auf alle, durch *beliebige orthogonale Koordinaten* beschriebene Kugelschalen mit dem Krümmungsradius R verallgemeinert werden. Für diese gilt bekanntlich

$$b_{\alpha\beta} = a_{\epsilon\beta} b^{\epsilon}_{\alpha} = \frac{1}{R}\, a_{\alpha\beta}, \quad b^{\epsilon}_{\alpha} = \frac{1}{R}\begin{bmatrix} 1 & 0 \\ 0 & 1 \end{bmatrix} = \frac{1}{R}\,\delta^{\epsilon}_{\alpha}, \tag{6.1.142}$$

wodurch der Krümmungsoperator (6.1.49) mit Hilfe von (1.3.12) in den *Laplace*-Operator überführt werden kann:

$$\nabla^2_k \ldots = \epsilon^{\alpha\gamma}\epsilon^{\beta\rho} b_{\alpha\beta} \ldots|_{\gamma\rho} = \frac{1}{R}\,(a^{\alpha\beta}a^{\gamma\rho} - a^{\alpha\rho}a^{\gamma\beta})\, a_{\alpha\beta} \ldots|_{\gamma\rho}$$

$$= \frac{1}{R}\, a^{\gamma\rho} \ldots|_{\gamma\rho} = \frac{1}{R}\,\nabla^2 \ldots\,. \tag{6.1.143}$$

Somit vereinfacht sich die Differentialgleichung (6.1.56) für flache *Kugelschalen*, beschrieben in beliebigen orthogonalen Koordinaten, zu:

$$\nabla^4 \Psi_3 + i\,\frac{\overset{*}{\epsilon}}{R}\,\nabla^2\Psi_3 = \nabla^2\left(\nabla^2 + i\,\frac{\overset{*}{\epsilon}}{R}\right)\Psi_3 = \left(\nabla^2 + i\,\frac{\overset{*}{\epsilon}}{R}\right)\nabla^2\Psi_3 = q. \tag{6.1.144}$$

Zur allgemeinen Lösung der homogenen Differentialgleichung

$$\nabla^2\nabla^2\Psi_3 + i\,\frac{\overset{*}{\epsilon}}{R}\,\nabla^2\Psi_3 = 0 \tag{6.1.145}$$

können daher zwei parallele Wege eingeschlagen werden. In (6.1.145) substituieren wir wahlweise

$$\Psi_{3(1)} = \nabla^2\Psi_3 + i\,\frac{\overset{*}{\epsilon}}{R}\,\Psi_3 \quad \text{oder} \quad \Psi_{3(2)} = \nabla^2\Psi_3 \tag{6.1.146}$$

und erhalten als Bedingung für die jeweiligen Ansatzfunktionen:

$$\nabla^2\Psi_{3(1)} = 0, \qquad\qquad \nabla^2\Psi_{3(2)} + i\,\frac{\overset{*}{\epsilon}}{R}\,\Psi_{3(2)} = 0. \tag{6.1.147}$$

Wählen wir nun in der Gesamtlösung von (6.1.146)

$$\Psi_3 = \Psi_{3\,\mathrm{hom}} + \Psi_{3\,\mathrm{inhom}}$$

– unter der Voraussetzung $R \neq \infty$ – für das partikuläre Integral $\Psi_{3\,\mathrm{inhom}}$ gerade den Lösungsansatz

$$\Psi_{3\,\mathrm{inhom}} = -i\,\frac{R}{\overset{*}{\epsilon}}\,\Psi_{3(1)} \quad \text{bzw.} \quad \Psi_{3\,\mathrm{inhom}} = i\,\frac{R}{\overset{*}{\epsilon}}\,\Psi_{3(2)}, \tag{6.1.148}$$

so werden infolge (6.1.147) die jeweiligen Differentialgleichungen (6.1.146) identisch erfüllt.

Wegen der beliebigen komplexen Konstanten der homogenen Lösungen $\Psi_{3(1)}$ und $\Psi_{3(2)}$ können die beiden imaginären Faktoren von (6.1.148) mit diesen vereinigt werden. Als Gesamtlösung der Ausgangsgleichung (6.1.145) entsteht somit

$$\Psi_3 = \Psi_{3(1)} + \Psi_{3(2)}$$

$$\text{mit} \quad \Psi_{3(1)} \quad \text{aus} \quad \nabla^2 \Psi_{3(1)} = 0 \tag{6.1.149}$$

$$\text{und} \quad \Psi_{3(2)} \quad \text{aus} \quad \nabla^2 \Psi_{3(2)} + i\frac{\epsilon^*}{R}\Psi_{3(2)} = 0.$$

Damit finden wir die bei kartesischen Grundrißebenen gemachte Beobachtung auch für beliebige orthogonale Koordinatensysteme bestätigt, wonach die Teillösungen der Membrantheorie sowie der dehnungslosen Verbiegungen (6.1.72) und diejenigen der Randstörungstheorie – eine komplexe Schwingungsgleichung – die Gesamtlösung additiv aufbauen [60, 90].

Substituiert man schließlich entsprechend (6.1.55) und (6.1.149) die beiden Teillösungen

$$\Psi_{3(1)} = v_{3(1)} + i\kappa^*\phi_{3(1)}, \quad \Psi_{3(2)} = v_{3(2)} + i\kappa^*\phi_{3(2)}$$

in ihre jeweiligen Differentialgleichungen, so liefern Real- und Imaginärteil zwei wichtige mechanische Beziehungen:

$$\begin{array}{ll} \nabla^2 v_{3(1)} = 0 & \nabla^2\phi_{3(1)} = 0 \\ \nabla^2 v_{3(2)} - \frac{\epsilon^*\kappa^*}{R}\phi_{3(2)} = 0 & \nabla^2\phi_{3(2)} + \frac{\epsilon^*}{R\kappa^*}v_{3(2)} = 0 \\ \hline \nabla^2 v_3 - \frac{\epsilon^*\kappa^*}{R}\phi_{3(2)} = 0, & \nabla^2\phi_3 + \frac{\epsilon^*}{R\kappa^*}v_{3(2)} = 0, \end{array} \tag{6.1.150}$$

die häufig erst als mathematische Eigenschaften der speziellen Lösungsfunktionen erkannt worden sind [132].

6.1.8 Flache Kugelschalen über Kreisgrundriß

Besonders vorteilhaft durch geschlossene Lösungen beschreibbare Aufgabenstellungen treten bei flachen Kugelschalen über Kreisgrundriß auf. Zu ihrer Darstellung beschreiben wir die Grundrißebene $\bar{F}$ gemäß Bild 6.10 durch das Polarkoordinatensystem

$$\Theta^1 = r, \quad \Theta^2 = \Theta. \tag{6.1.151}$$

Den Beziehungen des Abschnittes 1.5.3 bzw. (6.1.76, 77) entsprechend liefert der Ortsvektor $\bar{\mathbf{r}}$ der Projektion $\bar{P}$ eines beliebigen Punktes P der Schalenmittelfläche

$$\bar{\mathbf{r}} = x^1\mathbf{i}_1 + x^2\mathbf{i}_2 = r(\cos\Theta\,\mathbf{i}_1 + \sin\Theta\,\mathbf{i}_2) \tag{6.1.152}$$

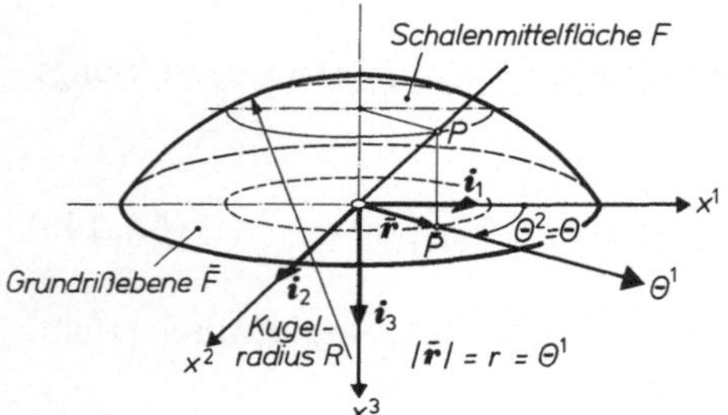

Bild 6.10 Flache Kugelschale über Kreisgrundriß

sodann die folgenden differentialgeometrischen Elemente:

$$\begin{aligned}\bar{\mathbf{a}}_1 &= \bar{\mathbf{r}}_{,1} = \cos\Theta\,\mathbf{i}_1 + \sin\Theta\,\mathbf{i}_2\,,\\ \bar{\mathbf{a}}_2 &= \bar{\mathbf{r}}_{,2} = r(-\sin\Theta\,\mathbf{i}_1 + \cos\Theta\,\mathbf{i}_2)\,;\end{aligned} \tag{6.1.153}$$

$$\bar{a}_{\alpha\beta} = \begin{bmatrix}1 & 0\\ 0 & r^2\end{bmatrix},\quad \bar{a}^{\alpha\beta} = \begin{bmatrix}1 & 0\\ 0 & r^{-2}\end{bmatrix}; \tag{6.1.154}$$

$$\begin{aligned}\bar{\mathbf{a}}^1 &= \bar{a}^{1\beta}\bar{\mathbf{a}}_\beta = \cos\Theta\,\mathbf{i}_1 + \sin\Theta\,\mathbf{i}_2\,,\\ \bar{\mathbf{a}}^2 &= \bar{a}^{2\beta}\bar{\mathbf{a}}_\beta = r^{-1}(-\sin\Theta\,\mathbf{i}_1 + \cos\Theta\,\mathbf{i}_2)\,;\end{aligned} \tag{6.1.155}$$

$$\bar{a} = \bar{a}_{11}\bar{a}_{22} - (\bar{a}_{12})^2 = r^2,\quad \sqrt{\bar{a}} = r\,;$$

$$\bar{\epsilon}_{\alpha\beta} = r\begin{bmatrix}0 & 1\\ -1 & 0\end{bmatrix},\quad \bar{\epsilon}^{\alpha\beta} = r^{-1}\begin{bmatrix}0 & 1\\ -1 & 0\end{bmatrix}. \tag{6.1.156}$$

Die *Christoffel*symbole der Grundrißebene bestimmen sich aus (1.4.5) zu

$$\bar{\Gamma}^\lambda_{\alpha\beta} = \bar{\mathbf{a}}_{\alpha,\beta}\cdot\bar{\mathbf{a}}^\lambda : \bar{\Gamma}^1_{\alpha\beta} = \begin{bmatrix}0 & 0\\ 0 & -r\end{bmatrix},\quad \bar{\Gamma}^2_{\alpha\beta} = \begin{bmatrix}0 & r^{-1}\\ r^{-1} & 0\end{bmatrix}, \tag{6.1.157}$$

wodurch $\nabla^2\Psi_3$ laut (6.1.48) im Rahmen der Näherung (6.1.77) sowie unter Berücksichtigung von (1.4.19) folgende Form annimmt:

$$\begin{aligned}\nabla^2\Psi_3 &= \bar{a}^{\alpha\beta}\Psi_3|_{\alpha\beta} = \bar{a}^{\alpha\beta}(\Psi_{3,\alpha\beta} - \Psi_{3,\lambda}\bar{\Gamma}^\lambda_{\alpha\beta})\\ &= \Psi_{3,11} + \frac{1}{r}\Psi_{3,1} + \frac{1}{r^2}\Psi_{3,22}\,.\end{aligned} \tag{6.1.158}$$

Damit verfügen wir bereits über alle Hilfmittel zur Herleitung der Schnitt- und Verformungsgrößen aus den Lösungsfunktionen v_3, ϕ_3 für die vorgegebene Geometrie (Bild 6.10). Dem Herleitungsgang des Abschnittes 6.1.6 folgend finden wir nun aus (6.1.40) für $k^{(\alpha\beta)} = 0 \to p^\beta = 0$ unter Verwendung von (1.4.19) und (6.1.156, 157):

$$\begin{aligned}n^{(11)} &= \bar{\epsilon}^{12}\bar{\epsilon}^{12}\phi_3|_{22} &&= r^{-2}\phi_{3,22} + r^{-1}\phi_{3,1}\,,\\ n^{(12)} = n^{(21)} &= \bar{\epsilon}^{12}\bar{\epsilon}^{21}\phi_3|_{12} &&= -r^{-2}\phi_{3,12} + r^{-3}\phi_{3,2}\,,\\ n^{(22)} &= \bar{\epsilon}^{21}\bar{\epsilon}^{21}\phi_3|_{11} &&= r^{-2}\phi_{3,11}\,.\end{aligned} \tag{6.1.159}$$

Führen wir hierin gemäß (4.1.9) physikalische Komponenten ein, die – auch im weiteren – wieder ausschließlich durch tiefstehende Indizes gekennzeichnet werden sollen, so erhalten wir für die Dehnungskräfte ($\phi_3 = \phi_{\langle 3\rangle}$):

$$\begin{bmatrix} n_{\langle 11\rangle}\\ n_{\langle 12\rangle} = n_{\langle 21\rangle}\\ n_{\langle 22\rangle}\end{bmatrix} = \begin{bmatrix} r^{-2}\phi_{\langle 3\rangle,22} + r^{-1}\phi_{\langle 3\rangle,1}\\ -r^{-1}\phi_{\langle 3\rangle,12} + r^{-2}\phi_{\langle 3\rangle,2}\\ \phi_{\langle 3\rangle,11}\end{bmatrix}. \tag{6.1.160}$$

Auf analogem Wege gewinnen wir aus den Beziehungen (6.1.12, 15) sowie (6.1.16) nach verschiedenen Transformationen sowie unter Beachtung von (1.4.19) für die Momente ($v_3 = v_{\langle 3\rangle}$):

$$\begin{bmatrix} m_{\langle 11\rangle} \\ m_{\langle 12\rangle} = m_{\langle 21\rangle} \\ m_{\langle 22\rangle} \end{bmatrix} = -B \begin{bmatrix} 1 & 0 & \nu r^{-2} & \nu r^{-1} & 0 \\ 0 & r^{-1}(1-\nu) & 0 & 0 & -r^{-2}(1-\nu) \\ \nu & 0 & r^{-2} & r^{-1} & 0 \end{bmatrix} \cdot \begin{bmatrix} v_{\langle 3\rangle,11} \\ v_{\langle 3\rangle,12} \\ v_{\langle 3\rangle,22} \\ v_{\langle 3\rangle,1} \\ v_{\langle 3\rangle,2} \end{bmatrix}, \tag{6.1.161}$$

und hieraus gemäß (1.4.20), (6.1.18) sowie (6.1.158) für die Querkräfte:

$$\begin{bmatrix} q_{\langle 1\rangle} \\ q_{\langle 2\rangle} \end{bmatrix} = -B \begin{bmatrix} (\nabla^2 v_{\langle 3\rangle})_{,1} \\ r^{-1}(\nabla^2 v_{\langle 3\rangle})_{,2} \end{bmatrix}. \tag{6.1.162}$$

Dabei seien dem Leser erneut die auf Bild 6.2 vereinbarten positiven Wirkungsrichtungen der Schnittgrößen ins Gedächtnis zurückgerufen. Die Randkraft- und Randweggrößen (6.1.36, 38) lauten gemäß (4.1.66, 68):

$$\text{Rand} \begin{bmatrix} 1 \\ 3 \\ 2 \\ 4 \end{bmatrix} : \quad n_t = \begin{bmatrix} n_{\langle 12\rangle} \\ -n_{\langle 12\rangle} \end{bmatrix}, \quad n_u = \begin{bmatrix} n_{\langle 11\rangle} \\ n_{\langle 22\rangle} \end{bmatrix},$$

$$\tilde{n}_3 = \begin{bmatrix} \pm\bar{q}_{\langle 1\rangle} \\ \pm\bar{q}_{\langle 2\rangle} \end{bmatrix} = \begin{bmatrix} \pm(q_{\langle 1\rangle} + r^{-1} m_{\langle 12\rangle,2}) \\ \pm(q_{\langle 2\rangle} + m_{\langle 12\rangle,1}) \end{bmatrix}, \tag{6.1.163}$$

$$m_t = \begin{bmatrix} m_{\langle 11\rangle} \\ m_{\langle 22\rangle} \end{bmatrix};$$

$$\text{Rand} \begin{bmatrix} 1 \\ 3 \\ 2 \\ 4 \end{bmatrix} : \quad v_t = \begin{bmatrix} \pm v_{\langle 2\rangle} \\ \mp v_{\langle 1\rangle} \end{bmatrix}, \quad v_u = \begin{bmatrix} \pm v_{\langle 1\rangle} \\ \pm v_{\langle 2\rangle} \end{bmatrix},$$

$$v_3 = v_{\langle 3\rangle}, \quad \omega_t = \begin{bmatrix} \mp v_{\langle 3\rangle,1} \\ \mp r^{-1} v_{\langle 3\rangle,2} \end{bmatrix}. \tag{6.1.164}$$

Hierin entsprechen die verwendeten Randbezeichnungen den in den Abschnitten 3.3.5 bzw. 4.1.4 getroffenen Laufvereinbarungen.

Schließlich finden wir für die kinematischen Beziehungen (6.1.11) des ersten Verzerrungstensors gemäß (4.1.17), (4.1.27) sowie (6.1.157) noch:

$$\begin{aligned} \alpha_{\langle 11\rangle} &= v_{\langle 1\rangle,1} - \frac{1}{R} v_{\langle 3\rangle}, \\ \alpha_{\langle 12\rangle} &= r^{-1} v_{\langle 1\rangle,2} + r(r^{-1} v_{\langle 2\rangle})_{,1}, \\ \alpha_{\langle 22\rangle} &= r^{-1} v_{\langle 2\rangle,2} + r^{-1} v_{\langle 1\rangle} - \frac{1}{R} v_{\langle 3\rangle}. \end{aligned} \tag{6.1.165}$$

Das zugehörige Werkstoffgesetz (6.1.15) bleibt in der Form (6.1.102) erhalten.

Nach diesen Vorbereitungen behandeln wir zunächst das homogene Randwertproblem. Um im Lösungsverlauf eine komplexe Koordinatentransformation zu umgehen, bilde die für $k^* = -i\kappa^*$ (6.1.52) entstehende, mit (6.1.56) gleichberechtigte Form der Differentialgleichung (6.1.144) unseren Ausgangspunkt:

$$\nabla^2\nabla^2\Psi_3 - i\frac{\epsilon^*}{R}\nabla^2\Psi_3 = 0 \quad \text{für} \quad \Psi_3 = v_3 - i\kappa^*\phi_3 . \tag{6.1.166}$$

Demgemäß bedarf das Lösungsschema (6.1.149) folgender Modifikation:

$$\Psi_3 = \Psi_{3(1)} + \Psi_{3(2)} = v_{3(1)} + v_{3(2)} - i\kappa^*(\phi_{3(1)} + \phi_{3(2)})$$

$$\text{mit} \quad \Psi_{3(1)} \quad \text{aus} \quad \nabla^2\Psi_{3(1)} = 0 \tag{6.1.167}$$

$$\text{und} \quad \Psi_{3(2)} \quad \text{aus} \quad \nabla^2\Psi_{3(2)} - i\frac{\epsilon^*}{R}\Psi_{3(2)} = 0.$$

Hierin wählen wir nun als Lösungsansätze die beiden Produktfunktionen:

$$\Psi_{3(1)} = A_{ln}F_{3(1)}(r)\cos\bar{\nu}\Theta , \quad \Psi_{3(2)} = B_{ln}F_{3(2)}(r)\cos\bar{\nu}\Theta , \tag{6.1.168}$$

in denen A_{ln}, B_{ln} freie komplexe Konstanten und ν den Parameter

$$\bar{\nu} = nn^* \tag{6.1.169}$$

bezeichnen. Letzterer erzwingt für $n^* = 1, 2, 3, \ldots$ innerhalb eines Vollkreises F eine gewünschte Anzahl von $2n^*$ Knotenlinien mit *Navier*schen Randbedingungen:

$$\Psi_3^0 = \Psi_{3,11}^0 = \Psi_{3,22}^0 = \nabla^2\Psi_3^0 = 0 .$$

Somit beschreibt $n^* = \bar{\nu} = 0$ die Klasse der rotationssymmetrischen Randwertaufgaben. $n = 1, 3, 5, \ldots$ stellt den Zählparameter einer möglichen *Fourier*entwicklung in Umfangsrichtung dar. Aus (6.1.167, 168) entstehen nun unter Verwendung von (6.1.158) sowie der Abkürzung

$$\epsilon_0^2 = \frac{\epsilon^*}{R} = \frac{2}{Rh}\sqrt{3(1-\nu^2)} \tag{6.1.170}$$

die beiden gewöhnlichen Differentialgleichungen:

$$\begin{aligned} &r^2F_{3(1),11} + rF_{3(1),1} - \bar{\nu}^2F_{3(1)} = 0, \\ &r^2F_{3(2),11} + rF_{3(2),1} - (i\epsilon_0^2r^2 + \bar{\nu}^2)F_{3(2)} = 0. \end{aligned} \tag{6.1.171}$$

Die erste Differentialgleichung (6.1.171) gehört zum *Euler*schen Typ, ihre charakteristische Gleichung [28]

$$k(k-1) + k - \bar{\nu}^2 = 0, \quad k^2 - \bar{\nu}^2 = 0, \quad k_{1,2} = \pm\bar{\nu}$$

besitzt für $\bar{\nu} \neq 0$ zwei einfache Nullstellen, für $\bar{\nu} = 0$ eine doppelte Nullstelle. Die zweite Differentialgleichung (6.1.171) beschreibt eine durch Drehung der reellen Koordinatenachse um $3\pi/4$ entstandene modifizierte *Bessel*sche Differentialgleichung [3, 78, 164]. Als allgemeine Lösung erhält man somit für das Gesamtsystem

für $\bar{\nu} \neq 0$:

$$\Psi_{\langle 3\rangle} = \left\{A_{1\bar{\nu}}r^{\bar{\nu}} + A_{2\bar{\nu}}r^{-\bar{\nu}} + A_{3\bar{\nu}}J_{\bar{\nu}}\left(\epsilon_0 re^{+i\frac{3\pi}{4}}\right) + A_{4\bar{\nu}}K_{\bar{\nu}}\left(\epsilon_0 re^{+i\frac{\pi}{4}}\right)\right\}\cos\bar{\nu}r ,$$

für $\bar{\nu} = 0$:

$$\Psi_{\langle 3\rangle} = A_{10} + A_{20}\ln r + A_{30}J_0\left(\epsilon_0 r e^{+i\frac{3\pi}{4}}\right) + A_{40}K_0\left(\epsilon_0 r e^{+i\frac{\pi}{4}}\right), \qquad (6.1.172)$$

worin $J_{\bar{\nu}}$ und $K_{\bar{\nu}}$ die beiden *Kelvin-* oder *Thomson*funktionen erster und zweiter Art für die Ordnung $\bar{\nu}$ darstellen. Verwenden wir für diese die Zerlegungen [78, 155]:

$$\begin{aligned} J_{\bar{\nu}}\left(\epsilon_0 r e^{i\frac{3\pi}{4}}\right) &= \operatorname{ber}_{\bar{\nu}}\epsilon_0 r \pm i \operatorname{bei}_{\bar{\nu}}\epsilon_0 r, \\ K_{\bar{\nu}}\left(\epsilon_0 r e^{i\frac{\pi}{4}}\right) &= e^{i\frac{\pi}{2}}(\operatorname{ker}_{\bar{\nu}}\epsilon_0 r \pm i \operatorname{kei}_{\bar{\nu}}\epsilon_0 r), \end{aligned} \qquad (6.1.173)$$

so erhalten wir nach Aufspaltung von (6.1.172) in Real- und Imaginärteil gemäß (6.1.166) sowie mit neuen Konstanten als allgemeine Lösungen [58, 60, 90]

für $\bar{\nu} \neq 0$:

$$v_{\langle 3\rangle} = \{C_{1\bar{\nu}}\operatorname{ber}_{\bar{\nu}}\epsilon_0 r + C_{2\bar{\nu}}\operatorname{bei}_{\bar{\nu}}\epsilon_0 r + C_{3\bar{\nu}}\operatorname{ker}_{\bar{\nu}}\epsilon_0 r + C_{4\bar{\nu}}\operatorname{kei}_{\bar{\nu}}\epsilon_0 r + C_{5\bar{\nu}}r^{\bar{\nu}} + C_{7\bar{\nu}}r^{-\bar{\nu}}\}\cos\bar{\nu}r,$$

$$\phi_{\langle 3\rangle} = \frac{1}{\kappa^*}\{-C_{1\bar{\nu}}\operatorname{bei}_{\bar{\nu}}\epsilon_0 r + C_{2\bar{\nu}}\operatorname{ber}_{\bar{\nu}}\epsilon_0 r - C_{3\bar{\nu}}\operatorname{kei}_{\bar{\nu}}\epsilon_0 r + C_{4\bar{\nu}}\operatorname{ker}_{\bar{\nu}}\epsilon_0 r + C_{6\bar{\nu}}r^{\bar{\nu}} + C_{8\bar{\nu}}r^{-\bar{\nu}}\}\cos\bar{\nu}r,$$

für $\bar{\nu} = 0$:

$$v_{\langle 3\rangle} = C_{10}\operatorname{ber}\epsilon_0 r + C_{20}\operatorname{bei}\epsilon_0 r + C_{30}\operatorname{ker}\epsilon_0 r + C_{40}\operatorname{kei}\epsilon_0 r + C_{50},$$

$$\phi_{\langle 3\rangle} = \frac{1}{\kappa^*}\{-C_{10}\operatorname{bei}\epsilon_0 r + C_{20}\operatorname{ber}\epsilon_0 r - C_{30}\operatorname{kei}\epsilon_0 r + C_{40}\operatorname{ker}\epsilon_0 r + C_{60}\ln r\}. \qquad (6.1.174)$$

Dabei wurden die modifizierten *Bessel*funktionen der Ordnung $\bar{\nu} = 0$, wie allgemein üblich, ohne Ordnungsindex geschrieben.

In der Schnittgrößenfunktion $\phi_{\langle 3\rangle}$ für $\bar{\nu} = 0$ wurde bereits die dort auftretende Konstante C_{80} als für die Dehnungskräfte (6.1.160) unwesentlich unterdrückt. Ebenso gestrichen wurde in $v_{\langle 3\rangle}$ für $\nu = 0$ das dort erwartete Glied $C_{70}\ln r$. Eliminiert man nämlich $v_{\langle 1\rangle}$ aus den kinematischen Beziehungen (6.1.165) für den rotationssymmetrischen Fall ($v_{\langle 2\rangle} = \dots,_2 = 0$)

$$(r\alpha_{\langle 22\rangle})_{,1} - \alpha_{\langle 11\rangle} + r\frac{v_{\langle 3\rangle,1}}{R} = 0$$

und führt hierin der Einfachheit halber für $(Eh)_{,1} = \nu = 0$ (6.1.102) und (6.1.160) ein, so entsteht gemäß (6.1.158) unter Beachtung von $\phi_{\langle 3\rangle,22} = 0$:

$$\phi_{\langle 3\rangle,111} + r^{-1}\phi_{\langle 3\rangle,11} - r^{-2}\phi_{\langle 3\rangle,1} = (\nabla^2\phi_{\langle 3\rangle})_{,1} = -\frac{Eh}{R}v_{\langle 3\rangle,1}.$$

Aus dieser Differentialgleichung findet sich mit

$$\frac{Eh}{R} = \frac{\epsilon^*}{R\kappa^*} \quad \text{gemäß} \quad \nabla^2\phi_{\langle 3\rangle} + \frac{\epsilon^*}{R\kappa^*}v_{\langle 3\rangle} = \text{konst}$$

im Vergleich zu (6.1.150) die Streichung von C_{70} bestätigt [60, 90]:

$$v_{\langle 3\rangle} = v_{\langle 3\rangle(2)} + C_{50} \rightarrow C_{70} \equiv 0. \qquad (6.1.175)$$

Aufbauend auf den Beziehungen (6.1.160) bis (6.1.165) sowie (6.1.150) lassen sich nun wieder sämtliche Schnitt- und Verschiebungsgrößen der allgemeinen Lösung (6.1.174) bestimmen. Die Ergebnisse des rotationssymmetrischen Falls $\bar{\nu} = 0$ finden sich in Tafel 6.5; für nicht-rotationssymmetrische Zustände $\bar{\nu} \neq 0$ sei auf die Literatur [90, 121, 132] verwiesen. Die dabei auftretenden Ableitungen der Real- und Imaginärteile beider *Thomson*funktionen folgen den gleichlautenden Rekursionsformeln [3, 78]:

$$\begin{aligned}
\sqrt{2}\,\mathrm{ber}'\mathrm{x} &= \mathrm{ber}_1\mathrm{x} + \mathrm{bei}_1\mathrm{x}\,, \\
\sqrt{2}\,\mathrm{bei}'\mathrm{x} &= -\mathrm{ber}_1\mathrm{x} + \mathrm{bei}_1\mathrm{x}\,, \\
\mathrm{ber}'_{\bar{\nu}}\mathrm{x} &= -\frac{\bar{\nu}}{\mathrm{x}}\,\mathrm{ber}_{\bar{\nu}}\mathrm{x} - \frac{1}{\sqrt{2}}\left(\mathrm{ber}_{\bar{\nu}-1}\mathrm{x} + \mathrm{bei}_{\bar{\nu}-1}\mathrm{x}\right), \\
\mathrm{bei}'_{\bar{\nu}}\mathrm{x} &= -\frac{\bar{\nu}}{\mathrm{x}}\,\mathrm{bei}_{\bar{\nu}}\mathrm{x} + \frac{1}{\sqrt{2}}\left(\mathrm{ber}_{\bar{\nu}-1}\mathrm{x} - \mathrm{bei}_{\bar{\nu}-1}\mathrm{x}\right), \\
\mathrm{ber}''_{\bar{\nu}}\mathrm{x} &= \frac{\bar{\nu}^2}{\mathrm{x}}\,\mathrm{ber}_{\bar{\nu}}\mathrm{x} - \mathrm{bei}_{\bar{\nu}}\mathrm{x} - \frac{1}{\mathrm{x}}\,\mathrm{ber}'_{\bar{\nu}}\mathrm{x}\,, \\
\mathrm{bei}''_{\bar{\nu}}\mathrm{x} &= \frac{\bar{\nu}^2}{\mathrm{x}}\,\mathrm{bei}_{\bar{\nu}}\mathrm{x} + \mathrm{ber}_{\bar{\nu}}\mathrm{x} - \frac{1}{\mathrm{x}}\,\mathrm{bei}'_{\bar{\nu}}\mathrm{x}\,.
\end{aligned} \tag{6.1.176}$$

	Vorfaktor	C_{10}	C_{20}	C_{30}	C_{40}	C_{50}	C_{60}
$\Phi_{\langle 3\rangle}$	$\frac{1}{\varkappa^*}$	$-\mathrm{bei}\,\varepsilon_o r$	$\mathrm{ber}\,\varepsilon_o r$	$-\mathrm{kei}\,\varepsilon_o r$	$\mathrm{ker}\,\varepsilon_o r$		$\ln r$
$n_{\langle 11\rangle}$	$\frac{\varepsilon_o}{\varkappa^*}\cdot\frac{1}{r}$	$-\mathrm{bei}'\varepsilon_o r$	$\mathrm{ber}'\varepsilon_o r$	$-\mathrm{kei}'\varepsilon_o r$	$\mathrm{ker}'\varepsilon_o r$		$\frac{1}{\varepsilon_o r}$
$n_{\langle 22\rangle}$	$\frac{\varepsilon_o^2}{\varkappa^*}$	$-\mathrm{bei}''\varepsilon_o r$	$\mathrm{ber}''\varepsilon_o r$	$-\mathrm{kei}''\varepsilon_o r$	$\mathrm{ker}''\varepsilon_o r$		$-\frac{1}{\varepsilon_o^2 r^2}$
$m_{\langle 11\rangle}$	$-B\varepsilon_o$	$\varepsilon_o\mathrm{ber}''\varepsilon_o r + \frac{\nu}{r}\mathrm{ber}'\varepsilon_o r$	$\varepsilon_o\mathrm{bei}''\varepsilon_o r + \frac{\nu}{r}\mathrm{bei}'\varepsilon_o r$	$\varepsilon_o\mathrm{ker}''\varepsilon_o r + \frac{\nu}{r}\mathrm{ker}'\varepsilon_o r$	$\varepsilon_o\mathrm{kei}''\varepsilon_o r + \frac{\nu}{r}\mathrm{kei}'\varepsilon_o r$		
$m_{\langle 22\rangle}$	$-B\varepsilon_o$	$\varepsilon_o\nu\,\mathrm{ber}''\varepsilon_o r + \frac{1}{r}\mathrm{ber}'\varepsilon_o r$	$\varepsilon_o\nu\,\mathrm{bei}''\varepsilon_o r + \frac{1}{r}\mathrm{bei}'\varepsilon_o r$	$\varepsilon_o\nu\,\mathrm{ker}''\varepsilon_o r + \frac{1}{r}\mathrm{ker}'\varepsilon_o r$	$\varepsilon_o\nu\,\mathrm{kei}''\varepsilon_o r + \frac{1}{r}\mathrm{kei}'\varepsilon_o r$		
$q_{\langle 1\rangle}$	$-B\varepsilon_o^3$	$-\mathrm{bei}'\varepsilon_o r$	$\mathrm{ber}'\varepsilon_o r$	$-\mathrm{kei}'\varepsilon_o r$	$+\mathrm{ker}'\varepsilon_o r$		
$v_{\langle 3\rangle}$		$\mathrm{ber}\,\varepsilon_o r$	$\mathrm{bei}\,\varepsilon_o r$	$\mathrm{ker}\,\varepsilon_o r$	$\mathrm{kei}\,\varepsilon_o r$	1	
$v_{\langle 3\rangle,1}$	ε_o	$\mathrm{ber}'\varepsilon_o r$	$\mathrm{bei}'\varepsilon_o r$	$\mathrm{ker}'\varepsilon_o r$	$\mathrm{kei}'\varepsilon_o r$		
$v_{\langle 1\rangle}$	$\frac{1+\nu}{\varepsilon_o R}$	$\mathrm{bei}'\varepsilon_o$	$-\mathrm{ber}'\varepsilon_o r$	$\mathrm{kei}'\varepsilon_o$	$-\mathrm{ker}'\varepsilon_o$	$\frac{\varepsilon_o r}{1+\nu}$	$-\frac{1}{\varepsilon_o r}$

Tafel 6.5 Schnitt- und Verschiebungsgrößen der allgemeinen Lösung rotationssymmetrisch beanspruchter flacher Kugelschalen über Kreisgrundriß

Partikuläre Integrale der inhomogenen Differentialgleichung (6.1.144) bzw. (6.1.166) lassen sich ebenfalls unter Verwendung modifizierter *Bessel*funktionen konstruieren [90]. In vielen Fällen liefert jedoch bereits die Membrantheorie (6.1.70), beispielsweise für Normalbelastung p^3,

$$\nabla^2\phi_3 = -\mathrm{R}p^3, \quad \nabla^3 v_3 = -\frac{\mathrm{R}}{\mathrm{Eh}}\nabla^2\nabla^2\phi_3\,, \rightarrow v_3 = -\frac{\mathrm{R}}{\mathrm{Eh}}\nabla^2\phi_3 = -\frac{\mathrm{R}^2}{\mathrm{Eh}}p^3, \tag{6.1.177}$$

hinreichend genaue partikuläre Lösungen.

So entstehen für die Belastungsfunktion

$$p^3 = p_{\langle 3\rangle} = pr^s \cos \bar{\nu}\Theta \tag{6.1.178}$$

mit $\bar{\nu}$ gemäß (6.1.169) und dem beliebigen Exponenten $s \neq -1$ folgende partikuläre Integrale für ϕ_3, wie der Leser durch Einsetzen in (6.1.177) verifizieren möge:

$$\phi_3 = \phi_{\langle 3\rangle} = -\begin{bmatrix} \dfrac{Rp}{(s+2)^2 - \bar{\nu}^2}\, r^{s+2} \\ \dfrac{Rp}{2(s+2)}\, r^{s+2} \ln r \\ \dfrac{Rp}{2} (\ln r)^2 \end{bmatrix} \cos \bar{\nu}\Theta, \quad \begin{matrix} \text{wenn } (s+2) \text{ keine} \\ \text{wenn } (s+2) \text{ höchstens eine} \\ \text{wenn } (s+2) \text{ eine doppelte} \end{matrix}$$

Nullstelle des charakteristischen Polynoms von (6.1.171) darstellt.

Die Theorie flacher Kugelschalen über Kreisgrundriß geht auf Arbeiten von *E. Reissner* [133, 135] zurück. Wegen der Singularität des Polarkoordinatensystems im Ursprung eignet sich diese Theorie hervorragend zur Behandlung aller Arten von Lösungssingularitäten [18, 29, 49, 93, 99, 165] flacher und nicht-flacher Schalen [45, 98] sowie zum Aufbau von Fundamentallösungen [119, 153]. Einen detaillierten Überblick über derartige Lösungen einschließlich einer Reihe von Ergebnissen gibt [95]. Weitere Einzelaufgaben für diese Tragwerke finden sich in [57, 58, 167, 175].

6.2 Die Biegetheorie der Kreiszylinderschalen

6.2.1 Die Grundgleichungen

Kreiszylinderschalen werden in vielen Bereichen der Technik verwendet. Ihre weite Verbreitung rechtfertigt eine ausführliche Behandlung, nachdem wir bereits im Kapitel 5 ihre Membrantheorie kennengelernt hatten.

Zur Herleitung verwenden wir die Grundgleichungen der Formulierungsvariante A vom *Kirchhoff-Love*-Typ in Tafel 4.3. Entsprechend Bild 5.2 und 6.11 werde die Schalenmittel-

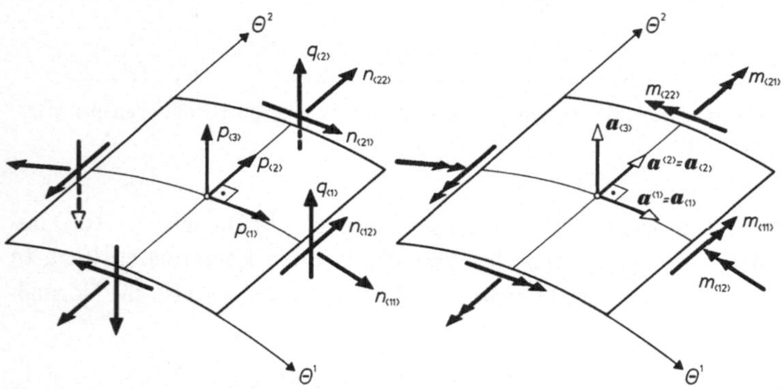

Bild 6.11 Physikalische Last- und Schnittgrößenkomponenten von Kreiszylinderschalen und deren positive Wirkungsrichtungen

fläche durch den Breitenkreiswinkel Θ^1 und die kartesische Koordinate $\Theta^2 = x^3$ in Richtung der Drehachse beschrieben. Somit können für das gewählte orthogonale Koordinatennetz alle differentialgeometrischen Elemente Tafel 1.3 entnommen werden:

$$a_{\alpha\beta} = \begin{bmatrix} R^2 & 0 \\ 0 & 1 \end{bmatrix}, \quad a^{\alpha\beta} = \begin{bmatrix} \frac{1}{R^2} & 0 \\ 0 & 1 \end{bmatrix}, \quad a = R^2,$$

$$b_{\alpha\beta} = \begin{bmatrix} -R & 0 \\ 0 & 0 \end{bmatrix}, \quad b^{\alpha}_{\beta} = \begin{bmatrix} -\frac{1}{R} & 0 \\ 0 & 0 \end{bmatrix}, \quad \Gamma^{\alpha}_{\beta\gamma} \equiv 0. \tag{6.2.1}$$

Beachtet man die Identität kovarianter und partieller Ableitungen auf einer durch Zylinderkoordinaten beschriebenen Kreiszylinderfläche, so liefern die Gleichgewichtsbedingungen der Tafel 4.3:

$$\begin{aligned} -p^1 &= \tilde{n}^{(11)}{}_{,1} + \tilde{n}^{(12)}{}_{,2} + \frac{2}{R} m^{(11)}{}_{,1} + \frac{2}{R} m^{(12)}{}_{,2}, \\ -p^2 &= \tilde{n}^{(12)}{}_{,1} + \tilde{n}^{(22)}{}_{,2}, \\ -p^3 &= -R\tilde{n}^{(11)} + m^{(11)}{}_{,11} + 2m^{(12)}{}_{,12} + m^{(22)}{}_{,22} - m^{(11)} \end{aligned} \tag{6.2.2}$$

und die dortigen kinematischen Beziehungen:

$$\begin{aligned} \alpha_{(11)} &= v_{1,1} + Rv_3, \\ \alpha_{(12)} &= \frac{1}{2}(v_{1,2} + v_{2,1}), \quad \alpha_{(22)} = v_{2,2}, \end{aligned} \tag{6.2.3}$$

$$\begin{aligned} \omega_{(11)} &= -v_{3,11} + \frac{2}{R} v_{1,1} + v_3, \\ \omega_{(12)} &= -v_{3,12} + \frac{1}{R} v_{1,2}, \quad \omega_{(22)} = -v_{3,22}. \end{aligned} \tag{6.2.3}$$

Folgende nicht verschwindende Komponenten des Elastizitätstensors entnehmen wir mit (6.2.1) dem Beispiel des Abschnittes 3.4.3

$$H^{1111} = \frac{1}{R^4}, \quad H^{1122} = \frac{\nu}{R^2}, \quad H^{2222} = 1, \quad H^{1212} = \frac{1-\nu}{2R^2}; \tag{6.2.5}$$

mit ihnen lauten die konstitutiven Beziehungen der Tafel 4.3:

$$\begin{bmatrix} \tilde{n}^{(11)} \\ \tilde{n}^{(12)} \\ \tilde{n}^{(22)} \end{bmatrix} = D \begin{bmatrix} \frac{1}{R^4} & 0 & \frac{\nu}{R^2} \\ 0 & \frac{1-\nu}{R^2} & 0 \\ \frac{\nu}{R^2} & 0 & 1 \end{bmatrix} \cdot \begin{bmatrix} \alpha_{(11)} \\ \alpha_{(12)} \\ \alpha_{(22)} \end{bmatrix}, \tag{6.2.6}$$

$$\begin{bmatrix} m^{(11)} \\ m^{(12)} \\ m^{(22)} \end{bmatrix} = B \begin{bmatrix} \frac{1}{R^4} & 0 & \frac{\nu}{R^2} \\ 0 & \frac{1-\nu}{R^2} & 0 \\ \frac{\nu}{R^2} & 0 & 1 \end{bmatrix} \cdot \begin{bmatrix} \omega_{(11)} \\ \omega_{(12)} \\ \omega_{(22)} \end{bmatrix} . \tag{6.2.7}$$

Da die physikalischen Komponenten in Richtung der ko- und kontravarianten Basisvektoren bei orthogonalen Bezugssystemen nicht unterscheidbar sind, wollen wir diese erneut einheitlich durch tiefstehende Indizes bezeichnen. Aus den Transformationen (4.1.6, 9), (4.1.17, 20) sowie (4.1.27) entstehen somit gemäß (6.2.1) die folgenden Transformationen, wobei für $\tilde{n}_{\langle\alpha\beta\rangle}$ und $n_{\langle\alpha\beta\rangle}$ gleiche Vorschriften gelten:

$$\begin{aligned}
&p_{\langle 1\rangle} = Rp^1, \quad p_{\langle 2\rangle} = p^2, \quad p_{\langle 3\rangle} = p^3, \\
&n_{\langle 11\rangle} = R^2 n^{11}, \quad n_{\langle 12\rangle} = Rn^{12}, \quad n_{\langle 21\rangle} = Rn^{21}, \quad n_{\langle 22\rangle} = n^{22}, \\
&\tilde{n}_{\langle 11\rangle} = R^2 \tilde{n}^{(11)}, \quad \tilde{n}_{\langle 12\rangle} = R\tilde{n}^{(12)}, \quad \tilde{n}_{\langle 22\rangle} = \tilde{n}^{(22)}, \\
&m_{\langle 11\rangle} = R^2 m^{(11)}, \quad m_{\langle 12\rangle} = Rm^{(12)}, \quad m_{\langle 22\rangle} = m^{(22)}, \\
&\qquad q_{\langle 1\rangle} = Rq^1, \quad q_{\langle 2\rangle} = q^2, \\
&\alpha_{\langle 11\rangle} = \frac{1}{R^2}\alpha_{(11)}, \quad \alpha_{\langle 12\rangle} = \frac{2}{R}\alpha_{(12)}, \quad \alpha_{\langle 22\rangle} = \alpha_{(22)}, \\
&\omega_{\langle 11\rangle} = \frac{1}{R^2}\omega_{(11)}, \quad \omega_{\langle 12\rangle} = \frac{2}{R}\omega_{(12)}, \quad \omega_{\langle 22\rangle} = \omega_{(22)}, \\
&v_{\langle 1\rangle} = \frac{1}{R}v_1, \quad v_{\langle 2\rangle} = v_2, \quad v_{\langle 3\rangle} = v_3, \\
&\qquad \omega_{\langle 1\rangle} = R\omega^1, \quad \omega_{\langle 2\rangle} = \omega^2.
\end{aligned} \tag{6.2.8}$$

Deren Einbau in die obigen Beziehungen (6.2.2) bis (6.2.7) liefert die bekannten Grundgleichungen der Biegetheorie von Kreiszylinderschalen:

$$\begin{aligned}
-p_{\langle 1\rangle} &= \frac{1}{R}\tilde{n}_{\langle 11\rangle,1} + \tilde{n}_{\langle 12\rangle,2} + \frac{2}{R^2}m_{\langle 11\rangle,1} + \frac{2}{R}m_{\langle 12\rangle,2}, \\
-p_{\langle 2\rangle} &= \frac{1}{R}\tilde{n}_{\langle 12\rangle,1} + \tilde{n}_{\langle 22\rangle,2}, \\
-p_{\langle 3\rangle} &= -\frac{1}{R}\tilde{n}_{\langle 11\rangle} + \frac{1}{R^2}m_{\langle 11\rangle,11} + \frac{2}{R}m_{\langle 12\rangle,12} + m_{\langle 22\rangle,22} - \frac{1}{R^2}m_{\langle 11\rangle};
\end{aligned} \tag{6.2.9}$$

$$\begin{aligned}
\alpha_{\langle 11\rangle} &= \frac{1}{R}v_{\langle 1\rangle,1} + \frac{1}{R}v_{\langle 3\rangle}, \\
\alpha_{\langle 12\rangle} &= v_{\langle 1\rangle,2} + \frac{1}{R}v_{\langle 2\rangle,1}, \\
\alpha_{\langle 22\rangle} &= v_{\langle 2\rangle,2};
\end{aligned} \tag{6.2.10}$$

$$\begin{aligned}
\omega_{\langle 11\rangle} &= -\frac{1}{R^2} v_{\langle 3\rangle,11} + \frac{2}{R^2} v_{\langle 1\rangle,1} + \frac{1}{R^2} v_{\langle 3\rangle}, \\
\omega_{\langle 12\rangle} &= -\frac{2}{R} v_{\langle 3\rangle,12} + \frac{2}{R} v_{\langle 1\rangle,2}, \\
\omega_{\langle 22\rangle} &= -v_{\langle 3\rangle,22};
\end{aligned} \tag{6.2.11}$$

$$\begin{bmatrix} \tilde{n}_{\langle 11\rangle} \\ \tilde{n}_{\langle 12\rangle} \\ \tilde{n}_{\langle 22\rangle} \end{bmatrix} = D \begin{bmatrix} 1 & 0 & \nu \\ 0 & \frac{1-\nu}{2} & 0 \\ \nu & 0 & 1 \end{bmatrix} \cdot \begin{bmatrix} \alpha_{\langle 11\rangle} \\ \alpha_{\langle 12\rangle} \\ \alpha_{\langle 22\rangle} \end{bmatrix}; \tag{6.2.12}$$

$$\begin{bmatrix} m_{\langle 11\rangle} \\ m_{\langle 12\rangle} \\ m_{\langle 22\rangle} \end{bmatrix} = B \begin{bmatrix} 1 & 0 & \nu \\ 0 & \frac{1-\nu}{2} & 0 \\ \nu & 0 & 1 \end{bmatrix} \cdot \begin{bmatrix} \omega_{\langle 11\rangle} \\ \omega_{\langle 12\rangle} \\ \omega_{\langle 22\rangle} \end{bmatrix}. \tag{6.2.13}$$

Selbstverständlich sind die Eigenschaften einer konsistenten Formulierungsvariante durch dieses Umschreiben in physikalische Komponenten nicht verlorengegangen. Wegen des Verschwindens sämtlicher *Christoffel*symbole bleibt auch das Merkmal der Suboperatorensymmetrie erhalten, wie der Leser unter besonderer Beachtung der Definition von $\alpha_{\langle 12\rangle}$ und $\omega_{\langle 12\rangle}$ nachprüfen möge.

In den klassischen Herleitungen der Kreiszylinderschalentheorie [44, 48, 109] finden wir stets die kinematischen und konstitutiven Beziehungen vereinigt. Diese *zusammengefaßten Elastizitätsgesetze* [32, 43, 46, 80] beschreiben die Abhängigkeit der Schnittgrößen von den Komponenten des Verschiebungsvektors und entstehen durch Substitution von (6.2.10, 11) in (6.2.12, 13):

$$\begin{aligned}
\tilde{n}_{\langle 11\rangle} &= \frac{D}{R} [v_{\langle 1\rangle,1} + v_{\langle 3\rangle} + \nu R v_{\langle 2\rangle,2}], \\
\tilde{n}_{\langle 12\rangle} &= \frac{D}{R}\frac{1-\nu}{2} [R v_{\langle 1\rangle,2} + v_{\langle 2\rangle,1}], \\
\tilde{n}_{\langle 22\rangle} &= \frac{D}{R} [R v_{\langle 2\rangle,2} + \nu v_{\langle 1\rangle,1} + \nu v_{\langle 3\rangle}],
\end{aligned} \tag{6.2.14}$$

$$\begin{aligned}
m_{\langle 11\rangle} &= \frac{B}{R^2} [-v_{\langle 3\rangle,11} + 2 v_{\langle 1\rangle,1} + v_{\langle 3\rangle} - \nu R^2 v_{\langle 3\rangle,22}], \\
m_{\langle 12\rangle} &= \frac{B}{R} (1-\nu) [-v_{\langle 3\rangle,12} + v_{\langle 1\rangle,2}], \\
m_{\langle 22\rangle} &= \frac{B}{R^2} [-R^2 v_{\langle 3\rangle,22} - \nu v_{\langle 3\rangle,11} + 2\nu v_{\langle 1\rangle,1} + \nu v_{\langle 3\rangle}].
\end{aligned} \tag{6.2.15}$$

Formulieren wir schließlich die Symmetriebedingung (4.1.13)

$$n^{\alpha\beta} = \tilde{n}^{(\alpha\beta)} - m^{(\alpha\rho)} b^{\beta}_{\rho}$$

ebenfalls in physikalischen Komponenten (6.2.8), so entsteht aus (6.2.14, 15) unter Berücksichtigung von (6.2.1):

$$\begin{aligned}
n_{\langle 11\rangle} &= \tilde{n}_{\langle 11\rangle} + \frac{1}{R} m_{\langle 11\rangle} = \frac{D}{R}[v_{\langle 1\rangle,1} + v_{\langle 3\rangle} + \nu R v_{\langle 2\rangle,2}] \\
&\quad + \frac{B}{R^3}[-v_{\langle 3\rangle,11} + 2v_{\langle 1\rangle,1} + v_{\langle 3\rangle} - \nu R^2 v_{\langle 3\rangle,22}], \\
n_{\langle 12\rangle} &= \tilde{n}_{\langle 12\rangle} = \frac{D}{R}\frac{1-\nu}{2}[R v_{\langle 1\rangle,2} + v_{\langle 2\rangle,1}], \\
n_{\langle 21\rangle} &= \tilde{n}_{\langle 12\rangle} + \frac{1}{R} m_{\langle 12\rangle} = \frac{D}{R}\frac{1-\nu}{2}[R v_{\langle 1\rangle,2} + v_{\langle 2\rangle,1}] \\
&\quad + \frac{B}{R^2}(1-\nu)[-v_{\langle 3\rangle,12} + v_{\langle 1\rangle,2}], \\
n_{\langle 22\rangle} &= \tilde{n}_{\langle 22\rangle} = \frac{D}{R}[R v_{\langle 2\rangle,2} + \nu v_{\langle 1\rangle,1} + \nu v_{\langle 3\rangle}].
\end{aligned} \tag{6.2.16}$$

An dieser Stelle erscheint es angebracht, einige Glieder der obigen Grundgleichungen anschaulich zu erklären. Die neben den Schnittkraftzuwächsen in der ersten Gleichgewichtsbedingung (6.2.9) auftretenden Momente entstammen sowohl der Verwendung des symmetrischen Tensors $\tilde{n}_{\langle\alpha\beta\rangle}$ als auch dem durch die Schalenkrümmung hervorgerufenen Querkraftanteil $\frac{1}{R} q_{\langle 1\rangle}$. In der dritten Gleichgewichtsbedingung besitzen die zweifachen Ableitungen der Momente ihren Ursprung in $q^{\alpha}|_{\alpha}$; das Glied $\frac{1}{R^2} m_{\langle 11\rangle}$ rührt wieder von $\tilde{n}_{\langle 11\rangle}$ her.

Jede Variable $\tilde{n}_{\langle 11\rangle}$, $\tilde{n}_{\langle 22\rangle}$ ist laut (6.2.12) natürlich der in ihre Richtung entfallenden Mittelflächendehnung und dem ν-fachen der anderen Dehnung proportional; die Schubkraftvariablen $\tilde{n}_{\langle 12\rangle} = \tilde{n}_{\langle 21\rangle}$ sind der Schubverzerrung proportional. Bei den Biegemomenten $m_{\langle 11\rangle}$, $m_{\langle 22\rangle}$ besteht demgemäß Proportionalität zu den Mittelflächenverkrümmungen in den jeweiligen Spannungsrichtungen und den ν-fachen Werten der hierzu orthogonalen Richtungen. Die Drillmomente $m_{\langle 12\rangle} = m_{\langle 21\rangle}$ sind mit den Verwindungen der Mittelfläche verknüpft.

Aus den zusammengefaßten Elastizitätsgesetzen (6.2.16) erhält man für verschwindende Biegesteifigkeit B erwartungsgemäß die durchsichtigen Zusammenhänge der Membrantheorie, insbesondere die Identität des Dehnungskrafttensors $n_{\langle\alpha\beta\rangle}$ mit der symmetrischen Variablen $\tilde{n}_{\langle\alpha\beta\rangle}$ (6.2.14). Im Rahmen der Biegetheorie bewirken die Verkrümmungen und Verwindungen somit auch noch Schnittkraftanteile $n_{\langle 11\rangle}$ und $n_{\langle 21\rangle}$: Dies ist die Bedeutung der mit B behafteten Zusatzglieder, die den aus der Theorie gekrümmter Stäbe bekannten Korrekturen entsprechen. Ihr Einfluß ist für schwache Krümmung bekanntlich klein. Daher haben Forscher bereits frühzeitig nach systematischen Vereinfachungen der Grundgleichungen gesucht, die derartige und gleichwertige Glieder an anderer Stelle ohne Genauigkeitsverlust vernachlässigen.

1933 hat *L.H. Donnell* [36] eine mechanisch begründete systematische Streichung kleiner Glieder veröffentlicht, die aus heutiger Sicht den Annahmen der Theorie schwach gekrümmter Schalen (Abschnitt 6.1.4) entspricht. Er postulierte die Symmetrie des Dehnungskrafttensors

$$n_{\langle\alpha\beta\rangle} = n_{\langle\beta\alpha\rangle} = \tilde{n}_{\langle\alpha\beta\rangle} \tag{6.2.17}$$

und vernachlässigte den krümmungsbedingten Querkraftanteil $q^\alpha b_\alpha^\beta$ in den tangentialen Gleichgewichtsbedingungen. Als Elastizitätsgesetze wählte er diejenigen der Platten- und Scheibentheorie, mit Ausnahme des Gliedes $\frac{1}{R}v_{\langle 3\rangle}$ für die Ringdehnung. Diese als *Donnell*sche Näherung bezeichneten Vereinfachungen konnten sich nur mühsam durchsetzen; immer wieder wurde ihre Zulässigkeit in Frage gestellt. Erst die Entdeckung ihrer Verwandtschaft zur Theorie flacher Schalen [82, 177] hat der *Donnell*schen Theorie die ihr gebührende Anerkennung verschafft.

Die Grundgleichungen dieser Näherung gewinnen wir am besten durch Ausschreiben der Beziehungen aus Tafel 6.1 unter Verwendung von (6.2.1) und nachfolgende Einführung physikalischer Komponenten (6.2.8) oder durch entsprechende Streichungen aus (6.2.9, 11):

$$\begin{aligned} -p_{\langle 1\rangle} &= \frac{1}{R}n_{\langle 11\rangle,1} + n_{\langle 12\rangle,2}, \\ -p_{\langle 2\rangle} &= \frac{1}{R}n_{\langle 12\rangle,1} + n_{\langle 22\rangle,2}, \\ -p_{\langle 3\rangle} &= -\frac{1}{R}n_{\langle 11\rangle} + \frac{1}{R^2}m_{\langle 11\rangle,11} + \frac{2}{R}m_{\langle 12\rangle,12} + m_{\langle 22\rangle,22}, \end{aligned} \tag{6.2.18}$$

$$\begin{aligned} \omega_{\langle 11\rangle} &= -\frac{1}{R^2}v_{\langle 3\rangle,11}, \\ \omega_{\langle 12\rangle} &= -\frac{2}{R}v_{\langle 3\rangle,12}, \qquad \omega_{\langle 22\rangle} = -v_{\langle 3\rangle,22}. \end{aligned} \tag{6.2.19}$$

Das zusammengesetzte Elastizitätsgesetz des Dehnungskrafttensors kann aus (6.2.14) übernommen werden; für die Momente entsteht die vereinfachte Form aus (6.2.13, 19):

$$\begin{aligned} n_{\langle 11\rangle} &= \frac{D}{R}[v_{\langle 1\rangle,1} + v_{\langle 3\rangle} + \nu R v_{\langle 2\rangle,2}], \\ n_{\langle 12\rangle} &= \frac{D}{R}\frac{1-\nu}{2}[R v_{\langle 1\rangle,2} + v_{\langle 2\rangle,1}], \\ n_{\langle 22\rangle} &= \frac{D}{R}[R v_{\langle 2\rangle,2} + \nu v_{\langle 1\rangle,1} + \nu v_{\langle 3\rangle}], \\ m_{\langle 11\rangle} &= -\frac{B}{R^2}[v_{\langle 3\rangle,11} + \nu R^2 v_{\langle 3\rangle,22}], \\ m_{\langle 12\rangle} &= -\frac{B}{R}(1-\nu)v_{\langle 3\rangle,12}, \qquad m_{\langle 22\rangle} = -\frac{B}{R^2}[R^2 v_{\langle 3\rangle,22} + \nu v_{\langle 3\rangle,11}]. \end{aligned} \tag{6.2.20}$$

Der Vollständigkeit halber seien noch die vorschreibbaren Randgrößen dieser Näherung angegeben, wobei die Schalenränder mit den Koordinatenlinien zusammenfallen sollen. Werden diese erneut gemäß Bild 3.13 bzw. 6.17 bezeichnet, so entstehen für die Randkraftgrößen (6.1.36) gemäß (4.1.68) unter Verwendung von (6.2.1, 8):

$$\text{Rand}\begin{bmatrix}1\\3\\ \\2\\4\end{bmatrix}:\ n_t=\begin{bmatrix}n^{(12)}R\\ \\ -n^{(12)}R\end{bmatrix}=\begin{bmatrix}+n_{\langle 12\rangle}\\ \\ -n_{\langle 12\rangle}\end{bmatrix},\quad n_u=\begin{bmatrix}n^{(11)}R^2\\ \\ n^{(22)}\end{bmatrix}=\begin{bmatrix}n_{\langle 11\rangle}\\ \\ n_{\langle 22\rangle}\end{bmatrix},$$

$$\tilde{n}_3=\begin{bmatrix}\pm(q^1+m^{(12)}{}_{,2})R\\ \\ \pm(q^2+m^{(12)}{}_{,1})\end{bmatrix}=\begin{bmatrix}\pm(q_{\langle 1\rangle}+m_{\langle 12\rangle,2})\\ \\ \pm(q_{\langle 2\rangle}+m_{\langle 12\rangle,1}\dfrac{1}{R})\end{bmatrix},\tag{6.2.21}$$

$$m_t=\begin{bmatrix}m^{(11)}R^2\\ \\ m^{(22)}\end{bmatrix}=\begin{bmatrix}m_{\langle 11\rangle}\\ \\ m_{\langle 22\rangle}\end{bmatrix}.$$

Analog finden wir für die Randweggrößen (6.1.38) gemäß (3.3.56):

$$\text{Rand}\begin{bmatrix}1\\3\\ \\2\\4\end{bmatrix}:\ v_t=\begin{bmatrix}\pm v_2\\ \\ \mp\dfrac{1}{R}v_1\end{bmatrix}=\begin{bmatrix}\pm v_{\langle 2\rangle}\\ \\ \mp v_{\langle 1\rangle}\end{bmatrix},\quad v_u=\begin{bmatrix}\pm\dfrac{1}{R}v_1\\ \\ \pm v_2\end{bmatrix}=\begin{bmatrix}\pm v_{\langle 1\rangle}\\ \\ \pm v_{\langle 2\rangle}\end{bmatrix},$$

$$v_3=v_{\langle 3\rangle},\tag{6.2.22}$$

$$\omega_t=\begin{bmatrix}\pm\omega_{\langle 2\rangle}\\ \\ \mp\omega_{\langle 1\rangle}\end{bmatrix}=\begin{bmatrix}\mp\dfrac{1}{R}v_{\langle 3\rangle,1}\\ \\ \mp v_{\langle 3\rangle,2}\end{bmatrix},$$

wobei für ω_t (6.1.22) und (6.2.8) verwendet wurden. Die Ergänzung dieser Randbeziehungen zu denjenigen der vollständigen Kreiszylinderschalentheorie überlassen wir dem Leser. Abschließend seien noch die Definitionsgleichungen (4.1.12) der Querkräfte ($c^\beta = 0$) in physikalischen Komponenten nachgetragen:

$$\begin{aligned}q_{\langle 1\rangle}&=\frac{1}{R}m_{\langle 11\rangle,1}+m_{\langle 12\rangle,2},\\ q_{\langle 2\rangle}&=\frac{1}{R}m_{\langle 12\rangle,1}+m_{\langle 22\rangle,2}.\end{aligned}\tag{6.2.23}$$

6.2.2 Das Differentialgleichungssystem für drehsymmetrische Einwirkungen

Im weiteren behandeln wir zunächst drehsymmetrisch beanspruchte Kreiszylinderschalen

$$p_{\langle 1\rangle} = 0, \quad p_{\langle 2\rangle} = p_{\langle 2\rangle}(\Theta^2), \quad p_{\langle 3\rangle} = p_{\langle 3\rangle}(\Theta^2), \tag{6.2.24}$$

die beispielsweise im Behälterbau auftreten. Durch das Verschwinden aller antimetrischen Variablen sowie Ableitungen in Ringrichtung Θ^1

$$n_{\langle 12\rangle} = m_{\langle 12\rangle} = q_{\langle 1\rangle} = v_{\langle 1\rangle} = \omega_{\langle 2\rangle} = 0, \quad \frac{\partial \dots}{\partial \Theta^1} = \dots_{,1} = 0$$

werden verschiedene Grundgleichungen identisch erfüllt, andere vereinfachen sich beträchtlich. Zusammenfassend erhalten wir für die *Donnell*sche Näherung dieses Sonderfalls aus (6.2.18) die Gleichgewichtsbedingungen

$$\begin{aligned} &n_{\langle 22\rangle,2} + p_{\langle 2\rangle} = 0, \\ &\frac{1}{R} n_{\langle 11\rangle} - m_{\langle 22\rangle,22} - p_{\langle 3\rangle} = 0, \end{aligned} \tag{6.2.25}$$

aus (6.2.20) die zusammengefaßten Elastizitätsgesetze

$$\begin{aligned} n_{\langle 11\rangle} &= \frac{D}{R}[v_{\langle 3\rangle} + \nu R v_{\langle 2\rangle,2}], \\ n_{\langle 22\rangle} &= \frac{D}{R}[R v_{\langle 2\rangle,2} + \nu v_{\langle 3\rangle}], \end{aligned} \tag{6.2.26}$$

$$\begin{aligned} m_{\langle 11\rangle} &= -\nu B v_{\langle 3\rangle,22} = \nu m_{\langle 22\rangle}, \\ m_{\langle 22\rangle} &= -B v_{\langle 3\rangle,22} \end{aligned} \tag{6.2.27}$$

sowie aus (6.2.23)

$$q_{\langle 2\rangle} = m_{\langle 22\rangle,2} = -(B v_{\langle 3\rangle,22})_{,2}. \tag{6.2.28}$$

Die Drehung $\omega_{\langle 1\rangle}$ der Meridiantangente lautet gemäß (6.1.22) und (6.2.1, 8):

$$\omega_{\langle 1\rangle} = R\omega^1 = -\epsilon^{21} v_{\langle 3\rangle,2} R = v_{\langle 3\rangle,2}. \tag{6.2.29}$$

Außerdem sind längs der beiden kreisförmigen Ränder 2 ($+\Theta^2$) und 4 ($-\Theta^2$) entsprechend (6.2.21, 22) folgende Randgrößen vorschreibbar ($n_t = v_t = 0$):

$$\text{Rand } \frac{2}{4}: \quad \begin{aligned} n_u &= n_{\langle 22\rangle}, & \tilde{n}_3 &= \pm q_{\langle 2\rangle}, & m_t &= m_{\langle 22\rangle}, \\ v_u &= \pm v_{\langle 2\rangle}, & v_3 &= v_{\langle 3\rangle}, & \omega_t &= \mp v_{\langle 3\rangle,2}. \end{aligned} \tag{6.2.30}$$

Das klassische Lösungsverfahren [46, 112, 143] spaltet von diesen Grundgleichungen das Tragverhalten in Erzeugendenrichtung ab, indem es das Elastizitätsgesetz (6.2.26) für $\nu = 0$

$$n_{\langle 22\rangle} = D v_{\langle 2\rangle,2} \tag{6.2.31}$$

in die erste Gleichgewichtsbedingung (6.2.25) substituiert und dadurch die Differentialgleichung des tangentialen Verschiebungsfeldes $v_{\langle 2\rangle}$ herauslöst:

$$n_{\langle 22\rangle,2} + p_{\langle 2\rangle} = (Dv_{\langle 2\rangle,2})_{,2} + p_{\langle 2\rangle} = 0. \tag{6.2.32}$$

Ihr sind als Randgrößen n_u und v_u aus (6.2.30) zugeordnet.

Unter der zu (6.2.31) mechanisch widersprüchlichen Annahme

$$n_{\langle 22\rangle} = \frac{D}{R}[Rv_{\langle 2\rangle,2} + \nu v_{\langle 3\rangle}] = 0 \rightarrow v_{\langle 2\rangle,2} = -\frac{\nu}{R}v_{\langle 3\rangle}$$

entsteht sodann aus (6.2.26) die Näherungsbeziehung für das Elastizitätsgesetz der Ringkräfte

$$n_{\langle 11\rangle} = \frac{D}{R}[v_{\langle 3\rangle} + \nu R v_{\langle 2\rangle,2}] \approx \frac{D}{R}(1-\nu^2)v_{\langle 3\rangle} = \frac{Eh}{R}v_{\langle 3\rangle}, \tag{6.2.33}$$

deren Substitution gemeinsam mit (6.2.27) in die zweite Gleichgewichtsbedingung (6.2.25) auf die Differentialgleichung

$$(Bv_{\langle 3\rangle,22})_{,22} + \frac{D(1-\nu^2)}{R^2}v_{\langle 3\rangle} - p_{\langle 3\rangle} = 0 \tag{6.2.34}$$

für das Verschiebungsfeld $v_{\langle 3\rangle}$ führt. Ihr gehören die restlichen Randgrößen (6.2.30) an:

$$\text{Rand } \begin{matrix}2\\4\end{matrix}: \quad \begin{aligned} &\tilde{n}_3 = \pm q_{\langle 2\rangle} = \mp(Bv_{\langle 3\rangle,22})_{,2}, && m_t = m_{\langle 22\rangle} = -Bv_{\langle 3\rangle,22} \\ &v_3 = v_{\langle 3\rangle}, && \omega_t = \mp v_{\langle 3\rangle,2}. \end{aligned} \tag{6.2.35}$$

Diese Aufspaltung in *zwei* Randwertprobleme ist nur für verschwindende Querdehnungszahlen ν korrekt. Bei allen realen Werkstoffen muß mit Fehlern in der relativen Größenordnung von ν für (6.3.32) und von ν^2 für (6.2.34) gerechnet werden, wie mit den Schranken der Abschnitte 4.2.2 und 4.4.6 bzw. 6.1.2 bestätigt werden kann. Im weiteren konzentrieren wir uns auf das Randwertproblem (6.2.34, 35) des Verschiebungsfeldes $v_{\langle 3\rangle}$, das demjenigen eines elastisch gebetteten Balkens entspricht. Unter der Annahme konstanter Wanddicke

$$\{h, B, D\} = \text{konst}$$

vereinfacht sich die grundlegende Differentialgleichung (6.2.34) zu:

$$Bv_{\langle 3\rangle,2222} + \frac{D(1-\nu^2)}{R^2}v_{\langle 3\rangle} = Bv_{\langle 3\rangle,2222} + \frac{Eh}{R^2}v_{\langle 3\rangle} = p_{\langle 3\rangle}.$$

Unter Verwendung der Abkürzung

$$\lambda^4 = \frac{3(1-\nu^2)}{h^2R^2}, \quad \lambda = \frac{1}{\sqrt{hR}}\sqrt[4]{3(1-\nu^2)} = \frac{1}{R}\sqrt{\frac{R}{h}}\sqrt[4]{3(1-\nu^2)} \tag{6.2.36}$$

entsteht hieraus:

$$v_{\langle 3\rangle,2222} + 4\lambda^4 v_{\langle 3\rangle} = \frac{p_{\langle 3\rangle}}{B}. \tag{6.2.37}$$

Zur Anwendung dieser Differentialgleichung betrachten wir in Bild 6.12 einen randvoll gefüllten Behälter, dessen Flüssigkeitsinhalt das spezifische Gewicht γ aufweise. Wählt man den Koordinatenursprung $\Theta^2 = 0$ im Behälterboden, so wird (6.2.37) mit der Belastungsfunktion

$$p_{\langle 3\rangle} = \gamma(l - \Theta^2)$$

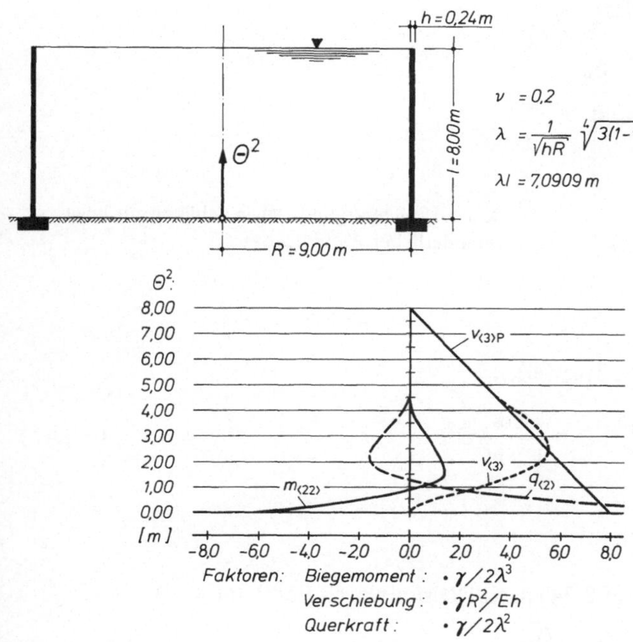

Bild 6.12 Kreiszylindrischer Flüssigkeitsbehälter konstanter Wanddicke mit Schnitt- und Verschiebungsgrößen

durch die partikuläre Lösung

$$v_{\langle 3\rangle P} = \frac{\gamma R^2}{Eh}(l - \Theta^2) \tag{6.2.38}$$

erfüllt. Sie stimmt, da in der Differentialgleichung die Biegesteifigkeit an die vierfache Ableitung gekoppelt ist (B $v_{\langle 3\rangle,2222}$), mit der Membranlösung (5.2.60) überein. Durch sie entstehen die linear veränderlichen bzw. konstant verlaufenden Zustandsgrößen:

$$n_{\langle 11\rangle P} = \frac{Eh}{R} v_{\langle 3\rangle P} = \gamma R (l - \Theta^2), \quad \omega_{\langle 1\rangle P} = v_{\langle 3\rangle P,2} = -\frac{\gamma R^2}{Eh},$$
$$m_{\langle 11\rangle P} = m_{\langle 22\rangle P} = q_{\langle 2\rangle P} = 0, \tag{6.2.39}$$

die am unteren Schalenrand folgende Randverformungen aufweisen:

$$\Theta^2 = 0: \quad v_{\langle 3\rangle P} = \frac{\gamma R^2}{Eh} l, \quad \omega_{\langle 1\rangle P} = -\frac{\gamma R^2}{Eh}. \tag{6.2.40}$$

Zur Anpassung dieser Lösung an die dort vorgeschriebenen Randbedingungen benötigt man die homogene Lösung $v_{\langle 3\rangle H}$, die wir im nächsten Abschnitt ermitteln werden.

Flüssigkeitsbehälter aus Stahl- oder Spannbeton weisen oftmals linear veränderliche Wanddickenverläufe $h(\Theta^2)$ auf. Wählen wir zur Berechnung einer derartigen Schale den Koordinatennullpunkt gemäß Bild 6.13 an der Stelle h = 0, welche nicht mit der Behälteroberkante zusammenzufallen braucht, so finden wir – bei konstantem Faktor α – mit

$$h(\Theta^2) = \alpha\Theta^2$$

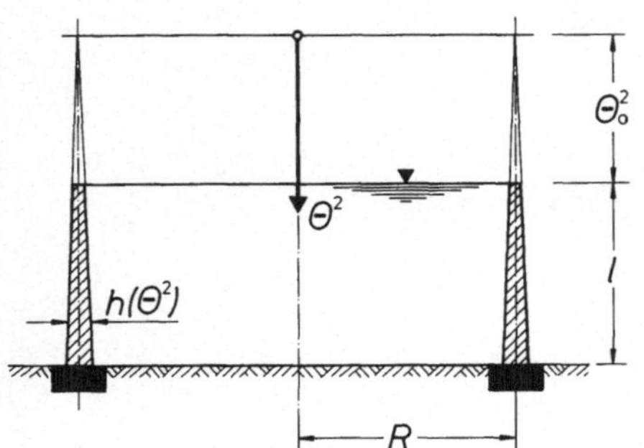

Bild 6.13 Kreiszylindrischer Behälter mit linear veränderlicher Wanddicke

für die Biege- und Dehnsteifigkeit des Tragwerks:

$$B = \frac{E\alpha^3}{12(1-\nu^2)}(\Theta^2)^3, \quad D = \frac{E\alpha}{1-\nu^2}\Theta^2. \tag{6.2.41}$$

Mit der Flüssigkeitsbelastung

$$p_{\langle 3\rangle} = \gamma(\Theta^2 - \Theta_0^2)$$

lautet nun die Differentialgleichung (6.2.34) nach Division durch $E\alpha^3/12(1-\nu^2)$

$$[(\Theta^2)^3 v_{\langle 3\rangle,22}]_{,22} + \frac{12(1-\nu^2)}{\alpha^2 R^2}\Theta^2 v_{\langle 3\rangle} = p_{\langle 3\rangle}\frac{12(1-\nu^2)}{E\alpha^3} = \gamma\frac{12(1-\nu^2)}{E\alpha^3}(\Theta^2 - \Theta_0^2)$$

bzw.

$$[(\Theta^2)^3 v_{\langle 3\rangle,22}]_{,22} + 4\rho^4\Theta^2 v_{\langle 3\rangle} = \gamma\frac{12(1-\nu^2)}{E\alpha^3}(\Theta^2 - \Theta_0^2), \tag{6.2.42}$$

wenn abkürzend der Parameter

$$\rho^4 = \frac{3(1-\nu^2)}{\alpha^2 R^2}, \quad \rho = (\alpha R)^{-1/2}\sqrt[4]{3(1-\nu^2)} \tag{6.2.43}$$

eingeführt wird. (6.2.42) besitzt folgende, ebenfalls schwach veränderliche Partikularlösung [46, 106]:

$$v_{\langle 3\rangle P} = \frac{\gamma R^2}{E\alpha}\,\frac{\Theta^2 - \Theta_0^2}{\Theta^2}, \tag{6.2.44}$$

die erneut mit der Membranlösung ($B = 0$) identisch ist. Als partikuläres Integral von (6.2.42) ruft (6.2.44) allerdings neben

$$\begin{aligned} n_{\langle 11\rangle P} &= \frac{Eh}{R}v_{\langle 3\rangle P} = \gamma R(\Theta^2 - \Theta_0^2), \\ \omega_{\langle 1\rangle P} &= v_{\langle 3\rangle P,2} = \frac{\gamma R^2}{E\alpha}\,\frac{\Theta_0^2}{(\Theta^2)^2} \end{aligned} \tag{6.2.45}$$

auch Biegemomente (6.2.27) hervor:

$$m_{\langle 22\rangle P} = \frac{1}{\nu}m_{\langle 11\rangle P} = \frac{\gamma R^2\alpha^2}{6(1-\nu^2)}\Theta_0^2, \tag{6.2.46}$$

diese jedoch in der Größenordnung von Nebenspannungen. Die unteren Randwerte ($\Theta^2 = \Theta_0^2 + l$) dieser Lösung müssen den dort vorgegebenen Bedingungen natürlich ebenfalls noch mit Hilfe der allgemeinen Lösung $v_{\langle 3\rangle H}$ der homogenen Differentialgleichung (6.2.42) angepaßt werden.

6.2.3 Drehsymmetrische Randstörungen

Zur Lösung der homogenen Differentialgleichung vierter Ordnung (6.2.37)

$$v_{\langle 3\rangle,2222} + 4\lambda^4 v_{\langle 3\rangle} = 0 \tag{6.2.47}$$

für Behälter konstanter Wanddicke h wählen wir den Ansatz

$$v_{\langle 3\rangle} = A_r e^{m\Theta^2} \tag{6.2.48}$$

mit den freien Konstanten A_r. Nach Substitution dieses Ansatzes in (6.2.47) entsteht die charakteristische Gleichung

$$m^4 + 4\lambda^4 = 0,$$

deren vier komplexe Wurzeln unter Beachtung der Identität

$$\pm i = \pm\sqrt{-1} = \frac{1}{2}(1 \pm i)^2$$

folgendermaßen darstellbar sind:

$$m_{1,2,3,4} = \pm\sqrt{\pm\sqrt{-4\lambda^4}} = \pm\lambda\sqrt{2}\,\sqrt{\pm i} = \pm\lambda(1 \pm i)\,. \tag{6.2.49}$$

Die hieraus entstehende allgemeine Lösung

$$v_{\langle 3\rangle} = e^{\lambda\Theta^2}(A_1 e^{i\lambda\Theta^2} + A_2 e^{-i\lambda\Theta^2}) + e^{-\lambda\Theta^2}(A_3 e^{i\lambda\Theta^2} + A_4 e^{-i\lambda\Theta^2})$$

formen wir noch unter Verwendung der *Euler*schen Beziehungen um und erhalten schließlich nach Einführung neuer Integrationskonstanten C_1 bis C_4:

$$v_{\langle 3\rangle} = [C_1 \cos\lambda\Theta^2 + C_2 \sin\lambda\Theta^2]e^{\lambda\Theta^2} + [C_3 \cos\lambda\Theta^2 + C_4 \sin\lambda\Theta^2]e^{-\lambda\Theta^2}. \tag{6.2.50}$$

Damit wird das homogene Biegeproblem, wie im Fall der Kugelschale des Abschnittes 6.1.6, durch zwei gedämpfte Schwingungen beschrieben, die von beiden Schalenrändern ausgehend ins Tragwerksinnere hinein abklingen. Beide Schwingungen werden durch die gleiche Periode T ($\lambda T = 2\pi$) charakterisiert, für die wir unter Verwendung des Parameters λ (6.2.36)

$$T = \frac{2\pi}{\lambda} = \frac{2\pi}{\sqrt[4]{3(1-\nu^2)}}\sqrt{hR} = \frac{2\pi R}{\sqrt[4]{3(1-\nu^2)}}\sqrt{\frac{h}{R}} \tag{6.2.51}$$

erneut den bereits bei der Kugelschale für $\epsilon \to 0$ bestimmten Zusammenhang (6.1.119) erhalten. Auch das Verhältnis zweier, um eine Periode T versetzter Amplituden

$$\frac{v_{\langle 3\rangle n}}{v_{\langle 3\rangle n+1}} = \frac{e^{-\lambda\Theta^2}}{e^{-\lambda(\Theta^2+T)}} = e^{\lambda T} = e^{2\pi} = 535{,}5 \tag{6.2.52}$$

beschreibt die gleiche, außerordentlich hohe Dämpfung (siehe Bild 6.4). Da der Parameter h/R gegenüber der Einheit stets sehr klein ist, beträgt die Periode T (6.2.51), welche die Länge einer vollen Schwingung längs Θ^2 angibt, nur einen Bruchteil des Schalenradius R. Die allgemeine Lösung (6.2.50) wirkt sich daher nur in zwei schmalen Randbereichen aus, wodurch der Name *Randstörung* seine Erklärung findet. Bei einer genügend langen Kreiszylinderschale werden sich somit die beiden Schwingungsanteile gegenseitig praktisch nicht beeinflussen, und vereinfachend dürfen dann die beiden Sätze von Integrationskonstanten C_1, C_2 und C_3, C_4 unabhängig voneinander aus den Bedingungen der jeweiligen Ränder ermittelt werden.

Im weiteren setzen wir somit eine genügend lange Schale voraus und betrachten nur den vom Schalenrand $\Theta^2 = 0$ aus abklingenden zweiten Lösungsanteil in (6.2.50):

$$v_{\langle 3\rangle} = e^{-\lambda\Theta^2}[C_3 \cos\lambda\Theta^2 + C_4 \sin\lambda\Theta^2]. \tag{6.2.53}$$

Hiermit sowie aus den Ableitungen

$$\begin{aligned} v_{\langle 3\rangle,2} &= \lambda\, e^{-\lambda\Theta^2}[(C_4 - C_3)\cos\lambda\Theta^2 - (C_3 + C_4)\sin\lambda\Theta^2],\\ v_{\langle 3\rangle,22} &= 2\lambda^2 e^{-\lambda\Theta^2}[C_3 \sin\lambda\Theta^2 - C_4\cos\lambda\Theta^2],\\ v_{\langle 3\rangle,222} &= 2\lambda^3 e^{-\lambda\Theta^2}[(C_3 + C_4)\cos\lambda\Theta^2 + (C_4 - C_3)\sin\lambda\Theta^2] \end{aligned} \tag{6.2.54}$$

lassen sich diesem Lösungsanteil aufgrund der Beziehungen (6.2.27, 28, 29) und (6.2.33) folgende mechanische Variablen zuordnen:

$$\begin{aligned} \omega_{\langle 1\rangle} &= \lambda e^{-\lambda\Theta^2}[(C_4 - C_3)\cos\lambda\Theta^2 - (C_3 + C_4)\sin\lambda\Theta^2],\\ n_{\langle 11\rangle} &= \frac{Eh}{R} e^{-\lambda\Theta^2}[C_3\cos\lambda\Theta^2 + C_4\sin\lambda\Theta^2],\\ m_{\langle 22\rangle} &= 2B\lambda^2 e^{-\lambda\Theta^2}[C_4\cos\lambda\Theta^2 - C_3\sin\lambda\Theta^2],\\ q_{\langle 2\rangle} &= -2B\lambda^3 e^{-\lambda\Theta^2}[(C_3 + C_4)\cos\lambda\Theta^2 + (C_4 - C_3)\sin\lambda\Theta^2]. \end{aligned} \tag{6.2.55}$$

Einschließlich (6.2.53) weisen sie für $\Theta^2 = 0$ folgende Randwerte auf:

$$\begin{aligned} \Theta^2 = 0:\quad & v_{\langle 3\rangle} = C_3, && \omega_{\langle 1\rangle} = \lambda(C_4 - C_3),\\ & q_{\langle 2\rangle} = -2B\lambda^3(C_3 + C_4), && m_{\langle 22\rangle} = 2B\lambda^2 C_4. \end{aligned} \tag{6.2.56}$$

Als vorschreibbare Kraftgrößen längs des Randes $\Theta^2 = 0$ stehen somit die Querkraft $q_{\langle 2\rangle}$ und das Biegemoment $m_{\langle 22\rangle}$ zur Verfügung, denen die Durchbiegung $v_{\langle 3\rangle}$ und die Verdrehung $\omega_{\langle 1\rangle}$ als vorschreibbare Randverformungen zugeordnet sind. Die unbekannten Integrationskonstanten C_3 und C_4 sollen nun für diejenigen vier Grundfälle ermittelt werden, die man zu Berechnungen nach dem Kraft- bzw. Weggrößenverfahren benötigt:

a) $$\left.\begin{aligned} q_{\langle 2\rangle}(\Theta^2 = 0) &= -2B\lambda^3(C_3 + C_4) = 1\\ m_{\langle 22\rangle}(\Theta^2 = 0) &= 2B\lambda^2 C_4 = 0 \end{aligned}\right|\ \rightarrow C_3 = -\frac{1}{2B\lambda^3},\quad C_4 = 0,$$

b) $$\left.\begin{aligned} q_{\langle 2\rangle}(\Theta^2 = 0) &= -2B\lambda^3(C_3 + C_4) = 0\\ m_{\langle 22\rangle}(\Theta^2 = 0) &= 2B\lambda^2 C_4 = 1 \end{aligned}\right|\ \rightarrow C_3 = -C_4 = -\frac{1}{2B\lambda^2},$$

$$\text{c)}\quad \begin{array}{l} v_{\langle 3\rangle}(\Theta^2=0) = \quad C_3 = 1 \\ \omega_{\langle 1\rangle}(\Theta^2=0) = \quad \lambda(C_4-C_3) = 0 \end{array} \Bigg] \rightarrow C_3 = C_4 = 1, \tag{6.2.57}$$

$$\text{d)}\quad \begin{array}{l} v_{\langle 3\rangle}(\Theta^2=0) = \quad C_3 = 0 \\ \omega_{\langle 1\rangle}(\Theta^2=0) = \quad \lambda(C_4-C_3) = 1 \end{array} \Bigg] \rightarrow C_3 = 0, \quad C_4 = \frac{1}{\lambda}.$$

Die ersten beiden Grundfälle beschreiben einen frei verformbaren Schalenrand, der durch Querkräfte $q_{\langle 2\rangle} = 1$ bzw. Biegemomente $m_{\langle 22\rangle} = 1$ belastet ist; die beiden letzten entsprechen einem eingespannten Rand, dem eine Durchbiegung $v_{\langle 3\rangle} = 1$ bzw. eine Randverdrehung $\omega_{\langle 1\rangle} = 1$ aufgezwungen wird. Mit den ermittelten Integrationskonstanten entstehen nun aus (6.2.53, 55) die Schnitt- und Verschiebungsgrößen jedes einzelnen Grundfalles, die in Tafel 6.6 zusammengestellt sind. Durch geeignete Kombinationen können hieraus beliebige drehsymmetrische Randeinwirkungen zusammengesetzt werden.

$\bar\theta^2=0$ Schalenränder: $\theta^2=0$	$q_{\langle 2\rangle}=1$, l, $\bar\theta^2$, θ^2, $q_{\langle 2\rangle}=1$	$m_{\langle 22\rangle}=1$, $\bar\theta^2$, θ^2, $m_{\langle 22\rangle}=1$	$v_{\langle 3\rangle}=1$, $\bar\theta^2$, θ^2, $v_{\langle 3\rangle}=1$	$\omega_{\langle 1\rangle}=1$, $\bar\theta^2$, θ^2, $\omega_{\langle 1\rangle}=1$
Randbedingungen längs $\theta^2=0$: oder $\bar\theta^2=0$:	$q_{\langle 2\rangle}=1,\ m_{\langle 22\rangle}=0$	$q_{\langle 2\rangle}=0,\ m_{\langle 22\rangle}=1$	$v_{\langle 3\rangle}=1,\ \omega_{\langle 1\rangle}=0$	$v_{\langle 3\rangle}=0,\ \omega_{\langle 1\rangle}=1$
$v_{\langle 3\rangle}$	$-\frac{1}{2B\lambda^3}e^{-\lambda\theta^2}\cos\lambda\theta^2$ (+)	$-\frac{1}{2B\lambda^2}e^{-\lambda\theta^2}(\cos\lambda\theta^2-\sin\lambda\theta^2)$ (−)	$+e^{-\lambda\theta^2}(\cos\lambda\theta^2+\sin\lambda\theta^2)$ (+)	$+\frac{1}{\lambda}e^{-\lambda\theta^2}\sin\lambda\theta^2$ (−)
$\omega_{\langle 1\rangle}=v_{\langle 3\rangle,2}$	$+\frac{1}{2B\lambda^2}e^{-\lambda\theta^2}(\cos\lambda\theta^2+\sin\lambda\theta^2)$ (+)	$+\frac{1}{B\lambda}e^{-\lambda\theta^2}\cos\lambda\theta^2$ (−)	$-2\lambda e^{-\lambda\theta^2}\sin\lambda\theta^2$ (+)	$+e^{-\lambda\theta^2}(\cos\lambda\theta^2-\sin\lambda\theta^2)$ (+)
$q_{\langle 2\rangle}$	$+e^{-\lambda\theta^2}(\cos\lambda\theta^2-\sin\lambda\theta^2)$ (+)	$-2\lambda e^{-\lambda\theta^2}\sin\lambda\theta^2$ (+)	$-4B\lambda^3e^{-\lambda\theta^2}\cos\lambda\theta^2$ (+)	$-2B\lambda^2e^{-\lambda\theta^2}(\cos\lambda\theta^2+\sin\lambda\theta^2)$ (−)
$m_{\langle 22\rangle}$	$+\frac{1}{\lambda}e^{-\lambda\theta^2}\sin\lambda\theta^2$ (−)	$+e^{-\lambda\theta^2}(\cos\lambda\theta^2+\sin\lambda\theta^2)$ (+)	$+2B\lambda^2e^{-\lambda\theta^2}(\cos\lambda\theta^2-\sin\lambda\theta^2)$ (+)	$+2B\lambda e^{-\lambda\theta^2}\cos\lambda\theta^2$ (−)
$n_{\langle 11\rangle}$	$-\frac{1}{2B\lambda^3}\frac{Eh}{R}e^{-\lambda\theta^2}\cos\lambda\theta^2$ (+)	$-\frac{1}{2B\lambda^2}\frac{Eh}{R}e^{-\lambda\theta^2}(\cos\lambda\theta^2-\sin\lambda\theta^2)$ (−)	$+\frac{Eh}{R}e^{-\lambda\theta^2}(\cos\lambda\theta^2+\sin\lambda\theta^2)$ (+)	$+\frac{1}{\lambda}\frac{Eh}{R}e^{-\lambda\theta^2}\sin\lambda\theta^2$ (−)
Abkürzungen: $\lambda=\frac{1}{\sqrt{hR}}\sqrt[4]{3(1-\nu^2)}$, $B=\frac{Eh^3}{12(1-\nu^2)}$	Die Tafel enthält die Schnitt- und Verschiebungsgrößen infolge der angegebenen Bedingungen am (negativen) Schalenrand $\theta^2=0$. Für den (positiven) Schalenrand $\bar\theta^2=0$ sind die in Klammern gesetzten Vorzeichen zu wählen, außerdem ist $\theta^2\longrightarrow\bar\theta^2$ zu substituieren.			

Tafel 6.6 Grundlösungen rotationssymmetrischer Randeinwirkungen an langen Kreiszylinderschalen

Die infolge positiver Wirkungen am oberen Schalenrand $\overline{\Theta}^2 = 0$ (siehe Tafel 6.6) von diesem aus abklingenden Schnitt- und Verschiebungsgrößen lassen sich mit der neuen Koordinate $\overline{\Theta}^2 = l - \Theta^2$ in gleichlautender Herleitung bestimmen. Die entstehenden Ergebnisse entsprechen Tafel 6.6, wenn hierin alle Θ^2 gegen $\overline{\Theta}^2$ sowie die angegebenen Vorzeichen ausgetauscht werden. Das Formelwerk der Tafel 6.6 ist von verschiedenen Autoren mit dem Ziel einer Berechnungsvereinfachung weiter aufbereitet und vorausgewertet worden [37, 62, 104].

Während bei den *langen* Zylindern der Tafel 6.6 Einflüsse eines Randes den jeweils anderen voraussetzungsgemäß nicht erreichen, müssen bei *kurzen* Schalen die Randeinwirkungen beider Ränder gleichzeitig berücksichtigt werden. Die Abgrenzung zwischen beiden Schalentypen hängt natürlich von der angestrebten Rechengenauigkeit ab; folgende Grenzen werden gemäß (6.2.36) empfohlen [15, 104]:

$$\begin{matrix}\text{kurze}\\ \text{lange}\end{matrix}\ \text{Schalen:}\ \lambda l \begin{bmatrix}\leqslant\\ >\end{bmatrix} \approx 2\pi, \quad \frac{l}{\sqrt{hR}} \begin{bmatrix}\leqslant\\ >\end{bmatrix} \frac{2\pi}{\sqrt[4]{3(1-\nu^2)}} \approx 4{,}8. \quad (6.2.58)$$

Abschließend soll noch das Randstörungsproblem für Kreiszylinderschalen mit linear veränderlicher Wanddicke kurz skizziert werden. In der homogenen Form von (6.2.42)

$$\begin{aligned}&[(\Theta^2)^3 v_{\langle 3\rangle,22}]_{,22} + 4\rho^4\Theta^2 v_{\langle 3\rangle} = 0,\\ &\frac{1}{\Theta^2}[(\Theta^2)^3 v_{\langle 3\rangle,22}]_{,22} + 4\rho^4 v_{\langle 3\rangle} = 0\end{aligned} \quad (6.2.59)$$

läßt sich der Differentialoperator in zwei durch L abgekürzte Differentialoperatoren 2. Ordnung aufspalten [46, 86]:

$$\frac{1}{\Theta^2}[(\Theta^2)^3 v_{\langle 3\rangle,22}]_{,22} = \frac{1}{\Theta^2}\left[(\Theta^2)^2\left(\frac{1}{\Theta^2}[(\Theta^2)^2 v_{\langle 3\rangle,2}]_{,2}\right)_{,2}\right]_{,2} = \mathrm{LL}v_{\langle 3\rangle}\,. \quad (6.2.60)$$

Mit diesem neuen Operator

$$\mathrm{L}\ldots = \frac{1}{\Theta^2}[(\Theta^2)^2 \ldots_{,2}]_{,2}$$

lautet die ursprüngliche Differentialgleichung (6.2.59)

$$\mathrm{LL}v_{\langle 3\rangle} + 4\rho^2 v_{\langle 3\rangle} = (\mathrm{L}\ldots - 2i\rho^2\ldots)(\mathrm{L}\ldots + 2i\rho^2\ldots)\,v_{\langle 3\rangle} = 0, \quad (6.2.61)$$

deren allgemeine Lösung als Summe der konjugiert komplexen Teillösungen der beiden Differentialgleichungen

$$\mathrm{L}v_{\langle 3\rangle} \pm 2i\rho^2 v_{\langle 3\rangle} = \Theta^2 v_{\langle 3\rangle,22} + 2v_{\langle 3\rangle,2} \pm 2i\rho^2 v_{\langle 3\rangle} = 0$$

darstellbar ist. Wegen der auftretenden freien Konstanten kann man sich auf die Lösung der Differentialgleichung mit dem positiven Vorzeichen beschränken, die durch

$$v_{\langle 3\rangle}\sqrt{\Theta^2} = \overset{*}{v}_{\langle 3\rangle}, \quad \eta = 2\sqrt{2\Theta^2}\,\rho\sqrt{i} = y\sqrt{i} \quad (6.2.62)$$

in die *Bessel*sche Differentialgleichung erster Ordnung

$$\eta^2\,\overset{*}{v}_{\langle 3\rangle,\eta\eta} + \eta\,\overset{*}{v}_{\langle 3\rangle,\eta} + (\eta^2 - 1)\,\overset{*}{v}_{\langle 3\rangle} = 0 \quad (6.2.63)$$

für das komplexe Argument $y\sqrt{i}$ (6.2.62) transformiert wird [46]. Deren Lösungen bilden die *Thomson*funktionen erster Ordnung [3, 78, 164]; nach ihrer Aufspaltung in Real- und Imaginärteile entsteht als endgültige Lösung von (6.2.59) unter Beachtung von (6.2.62):

$$\overset{*}{v}_{\langle 3\rangle} = v_{\langle 3\rangle}\sqrt{\Theta^2} = C_1\,\mathrm{ber}_1\,y + C_2\,\mathrm{bei}_1\,y + C_3\,\mathrm{ker}_1\,y + C_4\,\mathrm{kei}_1\,y\,. \quad (6.2.64)$$

Die weitere Vorgehensweise entspricht dem Lösungsgang bei Kreiszylinderschalen konstanter Wanddicke; die formel- und tabellenmäßige Aufbereitung findet der Leser in [24, 62,

104]. Die Lösungen der Tafel 6.6 bilden für

$$h(\Theta^2) \to \text{konst}$$

die asymptotischen Grenzfälle der aus (6.2.64) herleitbaren Schnitt- und Verschiebungsgrößen und können – bei schwacher Veränderlichkeit von h – stets als gute Näherungen für diese Verwendung finden.

6.2.4 Zwei Beispiele

Wir kehren nun zu dem im Abschnitt 6.2.2 behandelten, randvoll gefüllten Flüssigkeitsbehälter (siehe Bild 6.12) zurück, für den das partikuläre Integral (6.2.38, 39) bekannt ist. Dieses erfüllt am oberen (freien) Behälterrand bereits die dort zu stellenden Bedingungen

$$\Theta^2 = l: \quad q_{\langle 2\rangle} = m_{\langle 22\rangle} = 0,$$

während es am unteren Schalenrand Verschiebungen und Verdrehungen (6.2.40) aufweist. Schreiben wir dort eine Volleinspannung vor

$$\Theta^2 = 0: \quad v_{\langle 3\rangle} = \omega_{\langle 1\rangle} = 0,$$

so bestimmen sich hieraus die in den beteiligten Weggrößen gemäß (6.2.38, 39) und (6.2.53, 55)

$$\begin{aligned} v_{\langle 3\rangle} &= v_{\langle 3\rangle P} + v_{\langle 3\rangle H} \\ &= \frac{\gamma R^2}{Eh}(l-\Theta^2) + e^{-\lambda\Theta^2}[C_3\cos\lambda\Theta^2 + C_4\sin\lambda\Theta^2], \\ \omega_{\langle 1\rangle} &= \omega_{\langle 1\rangle P} + \omega_{\langle 1\rangle H} \\ &= -\frac{\gamma R^2}{Eh} + \lambda e^{-\lambda\Theta^2}[(C_4 - C_3)\cos\lambda\Theta^2 - (C_3 + C_4)\sin\lambda\Theta^2] \end{aligned} \tag{6.2.65}$$

auftretenden freien Konstanten zu:

$$C_3 = -\frac{\gamma R^2}{Eh}l, \quad C_4 = \frac{\gamma R^2}{Eh}l\left(\frac{1}{\lambda l} - 1\right). \tag{6.2.66}$$

Dabei wurde eine *lange* Schale ohne gegenseitige Beeinflussung der beiden Ränder vorausgesetzt. Nunmehr können folgende Funktionsverläufe der Schnitt- und Verschiebungsgrößen aus (6.2.38, 39), (6.2.53, 55) zusammengesetzt werden:

$$\begin{aligned} v_{\langle 3\rangle} &= \frac{\gamma R^2}{Eh}\left\{(l-\Theta^2) - l e^{-\lambda\Theta^2}\left[\cos\lambda\Theta^2 + \left(1 - \frac{1}{\lambda l}\right)\sin\lambda\Theta^2\right]\right\}, \\ \omega_{\langle 1\rangle} &= \frac{\gamma R^2}{Eh}\left\{-1 + e^{-\lambda\Theta^2}[\cos\lambda\Theta^2 + (2\lambda l - 1)\sin\lambda\Theta^2]\right\}, \\ n_{\langle 11\rangle} &= \gamma R\left\{(l-\Theta^2) - l e^{-\lambda\Theta^2}\left[\cos\lambda\Theta^2 + \left(1 - \frac{1}{\lambda l}\right)\sin\lambda\Theta^2\right]\right\}, \\ m_{\langle 22\rangle} &= \frac{1}{\nu}m_{\langle 11\rangle} = 2\gamma R^2\lambda\frac{B}{Eh}e^{-\lambda\Theta^2}[(1-\lambda l)\cos\lambda\Theta^2 + \lambda l\sin\lambda\Theta^2] \\ &= \frac{\gamma}{2\lambda^3}e^{-\lambda\Theta^2}[(1-\lambda l)\cos\lambda\Theta^2 + \lambda l\sin\lambda\Theta^2], \end{aligned} \tag{6.2.67}$$

$$q_{\langle 2\rangle} = 2\gamma R^2\lambda^2 \frac{B}{Eh} e^{-\lambda\Theta^2}[(2\lambda l - 1)\cos\lambda\Theta^2 - \sin\lambda\Theta^2]$$

$$= \frac{\gamma}{2\lambda^2} e^{-\lambda\Theta^2}[(2\lambda l - 1)\cos\lambda\Theta^2 - \sin\lambda\Theta^2],$$

wobei in den beiden letzten Beziehungen (6.1.17) sowie (6.2.36) zur Vereinfachung Verwendung fanden.

Auf Bild 6.12 sind für die dort angegebenen Schalenabmessungen Verschiebung $v_{\langle 3\rangle}$, Biegemoment $m_{\langle 22\rangle}$ und Querkraft $q_{\langle 2\rangle}$ dargestellt. Der Behälter darf als *lang* angesehen werden, wie aus (6.2.58) folgt:

$$\frac{l}{\sqrt{hR}} = \frac{8{,}00}{\sqrt{0{,}24 \cdot 9{,}00}} = 5{,}44 > 4{,}8\,.$$

Deutlich erkennt man auf Bild 6.12 die ursprüngliche Membranverschiebung $v_{\langle 3\rangle P}$ der Wandung, welche durch den stark gedämpften homogenen Lösungsanteil $v_{\langle 3\rangle H}$ den unteren Randbedingungen angepaßt wird. Die dabei geweckten zusätzlichen Randstörungsschnittgrößen bleiben erwartungsgemäß auf eine schmale Randzone beschränkt.

Selbstverständlich bilden die Grundlösungen der Tafel 6.6 auch die Basis der klassischen baustatischen Lösungswege. So finden wir für den unteren Schalenrand als *Steifigkeitsbeziehung* zwischen den korrespondierenden Randverformungen $v_{\langle 3\rangle}$, $\omega_{\langle 1\rangle}$ und Randkraftgrößen $-q_{\langle 2\rangle}$, $m_{\langle 22\rangle}$:

$$\mathbf{s} = \begin{bmatrix} -q_{\langle 2\rangle} \\ m_{\langle 22\rangle} \end{bmatrix} = \begin{bmatrix} 4B\lambda^3 & 2B\lambda^2 \\ 2B\lambda^2 & 2B\lambda \end{bmatrix} \begin{bmatrix} v_{\langle 3\rangle} \\ \omega_{\langle 1\rangle} \end{bmatrix} = \mathbf{kv} \qquad (6.2.68)$$

sowie als entsprechende *Nachgiebigkeitsbeziehung*:

$$\mathbf{v} = \begin{bmatrix} v_{\langle 3\rangle} \\ \omega_{\langle 1\rangle} \end{bmatrix} = \begin{bmatrix} \frac{1}{2B\lambda^3} & -\frac{1}{2B\lambda^2} \\ -\frac{1}{2B\lambda^2} & \frac{1}{B\lambda} \end{bmatrix} \begin{bmatrix} -q_{\langle 2\rangle} \\ m_{\langle 22\rangle} \end{bmatrix} = \mathbf{fs}\,. \qquad (6.2.69)$$

Erwartungsgemäß liefert das Produkt der Steifigkeitsmatrix **k** und der Nachgiebigkeitsmatrix **f** eine Einheitsmatrix zweiter Ordnung.

Mit der angegebenen Steifigkeitsbeziehung (6.2.68) können nun im Sinne eines Weggrößenverfahrens beispielsweise Schnittgrößen infolge von horizontalen Verschiebungen und Verdrehungen des Behälterfundamentes (Bild 6.12) berechnet werden. Schreiben wir dort die zentralsymmetrischen Randwerte

$$\Theta^2 = 0: \quad \overset{\circ}{v}_{\langle 3\rangle} = \frac{1}{2B\lambda^2}\overset{\circ}{v}, \quad \overset{\circ}{\omega}_{\langle 1\rangle} = \frac{1}{2B\lambda}\overset{\circ}{\omega} \qquad (6.2.70)$$

vor, so folgen aus (6.2.68) die entstehenden Randkraftgrößen zu:

$$\begin{aligned} -q_{\langle 2\rangle} &= \frac{4B\lambda^3}{2B\lambda^2}\overset{\circ}{v} + \frac{2B\lambda^2}{2B\lambda}\overset{\circ}{\omega} = \lambda(2\overset{\circ}{v} + \overset{\circ}{\omega})\,, \\ m_{\langle 22\rangle} &= \frac{2B\lambda^2}{2B\lambda^2}\overset{\circ}{v} + \frac{2B\lambda}{2B\lambda}\overset{\circ}{\omega} = \overset{\circ}{v} + \overset{\circ}{\omega}\,. \end{aligned} \qquad (6.2.71)$$

Damit lassen sich sodann aus den ersten beiden Grundlösungen von Tafel 6.6 die entstehenden Querkraft- und Biegemomentenverläufe aufbauen:

$$\begin{aligned} q_{\langle 2\rangle} &= -\lambda e^{-\lambda\Theta^2}[(2\overset{0}{v} + \overset{0}{\omega})\cos\lambda\Theta^2 + \overset{0}{\omega}\sin\lambda\Theta^2], \\ m_{\langle 22\rangle} &= e^{-\lambda\Theta^2}[(\overset{0}{v} + \overset{0}{\omega})\cos\lambda\Theta^2 - \overset{0}{v}\sin\lambda\Theta^2], \end{aligned} \qquad (6.2.72)$$

die mit (6.2.70) auch wahlweise den letzten beiden Grundlösungen entnommen werden können.

Als weiteres Beispiel behandeln wir den in seinen Grundabmessungen auf Bild 6.14 dargestellten zusammengesetzten Behälter. Beide Teilschalen dürfen als *lange* Schalen, d.h. ohne gegenseitige Randbeeinflussung, berechnet werden:

$$\frac{l_1}{\sqrt{h_1 R}} = \frac{10{,}00}{\sqrt{0{,}15\cdot 4{,}00}} = 12{,}9 > 4{,}8\,,$$

$$\frac{l_2}{\sqrt{h_2 R}} = \frac{10{,}00}{\sqrt{0{,}30\cdot 4{,}00}} = 9{,}1 > 4{,}8\,.$$

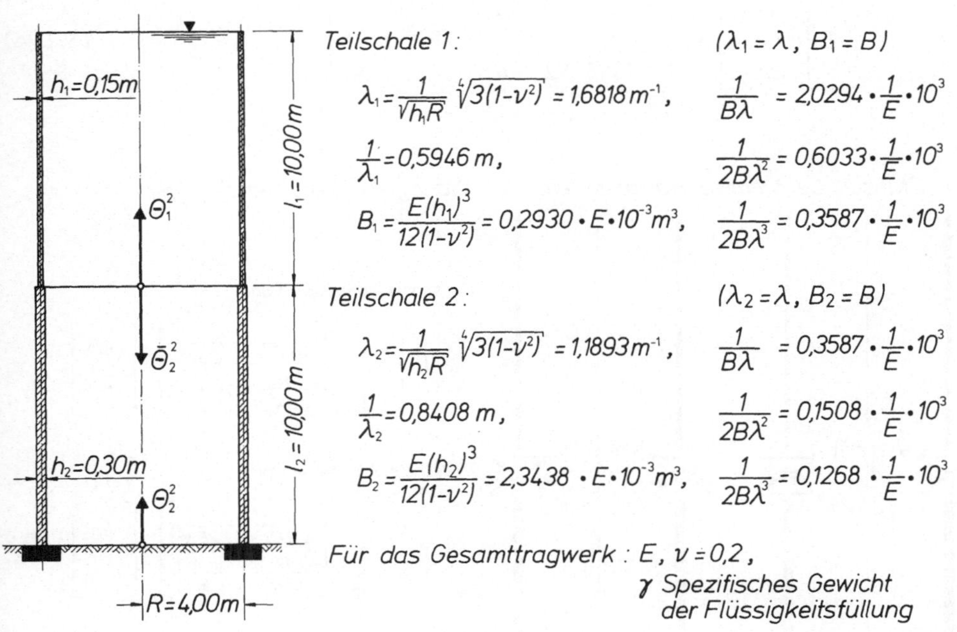

Bild 6.14 Kreiszylindrischer Flüssigkeitsbehälter mit Wanddickensprung

Im Rahmen des Kraftgrößenverfahrens, welches wir der Berechnung zugrunde legen wollen, heben wir nun am Dickensprung und am unteren Behälterrand die Biege- und Schubsteifigkeit durch gedachte Ringschnitte auf. An beiden Schnittstellen führen wir sodann jeweils Gleichgewichtsgruppen von Randquerkräften und Randmomenten derart ein, daß sich diese später zu den positiven Biegeschnittgrößen der Tafel 6.6. zusammenfügen lassen. Die positiven Wirkungsrichtungen der zugehörigen Randweggrößen werden als hierzu korrespondierend definiert. Das gewählte Hauptsystem mit den eingeführten Randkraft- und Randweggrößen sowie den hierfür Tafel 6.6 entnommenen Nachgiebigkeitsbeziehungen enthält Bild 6.15. Verwendet man nun in bekannter Weise statisch überzählige Kraftgrößen X_i und bildet die hierzu korrespondierenden Weggrößen $\Delta v_{\langle 3\rangle}$, $\Delta\omega_{\langle 1\rangle}$, so findet man die folgenden Nachgiebigkeitsbeziehungen

für die Schnittstelle $\Theta_1^2 = 0$:

$$\Delta v_{\langle 3\rangle} = (-v_{\langle 3\rangle 1}) + v_{\langle 3\rangle 2}\,, \quad X_1 = q_{\langle 2\rangle}\,, \qquad \Delta\omega_{\langle 1\rangle} = \omega_{\langle 1\rangle 1} + (-\omega_{\langle 1\rangle 2})\,, \quad X_2 = m_{\langle 22\rangle}\,, \tag{6.2.73}$$

$$\begin{bmatrix} \Delta v_{\langle 3\rangle} \\ \Delta\omega_{\langle 1\rangle} \end{bmatrix} = \left(\begin{bmatrix} \frac{1}{2B\lambda^3} & \frac{1}{2B\lambda^2} \\ \frac{1}{2B\lambda^2} & \frac{1}{B\lambda} \end{bmatrix}_1 + \begin{bmatrix} \frac{1}{2B\lambda^3} & -\frac{1}{2B\lambda^2} \\ -\frac{1}{2B\lambda^2} & \frac{1}{B\lambda} \end{bmatrix}_2 \right) \begin{bmatrix} X_1 \\ X_2 \end{bmatrix}$$

$$E \begin{bmatrix} \Delta v_{\langle 3\rangle} \\ \Delta\omega_{\langle 1\rangle} \end{bmatrix} = \begin{bmatrix} 0{,}4855 & 0{,}4525 \\ 0{,}4525 & 2{,}3881 \end{bmatrix} \cdot 10^3 \begin{bmatrix} X_1 \\ X_2 \end{bmatrix}, \tag{6.2.74}$$

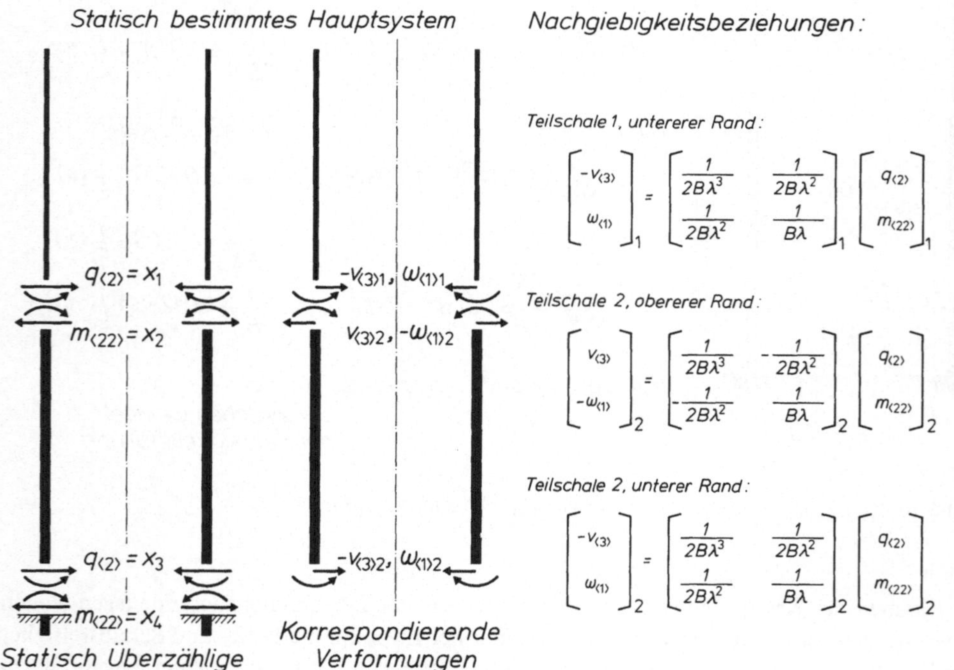

Bild 6.15 Hauptsystem und Nachgiebigkeitsbeziehungen der drei betroffenen Schalenränder

und für die Schnittstelle $\Theta_2^2 = 0$:

$$\Delta v_{\langle 3\rangle} = -v_{\langle 3\rangle 2}, \quad X_3 = q_{\langle 2\rangle}, \qquad \Delta\omega_{\langle 1\rangle} = \omega_{\langle 1\rangle 2}, \quad X_4 = m_{\langle 22\rangle}, \tag{6.2.75}$$

$$\begin{bmatrix} \Delta v_{\langle 3\rangle} \\ \Delta\omega_{\langle 1\rangle} \end{bmatrix} = \begin{bmatrix} \frac{1}{2B\lambda^3} & \frac{1}{2B\lambda^2} \\ \frac{1}{2B\lambda^2} & \frac{1}{B\lambda} \end{bmatrix}_2 \begin{bmatrix} X_3 \\ X_4 \end{bmatrix}$$

$$E\begin{bmatrix} \Delta v_{\langle 3\rangle} \\ \Delta\omega_{\langle 1\rangle} \end{bmatrix} = \begin{bmatrix} 0{,}1268 & 0{,}1508 \\ 0{,}1508 & 0{,}3587 \end{bmatrix} \cdot 10^3 \begin{bmatrix} X_3 \\ X_4 \end{bmatrix}. \tag{6.2.76}$$

Dabei wurde die Gründung der unteren Teilschale als starr angenommen. Alle angegebenen Zahlenwerte entstammen Bild 6.14 und basieren auf der verwendeten Längeneinheit [m].

Als nächstes lassen sich aus (6.2.38, 39) die partikulären Lösungen für beide Membranteilschalen ermitteln:

$$v_{\langle 3\rangle P1} = \frac{\gamma R^2}{Eh_1}(l_1 - \Theta_1^2), \qquad \omega_{\langle 1\rangle P1} = -\frac{\gamma R^2}{Eh_1},$$
$$v_{\langle 3\rangle P2} = \frac{\gamma R^2}{Eh_2}(l_1 + l_2 - \Theta_2^2), \qquad \omega_{\langle 1\rangle P2} = -\frac{\gamma R^2}{Eh_2}; \tag{6.2.77}$$

ihre Randwerte betragen:

Teilschale 1 $(\Theta_1^2 = 0)$

$$Ev_{\langle 3\rangle P1} = \gamma\frac{R^2}{h_1} l_1 = \gamma\, 1{,}0667 \cdot 10^3$$
$$E\omega_{\langle 1\rangle P1} = -\gamma\frac{R^2}{h_1} = -\gamma\, 0{,}1067 \cdot 10^3,$$

Teilschale 2 $(\Theta_2^2 = l_2)$

$$Ev_{\langle 3\rangle P2} = \gamma\frac{R^2}{h_2} l_2 = \gamma\, 0{,}5333 \cdot 10^3$$
$$E\omega_{\langle 1\rangle P2} = -\gamma\frac{R^2}{h_2} = -\gamma\, 0{,}0533 \cdot 10^3,$$

$(\Theta_2^2 = 0)$

$$Ev_{\langle 3\rangle P2} = \gamma\frac{R^2}{h_2}(l_1 + l_2) = \gamma\, 1{,}0667 \cdot 10^3$$
$$E\omega_{\langle 1\rangle P2} = -\gamma\frac{R^2}{h_2} = -\gamma\, 0{,}0533 \cdot 10^3.$$

Hiermit können die zu den statisch Überzähligen korrespondierenden (E-fachen) gegenseitigen Verschiebungen und Verdrehungen infolge der Flüssigkeitsfüllung gemäß (6.2.73, 75) angegeben werden, man erhält

für die Schnittstelle $\Theta_1^2 = 0$:

$$E\Delta v_{\langle 3\rangle P} = E[(-v_{\langle 3\rangle P1}) + v_{\langle 3\rangle P2}] = -\gamma\, 0{,}5333 \cdot 10^3$$
$$E\Delta\omega_{\langle 1\rangle P} = E[\omega_{\langle 1\rangle P1} + (-\omega_{\langle 1\rangle P2})] = -\gamma\, 0{,}0533 \cdot 10^3, \tag{6.2.78}$$

für die Schnittstelle $\Theta_2^2 = 0$:

$$\begin{aligned} E\Delta v_{\langle 3\rangle P} &= E(-v_{\langle 3\rangle P2}) = -\gamma\, 1{,}0667 \cdot 10^3 \\ E\Delta \omega_{\langle 1\rangle P} &= E\, \omega_{\langle 1\rangle P2} = -\gamma\, 0{,}0533 \cdot 10^3 . \end{aligned} \tag{6.2.79}$$

Nach Zusammenfassung von (6.2.74, 76) und (6.2.78, 79) lautet damit – nach Kürzung durch 10^3 – das System der Elastizitätsgleichungen:

$$E(\delta X + \delta_0) = \mathbf{0}$$

$$\begin{bmatrix} 0{,}4855 & 0{,}4525 & 0 & 0 \\ 0{,}4525 & 2{,}3881 & 0 & 0 \\ 0 & 0 & 0{,}1268 & 0{,}1508 \\ 0 & 0 & 0{,}1508 & 0{,}3587 \end{bmatrix} \cdot \begin{bmatrix} X_1 \\ X_2 \\ X_3 \\ X_4 \end{bmatrix} - \gamma \begin{bmatrix} 0{,}5333 \\ 0{,}0533 \\ 1{,}0667 \\ 0{,}0533 \end{bmatrix} = \mathbf{0} .$$

Aufgrund des Fehlens gegenseitiger Randbeeinflussungen entkoppelt sich dieses Gleichungssystem vierter Ordnung in die Teilsysteme der beiden Schnittstellen; als Lösung findet man:

$$\mathbf{X} = \begin{bmatrix} 1{,}3088 \\ -0{,}2257 \\ 16{,}4707 \\ -6{,}7758 \end{bmatrix} \gamma \equiv \begin{bmatrix} q_{\langle 2\rangle} \\ m_{\langle 22\rangle} \\ q_{\langle 2\rangle} \\ m_{\langle 22\rangle} \end{bmatrix} . \quad \begin{matrix} \text{Schnittstelle } \Theta_1^2 = 0 \\ \\ \text{Schnittstelle } \Theta_2^2 = 0 \end{matrix} \tag{6.2.80}$$

Mit diesem Ergebnis können nun, auf der Grundlage und unter Verwendung der Bezeichnungen von Tafel 6.6, die Funktionsverläufe beliebiger Schnitt- und Verformungsgrößen des Behälters als Überlagerung der statisch bestimmten (6.2.77), (6.2.39) und unbestimmten Wirkungen angegeben werden. Dabei verwenden wir für die Randstörungen der Teilschale 2 gleichzeitig die beiden Koordinaten Θ_2^2 und $\bar{\Theta}_2^2$ entsprechend Bild 6.14:

$$\begin{aligned}
v_{\langle 3\rangle 1} &= [0{,}1067\,(l_1 - \Theta_1^2) - e^{-\lambda_1\Theta_1^2}(0{,}3333 \cos \lambda_1\Theta_1^2 + 0{,}1362 \sin \lambda_1\Theta_1^2)] \cdot \frac{\gamma}{E} \cdot 10^3 , \\
v_{\langle 3\rangle 2} &= [0{,}0533\,(l_1 + l_2 - \Theta_2^2) + e^{-\lambda_2\bar{\Theta}_2^2}(0{,}2000 \cos \lambda_2\bar{\Theta}_2^2 - 0{,}0340 \sin \lambda_2\bar{\Theta}_2^2) \\
&\qquad - e^{-\lambda_2\Theta_2^2}(1{,}0667 \cos \lambda_2\Theta_2^2 + 1{,}0218 \sin \lambda_2\Theta_2^2)] \cdot \frac{\gamma}{E} \cdot 10^3 , \\
n_{\langle 11\rangle 1} &= \gamma[4{,}00\,(l_1 - \Theta_1^2) - e^{-\lambda_1\Theta_1^2}(12{,}50 \cos \lambda_1\Theta_1^2 + 5{,}11 \sin \lambda_1\Theta_1^2)] \\
n_{\langle 11\rangle 2} &= \gamma[4{,}00\,(l_1 + l_2 - \Theta_2^2) + e^{-\lambda_2\bar{\Theta}_2^2}(15{,}00 \cos \lambda_2\bar{\Theta}_2^2 - 2{,}55 \sin \lambda_2\bar{\Theta}_2^2) \\
&\qquad - e^{-\lambda_2\Theta_2^2}(80{,}00 \cos \lambda_2\Theta_2^2 + 76{,}64 \sin \lambda_2\Theta_2^2)] , \\
m_{\langle 22\rangle 1} &= \gamma\, e^{-\lambda_1\Theta_1^2}(-0{,}226 \cos \lambda_1\Theta_1^2 + 0{,}553 \sin \lambda_1\Theta_1^2) \\
m_{\langle 22\rangle 2} &= -\gamma\, e^{-\lambda_2\bar{\Theta}_2^2}(0{,}226 \cos \lambda_2\bar{\Theta}_2^2 + 1{,}004 \sin \lambda_2\bar{\Theta}_2^2) \\
&\qquad + \gamma\, e^{-\lambda_2\Theta_2^2}(-6{,}776 \cos \lambda_2\Theta_2^2 + 7{,}073 \sin \lambda_2\Theta_2^2) .
\end{aligned} \tag{6.2.81}$$

Bild 6.16 stellt diese Funktionen zeichnerisch dar. Die Radialverschiebung $v_{\langle 3\rangle}$ überbrückt den Wanddickensprung des Behälters durch eine deutlich sichtbare Biegestörung, während die statisch bestimmte Membranverschiebung hier sprunghaft verläuft. Wegen der erzwunge-

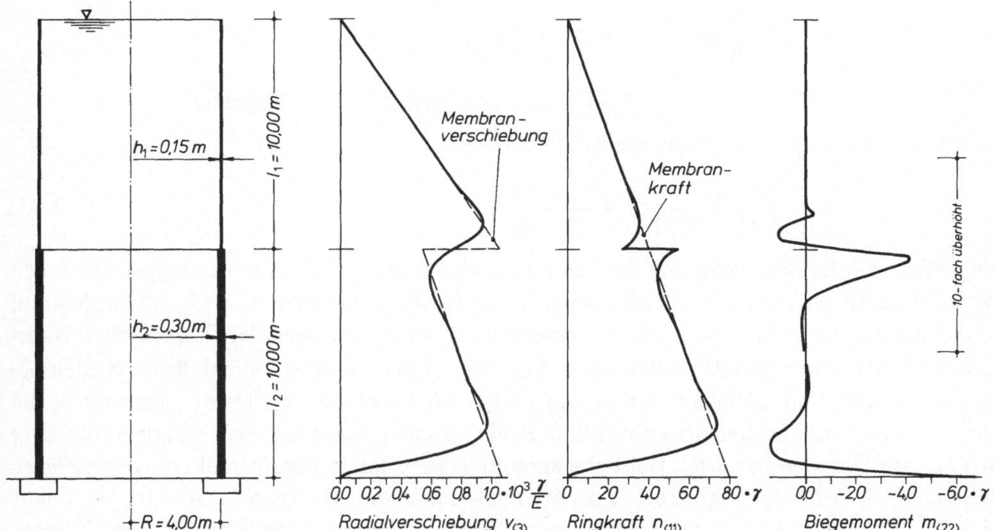

Bild 6.16 Verschiebungen und Schnittgrößen des Flüssigkeitsbehälters von Bild 6.14 (alle Längenabmessungen in [m])

nen Dehnungsgleichheit an dieser Stelle besitzt die Ringkraft $n_{\langle 11\rangle}$ hier eine Unstetigkeit; dagegen verläuft die ursprüngliche Membrankraft stetig linear. Das Maximum des Meridianbiegemomentes $m_{\langle 22\rangle}$ liegt unterhalb der Sprungstelle: der dünne Behälter ist in den dickeren eingespannt.

6.2.5 Zur Bewertung von Kreiszylinderschalentheorien für nicht-rotationssymmetrische Einwirkungen

Für beliebig beanspruchte Kreiszylinderschalen finden sich in der Fachliteratur zahlreiche voneinander abweichende Theorien anschaulich-ingenieurmäßigen Ursprungs. Wie bereits im Abschnitt 4.3.6 erwähnt, konzentrieren sich diese Unterschiede in den kinematischen Beziehungen und im Elastizitätsgesetz; daher lassen sie sich in den *zusammengefaßten* Elastizitätsgesetzen des Abschnitts 6.2.1 besonders gut sichtbar machen.

Zunächst sollen dem Leser – ohne Anspruch auf Vollständigkeit – Einblicke in den Charakter dieser Unterschiede gegeben und Bewertungsmaßstäbe [68, 85, 154] aufgezeigt werden. Aus Gründen der besonderen Übersichtlichkeit wählen wir hierzu die von *Flügge* [48] eingeführte Differentiation

$$\frac{\partial}{\partial \Theta^1} = \ldots_{,1} = \ldots_{;1}, \qquad \frac{\partial}{\partial \Theta^2 / R} = R \ldots_{,2} = \ldots_{;2}, \tag{6.2.82}$$

die durch ein Semikolon gekennzeichnet werden soll. Sie vereinfacht beispielsweise die erste Beziehung (6.2.16) zu

$$n_{\langle 11\rangle} = \frac{D}{R}\left[v_{\langle 1\rangle;1} + v_{\langle 3\rangle} + \nu v_{\langle 2\rangle;2}\right] + \frac{B}{R^3}\left[-v_{\langle 3\rangle;11} + 2v_{\langle 1\rangle;1} + v_{\langle 3\rangle} - \nu v_{\langle 3\rangle;22}\right]$$

$$= \frac{D}{R}\Big\{[v_{\langle 1\rangle;1} + v_{\langle 3\rangle} + \nu v_{\langle 2\rangle;2}] + k[-v_{\langle 3\rangle;11} + 2v_{\langle 1\rangle;1} + v_{\langle 3\rangle} - \nu v_{\langle 3\rangle;22}]\Big\},$$

wobei zusätzlich der dimensionslose Parameter

$$k = \frac{B}{DR^2} = \frac{h^2}{12R^2} = \frac{1}{12}\left(\frac{h}{R}\right)^2 \tag{6.2.83}$$

eingeführt wurde. Sämtliche, aus der Formulierungsvariante A als einer bestmöglichen ersten Approximation entstandenen, zusammengefaßten Elastizitätsgesetze (6.2.15, 16) wurden nun in der jeweils ersten Zeile der Tafel 6.7 zusammengestellt; diejenigen der *Donnell*schen Näherung (6.2.20) in der jeweils letzten Zeile. Daneben enthält Tafel 6.7 ebenfalls die beiden bekannten Kreiszylinderschalentheorien von *Flügge* [46] und *Sanders* [146], übersetzt in die von uns verwendete Vorzeichenkonvention. Beide werden gelegentlich als besonders sorgfältig formulierte Theorien bewertet. Der Leser erkennt jedoch, daß in der Formulierung von *Flügge* beispielsweise eine (geringfügige) Unsymmetrie des Momententensors auftritt, was laut (3.2.47) unzulässig ist. In beiden Theorien wird übrigens die Symmetrie von $\tilde{n}_{\langle\alpha\beta\rangle}$ in Gliedern der Größenordnung k verletzt. Allerdings sei betont, daß die Fachliteratur zahlreiche Theorien mit erheblich größeren Defekten und folglich begrenzten Anwendungsspektren kennt [44, 109, 128].

$n_{\langle 11\rangle} = \frac{D}{R}\cdot$	$[v_{\langle 1\rangle;1} + v_{\langle 3\rangle} + \nu v_{\langle 2\rangle;2}] + k[-v_{\langle 3\rangle;11} + 2v_{\langle 1\rangle;1} + v_{\langle 3\rangle} - \nu v_{\langle 3\rangle;22}]$		$m_{\langle 11\rangle} = -\frac{B}{R^2}\cdot$	$[v_{\langle 3\rangle;11} + \nu v_{\langle 3\rangle;22} - 2v_{\langle 1\rangle;1} - v_{\langle 3\rangle}]$
	$[v_{\langle 1\rangle;1} + v_{\langle 3\rangle} + \nu v_{\langle 2\rangle;2}] + k[v_{\langle 3\rangle;11} + v_{\langle 3\rangle}]$			$[v_{\langle 3\rangle;11} + \nu v_{\langle 3\rangle;22} + v_{\langle 3\rangle}]$
	$[v_{\langle 1\rangle;1} + v_{\langle 3\rangle} + \nu v_{\langle 2\rangle;2}] + k[-v_{\langle 3\rangle;11} + v_{\langle 1\rangle;1} - \nu v_{\langle 3\rangle;22}]$			$[v_{\langle 3\rangle;11} + \nu v_{\langle 3\rangle;22} - v_{\langle 1\rangle;1}]$
	$[v_{\langle 1\rangle;1} + v_{\langle 3\rangle} + \nu v_{\langle 2\rangle;2}]$			$[v_{\langle 3\rangle;11} + \nu v_{\langle 3\rangle;22}]$
$n_{\langle 12\rangle} = \frac{D(1-\nu)}{2R}\cdot$	$[v_{\langle 1\rangle;2} + v_{\langle 2\rangle;1}]$		$m_{\langle 12\rangle} = -\frac{B(1-\nu)}{R^2}\cdot$	$[v_{\langle 3\rangle;12} - v_{\langle 1\rangle;2}]$
	$[v_{\langle 1\rangle;2} + v_{\langle 2\rangle;1}] + k[v_{\langle 2\rangle;1} + v_{\langle 3\rangle;12}]$			$[v_{\langle 3\rangle;12} - \frac{1}{2}v_{\langle 1\rangle;2} + \frac{1}{2}v_{\langle 2\rangle;1}]$
	$[v_{\langle 1\rangle;2} + v_{\langle 2\rangle;1}]$			$[v_{\langle 3\rangle;12} - \frac{3}{4}v_{\langle 1\rangle;2} + \frac{1}{4}v_{\langle 1\rangle;1}]$
	$[v_{\langle 1\rangle;2} + v_{\langle 2\rangle;1}]$			$[v_{\langle 3\rangle;12}]$
$n_{\langle 21\rangle} = \frac{D(1-\nu)}{2R}\cdot$	$[v_{\langle 1\rangle;2} + v_{\langle 2\rangle;1}] + 2k[v_{\langle 1\rangle;2} - v_{\langle 3\rangle;12}]$		$m_{\langle 21\rangle} = -\frac{B(1-\nu)}{R^2}\cdot$	$[v_{\langle 3\rangle;12} - v_{\langle 1\rangle;2}]$
	$[v_{\langle 1\rangle;2} + v_{\langle 2\rangle;1}] + k[v_{\langle 1\rangle;2} - v_{\langle 3\rangle;12}]$			$[v_{\langle 3\rangle;12} - v_{\langle 1\rangle;2}]$
	$[v_{\langle 1\rangle;2} + v_{\langle 2\rangle;1}] + k[\frac{3}{4}v_{\langle 1\rangle;2} - v_{\langle 3\rangle;12} - \frac{1}{4}v_{\langle 1\rangle;1}]$			$[v_{\langle 3\rangle;12} - \frac{3}{4}v_{\langle 1\rangle;2} + \frac{1}{4}v_{\langle 1\rangle;1}]$
	$[v_{\langle 1\rangle;2} + v_{\langle 2\rangle;1}]$			$[v_{\langle 3\rangle;12}]$
$n_{\langle 22\rangle} = \frac{D}{R}\cdot$	$[v_{\langle 2\rangle;2} + \nu v_{\langle 1\rangle;1} + \nu v_{\langle 3\rangle}]$	*Variante A*	$m_{\langle 22\rangle} = -\frac{B}{R^2}\cdot$	$[v_{\langle 3\rangle;22} + \nu v_{\langle 3\rangle;11} - 2\nu v_{\langle 1\rangle;1} - \nu v_{\langle 3\rangle}]$
	$[v_{\langle 2\rangle;2} + \nu v_{\langle 1\rangle;1} + \nu v_{\langle 3\rangle}] - k\, v_{\langle 3\rangle;22}$	*Flügge*		$[v_{\langle 3\rangle;22} + \nu v_{\langle 3\rangle;11} - \nu v_{\langle 1\rangle;1} - v_{\langle 2\rangle;2}]$
	$[v_{\langle 2\rangle;2} + \nu v_{\langle 1\rangle;1} + \nu v_{\langle 3\rangle}]$	*Sanders*		$[v_{\langle 3\rangle;22} + \nu v_{\langle 3\rangle;11} - \nu v_{\langle 1\rangle;1}]$
	$[v_{\langle 2\rangle;2} + \nu v_{\langle 1\rangle;1} + \nu v_{\langle 3\rangle}]$	*Donnell*		$[v_{\langle 3\rangle;22} + \nu v_{\langle 3\rangle;11}]$

Tafel 6.7 Vergleich der zusammengefaßten Elastizitätsgesetze verschiedener Kreiszylinderschalentheorien ($k = h^2/12\,R^2$)

Wir übertragen die modifizierte Differentiation (6.2.82) ebenfalls auf die Gleichgewichtsbedingungen (6.2.9)

$$\begin{aligned} -Rp_{\langle 1\rangle} &= \tilde{n}_{\langle 11\rangle;1} + \tilde{n}_{\langle 21\rangle;2} + \frac{2}{R} m_{\langle 11\rangle;1} + \frac{2}{R} m_{\langle 21\rangle;2}, \\ -Rp_{\langle 2\rangle} &= \tilde{n}_{\langle 12\rangle;1} + \tilde{n}_{\langle 22\rangle;2}, \\ -R^2 p_{\langle 3\rangle} &= -R\tilde{n}_{\langle 11\rangle} + m_{\langle 11\rangle;11} + 2m_{\langle 12\rangle;12} + m_{\langle 22\rangle;22} - m_{\langle 11\rangle}. \end{aligned} \tag{6.2.84}$$

Werden hierin die zusammengefaßten Elastizitätsgesetze der Variante A gemäß Tafel 6.7* – für konstante Werte von D, B und ν – substituiert, so entstehen die in den Verschiebungen formulierten Gleichgewichtsbedingungen:

$$\begin{aligned} & v_{\langle 1\rangle;11} + \frac{1-\nu}{2} v_{\langle 1\rangle;22} + \frac{1+\nu}{2} v_{\langle 2\rangle;12} + v_{\langle 3\rangle;1} \\ & \quad - 2k[v_{\langle 3\rangle;111} + v_{\langle 3\rangle;122} - 2v_{\langle 1\rangle;11} - (1-\nu)v_{\langle 1\rangle;22} - v_{\langle 3\rangle;1}] = -\frac{R^2}{D} p_{\langle 1\rangle}, \\ & \frac{1+\nu}{2} v_{\langle 1\rangle;12} + \frac{1-\nu}{2} v_{\langle 2\rangle;11} + v_{\langle 2\rangle;22} + \nu v_{\langle 3\rangle;2} = -\frac{R^2}{D} p_{\langle 2\rangle}, \\ & v_{\langle 1\rangle;1} + v_{\langle 3\rangle} + \nu v_{\langle 2\rangle;2} + k[v_{\langle 3\rangle;1111} + 2v_{\langle 3\rangle;1122} + v_{\langle 3\rangle;2222} \\ & \quad - 2v_{\langle 3\rangle;11} - 2\nu v_{\langle 3\rangle;22} + v_{\langle 3\rangle} - 2v_{\langle 1\rangle;111} - 2v_{\langle 1\rangle;122} + 2v_{\langle 1\rangle;1}] = \frac{R^2}{D} p_{\langle 3\rangle}. \end{aligned} \tag{6.2.85}$$

Dieses System von Fundamentalgleichungen ist uns, in tensorieller Operatorenform und für beliebige Mittelflächengeometrien, bereits aus Kapitel 4 bekannt (siehe z.B. Tafel 4.24):

$$\mathbf{D_e} \mathbf{E}^* \mathbf{D_k} \mathbf{u} = -\mathbf{p}.$$

Aus der Adjungiertheit der beiden dort eingeführten Operatoren $\mathbf{D_e}$ und $\mathbf{D_k}$, die in der Symmetrie der Suboperatoren zum Ausdruck kam, folgt die Symmetrie auch des gesamten Differentialgleichungssystems. Deutlicher als in (6.2.85) ist dies in der folgenden Operatorform erkennbar:

$$\begin{bmatrix} L_{11} & L_{12} & L_{13} \\ L_{21} & L_{22} & L_{23} \\ L_{31} & L_{32} & L_{33} \end{bmatrix} \begin{bmatrix} v_{\langle 1\rangle} \\ v_{\langle 2\rangle} \\ v_{\langle 3\rangle} \end{bmatrix} = -\frac{R^2}{D} \begin{bmatrix} p_{\langle 1\rangle} \\ p_{\langle 2\rangle} \\ -p_{\langle 3\rangle} \end{bmatrix}, \quad L_{ij} = L_{ji}. \tag{6.2.86}$$

Die einzelnen hierin auftretenden Differentialoperatoren sind für die aus der Formulierungsvariante A entstandene Theorie sowie gleichfalls für die *Donnell*sche Näherung in Tafel 6.8 gegenübergestellt, wobei ∇^2 entsprechend (6.2.82) die Operation

$$\nabla^2 \ldots = \ldots_{;11} + \ldots_{;22} = \ldots_{,11} + R^2 \ldots_{,22} \tag{6.2.87}$$

abkürzt. Auch die entsprechenden Operatoren der Kreiszylinderschalentheorien von *Flügge* [46] und *Sanders* [146] sind erneut den zitierten Veröffentlichungen entnommen und eingeordnet. Interessanterweise sind die Fundamentalgleichungen beider Theorien symmetrisch,

* Für k = 0 gilt bei Variante A in Tafel 6.7: $n_{\langle\alpha\beta\rangle} = \tilde{n}_{\langle\alpha\beta\rangle}$.

	$L_{11}:\ {}_{;11} + \frac{1-\nu}{2}\,{}_{;22} + 4k({}_{;11} + \frac{1-\nu}{2}\,{}_{;22})$	$L_{12}:\ \frac{1+\nu}{2}\,{}_{;12}$	$L_{13}:\ {}_{;1} - 2k(\nabla^2\,{}_{;1} - {}_{;1})$
Variante A	$L_{22}:\ \frac{1-\nu}{2}\,{}_{;11} + {}_{;22}$	$L_{23}:\ \nu\,{}_{;2}$	$L_{33}:\ 1 + k(\nabla^4 - 2\,{}_{;11} - 2\nu\,{}_{;22} + 1)$
	${}_{;11} + \frac{1+\nu}{2}\,{}_{;22} + 3k\frac{1-\nu}{2}\,{}_{;22}$	$\frac{1+\nu}{2}\,{}_{;12}$	${}_{;1} - k\,\frac{3-\nu}{2}\,{}_{;122}$
Flügge [46]	$\frac{1-\nu}{2}\,{}_{;11} + {}_{;22} + k\,\frac{1-\nu}{2}\,{}_{;11}$	$\nu\,{}_{;2} + k(\frac{1-\nu}{2}\,{}_{;112} - {}_{;222})$	$1 + k(\nabla^4 + 2\,{}_{;11} + 1)$
	${}_{;11} + \frac{1-\nu}{2}\,{}_{;22} + k({}_{;11} + \frac{9}{4}\,{}_{;22})$	$\frac{1+\nu}{2}\,{}_{;12} - \frac{3}{4}k\frac{1-\nu}{2}\,{}_{;12}$	${}_{;1} - k(\frac{3-\nu}{2}\,{}_{;122} + {}_{;111})$
Sanders [146]	$\frac{1-\nu}{2}\,{}_{;11} + {}_{;22} + \frac{k}{4}\frac{1-\nu}{2}\,{}_{;11}$	$\nu\,{}_{;2} + k\,\frac{1-\nu}{2}\,{}_{;112}$	$1 + k\nabla^4$
	${}_{;11} + \frac{1-\nu}{2}\,{}_{;22}$	$\frac{1+\nu}{2}\,{}_{;12}$	${}_{;1}$
Donnell [36]	$\frac{1-\nu}{2}\,{}_{;11} + {}_{;22}$	$\nu\,{}_{;2}$	$1 + k\nabla^4$
	${}_{;11} + \frac{1}{2}\,{}_{;22}$	$\frac{1}{2}\,{}_{;12}$	${}_{;1} - k\nabla^2\,{}_{;1}$
Rabich [126]	$\frac{1}{2}\,{}_{;11} + {}_{;22}$	0	$1 + k\nabla^4$

Tafel 6.8 Differentialoperatoren der Fundamentalgleichungen verschiedener Kreiszylinderschalentheorien ($k = h^2/12\,R^2$)

obwohl die Adjungiertheit ihrer Gleichgewichts- und kinematischen Operatoren – in Gliedern der Größenordnung $k \triangleq \lambda^2$ – gestört ist. Die Fachliteratur kennt aber auch zahlreiche unsymmetrische Fundamentalgleichungen: ein Defekt, der die positive Definitheit der elastischen Energie (Kapitel 7) verletzt. So tritt beispielsweise in der von *Rabich* [126, 150] angegebenen Theorie der mit k behaftete Operatorteil in L_{13} auf, in L_{31} dagegen nicht (siehe Tafel 6.8). Die Bewertung weiterer Kreiszylinderschalentheorien nach fehlenden, zusätzlichen oder verwandten Operatorteilen sowie ihre Einordnung in Tafel 6.8 empfehlen wir jedem interessierten Leser.

Jedes, durch Substitution spezieller Operatoren L_{ij} in (6.2.86) entstehende Differentialgleichungssystem kann übrigens durch formale Elimination der Komponenten $v_{\langle\alpha\rangle}$ in die zugehörige Differentialgleichung achter Ordnung für $v_{\langle 3\rangle}$ transformiert werden; beispielsweise entsteht für $p_{\langle i\rangle} = 0$ [157, 167]:

$$\begin{aligned}
&(L_{11}L_{22} - L_{12}L_{21})\,v_{\langle 1\rangle} = (L_{12}L_{23} - L_{13}L_{22})\,v_{\langle 3\rangle},\\
&(L_{11}L_{22} - L_{12}L_{21})\,v_{\langle 2\rangle} = (L_{13}L_{21} - L_{11}L_{23})\,v_{\langle 3\rangle},\\
&L_{31}(L_{12}L_{23} - L_{13}L_{22})\,v_{\langle 3\rangle} + L_{32}(L_{13}L_{21} - L_{11}L_{23})\,v_{\langle 3\rangle}\\
&\qquad + L_{33}(L_{11}L_{22} - L_{12}L_{21})\,v_{\langle 3\rangle} = 0.
\end{aligned} \tag{6.2.88}$$

In diesen Differentialgleichungen hat *Donnell* [35] den Einfluß einzelner Differentiale als Funktion verschiedener Schalenparameter abgeschätzt und quantifiziert. Ein weiterer, bewährter Weg zur Bewertung unterschiedlicher Kreiszylinderschalentheorien führt über die Wurzeln der charakteristischen Gleichung. Zur Herleitung betrachten wir Randeinwirkungen in Form harmonischer Funktionen an den Kreisrändern einer geschlossenen Zylinderschale, die durch folgenden Lösungsansatz beschrieben werden:

$$\begin{bmatrix} v_{\langle 1\rangle} \\ v_{\langle 2\rangle} \\ v_{\langle 3\rangle} \end{bmatrix} = \begin{bmatrix} A_{1m}\sin m\Theta^1 \\ A_{2m}\cos m\Theta^1 \\ A_{3m}\cos m\Theta^1 \end{bmatrix} e^{\lambda\Theta^2/R}\,. \tag{6.2.89}$$

Dessen Substitution in das Differentialgleichungssystem (6.2.85) läßt für $p_{\langle i \rangle} = 0$ ein homogenes, algebraisches Gleichungssystem zur Bestimmung der freien Konstanten A_{rm} entstehen:

$$\begin{bmatrix} \underline{m^2 - \frac{1-\nu}{2}\lambda^2} + 2k[2m^2 - (1-\nu)\lambda^2] & \underline{\frac{1+\nu}{2}m\lambda} & \underline{m} + 2k[m^3 - m\lambda^2 + m] \\ \underline{\frac{1+\nu}{2}m\lambda} & \underline{-\left[\frac{1-\nu}{2}m^2 - \lambda^2\right]} & \underline{\nu\lambda} \\ \underline{m} + 2k[m^3 - m\lambda^2 + m] & \underline{\nu\lambda} & \underline{1 + k[m^4 - 2m^2\lambda^2 + \lambda^4} + 2m^2 - 2\nu\lambda^2 + 1] \end{bmatrix} \cdot \begin{bmatrix} A_{1m} \\ A_{2m} \\ A_{3m} \end{bmatrix} = \mathbf{0}. \qquad (6.2.90)$$

Nichttriviale Lösungen dürfen hieraus für alle diejenigen Wurzeln λ_s erwartet werden, für welche die Determinante des Systems (6.2.90) verschwindet. Dies führt für $k \ll 1$ auf folgende charakteristische Gleichung:

$$\begin{aligned} \lambda^8 - \lambda^6[4m^2 + 2\nu] + \lambda^4\left[\frac{1-\nu^2}{k} + 6(m^4 - m^2) + 5 - 4\nu^2\right] \\ - \lambda^2[4m^6 - 2(4+\nu)m^4 + 2(2+\nu)m^2] + m^4(m^2-1)^2 = 0. \end{aligned} \qquad (6.2.91)$$

Die acht Wurzeln dieser biquadratischen Gleichung sind, wie aus dem Vorzeichen des mit k behafteten Gliedes abgelesen werden kann, stets komplex und außerdem paarweise entgegengesetzt gleich:

$$\begin{aligned} \lambda_{1,2} &= \pm(\kappa_1 + i\rho_1), \qquad \lambda_{5,6} = \pm(\kappa_2 + i\rho_2), \\ \lambda_{3,4} &= \pm(\kappa_1 - i\rho_1), \qquad \lambda_{7,8} = \pm(\kappa_2 - i\rho_2); \end{aligned} \qquad (6.2.92)$$

sie sind somit durch vier Real- und Imaginärteile $\kappa_1, \kappa_2, \rho_1, \rho_2$ bestimmt.

Die einzelnen Koeffizienten der charakteristischen Gleichung (6.2.91) findet der Leser in der ersten Zeile der Übersicht von Tafel 6.9, diejenigen der *Donnell*schen Näherung* in der letzten Zeile. Zwischen beiden Grenzfällen sind erneut verschiedene klassische Kreiszylinderschalentheorien eingeordnet: Neben der von *Flügge*, dessen charakteristische Gleichung derjenigen von *Dischinger* [32] gleicht, die Theorien von *Lundgren* [100], *Girkmann* [53], *Jakobsen* [79, 80] und *Morley* [111]. Bedenkt man, daß der Parameter k (6.2.83) stets eine sehr kleine Zahl ist, so wird der Koeffizient λ^4 alle anderen überwiegen, wenn der Parameter m nicht zu groß ist. Die acht Wurzeln (6.2.92) zerfallen dann, wie die Auflösung von (6.2.91) erweist, in vier große und vier kleine komplexe Zahlen: die bereits im Abschnitt 6.1.6 erkannten schnell und schwach abklingenden Lösungen. Für größere Werte von m stellt nun die charakteristische Gleichung der *Donnell*schen Näherung eine sehr gute Approximation derjenigen in der ersten Zeile von Tafel 6.9 dar; für kleine Werte m müssen dagegen wesentlich abweichende Ergebnisse erwartet werden [46]. In diesem Wertebereich liefert die von *Morley* entwickelte Theorie bessere Ergebnisse, ohne nennenswert komplizierter als diejenige von *Donnell* zu sein. Alle weiteren in Tafel 6.9 enthaltenen Theorien stellen mehr oder weniger gute Annäherungen an eine optimale Approximation dar, wobei keine nennenswerten Abweichungen der Wurzeln auftreten [27, 69, 70, 77].

* Das dieser Näherung entsprechende Gleichungssystem (6.2.90) wird durch die dort unterstrichenen Glieder gebildet.

λ^8	λ^6	λ^4	λ^2	λ^0
Bestmögliche erste Approximation (aus Formulierungsvariante A)				
1	$-[4m^2+2\nu]$	$\frac{1-\nu^2}{k}+6(m^4-m^2)+5-4\nu^2$	$-[4m^6-2(4+\nu)m^4+2(2+\nu)m^2]$	$m^4(m^2-1)^2$
Flügge [46]				
1	$-[4m^2-2\nu]$	$\frac{1-\nu^2}{k}+6(m^4-m^2)$	$-[4m^6-2(4-\nu)m^4+2(2-\nu)m^2]$	$m^4(m^2-1)^2$
Lundgren [100]				
1	$-[4m^2-2\nu]$	$\frac{1-\nu^2}{k}+6(m^4-m^2)+4-3\nu^2$	$-[4m^6-2(4-\nu)m^4+2(2-\nu)m^2]$	$m^4(m^2-1)^2$
Girkmann, Jakobsen ($\nu=0$) [53, 79, 80]				
1	$-[4m^2-\nu]$	$\frac{1-\nu^2}{k}+6m^4-4m^2+1$	$-[4m^6-(6-\nu)m^4+2m^2]$	$m^4(m^2-1)^2$
Morley [111]				
1	$-4m^2$	$\frac{1-\nu^2}{k}+6m^4$	$-4m^6$	$m^4(m^2-1)^2$
Donnell [36]				
1	$-4m^2$	$\frac{1-\nu^2}{k}+6m^4$	$-4m^6$	m^8

Tafel 6.9 Koeffizienten der charakteristischen Gleichungen randbelasteter geschlossener Kreiszylinderschalen ($k = h^2/12\,R^2$)

Diese Erkenntnis wird durch den in Tafel 6.10 durchgeführten tabellarischen Vergleich der Real- und Imaginärteile κ_1, κ_2, ρ_1, ρ_2 untermauert; ähnliche numerische Ergebnisse finden sich in [91]. In den meisten Fällen ist die *Donnell*sche Näherung von ausreichender, ja hervorragender Genauigkeit. Versagt sie einmal, sollte aus Gründen der mechanischen Konsistenz die bestmögliche erste Approximation Verwendung finden.

6.2.6 Kreiszylinderschalen unter nicht-rotationssymmetrischen Radiallasten

Zur Behandlung radialbelasteter Kreiszylinderschalen

$$p_{\langle\alpha\rangle} = 0, \quad p_{\langle 3\rangle} = p_{\langle 3\rangle}(\Theta^1, \Theta^2) \tag{6.2.93}$$

im Rahmen der *Donnell*schen Näherung kehren wir, wegen ihrer Identität mit den Grundgleichungen flacher Schalen, zu den Beziehungen des Abschnittes 6.1.4 zurück. Infolge (6.2.93) wird (6.1.41) durch die Partikulärlösung

$$k^{(\alpha\beta)} \equiv 0, \tag{6.2.94}$$

erfüllt und die beiden Differentialgleichungen (6.1.43, 47) lauten ausgeschrieben für die Kreiszylindergeometrie (6.2.1):

$$\begin{aligned} &\frac{1}{R^4} v_{3,1111} + \frac{2}{R^2} v_{3,1122} + v_{3,2222} + \frac{1}{BR}\phi_{3,22} - \frac{p^3}{B} = 0, \\ &\frac{1}{R^4}\phi_{3,1111} + \frac{2}{R^2}\phi_{3,1122} + \phi_{3,2222} - \frac{D(1-\nu^2)}{R} v_{3,22} = 0. \end{aligned} \tag{6.2.95}$$

k	m		$\varkappa_1$	ρ_1	$\varkappa_2$	ρ_2
10^{-3}	0	Variante A	3.9536	3.9282	0	0
		Flügge	3.9487	3.9233	0	0
		Donnell	3.9360	3.9360	0	0
	1	Variante A	4.0781	3.7988	0	0
		Flügge	4.0733	3.7939	0	0
		Donnell	4.0668	3.8133	0.1308	0.1227
	2	Variante A	4.4888	3.4663	0.4686	0.3917
		Flügge	4.4842	3.4610	0.4718	0.3891
		Donnell	4.4897	3.5039	0.5537	0.4321
	5	Variante A	7.0338	2.6075	3.0155	1.2525
		Flügge	7.0220	2.5997	3.0291	1.2553
		Donnell	7.0263	2.7337	3.0903	1.2023
	10	Variante A	12.0024	2.1222	7.9777	1.7310
		Flügge	11.9581	2.0848	8.0231	1.6794
		Donnell	11.9755	2.3550	8.0395	1.5810
	50	Variante A	52.1020	0.8444	47.8911	2.6954
		Flügge	53.6457	0.7936	49.1479	2.9016
		Donnell	51.9680	1.8905	48.0321	2.0454
10^{-5}	0	Variante A	12.4502	12.4428	0	0
		Flügge	12.4507	12.4426	0	0
		Donnell	12.4467	12.4467	0	0
	1	Variante A	12.4909	12.4025	0	0
		Flügge	12.4908	12.4024	0	0
		Donnell	12.4870	12.4066	0.0403	0.0400
	2	Variante A	12.6127	12.2834	0.1404	0.1378
		Flügge	12.6126	12.2832	0.1405	0.1377
		Donnell	12.6094	12.2881	0.1627	0.1586
	5	Variante A	13.5170	11.5237	1.0459	0.8987
		Flügge	13.5168	11.5236	1.0465	0.8981
		Donnell	13.5170	11.5334	1.0703	0.9132
	10	Variante A	16.8632	9.8374	4.3922	2.5851
		Flügge	16.8622	9.8373	4.3940	2.5825
		Donnell	16.8650	9.8628	4.4184	2.5839
	50	Variante A	56.2383	5.5332	43.7667	6.8887
		Flügge	56.2056	5.4933	43.7996	6.8632
		Donnell	56.2293	5.4488	43.7827	6.9978
10^{-7}	0	Variante A	39.3611	39.3585	0	0
		Flügge	39.3611	39.3585	0	0
		Donnell	39.3598	39.3598	0	0
	1	Variante A	39.3738	39.3458	0	0
		Flügge	39.3738	39.3458	0	0
		Donnell	39.3725	39.3471	0.0127	0.0127
	2	Variante A	39.4119	39.3078	0.0440	0.0440
		Flügge	39.4119	39.3077	0.0440	0.0440
		Donnell	39.4107	39.3090	0.0509	0.0507
	5	Variante A	39.6810	39.0434	0.3135	0.3087
		Flügge	39.6810	39.0434	0.3135	0.3087
		Donnell	39.6799	39.0448	0.3201	0.3150
	10	Variante A	40.6690	38.1309	1.3015	1.2212
		Flügge	40.6689	38.1309	1.3016	1.2212
		Donnell	40.6683	38.1329	1.3085	1.2269
	50	Variante A	70.2632	12.0284	30.8958	27.3237
		Flügge	70.2623	12.0266	30.8969	27.3235
		Donnell	70.2628	12.0232	30.9030	27.3366

Tafel 6.10 Wurzeln der charakteristischen Gleichungen verschiedener Theorien für geschlossene Kreiszylinderschalen ($k = h^2/12\,R^2$, $\nu = 0{,}2$)

Entscheiden wir uns erneut für eine Differentiation nach Θ^1 und Θ^2/R (6.2.82, 87), so entsteht hieraus – unter Verwendung physikalischer Komponenten – die Kurzform des Differentialgleichungssystems für die Durchbiegung $v_{\langle 3\rangle} = v_3$ und die Spannungsfunktion $\phi_{\langle 3\rangle} = \phi_3$:

$$\begin{aligned} \nabla^4 v_{\langle 3\rangle} + \frac{R}{B}\phi_{\langle 3\rangle;22} - p_{\langle 3\rangle}\frac{R^4}{B} &= 0, \\ \nabla^4 \phi_{\langle 3\rangle} - DR(1-\nu^2)\, v_{\langle 3\rangle;22} &= 0 \end{aligned} \tag{6.2.96}$$

mit der Abkürzung:

$$\nabla^4 \ldots = \nabla^2\nabla^2 \ldots = (\ldots_{;11} + \ldots_{;22})(\ldots_{;11} + \ldots_{;22}).$$

Wie im Abschnitt 6.1.4 bereits in allgemeiner Form erläutert, kann hierin jeweils eine der Lösungsfunktionen eliminiert werden. Wendet man beispielsweise auf die erste Differentialgleichung (6.2.96) die Operation ∇^4 an und differenziert die zweite, nach Erweiterung mit $-\frac{R}{B}$, zweimal nach Θ^2/R, so entsteht unter Beachtung der Identität

$$(\nabla^4 \phi_{\langle 3\rangle})_{;22} = \nabla^4 \phi_{\langle 3\rangle;22}$$

durch Addition beider die bereits in (6.2.88) aufgeführte Differentialgleichung achter Ordnung für die Durchbiegung $v_{\langle 3\rangle}$:

$$\nabla^4\nabla^4 v_{\langle 3\rangle} + \frac{1-\nu^2}{k} v_{\langle 3\rangle;2222} - \frac{R^4}{B}\nabla^4 p_{\langle 3\rangle} = 0. \tag{6.2.97}$$

Darin kürzt k den Parameter (6.2.83) ab. In entsprechender Weise führt die Elimination von $v_{\langle 3\rangle}$ in (6.2.96) auf die im Kern gleichlautende Differentialgleichung für $\phi_{\langle 3\rangle}$:

$$\nabla^4\nabla^4 \phi_{\langle 3\rangle} + \frac{1-\nu^2}{k}\phi_{\langle 3\rangle;2222} - R^3\frac{1-\nu^2}{k} p_{\langle 3\rangle;22} = 0. \tag{6.2.98}$$

Auch die komplexe Differentialgleichung (6.1.56) läßt sich wieder unschwer ermitteln; mit den Abkürzungen

$$\Psi_{\langle 3\rangle} = v_{\langle 3\rangle} + i\kappa^*\phi_{\langle 3\rangle}, \qquad \kappa^* = \frac{\sqrt{12(1-\nu^2)}}{Eh^2},$$

$$\epsilon^{**} = \frac{R}{h}\sqrt{12(1-\nu^2)} = EhR\kappa^* \tag{6.2.99}$$

lautet sie [177]:

$$\nabla^4\Psi_{\langle 3\rangle} - i\epsilon^{**}\Psi_{\langle 3\rangle} = \frac{R^4}{B} p_{\langle 3\rangle}. \tag{6.2.100}$$

Vervollständigt wird diese Sammlung klassischer Differentialbeziehungen der *Donnell*schen Näherung noch durch das zugehörige Differentialgleichungssystem (6.2.86) gemäß Tafel 6.8:

$$\begin{aligned} v_{\langle 1\rangle;11} + \frac{1-\nu}{2} v_{\langle 1\rangle;22} + \frac{1+\nu}{2} v_{\langle 2\rangle;12} + v_{\langle 3\rangle;1} &= 0, \\ \frac{1+\nu}{2} v_{\langle 1\rangle;12} + \frac{1-\nu}{2} v_{\langle 2\rangle;11} + v_{\langle 2\rangle;22} + \nu v_{\langle 3\rangle;2} &= 0, \\ v_{\langle 1\rangle;1} + v_{\langle 3\rangle} + \nu v_{\langle 2\rangle;2} + k\nabla^4 v_{\langle 3\rangle} &= \frac{R^2}{D} p_{\langle 3\rangle}. \end{aligned} \tag{6.2.101}$$

Der weiteren Behandlung des Biegeproblemes der Kreiszylinderschale legen wir die Differentialgleichung (6.2.97) zugrunde. Nach Ermittlung der Lösungsfunktion $v_{\langle 3\rangle}$, die wir im nächsten Abschnitt behandeln, müssen alle interessierenden Schnitt- und Verformungsgrößen durch $v_{\langle 3\rangle}$ ausgedrückt werden. Für die Schnittmomente $m_{\langle\alpha\beta\rangle}$ erfolgt dies durch die zusammengefaßten Elastizitätsgesetze der jeweils letzten Zeile von Tafel 6.7; deren Berücksichtigung in (6.2.23) ergibt:

$$\begin{aligned} q_{\langle 1\rangle} &= -\frac{B}{R^3}(v_{\langle 3\rangle;111} + v_{\langle 3\rangle;122}) = -\frac{B}{R^3}\nabla^2 v_{\langle 3\rangle;1}, \\ q_{\langle 2\rangle} &= -\frac{B}{R^3}(v_{\langle 3\rangle;222} + v_{\langle 3\rangle;112}) = -\frac{B}{R^3}\nabla^2 v_{\langle 3\rangle;2}. \end{aligned} \tag{6.2.102}$$

Ebenso kann die Ringkraft $n_{\langle 11\rangle}$ aus der letzten Gleichgewichtsbedingung (6.2.18) bestimmt werden:

$$\begin{aligned} n_{\langle 11\rangle} &= -\frac{B}{R^3}(v_{\langle 3\rangle;1111} + 2v_{\langle 3\rangle;1122} + v_{\langle 3\rangle;2222}) + Rp_{\langle 3\rangle} \\ &= -\frac{B}{R^3}\nabla^4 v_{\langle 3\rangle} + Rp_{\langle 3\rangle}. \end{aligned} \tag{6.2.103}$$

Aus den beiden übrigen Gleichgewichtsbedingungen (6.2.18) entsteht hiermit sowie für $p_{\langle\alpha\rangle} = 0$:

$$\begin{aligned} n_{\langle 12\rangle;2} &= -n_{\langle 11\rangle;1} = \frac{B}{R^3}\nabla^4 v_{\langle 3\rangle;1} - Rp_{\langle 3\rangle;1}, \\ n_{\langle 22\rangle;22} &= -n_{\langle 12\rangle;12} = -\frac{B}{R^3}\nabla^4 v_{\langle 3\rangle;11} + Rp_{\langle 3\rangle;11}. \end{aligned} \tag{6.2.104}$$

Zur Bestimmung von $v_{\langle 2\rangle}$ differenzieren wir das aus (6.2.20) folgende inverse Elastizitätsgesetz

$$v_{\langle 2\rangle;2} = \frac{R}{D(1-\nu^2)}(n_{\langle 22\rangle} - \nu n_{\langle 11\rangle})$$

zweimal nach Θ^2/R und erhalten mit (6.2.103, 104) sowie (6.2.83):

$$\begin{aligned} v_{\langle 2\rangle;222} = &-\frac{k}{1-\nu^2}[v_{\langle 3\rangle;111111} + (2-\nu)v_{\langle 3\rangle;111122} + (1-2\nu)v_{\langle 3\rangle;112222} \\ &-\nu v_{\langle 3\rangle;222222}] + \frac{R^2}{D(1-\nu^2)}[p_{\langle 3\rangle;11} - \nu p_{\langle 3\rangle;22}]. \end{aligned} \tag{6.2.105}$$

Aus dem Elastizitätsgesetz der Schubkräfte (6.2.20) folgt in ähnlicher Weise:

$$\begin{aligned} v_{\langle 1\rangle;2222} &= \frac{2R}{D(1-\nu)}n_{\langle 12\rangle;222} - v_{\langle 2\rangle;1222} \\ &= \frac{k}{1-\nu^2}[v_{\langle 3\rangle;1111111} + (4+\nu)v_{\langle 3\rangle;1111122} \\ &\qquad + (5+2\nu)v_{\langle 3\rangle;1112222} + (2+\nu)v_{\langle 3\rangle;1222222}] \\ &\qquad - \frac{R^2}{D(1-\nu^2)}[(2+\nu)p_{\langle 3\rangle;122} + p_{\langle 3\rangle;111}]. \end{aligned} \tag{6.2.106}$$

Nach Ausführung der teilweise mehrfachen Integrationen entstehen aus (6.2.104) die beiden restlichen Dehnungskräfte, aus (6.2.105, 106) die beiden tangentialen Verschiebungskomponenten. Aus der Gesamtheit der Variablen wären sodann noch explizite Ausdrücke der vorschreibbaren Randgrößen (6.2.21, 22) zu ermitteln; dies überlassen wir dem Leser.

6.2.7 Kreiszylindrische Schalendächer und Behälter

Kreiszylindrische Tonnenschalen entsprechend Bild 6.17, die wir nun behandeln wollen, werden im allgemeinen längs ihrer Breitenkreisränder auf Binderscheiben aufgelagert. Entlang der beiden geradlinigen Ränder sind sie mit Randträgern verbunden, unter deren Mitwirkung die Oberflächenlasten den Binderscheiben oder möglichen Eckstützen zugeleitet werden. Überdachungen bestehen häufig aus mehreren nebeneinanderliegenden Tonnenschalen mit gemeinsamen Randgliedern, die von großer bis fast verschwindender Bauhöhe variieren können. Im folgenden soll eine einzelne Tonnenschale betrachtet werden, die auf ihren Binderscheiben frei drehbar aufliege. Da diese in ihrer Ebene als starr, rechtwinklig dazu als vollkommen biegsam angesehen werden, entsprechen dieser Stützungsart laut (6.2.21, 22) folgende *Navier*sche Randbedingungen:

$$\Theta^2 = \{0, l\}: \quad v_{\langle 1 \rangle} = v_{\langle 3 \rangle} = n_{\langle 22 \rangle} = m_{\langle 22 \rangle} = 0. \tag{6.2.107}$$

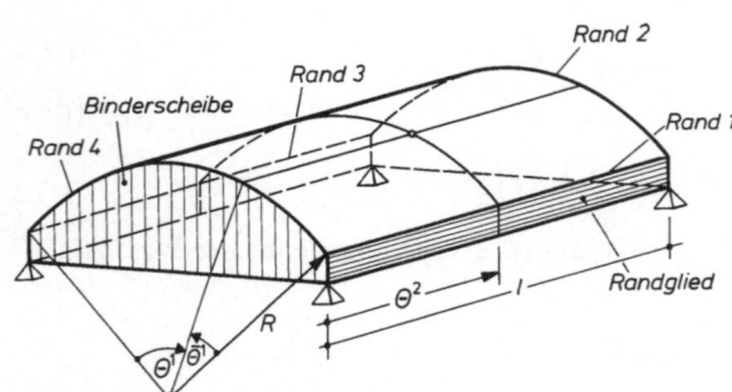

Bild 6.17 Einzelne Tonnenschale mit Randgliedern

Im Rahmen der *Donnell*schen Näherung soll das Biegeproblem derartiger Tonnenschalen unter Normallasten $p_{\langle 3 \rangle}$ auf der Grundlage der Differentialgleichung (6.2.97) behandelt werden. Deren Gesamtlösung setzt sich, in üblicher Weise, aus einem partikulären Integral und der allgemeinen Lösung der homogenen Differentialgleichung zusammen, wobei der erste Anteil die vorgegebenen Flächenlasten erfaßt. Durch deren Zerlegung in *Fourier*sche Doppelreihen ist eine den Bedingungen (6.2.107) genügende Partikularlösung stets auffindbar [53, 158]. Für hinreichend gleichförmig verteilte Oberflächenlasten kann diese erneut näherungsweise durch die zugehörige Membranlösung ersetzt werden [100, 125]. Daher können wir uns im weiteren auf die Behandlung einer nur längs der Erzeugendenränder Θ^1 = konst beanspruchten Schale beschränken, die durch die homogene Differentialgleichung (6.2.97) beschrieben wird:

$$\nabla^4 \nabla^4 v_{\langle 3 \rangle} + \frac{1-\nu^2}{k} v_{\langle 3 \rangle ; 2222} = 0. \tag{6.2.108}$$

Der Lösungsansatz

$$v_{\langle 3\rangle} = A_{rn}\, e^{m\Theta'} \sin \lambda \frac{\Theta^2}{R}, \quad \lambda = \frac{n\pi R}{l} \quad (n = 1, 2, 3, \ldots) \tag{6.2.109}$$

mit den freien Konstanten A_{rn} und dem charakteristischen Parameter m erfüllt infolge seines Anteiles $\sin \lambda\Theta^2/R$ bereits die Randbedingungen (6.2.107) auf den beiden Binderscheiben. Seine Substitution in (6.2.108) liefert für m die biquadratische charakteristische Gleichung [53, 177]

$$(m^2 - \lambda^2)^4 = -\frac{1-\nu^2}{k}\lambda^4, \tag{6.2.110}$$

deren acht Wurzeln

$$\begin{aligned} m_1 &= \alpha_1 + i\beta_1, & m_5 &= -m_1, \\ m_2 &= \alpha_1 - i\beta_1, & m_6 &= -m_2, \\ m_3 &= \alpha_2 + i\beta_2, & m_7 &= -m_3, \\ m_4 &= \alpha_2 - i\beta_2, & m_8 &= -m_4 \end{aligned} \tag{6.2.111}$$

paarweise konjugiert komplex und entgegengesetzt gleich sind. Zu ihrer Ermittlung entsteht zunächst aus (6.2.110)

$$m^2 = \lambda^2 \pm \lambda \sqrt[4]{\frac{1-\nu^2}{k}}\sqrt[4]{-1} = \lambda^2 \pm \lambda \sqrt[4]{\frac{1-\nu^2}{k}}\sqrt{\pm i}$$

und hieraus weiterhin mit $\pm i = \frac{1}{2}(1 \pm i)^2$

$$m = \pm \sqrt{\lambda^2 \pm \lambda \sqrt[4]{\frac{1-\nu^2}{k}}\,\frac{1 \pm i}{\sqrt{2}}} = \pm \frac{\rho}{\sqrt[4]{2}}\sqrt{\kappa\sqrt{2} \pm (1 \pm i)},$$

worin die beiden Abkürzungen

$$\rho = \sqrt{\lambda}\sqrt[8]{\frac{1-\nu^2}{k}}, \quad \kappa = \lambda^2/\rho^2$$

verwandt wurden. Unter Beachtung der Rechenvorschrift

$$\sqrt{a \pm ib} = \sqrt{\frac{1}{2}(\sqrt{a^2+b^2} + a)} \pm i\sqrt{\frac{1}{2}(\sqrt{a^2+b^2} - a)} \tag{6.2.112}$$

für die Bildung der Quadratwurzel einer komplexen Größe lassen sich schließlich die verschiedenen Real- und Imaginärteile von m trennen:

$$\begin{aligned} \alpha_1 &= \frac{\rho}{\sqrt[4]{8}}\sqrt{\sqrt{(1+\kappa\sqrt{2})^2+1} + (1+\kappa\sqrt{2})}, \\ \alpha_2 &= \frac{\rho}{\sqrt[4]{8}}\sqrt{\sqrt{(1-\kappa\sqrt{2})^2+1} - (1-\kappa\sqrt{2})}, \\ \beta_1 &= \frac{\rho}{\sqrt[4]{8}}\sqrt{\sqrt{(1+\kappa\sqrt{2})^2+1} - (1+\kappa\sqrt{2})} = \frac{1}{\alpha_1}\left(\frac{\rho}{\sqrt[4]{8}}\right)^2, \\ \beta_2 &= \frac{\rho}{\sqrt[4]{8}}\sqrt{\sqrt{(1-\kappa\sqrt{2})^2+1} + (1-\kappa\sqrt{2})} = \frac{1}{\alpha_2}\left(\frac{\rho}{\sqrt[4]{8}}\right)^2. \end{aligned} \tag{6.2.113}$$

Damit sind alle acht Wurzeln (6.2.111) bekannt und die allgemeine Lösung der Differentialgleichung (6.2.108) lautet:

$$v_{\langle 3 \rangle} = \Big\{ [A_{1n} e^{i\beta_1 \Theta^1} + A_{2n} e^{-i\beta_1 \Theta^1}]\, e^{-\alpha_1 \Theta^1} + [A_{3n} e^{i\beta_2 \Theta^1} + A_{4n} e^{-i\beta_2 \Theta^1}]\, e^{-\alpha_2 \Theta^1} + [A_{5n} e^{i\beta_1 \Theta^1} + A_{6n} e^{-i\beta_1 \Theta^1}]\, e^{\alpha_1 \Theta^1} + [A_{7n} e^{i\beta_2 \Theta^1} + A_{8n} e^{-i\beta_2 \Theta^1}]\, e^{\alpha_2 \Theta^1} \Big\} \cdot \sin \lambda \frac{\Theta^2}{R} . \tag{6.2.114}$$

Werden hierin die Klammerausdrücke mittels der *Euler*schen Beziehungen in Kreisfunktionen transformiert und danach neue Integrationskonstanten C_{rn} eingeführt, so entsteht endgültig:

$$v_{\langle 3 \rangle} = \Big\{ [C_{1n} \cos \beta_1 \Theta^1 + C_{2n} \sin \beta_1 \Theta^1]\, e^{-\alpha_1 \Theta^1} \; [C_{3n} \cos \beta_2 \Theta^1 + C_{4n} \sin \beta_2 \Theta^1]\, e^{-\alpha_2 \Theta^1} \; [C_{5n} \cos \beta_1 \Theta^1 + C_{6n} \sin \beta_1 \Theta^1]\, e^{\alpha_1 \Theta^1} \; [C_{7n} \cos \beta_2 \Theta^1 + C_{8n} \sin \beta_2 \Theta^1]\, e^{\alpha_2 \Theta^1} \Big\} \cdot \sin \lambda \frac{\Theta^2}{R} . \tag{6.2.115}$$

Diese Darstellung verdeutlicht den Lösungsaufbau aus zwei Paaren gedämpfter Schwingungen, die je Paar von einem Erzeugendenrand Θ^1 = konst in die Schale hinein abklingen.

Durch Substitution dieser Lösung (6.2.115) sowie deren Ableitungen in die Beziehungen des vorigen Abschnittes lassen sich nun alle Schnitt- und Verschiebungsgrößen in Abhängigkeit der acht Konstanten C_{1n} bis C_{8n} je Parameter n angeben. Sie sind für verschwindende Querdehnung ν in Tafel 6.11 zusammengestellt ($C_{rn} \mathrel{\hat{=}} C_r$). Dabei wurden die vom Rande $\Theta^1 = \Theta^1_0$ aus abklingenden Lösungsanteile durch die Koordinate $\bar{\Theta}^1 = \Theta^1_0 - \Theta^1$ (siehe Bild 6.17) sowie durch die Integrationskonstanten $\bar{C}_r$ beschrieben. Mit den vorhandenen freien Konstanten C_r und $\bar{C}_r$ lassen sich jeweils 2 × 4 Bedingungen längs der beiden Erzeugendenränder $\Theta^1 = 0$ und $\Theta^1 = \Theta^1_0$ bzw. $\bar{\Theta}^1 = 0$ erfüllen.

Bei der numerischen Behandlung erkennt man, daß die Wertepaare α_1, β_1 und α_2, β_2 zwar stets ungleich, jedoch von gleicher Größenordnung sind: Stark und schwach abklingende Lösungsanteile lassen sich daher im allgemeinen nicht unterscheiden. Besitzen die beiden Exponenten α_1 und α_2 hinreichende Größe, so werden die Biegestörungen eines Randes erneut ohne nennenswerte Beeinflussung des gegenüberliegenden Randes abklingen, was zu einer Aufspaltung des Randwertproblems führt. Zur Erleichterung einer manuellen Berechnung kreiszylindrischer Tonnenschalen oder Sheddächer existieren verschiedene Tabellenwerke, die die Randverformungen infolge von Randkraftgrößen enthalten [9, 105, 127, 142]. Sie können einem Kraftgrößenalgorithmus zugrundegelegt werden oder Näherungsberechnungen dienen [100, 159].

Abschließend wollen wir auch die von den Kreisrändern geschlossener Kreiszylinderschalen ausgehenden *nicht-zentralsymmetrischen* Randstörungen behandeln, wie sie an Rohrenden oder Behälterrändern auftreten können. Wieder setzen wir das partikuläre Integral der Biegetheorie für eine vorgegebene Lastverteilung (oder eine entsprechende Näherungslösung der Membrantheorie) als bekannt voraus und behandeln somit nur das homogene Randwertproblem.

	Vorfaktor	$e^{-\alpha_1\Theta^1}\cos\beta_1\Theta^1$	$e^{-\alpha_1\Theta^1}\sin\beta_1\Theta^1$	$e^{-\alpha_2\Theta^1}\cos\beta_2\Theta^1$	$e^{-\alpha_2\Theta^1}\sin\beta_2\Theta^1$	
$v_{\langle 3\rangle}$		C_1	C_2	C_3	C_4	$\sin\lambda\frac{\Theta^2}{R}$
$n_{\langle 11\rangle}$	$-\frac{D\varkappa^2}{R}$	$-C_2$	C_1	C_4	$-C_3$	$\sin\lambda\frac{\Theta^2}{R}$
$n_{\langle 12\rangle}$	$-\frac{D\varkappa^2}{R\lambda}$	$\beta_1 C_1+\alpha_1 C_2$	$-\alpha_1 C_1+\beta_1 C_2$	$-\beta_2 C_3-\alpha_2 C_4$	$\alpha_2 C_3-\beta_2 C_4$	$\cos\lambda\frac{\Theta^2}{R}$
$n_{\langle 22\rangle}$	$\frac{D\varkappa}{R\sqrt{2}}$	$-C_1-(1+\varkappa\sqrt{2})C_2$	$(1+\varkappa\sqrt{2})C_1-C_2$	$C_3-(1-\varkappa\sqrt{2})C_4$	$(1-\varkappa\sqrt{2})C_3+C_4$	$\sin\lambda\frac{\Theta^2}{R}$
$m_{\langle 11\rangle}$	$-\frac{B\varrho^2}{R^2\sqrt{2}}$	$(1+\varkappa\sqrt{2})C_1-C_2$	$C_1+(1+\varkappa\sqrt{2})C_2$	$-(1-\varkappa\sqrt{2})C_3-C_4$	$C_3-(1-\varkappa\sqrt{2})C_4$	$\sin\lambda\frac{\Theta^2}{R}$
$m_{\langle 12\rangle}$	$-\frac{B\lambda}{R^2}$	$-\alpha_1 C_1+\beta_1 C_2$	$-\beta_1 C_1-\alpha_1 C_2$	$-\alpha_2 C_3+\beta_2 C_4$	$-\beta_2 C_3-\alpha_2 C_4$	$\cos\lambda\frac{\Theta^2}{R}$
$m_{\langle 22\rangle}$	$\frac{B\lambda^2}{R^2}$	C_1	C_2	C_3	C_4	$\sin\lambda\frac{\Theta^2}{R}$
$q_{\langle 1\rangle}$	$-\frac{B\varrho^2}{R^3\sqrt{2}}$	$-(\alpha_1-\beta_1)C_1$ $+(\alpha_1+\beta_1)C_2$	$-(\alpha_1+\beta_1)C_1$ $-(\alpha_1-\beta_1)C_2$	$(\alpha_2+\beta_2)C_3$ $+(\alpha_2-\beta_2)C_4$	$-(\alpha_2-\beta_2)C_3$ $+(\alpha_2+\beta_2)C_4$	$\sin\lambda\frac{\Theta^2}{R}$
$q_{\langle 2\rangle}$	$-\frac{B\lambda\varrho^2}{R^3\sqrt{2}}$	C_1-C_2	C_1+C_2	$-C_3-C_4$	C_3-C_4	$\cos\lambda\frac{\Theta^2}{R}$
$\bar{q}_{\langle 1\rangle}=$ $q_{\langle 1\rangle}+\frac{1}{R}m_{\langle 12\rangle;2}$	$-\frac{B\varrho^2}{R^3\sqrt{2}}$	$-[\alpha_1(1-\varkappa\sqrt{2})-\beta_1]C_1$ $+[\alpha_1+\beta_1(1-\varkappa\sqrt{2})]C_2$	$-[\alpha_1+\beta_1(1-\varkappa\sqrt{2})]C_1$ $-[\alpha_1(1-\varkappa\sqrt{2})-\beta_1]C_2$	$[\alpha_2(1+\varkappa\sqrt{2})+\beta_2]C_3$ $+[\alpha_2-\beta_2(1+\varkappa\sqrt{2})]C_4$	$-[\alpha_2-\beta_2(1+\varkappa\sqrt{2})]C_3$ $+[\alpha_2(1+\varkappa\sqrt{2})+\beta_2]C_4$	$\sin\lambda\frac{\Theta^2}{R}$
$\bar{q}_{\langle 2\rangle}=$ $q_{\langle 2\rangle}+\frac{1}{R}m_{\langle 12\rangle;1}$	$-\frac{B\lambda\varrho^2}{R^3\sqrt{2}}$	$(2+\varkappa\sqrt{2})C_1-2C_2$	$2C_1+(2+\varkappa\sqrt{2})C_2$	$-(2-\varkappa\sqrt{2})C_3-2C_4$	$2C_3-(2-\varkappa\sqrt{2})C_4$	$\cos\lambda\frac{\Theta^2}{R}$
$v_{\langle 1\rangle}$	$\frac{1}{\varrho^2\sqrt{2}}$	$[\alpha_1+\beta_1(1-\varkappa\sqrt{2})]C_1$ $+[\alpha_1(1-\varkappa\sqrt{2})-\beta_1]C_2$	$-[\alpha_1(1-\varkappa\sqrt{2})-\beta_1]C_1$ $+[\alpha_1+\beta_1(1-\varkappa\sqrt{2})]C_2$	$-[\alpha_2-\beta_2(1+\varkappa\sqrt{2})]C_3$ $+[\alpha_2(1+\varkappa\sqrt{2})+\beta_2]C_4$	$-[\alpha_2(1+\varkappa\sqrt{2})+\beta_2]C_3$ $-[\alpha_2-\beta_2(1+\varkappa\sqrt{2})]C_4$	$\sin\lambda\frac{\Theta^2}{R}$
$v_{\langle 2\rangle}$	$-\frac{\lambda}{\varrho^2\sqrt{2}}$	$-C_1-(1+\varkappa\sqrt{2})C_2$	$(1+\varkappa\sqrt{2})C_1-C_2$	$C_3-(1-\varkappa\sqrt{2})C_4$	$(1-\varkappa\sqrt{2})C_3+C_4$	$\cos\lambda\frac{\Theta^2}{R}$
$\omega_{\langle 1\rangle}=\frac{1}{R}v_{\langle 3\rangle;2}$	$\frac{\lambda}{R}$	C_1	C_2	C_3	C_4	$\cos\lambda\frac{\Theta^2}{R}$
$\omega_{\langle 2\rangle}=-\frac{1}{R}v_{\langle 3\rangle;1}$	$-\frac{1}{R}$	$-\alpha_1 C_1+\beta_1 C_2$	$-\beta_1 C_1-\alpha_1 C_2$	$-\alpha_2 C_3+\beta_2 C_4$	$-\beta_2 C_3-\alpha_2 C_4$	$\sin\lambda\frac{\Theta^2}{R}$

Abkürzungen:

$\lambda=\frac{n\pi R}{l}$, $\varrho=\sqrt{\lambda}\sqrt[8]{\frac{1-\nu^2}{k}}$, $\varkappa=\frac{\lambda^2}{\varrho^2}$

$D=\frac{Eh}{1-\nu^2}$, $B=\frac{Eh^3}{12(1-\nu^2)}$, $k=\frac{B}{DR^2}=\frac{h^2}{12R^2}$

Analoge Ausdrücke gelten für die vom gegenüberliegenden Schalenrand $\Theta^1=\Theta^1_0$ $(\bar{\Theta}^1=0)$ aus abklingenden Schnitt- und Verschiebungsgrößen. Hierzu ist $\Theta^1\rightarrow\bar{\Theta}^1$ sowie $C_r\rightarrow\bar{C}_r$ $(r=1,..,4)$ zu substituieren. Ausserdem ist das Vorzeichen der folgenden Variablen zu ändern: $n_{\langle 12\rangle}$, $m_{\langle 12\rangle}$, $q_{\langle 1\rangle}$, $\bar{q}_{\langle 1\rangle}$, $v_{\langle 1\rangle}$, $\omega_{\langle 2\rangle}$.

Tafel 6.11 Schnitt- und Verschiebungsgrößen randbelasteter Tonnenschalen ($\nu=0$)

Gemäß (6.2.89) wählen wir daher in der Differentialgleichung (6.2.108) den Lösungsansatz

$$v_{\langle 3\rangle}=A_{lm}e^{\lambda\Theta^2/R}\cos m\Theta^1 \tag{6.2.116}$$

mit dem Satz A_{lm} freier Konstanten und erhalten hiermit die bereits aus der Abschlußzeile von Tafel 6.9 bekannte charakteristische Gleichung für λ:

$$(\lambda^2-m^2)^4=-\frac{1-\nu^2}{k}\lambda^4. \tag{6.2.117}$$

Deren Wurzeln lauten gemäß (6.2.92):

$$\begin{aligned}\lambda_1&=\kappa_1+i\rho_1, & \lambda_5&=-\lambda_1,\\ \lambda_2&=\kappa_1-i\rho_1, & \lambda_6&=-\lambda_2,\\ \lambda_3&=\kappa_2+i\rho_2, & \lambda_7&=-\lambda_3,\\ \lambda_4&=\kappa_2-i\rho_2, & \lambda_8&=-\lambda_4,\end{aligned} \tag{6.2.118}$$

wobei die hierin auftretenden Real- und Imaginärteile einem Rechengang entstammen, welcher dem sich an (6.2.110) anschließenden sehr ähnlich ist:

$$\begin{aligned}
\kappa_1 &= \frac{1}{\sqrt{2}}\left\{\rho + \sqrt{\sqrt{m^4+\rho^4}+m^2}\right\}, \qquad \rho = \frac{1}{2}\sqrt[4]{\frac{1-\nu^2}{k}},\\
\kappa_2 &= \frac{1}{\sqrt{2}}\left\{\rho - \sqrt{\sqrt{m^4+\rho^4}+m^2}\right\},\\
\rho_1 &= \frac{1}{\sqrt{2}}\left\{\rho + \sqrt{\sqrt{m^4+\rho^4}-m^2}\right\},\\
\rho_2 &= \frac{1}{\sqrt{2}}\left\{\rho - \sqrt{\sqrt{m^4+\rho^4}-m^2}\right\}.
\end{aligned} \tag{6.2.119}$$

Als allgemeine Lösung dieses Randwertproblems entsteht der Ausdruck

$$\begin{aligned}
v_{\langle 3\rangle} = \Big\{ & [A_{1m}e^{i\rho_1\Theta^2/R} + A_{2m}e^{-i\rho_1\Theta^2/R}]\,e^{-\kappa_1\Theta^2/R}\\
+ & [A_{3m}e^{i\rho_2\Theta^2/R} + A_{4m}e^{-i\rho_2\Theta^2/R}]\,e^{-\kappa_2\Theta^2/R}\\
+ & [A_{5m}e^{i\rho_1\Theta^2/R} + A_{6m}e^{-i\rho_1\Theta^2/R}]\,e^{\kappa_1\Theta^2/R}\\
+ & [A_{7m}e^{i\rho_2\Theta^2/R} + A_{8m}e^{-i\rho_2\Theta^2/R}]\,e^{\kappa_2\Theta^2/R}\Big\}\cos m\Theta^1,
\end{aligned} \tag{6.2.120}$$

welcher nach Transformation der Exponentialfunktionen in reelle Winkelfunktionen und Wahl neuer Konstanten $C_{1m} \div C_{8m}$ je Parameter m folgendermaßen lautet:

$$\begin{aligned}
v_{\langle 3\rangle} = \Big\{ & [C_{1m}\cos\rho_1\Theta^2/R + C_{2m}\sin\rho_1\Theta^2/R]\,e^{-\kappa_1\Theta^2/R}\\
+ & [C_{3m}\cos\rho_2\Theta^2/R + C_{4m}\sin\rho_2\Theta^2/R]\,e^{-\kappa_2\Theta^2/R}\\
+ & [C_{5m}\cos\rho_1\Theta^2/R + C_{6m}\sin\rho_1\Theta^2/R]\,e^{\kappa_1\Theta^2/R}\\
+ & [C_{7m}\cos\rho_2\Theta^2/R + C_{8m}\sin\rho_2\Theta^2/R]\,e^{\kappa_2\Theta^2/R}\Big\}\cos m\Theta^1.
\end{aligned} \tag{6.2.121}$$

Der Aufbau dieser Lösung gleicht demjenigen der Lösung (6.2.115) an den geraden Schalenrändern: Von jedem Rand aus wirken zwei Paare gedämpfter Schwingungen in die Schale hinein. Im Gegensatz zu (6.2.113) weisen hier die Wertepaare κ_1, ρ_1 und κ_2, ρ_2 jedoch im allgemeinen derart unterschiedliche Größenordnung auf, daß jeweils ein stark und ein schwach gedämpfter Lösungsanteil deutlich zu unterscheiden sind. Sichtbar wird dies am Beispiel eines stählernen Behälters auf Bild 6.18, der am oberen, noch unversteiften Rand, durch $\cos\Theta^1$-förmige Randmomente $\overset{0}{m}_{\langle 22\rangle}$ und Randnormalkräfte $\overset{0}{n}_{\langle 22\rangle}$ beansprucht wird. Das Abklingverhalten beider Schnittgrößen ist, für gleiche Harmonische m, grundverschieden. Dabei können die schwach abklingenden Lösungsanteile näherungsweise durch eine homogene Membranlösung ersetzt werden. Mit steigendem Parameter m wachsen Dämpfung und Frequenz beider Lösungsanteile an, bleiben jedoch unterschiedlich.

Mit diesem Einblick in die Berechnungsmodelle und das Tragverhalten sollen unsere Ausführungen über Kreiszylinderschalen ihren Abschluß finden. Aus der Vielfalt wichtiger Problemstellungen im Zusammenhang mit dieser anwendungstechnisch bedeutsamsten Schalenklasse seien noch zwei weitere durch Literaturhinweise genannt: Die bei runden oder

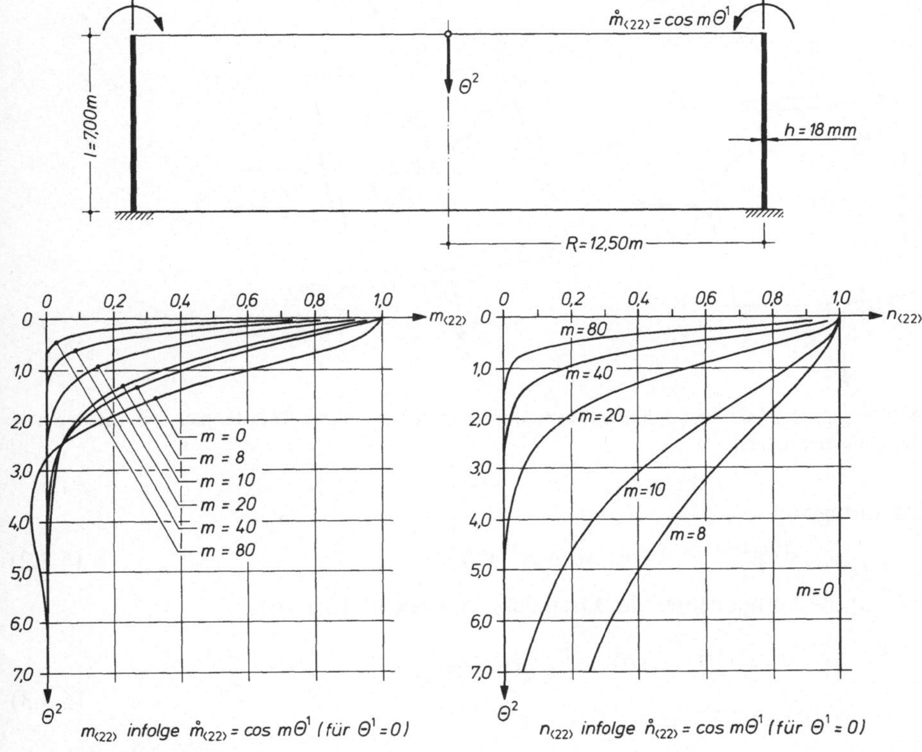

Bild 6.18 Stark und schwach abklingende Randstörungen eines kreiszylindrischen Behälters ($\nu = 0.3$)

elliptischen Öffnungen [94, 101, 116, 162, 166] sowie Rohrdurchdringungen (Rohrstutzen) [131, 144, 151] entstehenden Randwertprobleme und die vielfältigen Arbeiten über singuläre Lasten und Einflußfelder [17, 71].

6.3 Die Biegetheorie allgemeiner Rotationsschalen

6.3.1 Die Grundgleichungen

Im letzten Teil dieses Kapitels sollen allgemeine Rotationsschalen behandelt werden, die anwendungstechnisch weit verbreitet sind. Die Mittelfläche derartiger Schalen werde gemäß Bild 6.19 bzw. 6.20 durch Zylinderkoordinaten beschrieben, wobei Θ^1 den Breitenkreiswinkel und $\Theta^2 = x^3$ den Abstand in Richtung der Drehachse x^3 angibt. Die zugehörigen differentialgeometrischen Elemente finden sich bereits in Tafel 1.2; folgende Komponenten verschwinden hiervon identisch:

$$a_{12} = a^{12} = 0, \quad b_{12} = b_2^1 = b_1^2 = 0, \quad \Gamma_{11}^1 = \Gamma_{22}^1 = \Gamma_{12}^2 = 0. \tag{6.3.1}$$

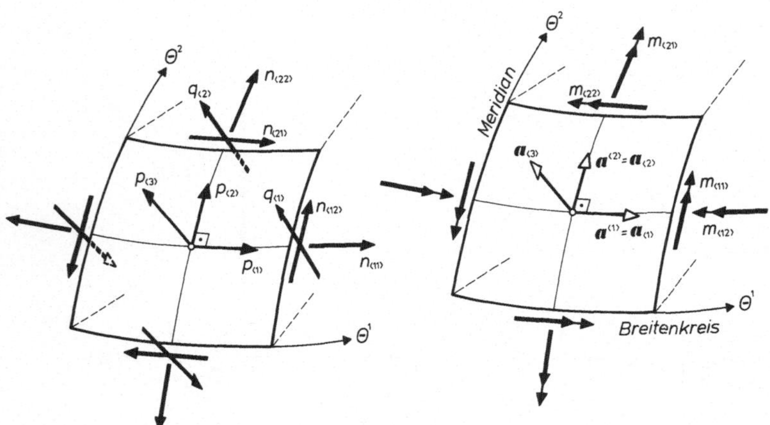

Bild 6.19 Physikalische Last- und Schnittgrößenkomponenten allgemeiner Rotationsschalen und deren positive Wirkungsrichtungen

Unter Beachtung von

$$a_{\alpha\alpha} = (a^{\alpha\alpha})^{-1}: \quad a = a_{11}a_{22} = (a^{11}a^{22})^{-1} \tag{6.3.2}$$

folgen hiermit die Komponenten der Elastizitätstensoren aus (6.1.16):

$$H^{1111} = a^{11}a^{11}, \quad H^{1122} = \frac{\nu}{a}, \quad H^{2222} = a^{22}a^{22}, \quad H^{1212} = \frac{1-\nu}{2a}, \quad H^{1112} = H^{1222} = 0\,; \tag{6.3.3}$$

$$G_{1111} = \frac{1}{1-\nu^2}a_{11}a_{11}, \quad G_{1122} = -\frac{\nu a}{1-\nu^2}, \quad G_{2222} = \frac{1}{1-\nu^2}a_{22}a_{22}, \quad G_{1212} = \frac{a}{2(1-\nu)}, \quad G_{1112} = G_{1222} = 0. \tag{6.3.4}$$

Infolge der Drehsymmetrie jeder Rotationsfläche hängen deren differentialgeometrische Elemente, die Elastizitätstensoren sowie die Biege- und Dehnsteifigkeit lediglich von der Meridiankoordinate Θ^2 ab:

$$a_{\alpha\beta,1} = b_{\alpha\beta,1} = \Gamma^{\lambda}_{\alpha\beta,1} = H^{\alpha\beta\lambda\rho}{}_{,1} = G_{\alpha\beta\lambda\rho,1} = D_{,1} = B_{,1} = 0. \tag{6.3.5}$$

Die Grundgleichungen der Rotationsschalen gewinnen wir unmittelbar aus denjenigen der Normalentheorie des Abschnittes 4.1.2. Substituieren wir in die Gleichgewichtsbedingungen (4.1.10) bis (4.1.12) den symmetrischen Tensor (4.1.13) und führen sodann die kovarianten Ableitungen gemäß (1.4.19, 20) sowie (6.3.1) aus, so entstehen mit $c^{\beta} = 0$ sowie $b^1_1|_2 = b^1_2|_1$:

$$\begin{aligned}
&\tilde{n}^{(11)}{}_{,1} + \tilde{n}^{(12)}{}_{,2} + \tilde{n}^{(12)}(3\Gamma^1_{12} + \Gamma^2_{22}) - q^1 b^1_1 - m^{11}{}_{,1}b^1_1 \\
&- m^{12}{}_{,2}b^1_1 - m^{12}b^1_1(\Gamma^1_{12} + \Gamma^2_{22}) - 2m^{12}b^2_2\Gamma^1_{12} + p^1 = 0\,, \\
&\tilde{n}^{(12)}{}_{,1} + \tilde{n}^{(22)}{}_{,2} + \tilde{n}^{(11)}\Gamma^2_{11} + \tilde{n}^{(22)}(2\Gamma^2_{22} + \Gamma^1_{12}) - q^2 b^2_2 - m^{12}{}_{,1}b^2_2 \\
&- m^{22}{}_{,2}b^2_2 - m^{22}b^2_{2,2} - m^{11}b^1_1\Gamma^2_{11} - m^{22}b^2_2(2\Gamma^2_{22} + \Gamma^1_{12}) + p^2 = 0\,,
\end{aligned} \tag{6.3.6}$$

$$\tilde{n}^{(11)}b_{11} + \tilde{n}^{(22)}b_{22} + q^1{}_{,1} + q^2{}_{,2} + q^2(\Gamma^1_{12} + \Gamma^2_{22})$$
$$\underline{- m^{11}b^1_1 b_{11} - m^{22}b^2_2 b_{22}} + p^3 = 0 ;$$
$$m^{11}{}_{,1} + m^{12}{}_{,2} + m^{12}(3\Gamma^1_{12} + \Gamma^2_{22}) - q^1 = 0, \qquad (6.3.7)$$
$$m^{12}{}_{,1} + m^{22}{}_{,2} + m^{11}\Gamma^2_{11} + m^{22}(2\Gamma^2_{22} + \Gamma^1_{12}) - q^2 = 0 .$$

Für die Approximationsstufe *Donnell-Marguerre* (siehe Abschnitt 6.1.4) entfallen hierin alle unterstrichenen Glieder, wodurch gleichzeitig $n^{\alpha\beta}$ und $\tilde{n}^{(\alpha\beta)}$ zu identischen Tensoren werden.

Wirkt auf das Schalentragwerk neben den äußeren Lasten p^i ein über die Schalendicke h linear verteiltes Temperaturfeld gemäß Bild 3.14

$$T^*(\Theta^1, \Theta^2, \Theta^3) = T(\Theta^1, \Theta^2) + \Theta^3 \frac{\Delta T(\Theta^1, \Theta^2)}{h} ,$$

wobei T die Temperaturänderung der Mittelfläche und ΔT die Temperaturdifferenz zwischen den Laibungen abkürzt, so lauten die zugehörigen konstitutiven Beziehungen (3.4.61) gemäß (6.3.4):

$$\alpha_{11} = \frac{1}{D(1-\nu^2)}(a_{11}a_{11}\tilde{n}^{(11)} - \nu a\tilde{n}^{(22)}) + \alpha_T T a_{11},$$
$$\alpha_{12} = \alpha_{21} = \frac{a}{D(1-\nu)}\tilde{n}^{(12)}, \qquad (6.3.8)$$
$$\alpha_{22} = \frac{1}{D(1-\nu^2)}(-\nu a\tilde{n}^{(11)} + a_{22}a_{22}\tilde{n}^{(22)}) + \alpha_T T a_{22};$$

$$\omega_{11} = \frac{1}{B(1-\nu^2)}(a_{11}a_{11}m^{11} - \nu a m^{22}) + \alpha_T \frac{\Delta T}{h} a_{11},$$
$$\omega_{12} = \omega_{21} = \frac{a}{B(1-\nu)} m^{12}, \qquad (6.3.9)$$
$$\omega_{22} = \frac{1}{B(1-\nu^2)}(-\nu a m^{11} + a_{22}a_{22}m^{22}) + \alpha_T \frac{\Delta T}{h} a_{22}.$$

Diese können im Falle anisotroper Querschnitte mühelos durch entsprechende Elastizitätsgesetze, die auf den Herleitungen der Abschnitte 4.5.2 und 4.5.3 basieren, ersetzt werden.

Mit (6.3.1) ergeben sich für die kinematischen Gleichungen (4.1.28, 29):

$$\alpha_{11} = v_{1,1} - v_2\Gamma^2_{11} - v_3 b_{11},$$
$$\alpha_{12} = \frac{1}{2}(v_{1,2} + v_{2,1} - 2v_1\Gamma^1_{12}), \qquad (6.3.10)$$
$$\alpha_{22} = v_{2,2} - v_2\Gamma^2_{22} - v_3 b_{22} ;$$

$$\omega_{11} = w_{1,1} - w_2\Gamma^2_{11} \underline{- v_{1,1}b^1_1 + v_2 b^1_1\Gamma^2_{11} + v_3 b^1_1 b_{11}} ,$$
$$\omega_{12} = \frac{1}{2}(w_{1,2} + w_{2,1} - 2w_1\Gamma^1_{12} \underline{- v_{1,2}b^1_1 - v_{2,1}b^2_2 + v_1(b^1_1\Gamma^1_{12} + b^2_2\Gamma^1_{12})}),$$
$$\omega_{22} = w_{2,2} - w_2\Gamma^2_{22} \underline{- v_{2,2}b^2_2 + v_2 b^2_2\Gamma^2_{22} + v_3 b^2_2 b_{22}} , \qquad (6.3.11)$$

worin die Komponenten w_α gemäß (4.1.18) und (6.3.1) die Kopplungen

$$w_1 = -v_{3,1} - \underline{v_1 b_1^1}, \quad w_2 = -v_{3,2} - \underline{v_2 b_2^2} \tag{6.3.12}$$

mit den Verschiebungen v_i erfüllen. Für die *Donnell-Marguerre*sche Näherung entfallen hierin erneut alle unterstrichenen Glieder.

Die Beziehungen (6.3.6) bis (6.3.12) bilden ein vollständiges *Differentialgleichungssystem achter Ordnung* zur Bestimmung aller 19 unbekannten Variablen:

$$\tilde{n}^{(\alpha\beta)}, \ q^\alpha, \ m^{\alpha\beta}, \ \alpha_{\alpha\beta}, \ \omega_{\alpha\beta}, \ w_\alpha, \ v_i.$$

Je Schalenrand müssen somit erneut vier Randbedingungen vorgegeben werden. Beschränken wir uns bei der Bereitstellung der vorschreibbaren Randvariablen gemäß Bild 6.20 auf Schalenränder entlang den Hauptkrümmungslinien, unseren gewählten Koordinaten, so lassen sich die *dynamischen Randvariablen* unter Verwendung von (4.1.13) aus (4.1.68) übernehmen:

$$\text{Rand}\begin{bmatrix}1\\3\\ \\2\\4\end{bmatrix}: \quad \tilde{n}_t = \begin{bmatrix}(n^{12} - \underline{m^{12}b_2^2})\sqrt{a}\\ \\ -(n^{21} - \underline{m^{12}b_1^1})\sqrt{a}\end{bmatrix} = \begin{bmatrix}(\tilde{n}^{(12)} - \underline{2m^{12}b_2^2})\sqrt{a}\\ \\ -(\tilde{n}^{(12)} - \underline{2m^{12}b_1^1})\sqrt{a}\end{bmatrix},$$

$$\tilde{n}_u = \begin{bmatrix}n^{11}a_{11}\\ \\ n^{22}a_{22}\end{bmatrix} = \begin{bmatrix}(\tilde{n}^{(11)} - \underline{m^{11}b_1^1})\,a_{11}\\ \\ (\tilde{n}^{(22)} - \underline{m^{22}b_2^2})\,a_{22}\end{bmatrix},$$

$$\tilde{n}_3 = \begin{bmatrix}\pm\sqrt{a_{11}}\left(q^1 + \frac{1}{\sqrt{a}}(m^{12}\sqrt{a})_{,2}\right)\\ \\ \pm\sqrt{a_{22}}\,(q^2 + m^{12}{}_{,1})\end{bmatrix}, \tag{6.3.13}$$

$$m_t = \begin{bmatrix}m^{11}a_{11}\\ \\ m^{22}a_{22}\end{bmatrix}.$$

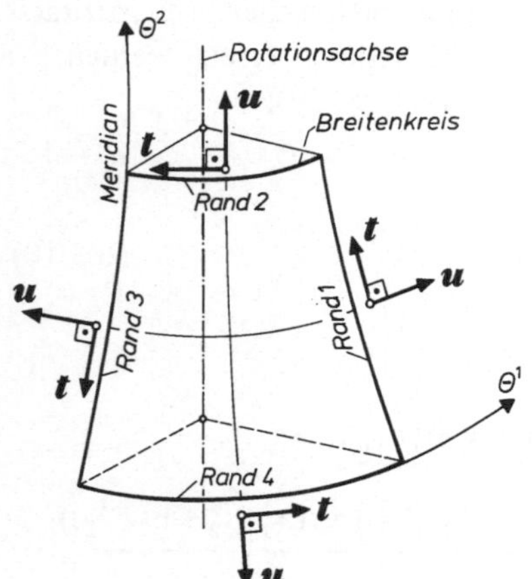

Bild 6.20 Rotationsschale mit Rändern längs Krümmungskoordinaten

Die hierzu korrespondierenden *Randverformungen* lauten gemäß (4.1.66) unter Beachtung von $v^\alpha = a^{\alpha\beta} v_\beta$ sowie $a_{\alpha\alpha} = (a^{\alpha\alpha})^{-1}$:

$$
\begin{aligned}
\text{Rand} \begin{bmatrix} 1 \\ 3 \\ \\ 2 \\ 4 \end{bmatrix} : \quad v_t &= \begin{bmatrix} \pm v^2 \sqrt{a_{22}} \\ \\ \mp v^1 \sqrt{a_{11}} \end{bmatrix} = \begin{bmatrix} \pm v_2 \sqrt{a^{22}} \\ \\ \mp v_1 \sqrt{a^{11}} \end{bmatrix}, \\
v_u &= \begin{bmatrix} \pm v^1 \sqrt{a_{11}} \\ \pm v^2 \sqrt{a_{22}} \end{bmatrix} = \begin{bmatrix} \pm v_1 \sqrt{a^{11}} \\ \pm v_2 \sqrt{a^{22}} \end{bmatrix}, \\
v_3 &= v^3, \\
\omega_t &= \begin{bmatrix} \mp (v_{3,1} + \underline{v_1 b_1^1}) \sqrt{a^{11}} \\ \mp (v_{3,2} + \underline{v_2 b_2^2}) \sqrt{a^{22}} \end{bmatrix} = \begin{bmatrix} \pm w_1 \sqrt{a^{11}} \\ \pm w_2 \sqrt{a^{22}} \end{bmatrix}.
\end{aligned}
\tag{6.3.14}
$$

Auch hierin sind die in einer Näherungsstufe *Donnell-Marguerre* entfallenden Glieder wieder unterstrichen.

Schließlich seien noch die Verknüpfungen (4.1.6, 9) sowie (4.1.17, 20) zwischen tensoriellen und physikalischen Variablen aufgeführt, die sich gemäß (6.3.2) folgendermaßen darstellen:

$$
\begin{aligned}
&p_{\langle 1\rangle} = p^1 \sqrt{a_{11}}, \quad p_{\langle 2\rangle} = p^2 \sqrt{a_{22}}, \quad p_{\langle 3\rangle} = p^3, \\
&n_{\langle 11\rangle} = n^{11} a_{11}, \quad n_{\langle 11\rangle} = n^{12} \sqrt{a}, \quad n_{\langle 21\rangle} = n^{21} \sqrt{a}, \quad n_{\langle 22\rangle} = n^{22} a_{22}, \\
&\tilde{n}_{\langle 11\rangle} = \tilde{n}^{(11)} a_{11}, \quad \tilde{n}_{\langle 12\rangle} = \tilde{n}_{\langle 21\rangle} = \tilde{n}^{(12)} \sqrt{a}, \quad \tilde{n}_{\langle 22\rangle} = \tilde{n}^{(22)} a_{22}, \\
&m_{\langle 11\rangle} = m^{11} a_{11}, \quad m_{\langle 12\rangle} = m_{\langle 21\rangle} = m^{12} \sqrt{a}, \quad m_{\langle 22\rangle} = m^{22} a_{22}, \\
&q_{\langle 1\rangle} = q^1 \sqrt{a_{11}}, \quad q_{\langle 2\rangle} = q^2 \sqrt{a_{22}}; \\
&v_{\langle 1\rangle} = v_1 \sqrt{a^{11}}, \quad v_{\langle 2\rangle} = v_2 \sqrt{a^{22}}, \quad v_{\langle 3\rangle} = v_3, \\
&w_{\langle 1\rangle} = w_1 \sqrt{a^{11}}, \quad w_{\langle 2\rangle} = w_2 \sqrt{a^{22}}, \\
&\omega_{\langle 1\rangle} = \omega_1 \sqrt{a^{11}}, \quad \omega_{\langle 2\rangle} = \omega_2 \sqrt{a^{22}}.
\end{aligned}
\tag{6.3.15}
$$

Da in dem vorliegenden orthogonalen Bezugssystem ($a_{12} = 0$) die Unterscheidung zwischen *physikalischen* ko- und kontravarianten Komponenten bedeutungslos wird, sind alle physikalischen Komponenten einheitlich tiefstehend indiziert.

6.3.2 Die Differentialgleichungen von Meissner

Im Jahre 1912 gelang *H. Reissner* [137] mit der Lösung des Randstörungsproblems rotationssymmetrisch beanspruchter Kugelschalen erstmals die biegetheoretische Behandlung einer nichtzylindrischen Mittelflächengeometrie. Seine Vorgehensweise sowie die Erweiterung von *E. Meissner* [107, 108] auf allgemeine Rotationsschalen integrieren wir in unsere Darstellung, weil sich an sie eine Reihe klassischer Näherungslösungen anschließen.

Wir beginnen mit der Spezialisierung der Grundgleichungen (6.3.6) bis (6.3.12) auf drehsymmetrische Beanspruchungszustände:

$$\begin{aligned} \tilde{n}^{(12)} &= m^{12} = q^1 = p^1 = 0, \\ \alpha_{12} &= \omega_{12} = v_1 = w_1 = 0, \quad \dots_{,1} = 0. \end{aligned} \tag{6.3.16}$$

Hierdurch wird die jeweils erste der Gleichgewichtsbedingungen (6.3.6, 7) identisch erfüllt und entfällt. In den verbleibenden Gleichgewichtsaussagen dürfen unter Voraussetzung eines symmetrischen Längskrafttensors

$$n^{\alpha\beta} \approx n^{(\alpha\beta)} \approx \tilde{n}^{(\alpha\beta)}$$

alle unterstrichenen Glieder – bis auf den Querkraftanteil der zweiten Bedingung (6.3.6) – unterdrückt werden; dies führt zu:

$$\begin{aligned} & n^{22}{}_{,2} + n^{11}\Gamma^2_{11} + n^{22}(2\Gamma^2_{22} + \Gamma^1_{12}) - q^2 b^2_2 + p^2 = 0, \\ & n^{11} b_{11} + n^{22} b_{22} + q^2{}_{,2} + q^2(\Gamma^1_{12} + \Gamma^2_{22}) + p^3 = 0, \\ & m^{22}{}_{,2} + m^{11}\Gamma^2_{11} + m^{22}(2\Gamma^2_{22} + \Gamma^1_{12}) - q^2 = 0. \end{aligned} \tag{6.3.17}$$

Durch Substitution der gemäß (6.3.16) verbleibenden kinematischen Beziehungen (6.3.10) für α_{11} und α_{22} in die zugehörigen konstitutiven Gesetze (6.3.8) entsteht für T = 0:

$$\begin{aligned} -v_2\Gamma^2_{11} - v_3 b_{11} &= \frac{1}{D(1-\nu^2)}(a_{11}a_{11}n^{11} - \nu a n^{22}), \\ v_{2,2} - v_2\Gamma^2_{22} - v_3 b_{22} &= \frac{1}{D(1-\nu^2)}(-\nu a n^{11} + a_{22}a_{22}n^{22}). \end{aligned} \tag{6.3.18}$$

Entsprechend folgt aus (6.3.9, 11) mit $\Delta T = 0$:

$$\begin{aligned} -w_2\Gamma^2_{11} &= \frac{1}{B(1-\nu^2)}(a_{11}a_{11}m^{11} - \nu a m^{22}), \\ w_{2,2} - w_2\Gamma^2_{22} &= \frac{1}{B(1-\nu^2)}(-\nu a m^{11} + a_{22}a_{22}m^{22}). \end{aligned} \tag{6.3.19}$$

Übernehmen wir schließlich noch die Normalenhypothese (6.3.12)

$$w_2 = -v_{3,2} - v_2 b^2_2, \tag{6.3.20}$$

so bilden die Beziehungen (6.3.17) bis (6.3.20) das vollständige Differentialgleichungssystem für die nunmehr acht unbekannten Tensorvariablen

$$n^{11},\ n^{22},\ m^{11},\ m^{22},\ q^2,\ v_2,\ v_3,\ w_2.$$

Dem Vorgehen in [108] entsprechend sollen nun die bisherigen Zylinderkoordinaten Θ^1, Θ^2 in sphärische Koordinaten Θ^1, $\bar{\Theta}^2$ gemäß Bild 6.21 transformiert werden. Selbstverständlich bleibt hierdurch das ursprüngliche Koordinatennetz der Breitenkreise und Meridiane erhalten, jedoch müssen in den Grundgleichungen (6.3.17) bis (6.3.20) alle Ableitungen und differentialgeometrischen Elemente in die neue Koordinate $\bar{\Theta}^2$ umgeschrieben werden. Unter

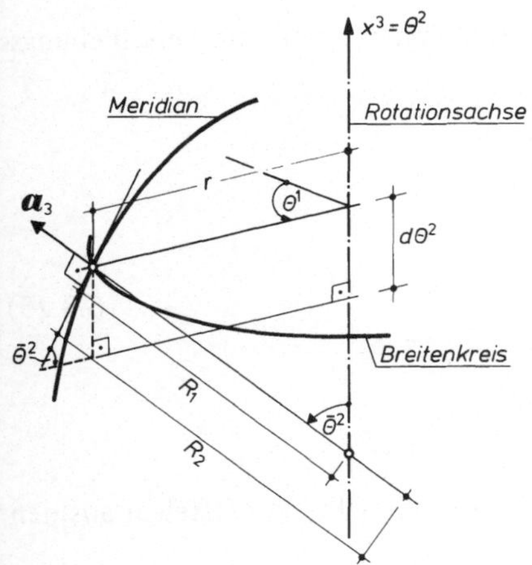

Bild 6.21 Sphärische und zylindrische Koordinaten einer Rotationsschale

Berücksichtigung der früheren Verknüpfungen (3.2.11, 12)

$$\sin\bar{\Theta}^2 = \frac{1}{\sqrt{1+(r_{,2})^2}}, \quad \cos\bar{\Theta}^2 = -\frac{r_{,2}}{\sqrt{1+(r_{,2})^2}}, \quad \cot\bar{\Theta}^2 = -r_{,2} \tag{6.3.21}$$

entstehen gemäß Tafel 1.2:

$$\begin{aligned}
a_{11} &= \frac{1}{a^{11}} = r^2, \quad a_{22} = \frac{1}{a^{22}} = \frac{1}{\sin^2\bar{\Theta}^2}, \quad a = \frac{r^2}{\sin^2\bar{\Theta}^2},\\
b_1^1 &= -\frac{1}{R_1} = -\frac{1}{r\sqrt{1+(r_{,2})^2}} = -\frac{\sin\bar{\Theta}^2}{r}, \quad b_{11} = -\frac{r^2}{R_1},\\
b_2^2 &= -\frac{1}{R_2} = \frac{r_{,22}}{[1+(r_{,2})^2]^{3/2}} = \frac{r_{,22}}{1+(r_{,2})^2}\sin\bar{\Theta}^2, \quad b_{22} = -\frac{1}{\sin^2\bar{\Theta}^2 R_2},\\
\Gamma_{12}^1 &= -\frac{\cot\bar{\Theta}^2}{r}, \quad \Gamma_{11}^2 = r\cos\bar{\Theta}^2\sin\bar{\Theta}^2, \quad \Gamma_{22}^2 = \frac{\cot\bar{\Theta}^2}{\sin\bar{\Theta}^2}\frac{1}{R_2}.
\end{aligned} \tag{6.3.22}$$

Hierin bezeichnen R_1 und R_2 die beiden Hauptkrümmungsradien, die für Mittelflächen positiver *Gauß*scher Krümmung mit positivem Vorzeichen einzuführen sind. Aus der letzten Beziehung (6.3.21) gewinnen wir mit R_2 gemäß (6.3.22)

$$\bar{\Theta}^2 = \operatorname{arc\,cot}(-r_{,2}), \quad \frac{d\bar{\Theta}^2}{d\Theta^2} = \frac{r_{,22}}{1+(r_{,2})^2} = -\frac{1}{R_2\sin\bar{\Theta}^2} \tag{6.3.23}$$

sowie schließlich die Verknüpfung

$$\frac{d}{d\Theta^2} = (\ )_{,2} = \frac{d}{d\bar{\Theta}^2}\frac{d\bar{\Theta}^2}{d\Theta^2} = -\frac{1}{R_2\sin\bar{\Theta}^2}(\ )_{,\bar{2}} \tag{6.3.24}$$

zwischen den beiden Ableitungen nach Θ^2 und $\bar{\Theta}^2$.

In den Grundgleichungen (6.3.17) bis (6.3.20) ersetzen wir nun alle bisherigen Ableitungen durch (6.3.24) und die auftretenden differentialgeometrischen Elemente durch (6.3.22). Werden gleichzeitig gemäß (6.3.15) sowie (6.3.22) die physikalischen Kraft- und Verschiebungsgrößen

$$
\begin{aligned}
&n_{\langle 11\rangle} = n^{11} r^2, \qquad n_{\langle 22\rangle} = n^{22}\,\frac{1}{\sin^2\bar{\Theta}^2},\\
&m_{\langle 11\rangle} = m^{11} r^2, \qquad m_{\langle 22\rangle} = m^{22}\,\frac{1}{\sin^2\bar{\Theta}^2},\\
&q_{\langle 2\rangle} = q^2\,\frac{1}{\sin\bar{\Theta}^2}, \quad p_{\langle 2\rangle} = p^2\,\frac{1}{\sin\bar{\Theta}^2}, \quad p_{\langle 3\rangle} = p^3,\\
&v_{\langle 2\rangle} = v_2\sin\bar{\Theta}^2, \quad v_{\langle 3\rangle} = v_3, \quad w_{\langle 2\rangle} = w_2\sin\bar{\Theta}^2
\end{aligned}
\tag{6.3.25}
$$

substituiert, deren positive Wirkungsrichtungen Bild 6.19 wiedergibt, so entstehen aus den Kräftegleichgewichtsbedingungen (6.3.17):

$$
\begin{aligned}
&(r\,n_{\langle 22\rangle})_{,\bar{2}} - n_{\langle 11\rangle}R_2\cos\bar{\Theta}^2 - q_{\langle 2\rangle}r - p_{\langle 2\rangle}rR_2 = 0,\\
&(r\,q_{\langle 2\rangle})_{,\bar{2}} + n_{\langle 11\rangle}R_2\sin\bar{\Theta}^2 + n_{\langle 22\rangle}r - p_{\langle 3\rangle}rR_2 = 0;
\end{aligned}
\tag{6.3.26}
$$

aus der Momentengleichgewichtsbedingung (6.3.17):

$$
(r\,m_{\langle 22\rangle})_{,\bar{2}} - m_{\langle 11\rangle}R_2\cos\bar{\Theta}^2 + q_{\langle 2\rangle}rR_2 = 0;
\tag{6.3.27}
$$

aus den zusammengesetzten Elastizitätsgesetzen (6.3.18, 19):

$$
\begin{aligned}
\frac{v_{\langle 2\rangle}\cot\bar{\Theta}^2 - v_{\langle 3\rangle}}{R_1} &= -\frac{1}{D(1-\nu^2)}\,(n_{\langle 11\rangle} - \nu n_{\langle 22\rangle}),\\
\frac{v_{\langle 2\rangle,\bar{2}} - v_{\langle 3\rangle}}{R_2} &= -\frac{1}{D(1-\nu^2)}\,(n_{\langle 22\rangle} - \nu n_{\langle 11\rangle}),
\end{aligned}
\tag{6.3.28}
$$

$$
\begin{aligned}
w_{\langle 2\rangle}\,\frac{\cot\bar{\Theta}^2}{R_1} &= -\frac{1}{B(1-\nu^2)}\,(m_{\langle 11\rangle} - \nu m_{\langle 22\rangle}),\\
w_{\langle 2\rangle,\bar{2}}\,\frac{1}{R_2} &= -\frac{1}{B(1-\nu^2)}\,(m_{\langle 22\rangle} - \nu m_{\langle 11\rangle})
\end{aligned}
\tag{6.3.29}
$$

sowie schließlich aus der Normalenhypothese (6.3.20)

$$
w_{\langle 2\rangle} = \frac{1}{R_2}\,(v_{\langle 3\rangle,\bar{2}} + v_{\langle 2\rangle}).
\tag{6.3.30}
$$

Damit liegen die Grundgleichungen zur Bestimmung der physikalischen Variablen

$$
n_{\langle 11\rangle},\; n_{\langle 22\rangle},\; m_{\langle 11\rangle},\; m_{\langle 22\rangle},\; q_{\langle 2\rangle},\; v_{\langle 2\rangle},\; v_{\langle 3\rangle},\; w_{\langle 2\rangle}
$$

allgemeiner, drehsymmetrisch beanspruchter Rotationsschalen vor, deren Mittelflächen in sphärischen Koordinaten Θ^1, $\bar{\Theta}^2$ beschrieben sind.

Meissner [107, 108] hat gezeigt, daß das Randstörungsproblem des hieraus entstehenden Differentialgleichungssystems 6. Ordnung durch ein simultanes System 4. Ordnung ersetzt werden kann, wenn die beiden Variablen

$$
w_{\langle 2\rangle}, \quad Q_{\langle 2\rangle} = q_{\langle 2\rangle}R_1
\tag{6.3.31}
$$

als Unbekannte gewählt werden. Bekanntlich beschreibt $w_{\langle 2\rangle}$ die Drehung der Meridiantangente und ist – bis auf das Vorzeichen – mit der Verdrehungskomponente $\omega_{\langle 1\rangle}$ identisch. $Q_{\langle 2\rangle}$ ist eine zweckmäßig gewählte Abkürzung.

Zur Herleitung der *Meissner*schen Differentialgleichungen differenzieren wir zunächst die erste Beziehung (6.3.28) nach $\bar{\Theta}^2$:

$$v_{\langle 2\rangle,\bar{2}} \cot \bar{\Theta}^2 - v_{\langle 2\rangle} \frac{1}{\sin^2 \bar{\Theta}^2} - v_{\langle 3\rangle,\bar{2}} = -\frac{1}{1-\nu^2}\left[\left(\frac{n_{\langle 11\rangle} R_1}{D}\right)_{,\bar{2}} - \nu \left(\frac{n_{\langle 22\rangle} R_1}{D}\right)_{,\bar{2}}\right]. \tag{6.3.32}$$

Hiermit kann aus der Differenz beider Elastizitätsgesetze (6.3.28)

$$v_{\langle 2\rangle,\bar{2}} - v_{\langle 2\rangle} \cot \bar{\Theta}^2 = -\frac{1}{D(1-\nu^2)}\left[n_{\langle 22\rangle}(R_2 + \nu R_1) - n_{\langle 11\rangle}(R_1 + \nu R_2)\right]$$

die Ableitung $v_{\langle 2\rangle,\bar{2}}$ eliminiert werden. Unter Beachtung der Normalenhypothese (6.3.30) entsteht so:

$$\begin{aligned} R_2 w_{\langle 2\rangle} = \frac{1}{1-\nu^2}&\left[\left(\frac{n_{\langle 11\rangle} R_1}{D}\right)_{,\bar{2}} + \frac{n_{\langle 11\rangle}}{D}(R_1 + \nu R_2)\cot \bar{\Theta}^2\right. \\ &\left. -\nu \left(\frac{n_{\langle 22\rangle} R_1}{D}\right)_{,\bar{2}} - \frac{n_{\langle 22\rangle}}{D}(R_2 + \nu R_1)\cot \bar{\Theta}^2\right], \end{aligned} \tag{6.3.33}$$

worin noch die beiden Normalkräfte in die Variable $Q_{\langle 2\rangle}$ zu transformieren sind.

Zu diesem Zweck werde unter Annahme flächenlastfreier Beanspruchungen ($p_{\langle 2\rangle} = p_{\langle 3\rangle} = 0$) die Ringkraft $n_{\langle 11\rangle}$ aus den beiden Gleichgewichtsbedingungen (6.3.26) eliminiert

$$(n_{\langle 22\rangle} r \sin \bar{\Theta}^2)_{,\bar{2}} + (q_{\langle 2\rangle} r \cos \bar{\Theta}^2)_{,\bar{2}} = 0,$$

und die entstehende Differentialgleichung integriert:

$$n_{\langle 22\rangle} \sin \bar{\Theta}^2 + q_{\langle 2\rangle} \cos \bar{\Theta}^2 = -\frac{P}{2\pi r}. \tag{6.3.34}$$

Die dabei auftretende Integrationskonstante P kann als achsiale* Kraftresultierende des Schalenrandes oberhalb eines willkürlich gewählten Schnittes $\bar{\Theta}^2$ = konst interpretiert werden. Verschwindet diese, so wird der betreffende Rand höchstens noch durch horizontale Randlasten oder Randmomente beansprucht und die Meridiankraft $n_{\langle 22\rangle}$ kann aus (6.3.34) ermittelt werden. Gleichzeitig liefert die zweite Kräftegleichgewichtsbedingung (6.3.26) die Ringkraft $n_{\langle 11\rangle}$:

$$\begin{aligned} n_{\langle 22\rangle} &= -q_{\langle 2\rangle} \cot \bar{\Theta}^2 = -Q_{\langle 2\rangle} \frac{\cot \bar{\Theta}^2}{R_1}, \\ n_{\langle 11\rangle} &= -\frac{(R_1 q_{\langle 2\rangle})_{,\bar{2}}}{R_2} = -Q_{\langle 2\rangle,\bar{2}} \frac{1}{R_2}. \end{aligned} \tag{6.3.35}$$

Durch Substitution von (6.3.35) in (6.3.33) ergibt sich mit $D_{,\bar{2}}/D = h_{,\bar{2}}/h$ die in $Q_{\langle 2\rangle}$ und $w_{\langle 2\rangle}$ formulierte erste *Meissner*sche Gleichung:

$$\begin{aligned} &\frac{R_1}{R_2} Q_{\langle 2\rangle,\bar{2}\bar{2}} + \left[\left(\frac{R_1}{R_2}\right)_{,\bar{2}} + \frac{R_1}{R_2}\cot \bar{\Theta}^2 - \frac{R_1}{R_2}\frac{h_{,\bar{2}}}{h}\right] Q_{\langle 2\rangle,\bar{2}} \\ &- \left[\frac{R_2}{R_1}\cot^2 \bar{\Theta}^2 - \nu - \nu \frac{h_{,\bar{2}}}{h}\cot \bar{\Theta}^2\right] Q_{\langle 2\rangle} = -D(1-\nu^2) R_2 w_{\langle 2\rangle}. \end{aligned} \tag{6.3.36}$$

* in Richtung der als vertikal angenommenen Rotationsachse x^3 der Mittelfläche

Ihr Gegenstück gewinnen wir aus der Momentengleichgewichtsbedingung (6.3.27), wenn hierin die Biegemomente $m_{\langle 11\rangle}$ und $m_{\langle 22\rangle}$ gemäß (6.3.29) durch

$$m_{\langle 11\rangle} = -B\left(w_{\langle 2\rangle}\frac{\cot\bar{\Theta}^2}{R_1} + \nu w_{\langle 2\rangle,\bar{2}}\frac{1}{R_2}\right),$$
$$m_{\langle 22\rangle} = -B\left(w_{\langle 2\rangle,\bar{2}}\frac{1}{R_2} + \nu w_{\langle 2\rangle}\frac{\cot\bar{\Theta}^2}{R_1}\right) \tag{6.3.37}$$

ausgedrückt werden und zusätzlich $B_{,\bar{2}}/B = 3h_{,\bar{2}}/h$ gesetzt wird:

$$\frac{R_1}{R_2}w_{\langle 2\rangle,\bar{2}\bar{2}} + \left[\left(\frac{R_1}{R_2}\right)_{,\bar{2}} + \frac{R_1}{R_2}\cot\bar{\Theta}^2 + 3\frac{R_1}{R_2}\frac{h_{,\bar{2}}}{h}\right]w_{\langle 2\rangle,\bar{2}}$$
$$-\left[\frac{R_2}{R_1}\cot^2\bar{\Theta}^2 + \nu - 3\nu\frac{h_{,\bar{2}}}{h}\cot\bar{\Theta}^2\right]w_{\langle 2\rangle} = \frac{Q_{\langle 2\rangle}R_2}{B}. \tag{6.3.38}$$

Beide Differentialgleichungen (6.3.36, 38) nehmen für Schalen konstanter Wanddicke ($h_{,\bar{2}}/h = 0$) die Form eines einfachen Simultansystems 4. Ordnung an, wie die Einführung des linearen *Meissner*schen Operators 2. Ordnung

$$L(\ ) = \frac{R_1}{R_2}(\ )_{,\bar{2}\bar{2}} + \left[\left(\frac{R_1}{R_2}\right)_{,\bar{2}} + \frac{R_1}{R_2}\cot\bar{\Theta}^2\right](\ )_{,\bar{2}} - \frac{R_2}{R_1}\cot^2\bar{\Theta}^2(\ ) \tag{6.3.39}$$

verdeutlicht:

$$LQ_{\langle 2\rangle} + \nu Q_{\langle 2\rangle} = -D(1-\nu^2)R_2 w_{\langle 2\rangle},$$
$$Lw_{\langle 2\rangle} - \nu w_{\langle 2\rangle} = \frac{1}{B}R_2 Q_{\langle 2\rangle}. \tag{6.3.40}$$

Das vorliegende Differentialgleichungssystem kann zur Berechnung von drehsymmetrischen Randstörungen dienen, wenn die eingeführte Randbelastung keine achsiale Kraftresultierende aufweist. Seine Unbekannten lassen sich separieren, wenn man $Q_{\langle 2\rangle}$ aus der zweiten Beziehung in die erste einsetzt – oder umgekehrt. So entstehen für Mittelflächen konstanter Meridiankrümmung $1/R_2$, wie Kugel-, Kegel- und Zylinderschalen, die folgenden gewöhnlichen Differentialgleichungen:

$$LLQ_{\langle 2\rangle} + 4\rho^2 Q_{\langle 2\rangle} = 0,$$
$$LLw_{\langle 2\rangle} + 4\rho^2 w_{\langle 2\rangle} = 0. \tag{6.3.41}$$

Darin zeigt der auftretende Schalenparameter

$$4\rho^4 = \frac{12(1-\nu^2)(R_2)^2}{h^2} - \nu^2 \approx \frac{12(1-\nu^2)(R_2)^2}{h^2},$$
$$\rho \approx \sqrt{\frac{R_2}{h}\sqrt[4]{3(1-\nu^2)}} \tag{6.3.42}$$

die erwartete Verwandtschaft zu den entsprechenden Größen (6.1.112), (6.2.36) der Kugel- und Zylinderschale. Der reelle Operator 4. Ordnung der beiden Differentialgleichungen (6.3.41) läßt sich auf dem Wege der Aufspaltung

$$(LL + 4\rho^4)F = (L + 2i\rho^2)(L - 2i\rho^2)F = 0 \tag{6.3.43}$$

in zwei konjugiert komplexe Teiloperatoren 2. Ordnung zerlegen. Die Elementarlösungen

$$F_1 = F_{1r} \pm iF_{1i}, \quad F_2 = F_{2r} \pm iF_{2i}$$

der beiden Differentialgleichungen (6.3.43)

$$LF \pm 2i\rho^2 F = 0 \tag{6.3.44}$$

sind konjugiert komplex und, wie man sich leicht überzeugt, stets linear unabhängig. Aus ihren Real- und Imaginärteilen läßt sich somit durch Linearkombinationen ein vollständiges, reelles Fundamentalsystem der ursprünglichen Differentialgleichung aufbauen (6.3.43)

$$F = C_1F_{1r} + C_2F_{1i} + C_3F_{2r} + C_4F_{2i},$$

und es genügt, zukünftig nur eine der beiden Differentialgleichungen (6.3.44) zu lösen. Übrigens läßt sich das ursprüngliche Simultansystem (6.3.40) auf dem bereits im Abschnitt 6.1.4 beschriebenen Weg in eine konjugiert komplexe Differentialgleichung für die ebenfalls konjugiert komplexe Lösungsfunktion $\Psi_{\langle 2\rangle}$ transformieren:

$$\Psi_{\langle 2\rangle} = w_{\langle 2\rangle} \pm i\kappa^* Q_{\langle 2\rangle}, \quad L\Psi_{\langle 2\rangle} \pm 2i\rho^2\Psi_{\langle 2\rangle} = 0, \quad \kappa^* = \frac{\sqrt{12(1-\nu^2)}}{Eh^2}, \tag{6.3.45}$$

was unsere Gedanken zur Lösungsstruktur bestätigt.

Wir beenden diesen Abschnitt mit verschiedenen Überlegungen zur Integration der *Meissner*schen Differentialgleichungen. Im Falle einer Kugelschale konstanter Wanddicke

$$R_1 = R_2 = R, \quad h = \text{konst}$$

nehmen die beiden konjugiert komplexen Differentialgleichungen (6.3.44) folgende Form an:

$$F_{,\bar{2}\bar{2}} + F_{,\bar{2}} \cot \bar{\Theta}^2 - F(\cot^2 \bar{\Theta}^2 \pm 2i\rho^2) = 0. \tag{6.3.46}$$

Aufbauend auf den Arbeiten von *Bolle* [20] und *Ekström* [42] hat *Flügge* [46] gezeigt, daß sich diese Gleichungen durch Substitution der abhängigen und unabhängigen Variablen

$$F = H\sqrt{x}, \quad x = \sin^2 \bar{\Theta}^2$$

in zwei komplexe hypergeometrische Differentialgleichungen transformieren lassen:

$$H_{,xx} + \frac{4-5x}{2x(1-x)}H_{,x} - \frac{1 \mp 2i\rho^2}{4x(1-x)}H = 0. \tag{6.3.47}$$

Als deren Elementarlösungen existieren zwei komplexe hypergeometrische Reihen, die für dünne Schalen, d.h. für große Parameter ρ, jedoch ausgesprochen schlecht konvergieren. Daher geht die Bedeutung dieser Lösung über eine historische nicht hinaus.

Um trotzdem zu brauchbaren Näherungslösungen zu gelangen, könnten wir uns eine bei den flachen Kugelschalen oder den Kreiszylinderschalen bereits mehrfach gewonnene Erfahrung zunutze machen. Genügende Krümmung vorausgesetzt klingen die durch Randeinwirkungen erzeugten Biegezustände in einer schmalen Randzone nach Art gedämpfter Schwingungen ab. Daher kann man durch Substitution des mittleren Winkels Θ_0^2 dieser Randzone die beiden Differentialgleichungen (6.3.46) näherungsweise in solche mit konstanten Koeffizienten transformieren, die mühelos zu integrieren sind [81].

Eine weitergehende und besonders einfache Approximation stellt die *Geckeler*sche Näherung [52] dar. Bei hinreichend starker Dämpfung wird bekanntlich die erste Ableitung jeder Zustandsgröße nach der Koordinate $\overline{\Theta}^2$ groß gegenüber der Zustandsgröße selbst sein, die zweite Ableitung groß gegenüber der ersten. Solange daher $\overline{\Theta}^2$ nicht zu klein und demnach $\cot\overline{\Theta}^2$ nicht zu groß ist, kann in (6.3.46) $F\cot^2\overline{\Theta}^2$ gegen $F_{,\bar{2}}\cot\overline{\Theta}^2$ und beides gegen $F_{,\bar{2}\bar{2}}$ vernachlässigt werden. Damit vereinfachen sich die Differentialgleichungen (6.3.46) zu:

$$(L \pm 2i\rho^2)F \approx F_{,\bar{2}\bar{2}} \pm 2i\rho^2 F = 0. \qquad (6.3.48)$$

Deren charakteristische Gleichungen

$$m^2 \pm 2i\rho^2 = 0 \rightarrow m_{1,2,3,4} = \pm\rho(1 \pm i)$$

sowie die hieraus entstehende Fundamentallösung von (6.3.43)

$$\begin{aligned} F &= e^{\rho\overline{\Theta}^2}(A_1 e^{i\rho\overline{\Theta}^2} + A_2 e^{-i\rho\overline{\Theta}^2}) + e^{-\rho\overline{\Theta}^2}(A_3 e^{i\rho\overline{\Theta}^2} + A_4 e^{-i\rho\overline{\Theta}^2}) \\ &= [C_1\cos\rho\overline{\Theta}^2 + C_2\sin\rho\overline{\Theta}^2]e^{\rho\overline{\Theta}^2} \\ &\qquad + [C_3\cos\rho\overline{\Theta}^2 + C_4\sin\rho\overline{\Theta}^2]e^{-\rho\overline{\Theta}^2} \end{aligned} \qquad (6.3.49)$$

entsprechen genau den Ergebnissen (6.2.49, 50) des Randstörungsproblems einer Kreiszylinderschale vom Radius R.

Wird dagegen die Schalenneigung $\overline{\Theta}^2$ in der Randzone zu klein, wodurch $\cot\overline{\Theta}^2$ größenordnungsändernde Eigenschaften erlangt, so kann $\cot\overline{\Theta}^2$ durch das erste Glied seiner *Taylor*reihe ersetzt werden:

$$\cot\overline{\Theta}^2 = \frac{1}{\overline{\Theta}^2} - \frac{\overline{\Theta}^2}{3} - \frac{(\overline{\Theta}^2)^3}{45} - \dots .$$

Hiermit lauten die beiden Differentialgleichungen (6.3.46)

$$(L \pm 2i\rho^2)F \approx F_{,\bar{2}\bar{2}} + \frac{1}{\overline{\Theta}^2}F_{,\bar{2}} - \frac{1}{(\overline{\Theta}^2)^2}F \pm 2i\rho^2 F = 0; \qquad (6.3.50)$$

durch Substitution der komplexen Variablen

$$\bar{\eta} = \rho\sqrt{2i}\,\overline{\Theta}^2 = \eta\sqrt{i}$$

lassen sie sich in die Normalform einer *Bessel*schen Differentialgleichung 1. Ordnung transformieren:

$$\eta^2 F_{,\eta\eta} + \eta F_{,\eta} + (\eta^2 - 1)F = 0. \qquad (6.3.51)$$

Deren Elementarlösungen bilden, wie bereits im Zusammenhang mit (6.2.63) festgestellt, die *Thomson*funktionen 1. Ordnung [3, 78, 164]. Aus ihren Real- und Imaginärteilen entsteht somit als angenäherte Fundamentallösung von (6.3.43):

$$F = C_1\,\mathrm{ber}_1\,\eta + C_2\,\mathrm{bei}_1\,\eta + C_3\,\mathrm{ker}_1\,\eta + C_4\,\mathrm{kei}_1\,\eta. \qquad (6.3.52)$$

Auch diese Approximation, die für Schalenränder in Scheitelnähe (Ausschnitte) anwendbar ist, geht auf *Geckeler* [50] zurück. Abschließend sei noch bemerkt, daß sich eine vollständige Integrationstheorie der Differentialgleichung (6.3.43) nebst weiteren Näherungslösungen [19] in [59] findet.

6.3.3 Lösungsstruktur und verallgemeinerte Geckelersche Näherung

In den Abschnitten 6.1.6 und 6.1.8 wurde deutlich, daß sich die Fundamentallösungen randbelasteter flacher Kugelschalen in mathematisch strenger Weise aus den *Biegestörungen* und der *Membranlösung* zusammensetzen. Diese übersichtliche Lösungsstruktur verschwindet allerdings bei allgemeinen Translationsschalen (6.1.125) oder beliebig beanspruchten Kreiszylinderschalen (6.2.114, 115): Bei beiden treten stark und schwach abklingende *Biegelösungen* nebeneinander auf. Unabhängig hiervon bildet die Membrantheorie für gleichförmige Oberflächenlasten sogar gelegentlich ein strenges partikuläres Integral und häufig eine brauchbare Näherung der Biegetheorie [66, 90].

Zur Verallgemeinerung dieser typischen Trageigenschaften auf beliebig beanspruchte Rotationsschalen betrachten wir nun erneut das allgemeine Randwertproblem 8. Ordnung, welches durch die Grundgleichungen (6.3.6) bis (6.3.12) sowie (6.3.13. 14) beschrieben wird. Durch Entwicklung der zu einem Nullmeridian *symmetrischen* $\mathbf{Z}^{(s)}$ bzw. *antimetrischen* Variablen $\mathbf{Z}^{(a)}$

$$
\begin{array}{llllllllll}
\mathbf{Z}^{(s)}: & p^2 & p^3 & T & \Delta T & \tilde{n}^{(11)} & \tilde{n}^{(22)} & m^{11} & m^{22} & q^2 \\
 & v_2 & v_3 & w_2 & & \alpha_{11} & \alpha_{22} & \omega_{11} & \omega_{22}, & \\
\mathbf{Z}^{(a)}: & p^1 & & & & \tilde{n}^{(12)} & & m^{12} & & q^1 \\
 & v_1 & & w_1 & & \alpha_{12} & & \omega_{12} & &
\end{array}
$$

in die Form von *Fourier*reihen:

$$Z^{(s)}(\Theta^1, \Theta^2) = \sum_m Z_m^{(s)}(\Theta^2) \cos m\Theta^1,$$

$$Z^{(a)}(\Theta^1, \Theta^2) = \sum_m Z_m^{(a)}(\Theta^2) \sin m\Theta^1$$

kann ein gewöhnliches Differentialgleichungssystem nebst Randbedingungen formuliert werden, in welchem nur Ableitungen bezüglich Θ^2 auftreten. Für jede Harmonische m läßt sich dessen vollständige Lösung nun in verschiedene Teillösungen aufspalten. Schnitt- und Verformungsgrößen entstehen infolge von

a) Oberflächenlasten (partikuläre Integrale);
b) Randwirkungen, die nur eine schmale Randzone beanspruchen (stark abklingende Lösungsanteile des homogenen Problems);
c) Randwirkungen, deren Einfluß weit in die Schale hineinreicht (nicht oder nur schwach abklingende Lösungen des homogenen Problems).

Mit dem Ziel der Herleitung approximativer Lösungen bestätigte *H. Duddeck* in [38], daß für alle relativ gleichförmig verteilten Oberflächenlasten deren Lösungsanteil der Gruppe a) stets ausreichend genau durch die Membrantheorie ersetzt werden darf. Dieser Näherungscharakter geht jedoch mit wachsender Ungleichförmigkeit schnell verloren [67].

Die Lösungsanteile der Gruppe b) und c) gehören zu längs den Schalenrändern Θ^2 = konst vorgegebenen Kräften und Verformungen. Nach *J. Geckeler* [51, 52] läßt sich deren Integrationsproblem für stark abklingende Lösungen der Gruppe b) durch Berücksichtigung ihres Abklingverhaltens in der Differentialgleichung wesentlich vereinfachen, was allerdings eine Reduktion des ursprünglichen Randwertproblems 8. Ordnung in ein solches der Ordnung 4 nach sich zieht. Für jede Harmonische m läßt sich somit das Randwertproblem von vier stark abklingenden Elementarlösungen abspalten, die mechanisch auf vorgegebene Biegerandwirkungen zurückführbar sind.

Die fehlenden vier Lösungen, die der Gruppe c) angehören und durch tangential gerichtete Randkräfte und -verschiebungen entstehen können, klingen – wie auch numerische Ergebnisse [10, 11, 13] beweisen – für die niedrigen Harmonischen nicht ab. Sie wirken sich vielmehr in der gesamten Schale aus und lassen sich näherungsweise durch je zwei Lösungen der homogenen Membrangleichgewichtsbedingungen

$$\begin{aligned} &n^{(11)}{}_{,1} + n^{(12)}{}_{,2} + n^{(12)}(3\Gamma^1_{12} + \Gamma^2_{22}) = 0, \\ &n^{(12)}{}_{,1} + n^{(22)}{}_{,2} + n^{(11)}\Gamma^2_{11} + n^{(22)}(2\Gamma^2_{22} + \Gamma^1_{12}) = 0, \\ &n^{(11)}b_{11} + n^{(22)}b_{22} = 0 \end{aligned} \tag{6.3.53}$$

entsprechend (6.3.6) sowie der homogenen kinematischen Beziehungen

$$\begin{aligned} &v_{1,1} - v_2\Gamma^2_{11} - v_3 b_{11} = 0, \\ &v_{1,2} + v_{2,1} - 2v_1\Gamma^1_{12} = 0, \\ &v_{2,2} - v_2\Gamma^2_{22} - v_3 b_{22} = 0 \end{aligned} \tag{6.3.54}$$

gemäß (6.3.10), also dehnungslose Verbiegungen, approximieren. Für Ellipsoid- und Hyperboloidschalen wurde die Lösung von (6.3.53) im Abschnitt 5.4.2 dargestellt und erläutert. Die zugehörigen dehnungslosen Verbiegungen finden sich in [39].

Nach dieser Übersicht kehren wir noch einmal zum drehsymmetrischen Biegeproblem von Rotationsschalen zurück, welches nun gemäß Abschnitt 6.3.1 in Zylinderkoordinaten formuliert werden soll. Durch das Verschwinden der antimetrischen Variablen n^{12} und v_1 entfallen sofort zwei der nicht abklingenden Lösungen. Die beiden anderen – n^{22} und v_2 – können aus je einer für die Drehsymmetrie vereinfachten Bedingungen (6.3.53, 54)

$$n^{22}{}_{,2} + n^{11}\Gamma^2_{11} + n^{22}(2\Gamma^2_{22} + \Gamma^1_{12}) = 0, \quad n^{11}b_{11} + n^{22}b_{22} = 0;$$

bzw.

$$v_2\Gamma^2_{11} + v_3 b_{11} = 0, \quad v_{2,2} - v_2\Gamma^2_{22} - v_3 b_{22} = 0 \tag{6.3.55}$$

bestimmt werden. Die kinematische Gleichungsgruppe beschreibt jedoch, wie deren Umformungen gemäß Tafel 1.2 und (6.3.15) erkennen lassen

$$v_3 = -\frac{\Gamma^2_{11}}{b_{11}} v_2 \rightarrow v_{\langle 3\rangle} = -\frac{\Gamma^2_{11}}{b_{11}\sqrt{a^{22}}} v_{\langle 2\rangle} = -r_{,2} v_{\langle 2\rangle} = -\tan\gamma\, v_{\langle 2\rangle},$$

$$v_{2,2} - v_2 \frac{r_{,2} r_{,22}}{1 + (r_{,2})^2} + v_2 \frac{r_{,2} r_{,22}}{1 + (r_{,2})^2} = 0$$

$$\rightarrow v_2 = \frac{v_{\langle 2\rangle}}{\sqrt{a^{22}}} = \frac{v_{\langle 2\rangle}}{\cos\gamma} = \text{konst}, \tag{6.3.56}$$

gerade eine Starrkörperbewegung in Richtung der Drehachse (Bild 6.22). Für die endgültige Lösung ist sie somit belanglos. Damit verbleiben im zentralsymmetrischen Fall neben der Lösung für n^{22} vier abklingende Integrale, die nun mit Hilfe einer Verallgemeinerung der *Geckeler*schen Näherung hergeleitet werden sollen.

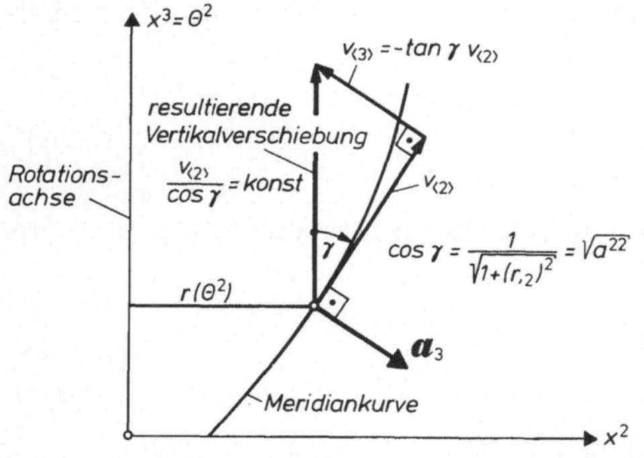

Bild 6.22 Abhängigkeit der Verschiebungen $v_{\langle 2\rangle}$ und $v_{\langle 3\rangle}$ bei einer achsialen Starrkörperbewegung

Diese Näherung verwendet bekanntlich die Eigenschaft aller stark abklingenden Lösungsfunktionen, bei jeder Differentiationsstufe um eine Größenordnung anzuwachsen. Beispielsweise ist die Lösung (6.2.53) der randbelasteten Kreiszylinderschale durch diese Eigenschaft gekennzeichnet. Mit der hierauf basierenden Approximation

$$\phi_3|_{\alpha\beta} = \phi_{3,\alpha\beta} - \phi_{3,\mu}\Gamma^{\mu}_{\alpha\beta} \approx \phi_{3,\alpha\beta} \tag{6.3.57}$$

in den Operatoren (6.1.48, 49) nimmt das Differentialgleichungssystem (6.1.50) für $p^3 = 0$ folgende Form an:

$$\begin{aligned} &(a^{22})^2\, v_{3,2222} - \frac{b_{11}}{Ba}\,\phi_{3,22} = 0, \\ &(a^{22})^2\, \phi_{3,2222} + \frac{Eh}{a}\, b_{11} v_{3,22} = 0. \end{aligned} \tag{6.3.58}$$

Wegen der vorausgesetzten Drehsymmetrie wurden hierin alle Ableitungen nach Θ^1 unterdrückt. Weiterhin setzen wir voraus, daß die differentialgeometrischen Elemente a^{22}, a sowie b_{11} im betrachteten Randstörungsbereich konstant (oder nahezu konstant) seien, eine durch die Kürze der Randstörungszone im allgemeinen gerechtfertigte Annahme. Aus (6.3.58) folgt hiermit durch Umformung und Integration ($B_{,2} = (Eh)_{,2} = 0$):

$$\begin{aligned} &\left[(a^{22})^2\, v_{3,22} - \frac{b_{11}}{Ba}\,\phi_3\right]_{,22} = 0 \\ &\qquad \rightarrow (a^{22})^2\, v_{3,22} - \frac{b_{11}}{Ba}\,\phi_3 = C_1 + C_2\Theta^2, \\ &\left[(a^{22})^2\, \phi_{3,22} + \frac{Eh}{a}\, b_{11} v_3\right]_{,22} = 0 \\ &\qquad \rightarrow (a^{22})^2\, \phi_{3,22} + \frac{Eh}{a}\, b_{11} v_3 = C_3 + C_4\Theta^2. \end{aligned} \tag{6.3.59}$$

Zur Herausfilterung der nicht oder schwach abklingenden Lösungsanteile setzen wir hierin die Integrationskonstanten C_1, C_2, C_3 und C_4 zu Null und verfolgen ausschließlich das verbleibende Differentialgleichungssystem

$$(a^{22})^2\, v_{3,22} - \frac{b_{11}}{Ba}\,\phi_3 = 0, \qquad (a^{22})^2\, \phi_{3,22} + \frac{Eh}{a}\, b_{11} v_3 = 0, \tag{6.3.60}$$

aus welchem mit $a^{22} = (a_{22})^{-1}$ und nach Elimination von ϕ_3 eine gewöhnliche Differentialgleichung 4. Ordnung für die Durchbiegung v_3 entsteht:

$$\frac{1}{(a_{22})^2} v_{3,2222} + \frac{Eh}{B}\left(\frac{b_{11}a_{22}}{a}\right)^2 v_3 = 0. \qquad (6.3.61)$$

Hierin drücken wir noch die Hauptkrümmung des Breitenkreisnormalschnittes durch den Hauptkrümmungsradius R_1 aus

$$\frac{b_{11}a_{22}}{a} = \frac{(b_1^1 a_{11})a_{22}}{a_{11}a_{22}} = b_1^1 = -\frac{1}{R_1} \qquad (6.3.62)$$

und führen als neue Koordinate die längs des Meridians zu messende Bogenlänge s ein:

$$(ds)^2 = a_{22}(d\Theta^2)^2. \qquad (6.3.63)$$

Unter Berücksichtigung von (6.1.17) gewinnen wir schließlich

$$v_{3,ssss} + 4\lambda^4 v_3 = 0 \qquad (6.3.64)$$

mit der Abkürzung:

$$\lambda = \frac{1}{\sqrt{R_1 h}}\sqrt[4]{3(1-\nu^2)} = \frac{1}{R_1}\sqrt{\frac{R_1}{h}}\sqrt[4]{3(1-\nu^2)}. \qquad (6.3.65)$$

In (6.3.64, 65) ist die Geometrie der Schalenmittelfläche allein durch ihren Hauptkrümmungsradius R_1 vertreten, für den vereinbarungsgemäß ein Mittelwert des betrachteten Randstörungsbereichs oder sein Randwert gewählt werden soll. Unter dieser Voraussetzung stimmt das Ergebnis gerade mit den für die Kreiszylinderschale gewonnenen Beziehungen (6.2.36, 37) überein, wenn man dort R in R_1 und Θ^2 in s umbezeichnet. Dies gestattet eine willkommene anschauliche Deutung der gewonnenen Näherung in Bild 6.23: Die einer zentralsymmetrischen

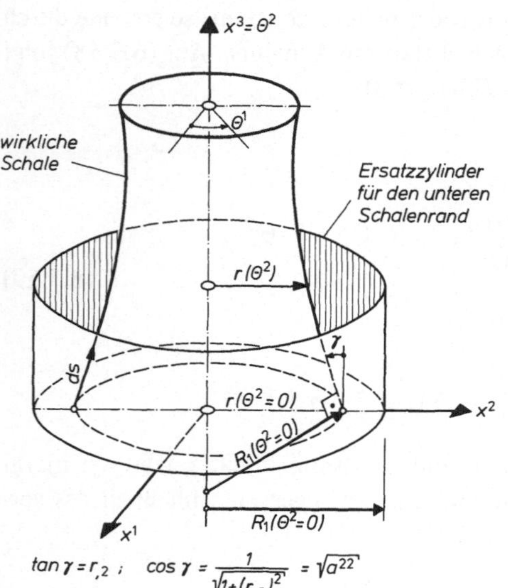

Bild 6.23 Ersatzzylinder zur näherungsweisen Randstörungsberechnung einer allgemeinen Rotationsschale

Randstörung zugeordnete Durchbiegung v_3 einer beliebigen Rotationsschale darf näherungsweise an einem Ersatzzylinder bestimmt werden, dessen Radius mit dem Hauptkrümmungsradius R_1 der wirklichen Rotationsschale übereinstimmt.

Somit dürfen wir die für Kreiszylinderschalen hergeleitete Fundamentallösung (6.2.50) auf den vorliegenden Fall übertragen und erhalten für die Randstörung beispielsweise des unteren Schalenrandes auf Bild 6.23:

$$v_{\langle 3\rangle} = v_3 = [C_1 \cos \lambda s + C_2 \sin \lambda s] e^{-\lambda s}. \qquad (6.3.66)$$

Hierin zählt die Koordinate s vom unteren Rand aus; die Konstanten C_1 und C_2 sind aus den vorgegebenen Randbedingungen zu ermitteln (siehe Tafel 6.6).

Abschließend wollen wir noch zeigen, daß im Rahmen dieser Näherung auch die Schnittgrößen der Rotationsschale an ihrem Ersatzzylinder bestimmt werden dürfen. Hierzu bilden wir zunächst mit $a^{22} = (a_{22})^{-1}$ sowie (6.3.62) aus der zweiten Beziehung (6.3.60):

$$\phi_{3,22} = -\frac{Eh}{a}\frac{b_{11}}{(a^{22})^2} v_3 = -Eh\, a_{22} b_1^1 v_3 = Eh\, a_{22} \frac{1}{R_1} v_3$$

und hieraus weiter gemäß (6.1.40) und (6.3.57) die Ringkräfte

$$n^{11} = \frac{1}{a}\phi_{3,22} = -Eh\frac{b_1^1}{a_{11}} v_3 = \frac{Eh}{a_{11}}\frac{1}{R_1} v_3.$$

Deren physikalische Komponenten (6.3.15) lauten:

$$n_{\langle 11\rangle} = -Eh\, b_1^1 v_{\langle 3\rangle} = Eh \frac{1}{R_1} v_{\langle 3\rangle}; \qquad (6.3.67)$$

sie sind an Breitenkreisrändern erwartungsgemäß nicht vorschreibbar. Mit den gleichen geometrischen Näherungen ergibt sich unter Berücksichtigung von (6.1.12, 15) und (6.3.15) für die Biegemomente der Meridianrichtung

$$m_{\langle 22\rangle} = -B(a^{22})^2 a_{22} v_{\langle 3\rangle,22} = -\frac{B}{a_{22}} v_{\langle 3\rangle,22} = -B v_{\langle 3\rangle,ss} \qquad (6.3.68)$$

sowie für die Ringmomente

$$m_{\langle 11\rangle} = -\nu B v_{\langle 3\rangle,ss}\,. \qquad (6.3.69)$$

Ebenfalls näherungsweise gilt gemäß (6.1.18) sowie (6.3.15):

$$q_{\langle 2\rangle} = \frac{a_{22}}{\sqrt{a_{22}}} m^{22}{}_{,2} = \frac{1}{\sqrt{a_{22}}}(a_{22} m^{22})_{,2} = m_{\langle 22\rangle,s} \qquad (6.3.70)$$

und schließlich gemäß (6.1.22) und (6.3.15) sowie (6.3.35):

$$\begin{aligned} \omega_{\langle 1\rangle} &= \frac{\sqrt{a_{11}}}{\sqrt{a}} v_{\langle 3\rangle,2} = \frac{1}{\sqrt{a_{22}}} v_{\langle 3\rangle,2} = v_{\langle 3\rangle,s}\,, \\ n_{\langle 22\rangle} &= -q_{\langle 2\rangle} \cot \bar{\Theta}^2 = r_{,2}\, m_{\langle 22\rangle,s}\,. \end{aligned} \qquad (6.3.71)$$

Drehsymmetrische Randstörungen allgemeiner Rotationsschalen lassen sich somit wie diejenigen von Kreiszylinderschalen durch Vorgabe der Biegeschnittgrößen $m_{\langle 22\rangle}$, $q_{\langle 2\rangle}$ oder

der Biegedeformationen $v_{\langle 3\rangle}$, $v_{\langle 3\rangle,s}$ gemäß Tafel 6.6 berechnen. Diese verallgemeinerte *Geckeler*sche Näherung läßt sich selbstverständlich auch auf nicht-rotationssymmetrische Lastfälle übertragen [38], abgesehen von den Kugelschalen besitzt sie jedoch für höhere Harmonische m rasch nachlassende Gültigkeit. Bei diesen nimmt nämlich auch für die Teillösungen der Gruppe c) das Abklingverhalten rasch zu, was anschaulich leicht zu erklären ist. Normal- oder Schubkräfte, die längs eines Breitenkreisrandes angreifend ihr Vorzeichen wechseln, stehen nämlich unter sich im Gleichgewicht, und ihr Einfluß bleibt deshalb auf eine mit steigendem m schmaler werdende Randzone beschränkt. Für gleichmäßig über den Rand verteilte Normal- oder Schubkräfte dagegen kann das Gleichgewicht erst durch Wirkungen gleicher Größenordnung am gegenüberliegenden Rand hergestellt werden.

6.3.4 Das System gekoppelter Differentialgleichungen erster Ordnung

Zur Lösung des Breitenkreis-Randwertproblems beliebig belasteter, allgemeiner Rotationsschalen wenden wir uns abschließend einem Algorithmus zu, an welchen sich klassische und computerorientierte Lösungsmethoden gleich vorteilhaft anschließen lassen: der Umformung in ein System gekoppelter Differentialgleichungen erster Ordnung. Vorbild unserer Darstellung sind die Arbeiten [173, 174] von *W. Wunderlich*; dabei bildet die *Donnell-Marguerre*sche Näherung

$$\tilde{n}^{(\alpha\beta)} = n^{(\alpha\beta)} \approx n^{\alpha\beta} \tag{6.3.72}$$

der Grundgleichungen (6.3.6) bis (6.3.12) sowie (6.3.13, 14) des Abschnittes 6.3.1, in welchem somit die unterstrichenen Glieder entfallen, den Ausgangspunkt unserer Herleitungen.

Zunächst substituieren wir die *Tensordichten* der Kraftgrößen

$$\begin{bmatrix} N^{\alpha\beta} \\ Q^{\alpha} \\ M^{\alpha\beta} \\ P^{i} \end{bmatrix} = \sqrt{a} \begin{bmatrix} n^{\alpha\beta} \\ q^{\alpha} \\ m^{\alpha\beta} \\ p^{i} \end{bmatrix} \tag{6.3.73}$$

unter Berücksichtigung von (1.4.11) in die Gleichgewichtsbedingungen (6.3.6, 7). Dies erspart, ähnlich wie im Abschnitt 5.2.1, einige Terme der in Matrixform geschriebenen Gleichgewichtsbedingungen:

$$\left[\begin{array}{ccc|cc|ccc} d_1 & d_2 + 2\Gamma^1_{12} & 0 & 0 & 0 & & & \\ \Gamma^2_{11} & d_1 & d_2 + \Gamma^2_{22} & 0 & 0 & & \mathbf{0} & \\ b_{11} & 0 & b_{22} & d_1 & d_2 & & & \\ \hline & \mathbf{0} & & -1 & 0 & d_1 & d_2 + 2\Gamma^1_{12} & 0 \\ & & & 0 & -1 & \Gamma^2_{11} & d_1 & d_2 + \Gamma^2_{22} \end{array}\right] \cdot \left[\begin{array}{c} N^{11} \\ N^{12} \\ N^{22} \\ \hline Q^1 \\ Q^2 \\ \hline M^{11} \\ M^{12} \\ M^{22} \end{array}\right] + \left[\begin{array}{c} P^1 \\ P^2 \\ P^3 \\ \hline 0 \\ 0 \end{array}\right] = \mathbf{0}. \tag{6.3.74}$$

Die Substitution von (6.3.73) in die längs der beiden Breitenkreisränder 2 und 4 (Bild 6.20) vorschreibbaren Randkraftgrößen (6.3.13) der *Donnell-Marguerre*schen Näherung liefert:

$$\begin{aligned} n_t &= -n^{12}\sqrt{a} &&= -N^{12} \\ n_u &= n^{22} a_{22} &&= \sqrt{\frac{a_{22}}{a_{11}}}\, N^{22}, \\ \tilde{n}_3 &= \pm\sqrt{a_{22}}\,(q^2 + m^{12}{}_{,1}) &&= \pm\frac{1}{\sqrt{a_{11}}}(Q^2 + M^{12}{}_{,1}), \\ m_t &= m^{22} a_{22} &&= \sqrt{\frac{a_{22}}{a_{11}}}\, M^{22}. \end{aligned} \tag{6.3.75}$$

Für alle Umformungen fand (6.3.2) Verwendung; folgende Abkürzungen wurden eingeführt:

$$d_1 = \ldots_{,1} = \frac{\partial \ldots}{\partial \Theta^1}\,, \quad d_2 = \ldots_{,2} = \frac{\partial \ldots}{\partial \Theta^2}\,. \tag{6.3.76}$$

Aus der dritten und vierten Zeile von (6.3.74) eliminieren wir nun die dort vorhandene Querkraft Q^1 unter Einbuße einer Gleichung. Sodann gruppieren wir die auftretenden Kraftgrößen in die folgenden Spaltenmatrizen

$$\boldsymbol{\Sigma}_1 = \begin{bmatrix} M^{12} \\ N^{11} \\ Q^1 \\ M^{11} \end{bmatrix}, \quad \boldsymbol{\Sigma}_2 = \begin{bmatrix} N^{12} \\ N^{22} \\ Q^2 + M^{12}{}_{,1} \\ M^{22} \end{bmatrix}, \quad \mathbf{P} = \begin{bmatrix} P^1 \\ P^2 \\ P^3 \\ 0 \end{bmatrix}, \tag{6.3.77}$$

deren Elementreihenfolge durch das Ziel bestimmt ist, für die späteren Matrizen $\mathbf{D}_1$, $\overline{\mathbf{D}}_1$ und $\mathbf{D}_2$ reine Diagonalmatrizen zu erhalten. Sammeln wir noch alle partiellen Ableitungen von $\boldsymbol{\Sigma}_2$ nach der Koordinate Θ^2 in der ersten Spalte, so entstehen die vier in Tafel 6.12 oben aufgeführten Gleichgewichtsbedingungen. Darin enthält $\boldsymbol{\Sigma}_2$ gemäß (6.3.75) gerade alle an Breitenkreisrändern vorgebbaren dynamischen Randvariablen, $\boldsymbol{\Sigma}_1$ dagegen – bis auf N^{12} – die Kraftgrößen eines Θ^1-Schnittes der Mittelfläche.

Als nächstes wenden wir uns den kinematischen Beziehungen zu und ersetzen in den ersten beiden Gleichungen (6.3.11) die Komponenten w_1 mit Hilfe von (6.3.12) durch $v_{3,1}$ bzw. w_2:

$$\begin{aligned} \omega_{11} &= w_{1,1} - w_2\Gamma^2_{11} = -v_{3,11} - w_2\Gamma^2_{11}, \\ \omega_{12} &= \frac{1}{2}(w_{1,2} + w_{2,1} - 2w_1\Gamma^1_{12}) = \frac{1}{2}(-v_{3,12} + w_{2,1} + 2v_{3,1}\Gamma^1_{12}) \\ &= w_{2,1} + v_{3,1}\Gamma^1_{12}. \end{aligned} \tag{6.3.78}$$

Mit dieser Umformung gewinnen wir aus (6.3.11) die zweite der folgenden Matrixbeziehungen; die erste gibt (6.3.10) wieder:

$$\begin{bmatrix} \alpha_{11} \\ \alpha_{12} \\ \alpha_{22} \end{bmatrix} = \begin{bmatrix} d_1 & -\Gamma^2_{11} & -b_{11} & 0 \\ \frac{1}{2}d_2 - \Gamma^1_{12} & \frac{1}{2}d_1 & 0 & 0 \\ 0 & d_2 - \Gamma^2_{22} & -b_{22} & 0 \end{bmatrix} \cdot \begin{bmatrix} v_1 \\ v_2 \\ v_3 \\ w_2 \end{bmatrix}, \tag{6.3.79}$$

Gleichgewichtsbedingungen: $\boldsymbol{\Sigma}_{2,2} + \boldsymbol{G}_2\,\boldsymbol{\Sigma}_2 + \boldsymbol{G}_1\,\boldsymbol{\Sigma}_1 + \boldsymbol{P} = \boldsymbol{0}$

$$\frac{\partial}{\partial\Theta^2}\begin{bmatrix} N^{12} \\ N^{22} \\ Q^2+M^{12}{}_{,1} \\ M^{22} \end{bmatrix} + \begin{bmatrix} 2\Gamma^1_{12} & 0 & 0 & 0 \\ d_1 & \Gamma^2_{22} & 0 & 0 \\ 0 & b_{22} & 0 & 0 \\ 0 & 0 & -1 & \Gamma^2_{22} \end{bmatrix} \cdot \begin{bmatrix} N^{12} \\ N^{22} \\ Q^2+M^{12}{}_{,1} \\ M^{22} \end{bmatrix} + \begin{bmatrix} 0 & d_1 & 0 & 0 \\ 0 & \Gamma^2_{11} & 0 & 0 \\ 2\Gamma^1_{12}d_1 & b_{11} & 0 & d_1d_1 \\ 2d_1 & 0 & 0 & \Gamma^2_{11} \end{bmatrix} \cdot \begin{bmatrix} M^{12} \\ N^{11} \\ Q^1 \\ M^{11} \end{bmatrix} + \begin{bmatrix} P^1 \\ P^2 \\ P^3 \\ 0 \end{bmatrix} = \boldsymbol{0}$$

Kinematik + Elastizitätsgesetze 1: $\boldsymbol{V}_{2,2} + \boldsymbol{F}_2\,\boldsymbol{V}_2 - \boldsymbol{D}_1\,\boldsymbol{\Sigma}_2 + \boldsymbol{D}_2\,\boldsymbol{\Sigma}_1 - \boldsymbol{T}_2 = \boldsymbol{0}$

$$EH\frac{\partial}{\partial\Theta^2}\begin{bmatrix} v_1 \\ v_2 \\ v_3 \\ w_2 \end{bmatrix} + \begin{bmatrix} -2\Gamma^1_{12} & d_1 & 0 & 0 \\ 0 & -\Gamma^2_{22} & -b_{22} & 0 \\ 0 & 0 & 0 & 1 \\ 0 & 0 & 0 & -\Gamma^2_{22} \end{bmatrix} \cdot Eh \begin{bmatrix} v_1 \\ v_2 \\ v_3 \\ w_2 \end{bmatrix} - \sqrt{a}\,\overset{diag}{\begin{bmatrix} 2(1+\nu) \\ a^{11}a_{22} \\ 0 \\ a^{11}a_{22}\frac{D}{B} \end{bmatrix}} \cdot \begin{bmatrix} N^{12} \\ N^{22} \\ Q^2+M^{12}{}_{,1} \\ M^{22} \end{bmatrix} + \sqrt{a}\,\overset{diag}{\begin{bmatrix} 0 \\ \nu \\ 0 \\ \nu\frac{D}{B} \end{bmatrix}} \cdot \begin{bmatrix} M^{12} \\ N^{11} \\ Q^1 \\ M^{11} \end{bmatrix} - \alpha_T Eh \begin{bmatrix} 0 \\ Ta_{22} \\ 0 \\ \frac{\Delta T}{h}a_{22} \end{bmatrix} = \boldsymbol{0}$$

Kinematik + Elastizitätsgesetze 2: $\boldsymbol{F}_1\,\boldsymbol{V}_2 + \boldsymbol{D}_2\,\boldsymbol{\Sigma}_2 - \boldsymbol{D}_1\,\boldsymbol{\Sigma}_1 - \boldsymbol{T}_1 = \boldsymbol{0}$

$$\begin{bmatrix} 0 & 0 & 2\Gamma^1_{12}d_1 & 2d_1 \\ d_1 & -\Gamma^2_{11} & -b_{11} & 0 \\ 0 & 0 & 0 & 0 \\ 0 & 0 & -d_1d_1 & -\Gamma^2_{11} \end{bmatrix} \cdot Eh \begin{bmatrix} v_1 \\ v_2 \\ v_3 \\ w_2 \end{bmatrix} + \sqrt{a}\,\overset{diag}{\begin{bmatrix} 0 \\ \nu \\ 0 \\ \nu\frac{D}{B} \end{bmatrix}} \cdot \begin{bmatrix} N^{12} \\ N^{22} \\ Q^2+M^{12}{}_{,1} \\ M^{22} \end{bmatrix} - \sqrt{a}\,\overset{diag}{\begin{bmatrix} 2(1+\nu)\frac{D}{B} \\ a_{11}a^{22} \\ 0 \\ a_{11}a^{22}\frac{D}{B} \end{bmatrix}} \cdot \begin{bmatrix} M^{12} \\ N^{11} \\ Q^1 \\ M^{11} \end{bmatrix} - \alpha_T Eh \begin{bmatrix} 0 \\ Ta_{11} \\ 0 \\ \frac{\Delta T}{h}a_{11} \end{bmatrix} = \boldsymbol{0}$$

Abkürzungen:
- E *Elastizitätsmodul*
- ν *Querdehnungzahl*
- D *Dehnsteifigkeit*
- α_T *Wärmeausdehnungszahl*
- h *Wanddicke*
- B *Biegesteifigkeit*
- $d_1 = \frac{\partial(\ldots)}{\partial\Theta^1} = (\ldots)_{,1}$

Tafel 6.12 Grundgleichungen der Biegetheorie allgemeiner Rotationsschalen in Matrixform

$$\begin{bmatrix} \omega_{11} \\ \omega_{12} \\ \omega_{22} \end{bmatrix} = \begin{bmatrix} 0 & 0 & -d_1d_1 & -\Gamma^2_{11} \\ 0 & 0 & \Gamma^1_{12}d_1 & d_1 \\ 0 & 0 & 0 & d_2-\Gamma^2_{22} \end{bmatrix} \cdot \begin{bmatrix} v_1 \\ v_2 \\ v_3 \\ w_2 \end{bmatrix}. \tag{6.3.80}$$

Unter Berücksichtigung von (6.3.2), (6.3.73) sowie (6.1.17) lauten die hierzu korrespondierenden matriziellen Elastizitätsgesetze (6.3.8, 9):

$$Eh\begin{bmatrix} \alpha_{11} \\ \alpha_{12} \\ \alpha_{22} \end{bmatrix} = \sqrt{a}\begin{bmatrix} a_{11}a^{22} & 0 & -\nu \\ 0 & 1+\nu & 0 \\ -\nu & 0 & a^{11}a_{22} \end{bmatrix} \cdot \begin{bmatrix} N^{11} \\ N^{12} \\ N^{22} \end{bmatrix} + \alpha_T Eh T\begin{bmatrix} a_{11} \\ 0 \\ a_{22} \end{bmatrix}, \tag{6.3.81}$$

$$Eh\begin{bmatrix} \omega_{11} \\ \omega_{12} \\ \omega_{22} \end{bmatrix} = \frac{D}{B}\sqrt{a}\begin{bmatrix} a_{11}a^{22} & 0 & -\nu \\ 0 & 1+\nu & 0 \\ -\nu & 0 & a^{11}a_{22} \end{bmatrix} \cdot \begin{bmatrix} M^{11} \\ M^{12} \\ M^{22} \end{bmatrix} + \alpha_T Eh\frac{\Delta T}{h}\begin{bmatrix} a_{11} \\ 0 \\ a_{22} \end{bmatrix}. \tag{6.3.82}$$

Faßt man sodann, nach Definition der mit (Eh) erweiterten, gemäß (6.3.14) an Breitenkreisrändern vorgebbaren Weggrößen

$$\mathbf{V}_2 = Eh\begin{bmatrix} v_1 \\ v_2 \\ v_3 \\ w_2 \end{bmatrix} \tag{6.3.83}$$

kinematische Beziehungen (6.3.79, 80) und Elastizitätsgesetze (6.3.81, 82) zusammen, so entstehen die beiden restlichen matriziellen Beziehungen der Tafel 6.12. Deren erste setzt sich aus den zweiten und dritten Gleichungen (6.3.79, 81), der zweiten Bedingung (6.3.12) sowie den dritten Gleichungen (6.3.80, 82) zusammen; sie enthält alle Ableitungen von (6.3.83) nach der Koordinate Θ^2. Die untere Beziehung der Tafel 6.12 verknüpft alle restlichen kinematischen Gleichungen mit den zugehörigen Elastizitätsgesetzen und ergänzt diese durch eine Nullzeile. Alle in Tafel 6.12 mit *diag* gekennzeichneten Spalten stellen Diagonalmatrizen dar.

In den Feldmatrizen der Tafel 6.12 spiegelt sich erneut die bereits im Kapitel 4 behandelte Adjungiertheit der statischen und kinematischen Operatoren wieder: sieht man vom Vorzeichen einzelner Elemente ab, so sind $\mathbf{F}_1$ und $\mathbf{G}_1$ sowie $\mathbf{F}_2$ und $\mathbf{G}_2$ transponierte Operatoren. Diese Eigenschaft bleibt auch für vollständigere Schalentheorien erhalten, soweit diese in einer konsistenten Formulierung vorliegen. Da vollständige Schalentheorien erweiterte Randgrößen n_t, n_u (6.3.13) aufweisen, wird zur späteren Erfüllung der Randbedingungen Σ_2 (6.3.77) zweckmäßigerweise gleichlautend erweitert. Einzelne Matrizen der Tafel 6.12 sind dann vollständiger besetzt und ihre Elemente bilden umfangreichere Ausdrücke [170, 171].

Die drei Matrizengleichungen der Tafel 6.12 sollen nun zu einer einzigen vereinigt werden. Hierzu lösen wir die untere Beziehung

$$\mathbf{F}_1\mathbf{V}_2 + \mathbf{D}_2\boldsymbol{\Sigma}_2 - \bar{\mathbf{D}}_1\boldsymbol{\Sigma}_1 - \mathbf{T}_1 = \mathbf{0},$$

welche frei von Ableitungen nach Θ^2 ist, nach den Schnittgrößen $\boldsymbol{\Sigma}_1$ auf

$$\boldsymbol{\Sigma}_1 = \bar{\mathbf{D}}_1^{-1}\mathbf{F}_1\mathbf{V}_2 + \bar{\mathbf{D}}_1^{-1}\mathbf{D}_2\boldsymbol{\Sigma}_2 - \bar{\mathbf{D}}_1^{-1}\mathbf{T}_1 \tag{6.3.84}$$

und eliminieren hiermit diese Variable aus den beiden übrigen matriziellen Differentialgleichungen:

$$\begin{aligned}
\mathbf{V}_{2,2} + \mathbf{F}_2\mathbf{V}_2 - \mathbf{D}_1\boldsymbol{\Sigma}_2 + \mathbf{D}_2\boldsymbol{\Sigma}_1 - \mathbf{T}_2 &= \mathbf{0},\\
\boldsymbol{\Sigma}_{2,2} + \mathbf{G}_2\boldsymbol{\Sigma}_2 + \mathbf{G}_1\boldsymbol{\Sigma}_1 + \mathbf{P} &= \mathbf{0}.
\end{aligned}$$

Nach Einsetzen von (6.3.84), Umordnen und Zusammenfassen entsteht hieraus:

$$\begin{aligned}
\mathbf{V}_{2,2} &= -(\mathbf{F}_2 + \mathbf{D}_2\bar{\mathbf{D}}_1^{-1}\mathbf{F}_1)\mathbf{V}_2 + (\mathbf{D}_1 - \mathbf{D}_2\bar{\mathbf{D}}_1^{-1}\mathbf{D}_2)\boldsymbol{\Sigma}_2 + (\mathbf{D}_2\bar{\mathbf{D}}_1^{-1}\mathbf{T}_1 + \mathbf{T}_2)\\
&= \mathbf{A}_{VV}\mathbf{V}_2 + \mathbf{A}_{V\Sigma}\boldsymbol{\Sigma}_2 + \mathbf{P}_V,\\
\boldsymbol{\Sigma}_{2,2} &= -\mathbf{G}_1\bar{\mathbf{D}}_1^{-1}\mathbf{F}_1\mathbf{V}_2 - (\mathbf{G}_2 + \mathbf{G}_1\bar{\mathbf{D}}_1^{-1}\mathbf{D}_2)\boldsymbol{\Sigma}_2 + (\mathbf{G}_1\bar{\mathbf{D}}^{-1}\mathbf{T}_1 - \mathbf{P})\\
&= \mathbf{A}_{\Sigma V}\mathbf{V}_2 + \mathbf{A}_{\Sigma\Sigma}\boldsymbol{\Sigma}_2 + \mathbf{P}_\Sigma,
\end{aligned} \tag{6.3.85}$$

wobei $\bar{\mathbf{D}}_1^{-1}$ eine zu $\bar{\mathbf{D}}_1$ pseudoinverse Matrix abkürzt:

$$\bar{\mathbf{D}}_1^{-1}\bar{\mathbf{D}}_1 = \mathbf{E}: \qquad \bar{\mathbf{D}}_1^{-1} = \frac{1}{\sqrt{a}}\begin{bmatrix} \dfrac{1}{2(1+\nu)}\dfrac{B}{D} \\ a^{11}a_{22} \\ 0 \\ a^{11}a_{22}\dfrac{B}{D} \end{bmatrix}_{\mathit{diag}} . \tag{6.3.86}$$

Vereinigt man schließlich die Vektoren $\mathbf{V}_2$ und Σ_2 sowie $\mathbf{P}_v$ und $\mathbf{P}_\Sigma$, so läßt sich endgültig das folgende matrizielle Differentialgleichungssystem angeben:

$$\mathbf{Y}_{,2} = \begin{bmatrix} \mathbf{V}_2 \\ \hline \Sigma_2 \end{bmatrix}_{,2} = \begin{bmatrix} \mathbf{A}_{VV} & \mathbf{A}_{V\Sigma} \\ \hline \mathbf{A}_{\Sigma V} & \mathbf{A}_{\Sigma\Sigma} \end{bmatrix} \cdot \begin{bmatrix} \mathbf{V}_2 \\ \hline \Sigma_2 \end{bmatrix} + \begin{bmatrix} \mathbf{P}_V \\ \hline \mathbf{P}_\Sigma \end{bmatrix} = \mathbf{AY} + \mathbf{P}. \quad (6.3.87)$$

Seine ausgeschriebene Form enthält Tafel 6.13. Darin wurde die mittels Tafel 1.2 verifizierbare Identität

$$\frac{1}{a_{11}a^{22}}\Gamma^2_{11} = -\frac{r_{,2}}{r} = -\Gamma^1_{12}$$

mehrfach verwendet sowie folgende Abkürzung eingeführt:

$$k = \frac{B}{D} = \frac{h^2}{12}.$$

Dieses Differentialgleichungssystem für die *Donnell-Marguerre*sche Näherung der Biegetheorie allgemeiner Rotationsschalen ist, wie ersichtlich, ausschließlich in den an Breitenkreisrändern Θ^2 = konst vorschreibbaren Randvariablen $\mathbf{V}_2$ und Σ_2 formuliert und daher zur Einarbeitung von Randbedingungen besonders geeignet. Es ist von 8. Ordnung, jedoch treten hinsichtlich der Meridiankoordinate Θ^2 nur Ableitungen erster Ordnung auf. Nach seiner Lösung könnten zunächst die restlichen Schnittgrößen Σ_1 aus (6.3.84) bestimmt werden; über die Transformationen (6.3.73), (6.3.83) und (6.3.15) entstehen sodann die tensoriellen und physikalischen Komponenten aller Variablen. In [171] findet der Leser dieses System für weitere Schalentheorien angegeben und für einige Schalengeometrien ausgeschrieben; für Rotationshyperboloide ist es im Band 5 von [62] enthalten.

Die sich im Aufbau der Feldmatrix **A** (6.3.87) wiederspiegelnde rotationssymmetrische Geometrie der Mittelfläche ermöglicht wieder die Separation des partiellen Differentialgleichungssystems. Unterscheidet man hierzu die *symmetrischen* und *antimetrischen* Elemente von $\{\mathbf{V}_2, \Sigma_1, \Sigma_2, \mathbf{P}, \mathbf{T}_1, \mathbf{T}_2\}$:

$\mathbf{Z}^{(s)}$:	v_2	v_3	w_2	N^{11}	N^{22}	$Q^2 + M^{12}{}_{,1}$	M^{11}	M^{22}	P^2	P^3	T	ΔT
$\mathbf{Z}^{(a)}$:	v_1			N^{12}		Q^1		M^{12}	P^1			

durch entsprechende Indizes, so überführen Ansätze in Form von *Fourier*reihen

$$\begin{aligned} Z^{(s)}(\Theta^1, \Theta^2) &= \sum_m Z^{(s)}_m(\Theta^2) \cos m\Theta^1, \\ Z^{(a)}(\Theta^1, \Theta^2) &= \sum_m Z^{(a)}_m(\Theta^2) \sin m\Theta^1 \end{aligned} \quad (6.3.88)$$

das partielle Differentialgleichungssystem (6.3.87) durch zeilenweises Herauskürzen der harmonischen Funktionen für jede Harmonische m in ein gewöhnliches System hinsichtlich der Meridiankoordinate Θ^2:

$$\mathbf{Y}_{m,2} = \mathbf{A}_m \mathbf{Y}_m + \mathbf{P}_m. \quad (6.3.89)$$

Nicht-rotationssymmetrische Belastung

$$\frac{d}{d\Theta^2}\begin{bmatrix} Eh\,v_1 \\ Eh\,v_2 \\ Eh\,v_3 \\ Eh\,w_2 \\ N^{12} \\ N^{22} \\ Q^2+M^{12}_{,1} \\ M^{22} \end{bmatrix} = \begin{bmatrix} 2\Gamma^1_{12} & -d_1 & 0 & 0 & 2(1+\nu)\sqrt{a} & 0 & 0 & 0 \\ -\nu a^{11} a_{22} d_1 & \Gamma^2_{22}-\nu\Gamma^1_{12} & b_{22}+\nu a_{22} b^1_1 & 0 & 0 & a^{11}a_{22}(1-\nu^2)\sqrt{a} & 0 & 0 \\ 0 & 0 & 0 & -1 & 0 & 0 & 0 & 0 \\ 0 & 0 & \nu a^{11} a_{22} (d_1)^2 & \Gamma^2_{22}-\nu\Gamma^1_{12} & 0 & 0 & 0 & a^{11}a_{22}\frac{1-\nu^2}{k}\sqrt{a} \\ -\frac{1}{\sqrt{a}} a^{11}a_{22}(d_1)^2 & -\frac{1}{\sqrt{a}}\Gamma^1_{12}d_1 & \sqrt{a^{11}a_{22}}\, b^1_1 d_1 & 0 & -2\Gamma^1_{12} & -\nu a^{11}a_{22} d_1 & 0 & 0 \\ \frac{1}{\sqrt{a}}\Gamma^1_{12}d_1 & -\frac{1}{\sqrt{a}}\Gamma^1_{12}\Gamma^2_{11} & \sqrt{a^{11}a_{22}}\, b^1_1 \Gamma^2_{11} & 0 & -d_1 & -\Gamma^2_{22}+\nu\Gamma^1_{12} & 0 & 0 \\ -\sqrt{a^{11}a_{22}}\, b^1_1 d_1 & -\frac{1}{\sqrt{a}} b_{11}\Gamma^1_{12} & \begin{matrix}\sqrt{a^{11}a_{22}}\,[b^1_1 b^1_1 a_{11} \\ +k\, a^{11}(d_1)^2 ((d_1)^2 \\ -\frac{2}{1+\nu}\Gamma^2_{11}\Gamma^1_{12})]\end{matrix} & -\frac{1}{\sqrt{a}}\frac{3+\nu}{1+\nu}\Gamma^1_{12}k(d_1)^2 & 0 & -(b_{22}+\nu a_{22} b^1_1) & 0 & -\nu a^{11} a_{22} (d_1)^2 \\ 0 & 0 & -\frac{1}{\sqrt{a}}\frac{3+\nu}{1+\nu}\Gamma^1_{12}k(d_1)^2 & \begin{matrix}-\frac{1}{\sqrt{a}}\,k\big(\frac{2}{1+\nu}(d_1)^2 \\ +\Gamma^1_{12}\Gamma^2_{11}\big)\end{matrix} & 0 & 0 & 1 & -\Gamma^2_{22}+\nu\Gamma^1_{12} \end{bmatrix} \cdot \begin{bmatrix} Eh\,v_1 \\ Eh\,v_2 \\ Eh\,v_3 \\ Eh\,w_2 \\ N^{12} \\ N^{22} \\ Q^2+M^{12}_{,1} \\ M^{22} \end{bmatrix} + \begin{bmatrix} 0 \\ \alpha_T Eh(1+\nu)\,a_{22}T \\ 0 \\ \alpha_T Eh(1+\nu)\,a_{22}\frac{\Delta T}{h} \\ -p^1+\alpha_T Eh\sqrt{\frac{a_{22}}{a_{11}}}\,T_{,1} \\ -p^2+\alpha_T Eh\sqrt{\frac{a_{22}}{a_{11}}}\,\Gamma^2_{11}T \\ -p^3+\alpha_T Eh\sqrt{\frac{a_{22}}{a_{11}}}\cdot\big(b_{11}T+k\frac{\Delta T_{,11}}{h}\big) \\ \alpha_T Eh k\sqrt{\frac{a_{22}}{a_{11}}}\,\Gamma^2_{11}\frac{\Delta T}{h} \end{bmatrix}$$

Rotationssymmetrische Belastung

$$\frac{d}{d\Theta^2}\begin{bmatrix} Eh\,v_2 \\ Eh\,v_3 \\ Eh\,w_2 \\ N^{22} \\ Q^2 \\ M^{22} \end{bmatrix} = \begin{bmatrix} \Gamma^2_{22}-\nu\Gamma^1_{12} & b_{22}+\nu a_{22} b^1_1 & 0 & a^{11}a_{22}(1-\nu^2)\sqrt{a} & 0 & 0 \\ 0 & 0 & -1 & 0 & 0 & 0 \\ 0 & 0 & \Gamma^2_{22}-\nu\Gamma^1_{12} & 0 & 0 & a^{11}a_{22}\frac{1-\nu^2}{k}\sqrt{a} \\ -\frac{1}{\sqrt{a}}\Gamma^1_{12}\Gamma^2_{11} & \sqrt{a^{11}a_{22}}\, b^1_1\Gamma^2_{11} & 0 & -\Gamma^2_{22}+\nu\Gamma^1_{12} & 0 & 0 \\ -\frac{1}{\sqrt{a}} b_{11}\Gamma^1_{12} & \sqrt{a^{11}a_{22}}\, a_{11} b^1_1 b^1_1 & 0 & -(b_{22}+\nu a_{22} b^1_1) & 0 & 0 \\ 0 & 0 & -\frac{1}{\sqrt{a}}k\Gamma^1_{12}\Gamma^2_{11} & 0 & 1 & -\Gamma^2_{22}+\nu\Gamma^1_{12} \end{bmatrix} \cdot \begin{bmatrix} Eh\,v_2 \\ Eh\,v_3 \\ Eh\,w_2 \\ N^{22} \\ Q^2 \\ M^{22} \end{bmatrix} + \begin{bmatrix} \alpha_T Eh(1+\nu)\,a_{22}T \\ 0 \\ \alpha_T Eh(1+\nu)\,a_{22}\frac{\Delta T}{h} \\ -p^2+\alpha_T Eh\sqrt{\frac{a_{22}}{a_{11}}}\,\Gamma^2_{11}T \\ -p^3+\alpha_T Eh\sqrt{\frac{a_{22}}{a_{11}}}\,b_{11}T \\ \alpha_T Ehk\sqrt{\frac{a_{22}}{a_{11}}}\,\Gamma^2_{11}\frac{\Delta T}{h} \end{bmatrix}$$

Abkürzungen:

$k = \frac{h^2}{12}$

$(d_1)^2 = d_1 d_1$

Tafel 6.13 Systeme gekoppelter Differentialgleichungen erster Ordnung für das Breitenkreis-Randverfahren von Rotationsschalen

Der Sonderfall m = 0 beschreibt rotationssymmetrische Belastungen. Infolge $\mathbf{Z}^{(a)} = 0$ und $d_1 = 0$ verbleiben in (6.3.89) sechs linear unabhängige Gleichungen, die Tafel 6.13 im unteren Teil wiedergibt. Wie man hieraus entnimmt, ist das im Abschnitt 6.3.3 näherungsweise abgespaltene Differentialgleichungssystem 2. Ordnung für die schwach abklingenden Lösungen N^{22}, v_2 mit dem verbleibenden 4. Ordnung für das Randstörungsproblem durch Elemente der Form

$$\frac{r_{,2}}{r(1+(r_{,2})^2)}, \quad \frac{r_{,22}}{\sqrt{1+(r_{,2})^2}}$$

gekoppelt. Für alle Mittelflächen, welche gegen die Drehachse schwach geneigt sowie schwach gekrümmt sind, darf diese Kopplung vernachlässigt werden. Wegen weiterer Einzelheiten sei der Leser auf die in physikalischen Komponenten formulierten Arbeiten [84, 113] verwiesen, ferner auf die aus einer *Hamilton*schen Funktion herleitbaren verwandten kanonischen Formulierungen [64, 88].

Zur Integration des Differentialgleichungssystems (6.3.89) können wir auf eine weit entwickelte mathematische Lösungstheorie zurückgreifen [123, 149, 163]. Da wesentliche Lösungseigenschaften gewöhnlicher Differentialgleichungen erster Ordnung auf derartige *Systeme erster Ordnung* durch Definition von Matrizenfunktionen übertragbar sind, lassen sich diese mathematisch einfacher, zuverlässiger und in größerer Allgemeinheit untersuchen als die mechanisch gleichwertigen Differentialgleichungen höherer Ordnung. Ihre Formulierung in den Randgrößen $\mathbf{V}_2$ und $\mathbf{\Sigma}_2$ vereinfacht die zu lösenden Randwertprobleme beträchtlich; infolge der allein auftretenden Differentialquotienten erster Ordnung ist jede Lösung von bemerkenswerter numerischer Stabilität.

In einem abgeschlossenen Intervall $\langle a, b\rangle$, innerhalb dessen die Elemente der Koeffizientenmatrix $\mathbf{A}(t)$ des Differentialgleichungssystems

$$\frac{d\mathbf{Y}}{dt} = \mathbf{Y}_{,t} = \mathbf{A}(t)\mathbf{Y} + \mathbf{P}(t) \tag{6.3.90}$$

eindeutige, endliche und stetige Funktionen des Parameters t darstellen, lautet die Lösungsfunktion des homogenen Systems in Abhängigkeit vom Vektor $\mathbf{Y}(a)$ der Anfangswerte:

$$\mathbf{Y}(t) = \mathbf{U}_a^t(\mathbf{A})\mathbf{Y}(a). \tag{6.3.91}$$

Hierin wird $\mathbf{U}_a^t$ als Integralmatrix oder – bei mechanischen Problemstellungen – als *Übertragungsmatrix* des Intervalls $\langle a, t\rangle$ bezeichnet. Sie ist stets [102, 148] in Form einer Exponentialmatrix darstellbar

$$\mathbf{U}_a^t(\mathbf{A}) = e^{\mathbf{C}(\mathbf{A})} = \mathbf{E} + \frac{\mathbf{C}}{1!} + \frac{\mathbf{C}^2}{2!} + \frac{\mathbf{C}^3}{3!} + \ldots \tag{6.3.92}$$

und lautet im Falle konstanter Elemente von $\mathbf{A}$:

$$\mathbf{U}_a^t(\mathbf{A}) = \mathbf{E} + \frac{\mathbf{A}(t-a)}{1!} + \frac{\mathbf{A}^2(t-a)^2}{2!} + \frac{\mathbf{A}^3(t-a)^3}{3!} + \ldots . \tag{6.3.93}$$

Das inhomogene Differentialgleichungssystem (6.3.90) besitzt die eindeutige Lösung

$$\mathbf{Y}(t) = \mathbf{U}_a^t(\mathbf{A})\left[\mathbf{Y}(a) + \int_a^t [\mathbf{U}_a^\tau(\mathbf{A})]^{-1}\mathbf{P}(\tau)\,d\tau\right], \tag{6.3.94}$$

wie man durch Variation der Konstanten nachprüfen kann.

Differentialgleichungssysteme, welche nur Ableitungen erster Ordnung enthalten, sind auf natürliche Weise an Anfangswertprobleme gekoppelt. Biegetheoretische Aufgaben allgemeiner Rotationsschalen, die auf Randwertprobleme führen, bedürfen somit der Zwischenschaltung stabiler Übertragungsalgorithmen für die aus den Vorgaben gegenüberliegender Ränder zu bestimmenden Lösungsanteile. Das sich an das dargestellte Lösungsschema anschließende Berechnungsverfahren der Übertragungsmatrizen ist in [173, 174] ausführlich analysiert, bewertet und durch Beispiele illustriert worden. In den von uns berechneten und auf den abschließenden Bildern dargestellten Schalenproblemen wurde das Differentialgleichungssystem für m = 0 auf Tafel 6.13 dagegen durch Anwendung des Mehrstellenverfahrens numerisch integriert. Ohne die Erläuterung dieses Lösungsverfahrens (siehe Kapitel 7) vorwegzunehmen, sollen diese Beispiele dem Leser einen Einblick in das Tragverhalten von Rotationsschalen vermitteln. Der durch eine gleichmäßige Erwärmung T beanspruchte kreiszylindrische Behälter auf Bild 6.24 zeigt ein typisches Randstörungsproblem, dessen Ursache in der Dehnungsbehinderung durch die untere Randeinspannung zu suchen ist. Im Falle einer einwirkenden Temperaturdifferenz ΔT wird das für kinematisch bestimmte Randbedingungen ($v_3 = v_{3,s} = 0$) auftretende konstante Meridianbiegemoment durch den freien oberen Rand auf Null abgebaut. Für eine durch Innendruck belastete Kugelschale demonstriert Bild 6.26 das Wechselspiel zwischen schwach und stark veränderlichen Lösungsanteilen, erstere infolge $p_{\langle 3 \rangle}$, letztere als Folge der unteren Randeinspannung. Ein ähnliches Tragverhalten zeigt auch die Hyperboloidschale unter Eigenlast auf Bild 6.27, während das gleiche Tragwerk unter einer horizontalen Randlast (Bild 6.28) erneut das typische Randstörungsverhalten erkennen läßt.

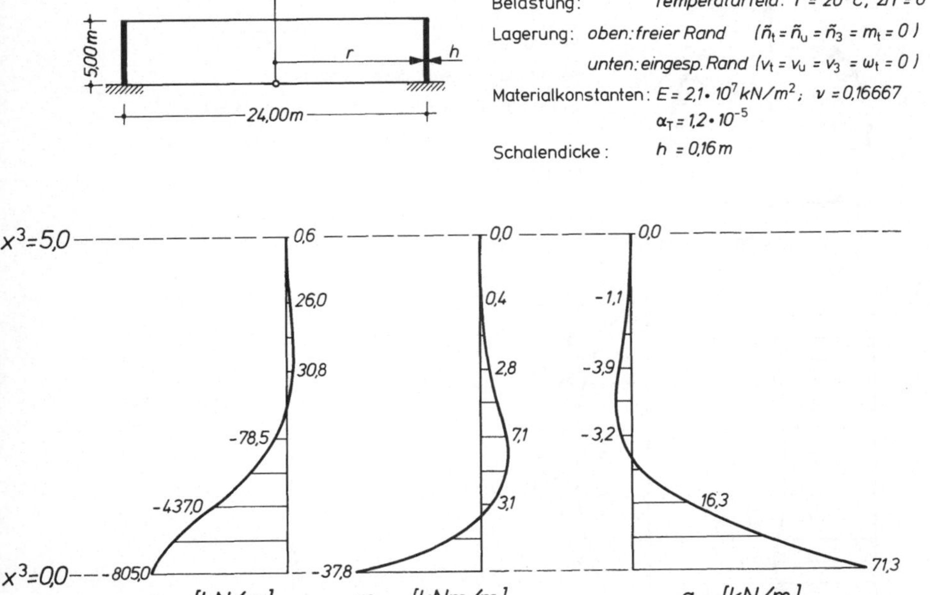

Bild 6.24 Gleichmäßig erwärmter kreiszylindrischer Behälter

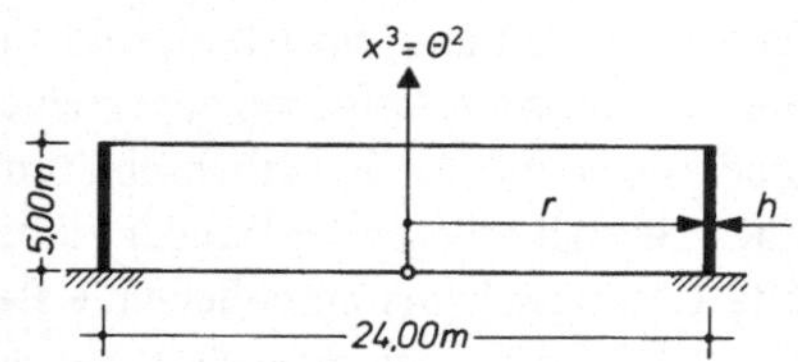

Meridiankurve: $r = 12{,}00\,m$
Belastung: Temperaturfeld $\Delta T = -30°C,\ T = 0$
Lagerung: oben: freier Rand $(\tilde{n}_t = \tilde{n}_u = \tilde{n}_3 = m_t = 0)$
unten: eingesp. Rand $(v_t = v_u = v_3 = \omega_t = 0)$
Materialkonstanten: $E = 2{,}1 \cdot 10^7\,kN/m^2;\ \nu = 0{,}16667$
$\alpha_T = 1{,}2 \cdot 10^{-5}$
Schalendicke: $h = 0{,}16\,m$

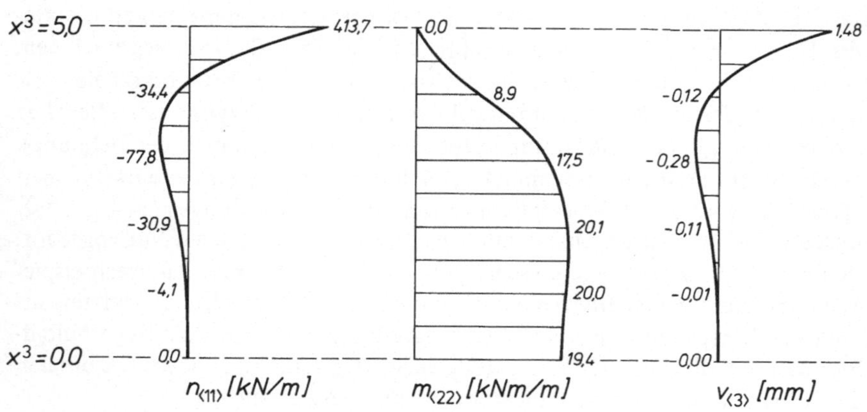

Bild 6.25 Kreiszylindrischer Behälter unter Temperaturdifferenz

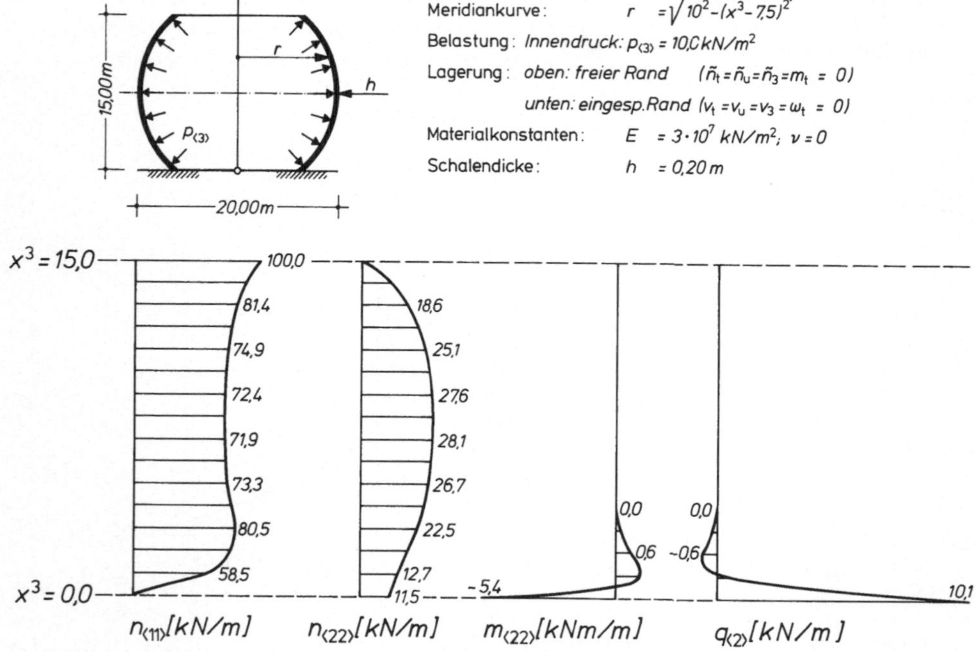

Meridiankurve: $r = \sqrt{10^2 - (x^3 - 7{,}5)^2}$
Belastung: Innendruck: $p_{\langle 3\rangle} = 10{,}0\,kN/m^2$
Lagerung: oben: freier Rand $(\tilde{n}_t = \tilde{n}_u = \tilde{n}_3 = m_t = 0)$
unten: eingesp. Rand $(v_t = v_u = v_3 = \omega_t = 0)$
Materialkonstanten: $E = 3 \cdot 10^7\,kN/m^2;\ \nu = 0$
Schalendicke: $h = 0{,}20\,m$

Bild 6.26 Kugelteilschale unter konstantem Innendruck

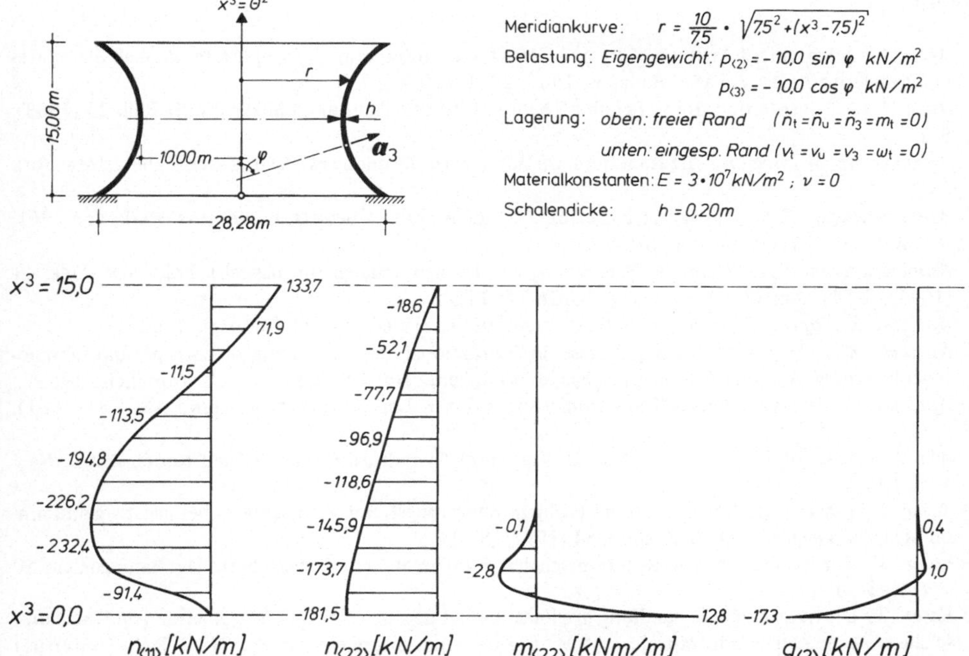

Bild 6.27 Rotationshyperboloid unter Eigengewicht

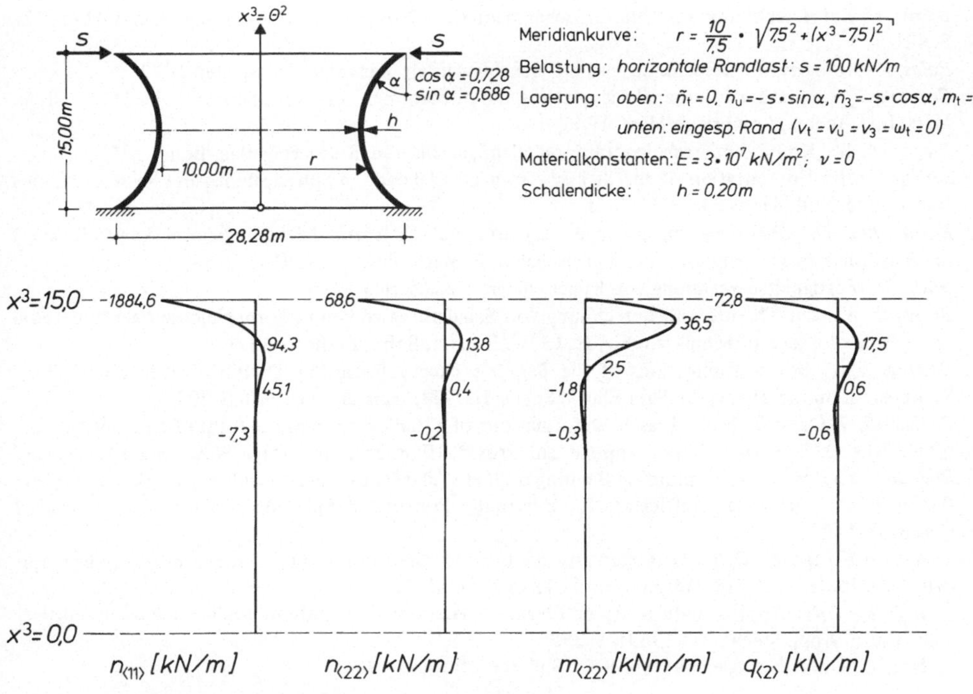

Bild 6.28 Rotationshyperboloid unter horizontaler Randlast

Literatur

1 *Aass, A.:* A Simplified Analysis of Rectangular Domes. International Symposium on Shell Structures in Engineering Practice. IASS, Budapest 1965, Bd. 1, S. 9

2 *Aass, A.:* A Contribution to the Bending Theory of Elliptic Paraboloid Shells. IVBH-Bull. 23 (1963), S. 1

3 *Abramowitz, M./Stegun, I.A.:* Handbook of Mathematical Functions. 8. ed., Dover Public., New York 1972

4 *Ambartsumyan, S.A.:* Theory of anisotropic shells. Amerik. Übersetzung des russ. Werks von 1961; NASA Techn. Service, Washington, D.C.

5 *Ambartsumyan, S.A.:* Über die Berechnung von flachen Schalen (in russisch). Prikl. Mat. Mek. 11 (1947), S. 527. Amerik. Übersetzung: NACA TM 1425

6 *Apeland, K./Popov, E.P.:* Design tables für translational shells. Univ. of California 1963

7 *Apeland, K.:* Analysis of Bending Stresses in Translational Shells including Anisotropic and Inhomogeneous Properties. Acta Polytechnica Scandinavia, Series No. 22, Contr. No. 23, Trondheim 1963

8 *Apeland, K.:* Stress Analysis of Translational Shells. Journ. Eng. Mech. Division, Proc. ASCE 87 (1961), S. 111

9 *ASCE* Manuals of Eng. Practice, No. 31: Design of Cylindrical Concrete Shell Roofs. ASCE, New York 1952

10 *Başar, Y./Harnach, R./Harte, R.:* Zum Problem verzerrungsfreier Verbiegungen bei negativ gekrümmten Rotationsschalen. Die Bautechnik 54 (1977), S. 190

11 *Başar, Y.:* Zur Berechnung von Rotationsschalen mit dem Mehrstellenverfahren. Der Bauingenieur 50 (1975), S. 41

12 *Başar, Y.:* Die numerische Behandlung der linearen und der nichtlinearen Biegetheorie von Rotationsschalen. Techn.-wissensch. Mitteil. d. Inst. f. Konstrukt. Ingenieurbau Nr. 74–7, Ruhr-Universität Bochum 1974.

13 *Başar, Y./Rothert, H.:* Numerische Untersuchung des Problems verzerrungsfreier Verbiegungen bei randbelasteten Rotationsschalen. Konstruktiver ingenieurbau-berichte, Heft 20, Vulkan-Verlag, Essen 1974

14 *Başar, Y.:* Zur Berechnung von Rotationsschalen mit dem Differenzenverfahren. Ing.-Archiv 41 (1972), S. 421

15 *Beles, A.A./Soare, M.:* Berechnung von Schalentragwerken. Bauverlag, Wiesbaden 1972

16 *Berman, F.R.:* Mathematical analysis of stress and displacement in thin spherical shells. D. Sc. Thesis, Mass. Inst. Techn., Cambridge/Mass. 1946

17 *Bieger, K.-W.:* Kreiszylinderschalen unter radialen Einzellasten. Springer-Verlag, Berlin 1976

18 *Bijlaard, P.P.:* Computation of the Stresses from Local Loads in Spherical Pressure Vessels. Welding Res. Counc. Bull. Series 34 (1957), S. 1

19 *Blumenthal, O.:* Über die asymptotische Integration von Differentialgleichungen mit Anwendung auf die Berechnung von Spannungen in Kugelschalen. Z. Math. Phys. 62 (1914), S. 343

20 *Bolle, L.:* Festigkeitsberechnung von Kugelschalen. Diss. Zürich 1916

21 *Bongard, W.:* Zur Theorie und Berechnung von Schalentragwerken in Form gleichseitiger hyperbolischer Paraboloide. Bautechnik-Archiv, H. 15, W. Ernst u. Sohn, Berlin 1959

22 *Bouma, A.L.:* Some Applications of the Bending Theory Regarding Doubly Curved Shells. Proc. Symposium on the Theory of Thin Elastic Shells, IUTAM, Amsterdam 1960, S. 202

23 *Bridgland, T.F./Nash, W.A.:* Elastic Deformations of a shallow shell in the form of an elliptic paraboloid. Proc. 3. U.S. Nat. Congr. Appl. Mech., Provid. 1958, Pergamon Press, New York 1959, S. 265

24 *Brondum-Nielsen, T.:* Axisymmetric Bending of Shells. The Danish Technical Press, Kopenhagen 1962

25 *Bushnell, D.:* Influence Coefficients for Externally Pressurized Spherical Shells. AIAA Journal 4 (1966), S. 1472

26 *Byrnes, F.E./Archer, R.R.:* Orthogonality relations for the "end problem" for transversely isotropic cylinders. Journ. Am. Inst. Aeron. Astron. 13 (1975), S. 357

27 *Colbourne, J.R.:* Approximate roots of Flügge's characteristic equations for the closed cylindrical shell. Journ. Appl. Mech., 36 (1969), S. 352

28 *Collatz, L.:* Differentialgleichungen. B.G. Teubner, Stuttgart 1966

29 *Conrad, D.A.:* Singular solutions in the theory of shallow shells. D. Sc. Thesis, Stanford University 1956
30 *Courant, R./Hilbert, D.:* Methoden der mathematischen Physik, Band I und II. Springer-Verlag Berlin 1968
31 *Dikovic, V. V.:* Flache Rotationsschalen über rechteckigem Grundriß (in russisch). Gosstroiisdat, Moskau-Leningrad 1960
32 *Dischinger, F.:* Die strenge Theorie der Kreiszylinderschale in ihrer Anwendung auf die Zeiß-Dywidag-Schalen. Beton- und Eisen 34 (1935), S. 257, 283
33 *Doganoff, I.:* Berechnung von Kugelschalen über rechteckigem Grundriß. Mitt. Inst. f. Massivbau der T. U. Hannover, Band 3. Werner-Verlag, Düsseldorf 1962
34 *Doganoff, I.:* Zwei neuartige Hallen aus Schalenfertigteilen. Die Bautechnik 38 (1961), S. 247
35 *Donnell, L.H.:* Beams, Plates and Shells. McGraw-Hill Book Company, New York 1976
36 *Donnell, L.H.:* Stability of Thin Walled Tubes under Torsion. N.A.C.A. Report No. 479 (1933), S. 1
37 *Duddeck, H./Niemann, H.:* Kreiszylindrische Behälter. Verlag W. Ernst & Sohn, Berlin 1976
38 *Duddeck, H.:* Biegetheorie der allgemeinen Rotationsschalen mit schwacher Veränderlichkeit der Schalenkrümmung. Ing.-Archiv 33 (1964), S. 279
39 *Duddeck, H.:* Die Biegeberechnung technischer Rotationsschalen mit Rändern entlang Breitenkreisen. Der Bauingenieur 39 (1964), S. 435
40 *Duddeck, H.:* Biegetheorie der flachen hyperbolischen Paraboloidschale $z = \bar{c}xy$. Ing.-Archiv 31 (1962), S. 44
41 *Duddeck, H.:* Das Randstörungsproblem der technischen Biegetheorie dünner Schalen in drei korrespondierenden Darstellungen. Österr. Ing. Archiv 17 (1962), S. 32
42 *Ekström, J.-E.:* Studien über dünne Schalen von rotationssymmetrischer Form und Belastung mit konstanter oder veränderlicher Wandstärke. Ing. Vetensk. Akad. Handl. 121, Stockholm 1933
43 *Finsterwalder, U.:* Die querversteiften zylindrischen Schalengewölbe mit kreissegmentförmigem Querschnitt. Ing.-Arch. 4 (1933), S. 43
44 *Finsterwalder, U.:* Die Theorie der kreiszylindrischen Schalengewölbe System Zeiß-Dywidag. Abh. I.V.B.H. 1 (1932), S. 127
45 *Flügge, W.:* Concentrated Forces on Shells. Proc. XI. Int. Congr. Appl. Mech., Springer-Verlag 1965
46 *Flügge, W.:* Statik und Dynamik der Schalen. 3. neubearbeitete Auflage, Springer-Verlag, Berlin 1962
47 *Flügge, W./Conrad, D.A.:* Singular Solutions in the Theory of Shallow Shells. Techn. Rep. No. 101, Div. Eng. Mech., Stanford University, 1956
48 *Flügge, W.:* Die Stabilität der Kreiszylinderschale. Ing.-Archiv 3 (1932), S. 463
49 *Forsberg, K./Flügge, W.:* Point Load on a Shallow Elliptic Paraboloid. ASME-Journ. of Appl. Mech. 88 (1966), S. 575
50 *Geckeler, J. W.:* Zur Theorie der Elastizität flacher rotationssymmetrischer Schalen. Ing.-Archiv 1 (1930), S. 255
51 *Geckeler, J. W.:* Elastostatik. Handbuch der Physik, Band 6, Berlin 1928
52 *Geckeler, J. W.:* Über die Festigkeit achsensymmetrischer Schalen. Forsch.-Arb. Ing. Wes. 276, Berlin 1926
53 *Girkmann, K.:* Flächentragwerke. 6. Auflage, Springer-Verlag, Wien 1963
54 *Gol'denveizer, A.L.:* Theory of Elastic Thin Shells (Translation from the Russian). Pergamon Press, Oxford-London 1961
55 *Gol'denveizer, A.L.:* Einige Integrationsmethoden für die Gleichungen der Theorie dünner Schalen (in russisch). Prikl. Mat. Mek. 10 (1946), S. 3
56 *Gould, P.L.:* Static Analysis of Shells. Lexington Books, D.C. Heath and Company, Lexington 1977
57 *Gradowczyk, M.H.:* On Thermal Stresses in Thin Shallow Shells. Proc. IASS-Symp. on Non-Classical Shell Problems, Warschau 1963. North-Holl. Publ. Comp., Amsterdam 1964, S. 139
58 *Gradowczyk, M.H.:* Some remarks on the theory of shallow spherical shells. Ing.-Archiv 32 (1963), S. 297
59 *Gravina, P.B.J.:* Theorie und Berechnung der Rotationsschalen. Springer-Verlag, Berlin 1961
60 *Green, A.E./Zerna, W.:* Theoretical Elasticity. 2nd Edition, At the Clarendon Press, Oxford 1968 (Erstauflage 1954)
61 *Green, A.E./Zerna, W.:* The equilibrium of thin elastic shells. Quart. Journ. Mech. Appl. Math. 3 (1950), S. 9

62 *Hampe, E.:* Statik rotationssymmetrischer Flächentragwerke. Band 1 bis 5, verschiedene Auflagen; VEB Verlag für Bauwesen, Berlin 1973

63 *Hampe, E.:* Beitrag zur Berechnung zusammengesetzter rotationssymmetrischer Flächentragwerke. Wiss. Zeitschr. Hochsch. Arch. Bauwesen 10 (1963), S. 275

64 *Heise, O.:* Die Berechnung der Spannungen und Deformationen axialsymmetrisch belasteter Rotationsschalen nach der Theorie I. und II. Ordnung. Dissertation, T. H. Braunschweig 1966

65 *Herzog, M.:* Die Grundgleichungen der flachen, dünnen, elastischen Schale. Die Bautechnik 37 (1960), S. 27

66 *Heuck, K.:* Das Verhältnis der Partikularlösung der Membrantheorie zur exakten Partikularlösung der vollständigen Schalengleichungen. Dissertation, Techn. Hochsch. Hannover, 1959

67 *Heuck, K.:* Die näherungsweise Berechnung der Randstörungen beliebig belasteter Rotationsschalen. Beton- und Stahlbetonbau 53 (1958), S. 280

68 *Hoff, N.J.:* The accuracy of Donnell's approximation for thin-walled circular cylinders. Journ. Mech. Appl. Math. 12 (1959), S. 82

69 *Hoff, N.J.:* The Accuracy of Donnell's Equations. Journ. Appl. Mech. 22 (1955), S. 329

70 *Holand, J.:* Characteristic equations in the theory of circular cylindrical shells. Aero. Quart. 13 (1962)

71 *Holand, J.:* Influence surfaces for bending moments in circular cylindrical shells or curved plates. IVBH, Abhandl. 21 (1961), S. 111

72 *Hotzler, H.:* Schnittgrößen und Formänderungen der flachen verwundenen Schale in trigonometrischen Doppelreihen infolge beliebiger Normallasten und Temperaturbeanspruchungen. Die Bautechnik 47 (1970), S. 130

73 *Hotzler, H.:* Schnittgrößen und Formänderungen der flachen, dünnen, elastischen, verwundenen Schale über rechteckigem Grundriß. Wiss. Zeitschr. d. T. U. Dresden 15 (1966), S. 959

74 *Hotzler, H.:* Schnittgrößen und Formänderungen der flachen, dünnen, elastischen Kugelschale über rechteckigem Grundriß. Die Bautechnik 42 (1965), S. 13

75 *Hruban, K.:* Biegetheorie der Translationsflächen und ihre Anwendung im Hallenbau. Acta Techn. Acad. Sc. Hung., 7 (1953), S. 425

76 *IASS:* Recommendations for Reinforced Concrete Shells and Folded Plates. Int. Assoc. Shells and Spatial Struct., Madrid 1979

77 *Iyer, S.H./Simmonds, S.H.:* The accuracy of Donnell's theory for very high harmonic loading on closed cylinders. Journ. Appl. Mech. 39 (1972), S. 836

78 *Jahnke, E./Emde, F./Lösch, F.:* Tafeln höherer Funktionen. B.G. Teubner, 7. Auflage, Stuttgart 1966

79 *Jakobsen, A.A.:* Die Berechnung der Zylinderschalen. Springer-Verlag, Berlin 1958

80 *Jakobsen, A.A.:* Über das Randstörungsproblem an Kreiszylinderschalen. Bauingenieur 20 (1939), S. 394

81 *Jakobsen, A.A.:* Beitrag zur Theorie der Kugelschale auf Einzelstützen. Ing.-Archiv 8 (1937), S. 275

82 *Jenkins, R.S.:* Theory and Design of Cylindrical Shell Structures. Modern Building Techn. Bull. No. 1, London 1947

83 *Jenssen, O.:* Shallow Hyperbolic Paraboloid Shells. Acta Polytech. Scand., Civ. Eng. a. Build. Const., 14, Trondheim 1961

84 *Kalnins, A.:* Analysis of Shells of Revolution subjected to Symmetrical and Nonsymmetrical Loads. Journ. Appl. Mech. Series E, 31 (1964), S. 467

85 *Kempner, J.:* Remarks on Donnell's Equations. Journ. Appl. Mech. 22 (1955), S. 117

86 *Kirchhoff, G.:* Über Transversalschwingungen eines Stabes von veränderlichem Querschnitt. Ges. Abhandl., Verlag A. Kröner, Leipzig 1882

87 *Klimov, B.:* Ein Beitrag zur Biegetheorie der flachen doppelt gekrümmten Schalen mit veränderlicher Dicke. Acta Techn. Acad. Scient. Hungar. 34 (1961), S. 403

88 *Klingbeil, E.:* Zur Theorie der Rotationsschalen vom Standpunkt numerischer Rechnungen. Ing.-Archiv 27 (1960), S. 242

89 *Koga, T.:* On the Singularity of Influence Coefficients of the Externally Pressurized Spherical Shells. AIAA Journal 9 (1971), S. 1861

90 *Krätzig, W.B.:* Zum Randwertproblem der flachen Kugelschale unter Normalbelastung und stationären Temperaturfeldern. Dissertation T. U. Hannover 1965

91 *Kraus, H.:* Thin Elastic Shells. John Wiley & Sons, Inc., New York 1967

92 *Krstic, M.:* Berechnung der elastischen sphärischen Schale über gleichseitigem Dreieckgrundriß. Die Bautechnik 38 (1961), S. 134

93 *Leckie, F.A.:* Localized loads applied to spherical shells. Journ. Mech. Eng. Sci. 3 (1961), S. 111

94 *Ludwig, E.:* Zur Berechnung des Einflusses kreisförmiger Ausschnitte auf Spannungszustände in dünnwandigen kreiszylindrischen Schalen. Dissertation, Darmstadt 1964

95 *Lukasiewicz, S.:* Local loads in plates and shells. Sijthoff & Noordhoff International Publishers B.V., Alphen 1979

96 *Lukasiewicz, S.:* On the equations of the theory of shells of slowly varying curvatures. ZAMM 22 (1971), S. 6

97 *Lukasiewicz, S.:* The solution for concentrated loads on shells by means of Thomson functions. ZAMM 48 (1968), S. 247

98 *Lukasiewicz, S.:* Concentrated Loadings on Shells. Proc. XI. Int. Congr. Appl. Mech., Springer-Verlag 1965

99 *Lukasiewicz, S.:* Concentrated loads on shallow spherical shells. Quart. Journ. Mech. Appl. Math. 20 (1967), S. 293

100 *Lundgren, H.:* Cylindrical Shells; Vol. 1: Cylindrical Roofs. The Danish Technical Press, Kopenhagen 1951

101 *Lur'je, A.I.:* Spannungskonzentration in der Umgebung eines Loches an der Oberfläche eines Kreiszylinders (in russisch). Prikl. Math. Mekh. 10 (1946), S. 397

102 *Magnus, W.:* On the exponential solution of differential equations for a linear operator. Comm. Pure Appl. Math. 7 (1954), S. 649

103 *Marguerre, K.:* Zur Theorie der gekrümmten Platte großer Formänderungen. Proc. 5. Int. Congr. Appl. Mech., Cambridge/Mass. 1938, S. 93 und Jahrb. 1939 Deutsch. Luftf.-Forsch., Bd. 1, S. 413

104 *Markus, G.:* Theorie und Berechnung rotationssymmetrischer Bauwerke. Werner-Verlag, 2. Aufl., Düsseldorf 1976

105 *Mehmel, A./Kruse, W./Samann, S./Schwarz, H.:* Schnittkrafttafeln für den Entwurf kreiszylindrischer Tonnendächer. DAStb, Heft 216. Verlag W. Ernst & Sohn, Berlin 1971

106 *Meissner, E.:* Beanspruchung und Formänderung zylindrischer Gefäße mit linear veränderlicher Wandstärke. Vjschr. naturf. Ges. Zürich, 62 (1917), S. 153

107 *Meissner, E.:* Über Elastizität und Festigkeit dünner Schalen. Vierteljahreszeitschr. naturforsch. Ges. Zürich, 60 (1915), S. 23

108 *Meissner, E.:* Das Elastizitätsproblem für dünne Schalen von Ringflächen, Kugel- und Kegelform, Phys. Zeitschrift 14 (1913), S. 343

109 *Miesel, K.:* Über die Festigkeit von Kreiszylinderschalen bei nichtachsensymmetrischer Belastung. Ing.-Archiv 1 (1930), S. 22

110 *Mittelmann, G.:* Beitrag zur Berechnung von Translationsschalen. Ing.-Archiv 26 (1958), S. 288

111 *Morley, L.S.D.:* An improvement on Donnell's approximation for thin-walled circular cylinders. Journ. Mech. Appl. Math. 12 (1959), S. 89

112 *Müller-Breslau, H.:* Statik der Baukonstruktionen, Bd. 2. Verlag A. Kröner, Leipzig 1908

113 *Münz, H.:* Ein Integrationsverfahren für die Berechnung achsensymmetrischer Schalen unter achsensymmetrischer Belastung. Ing.-Archiv 19 (1951), S. 103 u. 255

114 *Munro, J.:* The linear analysis of thin shallow shells. Proc. of the Institution of Civil Engineers, 19 (1961), S. 291

115 *Mushtari, Ch.M.:* Einige Verallgemeinerungen der Theorie dünner Schalen (in russisch). Istvestia Fiz.-Mat. obsh. pri Kazanskam Universitete 11 (1938), Serie 8

116 *Naghdi, A.K./Eringen, A.C.:* Stress Distribution in a Circular Cylindrical Shell with a Circular Cutout. Ing.-Archiv 34 (1965), S. 161

117 *Nash, W./Sherg, P.L.:* Bending of Thin Shells in the Form of an Elliptic Paraboloid. Proc. 2. Symp. Concr. Shell Roof Constr., 1957, Technisk Ukeblad, Oslo 1958, S. 247

118 *Neumayer, F.:* Näherungsberechnung der drehsymmetrischen Randstörungen an Rotationsschalen. Der Bauingenieur 44 (1969), S. 389

119 *Nordgren, R.P.:* On the method of Green's function of the thermoelastic theory of shallow shells. Int. Journ. Eng. Sci. 1 (1963), S. 279

120 *Novoshilov, V. V.:* The theory of thin shells. Noordhoff Ltd., Groningen 1959

121 *Oravas, G.A.:* Analysis of thin elastic shallow segmental shells. Abhandl. I.V.B.H. 28 (1958), S. 201
122 *Oravas, G.A.:* Transverse Bending of Thin Shallow Shells of Translation. Österr. Ing.-Archiv 11 (1957), S. 264
123 *Peano, G.:* Intégration per series des equations différentielle. Math. Annalen 32 (1888), S. 450
124 *Peter, J./El Masri, M.:* Beitrag zur praktischen Berechnung von Biegestörungen der langen und kurzen Zylinderschale unter rotationssymmetrischen Randlasten. Die Bautechnik 52 (1975), S. 85
125 *Pflüger, A.:* Elementare Schalenstatik. 2. Auflage. Springer-Verlag, Berlin 1957
126 *Rabich, R.:* Statik der Platten, Scheiben, Schalen. Abschnitt 7 im Ingenieurtaschenbuch Bauwesen, Band I. Edition Leipzig 1964
127 *Rabich, R.:* Randwerttabellen für Zylinderschalen. VEB Verlag für Bauwesen, Berlin 1960
128 *Rabich, R.:* Die Statik der Schalenträger. Bauplanung-Bautechnik 8 (1954), H. 1; 9 (1955), H. 4; 10 (1956), H. 1; 11 (1957), H. 1 u. 2
129 *Rabotnow, I.N.:* Die Gleichungen für die Randstörungszone in der Schalentheorie (in russisch). Doklady Akad. Nauk. U.S.S.R. 47 (1945), S. 329
130 *Rabatnow, I.N.:* Grundgleichungen der Schalentheorie. Doklady Akad. Nauk. U.S.S.R. 47 (1945), S. 87
131 *Reichelbach, W.:* Der Spannungszustand im Übergangsgebiet einer rechtwinkligen Rohrabzweigung. Ingenieur-Archiv 30 (1961), S. 293
132 *Reissner, E.:* On the Determination of Stresses and Displacements for Unsymmetrical Deformations of Shallow Spherical Shells. Journ. Math. Phys. 38 (1959), S. 16
133 *Reissner, E.:* A note on membrane and bending stresses in spherical shells. Journ. Soc. Indust. Appl. Math. 4 (1956), S. 230
134 *Reissner, E.:* On some Aspects of the Theory of Thin Elastic Shells. Journ. Boston Soc. Civ. Eng., (1955), S. 100
135 *Reissner, E.:* Stresses and small Displacements of shallow Shells. Journ. Math. Phys. 25 (1946), S. 80 und 25 (1947), S. 279
136 *Reissner, E.:* On Vibrations of Shallow Spherical Shells. Appl. Phys. Journ. 17 (1946), S. 1038
137 *Reissner, H.:* Spannungen in Kugelschalen (Kuppeln). Müller-Breslau-Festschrift, Leipzig 1912
138 *Reissner, H.:* Über die Spannungsverteilung in zylindrischen Behälterwänden. Beton und Eisen 7 (1908), S. 150
139 *Rish, R.F.:* The analysis of cylindrical shell roofs with post tensioned edge beams. Int. J. Solids Struct. 10 (1974), S. 1035
140 *Rjabor, A.P.:* Ein Temperaturproblem für flache Schalen (in russisch). Istvestia Vyssich Ucebnych Zavedini 10 (1963), S. 52
141 *Rothert, H.:* On the Bending Theory of Hyperbolic Paraboloid Shells Bounded by two Sets of Oblique Characteristics. IASS Bulletin 45 (1971), S. 47
142 *Rüdiger, D./Urban, J.:* Kreiszylinderschalen. Verlag Teubner, Leipzig 1955
143 *Runge, C.:* Über die Formänderung eines zylindrischen Wasserbehälters durch den Wasserdruck. Z. Math. Phys. 51 (1904), S. 254
144 *Saal, H./Saal, G.:* Die Berechnung von Stützen in schwach gekrümmten Schalen. Stahlbau 43 (1974), S. 147, 211
145 *Sanders, J.L./Simmonds, J.:* Concentrated Forces on Shallow Cylindrical Shells. ASME-Journ. Appl. Mech. 92 (1970), S. 361
146 *Sanders, J.L.:* On Improved First-approximation Theory for thin Shells. NASA Techn. Report R 24, 1959
147 *Sayar, K.:* Berechnung von Rotationsschalen mit Übertragungsmatrizen (Dönel kabuk sistemlerin diferensiyel geçis matrisleriyle çözümü). Istanbul Teknik Universitesi doçentlik tezi 1970
148 *Schlesinger, L.:* Neue Grundlagen für einen Infinitesimalkalkül der Matrizen. Math. Zeitschr. 33 (1931), S. 33; 35 (1932), S. 485
149 *Schlesinger, L.:* Vorlesungen über lineare Differentialgleichungen. Teubner-Verlag, Leipzig 1908
150 *Schmidt, H.:* Ein Beitrag zum Randstörungsproblem an den Binderscheiben der Kreiszylinderschalen. Bauplanung-Bautechnik 11 (1957), H. 1 und 2
151 *Schumer, K.:* Schnittgrößen im Verschneidungsbereich eines kreiszylindrischen Druckbehälters mit einem Stutzen. Institut für Baustatik, Universität Karlsruhe, Schriftenreihe Heft 4, 1979

152 *Shah, H.C.:* Analysis of Shell Roofs with a Paraboloidal Surface. The Indian Concrete Journal 8 (1960), S. 314, S. 362, S. 487
153 *Simmonds, J.G./Bradley, M.R.:* The Fundamental Solution for a Shallow Shell with an Arbitrary Quadratic Midsurface. ASME-Journ. Appl. Mech. 98 (1976), S. 286
154 *Simmonds, J.G.:* A set of simple, accurate equations for circular cylindrical shells. Int. Journ. Solids Structures 3 (1966), S. 525
155 *Spiegel, M.R.:* Mathematical Handbook of Formulas and Tables. Schaum's Outline Series, McGraw-Hill Book Company, New York 1968
156 *Svalbonas, V./Ney, J.:* Static, stability and dynamic analysis of shells of revolution by numerical integration, a comparison. Nuclear Engng. Design 26 (1974), S. 30
157 *Thierauf, G.:* Die Vernachlässigungen bei der Ableitung der Grundgleichungen für Zylinderschalen. Der Bauingenieur 45 (1970), S. 93
158 *Timoshenko, S./Woinowsky-Krieger, S.:* Theory of Plates and Shells. 2. Edition, McGraw-Hill Book Company, New York 1959
159 *Tottenham, H.:* A simplified method of design for cylindrical shell roofs. Struct. Eng. 32 (1954), S. 161
160 *Vekua, I.N.:* Über die Theorie elastischer Schalen (in russisch). Doklady Akad. Nauk. U.S.S.R. 68 (1949), S. 453
161 *Vekua, I.N.:* Über die Theorie dünner flacher elastischer Schalen (in russisch). Prikl. Mat. Mek. 12 (1948), S. 69
162 *Venkitapathy:* Die Kreiszylinderschale mit elliptischem Ausschnitt. Dissertation, Hannover 1963
163 *Volterra, V.:* Sui fundamenta della teoria delle equazioni differenziali lineari. Mem. Soc. Ital. Sci. (3), 6 (1887), S. 1; 12 (1902), S. 3
164 *Watson, G.N.:* A treatise on the theory of Bessel functions. 2. ed., Cambridge Univ. Press, Cambridge 1958
165 *Wilkinson, J.P./Kalnins, A.:* Deformation of open spherical shells under arbitrary located concentrated loads. ASME-Journ. Appl. Mech. 88 (1966), S. 305
166 *Withum, D.:* Die Kreiszylinderschale mit kreisförmigem Ausschnitt unter Schubbeanspruchung. Ingenieur-Archiv 27 (1958), S. 435
167 *Wlassow, W.S.:* Allgemeine Schalentheorie und ihre Anwendung in der Technik. Akademie-Verlag-Berlin 1958
168 *Wlassow, W.S.:* Basic differential equations in the general theory of elastic shells. NACA TM 1241 (1951), amer. Übersetzung des russ. Originalbeitrages aus Prikl. Mat. Mek. 8 (1944), S. 109
169 *Wunderlich, W.:* Zur Biegebeanspruchung von Kühlturmschalen bei Fundamentsetzungen. konstruktiver ingenieurbau-berichte, Heft 7, S. 63. Vulkan-Verlag, Essen 1970
170 *Wunderlich, W.:* A method for the analysis of thick elastic shells and comparisons between various approximations for thin shells. Proc. Int. Coll. on Progress of Shell Struct., Madrid 1969
171 *Wunderlich, W./Eggers, H./Niemann, H.:* Berechnung von Schalentragwerken mit numerischen, den Rechenautomaten angepaßten Methoden. Bericht über das DFG-Forschungsvorhaben Du 25-2, Lehrstuhl für Statik, T. U. Braunschweig 1969
172 *Wunderlich, W.:* Zwei halbanalytische Verfahren zur Berechnung von Tonnenschalen. Schriftenreihe des Lehrstuhls für Stahlbau der T. H. Hannover, S. 217, Hannover 1967
173 *Wunderlich, W.:* Zur Berechnung von Rotationsschalen mit Übertragungsmatrizen. Ing.-Archiv 36 (1967), S. 262
174 *Wunderlich, W.:* Differentialsystem und Übertragungsmatrizen der Biegetheorie allgemeiner Rotationsschalen. Dissertation, T. H. Hannover 1966
175 *Yacoud, A.R./Hanna, M.:* Shallow spherical shells under hydrostatic pressure or couple nucleus. Bull. Calcutta Math. Soc. 62 (1970)
176 *Zerna, W.:* Berechnung von Translationsschalen. Österr. Ing.-Archiv 8 (1953), S. 181
177 *Zerna, W.:* Zur Berechnung der Randstörungen kreiszylindrischer Tonnenschalen. Ing.-Archiv 20 (1952), S. 357

7 Energieprinzipe und numerische Lösungsmethoden

Non est ad astra mollis e terris via.
Der Weg von der Erde zu den Sternen ist nie unbeschwerlich.
Aus den Briefen des Seneca (4–65)

Den Kern dieses Kapitels bilden die verschiedenen Energieprinzipe der linearen Schalentheorie in Tensor- und Operatorenschreibweise. Auf ihrer Basis erfolgt sodann ein Überblick über den dualen Variablenraum für gekrümmte sowie ebene Flächentragwerke. Als Abschluß finden sich Einführungen in die Methode der finiten Elemente und der finiten Differenzen, angewendet auf allgemeine Flächentragwerke.

7.1 Energieprinzipe in der Theorie der Flächentragwerke

7.1.1 Rückblick auf die Schalengrundgleichungen

Die Herleitung der Energieprinzipe allgemeiner Flächentragwerke, die für die Schubverzerrungstheorie in der Formulierungsvariante A erfolgen soll, bereiten wir durch eine erneute Zusammenstellung ihrer Grundgleichungen gemäß Kapitel 3 und Abschnitt 4.3.2 vor. Dabei sollen Tensor- und Operatorenschreibweise wechselseitig Verwendung finden. Wir beginnen mit den auf das Tragwerk einwirkenden Oberflächenlasten, welche zum *Lastvektor* $\mathbf{p}$ (3.2.3) und zum *Lastmomentenvektor* $\mathbf{c}$ (3.2.4)

$$\mathbf{p} = p^\alpha \mathbf{a}_\alpha + p^3 \mathbf{a}_3, \quad \mathbf{c} = c^\rho \mathbf{a}_3 \times \mathbf{a}_\rho = c^\rho \epsilon_{\rho\beta} \mathbf{a}^\beta \tag{7.1.1}$$

zusammengefaßt wurden; ihre Intensitäten sind auf die Einheit der Mittelfläche bezogen. Die Spannungen in beliebigen Schnittflächen Θ^α = konst des Schalenkontinuums wurden gemäß (3.2.37, 38) im *Schnittkraftvektor* $\mathbf{n}^\alpha$ und im *Schnittmomentenvektor* $\mathbf{m}^\alpha$ vereinigt. Deren Komponentenzerlegungen (3.2.21, 22)

$$\mathbf{n}^\alpha = n^{\alpha\beta} \mathbf{a}_\beta + q^\alpha \mathbf{a}_3, \quad \mathbf{m}^\alpha = m^{\alpha\rho} \mathbf{a}_3 \times \mathbf{a}_\rho = m^{\alpha\rho} \epsilon_{\rho\beta} \mathbf{a}^\beta \tag{7.1.2}$$

führten auf den *Dehnungskrafttensor* $n^{\alpha\beta}$, den *Querkraftvektor* q^α und den *Momententensor* $m^{\alpha\beta}$. Letzterer ergab sich im Rahmen unserer Approximation (3.2.47) als symmetrisch, während der unsymmetrische Dehnungskrafttensor durch (3.3.17)

$$\tilde{n}^{(\alpha\beta)} = n^{\alpha\beta} + m^{\alpha\rho} b^\beta_\rho \tag{7.1.3}$$

ein symmetrisches Gegenstück $\tilde{n}^{(\alpha\beta)}$ erhielt.

Die äußere Kinematik des Flächentragwerks wurde durch den in Θ^3 linearen Ansatz (3.2.55) approximiert

$$\mathbf{v}^*(\Theta^\alpha, \Theta^3) = \mathbf{v}(\Theta^\alpha) + \Theta^3 \mathbf{w}(\Theta^\alpha), \tag{7.1.4}$$

welcher den *Verschiebungsvektor* $\mathbf{v}$ (3.2.50) und den *Differenzvektor* $\mathbf{w}$ (3.2.56) der Mittelfläche definierte. Deren Komponentenzerlegungen (3.2.52, 58)

$$\mathbf{v} = v_\alpha \mathbf{a}^\alpha + v_3 \mathbf{a}^3, \quad \mathbf{w} = w_\alpha \mathbf{a}^\alpha \tag{7.1.5}$$

ergaben die fünf äußeren kinematischen Variablen v_i, w_α. Hierin können die Komponenten w_α durch diejenigen des *Verdrehungsvektors des Schalendirektors*

$$\boldsymbol{\omega} = \omega_\alpha \mathbf{a}^\alpha = \omega^\alpha \mathbf{a}_\alpha \tag{7.1.6}$$

ersetzt werden, denn laut (3.2.85, 88) bestehen die Kopplungen

$$\begin{aligned} \mathbf{w} &= \boldsymbol{\omega} \times \mathbf{a}_3, & \boldsymbol{\omega} &= \mathbf{a}_3 \times \mathbf{w}, \\ w_\beta &= \omega^\alpha \epsilon_{\beta\alpha}, & \omega^\rho &= w_\beta \epsilon^{\beta\rho}. \end{aligned} \tag{7.1.7}$$

Die Deformationen des Tragwerks werden durch den symmetrischen *ersten* und *zweiten Verzerrungstensor* $\alpha_{(\alpha\beta)}$, $\beta_{(\alpha\beta)}$ sowie die *Schubverzerrungen* γ_α gemäß (3.2.116) beschrieben:

$$\gamma_{(ij)} = \left[\begin{array}{c|c} \alpha_{(\alpha\beta)} + \Theta^3 \beta_{(\alpha\beta)} & \frac{1}{2}\gamma_\alpha \\ \hline \frac{1}{2}\gamma_\alpha & 0 \end{array}\right]. \tag{7.1.8}$$

Die längs eines Schalenrandes C wirkenden Kräfte und Momente lassen sich durch die invarianten Vektoren (3.2.28)

$$\mathbf{n} = \mathbf{n}^\alpha u_\alpha, \quad \mathbf{m} = \mathbf{m}^\alpha u_\alpha \tag{7.1.9}$$

beschreiben, deren Zerlegungen (3.2.29, 30) hinsichtlich des orthonormierten Dreibeins $(\mathbf{u}, \mathbf{t}, \mathbf{a}_3)$ die fünf durch Randbedingungen vorschreibbaren Kraftvariablen

$$\mathbf{n} = n_t \mathbf{t} + n_u \mathbf{u} + n_3 \mathbf{a}_3, \quad \mathbf{m} = m_t \mathbf{t} + m_u \mathbf{u} \tag{7.1.10}$$

lieferten. Der Randverschiebungszustand besitzt ebenfalls fünf Komponenten

$$\mathbf{v} = v_t \mathbf{t} + v_u \mathbf{u} + v_3 \mathbf{a}_3, \quad \boldsymbol{\omega} = \omega_t \mathbf{t} + \omega_u \mathbf{u}. \tag{7.1.11}$$

Für das Weitere werden beide Sätze von Randvariablen gemäß (3.5.15) zu korrespondierenden Spaltenvektoren zusammengefügt:

$$\mathbf{t} = \left[\begin{array}{c} n_t \\ n_u \\ n_3 \\ \hline m_t \\ m_u \end{array}\right], \quad \mathbf{r} = \left[\begin{array}{c} v_t \\ v_u \\ v_3 \\ \hline \omega_t \\ \omega_u \end{array}\right]; \tag{7.1.12}$$

dies erfolgt laut (3.5.12) ebenso für die äußeren Kraft- (7.1.1) und Weggrößen (7.1.5):

$$\mathbf{p} = \begin{bmatrix} p^\alpha \\ \hline p^3 \\ \hline c^\alpha \end{bmatrix} = \begin{bmatrix} p^1 \\ p^2 \\ \hline p^3 \\ \hline c^1 \\ c^2 \end{bmatrix}, \quad \mathbf{u} = \begin{bmatrix} v_\alpha \\ \hline v_3 \\ \hline w_\alpha \end{bmatrix} = \begin{bmatrix} v_1 \\ v_2 \\ \hline v_3 \\ \hline w_1 \\ w_2 \end{bmatrix}. \tag{7.1.13}$$

Entsprechende Spalten der korrespondierenden inneren Kraft- und Weggrößen können für die Variante A der Schubverzerrungstheorie Tafel 4.8 entnommen werden:

$$\sigma = \begin{bmatrix} \tilde{n}^{(\alpha\beta)} \\ \hline q^\alpha \\ \hline m^{(\alpha\beta)} \end{bmatrix} = \begin{bmatrix} \tilde{n}^{(11)} \\ \tilde{n}^{(12)} \\ \tilde{n}^{(21)} \\ \tilde{n}^{(22)} \\ \hline q^1 \\ q^2 \\ \hline m^{(11)} \\ m^{(12)} \\ m^{(21)} \\ m^{(22)} \end{bmatrix}, \quad \epsilon = \begin{bmatrix} \alpha_{(\alpha\beta)} \\ \hline \gamma_\alpha \\ \hline \beta_{(\alpha\beta)} \end{bmatrix} = \begin{bmatrix} \alpha_{(11)} \\ \alpha_{(12)} \\ \alpha_{(21)} \\ \alpha_{(22)} \\ \hline \gamma_1 \\ \gamma_2 \\ \hline \beta_{(11)} \\ \beta_{(12)} \\ \beta_{(21)} \\ \beta_{(22)} \end{bmatrix}. \tag{7.1.14}$$

In diesem Zusammenhang möge der Leser beachten, daß $\mathbf{p}$ in den folgenden Tensorgleichungen den Lastvektor (7.1.1), in den Operatorgleichungen dagegen den Spaltenvektor (7.1.13) abkürzt.

Zur Verknüpfung der inneren und äußeren Kraftgrößen gewannen wir die *Gleichgewichtsbedingungen*, deren vektorielle Form durch (3.3.4, 5)

$$\mathbf{n}^\alpha|_\alpha + \mathbf{p} = 0, \quad \mathbf{m}^\alpha|_\alpha + \mathbf{a}_\alpha \times \mathbf{n}^\alpha + \mathbf{c} = 0 \tag{7.1.15}$$

und deren Komponentendarstellung durch die Gleichungen (3.3.11) bis (3.3.14) festgelegt ist. Eliminiert man hierin den Längskrafttensor $n^{\alpha\beta}$ mittels der Symmetriebeziehung (7.1.3), so entsteht unter Verwendung der Spalten (7.1.13, 14):

$$\begin{aligned} &\mathbf{D}_e\sigma + \mathbf{p} = \mathbf{0}: \\ &\tilde{n}^{(\alpha\beta)}|_\alpha - (m^{(\alpha\rho)} b^\beta_\rho)|_\alpha - q^\alpha b^\beta_\alpha + p^\beta = 0, \\ &\tilde{n}^{(\alpha\beta)} b_{\alpha\beta} - m^{(\alpha\rho)} b^\beta_\rho b_{\alpha\beta} + q^\alpha|_\alpha + p^3 = 0, \\ &m^{(\alpha\beta)}|_\alpha - q^\beta + c^\beta = 0. \end{aligned} \tag{7.1.16}$$

Als weiterer Satz von Bestimmungsgleichungen verbinden die *kinematischen Beziehungen* (3.3.36, 37, 41) äußere und innere kinematische Variablen:

$$\epsilon = \mathbf{D}_k \mathbf{u}:$$

$$\alpha_{(\alpha\beta)} = \frac{1}{2}(v_\alpha|_\beta + v_\beta|_\alpha - 2v_3 b_{\alpha\beta}),$$

$$\gamma_\alpha = w_\alpha + v_{3,\alpha} + v_\lambda b^\lambda_\alpha, \tag{7.1.17}$$

$$\beta_{(\alpha\beta)} = \frac{1}{2}(w_\alpha|_\beta + w_\beta|_\alpha - v_\lambda|_\alpha b^\lambda_\beta - v_\lambda|_\beta b^\lambda_\alpha + 2v_3 b^\lambda_\alpha b_{\lambda\beta}).$$

Schnittgrößen und Verzerrungen linear elastischer Flächentragwerke werden schließlich durch die *konstitutiven Gleichungen* (3.4.44):

$$\sigma = \mathbf{DE}\epsilon:$$

$$\tilde{n}^{(\alpha\beta)} = \frac{\partial \pi_i}{\partial \alpha_{(\alpha\beta)}} = DH^{\alpha\beta\lambda\mu}\alpha_{(\lambda\mu)}, \quad q^\alpha = \frac{\partial \pi_i}{\partial \gamma_\alpha} = Gha^{\alpha\lambda}\gamma_\lambda, \tag{7.1.18}$$

$$m^{(\alpha\beta)} = \frac{\partial \pi_i}{\partial \beta_{(\alpha\beta)}} = BH^{\alpha\beta\lambda\mu}\beta_{(\lambda\mu)}$$

bzw. (3.4.47):

$$\mathbf{D}\epsilon = \mathbf{E}^{-1}\sigma:$$

$$D\alpha_{(\lambda\mu)} = G_{\lambda\mu\rho\sigma}\tilde{n}^{(\rho\sigma)}, \quad Gh\gamma_\lambda = a_{\lambda\rho}q^\rho, \quad B\beta_{(\lambda\mu)} = G_{\lambda\mu\rho\sigma}m^{(\rho\sigma)} \tag{7.1.19}$$

miteinander verknüpft. Für die in (7.1.18) auftretende Formänderungsenergiedichte π_i wurde in (3.4.39) eine erste Approximation angegeben:

$$\pi_i = \frac{1}{2}\epsilon^T \mathbf{DE}\epsilon$$

$$= \frac{1}{2}(DH^{\alpha\beta\lambda\mu}\alpha_{(\alpha\beta)}\alpha_{(\lambda\mu)} + BH^{\alpha\beta\lambda\mu}\beta_{(\alpha\beta)}\beta_{(\lambda\mu)} + Gha^{\alpha\lambda}\gamma_\alpha\gamma_\lambda). \tag{7.1.20}$$

Deren isotrope Schalensteifigkeiten

$$D = \frac{Eh}{1-\nu^2}, \quad B = \frac{Eh^3}{12(1-\nu^2)}, \quad Gh = \frac{Eh}{2(1+\nu)} \tag{7.1.21}$$

finden sich in (3.4.40), die verwendeten Elastizitätstensoren $H^{\alpha\beta\lambda\mu}$ und $G_{\lambda\mu\rho\sigma}$ in (3.4.41, 45).

Die längs des Schalenrandes C vorschreibbaren Kraftvariablen (7.1.12) erfüllen gemäß (3.2.32, 33) sowie (7.1.3) folgende Kopplungen mit den tensoriellen Schnittgrößen:

$$\mathbf{t} = \mathbf{R}_t \sigma:$$

$$n_t = n^{\alpha\beta}u_\alpha t_\beta = (\tilde{n}^{(\alpha\beta)} - m^{(\alpha\rho)}b^\beta_\rho)u_\alpha t_\beta,$$

$$n_u = n^{\alpha\beta}u_\alpha u_\beta = (\tilde{n}^{(\alpha\beta)} - m^{(\alpha\rho)}b^\beta_\rho)u_\alpha u_\beta, \tag{7.1.22}$$

$$n_3 = q^\alpha u_\alpha,$$

$$m_t = m^{\alpha\beta}u_\alpha u_\beta, \quad m_u = -m^{\alpha\beta}u_\alpha t_\beta.$$

Dementsprechend gelten für die Randverformungen (7.1.11) die Zusammenhänge (3.2.93, 96):

$$\mathbf{r} = \mathbf{R}_r \mathbf{u}:$$

$$v_t = v_\alpha t^\alpha, \quad v_u = v_\alpha u^\alpha, \quad v_3 = v^3, \tag{7.1.23}$$

$$\omega_t = \omega_\alpha t^\alpha = w_\beta u^\beta, \quad \omega_u = \omega_\alpha u^\alpha = -w_\beta t^\beta.$$

Schreiben wir nun die Feldgleichungen (7.1.16, 17), die Elastizitätsgesetze (7.1.18) und die Randgrößentransformationen (7.1.22, 23) unter Verwendung der Spaltenvektoren (7.1.12, 13, 14) aus, so entstehen die jeweiligen Operatorbeziehungen der Tafeln 7.1 und 7.2. Bereits aus Tafel 4.8 war deutlich geworden, daß die einzelnen Teiloperatoren $\mathbf{D}_{lm}$ (l, m = 1, 2, 3) der kinematischen Beziehungen für die zusätzliche Näherung kovariant schwach veränderlicher Mittelflächen in den Gleichgewichtsbedingungen als *transponierte Teiloperatoren* $\mathbf{D}_{lm}^{T}$ wieder auftauchen. Auf den ersten Blick allerdings scheint $\mathbf{D}_{31}$ in der vollständigen Form der Tafel 7.1 dieser Gesetzmäßigkeit zu widersprechen. Zum Nachweis zerlegen wir $\mathbf{D}_{31}$ multiplikativ in einen Krümmungs- und einen Differentiationsanteil, in welchem d_α die kovarianten Ableitun-

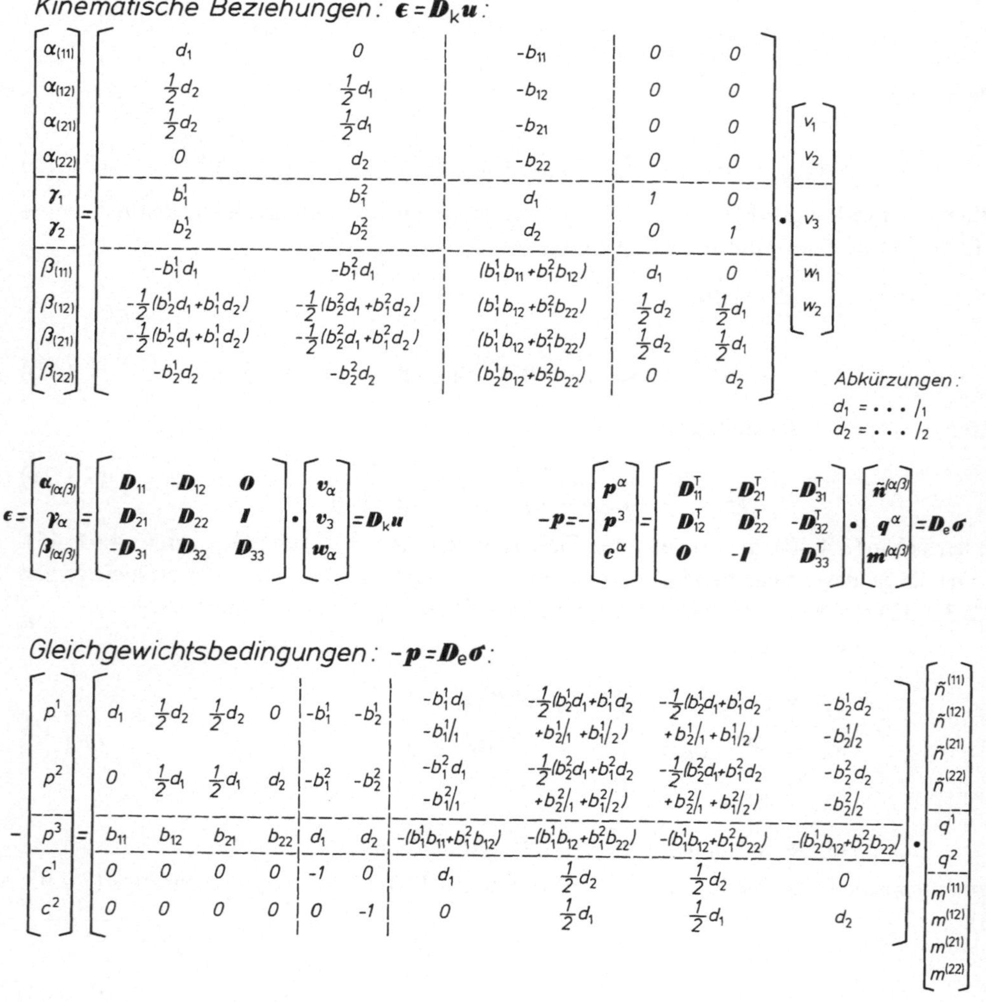

Tafel 7.1 Vollständige adjungierte Grundoperatoren der Schubverzerrungstheorie, Formulierungsvariante A

Elastizitätsgesetz: $\boldsymbol{\sigma} = D\boldsymbol{E}\boldsymbol{\epsilon}$:

$$\boldsymbol{\sigma} = \begin{bmatrix} \tilde{\boldsymbol{n}}^{(\alpha\beta)} \\ \boldsymbol{q}^{\alpha} \\ \boldsymbol{m}^{(\alpha\beta)} \end{bmatrix} = D \begin{bmatrix} \boldsymbol{E}_{11} & \boldsymbol{0} & \boldsymbol{0} \\ \boldsymbol{0} & \boldsymbol{E}_{22} & \boldsymbol{0} \\ \boldsymbol{0} & \boldsymbol{0} & \frac{h^2}{12}\boldsymbol{E}_{11} \end{bmatrix} \cdot \begin{bmatrix} \boldsymbol{\alpha}_{(\alpha\beta)} \\ \boldsymbol{\gamma}_{\alpha} \\ \boldsymbol{\beta}_{(\alpha\beta)} \end{bmatrix} = D\boldsymbol{E}\boldsymbol{\epsilon}, \quad \boldsymbol{E}_{11} = \begin{bmatrix} H^{1111} & H^{1112} & H^{1112} & H^{1122} \\ H^{1112} & H^{1212} & H^{1212} & H^{1222} \\ H^{1112} & H^{1212} & H^{1212} & H^{1222} \\ H^{1122} & H^{1222} & H^{1222} & H^{2222} \end{bmatrix} = \boldsymbol{E}_{11}^{T}, \quad \boldsymbol{E}_{22} = \frac{1-\nu}{2} \begin{bmatrix} a^{11} & a^{12} \\ a^{12} & a^{22} \end{bmatrix}$$

E *Elastizitätsmodul*
ν *Querdehnungszahl*
h *Querschnittsdicke*
$D = \frac{Eh}{1-\nu^2}$ *Dehnsteifigkeit des Querschnitts*

Vorschreibbare Verschiebungsgrößen: $\boldsymbol{r} = \boldsymbol{R}_u \boldsymbol{u}$:

$$\boldsymbol{r} = \begin{bmatrix} v_t \\ v_u \\ v_3 \\ \omega_t \\ \omega_u \end{bmatrix} = \begin{bmatrix} t^1 & t^2 & 0 & 0 & 0 \\ u^1 & u^2 & 0 & 0 & 0 \\ 0 & 0 & 1 & 0 & 0 \\ 0 & 0 & 0 & u^1 & u^2 \\ 0 & 0 & 0 & -t^1 & -t^2 \end{bmatrix} \cdot \begin{bmatrix} v_1 \\ v_2 \\ v_3 \\ w_1 \\ w_2 \end{bmatrix} = \boldsymbol{R}_u \boldsymbol{u}$$

Vorschreibbare Kraftgrößen: $\boldsymbol{t} = \boldsymbol{R}_t \boldsymbol{\sigma}$:

$$\boldsymbol{t} = \begin{bmatrix} n_t \\ n_u \\ n_3 \\ m_t \\ m_u \end{bmatrix} = \left[\begin{array}{cccc|cc|cccc} u_1t_1 & u_1t_2 & u_2t_1 & u_2t_2 & 0 & 0 & -(b_1^1t_1+b_1^2t_2)u_1 & -(b_2^1t_1+b_2^2t_2)u_1 & -(b_1^1t_1+b_1^2t_2)u_2 & -(b_2^1t_1+b_2^2t_2)u_2 \\ u_1u_1 & u_1u_2 & u_1u_2 & u_2u_2 & 0 & 0 & -(b_1^1u_1+b_1^2u_2)u_1 & -(b_2^1u_1+b_2^2u_2)u_1 & -(b_1^1u_1+b_1^2u_2)u_2 & -(b_2^1u_1+b_2^2u_2)u_2 \\ 0 & 0 & 0 & 0 & u_1 & u_2 & 0 & 0 & 0 & 0 \\ 0 & 0 & 0 & 0 & 0 & 0 & u_1u_1 & u_1u_2 & u_2u_1 & u_2u_2 \\ 0 & 0 & 0 & 0 & 0 & 0 & -u_1t_1 & -u_1t_2 & -u_2t_1 & -u_2t_2 \end{array}\right] \cdot \left[\begin{array}{c} \tilde{n}^{(11)} \\ \tilde{n}^{(12)} \\ \tilde{n}^{(21)} \\ \tilde{n}^{(22)} \\ \hline q^1 \\ q^2 \\ \hline m^{(11)} \\ m^{(12)} \\ m^{(21)} \\ m^{(22)} \end{array}\right] = \boldsymbol{R}_t \boldsymbol{\sigma}$$

Tafel 7.2 Operatoren des Elastizitätsgesetzes sowie der vorschreibbaren Randvariablen der Schubverzerrungstheorie, Formulierungsvariante A

gen hinsichtlich der Koordinaten Θ^{α} beschreibt:

$$\mathbf{b} \cdot \mathbf{d}_{31} = \mathbf{D}_{31}: \qquad \begin{bmatrix} d_2 & 0 \\ d_1 & 0 \\ 0 & d_2 \\ 0 & d_1 \end{bmatrix}$$

$$\left[\begin{array}{c|c|c|c} 0 & b_1^1 & 0 & b_1^2 \\ \frac{1}{2}b_1^1 & \frac{1}{2}b_2^1 & \frac{1}{2}b_1^2 & \frac{1}{2}b_2^2 \\ \frac{1}{2}b_1^1 & \frac{1}{2}b_2^1 & \frac{1}{2}b_1^2 & \frac{1}{2}b_2^2 \\ b_2^1 & 0 & b_2^2 & 0 \end{array}\right] \left[\begin{array}{c|c} b_1^1 d_1 & b_1^2 d_1 \\ \frac{1}{2}(b_1^1 d_2 + b_2^1 d_1) & \frac{1}{2}(b_1^2 d_2 + b_2^2 d_1) \\ \frac{1}{2}(b_1^1 d_2 + b_2^1 d_1) & \frac{1}{2}(b_1^2 d_2 + b_2^2 d_1) \\ b_2^1 d_2 & b_2^2 d_2 \end{array}\right]. \tag{7.1.24}$$

Aus der Vertauschung der Reihenfolge der beiden Matrixfaktoren bei der Transposition wird deutlich, daß im Gleichgewicht der Tafel 7.1 tatsächlich auch hier – wie es sein muß – der transponierte Teiloperator $\mathbf{D}_{31}^{T}$ auftritt:

$$\mathbf{d}_{31}^{T} \cdot \mathbf{b}^{T} = \mathbf{D}_{31}^{T}: \quad \begin{bmatrix} 0 & \frac{1}{2} b_1^1 & \frac{1}{2} b_1^1 & b_2^1 \\ b_1^1 & \frac{1}{2} b_2^1 & \frac{1}{2} b_2^1 & 0 \\ 0 & \frac{1}{2} b_1^2 & \frac{1}{2} b_1^2 & b_2^2 \\ b_1^2 & \frac{1}{2} b_2^2 & \frac{1}{2} b_2^2 & 0 \end{bmatrix}$$

$$\left[\begin{array}{cc|cc} d_2 & d_1 & 0 & 0 \\ \hline 0 & 0 & d_2 & d_1 \end{array}\right] \left[\begin{array}{c|c|c|c} b_1^1 d_1 & \frac{1}{2}(b_2^1 d_1 + b_1^1 d_2 & \frac{1}{2}(b_2^1 d_1 + b_1^1 d_2 & b_2^1 d_2 \\ + b_1^1 l_1 & + b_2^1 l_1 + b_1^1 l_2) & + b_2^1 l_1 + b_1^1 l_2) & + b_2^1 l_2 \\ \hline b_1^2 d_1 & \frac{1}{2}(b_2^2 d_1 + b_1^2 d_2 & \frac{1}{2}(b_2^2 d_1 + b_1^2 d_2 & b_2^2 d_2 \\ + b_1^2 l_1 & + b_2^2 l_1 + b_1^2 l_2) & + b_2^2 l_1 + b_1^2 l_2) & + b_2^2 l_2 \end{array}\right] \tag{7.1.25}$$

7.1.2 Der Gaußsche Integralsatz und der Energiesatz der Mechanik

In diesem Abschnitt betrachten wir ein beliebig geformtes Flächentragwerk. Dieses sei entlang der geschlossenen, glatten Randkurve C derart gelagert, daß ein *zwangsverformter Randbereich* C_r mit vorgeschriebenen Randverformungen $\mathbf{r}^0$ sowie ein *frei verformbarer Randbereich* C_t mit vorgegebenen Randkraftgrößen $\mathbf{t}^0$ unterschieden werde:

$$C = C_r + C_t. \tag{7.1.26}$$

Der Mittelfläche F dieses Tragwerks sei ein Lastfeld **p**, **c** eingeprägt; als *Kraftgrößenrandbedingungen* seien

$$\mathbf{t} = \mathbf{R}_t \boldsymbol{\sigma} = \mathbf{t}^0: \quad \mathbf{n} = \mathbf{n}^0, \quad \mathbf{m} = \mathbf{m}^0 \quad \text{längs } C_t, \tag{7.1.27}$$

als *Weggrößenrandbedingungen*

$$\mathbf{r} = \mathbf{R}_r \mathbf{u} = \mathbf{r}^0: \quad \mathbf{v} = \mathbf{v}^0, \quad \boldsymbol{\omega} = \boldsymbol{\omega}^0 \quad \text{längs } C_r \tag{7.1.28}$$

vorgegeben. Diese Einwirkungsgruppe verursache einen *wirklichen Kraftgrößenzustand*

$$\begin{aligned} &\boldsymbol{\sigma}: && \mathbf{n}^{\alpha}, \ \mathbf{m}^{\alpha} \ \text{bzw.} \ \tilde{n}^{(\alpha\beta)}, \ q^{\alpha}, \ m^{(\alpha\beta)} \ \text{in F} \\ &\mathbf{t} = \mathbf{R}_t \boldsymbol{\sigma}: && \mathbf{n}, \ \mathbf{m} \ \text{längs} \ C_r, \end{aligned} \tag{7.1.29}$$

welcher selbstverständlich die Gleichgewichtsbedingungen (7.1.16) erfüllt

$$\mathbf{D}_e \boldsymbol{\sigma} + \mathbf{p} = \mathbf{0}, \tag{7.1.30}$$

nebst einem zugehörigen, *wirklichen Verschiebungs- und Verzerrungszustand*

$$\begin{aligned} &\mathbf{u}, \boldsymbol{\epsilon}: && \mathbf{v}, \ \mathbf{w} \ \text{bzw.} \ \omega; \ \ \alpha_{(\alpha\beta)}, \ \gamma_{\alpha}, \ \beta_{(\alpha\beta)} \ \text{in F} \\ &\mathbf{r} = \mathbf{R}_r \mathbf{u}: && \mathbf{v}, \ \boldsymbol{\omega} \ \text{längs} \ C_t, \end{aligned} \tag{7.1.31}$$

welcher die kinematischen Beziehungen (7.1.17)

$$\boldsymbol{\epsilon} = \mathbf{D}_k \mathbf{u} \qquad (7.1.32)$$

befriedigt. Schnitt- und Verzerrungsgrößen beider wirklichen Teilzustände sind durch konstitutive Beziehungen miteinander verknüpft, deren explizite Form wir jedoch zunächst offen lassen.

Die wirklichen Kraft- und Weggrößenfelder des betrachteten Flächentragwerks sollen nun durch je zwei weitere Zustände ergänzt werden. Zunächst definieren wir einen *kinematisch (geometrisch) zulässigen Verformungszustand.* Dieses beliebige, stetige sowie hinreichend oft differenzierbare Verformungsfeld $\overline{\mathbf{u}}$, $\overline{\boldsymbol{\epsilon}}$ erfülle die kinematischen Beziehungen

$$\overline{\boldsymbol{\epsilon}} = \mathbf{D}_k \overline{\mathbf{u}}, \qquad (7.1.33)$$

nebst den tatsächlichen Weggrößenrandbedingungen

$$\overline{\mathbf{r}} = \mathbf{r}^0: \quad \overline{\mathbf{v}} = \mathbf{v}^0, \quad \overline{\boldsymbol{\omega}} = \boldsymbol{\omega}^0 \text{ längs } C_r. \qquad (7.1.34)$$

Die Schar aller kinematisch zulässigen Verformungszustände werde aus den wirklichen Deformationen durch Superposition ihrer jeweiligen Variation

$$\overline{\mathbf{u}} = \mathbf{u} + \delta\mathbf{u}, \quad \overline{\boldsymbol{\epsilon}} = \boldsymbol{\epsilon} + \delta\boldsymbol{\epsilon} \qquad (7.1.35)$$

gewonnen. Jeder hierdurch definierte *virtuelle Verformungszustand*

$$\delta\mathbf{u},\ \delta\boldsymbol{\epsilon}: \quad \delta\mathbf{v},\ \delta\mathbf{w} \text{ bzw. } \delta\boldsymbol{\omega}; \quad \delta\alpha_{(\alpha\beta)},\ \delta\gamma_\alpha,\ \delta\beta_{(\alpha\beta)} \qquad (7.1.36)$$

unterliegt zufolge (7.1.28, 32) und (7.1.33, 34) den kinematischen Beziehungen

$$\delta\boldsymbol{\epsilon} = \mathbf{D}_k \delta\mathbf{u} \qquad (7.1.37)$$

und den Randbedingungen

$$\delta\mathbf{r} = \mathbf{0}: \quad \delta\mathbf{v} = \delta\boldsymbol{\omega} = 0 \text{ längs } C_r. \qquad (7.1.38)$$

Im Gegensatz zu den wirklichen Deformationen werden an die kinematisch zulässigen (7.1.35) und an die virtuellen Verformungszustände (7.1.36) weitere Anforderungen hinsichtlich der durch sie im Tragwerk verursachten Kräftezustände ausdrücklich nicht gestellt.

Dual hierzu führen wir nun einen *statisch (dynamisch) zulässigen Kraftgrößenzustand* ein, welcher unter Beachtung der als vorgegeben angesehenen Flächenlasten $\mathbf{p}$ ($\overline{\mathbf{p}} = \mathbf{p}$) die Gleichgewichtsbedingungen

$$\mathbf{D}_e \overline{\boldsymbol{\sigma}} + \mathbf{p} = \mathbf{0} \qquad (7.1.39)$$

nebst den tatsächlichen Kraftgrößenrandbedingungen

$$\overline{\mathbf{t}} = \mathbf{t}^0: \quad \overline{\mathbf{n}} = \mathbf{n}^0, \quad \overline{\mathbf{m}} = \mathbf{m}^0 \text{ längs } C_t \qquad (7.1.40)$$

erfüllt. Die Schar aller statisch zulässigen Kraftgrößenzustände wird aus den wirklichen Kraftfeldern durch Superposition ihrer jeweiligen Variation

$$\overline{\boldsymbol{\sigma}} = \boldsymbol{\sigma} + \delta\boldsymbol{\sigma} \qquad (7.1.41)$$

gebildet. Jeder hierdurch definierte *virtuelle Kraftgrößenzustand*

$$\delta\mathbf{p} = \mathbf{0},\ \delta\boldsymbol{\sigma}: \quad \delta\mathbf{p} = \delta\mathbf{c} = 0; \quad \delta\tilde{\mathrm{n}}^{(\alpha\beta)},\ \delta\mathrm{q}^\alpha,\ \delta\mathrm{m}^{(\alpha\beta)} \qquad (7.1.42)$$

unterliegt zufolge (7.1.27, 30) und (7.1.39, 40) den Gleichgewichtsbedingungen

$$\mathbf{D}_e \delta \boldsymbol{\sigma} = \mathbf{0} \tag{7.1.43}$$

und den Randbedingungen:

$$\delta \mathbf{t} = \mathbf{0}: \quad \delta \mathbf{n} = \delta \mathbf{m} = 0 \quad \text{längs} \quad C_t. \tag{7.1.44}$$

Im Gegensatz zu den wirklichen Kraftgrößen $\mathbf{t}$, $\boldsymbol{\sigma}$, denen die wirklichen Deformationen zugeordnet sind, brauchen die aus den statisch zulässigen (7.1.41) und den virtuellen Kraftgrößenzuständen (7.1.42) bestimmbaren Deformationen nicht kinematisch zulässig zu sein.

Aus den beiden unabhängig voneinander bestehenden Zuständen (7.1.35) und (7.1.41) bilden wir nun die kontravariante Feldfunktion

$$\bar{F}^\alpha = \bar{\mathbf{n}}^\alpha \cdot \bar{\mathbf{v}} + \bar{\mathbf{m}}^\alpha \cdot \bar{\boldsymbol{\omega}} \tag{7.1.45}$$

und wenden auf sie unter Berücksichtigung von (7.1.9) sowie (7.1.34, 40) den Integralsatz von *Gauß* (1.5.15) an:

$$\begin{aligned} \iint_F \bar{F}^\alpha|_\alpha dF &= \iint_F (\bar{\mathbf{n}}^\alpha \cdot \bar{\mathbf{v}} + \bar{\mathbf{m}}^\alpha \cdot \bar{\boldsymbol{\omega}})|_\alpha \, dF \\ &= \oint_C (\bar{\mathbf{n}}^\alpha \cdot \bar{\mathbf{v}} + \bar{\mathbf{m}}^\alpha \cdot \bar{\boldsymbol{\omega}}) u_\alpha ds = \oint_C (\bar{\mathbf{n}} \cdot \bar{\mathbf{v}} + \bar{\mathbf{m}} \cdot \bar{\boldsymbol{\omega}}) ds \\ &= \int_{C_r} (\bar{\mathbf{n}} \cdot \mathbf{v}^0 + \bar{\mathbf{m}} \cdot \boldsymbol{\omega}^0) ds + \int_{C_t} (\mathbf{n}^0 \cdot \bar{\mathbf{v}} + \mathbf{m}^0 \cdot \bar{\boldsymbol{\omega}}) ds. \end{aligned} \tag{7.1.46}$$

Differenzieren wir sodann das ursprüngliche Flächenintegral und eliminieren dessen Schnittgrößenableitungen $\bar{\mathbf{n}}^\alpha|_\alpha$, $\bar{\mathbf{m}}^\alpha|_\alpha$ mit Hilfe der Gleichgewichtsbedingungen (7.1.39):

$$\bar{\mathbf{n}}^\alpha|_\alpha + \mathbf{p} = 0, \quad \bar{\mathbf{m}}^\alpha|_\alpha + \mathbf{a}_\alpha \times \bar{\mathbf{n}}^\alpha + \mathbf{c} = 0, \tag{7.1.47}$$

so entsteht bei gleichzeitiger Vertauschung der Reihenfolge der Faktoren des Spatproduktes:

$$\begin{aligned} \iint_F \bar{F}^\alpha|_\alpha dF &= \iint_F (\bar{\mathbf{n}}^\alpha|_\alpha \cdot \bar{\mathbf{v}} + \bar{\mathbf{n}}^\alpha \cdot \bar{\mathbf{v}}|_\alpha + \bar{\mathbf{m}}^\alpha|_\alpha \cdot \bar{\boldsymbol{\omega}} + \bar{\mathbf{m}}^\alpha \cdot \bar{\boldsymbol{\omega}}|_\alpha) dF \\ &= - \iint_F (\mathbf{p} \cdot \bar{\mathbf{v}} + \mathbf{c} \cdot \bar{\boldsymbol{\omega}}) dF \\ &\quad + \iint_F [\bar{\mathbf{n}}^\alpha \cdot \bar{\mathbf{v}}|_\alpha + \bar{\mathbf{m}}^\alpha \cdot \bar{\boldsymbol{\omega}}|_\alpha + \bar{\mathbf{n}}^\alpha \cdot (\mathbf{a}_\alpha \times \bar{\boldsymbol{\omega}})] dF. \end{aligned} \tag{7.1.48}$$

Bei geeigneter Umbezeichnung entspricht das letzte Integral in (7.1.48) genau dem in (3.4.11) verbleibenden Flächenintegral. Übernehmen wir alle dortigen Umformungen bis (3.4.16)

$$\begin{aligned} &\iint_F [\bar{\mathbf{n}}^\alpha \cdot \bar{\mathbf{v}}|_\alpha + \bar{\mathbf{m}}^\alpha \cdot \bar{\boldsymbol{\omega}}|_\alpha + \bar{\mathbf{n}}^\alpha \cdot (\mathbf{a}_\alpha \times \bar{\boldsymbol{\omega}})] dF \\ &\quad = \iint_F (\bar{\tilde{n}}^{(\alpha\beta)} \bar{\alpha}_{(\alpha\beta)} + \bar{q}^\alpha \bar{\gamma}_\alpha + \bar{m}^{(\alpha\beta)} \bar{\beta}_{(\alpha\beta)}) dF, \end{aligned} \tag{7.1.49}$$

so lassen sich die beiden Beziehungen (7.1.46, 48) wie folgt zusammenfassen:

$$\iint_F (\mathbf{p} \cdot \overline{\mathbf{v}} + \mathbf{c} \cdot \overline{\omega})\, dF + \int_{C_r} (\overline{\mathbf{n}} \cdot \mathbf{v}^0 + \overline{\mathbf{m}} \cdot \omega^0)\, ds + \int_{C_t} (\mathbf{n}^0 \cdot \overline{\mathbf{v}} + \mathbf{m}^0 \cdot \overline{\omega})\, ds$$

$$- \iint_F (\overline{\overline{n}}^{(\alpha\beta)} \overline{\alpha}_{(\alpha\beta)} + \overline{q}^\alpha \overline{\gamma}_\alpha + \overline{m}^{(\alpha\beta)} \overline{\beta}_{(\alpha\beta)})\, dF = 0, \tag{7.1.50}$$

$$\iint_F \mathbf{p}^T \overline{\mathbf{u}}\, dF + \int_{C_r} \overline{\mathbf{t}}^T \mathbf{r}^0\, ds + \int_{C_t} \mathbf{t}^{0T} \overline{\mathbf{r}}\, ds - \iint_F \overline{\sigma}^T \overline{\epsilon}\, dF = 0.$$

Die abkürzend eingeführte Operatorendarstellung ist erneut unter Verwendung der Spaltenvektoren (7.1.12, 13, 14) herleitbar.

In der Beziehung (7.1.50) bilden die Vektoren und Tensoren der einzelnen Skalarprodukte und Überschiebungen erneut korrespondierende Variablen: sie stellt somit eine Arbeitsaussage dar. Die drei ersten Arbeitsanteile der äußeren Kraft- und Weggrößen sind ohne Mühen anschaulich interpretierbar. Um auch die Arbeit der inneren Variablen, das letzte Flächenintegral, anschaulich zu begründen, betrachten wir noch einmal die resultierenden Kraftgrößen eines im Gleichgewicht befindlichen Flächenelementes dF auf Bild 3.11. An den Angriffspunkten der dort abgebildeten Kraftgrößen ist nun in Bild 7.1 ein kinematisch zulässiger Verschiebungszustand durch seine korrespondierenden Verschiebungs- und Verdrehungsvektoren dargestellt worden [19]. Dabei wurden dem Lastangriffspunkt die Verformungsgrößen $\overline{\mathbf{v}}$ und $\overline{\omega}$ zugeordnet; an den Elementrändern entstanden hieraus die eingezeichneten differentiellen Zuwächse.

Ersetzen wir nunmehr die resultierenden Kraftgrößen des Bildes 3.11 durch diejenigen eines statisch zulässigen Feldes, so lautet deren längs der Wege des Bildes 7.1 geleistete Arbeit $-\overline{a}_i dF$

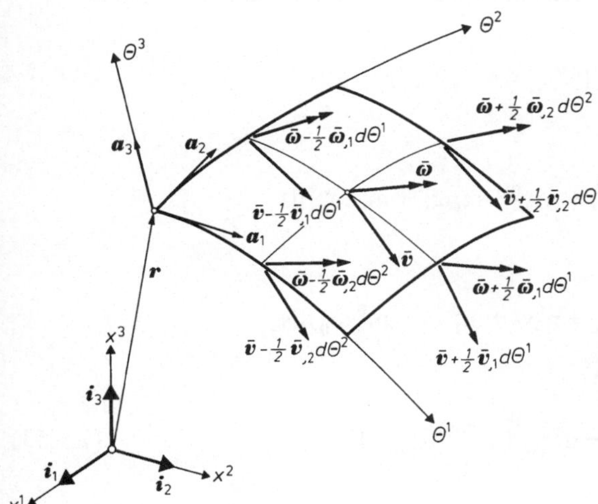

Bild 7.1 Kinematisch zulässiger Verschiebungszustand eines Elementes der Mittelfläche

unter Vernachlässigung von Termen 3. Ordnung und bei Anwendung der Summationsregel:

$$\begin{aligned} -\bar{a}_i dF &= -\bar{a}_i \sqrt{a}\, d\Theta^1 d\Theta^2 \\ &= [(\bar{n}^\alpha \sqrt{a}) \cdot \bar{v}_{,\alpha} + (\bar{n}^\alpha \sqrt{a})_{,\alpha} \cdot \bar{v} + (p\sqrt{a}) \cdot \bar{v} \\ &\quad + (\bar{m}^\alpha \sqrt{a}) \cdot \bar{\omega}_{,\alpha} + (\bar{m}^\alpha \sqrt{a})_{,\alpha} \cdot \bar{\omega} + (c\sqrt{a}) \cdot \bar{\omega}]\, d\Theta^1 d\Theta^2. \end{aligned} \tag{7.1.51}$$

Durch Elimination der Lastvektoren **p**, **c** mittels der Gleichgewichtsbedingungen (7.1.47) sowie unter Berücksichtigung von (1.4.11, 31) entsteht hieraus erwartungsgemäß der Integrand des letzten Integrals in (7.1.48) bzw. dessen Komponentenform (7.1.49). Demnach beschreibt dieses Flächenintegral gerade die an einem im Gleichgewicht befindlichen Schalenelement geleistete mechanische Arbeit.

In der Arbeitsaussage (7.1.50) dürfen selbstverständlich die kinematisch und statisch zulässigen Variablenfelder durch diejenigen eines *wirklichen Kraft- und Weggrößenzustandes* ersetzt werden. Damit entsteht der *Energiesatz der Mechanik*:

$$\begin{aligned} A = A_a + A_i = 0 = &\iint_F (\mathbf{p} \cdot \mathbf{v} + \mathbf{c} \cdot \boldsymbol{\omega})\, dF \\ &+ \int_{C_r} (\mathbf{n} \cdot \mathbf{v}^0 + \mathbf{m} \cdot \boldsymbol{\omega}^0)\, ds + \int_{C_t} (\mathbf{n}^0 \cdot \mathbf{v} + \mathbf{m}^0 \cdot \boldsymbol{\omega})\, ds \\ &- \iint_F (\tilde{n}^{(\alpha\beta)} \alpha_{(\alpha\beta)} + q^\alpha \gamma_\alpha + m^{(\alpha\beta)} \beta_{(\alpha\beta)})\, dF, \end{aligned} \tag{7.1.52}$$

gültig für beliebige Materialgesetze. Hierin unterscheiden wir die Arbeit A_a der äußeren und A_i der inneren mechanischen Variablen der wirklichen Kraft- und Weggrößenfelder (7.1.29, 31). Unter Verwendung der Komponentenzerlegungen (7.1.1), (7.1.5, 6, 7) für die äußeren Variablen und (7.1.10, 11) für die Randgrößen nimmt der Energiesatz folgende Form an:

$$\begin{aligned} A = A_a + A_i = 0 = &\iint_F (p^\alpha v_\alpha + p^3 v_3 + c^\alpha w_\alpha)\, dF \\ &+ \int_{C_r} (n_t v_t^0 + n_u v_u^0 + n_3 v_3^0 + m_t \omega_t^0 + m_u \omega_u^0)\, ds \\ &+ \int_{C_t} (n_t^0 v_t + n_u^0 v_u + n_3^0 v_3 + m_t^0 \omega_t + m_u^0 \omega_u)\, ds \\ &- \iint_F (\tilde{n}^{(\alpha\beta)} \alpha_{(\alpha\beta)} + q^\alpha \gamma_\alpha + m^{(\alpha\beta)} \beta_{(\alpha\beta)})\, dF. \end{aligned} \tag{7.1.53}$$

Greift man auf die Spaltenvektoren (7.1.12, 13, 14) zurück, so findet man noch die beiden Darstellungsvarianten:

$$\begin{aligned} A = A_a + A_i &= \iint_F \mathbf{p}^T \mathbf{u} dF + \int_{C_r} \mathbf{t}^T \mathbf{r}^0 ds + \int_{C_t} \mathbf{t}^{0T} \mathbf{r} ds - \iint_F \sigma^T \epsilon \, dF \\ &= \iint_F \mathbf{u}^T \mathbf{p} dF + \int_{C_r} \mathbf{r}^{0T} \mathbf{t} ds + \int_{C_t} \mathbf{r}^T \mathbf{t}^0 ds - \iint_F \epsilon^T \sigma \, dF = 0. \end{aligned} \tag{7.1.54}$$

7.1.3 Die klassischen Prinzipe

In diesem Abschnitt knüpfen wir an die allgemeine Arbeitsaussage (7.1.50) an und ersetzen in ihr die mit Querstrichen versehenen statisch zulässigen Kraftgrößen $\bar{\sigma}, \bar{\mathbf{t}}$ durch einen *wirklichen* Kraftgrößenzustand $\sigma, \mathbf{t}$ (7.1.29). Drücken wir zugleich die kinematisch zulässigen Verschiebungs- und Verzerrungsgrößen gemäß (7.1.35) durch die wirklichen Funktionen und ihre 1. Variation aus:

$$\begin{aligned} &\bar{\mathbf{v}} = \mathbf{v} + \delta \mathbf{v}, \quad \bar{\omega} = \omega + \delta\omega, \\ &\bar{\alpha}_{(\alpha\beta)} = \alpha_{(\alpha\beta)} + \delta\alpha_{(\alpha\beta)}, \quad \bar{\gamma}_\alpha = \gamma_\alpha + \delta\gamma_\alpha, \quad \bar{\beta}_{(\alpha\beta)} = \beta_{(\alpha\beta)} + \delta\beta_{(\alpha\beta)}, \end{aligned} \tag{7.1.55}$$

so verbleibt nach Herauslösen des Energiesatzes (7.1.52) das *Prinzip der virtuellen Verrückungen* oder *virtuellen Arbeiten**:

$$\begin{aligned} \delta^* A &= \delta^* A_a + \delta^* A_i = 0 \\ &= \iint_F (\mathbf{p} \cdot \delta \mathbf{v} + \mathbf{c} \cdot \delta\omega) dF + \int_{C_t} (\mathbf{n}^0 \cdot \delta \mathbf{v} + \mathbf{m}^0 \cdot \delta\omega) ds \\ &\quad - \iint_F (\tilde{n}^{(\alpha\beta)} \delta\alpha_{(\alpha\beta)} + q^\alpha \delta\gamma_\alpha + m^{(\alpha\beta)} \delta\beta_{(\alpha\beta)}) dF \\ &= \iint_F \delta \mathbf{u}^T \mathbf{p} dF + \int_{C_t} \delta \mathbf{r}^T \mathbf{t}^0 ds - \iint_F \delta\epsilon^T \sigma dF. \end{aligned} \tag{7.1.56}$$

Hierin stehen die variierten Weggrößen gemäß (7.1.37, 38) unter den Nebenbedingungen:

$$\delta\epsilon = \mathbf{D}_k \delta \mathbf{u} \quad \text{und} \quad \delta \mathbf{r} = \mathbf{0} \quad \text{längs } C_r. \tag{7.1.57}$$

Nun sollen die diesem Prinzip äquivalenten Feldgleichungen und Randbedingungen hergeleitet werden. Eliminieren wir die Verzerrungen der inneren virtuellen Arbeit $\delta^* A_i$ mittels

* Im Gegensatz zu δ kennzeichnet δ^* keine vollständige Variation.

der kinematischen Beziehungen (7.1.17), so folgt unter Berücksichtigung der Symmetrie von $\tilde{n}^{(\alpha\beta)}$ und $m^{(\alpha\beta)}$:

$$\delta^* A_i = -\iint_F [\tilde{n}^{(\alpha\beta)}(\delta v_\beta|_\alpha - \delta v_3 b_{\alpha\beta}) + q^\alpha(\delta v_3|_\alpha + \delta w_\alpha + \delta v_\lambda b_\alpha^\lambda)$$

$$+ m^{(\alpha\beta)}(\delta w_\beta|_\alpha - \delta v_\lambda|_\beta b_\alpha^\lambda + \delta v_3 b_{\alpha\lambda} b_\beta^\lambda)] \, dF. \qquad (7.1.58)$$

Umformung des ersten Gliedes gemäß

$$\iint_F \tilde{n}^{(\alpha\beta)} \delta v_\beta|_\alpha dF = \iint_F (\tilde{n}^{(\alpha\beta)} \delta v_\beta)|_\alpha dF - \iint_F \tilde{n}^{(\alpha\beta)}|_\alpha \delta v_\beta dF$$

liefert unter Anwendung des *Gauß*schen Integralsatzes (1.5.14):

$$\iint_F \tilde{n}^{(\alpha\beta)} \delta v_\beta|_\alpha dF = \oint_C \tilde{n}^{(\alpha\beta)} u_\alpha \delta v_\beta ds - \iint_F \tilde{n}^{(\alpha\beta)}|_\alpha \delta v_\beta dF. \qquad (7.1.59)$$

Werden in $\delta^* A_i$ auch alle weiteren Glieder mit Verschiebungsableitungen $\delta v_3|_\alpha$, $\delta w_\beta|_\alpha$ entsprechend behandelt und wird sodann das entstehende Linienintegral gemäß (7.1.2, 3, 9) sowie (7.1.5, 6, 7) durch

$$\oint_C [\tilde{n}^{(\alpha\beta)} u_\alpha \delta v_\beta - m^{(\alpha\rho)} b_\rho^\beta u_\alpha \delta v_\beta + q^\alpha u_\alpha \delta v_3 + m^{(\alpha\beta)} u_\alpha \delta w_\beta] \, ds$$

$$= \oint_C [\mathbf{n}^\alpha u_\alpha \cdot \delta \mathbf{v} + \mathbf{m}^\alpha u_\alpha \cdot \delta \boldsymbol{\omega}] \, ds$$

$$= \oint_C (\mathbf{n} \cdot \delta \mathbf{v} + \mathbf{m} \cdot \delta \boldsymbol{\omega}) \, ds \qquad (7.1.60)$$

ersetzt, so entsteht unter Beachtung von (7.1.26, 38)

$$\delta^* A_i = \iint_F \Big\{ [\tilde{n}^{(\alpha\beta)}|_\alpha - (m^{(\alpha\rho)} b_\rho^\beta)|_\alpha - q^\alpha b_\alpha^\beta] \, \delta v_\beta$$

$$+ [\tilde{n}^{(\alpha\beta)} b_{\alpha\beta} - m^{(\alpha\rho)} b_\rho^\beta b_{\alpha\beta} + q^\alpha|_\alpha] \, \delta v_3 + [m^{(\alpha\beta)}|_\alpha - q^\beta] \, \delta w_\beta \Big\} \, dF$$

$$- \int_{C_t} [\mathbf{n} \cdot \delta \mathbf{v} + \mathbf{m} \cdot \delta \boldsymbol{\omega}] \, ds. \qquad (7.1.61)$$

Wird dieser Ausdruck neben den Komponentenzerlegungen (7.1.1, 5, 6, 7) im Prinzip der virtuellen Verrückungen (7.1.56) berücksichtigt, so gewinnen wir schließlich:

$$\begin{aligned}
\delta^*A = & \iint_F \Big\{ [\tilde{n}^{(\alpha\beta)}|_\alpha - (m^{(\alpha\rho)} b_\rho^\beta)|_\alpha - q^\alpha b_\alpha^\beta + p^\beta]\, \delta v_\beta \\
& + [\tilde{n}^{(\alpha\beta)} b_{\alpha\beta} - m^{(\alpha\rho)} b_\rho^\beta b_{\alpha\beta} + q^\alpha|_\alpha + p^3]\, \delta v_3 \\
& + [m^{(\alpha\beta)}|_\alpha - q^\beta + c^\beta]\, \delta w_\beta \Big\} dF \\
& + \int_{C_t} [(\mathbf{n}^0 - \mathbf{n}) \cdot \delta \mathbf{v} + (\mathbf{m}^0 - \mathbf{m}) \cdot \delta \boldsymbol{\omega}]\, ds \\
= & \iint_F \delta \mathbf{u}^T (\mathbf{D}_e \boldsymbol{\sigma} + \mathbf{p})\, dF + \int_{C_t} \delta \mathbf{r}^T (\mathbf{t}^0 - \mathbf{t})\, ds = 0. \qquad (7.1.62)
\end{aligned}$$

Dem Fundamentalsatz der Variationsrechnung gemäß wird diese Gleichung erfüllt, wenn alle Klammerausdrücke verschwinden. Als äquivalente Feldgleichungen des Prinzips der virtuellen Verschiebungen ergeben sich demnach die Gleichgewichtsbedingungen (7.1.16), als Randbedingungen die Kraftgrößenrandvorgaben (7.1.27). Dieses Prinzip erweist sich daher als eine globale (schwache) Formulierung der Gleichgewichtsbedingungen und der statischen Randbedingungen; somit ermöglicht es uns folgende Deutung: Für den *wirklichen Gleichgewichtszustand* verschwindet bei jeder *kinematisch verträglichen* Variation des Verschiebungs- und Verzerrungszustandes die Summe der virtuellen Arbeiten der inneren und äußeren Kraftgrößen:

$$\begin{aligned}
\delta^*A = & \iint_F \delta \mathbf{u}^T \mathbf{p}\, dF + \int_{C_t} \delta \mathbf{r}^T \mathbf{t}^0\, ds - \iint_F \delta \boldsymbol{\epsilon}^T \boldsymbol{\sigma}\, dF \\
= & \iint_F \delta \mathbf{u}^T (\mathbf{D}_e \boldsymbol{\sigma} + \mathbf{p})\, dF + \int_{C_t} \delta \mathbf{r}^T (\mathbf{t}^0 - \mathbf{t})\, ds = 0. \qquad (7.1.63)
\end{aligned}$$

Wir kehren erneut zu der Arbeitsaussage (7.1.50) zurück und identifizieren diesmal dort die kinematisch zulässigen Verschiebungs- und Verzerrungsgrößen $\bar{\mathbf{u}}$, $\bar{\boldsymbol{\epsilon}}$, $\bar{\mathbf{r}}$ mit denjenigen des wirklichen Verformungszustandes (7.1.31). Werden gleichzeitig die statisch zulässigen Kraftvariablen entsprechend (7.1.41) ausgedrückt

$$\begin{aligned}
& \bar{\mathbf{n}} = \mathbf{n} + \delta \mathbf{n}, \quad \bar{\mathbf{m}} = \mathbf{m} + \delta \mathbf{m}, \qquad (7.1.64) \\
& \bar{\tilde{n}}^{(\alpha\beta)} = \tilde{n}^{(\alpha\beta)} + \delta \tilde{n}^{(\alpha\beta)}, \quad \bar{q}^\alpha = q^\alpha + \delta q^\alpha, \quad \bar{m}^{(\alpha\beta)} = m^{(\alpha\beta)} + \delta m^{(\alpha\beta)},
\end{aligned}$$

so entsteht unter Berücksichtigung des Energiesatzes (7.1.52) das *Prinzip der virtuellen Kräfte* oder *virtuellen konjugierten Arbeiten*:

$$\begin{aligned}\delta^*\hat{A} &= \delta^*\hat{A}_a + \delta^*\hat{A}_i = 0\\ &= \int_{C_r} (\delta\mathbf{n}\cdot\mathbf{v}^0 + \delta\mathbf{m}\cdot\boldsymbol{\omega}^0)\,ds\\ &\quad - \iint_F (\delta\tilde{n}^{(\alpha\beta)}\alpha_{(\alpha\beta)} + \delta q^\alpha\gamma_\alpha + \delta m^{(\alpha\beta)}\beta_{(\alpha\beta)})\,dF\\ &= \int_{C_r} \delta\mathbf{t}^T\mathbf{r}^0 ds - \iint_F \delta\boldsymbol{\sigma}^T\boldsymbol{\epsilon}\,dF,\end{aligned} \tag{7.1.65}$$

gültig unter den Nebenbedingungen (7.1.43, 44):

$$\mathbf{D}_e\delta\boldsymbol{\sigma} = \mathbf{0} \quad \text{und} \quad \delta\mathbf{t} = \mathbf{0} \quad \text{längs} \quad C_t. \tag{7.1.66}$$

Zur Herleitung der diesem Prinzip äquivalenten Feldgleichungen und Randbedingungen bilden wir ein die kinematischen Beziehungen (7.1.17) sowie die Weggrößenrandvorgaben (7.1.28) enthaltendes Arbeitsintegral

$$\begin{aligned}&\int_{C_r} [\delta\mathbf{n}\cdot(\mathbf{v}^0 - \mathbf{v}) + \delta\mathbf{m}\cdot(\boldsymbol{\omega}^0 - \boldsymbol{\omega})]\,ds - \iint_F \Big\{\delta\tilde{n}^{(\alpha\beta)}[\alpha_{(\alpha\beta)} - (v_\beta|_\alpha - v_3 b_{\alpha\beta})]\\ &\quad + \delta q^\alpha[\gamma_\alpha - (w_\alpha + v_3|_\alpha + v_\lambda b_\alpha^\lambda)]\\ &\quad + \delta m^{(\alpha\beta)}[\beta_{(\alpha\beta)} - (w_\beta|_\alpha - v_\lambda|_\beta b_\alpha^\lambda + v_3 b_\alpha^\lambda b_{\lambda\beta})]\Big\}\,dF = 0,\end{aligned} \tag{7.1.67}$$

dessen Identität mit (7.1.65) im folgenden nachgewiesen werden soll. Mit Hilfe des *Gauß*schen Integralsatzes transformieren wir hierin analog zu (7.1.59):

$$\iint_F \delta\tilde{n}^{(\alpha\beta)} v_\beta|_\alpha dF = \oint_C \delta\tilde{n}^{(\alpha\beta)} u_\alpha v_\beta ds - \iint_F \delta\tilde{n}^{(\alpha\beta)}|_\alpha v_\beta dF.$$

Formen wir die von $v_3|_\alpha$ sowie $w_\beta|_\alpha$ abhängigen Glieder in entsprechender Weise um und berücksichtigen dabei die zu (7.1.60) analoge Beziehung

$$\begin{aligned}&\oint_C [\delta\tilde{n}^{(\alpha\beta)} u_\alpha v_\beta - \delta m^{(\alpha\rho)} b_\rho^\beta u_\alpha v_\beta + \delta q^\alpha u_\alpha v_3 + \delta m^{(\alpha\beta)} u_\alpha w_\beta]\,ds\\ &\qquad = \oint_C (\delta\mathbf{n}\cdot\mathbf{v} + \delta\mathbf{m}\cdot\boldsymbol{\omega})\,ds\end{aligned}$$

sowie (7.1.26), so entsteht schließlich:

$$\begin{aligned}
&\int_{C_r} (\delta \mathbf{n}\cdot\mathbf{v}^0 + \delta\mathbf{m}\cdot\omega^0)\,ds - \iint_F (\delta\tilde{n}^{(\alpha\beta)}\alpha_{(\alpha\beta)} + \delta q^\alpha \gamma_\alpha + \delta m^{(\alpha\beta)}\beta_{(\alpha\beta)})\,dF\\
&- \iint_F \Big\{ [\delta\tilde n^{(\alpha\beta)}|_\alpha - (\delta m^{(\alpha\lambda)} b^\beta_\lambda)|_\alpha - \delta q^\alpha b^\beta_\alpha]\, v_\beta\\
&+ [\delta \tilde n^{(\alpha\beta)} b_{\alpha\beta} - \delta m^{(\alpha\rho)} b^\beta_\rho b_{\alpha\beta} + \delta q^\alpha|_\alpha]\, v_3\\
&+ [\delta m^{(\alpha\beta)}|_\alpha - \delta q^\beta]\, w_\beta \Big\}\, dF + \int_{C_t} (\delta\mathbf n\cdot\mathbf v + \delta\mathbf m\cdot\omega)\,ds = 0. \qquad (7.1.68)
\end{aligned}$$

Hierin verschwindet das zweite Flächenintegral identisch, da es laut (7.1.16, 43) das durch die virtuellen Schnittgrößen $\delta\boldsymbol\sigma$ automatisch erfüllte Gleichgewicht beschreibt. Infolge (7.1.44) entfällt darüber hinaus das Linienintegral über C_t. Damit stimmt die verbleibende Beziehung (7.1.68) genau mit dem Prinzip der virtuellen Kräfte (7.1.65) überein, das sich demnach als eine globale Formulierung der Tragwerkskinematik und der Weggrößenrandbedingungen erweist. Es ermöglicht uns somit folgende Deutung: Für die *wirklichen* Deformationen verschwindet bei jeder statisch zulässigen Variation des Kräftezustandes ($\delta\mathbf{p} = \mathbf{0}$) die Summe der konjugierten virtuellen Arbeiten der inneren und äußeren Variablen:

$$\begin{aligned}
\delta^*\hat{A} &= \int_{C_r} \delta\mathbf{t}^T\mathbf{r}^0 ds - \iint_F \delta\boldsymbol\sigma^T\boldsymbol\epsilon\, dF\\
&= -\iint_F \delta\boldsymbol\sigma^T(\boldsymbol\epsilon - \mathbf{D}_k\mathbf{u})\,dF + \int_{C_r} \delta\mathbf{t}^T(\mathbf{r}^0 - \mathbf{r})\,ds = 0. \qquad (7.1.69)
\end{aligned}$$

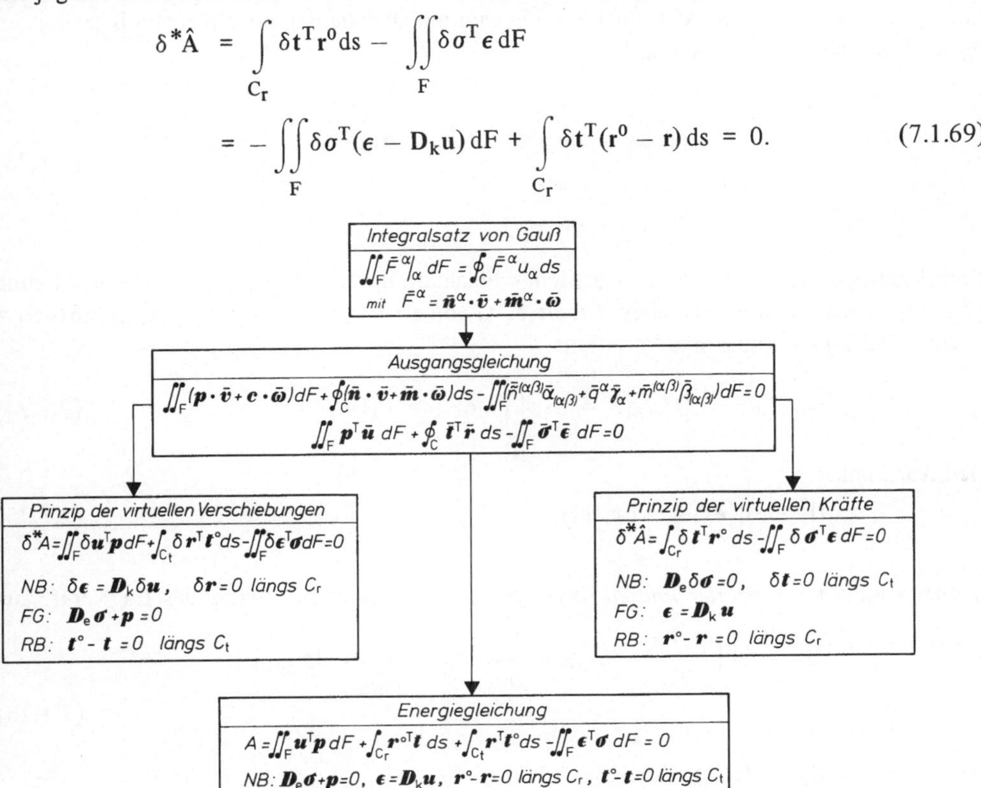

Bild 7.2 Herleitung der klassischen Energieprinzipe

7.1.4 Die speziellen Prinzipe für elastische Werkstoffe

Die beiden, auch für Schalentragwerke seit langem bekannten Prinzipe [78, 93, 106, 107] von der virtuellen und der konjugierten virtuellen Arbeit gelten herleitungsgemäß für beliebige Werkstoffe. Sie sollen nun in spezielle Prinzipe für hyperelastische Flächentragwerke transformiert werden, denen wegen der Überführung der inneren Arbeiten in vollständige Variationen besondere Bedeutung zukommt.

Hyperelastisches Werkstoffverhalten liegt vor, wenn innerhalb der Tragwerksmittelfläche F eine allein von den Verzerrungen ϵ abhängende, als *Formänderungsenergiedichte* bezeichnete Funktion

$$\pi_i = \pi_i(\epsilon) = \pi_i(\alpha_{(\alpha\beta)}, \gamma_\alpha, \beta_{(\alpha\beta)}) \tag{7.1.70}$$

existiert, deren erste Variation

$$\delta\pi_i = \frac{\partial\pi_i}{\partial\alpha_{(\alpha\beta)}}\delta\alpha_{(\alpha\beta)} + \frac{\partial\pi_i}{\partial\gamma_\alpha}\delta\gamma_\alpha + \frac{\partial\pi_i}{\partial\beta_{(\alpha\beta)}}\delta\beta_{(\alpha\beta)} \tag{7.1.71}$$

mit dem negativen Wert der in (7.1.56) auftretenden, spezifischen virtuellen Arbeit $\delta^* a_i$ übereinstimmt:

$$\delta\pi_i = -\delta^* a_i = \tilde{n}^{(\alpha\beta)}\delta\alpha_{(\alpha\beta)} + q^\alpha\delta\gamma_\alpha + m^{(\alpha\beta)}\delta\beta_{(\alpha\beta)}. \tag{7.1.72}$$

Durch Vergleich mit (7.1.71) entstehen hieraus – unter Betonung der Symmetrie von $\alpha_{(\alpha\beta)}$ und $\beta_{(\alpha\beta)}$ – die bereits aus Abschnitt 3.4.2 bekannten allgemeinen konstitutiven Beziehungen hyperelastischer Flächentragwerke:

$$\begin{aligned} \tilde{n}^{(\alpha\beta)} &= \frac{1}{2}\left(\frac{\partial\pi_i}{\partial\alpha_{(\alpha\beta)}} + \frac{\partial\pi_i}{\partial\alpha_{(\beta\alpha)}}\right), \quad q^\alpha = \frac{\partial\pi_i}{\partial\gamma_\alpha}, \\ m^{(\alpha\beta)} &= \frac{1}{2}\left(\frac{\partial\pi_i}{\partial\beta_{(\alpha\beta)}} + \frac{\partial\pi_i}{\partial\beta_{(\beta\alpha)}}\right). \end{aligned} \tag{7.1.73}$$

Berücksichtigt man nun die ein elastisches Flächentragwerk charakterisierende Forderung (7.1.72) in der inneren virtuellen Arbeit $\delta^* A_i$ von (7.1.56), so wird diese wegen $\delta(dF) = \delta(\sqrt{a}\, d\Theta^1 d\Theta^2) = 0$ selbst eine Variation:

$$-\delta^* A_i = \iint_F \delta\pi_i dF = \delta\left(\iint_F \pi_i dF\right) = \delta\Pi_i. \tag{7.1.74}$$

Den Ausdruck

$$\Pi_i = \Pi_i(\epsilon) = \iint_F \pi_i(\epsilon)\, dF \tag{7.1.75}$$

nennt man das *Potential der inneren Variablen* oder auch *inneres Potential* des Tragwerks. Aus

$$\begin{aligned} d\Pi_i &= \iint_F \left(\frac{\partial\pi_i}{\partial\alpha_{(\alpha\beta)}} d\alpha_{(\alpha\beta)} + \frac{\partial\pi_i}{\partial\gamma_\alpha} d\gamma_\alpha + \frac{\partial\pi_i}{\partial\beta_{(\alpha\beta)}} d\beta_{(\alpha\beta)}\right) dF, \\ \Pi_i &= \Pi_i(\epsilon) = \int_0^\epsilon d\Pi_i \end{aligned} \tag{7.1.76}$$

gemäß (7.1.70, 74) wird nämlich deutlich, daß Π_i ausschließlich durch die Differenz von Anfangs- und Endzustand eines Verformungsprozesses bestimmt wird und damit, vom durchlaufenen Weg unabhängig, eine Energie der Lage (*Potential*) darstellt.

Da im Rahmen kleiner Verformungen alle äußeren Lasten $\mathbf{p}$ sowie Randkraftgrößen $\mathbf{t}^0$ verschiebungs- und verdrehungsunabhängig sind und $\delta(dF) = \delta(ds) = 0$ ist, kann im Prinzip der virtuellen Arbeiten (7.1.56) ebenfalls die virtuelle Arbeit der äußeren Kraftgrößen $\delta^* A_a$ in eine vollständige Variation umgeformt werden:

$$\delta^* A_a = -\delta \Pi_a = \iint_F (\mathbf{p} \cdot \delta \mathbf{v} + \mathbf{c} \cdot \delta \boldsymbol{\omega})\, dF + \int_{C_t} (\mathbf{n}^0 \cdot \delta \mathbf{v} + \mathbf{m}^0 \cdot \delta \boldsymbol{\omega})\, ds$$

$$= \delta \iint_F (\mathbf{p} \cdot \mathbf{v} + \mathbf{c} \cdot \boldsymbol{\omega})\, dF + \delta \int_{C_t} (\mathbf{n}^0 \cdot \mathbf{v} + \mathbf{m}^0 \cdot \boldsymbol{\omega})\, ds, \qquad (7.1.77)$$

worin

$$\Pi_a = \Pi_a(\mathbf{u}) = \Pi_a(v_\alpha, v_3, w_\alpha)$$

$$= -\iint_F (\mathbf{p} \cdot \mathbf{v} + \mathbf{c} \cdot \boldsymbol{\omega})\, dF - \int_{C_t} (\mathbf{n}^0 \cdot \mathbf{v} + \mathbf{m}^0 \cdot \boldsymbol{\omega})\, ds$$

$$= -\iint_F (p^\alpha v_\alpha + p^3 v_3 + c^\alpha w_\alpha)\, dF$$

$$- \int_{C_t} (n_t^0 v_t + n_u^0 v_u + n_3^0 v_3 + m_t^0 \omega_t + m_u^0 \omega_u)\, ds \qquad (7.1.78)$$

das *äußere Potential* bezeichnet.

Faßt man (7.1.75) und (7.1.78) schließlich zum *elastischen Gesamtpotential*

$$\Pi = \Pi_i + \Pi_a$$

$$= \iint_F \pi_i dF - \iint_F (\mathbf{p} \cdot \mathbf{v} + \mathbf{c} \cdot \boldsymbol{\omega})\, dF - \int_{C_t} (\mathbf{n}^0 \cdot \mathbf{v} + \mathbf{m}^0 \cdot \boldsymbol{\omega})\, ds \qquad (7.1.79)$$

zusammen, so existiert laut (7.1.56) sowie (7.1.74, 77) die Stationaritätsaussage:

$$\delta \Pi = \delta \Pi_i + \delta \Pi_a = 0 \rightarrow \Pi = \text{stat}, \qquad (7.1.80)$$

die gemeinsam mit den kinematischen Nebenbedingungen (7.1.17, 28)

$$\boldsymbol{\epsilon} = \mathbf{D}_k \mathbf{u}, \quad \mathbf{r} = \mathbf{r}^0 \ \text{ längs } C_r \qquad (7.1.81)$$

als *Prinzip vom stationären Wert des Gesamtpotentials* bezeichnet wird: Unter allen *kinematisch zulässigen* Verschiebungszuständen stellt sich im Gleichgewichtszustand gerade derjenige ein, der das Gesamtpotential Π (mindestens) zu einem stationären Wert macht.

Die unter Berücksichtigung von (7.1.72, 78) ausgeschriebene Stationaritätsbedingung dieses Variationsproblems

$$\delta\Pi = \iint_F (\tilde{n}^{(\alpha\beta)}\delta\alpha_{(\alpha\beta)} + q^\alpha \delta\gamma_\alpha + m^{(\alpha\beta)}\delta\beta_{(\alpha\beta)})\, dF$$

$$- \iint_F (\mathbf{p}\cdot\delta\mathbf{v} + \mathbf{c}\cdot\delta\boldsymbol{\omega})\, dF - \int_{C_t} (\mathbf{n}^0\cdot\delta\mathbf{v} + \mathbf{m}^0\cdot\delta\boldsymbol{\omega})\, ds = 0 \qquad (7.1.82)$$

stimmt, bis auf das Vorzeichen, mit dem Prinzip der virtuellen Arbeiten (7.1.56) überein. Als *Euler*sche Gleichungen sind ihm daher die Gleichgewichtsbedingungen (7.1.16), als natürliche Randbedingungen die Kraftgrößenrandvorgaben (7.1.27) zugeordnet.

Beschränkt man nun das Variationsprinzip (7.1.79, 80) auf den Sonderfall *linear elastischen* Werkstoffverhaltens, so erfüllt dessen Formänderungsenergiedichte (7.1.20) im Hinblick auf (7.1.18) sowie die Symmetrieeigenschaft $H^{\alpha\beta\lambda\mu} = H^{\lambda\mu\alpha\beta}$ die eingangs aufgestellte Forderung (7.1.72). Damit nimmt das Gesamtpotential folgende Komponentenform an:

$$\Pi = \Pi_i + \Pi_a$$

$$= \frac{1}{2}\iint_F (DH^{\alpha\beta\lambda\mu}\alpha_{(\alpha\beta)}\alpha_{(\lambda\mu)} + Gha^{\alpha\lambda}\gamma_\alpha\gamma_\lambda + BH^{\alpha\beta\lambda\mu}\beta_{(\alpha\beta)}\beta_{(\lambda\mu)})\, dF$$

$$- \iint_F (p^\alpha v_\alpha + p^3 v_3 + c^\alpha w_\alpha)\, dF$$

$$- \int_{C_t} (n_t^0 v_t + n_u^0 v_u + n_3^0 v_3 + m_t^0 \omega_t + m_u^0 \omega_u)\, ds$$

$$= \frac{1}{2}\iint_F \boldsymbol{\epsilon}^T \mathbf{D}\mathbf{E}\boldsymbol{\epsilon}\, dF - \iint_F \mathbf{u}^T\mathbf{p}\, dF - \int_{C_t} \mathbf{r}^T\mathbf{t}^0\, ds. \qquad (7.1.83)$$

Die hiermit formulierte Stationaritätsbedingung (7.1.80)

$$\delta\Pi = \iint_F (DH^{\alpha\beta\lambda\mu}\alpha_{(\alpha\beta)}\delta\alpha_{(\lambda\mu)} + Gha^{\alpha\lambda}\gamma_\alpha\delta\gamma_\lambda + BH^{\alpha\beta\lambda\mu}\beta_{(\alpha\beta)}\delta\beta_{(\lambda\mu)})\, dF$$

$$- \iint_F (p^\alpha \delta v_\alpha + p^3 \delta v_3 + c^\alpha \delta w_\alpha)\, dF$$

$$- \int_{C_t} (n_t^0 \delta v_t + n_u^0 \delta v_u + n_3^0 \delta v_3 + m_t^0 \delta\omega_t + m_u^0 \delta\omega_u)\, ds$$

$$= \iint_F \delta\boldsymbol{\epsilon}^T \mathbf{D}\mathbf{E}\boldsymbol{\epsilon}\, dF - \iint_F \delta\mathbf{u}^T\mathbf{p}\, dF - \int_{C_t} \delta\mathbf{r}^T\mathbf{t}^0\, ds = 0 \qquad (7.1.84)$$

führt gemeinsam mit den kinematischen Nebenbedingungen (7.1.81) gerade zum Minimum von Π für die dem wirklichen Gleichgewicht zugeordneten, kinematisch verträglichen Deformationen:

$$\delta\Pi = \delta\Pi_i + \delta\Pi_a = 0 \rightarrow \Pi = \min. \qquad (7.1.85)$$

Dieses *Prinzip vom Minimum des Gesamtpotentials* (*Dirichlet, Green, Lagrange*) bildet somit, wie in der dreidimensionalen Kontinuumsmechanik [118, 132], für linear elastische Werkstoffe (sowie verformungsunabhängige Lasten) eine hinreichende Bedingung für die Konvexität von Π.

Mit dem Ziel einer gleichartigen Transformation des Prinzips der virtuellen konjugierten Arbeiten definieren wir nun ein allein von den Schnittgrößen abhängendes, *spezifisches konjugiertes inneres Potential*

$$\hat{\pi}_i = \hat{\pi}_i(\sigma) = \hat{\pi}_i(\tilde{n}^{(\alpha\beta)}, q^\alpha, m^{(\alpha\beta)}), \qquad (7.1.86)$$

dessen erste Variation

$$\delta\hat{\pi}_i = \frac{\partial\hat{\pi}_i}{\partial\tilde{n}^{(\alpha\beta)}}\delta\tilde{n}^{(\alpha\beta)} + \frac{\partial\hat{\pi}_i}{\partial q^\alpha}\delta q^\alpha + \frac{\partial\hat{\pi}_i}{\partial m^{(\alpha\beta)}}\delta m^{(\alpha\beta)} \qquad (7.1.87)$$

dem negativen Wert der in (7.1.65) auftretenden spezifischen virtuellen konjugierten Arbeit $\delta^*\hat{a}_i$ entsprechen soll:

$$\delta\hat{\pi}_i = -\delta^*\hat{a}_i = \alpha_{(\alpha\beta)}\delta\tilde{n}^{(\alpha\beta)} + \gamma_\alpha\delta q^\alpha + \beta_{(\alpha\beta)}\delta m^{(\alpha\beta)}. \qquad (7.1.88)$$

Durch Koeffizientenvergleich mit (7.1.87) entstehen hieraus, nun unter Betonung der Symmetrie von $\tilde{n}^{(\alpha\beta)}$ und $m^{(\alpha\beta)}$, die inversen konstitutiven Beziehungen hyperelastischer Flächentragwerke:

$$\begin{aligned} \alpha_{(\alpha\beta)} &= \frac{1}{2}\left(\frac{\partial\hat{\pi}_i}{\partial\tilde{n}^{(\alpha\beta)}} + \frac{\partial\hat{\pi}_i}{\partial\tilde{n}^{(\beta\alpha)}}\right), \quad \gamma_\alpha = \frac{\partial\hat{\pi}_i}{\partial q^\alpha}, \\ \beta_{(\alpha\beta)} &= \frac{1}{2}\left(\frac{\partial\hat{\pi}_i}{\partial m^{(\alpha\beta)}} + \frac{\partial\hat{\pi}_i}{\partial m^{(\beta\alpha)}}\right). \end{aligned} \qquad (7.1.89)$$

Die beiden spezifischen inneren Potentialfunktionen π_i, $\hat{\pi}_i$ sind durch die folgende *Legendre*sche Transformation verknüpft:

$$\pi_i(\epsilon) + \hat{\pi}_i(\sigma) = \sigma^T\epsilon:$$

$$\pi_i(\alpha_{(\alpha\beta)}, \gamma_\alpha, \beta_{(\alpha\beta)}) + \hat{\pi}_i(\tilde{n}^{(\alpha\beta)}, q^\alpha, m^{(\alpha\beta)}) = \tilde{n}^{(\alpha\beta)}\alpha_{(\alpha\beta)} + q^\alpha\gamma_\alpha + m^{(\alpha\beta)}\beta_{(\alpha\beta)}, \qquad (7.1.90)$$

wie man durch Variation der linken Seite unter Berücksichtigung von (7.1.73, 89) bestätigt findet:

$$\begin{aligned} &\frac{\partial\pi_i}{\partial\alpha_{(\alpha\beta)}}\delta\alpha_{(\alpha\beta)} + \frac{\partial\pi_i}{\partial\gamma_\alpha}\delta\gamma_\alpha + \frac{\partial\pi_i}{\partial\beta_{(\alpha\beta)}}\delta\beta_{(\alpha\beta)} + \frac{\partial\hat{\pi}_i}{\partial\tilde{n}^{(\alpha\beta)}}\delta\tilde{n}^{(\alpha\beta)} + \frac{\partial\hat{\pi}_i}{\partial q^\alpha}\delta q^\alpha + \frac{\partial\hat{\pi}_i}{\partial m^{(\alpha\beta)}}\delta m^{(\alpha\beta)} \\ &= \tilde{n}^{(\alpha\beta)}\delta\alpha_{(\alpha\beta)} + q^\alpha\delta\gamma_\alpha + m^{(\alpha\beta)}\delta\beta_{(\alpha\beta)} + \delta\tilde{n}^{(\alpha\beta)}\alpha_{(\alpha\beta)} + \delta q^\alpha\gamma_\alpha + \delta m^{(\alpha\beta)}\beta_{(\alpha\beta)} \\ &= \delta(\tilde{n}^{(\alpha\beta)}\alpha_{(\alpha\beta)} + q^\alpha\gamma_\alpha + m^{(\alpha\beta)}\beta_{(\alpha\beta)}). \end{aligned}$$

Wegen der Hauptdiagonalform der Elastizitätsmatrix **E** (siehe z.B. Bild 4.9) gilt die *Legendre*sche Transformation in den beiden Formulierungsvarianten A auch für einzelne Potentialanteile:

$$\begin{aligned} \pi_i(\alpha_{(\alpha\beta)}) &+ \hat{\pi}_i(\tilde{n}^{(\alpha\beta)}) = \tilde{n}^{(\alpha\beta)}\alpha_{(\alpha\beta)}, \\ \pi_i(\gamma_\alpha) &+ \hat{\pi}_i(q^\alpha) = q^\alpha\gamma_\alpha, \\ \pi_i(\beta_{(\alpha\beta)}) &+ \hat{\pi}_i(\tilde{m}^{(\alpha\beta)}) = m^{(\alpha\beta)}\beta_{(\alpha\beta)}. \end{aligned} \tag{7.1.91}$$

Bildet man nun aus dem *inneren*

$$\hat{\Pi}_i = \hat{\Pi}_i(\sigma) = \iint_F \hat{\pi}_i(\sigma)\, dF \tag{7.1.92}$$

und dem *äußeren konjugierten Potential*

$$\begin{aligned} \hat{\Pi}_a &= -\int_{C_r} (\mathbf{n}\cdot\mathbf{v}^0 + \mathbf{m}\cdot\boldsymbol{\omega}^0)\, ds \\ &= -\int_{C_r} (n_t v_t^0 + n_u v_u^0 + n_3 v_3^0 + m_t \omega_t^0 + m_u \omega_u^0)\, ds, \end{aligned} \tag{7.1.93}$$

das analog zu (7.1.77) durch die Umformung

$$\delta^*\hat{A}_a = -\delta\hat{\Pi}_a = \int_{C_r} (\delta\mathbf{n}\cdot\mathbf{v}^0 + \delta\mathbf{m}\cdot\boldsymbol{\omega}^0)\, ds = \delta\int_{C_r} (\mathbf{n}\cdot\mathbf{v}^0 + \mathbf{m}\cdot\boldsymbol{\omega}^0)\, ds \tag{7.1.94}$$

definiert ist, ein *konjugiertes Gesamtpotential* $\hat{\Pi}$ für elastische Flächentragwerke

$$\hat{\Pi} = \hat{\Pi}_i + \hat{\Pi}_a = \iint_F \hat{\pi}_i dF - \int_{C_r} (\mathbf{n}\cdot\mathbf{v}^0 + \mathbf{m}\cdot\boldsymbol{\omega}^0)\, ds, \tag{7.1.95}$$

so gilt laut (7.1.65) sowie (7.1.88, 94) erneut die Stationaritätsaussage:

$$\delta\hat{\Pi} = \delta\hat{\Pi}_i + \delta\hat{\Pi}_a = 0 \rightarrow \hat{\Pi} = \text{stat.} \tag{7.1.96}$$

Diese stellt gemeinsam mit den dynamischen Nebenbedingungen (7.1.16) und (7.1.27)

$$\mathbf{D}_e\sigma = -\mathbf{p}, \quad \mathbf{t} = \mathbf{t}^0 \text{ längs } C_t \tag{7.1.97}$$

das *Prinzip vom stationären Wert des konjugierten Gesamtpotentials* dar: Unter allen *statisch zulässigen* Kraftgrößenzuständen stellt sich im wirklichen Verformungszustand gerade derjenige ein, der das konjugierte Gesamtpotential $\hat{\Pi}_i$ (mindestens) zu einem stationären Wert macht.

Beschränkt man auch dieses Prinzip auf *linear elastische* Werkstoffe, so läßt sich das spezifische konjugierte innere Potential unter Berücksichtigung von (7.1.19) sowie der Symmetrieeigenschaft $G_{\alpha\beta\lambda\mu} = G_{\lambda\mu\alpha\beta}$ aus (7.1.88) gewinnen:

$$\begin{aligned}
\delta\hat{\pi}_i &= \frac{G_{\alpha\beta\lambda\mu}}{D}\tilde{n}^{(\lambda\mu)}\delta\tilde{n}^{(\alpha\beta)} + \frac{a_{\alpha\lambda}}{Gh}q^\lambda\delta q^\alpha + \frac{G_{\alpha\beta\lambda\mu}}{B}m^{(\lambda\mu)}\delta m^{(\alpha\beta)} \\
&= \frac{1}{2}\delta\left(\frac{G_{\alpha\beta\lambda\mu}}{D}\tilde{n}^{(\alpha\beta)}\tilde{n}^{(\lambda\mu)} + \frac{a_{\alpha\lambda}}{Gh}q^\alpha q^\lambda + \frac{G_{\alpha\beta\lambda\mu}}{B}m^{(\alpha\beta)}m^{(\lambda\mu)}\right), \qquad (7.1.98) \\
\hat{\pi}_i &= \frac{1}{2}\left(\frac{G_{\alpha\beta\lambda\mu}}{D}\tilde{n}^{(\alpha\beta)}\tilde{n}^{(\lambda\mu)} + \frac{a_{\alpha\lambda}}{Gh}q^\alpha q^\lambda + \frac{G_{\alpha\beta\lambda\mu}}{B}m^{(\alpha\beta)}m^{(\lambda\mu)}\right).
\end{aligned}$$

Damit lautet das konjugierte Gesamtpotential (7.1.95):

$$\begin{aligned}
\hat{\Pi} &= \hat{\Pi}_i + \hat{\Pi}_a \\
&= \frac{1}{2}\iint_F\left(\frac{G_{\alpha\beta\lambda\mu}}{D}\tilde{n}^{(\alpha\beta)}\tilde{n}^{(\lambda\mu)} + \frac{a_{\alpha\lambda}}{Gh}q^\alpha q^\lambda + \frac{G_{\alpha\beta\lambda\mu}}{B}m^{(\alpha\beta)}m^{(\lambda\mu)}\right)dF \\
&\quad - \int_{C_r}(n_t v_t^0 + n_u v_u^0 + n_3 v_3^0 + m_t\omega_t^0 + m_u\omega_u^0)\,ds \\
&= \frac{1}{2}\iint_F \sigma^T\frac{1}{D}\mathbf{E}^{-1}\sigma\,dF - \int_{C_r}\mathbf{t}^T\mathbf{r}^0 ds. \qquad (7.1.99)
\end{aligned}$$

Gemeinsam mit den dynamischen Nebenbedingungen (7.1.97) führt die Stationaritätsbedingung dieses Funktionals gerade zum Minimum von $\hat{\Pi}$:

$$\delta\hat{\Pi} = \delta\hat{\Pi}_i + \delta\hat{\Pi}_a = 0 \rightarrow \hat{\Pi} = \min. \qquad (7.1.100)$$

Analog zu (7.1.85) wird dies als *Prinzip vom Minimum des konjugierten Gesamtpotentials* (*Castigliano, Menabrea*) bezeichnet. Für das betrachtete *Hooke*sche Tragverhalten lassen sich die beiden inneren Potentiale π_i in (7.1.83) und $\hat{\pi}_i$ in (7.1.99) mittels der jeweiligen Elastizitätsgesetze (7.1.18, 19) einheitlich wie folgt darstellen:

$$\pi_i = \hat{\pi}_i = \frac{1}{2}(\tilde{n}^{(\alpha\beta)}\alpha_{(\alpha\beta)} + q^\alpha\gamma_\alpha + m^{(\alpha\beta)}\beta_{(\alpha\beta)}). \qquad (7.1.101)$$

7.1.5 Einige ergänzende Sätze und Theoreme

In diesem Abschnitt sollen die hergeleiteten Energieprinzipe um einige geläufige Energieaussagen ergänzt werden [109, 127]. Zunächst schreiben wir den Energiesatz (7.1.52) für *linear elastische* Flächentragwerke aus. Durch Substitution der konstitutiven Beziehungen (7.1.18, 19) in dessen innere Arbeit entstehen die beiden Alternativen

$$A_i = -\iint_F (\tilde{n}^{(\alpha\beta)}\alpha_{(\alpha\beta)} + q^\alpha\gamma_\alpha + m^{(\alpha\beta)}\beta_{(\alpha\beta)})\,dF$$

$$= -2\Pi_i = -\iint_F (DH^{\alpha\beta\lambda\mu}\alpha_{(\alpha\beta)}\alpha_{(\lambda\mu)} + Gha^{\alpha\lambda}\gamma_\alpha\gamma_\lambda + BH^{\alpha\beta\lambda\mu}\beta_{(\alpha\beta)}\beta_{(\lambda\mu)})\,dF$$

$$= -2\hat{\Pi}_i = -\iint_F \left(\frac{G_{\alpha\beta\lambda\mu}}{D}\tilde{n}^{(\alpha\beta)}\tilde{n}^{(\lambda\mu)} + \frac{a_{\alpha\lambda}}{Gh}q^\alpha q^\lambda + \frac{G_{\alpha\beta\lambda\mu}}{B}m^{(\alpha\beta)}m^{(\lambda\mu)}\right)dF, \qquad (7.1.102)$$

die den negativen doppelten inneren Potentialen Π_i (7.1.83) bzw. $\hat{\Pi}_i$ (7.1.99) entsprechen. Hiermit lautet der Energiesatz (7.1.52):

$$-(A_a + A_i) = \Pi_a + \hat{\Pi}_a + 2\Pi_i = \Pi_a + \hat{\Pi}_a + 2\hat{\Pi}_i = 0. \qquad (7.1.103)$$

Dessen Formulierung

$$\Pi_i = \hat{\Pi}_i = -\frac{1}{2}(\Pi_a + \hat{\Pi}_a) = \frac{1}{2}A_a$$

$$= \frac{1}{2}\iint_F (\mathbf{p}\cdot\mathbf{v} + \mathbf{c}\cdot\boldsymbol{\omega})\,dF$$

$$+ \frac{1}{2}\int_{C_t} (\mathbf{n}^0\cdot\mathbf{v} + \mathbf{m}^0\cdot\boldsymbol{\omega})\,ds + \frac{1}{2}\int_{C_r} (\mathbf{n}\cdot\mathbf{v}^0 + \mathbf{m}\cdot\boldsymbol{\omega}^0)\,ds, \qquad (7.1.104)$$

in welcher alle auftretenden Variablen vereinbarungsgemäß als *tatsächlich wirkende* Kraft- bzw. Weggrößen zu interpretieren sind, entspricht dem bekannten *Satz von Clapeyron*: Die Formänderungsenergie eines im Gleichgewicht befindlichen und kinematisch verträglich deformierten Flächentragwerks aus *Hooke*schem Material ist halb so groß wie die Arbeit der äußeren Kraftgrößen mit den Endwerten der korrespondierenden Weggrößen.

Als nächstes stellen wir uns ein beliebiges Flächentragwerk vor, auf welches zwei verschiedene Gruppen von vorgegebenen äußeren Kraftgrößen, Randkräften und Randverformungen nacheinander einwirken. Da die jeweils zugeordneten Schnittgrößen, Verzerrungen und Verschiebungen als wirkliche Größen statisch bzw. kinematisch zulässig sind, wenden wir auf sie die Integralidentität (7.1.50) für *Hooke*sche Schalenwerkstoffe (7.1.18) an. Die innere Arbeit der Kraftgrößengruppe (1) entlang den Weggrößen der Gruppe (2) ermittelt sich zu

$$A_{i(1,2)} = -\iint_F (\tilde{n}^{(\alpha\beta)(1)}\alpha^{(2)}_{(\alpha\beta)} + q^{\alpha(1)}\gamma^{(2)}_\alpha + m^{(\alpha\beta)(1)}\beta^{(2)}_{(\alpha\beta)})\,dF$$

$$= -\iint_F (DH^{\alpha\beta\lambda\mu}\alpha^{(2)}_{(\alpha\beta)}\alpha^{(1)}_{(\lambda\mu)} + Gha^{\alpha\lambda}\gamma^{(2)}_\alpha\gamma^{(1)}_\lambda + BH^{\alpha\beta\lambda\mu}\beta^{(2)}_{(\alpha\beta)}\beta^{(1)}_{(\lambda\mu)})\,dF,$$

diejenige der Kraftgrößengruppe (2) entlang den Weggrößen der Gruppe (1)

$$A_{i(2,1)} = -\iint_F (\tilde{n}^{(\alpha\beta)(2)}\alpha^{(1)}_{(\alpha\beta)} + q^{\alpha(2)}\gamma^{(1)}_\alpha + m^{(\alpha\beta)(2)}\beta^{(1)}_{(\alpha\beta)})\,dF$$

$$= -\iint_F (DH^{\alpha\beta\lambda\mu}\alpha^{(1)}_{(\alpha\beta)}\alpha^{(2)}_{(\lambda\mu)} + Gha^{\alpha\lambda}\gamma^{(1)}_\alpha\gamma^{(2)}_\lambda + BH^{\alpha\beta\lambda\mu}\beta^{(1)}_{(\alpha\beta)}\beta^{(2)}_{(\lambda\mu)})\,dF.$$

Wegen der Gruppensymmetrie (3.4.42) des Elastizitätstensors $H^{\alpha\beta\lambda\mu}$ und der Symmetrie von $a^{\alpha\lambda}$ entsteht aus (7.1.50):

$$-A_{i(1,2)} = -A_{i(2,1)}$$

$$= \iint_F (\mathbf{p}^{(1)} \cdot \mathbf{v}^{(2)} + \mathbf{c}^{(1)} \cdot \omega^{(2)})\, dF + \oint_C (\mathbf{n}^{(1)} \cdot \mathbf{v}^{(2)} + \mathbf{m}^{(1)} \cdot \omega^{(2)})\, ds$$

$$= \iint_F (\mathbf{p}^{(2)} \cdot \mathbf{v}^{(1)} + \mathbf{c}^{(2)} \cdot \omega^{(1)})\, dF + \oint_C (\mathbf{n}^{(2)} \cdot \mathbf{v}^{(1)} + \mathbf{m}^{(2)} \cdot \omega^{(1)})\, ds. \tag{7.1.105}$$

Der hiermit verifizierte *Reziprozitätssatz von Betti*, zur Verdeutlichung ohne Unterteilung des Randes C in die Bereiche C_r und C_t ausgeschrieben, lautet somit: Wird ein linear elastisches Flächentragwerk zwei unterschiedlichen Lastgruppen (1) und (2) unterworfen, denen jeweils die wirkliche Deformationsgruppe (1) und (2) zugeordnet ist, so gleicht die durch die Kraftgruppe (1) längs der Verschiebungsgruppe (2) verrichtete Arbeit derjenigen durch die Kraftgruppe (2) längs der Verschiebungsgruppe (1) verrichteten.

Schließlich kehren wir noch einmal zum Prinzip vom Minimum des konjugierten Gesamtpotentials (7.1.99, 100) zurück:

$$\delta \hat{\Pi}_i(\sigma) = \int_{C_r} (\delta \mathbf{n} \cdot \mathbf{v}^0 + \delta \mathbf{m} \cdot \omega^0)\, ds. \tag{7.1.106}$$

Dabei setzen wir voraus, daß der Randbereich C_r aus m singulären Stellen mit Einzelkraftgrößen

$$\lim_{ds \to 0} \mathbf{n}\, ds = \mathbf{N}, \quad \lim_{ds \to 0} \mathbf{m}\, ds = \mathbf{M}$$

bestehe. Für diesen Grenzfall entsteht aus (7.1.106)

$$\delta \hat{\Pi}_i(\sigma) = \sum_m (\delta \mathbf{N} \cdot \mathbf{v}^0 + \delta \mathbf{M} \cdot \omega^0) = \sum_m (\delta N v^0 + \delta M \omega^0), \tag{7.1.107}$$

wobei über die einzelnen Lastangriffspunkte zu summieren ist. Dabei bezeichnen v^0 und ω^0 die Verschiebungs- bzw. Verdrehungskomponenten in Richtung der jeweiligen korrespondierenden Einzelkraftwirkungen mit den Beträgen N bzw. M. Unterstellt man jetzt das innere konjugierte Potential $\hat{\Pi}_i$ als Funktion der Einzelangriffe N bzw. M

$$\hat{\Pi}_i(\sigma) = \hat{\Pi}_i(N, M),$$

so liefert dessen Variation

$$\delta \hat{\Pi}_i(N, M) = \sum_m \left(\frac{\partial \hat{\Pi}_i}{\partial N} \delta N + \frac{\partial \hat{\Pi}_i}{\partial M} \delta M \right). \tag{7.1.108}$$

Nach Vergleich mit (7.1.107) folgt hieraus wegen der voneinander unabhängig vorausgesetzten Einzelkraftwirkungen die als *2. Castiglianosches Theorem* bezeichnete Aussage:

$$\frac{\partial \hat{\Pi}_i(N, M)}{\partial N} = v^0, \quad \frac{\partial \hat{\Pi}_i(N, M)}{\partial M} = \omega^0. \tag{7.1.109}$$

Für ein linear elastisches Flächentragwerk, welches durch eine Reihe von m Einzelwirkungen N, M beansprucht wird, erhält man die zu jeder Einzelwirkung korrespondierende Weggrößenkomponente v^0, ω^0 durch partielle Ableitung von $\hat{\Pi}_i$ nach der betreffenden Kraftgröße.

Das *1. Castigliano*sche *Theorem* stellt die zu (7.1.109) komplementäre Aussage dar. Durch Anwendung des Prinzips vom Minimum des Gesamtpotentials (7.1.84, 85)

$$\delta\Pi_i(\epsilon) = \iint_F (\mathbf{p} \cdot \delta\mathbf{v} + \mathbf{c} \cdot \delta\boldsymbol{\omega})\, dF + \int_{C_t} (\mathbf{n}^0 \cdot \delta\mathbf{v} + \mathbf{m}^0 \cdot \delta\boldsymbol{\omega})\, ds \qquad (7.1.110)$$

auf ein ausschließlich durch m Einzelkraftgrößen N^0 bzw. M^0 entlang C_t beanspruchtes Tragwerk ($\mathbf{p} = \mathbf{c} = 0$) entsteht hieraus in zu (7.1.107) analoger Weise:

$$\delta\Pi_i(\epsilon) = \sum_m (\mathbf{N}^0 \cdot \delta\mathbf{v} + \mathbf{M}^0 \cdot \delta\boldsymbol{\omega}) = \sum_m (N^0\delta v + M^0\delta\omega). \qquad (7.1.111)$$

Durch Transformation des Potentials Π_i in die äußeren Weggrößenvariablen v, ω

$$\Pi_i(\epsilon) = \Pi_i(v, \omega)$$

sowie anschließende Variation gewinnt man nach Koeffizientenvergleich mit (7.1.111) hieraus:

$$\begin{aligned} \delta\Pi_i(v, \omega) &= \sum_m \left(\frac{\partial \Pi_i}{\partial v} \delta v + \frac{\partial \Pi_i}{\partial \omega} \delta\omega \right), \\ \frac{\partial \Pi_i(v, \omega)}{\partial v} &= N^0, \quad \frac{\partial \Pi_i(v, \omega)}{\partial \omega} = M^0. \end{aligned} \qquad (7.1.112)$$

7.1.6 Die erweiterten Prinzipe für linear elastische Werkstoffe

Mit Hilfe der beiden Extremalprinzipe (7.1.83, 85) und (7.1.99, 100) lassen sich Randwertaufgaben linear elastischer Flächentragwerke als Variationsaufgaben formulieren und dadurch Brücken zu den direkten Lösungsmethoden der Variationsrechnung schlagen [90]. Dabei erweisen sich jedoch die jeweiligen Nebenbedingungen, welche von den zulässigen Weg- bzw. Kraftgrößenansätzen zu erfüllen sind, oft als hinderlich für die Wahl geeigneter Ansatzfunktionen. Dieser Nachteil wird beseitigt, wenn man die ursprünglichen Extremalprinzipe durch Erweiterung von ihren Nebenbedingungen befreit (siehe Abschnitt 2.2.3). Hierzu werden diese mit geeigneten *Lagrange*faktoren versehen und in die entsprechenden Linien- oder Flächenintegrale eingefügt, je nachdem, ob sie Einschränkungen längs C_r, C_t oder in F beschreiben. Die *Lagrange*faktoren sind dabei so zu wählen, daß ihre Kombination mit den Nebenbedingungen zu Arbeitsausdrücken führt. In den derart entstehenden *erweiterten Prinzipen ohne Nebenbedingungen* dürfen sodann nebenbedingungsfreie Lösungsansätze als zulässig verwendet werden.

Wir beginnen mit der Erweiterung des Prinzips vom Minimum des konjugierten Gesamtpotentials (7.1.99, 100)

$$\delta\hat{\Pi} = 0 \rightarrow \hat{\Pi} = \hat{\Pi}_i + \hat{\Pi}_a = \min,$$

in welchem die beiden konjugierten Potentiale

$$\hat{\Pi}_i = \frac{1}{2}\iint_F \left(\frac{G_{\alpha\beta\lambda\mu}}{D}\tilde{n}^{(\alpha\beta)}\tilde{n}^{(\lambda\mu)} + \frac{a_{\alpha\lambda}}{Gh}q^\alpha q^\lambda + \frac{G_{\alpha\beta\lambda\mu}}{B}m^{(\alpha\beta)}m^{(\lambda\mu)}\right)dF,$$

$$\hat{\Pi}_a = -\int_{C_r}(\mathbf{n}\cdot\mathbf{v}^0 + \mathbf{m}\cdot\boldsymbol{\omega}^0)\,ds \tag{7.1.113}$$

auftreten. Seine unbekannten Variablen $\tilde{n}^{(\alpha\beta)}$, q^α, $m^{(\alpha\beta)}$ haben als zulässige Kraftgrößen die Gleichgewichtsbedingungen nebst den statischen Randbedingungen längs C_t zu erfüllen (7.1.97). Eine Befreiung von diesen Zwangsbedingungen erfolgt, wenn man das betreffende Prinzip gemäß der Methode der *Lagrange*faktoren durch zwei, beide Nebenbedingungen (7.1.16, 27) enthaltende Zusätze erweitert:

$$\hat{I} = \text{stat},$$

$$\begin{aligned}\hat{I} = \hat{\Pi}_i + \hat{\Pi}_a + \iint_F \Big\{&[\tilde{n}^{(\alpha\beta)}|_\alpha - (m^{(\alpha\rho)}b^\beta_\rho)|_\alpha - q^\alpha b^\beta_\alpha + p^\beta]\,v_\beta \\ &+ [\tilde{n}^{(\alpha\beta)}b_{\alpha\beta} - m^{(\alpha\rho)}b^\beta_\rho b_{\alpha\beta} + q^\alpha|_\alpha + p^3]\,v_3 \\ &+ [m^{(\alpha\beta)}|_\alpha - q^\beta + c^\beta]\,w_\beta\Big\}\,dF \\ &- \int_{C_t}[(\mathbf{n}-\mathbf{n}^0)\cdot\mathbf{v} + (\mathbf{m}-\mathbf{m}^0)\cdot\boldsymbol{\omega}]\,ds \\ = \frac{1}{2}\iint_F \boldsymbol{\sigma}^T\frac{1}{D}\,&\mathbf{E}^{-1}\boldsymbol{\sigma}\,dF - \int_{C_r}\mathbf{t}^T\mathbf{r}^0\,ds + \iint_F \mathbf{u}^T(\mathbf{D}_e\boldsymbol{\sigma}+\mathbf{p})\,dF - \int_{C_t}(\mathbf{t}-\mathbf{t}^0)^T\mathbf{r}\,ds.\end{aligned} \tag{7.1.114}$$

In diesem erweiterten Prinzip dürfen neben den Schnittgrößen $\tilde{n}^{(\alpha\beta)}$, $m^{(\alpha\beta)}$, q^α auch die als *Lagrange*sche Multiplikatoren eingeführten Verschiebungen $\mathbf{v}$, $\boldsymbol{\omega}$ bzw. v_β, v_3, w_β variiert werden. Wie bei seiner äquivalenten Darstellung noch gezeigt wird, werden dabei die kinematischen Beziehungen sowie die Gleichgewichtsbedingungen als *Euler*sche Gleichungen und die Vorgaben für die Randkräfte sowie die Verschiebungen als natürliche Randbedingungen automatisch erfüllt. Dieses Prinzip ist gelegentlich mit dem Namen *Hu* [71] verknüpft.

(7.1.114) überführen wir nun in eine äquivalente Darstellung, indem wir alle Kraftgrößenableitungen mittels des *Gauß*schen Integralsatzes (1.5.14) umformen:

$$\begin{aligned}\iint_F \tilde{n}^{(\alpha\beta)}|_\alpha v_\beta\,dF &= \oint_C \tilde{n}^{(\alpha\beta)}u_\alpha v_\beta\,ds - \iint_F \tilde{n}^{(\alpha\beta)}v_\beta|_\alpha\,dF \\ &= \oint_C \tilde{n}^{(\alpha\beta)}u_\alpha v_\beta\,ds - \iint_F \tilde{n}^{(\alpha\beta)}\frac{1}{2}(v_\alpha|_\beta + v_\beta|_\alpha)\,dF,\end{aligned}$$

$$\iint_F (m^{(\alpha\rho)} b_\rho^\beta)|_\alpha v_\beta dF = \oint_C m^{(\alpha\rho)} b_\rho^\beta u_\alpha v_\beta ds - \iint_F m^{(\alpha\rho)} \frac{1}{2}(v_\beta|_\alpha b_\rho^\beta + v_\beta|_\rho b_\alpha^\beta)\, dF, \tag{7.1.115}$$

$$\iint_F q^\alpha|_\alpha v_3 dF = \oint_C q^\alpha u_\alpha v_3 ds - \iint_F q^\alpha v_3|_\alpha dF,$$

$$\iint_F m^{(\alpha\beta)}|_\alpha w_\beta dF = \oint_C m^{(\alpha\beta)} u_\alpha w_\beta ds - \iint_F m^{(\alpha\beta)} \frac{1}{2}(w_\alpha|_\beta + w_\beta|_\alpha)\, dF.$$

Berücksichtigen wir ferner die zu (7.1.60) analoge Identität

$$\oint_C [(\tilde{n}^{(\alpha\beta)} - m^{(\alpha\rho)} b_\rho^\beta)\, u_\alpha v_\beta + q^\alpha u_\alpha v_3 + m^{(\alpha\beta)} u_\alpha w_\beta]\, ds = \oint_C (\mathbf{n} \cdot \mathbf{v} + \mathbf{m} \cdot \boldsymbol{\omega})\, ds, \tag{7.1.116}$$

in welcher das entstehende Randintegral noch in die beiden Bestandteile

$$\oint_C (\mathbf{n} \cdot \mathbf{v} + \mathbf{m} \cdot \boldsymbol{\omega})\, ds = \int_{C_r} (\mathbf{n} \cdot \mathbf{v} + \mathbf{m} \cdot \boldsymbol{\omega})\, ds + \int_{C_t} (\mathbf{n} \cdot \mathbf{v} + \mathbf{m} \cdot \boldsymbol{\omega})\, ds \tag{7.1.117}$$

aufgespalten wird, so entsteht mit (7.1.93) nach kurzer Umformung das nebenbedingungsfreie Prinzip von *Hellinger-Reissner* [69, 104], welches (7.1.114) völlig gleichwertig ist:

$$\hat{I}^* = \text{stat},$$

$$\begin{aligned}
\hat{I}^* = \hat{\Pi}_i - \iint_F \Big[& \tilde{n}^{(\alpha\beta)} \frac{1}{2}(v_\alpha|_\beta + v_\beta|_\alpha - 2 v_3 b_{\alpha\beta}) + q^\alpha (w_\alpha + v_{3,\alpha} + v_\lambda b_\alpha^\lambda) \\
& + m^{(\alpha\beta)} \frac{1}{2}(w_\alpha|_\beta + w_\beta|_\alpha - v_\lambda|_\alpha b_\beta^\lambda - v_\lambda|_\beta b_\alpha^\lambda + 2 v_3 b_\alpha^\lambda b_{\lambda\beta}) \Big]\, dF \\
& + \iint_F (p^\alpha v_\alpha + p^3 v_3 + c^\alpha w_\alpha)\, dF + \int_{C_t} (\mathbf{n}^0 \cdot \mathbf{v} + \mathbf{m}^0 \cdot \boldsymbol{\omega})\, ds \\
& + \int_{C_r} [\mathbf{n} \cdot (\mathbf{v} - \mathbf{v}^0) + \mathbf{m} \cdot (\boldsymbol{\omega} - \boldsymbol{\omega}^0)]\, ds \\
= \frac{1}{2} \iint_F & \boldsymbol{\sigma}^T \frac{1}{D} \mathbf{E}^{-1} \boldsymbol{\sigma}\, dF - \iint_F \boldsymbol{\sigma}^T \mathbf{D}_k \mathbf{u}\, dF + \iint_F \mathbf{p}^T \mathbf{u}\, dF + \int_{C_t} \mathbf{t}^{0T} \mathbf{r}\, ds \\
& + \int_{C_r} \mathbf{t}^T (\mathbf{r} - \mathbf{r}^0)\, ds.
\end{aligned} \tag{7.1.118}$$

Zur Herleitung seiner *Euler*schen Gleichungen und natürlichen Randbedingungen drücken wir $\hat{\Pi}_i$ gemäß (7.1.99) aus und bilden sodann unter Berücksichtigung der Symmetrieeigenschaft $G_{\alpha\beta\rho\lambda} = G_{\rho\lambda\alpha\beta}$ die Extremalbedingung:

$$
\begin{aligned}
\delta\hat{I}^* = & \iint_F \Bigg\{ \left[\frac{G_{\alpha\beta\lambda\mu}}{D} \tilde{n}^{(\lambda\mu)} - \frac{1}{2}(v_{\alpha}|_{\beta} + v_{\beta}|_{\alpha} - 2 v_3 b_{\alpha\beta}) \right] \delta\tilde{n}^{(\alpha\beta)} \\
& + \left[\frac{G_{\alpha\beta\lambda\mu}}{B} m^{(\lambda\mu)} - \frac{1}{2}(w_{\alpha}|_{\beta} + w_{\beta}|_{\alpha} - v_{\lambda}|_{\alpha} b^{\lambda}_{\beta} - v_{\lambda}|_{\beta} b^{\lambda}_{\alpha} + 2 v_3 b_{\alpha\lambda} b^{\lambda}_{\beta}) \right] \delta m^{(\alpha\beta)} \\
& + \left[\frac{a_{\alpha\lambda}}{Gh} q^{\lambda} - (w_{\alpha} + v_{3,\alpha} + v_{\lambda} b^{\lambda}_{\alpha}) \right] \delta q^{\alpha} \Bigg\} dF \\
& - \iint_F \Big\{ \tilde{n}^{(\alpha\beta)} (\delta v_{\beta}|_{\alpha} - \delta v_3 b_{\alpha\beta}) + m^{(\alpha\beta)} (\delta w_{\beta}|_{\alpha} - \delta v_{\lambda}|_{\alpha} b^{\lambda}_{\beta} + \delta v_3 b_{\alpha\lambda} b^{\lambda}_{\beta}) \\
& \qquad + q^{\alpha} (\delta w_{\alpha} + \delta v_{3,\alpha} + \delta v_{\lambda} b^{\lambda}_{\alpha}) \Big\} dF \\
& + \iint_F (p^{\alpha} \delta v_{\alpha} + p^3 \delta v_3 + c^{\alpha} \delta w_{\alpha}) dF + \int_{C_t} (\mathbf{n}^0 \cdot \delta \mathbf{v} + \mathbf{m}^0 \cdot \delta \boldsymbol{\omega}) ds \\
& + \int_{C_r} [\delta \mathbf{n} \cdot (\mathbf{v} - \mathbf{v}^0) + \delta \mathbf{m} \cdot (\boldsymbol{\omega} - \boldsymbol{\omega}^0) + \mathbf{n} \cdot \delta \mathbf{v} + \mathbf{m} \cdot \delta \boldsymbol{\omega}] ds = 0. \qquad (7.1.119)
\end{aligned}
$$

Rücktransformiert man im zweiten Integral in einer zu (7.1.115) analogen Weise alle Verschiebungs- in Kräfteableitungen, beispielsweise

$$
\iint_F \tilde{n}^{(\alpha\beta)} \delta v_{\beta}|_{\alpha} dF = \oint_C \tilde{n}^{(\alpha\beta)} u_{\alpha} \delta v_{\beta} ds - \iint_F \tilde{n}^{(\alpha\beta)}|_{\alpha} \delta v_{\beta} dF,
$$

und verwendet erneut (7.1.116, 117), so führt eine kurze Zwischenrechnung auf das gewünschte Ergebnis:

$$
\begin{aligned}
\delta\hat{I}^* = & \iint_F \Bigg\{ \left[\frac{G_{\alpha\beta\lambda\mu}}{D} \tilde{n}^{(\lambda\mu)} - \frac{1}{2}(v_{\alpha}|_{\beta} + v_{\beta}|_{\alpha} - 2 v_3 b_{\alpha\beta}) \right] \delta\tilde{n}^{(\alpha\beta)} \\
& + \left[\frac{a_{\alpha\lambda}}{Gh} q^{\lambda} - (w_{\alpha} + v_{3,\alpha} + v_{\lambda} b^{\lambda}_{\alpha}) \right] \delta q^{\alpha} \\
& + \left[\frac{G_{\alpha\beta\lambda\mu}}{B} m^{(\lambda\mu)} - \frac{1}{2}(w_{\alpha}|_{\beta} + w_{\beta}|_{\alpha} - v_{\lambda}|_{\alpha} b^{\lambda}_{\beta} - v_{\lambda}|_{\beta} b^{\lambda}_{\alpha} + 2 v_3 b_{\alpha\lambda} b^{\lambda}_{\beta}) \right] \delta m^{(\alpha\beta)}
\end{aligned}
$$

$$
\begin{aligned}
&+ \ [\tilde{n}^{(\alpha\beta)}|_\alpha - (m^{(\alpha\rho)} b^\beta_\rho)|_\alpha - q^\alpha b^\beta_\alpha + p^\beta] \, \delta v_\beta \\
&+ \ [\tilde{n}^{(\alpha\beta)} b_{\alpha\beta} - m^{(\alpha\lambda)} b^\beta_\lambda b_{\alpha\beta} + q^\alpha|_\alpha + p^3] \, \delta v_3 \\
&+ \ [m^{(\alpha\beta)}|_\alpha - q^\beta + c^\beta] \, \delta w_\beta \Big\} dF \\
&+ \int\limits_{C_t} [(\mathbf{n}^0 - \mathbf{n}) \cdot \delta \mathbf{v} + (\mathbf{m}^0 - \mathbf{m}) \cdot \delta \boldsymbol{\omega}] \, ds \\
&+ \int\limits_{C_r} [\delta \mathbf{n} \cdot (\mathbf{v} - \mathbf{v}^0) + \delta \mathbf{m} \cdot (\boldsymbol{\omega} - \boldsymbol{\omega}^0)] \, ds
\end{aligned}
$$

$$
\begin{aligned}
= & \iint\limits_F \Big\{ \delta \boldsymbol{\sigma}^T \, [\frac{1}{D} \mathbf{E}^{-1} \boldsymbol{\sigma} - \mathbf{D}_k \mathbf{u}] \, + \delta \mathbf{u}^T \, [\mathbf{D}_e \boldsymbol{\sigma} + \mathbf{p}] \Big\} dF \\
&+ \int\limits_{C_t} (\mathbf{t}^0 - \mathbf{t})^T \, \delta \mathbf{r} ds + \int\limits_{C_r} \delta \mathbf{t}^T (\mathbf{r} - \mathbf{r}^0) \, ds \ = \ 0.
\end{aligned}
\tag{7.1.120}
$$

Hieraus wird deutlich, daß unter Voraussetzung der Gültigkeit der konstitutiven Beziehungen (7.1.19)

$$
\boldsymbol{\epsilon} = \frac{1}{D} \mathbf{E}^{-1} \boldsymbol{\sigma}:
$$

$$
\alpha_{(\alpha\beta)} = \frac{G_{\alpha\beta\lambda\mu}}{D} \tilde{n}^{(\lambda\mu)}, \quad \gamma_\alpha = \frac{a_{\alpha\lambda}}{Gh} q^\lambda, \quad \beta_{(\alpha\beta)} = \frac{G_{\alpha\beta\lambda\mu}}{B} m^{(\lambda\mu)} \tag{7.1.121}
$$

beide Prinzipe (7.1.114, 118) die kinematischen Beziehungen (7.1.17) und die Gleichgewichtsbedingungen (7.1.16) als *Euler*sche Gleichungen enthalten, während als natürliche Randbedingungen die statischen (7.1.27) und die geometrischen Randvorgaben (7.1.28) auftreten.

Damit sind alle Feldgleichungen und Randbedingungen linear elastischer Flächentragwerke in beiden Extremalprinzipen (7.1.114, 118) enthalten, in welchen vorteilhafterweise alle primären Variablen eines Schalenrandwertproblems als unabhängig zu variierende Größen vertreten sind ($\delta \mathbf{p} = \delta \mathbf{c} = 0$):

$$
\begin{aligned}
\hat{I} \ &= \hat{I} \ (\tilde{n}^{(\alpha\beta)}, \ q^\alpha, \ m^{(\alpha\beta)}, \ v_i, \ w_\alpha) \ = \ \text{stat}, \\
\hat{I}^* \ &= \hat{I}^* (\tilde{n}^{(\alpha\beta)}, \ q^\alpha, \ m^{(\alpha\beta)}, \ v_i, \ w_\alpha) \ = \ \text{stat}.
\end{aligned}
\tag{7.1.122}
$$

Ähnliche Erweiterungen lassen sich natürlich auch mit dem Prinzip vom Minimum des Gesamtpotentials (7.1.83, 85) vornehmen:

$$
\delta \Pi = 0, \quad \Pi = \Pi_i + \Pi_a = \min,
$$

in welchem die beiden Potentiale durch

$$
\begin{aligned}
\Pi_i \ &= \ \frac{1}{2} \iint\limits_F (D H^{\alpha\beta\lambda\mu} \alpha_{(\alpha\beta)} \alpha_{(\lambda\mu)} + G h a^{\alpha\lambda} \gamma_\alpha \gamma_\lambda + B H^{\alpha\beta\lambda\mu} \beta_{(\alpha\beta)} \beta_{(\lambda\mu)}) \, dF, \\
\Pi_a \ &= \ - \iint\limits_F (\mathbf{p} \cdot \mathbf{v} + \mathbf{c} \cdot \boldsymbol{\omega}) \, dF - \int\limits_{C_t} (\mathbf{n}^0 \cdot \mathbf{v} + \mathbf{m}^0 \cdot \boldsymbol{\omega}) \, ds
\end{aligned}
\tag{7.1.123}
$$

abgekürzt werden. Beispielsweise kann man die Verschiebungen dieses Funktionals von ihren Randbedingungen (7.1.28) durch Einbeziehen eines über C_r zu erstreckenden Linienintegrals

$$I = \Pi_i + \Pi_a - \int_{C_r} [\mathbf{n} \cdot (\mathbf{v} - \mathbf{v}^0) + \mathbf{m} \cdot (\omega - \omega)^0] \, ds \tag{7.1.124}$$

befreien, wobei die Randkraftgrößen **n**, **m** als *Lagrange*faktoren auftreten. (7.1.124) entspricht einer Variationsaufgabe der Form

$$I = I(v_i, w_\alpha) = \text{stat}, \tag{7.1.125}$$

nur mit der kinematischen Beziehung (7.1.17) als Nebenbedingung. Eine völlige Befreiung ist durch Einbeziehung von (7.1.17) möglich, wobei nunmehr die Schnittgrößen als *Lagrange*faktoren dienen:

$$\begin{aligned} I^* &= \text{stat}, \\ I^* &= \Pi_i + \Pi_a - \iint_F \Big\{ \tilde{n}^{(\alpha\beta)} \Big[\alpha_{(\alpha\beta)} - \frac{1}{2}(v_\alpha|_\beta + v_\beta|_\alpha - 2 v_3 b_{\alpha\beta}) \Big] \\ &\quad + m^{(\alpha\beta)} \Big[\beta_{(\alpha\beta)} - \frac{1}{2}(w_\alpha|_\beta + w_\beta|_\alpha - v_\lambda|_\alpha b^\lambda_\beta - v_\lambda|_\beta b^\lambda_\alpha + 2 v_3 b_{\alpha\lambda} b^\lambda_\beta) \Big] \\ &\quad + q^\alpha [\gamma_\alpha - (w_\alpha + v_3|_\alpha + v_\lambda b^\lambda_\alpha)] \Big\} dF \\ &\quad - \int_{C_r} [\mathbf{n} \cdot (\mathbf{v} - \mathbf{v}^0) + \mathbf{m} \cdot (\omega - \omega^0)] \, ds. \end{aligned} \tag{7.1.126}$$

In diesem Extremalprinzip vom Typ *Hu-Washizu* [71, 131] dürfen wieder alle auftretenden Variablen unabhängig voneinander variiert werden:

$$I^* = I^*(\tilde{n}^{(\alpha\beta)}, m^{(\alpha\beta)}, q^\alpha, \alpha_{(\alpha\beta)}, \beta_{(\alpha\beta)}, \gamma_\alpha, v_i, w_\alpha). \tag{7.1.127}$$

Seine *Euler*schen Gleichungen werden durch die Gleichgewichtsbedingungen (7.1.16), die kinematischen Beziehungen (7.1.17) und die konstitutiven Gesetze (7.1.18) gebildet, die natürlichen Randbedingungen durch die statischen (7.1.27) und die geometrischen Randvorgaben (7.1.28). Ihre Herleitung auf analogem Wege wie beim Prinzip von *Hellinger-Reissner* überlassen wir dem Leser ebenso wie die Verifizierung weiterer, nebenbedingungsfreier Funktionale [49, 66, 113, 130].

7.1.7 Energieprinzipe für andere Flächentragwerkstheorien

Aus den bisherigen Grundlagen sind auch Energieprinzipe für Flächentragwerkstheorien vom *Kirchhoff-Love*-Typ oder für weitere konsistente Formulierungsvarianten ohne Mühen herleitbar. So können beispielsweise aus Zeile 1 der Tafel 4.3 für die Formulierungsvariante A einer Normalentheorie folgende äußeren

$$\begin{aligned} \Pi_a &= - \iint_F \mathbf{p} \cdot \mathbf{v} \, dF - \int_{C_t} (\tilde{\mathbf{n}}^0 \cdot \mathbf{v} + \mathbf{m}^0_t \cdot \omega_t) \, ds - [m_u v_3]_{C_t}, \\ \hat{\Pi}_a &= - \int_{C_r} (\tilde{\mathbf{n}} \cdot \mathbf{v}^0 + \mathbf{m}_t \cdot \omega^0_t) \, ds \end{aligned} \tag{7.1.128}$$

und, in Verbindung mit (7.1.83, 98), folgende inneren Potentiale abgelesen werden:

$$\Pi_i = \frac{1}{2} \iint\limits_F (DH^{\alpha\beta\lambda\mu} \alpha_{(\alpha\beta)} \alpha_{(\lambda\mu)} + BH^{\alpha\beta\lambda\mu} \omega_{(\alpha\beta)} \omega_{(\lambda\mu)})\, dF,$$

$$\hat{\Pi}_i = \frac{1}{2} \iint\limits_F \left(\frac{G_{\alpha\beta\lambda\mu}}{D} \tilde{n}^{(\alpha\beta)} \tilde{n}^{(\lambda\mu)} + \frac{G_{\alpha\beta\lambda\mu}}{B} m^{(\alpha\beta)} m^{(\lambda\mu)} \right) dF\,. \tag{7.1.129}$$

Hiermit lassen sich die in Tafel 7.3 aufgeführten einfachen Prinzipe, die dort noch einmal denjenigen einer Schubverzerrungstheorie gegenübergestellt sind, ohne weiteres niederschreiben. Wendet man auf die bisher stets parallel mitgeführte Operatorenschreibweise die aus den Tafeln 4.3 bis 4.5 ablesbaren Spalten und Operatoren einer Normalentheorie der Formulierungsvariante A an, so lassen sich auch die erweiterten Funktionale mühelos übersetzen. Beispielsweise entsteht für das Prinzip von *Hellinger-Reissner* (7.1.118):

$$\begin{aligned} \hat{I}^* = \hat{\Pi}_i &- \iint\limits_F \Big[\tilde{n}^{(\alpha\beta)} \frac{1}{2} (v_{\alpha}|_{\beta} + v_{\beta}|_{\alpha} - 2 v_3 b_{\alpha\beta}) \\ &- m^{(\alpha\beta)} (v_3|_{\alpha\beta} + v_{\lambda} b^{\lambda}_{\alpha}|_{\beta} + v_{\lambda}|_{\alpha} b^{\lambda}_{\beta} + v_{\lambda}|_{\beta} b^{\lambda}_{\alpha} - v_3 b^{\lambda}_{\alpha} b_{\lambda\beta}) \Big] dF \\ &+ \iint\limits_F (p^{\alpha} v_{\alpha} + p^3 v_3)\, dF + \int\limits_{C_t} (\tilde{\mathbf{n}}^0 \cdot \mathbf{v} + \mathbf{m}^0_t \cdot \omega_t)\, ds \\ &+ \int\limits_{C_r} [\tilde{\mathbf{n}} \cdot (\mathbf{v} - \mathbf{v}^0) + \mathbf{m}_t \cdot (\omega_t - \omega^0_t)]\, ds = \text{stat} \end{aligned} \tag{7.1.130}$$

oder für dasjenige von *Hu-Washizu* (7.1.126)

$$\begin{aligned} I^* = \Pi_i + \Pi_a &- \iint\limits_F \Big\{ \tilde{n}^{(\alpha\beta)} [\, \alpha_{(\alpha\beta)} - \frac{1}{2} (v_{\alpha}|_{\beta} + v_{\beta}|_{\alpha} - 2 v_3 b_{\alpha\beta})] \\ &+ m^{(\alpha\beta)} [\omega_{(\alpha\beta)} + (v_3|_{\alpha\beta} + v_{\lambda} b^{\lambda}_{\alpha}|_{\beta} + v_{\lambda}|_{\alpha} b^{\lambda}_{\beta} + v_{\lambda}|_{\beta} b^{\lambda}_{\alpha} - v_3 b^{\lambda}_{\alpha} b_{\lambda\beta})] \Big\} dF \\ &- \int\limits_{C_r} [\tilde{\mathbf{n}} \cdot (\mathbf{v} - \mathbf{v}^0) + \mathbf{m}_t \cdot (\omega_t - \omega^0_t)]\, ds = \text{stat.} \end{aligned} \tag{7.1.131}$$

Die in (7.1.128) auftretende Klammer $[m_u v_3]$ liefert laut (4.1.57) für stetige Variablenfelder Energieanteile höchstens an Berandungsknicken. Alle in (7.1.128) bis (7.1.131) sowie in Tafel 7.3 verwendeten Bezeichnungen, insbesondere (4.1.59, 64) und (4.1.71), möge der Leser in den Abschnitten 4.1 nachschlagen, sofern sie ihm nicht mehr geläufig sind. Ebenso leicht lassen sich die Energieprinzipe natürlich auf weitere Formulierungsvarianten umschreiben: ein besonderer Vorteil der verwendeten *konsistenten* Formulierungen. Auf der Grundlage der Abschnitte 4.5. lassen sich schließlich ebenfalls innere Potentiale für anisotrope und inhomogene Tragwerksquerschnitte formulieren.

1. Prinzipe auf der Grundlage der virtuellen Arbeiten

1.1 Prinzip der virtuellen Verschiebungen:

a. $\delta^*A = \iint_F (\boldsymbol{p}\cdot\delta\boldsymbol{v} + \boldsymbol{c}\cdot\delta\boldsymbol{\omega})\,dF + \int_{C_t} (\boldsymbol{n}^\circ\cdot\delta\boldsymbol{v} + \boldsymbol{m}^\circ\cdot\delta\boldsymbol{\omega})\,ds - \iint_F (\tilde{n}^{(\alpha\beta)}\,\delta\alpha_{(\alpha\beta)} + m^{(\alpha\beta)}\,\delta\beta_{(\alpha\beta)} + q^\alpha\,\delta\gamma_\alpha)\,dF = 0$

b. $\delta^*A = \iint_F \boldsymbol{p}\cdot\delta\boldsymbol{v}\cdot dF + \int_{C_t} (\tilde{\boldsymbol{n}}^\circ\cdot\delta\boldsymbol{v} + \boldsymbol{m}_t^\circ\cdot\delta\boldsymbol{\omega}_t)\,ds + [m_u\,\delta v_3]_{C_t} - \iint_F (\tilde{n}^{(\alpha\beta)}\,\delta\alpha_{(\alpha\beta)} + m^{(\alpha\beta)}\,\delta\omega_{(\alpha\beta)})\,dF = 0$

NB: siehe 1.2

1.2 Prinzip vom stationären Wert des Gesamtpotentials:

$\delta\Pi = 0 \longrightarrow \Pi = \Pi_i + \Pi_a = \text{stat}$

NB: Kinematische Beziehungen und Randbed.: $\delta\boldsymbol{v} = \delta\boldsymbol{\omega} = 0$ bzw. $\delta\boldsymbol{v} = \delta\boldsymbol{\omega}_t = 0$ längs C_r

a. $\delta\Pi_i = \iint_F \left(\frac{\partial\pi_i}{\partial\alpha_{(\alpha\beta)}}\,\delta\alpha_{(\alpha\beta)} + \frac{\partial\pi_i}{\partial\beta_{(\alpha\beta)}}\,\delta\beta_{(\alpha\beta)} + \frac{\partial\pi_i}{\partial\gamma_\alpha}\,\delta\gamma_\alpha\right)dF$ $\qquad \Pi_a = -\iint_F (\boldsymbol{p}\cdot\boldsymbol{v} + \boldsymbol{c}\cdot\boldsymbol{\omega})\,dF - \int_{C_t} (\boldsymbol{n}^\circ\cdot\boldsymbol{v} + \boldsymbol{m}^\circ\cdot\boldsymbol{\omega})\,ds$

b. $\delta\Pi_i = \iint_F \left(\frac{\partial\pi_i}{\partial\alpha_{(\alpha\beta)}}\,\delta\alpha_{(\alpha\beta)} + \frac{\partial\pi_i}{\partial\omega_{(\alpha\beta)}}\,\delta\omega_{(\alpha\beta)}\right)dF$ $\qquad \Pi_a = -\iint_F \boldsymbol{p}\cdot\boldsymbol{v}\cdot dF - \int_{C_t} (\tilde{\boldsymbol{n}}^\circ\cdot\boldsymbol{v} + \boldsymbol{m}_t^\circ\cdot\boldsymbol{\omega}_t)\,ds - [m_u v_3]_{C_t}$

1.3 Prinzip vom Minimum des Gesamtpotentials für isotrope Tragwerke:

$\delta\Pi = 0 \longrightarrow \Pi = \Pi_i + \Pi_a = \min$

NB: Kinematische Beziehungen und Randbed.: $\delta\boldsymbol{v} = \delta\boldsymbol{\omega} = 0$ bzw. $\delta\boldsymbol{v} = \delta\boldsymbol{\omega}_t = 0$ längs C_r

a. $\Pi_i = \frac{1}{2}\iint_F (DH^{\alpha\beta\lambda\mu}\alpha_{(\alpha\beta)}\alpha_{(\lambda\mu)} + BH^{\alpha\beta\lambda\mu}\beta_{(\alpha\beta)}\beta_{(\lambda\mu)} + Gha^{\alpha\lambda}\gamma_\alpha\gamma_\lambda)\,dF$ $\qquad \Pi_a$ siehe 1.2

b. $\Pi_i = \frac{1}{2}\iint_F (DH^{\alpha\beta\lambda\mu}\alpha_{(\alpha\beta)}\alpha_{(\lambda\mu)} + BH^{\alpha\beta\lambda\mu}\omega_{(\alpha\beta)}\omega_{(\lambda\mu)})\,dF$ $\qquad \Pi_a$ siehe 1.2

2. Prinzipe auf der Grundlage der konjugierten virtuellen Arbeiten

2.1 Prinzip der virtuellen Kräfte:

a. $\delta^*\hat{A} = \int_{C_r} (\delta\boldsymbol{n}\cdot\boldsymbol{v}^\circ + \delta\boldsymbol{m}\cdot\boldsymbol{\omega}^\circ)\,ds - \iint_F (\delta\tilde{n}^{(\alpha\beta)}\,\alpha_{(\alpha\beta)} + \delta m^{(\alpha\beta)}\,\beta_{(\alpha\beta)} + \delta q^\alpha\,\gamma_\alpha)\,dF = 0$

b. $\delta^*\hat{A} = \int_{C_r} (\delta\tilde{\boldsymbol{n}}\cdot\boldsymbol{v}^\circ + \delta\boldsymbol{m}_t\cdot\boldsymbol{\omega}_t^\circ)\,ds + [\delta m_u v_3]_{C_r} - \iint_F (\delta\tilde{n}^{(\alpha\beta)}\,\alpha_{(\alpha\beta)} + \delta m^{(\alpha\beta)}\,\omega_{(\alpha\beta)})\,dF = 0$

NB: siehe 2.2

2.2 Prinzip vom stationären Wert des konjugierten Gesamtpotentials:

$\delta\hat{\Pi} = 0 \longrightarrow \hat{\Pi} = \hat{\Pi}_i + \hat{\Pi}_a = \text{stat}$

NB: Homogene Gleichgewichtsbedingungen und Randbed.: $\delta\boldsymbol{n} = \delta\boldsymbol{m} = 0$ bzw. $\delta\tilde{\boldsymbol{n}} = \delta\boldsymbol{m}_t = 0$ längs C_t

a. $\delta\hat{\Pi}_i = \iint_F \left(\frac{\partial\hat{\pi}_i}{\partial\tilde{n}^{(\alpha\beta)}}\,\delta\tilde{n}^{(\alpha\beta)} + \frac{\partial\hat{\pi}_i}{\partial m^{(\alpha\beta)}}\,\delta m^{(\alpha\beta)} + \frac{\partial\hat{\pi}_i}{\partial q^\alpha}\,\delta q^\alpha\right)dF$ $\qquad \hat{\Pi}_a = -\int_{C_r} (\boldsymbol{n}\cdot\boldsymbol{v}^\circ + \boldsymbol{m}\cdot\boldsymbol{\omega}^\circ)\,ds$

b. $\delta\hat{\Pi}_i = \iint_F \left(\frac{\partial\hat{\pi}_i}{\partial\tilde{n}^{(\alpha\beta)}}\,\delta\tilde{n}^{(\alpha\beta)} + \frac{\partial\hat{\pi}_i}{\partial m^{(\alpha\beta)}}\,\delta m^{(\alpha\beta)}\right)dF$ $\qquad \hat{\Pi}_a = -\int_{C_r} (\tilde{\boldsymbol{n}}\cdot\boldsymbol{v}^\circ + \boldsymbol{m}_t\cdot\boldsymbol{\omega}_t^\circ)\,ds$

2.3 Prinzip vom Minimum des konjugierten Gesamtpotentials für isotrope Tragwerke:

$\delta\hat{\Pi} = 0 \longrightarrow \hat{\Pi} = \hat{\Pi}_i + \hat{\Pi}_a = \min$

NB: Homogene Gleichgewichtsbedingungen und Randbed.: $\delta\boldsymbol{n} = \delta\boldsymbol{m} = 0$ bzw. $\delta\tilde{\boldsymbol{n}} = \delta\boldsymbol{m}_t = 0$ längs C_t

a. $\hat{\Pi}_i = \frac{1}{2}\iint_F \left(\frac{G_{\alpha\beta\lambda\mu}}{D}\,\tilde{n}^{(\alpha\beta)}\tilde{n}^{(\lambda\mu)} + \frac{G_{\alpha\beta\lambda\mu}}{B}\,m^{(\alpha\beta)}m^{(\lambda\mu)} + \frac{a_{\alpha\lambda}}{Gh}\,q^\alpha q^\lambda\right)dF$ $\qquad \hat{\Pi}_a$ siehe 2.2

b. $\hat{\Pi}_i = \frac{1}{2}\iint_F \left(\frac{G_{\alpha\beta\lambda\mu}}{D}\,\tilde{n}^{(\alpha\beta)}\tilde{n}^{(\lambda\mu)} + \frac{G_{\alpha\beta\lambda\mu}}{B}\,m^{(\alpha\beta)}m^{(\lambda\mu)}\right)dF$ $\qquad \hat{\Pi}_a$ siehe 2.2

Tafel 7.3 Zusammenstellung von Energieprinzipien für die Formulierungsvariante A der Schubverzerrungstheorie (a) und der Normalentheorie (b) (NB: Nebenbedingungen)

7.2 Gleichungsstruktur gekrümmter und ebener Flächentragwerke

7.2.1 Adjungiertheit der Grundoperatoren

Wir denken uns erneut ein schubweiches und beliebig gekrümmtes Flächentragwerk, welches frei von Flächenlasten sei ($\mathbf{p} = \mathbf{c} = 0$). Seine Grundgleichungen seien in der *konsistenten* Variante A gemäß Abschnitt 7.1.1 formuliert. Unter Verwendung der Verschiebungsgrößen (7.1.5) konstruieren wir aus den Gleichgewichtsbedingungen (7.1.16) folgenden Arbeitsausdruck, dem wir bereits im Variationsprinzip von *Hu* (7.1.114) begegnet sind:

$$\iint_F \mathbf{u}^T \mathbf{D}_e \boldsymbol{\sigma} dF = \iint_F \Big\{ [\tilde{n}^{(\alpha\beta)}|_\alpha - (m^{(\alpha\rho)} b_\rho^\beta)|_\alpha - q^\alpha b_\alpha^\beta]\, v_\beta + [\tilde{n}^{(\alpha\beta)} b_{\alpha\beta} - m^{(\alpha\rho)} b_\rho^\beta b_{\alpha\beta} + q^\alpha|_\alpha]\, v_3 + [m^{(\alpha\beta)}|_\alpha - q^\beta]\, w_\beta \Big\} dF. \tag{7.2.1}$$

Substituieren wir hierin die aus dem *Gauß*schen Integralsatz (1.5.14) hergeleiteten Transformationsbeziehungen (7.1.115) und berücksichtigen dabei (7.1.116), so entsteht nach geeigneter gliedweiser Umordnung:

$$\begin{aligned}
\iint_F \mathbf{u}^T \mathbf{D}_e \boldsymbol{\sigma} dF = &- \iint_F \Big[\tilde{n}^{(\alpha\beta)} \frac{1}{2}(v_\alpha|_\beta + v_\beta|_\alpha - 2 v_3 b_{\alpha\beta}) + q^\alpha (w_\alpha + v_{3,\alpha} + v_\lambda b_\alpha^\lambda) \\
&+ m^{(\alpha\beta)} \frac{1}{2}(w_\alpha|_\beta + w_\beta|_\alpha - v_\lambda|_\alpha b_\beta^\lambda - v_\lambda|_\beta b_\alpha^\lambda + 2 v_3 b_\alpha^\lambda b_{\lambda\beta}) \Big] dF \\
&+ \oint_C \Big[(\tilde{n}^{(\alpha\beta)} - m^{(\alpha\rho)} b_\rho^\beta) v_\beta + q^\alpha v_3 + m^{(\alpha\beta)} w_\beta \Big] u_\alpha ds \\
= &- \iint_F \Big[\tilde{n}^{(\alpha\beta)} \frac{1}{2}(v_\alpha|_\beta + v_\beta|_\alpha - 2 v_3 b_{\alpha\beta}) + q^\alpha (w_\alpha + v_{3,\alpha} + v_\lambda b_\alpha^\lambda) \\
&+ m^{(\alpha\beta)} \frac{1}{2}(w_\alpha|_\beta + w_\beta|_\alpha - v_\lambda|_\alpha b_\beta^\lambda - v_\lambda|_\beta b_\alpha^\lambda + 2 v_3 b_\alpha^\lambda b_{\lambda\beta}) \Big] dF \\
&+ \oint_C (\mathbf{n} \cdot \mathbf{v} + \mathbf{m} \cdot \boldsymbol{\omega}) ds \\
= &- \iint_F \boldsymbol{\sigma}^T \mathbf{D}_k \mathbf{u} dF + \oint_C \mathbf{t}^T \mathbf{r} ds.
\end{aligned} \tag{7.2.2}$$

Hierin tritt, wie ein Blick auf (7.1.17) bestätigt, statt des *Gleichgewichtsoperators* $\mathbf{D}_e$ nunmehr der *kinematische Operator* $\mathbf{D}_k$ auf. Faßt man das Ergebnis in der Identität

$$\iint_F (\mathbf{u}^T \mathbf{D}_e \boldsymbol{\sigma} + \boldsymbol{\sigma}^T \mathbf{D}_k \mathbf{u}) dF = \oint_C \mathbf{t}^T \mathbf{r} ds \tag{7.2.3}$$

zusammen, so erweisen sich $\mathbf{D}_e$ und $-\mathbf{D}_k$ als *adjungierte Differentialoperatoren*, gekennzeichnet durch einen Stern [32, 98]:

$$\mathbf{D}_e = (-\mathbf{D}_k)^*, \quad \mathbf{D}_k = (-\mathbf{D}_e)^*. \tag{7.2.4}$$

Die Beziehung (7.2.2) verknüpft die Operatoren $\mathbf{D}_k$ und $\mathbf{D}_e$ durch den *Gauß*schen Integralsatz miteinander. Herleitungsgemäß gilt diese Eigenschaft unabhängig von dem Werkstoffgesetz, der Belastung und den jeweiligen Randbedingungen, welche das Linienintegral, jedoch nicht die Operatoren $\mathbf{D}_k$ und $\mathbf{D}_e$ selbst beeinflussen. Die Beziehung (7.2.2) bzw. (7.2.3) kann somit als besonderes Merkmal jeder *konsistenten* Formulierungsvariante von Flächentragwerkstheorien angesehen werden.

Aus Tafel 7.1 können diejenigen Regeln abgelesen werden, durch welche man $\mathbf{D}_k$ und $\mathbf{D}_e$ ineinander überführen kann. Neben dem Zeilen/Spaltenvertausch wie beim Transponieren einer Matrix gelten folgende Entsprechungen [119]:

$$\begin{bmatrix} k d_\alpha;\ k;\ b^\alpha_\beta;\ b^\alpha_\beta|_\gamma \\ b^\rho_\beta d_\alpha + b^\rho_\beta|_\alpha = d_\alpha b^\rho_\beta \\ d_{\alpha\beta} \end{bmatrix} \leftrightarrow \begin{bmatrix} k d_\alpha;\ -k;\ -b^\alpha_\beta;\ -b^\alpha_\beta|_\gamma \\ b^\rho_\beta d_\alpha \\ -d_{\alpha\beta} \end{bmatrix},$$

wobei k eine beliebige Konstante bezeichnet. Hierin zeigt beispielsweise die erste Zeile, daß die mit konstanten Faktoren versehenen Differentialoperatoren d_α von $\mathbf{D}_k$ unverändert in $\mathbf{D}_e$ auftreten. Entsprechend der zweiten Zeile muß in Ausdrücken der Form $d_\alpha b^\rho_\beta$ eine Vertauschung der beiden Faktoren vorgenommen werden. Die letzte, aus Tafel 4.4 übernommene Zeile ist für die Theorien vom *Kirchhoff-Love*-Typ von Bedeutung, deren Operatoren $\mathbf{D}_k$, $\mathbf{D}_e$ zweifache kovariante Ableitungen enthalten. Aus Tafel 7.1 erkennen wir schließlich, daß die Adjungiertheit (7.2.3) auf transponierte Suboperatoren $\mathbf{D}_{lm}$ (l, m = 1, 2, 3) führt. Für $\mathbf{D}^T_{31}$ wurde dies durch die Aufspaltung (7.1.25) bestätigt.

Bereits im Abschnitt 4.3.1 und den folgenden Abschnitten war dieser Aspekt als Merkmal konsistenter Formulierungsvarianten hervorgehoben worden, wobei wir uns allerdings auf *kovariant schwach veränderliche* Mittelflächen beschränkten. Für diese war die Transponiertheit der Suboperatoren sofort erkennbar und die Adjungiertheit von $\mathbf{D}_e$ und $\mathbf{D}_k$ trat damit besonders deutlich hervor. Sollen nun die in Kapitel 4 aufgeführten Grundoperatoren von der Einschränkung (4.3.4, 6) kovariant schwach veränderlicher Mittelflächen befreit werden, so bedarf der Teiloperator $\mathbf{D}^T_{31}$ der Formulierungsvariante C (4.3.14) einer zu (7.1.25) gleichartigen Aufspaltung sowie entsprechender Ergänzungen. Bei den Theorien vom *Kirchhoff-Love*-Typ wäre dies für $\mathbf{D}_{21}$ der Variante B gemäß (4.3.19) und für $\mathbf{D}_{21}$ nebst $\mathbf{D}^T_{21}$ der Variante C gemäß (4.3.22, 23) erforderlich.

Durch die auf dem *Gauß*schen Integralsatz basierende Operatorenbeziehung (7.2.2) lassen sich die *Euler*schen Gleichungen sowie die natürlichen Randbedingungen eines Variationsprinzips schnell herleiten. Wenden wir sie als Beispiel auf die mit (7.1.17, 18) umgeformte Extremalbedingung (7.1.84)

$$\delta\Pi = \iint_F \sigma^T \mathbf{D}_k \delta \mathbf{u} dF - \iint_F \delta \mathbf{u}^T \mathbf{p} dF - \int_{C_t} \delta \mathbf{r}^T \mathbf{t}^0 ds = 0$$

des Prinzips vom Minimum des Gesamtpotentials (7.1.85) an, so finden wir unter Berücksichtigung von (7.1.38)

$$\delta\Pi = -\iint_F \delta \mathbf{u}^T (\mathbf{D}_e \sigma + \mathbf{p}) dF - \int_{C_t} \delta \mathbf{r}^T (\mathbf{t}^0 - \mathbf{t}) ds = 0.$$

Hierin sind erwartungsgemäß die Gleichgewichtsbedingungen (7.1.16) als *Euler*sche Gleichungen und die Vorgaben (7.1.27) für die Randkräfte als natürliche Randbedingungen enthalten.

7.2.2 Selbstadjungiertheit des Fundamentaloperators

Der im Abschnitt 7.1.5 behandelte *Reziprozitätssatz* (7.1.105) *von Betti*

$$\iint_F (\mathbf{p}^{(1)} \cdot \mathbf{v}^{(2)} + \mathbf{c}^{(1)} \cdot \omega^{(2)}) dF + \oint_C (\mathbf{n}^{(1)} \cdot \mathbf{v}^{(2)} + \mathbf{m}^{(1)} \cdot \omega^{(2)}) ds$$

$$= \iint_F (\mathbf{p}^{(2)} \cdot \mathbf{v}^{(1)} + \mathbf{c}^{(2)} \cdot \omega^{(1)}) dF + \oint_C (\mathbf{n}^{(2)} \cdot \mathbf{v}^{(1)} + \mathbf{m}^{(2)} \cdot \omega^{(1)}) ds \qquad (7.2.5)$$

gilt bekanntlich für zwei verschiedene Gleichgewichtsgruppen (1) und (2), denen je eine gleichbenannte, kinematisch verträgliche Deformationsgruppe zugeordnet ist. Er entstand als unmittelbare Folge der Symmetrie des Metriktensors $a^{\alpha\lambda}$ und des Elastizitätstensors $H^{\alpha\beta\lambda\mu}$ (3.4.42) für linear elastische Tragwerke.

Unter Rückgriff auf die Spaltenmatrizen **p**, **u**, **t** und **r** (7.1.12, 13) schreiben wir (7.2.5) nun als

$$-\iint_F (\mathbf{u}^{(1)T} \mathbf{p}^{(2)} - \mathbf{u}^{(2)T} \mathbf{p}^{(1)}) dF = \oint_C (\mathbf{r}^{(1)T} \mathbf{t}^{(2)} - \mathbf{r}^{(2)T} \mathbf{t}^{(1)}) ds$$

und drücken hierin die Flächenlasten $\mathbf{p}^{(1)}$, $\mathbf{p}^{(2)}$ durch die jeweiligen Fundamentalgleichungen (3.5.17), die wir gemäß Abschnitt 3.5.3 für jede konsistente Formulierungsvariante bilden können, in Operatorform aus:

$$-\mathbf{p}^{(1)} = \mathbf{D}_e(\mathrm{DE})\mathbf{D}_k \mathbf{u}^{(1)}, \quad -\mathbf{p}^{(2)} = \mathbf{D}_e(\mathrm{DE})\mathbf{D}_k \mathbf{u}^{(2)}.$$

Damit entsteht:

$$\iint_F (\mathbf{u}^{(1)T} \mathbf{D}_e(\mathrm{DE})\mathbf{D}_k \mathbf{u}^{(2)} - \mathbf{u}^{(2)T} \mathbf{D}_e(\mathrm{DE})\mathbf{D}_k \mathbf{u}^{(1)}) dF$$

$$= \oint_C (\mathbf{r}^{(1)T} \mathbf{t}^{(2)} - \mathbf{r}^{(2)T} \mathbf{t}^{(1)}) ds. \qquad (7.2.6)$$

Diese Umformung des *Betti*schen Satzes weist den *Fundamentaloperator*

$$\mathbf{D} = \mathbf{D}_e(\mathrm{DE})\mathbf{D}_k, \tag{7.2.7}$$

der sich stets aus dem Gleichgewichtsoperator $\mathbf{D}_e$, dem konstitutiven **DE** und dem kinematischen Operator $\mathbf{D}_k$ aufbaut, als *selbstadjungiert* aus [32, 45]. Neben diesem *primalen* Fundamentaloperator werden wir im weiteren noch einen *dualen* Fundamentaloperator definieren, welcher ebenfalls selbstadjungiert ist. Die Selbstadjungiertheit repräsentiert eine Reihe wichtiger Eigenschaften des betrachteten Schalenrandwertproblems. So ergeben sich beispielsweise die Eigenwerte einer (7.2.7) zugeordneten Stabilitäts- oder Eigenschwingungsaufgabe als reell und bereichsweise abzählbar endlich, alle zugehörigen Eigenformen als zueinander orthogonal.

7.2.3 Primale und duale Grundgleichungen allgemeiner Flächentragwerke

Die folgenden Überlegungen wollen wir an einen Rückblick auf das Prinzip der virtuellen Verschiebungen (7.1.56), seine äquivalenten Feldgleichungen sowie Randbedingungen (7.1.62) anknüpfen. Das Tragwerk sei dabei frei von Flächenlasten ($\mathbf{p} = \mathbf{c} = 0$):

$$\begin{aligned}
\delta^*A &= \delta^*A_a + \delta^*A_i = \int_{C_t} \delta\mathbf{r}^T\mathbf{t}^0 ds - \iint_F \delta\boldsymbol{\epsilon}^T\boldsymbol{\sigma} dF = 0 \\
&= \int_{C_t} (\mathbf{n}^0 \cdot \delta\mathbf{v} + \mathbf{m}^0 \cdot \delta\boldsymbol{\omega}) ds - \iint_F (\tilde{n}^{(\alpha\beta)}\delta\alpha_{(\alpha\beta)} + q^\alpha\delta\gamma_\alpha + m^{(\alpha\beta)}\delta\beta_{(\alpha\beta)}) dF \\
&= \iint_F \delta\mathbf{u}^T\mathrm{D}_e\boldsymbol{\sigma} dF + \int_{C_t} \delta\mathbf{r}^T(\mathbf{t}^0 - \mathbf{t}) ds \\
&= \iint_F [(\tilde{n}^{(\alpha\beta)}|_\alpha - (m^{(\alpha\rho)}b^\beta_\rho)|_\alpha - q^\alpha b^\beta_\alpha)\delta v_\beta \\
&\quad + (\tilde{n}^{(\alpha\beta)}b_{\alpha\beta} - m^{(\alpha\rho)}b^\beta_\rho b_{\alpha\beta} + q^\alpha|_\alpha)\delta v_3 \\
&\quad + (m^{(\alpha\beta)}|_\alpha - q^\beta)\delta w_\beta]\, dF \\
&\quad + \int_{C_t} [(\mathbf{n}^0 - \mathbf{n}) \cdot \delta\mathbf{v} + (\mathbf{m}^0 - \mathbf{m}) \cdot \delta\boldsymbol{\omega}]\, ds.
\end{aligned} \tag{7.2.8}$$

Dabei gelten die kinematischen Nebenbedingungen:

$$\delta\boldsymbol{\epsilon} = \mathbf{D}_k\delta\mathbf{u} \quad \text{und} \quad \delta\mathbf{r} = \mathbf{0} \quad \text{längs } C_r. \tag{7.2.9}$$

Im Vergleich hierzu lautet das Prinzip der virtuellen Kräfte mit seinen statischen Nebenbedingungen (7.1.65, 66):

$$\begin{aligned}
\delta^*\hat{A} &= \delta^*\hat{A}_a + \delta^*\hat{A}_i = \int_{C_r} \delta\mathbf{t}^T\mathbf{r}^0 ds - \iint_F \delta\boldsymbol{\sigma}^T\boldsymbol{\epsilon} dF = 0 \\
&= \int_{C_r} (\delta\mathbf{n} \cdot \mathbf{v}^0 + \delta\mathbf{m} \cdot \boldsymbol{\omega}^0)\, ds \\
&\quad - \iint_F (\delta\tilde{n}^{(\alpha\beta)}\alpha_{(\alpha\beta)} + \delta q^\alpha\gamma_\alpha + \delta m^{(\alpha\beta)}\beta_{(\alpha\beta)})\, dF,
\end{aligned} \tag{7.2.10}$$

$$\mathbf{D}_e\delta\sigma = \mathbf{0} \quad \text{und} \quad \delta\mathbf{t} = \mathbf{0} \quad \text{längs} \quad C_t. \tag{7.2.11}$$

Die diesem Prinzip zuzuordnenden äquivalenten Feldgleichungen und Randbedingungen sollen nun, abweichend vom Vorgehen des Abschnittes 7.1.3, neu bestimmt werden. Dabei wollen wir uns auf die entstehenden *Feldgleichungen* konzentrieren; die zugehörigen Randbedingungen dürfen im Hintergrund bleiben.

Hierzu definieren wir zunächst gemäß Tafel 7.4:

$$\sigma = \mathbf{T}\sigma^* = \mathbf{T}\begin{bmatrix} \tilde{\mathbf{n}}^*_{(\lambda\rho)} \\ \mathbf{q}^*_\lambda \\ \mathbf{m}^*_{(\lambda\rho)} \end{bmatrix}:$$

$$\begin{aligned} \tilde{n}^{(\alpha\beta)} &= \epsilon^{\alpha\lambda}\epsilon^{\beta\rho}\tilde{n}^*_{(\lambda\rho)} = \epsilon^{\lambda\alpha}\epsilon^{\rho\beta}\tilde{n}^*_{(\lambda\rho)}, \\ q^\alpha &= \epsilon^{\alpha\lambda}q^*_\lambda = -\epsilon^{\lambda\alpha}q^*_\lambda, \\ m^{(\alpha\beta)} &= \epsilon^{\alpha\lambda}\epsilon^{\beta\rho}m^*_{(\lambda\rho)} = \epsilon^{\lambda\alpha}\epsilon^{\rho\beta}m^*_{(\lambda\rho)} \end{aligned} \tag{7.2.12}$$

duale Schnittgrößen σ^* und ersetzen mit ihrer Hilfe die Schnittgrößenvariationen in der inneren konjugierten Arbeit von (7.2.10):

$$\delta^*\hat{A}_i = -\iint_F (\delta\tilde{n}^*_{(\lambda\rho)}\epsilon^{\alpha\lambda}\epsilon^{\beta\rho}\alpha_{(\alpha\beta)} + \delta q^*_\lambda\epsilon^{\alpha\lambda}\gamma_\alpha + \delta m^*_{(\lambda\rho)}\epsilon^{\alpha\lambda}\epsilon^{\beta\rho}\beta_{(\alpha\beta)})\,dF. \tag{7.2.13}$$

Führen wir hierin durch die zu (7.2.12) komplementäre Transformation entsprechend Tafel 7.4:

$$\epsilon^* = \mathbf{T}\epsilon = \begin{bmatrix} \alpha^{*(\lambda\rho)} \\ \gamma^{*\lambda} \\ \beta^{*(\lambda\rho)} \end{bmatrix}:$$

$$\begin{aligned} \alpha^{*(\lambda\rho)} &= \epsilon^{\alpha\lambda}\epsilon^{\beta\rho}\alpha_{(\alpha\beta)} = \epsilon^{\lambda\alpha}\epsilon^{\rho\beta}\alpha_{(\alpha\beta)}, \\ \gamma^{*\lambda} &= \epsilon^{\alpha\lambda}\gamma_\alpha = -\epsilon^{\lambda\alpha}\gamma_\alpha, \\ \beta^{*(\lambda\rho)} &= \epsilon^{\alpha\lambda}\epsilon^{\beta\rho}\beta_{(\alpha\beta)} = \epsilon^{\lambda\alpha}\epsilon^{\rho\beta}\beta_{(\alpha\beta)} \end{aligned} \tag{7.2.14}$$

ebenfalls *duale Verzerrungsmaße* ϵ^* ein, so entsteht aus (7.2.13) eine zur inneren virtuellen Arbeit δ^*A_i in (7.2.8) völlig identisch indizierte Form ($\sigma \leftrightarrow \epsilon^*$, $\delta\epsilon \leftrightarrow \delta\sigma^*$):

$$\delta^*\hat{A}_i = -\iint_F (\alpha^{*(\lambda\rho)}\delta n^*_{(\lambda\rho)} + \gamma^{*\lambda}\delta q^*_\lambda + \beta^{*(\lambda\rho)}\delta m^*_{(\lambda\rho)})\,dF, \tag{7.2.15}$$

die somit auch gleichlautend zu δ^*A_i wie im Abschnitt 7.1.3 weiterbehandelt werden kann. Die beiden Transformationen (7.2.12, 14) verkörpern, wie ihre ausgeschriebenen Matrizen auf Tafel 7.4 belegen, eine umkehrbar eindeutige, affine Abbildung.

Den sich an (7.1.56) anschließenden Umformungen entsprechend definieren wir daher im nächsten Schritt zwei *vektorielle Schnittgrößenfunktionen* ϕ. Ψ. Wir postulieren, daß aus ihren gleichlautend mit (7.1.5) definierten Komponenten

$$\phi = \phi_\lambda a^\lambda + \phi_3 a^3, \quad \Psi = \Psi_\lambda a^\lambda \tag{7.2.16}$$

Primale und duale innere Variablen:

$$\boldsymbol{\sigma} = \begin{bmatrix} \tilde{\boldsymbol{n}}^{(\alpha\beta)} \\ \boldsymbol{q}^{\alpha} \\ \boldsymbol{m}^{(\alpha\beta)} \end{bmatrix} = \begin{bmatrix} \tilde{n}^{(11)} \\ \tilde{n}^{(12)} \\ \tilde{n}^{(21)} \\ \tilde{n}^{(22)} \\ \hline q^1 \\ q^2 \\ \hline m^{(11)} \\ m^{(12)} \\ m^{(21)} \\ m^{(22)} \end{bmatrix}, \quad \boldsymbol{\sigma}^* = \begin{bmatrix} \tilde{\boldsymbol{n}}^*_{(\lambda\rho)} \\ \boldsymbol{q}^*_{\lambda} \\ \boldsymbol{m}^*_{(\lambda\rho)} \end{bmatrix} = \begin{bmatrix} \tilde{n}^*_{(11)} \\ \tilde{n}^*_{(12)} \\ \tilde{n}^*_{(21)} \\ \tilde{n}^*_{(22)} \\ \hline q^*_1 \\ q^*_2 \\ \hline m^*_{(11)} \\ m^*_{(12)} \\ m^*_{(21)} \\ m^*_{(22)} \end{bmatrix}, \quad \boldsymbol{\epsilon} = \begin{bmatrix} \boldsymbol{\alpha}_{(\alpha\beta)} \\ \boldsymbol{\gamma}_{\alpha} \\ \boldsymbol{\beta}_{(\alpha\beta)} \end{bmatrix} = \begin{bmatrix} \alpha_{(11)} \\ \alpha_{(12)} \\ \alpha_{(21)} \\ \alpha_{(22)} \\ \hline \gamma_1 \\ \gamma_2 \\ \hline \beta_{(11)} \\ \beta_{(12)} \\ \beta_{(21)} \\ \beta_{(22)} \end{bmatrix}, \quad \boldsymbol{\epsilon}^* = \begin{bmatrix} \boldsymbol{\alpha}^{*(\lambda\rho)} \\ \boldsymbol{\gamma}^{*\lambda} \\ \boldsymbol{\beta}^{*(\lambda\rho)} \end{bmatrix} = \begin{bmatrix} \alpha^{*(11)} \\ \alpha^{*(12)} \\ \alpha^{*(21)} \\ \alpha^{*(22)} \\ \hline \gamma^{*1} \\ \gamma^{*2} \\ \hline \beta^{*(11)} \\ \beta^{*(12)} \\ \beta^{*(21)} \\ \beta^{*(22)} \end{bmatrix}$$

Zentrale Transformationen:

$$\boxed{\boldsymbol{\sigma} = \boldsymbol{T}\,\boldsymbol{\sigma}^*, \quad \boldsymbol{\sigma}^* = \boldsymbol{T}^{-1}\boldsymbol{\sigma} \qquad \boldsymbol{\epsilon}^* = \boldsymbol{T}\,\boldsymbol{\epsilon}, \quad \boldsymbol{\epsilon} = \boldsymbol{T}^{-1}\boldsymbol{\epsilon}^*}$$

$$\boldsymbol{T} = \frac{1}{a}\begin{bmatrix} \boldsymbol{T}_{11} & \boldsymbol{0} & \boldsymbol{0} \\ \boldsymbol{0} & \boldsymbol{T}_{22} & \boldsymbol{0} \\ \boldsymbol{0} & \boldsymbol{0} & \boldsymbol{T}_{11} \end{bmatrix}, \qquad \boldsymbol{T}^{-1} = a\begin{bmatrix} \boldsymbol{T}_{11} & \boldsymbol{0} & \boldsymbol{0} \\ \boldsymbol{0} & \boldsymbol{T}^{-1}_{22} & \boldsymbol{0} \\ \boldsymbol{0} & \boldsymbol{0} & \boldsymbol{T}_{11} \end{bmatrix}$$

Untermatrizen:

$$\boldsymbol{T}_{11} = \begin{bmatrix} 0 & 0 & 0 & 1 \\ 0 & 0 & -1 & 0 \\ 0 & -1 & 0 & 0 \\ 1 & 0 & 0 & 0 \end{bmatrix}, \quad \boldsymbol{T}_{22} = \sqrt{a}\begin{bmatrix} 0 & 1 \\ -1 & 0 \end{bmatrix}, \quad \boldsymbol{T}^{-1}_{22} = \frac{1}{\sqrt{a}}\begin{bmatrix} 0 & -1 \\ 1 & 0 \end{bmatrix}, \quad \begin{aligned} \boldsymbol{T}_{11} &= \boldsymbol{T}^{T}_{11} = \boldsymbol{T}^{-1}_{11}, \\ \boldsymbol{T}^{-1}_{22} &= \frac{1}{a}\boldsymbol{T}^{T}_{22}, \\ \boldsymbol{T}_{22} &= a\,(\boldsymbol{T}^{-1}_{22})^{T} \end{aligned}$$

Tafel 7.4 Transformationen zwischen den primalen und dualen inneren Variablen für Flächentragwerke unter Einschluß von Schubverformungen

die dualen Schnittgrößen σ^* nach einer den kinematischen Beziehungen (7.1.17) völlig identischen Vorschrift herleitbar sein sollen:

$$\begin{aligned} \sigma^* &= \mathrm{D_k}\phi: \\ \tilde{n}^*_{(\lambda\rho)} &= \frac{1}{2}(\phi_\lambda|_\rho + \phi_\rho|_\lambda - 2\phi_3 b_{\lambda\rho}), \\ q^*_\lambda &= \Psi_\lambda + \phi_{3,\lambda} + \phi_\epsilon b^\epsilon_\lambda, \\ m^*_{(\lambda\rho)} &= \frac{1}{2}(\Psi_\lambda|_\rho + \Psi_\rho|_\lambda - \phi_\epsilon|_\lambda b^\epsilon_\rho - \phi_\epsilon|_\rho b^\epsilon_\lambda + 2\phi_3 b^\epsilon_\lambda b_{\epsilon\rho}). \end{aligned} \tag{7.2.17}$$

Unter Beachtung der Symmetrie von $\alpha^{*(\lambda\rho)}$, $\beta^{*(\lambda\rho)}$ entsteht hiermit aus (7.2.15) analog zu (7.1.58):

$$\begin{aligned} \delta^*\hat{A}_i = -\iint_F [&\alpha^{*(\lambda\rho)}(\delta\phi_\rho|_\lambda - \delta\phi_3 b_{\lambda\rho}) + \gamma^{*\lambda}(\delta\phi_3|_\lambda + \delta\Psi_\lambda + \delta\phi_\epsilon b^\epsilon_\lambda) \\ &+ \beta^{*(\lambda\rho)}(\delta\Psi_\rho|_\lambda - \delta\phi_\epsilon|_\rho b^\epsilon_\lambda + \delta\phi_3 b_{\lambda\epsilon} b^\epsilon_\rho)]\,\mathrm{dF}. \end{aligned} \tag{7.2.18}$$

Alle weiteren Rechenschritte entsprechen den im Anschluß an (7.1.58) durchgeführten, das Ergebnis läßt sich daher ohne Schwierigkeiten durch Vergleich mit (7.1.61) verifizieren:

$$\begin{aligned}\delta^*\hat{A}_i = \iint_F & [(\alpha^{*(\lambda\rho)}|_\lambda - (\beta^{*(\lambda\epsilon)} b^\rho_\epsilon)|_\lambda - \gamma^{*\lambda} b^\rho_\lambda)\,\delta\phi_\rho \\ & + (\alpha^{*(\lambda\rho)} b_{\lambda\rho} - \beta^{*(\lambda\epsilon)} b^\rho_\epsilon b_{\lambda\rho} + \gamma^{*\lambda}|_\lambda)\,\delta\phi_3 \\ & + (\beta^{*(\lambda\rho)}|_\lambda - \gamma^{*\rho})\,\delta\Psi_\rho]\,dF \\ & - \int_{C_t} [\boldsymbol{\alpha}^* \cdot \delta\boldsymbol{\phi} + \boldsymbol{\beta}^* \cdot \delta\boldsymbol{\Psi}]\,ds. \end{aligned} \qquad (7.2.19)$$

Dabei wurden gleichlautend zu (7.1.2, 3) die dualen Verzerrungen (7.2.14) zu folgenden kontravarianten *Verzerrungsvektoren* zusammengefaßt:

$$\begin{aligned}\boldsymbol{\alpha}^{*\lambda} &= (\alpha^{*(\lambda\rho)} - \beta^{*(\lambda\epsilon)} b^\rho_\epsilon)\,\mathbf{a}_\rho + \gamma^{*\lambda}\mathbf{a}_3, \\ \boldsymbol{\beta}^{*\lambda} &= \beta^{*(\lambda\rho)}\mathbf{a}_3 \times \mathbf{a}_\rho = \beta^{*(\lambda\rho)}\epsilon_{\rho\epsilon}\mathbf{a}^\epsilon,\end{aligned} \qquad (7.2.20)$$

aus welchen analog zu (7.1.9) die invarianten Verzerrungsvektoren

$$\boldsymbol{\alpha}^* = \boldsymbol{\alpha}^{*\lambda} u_\lambda, \quad \boldsymbol{\beta}^* = \boldsymbol{\beta}^{*\lambda} u_\lambda \qquad (7.2.21)$$

definiert werden. Längs des Schalenrandes C seien $\boldsymbol{\alpha}^*$, $\boldsymbol{\beta}^*$ sowie die Schnittgrößenfunktionsvektoren $\boldsymbol{\phi}$, $\boldsymbol{\Psi}$ (7.2.16) hinsichtlich des orthonormierten Dreibeins $(\mathbf{u}, \mathbf{t}, \mathbf{a}_3)$ in Komponenten zerlegbar:

$$\begin{aligned}\boldsymbol{\alpha}^* &= \alpha_t\mathbf{t} + \alpha_u\mathbf{u} + \alpha_3\mathbf{a}_3, & \boldsymbol{\beta}^* &= \beta_t\mathbf{t} + \beta_u\mathbf{u}, \\ \boldsymbol{\phi} &= \phi_t\mathbf{t} + \phi_u\mathbf{u} + \phi_3\mathbf{a}_3, & \boldsymbol{\Psi} &= \Psi_t\mathbf{t} + \Psi_u\mathbf{u},\end{aligned} \qquad (7.2.22)$$

die analog (7.1.12) zu folgenden Spalten zusammengefügt werden:

$$\boldsymbol{\alpha} = \begin{bmatrix} \alpha_t \\ \alpha_u \\ \alpha_3 \\ \hline \beta_t \\ \beta_u \end{bmatrix} \qquad \boldsymbol{\Theta} = \begin{bmatrix} \phi_t \\ \phi_u \\ \phi_3 \\ \hline \Psi_t \\ \Psi_u \end{bmatrix}. \qquad (7.2.23)$$

Wir empfehlen unseren Lesern dringend, an dieser Stelle dem Versuch zu widerstehen, die beiden Vektorgrößen $\boldsymbol{\alpha}^*$, $\boldsymbol{\beta}^*$ bzw. $\boldsymbol{\alpha}^{*\lambda}$, $\boldsymbol{\beta}^{*\lambda}$ anschaulich interpretieren zu wollen. Hierbei handelt es sich, wie auch bei den dualen Schnittgrößen und Verzerrungen (7.2.12, 14), um *formal* analoge Elemente des *dualen Variablenraumes*, den wir im weiteren Verlauf näher erforschen werden. Dies gilt genauso für die vorgebbaren Randwerte $\boldsymbol{\alpha}^{*0}$, $\boldsymbol{\beta}^{*0}$, die der noch ausstehenden Übersetzung von $\delta^*\hat{\mathbf{A}}_a$ (7.2.10) in Variationen $\delta\boldsymbol{\phi}$, $\delta\boldsymbol{\Psi}$ entstammen. Ihre Herleitung möge unterbleiben, da unser Hauptinteresse den *Feldgleichungen* gilt. Sie ist jedoch, zumindest für stetig gekrümmte Randkurven C und einfach zusammenhängende Gebiete F, stets derart möglich, daß das gesamte Prinzip der virtuellen Kräfte (7.2.10) analog zu (7.2.8) endgültig folgendermaßen darstellbar ist:

$$\begin{aligned}\delta^*\hat{A} = &\iint_F [(\alpha^{*(\lambda\rho)}|_\lambda - (\beta^{*(\lambda\epsilon)} b^\rho_\epsilon)|_\lambda - \gamma^{*\lambda} b^\rho_\lambda)\,\delta\phi_\rho \\ &+ (\alpha^{*(\lambda\rho)} b_{\lambda\rho} - \beta^{*(\lambda\epsilon)} b^\rho_\epsilon b_{\lambda\rho} + \gamma^{*\lambda}|_\lambda)\,\delta\phi_3 \\ &+ (\beta^{*(\lambda\rho)}|_\lambda - \gamma^{*\rho})\,\delta\Psi_\rho]\,dF \\ &+ \int_{C_r} [(\boldsymbol{\alpha}^{*0} - \boldsymbol{\alpha}^*)\cdot\delta\boldsymbol{\phi} + (\boldsymbol{\beta}^{*0} - \boldsymbol{\beta}^*)\cdot\delta\boldsymbol{\Psi}]\,ds \\ = &\iint_F \delta\boldsymbol{\phi}^T \mathbf{D}_e \boldsymbol{\epsilon}^* dF + \int_{C_r} \delta\boldsymbol{\Theta}^T(\boldsymbol{\alpha}^0 - \boldsymbol{\alpha})\,ds = 0.\end{aligned} \tag{7.2.24}$$

Gemäß dem Fundamentalsatz der Variationsrechnung gewinnen wir somit als äquivalente Feldgleichungen drei homogene Beziehungen zwischen den *dualen Verzerrungen*, deren Bau exakt den Gleichgewichtsbedingungen entspricht und die als *Verträglichkeits-* oder *Kompatibilitätsbedingungen* bezeichnet werden:

$$\begin{aligned}&\mathbf{D}_e\boldsymbol{\epsilon}^* = \mathbf{0}:\\ &\alpha^{*(\lambda\rho)}|_\lambda - (\beta^{*(\lambda\epsilon)} b^\rho_\epsilon)|_\lambda - \gamma^{*\lambda} b^\rho_\lambda = 0,\\ &\alpha^{*(\lambda\rho)} b_{\lambda\rho} - \beta^{*(\lambda\epsilon)} b^\rho_\epsilon b_{\lambda\rho} + \gamma^{*\lambda}|_\lambda = 0,\\ &\beta^{*(\lambda\rho)}|_\lambda - \gamma^{*\rho} = 0.\end{aligned} \tag{7.2.25}$$

Außerdem entstehen die Weggrößenrandbedingungen in einer korrespondierenden, jedoch ungewohnten Formulierung. Das Prinzip der virtuellen konjugierten Arbeiten (7.2.10, 11) kann somit auch als eine globale Form der Verträglichkeitsbedingungen (7.2.25) und der zugehörigen Weggrößenrandbedingungen angesehen werden, sofern die dualen Schnittgrößen $\boldsymbol{\sigma}^*$ gemäß (7.2.17) aus den Schnittgrößenfunktionen $\boldsymbol{\phi}$, $\boldsymbol{\Psi}$ herleitbar sind: Für die *wirklichen*, *kinematisch kompatiblen* Deformationen verschwindet die Summe der konjugierten virtuellen Arbeiten, wenn die variierten Schnittgrößen gemäß (7.2.17) herleitbar sind.

Zur Vertiefung der sich abzeichnenden Dualität sollen noch alle Nullen der rechten Seite von (7.2.25) dual zu (7.1.1) als verschwindende Komponenten zweier vektorieller *Inkompatibilitäten* definiert werden:

$$\boldsymbol{\chi} = \chi^\lambda \mathbf{a}_\lambda + \chi^3 \mathbf{a}_3, \quad \mathbf{X} = X^\rho \mathbf{a}_3 \times \mathbf{a}_\rho = X^\rho \epsilon_{\rho\lambda} \mathbf{a}^\lambda. \tag{7.2.26}$$

Verwendet man deren Komponenten gemeinsam mit denjenigen von (7.2.16) als zu (7.1.13) analog besetzte, *duale äußere Variablen*

$$\boldsymbol{\phi} = \begin{bmatrix} \phi_\lambda \\ \phi_3 \\ \hline \Psi_\lambda \end{bmatrix}, \quad \boldsymbol{\chi} = \begin{bmatrix} \chi^\lambda \\ \chi^3 \\ \hline X^\lambda \end{bmatrix}, \tag{7.2.27}$$

so wird mit den dualen Feldgleichungen (7.2.17, 25)

$$\sigma^* = \mathbf{D}_k\phi, \quad \mathbf{D}_e\epsilon^* + \chi = \mathbf{0} \tag{7.2.28}$$

eine bemerkenswerte Erweiterung des im Bild 4.9 dargestellten Strukturschemas in den dualen Bereich hinein erkennbar. Die Abkürzung ϕ (7.2.27) wurde übrigens bereits in (7.2.17, 24) verwendet.

Auch die Elastizitätsgesetze (7.1.18, 19) lassen sich, wie wir noch zeigen werden, unschwer in die dualen Variablen σ^*, ϵ^* transformieren. Damit existiert ein vollständiges, duales Schema von Variablen, Feldgleichungen und Randbedingungen, deren Fundamentalgleichungen nur die aus dem primalen Bereich her bekannten Operatoren $\mathbf{D}_e$, $\mathbf{D}_k$ und – bei elastischen Tragwerken – $\mathbf{E}$ aufweisen. Wahlweise kann der primale oder der duale Bereich zur Lösung von Randwertaufgaben Verwendung finden. Beide Bereiche besitzen unterschiedliche Fundamentalgleichungen

$$\begin{array}{ll} \epsilon = \mathbf{D}_k\mathbf{u} & \sigma^* = \mathbf{D}_k\phi \\ \sigma = \mathbf{DE}\epsilon & \epsilon^* = \dfrac{1}{D}\mathbf{E}^{*-1}\sigma^* \\ \mathbf{0} = \mathbf{D}_e\sigma & \mathbf{0} = \mathbf{D}_e\epsilon^* \\ \hline \mathbf{0} = \mathbf{D}_e(\mathbf{DE})\mathbf{D}_k\mathbf{u} & \mathbf{0} = \mathbf{D}_e\,\dfrac{1}{D}\mathbf{E}^{*-1}\,\mathbf{D}_k\phi \end{array} \tag{7.2.29}$$

und Randbedingungen, jedoch die gleichen Feld- und Randoperatoren. Diese wichtige Erkenntnis ist, vorerst noch ohne Randbedingungen, auf Bild 7.3 dargestellt. Das dortige, nunmehr vervollständigte Strukturschema ermöglicht nicht nur einen hervorragenden Überblick über die im Rahmen einer Flächentragwerkstheorie auftretenden Variablen, es hebt vielmehr die Gleichwertigkeit von Schnittgrößenfunktionen und Kompatibilitätsbedingungen [67, 84, 85] aus der Unsystematik mancher älteren Darstellungen hervor [35, 58, 62, 81, 88, 136]. Das Strukturschema beleuchtet besonders die innere Symmetrie aller Grundgleichungen, deren Teilaspekt (7.2.17, 25) gelegentlich als *statisch-geometrische Analogie* bezeichnet wird [41, 95, 139] und die allen konsistent formulierten physikalischen Theorien eigen ist [123]. Dies wird in Bild 7.4 beispielsweise für die Bestandteile der beiden klassischen Variationsprinzipe deutlich; es würde eine Bezeichnung des – in Schnittgrößenfunktionen formulierten – Prinzips der virtuellen Kräfte als *Prinzip der virtuellen Schnittgrößenfunktionen* rechtfertigen.

Sämtliche Herleitungen gelten analog für *alle konsistent formulierten* Flächentragwerkstheorien. Deren Strukturschemata sind durch Einfügen der jeweiligen Variablen und Operatoren des primalen Bereichs in das generelle Schema mühelos aufzustellen, wie dies für die Formulierungsvariante A der *Kirchhoff-Love*-Theorie in Bild 7.5 erfolgt ist. Natürlich gelten hier die modifizierten Variablen und Operatoren des Bildes 4.4 sowie der Tafeln 4.4 und 4.5. Die für allgemeine Flächentragwerke gewonnenen Erkenntnisse sollen nun am Beispiel *ebener Flächentragwerke* veranschaulicht werden.

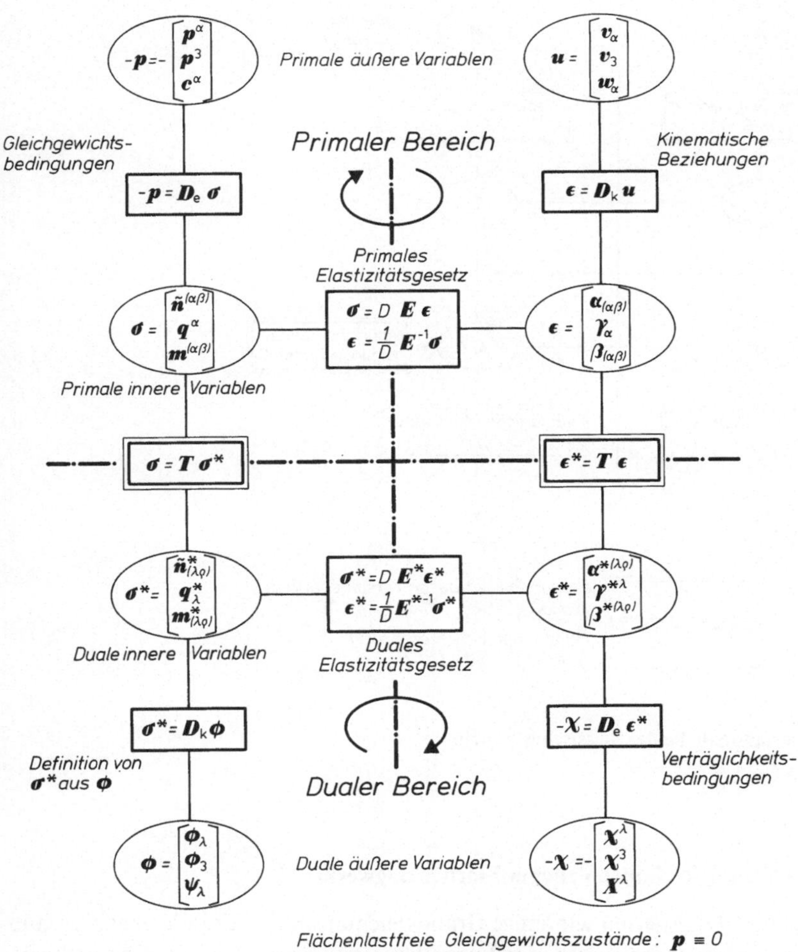

Bild 7.3 Primale und duale Grundgleichungen einer Flächentragwerkstheorie unter Einschluß von Schubverzerrungen (Variante A, ohne Randbedingungen)

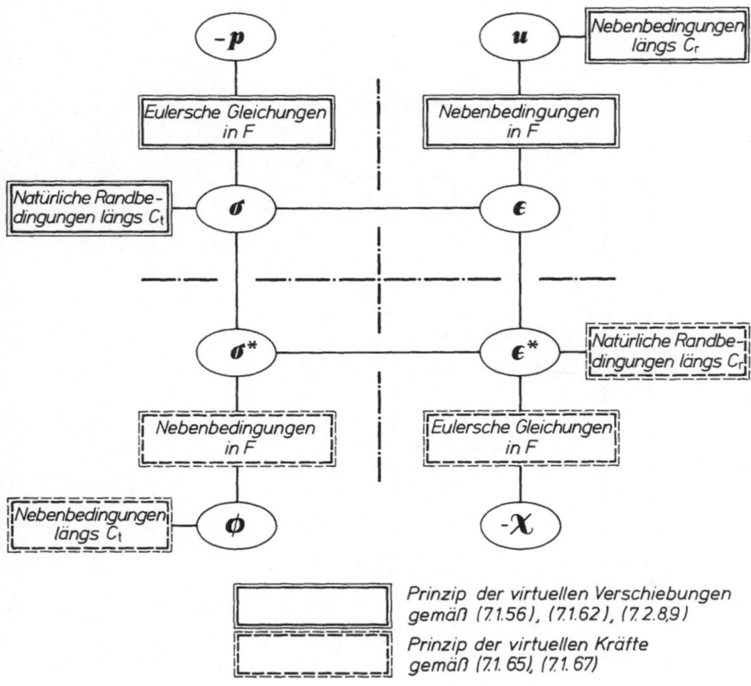

Bild 7.4 Gleichungsbestandteile beider klassischer Prinzipe

7.2.4 Die primalen Grundgleichungen ebener Flächentragwerke

Bereits im Abschnitt 4.4.2 hatten wir einige Grundgleichungen der Theorie ebener, schubsteifer Flächentragwerke aus denjenigen der Formulierungsvariante A einer Schalentheorie vom *Kirchhoff-Love*-Typ (Abschnitt 4.1 und Tafel 4.3) hergeleitet und ihren generellen Gültigkeitsbereich untersucht. Diese Herleitung soll einführend wiederholt, vervollständigt und sodann vertieft werden.

Durch die Voraussetzung

$$b_{\alpha\beta} = b_{\alpha}^{\beta} = b^{\alpha\beta} \equiv 0 \rightarrow R = \infty \tag{7.2.30}$$

wird die Mittelfläche des unbelasteten Tragwerks eben und ihre Geometrie *euklidisch*. Damit tritt an die Stelle von $\tilde{n}^{(\alpha\beta)}$ (4.4.10) der nunmehr symmetrische Dehnungskrafttensor

$$n^{\alpha\beta} = n^{(\alpha\beta)} = \frac{1}{2}(n^{\alpha\beta} + n^{\beta\alpha}). \tag{7.2.31}$$

Außerdem zerfallen durch (7.2.30) sämtliche Beziehungen der Tafel 4.3 in das *Scheibenproblem*, welches die *in* der Mittelfläche wirkenden Lasten, Dehnungskräfte, Verschiebungen und Dehnungen durch die Variablen (p^{α}, $n^{(\alpha\beta)}$, v_{α}, $\alpha_{(\alpha\beta)}$) beschreibt, sowie in das *Plattenproblem*, welches die Mittelebene verbiegt (p^3, $m^{(\alpha\beta)}$, v_3, $\omega_{(\alpha\beta)}$).

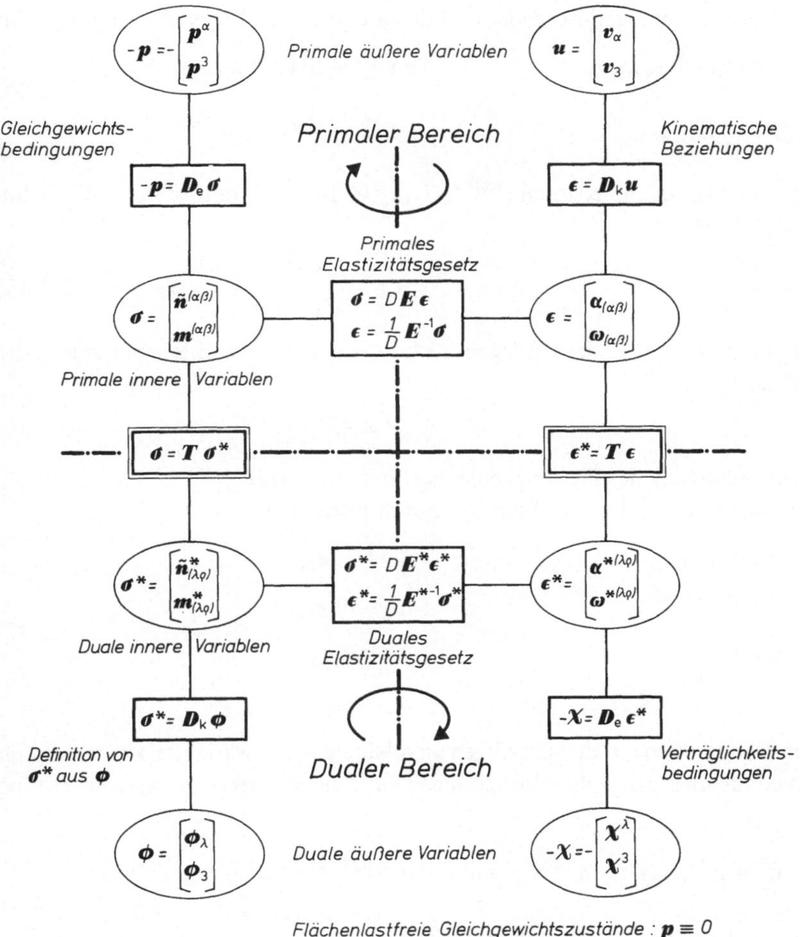

Bild 7.5 Primale und duale Grundgleichungen einer Flächentragwerkstheorie vom *Kirchhoff-Love*-Typ (Variante A, ohne Randbedingungen)

In Anlehnung an die Zusammenstellung (4.4.11) bis (4.4.14) gewinnen wir somit aus Tafel 4.3 folgende Grundgleichungen für *Scheiben* (linke Spalte) und *Platten* (rechte Spalte); die *Gleichgewichtsbedingungen*:

$$-p^{\beta} = n^{(\alpha\beta)}|_{\alpha}, \qquad -p^{3} = m^{(\alpha\beta)}|_{\alpha\beta}, \tag{7.2.32}$$

die *kinematischen Beziehungen*:

$$\alpha_{(\alpha\beta)} = \frac{1}{2}(v_{\alpha}|_{\beta} + v_{\beta}|_{\alpha}), \qquad \omega_{(\alpha\beta)} = -v_{3}|_{\alpha\beta} \tag{7.2.33}$$

sowie die *Werkstoffgesetze* homogen-isotroper und linear elastischer Tragwerke (mit 4.1.42):

$$n^{(\alpha\beta)} = DH^{\alpha\beta\lambda\mu}\alpha_{(\lambda\mu)}, \qquad m^{(\alpha\beta)} = BH^{\alpha\beta\lambda\mu}\omega_{(\lambda\mu)},$$
$$\alpha_{(\lambda\mu)} = \frac{1}{D}G_{\lambda\mu\alpha\beta}n^{(\alpha\beta)}, \qquad \omega_{(\lambda\mu)} = \frac{1}{B}G_{\lambda\mu\alpha\beta}m^{(\alpha\beta)}. \tag{7.2.34}$$

Darin werden die beiden Elastizitätstensoren $H^{\alpha\beta\lambda\mu}$, $G_{\lambda\mu\alpha\beta}$ (4.1.41,43) entnommen, die Dehn- und Biegefestigkeit (4.1.40):

$$D = \frac{Eh}{1-\nu^2}, \qquad B = \frac{Eh^3}{12(1-\nu^2)} = \frac{h^2}{12}D. \tag{7.2.35}$$

Der Leser sei daran erinnert, daß in der vorliegenden konsistenten Formulierungsvariante der Querkraftvektor q^α durch (4.1.78)

$$q^\alpha = m^{(\alpha\lambda)}|_\lambda \tag{7.2.36}$$

in der Gleichgewichtsbedingung des Plattenproblems eliminiert wurde.

Zu diesen Beziehungen treten die vorschreibbaren *Randvariablen*:

$$\begin{aligned} &\mathbf{n} = n_t\mathbf{t} + n_u\mathbf{u}, && \tilde{\mathbf{n}} = \tilde{n}_3\mathbf{a}_3, \\ & && \mathbf{m}_t = m_t\mathbf{t}, \\ &\mathbf{v} = v_t\mathbf{t} + v_u\mathbf{u}, && \mathbf{v} = v_3\mathbf{a}_3, \\ & && \boldsymbol{\omega}_t = \omega_t\mathbf{t}, \end{aligned} \tag{7.2.37}$$

worin die einzelnen Randgrößen mit den jeweiligen unabhängigen Feldvariablen zu verknüpfen sind. Wir übernehmen die diesbezüglichen Beziehungen aus Zeile 8, Tafel 4.3 unter Beachtung von (4.1.64):

$$\begin{aligned} &\mathbf{n} = \mathbf{n}^0 = n^{(\alpha\beta)}u_\alpha t_\beta\mathbf{t} + n^{(\alpha\beta)}u_\alpha u_\beta\mathbf{u}, && \tilde{\mathbf{n}} = \tilde{\mathbf{n}}^0 = (q^\alpha u_\alpha - m_{u,\alpha}t^\alpha)\mathbf{a}_3 \\ & && \quad = [(m^{(\lambda\alpha)}|_\lambda + m^{(\alpha\beta)}|_\lambda t^\lambda t_\beta)u_\alpha \\ & && \qquad + m^{(\alpha\beta)}(u_\alpha t_\beta)|_\lambda t^\lambda]\mathbf{a}_3, \\ & && \mathbf{m}_t = \mathbf{m}_t^0 = m^{(\alpha\beta)}u_\alpha u_\beta\mathbf{t}, \end{aligned} \tag{7.2.38}$$

$$\begin{aligned} &\mathbf{v} = \mathbf{v}^0 = v_\alpha t^\alpha\mathbf{t} + v_\alpha u^\alpha\mathbf{u}, && \mathbf{v} = \mathbf{v}^0 = v_3\mathbf{a}_3, \\ & && \boldsymbol{\omega}_t = \boldsymbol{\omega}_t^0 = -v_{3,n}\mathbf{t} = -v_{3,\beta}u^\beta\mathbf{t}. \end{aligned} \tag{7.2.39}$$

Zur Erfüllung vorgegebener Randwerte $\mathbf{n}^0$, $\mathbf{v}^0$ bzw. $\tilde{\mathbf{n}}^0$, $\mathbf{m}_t^0$, $\mathbf{v}^0$, $\boldsymbol{\omega}_t^0$ enthält Tafel 7.5 erneut die bereits früher verwendeten Beispiele, nunmehr jedoch aufgespalten in die beiden Teilprobleme der Scheibe und Platte.

Die *Formänderungsenergiedichte* sowie das *Prinzip der virtuellen Verschiebungen* und das *Prinzip der virtuellen Kräfte* lauten gemäß Tafel 7.3 für das Scheibenproblem:

$$\pi_i = \frac{1}{2}DH^{\alpha\beta\lambda\mu}\alpha_{(\alpha\beta)}\alpha_{(\lambda\mu)} = \frac{1}{2}n^{(\alpha\beta)}\alpha_{(\alpha\beta)},$$

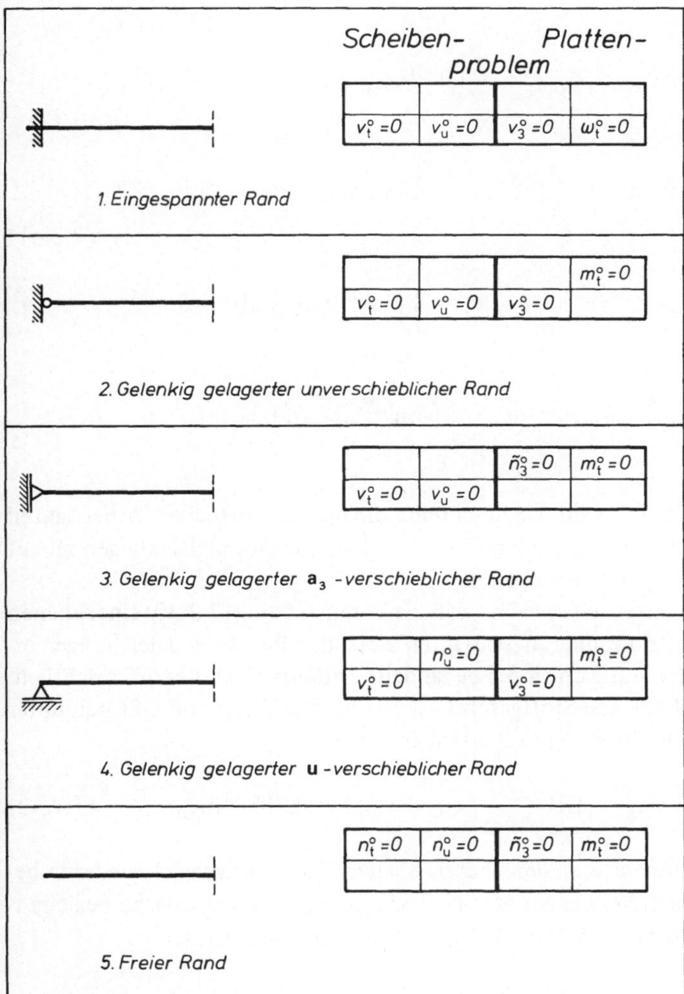

Tafel 7.5 Auswahl von Randbedingungen ebener Flächentragwerke vom *Kirchhoff-Love*-Typ

$$\delta^* A = \iint_F p^\alpha \delta v_\alpha dF + \int_{C_t} (n_t^0 \delta v_t + n_u^0 \delta v_u) ds - \iint_F n^{(\alpha\beta)} \delta \alpha_{(\alpha\beta)} dF = 0, \tag{7.2.40}$$

$$\delta^* \hat{A} = \int_{C_r} (\delta n_t v_t^0 + \delta n_u v_u^0) ds - \iint_F \delta n^{(\alpha\beta)} \alpha_{(\alpha\beta)} dF = 0;$$

für das Plattenproblem dagegen:

$$\pi_i = \frac{1}{2} BH^{\alpha\beta\lambda\mu} \omega_{(\alpha\beta)} \omega_{(\lambda\mu)} = \frac{1}{2} m^{(\alpha\beta)} \omega_{(\alpha\beta)},$$

$$\begin{aligned} \delta^* A &= \iint_F p^3 \delta v_3 dF + \int_{C_t} (\tilde{n}_3^0 \delta v_3 + m_t^0 \delta \omega_t) ds \\ &\quad + [m_u \delta v_3]_{C_t} - \iint_F m^{(\alpha\beta)} \delta \omega_{(\alpha\beta)} dF = 0, \end{aligned} \tag{7.2.41}$$

$$\delta^* \hat{A} = \int_{C_r} (\delta \tilde{n}_3 v_3^0 + \delta m_t \omega_t^0) ds - \iint_F \delta m^{(\alpha\beta)} \omega_{(\alpha\beta)} dF = 0.$$

Der in eckige Klammern gesetzte Ausdruck beschreibt erneut den virtuellen Arbeitsanteil möglicher Eckkräfte. Zu einem abschließenden Überblick über alle Grundgleichungen sei auf die Zeilen 1 bis 5 der Tafeln 7.8 und 7.9 verwiesen.

Bereits im Abschnitt 4.4.2 hatten wir erwähnt, daß die Voraussetzung (7.2.30) einer ebenen Mittelfläche aus allen weiteren Formulierungsvarianten stets dieselben Grundgleichungen erzeugt. Für die in den Abschnitten 4.3.3 und 4.3.5 behandelte Variante C ist dies offensichtlich. Das zunächst abweichend erscheinende Stoffgesetz (4.3.19, 20) der Variante B läßt sich unter Berücksichtigung von (3.4.42) in die Form (7.2.34) überführen:

$$n^{(\alpha\beta)} = DH^{\alpha\beta\lambda\mu} v_\mu|_\lambda = DH^{\alpha\beta\lambda\mu} \frac{1}{2} (v_\lambda|_\mu + v_\mu|_\lambda) = DH^{\alpha\beta\lambda\mu} \alpha_{(\lambda\mu)}. \tag{7.2.42}$$

Nun sollen auch die Grundoperatoren der Theorie ebener Flächentragwerke wieder in bekannter Weise dargestellt werden. Verwendet man (7.2.31), so lauten kinematische Beziehungen (7.2.33) und Gleichgewichtsbedingungen (7.2.32) des Scheibenproblems:

$$\begin{aligned} \alpha_{(\alpha\beta)} &= \frac{1}{2} (v_\alpha|_\beta + v_\beta|_\alpha), \\ -p^\beta &= n^{(\alpha\beta)}|_\alpha = \frac{1}{2} (n^{(\alpha\beta)}|_\alpha + n^{(\beta\alpha)}|_\alpha). \end{aligned} \tag{7.2.43}$$

Symmetrisiert man die entsprechenden Gleichungen des Plattenproblems auf analoge Weise so entsteht für diese:

$$\begin{aligned} \omega_{(\alpha\beta)} &= -v_3|_{\alpha\beta} = -\frac{1}{2} (v_3|_{\alpha\beta} + v_3|_{\beta\alpha}), \\ -p^3 &= m^{(\alpha\beta)}|_{\alpha\beta} = \frac{1}{2} (m^{(\alpha\beta)}|_{\alpha\beta} + m^{(\beta\alpha)}|_{\alpha\beta}). \end{aligned} \tag{7.2.44}$$

Die Operatorformen dieser Beziehungen sind auf Tafel 7.6 zusammengestellt, selbstverständlich hätten sie auch durch (7.2.30) Tafel 4.4 entnommen werden können. Im Gegensatz

Kinematische Beziehungen *Gleichgewichtsbedingungen*

Scheibentragwerke

$$\begin{bmatrix}\alpha_{(11)}\\ \alpha_{(12)}\\ \alpha_{(21)}\\ \alpha_{(22)}\end{bmatrix} = \begin{bmatrix} d_1 & 0\\ \frac{1}{2}d_2 & \frac{1}{2}d_1\\ \frac{1}{2}d_2 & \frac{1}{2}d_1\\ 0 & d_2\end{bmatrix} \cdot \begin{bmatrix} v_1\\ v_2\end{bmatrix} \qquad -\begin{bmatrix}p^1\\ p^2\end{bmatrix} = \begin{bmatrix} d_1 & \frac{1}{2}d_2 & \frac{1}{2}d_2 & 0\\ 0 & \frac{1}{2}d_1 & \frac{1}{2}d_1 & d_2\end{bmatrix} \cdot \begin{bmatrix} n^{(11)}\\ n^{(12)}\\ n^{(21)}\\ n^{(22)}\end{bmatrix}$$

$$\boldsymbol{\epsilon}_S = \boldsymbol{D}_S \boldsymbol{u}_S \qquad -\boldsymbol{p}_S = \boldsymbol{D}_S^T \boldsymbol{\sigma}_S$$

Plattentragwerke

$$\begin{bmatrix}\omega_{(11)}\\ \omega_{(12)}\\ \omega_{(21)}\\ \omega_{(22)}\end{bmatrix} = \begin{bmatrix} -d_{11}\\ -\frac{1}{2}(d_{12}+d_{21})\\ -\frac{1}{2}(d_{12}+d_{21})\\ -d_{22}\end{bmatrix} \cdot \begin{bmatrix} v_3\end{bmatrix} \qquad -\begin{bmatrix}p^3\end{bmatrix} = \begin{bmatrix} d_{11} & \frac{1}{2}(d_{12}+d_{21}) & \frac{1}{2}(d_{12}+d_{21}) & d_{22}\end{bmatrix} \cdot \begin{bmatrix} m^{(11)}\\ m^{(12)}\\ m^{(21)}\\ m^{(22)}\end{bmatrix}$$

$$\boldsymbol{\epsilon}_P = -\boldsymbol{D}_P \boldsymbol{u}_P \qquad -\boldsymbol{p}_P = \boldsymbol{D}_P^T \boldsymbol{\sigma}_P$$

Abkürzungen: $d_1 = \ldots /_1$ $\quad d_{11} = \ldots /_{11}$ $\quad d_{21} = \ldots /_{21}$
$d_2 = \ldots /_2$ $\quad d_{12} = \ldots /_{12}$ $\quad d_{22} = \ldots /_{22}$

Tafel 7.6 Kinematischer und Gleichgewichtsoperator ebener Flächentragwerke vom *Kirchhoff-Love*-Typ

zu den dort verwendeten Bezeichnungen wählen wir hier für die inneren Variablen (Indizierung: S-Scheibe, P-Platte):

$$\sigma_S = \begin{bmatrix} n^{(11)}\\ n^{(12)}\\ n^{(21)}\\ n^{(22)}\end{bmatrix}, \quad \epsilon_S = \begin{bmatrix} \alpha_{(11)}\\ \alpha_{(12)}\\ \alpha_{(21)}\\ \alpha_{(22)}\end{bmatrix}, \quad \sigma_P = \begin{bmatrix} m^{(11)}\\ m^{(12)}\\ m^{(21)}\\ m^{(22)}\end{bmatrix}, \quad \epsilon_P = \begin{bmatrix} \omega_{(11)}\\ \omega_{(12)}\\ \omega_{(21)}\\ \omega_{(22)}\end{bmatrix}, \tag{7.2.45}$$

für die äußeren Variablen:

$$p_S = \begin{bmatrix} p^1\\ p^2\end{bmatrix}, \quad u_S = \begin{bmatrix} v_1\\ v_2\end{bmatrix}, \quad p_P = [p^3], \quad u_P = [v_3] \tag{7.2.46}$$

und führen den Scheiben- bzw. Plattenoperator ein:

$$\mathbf{D}_S = \mathbf{D}_{11}(R = \infty), \qquad \mathbf{D}_P = \mathbf{D}_{22}(R = \infty). \tag{7.2.47}$$

Den konstitutiven Operator möge der Leser Tafel 4.5 entnehmen. Die Randoperatoren der Tafel 7.7 gewinnen wir wieder durch Ausschreiben der Beziehungen (7.2.38, 39), wobei für das Plattentragwerk die bereits auf Tafel 4.6 bevorzugte Darstellung übernommen wurde. Eine zusätzliche Indizierung wurde dabei für die äußeren (a) und inneren (i) Randoperatoren eingeführt.

Scheibentragwerke

$$\mathbf{r}_S^\circ = \mathbf{R}_r \mathbf{u}_S = \mathbf{R}_{Sa} \mathbf{u}_S : \quad \begin{bmatrix} v_t \\ v_u \end{bmatrix} = \begin{bmatrix} t^1 & t^2 \\ u^1 & u^2 \end{bmatrix} \cdot \begin{bmatrix} v_1 \\ v_2 \end{bmatrix}$$

$$\mathbf{t}_S^\circ = \mathbf{R}_t \boldsymbol{\sigma}_S = \mathbf{R}_{Si} \boldsymbol{\sigma}_S : \quad \begin{bmatrix} n_t \\ n_u \end{bmatrix} = \begin{bmatrix} u_1 t_1 & \frac{1}{2}(u_1 t_2 + u_2 t_1) & \frac{1}{2}(u_1 t_2 + u_2 t_1) & u_2 t_2 \\ u_1 u_1 & u_1 u_2 & u_1 u_2 & u_2 u_2 \end{bmatrix} \cdot \begin{bmatrix} n^{(11)} \\ n^{(12)} \\ n^{(21)} \\ n^{(22)} \end{bmatrix}$$

Plattentragwerke

$$\mathbf{r}_P^\circ = \mathbf{R}_r \mathbf{u}_P = \mathbf{R}_{Pa} \mathbf{u}_P : \quad \begin{bmatrix} v_3 \\ \omega_t \end{bmatrix} = \begin{bmatrix} 1 \\ -\partial_n \end{bmatrix} \cdot \begin{bmatrix} v_3 \end{bmatrix}$$

$$\mathbf{t}_P^\circ = \left[\mathbf{R}^*_{t\sigma} \,\middle|\, \mathbf{R}^*_{tu}\right] \begin{bmatrix} \boldsymbol{\sigma}_P \\ \hline \mathbf{m}_u \end{bmatrix} : \quad \begin{bmatrix} \tilde{n}_3 \\ m_t \end{bmatrix} = \left[\begin{array}{cccc|c} u_1 d_1 & \frac{1}{2}(u_1 d_2 + u_2 d_1) & \frac{1}{2}(u_1 d_2 + u_2 d_1) & u_2 d_2 & -(t^1 \partial_1 + t^2 \partial_2) \\ u_1 u_1 & u_1 u_2 & u_1 u_2 & u_2 u_2 & 0 \end{array}\right] \cdot \begin{bmatrix} m^{(11)} \\ m^{(12)} \\ m^{(21)} \\ m^{(22)} \\ \hline m_u \end{bmatrix}$$

$$\mathbf{t}_P^\circ = (\mathbf{R}^*_{t\sigma} + \mathbf{R}^*_{tu} \cdot \mathbf{R}^*_{u\sigma}) \cdot \boldsymbol{\sigma}_P = \mathbf{R}_t \boldsymbol{\sigma}_P = \mathbf{R}_{Pi} \boldsymbol{\sigma}_P$$

$$\text{mit } \mathbf{R}^*_{u\sigma} = \left[-u_1 t_1 \quad -\tfrac{1}{2}(u_1 t_2 + u_2 t_1) \quad -\tfrac{1}{2}(u_1 t_2 + u_2 t_1) \quad -u_2 t_2\right]$$

Abkürzungen: $d_\alpha = \ldots|_\alpha$; $\partial_\alpha = \frac{\partial \ldots}{\partial \Theta^\alpha} = \ldots,_\alpha$

Tafel 7.7 Randoperatoren ebener Flächentragwerke vom *Kirchhoff-Love*-Typ

7.2.5 Der primale Bereich in kartesischen Koordinaten

In diesem Abschnitt wollen wir die bisherigen Grundgleichungen für ein orthogonales kartesisches Koordinatensystem y^α ausschreiben. Für dieses stimmen die Maßtensoren bekanntlich mit dem Kronecker-Symbol überein und die Determinante a mit der Einheit:

$$a_{\alpha\beta} = \delta_{\alpha\beta} = a^{\alpha\beta} = \delta^{\alpha\beta} = \begin{bmatrix} 1 & 0 \\ 0 & 1 \end{bmatrix}, \quad a = 1. \tag{7.2.48}$$

Da die Christoffelsymbole verschwinden, sind kovariante und partielle Ableitungen identisch (siehe Abschnitt 1.4.4). Als Ergebnis erwarten wir die bekannten Beziehungen der klassischen Scheiben- und Plattentheorie.

Wir beginnen mit dem Ausschreiben der Feldgleichungen. Transformiert man gleichzeitig durch (4.1.6, 9) mit (7.2.48) tensorielle in physikalische Komponenten, so lauten die Gleichgewichtsbedingungen (7.2.32) der Scheibentheorie*:

$$\begin{aligned} -p_{\langle 1\rangle} &= n_{\langle 11\rangle,1} + n_{\langle 21\rangle,2} = n_{\langle 11\rangle,1} + n_{\langle 12\rangle,2}, \\ -p_{\langle 2\rangle} &= n_{\langle 12\rangle,1} + n_{\langle 22\rangle,2} \end{aligned} \tag{7.2.49}$$

* Da für orthogonale kartesische Koordinaten den Begriffen ko- und kontravariant keine mechanische Bedeutung zukommt, werden nur tiefstehende Indizes verwendet.

sowie diejenigen der Plattentheorie:

$$\begin{aligned} -p_{\langle 3\rangle} &= m_{\langle 11\rangle,11} + m_{\langle 12\rangle,12} + m_{\langle 21\rangle,21} + m_{\langle 22\rangle,22} \\ &= m_{\langle 11\rangle,11} + 2m_{\langle 12\rangle,12} + m_{\langle 22\rangle,22}. \end{aligned} \tag{7.2.50}$$

Die Querkräfte berechnen sich aus den Momenten mittels (7.2.36) zu:

$$q_{\langle 1\rangle} = m_{\langle 11\rangle,1} + m_{\langle 12\rangle,2}, \quad q_{\langle 2\rangle} = m_{\langle 12\rangle,1} + m_{\langle 22\rangle,2}. \tag{7.2.51}$$

Als nächstes gewinnen wir die kinematischen Beziehungen der Scheibentheorie (7.2.33) unter Verwendung physikalischer Komponenten des Verschiebungsvektors **v** (4.1.17):

$$\alpha_{11} = \frac{1}{2}(v_{\langle 1\rangle,1} + v_{\langle 1\rangle,1}) = v_{\langle 1\rangle,1},$$

$$\alpha_{12} = \alpha_{21} = \frac{1}{2}(v_{\langle 1\rangle,2} + v_{\langle 2\rangle,1}),$$

$$\alpha_{22} = \frac{1}{2}(v_{\langle 2\rangle,2} + v_{\langle 2\rangle,2}) = v_{\langle 2\rangle,2}.$$

Transformiert man hierin auch die tensoriellen Komponenten des Verzerrungstensors in physikalische (4.1.27), so führt dies auf die Form:

$$\begin{aligned} \alpha_{\langle 11\rangle} &= v_{\langle 1\rangle,1}, \\ \alpha_{\langle 12\rangle} &= \alpha_{\langle 21\rangle} = v_{\langle 1\rangle,2} + v_{\langle 2\rangle,1}, \\ \alpha_{\langle 22\rangle} &= v_{\langle 2\rangle,2}. \end{aligned} \tag{7.2.52}$$

Dabei entfällt der ursprüngliche Faktor 1/2 wegen der Verwendung der Gesamtgleitung $\alpha_{\langle 12\rangle}$. Eine analoge Herleitung führt auf die kinematischen Beziehungen der Plattentheorie*:

$$\begin{aligned} \omega_{\langle 11\rangle} &= -v_{\langle 3\rangle,11}, \\ \omega_{\langle 12\rangle} &= \omega_{\langle 21\rangle} = -2v_{\langle 3\rangle,12}, \\ \omega_{\langle 22\rangle} &= -v_{\langle 3\rangle,22}. \end{aligned} \tag{7.2.53}$$

Bereits im Anschluß an den Abschnitt 3.4.3 war das Elastizitätsgesetz der Scheibentheorie (7.2.34) für orthogonale Koordinaten ausgeschrieben und auf ein kartesisches System spezialisiert worden. Führen wir in das dortige Ergebnis physikalische Komponenten der beteiligten inneren Tensorvariablen ein, so erhalten wir:

$$\begin{aligned} n_{\langle 11\rangle} &= D(\alpha_{\langle 11\rangle} + \nu\,\alpha_{\langle 22\rangle}), \\ n_{\langle 12\rangle} &= n_{\langle 21\rangle} = \frac{D(1-\nu)}{2}\alpha_{\langle 12\rangle} = \frac{D(1-\nu)}{2}\alpha_{\langle 21\rangle} = \frac{Eh}{2(1+\nu)}\alpha_{\langle 12\rangle}, \\ n_{\langle 22\rangle} &= D(\alpha_{\langle 22\rangle} + \nu\,\alpha_{\langle 11\rangle}). \end{aligned} \tag{7.2.54}$$

* Hierbei wurden die physikalischen Komponenten $\omega_{\langle\alpha\beta\rangle}$ analog zu (4.1.27) definiert.

Durch Analogieschluß folgt hieraus das Werkstoffgesetz der Plattentheorie:

$$\begin{aligned}
m_{\langle 11\rangle} &= B(\omega_{\langle 11\rangle} + \nu\,\omega_{\langle 22\rangle}),\\
m_{\langle 12\rangle} &= m_{\langle 21\rangle} = \frac{B(1-\nu)}{2}\,\omega_{\langle 12\rangle} = \frac{B(1-\nu)}{2}\,\omega_{\langle 21\rangle} = \frac{Eh^3}{24(1+\nu)}\,\omega_{\langle 12\rangle},\\
m_{\langle 22\rangle} &= B(\omega_{\langle 22\rangle} + \nu\,\omega_{\langle 11\rangle}).
\end{aligned} \tag{7.2.55}$$

Die Formänderungsenergiedichten π_i (Indizierung: S-Scheibe, P-Platte) als energetische Kopplungen der inneren Variablen entstehen durch Ausschreiben von (7.2.40, 41):

$$\begin{aligned}
\pi_{iS} &= \frac{1}{2}(n^{(11)}\alpha_{(11)} + n^{(12)}\alpha_{(12)} + n^{(21)}\alpha_{(21)} + n^{(22)}\alpha_{(22)})\\
&= \frac{1}{2}(n^{(11)}\alpha_{(11)} + 2n^{(12)}\alpha_{(12)} + n^{(22)}\alpha_{(22)}),\\
\pi_{iP} &= \frac{1}{2}(m^{(11)}\omega_{(11)} + 2m^{(12)}\omega_{(12)} + m^{(22)}\omega_{(22)}).
\end{aligned}$$

Substituiert man hierin physikalische Komponenten unter erneuter Beachtung von (3.2.124, 127)

$$\alpha_{\langle 12\rangle} = 2\alpha_{12}, \quad \omega_{\langle 12\rangle} = 2\omega_{12},$$

so gewinnt man für Scheiben- und Plattentragwerke:

$$\begin{aligned}
\pi_{iS} &= \frac{1}{2}(n_{\langle 11\rangle}\alpha_{\langle 11\rangle} + n_{\langle 12\rangle}\alpha_{\langle 12\rangle} + n_{\langle 22\rangle}\alpha_{\langle 22\rangle}),\\
\pi_{iP} &= \frac{1}{2}(m_{\langle 11\rangle}\omega_{\langle 11\rangle} + m_{\langle 12\rangle}\omega_{\langle 12\rangle} + m_{\langle 22\rangle}\omega_{\langle 22\rangle}).
\end{aligned} \tag{7.2.56}$$

Schließlich seien auch die vorschreibbaren Randbedingungen auf orthogonale kartesische Koordinaten y^α spezialisiert, wozu auf die Herleitungen des Beispiels von Abschnitt 4.1.4 zurückgegriffen werde. Aus den dortigen Randgrößen (4.1.68), die auf beliebige Hauptkrümmungskoordinaten bezogen waren, erhält man mit (7.2.48) die Kräfterandvariablen eines Scheibentragwerks:

$$\begin{aligned}
\text{Rand}\begin{bmatrix}1\\3\\ \\2\\4\end{bmatrix}:\quad n_t &= n_t^0 = n^{(\alpha\beta)}u_\alpha t_\beta = \begin{bmatrix}n_{\langle 12\rangle}\\ \\ -n_{\langle 21\rangle}\end{bmatrix},\\
n_u &= n_u^0 = n^{(\alpha\beta)}u_\alpha u_\beta = \begin{bmatrix}n_{\langle 11\rangle}\\ \\ n_{\langle 22\rangle}\end{bmatrix},
\end{aligned} \tag{7.2.57}$$

sowie eines Plattentragwerks:

$$\text{Rand}\begin{bmatrix}1\\3\\ \\2\\4\end{bmatrix}: \quad \tilde{n}_3 = \tilde{n}_3^0 = q^\alpha u_\alpha - m_{u,\alpha} t^\alpha = \begin{bmatrix} \pm(q_{\langle 1\rangle} + m_{\langle 12\rangle,2}) \\ \\ \pm(q_{\langle 2\rangle} + m_{\langle 21\rangle,1}) \end{bmatrix},$$

$$m_t = m_t^0 = m^{(\alpha\beta)} u_\alpha u_\beta = \begin{bmatrix} m_{\langle 11\rangle} \\ \\ m_{\langle 22\rangle} \end{bmatrix}. \tag{7.2.58}$$

In die obigen *Kirchhoff*schen Ersatzscherkräfte sind noch die Querkräfte entsprechend (7.2.51) einzusetzen, dabei folgt die Randbenennung Bild 7.6 bzw. 4.3. Die durch eine Null indizierten Größen stellen wieder vorgegebene Randwerte dar, beispielsweise die Auswahl von Tafel 7.5.

Die Verknüpfung der kinematischen Randvariablen mit den Komponenten des Verschiebungsvektors entsteht aus (4.1.66) für beide Tragwerkstypen:

$$\text{Rand}\begin{bmatrix}1\\3\\ \\2\\4\end{bmatrix}: \quad v_t = v_t^0 = v_\alpha t^\alpha = \begin{bmatrix} \pm v_{\langle 2\rangle} \\ \\ \mp v_{\langle 1\rangle} \end{bmatrix},$$

$$v_u = v_u^0 = v_\alpha u^\alpha = \begin{bmatrix} \pm v_{\langle 1\rangle} \\ \\ \pm v_{\langle 2\rangle} \end{bmatrix}, \tag{7.2.59}$$

$$v_3 = v_3^0 = v_{\langle 3\rangle},$$

$$\omega_t = \omega_t^0 = -v_{\langle 3\rangle,n} = \begin{bmatrix} \mp v_{\langle 3\rangle,1} \\ \\ \mp v_{\langle 3\rangle,2} \end{bmatrix} \tag{7.2.60}$$

Damit haben wir das Gleichungswerk der klassischen Scheiben- und Plattentheorie [57, 87, 122] aus unseren Grundgleichungen hergeleitet. In diesem Zusammenhang erscheint es angebracht, alle Bezeichnungen und positiven Wirkungsrichtungen der verwendeten Variablen dem Leser noch einmal in Erinnerung zu rufen. Laut Abschnitt 3.2.1 und 3.2.5 orientieren sich die Bezeichnungen und positiven Wirkungsrichtungen der Last- und Verschiebungsgrößen (3.2.1), (3.2.51) auf F an den positiven Basisvektoren $\mathbf{a}_i$. Die Bezeichnung der Schnittkräfte (3.2.17) richtete sich im ersten Index nach dem Schnittufer, im zweiten nach der Wirkungsrichtung der durch sie hervorgerufenen Spannungen. Positive Schnittkräfte weisen an positiven Schnittufern in Richtung der Basisvektoren $\mathbf{a}_i$. Die Bezeichnung der Momente folgte denjenigen der Schnittkräfte, während ihre positiven Wirkungsrichtungen im Abschnitt 3.2.2 derart definiert waren, daß positive Momente auf den durch $+\Theta^3$ beschriebenen Querschnittshälften positiver Schnittufer stets Spannungskomponenten in Richtung positiver Basisvektoren erzeugen (3.2.18). Bild 7.6 faßt diese Festlegungen noch einmal anschaulich zusammen. Im Hinblick auf die dortigen Randnamen und im Vergleich zu Bild 4.3 sollte beachtet werden, daß das Vektordreibein $(\mathbf{u}, \mathbf{t}, \mathbf{a}_3)$ stets ein Rechtssystem bildet.

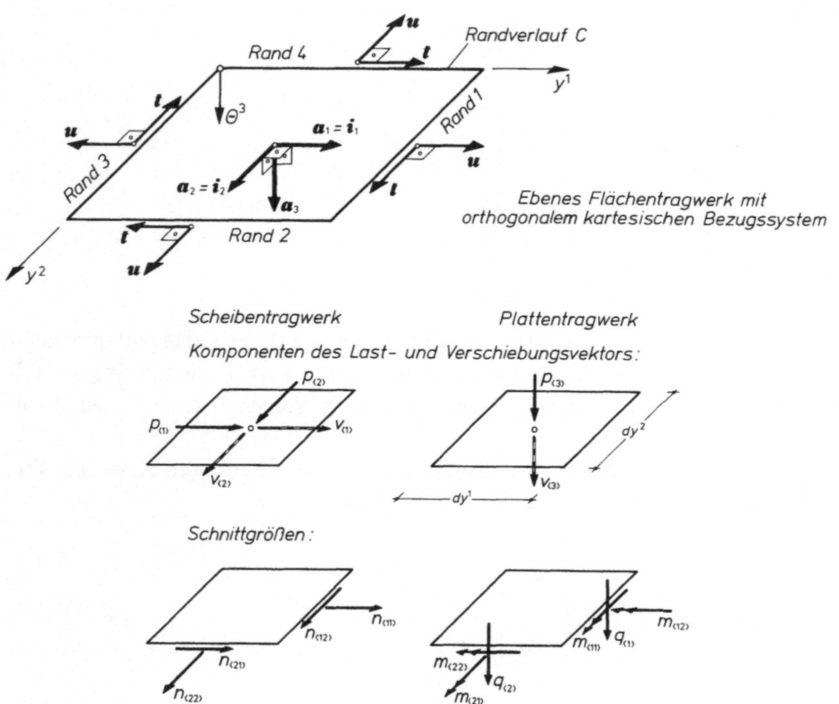

Bild 7.6 Bezeichnungen, äußere Variablen und Schnittgrößen der Theorie ebener Flächentragwerke in orthogonalen kartesischen Koordinaten

7.2.6 Der duale Bereich ebener Flächentragwerke

Im Gegensatz zu seiner abstrakten Einführung [123, 124] bei gekrümmten Flächentragwerken im Abschnitt 7.2.3 kann der duale Variablenraum für ebene Mittelflächen auf besonders anschauliche Weise begründet werden. Dieses Vorgehen wird duale Variablen und Operatoren vom Standpunkt der Mechanik aus intensiver beleuchten und so unser Verständnis abrunden.

Wir beginnen erneut mit der Definition des *dualen Dehnungskrafttensors* $\overset{*}{n}_{(\rho\sigma)}$ durch

$$\overset{*}{n}_{(\rho\sigma)} = \epsilon_{\rho\alpha}\epsilon_{\sigma\beta}n^{(\alpha\beta)}. \tag{7.2.61}$$

Die hierzu inverse Beziehung entsteht durch Überschieben mit $\epsilon^{\rho\lambda}\,\epsilon^{\sigma\mu}$ unter gleichzeitiger Verwendung von (1.3.13):

$$\begin{aligned} \epsilon^{\rho\lambda}\epsilon^{\sigma\mu}\overset{*}{n}_{(\rho\sigma)} &= \epsilon^{\rho\lambda}\epsilon_{\rho\alpha}\epsilon^{\sigma\mu}\epsilon_{\sigma\beta}n^{(\alpha\beta)} = n^{(\lambda\mu)}, \\ n^{(\alpha\beta)} &= \epsilon^{\rho\alpha}\epsilon^{\sigma\beta}\overset{*}{n}_{(\rho\sigma)} = \epsilon^{\alpha\rho}\epsilon^{\beta\sigma}\overset{*}{n}_{(\rho\sigma)}. \end{aligned} \tag{7.2.62}$$

Selbstverständlich ist der duale Dehnungskrafttensor $\overset{*}{n}_{(\rho\sigma)}$ wieder symmetrisch, wie durch

$$\begin{aligned} \overset{*}{n}_{(\rho\sigma)} &= \epsilon_{\rho\alpha}\epsilon_{\sigma\beta}n^{(\alpha\beta)} = \epsilon_{\rho\alpha}\epsilon_{\sigma\beta}n^{(\beta\alpha)} \\ &= \epsilon_{\rho\beta}\epsilon_{\sigma\alpha}n^{(\alpha\beta)} = \epsilon_{\sigma\alpha}\epsilon_{\rho\beta}n^{(\alpha\beta)} = \overset{*}{n}_{(\sigma\rho)} \end{aligned} \tag{7.2.63}$$

deutlich wird. Da er nicht durch konventionelles Herunterziehen seiner beiden Indizes mit Hilfe des Maßtensors aus $n^{(\alpha\beta)}$ zu gewinnen ist, erfolgt seine Kennzeichnung – wie im Abschnitt 7.2.3 – durch einen Stern.

Den *dualen ersten Verzerrungstensor* $\alpha^{*(\epsilon\delta)}$ (7.2.14) definieren wir in einer zu (7.2.61, 62) komplementären Weise:

$$\alpha^{*(\epsilon\delta)} = \epsilon^{\epsilon\lambda}\epsilon^{\delta\mu}\alpha_{(\lambda\mu)}, \qquad \alpha_{(\lambda\mu)} = \epsilon_{\lambda\epsilon}\epsilon_{\mu\delta}\alpha^{*(\epsilon\delta)}. \tag{7.2.64}$$

Selbstverständlich bewahrt auch er die Symmetrieeigenschaft seiner primalen Ursprungsgröße.

Als nächstes interessieren wir uns für die zwischen den beiden dualen inneren Variablen $n^*_{(\rho\sigma)}$ und $\alpha^{*(\epsilon\delta)}$ existierende konstitutive Beziehung. Für homogen-isotropes Werkstoffverhalten wird das Elastizitätsgesetz (4.1.39) durch Überschieben mit $\epsilon_{\rho\alpha}\epsilon_{\sigma\beta}$ sowie Substitution von (7.2.61, 64) in die gesuchte duale Beziehung transformiert:

$$\epsilon_{\rho\alpha}\epsilon_{\sigma\beta}n^{(\alpha\beta)} = DH^{\alpha\beta\lambda\mu}\epsilon_{\rho\alpha}\epsilon_{\sigma\beta}\epsilon_{\lambda\epsilon}\epsilon_{\mu\delta}\alpha^{*(\epsilon\delta)} = DH^*_{\rho\sigma\epsilon\delta}\alpha^{*(\epsilon\delta)} = n^*_{(\rho\sigma)}. \tag{7.2.65}$$

$H^{\alpha\beta\lambda\mu}$ bezeichnet hierin wieder den bekannten Elastizitätstensor (4.1.41), D die Dehnsteifigkeit (7.2.35). Die Umformung des entstandenen dualen Elastizitätstensors $H^*_{\rho\sigma\epsilon\delta}$ unter Verwendung von (1.3.10) und (4.1.41) zeigt:

$$\begin{aligned} H^*_{\rho\sigma\epsilon\delta} &= H^{\alpha\beta\lambda\mu}\epsilon_{\rho\alpha}\epsilon_{\sigma\beta}\epsilon_{\lambda\epsilon}\epsilon_{\mu\delta} \\ &= \frac{1-\nu}{2}\left(a^{\alpha\lambda}a^{\beta\mu} + a^{\alpha\mu}a^{\beta\lambda} + \frac{2\nu}{1-\nu}a^{\alpha\beta}a^{\lambda\mu}\right)\epsilon_{\alpha\rho}\epsilon_{\sigma\beta}\epsilon_{\lambda\epsilon}\epsilon_{\mu\delta} \\ &= \frac{1-\nu}{2}\left(a_{\rho\epsilon}a_{\sigma\delta} + a_{\rho\delta}a_{\sigma\epsilon} + \frac{2\nu}{1-\nu}a_{\rho\sigma}a_{\epsilon\delta}\right) \\ &= H_{\rho\sigma\epsilon\delta}\,, \end{aligned} \tag{7.2.66}$$

daß er die kovarianten Komponenten von $H^{\rho\sigma\epsilon\delta}$ abkürzt. Damit kann das Elastizitätsgesetz (7.2.65) in der Form

$$n^*_{(\rho\sigma)} = DH_{\rho\sigma\epsilon\delta}\alpha^{*(\epsilon\delta)} \tag{7.2.67}$$

dargestellt werden, woraus unter Berücksichtigung von (3.4.46) folgt:

$$\alpha^{*(\epsilon\delta)} = \frac{1}{D}G^{\epsilon\delta\rho\sigma}n^*_{(\rho\sigma)}. \tag{7.2.68}$$

Der *duale Momententensor* $m^*_{(\rho\sigma)}$ und der *duale zweite Verzerrungstensor* $\omega^{*(\epsilon\delta)}$ können analog zu (7.2.61) bis (7.2.64) definiert werden:

$$\begin{aligned} m^*_{(\rho\sigma)} &= \epsilon_{\rho\alpha}\epsilon_{\sigma\beta}m^{(\alpha\beta)}, & \omega^{*(\epsilon\delta)} &= \epsilon^{\epsilon\lambda}\epsilon^{\delta\mu}\omega_{(\lambda\mu)}, \\ m^{(\alpha\beta)} &= \epsilon^{\alpha\rho}\epsilon^{\beta\sigma}m^*_{(\rho\sigma)}, & \omega_{(\lambda\mu)} &= \epsilon_{\lambda\epsilon}\epsilon_{\mu\delta}\omega^{*(\epsilon\delta)}. \end{aligned} \tag{7.2.69}$$

Beide Variablen sind für homogen-isotropes Werkstoffverhalten offensichtlich durch das duale Elastizitätsgesetz

$$m^*_{(\rho\sigma)} = BH_{\rho\sigma\epsilon\delta}\omega^{*(\epsilon\delta)}, \qquad \omega^{*(\epsilon\delta)} = \frac{1}{B}G^{\epsilon\delta\rho\sigma}m^*_{(\rho\sigma)} \tag{7.2.70}$$

verknüpft, in welchem die Biegesteifigkeit B durch (7.2.35) erklärt wird.

Nach diesen einführenden Festlegungen betrachten wir nun ein von Flächenlasten freies *Scheibentragwerk* ($p^\beta = 0$), dessen duale Dehnungskräfte aus einer skalaren Schnittgrößenfunktion ϕ_3 durch zweifach kovariante Differentiationen entstehen sollen:

$$\overset{*}{n}_{(\rho\sigma)} = -\phi_3|_{\rho\sigma} = -\phi_3|_{\sigma\rho}. \tag{7.2.71}$$

Nach Einsetzen von (7.2.71) und (7.2.62) in die homogene Gleichgewichtsbedingung (7.2.32) entsteht mit dem *Ricci-Lemma* (1.4.25) zunächst:

$$\begin{aligned} p^\beta \equiv 0 = n^{(\alpha\beta)}|_\alpha &= (\epsilon^{\alpha\rho}\epsilon^{\beta\sigma}\overset{*}{n}_{(\rho\sigma)})|_\alpha = \epsilon^{\alpha\rho}\epsilon^{\beta\sigma}\overset{*}{n}_{(\rho\sigma)}|_\alpha \\ &= -\epsilon^{\alpha\rho}\epsilon^{\beta\sigma}\phi_3|_{\rho\sigma\alpha}. \end{aligned} \tag{7.2.72}$$

Da für ebene Flächen die Reihenfolge der kovarianten Differentiation vertauschbar ist:

$$\phi_3|_{\rho\sigma\alpha} = \phi_3|_{\alpha\sigma\rho}, \tag{7.2.73}$$

demnach für den antimetrischen Tensor $\epsilon^{\alpha\rho}$

$$\epsilon^{\alpha\rho}\phi_3|_{\rho\sigma\alpha} = 0 \tag{7.2.74}$$

gilt, werden die homogenen Gleichgewichtsbedingungen (7.2.32) durch den Ansatz (7.2.71) identisch erfüllt.

Als nächstes untersuchen wir, ob für das homogene *Plattenproblem* etwas ähnliches gilt. Hierzu verknüpfen wir die vektorwertige Schnittgrößenfunktion ϕ_ρ durch

$$\overset{*}{m}_{(\rho\sigma)} = \frac{1}{2}(\phi_\rho|_\sigma + \phi_\sigma|_\rho) \tag{7.2.75}$$

mit dem dualen Momententensor, wobei die symmetrisierte Form durch die Symmetrieeigenschaft von $\overset{*}{m}_{(\rho\sigma)}$ erforderlich wird. Führt man nun (7.2.75) gemeinsam mit (7.2.69) in die homogene Gleichgewichtsbedingung (7.2.32) ein, so entsteht die Beziehung:

$$p^3 = 0 = m^{(\alpha\beta)}|_{\alpha\beta} = \epsilon^{\alpha\rho}\epsilon^{\beta\sigma}\overset{*}{m}_{(\rho\sigma)}|_{\alpha\beta} = \frac{1}{2}\epsilon^{\alpha\rho}\epsilon^{\beta\sigma}(\phi_\rho|_{\sigma\alpha\beta} + \phi_\sigma|_{\rho\alpha\beta}),$$

welche für ebene Mittelflächen erneut identisch erfüllt wird:

$$\epsilon^{\alpha\rho}\phi_\sigma|_{\rho\alpha\beta} = 0, \quad \epsilon^{\beta\sigma}\phi_\rho|_{\sigma\alpha\beta} = 0. \tag{7.2.76}$$

Fassen wir zusammen: Die an den Herleitungen der beiden letzten Absätze beteiligten Beziehungen lassen sich als dreigliedrige Gleichungsketten darstellen, zunächst für das *Scheibenproblem*:

$$\begin{aligned} &0 \equiv n^{(\alpha\beta)}|_\alpha \\ &\quad n^{(\alpha\beta)} = \epsilon^{\alpha\rho}\epsilon^{\beta\sigma}\overset{*}{n}_{(\rho\sigma)} \\ &\qquad \boxed{\overset{*}{n}_{(\rho\sigma)} = -\phi_3|_{\rho\sigma}}\ ; \end{aligned} \tag{7.2.77}$$

sodann für das *Plattenproblem*:

$$\begin{aligned} &0 \equiv m^{(\alpha\beta)}|_{\alpha\beta} \\ &\quad m^{(\alpha\beta)} = \epsilon^{\alpha\rho}\epsilon^{\beta\sigma}\overset{*}{m}_{(\rho\sigma)} \\ &\qquad \boxed{\overset{*}{m}_{(\rho\sigma)} = \frac{1}{2}(\phi_\rho|_\sigma + \phi_\sigma|_\rho)}\ . \end{aligned} \tag{7.2.78}$$

Hierin sind die jeweils unteren Gleichungen in die mittleren einzusetzen, beide gemeinsam sodann in die oberen. Die umrahmten Beziehungen definieren dabei diejenigen Schnittgrößenfunktionen, deren duale Schnittgrößentensoren die beiden homogenen Gleichgewichtsbedingungen gerade identisch erfüllen.

Überschaut man nun weiter die bisher behandelte Gesamtheit der Gleichungen ebener Flächentragwerke, so entdeckt man, daß zu (7.2.77, 78) völlig duale Beziehungen für die Verzerrungstensoren existieren müssen. Dabei gehorcht der erste Verzerrungstensor der Gleichungskette (7.2.78):

$$\boxed{0 \equiv \alpha^{*(\alpha\beta)}|_{\alpha\beta}}$$

$$\alpha^{*(\alpha\beta)} = \epsilon^{\alpha\rho}\epsilon^{\beta\sigma}\alpha_{(\rho\sigma)}$$

$$\alpha_{(\rho\sigma)} = \frac{1}{2}(v_\rho|_\sigma + v_\sigma|_\rho); \qquad (7.2.79)$$

der zweite dagegen der Kette (7.2.77):

$$\boxed{0 \equiv \omega^{*(\alpha\beta)}|_{\alpha}}$$

$$\omega^{*(\alpha\beta)} = \epsilon^{\alpha\rho}\epsilon^{\beta\sigma}\omega_{(\rho\sigma)}$$

$$\omega_{(\rho\sigma)} = -v_3|_{\rho\sigma}. \qquad (7.2.80)$$

Trotz formaler Identität unterscheidet sich die Interpretation dieser Gleichungsketten grundsätzlich von derjenigen der ursprünglichen. Die beiden Verzerrungstensoren $\alpha_{(\rho\sigma)}$ und $\omega_{(\rho\sigma)}$ in (7.2.79, 80) sind nämlich bereits durch ihre jeweiligen kinematischen Beziehungen (7.2.33) mit den Verschiebungskomponenten v_i verknüpft. Daher bilden hier die umrahmten Beziehungen zusätzliche Bedingungen, die von den dualen Verzerrungstensoren – analog zu (7.2.77, 78) – erfüllt werden müssen: Sie stellen *Verträglichkeits-* oder *Kompatibilitätsbedingungen* für die dualen Verzerrungstensoren dar, die für schubweiche und beliebig gekrümmte Flächentragwerke in (7.2.25) angegeben wurden.

Übrigens lassen sich auch für belastete Flächentragwerke Schnittgrößenfunktionen ϕ_ρ, ϕ_3 finden, welche die nunmehr inhomogenen Gleichgewichtsbedingungen identisch erfüllen [57, 122]. Verträglichkeitsbedingungen für inhomogene linke Seiten – sogenannte *Inkompatibilitäten* (7.2.26) – werden dagegen in der klassischen Kontinuumsmechanik nicht benutzt. Der Grund hierfür wird aus der von uns verwendeten Herleitung nicht erkennbar. Dazu bedarf es eingehender physikalischer [62, 95] oder mathematischer [35] Begründungen der Verträglichkeitsbedingungen, welche für dreidimensionale Kontinua vorliegen [50, 54, 61, 112], unsere Zielsetzung jedoch sprengen würden.

7.2.7 Zur Interpretation der dualen Variablen

An dieser Stelle müssen wir zunächst die Frage nach der mechanischen Bedeutung der dualen inneren Variablen, die sich dem Leser aufdrängt, beantworten. Zur Vorbereitung ergänzen wir die Spaltenvektoren σ, ϵ (7.2.45) durch die entsprechenden dualen Größen:

$$\sigma_S^* = \begin{bmatrix} n^*_{(11)} \\ n^*_{(12)} \\ n^*_{(21)} \\ n^*_{(22)} \end{bmatrix}, \quad \epsilon_S^* = \begin{bmatrix} \alpha^{*(11)} \\ \alpha^{*(12)} \\ \alpha^{*(21)} \\ \alpha^{*(22)} \end{bmatrix}, \quad \sigma_P^* = \begin{bmatrix} m^*_{(11)} \\ m^*_{(12)} \\ m^*_{(21)} \\ m^*_{(22)} \end{bmatrix}, \quad \epsilon_P^* = \begin{bmatrix} \omega^{*(11)} \\ \omega^{*(12)} \\ \omega^{*(21)} \\ \omega^{*(22)} \end{bmatrix} \tag{7.2.81}$$

Damit lassen sich die Transformationen (7.2.61, 62), (7.2.64) sowie (7.2.69) zwischen den primalen und dualen inneren Variablen

$$\sigma = \mathbf{T}\sigma^*, \quad \sigma^* = \mathbf{T}^{-1}\sigma, \quad \epsilon^* = \mathbf{T}\epsilon, \quad \epsilon = \mathbf{T}^{-1}\epsilon^* \tag{7.2.82}$$

erneut gemäß Tafel 7.4 durch zwei Transformationsmatrizen $\mathbf{T}$ und $\mathbf{T}^{-1}$ darstellen; diese lauten:

$$\mathbf{T} = \frac{1}{a}\begin{bmatrix} 0 & 0 & 0 & 1 \\ 0 & 0 & -1 & 0 \\ 0 & -1 & 0 & 0 \\ 1 & 0 & 0 & 0 \end{bmatrix} = \frac{1}{a}\mathbf{T}^*, \quad \mathbf{T}^{-1} = a\begin{bmatrix} 0 & 0 & 0 & 1 \\ 0 & 0 & -1 & 0 \\ 0 & -1 & 0 & 0 \\ 1 & 0 & 0 & 0 \end{bmatrix} = a\mathbf{T}^*. \tag{7.2.83}$$

Hierin beschreibt a die Determinante des kovarianten Maßtensors (1.2.12). Die Kerntransformation $\mathbf{T}^*$ besitzt die Eigenschaften:

$$\mathbf{T}^* = \mathbf{T}^{*T} = \mathbf{T}^{*-1}. \tag{7.2.84}$$

Besonders anschaulich läßt sich die gestellte Frage wieder in orthogonalen kartesischen Koordinaten beantworten. Für diese wird das Ergebnis der Transformationen (7.2.82), im unteren Teil von Bild 7.7 für die Schnittgrößen dargestellt, den Leser sicherlich überraschen. Da infolge a = 1 die Matrizen (7.2.83) pro Zeile außer Nullen nur einen Einheitswert aufweisen, sind duale und primale sich entsprechende Größen betragsweise identisch. Durch $\mathbf{T}$ werden lediglich Umbenennungen bewirkt, für Größen mit gemischten Indizes zusätzlich Umkehrungen der positiven Wirkungsrichtungen. In allgemeinen krummlinigen Koordinaten erfolgen darüber hinaus Maßstabsverzerrungen um die Faktoren a bzw. a^{-1}.

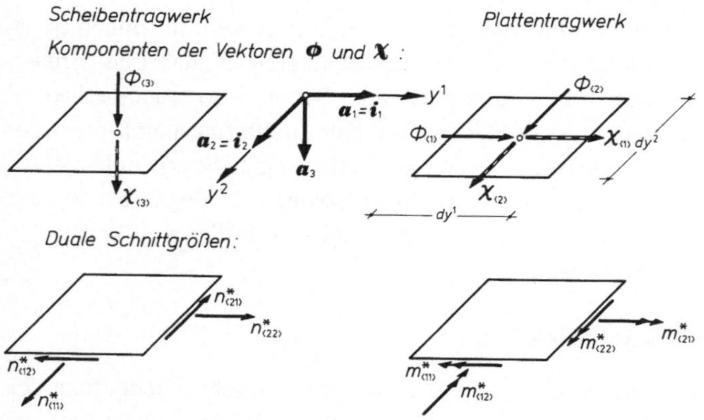

Bild 7.7 Duale Variablen der Theorie ebener Flächentragwerke in orthogonalen kartesischen Koordinaten

Ohne das Konzept dualer Variablenräume [123] lassen sich die Umbenennungen und Richtungsumkehrungen von Schnitt- und Verzerrungsgrößen, welche die Voraussetzung für die Analogie zwischen (7.2.77, 78) und (7.2.79, 80) bilden, weder erklären noch systematisch herleiten. Dies zeigt aus heutiger Sicht die Arbeit [111] besonders deutlich, in der im übrigen diese Analogie erstmals vollständig beschrieben wurde.

Als Beispiel soll nun noch die erste Gleichungskette (7.2.77) in Matrixform ausgeschrieben werden. Durch Vergleich ihrer tensoriellen Formulierung mit den entsprechenden Operatoren aus Tafel 7.6 lautet sie:

$$\mathbf{0} = \mathbf{D}_S^T \mathbf{T}(-\mathbf{D}_P)\phi_3 = -\frac{1}{a}\mathbf{D}_S^T \mathbf{T}^* \mathbf{D}_P \phi_3 .^* \qquad (7.2.85)$$

Zur Bildung des Gesamtoperator ($\mathbf{D}_S^T \mathbf{T}^* \mathbf{D}_P$) dient das bekannte Multiplikationsschema, in welchem – von oben beginnend – eine Matrix der linken Spalte mit der nächst höheren der rechten Spalte multipliziert die auf gleicher Höhe stehende rechte Matrix ergibt:

$$\begin{array}{cc}
 & \mathbf{D}_P = \begin{bmatrix} d_{11} \\ d_{12} \\ d_{21} \\ d_{22} \end{bmatrix} \\[2ex]
\mathbf{T}^* = \begin{bmatrix} 0 & 0 & 0 & 1 \\ 0 & 0 & -1 & 0 \\ 0 & -1 & 0 & 0 \\ 1 & 0 & 0 & 0 \end{bmatrix} & \mathbf{T}^*\mathbf{D}_P = \begin{bmatrix} d_{22} \\ -d_{21} \\ -d_{12} \\ d_{11} \end{bmatrix} \\[2ex]
\mathbf{D}_S^T = \begin{bmatrix} d_1 & \frac{1}{2}d_2 & \frac{1}{2}d_2 & 0 \\ 0 & \frac{1}{2}d_1 & \frac{1}{2}d_1 & d_2 \end{bmatrix} & \mathbf{D}_S^T\mathbf{T}^*\mathbf{D}_P = \begin{bmatrix} d_{122} & -\frac{1}{2}d_{221} & -\frac{1}{2}d_{221} \\ -\frac{1}{2}d_{112} & -\frac{1}{2}d_{112} & d_{112} \end{bmatrix}
\end{array} \qquad (7.2.86)$$

Das Ergebnis ist der zweizeilige Operator unten rechts, der – auf ϕ_3 angewendet – die Operatorform der Identität (7.2.72) liefert. Den Gesamtoperator $\mathbf{D}_P^T \mathbf{T}^* \mathbf{D}_S = (\mathbf{D}_S^T \mathbf{T}^* \mathbf{D}_P)^T$ der zweiten Gleichungskette (7.2.78) empfehlen wir dem Leser zur Herleitung.

7.2.8 Die vollständige Analogie des Scheiben- und Plattenproblems

Erwartungsgemäß eröffnen die Gleichungsketten (7.2.77) bis (7.2.80) eine formelmäßig analoge Beschreibung des Scheiben- und Plattenproblems, die nun behandelt werden soll. Dabei entspricht der primale Bereich des einen Problems dem dualen des anderen. Offen-

* Der Leser beachte das Ricci-Lemma (1.4.25) in:

$$d_\alpha \frac{1}{a} = d_\alpha \epsilon^{12} \epsilon^{12} = \epsilon^{12} \epsilon^{12} d_\alpha = \frac{1}{a} d_\alpha .$$

sichtlich sind zufolge der Gleichungsketten (7.2.77) und (7.2.80) $n^{\alpha\beta}$, $\overset{*}{n}_{\rho\sigma}$ und ϕ_3 bzw. $\omega^{*\alpha\beta}$, $\omega_{\rho\sigma}$ und v_3 in diesem Sinne analoge Variablen. Laut (7.2.78) und (7.2.79) korrespondieren andererseits $m^{\alpha\beta}$, $\overset{*}{m}_{\rho\sigma}$ und ϕ_ρ mit $\alpha^{*\alpha\beta}$, $\alpha_{\rho\sigma}$ und v_ρ. Erinnert man sich weiterhin, daß die beiden linken Seiten in (7.2.77, 78) den zu Null vorausgesetzten Lastkomponenten p^β, p^3 entsprechen, so erscheint es folgerichtig, die entsprechenden Nullen in (7.2.79, 80) ebenfalls als verschwindende Vektorkomponenten zu interpretieren.

Dieser bereits im Abschnitt 7.2.3 eingeführte und im Abschnitt 7.2.6 erneut erwähnte Vektor χ der *Inkompatibilitäten*

$$\chi = \chi^\beta \mathbf{a}_\beta + \chi^3 \mathbf{a}_3 \qquad (7.2.87)$$

findet sein duales Gegenstück im *Vektor ϕ der Schnittgrößenfunktionen*, als dessen Komponenten die Schnittgrößenfunktionen von *Schaefer* (ϕ_β) und *Airy* (ϕ_3) aufgefaßt werden:

$$\phi = \phi_\beta \mathbf{a}^\beta + \phi_3 \mathbf{a}^3. \qquad (7.2.88)$$

Den kovarianten Charakter von ϕ_β findet der Leser durch (7.2.75), das invariante Verhalten von ϕ_3 durch (7.2.71) sichergestellt. Für ein kartesisches Bezugssystem wurden die Komponenten beider Vektoren ϕ und χ als duale äußere Variablen bereits in das Bild 7.7 aufgenommen.

Zusammenfassend läßt sich demnach folgende Tafel korrespondierender Größen aufstellen, in der die Variablen der beiden linken (7.2.77, 80) und beiden rechten (7.2.79, 78) Spalten durch identische Operatoren verknüpft sind.

Scheibentragwerk		Plattentragwerk	
p^β	v_β	χ^β	ϕ_β
↑ $n^{(\alpha\beta)}$	$\alpha_{(\alpha\beta)}$ ↓	↑ $\omega^{*(\alpha\beta)}$	$\overset{*}{m}_{(\alpha\beta)}$ ↓
$\overset{*}{n}_{(\rho\sigma)}$	$\alpha^{*(\rho\sigma)}$	$\omega_{(\rho\sigma)}$	$m^{(\rho\sigma)}$
ϕ_3	χ^3	v_3	p^3

(7.2.89)

Darin geben die Pfeile die Verknüpfungsrichtungen an.

Diese als *vollständige Analogie* des Scheiben- und Plattenproblems bezeichnete Variablen- bzw. Operatorenzuordnung soll nun in die uns geläufige Tafelform übersetzt und zugleich vertieft werden. Die Zeilen 1 bis 5 der beiden Tafeln 7.8 und 7.9 enthalten die bekannten Beziehungen des primalen Bereichs für Scheiben- und Plattentragwerke, übernommen aus Abschnitt 7.2.4. In den Zeilen 6 wurden sodann die jeweiligen Transformationen (7.2.61, 62), (7.2.64) sowie (7.2.69) zwischen dem primalen und dualen Bereich aufgeführt, in den Zeilen 5* die dualen Werkstoffgesetze entsprechend (7.2.67, 68) sowie (7.2.70). Schließlich finden wir in den Zeilen 4* unter den Kraftgrößen (links) die Definition (7.2.71, 75) dualer Schnittgrößen aus den Schnittgrößenfunktionen, auf der Seite der korrespondierenden Weggrößen (rechts) die Verträglichkeitsbedingungen (7.2.79, 80). Die Zeilen 2* und 3* enthalten die jeweiligen dualen äußeren und inneren Variablen.

Unbehandelt bleiben sollen hier die dualen Randvariablen in den Zeilen 1* der beiden Tafeln, die sich ebenfalls leicht aus der Zuordnung (7.2.89) herleiten lassen. Ihre Schwäche, die sich auf den gesamten dualen Bereich überträgt, liegt in der unanschaulichen, oft unmöglichen Interpretierbarkeit praktisch wichtiger Randbedingungen (siehe Tafel 7.5) in die durch formale Übertragung aus dem primalen Bereich entstandenen dualen Randvariablen. Daher

1. Primale Randvariablen :	
$\boldsymbol{n} = n_t \boldsymbol{t} + n_u \boldsymbol{u}$ $= n^{(\alpha\beta)} u_\alpha t_\beta \boldsymbol{t} + n^{(\alpha\beta)} u_\alpha u_\beta \boldsymbol{u}$	$\boldsymbol{v} = v_t \boldsymbol{t} + v_u \boldsymbol{u}$ $= v_\alpha t^\alpha \boldsymbol{t} + v_\alpha u^\alpha \boldsymbol{u}$
2. Primale äußere Variablen :	
$\boldsymbol{p} = p^\alpha \boldsymbol{a}_\alpha \equiv 0$ *(Flächenlasten)*	$\boldsymbol{v} = v_\alpha \boldsymbol{a}^\alpha$ *(Verschiebungen)*
3. Primale innere Variablen :	
$n^{\alpha\beta} = n^{(\alpha\beta)}$ *(Dehnungskrafttensor)*	$\alpha_{\alpha\beta} = \alpha_{(\alpha\beta)}$ *(1. Verzerrungstensor)*
4. Primale Feldgleichungen :	
$-p^\beta = n^{(\alpha\beta)}\|_\alpha = 0$	$\alpha_{(\alpha\beta)} = \frac{1}{2}(v_\alpha\|_\beta + v_\beta\|_\alpha)$
5. Primale konstitutive Beziehungen isotroper Tragwerke :	
$n^{(\alpha\beta)} = DH^{\alpha\beta\lambda\mu} \alpha_{(\lambda\mu)}$; $\alpha_{(\lambda\mu)} = \frac{1}{D} G_{\lambda\mu\alpha\beta} n^{(\alpha\beta)}$	
6. Transformationen zwischen primalen und dualen inneren Variablen :	
$n^{(\alpha\beta)} = \varepsilon^{\alpha\varrho} \varepsilon^{\beta\sigma} n^*_{(\varrho\sigma)}$; $n^*_{(\varrho\sigma)} = \varepsilon_{\varrho\alpha} \varepsilon_{\sigma\beta} n^{(\alpha\beta)}$	$\alpha_{(\lambda\mu)} = \varepsilon_{\lambda\varepsilon} \varepsilon_{\mu\delta} \alpha^{*(\varepsilon\delta)}$; $\alpha^{*(\varepsilon\delta)} = \varepsilon^{\varepsilon\lambda} \varepsilon^{\delta\mu} \alpha_{(\lambda\mu)}$
5. Duale konstitutive Beziehungen isotroper Tragwerke :*	
$n^*_{(\varrho\sigma)} = DH_{\varrho\sigma\varepsilon\delta} \alpha^{*(\varepsilon\delta)}$; $\alpha^{*(\varepsilon\delta)} = \frac{1}{D} G^{\varepsilon\delta\varrho\sigma} n^*_{(\varrho\sigma)}$	
4. Duale Feldgleichungen :*	
$n^*_{(\varrho\sigma)} = -\Phi_3\|_{\varrho\sigma}$	$-\chi^3 = \alpha^{*(\varepsilon\delta)}\|_{\varepsilon\delta} = 0$
3. Duale innere Variablen :*	
$n^*_{\varrho\sigma} = n^*_{(\varrho\sigma)}$ *(dualer Dehnungskrafttensor)*	$\alpha^{*\varepsilon\delta} = \alpha^{*(\varepsilon\delta)}$ *(dualer 1. Verzerrungstensor)*
2. Duale äußere Variablen :*	
$\boldsymbol{\phi} = \Phi_3 \boldsymbol{a}^3$; *(Schnittgrößenfunktion : Airy)*	$\boldsymbol{\chi} = \chi^3 \boldsymbol{a}_3 \equiv 0$ *(Inkompatibilität)*
1. Duale Randvariablen :*	
$\boldsymbol{\phi} = \Phi_3 \boldsymbol{a}^3$; $\boldsymbol{\psi}_t = \psi_t \boldsymbol{t} = -\Phi_{3,n} \boldsymbol{t}$	$\tilde{\boldsymbol{\alpha}}^* = \tilde{\alpha}^*_3 \boldsymbol{a}_3 = [(\alpha^{*(\varepsilon\delta)}\|_\delta + \alpha^{*(\varepsilon\varrho)}\|_\delta t^\delta t_\varrho) u_\varepsilon$ $+ \alpha^{*(\varepsilon\delta)} (u_\varepsilon t_\delta)\|_\varrho t^\varrho] \boldsymbol{a}^3$; $\boldsymbol{\alpha}^*_t = \alpha^*_t \boldsymbol{t} = \alpha^{*(\varepsilon\delta)} u_\varepsilon u_\delta \boldsymbol{t}$

Tafel 7.8 Primale und duale Variablen sowie Bestimmungsgleichungen der Scheibentheorie für verschwindende Flächenlasten und Inkompatibilität

sind die dualen Randbedingungen zumeist komplizierter als die ursprünglichen. Sie werden in den Schnittgrößenfunktionen sowie den dualen Verzerrungen formuliert, was zu Randvariablen mit mehrfachen Ableitungen oder zu solchen mit Integraloperationen führen kann. Die Analogie von Scheiben- und Plattenproblem gewährt uns daher zwar wertvolle Einblicke in Struktur und Verhalten der Fundamentaloperatoren, zu identischen Randwertalgorithmen für beide Tragwerkstypen führt sie dagegen im allgemeinen nicht.

Besonders deutlich wird die vollständige Analogie zwischen Scheiben- und Plattenproblemen wieder in der Form eines Strukturschemas, das wir für Scheibentragwerke auf Bild 7.8, für Plattentragwerke auf Bild 7.9 und für beliebig beanspruchte ebene Flächentragwerke auf Bild 7.10 dargestellt haben. Dabei fanden die im Abschnitt 7.2.4 und auf den Tafeln 7.6 sowie 7.7 definierten Variablen Verwendung. Der Elastizitätsoperator $\mathbf{E}_{11}$ wurde Tafel 4.5 entnommen; $\mathbf{E}_{11}^{-1}$ kann hieraus durch Inversion oder aus dem Tensor (4.1.43) gewonnen werden.

1. *Primale Randvariablen:*	
$\tilde{\boldsymbol{n}} = \tilde{n}_3 \boldsymbol{a}_3 = [(m^{(\alpha\lambda)}\|_\lambda + m^{(\alpha\beta)}\|_\lambda \, t^\lambda t_\beta) u_\alpha + m^{(\alpha\beta)} (u_\alpha t_\beta)\|_\lambda \, t^\lambda] \boldsymbol{a}_3$; $\boldsymbol{m}_t = m_t \boldsymbol{t} = m^{(\alpha\beta)} u_\alpha u_\beta \boldsymbol{t}$	$\boldsymbol{v} = v_3 \boldsymbol{a}_3$; $\boldsymbol{\omega}_t = \omega_t \boldsymbol{t} = -v_{3,n} \boldsymbol{t}$
2. *Primale äußere Variablen:*	
$\boldsymbol{p} = p^3 \boldsymbol{a}_3 \equiv 0$ (Flächenlast)	$\boldsymbol{v} = v_3 \boldsymbol{a}^3$ (Verschiebung)
3. *Primale innere Variablen:*	
$m^{\alpha\beta} = m^{(\alpha\beta)}$ (Momententensor)	$\omega_{\alpha\beta} = \omega_{(\alpha\beta)}$ (2. Verzerrungstensor)
4. *Primale Feldgleichungen:*	
$-p^3 = m^{(\alpha\beta)}\|_{\alpha\beta} = 0$	$\omega_{(\alpha\beta)} = -v_3\|_{\alpha\beta}$
5. *Primale konstitutive Beziehungen isotroper Tragwerke:*	
$m^{(\alpha\beta)} = BH^{\alpha\beta\lambda\mu} \omega_{(\lambda\mu)}$; $\omega_{(\lambda\mu)} = \frac{1}{B} G_{\lambda\mu\alpha\beta} m^{(\alpha\beta)}$	
6. *Transformationen zwischen primalen und dualen inneren Variablen:*	
$m^{(\alpha\beta)} = \varepsilon^{\alpha\varrho} \varepsilon^{\beta\sigma} m^*_{(\varrho\sigma)}$; $m^*_{(\varrho\sigma)} = \varepsilon_{\varrho\alpha} \varepsilon_{\sigma\beta} m^{(\alpha\beta)}$	$\omega_{(\lambda\mu)} = \varepsilon_{\lambda\varepsilon} \varepsilon_{\mu\delta} \omega^{*(\varepsilon\delta)}$ $\omega^{*(\varepsilon\delta)} = \varepsilon^{\varepsilon\lambda} \varepsilon^{\delta\mu} \omega_{(\lambda\mu)}$
5.* *Duale konstitutive Beziehungen isotroper Tragwerke:*	
$m^*_{(\varrho\sigma)} = BH_{\varrho\sigma\varepsilon\delta} \, \omega^{*(\varepsilon\delta)}$; $\omega^{*(\varepsilon\delta)} = \frac{1}{B} G^{\varepsilon\delta\varrho\sigma} m^*_{(\varrho\sigma)}$	
4.* *Duale Feldgleichungen:*	
$m^*_{(\varrho\sigma)} = \frac{1}{2} (\Phi_\varrho\|_\sigma + \Phi_\sigma\|_\varrho)$	$-\chi^\delta = \omega^{*(\varepsilon\delta)}\|_\varepsilon = 0$
3.* *Duale innere Variablen:*	
$m^*_{\varrho\sigma} = m^*_{(\varrho\sigma)}$ (dualer Momententensor)	$\omega^{*\varepsilon\delta} = \omega^{*(\varepsilon\delta)}$ (dualer 2. Verzerrungstensor)
2.* *Duale äußere Variablen:*	
$\boldsymbol{\Phi} = \Phi_\varrho \boldsymbol{a}^\varrho$ (Schnittgrößenfunktionen: Schaefer)	$\boldsymbol{\chi} = \chi^\delta \boldsymbol{a}_\delta = 0$ (Inkompatibilitäten)
1.* *Duale Randvariablen:*	
$\boldsymbol{\Phi} = \Phi_t \boldsymbol{t} + \Phi_u \boldsymbol{u}$ $= \Phi_\alpha t^\alpha \boldsymbol{t} + \Phi_\alpha u^\alpha \boldsymbol{u}$	$\boldsymbol{\omega}^* = \omega^*_t \boldsymbol{t} + \omega^*_u \boldsymbol{u}$ $= \omega^{*(\varepsilon\delta)} u_\varepsilon t_\delta \boldsymbol{t} + \omega^{*(\varepsilon\delta)} u_\varepsilon u_\delta \boldsymbol{u}$

Tafel 7.9 Primale und duale Variablen sowie Bestimmungsgleichungen der Plattentheorie für verschwindende Flächenlast und Inkompatibilitäten

Spiegelt man beispielsweise das Strukturschema der Scheibentheorie nacheinander an seinen beiden Achsen, so werden seine Operatoren in diejenigen der Plattentheorie überführt. Das zusammengesetzte Strukturschema des Bildes 7.10 reproduziert durch eine derartige Spiegelung – wie diejenigen der Bilder 7.3 und 7.5 – seine eigenen Operatoren, da es bereits eine vollständige diagonale Operatorsymmetrie aufweist.

7.2.9 Die Fundamentaloperatoren

Zur Abrundung sollen nun noch die *Fundamentalgleichungen* der Scheiben- und Plattentheorie aufgestellt werden. In ihren Fundamentaloperatoren treten stets je ein Grundoperator der Kraft- und der Weggrößenseite gemeinsam mit dem Operator des Elastizitätsgesetzes auf. Auch die Verknüpfung dieser drei Operatoren folgt einem festen Schema. Ausgehend von der Definition einer inneren Variablen aus ihrer benachbarten *äußeren Vektorgröße* vermittelt

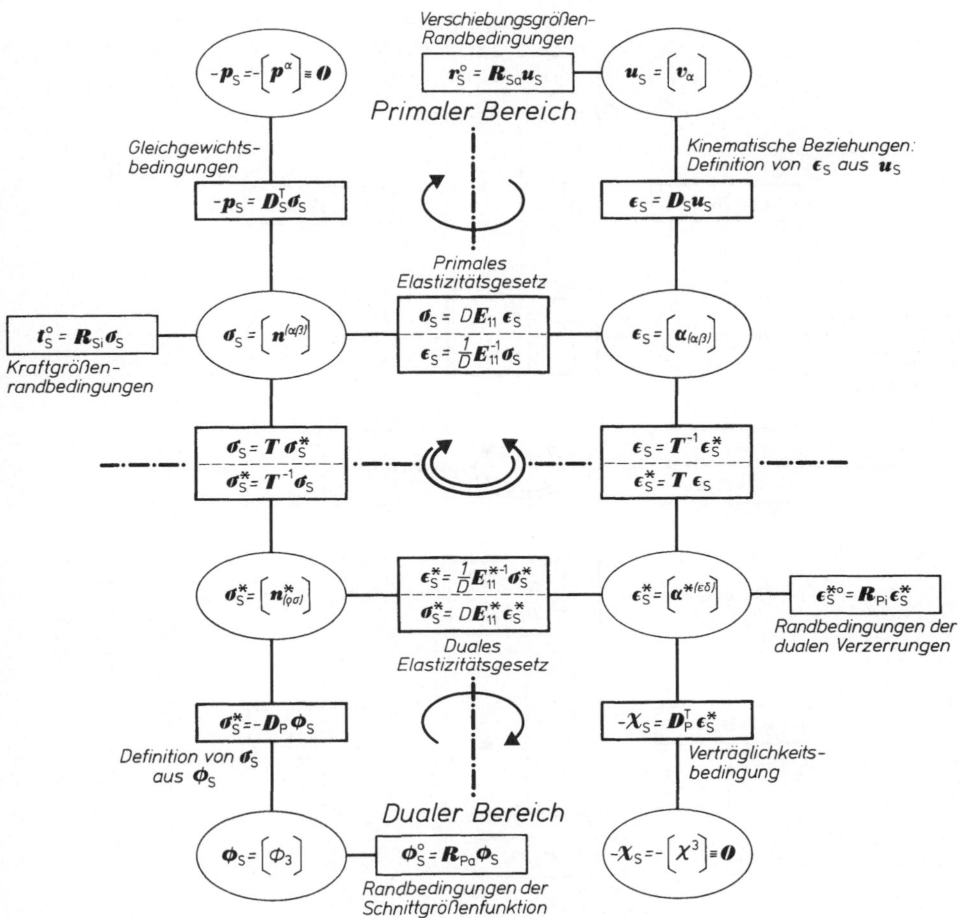

Bild 7.8 Strukturschema des primalen und dualen Bereichs der Scheibentheorie ($p_S = \chi_S \equiv 0$)

das Elastizitätsgesetz deren Abbildung in die korrespondierende innere Größe. Ihre jeweilige Bestimmungsgleichung liefert schließlich die Verbindung zu derjenigen äußeren Vektorgröße, welche mit der eingangs verwendeten energetisch korrespondiert. Jedes Strukturschema besitzt gerade *zwei* derartige Definitionsgleichungen und *zwei* zugehörige Bestimmungsgleichungen; daher existieren genau *zwei* unabhängige Verknüpfungen, die in den Bildern 7.8 bis 7.10 durch Pfeile markiert sind.

Im primalen Bereich werden demgemäß die jeweiligen kinematischen Beziehungen in das zugehörige Elastizitätsgesetz substituiert, beide gemeinsam sodann in die Gleichgewichtsbedingung(en). Damit wird das Gleichgewicht in den unbekannten Verschiebungskomponenten ausgedrückt, eine Vorgehensweise, die als *Weggrößenverfahren* bekannt ist. Dabei erfüllen die zu bestimmenden Verschiebungen laut (7.2.79, 80) automatisch die Verträglichkeitsbedingung(en). Führt man nun diese Verknüpfungen zunächst mit den Operatoren der Bilder 7.8 und 7.9, sodann mit den tensoriellen Beziehungen der Tafeln 7.8 und 7.9 aus, so lauten die

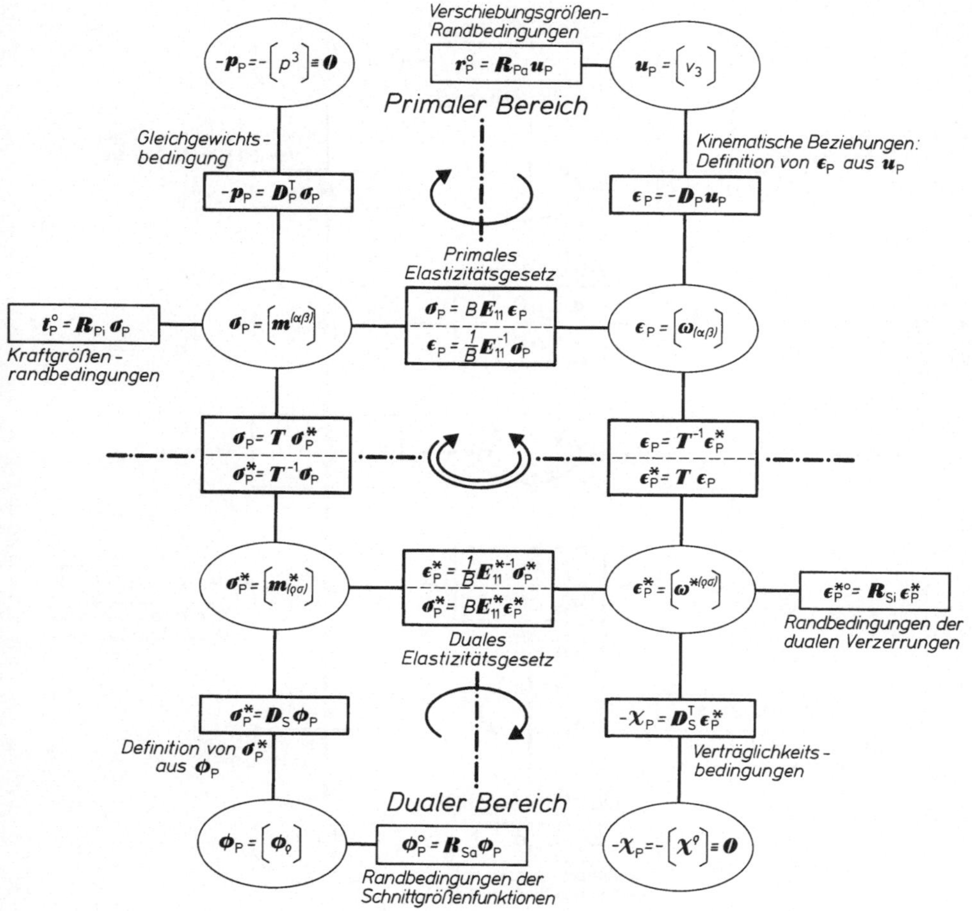

Bild 7.9 Strukturschema des primalen und dualen Bereichs der Plattentheorie ($\mathbf{p_P} = \boldsymbol{\chi}_\mathbf{P} \equiv \mathbf{0}$)

primalen Fundamentalgleichungen der Scheibentheorie:

$$-\mathbf{p_S} = \mathbf{D_S^T}\,\boldsymbol{\sigma}_\mathbf{S}$$

$$\boldsymbol{\sigma}_\mathbf{S} = \mathbf{D E_{11}}\,\boldsymbol{\epsilon}_\mathbf{S}$$

$$\boldsymbol{\epsilon}_\mathbf{S} = \mathbf{D_S u_S}$$

$$-\mathbf{p_S} = \mathbf{D_S^T}(\mathbf{D E_{11}}(\mathbf{D_S u_S})),$$

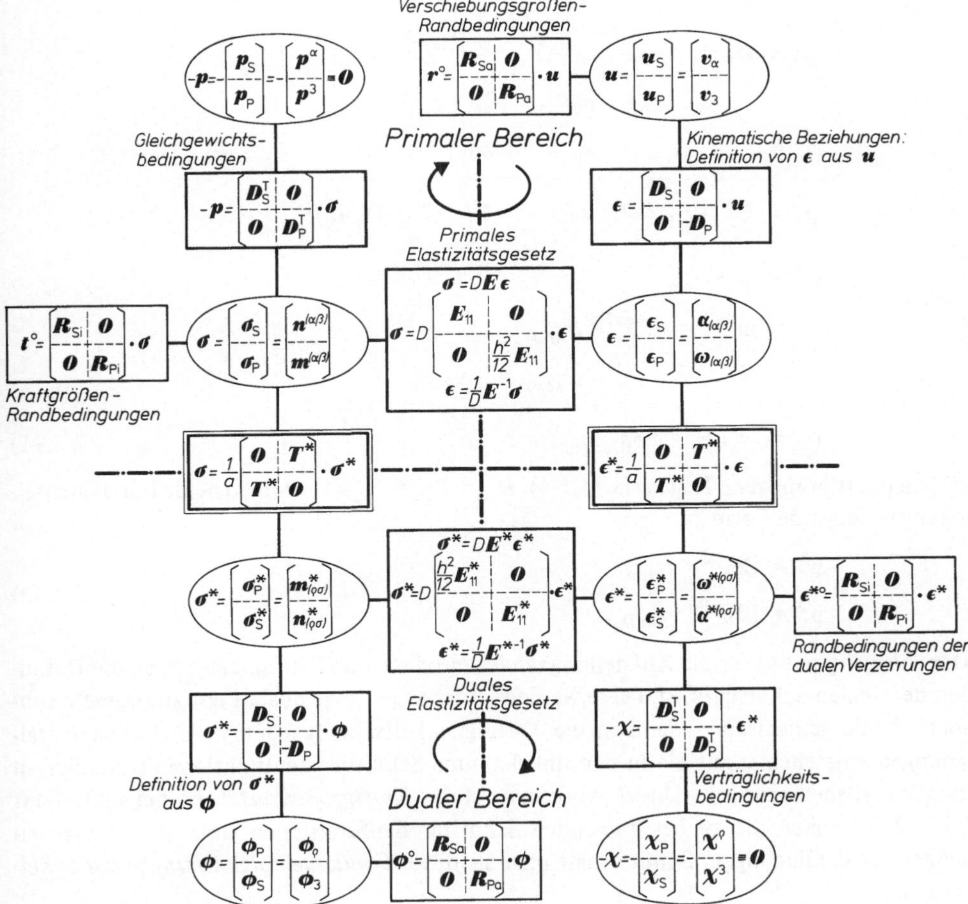

Bild 7.10 Strukturschema und vollständige Analogie der Theorie ebener Flächentragwerke ($p = \chi \equiv 0$)

$$-p^{\beta} = n^{(\alpha\beta)}|_{\alpha}$$

$$n^{(\alpha\beta)} = DH^{\alpha\beta\lambda\mu}\alpha_{(\lambda\mu)}$$

$$\alpha_{(\lambda\mu)} = \frac{1}{2}(v_{\lambda}|_{\mu} + v_{\mu}|_{\lambda})$$

$$-p^{\beta} = \frac{1}{2}(DH^{\alpha\beta\lambda\mu}(v_{\lambda}|_{\mu} + v_{\mu}|_{\lambda}))|_{\alpha} = (DH^{\alpha\beta\lambda\mu}v_{\lambda}|_{\mu})|_{\alpha} \qquad (7.2.90)$$

sowie der *Plattentheorie*:

$$-\mathbf{p}_P = \mathbf{D}_P^T \boldsymbol{\sigma}_P$$

$$\boldsymbol{\sigma}_P = \mathbf{B}\mathbf{E}_{11} \boldsymbol{\epsilon}_P$$

$$\boldsymbol{\epsilon}_P = -\mathbf{D}_P \mathbf{u}_P$$

$$-\mathbf{p}_P = \mathbf{D}_P^T(\mathbf{B}\mathbf{E}_{11}(-\mathbf{D}_P\mathbf{u}_P)) = -\mathbf{D}_P^T(\mathbf{B}\mathbf{E}_{11}(\mathbf{D}_P\mathbf{u}_P)),$$

$$-p^3 = m^{(\alpha\beta)}|_{\alpha\beta}$$

$$m^{(\alpha\beta)} = BH^{\alpha\beta\lambda\mu}\omega_{(\lambda\mu)}$$

$$\omega_{(\lambda\mu)} = -v_3|_{\lambda\mu}$$

$$-p^3 = -(BH^{\alpha\beta\lambda\mu}v_3|_{\lambda\mu})|_{\alpha\beta}. \tag{7.2.91}$$

Für flächenhaft homogene Tragwerke (4.5.4): $D_{,\alpha} = B_{,\alpha} = \nu_{,\alpha} = 0$ nehmen beide Fundamentalgleichungen folgende Form an:

$$\begin{aligned} -p^\beta &= DH^{\alpha\beta\lambda\mu}v_\lambda|_{\mu\alpha}, \\ p^3 &= BH^{\alpha\beta\lambda\mu}v_3|_{\alpha\beta\lambda\mu}. \end{aligned} \tag{7.2.92}$$

Den Ausgangspunkt für die Aufstellung *dualer Fundamentalgleichungen* bilden die Definitionen der dualen Schnittgrößen. Diese werden in das zugehörige duale Elastizitätsgesetz substituiert, beide gemeinsam sodann in die Verträglichkeitsbedingung(en). Als Fundamentalgleichungen entstehen somit die in den unbekannten Schnittgrößenfunktionen formulierten Verträglichkeitsbedingungen. Dieses Vorgehen ist als *Kraftgrößenverfahren* bekannt. Laut (7.2.77, 78) erfüllen die zu bestimmenden Schnittgrößenfunktionen stets die homogenen Gleichgewichtsbedingungen. Somit erhält man als duale *Fundamentalgleichungen der Scheibentheorie*:

$$\mathbf{0} = \mathbf{D}_P^T \boldsymbol{\epsilon}_S^*$$

$$\boldsymbol{\epsilon}_S^* = \frac{1}{D}\mathbf{E}_{11}^{*-1}\boldsymbol{\sigma}_S^*$$

$$\boldsymbol{\sigma}_S^* = -\mathbf{D}_P\boldsymbol{\phi}_S$$

$$\mathbf{0} = -\mathbf{D}_P^T\left(\frac{1}{D}\mathbf{E}_{11}^{*-1}(\mathbf{D}_P\boldsymbol{\phi}_S)\right),$$

$$\mathbf{0} = \alpha^{*(\epsilon\delta)}|_{\epsilon\delta}$$

$$\alpha^{*(\epsilon\delta)} = \frac{1}{D}G^{\epsilon\delta\rho\sigma}n^*_{(\rho\sigma)}$$

$$n^*_{(\rho\sigma)} = -\phi_3|_{\rho\sigma}$$

$$0 = -\left(\frac{1}{D}G^{\epsilon\delta\rho\sigma}\phi_3|_{\rho\sigma}\right)\Big|_{\epsilon\delta} \tag{7.2.93}$$

und als *duale Fundamentalgleichungen der Plattentheorie*:

$$\mathbf{0} = \mathbf{D}_S^T \boldsymbol{\epsilon}_P^*$$

$$\boldsymbol{\epsilon}_P^* = \frac{1}{B}\mathbf{E}_{11}^{*-1}\boldsymbol{\sigma}_P^*$$

$$\boldsymbol{\sigma}_P^* = \mathbf{D}_S \boldsymbol{\phi}_P$$

$$\mathbf{0} = \mathbf{D}_S^T\left(\frac{1}{B}\mathbf{E}_{11}^{*-1}(\mathbf{D}_S\boldsymbol{\phi}_P)\right),$$

$$0 = \omega^{*(\epsilon\delta)}|_\epsilon$$

$$\omega^{*(\epsilon\delta)} = \frac{1}{B}G^{\epsilon\delta\rho\sigma}m^*_{(\rho\sigma)}$$

$$m^*_{(\rho\sigma)} = \frac{1}{2}(\phi_\rho|_\sigma + \phi_\sigma|_\rho)$$

$$0 = \left(\frac{1}{B}G^{\epsilon\delta\rho\sigma}\phi_\rho|_\sigma\right)\Big|_\epsilon. \tag{7.2.94}$$

Für flächenhaft homogene Tragwerke vereinfachen sich diese zu:

$$0 = \frac{1}{D}G^{\epsilon\delta\rho\sigma}\phi_3|_{\epsilon\delta\rho\sigma},$$
$$0 = \frac{1}{B}G^{\epsilon\delta\rho\sigma}\phi_\rho|_{\sigma\epsilon}. \tag{7.2.95}$$

Beim Vergleich der entstandenen Fundamentalgleichungen (7.2.92) und (7.2.95) erkennt man sofort ihre weitgehende Identität. Abgesehen von den durch die Flächenbelastung bewirkten Inhomogenitäten sowie den unterschiedlichen Steifigkeiten und Elastizitätstensoren wird das primale Platten- und das duale Scheibenproblem durch zwei identisch strukturierte, lineare partielle Differentialgleichungen 4. Ordnung beschrieben. Die verbleibenden Fundamentalgleichungen beschreiben die beiden Randwertprobleme 4. Ordnung durch je zwei lineare simultane Differentialgleichungen 2. Ordnung. Sämtliche Fundamentaloperatoren sind selbstadjungiert und positiv definit.

Die für flächenhaft homogene Tragwerke vereinfachten Fundamentalgleichungen (7.2.92, 95) sollen nun für ein System orthogonaler Flächenkoordinaten Θ^α ausgeschrieben werden:

$$a_{\alpha\beta} = \begin{bmatrix} a_{11} & 0 \\ 0 & a_{22} \end{bmatrix}, \quad a^{\alpha\beta} = \begin{bmatrix} a^{11} & 0 \\ 0 & a^{22} \end{bmatrix}.$$

Als zugehörige Komponenten des Elastizitätstensors $H^{\alpha\beta\lambda\mu}$ (4.1.41) ermittelten wir bereits im Beispiel des Abschnittes 3.4.3:

$$H^{1111} = a^{11}a^{11}, \quad H^{2222} = a^{22}a^{22},$$
$$H^{1122} = \nu a^{11}a^{22}, \quad H^{1212} = \frac{1-\nu}{2}a^{11}a^{22}; \tag{7.2.96}$$

für den Elastizitätstensor $G^{\epsilon\delta\rho\sigma}$ (4.1.43) finden wir entsprechend:

$$G^{1111} = \frac{1}{1-\nu^2} a^{11}a^{11}, \qquad G^{2222} = \frac{1}{1-\nu^2} a^{22}a^{22},$$
$$G^{1122} = -\frac{1}{1-\nu^2} a^{11}a^{22}, \quad G^{1212} = \frac{1}{1-\nu^2} \frac{1+\nu}{2} a^{11}a^{22}. \tag{7.2.97}$$

Alle nicht aufgeführten unabhängigen Komponenten verschwinden. Somit entstehen als *primale Scheibengleichungen*:

$$\begin{aligned}
-\frac{1}{D} p^1 &= H^{1111} v_1|_{11} + H^{2112} v_1|_{22} + H^{2121} v_2|_{12} + H^{1122} v_2|_{21} \\
&= a^{11}a^{11} v_1|_{11} + \frac{1-\nu}{2} a^{11}a^{22} v_1|_{22} + \frac{1+\nu}{2} a^{11}a^{22} v_2|_{12}, \\
-\frac{1}{D} p^2 &= H^{1212} v_1|_{21} + H^{1221} v_2|_{11} + H^{2211} v_1|_{12} + H^{2222} v_2|_{22} \\
&= \frac{1+\nu}{2} a^{11}a^{22} v_1|_{12} + \frac{1-\nu}{2} a^{11}a^{22} v_2|_{11} + a^{22}a^{22} v_2|_{22};
\end{aligned} \tag{7.2.98}$$

als *primale Plattengleichung*:

$$\begin{aligned}
\frac{1}{B} p^3 &= H^{1111} v_3|_{1111} + H^{1122} v_3|_{1122} + H^{1212} v_3|_{1212} + H^{1221} v_3|_{1221} \\
&\quad + H^{2112} v_3|_{2112} + H^{2121} v_3|_{2121} + H^{2211} v_3|_{2211} + H^{2222} v_3|_{2222} \\
&= a^{11}a^{11} v_3|_{1111} + 2\nu a^{11}a^{22} v_3|_{1122} + a^{22}a^{22} v_3|_{2222} \\
&\qquad + 2(1-\nu) a^{11}a^{22} v_3|_{1122} \\
&= a^{11}a^{11} v_3|_{1111} + 2a^{11}a^{22} v_3|_{1122} + a^{22}a^{22} v_3|_{2222};
\end{aligned} \tag{7.2.99}$$

als *duale Scheibengleichung*:

$$\begin{aligned}
0 &= G^{1111} \phi_3|_{1111} + G^{1122} \phi_3|_{1122} + G^{1212} \phi_3|_{1212} + G^{1221} \phi_3|_{1221} \\
&\quad + G^{2112} \phi_3|_{2112} + G^{2121} \phi_3|_{2121} + G^{2211} \phi_3|_{2211} + G^{2222} \phi_3|_{2222} \\
&= \frac{1}{1-\nu^2} [a^{11}a^{11} \phi_3|_{1111} - 2\nu a^{11}a^{22} \phi_3|_{1122} + a^{22}a^{22} \phi_3|_{2222} \\
&\qquad + 2(1+\nu) a^{11}a^{22} \phi_3|_{1122}] \\
&= \frac{1}{1-\nu^2} [a^{11}a^{11} \phi_3|_{1111} + 2a^{11}a^{22} \phi_3|_{1122} + a^{22}a^{22} \phi_3|_{2222}];
\end{aligned} \tag{7.2.100}$$

sowie als *duale Plattengleichungen*:

$$\begin{aligned}
0 &= G^{1111} \phi_1|_{11} + G^{2112} \phi_1|_{22} + G^{2121} \phi_2|_{12} + G^{1122} \phi_2|_{21} \\
&= \frac{1}{1-\nu^2} \left[a^{11}a^{11} \phi_1|_{11} + \frac{1+\nu}{2} a^{11}a^{22} \phi_1|_{22} + \frac{1-\nu}{2} a^{11}a^{22} \phi_2|_{12} \right], \\
0 &= G^{1212} \phi_1|_{21} + G^{1221} \phi_2|_{11} + G^{2211} \phi_1|_{12} + G^{2222} \phi_2|_{22} \\
&= \frac{1}{1-\nu^2} \left[\frac{1-\nu}{2} a^{11}a^{22} \phi_1|_{12} + \frac{1+\nu}{2} a^{11}a^{22} \phi_2|_{11} + a^{22}a^{22} \phi_2|_{22} \right].
\end{aligned} \tag{7.2.101}$$

Für orthogonale kartesische Koordinaten (7.2.48) stellen die beiden Fundamentalgleichungen (7.2.99, 100) die dem Leser bekannten Bipotentialgleichungen dar:

$$\begin{aligned} -\frac{1}{B}p^3 &= v_{\langle 3\rangle,1111} + 2v_{\langle 3\rangle,1122} + v_{\langle 3\rangle,2222} = \Delta\Delta v_{\langle 3\rangle}, \\ 0 &= \phi_{\langle 3\rangle,1111} + 2\phi_{\langle 3\rangle,1122} + \phi_{\langle 3\rangle,2222} = \Delta\Delta\phi_{\langle 3\rangle}. \end{aligned} \tag{7.2.102}$$

Trotz ursprünglich unterschiedlicher Elastizitätstensoren sind beide Differentialoperatoren identisch, was ebenso für beliebig krummlinige Koordinatensysteme zutrifft. Die beiden Fundamentalgleichungssysteme (7.2.98, 101)

$$\begin{aligned} -\frac{1}{D}p^1 &= v_{\langle 1\rangle,11} + \frac{1-\nu}{2}v_{\langle 1\rangle,22} + \frac{1+\nu}{2}v_{\langle 2\rangle,12} \\ -\frac{1}{D}p^2 &= \frac{1+\nu}{2}v_{\langle 1\rangle,12} + \frac{1-\nu}{2}v_{\langle 2\rangle,11} + v_{\langle 2\rangle,22}, \\ 0 &= \phi_{\langle 1\rangle,11} + \frac{1+\nu}{2}\phi_{\langle 1\rangle,22} + \frac{1-\nu}{2}\phi_{\langle 2\rangle,12} \\ 0 &= \frac{1-\nu}{2}\phi_{\langle 1\rangle,12} + \frac{1+\nu}{2}\phi_{\langle 2\rangle,11} + \phi_{\langle 2\rangle,22} \end{aligned} \tag{7.2.103}$$

allerdings fallen für $\nu \neq 0$ verschieden aus.

Besonders einfach lassen sich die Fundamentaloperatoren auch mit Hilfe eines Matrizen-Multiplikationsschemas aus ihren Grundoperatoren gewinnen. Als Beispiel zeigen wir dies abschließend in Anlehnung an (7.2.86) für den Bipotentialoperator der Plattentheorie (7.2.91) in orthogonalen kartesischen Koordinaten:

$$\mathbf{D_P} = \begin{bmatrix} d_{11} \\ d_{12} \\ d_{21} \\ d_{22} \end{bmatrix}$$

$$\mathbf{E}_{11} = \begin{bmatrix} 1 & 0 & 0 & \nu \\ 0 & \frac{1-\nu}{2} & \frac{1-\nu}{2} & 0 \\ 0 & \frac{1-\nu}{2} & \frac{1-\nu}{2} & 0 \\ \nu & 0 & 0 & 1 \end{bmatrix} \qquad \mathbf{E}_{11}\mathbf{D_P} = \begin{bmatrix} d_{11} + \nu d_{22} \\ (1-\nu)d_{12} \\ (1-\nu)d_{21} \\ \nu d_{11} + d_{22} \end{bmatrix}$$

$$\mathbf{D_P^T} = [\,d_{11} \quad d_{12} \quad d_{21} \quad d_{22}\,] \qquad \mathbf{D_P^T E_{11} D_P} = [d_{1111} + 2d_{1122} + d_{2222}]. \tag{7.2.104}$$

7.3 Die Methode der finiten Elemente

7.3.1 Einführende Bemerkungen

Geschlossene analytische Lösungen von Schalenrandwertaufgaben, wie sie Kapitel 6 enthält, sind für viele Tragwerkstypen der Konstruktionspraxis entweder nicht herleitbar oder automatisierten Berechnungsmethoden besonders schwer zugänglich. In derartigen Fällen erweisen sich formalisierte Näherungsverfahren als vorteilhaft, welche die vorliegende Randwertaufgabe in eine diskretisierte Form übersetzen, um sie so einer algebraischen Behandlung durch digitale Rechenautomaten zugänglich zu machen.

Je nach der Formulierung der Randwertaufgabe lassen sich zwei grundsätzlich verschiedene Diskretisierungswege beschreiten. Liegt diese als Differentialgleichung oder Differentialgleichungssystem nebst Randbedingungen vor, so bietet sich eine Diskretisierung durch *finite Differenzen* an, wodurch das Lösungsfeld *punktweise* approximiert wird. Wird die Randwertaufgabe dagegen durch ein Energieprinzip in Form einer Variationsaussage beschrieben, so werden vorteilhaft die *direkten Methoden der Variationsrechnung* eingesetzt, durch welche *gebietsweise* Approximationen der Lösung erfolgen. Beide Diskretisierungsverfahren werden im weiteren vorgestellt. Dabei soll das prinzipielle Vorgehen im Vordergrund stehen und durch eine Darstellung der für Flächentragwerke typischen Eigenarten ergänzt werden.

Diskretisierungsverfahren auf der Grundlage begrenzter, endlicher Lösungsgebiete ΔF von normierter Form sind unter dem Namen *Methode der finiten Elemente* [4, 20, 38, 55, 116, 142] bekannt. Eine Einführung in diese Methode soll in den nächsten Abschnitten erfolgen. Finite Elementapproximationen werden in Weggrößen- sowie Kraftgrößenmodelle, in gemischte, hybride und verallgemeinerte Modelle unterteilt [98, 108, 140]. *Weggrößenmodelle* (*kinematische Modelle*) basieren auf kinematisch verträglichen Verschiebungs- und Verzerrungszuständen; sie sind daher auf natürliche Weise mit den Prinzipien (7.1.80, 85) vom stationären Wert bzw. vom Minimum des Gesamtpotentials verbunden. *Kraftgrößenmodelle* (*Gleichgewichtsmodelle*) verwenden statisch zulässige Kräftezustände, wie sie in den Prinzipien (7.1.96, 100) vom stationären Wert bzw. vom Minimum des konjugierten Gesamtpotentials auftreten. *Gemischte Modelle* basieren auf geeigneten erweiterten Variationsprinzipien (7.1.114, 118), in welchen Kraft- und Weggrößen gemeinsam approximiert werden können.

Kennzeichnend für *hybride Modelle* sind unabhängige Approximationen der Variablenfelder im Inneren und auf den Elementrändern: sie erfordern besonders erweiterte Variationsprinzipe, welche die Stetigkeitsbedingungen der Lösungsansätze zwischen Rand und Elementinnerem, erweitert um geeignete *Lagrange*faktoren, enthalten [63, 134, 137]. *Verallgemeinerte Modelle* schließlich weisen Kombinationen aller vorgenannten Eigenschaften auf. In unseren Darlegungen soll der Schwerpunkt auf den *Weggrößenmodellen* für Flächentragwerke liegen.

Jede Berechnung nach der Methode der finiten Elemente erfordert die Durchführung folgender Einzelschritte:

a) Diskretisierung des Lösungsgebietes F in eine geeignete Anzahl finiter Elemente, die an Knotenpunkten als miteinander verbunden angesehen werden (Bild 7.11).
b) Ermittlung – je nach Modelltyp – der Elementsteifigkeits-, der Elementnachgiebigkeits- oder einer gemischten Elementmatrix. Die hierdurch definierten, elementbezogenen Transformationen zwischen fiktiven Knotenkraft- und -weggrößen werden dabei vorteilhaft auf ein lokales Elementkoordinatensystem bezogen.

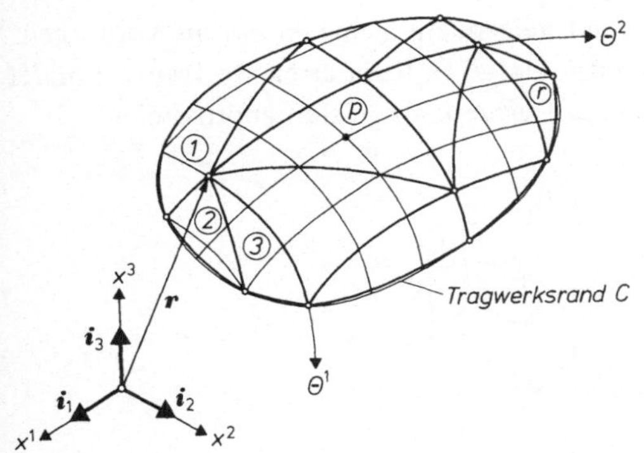

Bild 7.11 Diskretisiertes Flächentragwerk

c) Transformation jeder einzelnen Elementbeziehung in das globale Koordinatensystem des Gesamttragwerks durch Identifikation der elementbezogenen Knotenvariablen mit den globalen. Zusammenbau aller Elemente zum Gesamttragwerk durch Aufstellung der diskretisierten Grundgleichung.

d) Einbau der Randbedingungen.

e) Bestimmung der *unbekannten* globalen Knotenvariablen durch Lösung des linearen Gleichungssystems der diskretisierten Grundgleichung.

f) Ermittlung weiterer Zustandsgrößenfelder aus den globalen bzw. lokalen Knotenvariablen.

Der Schwerpunkt der folgenden Herleitungen wird auf den *Elementbeziehungen* liegen. Wegen aller unbehandelten Einzelfragen der Methode der finiten Elemente sei der Leser auf die eingangs aufgeführte Standardliteratur verwiesen.

7.3.2 Allgemeine Herleitung von Weggrößenmodellen

In diesem Abschnitt wird das Prinzip vom Minimum des Gesamtpotentials (7.1.83, 85) eine zentrale Rolle spielen:

$$\Pi = \Pi_i + \Pi_a = \frac{1}{2}\iint_F \boldsymbol{\epsilon}^T \mathbf{D} \mathbf{E} \boldsymbol{\epsilon} \, dF - \left(\iint_F \mathbf{u}^T \mathbf{p} \, dF + \int_{C_t} \mathbf{r}^T \mathbf{t}^0 \, ds \right), \qquad \delta\Pi = 0 \rightarrow \Pi = \min. \tag{7.3.1}$$

Hierin kürzen bekanntlich $\mathbf{p}$, $\mathbf{u}$ und $\boldsymbol{\epsilon}$ gemäß (7.1.13, 14) die Felder der Flächenlasten, äußeren Weggrößen und Verzerrungen ab, während $\mathbf{r}$ und $\mathbf{t}$ die Verschiebungen und die Kraftgrößen (7.1.12) der Berandung darstellen. Folgende Transformationen (7.1.17, 22, 23) gelten

$$\boldsymbol{\epsilon} = \mathbf{D}_k \mathbf{u}, \quad \mathbf{t} = \mathbf{R}_t \boldsymbol{\sigma}, \quad \mathbf{r} = \mathbf{R}_r \mathbf{u}, \tag{7.3.2}$$

in welchen $\boldsymbol{\sigma}$ die Spalte der Schnittgrößenfunktionen (7.1.14) bezeichnet. Für kleine Verschiebungen $\mathbf{u}$ und konservativ vorgegebene Lasten $\mathbf{p}$, $\mathbf{t}^0$ stellt das Gesamtpotential Π ein stets *positiv definites* Funktional dar. Jede *vollständige** und *konforme*** Schar $\mathbf{u}_{(n)}$ (n = 1,

* Ein Funktionensystem heißt vollständig, wenn es zur beliebig genauen, abschnittsweisen Approximation stückweise stetiger Funktionen verwendet werden kann [32].

** Ein konformes Funktionensystem erfüllt an den Elementübergängen die im jeweiligen Funktional und den Nebenbedingungen verankerten Anforderungen nach einer stetigen und hinreichend oft stetig differenzierbaren Approximation [92, 116].

2, ...) von Testfunktionen **u** gewährleistet daher mit steigendem n eine *monotone Konvergenz* der Testwertfolge $\Pi_{(n)}$ gegen das wirkliche Gesamtpotential Π. Jeder erreichte Testwert bildet dabei eine *obere* Schranke für Π: demnach wird das Tragwerk als zu steif approximiert.

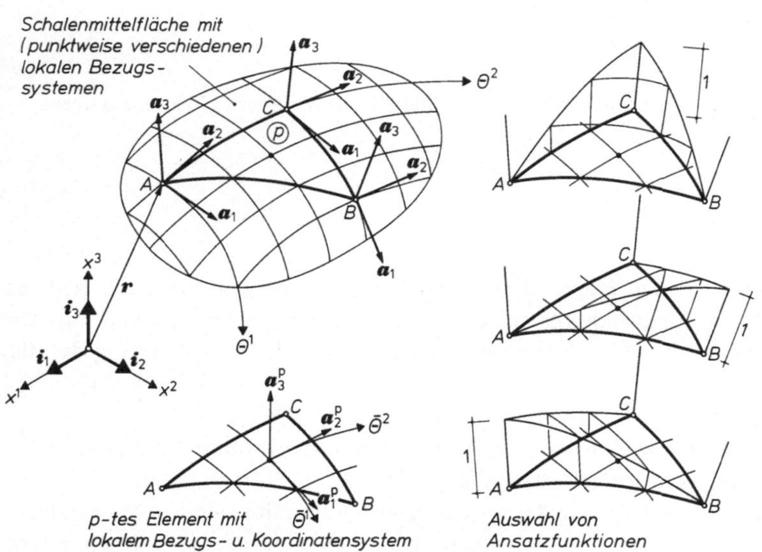

Bild 7.12 Flächentragwerk mit herausgetrenntem p-ten Element

Gemäß Bild 7.12 trennen wir nun durch einen gedachten Schnitt ein einzelnes Element aus dem Gesamttragwerk heraus. Jeder seiner Punkte, insbesondere jeder Knotenpunkt, darf ein eigenes (unterschiedliches) Bezugssystem besitzen. Für das Verschiebungsfeld $\mathbf{u}^p$ dieses p-ten Elementes machen wir folgenden Ansatz:

$$\mathbf{u}^p = \boldsymbol{\phi}^p \hat{\mathbf{u}}^p. \tag{7.3.3}$$

Hierin kürzt $\boldsymbol{\phi}^p$ die Matrix der *Ansatzfunktionen* ab, $\hat{\mathbf{u}}^p$ die Spalte der Ansatzfreiwerte. Die Art des Ansatzes $\boldsymbol{\phi}^p$ wird von der Form des Elementes und von den Stetigkeitsanforderungen des vorliegenden Randwertproblems bestimmt. Vom mathematischen Standpunkt aus wären dabei eigentlich nur *konforme* Ansatzfunktionen zulässig, doch auch *nichtkonforme* Ansätze haben immer wieder brauchbare Ergebnisse geliefert [92, 116]. Gleichfalls sind mit *unvollständigen* Funktionssystemen vertretbare Resultate erzielt worden. Derartige Ansätze sollten aber wenigstens alle zueinander symmetrischen Terme enthalten wie das folgende Beispiel einer unvollständigen Polynomzeile 3. Ordnung:

$$\boldsymbol{\phi}^p = [1 \;\; \Theta^1 \;\; \Theta^2 \;\; (\Theta^1)^2 \;\; \Theta^1\Theta^2 \;\; (\Theta^2)^2 \;\; (\Theta^1)^3 \;\; (\Theta^2)^3]. \tag{7.3.4}$$

In (7.3.3) werden nun die Koordinaten der aktuellen Knotenpunkte des p-ten Elementes eingesetzt und damit die Knotenpunktswerte der Verschiebungsfunktionen $\mathbf{u}^p$ als elementbezogene *Knotenfreiheitsgrade* bestimmt:

$$\mathbf{v}^p = \hat{\boldsymbol{\phi}}^p \hat{\mathbf{u}}^p. \tag{7.3.5}$$

Die Formmatrix $\hat{\phi}^p$ enthält demnach die diskreten Werte der Ansatzfunktionen an den jeweiligen Elementknoten. In $\mathbf{v}^p$ findet man daher alle diskreten Knotenpunktswerte von $\mathbf{u}^p$. Gelegentlich können noch zusätzliche künstliche Knotenfreiheitsgrade (z.B. Ableitungen von $\mathbf{u}^p$) in $\mathbf{v}^p$ einbezogen werden. In (7.3.5) können gleichzeitig noch tensorielle Knotenfreiheitsgrade in physikalische transformiert werden:

$$\mathbf{v}^{\langle p\rangle} = \mathbf{T}^{\langle p\rangle}\mathbf{v}^p \rightarrow \mathbf{v}^{\langle p\rangle} = \mathbf{T}^{\langle p\rangle}\hat{\phi}^p\hat{\mathbf{u}}^p, \tag{7.3.6}$$

außerdem könnte eine Transformation auf ein einheitliches Element-Bezugssystem erfolgen:

$$\mathbf{v}^{*p} = \mathbf{T}^{*p}\mathbf{v}^{\langle p\rangle} \rightarrow \mathbf{v}^{*p} = \mathbf{T}^{*p}\mathbf{T}^{\langle p\rangle}\hat{\phi}^p\hat{\mathbf{u}}^p. \tag{7.3.7}$$

Im weiteren setzen wir $\hat{\phi}^p$ – oder ihre gemäß (7.3.6, 7) transformierte Variante – als *regulär* und *quadratisch* voraus. Nach Inversion von (7.3.5) und Substitution in (7.3.3)

$$\begin{aligned} \hat{\mathbf{u}}^p &= (\hat{\phi}^p)^{-1}\mathbf{v}^p = \mathbf{G}^p\mathbf{v}^p, \\ \mathbf{u}^p &= \phi^p(\hat{\phi}^p)^{-1}\mathbf{v}^p = \phi^p\mathbf{G}^p\mathbf{v}^p = \Omega^p\mathbf{v}^p \end{aligned} \tag{7.3.8}$$

erhalten wir eine elementweise Approximation des Verschiebungsfeldes $\mathbf{u}^p$ in Abhängigkeit der Knotenfreiheitsgrade $\mathbf{v}^p$. Die neu entstandene Matrix

$$\Omega^p = \phi^p\mathbf{G}^p \tag{7.3.9}$$

besitzt, wie Bild 7.12 verdeutlicht, Interpolationseigenschaften, d.h. jedes ihrer Elemente nimmt gerade in demjenigen Knotenpunkt den Wert Eins an, in welchem der zugehörige Freiheitsgrad definiert ist, in allen anderen Null. Ω^p heißt *Matrix der Formfunktionen*. Mit ihrer Hilfe findet man die (7.3.8) zugeordnete Darstellung der Verzerrungen gemäß (7.3.2)

$$\epsilon^p = \mathbf{D}_k\mathbf{u}^p = \mathbf{D}_k\Omega^p\mathbf{v}^p = \mathbf{H}^p\mathbf{v}^p \tag{7.3.10}$$

mit der weiteren Transformationsmatrix:

$$\mathbf{H}^p = \mathbf{D}_k\Omega^p = \mathbf{D}_k(\phi^p\mathbf{G}^p). \tag{7.3.11}$$

Nun wenden wir das Prinzip vom Minimum des Gesamtpotentials (7.3.1) auf das p-te Element des betrachteten Flächentragwerks an, das gemäß Bild 7.12 vollständig im Tragwerksinneren liegen möge:

$$\begin{aligned} \pi^p &= \frac{1}{2}\iint_{F^p} \epsilon^{pT}\mathbf{D}\mathbf{E}\epsilon^p\, dF^p - \iint_{F^p} \mathbf{u}^{pT}\mathbf{p}\, dF^p - \int_{C_t^p} \mathbf{r}^{pT}\mathbf{t}^p\, ds^p \\ &= \frac{1}{2}\iint_{F^p} \epsilon^{pT}\mathbf{D}\mathbf{E}\epsilon^p\, dF^p - \iint_{F^p} \mathbf{u}^{pT}\mathbf{p}\, dF^p - \int_{C_t^p} \mathbf{u}^{pT}\mathbf{R}_r^T\mathbf{t}^p\, ds^p. \end{aligned} \tag{7.3.12}$$

F^p bzw. s^p bezeichnen seine Fläche und die Bogenlänge seiner Berandung. $\mathbf{t}^p = \mathbf{R}_t\sigma^p$ stellen die längs s^p wirkenden Schnittgrößenreaktionen dar, die infolge des fiktiven Heraustrennens des Elementes aus dem Verbund als vorgegebene äußere Kräfte anzusehen sind. Durch Substitution der Approximationen (7.3.8, 10) läßt sich aus (7.3.12) nun folgende Darstellung gewinnen:

$$\pi^p = \frac{1}{2}\mathbf{v}^{pT}\mathbf{G}^{pT}\iint_{F^p}(\mathbf{D}_k\boldsymbol{\phi}^p)^T\mathbf{DED}_k\boldsymbol{\phi}^p\,dF^p\,\mathbf{G}^p\mathbf{v}^p$$

$$-\mathbf{v}^{pT}\iint_{F^p}\boldsymbol{\Omega}^{pT}\mathbf{p}\,dF^p - \mathbf{v}^{pT}\int_{C_t^p}\boldsymbol{\Omega}^{pT}\mathbf{R}_r^T\mathbf{t}^p\,ds^p, \quad (7.3.13)$$

in welcher die Ursprungsmatrizen so weit wie möglich beibehalten wurden: Alle Funktionen der Elementkoordinaten $\bar{\Theta}^1$, $\bar{\Theta}^2$ sind in den Integranden zusammengefaßt. Separiert man durch Verwendung der zusammengefaßten Matrizen (7.3.9, 11) sodann den Vektor $\mathbf{v}^p$ der Knotenfreiheitsgrade, so entsteht

$$\pi^p = \frac{1}{2}\mathbf{v}^{pT}\iint_{F^p}\mathbf{H}^{pT}\mathbf{DE}\mathbf{H}^p\,dF^p\mathbf{v}^p - \mathbf{v}^{pT}\iint_{F^p}\boldsymbol{\Omega}^{pT}\mathbf{p}\,dF^p - \mathbf{v}^{pT}\int_{C_t^p}\boldsymbol{\Omega}^{pT}\mathbf{R}_r^T\mathbf{t}^p\,ds^p$$

$$= \frac{1}{2}\mathbf{v}^{pT}\mathbf{k}^p\mathbf{v}^p - \mathbf{v}^{pT}\mathbf{p}_F^p - \mathbf{v}^{pT}\mathbf{p}_C^p \quad (7.3.14)$$

mit den Abkürzungen:

$$\mathbf{k}^p = \iint_{F^p}\mathbf{H}^{pT}\mathbf{DE}\mathbf{H}^p\,dF^p, \quad \mathbf{p}_F^p = \iint_{F^p}\boldsymbol{\Omega}^{pT}\mathbf{p}\,dF^p,$$

$$\mathbf{p}_C^p = \int_{C_t^p}\boldsymbol{\Omega}^{pT}\mathbf{R}_r^T\mathbf{t}^p\,ds^p. \quad (7.3.15)$$

Die Ausführung der Variation $\delta\pi^p$ nach $\mathbf{v}^p$ liefert aus (7.3.14):

$$\delta\pi^p = 0 \rightarrow \mathbf{k}^p\mathbf{v}^p - \mathbf{p}_F^p - \mathbf{p}_C^p = \mathbf{0}. \quad (7.3.16)$$

Durch Anwendung des *1. Castigliano*schen Satzes (7.1.112) auf das innere Potential in (7.3.14) ordnen wir nun den diskreten Elementfreiheitsgraden $\mathbf{v}^p$ fiktive, elementbezogene Knotenkraftgrößen $\mathbf{p}^p$ zu:

$$\frac{\partial\pi_i^p}{\partial\mathbf{v}^p} = \mathbf{k}^p\mathbf{v}^p = \mathbf{p}^p. \quad (7.3.17)$$

Aus dem Vergleich mit (7.3.16)

$$\mathbf{p}^p = \mathbf{p}_F^p + \mathbf{p}_c^p \quad (7.3.18)$$

identifizieren wir $\mathbf{p}_F^p$ als *lastäquivalente* und $\mathbf{p}_c^p$ als *schnittgrößenäquivalente* elementbezogene Knotenkräfte $\mathbf{p}^p$ (7.3.15). $\mathbf{k}^p$ stellt die symmetrische und positiv definite *Elementsteifigkeitsmatrix* dar. Sie ist regulär, wenn alle Knotenfreiheitsgrade voneinander linear unabhängig definiert wurden. Die aus (7.3.16, 17) erhaltene *Elementsteifigkeitsbeziehung* verwenden wir in zwei Varianten:

$$\mathbf{p}^p = \mathbf{p}_F^p + \mathbf{p}_c^p = \mathbf{k}^p\mathbf{v}^p, \quad \mathbf{p}_c^p = \mathbf{k}^p\mathbf{v}^p - \mathbf{p}_F^p. \quad (7.3.19)$$

Im nächsten Schritt bilden wir zur Approximation des Verschiebungsfeldes $\mathbf{u}$ innerhalb des gesamten Grundgebietes F das Potential Π der Vereinigungsmenge aller Elemente. Hierzu werden die Freiheitsgrade $\mathbf{v}^p$ jedes einzelnen Elementes nacheinander durch die in dem Vektor $\mathbf{V}$ zusammengefaßten *globalen Knotenfreiheitsgrade* ausgedrückt. Für das p-te Element lautet die diesbezügliche Transformation:

$$\mathbf{v}^p = \mathbf{a}^p \mathbf{V}, \tag{7.3.20}$$

worin $\mathbf{V}$ stets auf das *globale Bezugssystem* des Gesamttragwerks bezogen ist. Bei dessen Identität mit dem lokalen Elementsystem $\mathbf{a}_i^p$ (siehe Bild 7.12) bildet $\mathbf{a}^p$ eine einfache Inzidenzmatrix; sind beide Bezugssysteme dagegen verschieden, so enthält $\mathbf{a}^p$ die Transformationskoeffizienten $\mathbf{a}_i^p \rightarrow \mathbf{a}_i$.

Nun wird (7.3.20) in das elementbezogene Prinzip vom Minimum des Gesamtpotentials (7.3.14) substituiert und gleichzeitig über alle Elemente des Tragwerks summiert. Als Ergebnis entsteht

$$\begin{aligned}
\Pi &= \sum_{p=1}^{r} \pi^p = \frac{1}{2} \mathbf{V}^T \sum_{p=1}^{r} \mathbf{a}^{pT} \iint_{F^p} \mathbf{H}^{pT} \mathbf{D} \mathbf{E} \mathbf{H}^p \, dF^p \mathbf{a}^p \mathbf{V} \\
&\quad - \mathbf{V}^T \sum_{p=1}^{r} \mathbf{a}^{pT} \iint_{F^p} \boldsymbol{\Omega}^{pT} \mathbf{p} \, dF^p - \mathbf{V}^T \sum_{p=1}^{r} \mathbf{a}^{pT} \int_{C_t^p} \boldsymbol{\Omega}^{pT} \mathbf{R}_r^T \mathbf{t}^0 \, ds^p \\
&= \frac{1}{2} \mathbf{V}^T \mathbf{K} \mathbf{V} - \mathbf{V}^T \mathbf{P}_F - \mathbf{V}^T \mathbf{P}_c
\end{aligned} \tag{7.3.21}$$

mit den im Vergleich zu (7.3.15) zweckmäßigen Abkürzungen:

$$\begin{aligned}
\mathbf{K} &= \sum_{p=1}^{r} \mathbf{a}^{pT} \iint_{F^p} \mathbf{H}^{pT} \mathbf{D} \mathbf{E} \mathbf{H}^p \, dF^p \mathbf{a}^p = \sum_{p=1}^{r} \mathbf{a}^{pT} \mathbf{k}^p \mathbf{a}^p, \\
\mathbf{P}_F &= \sum_{p=1}^{r} \mathbf{a}^{pT} \iint_{F^p} \boldsymbol{\Omega}^{pT} \mathbf{p} \, dF^p = \sum_{p=1}^{r} \mathbf{a}^{pT} \mathbf{p}_F^p, \\
\mathbf{P}_c &= \sum_{p=1}^{r} \mathbf{a}^{pT} \int_{C_t^p} \boldsymbol{\Omega}^{pT} \mathbf{R}_r^T \mathbf{t}^0 \, ds^p = \sum_{p=1}^{r} \mathbf{a}^{pT} \mathbf{p}_c^p.
\end{aligned} \tag{7.3.22}$$

Durch Ausführung der Variation $\delta\Pi$, nunmehr hinsichtlich der globalen Knotenfreiheitsgrade $\mathbf{V}$, gewinnen wir aus (7.3.21):

$$\delta\Pi = 0 \rightarrow \mathbf{K}\mathbf{V} - \mathbf{P}_F - \mathbf{P}_c = \mathbf{0}. \tag{7.3.23}$$

Ordnet man auch hier durch Anwendung des *1. Castigliano*schen Satzes (7.1.112) auf das innere Potential Π_i den globalen Freiheitsgraden $\mathbf{V}$ nunmehr *globale fiktive Knotenkraftgrößen* $\mathbf{P}$ zu

$$\frac{\partial \Pi_i}{\partial \mathbf{V}} = \mathbf{P} = \mathbf{K}\mathbf{V}, \tag{7.3.24}$$

so sind diese im Vergleich mit (7.3.23) als Summe der dortigen Kraftvariablen zu identifizieren:

$$\mathbf{P} = \mathbf{P}_F + \mathbf{P}_c . \tag{7.3.25}$$

Demnach beschreibt $\mathbf{P}_F$ (7.3.22) die Transformation der Mittelflächenbelastung $\mathbf{p}$ in die globalen Knotenkraftgrößen. Da in $\mathbf{P}_c$ bei der Aufsummierung der r Randintegrale alle Zwischenelementgrenzen jeweils zweimal in entgegengesetzter Richtung zu durchlaufen sind, verbleiben in der Integralsumme ausschließlich die Anteile der vorgegebenen Randkraftgrößen $\mathbf{t}^0$ der äußeren Tragwerksränder C_t:

$$\mathbf{P}_c = \sum_{p=1}^{r} \mathbf{a}^{pT} \int_{C_t^p} \boldsymbol{\Omega}^{pT} \mathbf{R}_r^T \mathbf{t}^p \, ds^p$$

$$= \sum_{p=1}^{r} \mathbf{a}^{pT} \int_{C_t^p} \boldsymbol{\Omega}^{pT} \mathbf{R}_r^T \mathbf{t}^0 \, ds^p . \tag{7.3.26}$$

Die *globale Steifigkeitsmatrix* $\mathbf{K}$ (7.3.22) in der *globalen Steifigkeitsbeziehung* (7.3.24) ist erwartungsgemäß stets symmetrisch, positiv definit und – bei kinematisch unverschieblicher Lagerung des Tragwerks – regulär.

Zur Veranschaulichung des Zusammenbaus der einzelnen Elemente zum Gesamttragwerk können wir auch die einzelnen Vektoren der Knotenfreiheitsgrade $\mathbf{v}^p$ in einer Hyperspalte zusammenfassen und diese mit dem Vektor $\mathbf{V}$ der globalen Freiheitsgrade verknüpfen:

$$\mathbf{v} = \begin{bmatrix} \mathbf{v}^1 \\ \mathbf{v}^2 \\ \vdots \\ \mathbf{v}^p \\ \vdots \\ \mathbf{v}^r \end{bmatrix} = \begin{bmatrix} \mathbf{a}^1 & \mathbf{0} & \dots & \mathbf{0} & \dots & \mathbf{0} \\ \mathbf{0} & \mathbf{a}^2 & \dots & \mathbf{0} & \dots & \mathbf{0} \\ \vdots & \vdots & & \vdots & & \vdots \\ \mathbf{0} & \mathbf{0} & \dots & \mathbf{a}^p & \dots & \mathbf{0} \\ \vdots & \vdots & & \vdots & & \vdots \\ \mathbf{0} & \mathbf{0} & \dots & \mathbf{0} & \dots & \mathbf{a}^r \end{bmatrix} \cdot \begin{bmatrix} V_1 \\ V_2 \\ V_3 \\ \vdots \\ \vdots \\ V_i \end{bmatrix} = \mathbf{a}\mathbf{V}. \tag{7.3.27}$$

Hierdurch entsteht die *kinematische Transformationsmatrix* $\mathbf{a}$, deren Transponierte laut (7.3.22) ebenfalls die korrespondierende Beziehung zwischen den globalen fiktiven Knotenkraftgrößen $\mathbf{P}$ und den ebenfalls in einer Hyperspalte gruppierten Elementkraftgrößen $\mathbf{p}^p$ beherrscht:

$$\mathbf{P} = \mathbf{P}_F + \mathbf{P}_c = \mathbf{a}^T(\mathbf{p}_F + \mathbf{p}_c) = \mathbf{a}^T \mathbf{p},$$

$$\mathbf{p} = \begin{bmatrix} \mathbf{p}^1 \\ \mathbf{p}^2 \\ \vdots \\ \mathbf{p}^p \\ \vdots \\ \mathbf{p}^r \end{bmatrix} = \begin{bmatrix} \mathbf{p}_F^1 \\ \mathbf{p}_F^2 \\ \vdots \\ \mathbf{p}_F^p \\ \vdots \\ \mathbf{p}_F^r \end{bmatrix} + \begin{bmatrix} \mathbf{p}_C^1 \\ \mathbf{p}_C^2 \\ \vdots \\ \mathbf{p}_C^p \\ \vdots \\ \mathbf{p}_C^r \end{bmatrix} . \tag{7.3.28}$$

Aus beiden Definitionen (7.3.27, 28) folgt gemäß (7.3.19) die Steifigkeit **k** als Hypermatrix, welche auf ihrer „Hauptdiagonale“ die einzelnen Elementsteifigkeitsmatrizen $\mathbf{k}^p$ (7.3.15) enthält:

$$\mathbf{p} = \mathbf{k}\mathbf{v}, \quad \mathbf{k} = \ulcorner \mathbf{k}^1 \mathbf{k}^2 \ldots \mathbf{k}^p \ldots \mathbf{k}^r \lrcorner. \tag{7.3.29}$$

Hieraus entsteht durch schrittweises Einsetzen erneut die globale Steifigkeitsbeziehung (7.3.24) als mehrfaches Matrizenprodukt:

$$\begin{array}{l} \mathbf{P} = \mathbf{a}^T(\mathbf{p}_F + \mathbf{p}_C) = \mathbf{a}^T\mathbf{p} \\ \qquad\qquad\qquad \mathbf{p} = \mathbf{k}\mathbf{v} \\ \qquad\qquad\qquad\qquad \mathbf{v} = \mathbf{a}\mathbf{V} \\ \hline \mathbf{P} = \mathbf{P}_F + \mathbf{P}_C = \mathbf{a}^T\mathbf{k}\mathbf{a}\mathbf{V} = \mathbf{K}\mathbf{V} \ \text{mit} \ \mathbf{K} = \mathbf{a}^T\mathbf{k}\mathbf{a}. \end{array} \tag{7.3.30}$$

Regularität von **K** vorausgesetzt lassen sich bei Vorgabe von Oberflächen- und Randlasten **P** die globalen Freiheitsgrade **V** aus (7.3.30) durch Auflösung oder Inversion berechnen:

$$\mathbf{V} = \mathbf{K}^{-1}\mathbf{P}. \tag{7.3.31}$$

Aus diesen folgen die elementweisen Verschiebungs- und Verzerrungsfelder gemäß (7.3.20) und (7.3.8, 10):

$$\begin{aligned} \mathbf{u}^p &= \Omega^p \mathbf{v}^p = \Omega^p \mathbf{a}^p \mathbf{V}, \\ \epsilon^p &= \mathbf{D}_k \mathbf{u}^p = \mathbf{H}^p \mathbf{v}^p = \mathbf{H}^p \mathbf{a}^p \mathbf{V}. \end{aligned} \tag{7.3.32}$$

Unter Verwendung der konstitutiven Beziehungen (7.1.18) lassen sich sodann die (7.3.32) zugeordneten Schnittgrößenfelder

$$\sigma^p = \mathrm{D}\mathbf{E}\epsilon^p = \mathrm{D}\mathbf{E}\mathbf{H}^p\mathbf{a}^p\mathbf{V} \tag{7.3.33}$$

bestimmen. Deren Auswertung für Einzelpunkte erfolgt häufig besonders bei einfachen Elementen, unter Verwendung geeigneter Mittelungsprozesse [55, 142].

In dem eingangs durch die Beziehungen (7.3.3) bis (7.3.8) beschriebenen Algorithmus war zunächst das Verschiebungsfeld $\mathbf{u}^p$ durch die Ansatzfunktion $\phi^p\,(\bar{\Theta}^1, \bar{\Theta}^2)$ approximiert worden, anschließend wurden die Ansatzfreiwerte $\hat{\mathbf{u}}^p$ durch die gewählten Knotenfreiheitsgrade $\mathbf{v}^p$ ausgedrückt. Dieses Vorgehen kann durch die Verwendung standardisierter Interpolationsprozeduren [98] erheblich abgekürzt werden, indem $\mathbf{u}^p$ unmittelbar als Linearkombination von Interpolationsfunktionen mit den Knotenvariablen $\mathbf{v}^p$ als Koeffizienten aufgebaut wird. Die Verwendung *Lagrange*scher Interpolationspolynome gestattet dabei eine Berücksichtigung weiterer Zwischenpunkte, die von *Hermite*schen Polynomen eine zusätzliche Berücksichtigung der Ableitungen von $\phi^p\,(\bar{\Theta}^1, \bar{\Theta}^2)$ in den Knotenpunkten [114].

Vor der Inversion in (7.3.8) war die Zahl der Knotenfreiheitsgrade $\mathbf{v}^p$ mit derjenigen der Ansatzfreiwerte $\hat{\mathbf{u}}^p$ als gleich vorausgesetzt worden und die Formmatrix $\hat{\phi}$ somit als quadratisch. Gerade dies muß jedoch nicht der Fall sein. Oftmals überwiegt die Anzahl der Freiwerte $\hat{\mathbf{u}}^p$, so daß in diesem Fall deren Unterteilung gemäß

$$\mathbf{v}^p = \hat{\phi}_1^p \hat{\mathbf{u}}_1^p + \hat{\phi}_2^p \hat{\mathbf{u}}_2^p \tag{7.3.34}$$

erforderlich wird. Hierin beschreibt $\hat{\phi}_1^p$ eine quadratische und reguläre Teilmatrix von $\hat{\phi}^p$. Erweitert man nun die Freiheitsgrade $\mathbf{v}^p$ zu

$$\tilde{\mathbf{v}}^{pT} = \{\mathbf{v}^p \mid \hat{\mathbf{u}}_2^p\}, \tag{7.3.35}$$

so läßt sich die Beziehung

$$\tilde{\mathbf{v}}^p = \begin{bmatrix} \mathbf{v}^p \\ \hline \hat{\mathbf{u}}_2^p \end{bmatrix} = \begin{bmatrix} \hat{\phi}_1^p & \hat{\phi}_2^p \\ \hline \mathbf{0} & \mathbf{I} \end{bmatrix} \cdot \begin{bmatrix} \hat{\mathbf{u}}_1^p \\ \hline \hat{\mathbf{u}}_2^p \end{bmatrix} = \hat{\phi}^p \hat{\mathbf{u}}^p \tag{7.3.36}$$

mit der Einheitsmatrix $\mathbf{I}$ und der Nullmatrix $\mathbf{0}$ invertieren:

$$\hat{\mathbf{u}}^p = \begin{bmatrix} \hat{\mathbf{u}}_1^p \\ \hline \hat{\mathbf{u}}_2^p \end{bmatrix} = \begin{bmatrix} (\hat{\phi}_1^p)^{-1} & -(\hat{\phi}_1^p)^{-1}\hat{\phi}_2^p \\ \hline \mathbf{0} & \mathbf{I} \end{bmatrix} \cdot \begin{bmatrix} \mathbf{v}^p \\ \hline \hat{\mathbf{u}}_2^p \end{bmatrix} = \tilde{\mathbf{G}}^p \tilde{\mathbf{v}}^p. \tag{7.3.37}$$

Bildet man anschließend mit $\tilde{\mathbf{G}}^p$ – statt wie bisher mit $\mathbf{G}^p$ – die (7.3.8, 10) entsprechenden Beziehungen

$$\begin{aligned} \mathbf{u}^p &= \phi^p \tilde{\mathbf{G}}^p \tilde{\mathbf{v}}^p = \tilde{\Omega}^p \tilde{\mathbf{v}}^p, \\ \epsilon^p &= \mathbf{D}_k \mathbf{u}^p = \mathbf{D}_k \tilde{\Omega}^p \tilde{\mathbf{v}}^p = \tilde{\mathbf{H}}^p \tilde{\mathbf{v}}^p \end{aligned} \tag{7.3.38}$$

und vollzieht erneut die Herleitung der Elementsteifigkeitsbeziehung, so entsteht auf einem zu (7.3.14) bis (7.3.19) analogem Wege

$$\tilde{\mathbf{k}}^p \tilde{\mathbf{v}}^p - \tilde{\mathbf{p}}^p = \begin{bmatrix} \tilde{\mathbf{k}}_{11}^p & \tilde{\mathbf{k}}_{12}^p \\ \hline \tilde{\mathbf{k}}_{12}^{pT} & \tilde{\mathbf{k}}_{22}^p \end{bmatrix} \cdot \begin{bmatrix} \mathbf{v}^p \\ \hline \hat{\mathbf{u}}_2 \end{bmatrix} - \begin{bmatrix} \mathbf{p}^p \\ \hline \mathbf{0} \end{bmatrix} = \mathbf{0} \tag{7.3.39}$$

mit

$$\tilde{\mathbf{k}}^p = \iint_{F^p} \tilde{\mathbf{H}}^{pT} \mathbf{D} \mathbf{E} \tilde{\mathbf{H}}^p \, dF^p. \tag{7.3.40}$$

Dabei dürfen während der Anwendung des *1. Castigliano*schen Satzes den Pseudofreiheitsgraden $\hat{\mathbf{u}}_2$ ausdrücklich keine fiktiven Knotenkraftgrößen zugeordnet werden. Durch abschließende Kondensation von $\tilde{\mathbf{v}}^p$ auf $\mathbf{v}^p$ gewinnt man hieraus [47] über den Zwischenschritt

$$\tilde{\mathbf{k}}_{12}^{pT} \mathbf{v}^p + \tilde{\mathbf{k}}_{22}^p \hat{\mathbf{u}}_2 = \mathbf{0} \rightarrow \hat{\mathbf{u}}_2 = -(\tilde{\mathbf{k}}_{22}^p)^{-1} \tilde{\mathbf{k}}_{12}^{pT} \mathbf{v}^p \tag{7.3.41}$$

die endgültige *Elementsteifigkeitsbeziehung*:

$$\mathbf{k}^p \mathbf{v}^p - \mathbf{p}^p = \mathbf{0} \quad \text{mit} \quad \mathbf{k}^p = \tilde{\mathbf{k}}_{11}^p - \tilde{\mathbf{k}}_{12}^p (\tilde{\mathbf{k}}_{22}^p)^{-1} \tilde{\mathbf{k}}_{12}^{pT}. \tag{7.3.42}$$

7.3.3 Beispiele für Weggrößenmodelle

Die Herleitungen des letzten Abschnittes sollen nun an drei Beispielen erläutert werden. Wir beginnen mit dem einfachsten dreieckigen Scheibenelement, dem *Constant-Strain-Triangle* (CTS), das auf [128] zurückgeht und gemäß Bild 7.13 in einer Ebene mit dem kartesischen Bezugssystem liegen möge [70]. Die beiden Komponenten v_1, v_2 des Verschiebungsfeldes $\mathbf{u}^p$, die somit gleichzeitig tensorielle und physikalische Größen darstellen, werden in der Matrix der Ansatzfunktionen ϕ^p durch einen entkoppelten, bilinearen Ansatz in den Elementkoordinaten x^1, x^2 gemäß Tafel 7.10 approximiert.

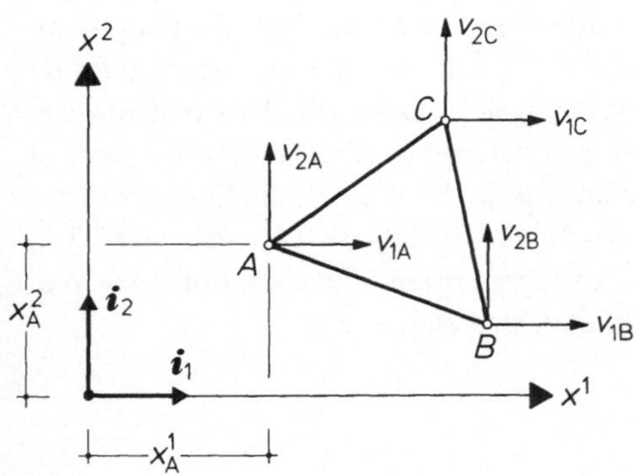

Bild 7.13 Dreieckiges Scheibenelement

Approximationsansatz für das Element-Verschiebungsfeld:

$$\boldsymbol{u}^P = \begin{bmatrix} v_1(x^1, x^2) \\ v_2(x^1, x^2) \end{bmatrix} = \begin{bmatrix} 1 & x^1 & x^2 & 0 & 0 & 0 \\ 0 & 0 & 0 & 1 & x^1 & x^2 \end{bmatrix} \cdot \begin{bmatrix} \alpha_1 \\ \alpha_2 \\ \alpha_3 \\ \alpha_4 \\ \alpha_5 \\ \alpha_6 \end{bmatrix} = \boldsymbol{\Phi}^P \hat{\boldsymbol{u}}^P$$

Definition der Elementfreiheitsgrade:

$$\boldsymbol{v}^P = \begin{bmatrix} v_{1A} \\ v_{1B} \\ v_{1C} \\ \hline v_{2A} \\ v_{2B} \\ v_{2C} \end{bmatrix} = \left[\begin{array}{ccc|ccc} 1 & x_A^1 & x_A^2 & & & \\ 1 & x_B^1 & x_B^2 & & \boldsymbol{0} & \\ 1 & x_C^1 & x_C^2 & & & \\ \hline & & & 1 & x_A^1 & x_A^2 \\ & \boldsymbol{0} & & 1 & x_B^1 & x_B^2 \\ & & & 1 & x_C^1 & x_C^2 \end{array}\right] \cdot \begin{bmatrix} \alpha_1 \\ \alpha_2 \\ \alpha_3 \\ \hline \alpha_4 \\ \alpha_5 \\ \alpha_6 \end{bmatrix} = \hat{\boldsymbol{\Phi}}^P \hat{\boldsymbol{u}}^P$$

mit: $\det \hat{\boldsymbol{\Phi}}^P = 2F^P$ $\quad F^P$: Fläche des Dreiecks

Inverse Beziehung:

$$\hat{\boldsymbol{u}}^P = (\hat{\boldsymbol{\Phi}}^P)^{-1} \boldsymbol{v}^P = \frac{1}{2F^P} \left[\begin{array}{ccc|ccc} x_B^1 x_C^2 - x_C^1 x_B^2 & x_C^1 x_A^2 - x_A^1 x_C^2 & x_A^1 x_B^2 - x_B^1 x_A^2 & & & \\ x_{BC}^2 & x_{CA}^2 & x_{AB}^2 & & \boldsymbol{0} & \\ x_{CB}^1 & x_{AC}^1 & x_{BA}^1 & & & \\ \hline & & & x_B^1 x_C^2 - x_C^1 x_B^2 & x_C^1 x_A^2 - x_A^1 x_C^2 & x_A^1 x_B^2 - x_B^1 x_A^2 \\ & \boldsymbol{0} & & x_{BC}^2 & x_{CA}^2 & x_{AB}^2 \\ & & & x_{CB}^1 & x_{AC}^1 & x_{BA}^1 \end{array}\right] \cdot \begin{bmatrix} v_{1A} \\ v_{1B} \\ v_{1C} \\ \hline v_{2A} \\ v_{2B} \\ v_{2C} \end{bmatrix} = \boldsymbol{G}^P \boldsymbol{v}^P$$

unter Verwendung der Abkürzungen: $x_{KL}^1 = x_K^1 - x_L^1$, $x_{KL}^2 = x_K^2 - x_L^2$

Approximation des Element-Verschiebungsfeldes:

$$\boldsymbol{u}^P = \boldsymbol{\Phi}^P \hat{\boldsymbol{u}}^P = \boldsymbol{\Phi}^P \boldsymbol{G}^P \boldsymbol{v}^P = \boldsymbol{\Omega}^P \boldsymbol{v}^P$$

$$\text{mit: } (\boldsymbol{\Omega}^P)^T = \frac{1}{2F^P} \left[\begin{array}{c|c} x_B^1 x_C^2 - x_C^1 x_B^2 + x^1 \cdot x_{BC}^2 + x^2 \cdot x_{CB}^1 & \\ x_C^1 x_A^2 - x_A^1 x_C^2 + x^1 \cdot x_{CA}^2 + x^2 \cdot x_{AC}^1 & \boldsymbol{0} \\ x_A^1 x_B^2 - x_B^1 x_A^2 + x^1 \cdot x_{AB}^2 + x^2 \cdot x_{BA}^1 & \\ \hline & x_B^1 x_C^2 - x_C^1 x_B^2 + x^1 \cdot x_{BC}^2 + x^2 \cdot x_{CB}^1 \\ \boldsymbol{0} & x_C^1 x_A^2 - x_A^1 x_C^2 + x^1 \cdot x_{CA}^2 + x^2 \cdot x_{AC}^1 \\ & x_A^1 x_B^2 - x_B^1 x_A^2 + x^1 \cdot x_{AB}^2 + x^2 \cdot x_{BA}^1 \end{array}\right]$$

Tafel 7.10 Herleitung eines isoparametrischen, dreieckigen Scheibenelementes 1

Als Freiheitsgrade wählen wir, wie in Bild 7.13 erläutert, die beiden Verschiebungskomponenten v_1, v_2 in den drei Elementknoten A, B und C. Die zugehörige Formmatrix $\hat{\phi}$ findet sich erneut in Tafel 7.10. Da die Anzahl der Freiwerte α_k gleich der Anzahl der Freiheitsgrade ist, jeweils nämlich gleich 6, und letztere als linear unabhängige Größen gewählt wurden, ist $\hat{\phi}^p$ quadratisch und für jedes Dreieckselement mit einer Fläche $F^p \neq 0$ invertierbar.

Mit Hilfe der invertierten Matrix $(\hat{\phi}^p)^{-1} = \mathbf{G}^p$ aus Tafel 7.10 läßt sich nun gemäß (7.3.8) das Verschiebungsfeld $\mathbf{u}^p$ durch die Matrix Ω^p in der angestrebten bilinearen Form approximieren. Übernimmt man schließlich den kinematischen Scheibenoperator

$$\mathbf{D}_k = \mathbf{D}_{11} = \begin{bmatrix} d_1 & 0 \\ \frac{1}{2} d_2 & \frac{1}{2} d_1 \\ \frac{1}{2} d_2 & \frac{1}{2} d_1 \\ 0 & d_2 \end{bmatrix} \quad \text{mit} \quad d_1 = \ldots_{,1}, \quad d_2 = \ldots_{,2} \tag{7.3.43}$$

aus Tafel 4.4, so entsteht die das Verzerrungsfeld $\boldsymbol{\epsilon}^p$ durch (7.3.10) beschreibende Matrix $\mathbf{H}^p$ der Tafel 7.11 mit lauter konstanten Elementen: die Dehnungen (und damit auch die Spannungen) werden als elementweise konstantes Feld approximiert.

Approximation des Element-Verzerrungsfeldes:

$$\boldsymbol{\epsilon}^p = \begin{bmatrix} \alpha_{(11)} \\ \alpha_{(12)} \\ \alpha_{(21)} \\ \alpha_{(22)} \end{bmatrix} = \frac{1}{2F^p} \begin{bmatrix} x^2_{BC} & x^2_{CA} & x^2_{AB} & 0 & 0 & 0 \\ \frac{1}{2} x^1_{CB} & \frac{1}{2} x^1_{AC} & \frac{1}{2} x^1_{BA} & \frac{1}{2} x^2_{BC} & \frac{1}{2} x^2_{CA} & \frac{1}{2} x^2_{AB} \\ \frac{1}{2} x^1_{CB} & \frac{1}{2} x^1_{AC} & \frac{1}{2} x^1_{BA} & \frac{1}{2} x^2_{BC} & \frac{1}{2} x^2_{CA} & \frac{1}{2} x^2_{AB} \\ 0 & 0 & 0 & x^1_{CB} & x^1_{AC} & x^1_{BA} \end{bmatrix} \cdot \begin{bmatrix} v_{1A} \\ v_{1B} \\ v_{1C} \\ v_{2A} \\ v_{2B} \\ v_{2C} \end{bmatrix} = \boldsymbol{H}^p \boldsymbol{v}^p$$

Element-Steifigkeitsmatrix:

$$\boldsymbol{k}^p = \frac{1}{4F^p} \frac{Eh}{1-\nu^2} \begin{bmatrix} (x^2_{BC})^2 + \frac{1-\nu}{2}(x^1_{CB})^2 & x^2_{BC} x^2_{CA} + \frac{1-\nu}{2} x^1_{CB} x^1_{AC} & x^2_{BC} x^2_{AB} + \frac{1-\nu}{2} x^1_{CB} x^1_{BA} & \frac{1+\nu}{2} x^1_{CB} x^2_{BC} & \frac{1-\nu}{2} x^1_{CB} x^2_{CA} + \nu x^1_{AC} x^2_{BC} & \frac{1-\nu}{2} x^1_{CB} x^2_{AB} + \nu x^1_{BA} x^2_{BC} \\ & (x^2_{CA})^2 + \frac{1-\nu}{2}(x^1_{AC})^2 & x^2_{CA} x^2_{AB} + \frac{1-\nu}{2} x^1_{AC} x^1_{BA} & \frac{1-\nu}{2} x^1_{AC} x^2_{BC} + \nu x^1_{CB} x^2_{CA} & \frac{1+\nu}{2} x^1_{AC} x^2_{CA} & \frac{1-\nu}{2} x^1_{AC} x^2_{AB} + \nu x^1_{BA} x^2_{CA} \\ & & (x^2_{AB})^2 + \frac{1-\nu}{2}(x^1_{BA})^2 & \frac{1-\nu}{2} x^1_{BA} x^2_{BC} + \nu x^1_{CB} x^2_{AB} & \frac{1-\nu}{2} x^1_{BA} x^2_{CA} + \nu x^1_{AC} x^2_{AB} & \frac{1+\nu}{2} x^1_{BA} x^2_{AB} \\ & & & (x^1_{CB})^2 + \frac{1-\nu}{2}(x^2_{BC})^2 & x^1_{CB} x^1_{AC} + \frac{1-\nu}{2} x^2_{CA} x^2_{BC} & x^1_{CB} x^1_{BA} + \frac{1-\nu}{2} x^2_{BC} x^2_{AB} \\ & \text{symmetrisch} & & & (x^1_{AC})^2 + \frac{1-\nu}{2}(x^2_{CA})^2 & x^1_{AC} x^1_{BA} + \frac{1-\nu}{2} x^2_{CA} x^2_{AB} \\ & & & & & (x^1_{BA})^2 + \frac{1-\nu}{2}(x^2_{AB})^2 \end{bmatrix}$$

Tafel 7.11 Herleitung eines isoparametrischen, dreieckigen Scheibenelementes 2

Schließlich verwenden wir noch die Elastizitätsmatrix $\mathbf{E}_{11}$ aus Tafel 4.5 mit den Komponenten $H^{\alpha\beta\lambda\mu}$ des Beispiels aus Abschnitt 3.4.3:

$$\mathbf{E}_{11} = \mathbf{E} = \begin{bmatrix} 1 & 0 & 0 & \nu \\ 0 & \frac{1-\nu}{2} & \frac{1-\nu}{2} & 0 \\ 0 & \frac{1-\nu}{2} & \frac{1-\nu}{2} & 0 \\ \nu & 0 & 0 & 1 \end{bmatrix} \tag{7.3.44}$$

und erhalten mit ihrer Hilfe für die Elementsteifigkeit (7.3.15)

$$\mathbf{k}^p = \iint_{F^p} \mathbf{H}^{pT} \mathbf{D} \mathbf{E} \mathbf{H}^p dF^p = DF^p \mathbf{H}^{pT} \mathbf{E} \mathbf{H}^p \qquad (7.3.45)$$

abschließend die in Tafel 7.11 wiedergegebene Matrix.

Der Zusammenbau einzelner Elementsteifigkeiten $\mathbf{k}^p$ zur Gesamtsteifigkeitsmatrix **K**, die Lösung der Gesamtsteifigkeitsbeziehung (7.3.24) sowie die anschließende Bestimmung der Verschiebungs-, Verzerrungs- und Schnittgrößenfelder gemäß (7.3.32, 33) sei hier übersprungen, da sie Standardprozeduren folgen [20, 72, 114]. Als Beispiele zeigen die Bilder 7.14 und 7.15 zwei mit diesem Element berechnete Wandscheiben zur Überbrückung eines stützenfreien Untergeschosses in einem Stahlbetonhochhaus, einmal ohne und einmal mit Durchbrüchen versehen. Dargestellt wurde das Verschiebungsfeld aller Knotenpunkte und Elementgrenzen sowie das Hauptspannungsfeld in den Elementschwerpunkten. Da in den Ecken der Durchbrüche Schnittgrößensingularitäten zu erwarten sind, bedarf hier die genauere Erfassung der Spannungen einer geeigneten Netzverdichtung.

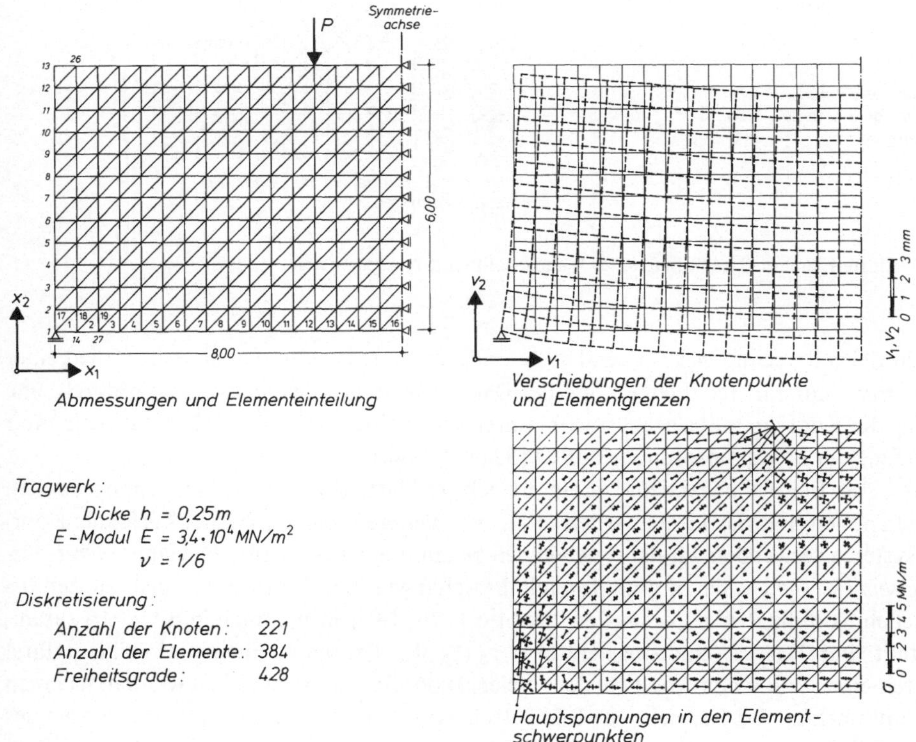

Bild 7.14 Finite-Element-Berechnung einer Wandscheibe

Wie eingangs erwähnt stellt das hergeleitete Element das einfachste Dreieckselement überhaupt dar. Sein Verschiebungsfeld besitzt lediglich C^0-Stetigkeit längs der Elementgrenzen; Kompatibilität und Konvergenz der Verzerrungen sind daher dort nicht erreichbar. Dennoch

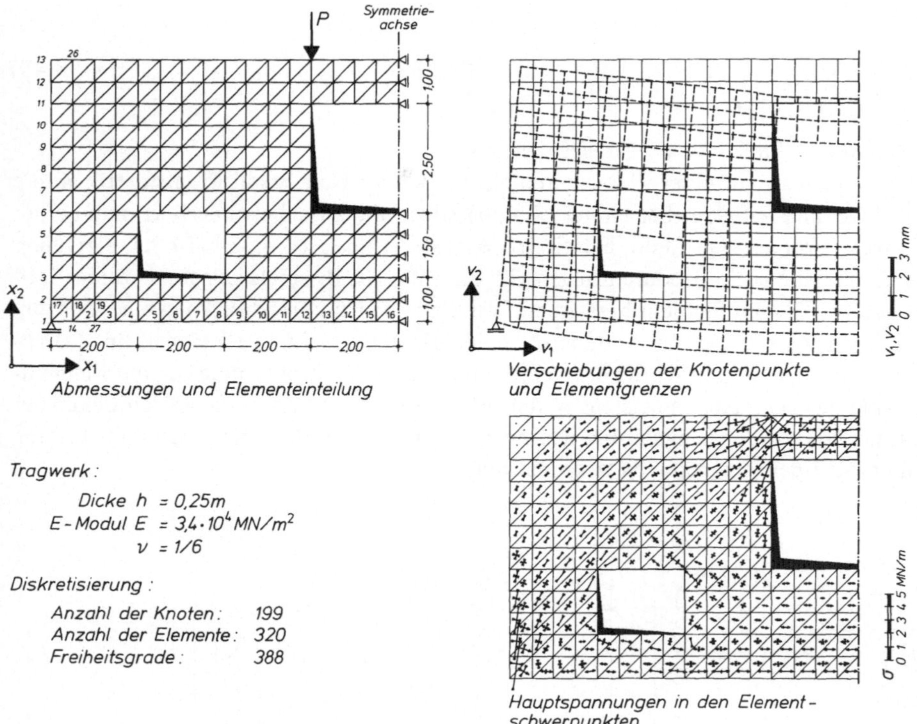

Bild 7.15 Finite-Element-Berechnung einer Wandscheibe mit Aussparungen

wird es in vielen Berechnungen verwendet. Besonderes Interesse besitzt es als erstes Glied einer vielfach vervollkommneten Elementfamilie. Dabei wurde das Elementverhalten durch eine Erhöhung der Knotenpunktsanzahl sowohl unter Beibehaltung von C° [53, 115] als auch unter Verschärfung der Stetigkeitsordnung auf C^1 [52] verbessert.

Im nächsten Beispiel behandeln wir ein dreieckiges Plattenelement, dessen Grundgedanken [21] entstammen und das in den Arbeiten [1, 70] weiterentwickelt wurde. Als lokale Koordinatensysteme verwenden wir dabei neben den bekannten *kartesischen* sogenannte *Dreieckskoordinaten* ζ_A, ζ_B, ζ_C, deren grundlegende Beziehungen und Transformationen zu den ursprünglichen Koordinaten x^1, x^2 aus der Literatur [126, 142] entnommen in Bild 7.16 zusammengestellt sind. Das Verschiebungsfeld $\mathbf{u}^p = v_3\,(\zeta_A, \zeta_B, \zeta_C)$ dieses Elementes soll laut Tafel 7.12 durch einen kubischen Ansatz in den Dreieckskoordinaten beschrieben werden. Wie man unter Zuhilfenahme der Formeln aus Bild 7.16 überprüfen kann, ist dieser Ansatz wegen des fehlenden Gliedes $\phi_{10} = \zeta_A \zeta_B \zeta_C$ unvollständig, jedoch symmetrisch. Bild 7.17 gibt einen Überblick über den Verlauf aller verwendeten Ansatzfunktionen. Der die Vollständigkeit verletzende Polynomterm ϕ_{10} beschreibt eine innere Verschiebung und beeinflußt die Elementränder daher nicht [70, 76].

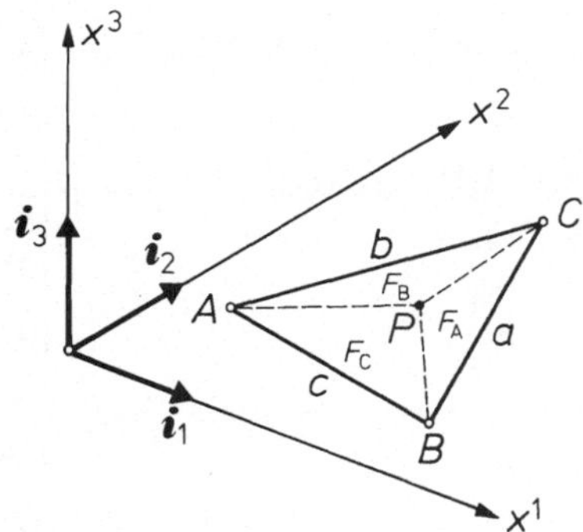

Definition und Eigenschaften:

$\zeta_A = F_A/F,\quad \zeta_B = F_B/F,\quad \zeta_C = F_C/F,\quad F$: *Gesamtfläche,*

$\zeta_A + \zeta_B + \zeta_C = 1,$

$\zeta_A = \zeta_B = \zeta_C = 1/3$ *im Dreiecksschwerpunkt,*

$\zeta_K = 1,\quad \zeta_L = \zeta_M = 0$ *im Knoten K,*

$\zeta_K + \zeta_L = 1,\quad \zeta_M = 0$ *längs des Randes m.*

Beziehungen zwischen Dreieck- u. kartesischen Koordinaten:

$$\begin{bmatrix} x^1 \\ x^2 \\ 1 \end{bmatrix} = \begin{bmatrix} x_A^1 & x_B^1 & x_C^1 \\ x_A^2 & x_B^2 & x_C^2 \\ 1 & 1 & 1 \end{bmatrix} \cdot \begin{bmatrix} \zeta_A \\ \zeta_B \\ \zeta_C \end{bmatrix}, \qquad \begin{bmatrix} \zeta_A \\ \zeta_B \\ \zeta_C \end{bmatrix} = \frac{1}{2F} \begin{bmatrix} x_{BC}^2 & x_{CB}^1 & x_B^1 x_C^2 - x_C^1 x_B^2 \\ x_{CA}^2 & x_{AC}^1 & x_C^1 x_A^2 - x_A^1 x_C^2 \\ x_{AB}^2 & x_{BA}^1 & x_A^1 x_B^2 - x_B^1 x_A^2 \end{bmatrix} \cdot \begin{bmatrix} x^1 \\ x^2 \\ 1 \end{bmatrix}$$

Ableitungsbeziehungen:

$$\begin{bmatrix} \dfrac{\partial}{\partial \zeta_A} \\ \dfrac{\partial}{\partial \zeta_B} \end{bmatrix} = \begin{bmatrix} x_{AC}^1 & x_{AC}^2 \\ x_{BC}^1 & x_{BC}^2 \end{bmatrix} \cdot \begin{bmatrix} \dfrac{\partial}{\partial x^1} \\ \dfrac{\partial}{\partial x^2} \end{bmatrix} = \boldsymbol{J} \cdot \begin{bmatrix} \dfrac{\partial}{\partial x^1} \\ \dfrac{\partial}{\partial x^2} \end{bmatrix}, \qquad \begin{bmatrix} \dfrac{\partial}{\partial x^1} \\ \dfrac{\partial}{\partial x^2} \end{bmatrix} = \boldsymbol{J}^{-1} \cdot \begin{bmatrix} \dfrac{\partial}{\partial \zeta_A} \\ \dfrac{\partial}{\partial \zeta_B} \end{bmatrix}$$

mit den Abkürzungen: $x_{KL}^1 = x_K^1 - x_L^1,\quad x_{KL}^2 = x_K^2 - x_L^2,\qquad \boldsymbol{J}^{-1} = \dfrac{1}{2F} \begin{bmatrix} x_{BC}^2 & x_{CA}^2 \\ x_{CB}^1 & x_{AC}^1 \end{bmatrix}$

Bild 7.16 Dreieckiges Plattenelement in Dreiecks- und kartesischen Koordinaten

Als Freiheitsgrade werden die Verschiebung v_3 sowie die Verschiebungsableitungen $v_{3,1}$ und $v_{3,2}$ an allen drei Elementknoten eingeführt. Wegen dieser Ableitungen läßt sich die (9×9)-Matrix $\hat{\phi}^p$ der diskreten Knotenwerte der Grundfunktionen nur nach der Kettenregel unter Verwendung inverser *Jacobi*transformationen aus den Ansatzfunktionen ϕ^p bzw. ihren Ableitungen $\phi^p{}_{,\zeta_A}$, $\phi^p{}_{,\zeta_B}$ bilden. Deren Knotenwerte, auf Tafel 7.12 mit $\hat{\phi}_N^p$ (Index N: Natürlich) bezeichnet, sind dann allerdings denkbar einfach. Diese Matrix $\hat{\phi}_N^p$ ist regulär und un schwer invertierbar, so daß die auf Tafel 7.12 angegebene Beziehung zwischen den Ansatzfreiwerten $\hat{\mathbf{u}}^p$ und den Knotenfreiheitsgraden $\mathbf{v}^p$ entsteht. Die darin verwendeten ursprünglichen wie auch inversen *Jacobi*matrizen $\mathbf{J}^*$, $(\mathbf{J}^*)^{-1}$ lassen sich aus den *Jacobi*-Transformationen $\mathbf{J}$, $\mathbf{J}^{-1}$ des Bildes 7.16 leicht zusammenstellen.

Approximationsansatz für das Element-Verschiebungsfeld:

$$\boldsymbol{u}^P = \left[v_3(\zeta_A, \zeta_B, \zeta_C) \right] = \left[1 \quad \zeta_A \quad \zeta_B \quad \zeta_A\zeta_B \quad \zeta_B\zeta_C \quad \zeta_C\zeta_A \quad \zeta_A\zeta_B^2-\zeta_B\zeta_A^2 \quad \zeta_B\zeta_C^2-\zeta_C\zeta_B^2 \quad \zeta_C\zeta_A^2-\zeta_A\zeta_C^2 \right] \cdot \begin{bmatrix} \alpha_1 \\ \alpha_2 \\ \alpha_3 \\ \alpha_4 \\ \alpha_5 \\ \alpha_6 \\ \alpha_7 \\ \alpha_8 \\ \alpha_9 \end{bmatrix} = \boldsymbol{\phi}^P \hat{\boldsymbol{u}}^P$$

Definition der Elementfreiheitsgrade:

$$\boldsymbol{v}^P = \hat{\boldsymbol{\phi}}^P \hat{\boldsymbol{u}}^P \qquad \text{mit: } (\boldsymbol{v}^P)^T = \left[v_{3A} \quad v_{3,1A} \quad v_{3,2A} \quad v_{3B} \quad v_{3,1B} \quad v_{3,2B} \quad v_{3C} \quad v_{3,1C} \quad v_{3,2C} \right]$$

$$\hat{\boldsymbol{\phi}}^P = \begin{bmatrix} \hat{\boldsymbol{\phi}}_A^P \\ \hat{\boldsymbol{\phi}}_{,1A}^P \\ \hat{\boldsymbol{\phi}}_{,2A}^P \\ \hat{\boldsymbol{\phi}}_B^P \\ \hat{\boldsymbol{\phi}}_{,1B}^P \\ \hat{\boldsymbol{\phi}}_{,2B}^P \\ \hat{\boldsymbol{\phi}}_C^P \\ \hat{\boldsymbol{\phi}}_{,1C}^P \\ \hat{\boldsymbol{\phi}}_{,2C}^P \end{bmatrix} = \left\lceil 1 \ \boldsymbol{J}^{-1} \ 1 \ \boldsymbol{J}^{-1} \ 1 \ \boldsymbol{J}^{-1} \right\rfloor \cdot \begin{bmatrix} \boldsymbol{\phi}_A^P \\ \boldsymbol{\phi}_{,\zeta_A A}^P \\ \boldsymbol{\phi}_{,\zeta_B A}^P \\ \boldsymbol{\phi}_B^P \\ \boldsymbol{\phi}_{,\zeta_A B}^P \\ \boldsymbol{\phi}_{,\zeta_B B}^P \\ \boldsymbol{\phi}_C^P \\ \boldsymbol{\phi}_{,\zeta_A C}^P \\ \boldsymbol{\phi}_{,\zeta_B C}^P \end{bmatrix} = (\boldsymbol{J}^*)^{-1} \cdot \begin{bmatrix} 1 & 1 & & & & & & & \\ & 1 & & & & -1 & & & -1 \\ & & 1 & 1 & & -1 & -1 & & -1 \\ 1 & & 1 & & & & & & \\ & 1 & & 1 & -1 & & 1 & 1 & \\ & & 1 & & -1 & & & 1 & \\ 1 & & & & & & & & \\ & 1 & & & & 1 & & & -1 \\ & & 1 & & 1 & & & 1 & \end{bmatrix} = (\boldsymbol{J}^*)^{-1} \cdot \hat{\boldsymbol{\phi}}_N^P$$

Inverse Beziehung:

$$\hat{\boldsymbol{u}}^P = (\hat{\boldsymbol{\phi}}^P)^{-1} \cdot \boldsymbol{v}^P = (\hat{\boldsymbol{\phi}}_N^P)^{-1} \cdot \boldsymbol{J}^* \cdot \boldsymbol{v}^P = \begin{bmatrix} & & & & & & 1 & & \\ 1 & & & & & & -1 & & \\ & & 1 & & & & -1 & & \\ & -0{,}5 & 0{,}5 & & 0{,}5 & -0{,}5 & & & \\ & & & & & -0{,}5 & & & 0{,}5 \\ & -0{,}5 & & & & & & 0{,}5 & \\ -1 & 0{,}5 & -0{,}5 & 1 & 0{,}5 & -0{,}5 & & & \\ & & & -1 & & 0{,}5 & 1 & & 0{,}5 \\ 1 & -0{,}5 & & & & & -1 & -0{,}5 & \end{bmatrix} \cdot \left\lceil 1 \ \boldsymbol{J} \ 1 \ \boldsymbol{J} \ 1 \ \boldsymbol{J} \right\rfloor \cdot \begin{bmatrix} v_{3A} \\ v_{3,1A} \\ v_{3,2A} \\ v_{3B} \\ v_{3,1B} \\ v_{3,2B} \\ v_{3C} \\ v_{3,1C} \\ v_{3,2C} \end{bmatrix} = \boldsymbol{G}^P \boldsymbol{v}^P$$

Tafel 7.12 Approximation des Elementverschiebungsfeldes für ein kubisches, dreieckiges Plattenelement

Das endgültige Verschiebungsfeld $\mathbf{u}^p$ als Funktion der lokalen Dreieckskoordinaten lautet nun

$$\begin{aligned} \mathbf{u}^p &= \phi^p (\hat{\phi}^p)^{-1} \mathbf{v}^p = \phi^p (\hat{\phi}_N^p)^{-1} \mathbf{J}^* \mathbf{v}^p \\ &= \phi^p \mathbf{G}^p \mathbf{v}^p = \Omega^p \mathbf{v}^p. \end{aligned} \tag{7.3.46}$$

Im kinematischen Plattenoperator $\mathbf{D}_k = -\mathbf{D}_{22}$ der Tafel 4.4.:

$$\epsilon^p = \begin{bmatrix} \omega_{(11)} \\ \omega_{(12)} \\ \omega_{(21)} \\ \omega_{(22)} \end{bmatrix} = \mathbf{D}_k \mathbf{u}^p = -\begin{bmatrix} d_{11} \\ \frac{1}{2}(d_{12} + d_{21}) \\ \frac{1}{2}(d_{12} + d_{21}) \\ d_{22} \end{bmatrix} v_3 = -\begin{bmatrix} d_{11} \\ d_{12} \\ d_{12} \\ d_{22} \end{bmatrix} v_3 = -\begin{bmatrix} \dfrac{\partial^2}{(\partial x^1)^2} \\ \dfrac{\partial^2}{\partial x^1 \partial x^2} \\ \dfrac{\partial^2}{\partial x^1 \partial x^2} \\ \dfrac{\partial^2}{(\partial x^2)^2} \end{bmatrix} v_3, \tag{7.3.47}$$

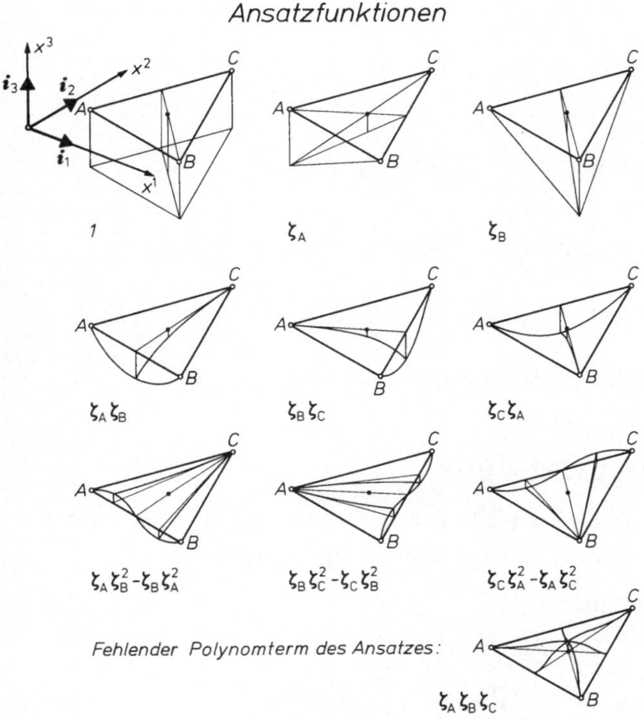

Bild 7.17 Formfunktionen des Element-Verschiebungsfeldes für ein kubisches dreieckiges Plattenelement in Dreieckskoordinaten

der hier bereits auf kartesische Koordinaten vereinfacht wurde, treten bekanntlich zweifache Ableitungen auf. Diese müssen erneut durch die aus den Ableitungsbeziehungen des Bildes 7.16 zu gewinnenden Transformationen

$$\begin{bmatrix} \dfrac{\partial^2}{(\partial x^1)^2} & \dfrac{\partial^2}{\partial x^1 \partial x^2} \\ \dfrac{\partial^2}{\partial x^1 \partial x^2} & \dfrac{\partial^2}{(\partial x^2)^2} \end{bmatrix} = \mathbf{J}^{-1} \cdot \begin{bmatrix} \dfrac{\partial^2}{(\partial \zeta_A)^2} & \dfrac{\partial^2}{\partial \zeta_A \partial \zeta_B} \\ \dfrac{\partial^2}{\partial \zeta_A \partial \zeta_B} & \dfrac{\partial^2}{(\partial \zeta_B)^2} \end{bmatrix} \cdot (\mathbf{J}^{-1})^T \tag{7.3.48}$$

in Ableitungen nach den Dreieckskoordinaten umgeschrieben werden:

$$\mathbf{D}_k = - \begin{bmatrix} \dfrac{\partial^2}{(\partial x^1)^2} \\ \dfrac{\partial^2}{\partial x^1 \partial x^2} \\ \dfrac{\partial^2}{\partial x^1 \partial x^2} \\ \dfrac{\partial^2}{(\partial x^2)^2} \end{bmatrix} = \mathbf{S}^{-1} \cdot \begin{bmatrix} \dfrac{\partial^2}{(\partial \zeta_A)^2} \\ \dfrac{\partial^2}{\partial \zeta_A \partial \zeta_B} \\ \dfrac{\partial^2}{\partial \zeta_A \partial \zeta_B} \\ \dfrac{\partial^2}{(\partial \zeta_B)^2} \end{bmatrix} = \mathbf{S}^{-1} \cdot \mathbf{D}_{kN},$$

$$\mathbf{S}^{-1} = \frac{1}{4(F^p)^2} s^{-1},$$

$$s^{-1} = -\begin{bmatrix} (x^2_{BC})^2 & x^2_{CA}x^2_{BC} & x^2_{CA}x^2_{BC} & (x^2_{CA})^2 \\ x^1_{CB}x^2_{BC} & \frac{1}{2}(x^1_{AC}x^2_{BC} + x^1_{CB}x^2_{CA}) & \frac{1}{2}(x^1_{AC}x^2_{BC} + x^1_{CB}x^2_{CA}) & x^1_{AC}x^2_{CA} \\ x^1_{CB}x^2_{BC} & \frac{1}{2}(x^1_{AC}x^2_{BC} + x^1_{CB}x^2_{CA}) & \frac{1}{2}(x^1_{AC}x^2_{BC} + x^1_{CB}x^2_{CA}) & x^1_{AC}x^2_{CA} \\ (x^1_{CB})^2 & x^1_{AC}x^1_{CB} & x^1_{AC}x^1_{CB} & (x^1_{AC})^2 \end{bmatrix} \tag{7.3.49}$$

Unter Beteiligung dieser Hilfsmatrizen entstehen schließlich die Verzerrungen

$$\begin{aligned} \epsilon^p &= \mathbf{D}_k \mathbf{u}^p = \mathbf{S}^{-1}\mathbf{D}_{kN}\phi^p \mathbf{G}^p \mathbf{v}^p \\ &= \mathbf{S}^{-1}\mathbf{D}_{kN}\Omega^p \mathbf{v}^p = \mathbf{H}^p \mathbf{v}^p . \end{aligned} \tag{7.3.50}$$

Übernimmt man noch das Elastizitätsgesetz aus Tafel 4.5 unter Verwendung von (7.3.44), so steht der Herleitung der Steifigkeitsmatrix (7.3.15) nichts mehr im Wege:

$$\begin{aligned} \mathbf{k}^p &= \iint_{F^p} \mathbf{H}^{pT}\mathbf{BEH}^p dF^p \\ &= \mathbf{G}^{pT} \iint_{F^p} (\mathbf{D}_{kN}\phi^p)^T (\mathbf{S}^{-1})^T \mathbf{BES}^{-1}\mathbf{D}_{kN}\phi^p \, dF^p \mathbf{G}^p . \end{aligned} \tag{7.3.51}$$

Die Ausführung der hierin auftretenden mehrfachen Matrizenmultiplikationen sowie der Integration überläßt man natürlich zweckmäßigerweise dem Computer.

Das hergeleitete Element besitzt C^1-Stetigkeit längs seiner Ränder und ist damit für die vorliegende Aufgabe nicht konform. Der Aufwand zu seiner Erstellung ist bereits beträchtlich. Gegenüber dem einfachsten Dreieckselement [30], bei welchem die Verschiebungen v_3 in den Knoten und die Verschiebungsableitungen $v_{3,n}$ in den Seitenmitten die 6 Freiheitsgrade bilden, ist seine Leistungsfähigkeit zwar deutlich höher, aber keineswegs überzeugend. Bessere Ergebnisse erhält man erst aus Elementen mit 6 Freiheitsgraden: v_3, $v_{3,1}$, $v_{3,2}$, $v_{3,11}$, $v_{3,12}$, $v_{3,22}$ je Knoten [6, 29, 33, 126]. Fügt man noch die Verschiebungsableitung $v_{3,n}$ in den Seitenmitten hinzu, so ermöglichen die nunmehr 21 Freiheitsgrade des Elementes die Verwendung eines vollständigen quintischen Polynoms als Ansatzfunktion [6, 22]. Über die angegebene Literatur hinaus bilden dreieckige Plattenelemente ein weites Feld für weitere Modifizierungen und Verbesserungen [102, 114].

Als letztes Beispiel erläutern wir ein Schalenringelement [47] auf der Grundlage einer Flächentragwerkstheorie vom *Kirchhoff-Love*-Typ in der Formulierungsvariante A. Das Element, ein Abschnitt der allgemeinen Rotationsschale aus Tafel 1.2, ist auf Bild 7.18 dargestellt. Sein Meridianverlauf sei völlig beliebig; allerdings wurde vereinfachend $r''' = r_{,222} \equiv 0$ gesetzt, wodurch die in den Verzerrungen (4.1.29) auftretenden Ableitungen des gemischtvarianten Krümmungstensors nach Tafel 1.2 durch

$$b^1_{1,2} = \frac{1}{r\sqrt{1+r'^2}}\left(\frac{r'}{r} + \frac{r'r''}{1+r'^2}\right), \quad b^2_{2,2} = -\frac{3r'r''^2}{(1+r'^2)^{5/2}} \tag{7.3.52}$$

angenähert werden.

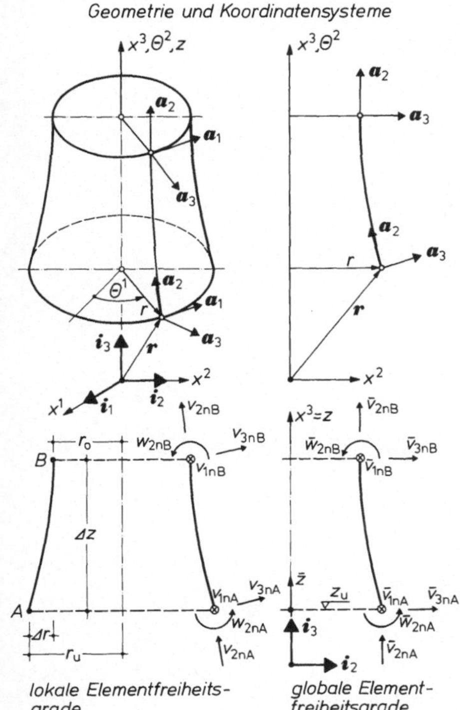

Bild 7.18 Rotationsschalenelement

Gemäß Tafel 7.13 wird das Verschiebungsfeld $\mathbf{u}^p$ (4.1.85) des Schalenringelementes als Produktansatz approximiert: in Meridianrichtung durch kubische Polynome der Elementkoordinate $\bar{z}$, in Ringrichtung durch Winkelfunktionen sin $(n\Theta^1)$ und cos $(n\Theta^1)$. Infolge dieses Ansatzes sowie der bekannten Verknüpfungen (4.1.16) gemäß Tafel 1.2:

$$\begin{aligned} w_1 &= -(v_{3,1} + b_1^1 v_1 + b_1^2 v_2) = -(v_{3,1} + b_1^1 v_1), \\ w_2 &= -(v_{3,2} + b_2^1 v_1 + b_2^2 v_2) = -(v_{3,2} + b_2^2 v_2) \end{aligned} \tag{7.3.53}$$

lassen sich die Darstellungen

$$v_1 = v_{1n} \sin n\Theta^1, \quad v_2 = v_{2n} \cos n\Theta^1, \quad v_3 = v_{3n} \cos n\Theta^1,$$

$$w_1 = w_{1n} \sin n\Theta^1, \quad w_2 = w_{2n} \cos n\Theta^1$$

angeben, worin mit dem Index n die nur von Θ^2 abhängigen Anteile der tensoriellen Komponenten v_i und w_α bezeichnet sind. Als Knotenfreiheitsgrade wurden in Tafel 7.13 die Werte von v_{in} und w_{2n} an beiden Elementrändern gewählt. Damit übersteigen die 12 voneinander unabhängigen Ansatzfreiwerte $\hat{\mathbf{u}}^p$ die Anzahl der 8 Knotenfreiheitsgrade $\mathbf{v}^p$, wodurch eine Erweiterung der Beziehung (7.3.5) gemäß (7.3.34) notwendig wird. Alle in diesem Fall erforderlichen Einzelheiten, wie die beiden Untermatrizen $\boldsymbol{\phi}_1^p$ und $\boldsymbol{\phi}_2^p$, findet der Leser gemeinsam mit der Pseudoinversen $\tilde{\mathbf{G}}^p$ nach (7.3.37) in Tafel 7.13. Die leeren Plätze dieser Matrizen sind, wie in den vorangegangenen Darstellungen, mit Nullen besetzt.

Approximationsansatz für das Element-Verschiebungsfeld: $\boldsymbol{u}^P = \boldsymbol{\phi}^P \hat{\boldsymbol{u}}^P$

mit: $\boldsymbol{u}^{PT} = [v_1 \quad v_2 \quad v_3]$,

$$\boldsymbol{\phi}^P = \begin{bmatrix} s & \bar{z}\cdot s & 0 & 0 & 0 & 0 & 0 & 0 & \bar{z}^2\cdot s & \bar{z}^3\cdot s & 0 & 0 \\ 0 & 0 & c & \bar{z}\cdot c & 0 & 0 & 0 & 0 & 0 & 0 & \bar{z}^2\cdot c & \bar{z}^3\cdot c \\ 0 & 0 & 0 & 0 & c & \bar{z}\cdot c & \bar{z}^2\cdot c & \bar{z}^3\cdot c & 0 & 0 & 0 & 0 \end{bmatrix},$$

Hierin bedeuten: $\bar{z}$ = *normierte Elementkoordinate* $\bar{z} = \frac{z - z_u}{\Delta z}$,
$s = \sin(n\Theta^1)$, $c = \cos(n\Theta^1)$,
n = *Vollwellenanzahl in Umfangsrichtung*

$$\hat{\boldsymbol{u}}^{PT} = [\alpha_1 \mid \alpha_2 \mid \alpha_3 \mid \alpha_4 \mid \alpha_5 \mid \alpha_6 \mid \alpha_7 \mid \alpha_8 \mid \alpha_9 \mid \alpha_{10} \mid \alpha_{11} \mid \alpha_{12}]$$

Definition der wesentlichen ($\boldsymbol{v}^P$) *und der erweiterten* ($\tilde{\boldsymbol{v}}^P$) *Elementfreiheitsgrade:*

$$\tilde{\boldsymbol{v}}^P = \begin{bmatrix} \boldsymbol{v}^P \\ \hat{\boldsymbol{u}}_2^P \end{bmatrix} = \begin{bmatrix} \hat{\boldsymbol{\phi}}_1^P & \hat{\boldsymbol{\phi}}_2^P \\ \boldsymbol{0} & \boldsymbol{I} \end{bmatrix} \cdot \begin{bmatrix} \hat{\boldsymbol{u}}_1^P \\ \hat{\boldsymbol{u}}_2^P \end{bmatrix} = \tilde{\hat{\boldsymbol{\phi}}}^P \hat{\boldsymbol{u}}^P$$

mit: $\boldsymbol{v}^{PT} = [v_{1nA} \mid v_{2nA} \mid v_{3nA} \mid w_{2nA} \mid v_{1nB} \mid v_{2nB} \mid v_{3nB} \mid w_{2nB}]$,

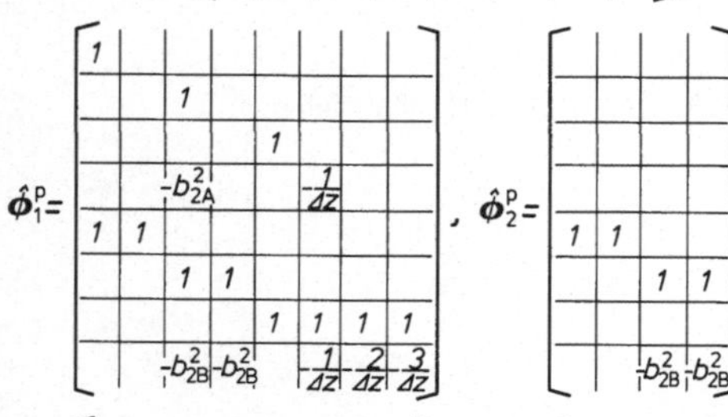

$\hat{\boldsymbol{u}}_1^{PT} = [\alpha_1 \mid \alpha_2 \mid \alpha_3 \mid \alpha_4 \mid \alpha_5 \mid \alpha_6 \mid \alpha_7 \mid \alpha_8]$ $\quad \hat{\boldsymbol{u}}_2^{PT} = [\alpha_9 \mid \alpha_{10} \mid \alpha_{11} \mid \alpha_{12}]$

Inverse Beziehungen: $\hat{\boldsymbol{u}}^P = \tilde{\boldsymbol{G}}^P \tilde{\boldsymbol{v}}^P$

mit:

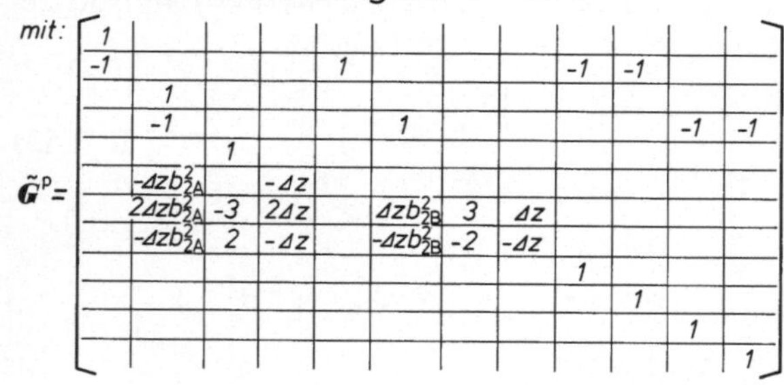

Tafel 7.13 Herleitung des Schalenringelementes 1

Auf der folgenden Tafel 7.14 schließt sich sodann das Ermittlungsresultat der beiden Matrizen $\tilde{\Omega}^P$ und $\mathbf{H}^P$ zur Interpolation des Verschiebungs- und Verzerrungsfeldes des Elementes an. Dabei wurden die tensoriellen kinematischen Beziehungen der Tafel 4.4, wie häufig zur Abkürzung üblich, unter Ausnutzung der Symmetrie von $\alpha_{(\alpha\beta)}$ und $\omega_{(\alpha\beta)}$ auf 6 Zeilen zusammengezogen:

$\epsilon = \mathbf{D}_k \mathbf{u}$:

$$
\begin{bmatrix} \alpha_{(11)} \\ \alpha_{(12)} \\ \alpha_{(22)} \\ \hline \omega_{(11)} \\ \omega_{(12)} \\ \\ \omega_{(22)} \end{bmatrix} =
\left[\begin{array}{cc|c}
d_1 & 0 & -b_{11} \\
\frac{1}{2}d_2 & \frac{1}{2}d_1 & -b_{12} \\
0 & d_2 & -b_{22} \\
\hline
-(2b_1^1 d_1 + b_1^1 l_1) & -(2b_1^2 d_1 + b_1^2 l_1) & -(d_{11} - b_1^1 b_{11} - b_1^2 b_{12}) \\
-(b_2^1 d_1 + b_1^1 d_2 & -(b_2^2 d_1 + b_1^2 d_2 & -(\frac{1}{2}d_{12} + \frac{1}{2}d_{21} \\
+\frac{1}{2}(b_2^1 l_1 + b_1^1 l_2)) & +\frac{1}{2}(b_2^2 l_1 + b_1^2 l_2)) & -b_1^1 b_{12} - b_1^2 b_{22}) \\
-(2b_2^1 d_2 + b_2^1 l_2) & -(2b_2^2 d_2 + b_2^2 l_2) & -(d_{22} - b_2^1 b_{12} - b_2^2 b_{22})
\end{array}\right] \cdot
\begin{bmatrix} v_1 \\ v_2 \\ \hline v_3 \end{bmatrix}
\tag{7.3.54}
$$

Die in der Elementsteifigkeitsmatrix dann zu verwendende Elastizitätsmatrix lautet gemäß dem Beispiel von Abschnitt 3.4.3:

$$
\mathrm{DE} = D \begin{bmatrix} \mathbf{E}_{11} & \mathbf{0} \\ \mathbf{0} & \frac{h^2}{12}\mathbf{E}_{11} \end{bmatrix} \quad \text{mit } \mathbf{E}_{11} = \begin{bmatrix} a^{11}a^{11} & 0 & \nu a^{11}a^{22} \\ 0 & 2(1-\nu)a^{11}a^{22} & 0 \\ \nu a^{11}a^{22} & 0 & a^{22}a^{22} \end{bmatrix}
\tag{7.3.55}
$$

Aus den Dehnungen der Tafel 7.14 finden wir die noch unkondensierte, gegenüber (7.3.40) leicht modifizierte Elementsteifigkeitsmatrix $\tilde{\mathbf{k}}^p$

$$
\tilde{\mathbf{k}}^p = \tilde{\mathbf{G}}^{pT} \iint_{F^p} \tilde{\mathbf{H}}_*^{pT} \mathbf{D}\mathbf{E}\tilde{\mathbf{H}}_*^p \, dF^p \tilde{\mathbf{G}}^p,
\tag{7.3.56}
$$

die sich auf die tensoriellen Freiheitsgrade $\tilde{\mathbf{v}}^p$ hinsichtlich der an beiden Elementrändern A und B (siehe Bild 7.18) jeweils gültigen lokalen Bezugssysteme bezieht. Für das weitere Vorgehen ist es natürlich von Vorteil, diese in *physikalische Komponenten* im Hinblick auf das *globale Bezugssystem* $\mathbf{i}_i$ zu transformieren. Beide Transformationen

$$
\begin{aligned}
\tilde{\mathbf{v}}^p &= \begin{bmatrix} \mathbf{v}^p \\ \hat{\mathbf{u}}_2^p \end{bmatrix} = \begin{bmatrix} \mathbf{T}_1 & \mathbf{0} \\ \mathbf{0} & \mathbf{I} \end{bmatrix} \cdot \begin{bmatrix} \mathbf{v}^{\langle p \rangle} \\ \hat{\mathbf{u}}_2^{\langle p \rangle} \end{bmatrix} = \mathbf{T}_1^p \tilde{\mathbf{v}}^{\langle p \rangle}, \\
\tilde{\mathbf{v}}^{\langle p \rangle} &= \begin{bmatrix} \mathbf{v}^{\langle p \rangle} \\ \hat{\mathbf{u}}_2^{\langle p \rangle} \end{bmatrix} = \begin{bmatrix} \mathbf{T}_2 & \mathbf{0} \\ \mathbf{0} & \mathbf{I} \end{bmatrix} \cdot \begin{bmatrix} \overline{\mathbf{v}}^{\langle p \rangle} \\ \hat{\overline{\mathbf{u}}}_2^{\langle p \rangle} \end{bmatrix} = \mathbf{T}_2^p \tilde{\overline{\mathbf{v}}}^{\langle p \rangle}
\end{aligned}
\tag{7.3.57}
$$

sind für die *wesentlichen* Freiheitsgrade ebenfalls in Tafel 7.14 detailliert.

Approximation des Element-Verschiebungsfeldes: $\boldsymbol{u}^p = \boldsymbol{\phi}^p \tilde{\boldsymbol{G}}^p \tilde{\boldsymbol{v}}^p = \tilde{\boldsymbol{\Omega}}^p \tilde{\boldsymbol{v}}^p$

mit: $\tilde{\boldsymbol{\Omega}}^p =$

$(1-\bar z)\cdot s$				$\bar z\cdot s$				$(-\bar z+\bar z^2)\cdot s$	$(-\bar z+\bar z^3)\cdot s$		
	$(1-\bar z)\cdot c$				$\bar z\cdot c$					$(-\bar z+\bar z^2)\cdot c$	$(-\bar z^2+\bar z^3)\cdot c$
	$(-\bar z+2\bar z^2-\bar z^3)\,\Delta z b^2_{2A}\cdot c$	$(1-3\bar z^2+2\bar z^3)\cdot c$	$(-\bar z+2\bar z^2-\bar z^3)\,\Delta z\cdot c$		$(\bar z^2-\bar z^3)\,\Delta z b^2_{2B}\cdot c$	$(3\bar z^2-2\bar z^3)\cdot c$	$(\bar z^2-\bar z^3)\,\Delta z\cdot c$				

$s = \sin(n\Theta^1)$, $c = \cos(n\Theta^1)$

Approximation des Element-Verzerrungsfeldes: $\boldsymbol{\epsilon}^p = \boldsymbol{D}_k \boldsymbol{u}^p = \boldsymbol{D}_k \boldsymbol{\phi}^p \tilde{\boldsymbol{G}}^p \tilde{\boldsymbol{v}}^p = \tilde{\boldsymbol{H}}^p_* \tilde{\boldsymbol{G}}^p \tilde{\boldsymbol{v}}^p$

mit: $\boldsymbol{\epsilon}^{pT} = [\alpha_{(11)} \; \alpha_{(12)} \; \alpha_{(22)} \mid \omega_{(11)} \; \omega_{(12)} \; \omega_{(22)}]$

$\tilde{\boldsymbol{H}}^p_* = \boldsymbol{D}_k \boldsymbol{\phi}^p =$

nc	$\bar z nc$	$(-\Gamma^2_{11})c$	$(-\Gamma^2_{11}\bar z)c$	$-b_{11}c$	$-b_{11}\bar z c$	$-b_{11}\bar z^2 c$	$-b_{11}\bar z^3 c$	$\bar z^2 nc$	$\bar z^3 nc$	$-\Gamma^2_{11}\bar z^2 c$	$-\Gamma^2_{11}\bar z^3 c$
$(-\Gamma^1_{12})s$	$(\frac{1}{2\Delta z}-\Gamma^1_{12}\bar z)s$	$(-\frac{1}{2}n)s$	$(-\frac{1}{2}\bar z n)s$	0	0	0	0	$(\frac{\bar z}{\Delta z}-\Gamma^1_{12}\bar z^2)s$	$(\frac{3\bar z^2}{2\Delta z}-\Gamma^1_{12}\bar z^3)s$	$(-\frac{1}{2}\bar z^2 n)s$	$(-\frac{1}{2}\bar z^3 n)$
0	0	$\Gamma^2_{22}c$	$(\frac{1}{\Delta z}-\Gamma^2_{22}\bar z)c$	$-b_{22}c$	$-b_{22}\bar z c$	$-b_{22}\bar z^2 c$	$-b_{22}\bar z^3 c$	0	0	$(\frac{2\bar z}{\Delta z}-\Gamma^2_{22}\bar z^2)c$	$(\frac{3\bar z^2}{\Delta z}-\Gamma^2_{22}\bar z$
$(-2b^1_1 n)c$	$(-2b^1_1\bar z n)c$	$\Gamma^2_{11}(b^1_1+b^2_2)c$	$(\Gamma^2_{11}(b^1_1+b^2_2)\bar z)c$	$(n^2+b_{11}b^1_1)c$	$(\bar z n^2+\frac{\Gamma^2_{11}}{\Delta z}+b_{11}b^1_1\bar z)c$	$(\bar z^2 n^2+\frac{2\Gamma^2_{11}\bar z}{\Delta z}+b_{11}b^1_1\bar z^2)c$	$(\bar z^3 n^2+\frac{3\Gamma^2_{11}\bar z^2}{\Delta z}+b_{11}b^1_1\bar z^3)c$	$(-2b^1_1\bar z^2 n)c$	$(-2b^1_1\bar z^3 n)c$	$(\Gamma^2_{11}(b^1_1+b^2_2)\bar z^2)c$	$(\Gamma^2_{11}(b^1_1+b$ $\bar z^3)c$
$(\frac{3\Gamma^1_{12}b^1_1}{2}-\frac{b^1_{12}}{2}+\frac{\Gamma^1_{21}b^2_2}{2})s$	$(\frac{b^1_1}{\Delta z}-\frac{b^1_{12}\bar z}{2}+\frac{3\Gamma^1_{12}b^1_1\bar z}{2}+\frac{\Gamma^1_{21}b^2_2\bar z}{2})s$	$b^2_2 ns$	$b^2_2\bar z ns$	$(-\Gamma^1_{12}n)s$	$(\frac{n}{\Delta z}-\Gamma^1_{12}\bar z n)s$	$(\frac{2\bar z n}{\Delta z}-\Gamma^1_{12}\bar z^2 n)s$	$(\frac{3\bar z^3 n}{\Delta z}-\Gamma^1_{12}\bar z^3 n)s$	$(\frac{2b^1_1\bar z}{\Delta z}-\frac{b^1_{12}\bar z^2}{2}+\frac{3\Gamma^1_{12}b^1_1\bar z^2}{2}+\frac{\Gamma^1_{21}b^2_2\bar z^2}{2})s$	$(\frac{3b^1_1\bar z^2}{\Delta z}-\frac{b^1_{12}\bar z^3}{2}+\frac{3\Gamma^1_{12}b^1_1\bar z^3}{2}+\frac{\Gamma^1_{21}b^2_2\bar z^3}{2})s$	$b^2_2\bar z^2 ns$	$b^2_2\bar z^3 ns$
0	0	$(-b^2_{2,2}+2\Gamma^2_{22}b^2_2)c$	$(-\frac{2b^2_2}{\Delta z}-b^2_{2,2}\bar z+2\Gamma^2_{22}b^2_2\bar z)c$	$b_{22}b^2_2 c$	$(\frac{\Gamma^2_{22}}{\Delta z}+b_{22}b^2_2\bar z)c$	$(-\frac{2}{\Delta z^2}+\frac{2\Gamma^2_{22}\bar z}{\Delta z}+b_{22}b^2_2\bar z^2)c$	$(-\frac{6\bar z}{\Delta z^2}+\frac{3\Gamma^2_{22}\bar z^2}{\Delta z}+b_{22}b^2_2\bar z^3)c$	0	0	$(-\frac{4b^2_2\bar z}{\Delta z}-b^2_{2,2}\bar z^2+2\Gamma^2_{22}b^2_2\bar z^2)c$	$(-\frac{6b^2_2\bar z^2}{\Delta z}-b$ $\bar z^3+2\Gamma^2_{2}$ $b^2_2\bar z^3)c$

Transformation der (wesentlichen) tensoriellen Freiheitsgrade $\boldsymbol{v}^p$ *in physikalische Freiheitsgrade* $\boldsymbol{v}^{\langle p\rangle}$:

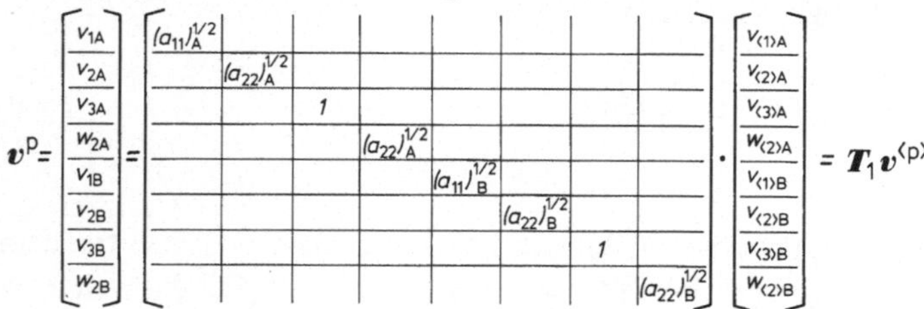

$$\boldsymbol{v}^p = \begin{bmatrix} v_{1A}\\ v_{2A}\\ v_{3A}\\ w_{2A}\\ v_{1B}\\ v_{2B}\\ v_{3B}\\ w_{2B}\end{bmatrix} = \mathrm{diag}\left[(a_{11})^{1/2}_A,\ (a_{22})^{1/2}_A,\ 1,\ (a_{22})^{1/2}_A,\ (a_{11})^{1/2}_B,\ (a_{22})^{1/2}_B,\ 1,\ (a_{22})^{1/2}_B\right] \cdot \begin{bmatrix} v_{\langle 1\rangle A}\\ v_{\langle 2\rangle A}\\ v_{\langle 3\rangle A}\\ w_{\langle 2\rangle A}\\ v_{\langle 1\rangle B}\\ v_{\langle 2\rangle B}\\ v_{\langle 3\rangle B}\\ w_{\langle 2\rangle B}\end{bmatrix} = \boldsymbol{T}_1 \boldsymbol{v}^{\langle p\rangle}$$

Transformation der physikalischen Elementfreiheitsgrade $\boldsymbol{v}^{\langle p\rangle}$ *in das globale Bezugssystem:*

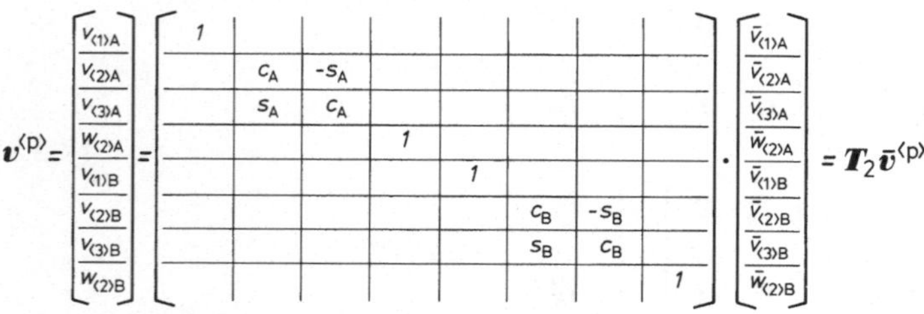

$$\boldsymbol{v}^{\langle p\rangle} = \begin{bmatrix} v_{\langle 1\rangle A}\\ v_{\langle 2\rangle A}\\ v_{\langle 3\rangle A}\\ w_{\langle 2\rangle A}\\ v_{\langle 1\rangle B}\\ v_{\langle 2\rangle B}\\ v_{\langle 3\rangle B}\\ w_{\langle 2\rangle B}\end{bmatrix} = \begin{bmatrix} 1 &&&&&&& \\ & c_A & -s_A &&&&& \\ & s_A & c_A &&&&& \\ &&& 1 &&&& \\ &&&& 1 &&& \\ &&&&& c_B & -s_B & \\ &&&&& s_B & c_B & \\ &&&&&&& 1 \end{bmatrix} \cdot \begin{bmatrix} \bar v_{\langle 1\rangle A}\\ \bar v_{\langle 2\rangle A}\\ \bar v_{\langle 3\rangle A}\\ \bar w_{\langle 2\rangle A}\\ \bar v_{\langle 1\rangle B}\\ \bar v_{\langle 2\rangle B}\\ \bar v_{\langle 3\rangle B}\\ \bar w_{\langle 2\rangle B}\end{bmatrix} = \boldsymbol{T}_2 \bar{\boldsymbol{v}}^{\langle p\rangle}$$

mit $s_A = \sin\alpha_A$, $c_A = \cos\alpha_A$, $\alpha_A = \arc\tan(r_{,2})_A, \ldots$

Tafel 7.14 Herleitung des Schalenringelementes 2

Mit diesen Transformationen schließlich gewinnt man die unkondensierte Steifigkeitsmatrix (7.3.40) als physikalische, auf das globale Bezugssystem in Bild 7.18 bezogene Größe:

$$\widetilde{\mathbf{k}}^{\langle p \rangle} = \mathbf{T}_2^{pT}\mathbf{T}_1^{pT}\widetilde{\mathbf{G}}^{pT}\iint\limits_{F^p}\widetilde{\mathbf{H}}_*^{pT}\mathbf{D}\mathbf{E}\widetilde{\mathbf{H}}_*^{p}dF^p\widetilde{\mathbf{G}}^{p}\mathbf{T}_1^{p}\mathbf{T}_2^{p}. \tag{7.3.58}$$

Die hierin auftretenden Multiplikationen werden wieder zweckmäßigerweise im Computer ausgeführt, ebenso die Integration nach dem *Gauß*schen Algorithmus, wobei bereits drei Stützstellen zu einer hinreichenden Genauigkeit führen [47]. Ebenfalls maschinell erfolgt der Kondensierungsprozeß (7.3.41, 42) auf die wesentlichen Freiheitsgrade $\overline{\mathbf{v}}^{\langle p \rangle}$.

Ein derartiges Schalenringelement eignet sich besonders zur Untersuchung von Rotationsschalen, deren Einwirkungen auf einfache Weise durch *Fourierreihen* in Umfangsrichtung zu beschreiben sind. Als erstes Anwendungsbeispiel enthält Bild 7.19 die Schnittgrößen eines Naturzugkühlturms infolge einer vertikalen Bodensetzung in cos $(6\Theta^1)$-Form. Die Kühler-

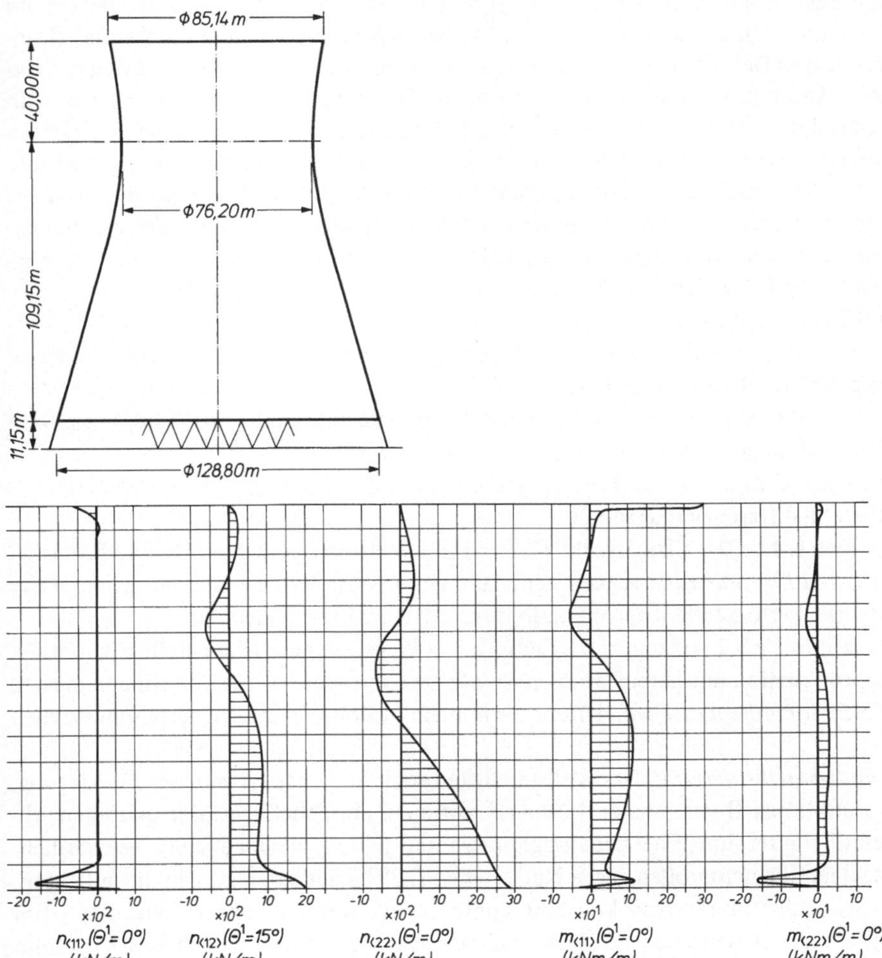

Bild 7.19 Schnittgrößen eines Naturzugkühlers infolge einer vertikalen Bodensetzung $s = -0.02 \cos(6\,\Theta^1)$ [m] am unteren Schalenrand

schale wurde in 44 Elemente unterschiedlicher Höhe Δz zerlegt. Deutlich erkennt man in den Schnittgrößen noch die schwindenden Anteile einer dehnungslosen Verbiegung (für kleine Parameter n) und das Hervortreten des Randstörungscharakters. Das Schalenringelement ist ein sehr leistungsfähiges Werkzeug hinsichtlich Rechenzeit und erzielter Genauigkeit [46]. Gleiche Erfahrungen sind anderweitig mit ähnlichen Elementen gemacht worden [25, 26], insbesondere auch dann, wenn die Einwirkungen aus vielen *Fouriergliedern* zusammenzusetzen waren [59, 60]. Schließlich zeigt Bild 7.20 die mit diesem Element ermittelten Schnittgrößen für verschiedene rotationssymmetrische Lastfälle eines Faulbehälters von ca. 10000 m^3 Fassungsvermögen.

7.3.4 Beurteilung finiter Weggrößenelemente für Flächentragwerke

Die Güte einer Näherungslösung auf der Grundlage finiter Elemente hängt entscheidend von der Wahl der Grundfunktionen in (7.3.3) und der Freiheitsgrade $\mathbf{v}^p$ ab. Zwar sichert das bei Weggrößenmodellen zu minimierende Funktional, das elastische Gesamtpotential Π, infolge seiner positiven Definitheit stets eine *eindeutige* Lösung mit monotoner Konvergenz. Ein mit beliebigen Ansatzfunktionen erreichtes relatives Minimum von Π kann jedoch weit vom wirklichen (absoluten) Minimum entfernt liegen. In derartigen Fällen enthält die Steifigkeitsmatrix fehlerhafte Elemente: sie wird daher zu unrichtigen Ergebnissen führen. Ansatzfunktionen und Freiheitsgrade können somit nicht frei gewählt werden. Ohne auf die Lösungseigenschaften im einzelnen abzuheben, sollen daher nun diejenigen Anforderungen zusammengestellt werden, welche Konvergenz erwarten lassen. Dabei beschränken wir uns auf Weggrößenelemente; die folgenden Ausführungen können jedoch auf andere finite Approximationen sinngemäß übertragen werden.

Wir beginnen mit der Aufzählung von drei *Grundanforderungen*, ohne die keine sinnvolle Formulierung des Verfahrens möglich ist.

a) Die Einzelfunktionen jeder Zeile von $\boldsymbol{\phi}^p$ müssen untereinander linear unabhängig sein, weil sonst die Matrix $\hat{\boldsymbol{\phi}}^p$ singulär und damit nicht invertierbar wird.

b) Zur eventuellen Definition von Freiheitsgraden aus Ableitungen von $\boldsymbol{\phi}^p$ müssen diese hinreichend oft stetig differenzierbar sein.

c) Die in der Elementsteifigkeitsmatrix $\mathbf{k}^p$ (7.3.15) verwendeten Operatoren $\mathbf{D}_k$ und $\mathbf{E}$ müssen einer *konsistenten Formulierungsvariante* entstammen, um zusätzliche, aus der Theorie der Flächentragwerke herrührende Approximationsunschärfen zu vermeiden.

Die im Abschnitt 7.3.2 vollzogene Herleitung von Weggrößenmodellen stellt bekanntlich eine *Ritz*-Approximation mit bereichsweisen Ansatzfunktionen dar. Diese Funktionen müssen daher die gleichen *mathematischen* Kriterien wie beim gewöhnlichen *Ritz*verfahren erfüllen [32, 129]:

1. Vollständigkeitskritierium: Das Vollständigkeitskriterium basiert auf der Überlegung, daß die im Funktional Π vertretenen Lösungsfunktionen einschließlich ihrer partiellen Ableitungen den Charakter ihres Energiebeitrages bewahren sollten, wenn bei einer Netzverdichtung die einzelnen Elementgrößen gegen Null streben [129]. Hieraus folgt, daß die auftretenden Verzerrungsfelder mindestens konstant approximiert werden müssen, wie dies beim Scheibenelement des Abschnittes 7.3.3 der Fall war. Verallgemeinert wird dieses Kriterium durch die Forderung, daß die Ansatzfunktionen bis zur höchsten, im Funktional auftretenden partiellen Ableitung noch aus vollständigen Funktionen bestehen sollen. Das Vollständigkeitskriterium geht auf *Felippa* und *Clough* [52] sowie *Oliveira* [100] zurück.

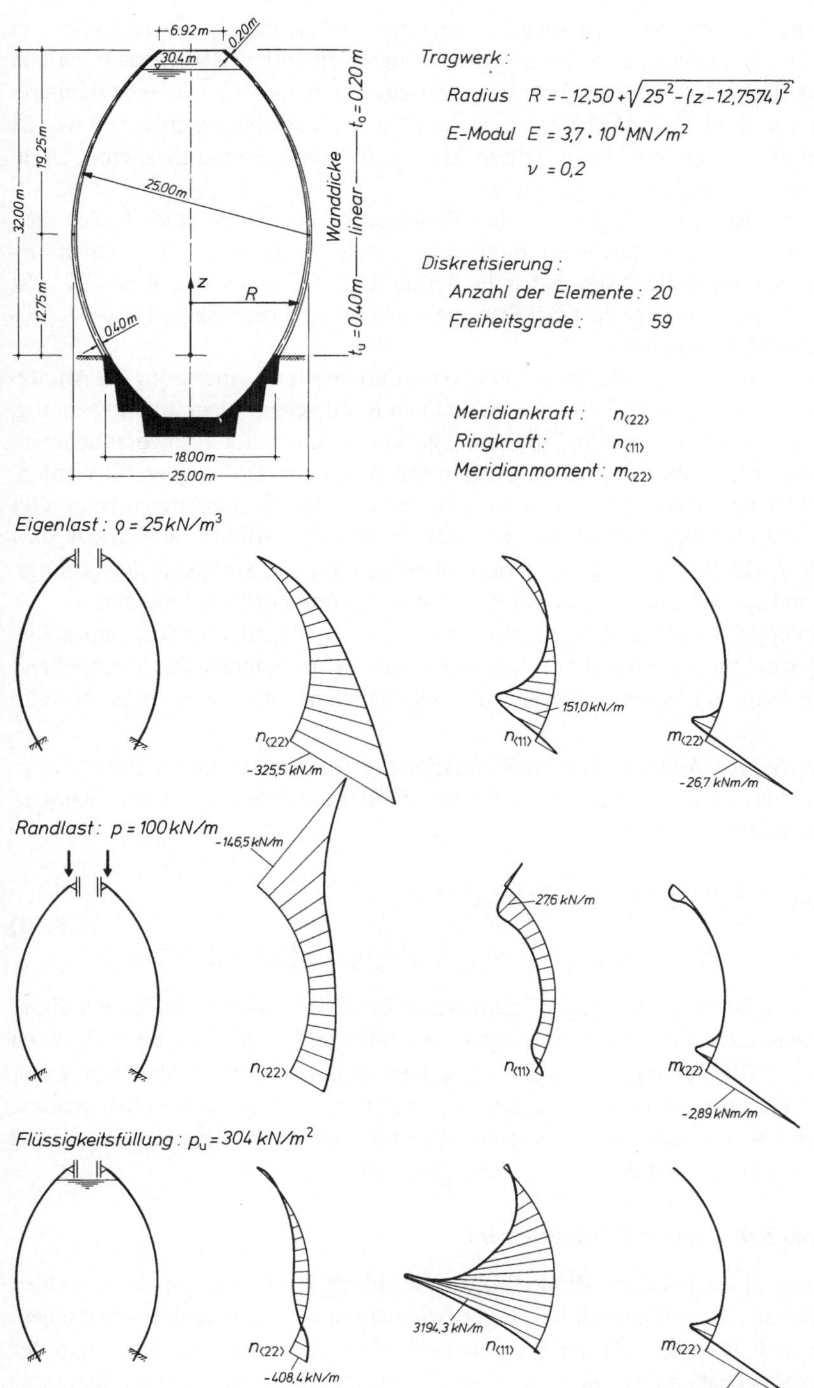

Bild 7.20 Schnittgrößen eines 10.000 m³-Faulbehälters

Eine hiermit eng verbundene Forderung ist diejenige nach *flächenhafter Isotropie* des Lösungsansatzes: Durch keine lineare Transformation des Elementbezugssystems innerhalb der Tragwerksmittelfläche dürfen Ansatzfunktionen verschwinden, da sonst das approximierte Verschiebungsfeld von der Lage und Orientierung des Elementes abhängig würde. Der Begriff *flächenhafte Isotropie* entstammt einem Teilaspekt: der Invarianz hinsichtlich einer Drehtransformation eines kartesischen Bezugssystems.
Bei Polynomansätzen ist Vollständigkeit in den Funktionen jeder Zeile eines *Pascal*schen Dreiecks gegeben. Ist Vollständigkeit nicht zu erreichen, so sollen die Ansatzfunktionen hinsichtlich ihrer Variablen mindestens symmetrische Bestandteile aufweisen. Aus Bild 7.17 geht hervor, daß zur Vollständigkeit des dortigen Plattenelementes der Lösungsanteil $\phi_{10} = \zeta_A \zeta_B \zeta_C$ fehlt, Symmetrie jedoch vorhanden ist.

2. Kompatibilitätskriterium: Das Kompatibilitätskriterium regelt die Anpassung der Ansatzfreiwerte $\hat{\mathbf{u}}^p$ an die Freiheitsgrade $\mathbf{v}^p$. Diese ist bei einem Randwertproblem 2n-ter Ordnung, das durch Ableitungsordnungen bis n im Funktional gekennzeichnet ist, i.a. so vorzunehmen, daß alle wesentlichen Rand- und Übergangsbedingungen (n – 1)-ter Ordnung erfüllt werden. Somit wird Stetigkeit der Ansatzfunktionen sowie deren (n – 1)-ter Ableitungen längs aller Elementränder gefordert. Ansatzfunktionen, die diese Forderungen erfüllen, heißen *konform* oder *voll-kompatibel*. Häufig allerdings beschränkt man sich auf die Stetigkeit der Lösungsfunktionen allein und spricht dann – etwas irreführend – von *kompatiblen* Ansätzen.

Demnach erfordert das Vollständigkeitskriterium i.a. C^n-Stetigkeit *innerhalb* eines Elementes, das Kompatibilitätskriterium C^{n-1}-Stetigkeit *längs* seiner Ränder. Das abschließend aufzuführende Kriterium entstammt der *Mechanik*, sein Inhalt ist ohne Schwierigkeiten einleuchtend.

3. Starrkörperkriterium: Alle Starrkörperdeformationen müssen durch die gewählten Formfunktionen beschrieben werden, durch sie dürfen jedoch keine Schnittgrößen bzw. Knotenkräfte, d.h. Verzerrungen entstehen:

$$\begin{aligned} \alpha_{(\alpha\beta)} &= \frac{1}{2}(v_{s\alpha}|_\beta + v_{s\beta}|_\alpha - 2b_{\alpha\beta}v_{s3}) = 0, \\ \omega_{(\alpha\beta)} &= -(v_{s3}|_{\alpha\beta} + b^\lambda_\alpha|_\beta v_{s\lambda} + b^\lambda_\alpha v_{s\lambda}|_\beta + b^\lambda_\beta v_{s\lambda}|_\alpha - b^\lambda_\alpha b_{\lambda\beta}v_{s3}) = 0. \end{aligned} \tag{7.3.59}$$

Bei Schalenelementen, die in krummlinigen Koordinaten Θ^1, Θ^2 beschrieben sind, kann dieses Kriterium häufig nicht oder nur unter Schwierigkeiten erfüllt werden. Als Lösungsfunktionen $v_{s\alpha}$, v_{s3} der Differentialgleichungen (7.3.59) entstehen nämlich durch Einbeziehung der Schalengeometrie i.a. transzendente Funktionen, die durch Polynomansätze nur unzureichend angenähert werden. Die Vorläufer des im letzten Abschnitt skizzierten Ringelementes [142] weisen Schwierigkeiten in der Erfüllung dieses Kriteriums auf.

7.3.5 Übersicht und Kritik finiter Schalenelemente

Harbord gibt in [63] die jeweilige Mindestpolynomordnung zur Einhaltung der einzelnen Konvergenzkriterien an. Danach müssen bei Dreieckselementen die Tangentialverschiebungen v_λ mindestens durch Polynome 3. Ordnung approximiert werden, wobei das Kriterium der Starrkörperinvarianz maßgebend ist. Die Normalverschiebungen v_3 müssen dagegen mindestens durch Polynome 5. Ordnung beschrieben werden, hier ist das Konformitätskriterium entscheidend. Bei Viereckelementen ist die entsprechende Polynomordnung in beiden Fällen 3.

Die Einhaltung der jeweils größten Polynomordnung erscheint zur Gewährleistung von Konvergenz unumgänglich; die im Einzelfall verwendeten Polynomordnungen können daher als Maßstab einer Elementkritik dienen. Diesen Zweck verfolgt die Übersicht der Tafel 7.15, in welcher in Anlehnung an [65, 68] verschiedene *dreieckige Schalenelemente* einander gegenübergestellt wurden. Darin sind nur gekrümmte Elemente aufgeführt worden; eine Übersicht über ebene Scheiben- und Plattenelemente findet der Leser in [27]. Zu einer ausführlichen, kritischen Beschreibung dieser Elemente verweisen wir auf die beiden genannten Literaturstellen; den an Viereckelementen interessierten Leser insbesondere auf [100].

Im Hinblick auf Tafel 7.15 ist zu bemerken, daß in der Literatur nur wenige Dreieckselemente für *beliebig gekrümmte* Flächentragwerke vorliegen. Eine Sonderstellung nehmen die verschiedenen isoparametrischen Elemente ein. Sie besitzen den großen Vorteil, daß sich bei entsprechender Wahl der Ansatzfunktionen alle drei Konvergenzkriterien streng erfüllen lassen. Ihr Nachteil liegt in der approximierten Erfassung der Schalengeometrie und in dem gesamten Herleitungsweg, der das mechanische Geschehen statt durch konvektive Flächenparameter durch das außerhalb der Mittelfläche liegende, globale kartesische Koordinatensystem beschreibt. Diese Vorgehensweise infiziert das gesamte Konzept mit schwierig zu bewertenden mechanischen Approximationsfragen [8].

Ziel der Darstellung des Verfahrens der finiten Elemente war die Anknüpfung der allgemeinen Theorie der Flächentragwerke an dieses numerische Berechnungsverfahren. Neben den dabei allein behandelten Weggrößenmodellen existieren auch bei Flächentragwerken gemischte und hybride Elemente. Der interessierte Leser sei auf die vergleichende Gegenüberstellung [65] sowie auf weitere Literaturstellen [48, 64, 133] verwiesen.

7.4 Die Methode finiter Differenzen

7.4.1 Einleitende Bemerkungen

Werden Randwertprobleme von Flächentragwerken durch ein Differentialgleichungssystem und entsprechende Randbedingungen beschrieben, so kann zu ihrer numerischen Behandlung die Methode finiter Differenzen herangezogen werden. Durch Elimination der Ableitungen mittels finiter Differenzenquotienten wird dabei die ursprüngliche Aufgabe auf die Lösung eines Gleichungssystems zurückgeführt. Wendet man diese Vorgehensweise auf Differentialgleichungen höherer Ordnung an [11, 31, 143], so besteht der Nachteil in der relativ komplizierten Erfassung von Randvorgaben. Darüber hinaus erfordert die Berechnung zusätzlicher Zustandsgrößen oft mehrmaliges Differenzieren der Lösungsfunktionen, wodurch die ursprüngliche Genauigkeit der Methode verloren geht. Diese Nachteile werden beseitigt, wenn das Verfahren auf Systeme von Differentialgleichungen erster Ordnung angewendet wird, in denen alle für die Randbedingungen wesentlichen Kraft- und Weggrößen als unbekannte Variablen Verwendung finden [16, 97]. Durch eine geeignete Matrizenformulierung des Differentialgleichungssystems kann dabei eine computerorientierte Einarbeitung beliebiger Randvorgaben erzielt werden [13].

Für die Diskretisierung können gewöhnliche Differenzenquotienten herangezogen werden [12, 31, 97]. Höhere Genauigkeit erzielen jedoch Mehrstellenformeln, in denen neben den Funktionswerten auch die Ableitungen an mehreren Stützstellen auftreten. Eine Differenzenmethode auf der Grundlage von Mehrstellenformeln bezeichnet man als *Mehrstellenverfahren*.

Autor		Weggrößen: Polynom n-ter Ordnung	Weggrößen: Ansatzparameter		Geometrie im Element	Flächenlasten im Element	Konvergenzkriterien nach Abschnitt 7.3.4		
		p^n	m	Freiheitsgrade	$\boldsymbol{r} = \boldsymbol{r}(\Theta^\alpha)$	$\boldsymbol{p} = \boldsymbol{p}(\Theta^\alpha)$	1	2	3
1. Beliebig gekrümmte Schalenelemente in konvektiven Koordinaten									
Cowper, G.R. / Lindberg, G.M. / Olson, M.D. (1971)	[34]	$v_\lambda: p^3$ $v_3: p^n$ (kondensiert)	36	$v_\lambda, v_{\lambda,\alpha}$ $v_3, v_{3,\alpha}, v_{3,\alpha\beta}$	exakt	exakt	ja	ja	gute Näherung
Thomas, G.R. / Gallagher, R.H. (1975)	[120] [121]	$v_\lambda: p^3$ $v_3: p^3$	30	$v_\lambda, v_{\lambda,\alpha}$ $v_3, v_{3,\alpha}, v_{3,n}$	Näherung p^1	Näherung p^1	ja	nein	Näherung
Harte, R. (1982) LACS 27	[68]	$v_\lambda: p^3$ $v_3: p^3$ (kondensiert)	27	$v_\lambda, v_{\lambda,\alpha}$ $v_3, v_{3,\alpha}$	exakt	exakt	ja	nein	Näherung
Harte, R. (1982) LACS 54	[68]	$v_\lambda: p^5$ $v_3: p^5$ (kondensiert)	54	$v_\lambda, v_{\lambda,\alpha}, v_{\lambda,\alpha\beta}$ $v_3, v_{3,\alpha}, v_{3,\alpha\beta}$	exakt	exakt	ja	ja	fast exakt
Harte, R. (1982) LACS 63	[68]	$v_\lambda: p^5$ $v_3: p^5$	63	$v_\lambda, v_{\lambda,\alpha}, v_{\lambda,\alpha\beta}$ $v_{\lambda,n}$ $v_3, v_{3,\alpha}, v_{3,\alpha\beta}$ $v_{3,n}$	exakt	exakt	ja	ja	fast exakt
2. Beliebig gekrümmte Schalenelemente – Isoparametrisches Konzept									
Dupius, G. / Goël, J.-J. (1970) SHL 5	[43]	$v_i^*: p^5$	54	$v_i^*, v_{i,\alpha}^*\ v_{i,\alpha\beta}^*$	Näherung p^5	Näherung p^1	ja	ja	exakt
Dupius, G. (1971) SHL 3	[44]	$v_i^*: p^3 + p_R^3$	27	$v_i^*, v_{i,\alpha}^*$	Näherung $p^3 + p_R^3$	Näherung p^1	bis p^3	ja	exakt
Argyris, J.H. et al. (1968) SHEBA 6	[5] [7]	$v_i^*: p^5$	63	$v_i^*, v_{i,\alpha}^*, v_{i,\alpha\beta}^*$ $v_{i,n}^*$	Näherung p^5		ja	ja	exakt
Wu, S.-C. (1980)	[138]	$v_i^*: p^3 + p_R^3$	36	$v_i^*, v_{i,\alpha}^*, v_{i,n}^*$	Näherung $p^3 + p_R^3$	exakt	bis p^3	ja	exakt
3. Elemente für bestimmte Schalengeometrien									
Strickland, G.E. / Loden, W.A. (1968)	[117]	$v_\lambda: p^1$ $v_3: p^3$	15	v_λ $v_3, v_{3,\alpha}$	Näherung p^2 Flache Schale		nein	nein	nein
Bonnes, G. / Dhatt, G. et al. (1968)	[23]	$v_\lambda: p^3$ $v_3: p^3$ (zusammengesetzte Dreiecke)	36	$v_\lambda, v_{\lambda,\alpha}$ $v_3, v_{3,\alpha}$	Näherung p^2 Flache Schale		ja	ja	Näherung
Dhatt, G. (1970)	[40]	$v_\lambda: p^3$ $v_3: p^3$	27	$v_\lambda, v_{\lambda,\alpha}$ $v_3, v_{3,\alpha}$	Näherung p^2 Flache Schale		nein	nein	Näherung
May, B. (1970)	[91]	$v_\lambda: p^1$ $v_3: p^3$	15	v_λ $v_3, v_{3,\alpha}$	exakt für Kreiszylinderschale	Näherung p^1	nein	nein	nein
Dawe, D.J. (1975)	[37]	$v_\lambda: p^5$ $v_3: p^5$ (kondensiert)	54	$v_\lambda, v_{\lambda,\alpha}, v_{\lambda,\alpha\beta}$ $v_3, v_{3,\alpha}, v_{3,\alpha\beta}$	exakt für flache und Kreiszylinderschale		ja	ja	fast exakt

Tafel 7.15 Übersicht über gekrümmte dreieckige Schalenelemente nach [65, 68]

Wegen seiner hohen Genauigkeit hat dieses Verfahren in der Theorie der Flächentragwerke mannigfaltige Anwendung gefunden [2, 13, 15, 39, 82, 101]. Im folgenden wird es für die Biegetheorie von Schalen erläutert.

7.4.2 Allgemeine Darstellung der Lösungsmethode

Die Berechnung nach dem Mehrstellenverfahren erfordert im wesentlichen folgende Einzelschritte, die wir unter Verwendung der Matrizendarstellung erläutern:

a) Aufstellung des Differentialgleichungssystems: Durch Wahl geeigneter Unbekannten wird die vorliegende Randwertaufgabe in ein partielles Differentialgleichungssystem der Form

$$\mathbf{A}_1 \mathbf{Y}_{,1} + \mathbf{A}_2 \mathbf{Y}_{,2} + \mathbf{C}\mathbf{Y} + \mathbf{P} = \mathbf{0}, \qquad (...)_{,1} = \frac{\partial(...)}{\partial \Theta^1}, \quad (...)_{,2} = \frac{\partial(...)}{\partial \Theta^2} \tag{7.4.1}$$

überführt, in welchem nur Ableitungen erster Ordnung auftreten. Anschließend wird diese Beziehung derart umgeformt, daß die Ableitungen jeweils den Faktor Eins erhalten*:

$$(\mathbf{A}_1 \mathbf{Y})_{,1} + (\mathbf{A}_2 \mathbf{Y})_{,2} + \mathbf{B}\mathbf{Y} + \mathbf{P} = \mathbf{0}, \qquad \mathbf{B} = \mathbf{C} - \mathbf{A}_{1,1} - \mathbf{A}_{2,2}. \tag{7.4.2}$$

Hierin stellen $\mathbf{A}_1$, $\mathbf{A}_2$ sowie $\mathbf{B}$ quadratische, vorgegebene Matrizen dar. Der Spaltenvektor $\mathbf{Y}$ enthält die unbekannten Lösungsfunktionen, während der Vektor $\mathbf{P}$ von vorgegebenen äußeren Wirkungen abhängt. Diese Matrizengleichung (7.4.2) unterliegt weiterhin der Forderung, daß in ihr jede Bestimmungsgleichung genau in derselben Zeile auftritt wie ihre zugehörige Lösungsfunktion im Vektor $\mathbf{Y}$. Diese Zuordnung bedarf der Definition von Bestimmungsgleichungen, die wir im nächsten Abschnitt am Beispiel der Biegetheorie erläutern werden. Dort wird ebenfalls die zweckmäßige Reihenfolge der einzelnen Unbekannten im Vektor $\mathbf{Y}$ angegeben.

b) Diskretisierung: Nach Diskretisierung des Lösungsbereiches F durch ein geeignetes Gitter, beispielsweise gemäß Bild 7.27, wird das Differentialgleichungssystem (7.4.2) unter Verwendung von Mehrstellenformeln

$$\mathbf{S}\mathrm{y}_{,1} = \mathbf{D}^1 \mathrm{y}, \quad \mathbf{S}\mathrm{y}_{,2} = \mathbf{D}^2 \mathrm{y} \tag{7.4.3}$$

an allen gewählten Stützstellen $\mathrm{P}_{i,j}$ in finite Gleichungen

$$\begin{aligned} &\mathbf{S}_{i,j}(\mathbf{A}_1\mathbf{Y})_{,1} + \mathbf{S}_{i,j}(\mathbf{A}_2\mathbf{Y})_{,2} + \mathbf{S}_{i,j}(\mathbf{B}\mathbf{Y}) + \mathbf{S}_{i,j}\mathbf{P} = \\ &\mathbf{D}^1_{i,j}(\mathbf{A}_1\mathbf{Y}) + \mathbf{D}^2_{i,j}(\mathbf{A}_2\mathbf{Y}) + \mathbf{S}_{i,j}(\mathbf{B}\mathbf{Y}) + \mathbf{S}_{i,j}\mathbf{P} = \mathbf{0} \end{aligned} \tag{7.4.4}$$

überführt. Damit entsteht ein vollständiges Gleichungssystem

$$\mathbf{K}_G \mathbf{Y}_G + \mathbf{P}_G = \mathbf{0} \tag{7.4.5}$$

zur Bestimmung der Unbekannten $\mathbf{Y}_G$ aller Gitterpunkte. Bei der in Operatorenschreibweise angegebenen Mehrstellenformel (7.4.3) stellen die beiden *Differenzenoperatoren* $\mathbf{D}^1$ und $\mathbf{D}^2$ sowie der *Summenoperator* $\mathbf{S}$ algebraische Summationsvorschriften über mehrere Gitterpunkte dar. Man erkennt, daß die beiden Ableitungen nach Ausüben des Summenoperators $\mathbf{S}$ in finite Ausdrücke umgewandelt werden.

* Eine solche Umformung ist für alle Probleme erforderlich, deren Grundgleichungen Ableitungen mit veränderlichen Koeffizienten enthalten. Derartige Terme treten beispielsweise in der kinematischen Beziehung (3.3.37) der in Kapitel 3 behandelten Schubverzerrungstheorie auf.

Infolge der Summationsvorschrift **S** wird das Differentialgleichungssystem (7.4.2) bei der Aufstellung finiter Gleichungen (7.4.4) stets an mehreren Stützstellen herangezogen, wodurch gegenüber der gewöhnlichen Differenzenmethode eine größere Genauigkeit erzielt wird. Tritt in den Beziehungen (7.4.3) jede Ableitung nur an einer einzigen Stützstelle auf, so degenerieren diese in gewöhnliche Differenzenformeln.

Wird die gleiche Stützstellenkombination bei der Diskretisierung (7.4.4) mehr als einmal verwendet, so müssen die zugehörigen Mehrstellenformeln linear unabhängige Beziehungen darstellen. Im Abschnitt 7.4.4 wird beispielsweise die schraffiert dargestellte Stützstellenkonfiguration des Bildes 7.27 zur Aufstellung der finiten Gleichungen der beiden Punkte $P_{1,j}$ und $P_{2,j}$ verwendet. Dementsprechend werden an den betreffenden Stellen unterschiedliche Mehrstellenformeln herangezogen (vgl. Tafel 7.19).

c) Einarbeitung der Randvorgaben: Alle längs des Integrationsrandes C vorgegebenen Bedingungen werden nach einer auf der Definition der Bestimmungsgleichungen basierenden Vorschrift in das Gleichungssystem (7.4.5) eingearbeitet.

d) Lösung eines Gleichungssystems: Die Berechnung schließt mit der Lösung eines Gleichungssystems mit einer unsymmetrischen Koeffizientenmatrix ab. Die Lösungsfunktionen werden gegebenenfalls in physikalische Komponenten transformiert.

7.4.3 Grundlagen und Definition der Bestimmungsgleichungen

Das Lösungsverfahren erläutern wir an Hand der *Love*schen ersten Näherung der Biegetheorie in der Fassung von *Reissner* [103]. Bei dieser Approximation wird der erste Verzerrungstensor $\alpha_{\alpha\beta}$ durch (4.1.28) beschrieben, während der zweite Verzerrungstensor $\omega_{\alpha\beta}$ nur noch die kovarianten Ableitungen des Differenzvektors w_α enthält:

$$\alpha_{\alpha\beta} = \alpha_{(\alpha\beta)} = \frac{1}{2}(v_\alpha|_\beta + v_\beta|_\alpha - 2b_{\alpha\beta}v_3), \qquad \omega_{\alpha\beta} = \omega_{(\alpha\beta)} = \frac{1}{2}(w_\alpha|_\beta + w_\beta|_\alpha). \tag{7.4.6}$$

Diese Vereinfachung gegenüber (4.1.29) bewirkt einen symmetrischen Längskrafttensor

$$n^{\alpha\beta} = n^{(\alpha\beta)} = \tilde{n}^{(\alpha\beta)} \tag{7.4.7}$$

in den Gleichgewichtsbedingungen (4.1.10) bis (4.1.12), worin wir außerdem den Lastmomentenvektor c^β unterdrücken:

$$n^{(\alpha\beta)}|_\alpha \; - \; q^\alpha b^\beta_\alpha \; + \; p^\beta \; = \; 0, \tag{7.4.8}$$

$$n^{(\alpha\beta)} b_{\alpha\beta} \; + \; q^\alpha|_\alpha \; + \; p^3 \; = \; 0, \tag{7.4.9}$$

$$m^{(\alpha\beta)}|_\alpha \; - \; q^\beta \; = \; 0. \tag{7.4.10}$$

Unverändert bleiben dagegen die Normalenhypothese (4.1.18):

$$w_\alpha = -(v_{3,\alpha} + v_\lambda b^\lambda_\alpha) \tag{7.4.11}$$

sowie die konstitutiven Beziehungen (4.1.39). Im folgenden bedienen wir uns deren invertierter Form (4.1.42), worin wir die Verzerrungen durch die kinematischen Beziehungen (7.4.6) ersetzen. Ergänzen wir sie schließlich entsprechend (3.4.61) durch die Temperaturglieder, so erhalten wir

$$\frac{1}{2}(v_\alpha|_\beta + v_\beta|_\alpha - 2b_{\alpha\beta}v_3) \; = \; \frac{1}{D} G_{\alpha\beta\rho\lambda} n^{(\rho\lambda)} + \alpha_T T a_{\alpha\beta}, \tag{7.4.12}$$

$$\frac{1}{2}(w_\alpha|_\beta + w_\beta|_\alpha) \; = \; \frac{1}{B} G_{\alpha\beta\rho\lambda} m^{(\rho\lambda)} + \alpha_T \frac{\Delta T}{h} a_{\alpha\beta} \tag{7.4.13}$$

mit dem Elastizitätstensor $G_{\alpha\beta\rho\lambda}$ (4.1.43) sowie der Dehn- und Biegesteifigkeit (4.1.40):

$$G_{\alpha\beta\rho\lambda} = \frac{1}{2(1-\nu)}\left(a_{\alpha\rho}a_{\beta\lambda} + a_{\alpha\lambda}a_{\beta\rho} - \frac{2\nu}{1+\nu}a_{\alpha\beta}a_{\rho\lambda}\right), \tag{7.4.14}$$

$$D = \frac{Eh}{1-\nu^2}, \quad B = \frac{Eh^3}{12(1-\nu^2)} = \frac{h^2}{12}D. \tag{7.4.15}$$

Darin bedeuten:

h, E, ν: Schalendicke, Elastizitätsmodul, Querkontraktionszahl,

α_T: Wärmeausdehnungszahl,

T: Temperaturänderung der Mittelfläche,

ΔT: Temperaturunterschied zwischen äußerer und innerer Schalenlaibung.

Die Beziehungen (7.4.8) bis (7.4.13) bilden ein vollständiges Differentialgleichungssystem für die 13 unbekannten Schnittkraft- und Weggrößenvariablen

$$\mathbf{Y}^T = [n^{(11)}\, n^{(12)}\, n^{(22)}\, q^1\, q^2\, m^{(11)}\, m^{(12)}\, m^{(22)}\, w_1\, w_2\, v_1\, v_2\, v_3], \tag{7.4.16}$$

die wir zu dem Spaltenvektor $\mathbf{Y}$ zusammengefaßt haben. Da der Differenzvektor w_α als Unbekannte beibehalten wurde, treten in ihm nur Ableitungen erster Ordnung auf, wodurch die erste Forderung für die Anwendung des Lösungsverfahrens erfüllt ist.

Die vorschreibbaren Kraft- und Weggrößenvariablen dieser Variante können wir unter Berücksichtigung der Symmetrie (7.4.7) des Längskrafttensors der Zusammenstellung (4.1.64) entnehmen. Drücken wir dabei die Verdrehung ω_t unter Berücksichtigung von (7.4.11) durch w_α aus, so erhalten wir:

$$\begin{aligned}
\tilde{n}_t &= n^{(\alpha\beta)}u_\alpha t_\beta + b^\beta_\lambda t^\lambda t_\beta m_u, & v_t &= v_\alpha t^\alpha,\\
\tilde{n}_u &= n^{(\alpha\beta)}u_\alpha u_\beta + b^\beta_\lambda t^\lambda u_\beta m_u, & v_u &= v_\alpha u^\alpha,\\
\tilde{n}_3 &= q^\alpha u_\alpha - m_{u,\alpha}t^\alpha, & v_3 &= v^3,\\
m_t &= m^{(\alpha\beta)}u_\alpha u_\beta, & \omega_t &= w_\beta u^\beta,
\end{aligned} \tag{7.4.17}$$

mit $\quad m_u = -m^{(\alpha\beta)}u_\alpha t_\beta.$

Da das Biegerandwertproblem einer Schale von 8. Ordnung ist, müssen zu seiner vollständigen Beschreibung vier Bedingungen längs des gesamten Randes C vorgegeben werden, die man unter Verwendung obiger Transformationen in den gewählten Unbekannten (7.4.16) formulieren kann.

Die dargestellte Theorie stellt eine vereinfachte *konsistente* Formulierungsvariante dar: Ihre Gleichgewichtsbedingungen sowie ihre kinematischen Beziehungen werden durch adjungierte Operatoren $\mathbf{D}_e$ und $\mathbf{D}_k$ beschrieben, welche die Verknüpfung (7.2.3) erfüllen. Für viele Probleme ist ihre Genauigkeit ausreichend, wie Vergleichsrechnungen [3, 13] gezeigt haben.

Abschließend wollen wir die *Bestimmungsgleichung* jeder einzelnen Unbekannten in (7.4.16) definieren. Wie eingangs zitiert bildet diese Zuordnung zwischen den gewählten Gleichungen und Unbekannten die Grundlage für eine geeignete Formulierung der Matrizengleichung (7.4.2). Gemäß Bild 7.21 ordnen wir den Schnittgrößen $n^{(\alpha\beta)}$, $m^{(\alpha\beta)}$ die zusammengefaßten Elastizitätsgesetze (7.4.12), (7.4.13), den Querkräften q^α die Momentengleichgewichtsbedingungen (7.4.10), dem Differenzvektor w_α die Normalenhypothese (7.4.11) und den Verschiebungen v_i die Kräftegleichgewichtsbedingungen (7.4.8, 9) als jeweilige Bestimmungsgleichung zu [13, 15]. Selbstverständlich gilt diese Zuordnung für jede andere Formulierungsvariante unter der *Kirchhoff-Love*-Hypothese entsprechend.

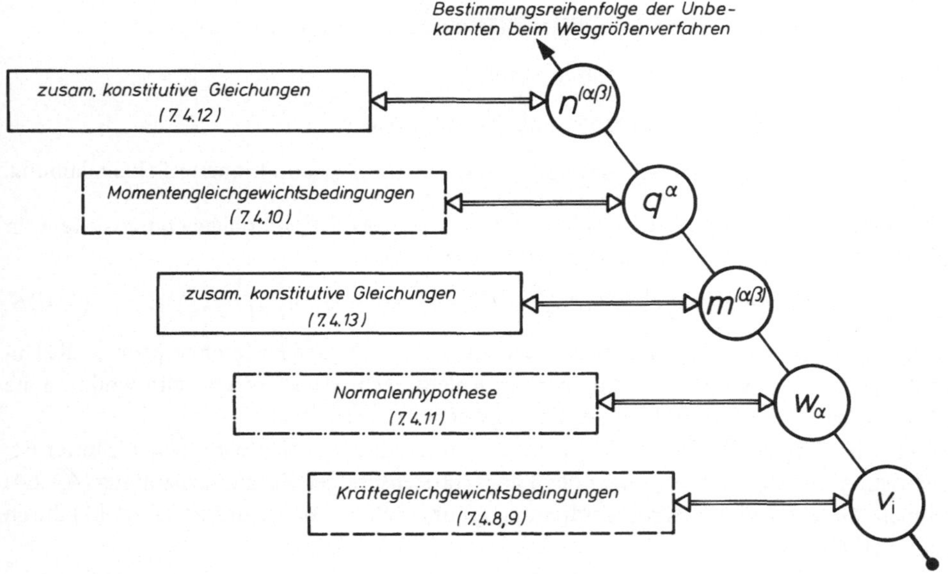

Bild 7.21 Zur Definition der Bestimmungsgleichungen einer Flächentragwerkstheorie vom *Kirchhoff-Love*-Typ (die *Love*sche erste Näherung in der Fassung von *Reissner* [103]).

Für Schubverzerrungstheorien, z.B. die Variante aus Abschnitt 7.1.1, entfällt die Normalenhypothese (7.4.11); an ihre Stelle treten die Momentengleichgewichtsbedingungen (7.1.16) als Bestimmungsgleichungen für w_α. Den Querkräften q^α können dafür die zusammengefaßten Elastizitätsgesetze (7.1.17, 19) zugeordnet werden. Damit erhält man die systematische Zuordnung des Bildes 7.22, in der jede Weggröße mit einer Gleichgewichtsbedingung und jede Kraftvariable mit einem Elastizitätsgesetz korrespondiert.

Diese Zuordnung ist wohlbekannt aus den Variationsprinzipen dieses Kapitels. Das Variationsprinzip (7.1.83, 85) mit den Weggrößen v_i, w_α als frei variierbare Variablen stellt bekanntlich die Erfüllung aller fünf Gleichgewichtsbedingungen (7.1.16) sicher. Die *Euler*schen Gleichungen des Variationsprinzipes (7.1.118) von *Hellinger-Reissner*, in der alle Variablen des Bildes 7.22 unabhängig voneinander variiert werden dürfen, bestehen dafür aus den Gleichgewichtsbedingungen (7.1.16) sowie den zusammengefaßten Elastizitätsgesetzen (7.1.17, 19). Diese Beziehungen treten außerdem in der Stationaritätsbedingung (7.1.120) jeweils in Verbindung mit der Variation derjenigen Variablen auf, für welche sie als Bestimmungsgleichung erklärt wurden. Damit erkennen wir, daß die eingeführte Zuordnung (Bild 7.22) ihre Begründung in der Variationsrechnung findet.

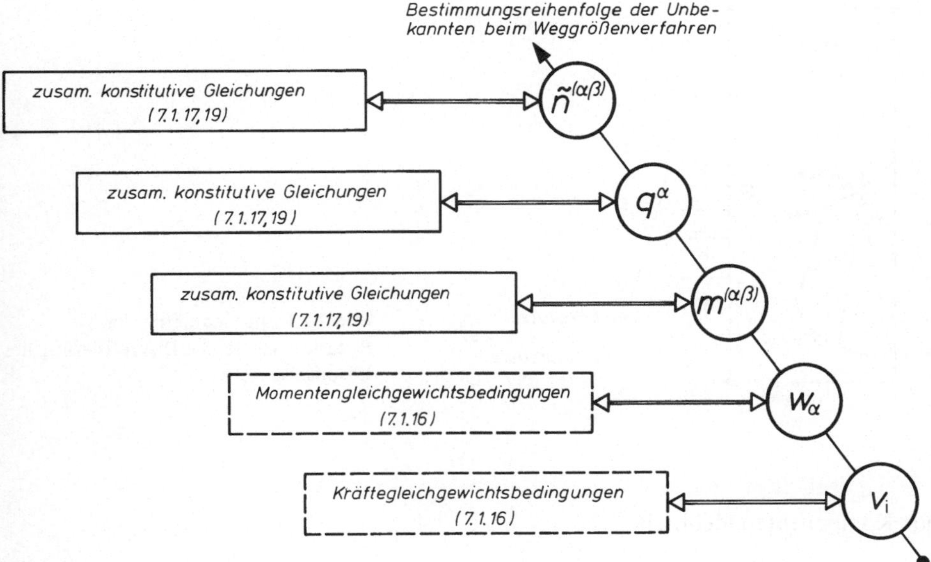

Bild 7.22 Zur Definition der Bestimmungsgleichungen einer Flächentragwerkstheorie unter Einschluß von Schubverzerrungen (Formulierungsvariante A)

Man kann sie jedoch ebenfalls durch das *Weggrößenverfahren* begründen. Hierzu betrachten wir erneut die in diesem Abschnitt dargestellte Näherung unter der *Kirchhoff-Love*-Hypothese. Bei diesem Vorgehen wird unter Verwendung von (7.4.10) bis (7.4.13) aus (7.4.8, 9) ein vollständiges Differentialgleichungssystem für die Verschiebungen v_i hergeleitet. Deren Bestimmungsgleichungen stellen somit die Kräftegleichgewichtsbedingungen (7.4.8, 9) dar. Anschließend können die Variablen w_α, $m^{(\alpha\beta)}$, q^α, $n^{(\alpha\beta)}$ – in der zitierten Reihenfolge – aus (7.4.11), (7.4.13), (7.4.10), (7.4.12) ermittelt werden. Diese Bestimmungsreihenfolge der Unbekannten sowie die zu ihrer Ermittlung dienenden Gleichungen bestätigen die Zuordnung des Bildes 7.21.

Die Definition der Bestimmungsgleichungen ermöglicht bei jeder Differenzenmethode eine einfache Einarbeitung von beliebigen Randvorgaben [13, 15]. Wird an einem Randpunkt eine bestimmte Variable vorgeschrieben, so muß dort deren Bestimmungsgleichung als überflüssige Aussage gestrichen und durch die betreffende Vorgabe ersetzt werden. Bei Vorgaben in Form von Linearkombinationen der Unbekannten soll die Bestimmungsgleichung der jeweils dominanten Variablen eliminiert werden.

7.4.4 Anwendung der Lösungsmethode auf Rotationsschalen

Zur Einführung betrachten wir eine durch Breitenkreise berandete Rotationsschale (Bild 7.23). Ihre Mittelfläche F sei durch Zylinderkoordinaten beschrieben, wobei Θ^1 den Breitenkreiswinkel und $\Theta^2 = x^3$ den Abstand längs der x^3-Achse angeben. In diesem Fall können die differentialgeometrischen Elemente von F durch die Meridianfunktion $r = r(\Theta^2)$ sowie deren Ableitungen $r' = \dfrac{dr}{d\Theta^2}$ und $r'' = \dfrac{d^2r}{(d\Theta^2)^2}$ gemäß Tafel 1.2 ausgedrückt werden. Dabei verschwinden

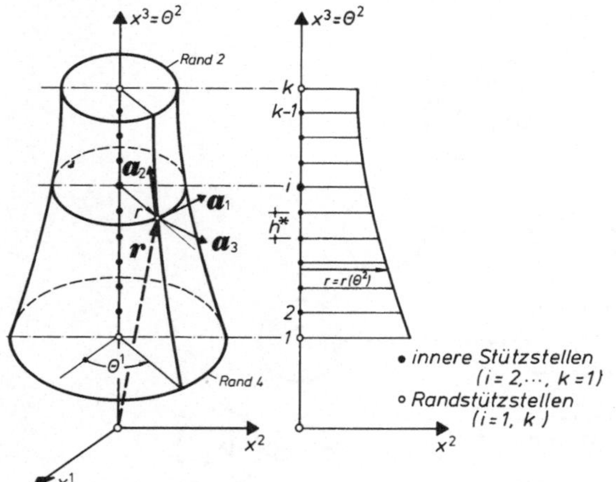

Bild 7.23 Die Geometrie der Rotationsschale, die Diskretisierung des Lösungsbereiches

folgende Komponenten identisch

$$a_{12} = a^{12} = 0, \quad b_{12} = b^1_2 = b^2_1 = b^{12} = 0, \quad \Gamma^1_{11} = \Gamma^1_{22} = \Gamma^2_{12} = 0, \tag{7.4.18}$$

womit wir für den Elastizitätstensor (7.4.14) finden:

$$\begin{aligned} &G_{1111} = \frac{1}{1-\nu^2} a_{11} a_{11}, \quad G_{1122} = -\frac{\nu a}{1-\nu^2}, \quad G_{2222} = \frac{1}{1-\nu^2} a_{22} a_{22}, \\ &G_{1212} = \frac{a}{2(1-\nu)}, \qquad G_{1112} = G_{1222} = 0. \end{aligned} \tag{7.4.19}$$

Schreiben wir nun unter Berücksichtigung dieser Ergebnisse die Gleichgewichtsbedingungen (7.4.8) bis (7.4.10) und gemäß (1.4.19, 20) deren kovariante Ableitungen aus, so erhalten wir:

$$\begin{aligned} &n^{(11)}{}_{,1} + n^{(12)}{}_{,2} + n^{(12)}(3\Gamma^1_{12} + \Gamma^2_{22}) - b^1_1 q^1 + p^1 = 0, \\ &n^{(12)}{}_{,1} + n^{(22)}{}_{,2} + n^{(11)}\Gamma^2_{11} + n^{(22)}(2\Gamma^2_{22} + \Gamma^1_{12}) - b^2_2 q^2 + p^2 = 0, \\ &n^{(11)} b_{11} + n^{(22)} b_{22} + q^1{}_{,1} + q^2{}_{,2} + q^2(\Gamma^1_{12} + \Gamma^2_{22}) + p^3 = 0, \\ &m^{(11)}{}_{,1} + m^{(12)}{}_{,2} + m^{(12)}(3\Gamma^1_{12} + \Gamma^2_{22}) - q^1 = 0, \\ &m^{(12)}{}_{,1} + m^{(22)}{}_{,2} + m^{(11)}\Gamma^2_{11} + m^{(22)}(2\Gamma^2_{22} + \Gamma^1_{12}) - q^2 = 0. \end{aligned} \tag{7.4.20}$$

Dementsprechend liefern die Elastizitätsgesetze (7.4.12, 13):

$$\begin{aligned} v_{1,1} - \Gamma^2_{11} v_2 - b_{11} v_3 &= \frac{1}{D}(G_{1111} n^{(11)} + G_{1122} n^{(22)}) + a_{11}\alpha_T T, \\ v_{1,2} + v_{2,1} - 2\Gamma^1_{12} v_1 &= \frac{4}{D} G_{1212} n^{(12)}, \\ v_{2,2} - \Gamma^2_{22} v_2 - b_{22} v_3 &= \frac{1}{D}(G_{1122} n^{(11)} + G_{2222} n^{(22)}) + a_{22}\alpha_T T, \end{aligned} \tag{7.4.21}$$

$$
\begin{aligned}
w_{1,1} - \Gamma^2_{11} w_2 &= \frac{1}{B}(G_{1111} m^{(11)} + G_{1122} m^{(22)}) + a_{11}\alpha_T \frac{\Delta T}{h},\\
w_{1,2} + w_{2,1} - 2\Gamma^1_{12} w_1 &= \frac{4}{B} G_{1212} m^{(12)},\\
w_{2,2} - \Gamma^2_{22} w_2 &= \frac{1}{B}(G_{1122} m^{(11)} + G_{2222} m^{(22)}) + a_{22}\alpha_T \frac{\Delta T}{h}
\end{aligned}
\qquad (7.4.22)
$$

und schließlich die Normalenhypothese (7.4.11):

$$
\begin{aligned}
w_1 &= -v_{3,1} - b^1_1 v_1,\\
w_2 &= -v_{3,2} - b^2_2 v_2.
\end{aligned}
\qquad (7.4.23)
$$

Die vorschreibbaren Variablen der beiden gemäß Bild 7.23 bezeichneten Schalenränder übernehmen wir unter Berücksichtigung von (7.4.7) aus (6.3.13, 14):

$$
\text{Rand} \begin{bmatrix} 2 \\ \\ 4 \end{bmatrix} : \begin{bmatrix} \tilde{n}_t \\ \tilde{n}_u \\ \tilde{n}_3 \\ m_t \\ --- \\ v_t \\ v_u \\ v_3 \\ \omega_t \end{bmatrix} = \begin{bmatrix} -(n^{(12)} - b^1_1 m^{(12)})\sqrt{a} \\ n^{(22)} a_{22} \\ \pm (q^2 + m^{(12)}{}_{,1})\sqrt{a_{22}} \\ m^{(22)} a_{22} \\ ------------ \\ \mp v_1 \sqrt{a^{11}} \\ \pm v_2 \sqrt{a^{22}} \\ v_3 \\ \pm w_2 \sqrt{a^{22}} \end{bmatrix} . \qquad (7.4.24)
$$

Diese Beziehungen sind auch unter Verwendung von (3.3.55) aus (7.4.17) herleitbar.

Wegen der drehsymmetrischen Geometrie der Rotationsschale läßt sich das partielle Differentialgleichungssystem (7.4.20) bis (7.4.23) in ein gewöhnliches überführen, wenn man die symmetrischen $Y^{(S)}$ bzw. die antimetrischen Variablen $Y^{(A)}$

$$
\begin{aligned}
Y^{(S)}:&\ p^2, p^3, T, \Delta T; \quad n^{(11)}, n^{(22)}, q^2, m^{(11)}, m^{(22)}, w_2, v_2, v_3,\\
Y^{(A)}:&\ p^1; \quad n^{(12)}, q^1, m^{(12)}, w_1, v_1
\end{aligned}
\qquad (7.4.25)
$$

durch die *Fourier*-Entwicklungen

$$
\begin{aligned}
Y^{(S)} &= \sum_{n=0}^{\infty} Y^{(S)}_n \cos n\Theta^1,\\
Y^{(A)} &= \sum_{n=0}^{\infty} Y^{(A)}_n \sin n\Theta^1
\end{aligned}
\qquad (7.4.26)
$$

ersetzt. Hierin hängen die mit dem Index n versehenen Funktionen nur noch von Θ^2 ab. Damit entsteht für jedes Glied n der *Fourier*-Entwicklung ein gewöhnliches Differentialgleichungssystem, darstellbar als Matrizengleichung entsprechend Tafel 7.16:

$$
(\mathbf{AY})' + \mathbf{BY} + \mathbf{P} = \mathbf{0}, \quad (...)' = \frac{d(...)}{d\Theta^2}. \qquad (7.4.27)
$$

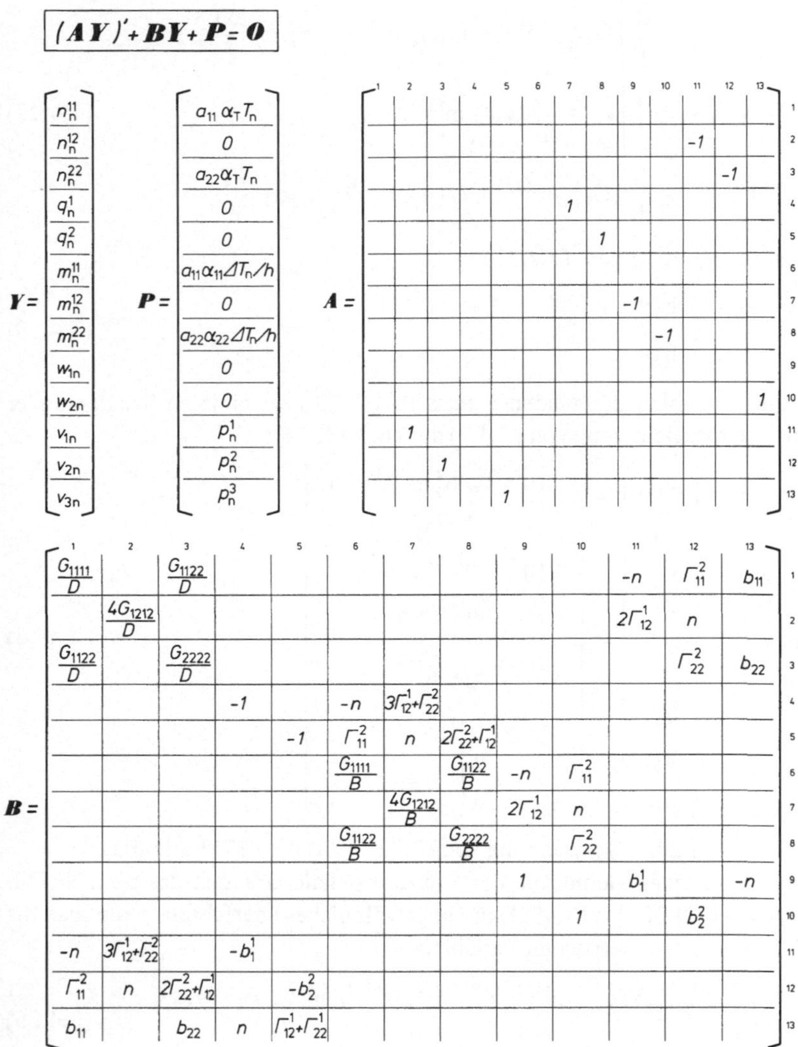

$$(\boldsymbol{A}\boldsymbol{Y})' + \boldsymbol{B}\boldsymbol{Y} + \boldsymbol{P} = \boldsymbol{0}$$

$$\boldsymbol{Y} = \begin{bmatrix} n_n^{11} \\ n_n^{12} \\ n_n^{22} \\ q_n^1 \\ q_n^2 \\ m_n^{11} \\ m_n^{12} \\ m_n^{22} \\ w_{1n} \\ w_{2n} \\ v_{1n} \\ v_{2n} \\ v_{3n} \end{bmatrix} \qquad \boldsymbol{P} = \begin{bmatrix} a_{11}\alpha_T T_n \\ 0 \\ a_{22}\alpha_T T_n \\ 0 \\ 0 \\ a_{11}\alpha_{11}\Delta T_n/h \\ 0 \\ a_{22}\alpha_{22}\Delta T_n/h \\ 0 \\ 0 \\ p_n^1 \\ p_n^2 \\ p_n^3 \end{bmatrix}$$

$\boldsymbol{A} =$

	1	2	3	4	5	6	7	8	9	10	11	12	13
1													
2											-1		
3												-1	
4							1						
5								1					
6													
7									-1				
8										-1			
9													
10													1
11		1											
12			1										
13					1								

$\boldsymbol{B} =$

	1	2	3	4	5	6	7	8	9	10	11	12	13
1	$\frac{G_{1111}}{D}$		$\frac{G_{1122}}{D}$								$-n$	Γ_{11}^2	b_{11}
2		$\frac{4G_{1212}}{D}$									$2\Gamma_{12}^1$	n	
3	$\frac{G_{1122}}{D}$		$\frac{G_{2222}}{D}$									Γ_{22}^2	b_{22}
4				-1		$-n$	$3\Gamma_{12}^1+\Gamma_{22}^2$						
5					-1	Γ_{11}^2	n	$2\Gamma_{22}^2+\Gamma_{12}^1$					
6						$\frac{G_{1111}}{B}$		$\frac{G_{1122}}{B}$	$-n$	Γ_{11}^2			
7							$\frac{4G_{1212}}{B}$		$2\Gamma_{12}^1$	n			
8						$\frac{G_{1122}}{B}$		$\frac{G_{2222}}{B}$		Γ_{22}^2			
9									1		b_1^1		$-n$
10										1		b_2^2	
11	$-n$	$3\Gamma_{12}^1+\Gamma_{22}^2$		$-b_1^1$									
12	Γ_{11}^2	n	$2\Gamma_{22}^2+\Gamma_{12}^1$		$-b_2^2$								
13	b_{11}		b_{22}	n	$\Gamma_{12}^1+\Gamma_{22}^1$								

Tafel 7.16 Das gewöhnliche Differentialgleichungssystem der Biegetheorie für allgemeine Rotationsschalen

Dessen 13 Bestimmungsgleichungen wurden ihren jeweiligen Unbekannten im Sinne des Bildes 7.21 zugeordnet. Der Spaltenvektor **Y** enthält für jede Harmonische n die Unbekannten $Y_n^{(S)}$, $Y_n^{(A)}$, der Vektor **P** die entsprechenden Lastkomponenten sowie die Temperaturglieder. Die quadratische (13 × 13) Matrix **B** hängt von der vorgegebenen Geometrie ab; die ebenfalls quadratische (13 × 13) Matrix **A** ist wegen der für $\omega_{(\alpha\beta)}$ verwendeten Näherung (7.4.6) konstant. In Tafel 7.16 müssen die leeren Stellen von **A** und **B** durch Nullen belegt werden.

Entwickeln wir auch die vorschreibbaren Randvariablen

$$\begin{aligned} &Y^{(S)}: \quad \tilde{n}_u, \tilde{n}_3, m_t, v_u, v_3, \omega_t \\ &Y^{(A)}: \quad \tilde{n}_t, v_t \end{aligned} \tag{7.4.28}$$

in *Fourier*-Reihen (7.4.26), so liefern ihre Transformationsbeziehungen (7.4.24):

$$\text{Rand}\begin{bmatrix} 2 \\ \\ 4 \end{bmatrix}: \begin{bmatrix} \tilde{n}_{tn} \\ \tilde{n}_{un} \\ \tilde{n}_{3n} \\ m_{tn} \\ \hline v_{tn} \\ v_{un} \\ v_{3n} \\ \omega_{tn} \end{bmatrix} = \begin{bmatrix} -(n_n^{(12)} - b_1^1 m_n^{(12)})\sqrt{a} \\ n_n^{22} a_{22} \\ \pm (q_n^2 + n m_n^{(12)})\sqrt{a_{22}} \\ m_n^{22} a_{22} \\ \hline \mp v_{1n}\sqrt{a^{11}} \\ \pm v_{2n}\sqrt{a^{22}} \\ v_{3n} \\ \pm w_{2n}\sqrt{a^{22}} \end{bmatrix}. \tag{7.4.29}$$

Damit wurde das Biegeproblem einer beliebigen, bezüglich des Nullmeridians symmetrisch beanspruchten Rotationsschale auf ein gewöhnliches Differentialgleichungssystem (7.4.27) zurückgeführt, das nun der Reihe nach für $n = 0, 1, \ldots$ gelöst werden soll. Zur Formulierung der vorgegebenen Randbedingungen stehen dabei die Beziehungen (7.4.29) zur Verfügung.

Wir unterteilen nun den vorgegebenen Integrationsbereich gemäß Bild 7.23 in $k - 1$ gleiche Abschnitte der Schnittlänge h^*, bei Numerierung der Stützstellen von 1 bis k. Der Wert einer Funktion y an der Stützstelle P_i erhält die Bezeichnung y_i. Zur Diskretisierung von (7.4.27) werden Mehrstellenformeln herangezogen. Bei Verwendung von drei Stützstellen lassen sich diese für Ableitungen erster Ordnung y' aus dem Ansatz

$$\begin{aligned} \varphi &= \sum_{\nu=-1}^{1} (d_\nu y_{i+\nu} - s_\nu y'_{i+\nu}) \\ &= \mathbf{D}y - \mathbf{S}y' \end{aligned} \tag{7.4.30}$$

herleiten, worin neben den Funktionswerten $y_{i+\nu}$ auch die Ableitungen $y'_{i+\nu}$ an mehreren Stützstellen $P_{i+\nu}$ ($\nu = -1, 0, 1$) auftreten. Die unbekannten Gewichte d_ν und s_ν werden dabei derart bestimmt, daß bei der *Taylor*-Entwicklung des Ausdruckes φ an der Stelle P_i die Größe y_i und die entsprechenden Ableitungen bis zu möglichst hoher Ordnung den Faktor Null erhalten [31, 144]. Die zweite Zeile in (7.4.30) gibt die Operatordarstellung des Ausdruckes φ an, woraus die Bedeutung des *Differenzen* **D**- und des *Summenoperators* **S** als algebraische Summenvorschriften unmittelbar erkennbar ist.

Ohne Herleitung sei nun die *Simpson*formel [144]:

$$y_{i+1} - y_{i-1} = \frac{h^*}{3}(y'_{i+1} + 4y'_i + y'_{i-1}) - \boxed{\frac{h^{*5}}{90} y_i^{V}}\,, \tag{7.4.31}$$

angegeben, deren erstes Fehlerglied von fünfter Ordnung ist. Sie wird an den inneren Stützstellen P_i ($i = 2, 3, ..., k-1$) herangezogen und kann kürzer in der Form

$$\begin{aligned} \mathbf{S}_i y' &= \mathbf{D}_i y, \\ \mathbf{D}_i &= \begin{pmatrix} -1 & 0 & 1 \end{pmatrix}, \\ \mathbf{S}_i &= \frac{h^*}{3} \begin{pmatrix} 1 & 4 & 1 \end{pmatrix} \\ & \qquad \;\; i-1 \quad i \quad i+1 \end{aligned} \tag{7.4.32}$$

dargestellt werden, worin der Index i von $\mathbf{D}_i$ und $\mathbf{S}_i$ ihre Verwendungsstelle kennzeichnet. Die gleiche Genauigkeitsordnung, jedoch unter Heranziehung von vier Stützstellen, besitzt auch die *Bessel*sche Formel [144]:

$$y_{i+1} - y_i = \frac{h^*}{24}(-y'_{i-1} + 13y'_i + 13y'_{i+1} - y'_{i+2}) + \boxed{\frac{11}{720} h^{*5} y_i^{v}}\,, \tag{7.4.33}$$

womit die finiten Gleichungen der Randpunkte P_1 und P_k hergeleitet werden sollen. Dementsprechend kann ihre Operatordarstellung in folgender Form angegeben werden:

$$\begin{aligned} \mathbf{S}_1 y' &= \mathbf{D}_1 y, & \mathbf{S}_k y' &= \mathbf{D}_k y, \\ \mathbf{D}_1 &= \begin{pmatrix} 0 & -1 & 1 & 0 \end{pmatrix}, & \mathbf{D}_k &= \begin{pmatrix} 0 & -1 & 1 & 0 \end{pmatrix}, \\ \mathbf{S}_1 &= \frac{h^*}{24}\begin{pmatrix} -1 & 13 & 13 & -1 \end{pmatrix}, & \mathbf{S}_k &= \frac{h^*}{24}\begin{pmatrix} -1 & 13 & 13 & -1 \end{pmatrix}. \\ & \qquad\; 1 \quad\; 2 \quad\; 3 \quad\; 4 & & \qquad k-3 \quad k-2 \quad k-1 \quad k \end{aligned} \tag{7.4.34}$$

Nun wenden wir den Summenoperator $\mathbf{S}_i$ auf das Differentialgleichungssystem (7.4.27) an allen inneren Stützstellen an und erhalten unter Berücksichtigung von (7.4.32) die folgenden finiten Beziehungen

$$\begin{aligned} &\mathbf{D}_i(\mathbf{AY}) + \mathbf{S}_i(\mathbf{BY}) + \mathbf{S}_i\mathbf{P} = \qquad (i = 2, 3, .., k-1) \\ &\mathbf{A}_{i+1}^R \mathbf{Y}_{i+1} + \mathbf{A}_i^M \mathbf{Y}_i + \mathbf{A}_{i-1}^L \mathbf{Y}_{i-1} + \mathbf{Q}_i^M = \mathbf{0} \end{aligned} \tag{7.4.35}$$

mit den Abkürzungen

$$\mathbf{A}^R = \frac{3}{h^*}\mathbf{A} + \mathbf{B}, \quad \mathbf{A}^M = 4\mathbf{B}, \quad \mathbf{A}^L = -\frac{3}{h^*}\mathbf{A} + \mathbf{B}, \quad \mathbf{Q}_i^M = \mathbf{P}_{i-1} + 4\mathbf{P}_i + \mathbf{P}_{i+1}. \tag{7.4.36}$$

Unter Verwendung der *Bessel*schen Regel (7.4.34) lassen sich dementsprechend die finiten Gleichungen der Randpunkte P_1:

$$\begin{aligned} &\mathbf{D}_1(\mathbf{AY}) + \mathbf{S}_1(\mathbf{BY}) + \mathbf{S}_1\mathbf{P} = \\ &\mathbf{A}_1^A \mathbf{Y}_1 + \mathbf{A}_2^B \mathbf{Y}_2 + \mathbf{A}_3^C \mathbf{Y}_3 + \mathbf{A}_4^A \mathbf{Y}_4 + \mathbf{Q}_1^R = \mathbf{0} \end{aligned} \tag{7.4.37}$$

und P_k

$$\begin{aligned} &\mathbf{D}_k(\mathbf{AY}) + \mathbf{S}_k(\mathbf{BY}) + \mathbf{S}_k\mathbf{P} = \\ &\mathbf{A}_k^A \mathbf{Y}_k + \mathbf{A}_{k-1}^C \mathbf{Y}_{k-1} + \mathbf{A}_{k-2}^B \mathbf{Y}_{k-2} + \mathbf{A}_{k-3}^A \mathbf{Y}_{k-3} + \mathbf{Q}_k^R = \mathbf{0} \end{aligned} \tag{7.4.38}$$

mit den Abkürzungen

$$\mathbf{A}^A = -\mathbf{B}, \quad \mathbf{A}^B = 13\mathbf{B} - \frac{24}{h^*}\mathbf{A}, \quad \mathbf{A}^C = 13\mathbf{B} + \frac{24}{h^*}\mathbf{A},$$

$$\mathbf{Q}_1^R = -\mathbf{P}_1 + 13\mathbf{P}_2 + 13\mathbf{P}_3 - \mathbf{P}_4, \tag{7.4.39}$$

$$\mathbf{Q}_k^R = -\mathbf{P}_k + 13\mathbf{P}_{k-1} + 13\mathbf{P}_{k-2} - \mathbf{P}_{k-3}$$

gewinnen. Die finiten Beziehungen (7.4.35) sowie (7.4.37, 38) ergeben zusammen ein vollständiges Gleichungssystem

$$\mathbf{K}_G\mathbf{Y}_G + \mathbf{P}_G = \mathbf{0}:$$

$$\begin{bmatrix} \mathbf{A}_1^A & \mathbf{A}_2^B & \mathbf{A}_3^C & \mathbf{A}_4^A & . & . & . \\ \mathbf{A}_1^L & \mathbf{A}_2^M & \mathbf{A}_3^R & . & . & . & . \\ . & \mathbf{A}_2^L & \mathbf{A}_3^M & \mathbf{A}_4^R & . & . & . \\ . & . & . & . & . & . & . \\ . & . & . & . & . & . & . \\ . & . & . & . & \mathbf{A}_{k-2}^L & \mathbf{A}_{k-1}^M & \mathbf{A}_k^R \\ . & . & . & \mathbf{A}_{k-3}^A & \mathbf{A}_{k-2}^B & \mathbf{A}_{k-1}^C & \mathbf{A}_k^A \end{bmatrix} \cdot \begin{bmatrix} \mathbf{Y}_1 \\ \mathbf{Y}_2 \\ \mathbf{Y}_3 \\ . \\ . \\ \mathbf{Y}_{k-1} \\ \mathbf{Y}_k \end{bmatrix} + \begin{bmatrix} \mathbf{Q}_1^R \\ \mathbf{Q}_2^M \\ \mathbf{Q}_3^M \\ . \\ . \\ \mathbf{Q}_{k-1}^M \\ \mathbf{Q}_k^R \end{bmatrix} = \mathbf{0}, \tag{7.4.40}$$

in welchem jeder einzelnen Unbekannten nunmehr ihre finite Bestimmungsgleichung zugeordnet ist.

Wegen dieser Zuordnung können die jeweiligen Randvorgaben folgendermaßen in (7.4.40) eingearbeitet werden. Wird an einem Randpunkt die r-te Unbekannte des Vektors **Y** vorgeschrieben, so wird die r-te finite Gleichung dieses Punktes in (7.4.40) gestrichen und durch die betreffende Bedingung ersetzt. Bei Vorgabe der Ersatzkraft $\tilde{n}_{tn}$ bzw. $\tilde{n}_{3n}$ (7.4.29) soll – wegen der sekundären Bedeutung des Drillmomentes $m^{(12)}$ – die Bestimmungsgleichung von $n^{(12)}$ bzw. q^2 entfallen. Werden vier Vorgaben je Rand in dieser Form berücksichtigt, so liefert die Lösung des Gleichungssystems (7.4.40) mit unsymmetrischer, jedoch bandstrukturierter Koeffizientenmatrix die unbekannten Größen der jeweiligen Harmonischen n, womit dann gemäß (7.4.26) die endgültige Lösung zusammengesetzt werden kann.

Als erstes numerisches Beispiel [13] diene die Kühlturmschale des Bildes 7.24 unter Windlast, deren Membranzustand in Abschnitt 5.4.5 mit der Charakteristikenmethode bestimmt wurde. Für ihre Berechnung wird die Druckverteilung in Umfangsrichtung $c(\Theta^1)$ durch 11 *Fourier*glieder approximiert. Bild 7.24 stellt den Verlauf der Meridiankräfte $n^{\langle 22\rangle}$ sowie der Biegemomente $m^{\langle 11\rangle}$ der Ringrichtung dar. Insgesamt zeigen die erzielten Ergebnisse die hervorragende Genauigkeit der in Bild 5.26 dargestellten Membranlösung.

Das zweite Beispiel [18] behandelt das Tragverhalten eines Rotationshyperboloides (Bild 7.25) unter einer cos-förmigen Verschiebung des unteren Randes

$$\text{längs } \Theta^2 = 0: \quad v_u = -v_{\langle 2\rangle} = 0{,}02 \cos n\Theta^1\,[\mathrm{m}], \quad n = 2, 3, \ldots$$

in Abhängigkeit von der Wellenzahl n sowie des Taillenradius $1{,}5 \leqslant r_m \leqslant 3{,}0$. Bei Schale 1 mit einem freien oberen Rand entstehen die kleinsten Auflagerkräfte $n^{\langle 22\rangle}(\Theta^1 = 0, \Theta^2 = 0)$ – un-

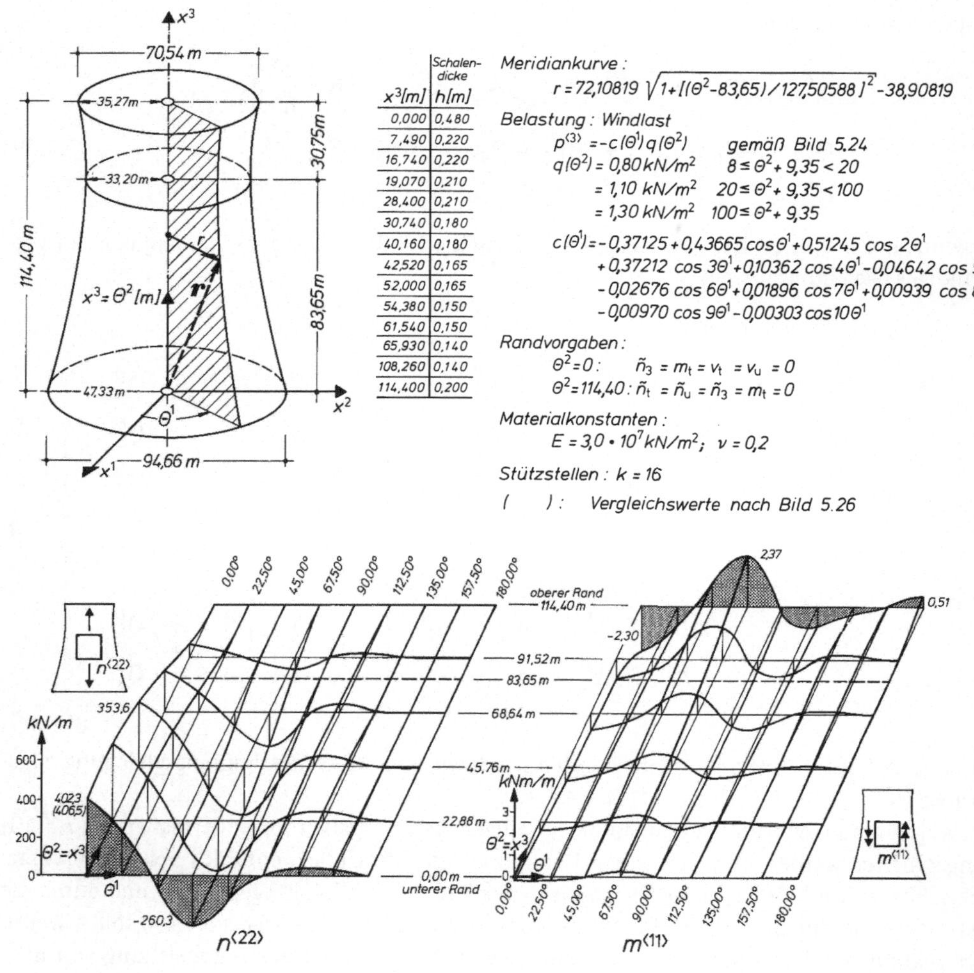

Bild 7.24 Schnittgrößen einer Kühlturmschale infolge Windlast

abhängig von der Meridianform $\frac{r_m}{r_0}$ – stets für die Wellenzahl n = 2. Sie weisen außerdem so kleine Beträge auf, daß das Tragverhalten für alle Werte $\frac{r_m}{r_0}$ den Charakter dehnungsloser Verbiegungen besitzt. Bei den für die Schale 2 gewählten Randbedingungen liegen dagegen die betreffenden Minimalwerte auf einer Girlandenkurve, deren Äste abwechselnd n = 2 und n = 3 zugeordnet sind. Für die Meridianform $\frac{r_m}{r_0}$ = 0,7 weist das Tragverhalten erneut den Charakter dehnungsloser Verbiegungen auf. Bei geringfügiger Formabweichung setzt jedoch die Schale der vorgegebenen Randdeformation großen Widerstand entgegen, wie der zahlenmäßige Vergleich der zugehörigen Ergebnisse verdeutlicht. Das unterschiedliche Tragverhalten beider

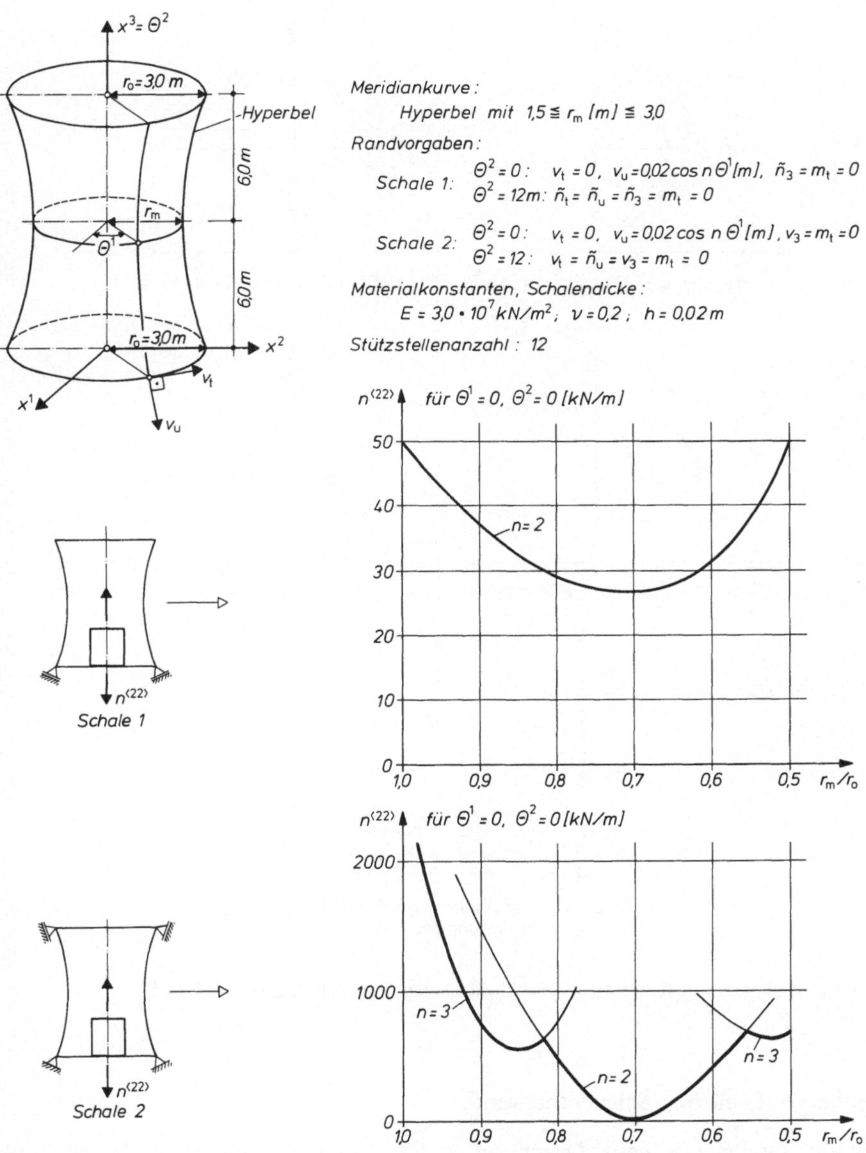

Bild 7.25 Zum Tragverhalten von Rotationshyperboloidschalen infolge einer Tangentialverschiebung $v_u = 0{,}02 \cos n\,\Theta^1$ [m] am unteren Rand

Schalen betont auch das Bild 7.26, worin für n = 2 der jeweilige Verlauf von $n^{\langle 22 \rangle}$ ($\Theta^1 = 0$) sowie $v_{\langle 3 \rangle}$ ($\Theta^1 = 0$) in Abhängigkeit von $\frac{r_m}{r_0}$ dargestellt ist. Das gleiche Bild zeigt schließlich bei Schale 1 den Einfluß höherer Wellenzahlen, wodurch die quasidehnungslosen Verbiegungen zunächst in schwach abklingende Biegespannungszustände und endlich in Randstörungen übergehen.

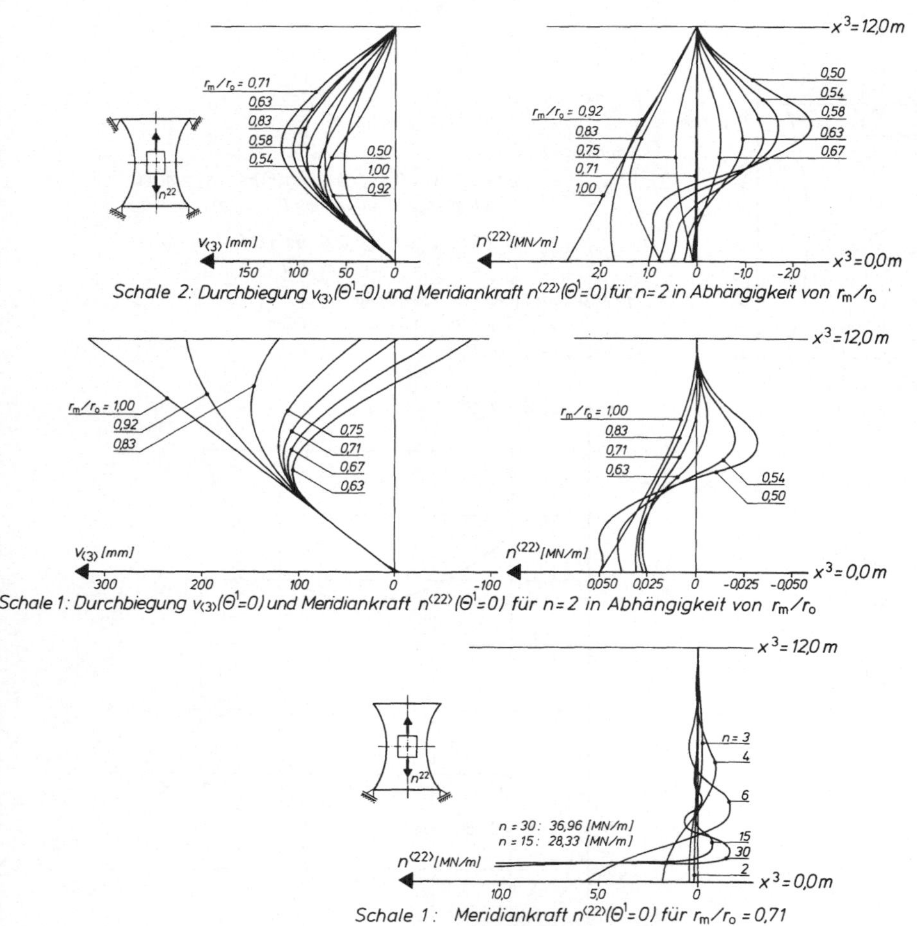

Bild 7.26 Zum Tragverhalten von Rotationshyperboloidschalen (Fortsetzung aus Bild 7.25)

7.4.5 Anwendung auf beliebige Schalentragwerke

Nach Beschreibung des Lösungsverfahrens an eindimensionalen Randwertproblemen von Rotationsschalen widmen wir uns nun der Anwendung auf beliebige Schalentragwerke. Zur Aufstellung des Differentialgleichungssystems verwenden wir erneut Gleichungen (7.4.8) bis (7.4.13) und finden durch Ausschreiben:

$$(\mathbf{A}_1\mathbf{Y})_{,1} + (\mathbf{A}_2\mathbf{Y})_{,2} + \mathbf{BY} + \mathbf{P} = \mathbf{0}, \tag{7.4.41}$$

$$(\ldots)_{,1} = \frac{\partial(\ldots)}{\partial\Theta^1}, \quad (\ldots)_{,2} = \frac{\partial(\ldots)}{\partial\Theta^2}$$

Die Abkürzungen dieser Matrizenbeziehung, deren einzelne Bestimmungsgleichungen gemäß Bild 7.21 ihren zugehörigen Unbekannten zugeordnet sind, finden sich in Tafel 7.17. Dabei sind die leeren Stellen der quadratischen Matrizen $\mathbf{A}_1$, $\mathbf{A}_2$ und $\mathbf{B}$ erneut durch Nullen zu besetzen; ferner müssen für $\mathbf{A}_1$ die Elemente im Kreis, für $\mathbf{A}_2$ diejenigen im Rechteck Verwendung finden. Die in $\mathbf{B}$ enthaltenen differentialgeometrischen Elemente können unter Verwendung der Tafel 1.1 in Abhängigkeit des Ortsvektors $\mathbf{r}(\Theta^\alpha)$ sowie dessen Ableitungen $\mathbf{r}_{,\alpha}$ und $\mathbf{r}_{,\alpha\beta}$ $(\alpha, \beta = 1{,}2)$ bestimmt werden. Durch Angabe der zugehörigen Komponenten im orthogonalen kartesischen Koordinatensystem des E3 können beliebige Mittelflächengeometrien einheitlich behandelt werden.

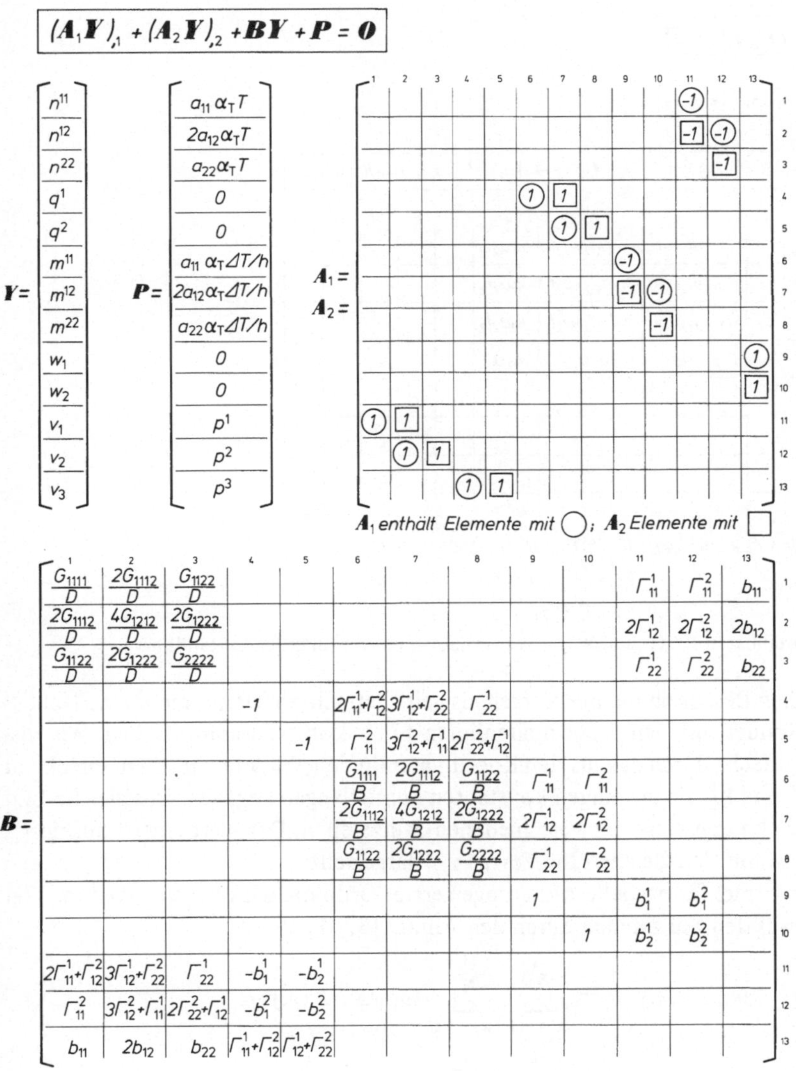

Tafel 7.17 Das Differentialgleichungssystem der Biegetheorie für beliebige Schalentragwerke

Auch die vorschreibbaren Randvariablen (7.4.17) lassen sich entsprechend Tafel 7.18 in Matrizendarstellung angeben:

$$(\mathbf{U}_1 \mathbf{Y})_{,1} + (\mathbf{U}_2 \mathbf{Y})_{,2} + \mathbf{U}\mathbf{Y} = \mathbf{R}. \tag{7.4.42}$$

Deren Ableitungen entstammen dem Drillmoment m_u in $\tilde{n}_3$ und können bei willkürlichen Randkurven durch einseitige gewöhnliche Differenzenformeln diskretisiert werden. Fallen jedoch die Ränder mit Koordinatenlinien zusammen, so kann die Diskretisierung auch durch eindimensionale Mehrstellenformeln erfolgen [2, 3]. Für diesen Sonderfall werden die Komponenten u_α und t_α durch (3.3.55) beschrieben.

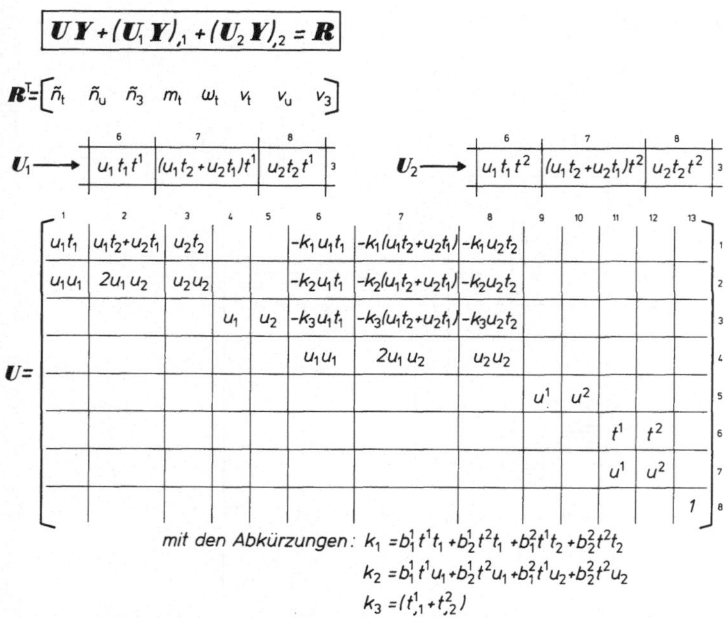

Tafel 7.18 Die vorschreibbaren Kraft- und Weggrößenvariablen einer willkürlichen Randkurve

Zur übersichtlichen Beschreibung der Vorgehensweise betrachten wir nunmehr ein Flächentragwerk, dessen Ränder mit den Koordinatenlinien Θ^α = konst zusammenfallen. Wir diskretisieren die Mittelfläche durch das aus den Koordinatenlinien gebildete Gitter entsprechend Bild 7.27, wobei h_1^* und h_2^* die jeweiligen konstanten Schrittlängen angeben. Das gleiche Bild zeigt auch die Bezeichnungsweise der verschiedenen Stützstellen. Der Wert einer Funktion y an der Stelle $P_{i,j}$ wird mit den gleichen Indizes als $y_{i,j}$ dargestellt.

Eine Mehrstellenformel für partielle Ableitungen erster Ordnung wird bei Verwendung von neun willkürlich gewählten Stützstellen durch den Ansatz [3, 31]:

$$\varphi^1 = \sum_{\nu=-1}^{1} \sum_{\mu=-1}^{1} d^1_{\nu,\mu} y_{i+\nu,j+\mu} - \sum_{\nu=-1}^{1} \sum_{\mu=-1}^{1} s_{\nu,\mu} (y_{,1})_{i+\nu,j+\mu},$$

$$\varphi^2 = \sum_{\nu=-1}^{1} \sum_{\mu=-1}^{1} d^2_{\nu,\mu} y_{i+\nu,j+\mu} - \sum_{\nu=-1}^{1} \sum_{\mu=-1}^{1} s_{\nu,\mu} (y_{,2})_{i+\nu,j+\mu}, \tag{7.4.43}$$

$$\varphi^1 = \mathbf{D}^1 \mathrm{y} - \mathbf{S}\mathrm{y}_{,1}, \quad \varphi^2 = \mathbf{D}^2 \mathrm{y} - \mathbf{S}\mathrm{y}_{,2}$$

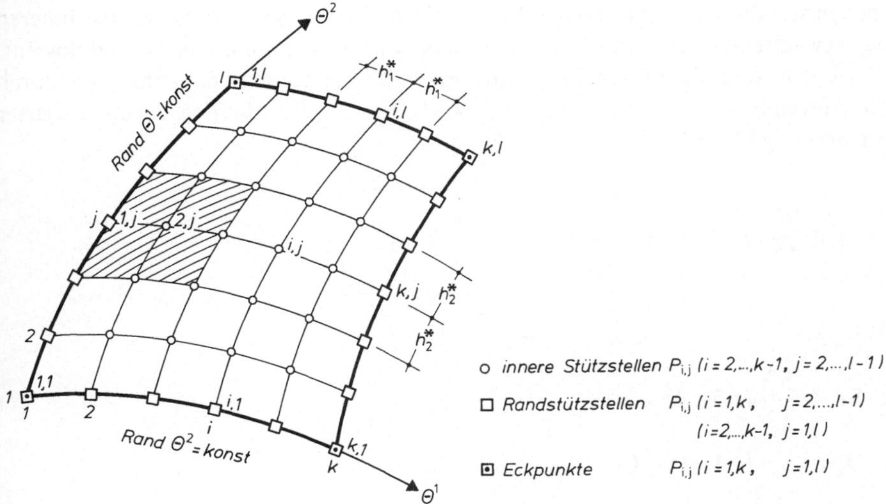

Bild 7.27 Ein aus den Koordinatenlinien gebildetes regelmäßiges Gitter und die Bezeichnung seiner Stützstellen

beschrieben, worin die letzte Zeile die Operatorendarstellung angibt. Die unbekannten Gewichte $d^1_{\nu,\mu}$, $d^2_{\nu,\mu}$ sowie $s_{\nu,\mu}$ ($\nu, \mu = -1, 0, 1$) können dabei wie in (7.4.30) durch *Taylor*-Entwicklung der Ausdrücke φ^1 und φ^2 bestimmt werden. Für die gewählte regelmäßige Stützstellenkonfiguration des Bildes 7.27 kann die Herleitung auch unter Verwendung eindimensionaler Mehrstellenformeln erfolgen. Zur übersichtlichen Beschreibung dieses Vorgehens betrachten wir die Differentialgleichung

$$y_{,1} + y_{,2} + by + c = 0$$

für die unbekannte Funktion y. Gesucht sei ein Summenoperator, durch den die beiden Ableitungen dieser Gleichung eliminierbar sind. An einer inneren Stützstelle $P_{i,j}$ wenden wir auf die Ableitungen $y_{,1}$ und $y_{,2}$ die bekannte *Simpson*formel (7.4.31, 32) in den jeweiligen Koordinatenrichtungen an und erhalten

$$S_i^{[1]} y_{,1} = D_i^{[1]} y, \quad S_j^{[2]} y_{,2} = D_j^{[2]} y,$$

worin der obere Index $[\alpha]$ die Anwendungsrichtung Θ^α ($\alpha = 1,2$) angibt. Durch nochmalige Anwendung des gleichen Summenoperators in der Form

$$S_j^{[2]} S_i^{[1]} y_{,1} = S_j^{[2]} D_i^{[1]} y, \quad S_i^{[1]} S_j^{[2]} y_{,2} = S_i^{[1]} D_j^{[2]} y \tag{7.4.44}$$

entsteht schließlich, da die Reihenfolge der Operatoren belanglos ist:

$$S_{i,j} y_{,1} = D^1_{i,j} y, \quad S_{i,j} y_{,2} = D^2_{i,j} y, \tag{7.4.45}$$

mit

$$S_{i,j} y_{,1} = S_i^{[1]} S_j^{[2]} y_{,1} = S_j^{[2]} S_i^{[1]} y_{,1}$$

$$D^1_{i,j} y = S_j^{[2]} D_i^{[1]} y = D_i^{[1]} S_j^{[2]} y, \tag{7.4.46}$$

$$D^2_{i,j} y = S_i^{[1]} D_j^{[2]} y = D_j^{[2]} S_i^{[1]} y.$$

Damit haben wir die zweidimensionale *Simpson*formel gefunden, welche an den inneren Punkten des gewählten Gitters (Bild 7.27) verwendet wird. Ihre ausführliche Darstellung enthält Tafel 7.19. Dort sind ebenfalls Mehrstellenformeln der Randpunkte dargestellt, die durch kombinierte Anwendung der *Simpson*formel (7.4.31, 32) und der Mehrstellenformel vierter Genauigkeitsordnung [2, 16]

$$-y_{i-1} + y_i = \frac{h^*}{12}(5y'_{i-1} + 8y'_i - y_{i+1}) - \boxed{\frac{1}{24}h^{*4}y^{IV}}$$

$$\begin{array}{llll} \mathbf{S}_1 y' = \mathbf{D}_1 y, & & \mathbf{S}_k y' = \mathbf{D}_k y, & \\ \mathbf{S}_1 = \frac{h^*}{12}(\;5 \quad 8 \quad -1) & & \mathbf{S}_k = \frac{h^*}{12}(-1 \quad 8 \quad 5) & (7.4.47) \\ \mathbf{D}_1 = \quad (-1 \quad 1 \quad 0) & & \mathbf{D}_k = \quad (\;0 \quad -1 \quad 1) & \\ \qquad\quad 1 \quad 2 \quad 3 & & \qquad\quad k-2 \quad k-1 \quad k & \end{array}$$

gemäß (7.4.44) herleitbar sind. Durch zweimalige Anwendung der letzten Mehrstellenformel entstehen schließlich diejenigen der Tafel 7.20 für die Eckpunkte. Nach dem beschriebenen Vorgehen lassen sich auch zweidimensionale Mehrstellenformeln für veränderliche Schrittlängen herleiten [2], deren Anwendung bei Randstörungsproblemen vorteilhaft ist.

Mit den Formeln der Tafel 7.19, 20 kann nun das Differentialgleichungssystem (7.4.41) an allen Gitterpunkten diskretisiert werden, wodurch ein finites Gleichungssystem der Gestalt (7.4.5) entsteht. Die Einarbeitung der Randvorgaben verläuft grundsätzlich nach den gleichen Gesichtspunkten wie im vorigen Abschnitt. Eine gewisse Sonderstellung nehmen Eckpunkte ein, in denen alle linear unabhängigen Vorgaben beider sich anschließenden Ränder einzuarbeiten sind [3, 16].

Das erste Beispiel [42] untersucht das Tragverhalten einer durch Randschub S belasteten Hyparschale über quadratischem Grundriß (Bild 7.28). Wegen der vorhandenen Antimetrieachsen braucht nur ein Viertel der Schale berechnet zu werden. Die dargestellten numerischen Ergebnisse [2] zeigen, daß sich die schubbeanspruchte Schale Dehnungsbeanspruchungen durch Biegeverformungen entzieht. Dieser Verschiebungszustand mit dem Charakter dehnungsloser Verbiegungen kann sich jedoch nicht vollständig frei entfalten, da an den Rändern $v_3 = 0$ gefordert wird. Diese Zwangsbedingung ruft Zusatzbeanspruchungen von Randstörungscharakter hervor, welche umso mehr die gesamte Schale überdecken, je flacher diese ist [42]. Ähnliches Tragverhalten zeigen auch durch gleichmäßige Vertikallasten beanspruchte Hyparschalen, deren Ränder in Tangentialrichtung v_t verschieblich sind [16].

Das zweite Beispiel (Bild 7.29) behandelt eine negativ gekrümmte Schale ($K < 0$) über trapezförmigem Grundriß [110]. Ihre Mittelfläche bildet den Ausschnitt einer verallgemeinerten Rohrfläche (Bild 1.8), bei welcher die Leitkurve einen Kreisbogen und die Erzeugende einen sich stetig erweiternden Kreis darstellt. Da die für die Dehnkräfte $\tilde{n}_t$ und $\tilde{n}_u$ gewählten Randvorgaben genau den in Abschnitt 5.4.4 erläuterten Membranrandbedingungen entsprechen, stimmen die dargestellten Dehnkräfte $n^{\langle\alpha\beta\rangle}$ [2] mit der Membranlösung [110] gut überein. Die entstehenden Momente sind klein und erstrecken sich über das gesamte Tragwerk.

$\boldsymbol{S}_{i,j}\, y_{,1} = \boldsymbol{D}^1_{i,j}\, y\,, \quad \boldsymbol{S}_{i,j}\, y_{,2} = \boldsymbol{D}^2_{i,j}\, y\,:$

$$\boldsymbol{S}_{i,j} = \frac{1}{3} h_1^* \cdot h_2^* \cdot \begin{array}{c|ccc|l} & 1 & 4 & 1 & j+1 \\ & 4 & \boxed{16} & 4 & j \\ & 1 & 4 & 1 & j-1 \\ \hline & i-1 & i & i+1 & \end{array} \qquad \boldsymbol{D}^1_{i,j} = h_2^* \cdot \begin{array}{c|ccc|l} & -1 & 0 & 1 & j+1 \\ & -4 & \boxed{0} & 4 & j \\ & -1 & 0 & 1 & j-1 \\ \hline & i-1 & i & i+1 & \end{array} \qquad \boldsymbol{D}^2_{i,j} = h_1^* \cdot \begin{array}{c|ccc|l} & 1 & 4 & 1 & j+1 \\ & 0 & \boxed{0} & 0 & j \\ & -1 & -4 & -1 & j-1 \\ \hline & i-1 & i & i+1 & \end{array}$$

Verwendungsstelle : Innere Punkte $P_{i,j}$ $(i = 2, \cdots, k-1\,;\ j = 2, \cdots, l-1)$

$\boldsymbol{S}_{1,j}\, y_{,1} = \boldsymbol{D}^1_{1,j}\, y\,, \quad \boldsymbol{S}_{1,j}\, y_{,2} = \boldsymbol{D}^2_{1,j}\, y\,:$

$$\boldsymbol{S}_{1,j} = h_1^* \cdot h_2^* \cdot \begin{array}{c|ccc|l} & 5 & 8 & -1 & j+1 \\ & \boxed{20} & 32 & -4 & j \\ & 5 & 8 & -1 & j-1 \\ \hline & 1 & 2 & 3 & \end{array} \qquad \boldsymbol{D}^1_{1,j} = h_2^* \cdot \begin{array}{c|ccc|l} & -12 & 12 & 0 & j+1 \\ & \boxed{-48} & 48 & 0 & j \\ & -12 & 12 & 0 & j-1 \\ \hline & 1 & 2 & 3 & \end{array} \qquad \boldsymbol{D}^2_{1,j} = h_1^* \cdot \begin{array}{c|ccc|l} & 15 & 24 & -3 & j+1 \\ & \boxed{0} & 0 & 0 & j \\ & -15 & -24 & 3 & j-1 \\ \hline & 1 & 2 & 3 & \end{array}$$

Verwendungsstelle : Randpunkte $P_{1,j}$ $(j = 2, \cdots, l-1)$

$\boldsymbol{S}_{k,j}\, y_{,1} = \boldsymbol{D}^1_{k,j}\, y\,, \quad \boldsymbol{S}_{k,j}\, y_{,2} = \boldsymbol{D}^2_{k,j}\, y\,:$

$$\boldsymbol{S}_{k,j} = h_1^* \cdot h_2^* \cdot \begin{array}{c|ccc|l} & -1 & 8 & 5 & j+1 \\ & -4 & 32 & \boxed{20} & j \\ & -1 & 8 & 5 & j-1 \\ \hline & k-2 & k-1 & k & \end{array} \qquad \boldsymbol{D}^1_{k,j} = h_2^* \cdot \begin{array}{c|ccc|l} & 0 & -12 & 12 & j+1 \\ & 0 & -48 & \boxed{48} & j \\ & 0 & -12 & 12 & j-1 \\ \hline & k-2 & k-1 & k & \end{array} \qquad \boldsymbol{D}^2_{k,j} = h_1^* \cdot \begin{array}{c|ccc|l} & -3 & 24 & 15 & j+1 \\ & 0 & 0 & \boxed{0} & j \\ & 3 & -24 & -15 & j-1 \\ \hline & k-2 & k-1 & k & \end{array}$$

Verwendungsstelle : Randpunkte $P_{k,j}$ $(j = 2, \cdots, l-1)$

$\boldsymbol{S}_{i,1}\, y_{,1} = \boldsymbol{D}^1_{i,1}\, y\,, \quad \boldsymbol{S}_{i,1}\, y_{,2} = \boldsymbol{D}^2_{i,1}\, y\,:$

$$\boldsymbol{S}_{i,1} = h_1^* \cdot h_2^* \cdot \begin{array}{c|ccc|l} & -1 & -4 & -1 & 3 \\ & 8 & 32 & 8 & 2 \\ & 5 & \boxed{20} & 5 & 1 \\ \hline & i-1 & i & i+1 & \end{array} \qquad \boldsymbol{D}^1_{i,1} = h_2^* \cdot \begin{array}{c|ccc|l} & 3 & 0 & -3 & 3 \\ & -24 & 0 & 24 & 2 \\ & -15 & \boxed{0} & 15 & 1 \\ \hline & i-1 & i & i+1 & \end{array} \qquad \boldsymbol{D}^2_{i,1} = h_1^* \cdot \begin{array}{c|ccc|l} & 0 & 0 & 0 & 3 \\ & 12 & 48 & 12 & 2 \\ & -12 & \boxed{-48} & -12 & 1 \\ \hline & i-1 & i & i+1 & \end{array}$$

Verwendungsstelle : Randpunkte $P_{i,1}$ $(i = 2, \cdots, k-1)$

$\boldsymbol{S}_{i,l}\, y_{,1} = \boldsymbol{D}^1_{i,l}\, y\,, \quad \boldsymbol{S}_{i,l}\, y_{,2} = \boldsymbol{D}^2_{i,l}\, y\,:$

$$\boldsymbol{S}_{i,l} = h_1^* \cdot h_2^* \cdot \begin{array}{c|ccc|l} & 5 & \boxed{20} & 5 & l \\ & 8 & 32 & 8 & l-1 \\ & -1 & -4 & -1 & l-2 \\ \hline & i-1 & i & i+1 & \end{array} \qquad \boldsymbol{D}^1_{i,l} = h_2^* \cdot \begin{array}{c|ccc|l} & -15 & \boxed{0} & 15 & l \\ & -24 & 0 & 24 & l-1 \\ & 3 & 0 & -3 & l-2 \\ \hline & i-1 & i & i+1 & \end{array} \qquad \boldsymbol{D}^2_{i,l} = h_1^* \cdot \begin{array}{c|ccc|l} & 12 & \boxed{48} & 12 & l \\ & -12 & -48 & -12 & l-1 \\ & 0 & 0 & 0 & l-2 \\ \hline & i-1 & i & i+1 & \end{array}$$

Verwendungsstelle : Randpunkte $P_{i,l}$ $(i = 2, \cdots, k-1)$

Tafel 7.19 Zweidimensionale Mehrstellenformeln für die inneren Punkte sowie die Randpunkte

$S_{1,1}\, y_{,1} = D^1_{1,1}\, y\,,\quad S_{1,1}\, y_{,2} = D^2_{1,1}\, y$:

$$S_{1,1} = h_1^* \cdot h_2^* \cdot \begin{array}{ccc|c} -5 & -8 & 1 & 3 \\ 40 & 64 & -8 & 2 \\ \boxed{25} & 40 & -5 & 1 \\ \hline 1 & 2 & 3 & \end{array} \qquad D^1_{1,1} = h_2^* \cdot \begin{array}{ccc|c} 12 & -12 & 0 & 3 \\ -96 & 96 & 0 & 2 \\ \boxed{-60} & 60 & 0 & 1 \\ \hline 1 & 2 & 3 & \end{array} \qquad D^2_{1,1} = h_1^* \cdot \begin{array}{ccc|c} 0 & 0 & 0 & 3 \\ 60 & -96 & -12 & 2 \\ \boxed{-60} & -96 & 12 & 1 \\ \hline 1 & 2 & 3 & \end{array}$$

Verwendungsstelle : Eckpunkt $P_{1,1}$

$S_{k,1}\, y_{,1} = D^1_{k,1}\, y\,,\quad S_{k,1}\, y_{,2} = D^2_{k,1}\, y$:

$$S_{k,1} = h_1^* \cdot h_2^* \cdot \begin{array}{ccc|c} 1 & -8 & -5 & 3 \\ -8 & 64 & 40 & 2 \\ -5 & 40 & \boxed{25} & 1 \\ \hline k-2 & k-1 & k & \end{array} \qquad D^1_{k,1} = h_2^* \cdot \begin{array}{ccc|c} 0 & 12 & -12 & 3 \\ 0 & -96 & 96 & 2 \\ 0 & -60 & \boxed{60} & 1 \\ \hline k-2 & k-1 & k & \end{array} \qquad D^2_{k,1} = h_1^* \cdot \begin{array}{ccc|c} 0 & 0 & 0 & 3 \\ -12 & 96 & 60 & 2 \\ 12 & -96 & \boxed{-60} & 1 \\ \hline k-2 & k-1 & k & \end{array}$$

Verwendungsstelle : Eckpunkt $P_{k,1}$

$S_{1,l}\, y_{,1} = D^1_{1,l}\, y\,,\quad S_{1,l}\, y_{,2} = D^2_{1,l}\, y$:

$$S_{1,l} = h_1^* \cdot h_2^* \cdot \begin{array}{ccc|c} \boxed{25} & 40 & -5 & l \\ 40 & 64 & -8 & l-1 \\ -5 & -8 & 1 & l-2 \\ \hline 1 & 2 & 3 & \end{array} \qquad D^1_{1,l} = h_2^* \cdot \begin{array}{ccc|c} \boxed{-60} & 60 & 0 & l \\ -96 & 96 & 0 & l-1 \\ 12 & -12 & 0 & l-2 \\ \hline 1 & 2 & 3 & \end{array} \qquad D^2_{1,l} = h_1^* \cdot \begin{array}{ccc|c} \boxed{60} & -96 & -12 & l \\ -60 & -96 & 12 & l-1 \\ 0 & 0 & 0 & l-2 \\ \hline 1 & 2 & 3 & \end{array}$$

Verwendungsstelle : Eckpunkt $P_{1,l}$

$S_{k,l}\, y_{,1} = D^1_{k,l}\, y\,,\quad S_{k,l}\, y_{,2} = D^2_{k,l}\, y$:

$$S_{k,l} = h_1^* \cdot h_2^* \cdot \begin{array}{ccc|c} -5 & 40 & \boxed{25} & l \\ -8 & 64 & 40 & l-1 \\ 1 & -8 & -5 & l-2 \\ \hline k-2 & k-1 & k & \end{array} \qquad D^1_{k,l} = h_2^* \cdot \begin{array}{ccc|c} 0 & -60 & \boxed{60} & l \\ 0 & -96 & 96 & l-1 \\ 0 & 12 & -12 & l-2 \\ \hline k-2 & k-1 & k & \end{array} \qquad D^2_{k,l} = h_1^* \cdot \begin{array}{ccc|c} -12 & 96 & \boxed{60} & l \\ 12 & -96 & -60 & l-1 \\ 0 & 0 & 0 & l-2 \\ \hline k-2 & k-1 & k & \end{array}$$

Verwendungsstelle : Eckpunkt $P_{k,l}$

Tafel 7.20 Zweidimensionale Mehrstellenformeln für die Eckpunkte

Die beschriebene Lösungsmethode läßt bei entsprechend feiner Gitterteilung jede beliebige Genauigkeit zu. Unterschiedliche Schalentheorien können leicht berücksichtigt werden. Die besondere, auf dem Variationskalkül basierende Formulierung (7.4.2) des Differentialgleichungssystems ermöglicht eine computerorientierte Einarbeitung beliebiger Randvorgaben. Schließlich lassen die verwendeten Tensorgleichungen eine einheitliche Behandlung unterschiedlicher Schalengeometrien und Koordinatensysteme zu. Nach ähnlichem Vorgehen lassen sich auch Stabilitätsprobleme [17, 82] und geometrisch nichtlineare Aufgaben [13, 39] behandeln.

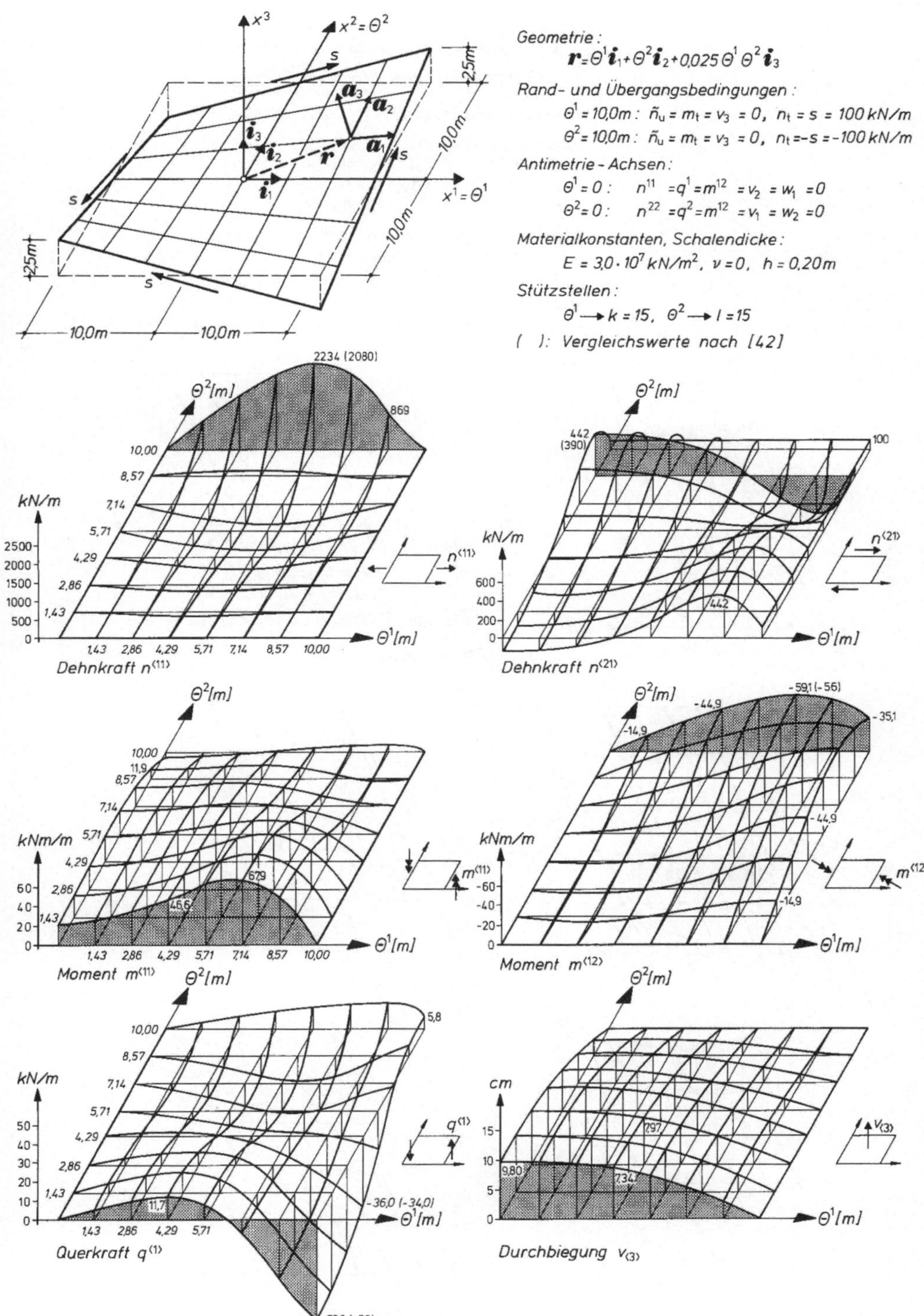

Bild 7.28 Schnittgrößen und Durchbiegung einer Hyparschale unter Randschub

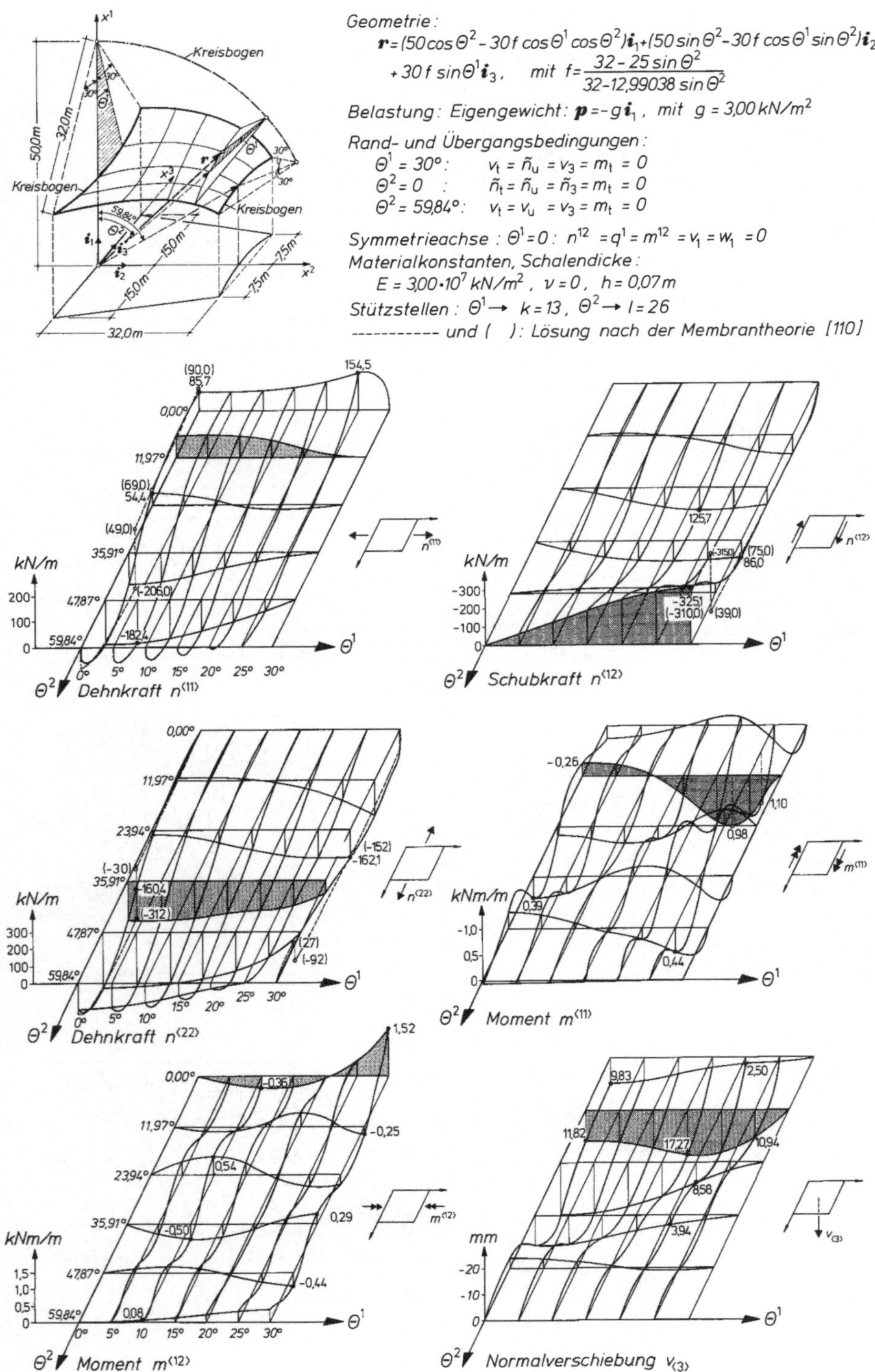

Bild 7.29 Schnittgrößen einer verallgemeinerten Rohrschale über trapezförmigen Grundriß

Natürlich kann die beschriebene Methode auch mit gewöhnlichen Differenzenquotienten angewendet werden. Versetzte Gitter für die unbekannten Variablen des Kraft- und Verschiebungszustandes steigern dabei die Genauigkeit [97]. Die Methoden finiter Differenzen sind schließlich auch auf Variationsfunktionale anwendbar [28, 75], wobei mit der Methode der finiten Elemente vergleichbare Rechenalgorithmen entstehen.

Literatur

1 *Aldstedt, E.*: Shell Analysis using Planar Triangular Elements. Beitrag in: Holand, I./Bell, K.: Finite Element Methods in Stress Analysis. The University of Trondheim, Tapir-Trykk 1969

2 *Almannai, A.*: Ein zweidimensionales Mehrstellenverfahren zur Lösung der Schalenprobleme und seine Anwendung auf die allgemeinen Schalengrundgleichungen der Biegetheorie. Technisch-wissenschaftliche Mitteilungen des Instituts für Konstruktiven Ingenieurbau, Ruhr-Universität Bochum, Nr. 76–5, 1976

3 *Almannai, A./Başar, Y.*: Ein Lösungsverfahren zur numerischen Behandlung der linearen Probleme von Flächentragwerken. Ingenieur-Archiv 46 (1977), S. 307–321

4 *Argyris, J.H.*: Continua and Discontinua. Proc. 1st. Conf. Matrix Methods in Structural Mechanics. Wright-Patterson A.F.B., Dayton, Ohio 1965

5 *Argyris, J.H./Scharpf, D.W.*: The SHEBA Family of Shells for the Matrix Displacement Method. Journ. Roy. Aeron. Soc. 72 (1968), S. 873

6 *Argyris, J.H./Fried, I./Scharpf, D.W.*: The TUBA Family of Plate Elements for the Matrix Displacement Method. Techn. Note, Journ. Roy. Aeron. Soc. 72 (1968)

7 *Argyris, J.H./Lochner, N.*: On the Application of the SHEBA Shell Family. Comp. Meth. Appl. Mech. Eng. 1 (1972), S. 317

8 *Argyris, J.H./Dunne, P./Scharpf, D.W.*: On Large Displacement-Small Strain Analysis of Structures with Rotational Degrees of Freedom. Comp. Meth. Appl. Mech. Engng. 14 (1978), S. 401 und 15 (1978), S. 99

9 *Argyris, J.H., et al.*: Flächentragwerke im Konstruktiven Ingenieurbau. ISD-Bericht Nr. 263, Universität Stuttgart 1979

10 *Ashwell, D.G./Gallagher, R.H.* (Herausgeber): Finite Elements for Thin Shells and Curved Members. J. Wiley & Sons, New York 1976

11 *Başar, Y./Yüksel, F.*: Zur Berechnung schiefwinkliger orthotroper Platten. Beton- und Stahlbetonbau 56 (1961), S. 268–276

12 *Başar, Y.*: Zur Berechnung von Rotationsschalen mit Differenzenverfahren. Ingenieur-Archiv 41 (1972), S. 421–434

13 *Başar, Y.*: Die numerische Behandlung der linearen und der nichtlinearen Biegetheorie von Rotationsschalen. Technisch-wissenschaftliche Mitteilungen des Instituts für Konstruktiven Ingenieurbau, Ruhr-Universität Bochum, Nr. 74–7, 1974

14 *Başar, Y./Rothert, H.*: Numerische Untersuchung des Problems verzerrungsfreier Verbiegungen bei randbelasteten Rotationsschalen. Konstruktiver Ingenieurbau-Berichte der Ruhr-Universität Bochum (1974), Heft 20, S. 65–86

15 *Başar, Y.*: Die Berechnung von Rotationsschalen mit Mehrstellenverfahren. Der Bauingenieur 50 (1975), S. 41–48

16 *Başar, Y./Almannai, A./Oyenekan, L.*: Die Anwendung des Mehrstellenverfahrens auf Probleme der Schalentheorie. Festschrift W. Zerna – Institut für Konstruktiven Ingenieurbau, Werner-Verlag, Düsseldorf (1976), S. 91–101

17 *Başar, Y.*: Die numerische Behandlung der linearen Stabilitätstheorie allgemeiner Rotationsschalen. Z. angew. Math. Mech. 56 (1976), S. 287–298

18 *Başar, Y./Harnach, R./Harte, R.*: Zum Problem verzerrungsfreier Verbiegungen bei negativ gekrümmten Rotationsschalen. Die Bautechnik 54 (1977), S. 190–195

19 *Başar, Y.:* Die Variationsprinzipe der linearen Schalentheorie unter besonderer Berücksichtigung von Schubverformungen. Istanbul Devlet Mühendislik ve Mimarlik Akademisi Dergisi 5, Istanbul 1979, S. 47

20 *Bathe, K.-J./Wilson, E.L.:* Numerical Methods in Finite Element Analysis. Prentice-Hall Inc., Englewood Cliffs 1976

21 *Bazeley, G.P./Cheung, Y.K./Irons, B.M./Zienkiewicz, O.C.:* Triangular Elements in Bending-Conforming and Non-conforming Solutions. Proc. 1 Conf. Matrix Methods on Struct. Mechanics. Wright-Patterson Air Force Base, Dayton, Ohio 1965

22 *Bell, K.:* A Refined Triangular Plate Bending Finite Element. Int. Journ. Num. Methods Eng. 1 (1969), S. 101

23 *Bonnes, G./Dhatt, G./Giroux, Y./Robichad, L.:* Curved Triangular Elements for the Analysis of Shells. Proc. 2. Conf. on Matrix Methods in Mechanics, Wright-Patterson Air Force Base, Dayton, Ohio 1968

24 *Brebbia, C.A./Connor, J.J.:* Fundamentals of Finite Element Techniques. John Wiley & Sons, New York 1974

25 *Brombolich, L.J./Gould, P.L.:* Finite Element Analysis of Shells of Revolution by Minimization of the Potential Energy Functional. Proceed. Applic. Finite Element Methods in Civil Eng. Vanderbilt-University, Nashville, Tenn. 1969

26 *Brombolich, L.J./Gould, P.L.:* A High-Precision Curved Shell Finite Element. Journ. AIAA 10 (1972), S. 727

27 *Buck, K.E./Scharpf, D.W.:* Einführung in die Matrizen-Verschiebungsmethode. Beitrag in: Buck, K.E. et al. (Herausg.): Finite Elemente in der Statik. Wilhelm Ernst & Sohn, Berlin 1973

28 *Bushnell, D.:* Finite Difference Energy Models versus Finite Element Models: Two Variational Approaches in one Computer Program. Numerical and Computer Methods in Structural Mechanics, Academic Press, New York/London 1973, S. 291–336

29 *Butlin, G.A./Ford, R.:* A Compatible Triangular Plate Bending Finite Element. Report 68-15, Eng. Department, University of Leicester, U.K. 1968

30 *Clough, R.W./Felippa, C.A.:* A Refined Quadrilateral Element for Analysis of Plate Bending. Proceed. 2. Conf. on Matrix Methods in Struct. Mech., Wright-Patterson Air Force Base, Dayton, Ohio 1968

31 *Collatz, L.:* The numerical Treatment of Differential Equations. Springer Verlag, Berlin 1966

32 *Courant, R./Hilbert, D.:* Methoden der Mathematischen Physik, Band I. 3. Auflage, Springer-Verlag, Berlin 1968

33 *Cowper, G.R./Kosko, E./Lindberg, G.M./Olson, M.D.:* Formulation of a New Triangular Plate Bending Element. Trans-Can. Aerospace Inst. 1 (1968), S. 86

34 *Cowper, G.R./Lindberg, G.M./Olson, M.D.:* Comparison of Two High-Precision Triangular Finite Elements of Arbitrary Shells. Proc. 3. Conf. on Matrix Methods in Mechanics, Wright-Patterson Air Force Base, Dayton, Ohio 1971

35 *Crochet, M.J.:* Compatibility Equations for a Cosserat Surface. J. Mécanique 6 (1967), S. 593 und 9 (1970), S. 600

36 *Croll, J.G.A.:* Hermitian Methods for the Approximate Solution of Partial Differential Equations. J. Inst. Math. Appl. (1970) 6, S. 365–374

37 *Dawe, D.J.:* High Order Triangular Finite Element for Shell Analysis. Int. Journ. Solids Struct. 11 (1975), S. 1097

38 *Desai, C.S./Abel, J.F.:* Introduction to the Finite Element Method. Van Nostrand Reinhold Company, New York 1972

39 *Dickel, T.:* Eine geometrisch-nichtlineare, schubelastische Flächentragwerkstheorie, ihre inkrementelle Form und numerische Behandlung mit dem Mehrstellenverfahren als Diskretisierungsmethode. Hochschule der Bundeswehr Hamburg, Mitteilung aus dem Institut für Mechanik, Heft 80/2, 1980

40 *Dhatt, G.:* An Efficient Triangular Shell Element. AIAA-Journ. 8 (1970), S. 2100

41 *Duddeck, H.:* Das Randstörungsproblem der technischen Biegetheorie dünner Schalen in drei korrespondierenden Darstellungen. Dissertation T.H. Hannover 1960. Öster. Ing.-Archiv 17 (1962), S. 32

42 *Duddeck, H.:* Die Biegetheorie der flachen hyperbolischen Paraboloidschale z = cxy. Ingenieur-Archiv 31 (1962), S. 44–78

43 *Dupuis, G./Goel, J.-J.:* A Curved Finite Element for Thin Elastic Shells. Int. Journ. Solids Struct. 6 (1970), S. 1413

44 *Dupuis, G.:* Application of Ritz's Method to Thin Elastic Shell Analysis. Journ. Appl. Mech. 38 (1971), S. 987

45 *Duschek, A.:* Vorlesungen über höhere Mathematik, 3. Band. Springer Verlag, Wien 1953

46 *Eckstein, U./Krätzig, W.B./Wittek, U.:* Wirklichkeitsnahe Grenzbeullasten von Rotationsschalen unterschiedlicher Gauß'scher Flächenkrümmung. Techn.-wissenschaftliche Mitteilungen des Instituts für Konstruktiven Ingenieurbau Nr. 79–5, Ruhr-Universität Bochum, 1979

47 *Eckstein, U./Krätzig, W.B./Wittek, U.:* Finite-Element-Berechnungen zur Grenztragfähigkeit der Rotationsschalen. Technisch-wissenschaftliche Mitteilungen des Instituts für Konstruktiven Ingenieurbau Nr. 80-4, Ruhr-Universität Bochum 1980

48 *Edwards, G./Webster, J.J.:* Hybrid Cylindrical Shell Finite Element. Beitrag in: Ashwell, D.G./ Gallagher, R.H. (Herausg.): Finite Elements for Thin Shells and Curved Members. John Wiley & Sons, London 1976

49 *Elias, Z.H.:* Mixed Variational Principles for Shells. Beitrag in: Variational Methods in Engineering. Proc. Int. Conf. 1972, Southampton University Press 1973

50 *Eringen, A.C.:* Nonlinear Theory of Continous Media. McGraw-Hill, New York 1962

51 *Ernst, L.J.:* A Finite Element Approach to Shell Problems. WTHD 114, Laboratorium voor Technische Mechanika, Technische Hogeschool, Delft 1979

52 *Felippa, C.A./Clough, R.W.:* The Finite Element Method in Solid Mechanics. Beitrag in: Numerical Solutions of Field Problems in Continuum Physics, SIAM-AMS Proceedings, Vol. 2, Providence 1970, S. 210

53 *Fraeys de Veubeke, B.:* Displacement and Equilibrium Models in the Finite Element Method. Beitrag in: Stress Analysis, John Wiley & Sons, New York 1965

54 *Fung, Y.C.:* Foundation of Solid Mechanics. Prentice-Hall Inc., Englewood Cliffs 1965

55 *Gallagher, R.H.:* Finite Element Analysis, Fundamentals. Prentice-Hall Inc., Englewood Cliffs 1975

56 *Gallagher, R.H.:* Finite-Element-Analysis, Grundlagen. Aus dem Englischen übertragen von K. Hutter. Springer-Verlag, Berlin 1976

57 *Girkmann, K.:* Flächentragwerke. 6. Auflage, Springer-Verlag, Wien 1963

58 *Gol'denveizer, A.L.:* Theory of Elastic Thin Shells. Pergamon Press, Oxford 1961

59 *Gould, P.L./Lee, S.L.:* Hyperboloids of Revolution Supported on Columns. ASCE, Journ. of the Engineering Mechanics Division 95 (1969), S. 1083

60 *Gould, P.L./Sen, S.K./Suryoutomo, H.:* Dynamic Analysis of Column-Supported Hyperboloidal Shells. Earthquake Eng. and Structural Dynamics, 2 (1974), S. 269

61 *Green, A.E./Zerna, W.:* Theoretical Elasticity. 2nd Edition, At the Clarendon Press, Oxford 1968

62 *Günther, W.:* Analoge Systeme von Schalengleichungen. Ingenieur-Archiv 30 (1961), S. 160

63 *Harbord, R.:* Berechnung dünner Schalentragwerke mit finiten Elementen. Bericht Nr. 77-21 aus dem Institut für Statik der T.U. Braunschweig 1977

64 *Harbord, R.:* Berechnung von Schalen mit endlichen Verschiebungen – Gemischte finite Elemente. Bericht Nr. 72-7 des Instituts für Statik, T.U. Braunschweig 1973

65 *Harbord, R.:* Berechnung dünner Schalentragwerke mit finiten Elementen – Vergleichende Untersuchung unterschiedlicher Diskretisierungsvarianten. Bericht Nr. 77-21, Institut für Statik, T.U. Braunschweig

66 *Harnach, R.:* Systematische Darstellung der Energie- und Variationsprinzipe und Anwendung auf die Schalentheorie. Technisch-wissenschaftliche Mitteilungen des Instituts für Konstruktiven Ingenieurbau Nr. 74-3, Ruhr-Universität Bochum 1974

67 *Harnach, R./Antes, H.:* Zur vollständigen Dualität der Differentialoperatoren von Flächentragwerken. Berichte des VIII. IKM, Weimar 1978

68 *Harte, R.:* Doppelt gekrümmte Finite Dreieckelemente für die lineare und geometrisch nichtlineare Berechnung allgemeiner Flächentragwerke. Technisch-wissenschaftliche Mitteilungen des Instituts für Konstruktiven Ingenieurbau Nr. 82-10, Ruhr-Universität Bochum 1982

69 *Hellinger, E.:* Die allgemeinen Ansätze der Mechanik der Kontinua. Encyclop. d. Math. Wiss., Bd. IV-4, S. 601. Verlag Teubner, Leipzig 1914

70 *Holand, I.:* The Finite Element Method in Plane Stress Analysis and Stiffness Matrices for Plate Bending Elements. Beiträge in: Holand, I./Bell, K.: Finite Element Methods in Stress Analysis. The University of Trondheim, Tapir-Trykk 1969

71 *Hu, H.-C.:* On some variational principles in the theory of elasticity and the theory of plasticity. Scientia Sinica 4 (1955), S. 33

72 *Huebner, K.H.:* The Finite Element Method for Engineers. J. Wiley & Sons, New York 1975

73 *Hung, N.D.:* Displacement potentials for membranes in stretching and stressfunction potentials for plates in bending. Ing.-Archiv 45 (1976), S. 41

74 *Jensen, P.S.:* A Finite Difference Technique for Arbitrary Grids. Journal Computers Structures, Vol. 2 (1972), S. 17–29

75 *Johnson, D.E.:* A Difference-Based Variational Method for Shells. Int. Journal of Solids and Structures, Vol. 6 (1970), S. 699–724

76 *Jürcke, R.K.:* Erstellung von hintergrundkompatiblen Moduln zur Lösung geometrisch linearer und nichtlinearer Probleme isotroper Flächentragwerke. Diplomarbeit am Lehrstuhl III des Instituts für Konstruktiven Ingenieurbau, Ruhr-Universität, Bochum 1981

77 *Klingbeil, E.:* Variationsprobleme der linearen Theorie elastischer Schalen. Dissertation T. H. Darmstadt 1963

78 *Klingbeil, E.:* Das Variationsproblem der allgemeinen linearen Schalentheorie, ZAMM 44 (1964), S. 379

79 *Klingbeil, E.:* Variationsproblem und Grundgleichungen für Statik und Dynamik der Schalen. Ing.-Archiv 34 (1965), S. 80

80 *Knowles, N.C./Razzaque, A./Spooner, J.B.:* Experiences of Finite Element Analysis of Shell Structures. Beitrag in: Finite Elements for Thin Shells and Curved Members, Herausg.: Ashwell, D.G./ Gallagher, R.H. John Wiley & Sons, London 1976

81 *Kollmann, F.G.:* Eine Ableitung der Kompatibilitätsbedingungen in der linearen Schalentheorie mit Hilfe des Riemannschen Krümmungstensors. Ing.-Archiv 35 (1966), S. 10

82 *Köpper, H.D.:* Theorie und numerische Lösung des Stabilitätsproblems allgemeiner Rotationsschalen. Technisch-wissenschaftliche Mitteilungen des Instituts für Konstruktiven Ingenieurbau, Ruhr-Universität Bochum, Nr. 74-2, 1974

83 *Krätzig, W.B./Schmid, G./Thierauf, G.:* Überblick über die Methode der finiten Elemente für Probleme der linearen Statik. Beitrag in: Finite Berechnungsmethoden im Konstruktiven Ingenieurbau, Technisch-wissenschaftliche Mitteilungen des Instituts für Konstruktiven Ingenieurbau Nr. 76-8, Ruhr-Universität Bochum 1976

84 *Krätzig, W.B.:* An Introduction into Linear Shell Theory. Beitrag in: Lecture Notes – CISM 240, Thin Shell Theory – New Trends and Applications, Udine 1980, Springer-Verlag, Wien

85 *Krätzig, W.B.:* Herleitung und Struktur nichtlinearer und linearer Schalentheorien. Seminarberichte des Lehrstuhles für Baumechanik, T. U. Hannover, 1977

86 *Krätzig, W.B.:* On the structure of consistent linear shell theories. Beitrag in: Theory of Shells, North-Holland Publishing comp., Amsterdam 1980, S. 353

87 *Love, A.E.H.:* A Treatise on the Mathematical Theory of Elasticity. 4. edition, Dover Publications, New York 1944

88 *Lur'e, A.I.:* On the static geometric analogue of shell theory. Beitrag in: Problems of Continuum Mechanics, S.I.A.M., Philadelphia 1961, S. 267

89 *Mason, J.:* Eine Einführung in die Energie- und Variationsmethoden der Elastostatik. Technisch-wissenschaftliche Mitteilungen des Instituts für Konstruktiven Ingenieurbau Nr. 72-3, Ruhr-Universität Bochum 1972

90 *Mason, J.:* Variational, Incremental and Energy Methods in Solid Mechanics and Shell Theory. Elsevier Scientific Publishing Company, Amsterdam 1980

91 *May, B.:* Zur Berechnung von Schalentragwerken mit Hilfe gekrümmter Dreieckselemente. Dissertation Ruhr-Universität, Bochum 1970

92 *Mitchell, A.R./Wait, R.:* The finite element method in partial differential equations. McGraw-Hill Publishing Company, London 1977

93 *Naghdi, P.M.:* On a variational theorem in elasticity and its application to shell theory. Journ. Appl. Mech. Trans. ASME 31 (1964), S. 647

94 *Naghdi, P.M.:* A static-geometric analogue in the theory of couple-stress. Proc. Koninkl. Ned. Akad. Wetensch., B 68 (1965), S. 29

95 *Naghdi, P.M.:* The Theory of Shells and Plates. Handbuch der Physik, Band VI, A2, Springer-Verlag, Berlin/New York 1972

96 *Noor, A.K./Schnobrich, W.C.:* On Improved Finite Difference Discretization Procedures. International Conference on Variational Methods in Engineering, Department of Civil Engineering, Southampton University, England, September 1972

97 *Noor, A.K./Stephens, W.B./Fulton, R.E.:* An Improved Numerical Process for Solution of Solid Mechanics Problems. Computers and Structures, Vol. 3, Pergamon Press 1973, S. 1397–1437

98 *Oden, J.T.:* Finite Elements of Nonlinear Continua. McGraw-Hill Book Company, New York 1972

99 *Oden, J.T./Reddy, J.N.:* Variational Methods in Theoretical Mechanics. Springer-Verlag, Berlin 1976

100 *Oliveira, E.R.A.:* Theoretical Foundations of the Finite Element Method. Int. Journ. Solids Structures 4 (1968), S. 929

101 *Oyenekan, J.L.:* Theorie und numerische Behandlung des Schwingungsproblems allgemeiner Rotationsschalen. Technisch-wissenschaftliche Mitteilungen des Instituts für Konstruktiven Ingenieurbau, Ruhr-Universität Bochum, Nr. 75-9, 1975

102 *Razzaque, A.:* Finite Element Analysis of Plates and Shells. Ph. D.-Thesis, University of Wales, Swansea 1972

103 *Reissner, E.:* A New Derivation of the Equations for the Deformation of Elastic Shells. Americ. Journ. Math. 63 (1941), S. 177

104 *Reissner, E.:* On a variational theorem in elasticity. Journ. Math. Phys. 29 (1950), S. 90

105 *Reissner, E.:* On variational principles in elasticity. Beitrag in: Proceed. Symp. Appl. Math., Bd. III: Calculus of Variations and its Applications, S. 1. McGraw-Hill, New York 1958

106 *Reissner, E.:* Variational considerations for elastic beams and shells. Journ. Eng. Mech. Div. Proc. ASCE 88 (1962), S. 23

107 *Reissner, E.:* On the form of variationally derived shells equations. Journ. Appl. Mech. Trans. ASME 31 (1964), S. 23

108 *Robinson, J.:* Integrated Theory of Finite Element Methods. John Wiley & Sons, London 1973

109 *Rüdiger, D.:* Die Verfahren von Ritz und Trefftz in der Theorie der Schalen. ZAMM 40 (1960), S. 114

110 *Sayar, F.K.:* Untersuchung des Membranspannungszustandes der verallgemeinerten Rohrschale mit besonderer Berücksichtigung der negativen Flächenkrümmung. Dissertation, Technische Universität Hannover, 1961

111 *Schaefer, H.:* Die vollständige Analogie Scheibe – Platte. Abhandl. d. Braunschw. Wiss. Gesellsch. 8 (1957), S. 142

112 *Schaefer, H.:* Analysis der Motorfelder im Cosserat-Kontinuum. ZAMM 47 (1967), S. 319

113 *Schmidt, R.:* Systematische Herleitung von Variationsprinzipen für geometrisch nichtlineare Schalentheorien. Dissertation, Ruhr-Universität Bochum 1981

114 *Schwarz, H.R.:* Methode der finiten Elemente. LAMM Band 47, Verlag B.G. Teubner, Stuttgart 1980

115 *Silvester, P.:* Higher-Order Polynomial Triangular Finite Elements for Potential Problems. Int. Journ. Eng. Science 7 (1971), S. 849

116 *Strang, G./Fix, G.J.:* An Analysis of the Finite Element Method. Prentice-Hall Inc., Englewood Cliffs 1973

117 *Strickland, G.E./Loden, W.A.:* A Doubly Curved Triangular Shell Element. Proc. 2. Conf. on Matrix Methods in Mechanics, Wright-Patterson Air Force Base, Dayton, Ohio 1968

118 *Szabo, I.:* Höhere Technische Mechanik. 4. Auflage, Springer-Verlag, Berlin 1964

119 *Talaslidis, T.:* Inkrementelle Schalentheorien und numerische Behandlung diskretisierter Eigenwertprobleme der Strukturmechanik auf der Grundlage verallgemeinerter Arbeitsaussagen. Dissertation der Ruhr-Universität Bochum 1978

120 *Thomas, G.R./Gallagher, R.H.:* A Triangular Thin Shell Finite Element: Linear Analysis. NASA CR-2482 (1975)

121 *Thomas, G.R./Gallagher, R.H.:* A Triangular Element Based on Generalized Potential Energy Concepts. Beitrag in: Finite Elements for Thin Shells and Curved Members, Herausg.: Ashwell, D.G./ Gallagher, R.H. John Wiley & Sons, London 1976

122 *Timoshenko, S./Woinowsky-Krieger, S.:* Theory of Plates and Shells. 2. edition, McGraw-Hill, New York 1959

123 *Tonti, E.:* On the formal structure of physical theories. Instituto di matematica del polytecnico di milano, Mailand 1975

124 *Tonti, E.:* Variational principles in elastostatics. Meccanica 1 (1967), Band 2, S. 1

125 *Tonti, E.:* Variational principles in elastostatics. Meccanica 2 (1967), S. 201

126 *Tottenham, H./Brebbia, C.* (ed.): Finite Element Techniques in Structural Mechanics. Stress Analysis Publishers, Southampton 1971
127 *Trefftz, E.*: Ableitung der Schalenbiegungsgleichungen mit dem Castiglianoschen Prinzip, ZAMM 15 (1935), S. 101
128 *Turner, W.J./Clough, R.W./Martin, H.C./Topp, L.S.*: Stiffness and Deflection Analysis of Complex Structures. Journ. Aeronaut. Sci. 23 (1956), S. 805
129 *Velte, W.*: Direkte Methoden der Variationsrechnung. LAMM Band 26, B.G. Teubner, Stuttgart 1976
130 *Wan, F.Y.M.*: Two variational theorems for thin shells. Journ. Math. Phys. 47 (1968), S. 429
131 *Washizu, K.*: Technical Report No. 25-18, Aeroelastic and Structures Research Laboratory, Massach. Inst. Techn., Cambridge/Mass. 1955
132 *Washizu, K.*: Variational methods in elasticity and plasticity. 2. ed., Pergamon Press, Oxford 1975
133 *Weissgerber, V.*: Ein Beitrag zur Berechnung von Schalentragwerken mit gekrümmten finiten Elementen auf der Grundlage eines erweiterten Variationsprinzips. Dissertation T. H. Darmstadt 1974
134 *Weissberger, V.*: Hybride Schalenelemente mit einer Anwendung auf Wendelschalen. Ing.-Archiv 44 (1975), S. 103
135 *Wempner, G.A.*: Mechanics of Solids. McGraw-Hill, New York 1973
136 *Wlassow, W.S.*: Allgemeine Schalentheorie und ihre Anwendung in der Technik. Akademie-Verlag, Berlin 1958
137 *Wolf, J.*: Alternate Hybrid Stress Finite Element Modells. Int. Journ. Num. Meth. Eng. 9 (1975), S. 601
138 *Wu, S.-C.*: An Integrated System for Finite Element Shell Analysis. Ph. D.-Thesis, Cornell University 80-7, Ithaka 1980
139 *Wunderlich, W.*: Differentialsystem und Übertragungsmatrizen der Biegetheorie allgemeiner Rotationsschalen. Dissertation T. H. Hannover 1966
140 *Wunderlich, W.*: Zur Leistungsfähigkeit der Methode der finiten Elemente. Beitrag in: Finite Berechnungsmethoden im Konstruktiven Ingenieurbau, Technisch-wissenschaftliche Mitteilungen des Instituts für Konstruktiven Ingenieurbau Nr. 76-8, Ruhr-Universität Bochum 1976
141 *Wunderlich, W.*: On a consistent shell theory in mixed tensor formulation. Beitrag in: Theory of Shells, North-Holland Publishing Comp., Amsterdam 1980, S. 607
142 *Zienkiewicz, O.C.*: The Finite Element Method in Engineering Science. McGraw-Hill Publishing Company, London 1971
143 *Zurmühl, R.*: Behandlung der Plattenaufgabe nach dem verbesserten Differenzenverfahren. Z. angew. Math. Mech. 37 (1957), S. 1–16
144 *Zurmühl, R.*: Praktische Mathematik. Fünfte Auflage, Springer-Verlag, Berlin/Heidelberg 1965

8 Physikalisch und geometrisch nichtlineare Schalentheorie

Je mehr man weiß,
desto mehr zweifelt man.

Enea Silvio Piccolomini,
Papst Pius II (1405–1464)

In diesem Kapitel wird zunächst eine Flächentragwerkstheorie aus den Hauptsätzen der Thermodynamik hergeleitet, die den Rahmen für sämtliche, also auch nichtisotherme und nichtisentrope flächenhafte Verformungsprozesse darstellt. Beispielhaft erschließt sodann ein Abriß der Theorie elastoplastischer Flächentragwerke das Gebiet der Inelastizität. Den Schwerpunkt dieses Kapitels bilden hyperelastische Flächentragwerke, die großen Verschiebungen sowie mittleren Rotationen unterliegen. Diese nichtlinearen Theorien werden abschließend zu den inkrementellen Grundgleichungen der Stabilitätsprobleme linearisiert.

8.1 Thermodynamik der Deformationen von Flächentragwerken

8.1.1 Vorbemerkungen und Zeitableitungen

Jede Bewegung eines realen Kontinuums, also auch eines Flächentragwerks, wird von thermischen Effekten begleitet. Im Rahmen der Idealisierung elastischer Werkstoffe wurden diese bisher stets vernachlässigt; bei nichtelastischen Werkstoffen oder hohen thermischen Einwirkungen ist ihre Berücksichtigung jedoch oft von Vorteil und manchmal unumgänglich. In Anlehnung an die Vorgehensweise bei dreidimensionalen Körpern [12, 43, 73, 81] soll daher nun mit den Hilfsmitteln der Thermodynamik der Deformationen ein allgemeines Konzept zur Behandlung von Flächentragwerken aus beliebigen Werkstoffen und für beliebige zeitabhängige Verformungen aufgestellt werden. Dabei setzen wir einige Grundbegriffe der klassischen Thermodynamik als bekannt voraus, soweit diese für mechanische Fragestellungen von Bedeutung sind [19, 85, 93]. Zur physikalischen Präzisierung: Wir werden eine Dynamik von Flächentragwerken betreiben, deren Materialverhalten thermodynamisch durch eine Folge von Gleichgewichtsprozessen beschreibbar ist. Unsere Beschränkung auf eine Normalentheorie dient dabei der Klarheit der Darstellung und läßt sich bei Bedarf mühelos aufheben [47, 71, 89].

Das betrachtete Flächentragwerk auf Bild 8.1 sei in den dreidimensionalen Anschauungsraum E3 eingebettet. Es werde wie üblich durch seine Mittelfläche F repräsentiert, deren Punkte P durch die *Gauß*schen Parameter Θ^α festgelegt seien. Diese Parameterschar bilde ein körperfestes (konvektives) Koordinatensystem; somit werde ein bestimmter Punkt P von F

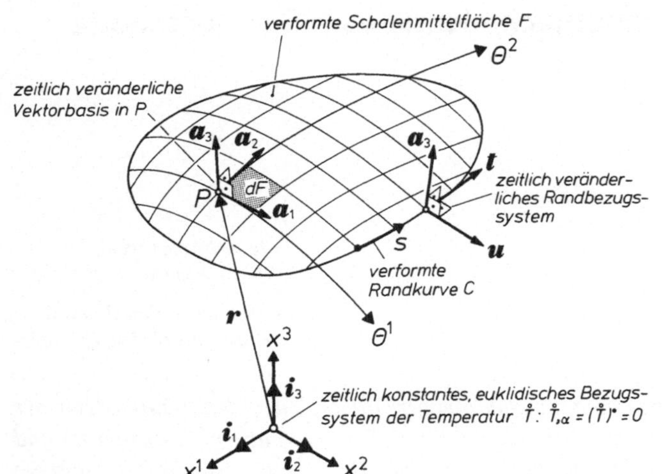

Bild 8.1 Verformtes Flächentragwerk im E3 zum Zeitpunkt t

während des gesamten Zeitverlaufs eines Verformungsvorganges durch das einmal gewählte Koordinatenpaar Θ^α gekennzeichnet:

$$\frac{D}{Dt}\Theta^\alpha = \dot{\Theta}^\alpha = 0. \tag{8.1.1}$$

Infolge der Beschränkung auf stetige Verformungsprozesse bestehe eine umkehrbar eindeutige Zuordnung zwischen den Raumkoordinaten x^i und den Flächenkoordinaten Θ^α jedes Punktes:

$$x^i = x^i(\Theta^\alpha, t), \quad \Theta^\alpha = \Theta^\alpha(x^i, t). \tag{8.1.2}$$

Nun wenden wir uns dem verformten Flächentragwerk in einem beliebigen Zeitpunkt t zu. Kennzeichnen wir materielle Zeitableitungen durch einen Punkt

$$\frac{D}{Dt}(\ ) = (\dot{\ }), \tag{8.1.3}$$

so lassen sich aus den Definitionen (4.1.15) des Verschiebungsvektors **v** sowie des Differenzenvektors **w** deren zugehörige Geschwindigkeitsvektoren bestimmen:

$$\begin{aligned} \mathbf{v} &= \mathbf{r} - \mathring{\mathbf{r}}: \quad \dot{\mathbf{v}} = \dot{\mathbf{r}}, \\ \mathbf{w} &= \mathbf{a}_3 - \mathring{\mathbf{a}}_3: \quad \dot{\mathbf{w}} = \dot{\mathbf{a}}_3. \end{aligned} \tag{8.1.4}$$

Hierin bezeichnet **r** den verformten Ortsvektor, $\mathbf{a}_3$ die verformte Normale. Im Gegensatz zum Abschnitt 4.1.2 (sowie den Abschnitten 3.2.5 und 3.2.8) sollen im Kapitel 8 alle aktuellen Größen des Zeitpunktes t indexfrei bleiben, während der unverformte Ausgangszustand zum Zeitpunkt t_0 durch einen Kopfzeiger $\mathring{\ldots}$ unterschieden wird.

Aus der Beziehung

$$\dot{\mathbf{v}}_{,\alpha} = \frac{\partial}{\partial\Theta^\alpha}\dot{\mathbf{v}} = \frac{\partial}{\partial\Theta^\alpha}\frac{D}{Dt}\mathbf{v} = \frac{D}{Dt}\frac{\partial}{\partial\Theta^\alpha}\mathbf{r} = \frac{D}{Dt}\mathbf{a}_\alpha = \dot{\mathbf{a}}_\alpha \tag{8.1.5}$$

gemäß (8.1.4) gewinnen wir nun zunächst unter Rückerinnerung an (3.1.2) eine Verknüpfung der Zeitableitung der kovarianten Basisvektoren mit dem Geschwindigkeitsvektor der Mittelfläche. Sodann folgt aus

$$\mathbf{a}_3 \cdot \mathbf{a}_3 = 1 \rightarrow \dot{\mathbf{a}}_3 \cdot \mathbf{a}_3 = 0, \quad \dot{\mathbf{a}}_3 = z_\beta \mathbf{a}^\beta = z^\beta \mathbf{a}_\beta \tag{8.1.6}$$

die Orthogonalität der Zeitableitung des Normalenvektors zu diesem und hiermit weiter:

$$\begin{aligned} \mathbf{a}_3 \cdot \mathbf{a}_\alpha = 0 \rightarrow \dot{\mathbf{a}}_3 \cdot \mathbf{a}_\alpha + \mathbf{a}_3 \cdot \dot{\mathbf{a}}_\alpha &= 0 \\ \dot{\mathbf{a}}_3 \cdot \mathbf{a}_\alpha = z_\beta \mathbf{a}^\beta \cdot \mathbf{a}_\alpha = z_\alpha &= -\mathbf{a}_3 \cdot \dot{\mathbf{a}}_\alpha . \end{aligned} \tag{8.1.7}$$

Zerlegen wir nun den Geschwindigkeitsvektor $\dot{\mathbf{v}}$ in Komponenten hinsichtlich der aktuellen Basis $\mathbf{a}_i$ zum betrachteten Zeitpunkt t

$$\dot{\mathbf{v}} = \hat{v}_\beta \mathbf{a}^\beta + \hat{v}_3 \mathbf{a}^3 = \hat{v}^\beta \mathbf{a}_\beta + \hat{v}^3 \mathbf{a}_3,^* \tag{8.1.8}$$

so entsteht gemäß (1.4.36)

$$\dot{\mathbf{v}}_{,\alpha} = (\hat{v}_\beta \|_\alpha - \hat{v}_3 b_{\alpha\beta}) \mathbf{a}^\beta + (\hat{v}_{3,\alpha} + \hat{v}_\lambda b^\lambda_\alpha) \mathbf{a}^3 .$$

Die hierin verwendete kovariante Ableitung bezieht sich selbstverständlich auf die verformte Mittelfläche F. Beachtet man noch (8.1.4), so lassen sich damit die Zeitableitungen der Vektorbasis eines Punktes P zum Zeitpunkt t mit den Komponenten des Geschwindigkeitsvektors $\dot{\mathbf{v}}$ folgendermaßen verknüpfen:

$$\begin{aligned} \dot{\mathbf{a}}_\alpha &= \dot{\mathbf{v}}_{,\alpha} = c_{\alpha\beta} \mathbf{a}^\beta + c_{\alpha 3} \mathbf{a}^3, \\ \dot{\mathbf{a}}_3 &= \dot{\mathbf{w}} \;\; = -c_{\alpha 3} \mathbf{a}^\alpha = c_{3\alpha} \mathbf{a}^\alpha . \end{aligned} \tag{8.1.9}$$

Analog zu (3.2.65) werden die hierin auftretenden Tensorkomponenten $c_{\alpha i}$ als *Geschwindigkeitsgradienten* bezeichnet:

$$c_{\alpha\beta} = \hat{v}_\beta \|_\alpha - \hat{v}_3 b_{\alpha\beta}, \quad c_{\alpha 3} = \hat{v}_{3,\alpha} + \hat{v}_\lambda b^\lambda_\alpha, \quad c_{33} = 0. \tag{8.1.10}$$

Aufbauend auf diesen grundlegenden Beziehungen lassen sich nun weitere Zeitableitungen bestimmen, beispielsweise die Verzerrungsgeschwindigkeiten. Aus dem ersten Verzerrungsmaß (4.1.23)

$$\alpha_{(\alpha\beta)} = \frac{1}{2}(a_{\alpha\beta} - \mathring{a}_{\alpha\beta}) = \frac{1}{2}(\mathbf{a}_\alpha \cdot \mathbf{a}_\beta - \mathring{\mathbf{a}}_\alpha \cdot \mathring{\mathbf{a}}_\beta)$$

gewinnen wir durch materielle Zeitableitung sowie nachfolgende Substitution von (8.1.9) den ersten *Verzerrungsgeschwindigkeitstensor* der Mittelfläche:

$$\begin{aligned} \dot{\alpha}_{(\alpha\beta)} &= \frac{1}{2}\dot{a}_{\alpha\beta} = \frac{1}{2}(\dot{\mathbf{a}}_\alpha \cdot \mathbf{a}_\beta + \mathbf{a}_\alpha \cdot \dot{\mathbf{a}}_\beta) \\ &= \frac{1}{2}(\dot{\mathbf{v}}_{,\alpha} \cdot \mathbf{a}_\beta + \dot{\mathbf{v}}_{,\beta} \cdot \mathbf{a}_\alpha). \end{aligned} \tag{8.1.11}$$

* Der gewählte Kopfzeiger $\hat{\ }$ steht in keinem sachlichen Zusammenhang mit dem gleichen Kopfzeiger in (3.2.72), (3.2.81).

Auf analogem Wege entsteht aus dem zweiten Verzerrungstensor (4.1.24) einer Schalentheorie vom *Kirchhoff-Love*-Typ

$$\omega_{(\alpha\beta)} = \overset{\circ}{b}_{\alpha\beta} - b_{\alpha\beta}$$
$$= \frac{1}{2}[(\mathbf{a}_\alpha \cdot \mathbf{a}_{3,\beta} + \mathbf{a}_\beta \cdot \mathbf{a}_{3,\alpha}) - (\mathring{\mathbf{a}}_\alpha \cdot \mathring{\mathbf{a}}_{3,\beta} + \mathring{\mathbf{a}}_\beta \cdot \mathring{\mathbf{a}}_{3,\alpha})]$$

der *zweite Verzerrungsgeschwindigkeitstensor* der Mittelfläche:

$$\dot{\omega}_{(\alpha\beta)} = -\dot{b}_{\alpha\beta}$$
$$= \frac{1}{2}(\dot{\mathbf{a}}_\alpha \cdot \mathbf{a}_{3,\beta} + \mathbf{a}_\alpha \cdot \dot{\mathbf{a}}_{3,\beta} + \dot{\mathbf{a}}_\beta \cdot \mathbf{a}_{3,\alpha} + \mathbf{a}_\beta \cdot \dot{\mathbf{a}}_{3,\alpha}) \tag{8.1.12}$$
$$= \frac{1}{2}(\dot{\mathbf{v}}_{,\alpha} \cdot \mathbf{a}_{3,\beta} + \mathbf{a}_\alpha \cdot \dot{\mathbf{w}}_{,\beta} + \dot{\mathbf{v}}_{,\beta} \cdot \mathbf{a}_{3,\alpha} + \mathbf{a}_\beta \cdot \dot{\mathbf{w}}_{,\alpha}).$$

Die jeweiligen Komponenten erhalten wir durch Substitution von (8.1.9, 10):

$$\dot{\alpha}_{(\alpha\beta)} = \frac{1}{2}(c_{\alpha\lambda}\mathbf{a}^\lambda \cdot \mathbf{a}_\beta + c_{\beta\lambda}\mathbf{a}^\lambda \cdot \mathbf{a}_\alpha) = \frac{1}{2}(c_{\alpha\beta} + c_{\beta\alpha}) = c_{(\alpha\beta)}$$
$$= \frac{1}{2}(\hat{v}_\alpha\|_\beta + \hat{v}_\beta\|_\alpha - \hat{v}_3 b_{\alpha\beta}), \tag{8.1.13}$$

$$\dot{\omega}_{(\alpha\beta)} = -\frac{1}{2}(c_{\alpha\lambda}\mathbf{a}^\lambda \cdot b^\rho_\beta \mathbf{a}_\rho + \mathbf{a}_\alpha \cdot (c_{\lambda 3}\mathbf{a}^\lambda)_{,\beta} + c_{\beta\lambda}\mathbf{a}^\lambda \cdot b^\rho_\alpha \mathbf{a}_\rho + \mathbf{a}_\beta \cdot (c_{\lambda 3}\mathbf{a}^\lambda)_{,\alpha})$$
$$= -\frac{1}{2}(c_{3\alpha}\|_\beta + c_{3\beta}\|_\alpha + c_{\alpha\lambda}b^\lambda_\beta + c_{\beta\lambda}b^\lambda_\alpha) \tag{8.1.14}$$
$$= -\frac{1}{2}(\hat{v}_3\|_{\alpha\beta} + \hat{v}_3\|_{\beta\alpha} + 2\hat{v}_\lambda\|_\alpha b^\lambda_\beta + 2\hat{v}_\lambda\|_\beta b^\lambda_\alpha + 2\hat{v}_\lambda b^\lambda_\alpha\|_\beta - 2\hat{v}_3 b_{\alpha\lambda}b^\lambda_\beta),$$

letztere unter Verwendung von (1.4.17, 19) sowie des Satzes von *Mainardi-Codazzi* (1.4.52). Infolge des analogen Aufbaus der Deformationsgradienten (3.3.35, 38) und der Geschwindigkeitsgradienten (8.1.10) sind auch die Komponentenformen der Verzerrungstensoren (4.1.28, 29) und der zugehörigen Verzerrungsgeschwindigkeitstensoren formal gleich.

Die bisherigen Herleitungen ergänzen wir noch durch weitere Zeitableitungen einiger differentialgeometrischer Elemente. Nach Differentiation von (1.2.11)

$$\delta^\alpha_\rho = a^{\alpha\lambda}a_{\lambda\rho} \rightarrow \dot{\delta}^\alpha_\rho = 0 = \dot{a}^{\alpha\lambda}a_{\lambda\rho} + a^{\alpha\lambda}\dot{a}_{\lambda\rho}$$

und anschließender Überschiebung mit $a^{\rho\beta}$ sowie erneuter Verwendung von (1.2.11) entsteht hieraus:

$$\dot{a}^{\alpha\beta} = -a^{\alpha\lambda}a^{\beta\rho}\dot{a}_{\lambda\rho}. \tag{8.1.15}$$

Durch weitere Umformung mit (8.1.11, 13) finden wir sodann

$$\dot{a}^{\alpha\beta} = -a^{\alpha\lambda}a^{\beta\rho}2\dot{\alpha}_{(\lambda\rho)} = -a^{\alpha\lambda}a^{\beta\rho}2c_{(\lambda\rho)} = -2c^{(\alpha\beta)}$$
$$= -(\hat{v}^\alpha\|^\beta + \hat{v}^\beta\|^\alpha - 2\hat{v}_3 b^{\alpha\beta}). \tag{8.1.16}$$

(1.2.16) führt in ähnlicher Weise auf:

$$\mathbf{a}^\alpha = a^{\alpha\beta}\mathbf{a}_\beta \rightarrow \dot{\mathbf{a}}^\alpha = \dot{a}^{\alpha\beta}\mathbf{a}_\beta + a^{\alpha\beta}\dot{\mathbf{a}}_\beta = -c^{\beta\alpha}\mathbf{a}_\beta + c^{\alpha 3}\mathbf{a}_3. \tag{8.1.17}$$

Schließlich gewinnen wir noch durch Zeitableitung von (1.3.8) sowie nachfolgende Substitution von (8.1.9):

$$\begin{aligned}\dot{\epsilon}_{\alpha\beta} &= [\dot{\mathbf{a}}_\alpha\,\mathbf{a}_\beta\,\mathbf{a}_3] + [\mathbf{a}_\alpha\,\dot{\mathbf{a}}_\beta\,\mathbf{a}_3] + [\mathbf{a}_\alpha\,\mathbf{a}_\beta\,\dot{\mathbf{a}}_3]\\ &= c_{\alpha\cdot}^{\cdot\lambda}[\mathbf{a}_\lambda\,\mathbf{a}_\beta\,\mathbf{a}_3] + c_{\beta\cdot}^{\cdot\lambda}[\mathbf{a}_\alpha\,\mathbf{a}_\lambda\,\mathbf{a}_3],\end{aligned}$$

woraus für $\alpha = 1$ und $\beta = 2$ gemäß (1.3.2, 4)

$$\dot{\epsilon}_{12} = \dot{\sqrt{a}} = c_{1\cdot}^{\cdot 1}[\mathbf{a}_1\,\mathbf{a}_2\,\mathbf{a}_3] + c_{2\cdot}^{\cdot 2}[\mathbf{a}_1\,\mathbf{a}_2\,\mathbf{a}_3] = c_{\alpha\cdot}^{\cdot\alpha}\sqrt{a} \tag{8.1.18}$$

hergeleitet werden kann.

Ausgehend von seiner Definition im Abschnitt 3.2.6 war der ebene Verdrehungsvektor $\boldsymbol{\omega}$ der Schalenmittelfläche im Rahmen einer Normalentheorie durch (4.1.20) als wichtige kinematische Variable eingeführt worden. Ihm ordnen wir nun den *Winkelgeschwindigkeitsvektor* $\dot{\boldsymbol{\omega}}$ von F durch

$$\dot{\boldsymbol{\omega}} = \overline{\mathbf{a}_3 \times \mathbf{w}}^{\,\cdot} = \mathbf{a}_3 \times \dot{\mathbf{w}} = \mathbf{a}_3 \times \dot{\mathbf{a}}_3 \tag{8.1.19}$$

zu, gültig für hinreichend kleine Winkelgeschwindigkeiten. Für die hierin auftretenden Komponenten des Differenzgeschwindigkeitsvektors $\dot{\mathbf{w}}$ fanden wir bereits in (8.1.6) sowie (8.1.9, 10)

$$\dot{\mathbf{w}} = \hat{w}^\alpha\mathbf{a}_\alpha = \hat{w}_\alpha\mathbf{a}^\alpha: \quad \hat{w}_\alpha = -c_{\alpha 3} = -(\hat{v}_{3,\alpha} + \hat{v}_\lambda b_{\alpha}^{\lambda})^*, \tag{8.1.20}$$

woraus mit (1.3.7) als Komponentenzerlegung des Winkelgeschwindigkeitsvektors

$$\dot{\boldsymbol{\omega}} = \mathbf{a}_3 \times \dot{\mathbf{w}} = \hat{w}^\rho\mathbf{a}_3 \times \mathbf{a}_\rho = \hat{w}^\rho\epsilon_{\rho\beta}\mathbf{a}^\beta = -c^{\rho}_{\cdot 3}\epsilon_{\rho\beta}\mathbf{a}^\beta \tag{8.1.21}$$

folgt. Auch in diesen Ausdrücken wird erneut der zu den entsprechenden zeitunabhängigen Beziehungen analoge Aufbau deutlich.

Zum Abschluß dieses Abschnittes soll noch der Beschleunigungsvektor durch Differentiation des Geschwindigkeitsvektors (8.1.8) dargestellt werden. Unter Verwendung von (8.1.9) und (8.1.17) entsteht:

$$\begin{aligned}\ddot{\mathbf{v}} &= \dot{\hat{v}}_\beta\mathbf{a}^\beta + \hat{v}_\beta\dot{\mathbf{a}}^\beta + \dot{\hat{v}}_3\mathbf{a}^3 + \hat{v}_3\dot{\mathbf{a}}^3\\ &= \dot{\hat{v}}_\beta\mathbf{a}^\beta - \hat{v}_\beta c^{\lambda\beta}\mathbf{a}_\lambda + \hat{v}_\beta c^{\beta 3}\mathbf{a}_3 + \dot{\hat{v}}_3\mathbf{a}^3 - \hat{v}_3 c_{\beta 3}\mathbf{a}^\beta\\ &= (\dot{\hat{v}}_\beta - \hat{v}_i c_{\beta\cdot}^{\cdot i})\,\mathbf{a}^\beta + (\dot{\hat{v}}_3 + \hat{v}_\lambda c^{\lambda}_{\cdot 3})\,\mathbf{a}^3.\end{aligned} \tag{8.1.22}$$

Hierin mag das Auftreten quadratischer Geschwindigkeitsanteile überraschen, die durch die zeitliche Änderung der Basisvektoren hervorgerufen werden. Für hinreichend kleine Geschwindigkeiten dürfen diese konvektiven Glieder natürlich unterdrückt werden; in klassischen Darstellungen der Schalendynamik fehlen sie fast stets.

* Der gewählte Kopfzeiger $\hat{\cdot\cdot}$ steht in keinem sachlichen Zusammenhang mit dem gleichen Kopfzeiger in (3.2.72), (3.2.81).

Auf ähnliche Weise können wir den Beschleunigungsvektor auch durch die Komponenten (4.1.16) des Verschiebungsvektors **v** ausdrücken; das Ergebnis der Herleitungen lautet:

$$\begin{aligned}\ddot{\mathbf{v}} = &\left(\ddot{v}_\beta - 2\dot{v}_i c_{\beta\cdot}^{\ i} - v_i \dot{c}_{\beta\cdot}^{\ i} + v_i c_{k\cdot}^{\ i} c_{\beta\cdot}^{\ k}\right) \mathbf{a}^\beta \\ &+ \left(\ddot{v}_3 + 2\dot{v}_\lambda c^{\lambda}_{\cdot 3} + v_\lambda \dot{c}^{\lambda}_{\cdot 3} + v_i c_{k\cdot}^{\ i} c_{3\cdot}^{\ k}\right) \mathbf{a}^3\end{aligned} \tag{8.1.23}$$

8.1.2 Energiesatz und Entropieungleichung

Die beiden Hauptsätze der Thermodynamik, der Energiesatz und die Entropieungleichung, lauten für ein abgeschlossenes Einphasensystem:

$$\begin{aligned}&dU + dK - dQ - dW = 0, \\ &\tilde{T} dS - dQ \geqslant 0, \quad dS - \frac{dQ}{\tilde{T}} \geqslant 0.\end{aligned} \tag{8.1.24}$$

In ihnen wird die Änderung der inneren Energie durch dU, die der kinetischen Energie durch dK und diejenige der Entropie durch dS abgekürzt; dQ bezeichnet die zugeführte Wärme, dW die mechanische Arbeit von Randkräften und $\tilde{T}$ die absolute Temperatur. Beide Hauptsätze sollen nun auf ein willkürlich gelagertes, thermischen und mechanischen Einwirkungen sowie einem beliebigen Bewegungsvorgang unterworfenes Flächentragwerk übertragen werden. Dabei seien beliebig große Verschiebungen und mittlere Verdrehungen zugelassen. Unter Verzicht auf eine deduktive Herleitung, etwa aus den Prinzipen der Mechanik dreidimensionaler Kontinua [45, 47, 71, 72], werden wir beide Aussagen für Flächentragwerke postulieren [49, 83, 89]. Wie im Abschnitt 3.4.1 beim Prinzip der virtuellen Verrückungen wollen wir ihren mechanischen Inhalt sodann nachträglich begründen. Dabei beschränken wir – wie bereits erwähnt – alle Herleitungen auf Flächentragwerkstheorien vom *Kirchhoff-Love*-Typ.

Zu einem beliebigen Zeitpunkt t gelte folgende globale Energieerhaltungsaussage [71] für Flächentragwerke:

$$\frac{D}{Dt}\int_F \left[U + \frac{1}{2}(\dot{\mathbf{v}} \cdot \dot{\mathbf{v}} + \alpha\dot{\boldsymbol{\omega}} \cdot \dot{\boldsymbol{\omega}})\right] \rho dF - \int_F (r + \mathbf{p} \cdot \dot{\mathbf{v}} + \mathbf{c} \cdot \dot{\boldsymbol{\omega}})\, dF - \oint_C (\mathbf{n} \cdot \dot{\mathbf{v}} + \mathbf{m} \cdot \dot{\boldsymbol{\omega}} - f)\, ds = 0 \tag{8.1.25}$$

sowie folgende *Clausius-Duhem*-Ungleichung:

$$\frac{D}{Dt}\int_F S\rho dF - \int_F \frac{r}{\tilde{T}} dF + \oint_C \frac{f}{\tilde{T}} ds \geqslant 0. \tag{8.1.26}$$

Als Abkürzungen wurden hierin verwendet:

dF	Element der verformten Mittelfläche gemäß (1.2.27),
ds	Linienelement des verformten Tragwerksrandes C gemäß Abschnitt 1.5.1,
$\dot{\mathbf{v}}$	Vektor des Geschwindigkeitsfeldes von F (8.1.4, 8),

$\dot{\omega}$ Vektor des Winkelgeschwindigkeitsfeldes von F (8.1.19),
ρ Dichte der Massenbelegung von F,
U Dichte der spezifischen inneren Energie pro Masseneinheit,
S Dichte der spezifischen Entropie pro Masseneinheit,
α Verhältnis der Massenträgheit des Querschnitts zu seiner Masse:

$$\alpha = \int_{-h/2}^{h/2} \rho(\Theta^3)^2 d\Theta^2 : \int_{-h/2}^{h/2} \rho d\Theta^3,$$

r skalare Wärmequellenfunktion auf F, welche ein gleichmäßiges Erwärmen der beiden Laibungen bewirkt,
$f = f^\alpha u_\alpha$ skalarer Wärmefluß entlang der verformten Berandung C, Vereinigung der über die Tragwerkshöhe konstanten Wärmeflußvektoren f^α,
$\tilde{T}$ absolute Temperatur der Mittelfläche in ° *Kelvin*,
$\mathbf{p}, \mathbf{c}$ Last- und Lastmomentenvektoren auf F (3.2.3, 4),
$\mathbf{n}, \mathbf{m}$ Kraft- und Momentenvektoren längs der verformten Berandung C (3.2.28).

Im Vergleich zu (8.1.24) wird erkennbar, daß der Energiesatz (8.1.25) das Verschwinden der zeitlichen Änderungen von innerer und kinetischer Energie postuliert, verringert um die Wärmequellenleistung und die Leistung der Randkräfte und Randmomente – abzüglich des Wärmeflusses entlang C. Die Entropieungleichung legt die Richtung thermomechanischer Prozesse des Flächentragwerks fest: Die Entropieproduktion, verringert um die auf $\tilde{T}$ bezogene Leistung der Wärmequellen, darf gemeinsam mit der auf $\tilde{T}$ bezogenen, über den Rand einfließenden Wärmeleistung, höchstens auf Null absinken.

Alle in (8.1.25, 26) auftretenden Größen sind Funktionen der Flächenparameter Θ^α und der Zeit t. Die verwendete Form der kinetischen Energie gilt für Querschnitte, deren Massenschwerpunkte mit F zusammenfallen. Trifft diese Annahme symmetrischer Massenbelegung nicht zu, so ist in dK von (8.1.25) ein zusätzliches Glied $\beta\dot{\mathbf{v}} \cdot \dot{\omega}$ zu berücksichtigen [71]. Zum späteren Gebrauch wiederholen wir schließlich noch die Beziehungen (3.2.28)

$$\mathbf{n} = \mathbf{n}^\alpha u_\alpha, \quad \mathbf{m} = \mathbf{m}^\alpha u_\alpha, \tag{8.1.27}$$

worin die Vektoren $\mathbf{n}^\alpha$, $\mathbf{m}^\alpha$ nun natürlich ebenfalls auf Schnittkurven der *verformten* Mittelfläche bezogen sind.

Jetzt wollen wir die im ersten Hauptsatz vereinigten mechanischen Aussagen aus diesem herauslösen. Als ersten Schritt hierzu überlagern wir der ursprünglichen Bewegung $\dot{\mathbf{v}}$, $\dot{\omega}$ eine beliebige, jedoch unbeschleunigte Starrkörpertranslation $\mathbf{b}$ ($\dot{\mathbf{b}} = \mathbf{b}_{,\alpha} = 0$):

$$\begin{aligned} &\dot{\bar{\mathbf{v}}} = \dot{\mathbf{v}} + \mathbf{b}, \quad \dot{\bar{\mathbf{v}}} \cdot \dot{\bar{\mathbf{v}}} = \dot{\mathbf{v}} \cdot \dot{\mathbf{v}} + 2\dot{\mathbf{v}} \cdot \mathbf{b} + \mathbf{b} \cdot \mathbf{b}, \\ &\dot{\bar{\omega}} = \dot{\omega} \end{aligned} \tag{8.1.28}$$

Wenden wir auf beide Bewegungsvorgänge – bei ungeänderten thermischen Bedingungen – den Energiesatz (8.1.25) an, so verbleibt als Differenz:

$$\mathbf{b} \cdot \left\{ \frac{D}{Dt} \int_F \dot{\mathbf{v}} \rho dF - \int_F \mathbf{p} dF - \oint_C \mathbf{n} ds + \mathbf{b} \frac{1}{2} \frac{D}{Dt} \int_F \rho dF \right\} = 0. \tag{8.1.29}$$

Wegen der Willkürlichkeit von **b** muß hierin die zeitliche Ableitung des letzten Integrals verschwinden, hieraus folgt mit (1.2.27) und (8.1.1) die *Aussage der Massenerhaltung* in globaler bzw. lokaler Form:

$$\frac{D}{Dt}\int_F \rho dF = \int_F \overline{\rho\sqrt{a}}^{\boldsymbol{\cdot}}\, d\Theta^1 d\Theta^2 = 0, \quad \frac{D}{Dt}(\rho\sqrt{a}) = \overline{\rho\sqrt{a}}^{\boldsymbol{\cdot}} = 0. \tag{8.1.30}$$

Der verbleibende Rest von (8.1.29) liefert den *Impulserhaltungssatz*:

$$\frac{D}{Dt}\int_F \dot{\mathbf{v}}\rho dF - \int_F \mathbf{p} dF - \oint_C \mathbf{n} ds = 0. \tag{8.1.31}$$

Substituiert man in diesen (8.1.27) und transformiert das Linienintegral gemäß (1.5.14)

$$\oint_C \mathbf{n} ds = \oint_C \mathbf{n}^\alpha u_\alpha ds = \int_F \mathbf{n}^\alpha\|_\alpha dF,$$

so entsteht hieraus nach Voraussetzung der Stetigkeit des Integranden mit (1.2.27) als lokale Aussage die *erste vektorielle Bewegungsgleichung*:

$$\mathbf{n}^\alpha\|_\alpha + \mathbf{p} - \rho\ddot{\mathbf{v}} = 0. \tag{8.1.32}$$

Die auftretende kovariante Ableitung ist vereinbarungsgemäß auf der *verformten* Mittelfläche auszuführen.

Im zweiten Schritt überlagern wir der ursprünglichen Bewegung $\dot{\mathbf{v}}$, $\dot{\boldsymbol{\omega}}$ eine kleine, unbeschleunigte Starrkörperrotation $\boldsymbol{\delta}$ ($\dot{\boldsymbol{\delta}} = 0$):

$$\begin{aligned} \dot{\bar{\mathbf{v}}} &= \dot{\mathbf{v}} + \boldsymbol{\delta}\times\mathbf{r}, & \dot{\bar{\mathbf{v}}}\cdot\dot{\bar{\mathbf{v}}} &= \dot{\mathbf{v}}\cdot\dot{\mathbf{v}} + 2\dot{\mathbf{v}}\cdot\boldsymbol{\delta}\times\mathbf{r} + (\boldsymbol{\delta}\times\mathbf{r})\cdot(\boldsymbol{\delta}\times\mathbf{r}), \\ \dot{\bar{\boldsymbol{\omega}}} &= \dot{\boldsymbol{\omega}} + \boldsymbol{\delta}, & \dot{\bar{\boldsymbol{\omega}}}\cdot\dot{\bar{\boldsymbol{\omega}}} &= \dot{\boldsymbol{\omega}}\cdot\dot{\boldsymbol{\omega}} + 2\dot{\boldsymbol{\omega}}\cdot\boldsymbol{\delta} + \boldsymbol{\delta}\cdot\boldsymbol{\delta}. \end{aligned} \tag{8.1.33}$$

Bei der erneuten Anwendung des ersten Hauptsatzes (8.1.25) auf beide Bewegungen verbleibt, wenn die Massenerhaltung (8.1.30) sowie die Bedingung der Rotation um den Tragwerksschwerpunkt vorausgesetzt wird:

$$\boldsymbol{\delta}\cdot\left\{\frac{D}{Dt}\int_F (\mathbf{r}\times\dot{\mathbf{v}} + \alpha\dot{\boldsymbol{\omega}})\rho dF - \int_F (\mathbf{r}\times\mathbf{p} + \mathbf{c}) dF - \oint_C (\mathbf{r}\times\mathbf{n} + \mathbf{m}) ds\right\} = 0. \tag{8.1.34}$$

Wegen der Willkürlichkeit von $\boldsymbol{\delta}$ hat der gesamte Klammerausdruck zu verschwinden; er liefert mit (3.1.2), (8.1.27, 30) und (8.1.32) nach gezielten Umwandlungen den *Satz von der Erhaltung des Drehimpulses*:

$$\frac{D}{Dt}\int_F \alpha\dot{\boldsymbol{\omega}}\rho dF - \int_F (\mathbf{c} + \mathbf{a}_\alpha\times\mathbf{n}^\alpha) dF - \oint_C \mathbf{m} ds = 0. \tag{8.1.35}$$

Dessen lokale Formulierung, die *zweite vektorielle Bewegungsgleichung*, entsteht unter Berücksichtigung von (8.2.27, 30):

$$\mathbf{m}^\alpha\|_\alpha + \mathbf{a}_\alpha \times \mathbf{n}^\alpha + \mathbf{c} - \alpha\rho\ddot{\boldsymbol{\omega}} = 0. \qquad (8.1.36)$$

Somit ist der Energiesatz in der von uns verwendeten Form (8.1.25) eine thermomechanische Leistungsaussage, die das Gesetz von der Erhaltung der Masse (8.1.30) sowie die vektoriellen Bewegungsgleichungen (8.1.32, 36) implizit enthält. Letztere bilden das dynamische Gegenstück zu den Gleichgewichtsbedingungen (3.3.4, 5), wobei $\rho\ddot{\mathbf{v}}$ und $\alpha\rho\ddot{\boldsymbol{\omega}}$ *d'Alembert*sche Trägheitskräfte und -momente verkörpern.

Zur Herleitung einer reduzierten Form des Energiesatzes (8.1.25) führen wir die Zeitableitungen unter Wahrung von (8.1.30) aus:

$$\frac{D}{Dt}\int_F \left[U + \frac{1}{2}(\dot{\mathbf{v}} \cdot \dot{\mathbf{v}} + \alpha\dot{\boldsymbol{\omega}} \cdot \dot{\boldsymbol{\omega}})\right]\rho dF = \int_F [\dot{U} + \ddot{\mathbf{v}} \cdot \dot{\mathbf{v}} + \alpha\ddot{\boldsymbol{\omega}} \cdot \dot{\boldsymbol{\omega}}]\rho dF.$$

Zwecks Umformung des Linienintegrals verwenden wir sodann die Komponenten des Wärmeflußvektors

$$f = f^\alpha u_\alpha, \quad \mathbf{f} = f^\alpha \mathbf{a}_\alpha = f_\alpha \mathbf{a}^\alpha \qquad (8.1.37)$$

und erhalten damit unter Berücksichtigung von (1.5.14, 15) sowie (8.1.27)

$$\oint_C (\mathbf{n} \cdot \dot{\mathbf{v}} + \mathbf{m} \cdot \dot{\boldsymbol{\omega}} - f)\, ds = \oint_C (\mathbf{n}^\alpha \cdot \dot{\mathbf{v}} + \mathbf{m}^\alpha \cdot \dot{\boldsymbol{\omega}} - f^\alpha) u_\alpha ds$$

$$= \int_F [\mathbf{n}^\alpha\|_\alpha \cdot \dot{\mathbf{v}} + \mathbf{n}^\alpha \cdot \dot{\mathbf{v}}_{,\alpha} + \mathbf{m}^\alpha\|_\alpha \cdot \dot{\boldsymbol{\omega}} + \mathbf{m}^\alpha \cdot \dot{\boldsymbol{\omega}}_{,\alpha} - f^\alpha\|_\alpha] dF.$$

Mit beiden Ausdrücken entsteht schließlich aus (8.1.25) nach einigem Umordnen, Hinzufügen und Abziehen des Spatproduktes $[\mathbf{a}_\alpha \mathbf{n}^\alpha \dot{\boldsymbol{\omega}}]$ unter Beachtung der Bewegungsgleichungen (8.1.32, 36) der *reduzierte Energiesatz* in globaler und lokaler Form:

$$\int_F \Big\{\dot{U}\rho - r - [\mathbf{n}^\alpha\|_\alpha + \mathbf{p} - \rho\ddot{\mathbf{v}}] \cdot \dot{\mathbf{v}} - [\mathbf{m}^\alpha\|_\alpha + \mathbf{a}_\alpha \times \mathbf{n}^\alpha + \mathbf{c} - \alpha\rho\ddot{\boldsymbol{\omega}}] \cdot \dot{\boldsymbol{\omega}}$$

$$+ [\mathbf{a}_\alpha \mathbf{n}^\alpha \dot{\boldsymbol{\omega}}] - \mathbf{n}^\alpha \cdot \dot{\mathbf{v}}_{,\alpha} - \mathbf{m}^\alpha \cdot \dot{\boldsymbol{\omega}}_{,\alpha} + f^\alpha\|_\alpha\Big\} dF$$

$$= \int_F \Big\{\dot{U}\rho - r + [\mathbf{a}_\alpha \mathbf{n}^\alpha \dot{\boldsymbol{\omega}}] - \mathbf{n}^\alpha \cdot \dot{\mathbf{v}}_{,\alpha} - \mathbf{m}^\alpha \cdot \dot{\boldsymbol{\omega}}_{,\alpha} + f^\alpha\|_\alpha\Big\} dF = 0, \qquad (8.1.38)$$

$$\dot{U}\rho - r + [\mathbf{a}_\alpha \mathbf{n}^\alpha \dot{\boldsymbol{\omega}}] - \mathbf{n}^\alpha \cdot \dot{\mathbf{v}}_{,\alpha} - \mathbf{m}^\alpha \cdot \dot{\boldsymbol{\omega}}_{,\alpha} + f^\alpha\|_\alpha = 0. \qquad (8.1.39)$$

Der reduzierte Energiesatz erfordert bei seiner Verwendung die zusätzliche Vorgabe von Massenerhaltung und Bewegungsgleichungen. Er besagt, daß die zeitliche Änderung der inneren Energie, vermindert um die Leistung von Wärmequellen sowie um die *Formänderungsleistung*, jedoch vermehrt um die Divergenz des Wärmeflußvektors, verschwindet.

Abschließend soll auch die Entropieungleichung (8.1.26) in eine lokale Form transformiert werden. Mit (8.1.30), (8.1.37) sowie (1.5.14) entsteht zunächst

$$\frac{D}{Dt}\int\limits_F S\rho dF - \int\limits_F \frac{r}{\tilde{T}} dF + \oint\limits_C \frac{f}{\tilde{T}} ds = \int\limits_F \left[\dot{S}\rho - \frac{r}{\tilde{T}} + \left(\frac{f^\alpha}{\tilde{T}}\right)\Big\|_\alpha\right] dF$$

$$= \int\limits_F \left[\dot{S}\rho - \frac{r}{\tilde{T}} + \frac{1}{\tilde{T}} f^\alpha\|_\alpha - f^\alpha \frac{\tilde{T}_{,\alpha}}{\tilde{T}^2}\right] dF \geqslant 0, \tag{8.1.40}$$

hieraus sodann unter Voraussetzung der Stetigkeit des Integranden und Beachtung von $\tilde{T} > 0$:

$$\tilde{T}\dot{S}\rho - r + f^\alpha\|_\alpha - f^\alpha \frac{\tilde{T}_{,\alpha}}{\tilde{T}} \geqslant 0. \tag{8.1.41}$$

8.1.3 Die thermodynamischen Grundgleichungen in Komponentenform

Alle hergeleiteten Beziehungen gelten, wie bereits mehrfach hervorgehoben, für beliebig große Verformungen und mittlere Verdrehungen. Ihre lineare Struktur wie auch die verwendeten konvektiven Koordinaten (8.1.1) lassen sie besonders übersichtlich und unkompliziert erscheinen. Dieser Eindruck wird durch den Bezug aller Variablen und kovarianten Ableitungen auf die verformte Mittelfläche F noch verstärkt.

Im Folgenden sollen nun die in den lokalen Grundgleichungen auftretenden Vektoren hinsichtlich der Basis $\mathbf{a}_i$, $\mathbf{a}^i$ der verformten Mittelfläche (Bild 8.1) in Komponenten zerlegt werden. Die Intensität des Lastvektors $\mathbf{p}$ sei auf die Flächeneinheit der verformten Mittelfläche bezogen, seine Zerlegung laute gemäß (3.2.3):

$$\mathbf{p} = p^\alpha \mathbf{a}_\alpha + p^3 \mathbf{a}_3. \tag{8.1.42}$$

Zur Transformation tensorieller in physikalische Lastkomponenten dienen die Beziehungen (3.2.5), wenn $a_{\alpha\beta}$ als Metriktensor der verformten Mittelfläche interpretiert wird. Folgen wir weiterhin den Gedanken des Abschnittes 3.2.2 und beziehen die physikalischen Schnittgrößenvektoren $\mathbf{n}^{\langle\alpha\rangle}$, $\mathbf{m}^{\langle\alpha\rangle}$ (3.2.16) nun auf die Längeneinheit der verformten Parameterlinien Θ^α = konst, so lauten die Komponentenzerlegungen der $\mathbf{n}^\alpha$, $\mathbf{m}^\alpha$ gemäß (3.2.21, 22)

$$\begin{aligned} \mathbf{n}^\alpha &= \mathbf{n}^{\langle\alpha\rangle}\sqrt{a^{\alpha\alpha}} = n^{\alpha\beta}\mathbf{a}_\beta + q^\alpha \mathbf{a}_3, \\ \mathbf{m}^\alpha &= \mathbf{m}^{\langle\alpha\rangle}\sqrt{a^{\alpha\alpha}} = m^{\alpha\rho}\epsilon_{\rho\beta}\mathbf{a}^\beta = m^{\alpha\rho}\mathbf{a}_3 \times \mathbf{a}_\rho. \end{aligned} \tag{8.1.43}$$

Die Transformation der hierdurch definierten Schnittgrößentensoren in physikalische Größen folgt (3.2.24) mit den Metriktensoren $a_{\alpha\beta}$, $a^{\alpha\beta}$ der verformten Mittelfläche. Komponentendarstellungen von Geschwindigkeits- und Wärmeflußvektor wurden bereits in (8.1.8) und (8.1.37) eingeführt. Ihre tensoriellen und physikalischen Komponenten sind gemäß (1.2.46) miteinander verknüpft.

Nunmehr substituieren wir (8.1.42, 43) sowie (8.1.22) in die vektorielle Bewegungsgleichung (8.1.32) und erhalten aus einer zum Abschnitt 3.3.2 analogen Herleitung als tangentiale und normale Komponentengleichungen:

$$\begin{aligned} n^{\alpha\beta}\|_\alpha - q^\alpha b^\beta_\alpha + p^\beta - \rho(\dot{\hat{v}}^\beta - \hat{v}^i c^{\cdot\beta}_{\cdot\, i}) &= 0, \\ n^{\alpha\beta} b_{\alpha\beta} + q^\alpha\|_\alpha + p^3 - \rho(\dot{\hat{v}}^3 - \hat{v}^\lambda c^{\cdot 3}_{\cdot\,\lambda}) &= 0. \end{aligned} \tag{8.1.44}$$

Darin beschreibt $b_{\alpha\beta}$ vereinbarungsgemäß den Krümmungstensor der verformten Mittelfläche. Für Normalentheorien hatten wir im Abschnitt 4.1.5 die Streichung des Lastmomentenvektors **c** begründet, welcher als Folge der Zwangsbedingung $\gamma = 0$ (4.1.1) keine unabhängig vorgebbare Lastvariable mehr darstellt. Die dort verwendeten Argumente gelten selbstverständlich auch für die *d'Alembert*schen Trägheitsmomente $\alpha\rho\dot{\omega}$ in der zweiten vektoriellen Bewegungsgleichung (8.1.36), die wir folglich gemeinsam mit **c** unterdrücken. Hierdurch vernachlässigen wir mechanisch die Drehträgheit des (dünnen) Flächentragwerks gegenüber seiner translatorischen Trägheit. Aus der Restgleichung (8.1.36)

$$\mathbf{m}^\alpha\|_\alpha + \mathbf{a}_\alpha \times \mathbf{n}^\alpha = 0$$

folgen sodann gemäß Abschnitt 3.3.2 die Komponentenbeziehungen:

$$m^{\alpha\beta}\|_\alpha - q^\beta = 0, \tag{8.1.45}$$

$$\epsilon_{\alpha\beta}(n^{\alpha\beta} + m^{\alpha\rho}b^\beta_\rho) = 0 \rightarrow n^{(\alpha\beta)} = n^{\alpha\beta} + m^{\alpha\rho}b^\beta_\rho. \tag{8.1.46}$$

Als nächstes überführt die Verwendung von (8.1.18) das lokale Gesetz (8.1.30) der Massenerhaltung in eine gewöhnliche Differentialgleichung, welche die tangentialen Geschwindigkeitsgradienten (8.1.10) enthält:

$$\begin{aligned} \frac{D}{Dt}(\rho\sqrt{a}) = \dot{\rho}\sqrt{a} + \rho\dot{\sqrt{a}} = \dot{\rho}\sqrt{a} + \rho c_{\alpha\cdot}^{\cdot\alpha}\sqrt{a} &= 0, \\ \dot{\rho} + \rho c_{\alpha\cdot}^{\cdot\alpha} &= 0. \end{aligned} \tag{8.1.47}$$

Eine unmittelbar aus (8.1.30) entstehende Form der Lösung

$$\dot{\overline{\rho\sqrt{a}}} = 0 \rightarrow \rho\sqrt{a} = \mathring{\rho}\sqrt{\mathring{a}}, \quad \rho = \mathring{\rho}\sqrt{\frac{\mathring{a}}{a}} \tag{8.1.48}$$

findet häufige Anwendung, um $\rho\sqrt{a}$ auf den durch $\mathring{\rho}\sqrt{\mathring{a}}$ beschriebenen unverformten Ausgangszustand zum Zeitpunkt t_0 zu beziehen.

Den reduzierten Energiesatz (8.1.39) wollen wir zunächst gliedweise behandeln. Mit (8.1.21) sowie (8.1.43) entsteht unter Verwendung von (1.3.6, 7) aus

$$\begin{aligned} [\mathbf{a}_\alpha \mathbf{n}^\alpha \dot{\boldsymbol{\omega}}] &= (\mathbf{a}_\alpha \times n^{\alpha\beta}\mathbf{a}_\beta + \mathbf{a}_\alpha \times q^\alpha \mathbf{a}_3) \cdot (-c_{\lambda 3}\epsilon^{\lambda\rho}\mathbf{a}_\rho) \\ &= -\epsilon_{\alpha\beta}n^{\alpha\beta}c_{\lambda 3}\epsilon^{\lambda\rho}\mathbf{a}_3 \cdot \mathbf{a}_\rho + \epsilon_{\alpha\beta}\epsilon^{\lambda\rho}q^\alpha c_{\lambda 3}\mathbf{a}^\beta \cdot \mathbf{a}_\rho \\ &= \epsilon_{\alpha\beta}\epsilon^{\lambda\beta}q^\alpha c_{\lambda 3} = \delta^\lambda_\alpha q^\alpha c_{\lambda 3} = q^\alpha c_{\alpha 3}, \end{aligned}$$

wobei (1.2.18), (1.2.37) und besonders (1.3.13) zu beachten waren. Aus dem Glied $\mathbf{n}^\alpha \cdot \dot{\mathbf{v}}_{,\alpha}$ gewinnen wir sodann nach Substitution von (8.1.9, 10) und (8.1.43):

$$\begin{aligned} \mathbf{n}^\alpha \cdot \dot{\mathbf{v}}_{,\alpha} &= n^{\alpha\beta}\mathbf{a}_\beta \cdot \dot{\mathbf{v}}_{,\alpha} + q^\alpha \mathbf{a}_3 \cdot \dot{\mathbf{v}}_{,\alpha} \\ &= n^{\alpha\beta}\dot{\mathbf{v}}_{,\alpha} \cdot \mathbf{a}_\beta + q^\alpha c_{\alpha 3}. \end{aligned}$$

Den mit $\mathbf{m}^\alpha$ behafteten Term schließlich formen wir zunächst unter Verwendung von (8.1.21) um. Durch Berücksichtigung von (1.4.16) entsteht

$$\begin{aligned} \mathbf{m}^\alpha \cdot \dot{\boldsymbol{\omega}}_{,\alpha} = \mathbf{m}^\alpha \cdot (\mathbf{a}_3 \times \dot{\mathbf{w}})_{,\alpha} &= \mathbf{m}^\alpha \cdot \mathbf{a}_{3,\alpha} \times \dot{\mathbf{w}} + \mathbf{m}^\alpha \cdot \mathbf{a}_3 \times \dot{\mathbf{w}}_{,\alpha} \\ &= -b^\lambda_\alpha[\mathbf{m}^\alpha \mathbf{a}_\lambda \dot{\mathbf{w}}] + \mathbf{m}^\alpha \cdot \mathbf{a}_3 \times \dot{\mathbf{w}}_{,\alpha}, \end{aligned}$$

worin das erste Spatprodukt verschwindet, weil es nur Flächenvektoren enthält. In das zweite Spatprodukt substituieren wir (8.1.43) und erhalten mit einer bekannten Regel für das Skalarprodukt zweier Vektorprodukte:

$$\begin{aligned}\mathbf{m}^\alpha \cdot \dot{\boldsymbol{\omega}}_{,\alpha} &= m^{\alpha\rho}(\mathbf{a}_3 \times \mathbf{a}_\rho) \cdot (\mathbf{a}_3 \times \dot{\mathbf{w}}_{,\alpha}) \\ &= m^{\alpha\beta}[(\mathbf{a}_3 \cdot \mathbf{a}_3)(\mathbf{a}_\beta \cdot \dot{\mathbf{w}}_{,\alpha}) - (\mathbf{a}_3 \cdot \dot{\mathbf{w}}_{,\alpha})(\mathbf{a}_\beta \cdot \mathbf{a}_3)] \\ &= m^{\alpha\beta}\mathbf{a}_\beta \cdot \dot{\mathbf{w}}_{,\alpha}.\end{aligned}$$

Fassen wir nun sämtliche Bestandteile des Energiesatzes (8.1.39) zusammen, ergänzen und subtrahieren das Glied $(m^{\alpha\lambda}\mathbf{a}_{3,\lambda} \cdot \dot{\mathbf{v}}_{,\alpha})$, wobei (1.4.16) geeignet verwendet wird, so entsteht

$$\begin{aligned}&\dot{U}\rho - r + q^\alpha c_{\alpha 3} - n^{\alpha\beta}\dot{\mathbf{v}}_{,\alpha} \cdot \mathbf{a}_\beta - q^\alpha c_{\alpha 3} - m^{\alpha\beta}\mathbf{a}_\beta \cdot \dot{\mathbf{w}}_{,\alpha} + f^\alpha\|_\alpha \\ &= \dot{U}\rho - r - [n^{\alpha\beta} + m^{\alpha\lambda}b^\beta_\lambda]\dot{\mathbf{v}}_{,\alpha} \cdot \mathbf{a}_\beta \\ &\quad - m^{\alpha\beta}[\dot{\mathbf{v}}_{,\alpha} \cdot \mathbf{a}_{3,\beta} + \mathbf{a}_\beta \cdot \dot{\mathbf{w}}_{,\alpha}] + f^\alpha\|_\alpha = 0.\end{aligned} \tag{8.1.49}$$

Hierin führen wir noch (8.1.46) ein und symmetrisieren sodann das Ergebnis im Hinblick auf die Schnittgrößentensoren $\tilde{n}^{(\alpha\beta)}$, $m^{\alpha\beta} = m^{(\alpha\beta)}$:

$$\begin{aligned}&\dot{U}\rho - \tilde{n}^{(\alpha\beta)}\frac{1}{2}(\dot{\mathbf{v}}_{,\alpha} \cdot \mathbf{a}_\beta + \dot{\mathbf{v}}_{,\beta} \cdot \mathbf{a}_\alpha) - m^{(\alpha\beta)}\frac{1}{2}(\dot{\mathbf{v}}_{,\alpha} \cdot \mathbf{a}_{3,\beta} + \mathbf{a}_\alpha \cdot \dot{\mathbf{w}}_{,\beta} \\ &+ \dot{\mathbf{v}}_{,\beta} \cdot \mathbf{a}_{3,\alpha} + \mathbf{a}_\beta \cdot \dot{\mathbf{w}}_{,\alpha}) - r + f^\alpha\|_\alpha = 0.\end{aligned} \tag{8.1.50}$$

Nach Vergleich mit (8.1.11, 12) entsteht hieraus die endgültige Form des Energiesatzes

$$\dot{U}\rho - \tilde{n}^{(\alpha\beta)}\dot{\alpha}_{(\alpha\beta)} - m^{(\alpha\beta)}\dot{\omega}_{(\alpha\beta)} - r + f^\alpha\|_\alpha = 0, \tag{8.1.51}$$

welche die zeitliche Änderung der inneren Energie, die Formänderungsleistung sowie die Leistungen der Wärmequellen und Wärmeflüsse miteinander verknüpft.

Schließlich spezifizieren wir noch das Produkt von Entropie und absolute Temperatur in einen Grundanteil sowie in den durch eine gleichmäßige Temperaturwirkung T und eine Temperaturdifferenz ΔT entstehenden Beitrag

$$\widetilde{TS} = \mathring{T}\mathring{S} + TS_T + \Delta TS_\Delta. \tag{8.1.52}$$

Hierin fassen wir $\mathring{T}$ als stets positive, räumlich und zeitlich konstante Grundtemperatur des euklidischen Bezugssystems (siehe Bild 8.1) auf, $\mathring{S}$ als die zum Zeitpunkt t_0 vorhandene Entropie:

$$(\mathring{T})^\cdot = (\mathring{S})^\cdot = 0, \quad \mathring{T}_{,\alpha} = 0. \tag{8.1.53}$$

Für die Entropieproduktion finden wir gemäß (8.1.52)

$$\widetilde{T\dot{S}} = (\dot{\overline{\widetilde{TS}}})_{\dot{T}=\Delta\dot{T}=0} = T\dot{S}_T + \Delta T\dot{S}_\Delta \tag{8.1.54}$$

und erhalten hiermit unter den Einschränkungen

$$\mathring{T} \gg \{|T|, |\Delta T|\}, \quad \Delta T_{,\alpha} \approx 0 \tag{8.1.55}$$

aus der Entropieungleichung (8.1.41):

$$(T\dot{S}_T + \Delta T\dot{S}_\Delta)\rho - r + f^\alpha\|_\alpha - f^\alpha\frac{T_{,\alpha}}{T} \geqslant 0. \tag{8.1.56}$$

Mit den Bewegungsgleichungen (8.1.44, 45), der Symmetriebeziehung (8.1.46), der Massenerhaltung (8.1.48), dem Energiesatz (8.1.51) und der Entropieungleichung (8.1.56) liegt – in Komponentenform – der thermodynamische Rahmen fest, dem sich alle Flächentragwerkstheorien vom *Kirchhoff-Love*-Typ einpassen sollten. Weitere thermische Ergänzungen wären dabei denkbar, beispielsweise linear über die Tragwerksdicke veränderliche Wärmequellen und Wärmeflüsse oder die Aufgabe der Restriktionen (8.1.55) in der Entropieungleichung. Diese einfachen Erweiterungen [71, 72] lassen interessanterweise zwei getrennte Entropieungleichungen entstehen, eine für über h konstante und eine für linear veränderliche Wärmewirkungen.

Wir beenden diesen Abschnitt mit einem Hinweis auf Flächentragwerkstheorien unter Einschluß von Schubverzerrungen ($\gamma \neq 0$). Wäre statt des Winkelgeschwindigkeitsvektors $\dot{\boldsymbol{\omega}}$ (8.1.21) die dem Direktor $\mathbf{d}_3$ eines schubweichen Querschnitts zugeordnete Winkelgeschwindigkeit verwendet worden, so hätte ein ähnlich verlaufender Herleitungsgang die Grundgleichungen einer Schubverzerrungstheorie ergeben. Deren Energiesatz

$$\dot{U}\rho - \tilde{n}^{(\alpha\beta)}\dot{\alpha}_{(\alpha\beta)} - q^{\alpha}\dot{\gamma}_{\alpha} - m^{(\alpha\beta)}\dot{\beta}_{(\alpha\beta)} - r + f^{\alpha}\|_{\alpha} = 0 \tag{8.1.57}$$

sowie alle weiteren Ergänzungen findet der Leser in [71, 89].

8.1.4 Thermoelastische Flächentragwerke

Der soeben hergeleitete thermodynamische Rahmen für Flächentragwerke ist durch weitere Materialvorgaben zu vervollständigen. Dies kann durch Konstruktion geeigneter Funktionen oder Funktionale der bereits vorhandenen Variablen erfolgen oder – wie in der Thermodynamik dreidimensionaler Kontinua [12, 85, 143] – durch Einführung zusätzlicher innerer Variablen sowie entsprechender Bedingungsgleichungen. Derartige Vorgehensweisen, die besonders für Vorgänge mit dissipativen Energieanteilen geeignet wären, finden sich jedoch in der Literatur erst vereinzelt, so für elastoplastische [48, 110] oder viskoelastische [106] Schalen. Weitgehend abgeschlossen erscheint dagegen die Theorie *thermoelastischer* Flächentragwerke, die nun vorgestellt werden soll. Dabei wird es sich als zweckmäßig erweisen, statt der *inneren Energie* U die unter Verwendung von (8.1.52, 53) gebildete *freie Energie*

$$\begin{aligned} A &= U - \tilde{T}S = U - \mathring{T}\mathring{S} - TS_T - \Delta TS_\Delta, \\ \dot{A} &= \dot{U} - \dot{T}S_T - T\dot{S}_T - \Delta\dot{T}S_\Delta - \Delta T\dot{S}_\Delta \end{aligned} \tag{8.1.58}$$

zu verwenden. Für sie lautet der Energiesatz (8.1.51):

$$\begin{aligned} \dot{A}\rho - \tilde{n}^{(\alpha\beta)}\dot{\alpha}_{(\alpha\beta)} - m^{(\alpha\beta)}\dot{\omega}_{(\alpha\beta)} + (S_T\dot{T} + S_\Delta\Delta\dot{T})\rho \\ + (T\dot{S}_T + \Delta T\dot{S}_\Delta)\rho - r + f^{\alpha}\|_{\alpha} = 0. \end{aligned} \tag{8.1.59}$$

Thermoelastisches Verhalten von Flächentragwerken werde nun dadurch definiert, daß die freie Energie eines bestimmten Zeitpunktes t eine Funktion der beiden Verzerrungstensoren $\alpha_{(\alpha\beta)}$, $\omega_{(\alpha\beta)}$, der beiden Temperaturmaße T, ΔT sowie höchstens noch der Koordinaten Θ^{α} der Mittelfläche sei:

$$A = A(\alpha_{(\alpha\beta)}, \omega_{(\alpha\beta)}, T, \Delta T, \Theta^{\alpha}). \tag{8.1.60}$$

Aus dieser Forderung entsteht unter Berücksichtigung von (8.1.1):

$$\begin{aligned}\dot{A} &= \frac{\partial A}{\partial \alpha_{(\alpha\beta)}}\dot{\alpha}_{(\alpha\beta)} + \frac{\partial A}{\partial \omega_{(\alpha\beta)}}\dot{\omega}_{(\alpha\beta)} + \frac{\partial A}{\partial T}\dot{T} + \frac{\partial A}{\partial \Delta T}\Delta\dot{T}, \\ \dot{A}\rho - \rho\frac{\partial A}{\partial \alpha_{(\alpha\beta)}}\dot{\alpha}_{(\alpha\beta)} &- \rho\frac{\partial A}{\partial \omega_{(\alpha\beta)}}\dot{\omega}_{(\alpha\beta)} - \rho\frac{\partial A}{\partial T}\dot{T} - \rho\frac{\partial A}{\partial \Delta T}\Delta\dot{T} = 0.\end{aligned} \tag{8.1.61}$$

Ein Vergleich mit dem Energiesatz (8.1.59) liefert hieraus die folgenden *konstitutiven Beziehungen*

$$\begin{aligned}\tilde{n}^{(\alpha\beta)} &= \rho\frac{\partial A}{\partial \alpha_{(\alpha\beta)}} = \frac{1}{2}\rho\left[\frac{\partial A}{\partial \alpha_{(\alpha\beta)}} + \frac{\partial A}{\partial \alpha_{(\beta\alpha)}}\right], \\ m^{(\alpha\beta)} &= \rho\frac{\partial A}{\partial \omega_{(\alpha\beta)}} = \frac{1}{2}\rho\left[\frac{\partial A}{\partial \omega_{(\alpha\beta)}} + \frac{\partial A}{\partial \omega_{(\beta\alpha)}}\right],\end{aligned} \tag{8.1.62}$$

$$S_T = -\frac{\partial A}{\partial T}, \quad S_\Delta = -\frac{\partial A}{\partial \Delta T} \tag{8.1.63}$$

sowie die *Restenergiegleichung*

$$(T\dot{S}_T + \Delta T\dot{S}_\Delta)\rho - r + f^\alpha\|_\alpha = 0, \tag{8.1.64}$$

deren Berücksichtigung die Entropieungleichung (8.1.56) in die plausible Richtungsbedingung überführt, nach welcher ein Wärmefluß nur in Richtung eines Temperaturgefälles gerichtet sein kann:

$$-f^\alpha\frac{T_{,\alpha}}{T} \geqslant 0 \quad \text{bzw.} \quad f^\alpha T_{,\alpha} \leqslant 0 \quad \text{wegen} \quad \mathring{T} > 0. \tag{8.1.65}$$

Die im Energiesatz wirksame Zeitableitung der freien Energie stellt für ein thermoelastisches Flächentragwerk somit gerade das vollständige Differential von (8.1.60) nach der Zeit dar. A wird demnach ausschließlich durch Differenzgrößen des Anfangs- und Endzustandes bestimmt:

$$\begin{aligned}\alpha_{(\alpha\beta)} &= \frac{1}{2}(a_{\alpha\beta} - \mathring{a}_{\alpha\beta}), \quad \omega_{(\alpha\beta)} = \mathring{b}_{\alpha\beta} - b_{\alpha\beta}, \\ T &= T_t - \mathring{T}, \quad \Delta T = \Delta T_t - \Delta\mathring{T};\end{aligned} \tag{8.1.66}$$

der vom Tragwerk zurückgelegte Verformungsweg ist für die Schnittgrößen, der Temperaturverlauf für die Entropieanteile unwesentlich. Aus dem Herleitungsgang wird klar, daß die freie Energie noch von weiteren Größen des unverformten Ausgangszustandes, beispielsweise von $\mathring{a}_{\alpha\beta}$, $\mathring{b}_{\alpha\beta}$ oder $\mathring{T}$ explizit abhängen darf. Abgesehen von (8.1.48) begegnet uns dieser unverformte Ausgangszustand des Zeitpunktes t_0 hier zum ersten Mal: Nur elastische Werkstoffe besitzen ein derart andauerndes Erinnerungsvermögen.

Tafel 8.1 vermittelt eine Zusammenstellung des Gleichungsgebäudes für thermoelastische Schalenprobleme, in welchen elastomechanische und thermische Erscheinungen miteinander verknüpft sind. Darin setzen wir Orts- und Zeitverlauf des Lastvektors **p** sowie Orts- und Zeit- oder Temperaturverlauf der Wärmequelle r als gegeben voraus:

$$\mathbf{p} = \mathbf{p}(\Theta^\alpha, t), \quad r = r(\Theta^\alpha, t) \quad \text{oder} \quad r = r(\Theta^\alpha, T); \tag{8.1.67}$$

1. Äußere Variablen:	
$\mathbf{p} = p^{\alpha}\mathbf{a}_{\alpha} + p^{3}\mathbf{a}_{3}$; r	$\mathbf{v} = v_{\alpha}\mathbf{a}^{\alpha} + v_{3}\mathbf{a}^{3}$; T ; $[\Delta T]$
2. Innere Variablen:	
$\tilde{n}^{(\alpha\beta)} = n^{\alpha\beta} + m^{\alpha\lambda} b^{\beta}_{\lambda}$; $m^{(\alpha\beta)} = m^{\alpha\beta}$; f^{α}	$\alpha_{(\alpha\beta)}$; $\omega_{(\alpha\beta)}$; $T_{,\alpha}$
3. Randvariablen:	
$\tilde{\mathbf{n}} = \tilde{n}_{t}\mathbf{t} + \tilde{n}_{u}\mathbf{u} + \tilde{n}_{3}\mathbf{a}_{3}$; $\mathbf{m}_{t} = m_{t}\mathbf{t}$; $f = \mathbf{f}\cdot\mathbf{u} = f^{\alpha}u_{\alpha}$	$\mathbf{v} = v_{t}\mathbf{t} + v_{u}\mathbf{u} + v_{3}\mathbf{a}_{3}$; $\boldsymbol{\omega}_{t} = \omega_{t}\mathbf{t}$; T
4. Feldgleichungen:	
$n^{\alpha\beta}\|_{\alpha} - q^{\alpha} b^{\beta}_{\alpha} + p^{\beta} - \rho(\dot{\hat{v}}^{\beta} - \hat{v}^{i} c^{\beta}_{\cdot i}) = 0$; $n^{\alpha\beta} b_{\alpha\beta} + q^{\alpha}\|_{\alpha} + p^{3} - \rho(\dot{\hat{v}}^{3} - \hat{v}^{\lambda} c^{3}_{\lambda\cdot}) = 0$; $m^{\alpha\beta}\|_{\alpha} - q^{\beta} = 0$; $f^{\alpha}\|_{\alpha} - r + \rho(T\dot{S}_{T} + \Delta T\dot{S}_{\Delta}) = 0$	$\alpha_{(\alpha\beta)} = \frac{1}{2}(a_{\alpha\beta} - \mathring{a}_{\alpha\beta}) = \alpha_{(\alpha\beta)}(v_{i})$ $\omega_{(\alpha\beta)} = \mathring{b}_{\alpha\beta} - b_{\alpha\beta} = \omega_{(\alpha\beta)}(v_{i})$ $T_{,\alpha} = \frac{\partial T}{\partial \Theta^{\alpha}}$
5. Konstitutive Beziehungen I:	
$\tilde{n}^{(\alpha\beta)} = \frac{1}{2}\rho\left(\frac{\partial A}{\partial \alpha_{(\alpha\beta)}} + \frac{\partial A}{\partial \alpha_{(\beta\alpha)}}\right)$; $m^{(\alpha\beta)} = \frac{1}{2}\rho\left(\frac{\partial A}{\partial \omega_{(\alpha\beta)}} + \frac{\partial A}{\partial \omega_{(\beta\alpha)}}\right)$; $f^{\alpha} = -k^{\alpha\beta}T_{,\beta}$	
6. Konstitutive Beziehungen II:	
$S_{T} = -\frac{\partial A}{\partial T}$; $S_{\Delta} = -\frac{\partial A}{\partial \Delta T}$	
7. Freie Helmholtz'sche Energie:	
$\mathring{\rho}A = \frac{1}{2}\tilde{n}^{(\alpha\beta)}\alpha_{(\alpha\beta)} + \frac{1}{2}m^{(\alpha\beta)}\omega_{(\alpha\beta)} - \mathring{\rho}(TS_{T} + \Delta TS_{\Delta})$	
8. Entropieungleichung:	
$f^{\alpha}T_{,\alpha} = 0$ *reversible Prozesse* $f^{\alpha}T_{,\alpha} < 0$ *irreversible Prozesse*	
9. Massenerhaltung:	
$\dot{\rho} + \rho c^{\alpha}_{\cdot\alpha} = 0$ bzw. $\rho\sqrt{a} = \mathring{\rho}\sqrt{\mathring{a}}$	
10. Verwendete Abkürzungen:	
Geschwindigkeitsvektor: $\dot{\mathbf{v}} = \hat{v}_{\alpha}\mathbf{a}^{\alpha} + \hat{v}_{3}\mathbf{a}^{3}$; *Geschwindigkeitsgradienten:* $c_{\alpha\beta} = \hat{v}_{\beta}\|_{\alpha} - \hat{v}_{3} b_{\alpha\beta}$; $c_{\alpha 3} = -c_{3\alpha} = \hat{v}_{3,\alpha} + \hat{v}_{\lambda} b^{\lambda}_{\alpha}$; *materielle (substantielle) Zeitableitung:* $\frac{D}{Dt}(\ ) = (\dot{\ })$	

Tafel 8.1 Grundgleichungen thermoelastischer Flächentragwerke (da der thermische Gleichungsteil nur für T vollständig ist, wurde ΔT in Zeile 1 eingeklammert)

auch alle Randvorgaben müssen zeitabhängig erfolgen. Die Einordnung des mechanischen Teilproblems in das bereits bekannte Schema der Tafel 8.1 bereitet keine Schwierigkeiten. Zusätzlich zu den in diesem Kapitel hergeleiteten Beziehungen wurden die Randvariablen aus Tafel 4.2 übernommen, die hinsichtlich des Dreibeins $(\mathbf{u}, \mathbf{t}, \mathbf{a}_3)$ der verformten Randkurve C (siehe Bild 8.1) in Komponenten zerlegt seien. Da große Verformungen nicht ausgeschlossen wurden, ist die Angabe weitergehender kinematischer Komponentenbeziehungen erst in einem späteren Abschnitt möglich.

Das thermische Teilproblem weist die Komponenten f^{α} des Wärmeflußvektors (8.1.37) und die Temperaturgradienten $T_{,\alpha}$ als innere Variablen auf; als Randvariablen längs C dienen der bereits in (8.1.25) verwendete skalare Wärmefluß

$$f = \mathbf{f}\cdot\mathbf{u} = f^{\alpha}\mathbf{a}_{\alpha}\cdot u_{\beta}\mathbf{a}^{\beta} = f^{\alpha}u_{\alpha} \qquad (8.1.68)$$

und die Randtemperatur T. Restenergiegleichung (8.1.64) und Definition des Gradienten $T_{,\alpha}$ aus dem Temperaturfeld

$$T_{,\alpha} = \frac{\partial T}{\partial \Theta^\alpha} \tag{8.1.69}$$

vertreten die Feldgleichungen. Als konstitutive Beziehung für den Wärmefluß wählen wir das zweidimensionale *Fourier*sche Wärmeleitungsgesetz

$$f^\alpha = -k^{\alpha\beta} T_{,\beta}, \tag{8.1.70}$$

dessen Wärmeleittensor $k^{\alpha\beta}$ für isotropes Material die skalare Wärmeleitfähigkeit k enthält:

$$k^{\alpha\beta} = k a^{\alpha\beta}. \tag{8.1.71}$$

Als weitere konstitutive Beziehungen werden die Definitionsgleichungen (8.1.63) der beiden Entropieanteile mit einem entsprechenden Ausdruck der freien Energie (8.1.60) herangezogen. Wie bereits vermerkt, ist das thermische Problem nur für über die Tragwerksdicke konstante Wärmequellen und -flüsse vollständig beschrieben: ΔT muß in unserem Gleichungsgebäude daher stets als vorgegeben betrachtet werden. Den 7 unbekannten thermischen Variablen f^α, T, $T_{,\alpha}$, S_T und S_Δ stehen somit 4 konstitutive Beziehungen ((8.1.63) angewendet auf (8.1.60), (8.1.70)) sowie 3 Feldgleichungen ((8.1.64), (8.1.69)) zur eindeutigen Bestimmung gegenüber.

Zur Herleitung expliziter konstitutiver Beziehungen (8.1.62, 63) für gekoppelte thermoelastische Probleme können wir nun den im Abschnitt 4.2.2 eingeschlagenen Weg wiederholen. Beschränken wir uns dabei auf eine Theorie kleiner Verzerrungen, so kann die freie Energie eines dreidimensionalen Kontinuums [43, 76]:

$$\mathring{\rho}^* A^* = \frac{1}{2} E^{*ijkl}\gamma_{ij}\gamma_{kl} - \beta^{*ij}\gamma_{ij}T^* + \frac{1}{2} c^* \frac{(T^*)^2}{\mathring{T}} \tag{8.1.72}$$

in der bereits aus (3.4.50) und (4.2.23) bekannten Bezeichnungsweise als Grundlage dienen. β^{*ij} beschreibt übrigens den anisotropen Wärmedehnungstensor, $\mathring{\rho}^*$ die Massendichte des unverformten Kontinuums und c^* die spezifische Wärme bei konstanter Deformation. Die Potentialeigenschaften dieses Ausdrucks sind seit langem bekannt [50].

Auf der Grundlage der im Abschnitt 4.2.2 beschriebenen flächenhaften Transformation entsteht hieraus unter der zusätzlichen Annahme thermisch isotropen Verhaltens die *erste Approximation der freien Energie* [94]

$$\begin{aligned}\mathring{\rho} A = \frac{1}{2}\Big(&D H^{\alpha\beta\lambda\mu}\alpha_{(\alpha\beta)}\alpha_{(\lambda\mu)} - 2\alpha_T D(1+\nu) a^{\alpha\beta}\alpha_{(\alpha\beta)} T + c\frac{T^2}{\mathring{T}} \\ &+ B H^{\alpha\beta\lambda\mu}\omega_{(\alpha\beta)}\omega_{(\lambda\mu)} - 2\alpha_T B(1+\nu) a^{\alpha\beta}\omega_{(\alpha\beta)}\frac{\Delta T}{h} + c\frac{(\Delta T)^2}{h^2\mathring{T}}\Big)\end{aligned} \tag{8.1.73}$$

mit den Abkürzungen (3.4.40, 41), der Massendichte $\mathring{\rho}$ und der flächenhaften spezifischen Wärme c. Die ihr gemäß (8.1.62, 63) zugeordneten Stoffgesetze erhalten wir unter Berücksichtigung der Massenerhaltung (8.1.48):

$$\sqrt{\frac{a}{\mathring{a}}}\,\tilde{n}^{(\alpha\beta)} = D\big(H^{\alpha\beta\lambda\mu}\alpha_{(\lambda\mu)} - \alpha_T(1+\nu) a^{\alpha\beta} T\big),$$

$$\sqrt{\frac{a}{\overset{\circ}{a}}}\, m^{(\alpha\beta)} = B\left(H^{\alpha\beta\lambda\mu}\omega_{(\lambda\mu)} - \alpha_T(1+\nu)\,a^{\alpha\beta}\frac{\Delta T}{h}\right),$$

$$\overset{\circ}{\rho} S_T = \alpha_T D(1+\nu)\,a^{\alpha\beta}\alpha_{(\alpha\beta)} - c\frac{T}{\overset{\circ}{T}}, \tag{8.1.74}$$

$$\overset{\circ}{\rho} S_\Delta = \alpha_T\frac{B}{h}(1+\nu)\,a^{\alpha\beta}\omega_{(\alpha\beta)} - c\frac{\Delta T}{h^2\overset{\circ}{T}}.$$

Alle weiteren Grundgleichungen, die diese Werkstoffgesetze zu einer thermoelastischen Flächentragwerkstheorie vervollständigen, finden sich in Tafel 8.1. Die dortigen Komponentenzerlegungen sind gegebenenfalls auf den unverformten Ausgangszustand zu transformieren (siehe Abschnitt 8.3.5).

In thermoelastischen Problemstellungen wird das Temperaturfeld T über die Wärmeflüsse f^α aus den vorgegebenen Wärmequellen r in Verbindung mit dem Formänderungsgeschehen berechnet. Die thermomechanische Kopplung erfolgt dabei durch die Entropie in der Restenergiegleichung (8.1.64) sowie durch die Abhängigkeit von $k^{\alpha\beta}$ und c vom Verzerrungszustand:

$$k^{\alpha\beta} = k^{\alpha\beta}(\alpha_{(\alpha\beta)}), \quad c = c(\alpha_{(\alpha\beta)}). \tag{8.1.75}$$

Da für die klassischen Werkstoffe des konstruktiven Ingenieurbaus diese Abhängigkeiten gering sind, erscheint eine Entkopplung thermischer und mechanischer Teilprobleme häufig zulässig. Durch die dann vorwegzunehmende Wärmeflußberechnung wird das Temperaturfeld T – bei einer vollständigen Formulierung natürlich auch ΔT – zur Vorgabe für das mechanische Problem. Diese *ungekoppelte* Thermoelastizität von Flächentragwerken wurde bereits im Abschnitt 3.4.4 behandelt.

8.2 Elastoplastische Flächentragwerke

8.2.1 Grundlagen einer Fließtheorie für Flächentragwerke

Im Gegensatz zur Theorie elastischer Flächentragwerke setzen elastoplastische oder gar viskoplastische Werkstoffe einer Einbettung in die Thermodynamik außergewöhnliche Schwierigkeiten entgegen. Die Ursache hierfür liegt in ihrem komplizierten thermodynamischen Stoffverhalten und seiner mathematischen Beschreibung. Daher erscheint es für das Folgende geeigneter, alle konzeptionellen Fragen ausklammernd [46, 120] die für Platten und Scheiben bekannte phänomenologisch orientierte Fließtheorie aus der Sicht allgemeiner Schalentheorien heraus darzustellen.

Für Flächentragwerke aus elastoplastischen Werkstoffen sind die Elastizitätsgesetze durch folgende Beziehungen zu ergänzen:

a) die *Fließbedingung* zur Festlegung des Fließbeginns;
b) das *Verfestigungsgesetz*, welches Änderungen der Fließbedingung während des plastischen Fließens beschreibt;
c) die *Fließregel* (das *Fließgesetz*), welche die plastischen Verzerrungsinkremente den Schnittgrößen sowie gegebenenfalls deren Inkrementen zuordnet.

Bei der hierauf aufbauenden Herleitung elastoplastischer Stoffgesetze legen wir eine Normalentheorie kleiner Verzerrungen zugrunde. Außerdem setzen wir die grundlegenden Zusammenhänge der Plastomechanik als bekannt voraus [55, 61].

Kennzeichnend für das Verhalten elastoplastischer Tragwerke ist das gemeinsame Auftreten elastischer und plastischer Deformationen, welche erst durch die Unterscheidung des Be- vom Entlastungszustand zu trennen sind. Beispielsweise ließe eine Schwellbeanspruchung vom Nullpunkt 0 über die Fließgrenze σ_F hinaus bis zum Punkt P_1 sowie entlastend bis 0^* in dem einachsigen Versuchskörper gemäß Bild 8.2 eine plastische Verzerrung ϵ^P zurück, während die im Gipfelpunkt P_1 zusätzlich erreichte elastische Dehnung ϵ^E als reversible Deformation während der Entlastung wieder verschwindet:

$$0: \ \epsilon = 0, \quad P_1: \ \epsilon = \epsilon^E + \epsilon^P, \quad 0^*: \ \epsilon = \epsilon^P. \tag{8.2.1}$$

Die spannungslose Ausgangsform des Versuchskörpers könnte höchstens durch eine weitere, entgegengerichtete elastoplastische Deformation 0^*P_30 wiederhergestellt werden können. Derartige Belastungsprozesse mit irreversiblen Deformationsanteilen führen zu Energieverlusten, dabei entspricht der dissipative Anteil der Formänderungsarbeit gerade dem Flächeninhalt des Deformationszyklus.

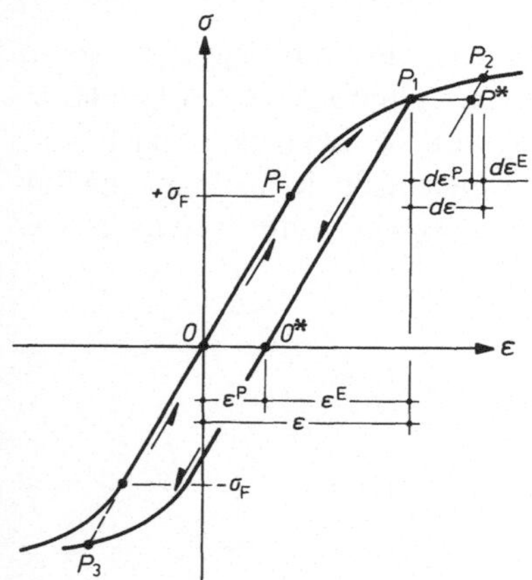

Bild 8.2 Deformationszyklus eines einachsigen Versuchskörpers

In gleicher Weise können auch elastische und plastische Verzerrungsinkremente einer weiteren inkrementellen Schwellbeanspruchung $P_1P_2P^*$ unterschieden werden:

$$P_1: \ d\epsilon = 0, \quad P_2: \ d\epsilon = d\epsilon^E + d\epsilon^P, \quad P^*: \ d\epsilon = d\epsilon^P. \tag{8.2.2}$$

Die, wie in der Plastizitätstheorie üblich, durch ein vorgesetztes d gekennzeichneten Inkremente brauchen nicht die Eigenschaften eines totalen Differentials aufzuweisen.

Diese Zusammenhänge sollen nun auf Flächentragwerke übertragen und erweitert werden. Hierzu knüpfen wir mit den elastoplastischen Deformationen

$$\alpha_{(\alpha\beta)} = \alpha^E_{(\alpha\beta)} + \alpha^P_{(\alpha\beta)}, \quad \omega_{(\alpha\beta)} = \omega^E_{(\alpha\beta)} + \omega^P_{(\alpha\beta)} \tag{8.2.3}$$

eines beliebigen Schnittgrößenzustandes $n^{(\alpha\beta)}$, $m^{(\alpha\beta)}$ oberhalb der Fließgrenze an die thermodynamischen Betrachtungen des Abschnittes 8.1.3 an. Weitere Verzerrungsinkremente sollen, sofern sie ebenfalls aus elastoplastischen Anteilen bestehen, durch

$$d\alpha_{(\alpha\beta)} = d\alpha^E_{(\alpha\beta)} + d\alpha^P_{(\alpha\beta)}, \quad d\omega_{(\alpha\beta)} = d\omega^E_{(\alpha\beta)} + d\omega^P_{(\alpha\beta)} \tag{8.2.4}$$

bezeichnet werden. Zunächst vereinigen wir die Entropieungleichung (8.1.56) mit dem Energiesatz (8.1.59)

$$\tilde{n}^{(\alpha\beta)}\dot{\alpha}_{(\alpha\beta)} + m^{(\alpha\beta)}\dot{\omega}_{(\alpha\beta)} - \rho\dot{A} - (S_T\dot{T} + S_\Delta\Delta\dot{T})\rho - f^\alpha \frac{T_{,\alpha}}{T} \geqslant 0 \tag{8.2.5}$$

und ersetzen hierin die auftretenden Geschwindigkeiten durch die entsprechenden Inkremente, da in der Plastomechanik die Zeit als Parameter unwesentlich ist:

$$\tilde{n}^{(\alpha\beta)}d\alpha_{(\alpha\beta)} + m^{(\alpha\beta)}d\omega_{(\alpha\beta)} - \rho dA - \rho(S_T dT + S_\Delta d\Delta T) - f^\alpha \frac{T_{,\alpha}}{T} \geqslant 0. \tag{8.2.6}$$

Wie in der Entropieaussage (8.1.56) gilt hierin das >-Zeichen für irreversible, das Gleichheitszeichen für reversible Prozesse.

Nun denken wir uns ein beliebiges, elastoplastisches Flächentragwerk, welches vollständig die Temperatur $\mathring{T}$ des euklidischen Bezugssystems angenommen habe:

$$T = T_{,\alpha} = 0. \tag{8.2.7}$$

Mit diesem führen wir, zunächst unter der Annahme unveränderlicher Fließschnittgrößen, eine inkrementelle Deformation durch. Dieses Experiment werde so langsam vorgenommen, daß ein isothermer Prozeß ($dT = d\Delta T = 0$) ablaufe, der die Anfangsbedingungen (8.2.7) nicht ändere. Aus (8.2.6) entsteht hierfür:

$$\tilde{n}^{(\alpha\beta)}d\alpha_{(\alpha\beta)} + m^{(\alpha\beta)}d\omega_{(\alpha\beta)} - \rho dA > 0. \tag{8.2.8}$$

Im zweiten Teil des Experimentes führen wir, erneut als isothermen Prozeß, eine ebenfalls inkrementelle Deformation durch, bei welcher allerdings – durch einen nicht näher definierten Mechanismus – nur elastische Verzerrungsanteile aktiviert werden. Dabei soll das Inkrement dA der freien Energie genau dem in (8.2.8) erreichten entsprechen. Infolge der Reversibilität gilt in (8.2.6) das Gleichheitszeichen:

$$\tilde{n}^{(\alpha\beta)}d\alpha^E_{(\alpha\beta)} + m^{(\alpha\beta)}d\omega^E_{(\alpha\beta)} - \rho dA = 0. \tag{8.2.9}$$

Aus beiden Beziehungen entsteht mit (8.2.4)

$$\begin{aligned} &\tilde{n}^{(\alpha\beta)}(d\alpha_{(\alpha\beta)} - d\alpha^E_{(\alpha\beta)}) + m^{(\alpha\beta)}(d\omega_{(\alpha\beta)} - d\omega^E_{(\alpha\beta)}) \\ &= \tilde{n}^{(\alpha\beta)}d\alpha^P_{(\alpha\beta)} + m^{(\alpha\beta)}d\omega^P_{(\alpha\beta)} > 0 \end{aligned} \tag{8.2.10}$$

die Aussage, daß die während des plastischen Fließens geleistete dissipative Formänderungsarbeit stets positiv ist.

Nun wiederholen wir das Experiment unter der Voraussetzung, daß der Werkstoff in dem erreichten Punkt $\tilde{n}^{(\alpha\beta)}$, $m^{(\alpha\beta)}$ des Schnittgrößenraumes dehnungsverfestigend wirkt. Damit werden durch eine inkrementelle Deformation ebenfalls Schnittgrößeninkremente geweckt und man kann auf ähnlichem Wege sowie unter Rückgriff auf (8.2.10) beweisen, daß das Inkrement zweiter Ordnung der Formänderungsarbeit für dehnungsverfestigendes Material stets positiv ist [33]. Für idealplastische Werkstoffe, bei welchen nach Überschreiten der Fließgrenze nur plastische Verzerrungsinkremente auftreten, verschwindet dieses, während es für den Fall der Dehnungsverfestigung positiv ist:

$$d\tilde{n}^{(\alpha\beta)} d\alpha^{P}_{(\alpha\beta)} + dm^{(\alpha\beta)} d\omega^{P}_{(\alpha\beta)} \begin{cases} = 0 & \text{idealplastisch} \\ > 0 & \text{dehnungsverfestigend.} \end{cases} \tag{8.2.11}$$

Im Laufe der weiteren Herleitung wird die für kleine Verzerrungen plausible Verschärfung dieser Bedingung erforderlich, nach welcher Dehnungs- und Biegeverfestigung unbeeinflußt voneinander ablaufen sollen:

$$\begin{bmatrix} d\tilde{n}^{(\alpha\beta)} d\alpha^{P}_{(\alpha\beta)} \\ dm^{(\alpha\beta)} d\omega^{P}_{(\alpha\beta)} \end{bmatrix} \rightarrow \begin{cases} = 0 & \text{idealplastisch} \\ > 0 & \text{dehnungsverfestigend.} \end{cases} \tag{8.2.12}$$

Die einfachste Form der eingangs erwähnten Fließbedingung

$$F(\tilde{n}^{(\alpha\beta)}, m^{(\alpha\beta)}) = \sigma_F^2, \quad F(\tilde{n}^{(\alpha\beta)}, m^{(\alpha\beta)}) - \sigma_F^2 = 0 \tag{8.2.13}$$

beschreibt eine Hyperfläche im 6-dimensionalen Raum der symmetrischen Variablen $\tilde{n}^{(\alpha\beta)}$, $m^{(\alpha\beta)}$. Für Schnittgrößenkombinationen innerhalb von F verhält sich das Tragwerk elastisch. Plastisches Fließen setzt auf F ein und hält für alle Schnittgrößenzustände außerhalb der Fließfläche an.

Der idealplastische Grenzfall, der durch eine konstante Fließspannung gekennzeichnet ist, weist somit eine unveränderliche Fließfläche auf. Fast alle realen Werkstoffe ändern jedoch ihre Fließgrenze während des Plastizierens (Kaltverfestigung), andere verlieren sogar ihre ursprüngliche Isotropie (*Bauschinger* Effekt). In diesen Fällen deformiert sich die Fließfläche F; als ihre allgemeine Form wählen wir daher den Ausdruck:

$$F(\tilde{n}^{(\alpha\beta)}, m^{(\alpha\beta)}, \alpha^{P}_{(\alpha\beta)}, \omega^{P}_{(\alpha\beta)}, k_F, \sigma_F) \begin{cases} < 0 & \text{elastisch} \\ \geqslant 0 & \text{plastisch.} \end{cases} \tag{8.2.14}$$

Hierin beschreiben die Verfestigungsparameter $k_F (F = 1, 2, ...)$ das i.a. mit der plastischen Verformungsgeschichte $\alpha^{P}_{(\alpha\beta)}$, $\omega^{P}_{(\alpha\beta)}$ verbundene Verfestigungsgesetz. F darf natürlich noch von der Geometrie der Mittelfläche abhängen.

Inkrementelle Änderungen der Schnittgrößenzustände können inkrementelle Änderungen der Fließbedingung bewirken

$$dF = \frac{\partial F}{\partial \tilde{n}^{(\alpha\beta)}} d\tilde{n}^{(\alpha\beta)} + \frac{\partial F}{\partial m^{(\alpha\beta)}} dm^{(\alpha\beta)}. \tag{8.2.15}$$

Da F vom Belastungsweg nicht unabhängig zu sein braucht, muß dF natürlich kein vollständiges Differential darstellen. Für idealplastische Flächentragwerke verschwindet dF; sich verfestigende Querschnitte fließen dagegen nur dann, wenn sich die jeweilige Schnittgrößenkombination von der herrschenden Fließfläche F nach außen bewegt und diese damit aufweitet:

$$dF = \frac{\partial F}{\partial \tilde{n}^{(\alpha\beta)}} d\tilde{n}^{(\alpha\beta)} + \frac{\partial F}{\partial m^{(\alpha\beta)}} dm^{(\alpha\beta)} \begin{cases} = 0 & \text{idealplastisch} \\ > 0 & \text{verfestigend.} \end{cases} \tag{8.2.16}$$

Setzt man nun F als stetig und hinsichtlich $\tilde{n}^{(\alpha\beta)}$, $m^{(\alpha\beta)}$ als stetig differenzierbar voraus, so folgt durch Vergleich der beiden Beziehungen (8.2.11) und (8.2.16) das *Prager-von Mises*sche Fließgesetz für Flächentragwerke:

$$d\alpha^P_{(\alpha\beta)} = d\lambda_n \frac{\partial F}{\partial \tilde{n}^{(\alpha\beta)}}, \quad d\omega^P_{(\alpha\beta)} = d\lambda_m \frac{\partial F}{\partial m^{(\alpha\beta)}}. \tag{8.2.17}$$

Hierin sind $d\lambda_n$ und $d\lambda_m$ inkrementelle, unter der Einschränkung (8.2.12) stets positive Skalare. Für idealplastische Flächentragwerke mit ihren definitionsgemäß unbegrenzten Fließdeformationen bleiben beide allerdings unbestimmt.

Unter Annahme einer Dehnungsverfestigung sollen nun inkrementelle, konstitutive Beziehungen für elastoplastische Flächentragwerke hergeleitet werden. Als deren Ausgangspunkt dienen inkrementelle Elastizitätsgesetze gemäß (4.1.39), in welche (8.2.4) und danach (8.2.17) substituiert werden:

$$\begin{aligned} d\tilde{n}^{(\alpha\beta)} &= DH^{\alpha\beta\lambda\mu} d\alpha^E_{(\lambda\mu)} = DH^{\alpha\beta\lambda\mu}(d\alpha_{(\lambda\mu)} - d\alpha^P_{(\lambda\mu)}) \\ &= DH^{\alpha\beta\lambda\mu}\left(d\alpha_{(\lambda\mu)} - d\lambda_n \frac{\partial F}{\partial \tilde{n}^{(\lambda\mu)}}\right), \\ dm^{(\alpha\beta)} &= BH^{\alpha\beta\lambda\mu}\left(d\omega_{(\lambda\mu)} - d\lambda_m \frac{\partial F}{\partial m^{(\lambda\mu)}}\right). \end{aligned} \tag{8.2.18}$$

Bekanntlich ist das Andauern plastischen Fließens bei Dehnungsverfestigung [83, 118] an die Konsistenzbedingung

$$d\bar{F} = \frac{\partial F}{\partial \tilde{n}^{(\alpha\beta)}} d\tilde{n}^{(\alpha\beta)} + \frac{\partial F}{\partial \alpha^P_{(\alpha\beta)}} d\alpha^P_{(\alpha\beta)} + \frac{\partial F}{\partial m^{(\alpha\beta)}} dm^{(\alpha\beta)} + \frac{\partial F}{\partial \omega^P_{(\alpha\beta)}} d\omega^P_{(\alpha\beta)} = 0 \tag{8.2.19}$$

gebunden. Trennt man hierin nun die Dehnungs- von den Biegewirkungen, so muß die Konsistenz für beide Effekte allein erfüllt sein:

$$\begin{aligned} dF_n &= \frac{\partial F}{\partial \tilde{n}^{(\alpha\beta)}} d\tilde{n}^{(\alpha\beta)} + \frac{\partial F}{\partial \alpha^P_{(\alpha\beta)}} d\alpha^P_{(\alpha\beta)} = 0, \\ dF_m &= \frac{\partial F}{\partial m^{(\alpha\beta)}} dm^{(\alpha\beta)} + \frac{\partial F}{\partial \omega^P_{(\alpha\beta)}} d\omega^P_{(\alpha\beta)} = 0. \end{aligned} \tag{8.2.20}$$

Diese Verschärfung entspricht (8.2.12), sie ist notwendig für die Trennung der Dehnungs- und Biegewirkungen in den späteren elastoplastischen konstitutiven Gesetzen. Physikalisch ist sie sicher höchstens für kleine Verzerrungen zu rechtfertigen.

Substituieren wir nun (8.2.17, 18) in (8.2.20), so entsteht durch Auflösung nach $d\lambda_n$ zunächst

$$d\lambda_n = \frac{DH^{\epsilon\delta\lambda\mu} \dfrac{\partial F}{\partial \tilde{n}^{(\epsilon\delta)}}}{DH^{\epsilon\delta\rho\sigma} \dfrac{\partial F}{\partial \tilde{n}^{(\epsilon\delta)}} \dfrac{\partial F}{\partial \tilde{n}^{(\rho\sigma)}} - \dfrac{\partial F}{\partial \alpha^P_{(\epsilon\delta)}} \dfrac{\partial F}{\partial \tilde{n}^{(\epsilon\delta)}}} d\alpha_{(\lambda\mu)} \tag{8.2.21}$$

und durch Einsetzen dieses Skalars in (8.2.18):

$$d\tilde{n}^{(\alpha\beta)} = D\left[H^{\alpha\beta\lambda\mu} - \frac{H^{\alpha\beta\rho\sigma}H^{\epsilon\delta\lambda\mu}\dfrac{\partial F}{\partial\tilde{n}^{(\rho\sigma)}}\dfrac{\partial F}{\partial\tilde{n}^{(\epsilon\delta)}}}{DH^{\epsilon\delta\rho\sigma}\dfrac{\partial F}{\partial\tilde{n}^{(\epsilon\delta)}}\dfrac{\partial F}{\partial\tilde{n}^{(\rho\sigma)}} - \dfrac{\partial F}{\partial\alpha^{P}_{(\epsilon\delta)}}\dfrac{\partial F}{\partial\tilde{n}^{(\epsilon\delta)}}}\right] d\alpha_{(\lambda\mu)}. \tag{8.2.22}$$

Auf gleichem Wege findet man die konstitutiven Beziehungen für den inkrementellen Momententensor. Zusammenfassend lautet somit das Ergebnis für

Laststeigerung im elastischen Bereich (F < 0) oder Entlastung:

$$\begin{aligned} d\tilde{n}^{(\alpha\beta)} &= DH^{\alpha\beta\lambda\mu} d\alpha^{E}_{(\lambda\mu)}, \\ dm^{(\alpha\beta)} &= BH^{\alpha\beta\lambda\mu} d\omega^{E}_{(\lambda\mu)}; \end{aligned} \tag{8.2.23}$$

Laststeigerung im elastoplastischen Bereich (F ⩾ 0):

$$\begin{aligned} d\tilde{n}^{(\alpha\beta)} &= D\left[H^{\alpha\beta\lambda\mu} - \frac{H^{\alpha\beta\rho\sigma}H^{\epsilon\delta\lambda\mu}\dfrac{\partial F}{\partial\tilde{n}^{(\rho\sigma)}}\dfrac{\partial F}{\partial\tilde{n}^{(\epsilon\delta)}}}{DH^{\epsilon\delta\rho\sigma}\dfrac{\partial F}{\partial\tilde{n}^{(\epsilon\delta)}}\dfrac{\partial F}{\partial\tilde{n}^{(\rho\sigma)}} - \dfrac{\partial F}{\partial\alpha^{P}_{(\epsilon\delta)}}\dfrac{\partial F}{\partial\tilde{n}^{(\epsilon\delta)}}}\right] d\alpha_{(\lambda\mu)}, \\ dm^{(\alpha\beta)} &= B\left[H^{\alpha\beta\lambda\mu} - \frac{H^{\alpha\beta\rho\sigma}H^{\epsilon\delta\lambda\mu}\dfrac{\partial F}{\partial m^{(\rho\sigma)}}\dfrac{\partial F}{\partial m^{(\epsilon\delta)}}}{BH^{\epsilon\delta\rho\sigma}\dfrac{\partial F}{\partial m^{(\epsilon\delta)}}\dfrac{\partial F}{\partial m^{(\rho\sigma)}} - \dfrac{\partial F}{\partial\omega^{P}_{(\epsilon\delta)}}\dfrac{\partial F}{\partial m^{(\epsilon\delta)}}}\right] d\omega_{(\lambda\mu)}. \end{aligned} \tag{8.2.24}$$

Der hierin auftretende eckige Klammerausdruck wird als *elastoplastischer Tangentenmodul* bezeichnet. Den Einfluß des Verfestigungsgesetzes geben die Ableitungen nach den plastischen Verzerrungstensoren wieder.

8.2.2 Fließbedingungen für Punkte des Schalenraumes

Um die Herleitung geeigneter Fließbedingungen (8.2.14) für Flächentragwerke vorzubereiten, kehren wir nun zu einem beliebigen Punkt P des Schalenraumes zurück, welcher wie stets durch die Koordinaten Θ^α, Θ^3 beschrieben werde. Basis und Maßtensor besitzen gemäß Abschnitt 3.1.1 die Eigenschaften:

$$a_i^*:\ a_\alpha^*,\ a_3; \qquad a_{ij}^*: \begin{bmatrix} a_{11}^* & a_{21}^* & 0 \\ a_{12}^* & a_{22}^* & 0 \\ 0 & 0 & 1 \end{bmatrix}. \tag{8.2.25}$$

Isotrope Fließvorgänge in P können durch das *von Mises*sche Fließkriterium [61, 109, 133]

$$F^* = 3I_2^{\tau'} - \sigma_F^2 \geqslant 0 \tag{8.2.26}$$

dargestellt werden. Dabei kürzt $I_2^{\tau'}$ die zweite Invariante des Spannungsdeviators, σ_F die einachsige Fließspannung ab.

Aus der ersten Invariante τ^m_m des Spannungstensors entsteht der Spannungsdeviator durch

$$\tau'^{ij} = \tau^{ij} - \frac{1}{3}\tau^m_m \delta^{ij}, \quad \tau'^i_j = \tau^i_j - \frac{1}{3}\tau^m_m \delta^i_j, \tag{8.2.27}$$

dessen Spur definitionsgemäß verschwindet:

$$\tau'^i_i = \tau^i_i - \frac{1}{3}\tau^m_m \delta^i_i = 0. \tag{8.2.28}$$

Die im Fließkriterium (8.2.26) auftretende zweite Invariante $I_2^{\tau'}$ des Spannungsdeviators lautet somit:

$$\begin{aligned} I_2^{\tau'} &= \frac{1}{2}[\tau'^{ij}\tau'_{ij} - \tau'^i_i\tau'^j_j] = \frac{1}{2}\tau'^{ij}\tau'_{ij} \\ &= \frac{1}{2}\left[\left(\tau^{ij} - \frac{1}{3}\tau^m_m \delta^{ij}\right)\left(\tau_{ij} - \frac{1}{3}\tau^k_k \delta_{ij}\right)\right] \\ &= \frac{1}{2}\left[\tau^{ij}\tau_{ij} - \frac{1}{3}\tau^i_i\tau^j_j\right], \end{aligned} \tag{8.2.29}$$

ihre Umschreibung in die Indizierung des Schalenraumes:

$$I_2^{\tau'} = \frac{1}{2}\left[\tau^{\alpha\beta}\tau_{\alpha\beta} + 2\tau^{\alpha 3}\tau_{\alpha 3} + \tau^{33}\tau_{33} - \frac{1}{3}(\tau^\alpha_\alpha\tau^\beta_\beta + 2\tau^\alpha_\alpha\tau^3_3 + \tau^3_3\tau^3_3)\right]. \tag{8.2.30}$$

Für die flächenhafte Approximation dieser Invariante gibt es erwartungsgemäß zwei gleichwertige Möglichkeiten. Mit den Annahmen

$$\tau^{33} = \tau^3_3 = \tau_{33} \approx 0, \quad \tau^{\alpha 3} = \tau_{\alpha 3} \approx 0$$

entsteht aus (8.2.30) die zweite Invariante eines *flächenhaften Spannungszustandes*

$$I_2^{\tau'} = \frac{1}{2}\left[\tau^{\alpha\beta}\tau_{\alpha\beta} - \frac{1}{3}\tau^\alpha_\alpha\tau^\beta_\beta\right]; \tag{8.2.31}$$

die zugehörige Fließbedingung (8.2.26) lautet:

$$F^* = \frac{3}{2}\tau^{\alpha\beta}\tau_{\alpha\beta} - \frac{1}{2}\tau^\alpha_\alpha\tau^\beta_\beta - \sigma_F{}^2 \geqslant 0. \tag{8.2.32}$$

Aus den Schranken (4.2.20) ist ersichtlich, daß der Abbruchfehler von (8.2.31) in der Größenordnung von Θ^2 (4.2.19) erwartet werden muß.

Die zweite Möglichkeit einer flächenhaften Approximation von (8.2.30) postuliert, daß in Richtung der Schalennormale $\mathbf{a}_3$ kein plastischer Materialfluß auftreten darf. Somit sollen die Verzerrungsinkremente – wie die Verzerrungen selbst – durch zwei Flächentensoren approximiert werden:

$$d\gamma_{ij} = d\gamma_{(ij)} \approx d\gamma_{(\alpha\beta)} = d\alpha_{(\alpha\beta)} + \Theta^3 d\omega_{(\alpha\beta)}. \tag{8.2.33}$$

Legt man noch die dem *von Mises*schen Fließkriterium zugeordnete Fließregel [55, 61] zugrunde

$$d\gamma_{ij} = d\lambda\tau'_{ij}: \quad \begin{bmatrix} d\gamma_{11} & d\gamma_{12} & 0 \\ d\gamma_{21} & d\gamma_{22} & 0 \\ 0 & 0 & 0 \end{bmatrix} = d\lambda \begin{bmatrix} \tau'_{11} & \tau'_{12} & 0 \\ \tau'_{21} & \tau'_{22} & 0 \\ 0 & 0 & 0 \end{bmatrix},$$

so erkennt man, daß in dieser Approximation die Deviatorkomponenten $\tau'_{\alpha 3}, \tau'_{33}$ verschwinden müssen. Mit

$$\tau'^3_3 = \tau^3_3 - \frac{1}{3}(\tau^1_1 + \tau^2_2 + \tau^3_3) = \frac{2}{3}\tau^3_3 - \frac{1}{3}\tau^\alpha_\alpha = 0, \quad \tau^3_3 = \frac{1}{2}\tau^\alpha_\alpha = \tau^{33} = \tau_{33}$$

gemäß (8.2.27) sowie

$$\tau'_{\alpha 3} = \tau'^{\alpha 3} = \tau_{\alpha 3} = \tau^{\alpha 3}$$

wird (8.2.30) in die zweite Invariante des Spannungsdeviators für einen *flächenhaften Fließ- oder Verzerrungszustand* transformiert:

$$\mathrm{I}_2^{\tau'} = \frac{1}{2}\left[\tau^{\alpha\beta}\tau_{\alpha\beta} - \frac{1}{2}\tau^\alpha_\alpha \tau^\beta_\beta\right]. \tag{8.2.34}$$

Als zugehörige Fließbedingung (8.2.26) entsteht:

$$\mathrm{F}^* = \frac{3}{2}\tau^{\alpha\beta}\tau_{\alpha\beta} - \frac{3}{4}\tau^\alpha_\alpha \tau^\beta_\beta - \sigma_\mathrm{F}^2 \geqslant 0. \tag{8.2.35}$$

Übrigens führt, für *flächenhafte Fließzustände*, auch das Kriterium von *Tresca* auf eine ähnliche Form:

$$\mathrm{F}^* = 2\tau^{\alpha\beta}\tau_{\alpha\beta} - \tau^\alpha_\alpha \tau^\beta_\beta - \sigma_\mathrm{F}^2 \geqslant 0. \tag{8.2.36}$$

Alle drei Fließbedingungen können in der verallgemeinerten Form

$$\mathrm{F}^* = \mathrm{I}_{\alpha\beta\lambda\mu}\tau^{\alpha\beta}\tau^{\lambda\mu} - \sigma_\mathrm{F}^2 \geqslant 0 \tag{8.2.37}$$

zusammengefaßt werden. Der hierin definierte Fließtensor $\mathrm{I}_{\alpha\beta\lambda\mu}$ besitzt infolge der Symmetrie der Spannungen $\tau^{\alpha\beta}$ natürlich die gleichen Symmetrieeigenschaften wie die Elastizitätstensoren (3.4.23):

$$\mathrm{I}_{\alpha\beta\lambda\mu} = \mathrm{I}_{\beta\alpha\lambda\mu} = \mathrm{I}_{\beta\alpha\mu\lambda} = \mathrm{I}_{\alpha\beta\mu\lambda} = \mathrm{I}_{(\alpha\beta)(\lambda\mu)} = \mathrm{I}_{(\lambda\mu)(\alpha\beta)}. \tag{8.2.38}$$

Selbstverständlich können seine Komponenten beliebig anisotrope Fließflächen beschreiben. Die Komponenten der hergeleiteten isotropen Sonderfälle (8.2.32, 35, 36) sind in Tafel 8.2 gegenübergestellt. Empirisch gewonnene physikalische Komponenten $\mathrm{I}_{\langle\alpha\beta\lambda\mu\rangle}$ findet der Leser in [36, 55].

Verallgemeinertes Fließkriterium:
$F^* = I_{\alpha\beta\lambda\mu}\,\tau^{\alpha\beta}\,\tau^{\lambda\mu} - \sigma_F^2$ < 0 *elastisch*, ≥ 0 *plastisch*
Kriterium nach von Mises für flächenhafte Spannungszustände: $I_{\alpha\beta\lambda\mu} = \frac{3}{2}a^*_{\alpha\lambda}\,a^*_{\beta\mu} - \frac{1}{2}a^*_{\alpha\beta}\,a^*_{\lambda\mu}$
Kriterium nach von Mises für flächenhafte Fließzustände: $I_{\alpha\beta\lambda\mu} = \frac{3}{2}a^*_{\alpha\lambda}\,a^*_{\beta\mu} - \frac{3}{4}a^*_{\alpha\beta}\,a^*_{\lambda\mu}$
Kriterium nach Tresca für flächenhafte Fließzustände: $I_{\alpha\beta\lambda\mu} = 2\,a^*_{\alpha\lambda}\,a^*_{\beta\mu} - a^*_{\alpha\beta}\,a^*_{\lambda\mu}$

Tafel 8.2 Verschiedene Fließkriterien des Schalenraumes

8.2.3 Die flächenhafte Fließbedingung des elastischen Grenzzustandes (Anfangsfließbedingung)

Als nächsten Schritt verbinden wir Spannungen und Schnittgrößen des Flächentragwerks unter Verwendung von $(\mu^{-1})^\rho_\lambda$ und μ^{-1} gemäß (3.1.13, 17) durch folgenden Ansatz:

$$\tau^{\alpha\rho} = n^{\alpha\lambda}\varphi\mu^{-1}(\mu^{-1})^\rho_\lambda + m^{\alpha\lambda}\psi\mu^{-1}(\mu^{-1})^\rho_\lambda. \tag{8.2.39}$$

Hierin repräsentiert $\varphi = \varphi(\Theta^3)$ eine beliebige, hinsichtlich der Mittelfläche $\Theta^3 = 0$ jedoch *symmetrische* Formfunktion, $\psi = \psi(\Theta^3)$ eine *antimetrische* [78]. Durch Überschiebung mit (3.1.5) und (3.1.16) entsteht aus (8.2.39) der Ausdruck

$$\begin{aligned} \mu\mu^\beta_\rho\tau^{\alpha\rho} &= n^{\alpha\lambda}\varphi\mu\mu^{-1}\mu^\beta_\rho(\mu^{-1})^\rho_\lambda + m^{\alpha\lambda}\psi\mu\mu^{-1}\mu^\beta_\rho(\mu^{-1})^\rho_\lambda \\ &= n^{\alpha\beta}\varphi + m^{\alpha\beta}\psi, \end{aligned} \tag{8.2.40}$$

dessen Substitution in die Definitionsgleichungen (3.2.41, 43) der beiden beteiligten Schnittgrößentensoren auf folgende Orthogonalitätsbedingungen für φ und ψ führt:

$$\begin{aligned} &\int_{-h/2}^{h/2} \varphi d\Theta^3 = 1, &\quad &\int_{-h/2}^{h/2} \psi d\Theta^3 = 0, \\ &\int_{-h/2}^{h/2} \varphi\Theta^3 d\Theta^3 = 0, &\quad &\int_{-h/2}^{h/2} \psi\Theta^3 d\Theta^3 = 1. \end{aligned} \tag{8.2.41}$$

Elastoplastische Tragwerkstheorien sind gegenüber linear elastischen mit erheblich größeren Unschärfen behaftet. Zwischen einzelnen Fließkriterien treten bereits Abweichungen von ca. 15% auf [109], diesen überlagern sich die Unschärfen aus der Idealisierung des wirklichen Werkstoffverhaltens. Im Interesse größerer Übersichtlichkeit erscheint es daher vertretbar, im weiteren mindestens alle Glieder der Größenordnung Θ^2 laut (4.2.19) gegen Eins zu unterdrücken

$$\Theta^2 = \frac{h}{R} = \lambda \ll 1: \quad 1 + \lambda \approx 1$$

und uns somit gemäß Abschnitt 6.1.2 auf eine Theorie der Näherungsstufe *Donnell-Marguerre* zu beschränken. Gemäß (3.1.13, 17) sowie (6.1.14) gilt für diese:

$$\mu^{-1} \approx 1, \quad (\mu^{-1})^\rho_\lambda \approx \delta^\rho_\lambda, \quad n^{\alpha\beta} \approx n^{(\alpha\beta)} \approx \tilde{n}^{(\alpha\beta)}. \tag{8.2.42}$$

Mit diesen Näherungen entsteht aus (8.2.39), wenn wir noch die Orthogonalitätsbedingungen (8.2.41) für eine über Θ^3 konstante (φ) bzw. linear veränderliche (ψ) Formfunktion auswerten, die bekannte lineare Spannungsverteilung ebener, elastischer Flächentragwerke:

$$\tau^{\alpha\rho} = n^{\alpha\rho}\frac{1}{h} + m^{\alpha\rho}\frac{12}{h^3}\Theta^3. \tag{8.2.43}$$

Ihr sind folgende Randspannungen ($\Theta^3 = \pm h/2$) zugeordnet:

$$\tau^{\alpha\rho}{}_{max} = n^{\alpha\rho}\frac{1}{h} \pm m^{\alpha\rho}\frac{6}{h^2}. \tag{8.2.44}$$

Diese Beziehung substituieren wir nun in die verallgemeinerte Fließbedingung (8.2.37):

$$F^* = I_{\alpha\beta\lambda\mu}\left(\frac{n^{\alpha\beta}}{h} \pm \frac{6m^{\alpha\beta}}{h^2}\right)\left(\frac{n^{\lambda\mu}}{h} \pm \frac{6m^{\lambda\mu}}{h^2}\right) - \sigma_F{}^2$$

$$= I_{\alpha\beta\lambda\mu}\left(\frac{n^{\alpha\beta}}{h}\frac{n^{\lambda\mu}}{h} + \frac{6m^{\alpha\beta}}{h^2}\frac{6m^{\lambda\mu}}{h^2} \pm 2\frac{n^{\alpha\beta}}{h}\frac{6m^{\lambda\mu}}{h^3}\right) - \sigma_F{}^2 \geqslant 0.$$

Beziehen wir hierin noch die Schnittgrößentensoren durch die Abkürzungen

$$n_F{}^{\alpha\beta} = \frac{n^{\alpha\beta}}{\sigma_F h}, \quad m_F{}^{\alpha\beta} = \frac{4m^{\alpha\beta}}{\sigma_F h^2} \tag{8.2.45}$$

auf die entsprechenden vollplastischen Traglasten $\sigma_F h$, $\sigma_F h^2/4$ des Querschnitts, so gewinnt man nach Division durch das Quadrat der Fließspannung

$$\frac{F^*}{\sigma_F{}^2} = I_{\alpha\beta\lambda\mu}\left(n_F{}^{\alpha\beta}n_F{}^{\lambda\mu} + \frac{9}{4}m_F{}^{\alpha\beta}m_F{}^{\lambda\mu} \pm 2\frac{3}{2}n_F{}^{\alpha\beta}m_F{}^{\lambda\mu}\right) - 1 = 0 \tag{8.2.46}$$

eine Aussage über den Beginn des plastischen Fließens in der ersten Randfaser (Bild 8.2). Der Größtwert von (8.2.46) markiert, sofern er den Wert Null erreicht, die Grenze der elastischen Tragfähigkeit, und die *Anfangsfließbedingung* lautet daher:

$$\begin{aligned} F_A &= F_{nn} + \frac{9}{4}F_{mm} + 3|F_{nm}| - 1 \\ &= F_A(n^{\alpha\beta}, m^{\alpha\beta}, \sigma_F) < 0 \quad \text{elastisch} \\ &\qquad\qquad\qquad\qquad \geqslant 0 \quad \text{plastisch.} \end{aligned} \tag{8.2.47}$$

Die hierin auftretenden Polynome wurden folgendermaßen abgekürzt:

$$\begin{aligned} F_{nn} &= I_{\alpha\beta\lambda\mu}n_F{}^{\alpha\beta}n_F{}^{\lambda\mu}, \quad F_{mm} = I_{\alpha\beta\lambda\mu}m_F{}^{\alpha\beta}m_F{}^{\lambda\mu}, \\ F_{nm} &= I_{\alpha\beta\lambda\mu}n_F{}^{\alpha\beta}m_F{}^{\lambda\mu}. \end{aligned} \tag{8.2.48}$$

Im Rahmen einer *Donnell-Marguerre*schen Theorie dürfen hierin die in Tafel 8.2 zusammengestellten Varianten des Fließtensors mit der zu (8.2.42) konsistenten Näherung gebildet werden:

$$a^*_{\alpha\beta} \approx a_{\alpha\beta}. \tag{8.2.49}$$

Beispiel: Für orthogonale kartesische Koordinaten

$$a_{\alpha\beta} = \begin{bmatrix} a_{11} & a_{12} \\ a_{21} & a_{22} \end{bmatrix} = \begin{bmatrix} 1 & 0 \\ 0 & 1 \end{bmatrix},$$

$$n_F{}^{\alpha\beta} = n_F{}^{\alpha}_{\cdot\beta} = n_{F\alpha\beta}, \quad m_F{}^{\alpha\beta} = m_F{}^{\alpha}_{\cdot\beta} = m_{F\alpha\beta} \tag{8.2.50}$$

sollen nun die Polynome (8.2.48) ausgeschrieben werden, beginnend mit denjenigen der von Misesschen Fließbedingung für flächenhafte Spannungszustände:

$$\begin{aligned} F_{nn} &= \frac{3}{2}n_F{}^{\alpha\beta}n_{F\alpha\beta} - \frac{1}{2}n_{F\alpha}^{\alpha}n_{F\beta}^{\beta} \\ &= \frac{3}{2}(n_{F11}n_{F11} + 2n_{F12}n_{F12} + n_{F22}n_{F22}) \\ &\qquad - \frac{1}{2}(n_{F11}n_{F11} + 2n_{F11}n_{F22} + n_{F22}n_{F22}) \\ &= n_{F11}n_{F11} + n_{F22}n_{F22} - n_{F11}n_{F22} + 3n_{F12}n_{F12}, \end{aligned}$$

$$F_{mm} = m_{F11}m_{F11} + m_{F22}m_{F22} - m_{F11}m_{F22} + 3m_{F12}m_{F12},$$

$$F_{nm} = \frac{3}{2}n_F^{\alpha\beta}m_{F\alpha\beta} - \frac{1}{2}n_{F\alpha}^{\alpha}m_{F\beta}^{\beta}$$

$$= n_{F11}m_{F11} + n_{F22}m_{F22} - \frac{1}{2}(n_{F11}m_{F22} + n_{F22}m_{F11}) + 3n_{F12}m_{F12}. \tag{8.2.51}$$

Diese Polynomformen sind in der Literatur am weitesten verbreitet [28, 29, 36, 37]. *Für die Variante eines flächenhaften Fließzustandes lauten sie:*

$$F_{nn} = \frac{3}{4}(n_{F11}n_{F11} + n_{F22}n_{F22} - 2n_{F11}n_{F22} + 4n_{F12}n_{F12}),$$

$$F_{mm} = \frac{3}{4}(m_{F11}m_{F11} + m_{F22}m_{F22} - 2m_{F11}m_{F22} + 4m_{F12}m_{12}), \tag{8.2.52}$$

$$F_{nm} = \frac{3}{4}(n_{F11}m_{F11} + n_{F22}m_{F22} - n_{F11}m_{F22} - n_{F22}m_{F11} + 4n_{F12}m_{F12}).$$

Die Trescasche Fließbedingung liefert für flächenhafte Fließzustände:

$$F_{nn} = n_{F11}n_{F11} + n_{F22}n_{F22} - 2n_{F11}n_{F22} + 4n_{F12}n_{F12},$$

$$F_{mm} = m_{F11}m_{F11} + m_{F22}m_{F22} - 2m_{F11}m_{F22} + 4m_{F12}m_{F12}, \tag{8.2.53}$$

$$F_{nm} = n_{F11}m_{F11} + n_{F22}m_{F22} - n_{F11}m_{F22} - n_{F22}m_{F11} + 4n_{F12}m_{F12}.$$

Für das Anfangsfließkriterium (8.2.47) enthält die Literatur verschiedene Näherungsformen. Wird beispielsweise F_{nm} vollständig unterdrückt, so entsteht mit den Abkürzungen

$$F_n = \overset{+}{\sqrt{F_{nn}}}, \quad F_m = \overset{+}{\sqrt{F_{mm}}} \tag{8.2.54}$$

als *obere* Abschätzung der Fließbedingung (8.2.47) in der F_nF_m-Ebene die Ellipse

$$F_A = F_n^2 + \left(\frac{3}{2}F_m\right)^2 - 1 = 0. \tag{8.2.55}$$

Als *untere* Grenzkurve läßt sich dagegen mit Hilfe der *Schwarz*schen Ungleichung

$$F_nF_m \geqslant |F_{nm}|, \tag{8.2.56}$$

welche der Leser aus jeder der Polynomgruppen (8.2.51, 52, 53) bestätigen kann, sowie erneut mit den Abkürzungen (8.2.54) eine Gerade herleiten:

$$F_A = F_n^2 + 2\frac{3}{2}F_nF_m + \left(\frac{3}{2}F_m\right)^2 - 1 = \left(F_n + \frac{3}{2}F_m\right)^2 - 1 = 0,$$

$$F_A = F_n + \frac{3}{2}F_m - 1 = 0. \tag{8.2.57}$$

Beide Näherungen sind in der Übersicht des Bildes 8.4 enthalten.

8.2.4 Die flächenhafte Fließbedingung des vollplastischen Grenzzustandes

Die Anfangsfließbedingung (8.2.47) kennzeichnet das Ende der elastischen Tragfähigkeit des Querschnitts. Sein weiteres Tragverhalten veranschaulichen wir gemäß Bild 8.3 an einem Werkstoff mit linear elastischer – idealplastischer (einachsiger) Kennlinie. Wir erkennen, daß nur für momentenfreie Beanspruchungen, wie sie Scheibentragwerke und Membranschalen aufweisen, mit (8.2.47) die Grenze der Tragfähigkeit des Querschnitts erreicht ist und somit ein idealplastisches Querschnittsverhalten vorliegt:

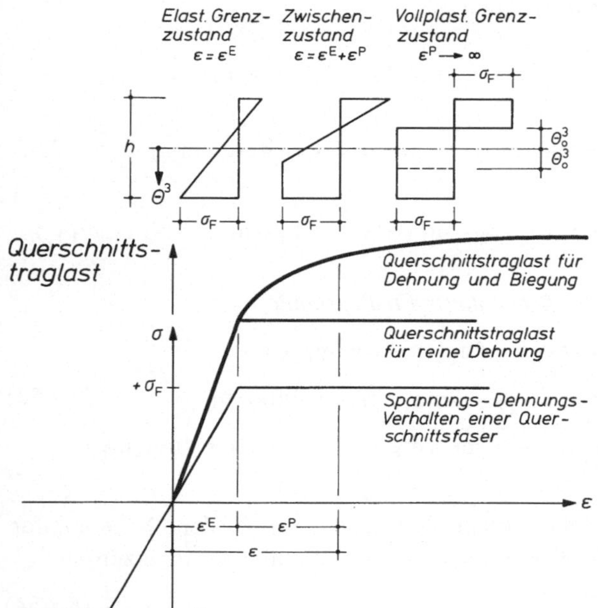

Bild 8.3 Einachsiges Spannungs-Dehnungs-Verhalten einer Querschnittsfaser und eines Gesamtquerschnitts

Weist die Beanspruchung dagegen Momentenanteile auf, so wächst die Traglast des Querschnitts infolge seines allmählichen Durchplastizierens weiter an: Der Querschnitt durchläuft einen Verfestigungsprozeß. Erst mit der Spannungsverteilung des vollplastischen Grenzzustandes unmittelbar vor dem Trennbruch wird, für große plastische Dehnungen, die Tragfähigkeitsgrenze erreicht. Für diese soll nun ebenfalls ein Fließkriterium angegeben werden.

Hierzu wählt man gemäß klassischen Vorgehensweisen der Plastomechanik für die Formfunktionen der Spannungsverteilung (8.2.39) folgende Ansätze (siehe Bild 8.3):

$$\begin{matrix} -h/2 \leqslant \Theta^3 < -\Theta_0^3: \\ -\Theta_0^3 \leqslant \Theta^3 \leqslant \Theta_0^3: \\ \Theta_0^3 < \Theta^3 \leqslant h/2: \end{matrix} \quad \varphi = \begin{bmatrix} 0 \\ c \\ 0 \end{bmatrix}, \quad \Psi = \begin{bmatrix} -\bar{c} \\ 0 \\ +\bar{c} \end{bmatrix}. \tag{8.2.58}$$

Die hierin auftretenden freien Konstanten c, $\bar{c}$ können erneut aus den Orthogonalitätsbedingungen (8.2.41) bestimmt werden und in einem zum Abschnitt 8.2.3 ähnlichen Herleitungsgang findet man mit den Näherungen (8.2.42):

$$\tau^{\alpha\rho} = \frac{n^{\alpha\rho}}{2\Theta^3}\Bigg|_{-\Theta_0^3 \leqslant \Theta^3 \leqslant \Theta_0^3} \pm \frac{4m^{\alpha\rho}}{h^2 - 4(\Theta^3)^2}\Bigg|_{\substack{\Theta_0^3 < \Theta^3 \leqslant h/2 \\ -h/2 \leqslant \Theta^3 < -\Theta_0^3}} . \tag{8.2.59}$$

Diese Spannungsverteilung wird nun unter Berücksichtigung von (8.2.49) in die verallgemeinerte Fließbedingung (8.2.37) substituiert. Eliminiert man dabei gleichzeitig Θ_0^3 durch die Bedingung, daß Dehnungs- und Momentenanteile in (8.2.59) ihren betragsweise gleichen Maximalwert annehmen, so entsteht nach längeren Transformationen die von *Ivanov* [62, 78] angegebene Grenzfließbedingung:

$$\begin{aligned} F_{G1} &= F_{nn} + \frac{1}{2}F_{mm} + \sqrt[+]{(F_{nm})^2 + \frac{1}{4}(F_{mm})^2} - 1 \\ &= F_G(n^{\alpha\beta}, m^{\alpha\beta}, \sigma_F) < 0 \quad \text{elastoplastisch} \\ &\qquad\qquad\qquad\qquad\quad \geqslant 0 \quad \text{vollplastisch.} \end{aligned} \tag{8.2.60}$$

Die hierin abkürzend verwendeten Polynome entsprechen (8.2.48).

In der Fachliteratur finden sich, als Folge unterschiedlicher Annahmen, verschiedene weitere Grenzfließbedingungen, von denen einige angeführt werden sollen. *Ivanov* gibt in [62] noch eine gegenüber (8.2.60) vollständigere Fließbedingung an [28, 105]:

$$\begin{aligned} F_{G2} = F_{nn} + \frac{1}{2}F_{mm} &+ \sqrt[+]{(F_{nm})^2 + \frac{1}{4}(F_{mm})^2} - 1 \\ &- \frac{1}{4}\,\frac{F_{nn}F_{mm} - (F_{nm})^2}{F_{nn} + 0{,}48\,F_{mm}} . \end{aligned} \tag{8.2.61}$$

Andererseits überführt die Abschätzung des Wurzelausdrucks in (8.2.60) mit Hilfe der Dreiecksungleichung

$$\sqrt[+]{(F_{nm})^2 + \frac{1}{4}(F_{mm})^2} \leqslant |F_{nm}| + \frac{1}{2}F_{mm}$$

dieses Fließkriterium in eine *untere Grenzfläche*:

$$F_{G3} = F_{nn} + F_{mm} + |F_{nm}| - 1, \tag{8.2.62}$$

die wegen ihrer Einfachheit häufig verwendet wird. Schließlich hat *Ilyushin* [60] als Approximation einer komplizierten, von ihm als exakt bezeichneten Fließbedingung das folgende Kriterium angegeben:

$$F_{G4} = F_{nn} + F_{mm} + \frac{1}{\sqrt{3}}|F_{nm}| - 1. \tag{8.2.63}$$

Die Entscheidung für eine der Grenzfließkriterien hängt zumeist von der persönlichen Bewertung ihrer Vor- und Nachteile ab. Beispielsweise besitzen F_{G1} und F_{G2} gegenüber F_{G3} und F_{G4} den Vorteil einer stetigen Neigung für $F_{nm} \to 0$, dagegen weisen sie für

$$(F_{nm})^2 + \frac{1}{4}(F_{mm})^2 \to 0$$

einen Neigungswinkel auf [23, 28]. Alle angegebenen Grenzfließbedingungen verwenden die Polynome (8.2.48) und gelten somit für beliebige Werkstofftensoren $I_{\alpha\beta\lambda\mu}$. Im isotropen Fall nimmt die *von Mises*sche Fließbedingung für flächenhafte Spannungszustände erneut eine Favoritenstellung ein [28, 104, 105]. Schließlich sei auch hier auf die am Ende des letzten Abschnittes behandelten Näherungen hingewiesen, welche der Übersicht des Bildes 8.4 zugrunde liegen [37].

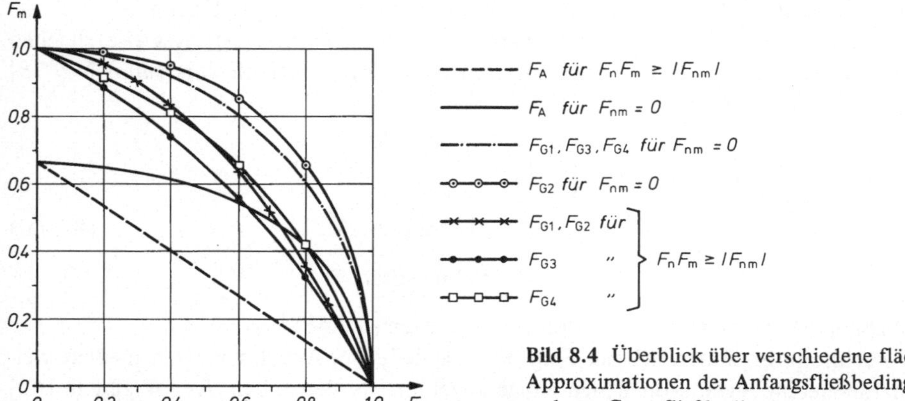

Bild 8.4 Überblick über verschiedene flächenhafte Approximationen der Anfangsfließbedingung und mehrere Grenzfließbedingungen

8.2.5 Flächenhafte Gesamtfließbedingungen

Gesamtfließkriterien (8.2.14), welche den gesamten plastischen Fließbereich kontinuierlich beschreiben, werden aus der Anfangs- und den verschiedenen Grenzfließbedingungen des Tragwerksquerschnitts durch empirische Interpolationsvorschläge hergeleitet. Dabei kann ein eventueller Verfestigungseffekt im einachsigen Spannungs-Dehnungsverhalten des Schalenwerkstoffs näherungsweise durch eine Reduktion der Fließpolynome (8.2.48) in der verwendeten Grenzfließbedingung beschrieben werden. Beispielsweise erhält man mit dem Verfestigungsparameter k einer bestimmten plastischen Grenzdehnung ϵ_0^P gemäß (8.2.62):

$$\tilde{\sigma}_F(\epsilon_0^P) = k\sigma_F \rightarrow \tilde{F}_{G3} = \frac{1}{k^2}(F_{nn} + F_{mm} + |F_{nm}|) - 1.$$

Eggers/Kröplin [36] schlagen folgende Gesamtfließbedingung vor:

$$\begin{aligned} F_1 &= \frac{F_G(\epsilon^P)^a + F_A b}{(\epsilon^P)^a + b} \\ &= F_1(n^{\alpha\beta}, m^{\alpha\beta}, \alpha^P_{(\alpha\beta)}, \omega^P_{(\alpha\beta)}, \sigma_F) \qquad (8.2.64) \\ &\leqslant 0 \text{ elastisch } (F_A) \quad \text{oder elastoplastisch } (F_A, F_G) \\ &> 0 \text{ plastisch } (F_A, F_G) \quad \text{oder vollplastisch } (F_G), \end{aligned}$$

die erwartungsgemäß die beiden Grenzbedingungen

$$[F_1]_{\epsilon^P \to 0} \rightarrow F_A, \quad [F_1]_{\epsilon^P \to \infty} \rightarrow F_G$$

erfüllt.

Mit den empirischen Parametern

$$\epsilon^P = \frac{n^{\alpha\beta}\alpha^P_{(\alpha\beta)} + m^{\alpha\beta}\omega^P_{(\alpha\beta)}}{n^{\alpha\beta}\alpha^E_{(\alpha\beta)} + m^{\alpha\beta}\omega^E_{(\alpha\beta)}}, \quad a = 0{,}9, \quad b = 0{,}0667, \tag{8.2.65}$$

die für F_{G1} Vergleichsrechnungen an elastoplastischen Mehrschichtenschalen entstammen, erfolgt bereits für kleine Fließparameter ϵ^P (8.2.65) eine so schnelle Annäherung von F_1 an F_G, daß für $\epsilon^P = 1$ die Abweichungen i.a. unter 3% liegen (siehe Bild 3 in [36]). (8.2.64) erfüllt alle im Abschnitt 8.1.1 an eine Fließbedingung gestellte Anforderungen.

Crisfields Gesamtfließbedingung [28, 29] stellt eine empirische Modifikation der Grenzfließbedingung F_{G4} von *Ilyushin* dar:

$$\begin{aligned} F_2 &= F_{nn} + \frac{F_{mm}}{\alpha^2} + \frac{1}{\alpha\sqrt{3}}|F_{nm}| - 1 \\ &= F(n^{\alpha\beta}, m^{\alpha\beta}, \omega^P_{(\alpha\beta)}, \sigma_F), \end{aligned} \tag{8.2.66}$$

wobei der Parameter α dem Momenten-Krümmungsverlauf eines einachsig beanspruchten elastoplastischen Biegequerschnitts nachgebildet ist:

$$\begin{aligned} \alpha &= 1{,}0 - 0{,}4^{-2{,}6\sqrt{\omega^P}}, \\ \omega^P &= \frac{Eh}{3\sigma_F}\int_0^{\omega^P}\sqrt{\frac{2}{3}(d\omega^P_{(\alpha\beta)}d\omega^{P(\alpha\beta)} + d\omega^{P\alpha}_{\ \alpha}d\omega^{P\beta}_{\ \beta})}\,. \end{aligned} \tag{8.2.67}$$

Die Grenzfließbedingung (8.2.66) ist, verglichen mit (8.2.64), einfacher zu handhaben. Ihr Mangel liegt in einer ungenauen Approximation der Anfangsfließbedingung (8.2.47), während für $\omega^P \to \infty$ erwartungsgemäß F_{G4} erreicht wird:

$$\begin{aligned} &[F_2]_{\omega^P \to 0} \to F_2 = F_{nn} + 2{,}78\,F_{mm} + 0{,}96|F_{nm}| - 1, \\ &[F_2]_{\omega^P \to \infty} \to F_{G4}. \end{aligned}$$

Diese Schwäche ließe sich durch folgende Variante von (8.2.66) erheblich vermindern:

$$\bar{F}_2 = F_{nn} + \frac{F_{mm}}{\alpha^2} + \frac{1}{\alpha^3\sqrt{3}}|F_{nm}| - 1. \tag{8.2.68}$$

Eine weitere Gesamtfließbedingung wurde von *Bieniek/Funaro* [13] entwickelt, die besonders bei dehnungsverfestigenden Werkstoffen Vorteile besitzt [37, 132].

8.2.6 Inkrementelle Grundgleichungen

Mit der im letzten Abschnitt erfolgten Bereitstellung expliziter Fließbedingungen für flache Schalen

$$\begin{aligned} F &= F(F_A, F_G, \alpha^P_{(\alpha\beta)}, \omega^P_{(\alpha\beta)}) \\ &= F(n^{(\alpha\beta)}, m^{(\alpha\beta)}, \alpha^P_{(\alpha\beta)}, \omega^P_{(\alpha\beta)}, \sigma_F) \end{aligned} \tag{8.2.69}$$

schließt der Kreis unserer Herleitungen wieder an die elastoplastischen Gesetze des Abschnittes 8.1.1 an. Diese sollen nunmehr, im Licht der gewonnenen Kenntnisse, ergänzt und in die zugehörigen Grundgleichungen einer Theorie flacher Schalen integriert werden.

Die konstitutiven Beziehungen (8.2.23, 24) verknüpfen inkrementelle Schnittgrößen und Verzerrungen, ihre Tangentenmoduln sind Funktionen der aktuellen Schnittgrößen sowie der plastischen Deformationen. Zur Lösung ist somit ein inkrementelles Verfahren erforderlich. Zu seiner Herleitung betrachten wir einen beliebigen, aktuellen Tragwerkszustand als Grundzustand, welcher auch mit dem unverformten und kräftefreien Ausgangszustand identisch sein darf. Seine unmarkierten Variablen werden durch Inkremente in die quergestrichenen Größen des Nachbarzustandes überführt:

$$\begin{aligned} \bar{p}^i &= p^i + dp^i, & \bar{v}_i &= v_i + dv_i, \\ \bar{n}^{(\alpha\beta)} &= n^{(\alpha\beta)} + dn^{(\alpha\beta)}, & \bar{\alpha}_{(\alpha\beta)} &= \alpha_{(\alpha\beta)} + d\alpha_{(\alpha\beta)}, \\ \bar{m}^{(\alpha\beta)} &= m^{(\alpha\beta)} + dm^{(\alpha\beta)}, & \bar{\omega}_{(\alpha\beta)} &= \omega_{(\alpha\beta)} + d\omega_{(\alpha\beta)}. \end{aligned} \tag{8.2.70}$$

Diese Zerlegungen substituieren wir nun in die Gleichgewichtsbedingungen und in die kinematischen Beziehungen der Tafel 6.1. Setzen wir dabei sowohl Gleichgewicht als auch kinematische Verträglichkeit des Grundzustandes voraus, so verbleiben als Grundlage des Lösungsverfahrens die inkrementellen Feldgleichungen

$$\begin{aligned} -dp^\beta &= dn^{(\alpha\beta)}|_\alpha, & d\alpha_{(\alpha\beta)} &= \frac{1}{2}(dv_\alpha|_\beta + dv_\beta|_\alpha - 2b_{\alpha\beta}dv^3), \\ -dp^3 &= dn^{(\alpha\beta)}b_{\alpha\beta} + dm^{(\alpha\lambda)}|_{\alpha\lambda}, & d\omega_{(\alpha\beta)} &= -dv^3|_{\alpha\beta}. \end{aligned} \tag{8.2.71}$$

In gleicher Weise transformieren wir die Randvariablen der Tafel 6.1 sowie die für das zu lösende Problem benötigten Randbedingungen und erhalten so die werkstoffunabhängigen inkrementellen Grundgleichungen einer Theorie flacher Schalen in Tafel 8.3.

Alle werkstoffabhängigen Beziehungen (8.2.14) mit (8.2.64) und (8.2.23, 24) brauchen nur noch in die für flache Schalen konsistente Form umgeschrieben zu werden. Die in der Fließbedingung benötigten plastischen Deformationen des Grundzustandes berechnen sich gemäß (8.2.3) und (4.1.42, 43) zu:

$$\begin{aligned} \alpha^P_{(\alpha\beta)} &= \alpha_{(\alpha\beta)} - \alpha^E_{(\alpha\beta)} = \alpha_{(\alpha\beta)} - \frac{1}{D}G_{\alpha\beta\lambda\mu}n^{(\lambda\mu)}, \\ \omega^P_{(\alpha\beta)} &= \omega_{(\alpha\beta)} - \omega^E_{(\alpha\beta)} = \omega_{(\alpha\beta)} - \frac{1}{B}G_{\alpha\beta\lambda\mu}m^{(\lambda\mu)}. \end{aligned} \tag{8.2.72}$$

Wir beschließen diesen Abschnitt mit einem Hinweis auf die aus den Grundgleichungen der Tafel 3.8 herleitbaren inkrementellen Variationsprinzipe [35, 36, 53].

8.3 Geometrisch nichtlineare Flächentragwerkstheorien

8.3.1 Einleitung und Beschreibung des Schalenkontinuums

Im Rahmen linearer Theorien werden bekanntlich die Verschiebungen als so klein vorausgesetzt, daß ihr Einfluß auf die Formulierung des Gleichgewichtes und der Kräfterandbedingungen vernachlässigt werden darf. Diese Voraussetzung entfällt bei allen geometrisch nichtlinearen Theorien, denen wir uns nun zuwenden wollen. Dadurch wird es erforderlich, viel deutlicher als bisher zwischen dem unverformten und dem verformten Zustand des Tragwerks zu unterscheiden sowie beide Zustände gleichzeitig zu betrachten.

1. Äußere mechanische Variablen:

$$\bar{\boldsymbol{p}} = \boldsymbol{p} + d\boldsymbol{p} \qquad \bar{\boldsymbol{v}} = \boldsymbol{v} + d\boldsymbol{v}$$

$$\boldsymbol{p} = p^{\alpha}\boldsymbol{a}_{\alpha} + p^{3}\boldsymbol{a}_{3}\,; \quad d\boldsymbol{p} = dp^{\alpha}\boldsymbol{a}_{\alpha} + dp^{3}\boldsymbol{a}_{3} \qquad \boldsymbol{v} = v_{\alpha}\boldsymbol{a}^{\alpha} + v_{3}\boldsymbol{a}^{3}\,; \quad d\boldsymbol{v} = dv_{\alpha}\boldsymbol{a}^{\alpha} + dv_{3}\boldsymbol{a}^{3}$$

2. Innere mechanische Variablen:

$$\bar{n}^{(\alpha\beta)} = n^{(\alpha\beta)} + dn^{(\alpha\beta)}\,; \quad \bar{m}^{(\alpha\beta)} = m^{(\alpha\beta)} + dm^{(\alpha\beta)} \qquad \bar{\alpha}_{(\alpha\beta)} = \alpha_{(\alpha\beta)} + d\alpha_{(\alpha\beta)}\,; \quad \bar{\omega}_{(\alpha\beta)} = \omega_{(\alpha\beta)} + d\omega_{(\alpha\beta)}$$

3. Randvariablen:

$$\bar{\tilde{\boldsymbol{n}}} = \tilde{\boldsymbol{n}} + d\tilde{\boldsymbol{n}}\,; \qquad \bar{\boldsymbol{v}} = \boldsymbol{v} + d\boldsymbol{v}\,;$$

$$\bar{\boldsymbol{m}}_{t} = \boldsymbol{m}_{t} + d\boldsymbol{m}_{t}\,; \qquad \bar{\boldsymbol{\omega}}_{t} = \boldsymbol{\omega}_{t} + d\boldsymbol{\omega}_{t}\,;$$

$$\tilde{\boldsymbol{n}} = n_{t}\boldsymbol{t} + n_{u}\boldsymbol{u} + \tilde{n}_{3}\boldsymbol{a}_{3}\,; \quad d\tilde{\boldsymbol{n}} = dn_{t}\boldsymbol{t} + dn_{u}\boldsymbol{u} + d\tilde{n}_{3}\boldsymbol{a}_{3}\,; \qquad \boldsymbol{v} = v_{t}\boldsymbol{t} + v_{u}\boldsymbol{u} + v_{3}\boldsymbol{a}_{3}\,; \quad d\boldsymbol{v} = dv_{t}\boldsymbol{t} + dv_{u}\boldsymbol{u} + dv_{3}\boldsymbol{a}_{3}\,;$$

$$\boldsymbol{m}_{t} = m_{t}\boldsymbol{t}\,; \quad d\boldsymbol{m}_{t} = dm_{t}\boldsymbol{t}\,; \qquad \boldsymbol{\omega}_{t} = \omega_{t}\boldsymbol{t} \quad d\boldsymbol{\omega}_{t} = d\omega_{t}\boldsymbol{t}$$

4. Feldgleichungen:

$$-dp^{\beta} = dn^{(\alpha\beta)}|_{\alpha} \qquad d\alpha_{(\alpha\beta)} = \frac{1}{2}\left(dv_{\alpha}|_{\beta} + dv_{\beta}|_{\alpha} - 2b_{\alpha\beta}\,dv_{3}\right)$$

$$-dp^{3} = dn^{(\alpha\beta)}b_{\alpha\beta} + dm^{(\alpha\lambda)}|_{\alpha\lambda} \qquad d\omega_{(\alpha\beta)} = -dv_{3}|_{\alpha\beta}$$

5. Gesamtfließkriterium:

$$F = F(F_{A},\, F_{G},\, \alpha^{P}_{(\alpha\beta)},\, \omega^{P}_{(\alpha\beta)}) = F(n^{(\alpha\beta)},\, m^{(\alpha\beta)},\, \alpha^{P}_{(\alpha\beta)},\, \omega^{P}_{(\alpha\beta)},\, \sigma_{F})$$

≤ 0 *elastisch* (F_{A}) *oder elastoplastisch* (F_{A}, F_{G})

> 0 *plastisch* (F_{A}, F_{G}) *oder vollplastisch* (F_{G})

mit: $\alpha^{P}_{(\alpha\beta)} = \alpha_{(\alpha\beta)} - \frac{1}{D} G_{\alpha\beta\lambda\mu}\, n^{(\lambda\mu)}\,;$ $\quad F_{A}$ *Anfangsfließkriterium*

$\omega^{P}_{(\alpha\beta)} = \omega_{(\alpha\beta)} - \frac{1}{B} G_{\alpha\beta\lambda\mu}\, m^{(\lambda\mu)}$ $\quad F_{G}$ *Grenzfließkriterium*

6. Konstitutive Beziehungen:

Laststeigerung im elastischen Bereich oder Entlastung:

$$dn^{(\alpha\beta)} = DH^{\alpha\beta\lambda\mu}\, d\alpha^{E}_{(\lambda\mu)}\,, \qquad dm^{(\alpha\beta)} = BH^{\alpha\beta\lambda\mu}\, d\omega^{E}_{(\lambda\mu)}$$

Laststeigerung im elastoplastischen Bereich:

$$dn^{(\alpha\beta)} = D\left[H^{\alpha\beta\lambda\mu} - \frac{H^{\alpha\beta\varrho\sigma} H^{\varepsilon\delta\lambda\mu} \dfrac{\partial F}{\partial n^{(\varrho\sigma)}} \dfrac{\partial F}{\partial n^{(\varepsilon\delta)}}}{DH^{\varepsilon\delta\varrho\sigma} \dfrac{\partial F}{\partial n^{(\varepsilon\delta)}} \dfrac{\partial F}{\partial n^{(\varrho\sigma)}} - \dfrac{\partial F}{\partial \alpha^{P}_{(\varepsilon\delta)}} \dfrac{\partial F}{\partial n^{(\varepsilon\delta)}}}\right] d\alpha_{(\lambda\mu)}\,;$$

$$dm^{(\alpha\beta)} = B\left[H^{\alpha\beta\lambda\mu} - \frac{H^{\alpha\beta\varrho\sigma} H^{\varepsilon\delta\lambda\mu} \dfrac{\partial F}{\partial m^{(\varrho\sigma)}} \dfrac{\partial F}{\partial m^{(\varepsilon\delta)}}}{BH^{\varepsilon\delta\varrho\sigma} \dfrac{\partial F}{\partial m^{(\varepsilon\delta)}} \dfrac{\partial F}{\partial m^{(\varrho\sigma)}} - \dfrac{\partial F}{\partial \omega^{P}_{(\varepsilon\delta)}} \dfrac{\partial F}{\partial m^{(\varepsilon\delta)}}}\right] d\omega_{(\lambda\mu)}$$

Tafel 8.3 Inkrementelle Grundgleichungen einer Theorie flacher, elastoplastischer Schalen kleiner Deformationen

Das Schalenkontinuum werde wie üblich durch konvektive Koordinaten beschrieben: durch die krummlinigen *Gauß*schen Parameter Θ^{α} der Mittelfläche sowie durch die geradlinige Koordinate Θ^{3} in Richtung des jeweiligen Normaleneinheitsvektors (Bild 8.5). Die differentialgeometrischen Elemente der Mittelfläche werden im *unverformten Ausgangszustand* $\mathring{F}$ wieder mit dem Kopfindex $(\mathring{\ldots})$, in der *verformten Lage* F dagegen ohne Markierung dargestellt:

$$\mathring{F}\colon\ \mathring{\mathbf{a}}_{\alpha},\ \mathring{\mathbf{a}}_{3},\ \mathring{\mathrm{a}}_{\alpha\beta},\ \mathring{\mathrm{b}}_{\alpha\beta}; \quad F\colon\ \mathbf{a}_{\alpha},\ \mathbf{a}_{3},\ \mathrm{a}_{\alpha\beta},\ \mathrm{b}_{\alpha\beta}. \tag{8.3.1}$$

Durch Stern werden bei Bedarf, wie im Kapitel 3, außerhalb der Mittelfläche definierte Elemente charakterisiert:

$$\mathring{F}^{*}\colon\ \mathring{\mathbf{a}}^{*}_{\alpha},\ \mathring{\mathbf{a}}^{*}_{3},\ \mathring{\mathrm{a}}^{*}_{\alpha\beta},\ \mathring{\mathrm{b}}^{*}_{\alpha\beta}; \quad F^{*}\colon\ \mathbf{a}^{*}_{\alpha},\ \mathbf{a}^{*}_{3},\ \mathrm{a}^{*}_{\alpha\beta},\ \mathrm{b}^{*}_{\alpha\beta}. \tag{8.3.2}$$

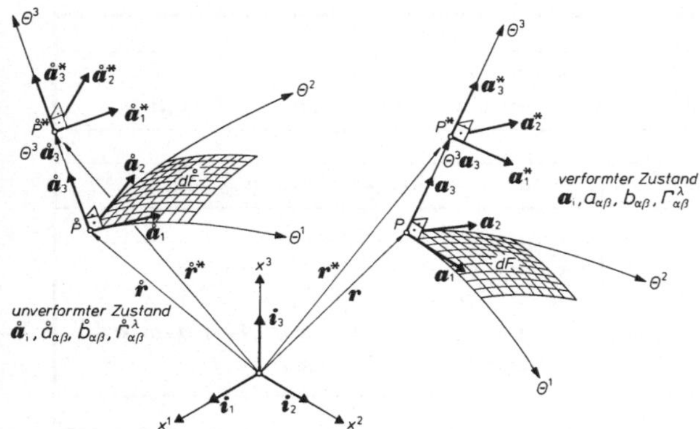

Bild 8.5 Das Schalenkontinuum im unverformten und verformten Zustand

Kovariante Ableitungen hinsichtlich der unverformten bzw. der verformten Metrik werden durch die Bezeichnungen

$$\mathring{F}\colon (\ldots)|_\alpha\,, \quad F\colon (\ldots)\|_\alpha \tag{8.3.3}$$

voneinander unterschieden.

Verschiebungsvektoren sollen grundsätzlich hinsichtlich der unverformten Basis $\mathring{\mathbf{a}}^i$ in Komponenten zerlegt werden; als Last- und Schnittgrößen werden demgegenüber Komponenten beider Art eingeführt:

$$\mathbf{v} = v_\alpha \mathring{\mathbf{a}}^\alpha + v_3 \mathring{\mathbf{a}}^3, \quad \mathbf{w} = w_\alpha \mathring{\mathbf{a}}^\alpha + w_3 \mathring{\mathbf{a}}^3; \tag{8.3.4}$$

$$\begin{aligned}
\sqrt{\frac{a}{\mathring{a}}}\,\mathbf{p} &= p^\alpha \mathring{\mathbf{a}}_\alpha + p^3 \mathring{\mathbf{a}}_3 &&= P^\alpha \mathbf{a}_\alpha + P^3 \mathbf{a}_3,\\
\sqrt{\frac{a}{\mathring{a}}}\,\mathbf{n}^\alpha &= n^{\alpha\beta} \mathring{\mathbf{a}}_\beta + q^\alpha \mathring{\mathbf{a}}_3 &&= N^{\alpha\beta} \mathbf{a}_\beta + Q^\alpha \mathbf{a}_3,\\
\sqrt{\frac{a}{\mathring{a}}}\,\mathbf{m}^\alpha &= m^{\alpha\beta} \mathring{\mathbf{a}}_3 \times \mathring{\mathbf{a}}_\beta + m^{\alpha 3} \mathring{\mathbf{a}}_3 &&= M^{\alpha\beta} \mathbf{a}_3 \times \mathbf{a}_\beta.
\end{aligned} \tag{8.3.5}$$

Der Prozeß des Herauf- bzw. Herunterziehens der Indizes erfolgt bei allen Tensorkomponenten mit dem Maßtensor des jeweiligen Zustandes, beispielsweise

$$\mathring{F}\colon \mathring{b}^\beta_\alpha = \mathring{b}_{\alpha\rho} \mathring{a}^{\rho\beta}, \quad F\colon b^\beta_\alpha = b_{\alpha\rho} a^{\rho\beta}. \tag{8.3.6}$$

Wird die Mittelfläche F des verformten Schalenkontinuums durch den Ortsvektor $\mathbf{r} = \mathbf{r}(\Theta^\alpha)$ beschrieben, so können deren differentialgeometrische Elemente wie im Kapitel 1 beschrieben ermittelt werden. Als Beispiele seien die Definitionen des Maßtensors (1.2.6), des Krümmungstensors (1.3.20) sowie der *Christoffelsymbole* (1.4.5, 10) herangezogen:

$$\begin{aligned}
a_{\alpha\beta} &= \mathbf{a}_\alpha \cdot \mathbf{a}_\beta,\\
b_{\alpha\beta} &= -\mathbf{a}_\alpha \cdot \mathbf{a}_{3,\beta} = -\mathbf{a}_\beta \cdot \mathbf{a}_{3,\alpha} = -\frac{1}{2}(\mathbf{a}_\alpha \cdot \mathbf{a}_{3,\beta} + \mathbf{a}_\beta \cdot \mathbf{a}_{3,\alpha}),\\
\Gamma^\lambda_{\alpha\beta} &= \Gamma_{\alpha\beta\rho} a^{\rho\lambda} = \mathbf{a}^\lambda \cdot \mathbf{a}_{\alpha,\beta} = \mathbf{a}^\lambda \cdot \mathbf{a}_{\beta,\alpha},\\
\Gamma_{\alpha\beta\rho} &= \Gamma_{\beta\alpha\rho} = \frac{1}{2}(a_{\rho\alpha,\beta} + a_{\rho\beta,\alpha} - a_{\alpha\beta,\rho}).
\end{aligned} \tag{8.3.7}$$

Für die kovarianten Ableitungen hinsichtlich F gilt nach (1.4.20):

$$A^{\alpha\beta}\|_\gamma = A^{\alpha\beta}{}_{,\gamma} + A^{\lambda\beta}\Gamma^\alpha_{\gamma\lambda} + A^{\alpha\lambda}\Gamma^\beta_{\gamma\lambda}. \tag{8.3.8}$$

Die differentialgeometrischen Elemente des verformten Schalenraumes lassen sich aus Abschnitt 3.1.1 übertragen; beispielsweise lautet die Determinante (3.1.16):

$$\mu = |\mu^\rho_\alpha| = \sqrt{\frac{a^*}{a}} = 1 - 2\Theta^3 H + (\Theta^3)^2 K, \tag{8.3.9}$$

worin H nunmehr die mittlere und K die *Gaußsche* Krümmung der verformten Mittelfläche F abkürzen. Unter Verwendung des Kopfzeigers $(\mathring{\ldots})$ gelten alle Beziehungen des Abschnittes 3.1.1 natürlich ebenfalls für den Schalenraum des unverformten Ausgangszustandes, in

$$\mathring{\mu} = |\mathring{\mu}^\rho_\alpha| = \sqrt{\frac{\mathring{a}^*}{\mathring{a}}} = 1 - 2\Theta^3\mathring{H} + (\Theta^3)^2\mathring{K} \tag{8.3.10}$$

beschreiben $\mathring{H}$ und $\mathring{K}$ die entsprechenden Krümmungsmaße von $\mathring{F}$.

8.3.2 Die äußere Kinematik

Wir behandeln erneut Flächentragwerke unter der *Kirchhoff-Love-Hypothese.* Gemäß Bild 8.6 postuliert diese, daß die Normalenrichtung Θ^3 auch nach einer Verformung geradlinig

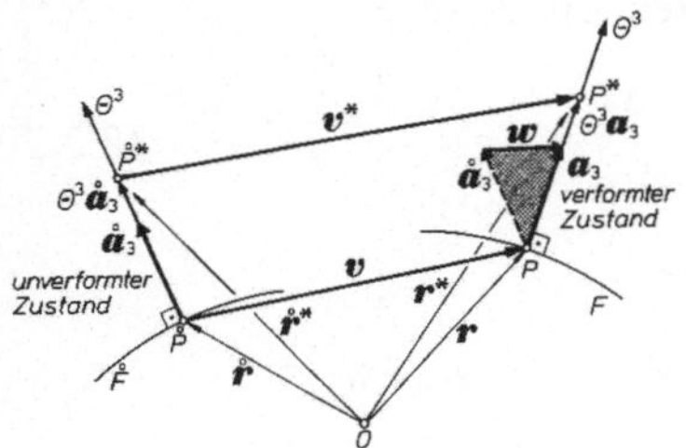

Bild 8.6 Verschiebungszustand unter der Kirchhoff-Love-Hypothese

sowie normal zur Mittelfläche bleibt und keine Längenänderung erfährt. Bezeichnen $\mathring{\mathbf{a}}_3$, $\mathbf{a}_3$ die jeweiligen Normaleneinheitsvektoren, so kann der Verschiebungszustand eines beliebigen Schalenpunktes P^* erneut durch (3.2.55) beschrieben werden:

$$\mathbf{v}^* = \mathbf{r}^* - \mathring{\mathbf{r}}^* = (\mathbf{r} - \mathring{\mathbf{r}}) + \Theta^3(\mathbf{a}_3 - \mathring{\mathbf{a}}_3) = \mathbf{v} + \Theta^3\mathbf{w}. \tag{8.3.11}$$

Damit ist der *Verschiebungsvektor* **v** der Mittelfläche sowie ihr *Differenzvektor* **w** definiert, welche beide stets hinsichtlich der unverformten Basis in tensorielle

$$\mathbf{v} = \mathbf{r} - \mathring{\mathbf{r}} = v_\alpha\mathring{\mathbf{a}}^\alpha + v_3\mathring{\mathbf{a}}^3 = v^\alpha\mathring{\mathbf{a}}_\alpha + v^3\mathring{\mathbf{a}}_3, \tag{8.3.12}$$

$$\mathbf{w} = \mathbf{a}_3 - \mathring{\mathbf{a}}_3 = w_\alpha\mathring{\mathbf{a}}^\alpha + w_3\mathring{\mathbf{a}}^3 = w^\alpha\mathring{\mathbf{a}}_\alpha + w^3\mathring{\mathbf{a}}_3 \tag{8.3.13}$$

sowie physikalische Komponenten

$$\mathbf{v} = v_{\langle\alpha\rangle}\mathring{\mathbf{a}}^{\langle\alpha\rangle} + v_{\langle 3\rangle}\mathring{\mathbf{a}}^{\langle 3\rangle} = v^{\langle\alpha\rangle}\mathring{\mathbf{a}}_{\langle\alpha\rangle} + v^{\langle 3\rangle}\mathring{\mathbf{a}}_{\langle 3\rangle}, \tag{8.3.14}$$

$$\mathbf{w} = w_{\langle\alpha\rangle}\mathring{\mathbf{a}}^{\langle\alpha\rangle} + w_{\langle 3\rangle}\mathring{\mathbf{a}}^{\langle 3\rangle} = w^{\langle\alpha\rangle}\mathring{\mathbf{a}}_{\langle\alpha\rangle} + w^{\langle 3\rangle}\mathring{\mathbf{a}}_{\langle 3\rangle} \tag{8.3.15}$$

zerlegt werden. Dabei gilt nach (3.2.53, 59):

$$v_{\langle\alpha\rangle} = v_\alpha\sqrt{\mathring{a}^{\alpha\alpha}}, \quad v^{\langle\alpha\rangle} = v^\alpha\sqrt{\mathring{a}_{\alpha\alpha}}, \quad v_{\langle 3\rangle} = v^{\langle 3\rangle} = v_3, \tag{8.3.16}$$

$$w_{\langle\alpha\rangle} = w_\alpha\sqrt{\mathring{a}^{\alpha\alpha}}, \quad w^{\langle\alpha\rangle} = w^\alpha\sqrt{\mathring{a}_{\alpha\alpha}}, \quad w_{\langle 3\rangle} = w^{\langle 3\rangle} = w_3. \tag{8.3.17}$$

Für partielle Ableitungen der Vektoren (8.3.12, 13) findet man gemäß (1.4.36):

$$\begin{aligned} \mathbf{v}_{,\alpha} &= (v_\rho|_\alpha - \mathring{b}_{\rho\alpha}v_3)\mathring{\mathbf{a}}^\rho + (v_{3,\alpha} + \mathring{b}^\lambda_\alpha v_\lambda)\mathring{\mathbf{a}}^3 \\ &= \varphi_{\alpha\rho}\mathring{\mathbf{a}}^\rho + \varphi_{\alpha 3}\mathring{\mathbf{a}}^3 = \varphi_{\alpha\cdot}^{\ \rho}\mathring{\mathbf{a}}_\rho + \varphi_{\alpha\cdot}^{\ 3}\mathring{\mathbf{a}}_3, \\ \mathbf{w}_{,\alpha} &= (w_\rho|_\alpha - \mathring{b}_{\rho\alpha}w_3)\mathring{\mathbf{a}}^\rho + (w_{3,\alpha} + \mathring{b}^\lambda_\alpha w_\lambda)\mathring{\mathbf{a}}^3 \end{aligned} \tag{8.3.18}$$

mit den als Abkürzungen verwandten *Deformationsgradienten*:

$$\begin{aligned} &\varphi_{\alpha\rho} = v_\rho|_\alpha - \mathring{b}_{\rho\alpha}v_3, \quad \varphi_{\alpha 3} = v_{3,\alpha} + \mathring{b}^\lambda_\alpha v_\lambda, \\ &\varphi^{\alpha}_{\cdot\rho} = \varphi_{\beta\rho}\mathring{a}^{\beta\alpha}, \quad \varphi_{\alpha\cdot}^{\ \rho} = \varphi_{\alpha\beta}\mathring{a}^{\beta\rho}, \quad \varphi^{\alpha}_{\cdot 3} = \varphi_{\rho 3}\mathring{a}^{\rho\alpha}, \quad \varphi_{\alpha\cdot}^{\ 3} = \varphi_{\alpha 3}. \end{aligned} \tag{8.3.19}$$

Damit erfolgt aus (8.3.12, 13) für die Basis $\mathbf{a}_i$ der verformten Mittelfläche:

$$\begin{aligned} \mathbf{a}_\alpha &= \mathbf{r}_{,\alpha} = \mathring{\mathbf{a}}_\alpha + \mathbf{v}_{,\alpha} = (\delta^\rho_\alpha + \varphi_{\alpha\cdot}^{\ \rho})\mathring{\mathbf{a}}_\rho + \varphi_{\alpha 3}\mathring{\mathbf{a}}_3, \\ \mathbf{a}_3 &= \mathring{\mathbf{a}}_3 + \mathbf{w} = w^\alpha\mathring{\mathbf{a}}_\alpha + (1 + w_3)\mathring{\mathbf{a}}_3. \end{aligned} \tag{8.3.20}$$

Formulieren wir hiermit nun die *Kirchhoff-Love-Hypothese*

$$\mathbf{a}_\alpha \cdot \mathbf{a}_3 = (\mathring{\mathbf{a}}_\alpha + \mathbf{v}_{,\alpha}) \cdot (\mathring{\mathbf{a}}_3 + \mathbf{w}) = \mathring{\mathbf{a}}_\alpha \cdot \mathbf{w} + \mathring{\mathbf{a}}_3 \cdot \mathbf{v}_{,\alpha} + \mathbf{v}_{,\alpha} \cdot \mathbf{w} = 0,$$

$$\mathbf{a}_3 \cdot \mathbf{a}_3 - 1 = (\mathring{\mathbf{a}}_3 + \mathbf{w}) \cdot (\mathring{\mathbf{a}}_3 + \mathbf{w}) - 1 = 2\mathring{\mathbf{a}}_3 \cdot \mathbf{w} + \mathbf{w} \cdot \mathbf{w} = 0,$$

so lassen sich deren folgende Komponentendarstellungen angeben:

$$\begin{aligned} &w_\rho(\delta^\rho_\alpha + \varphi_{\alpha\cdot}^{\ \rho}) + \varphi_{\alpha 3}(1 + w_3) = 0, \\ &w_3(2 + w_3) + w_\alpha w^\alpha = 0. \end{aligned} \tag{8.3.21}$$

Diese für beliebig große Verschiebungen gültigen Beziehungen lassen sich für *mittlere* Deformationsgradienten (8.3.19) nach w_i auflösen. Einen derartigen Verschiebungszustand schränken wir durch die Größenordnungsbeziehungen

$$\varphi_{\alpha\rho} \leqslant 0(\eta), \quad \varphi_{\alpha 3} \leqslant 0(\eta), \quad 1 + \eta^2 \approx 1 \tag{8.3.22}$$

ein, worin η^2 das Supremum aller Hauptdehnungen (4.2.5) darstellt.* Hinsichtlich der relativen Größenordnung von $\varphi_{\alpha\rho}$ zu $\varphi_{\alpha 3}$ gelte keine Einschränkung. Im Rahmen dieser Näherung kann nun w_i durch die in $\varphi_{\alpha\rho}, \varphi_{\alpha 3}$ linearen $(\overset{[1]}{w_i})$ sowie quadratischen $(\overset{[2]}{w_i})$ Anteile [70]:

$$w_\alpha \approx \overset{[1]}{w_\alpha} + \overset{[2]}{w_\alpha}, \quad w_3 \approx \overset{[1]}{w_3} + \overset{[2]}{w_3} \tag{8.3.23}$$

* In dieser und den folgenden Größenordnungsbeziehungen werden erneut, wie im Abschnitt 4.2.1, normierte Basisvektoren (4.2.2, 3) vorausgesetzt.

approximiert werden. Unter Vernachlässigung kubischer Verformungsanteile entsteht damit aus (8.3.21):

$$
\begin{aligned}
&(\overset{[1]}{w}_\alpha + \varphi_{\alpha 3}) + (\overset{[2]}{w}_\alpha + \varphi_{\alpha}{}^{\lambda}_{.}\overset{[1]}{w}_\lambda + \varphi_{\alpha 3}\overset{[1]}{w}_3) \approx 0,\\
&2\overset{[1]}{w}_3 + (2\overset{[2]}{w}_3 + \overset{[1]}{w}{}^{\lambda}\overset{[1]}{w}_\lambda + \overset{[1]}{w}_3\overset{[1]}{w}_3) \approx 0,\\
\longrightarrow\ &\overset{[1]}{w}_\alpha = -\varphi_{\alpha 3}, \quad \overset{[2]}{w}_\alpha = -(\varphi_{\alpha}{}^{\lambda}_{.}\overset{[1]}{w}_\lambda + \varphi_{\alpha 3}\overset{[1]}{w}_3),\\
&\overset{[1]}{w}_3 = 0, \qquad \overset{[2]}{w}_3 = -\frac{1}{2}(\overset{[1]}{w}{}^{\lambda}\overset{[1]}{w}_\lambda + \overset{[1]}{w}_3\overset{[1]}{w}_3).
\end{aligned}
$$

Die Komponenten von $\mathbf{w}$ und die Normalenhypothese (8.3.21) lauten somit für mittlere Deformationsgradienten:

$$w_\alpha \approx -\varphi_{\alpha 3} + \varphi_{\alpha}{}^{\lambda}_{.}\varphi_{\lambda 3}, \qquad w_3 \approx -\frac{1}{2}\varphi_{\alpha 3}\varphi^{\alpha}{}_{.3}, \tag{8.3.24}$$

$$w_\rho(\delta^\rho_\alpha + \varphi_{\alpha}{}^{\rho}_{.}) \approx -\varphi_{\alpha 3}, \qquad w_3 \approx -\frac{1}{2}w_\alpha w^\alpha. \tag{8.3.25}$$

Zur späteren Formulierung der Randbedingungen führen wir nunmehr durch [10]:

$$\mathbf{w} = \boldsymbol{\omega} \times \mathring{\mathbf{a}}_3 + w_3\mathring{\mathbf{a}}_3 \tag{8.3.26}$$

den orthogonal zu $\mathring{\mathbf{a}}_3$ und $\mathbf{a}_3$ gerichteten *Verdrehungsvektor* $\boldsymbol{\omega}$ ein:

$$
\begin{aligned}
\boldsymbol{\omega} &= \omega_\alpha\mathring{\mathbf{a}}^\alpha = \omega^\alpha\mathring{\mathbf{a}}_\alpha = \omega_{\langle\alpha\rangle}\mathring{\mathbf{a}}^{\langle\alpha\rangle} = \omega^{\langle\alpha\rangle}\mathring{\mathbf{a}}_{\langle\alpha\rangle},\\
\omega_{\langle\alpha\rangle} &= \omega_\alpha\sqrt{\mathring{a}^{\alpha\alpha}}, \quad \omega^{\langle\alpha\rangle} = \omega^\alpha\sqrt{\mathring{a}_{\alpha\alpha}}.
\end{aligned} \tag{8.3.27}
$$

Auch für große Verformungen ist der Verdrehungsvektor $\boldsymbol{\omega}$ wieder durch $\mathbf{w}$ ausdrückbar. Mit (8.3.13) und (8.3.27) entsteht nämlich aus (8.3.26):

$$\boldsymbol{\omega} = \mathring{\mathbf{a}}_3 \times \mathbf{w} \rightarrow \omega_\alpha = \mathring{\epsilon}_{\beta\alpha}w^\beta, \quad w_\alpha = \mathring{\epsilon}_{\alpha\beta}\omega^\beta. \tag{8.3.28}$$

Wie Bild 8.7 zeigt, entspricht sein Absolutbetrag

$$|\boldsymbol{\omega}| = |\mathring{\mathbf{a}}_3 \times \mathbf{w}| = |\mathring{\mathbf{a}}_3|\,|\mathbf{w}| \sin\left(\frac{\pi}{2} - \frac{\omega}{2}\right) = 2\sin\frac{\omega}{2}\cos\frac{\omega}{2} = \sin\omega \tag{8.3.29}$$

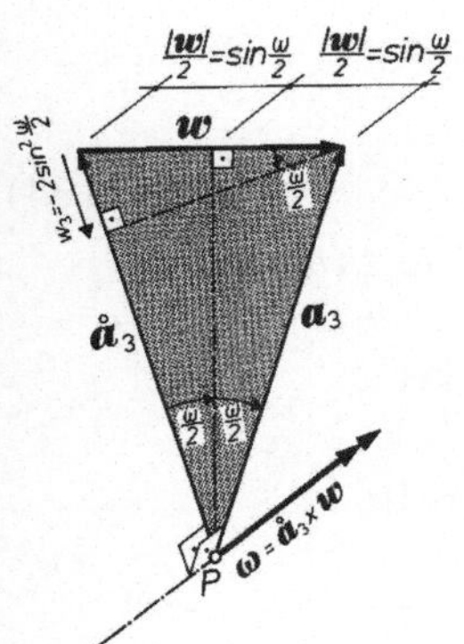

Bild 8.7 Definition des Verdrehungsvektors $\boldsymbol{\omega}$ für große Verformungen

genau dem Sinus des durch $\mathring{\mathbf{a}}_3$ und $\mathbf{a}_3$ eingeschlossenen Drehwinkels ω. Mit der ebenfalls aus Bild 8.7 herleitbaren Beziehung

$$w_3 = -2\sin^2\frac{\omega}{2} = -\frac{1}{2}\mathbf{w}\cdot\mathbf{w} = -\frac{\sin^2\omega}{2\cos^2\frac{\omega}{2}} = -\frac{1}{2\cos^2\frac{\omega}{2}}\boldsymbol{\omega}\cdot\boldsymbol{\omega} \quad (8.3.30)$$

kann (8.3.26) auch wie folgt dargestellt werden:

$$\begin{aligned}\mathbf{w} = \mathbf{a}_3 - \mathring{\mathbf{a}}_3 &= \boldsymbol{\omega}\times\mathring{\mathbf{a}}_3 - \frac{1}{2\cos^2\frac{\omega}{2}}(\boldsymbol{\omega}\cdot\boldsymbol{\omega})\mathring{\mathbf{a}}_3 \\ &= \boldsymbol{\omega}\times\mathring{\mathbf{a}}_3 + \frac{1}{2\cos^2\frac{\omega}{2}}\boldsymbol{\omega}\times(\boldsymbol{\omega}\times\mathring{\mathbf{a}}_3),\end{aligned} \quad (8.3.31)$$

wodurch für beliebig große Drehwinkel ω die Drehung von $\mathring{\mathbf{a}}_3$ in $\mathbf{a}_3$ beschrieben wird.*

Beschränken wir uns nun erneut auf mittlere Deformationsgradienten (8.3.22), so lassen sich für w_i aus (8.3.24) folgende Schranken ablesen:

$$\begin{aligned} w_\alpha &= -\varphi_{\alpha 3} + \varphi_{\alpha}^{\cdot\lambda}\varphi_{\lambda 3} \leqslant 0(\eta) + 0(\eta^2) = 0(\eta), \\ w_3 &= -\frac{1}{2}\varphi_{\alpha 3}\varphi^{\alpha}_{\cdot 3} \leqslant 0(\eta^2). \end{aligned} \quad (8.3.32)$$

Damit finden wir zunächst aus (8.3.28) und schließlich aus (8.3.29):

$$\begin{aligned} \omega_\alpha &= \mathring{\epsilon}_{\beta\alpha}w^\beta \leqslant 0(\eta) \rightarrow |\boldsymbol{\omega}| = \sqrt{\omega_\alpha\omega^\alpha} \leqslant 0(\eta), \\ \sin\omega &= |\boldsymbol{\omega}| \leqslant 0(\eta) \rightarrow \omega \leqslant 0(\eta). \end{aligned} \quad (8.3.33)$$

Mittlere Deformationsgradienten ($\eta^2 \ll 1$) haben demnach *mittlere Rotationen* ω zur Folge, wobei ω^2 gegenüber der Einheit vernachlässigbar ist [67, 101]. Mit den hierfür gültigen Näherungen

$$\sin\omega = \omega - \frac{\omega^3}{3!} + \ldots \approx \omega, \qquad \cos\omega = 1 - \frac{\omega^2}{2!} + \ldots \approx 1,$$

$$2\sin^2\frac{\omega}{2} = \frac{\omega^2}{2!} - \frac{\omega^4}{4!} + \ldots \approx \frac{\omega^2}{2}, \qquad 2\cos^2\frac{\omega}{2} = 2 - \frac{\omega^2}{2!} + \ldots \approx 2$$

vereinfachen sich (8.3.30, 31) zu:

$$\begin{aligned} w_3 &\approx -\frac{\omega^2}{2} \approx -\frac{1}{2}w_\alpha w^\alpha \approx -\frac{1}{2}\omega_\alpha\omega^\alpha, \\ \mathbf{w} &= \mathbf{a}_3 - \mathring{\mathbf{a}}_3 \approx \boldsymbol{\omega}\times\mathring{\mathbf{a}}_3 - \frac{1}{2}(\boldsymbol{\omega}\cdot\boldsymbol{\omega})\mathring{\mathbf{a}}_3 \approx \boldsymbol{\omega}\times\mathring{\mathbf{a}}_3 + \frac{1}{2}\boldsymbol{\omega}\times(\boldsymbol{\omega}\times\mathring{\mathbf{a}}_3). \end{aligned} \quad (8.3.34)$$

In diesem Fall entspricht der Absolutbetrag von $\boldsymbol{\omega}$ dem Rotationswinkel ω.

* Beliebig große Rotationen $\boldsymbol{\Omega}$ eines Vektors $\mathbf{r}$ werden wie folgt beschrieben [102]:

$$\mathbf{r} - \mathring{\mathbf{r}} = \boldsymbol{\Omega}\times\mathring{\mathbf{r}} + \frac{1}{2\cos^2\frac{\Omega}{2}}\boldsymbol{\Omega}\times(\boldsymbol{\Omega}\times\mathring{\mathbf{r}}).$$

8.3.3 Der Verzerrungszustand

Im Abschnitt 8.1.4 erkannten wir, daß die innere Kinematik beliebig verformter thermoelastischer Flächentragwerke, welche die hier behandelten hyperelastischen Tragwerke einschließen, durch die Differenzen der Metrik- und Krümmungstensoren der Mittelfläche in natürlicher Weise beschrieben wird (8.1.66). Für den so definierten *ersten* und *zweiten Verzerrungstensor*

$$\begin{aligned} \alpha_{\alpha\beta} &= \alpha_{(\alpha\beta)} = \frac{1}{2}(a_{\alpha\beta} - \mathring{a}_{\alpha\beta}) = \frac{1}{2}(\mathbf{a}_\alpha \cdot \mathbf{a}_\beta - \mathring{\mathbf{a}}_\alpha \cdot \mathring{\mathbf{a}}_\beta), \\ \omega_{\alpha\beta} &= \omega_{(\alpha\beta)} = -(b_{\alpha\beta} - \mathring{b}_{\alpha\beta}) = \frac{1}{2}[(\mathbf{a}_\alpha \cdot \mathbf{a}_{3,\beta} + \mathbf{a}_\beta \cdot \mathbf{a}_{3,\alpha}) \\ &\qquad - (\mathring{\mathbf{a}}_\alpha \cdot \mathring{\mathbf{a}}_{3,\beta} + \mathring{\mathbf{a}}_\beta \cdot \mathring{\mathbf{a}}_{3,\alpha})] \end{aligned} \tag{8.3.35}$$

finden wir, wenn wir die verformte Basis $\mathbf{a}_i$ durch (8.3.20) und die Ableitungen $\mathring{\mathbf{a}}_{3,\rho}$ gemäß (1.4.34) ausdrücken:

$$\alpha_{\alpha\beta} = \frac{1}{2}(\mathring{\mathbf{a}}_\alpha \cdot \mathbf{v}_{,\beta} + \mathring{\mathbf{a}}_\beta \cdot \mathbf{v}_{,\alpha} + \mathbf{v}_{,\alpha} \cdot \mathbf{v}_{,\beta}), \tag{8.3.36}$$

$$\begin{aligned} \omega_{\alpha\beta} = \frac{1}{2}(&\mathring{\mathbf{a}}_\beta \cdot \mathbf{w}_{,\alpha} + \mathring{\mathbf{a}}_\alpha \cdot \mathbf{w}_{,\beta} - \mathring{b}_\alpha^\rho \mathring{\mathbf{a}}_\rho \cdot \mathbf{v}_{,\beta} - \mathring{b}_\beta^\rho \mathring{\mathbf{a}}_\rho \cdot \mathbf{v}_{,\alpha} \\ &+ \mathbf{v}_{,\alpha} \cdot \mathbf{w}_{,\beta} + \mathbf{v}_{,\beta} \cdot \mathbf{w}_{,\alpha}). \end{aligned} \tag{8.3.37}$$

Mit (8.3.18) folgen hieraus die für beliebig große Verschiebungen gültigen Komponentendarstellungen [3, 11]:

$$\begin{aligned} \alpha_{\alpha\beta} &= \frac{1}{2}(\varphi_{\alpha\beta} + \varphi_{\beta\alpha} + \varphi_{\alpha\lambda}\varphi_{\beta\cdot}^{\ \lambda} + \varphi_{\alpha 3}\varphi_{\beta 3}) \\ &= \frac{1}{2}[(v_\alpha|_\beta + v_\beta|_\alpha - 2\mathring{b}_{\alpha\beta}v_3) + (v_\lambda|_\alpha - \mathring{b}_{\lambda\alpha}v_3)(v^\lambda|_\beta - \mathring{b}_\beta^\lambda v_3) \\ &\qquad + (v_{3,\alpha} + \mathring{b}_\alpha^\lambda v_\lambda)(v_{3,\beta} + \mathring{b}_\beta^\rho v_\rho)], \end{aligned} \tag{8.3.38}$$

$$\begin{aligned} \omega_{\alpha\beta} &= \frac{1}{2}[(w_\alpha|_\beta + w_\beta|_\alpha - 2\mathring{b}_{\alpha\beta}w_3 - \mathring{b}_\alpha^\lambda\varphi_{\beta\lambda} - \mathring{b}_\beta^\lambda\varphi_{\alpha\lambda}) \\ &\qquad + \varphi_{\beta\cdot}^{\ \lambda}(w_\lambda|_\alpha - \mathring{b}_{\lambda\alpha}w_3) + \varphi_{\alpha\cdot}^{\ \lambda}(w_\lambda|_\beta - \mathring{b}_{\lambda\beta}w_3) \\ &\qquad + \varphi_{\beta 3}(w_{3,\alpha} + \mathring{b}_\alpha^\lambda w_\lambda) + \varphi_{\alpha 3}(w_{3,\beta} + \mathring{b}_\beta^\lambda w_\lambda)] \\ &= \frac{1}{2}[(w_\alpha|_\beta + w_\beta|_\alpha - 2\mathring{b}_{\alpha\beta}w_3 - \mathring{b}_\alpha^\lambda v_\lambda|_\beta - \mathring{b}_\beta^\lambda v_\lambda|_\alpha + 2\mathring{b}_\alpha^\lambda\mathring{b}_{\lambda\beta}v_3) \\ &\qquad + (v^\lambda|_\beta - \mathring{b}_\beta^\lambda v_3)(w_\lambda|_\alpha - \mathring{b}_{\lambda\alpha}w_3) + (v^\lambda|_\alpha - \mathring{b}_\alpha^\lambda v_3)(w_\lambda|_\beta - \mathring{b}_{\lambda\beta}w_3) \\ &\qquad + (v_{3,\beta} + \mathring{b}_\beta^\rho v_\rho)(w_{3,\alpha} + \mathring{b}_\alpha^\lambda w_\lambda) + (v_{3,\alpha} + \mathring{b}_\alpha^\rho v_\rho)(w_{3,\beta} + \mathring{b}_\beta^\lambda w_\lambda)]. \end{aligned} \tag{8.3.39}$$

Für mittlere Deformationsgradienten (8.3.22) kann die Komponente w_3 in (8.3.39) mittels (8.3.24) eliminiert werden. Unterdrücken wir dabei kubische Verformungsanteile, so erhalten wir:

$$\begin{aligned} \omega_{\alpha\beta} \approx \frac{1}{2}[&(w_\alpha|_\beta + w_\beta|_\alpha - \mathring{b}_\alpha^\lambda\varphi_{\beta\lambda} - \mathring{b}_\beta^\lambda\varphi_{\alpha\lambda}) + (\mathring{b}_{\alpha\beta}w_\lambda w^\lambda + w^\lambda|_\alpha\varphi_{\beta\lambda} \\ &+ w^\lambda|_\beta\varphi_{\alpha\lambda} + \mathring{b}_\alpha^\lambda w_\lambda\varphi_{\beta 3} + \mathring{b}_\beta^\lambda w_\lambda\varphi_{\alpha 3})] \end{aligned}$$

$$\approx \frac{1}{2}[(w_{\alpha}|_{\beta} + w_{\beta}|_{\alpha} - \mathring{b}^{\lambda}_{\alpha} v_{\lambda}|_{\beta} - \mathring{b}^{\lambda}_{\beta} v_{\lambda}|_{\alpha} + 2\mathring{b}^{\lambda}_{\alpha}\mathring{b}_{\lambda\beta} v_3)$$
$$+ (\mathring{b}_{\alpha\beta} w_{\lambda} w^{\lambda} + w_{\lambda}|_{\alpha}(v^{\lambda}|_{\beta} - \mathring{b}^{\lambda}_{\beta} v_3) + w_{\lambda}|_{\beta}(v^{\lambda}|_{\alpha} - \mathring{b}^{\lambda}_{\alpha} v_3)$$
$$+ \mathring{b}^{\lambda}_{\alpha} w_{\lambda}(v_{3,\beta} + \mathring{b}^{\rho}_{\beta} v_{\rho}) + \mathring{b}^{\lambda}_{\beta} w_{\lambda}(v_{3,\alpha} + \mathring{b}^{\rho}_{\alpha} v_{\rho}))]. \tag{8.3.40}$$

Nach zusätzlicher Elimination von w_{α} durch die erste Kopplung (8.3.24) entsteht hieraus unter Beachtung von (1.4.52):

$$\omega_{\alpha\beta} \approx -\frac{1}{2}[\varphi_{\alpha 3}|_{\beta} + \varphi_{\beta 3}|_{\alpha} + \mathring{b}^{\lambda}_{\alpha}\varphi_{\beta\lambda} + \mathring{b}^{\lambda}_{\beta}\varphi_{\alpha\lambda} - \varphi^{\lambda}_{\cdot 3}(\varphi_{\alpha\lambda}|_{\beta} + \varphi_{\beta\lambda}|_{\alpha}$$
$$+ \mathring{b}_{\alpha\beta}\varphi_{\lambda 3} - \mathring{b}_{\alpha\lambda}\varphi_{\beta 3} - \mathring{b}_{\beta\lambda}\varphi_{\alpha 3})]$$
$$\approx -(v_3|_{\alpha\beta} + \mathring{b}^{\lambda}_{\alpha} v_{\lambda}|_{\beta} + \mathring{b}^{\lambda}_{\beta} v_{\lambda}|_{\alpha} + \mathring{b}^{\lambda}_{\alpha}|_{\beta} v_{\lambda} - \mathring{b}^{\lambda}_{\alpha}\mathring{b}_{\lambda\beta} v_3)$$
$$+ \frac{1}{2}(v_{3,\lambda} + \mathring{b}^{\rho}_{\lambda} v_{\rho})\,[v^{\lambda}|_{\alpha\beta} + v^{\lambda}|_{\beta\alpha} - 2\mathring{b}^{\lambda}_{\alpha}|_{\beta} v_3 - 2\mathring{b}^{\lambda}_{\alpha} v_{3,\beta}$$
$$- 2\mathring{b}^{\lambda}_{\beta} v_{3,\alpha} - v_{\mu}(\mathring{b}^{\lambda}_{\alpha}\mathring{b}^{\mu}_{\beta} + \mathring{b}^{\lambda}_{\beta}\mathring{b}^{\mu}_{\alpha}) + \mathring{b}_{\alpha\beta}(v_3|^{\lambda}_{\cdot} + \mathring{b}^{\lambda}_{\mu} v^{\mu})]. \tag{8.3.41}$$

Gelegentlich empfiehlt sich die Verwendung der nicht symmetrisierten Definition (8.3.7) in (8.3.35)

$$\omega_{\alpha\beta} = -(b_{\alpha\beta} - \mathring{b}_{\alpha\beta}) = \mathbf{a}_{\alpha} \cdot \mathbf{a}_{3,\beta} - \mathring{\mathbf{a}}_{\alpha} \cdot \mathring{\mathbf{a}}_{3,\beta},$$

aus der man durch gleichartige Eliminationen formal einfachere Beziehungen gewinnt:

$$\omega_{\alpha\beta} \approx w_{\alpha}|_{\beta} - \mathring{b}^{\lambda}_{\beta}\varphi_{\alpha\lambda} + \frac{1}{2}\mathring{b}_{\alpha\beta} w_{\lambda} w^{\lambda} + w^{\lambda}|_{\beta}\varphi_{\alpha\lambda} + \mathring{b}^{\lambda}_{\beta} w_{\lambda}\varphi_{\alpha 3}$$
$$\approx -\varphi_{\alpha 3}|_{\beta} - \mathring{b}^{\lambda}_{\beta}\varphi_{\alpha\lambda} + \varphi^{\lambda}_{\cdot 3}\left(\varphi_{\alpha\lambda}|_{\beta} + \frac{1}{2}\mathring{b}_{\alpha\beta}\varphi_{\lambda 3} - \mathring{b}_{\beta\lambda}\varphi_{\alpha 3}\right). \tag{8.3.42}$$

Die erste kinematische Beziehung (8.3.38) bleibt natürlich von den Eliminationen von w_i unberührt.

Als Folge der Normalenhypothese verschwinden alle weiteren Komponenten des räumlichen Verzerrungstensors, der damit allein durch den ersten und zweiten Verzerrungstensor der Mittelfläche (8.3.35) beschrieben wird:

$$\gamma_{(ij)} = \left[\begin{array}{c|c} \gamma_{(\alpha\beta)} & \gamma_{(\alpha 3)} \\ \hline \gamma_{(3\alpha)} & \gamma_{(33)} \end{array}\right] = \left[\begin{array}{c|c} \alpha_{\alpha\beta} + \Theta^3\omega_{\alpha\beta} & 0 \\ \hline 0 & 0 \end{array}\right]. \tag{8.3.43}$$

Die zugeordneten physikalischen Verzerrungsmaße können den Beziehungen (3.2.118, 119) und (3.2.122) des Abschnittes 3.2.8 entnommen werden.

8.3.4 Differentialgeometrie der verformten Schalenmittelfläche

In diesem Abschnitt sollen die differentialgeometrischen Elemente der verformten Schalenmittelfläche auf diejenige der unverformten Referenzfläche bezogen werden. Für den kovarianten Basisvektor $\mathbf{a}_{\alpha}$ sowie den Normaleneinheitsvektor $\mathbf{a}_3$ erfolgt dies durch (8.3.20). Für den kovarianten Maßtensor $a_{\alpha\beta}$ gilt gemäß (8.3.35, 38):

$$a_{\alpha\beta} = \mathring{a}_{\alpha\beta} + 2\alpha_{\alpha\beta} = \mathring{a}_{\alpha\beta} + \varphi_{\alpha\beta} + \varphi_{\beta\alpha} + \varphi_{\alpha\lambda}\varphi^{\lambda}_{\cdot\beta} + \varphi_{\alpha 3}\varphi_{\beta 3}. \tag{8.3.44}$$

Im Gegensatz hierzu wird der kontravariante Maßtensor $a^{\alpha\beta}$ durch eine unendliche *Taylor*reihe in den Verzerrungen beschrieben, deren Abbruch nach dem quadratischen bzw. linearen Glied auf [2, 3]:

$$a^{\alpha\beta} \approx \mathring{a}^{\alpha\beta} - 2\alpha^{\alpha\beta} + 4\alpha^{\alpha}_{\lambda}\alpha^{\lambda\beta} \approx \mathring{a}^{\alpha\beta} - 2\alpha^{\alpha\beta} \approx \mathring{a}^{\alpha\beta} - \varphi^{\alpha\beta} - \varphi^{\beta\alpha} \tag{8.3.45}$$

führt, wobei wegen des Bezugs der Verschiebungskomponenten auf die unverformte Basis $\mathring{\mathbf{a}}^i$

$$\alpha^{\beta}_{\alpha} = \alpha_{\alpha\rho}\mathring{a}^{\rho\beta}, \quad \alpha^{\alpha\beta} = \alpha^{\alpha}_{\mu}\mathring{a}^{\mu\beta}, \quad \varphi^{\alpha\beta} = \varphi^{\alpha}_{\cdot\,\rho}\mathring{a}^{\rho\beta}$$

gilt. Selbstverständlich wird durch diese Näherungen die Identität (1.2.11) jeweils in entsprechender Genauigkeit erfüllt.

Mit (8.3.20) sowie (8.3.45) folgt nun unter Vernachlässigung quadratischer Verformungsanteile für die kontravariante Basis $\mathbf{a}^{\alpha}$:

$$\mathbf{a}^{\alpha} = \mathbf{a}_{\beta}a^{\alpha\beta} \approx (\mathring{a}^{\alpha\beta} - \varphi^{\beta\alpha})\mathring{\mathbf{a}}_{\beta} + \varphi^{\alpha}_{\cdot\,3}\mathring{\mathbf{a}}_3 . \tag{8.3.46}$$

Zur Ermittlung der Determinante a legen wir die erste Beziehung (1.3.16) zugrunde

$$\epsilon^{\alpha\beta}\epsilon^{\lambda\mu}a_{\alpha\lambda}a_{\beta\mu} = \frac{\mathring{a}}{a}\mathring{\epsilon}^{\alpha\beta}\mathring{\epsilon}^{\lambda\mu}a_{\alpha\lambda}a_{\beta\mu} = 2,$$

woraus im Hinblick auf (1.3.10) und (8.3.44)

$$\begin{aligned} a &= \mathring{a}[1 + 2(\alpha^{\lambda}_{\lambda} + \alpha^{\lambda}_{\lambda}\alpha^{\mu}_{\mu} - \alpha^{\lambda}_{\mu}\alpha^{\mu}_{\lambda})] = \mathring{a}[1 + 2(\alpha^{\lambda}_{\lambda} + \delta^{\alpha\beta}_{\lambda\mu}\alpha^{\lambda}_{\alpha}\alpha^{\mu}_{\beta})] \\ &\approx \mathring{a}[1 + 2\alpha^{\lambda}_{\lambda}] \approx \mathring{a}[1 + 2\varphi_{\alpha}{}^{\alpha}_{\cdot}] \end{aligned} \tag{8.3.47}$$

entsteht. Entwickeln wir den hieraus herleitbaren Wurzelausdruck

$$\sqrt{\frac{a}{\mathring{a}}} = \sqrt{1 + 2(\alpha^{\lambda}_{\lambda} + \delta^{\alpha\beta}_{\lambda\mu}\alpha^{\lambda}_{\alpha}\alpha^{\mu}_{\beta})}$$

erneut in eine *Taylor*reihe, so folgt unter Vernachlässigung höherer als linearer Verformungsanteile

$$\sqrt{\frac{a}{\mathring{a}}} \approx 1 + \alpha^{\lambda}_{\lambda} \approx 1 + \varphi_{\lambda}{}^{\lambda}_{\cdot} . \tag{8.3.48}$$

Analog hierzu finden wir:

$$\sqrt{\frac{\mathring{a}}{a}} \approx 1 - \alpha^{\lambda}_{\lambda} \approx 1 - \varphi_{\lambda}{}^{\lambda}_{\cdot} . \tag{8.3.49}$$

Der kovariante Krümmungstensor der verformten Mittelfläche ist mit demjenigen der unverformten durch (8.3.35) verknüpft. Drücken wir hierin $\omega_{\alpha\beta}$ durch (8.3.42) aus, so finden wir mit der aus der Normalenhypothese entstandenen Approximation (8.3.24)

$$b_{\alpha\beta} = \mathring{b}_{\alpha\beta} - \omega_{\alpha\beta} \approx \mathring{b}_{\alpha\beta} - w_{\alpha}|_{\beta} + \mathring{b}^{\lambda}_{\beta}\varphi_{\alpha\lambda} \approx \mathring{b}_{\alpha\beta} + \varphi_{\alpha 3}|_{\beta} + \mathring{b}^{\lambda}_{\beta}\varphi_{\alpha\lambda} \tag{8.3.50}$$

Nach Einsetzen dieses Ausdrucks sowie von (8.3.45) in die Definition des gemischtvarianten Krümmungstensors

$$b^{\beta}_{\alpha} = b_{\rho\alpha}a^{\rho\beta} = \mathring{b}^{\beta}_{\alpha} - L^{\beta}_{\alpha} \tag{8.3.51}$$

folgt näherungsweise für die neu eingeführte Krümmungsdifferenz L^{β}_{α}:

$$L^{\beta}_{\alpha} \approx \omega^{\beta}_{\alpha} + 2\mathring{b}^{\rho}_{\alpha}\alpha^{\beta}_{\rho} \approx w^{\beta}|_{\alpha} + \mathring{b}^{\lambda}_{\alpha}\varphi_{\lambda}{}^{\beta}_{\cdot} \approx -\varphi^{\beta}_{\cdot\,3}|_{\alpha} + \mathring{b}^{\lambda}_{\alpha}\varphi_{\lambda}{}^{\beta}_{\cdot} . \tag{8.3.52}$$

Auch für die *Christoffel*symbole $\Gamma^\lambda_{\beta\gamma}$ benötigen wir einen zu (8.3.51) analogen Ansatz

$$\Gamma^\lambda_{\beta\gamma} = \mathring{\Gamma}^\lambda_{\beta\gamma} + L^\lambda_{\beta\gamma}. \qquad (8.3.53)$$

Die Abkürzung $L^\lambda_{\beta\gamma}$ läßt sich nach Einsetzen von (8.3.44, 45) in die Beziehung

$$\Gamma^\lambda_{\beta\gamma} = \Gamma_{\beta\gamma\alpha} a^{\alpha\lambda} = \frac{1}{2}(a_{\alpha\beta,\gamma} + a_{\alpha\gamma,\beta} - a_{\beta\gamma,\alpha})\, a^{\alpha\lambda}$$

gemäß (1.4.9, 10) bestimmen:

$$L^\lambda_{\beta\gamma} \approx (\alpha_{\alpha\beta,\gamma} + \alpha_{\alpha\gamma,\beta} - \alpha_{\beta\gamma,\alpha})\, \mathring{a}^{\alpha\lambda} - 2\mathring{\Gamma}^\alpha_{\beta\gamma}\alpha^\lambda_\alpha, \qquad (8.3.54)$$

wobei erneut quadratische Verformungsanteile unterdrückt wurden. Im Hinblick auf die Differentiationsregel (1.4.20) ist diese Beziehung mit

$$L^\lambda_{\beta\gamma} = \Gamma^\lambda_{\beta\gamma} - \mathring{\Gamma}^\lambda_{\beta\gamma} \approx \mathring{a}^{\alpha\lambda}(\alpha_{\alpha\beta}|_\gamma + \alpha_{\alpha\gamma}|_\beta - \alpha_{\beta\gamma}|_\alpha) \qquad (8.3.55)$$

identisch, woraus die Tensoreigenschaft des *Differenz-Christoffelsymbols* $L^\lambda_{\beta\gamma}$ erkennbar wird. Um schließlich $L^\lambda_{\beta\gamma}$ wieder in Verschiebungen v_i auszudrücken, führen wir – unter erneuter Vernachlässigung quadratischer Glieder – (8.3.38) in (8.3.55) ein. Berücksichtigung der gemäß (1.4.40, 47) gültigen Identität

$$v_\beta|_{\alpha\gamma} - v_\beta|_{\gamma\alpha} = (\mathring{b}_{\beta\gamma}\mathring{b}^\rho_\alpha - \mathring{b}_{\beta\alpha}\mathring{b}^\rho_\gamma)\, v_\rho$$

sowie von (1.4.52) und (8.3.19) liefert schließlich [2, 75]:

$$\begin{aligned} L^\lambda_{\beta\gamma} &= \Gamma^\lambda_{\beta\gamma} - \mathring{\Gamma}^\lambda_{\beta\gamma} \\ &\approx v^\lambda|_{\beta\gamma} - (\mathring{b}^\lambda_\beta v_3)|_\gamma - (v_{3,\beta} + \mathring{b}^\rho_\beta v_\rho)\,\mathring{b}^\lambda_\gamma + (v_3|^\lambda + \mathring{b}^{\rho\lambda} v_\rho)\,\mathring{b}_{\beta\gamma} \\ &\approx \varphi_\beta{}^\lambda_\cdot|_\gamma - \varphi_{\beta 3}\mathring{b}^\lambda_\gamma + \varphi^\lambda{}_{\cdot 3}\mathring{b}_{\beta\gamma}. \end{aligned} \qquad (8.3.56)$$

Mit Hilfe von $L^\lambda_{\beta\gamma}$ können kovariante Ableitungen auf der verformten Mittelfläche F in solche auf der unverformten Referenzfläche $\mathring{F}$ transformiert werden, beispielsweise

$$\begin{aligned} A^\alpha\|_\gamma &= A^\alpha|_\gamma + L^\alpha_{\gamma\beta} A^\beta, \\ A^{\alpha\beta}\|_\gamma &= A^{\alpha\beta}|_\gamma + L^\alpha_{\gamma\lambda} A^{\lambda\beta} + L^\beta_{\gamma\lambda} A^{\alpha\lambda}. \end{aligned} \qquad (8.3.57)$$

Aus (1.4.11) und (8.3.53) ergänzen wir noch die beiden Beziehungen

$$L^\lambda_{\lambda\alpha} = \frac{(\sqrt{a})_{,\alpha}}{\sqrt{a}} - \frac{(\sqrt{\mathring{a}})_{,\alpha}}{\sqrt{\mathring{a}}}, \qquad \sqrt{\frac{a}{\mathring{a}}}\, L^\lambda_{\lambda\alpha} = \frac{\sqrt{\mathring{a}}\,(\sqrt{a})_{,\alpha} - \sqrt{a}\,(\sqrt{\mathring{a}})_{,\alpha}}{\mathring{a}},$$

aus denen sich folgende wichtige Transformationen herleiten lassen [75]:

$$\begin{aligned} \sqrt{\frac{a}{\mathring{a}}}\, L^\lambda_{\lambda\alpha} &= \left(\sqrt{\frac{a}{\mathring{a}}}\right)_{,\alpha} = \left(\sqrt{\frac{a}{\mathring{a}}}\right)\Big|_\alpha = \left(\sqrt{\frac{a}{\mathring{a}}}\right)\Big\|_\alpha, \\ \sqrt{\frac{\mathring{a}}{a}}\, L^\lambda_{\lambda\alpha} &= -\left(\sqrt{\frac{\mathring{a}}{a}}\right)_{,\alpha} = -\left(\sqrt{\frac{\mathring{a}}{a}}\right)\Big|_\alpha = -\left(\sqrt{\frac{\mathring{a}}{a}}\right)\Big\|_\alpha. \end{aligned} \qquad (8.3.58)$$

8.3.5 Mittelflächenbelastung und Schnittgrößen

Durch **p** sei der auf die verformte Mittelfläche F einwirkende Belastungsvektor bezeichnet, dessen Intensität ebenfalls auf die Flächeneinheit von F bezogen sei. Unter Verwendung des invarianten Faktors (8.3.48)

$$\sqrt{\frac{a}{\mathring{a}}} = \frac{\sqrt{a}\, d\Theta^1 d\Theta^2}{\sqrt{\mathring{a}}\, d\Theta^1 d\Theta^2} = \frac{dF}{d\mathring{F}}$$

können wir seine Intensität auch auf die Flächeneinheit $\mathring{F}$ des unverformten Zustandes (Bild 8.8) beziehen:

$$\sqrt{\frac{a}{\mathring{a}}}\,\mathbf{p} = p^\alpha \mathring{\mathbf{a}}_\alpha + p^3 \mathring{\mathbf{a}}_3 = P^\alpha \mathbf{a}_\alpha + P^3 \mathbf{a}_3 . \tag{8.3.59}$$

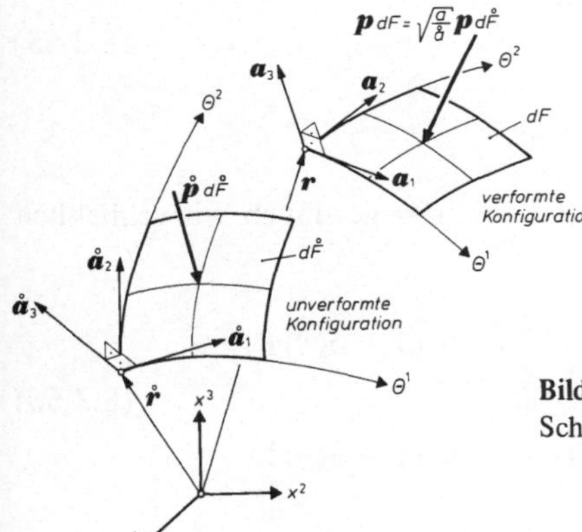

Bild 8.8 Lastresultierende des unverformten und des verformten Schalenelementes

Für die beiden definierten Komponentenarten finden wir nach Substitution von (8.3.20, 24):

$$\begin{aligned} p^\alpha &= P^\beta(\delta^\alpha_\beta + \varphi_{\beta\cdot}^{\alpha}) + P^3 w^\alpha \approx P^\beta(\delta^\alpha_\beta + \varphi_{\beta\cdot}^{\alpha}) - P^3 \varphi^{\alpha}_{\cdot 3} \\ p^3 &= P^\beta \varphi_{\beta 3} + P^3(1 + w_3) \approx P^\beta \varphi_{\beta 3} + P^3 \end{aligned} \tag{8.3.60}$$

sowie unter Verwendung von (8.3.24) und (8.3.46):

$$\begin{aligned} P^\alpha &= \sqrt{\frac{a}{\mathring{a}}}\,\mathbf{p}\cdot\mathbf{a}^\alpha \approx p^\beta(\delta^\alpha_\beta - \varphi_{\beta\cdot}^{\alpha}) + p^3 \varphi^{\alpha}_{\cdot 3} \\ P^3 &= \sqrt{\frac{a}{\mathring{a}}}\,\mathbf{p}\cdot\mathbf{a}^3 = p^\alpha w_\alpha + p^3(1 + w_3) \approx -p^\alpha \varphi_{\alpha 3} + p^3 . \end{aligned} \tag{8.3.61}$$

Den auf die unverformte Mittelfläche $\mathring{F}$ einwirkenden Lastvektor mit ebenfalls auf $\mathring{F}$ bezogener Intensität bezeichnen wir durch

$$\mathring{\mathbf{p}} = \mathring{p}^\alpha \mathring{\mathbf{a}}_\alpha + \mathring{p}^3 \mathring{\mathbf{a}}_3 . \tag{8.3.62}$$

Ein *konservatives* Lastfeld ist dann bekanntlich durch die Kopplung

$$\mathring{\mathbf{p}} d\mathring{F} = \mathbf{p} dF \rightarrow \mathring{\mathbf{p}} = \sqrt{\frac{a}{\mathring{a}}}\mathbf{p}, \quad \mathring{p}^i = p^i \tag{8.3.63}$$

gekennzeichnet. Nur in diesem Fall sind somit der ursprüngliche Belastungsvektor $\sqrt{a/\mathring{a}}\,\mathbf{p}_i$ sowie seine in der unverformten Basis $\mathring{\mathbf{a}}_i$ definierten Komponenten p^i unabhängig von der auftretenden Verformung.

Im weiteren Verlauf benötigen wir ebenfalls noch die Komponenten des ursprünglichen, in seiner Intensität auf F bezogenen Lastvektors $\mathbf{p}$:

$$\mathbf{p} = \hat{p}^\alpha \mathring{\mathbf{a}}_\alpha + \hat{p}^3 \mathring{\mathbf{a}}_3 = \hat{P}^\alpha \mathbf{a}_\alpha + \hat{P}^3 \mathbf{a}_3. \tag{8.3.64}$$

Seine zu (8.3.60, 61) analogen Kopplungen lauten:

$$\begin{aligned} \hat{p}^\alpha &= \hat{P}^\beta(\delta^\alpha_\beta + \varphi_{\beta\cdot}^{\ \alpha}) + \hat{P}^3 w^\alpha \approx \hat{P}^\beta(\delta^\alpha_\beta + \varphi_{\beta\cdot}^{\ \alpha}) - \hat{P}^3 \varphi^{\alpha}_{\cdot 3}, \\ \hat{p}^3 &= \hat{P}^\beta \varphi_{\beta 3} + \hat{P}^3(1 + w_3) \approx \hat{P}^\beta \varphi_{\beta 3} + \hat{P}^3, \\ \hat{P}^\alpha &\approx \hat{p}^\beta(\delta^\alpha_\beta - \varphi_{\beta\cdot}^{\ \alpha}) + \hat{p}^3 \varphi^{\alpha}_{\cdot 3}, \\ \hat{P}^3 &\approx \hat{p}^\alpha w_\alpha + \hat{p}^3(1 + w_3) \approx -\hat{p}^\alpha \varphi_{\alpha 3} + \hat{p}^3. \end{aligned} \tag{8.3.65}$$

Durch Vergleich der beiden Zerlegungen (8.3.59) und (8.3.64) gewinnen wir schließlich unter Berücksichtigung von (8.3.48, 49):

$$\begin{aligned} p^i &= \sqrt{\frac{a}{\mathring{a}}}\,\hat{p}^i \approx (1 + \varphi_{\lambda\cdot}^{\ \lambda})\hat{p}^i, \quad P^i = \sqrt{\frac{a}{\mathring{a}}}\,\hat{P}^i \approx (1 + \varphi_{\lambda\cdot}^{\ \lambda})\hat{P}^i, \\ \hat{p}^i &= \sqrt{\frac{\mathring{a}}{a}}\,p^i \approx (1 - \varphi_{\lambda\cdot}^{\ \lambda})p^i, \quad \hat{P}^i = \sqrt{\frac{\mathring{a}}{a}}\,P^i \approx (1 - \varphi_{\lambda\cdot}^{\ \lambda})P^i. \end{aligned} \tag{8.3.66}$$

Beispiel: Die in Tafel 1.2 dargestellte Rotationsschale sei durch die Eigenlast $-g\mathbf{i}_3$ mit der Intensität g je Einheit der unverformten Mittelfläche $\mathring{F}$ belastet. Für dieses konservative Lastfeld gilt nach (8.3.63)

$$\sqrt{\frac{a}{\mathring{a}}}\,\mathbf{p} = p^\alpha \mathring{\mathbf{a}}_\alpha + p^3 \mathring{\mathbf{a}}_3 = \mathring{\mathbf{p}} = -g\mathbf{i}_3, \tag{8.3.67}$$

so daß gemäß Tafel 1.2 zunächst

$$\begin{aligned} p^1 &= \mathring{p}^1 = -g\mathbf{i}_3 \cdot \mathring{\mathbf{a}}^1 = 0, \quad p^2 = \mathring{p}^2 = -g\mathbf{i}_3 \cdot \mathring{\mathbf{a}}^2 = -\frac{g}{1 + (r_{,2})^2}, \\ p^3 &= \mathring{p}^3 = -g\mathbf{i}_3 \cdot \mathring{\mathbf{a}}^3 = \frac{g r_{,2}}{\sqrt{1 + (r_{,2})^2}} \end{aligned} \tag{8.3.68}$$

und damit laut (8.3.61) folgende Verknüpfungen entstehen:

$$\begin{aligned} P^1 &\approx -p^2 \varphi_{2\cdot}^{\ 1} + p^3 \varphi^{1}_{\cdot 3}, \quad P^2 \approx p^2(1 - \varphi_{2\cdot}^{\ 2}) + p^3 \varphi^{2}_{\cdot 3}, \\ P^3 &= p^2 w_2 + p^3(1 + w_3). \end{aligned} \tag{8.3.69}$$

Als nächstes betrachten wir eine beliebige Schale unter Außendruck, wobei p die Lastintensität je Einheit der aktuellen verformten Mittelfläche F angibt. Bei diesem nichtkonser-

*vativen Lastfall besitzt der Vektor **p** (8.3.64) in jeder Verformungsphase nur eine einzige, in Richtung der jeweiligen Normale $\mathbf{a}_3$ gerichtete Komponente von konstantem Betrag:*

$$\hat{P}^\alpha = 0, \quad \hat{P}^3 = -p. \tag{8.3.70}$$

Damit erhalten wir aus (8.3.65)

$$\hat{p}^\alpha = -pw^\alpha \approx p\varphi^\alpha_{.3}, \quad \hat{p}^3 = -p(1 + w_3) \approx -p \tag{8.3.71}$$

und hiermit schließlich aus (8.3.66):

$$\begin{aligned} p^\alpha &= -\sqrt{\frac{a}{\mathring{a}}}\, pw^\alpha \approx p\varphi^\alpha_{.3}, & p^3 &= -\sqrt{\frac{a}{\mathring{a}}}\, p(1 + w_3) \approx -p(1 + \varphi^\lambda_{\lambda.}), \\ P^\alpha &= 0, & P^3 &= -\sqrt{\frac{a}{\mathring{a}}}\, p \approx -p(1 + \varphi^\lambda_{\lambda.}). \end{aligned} \tag{8.3.72}$$

Schnittgrößen, die wir nun behandeln wollen, sind an Verformungen gekoppelt: in einer geometrisch nichtlinearen Theorie sind Schnittgrößenvariablen somit in der *verformten* Mittelfläche zu definieren. Längs der Koordinatenlinien Θ^α = konst wirke der Schnittkraftvektor $\mathbf{n}^\alpha$ sowie der tangential zu F gerichtete Momentenvektor $\mathbf{m}^\alpha$ derart, daß beide analog zu (3.2.19) resultierende Schnittgrößenvektoren auf den Bogenelementen $ds_{\langle\beta\rangle} = \sqrt{a_{\beta\beta}}\, d\Theta^\beta$ darstellen:

$$\begin{aligned} \mathbf{n}^\alpha\sqrt{a}\; d\Theta^\beta &= \mathbf{n}^{\langle\alpha\rangle}\sqrt{a_{\beta\beta}}\, d\Theta^\beta = \mathbf{n}^{\langle\alpha\rangle} ds_{\langle\beta\rangle}, \\ \mathbf{m}^\alpha\sqrt{a}\; d\Theta^\beta &= \mathbf{m}^{\langle\alpha\rangle}\sqrt{a_{\beta\beta}}\, d\Theta^\beta = \mathbf{m}^{\langle\alpha\rangle} ds_{\langle\beta\rangle}, \quad \alpha \neq \beta. \end{aligned} \tag{8.3.73}$$

Unter $\mathbf{n}^{\langle\alpha\rangle}$, $\mathbf{m}^{\langle\alpha\rangle}$ seien somit *physikalische* Schnittgrößenvektoren je Längeneinheit der verformten Parameterlinien Θ^α = konst verstanden. Die eingeführten Variablen sind demnach mit den entsprechenden Größen des Abschnittes 3.2.2 (siehe Bild 3.5) identisch, nur nähern wir jetzt die verformte Referenzfläche F eben nicht mehr durch die unverformte Mittelfläche $\mathring{F}$ an.

Durch Zerlegung der beiden, mit dem invarianten Faktor $\sqrt{\frac{a}{\mathring{a}}}$ versehenen Vektorpaare $\mathbf{n}^\alpha$, $\mathbf{m}^\alpha$ in Richtung der verformten Basis

$$\sqrt{\frac{a}{\mathring{a}}}\,\mathbf{n}^\alpha = N^{\alpha\beta}\mathbf{a}_\beta + Q^\alpha\mathbf{a}_3, \quad \sqrt{\frac{a}{\mathring{a}}}\,\mathbf{m}^\alpha = M^{\alpha\rho}\,\mathbf{a}_3 \times \mathbf{a}_\rho = M^{\alpha\rho}\epsilon_{\rho\beta}\mathbf{a}^\beta \tag{8.3.74}$$

definieren wir wieder den Längskrafttensor $N^{\alpha\beta}$, den Querkraftvektor Q^α sowie den Momententensor $M^{\alpha\beta}$. Für infinitesimale Verformungen

$$\mathbf{a}_i \to \mathring{\mathbf{a}}_i, \quad \sqrt{\frac{a}{\mathring{a}}} \to 1$$

sind sie natürlich mit den Schnittgrößen (3.2.21, 22) der linearen Theorie identisch. Physikalische Schnittgrößenkomponenten definieren wir analog zu (3.2.17, 18) durch:

$$\mathbf{n}^{\langle\alpha\rangle} = n^{\langle\alpha\beta\rangle}\mathbf{a}_{\langle\beta\rangle} + q^{\langle\alpha\rangle}\mathbf{a}_{\langle 3\rangle}, \quad \mathbf{m}^{\langle\alpha\rangle} = m^{\langle\alpha 1\rangle}\mathbf{a}^{\langle 2\rangle} - m^{\langle\alpha 2\rangle}\mathbf{a}^{\langle 1\rangle}. \tag{8.3.75}$$

Damit lassen sich die Transformationsbeziehungen (3.2.24) wie folgt übertragen:

$$\begin{bmatrix} n^{\langle\alpha\beta\rangle} \\ m^{\langle\alpha\beta\rangle} \end{bmatrix} = \sqrt{\frac{\mathring{a}}{a}}\sqrt{\frac{a_{\beta\beta}}{a^{\alpha\alpha}}}\begin{bmatrix} N^{\alpha\beta} \\ M^{\alpha\beta} \end{bmatrix}, \quad q^{\langle\alpha\rangle} = \sqrt{\frac{\mathring{a}}{a}}\,\frac{1}{\sqrt{a^{\alpha\alpha}}}\,Q^\alpha. \tag{8.3.76}$$

Die eingeführten Schnittgrößen (8.3.74) sollen nun mit den Spannungen eines dreidimensionalen Schalenkontinuums verknüpft werden. Bezeichnet τ^{ik} den auf die verformte Basis $\mathbf{a}_i^*$ bezogenen *Cauchy*schen Spannungstensor [81, 132], so nehmen die Verknüpfungen (3.2.41) bis (3.2.43) die Gestalt

$$\begin{bmatrix} N^{\alpha\beta} \\ M^{\alpha\beta} \end{bmatrix} = \sqrt{\frac{a}{\mathring{a}}} \int_{-\frac{h}{2}}^{\frac{h}{2}} \mu\mu_\rho^\beta \tau^{\alpha\rho} \begin{bmatrix} 1 \\ \Theta^3 \end{bmatrix} d\Theta^3, \quad Q^\alpha = \sqrt{\frac{a}{\mathring{a}}} \int_{-\frac{h}{2}}^{\frac{h}{2}} \mu\tau^{\alpha 3} d\Theta^3$$

an. Nach Einführung des *2. Piola-Kirchhoff*schen Spannungstensors

$$s^{ik} = s^{(ik)} = \sqrt{\frac{a^*}{\mathring{a}^*}}\tau^{ik}, \quad a^* = [\mathbf{a}_1^* \mathbf{a}_2^* \mathbf{a}_3^*] \tag{8.3.77}$$

sowie unter Berücksichtigung von (8.3.9, 10) entsteht hieraus

$$\begin{bmatrix} N^{\alpha\beta} \\ M^{\alpha\beta} \end{bmatrix} = \int_{-\frac{h}{2}}^{\frac{h}{2}} \mathring{\mu}\mu_\rho^\beta s^{\alpha\rho} \begin{bmatrix} 1 \\ \Theta^3 \end{bmatrix} d\Theta^3, \quad Q^\alpha = \int_{-\frac{h}{2}}^{\frac{h}{2}} \mathring{\mu} s^{\alpha 3} d\Theta^3. \tag{8.3.78}$$

Damit wird deutlich, daß $N^{\alpha\beta}$, Q^α und $M^{\alpha\beta}$ *flächenhafte Piola-Kirchhoff*-Schnittgrößen der 2. Art darstellen.

Symmetrisieren wir nun – analog zu (3.2.47) – den Momententensor $M^{\alpha\beta}$ durch die Approximation $\mu_\rho^\beta \approx \delta_\rho^\beta$

$$M^{\alpha\beta} \approx M^{(\alpha\beta)} = \int_{-h/2}^{h/2} \mathring{\mu} s^{\alpha\beta} \Theta^3 d\Theta^3 \tag{8.3.79}$$

und definieren außerdem – entsprechend (3.3.18) – den symmetrischen Pseudo-Längskrafttensor

$$\tilde{N}^{(\alpha\beta)} = \int_{-h/2}^{h/2} \mathring{\mu} s^{\alpha\beta} d\Theta^3, \tag{8.3.80}$$

so folgt mit (3.1.5) und (8.3.51, 52) aus (8.3.78)

$$\begin{aligned} \tilde{N}^{(\alpha\beta)} &= N^{\alpha\beta} + M^{(\alpha\rho)} b_\rho^\beta = N^{\alpha\beta} + M^{(\alpha\rho)} (\mathring{b}_\rho^\beta - L_\rho^\beta) \\ &\approx N^{\alpha\beta} + M^{(\alpha\rho)} (\mathring{b}_\rho^\beta - w^\beta|_\rho - \mathring{b}_\rho^\lambda \varphi_{\lambda .}^{\beta}) \\ &\approx N^{\alpha\beta} + M^{(\alpha\rho)} (\mathring{b}_\rho^\beta + \varphi_{.3}^{\beta}|_\rho - \mathring{b}_\rho^\lambda \varphi_{\lambda .}^{\beta}) \end{aligned} \tag{8.3.81}$$

die (3.3.17) entsprechende *Symmetriebeziehung*, approximiert für mittlere Deformationsgradienten (8.3.22).

Abschließend führen wir noch durch

$$\sqrt{\frac{a}{\mathring{a}}}\,\mathbf{n}^\alpha = n^{\alpha\beta}\mathring{\mathbf{a}}_\beta + q^\alpha \mathring{\mathbf{a}}_3, \quad \sqrt{\frac{a}{\mathring{a}}}\,\mathbf{m}^\alpha = m^{\alpha\rho}\mathring{\mathbf{a}}_3 \times \mathring{\mathbf{a}}_\rho + m^{\alpha 3}\mathring{\mathbf{a}}_3 \tag{8.3.82}$$

Schnittgrößen in Richtung der unverformten Basis ein, sog. *Piola-Kirchhoff*sche Größen der 1. Art. Setzen wir (8.3.20) in die ursprüngliche Zerlegung (8.3.74) ein, so erhalten wir durch Vergleich mit (8.3.82):

$$\begin{aligned} n^{\alpha\beta} &= N^{\alpha\rho}(\delta_\rho^\beta + \varphi_{\rho\cdot}^{\ \beta}) + Q^\alpha w^\beta, \\ q^\alpha &= Q^\alpha(1 + w_3) + N^{\alpha\beta}\varphi_{\beta 3}, \\ m^{\alpha\beta} &= M^{(\alpha\rho)}[(1 + w_3)(\delta_\rho^\beta + \varphi_{\rho\cdot}^{\ \beta}) - \varphi_{\rho 3} w^\beta], \\ m^{\alpha 3} &= M^{(\alpha\rho)} w^\lambda (\delta_\rho^\beta + \varphi_{\rho\cdot}^{\ \beta})\,\mathring{\epsilon}_{\lambda\beta}. \end{aligned} \tag{8.3.83}$$

Für mittlere Deformationsgradienten läßt sich hierin der Differenzvektor w_i erneut durch (8.3.24) approximieren. Unter erneuter Vernachlässigung quadratischer Verformungen entsteht sodann nach Substitution des Pseudo-Längskrafttensors $\widetilde{N}^{(\alpha\beta)}$ (8.3.81):

$$\begin{aligned} n^{\alpha\beta} &\approx N^{\alpha\rho}(\delta_\rho^\beta + \varphi_{\rho\cdot}^{\ \beta}) - Q^\alpha \varphi^\beta_{\cdot 3} \\ &\approx \widetilde{N}^{(\alpha\rho)}(\delta_\rho^\beta + \varphi_{\rho\cdot}^{\ \beta}) - M^{(\alpha\rho)}(\mathring{b}_\rho^\beta + \varphi^\beta_{\cdot 3}|_\rho) - Q^\alpha \varphi^\beta_{\cdot 3}, \\ q^\alpha &\approx Q^\alpha + N^{\alpha\rho}\varphi_{\rho 3} \approx Q^\alpha + \widetilde{N}^{(\alpha\rho)}\varphi_{\rho 3} - \mathring{b}_\rho^\lambda M^{(\alpha\rho)}\varphi_{\lambda 3}, \\ m^{\alpha\beta} &\approx M^{(\alpha\rho)}(\delta_\rho^\beta + \varphi_{\rho\cdot}^{\ \beta}), \\ m^{\alpha 3} &\approx -M^{(\alpha\lambda)}\varphi^\rho_{\cdot 3}\mathring{\epsilon}_{\rho\lambda} = M^{(\alpha\lambda)}\varphi^\rho_{\cdot 3}\mathring{\epsilon}_{\lambda\rho}. \end{aligned} \tag{8.3.84}$$

8.3.6 Die Gleichgewichtsbedingungen

Im Abschnitt 8.1.2 konnten wir zeigen, daß das Gleichgewicht ($\ddot{\mathbf{v}} = \ddot{\boldsymbol{\omega}} = 0$) eines beliebig verformten Schalenelementes (8.1.32, 36), auf welches keine Flächenmomente **c** einwirken, durch

$$\mathbf{n}^\alpha\|_\alpha + \mathbf{p} = 0, \quad \mathbf{m}^\alpha\|_\alpha + \mathbf{a}_\alpha \times \mathbf{n}^\alpha = 0 \tag{8.3.85}$$

beschrieben wurde. Dabei beziehen sich die Basisvektoren $\mathbf{a}_\alpha$ sowie die kovarianten Ableitungen auf die *verformte* Mittelfläche. Erweitern wir beide Beziehungen – unter Berücksichtigung von (8.3.58) – mit $\sqrt{a/\mathring{a}}$, so erhalten wir

$$\begin{aligned} &\left(\sqrt{\frac{a}{\mathring{a}}}\,\mathbf{n}^\alpha\right)\Bigg\|_\alpha - L^\lambda_{\lambda\alpha}\sqrt{\frac{a}{\mathring{a}}}\,\mathbf{n}^\alpha + \sqrt{\frac{a}{\mathring{a}}}\,\mathbf{p} = 0, \\ &\left(\sqrt{\frac{a}{\mathring{a}}}\,\mathbf{m}^\alpha\right)\Bigg\|_\alpha - L^\lambda_{\lambda\alpha}\sqrt{\frac{a}{\mathring{a}}}\,\mathbf{m}^\alpha + \mathbf{a}_\alpha \times \sqrt{\frac{a}{\mathring{a}}}\,\mathbf{n}^\alpha = 0 \end{aligned} \tag{8.3.86}$$

sowie weiter nach Transformation der kovarianten Ableitungen gemäß (8.3.57):

$$\begin{aligned} &\left(\sqrt{\frac{a}{\mathring{a}}}\,\mathbf{n}^\alpha\right)\Bigg|_\alpha + \sqrt{\frac{a}{\mathring{a}}}\,\mathbf{p} = 0, \\ &\left(\sqrt{\frac{a}{\mathring{a}}}\,\mathbf{m}^\alpha\right)\Bigg|_\alpha + \mathbf{a}_\alpha \times \sqrt{\frac{a}{\mathring{a}}}\,\mathbf{n}^\alpha = 0. \end{aligned} \tag{8.3.87}$$

Zunächst soll (8.3.86) in Komponentenform dargestellt werden. Hierzu substituieren wir die zweite Zerlegung (8.3.59) sowie (8.3.74), führen die kovarianten Ableitungen aus und berücksichtigen dabei die Identitäten (1.4.32, 34)

$$\mathbf{a}_\alpha\|_\beta = b_{\alpha\beta}\mathbf{a}_3, \quad \mathbf{a}_3\|_\alpha = -b_\alpha^\lambda \mathbf{a}_\lambda$$

sowie (8.3.50, 51) nebst (8.3.57):

$$\begin{aligned}
&(N^{\alpha\beta}|_\alpha - Q^\alpha \mathring{b}_\alpha^\beta + N^{\alpha\lambda}L_{\alpha\lambda}^\beta + Q^\alpha L_\alpha^\beta + P^\beta)\mathbf{a}_\beta \\
&\qquad + (N^{\alpha\beta}\mathring{b}_{\alpha\beta} + Q^\alpha|_\alpha - N^{\alpha\beta}\omega_{\alpha\beta} + P^3)\mathbf{a}_3 = 0, \\
&(M^{(\alpha\beta)}|_\alpha - Q^\beta + M^{(\alpha\lambda)}L_{\alpha\lambda}^\beta)\mathbf{a}_3 \times \mathbf{a}_\beta \\
&\qquad + \epsilon_{\alpha\beta}(N^{\alpha\beta} + M^{(\alpha\lambda)}(\mathring{b}_\lambda^\beta - L_\lambda^\beta))\mathbf{a}_3 = 0.
\end{aligned} \tag{8.3.88}$$

Als Komponentengleichgewichtsbedingungen entstehen hieraus [2, 9]:

$$\begin{aligned}
&N^{\alpha\beta}|_\alpha - Q^\alpha \mathring{b}_\alpha^\beta + N^{\alpha\lambda}L_{\alpha\lambda}^\beta + Q^\alpha L_\alpha^\beta + P^\beta = 0, \\
&N^{\alpha\beta}\mathring{b}_{\alpha\beta} + Q^\alpha|_\alpha - N^{\alpha\beta}\omega_{\alpha\beta} + P^3 = 0, \\
&M^{(\alpha\beta)}|_\alpha - Q^\beta + M^{(\alpha\lambda)}L_{\alpha\lambda}^\beta = 0, \\
&\epsilon_{\alpha\beta}(N^{\alpha\beta} + M^{(\alpha\lambda)}(\mathring{b}_\lambda^\beta - L_\lambda^\beta)) = 0.
\end{aligned} \tag{8.3.89}$$

Für mittlere Deformationsgradienten werden die verwendeten Verformungsvariablen $\omega_{\alpha\beta}$, L_α^β und $L_{\alpha\lambda}^\beta$ durch (8.3.41, 42), (8.3.52) und (8.3.55, 56) beschrieben. Die Gleichungen (8.3.89) drücken das Kräfte- und Momentengleichgewicht jeweils in Richtung der *verformten* Basis aus. Dabei postuliert die letzte Momentenbedingung die Symmetrie des Klammerausdrucks, was mit der Symmetrieaussage (8.3.81) identisch ist.

Unter Verwendung von (8.3.59), (8.3.82) sowie der Identitäten

$$\mathring{\mathbf{a}}_\alpha|_\beta = \mathring{b}_{\alpha\beta}\mathring{\mathbf{a}}_3, \quad \mathring{\mathbf{a}}_3|_\alpha = -\mathring{b}_\alpha^\lambda \mathring{\mathbf{a}}_\lambda$$

lassen sich aus (8.3.87) analoge Komponentengleichgewichtsbedingungen, nun jedoch in Richtung der *unverformten* Basis, herleiten. Berücksichtigt man bei der erforderlichen Umformung der Momentengleichgewichtsbedingung die unter Verwendung von (1.3.13) herleitbaren Transformationen

$$\begin{aligned}
&m^{\alpha 3}\mathring{b}_{\lambda\alpha}\mathring{\mathbf{a}}^\lambda = m^{\alpha 3}\mathring{b}_{\lambda\alpha}\mathring{\mathbf{a}}^\rho\delta_\rho^\lambda = m^{\alpha 3}\mathring{b}_{\lambda\alpha}\mathring{\epsilon}^{\beta\lambda}\mathring{\epsilon}_{\beta\rho}\mathring{\mathbf{a}}^\rho = m^{\alpha 3}\mathring{b}_{\lambda\alpha}\mathring{\epsilon}^{\beta\lambda}\mathring{\mathbf{a}}_3 \times \mathring{\mathbf{a}}_\beta, \\
&m^{\alpha 3}|_\alpha = m^{\alpha 3}|_\lambda\delta_\alpha^\lambda = \mathring{\epsilon}^{\rho\lambda}\mathring{\epsilon}_{\rho\alpha}m^{\alpha 3}|_\lambda = \mathring{\epsilon}^{\lambda\beta}\mathring{\epsilon}_{\alpha\beta}m^{\alpha 3}|_\lambda
\end{aligned} \tag{8.3.90}$$

und außerdem (8.3.20), so entsteht hier:

$$\begin{aligned}
&n^{\alpha\beta}|_\alpha - q^\alpha \mathring{b}_\alpha^\beta + p^\beta = 0, \\
&n^{\alpha\beta}\mathring{b}_{\alpha\beta} + q^\alpha|_\alpha + p^3 = 0, \\
&m^{\alpha\beta}|_\alpha - q^\alpha(\delta_\alpha^\beta + \varphi_\alpha{}^\beta) + n^{\alpha\beta}\varphi_{\alpha 3} + m^{\alpha 3}\mathring{\epsilon}^{\lambda\beta}\mathring{b}_{\alpha\lambda} = 0, \\
&\mathring{\epsilon}_{\alpha\beta}[n^{\lambda\beta}(\delta_\lambda^\alpha + \varphi_\lambda{}^\alpha) + m^{\lambda\alpha}\mathring{b}_\lambda^\beta + \mathring{\epsilon}^{\lambda\beta}m^{\alpha 3}|_\lambda] = 0.
\end{aligned} \tag{8.3.91}$$

Diese Gleichgewichtsbedingungen sind denjenigen einer linearen Theorie – (3.3.11) bis (3.3.14) – sehr ähnlich. Unter Rückgriff auf (8.3.83) können sie sogar für beliebig große Verformungen in den Schnittgrößen $N^{\alpha\beta}$, $M^{\alpha\beta}$, Q^{α} ausgedrückt werden.

Im Hinblick auf die bereits mehrfach verwendeten Approximationen für mittlere Deformationsgradienten – beispielsweise (8.3.24) und (8.3.41) – wollen wir nun die Gleichgewichtsbedingungen (8.3.91) durch Substitution von (8.3.84) in folgenden beiden Varianten darstellen [10, 11]:

$$\begin{aligned}
&[N^{\alpha\rho}(\delta^{\beta}_{\rho} + \varphi_{\rho.}^{\ \beta}) - Q^{\alpha}\varphi^{\beta}_{.3}]|_{\alpha} - (Q^{\alpha} + N^{\alpha\rho}\varphi_{\rho 3})\overset{\circ}{b}{}^{\beta}_{\alpha} + p^{\beta} = 0,\\
&[N^{\alpha\rho}(\delta^{\beta}_{\rho} + \varphi_{\rho.}^{\ \beta}) - Q^{\alpha}\varphi^{\beta}_{.3}]\overset{\circ}{b}_{\alpha\beta} + (Q^{\alpha} + N^{\alpha\rho}\varphi_{\rho 3})|_{\alpha} + p^{3} = 0,\\
&[M^{\alpha\rho}(\delta^{\beta}_{\rho} + \varphi_{\rho.}^{\ \beta})]|_{\alpha} - Q^{\alpha}(\delta^{\beta}_{\alpha} + \varphi_{\alpha.}^{\ \beta}) + \varphi_{\alpha 3}(N^{\alpha\beta} - N^{\beta\alpha})\\
&\qquad + \overset{\circ}{b}_{\alpha\lambda}(M^{\alpha\lambda}\varphi^{\beta}_{.3} - M^{\alpha\beta}\varphi^{\lambda}_{.3}) = 0;
\end{aligned} \tag{8.3.92}$$

$$\begin{aligned}
&[\tilde{N}^{(\alpha\rho)}(\delta^{\beta}_{\rho} + \varphi_{\rho.}^{\ \beta}) - M^{(\alpha\rho)}(\overset{\circ}{b}{}^{\beta}_{\rho} + \varphi^{\beta}_{.3}|_{\rho}) - Q^{\alpha}\varphi^{\beta}_{.3}]|_{\alpha}\\
&\qquad - (Q^{\alpha} + \tilde{N}^{(\alpha\rho)}\varphi_{\rho 3} - \overset{\circ}{b}{}^{\lambda}_{\rho}M^{(\alpha\rho)}\varphi_{\lambda 3})\overset{\circ}{b}{}^{\beta}_{\alpha} + p^{\beta} = 0,\\
&[\tilde{N}^{(\alpha\rho)}(\delta^{\beta}_{\rho} + \varphi_{\rho.}^{\ \beta}) - M^{(\alpha\rho)}(\overset{\circ}{b}{}^{\beta}_{\rho} + \varphi^{\beta}_{.3}|_{\rho}) - Q^{\alpha}\varphi^{\beta}_{.3}]\overset{\circ}{b}_{\alpha\beta}\\
&\qquad + (Q^{\alpha} + \tilde{N}^{(\alpha\rho)}\varphi_{\rho 3} - \overset{\circ}{b}{}^{\lambda}_{\rho}M^{(\alpha\rho)}\varphi_{\lambda 3})|_{\alpha} + p^{3} = 0,\\
&[M^{(\alpha\rho)}(\delta^{\beta}_{\rho} + \varphi_{\rho.}^{\ \beta})]|_{\alpha} - Q^{\alpha}(\delta^{\beta}_{\alpha} + \varphi_{\alpha.}^{\ \beta}) + M^{(\alpha\lambda)}(\overset{\circ}{b}_{\alpha\lambda}\varphi^{\beta}_{.3} - \overset{\circ}{b}{}^{\beta}_{\lambda}\varphi_{\alpha 3}) = 0.
\end{aligned} \tag{8.3.93}$$

Hierbei wurden erneut alle quadratischen Verformungsanteile unterdrückt; in (8.3.92) wurde die Identität (1.3.14) berücksichtigt. Im Abschnitt 8.3.9 wird sich noch bestätigen, daß in der hier behandelten *konsistenten Formulierungsvariante* einer nichtlinearen Theorie den hergeleiteten kinematischen Beziehungen (8.3.38, 41) gerade (8.3.93) als Gleichgewichtsbedingungen *adjungiert*, d.h. zugeordnet sind. Beide Gruppen von Feldgleichungen sind durch den *Gauß*schen Integralsatz (1.5.16) ineinander überführbar, was im Abschnitt 7.2.1 als wesentliches Merkmal konsistenter Flächentragwerkstheorien erkannt wurde.

8.3.7 Die konstitutiven Beziehungen hyperelastischer Flächentragwerke

Die konstitutiven Beziehungen beschreiben bekanntlich den Zusammenhang zwischen den Schnittgrößen – hier $\tilde{N}^{(\alpha\beta)}$, $M^{(\alpha\beta)}$ – und den Verzerrungen $\alpha_{(\alpha\beta)}$, $\omega_{(\alpha\beta)}$. Ihre Herleitung begründen wir erneut auf der bekannten Beziehung der dreidimensionalen Kontinuumsmechanik für die virtuelle Arbeit $\delta^* A_i$ [12, 50]:

$$\delta^* A_i = -\iiint\limits_{V} \tau^{ij}\delta\gamma_{ij}\,dV = \iiint\limits_{V} \tau^{ij}\delta\gamma_{ij}\sqrt{a^*}\,d\Theta^1 d\Theta^2 d\Theta^3, \tag{8.3.94}$$

in welcher τ^{ij} den *Cauchy*schen Spannungstensor, $\delta\gamma_{ij}$ die erste Variation des *Green*schen Verzerrungstensors und dV das Volumenelement des verformten Schalenkontinuums darstellt:

$$dV = (a_1^* d\Theta^1 \times a_2^* d\Theta^2)\cdot a_3^* d\Theta^3 = \sqrt{a^*}\,d\Theta^1 d\Theta^2 d\Theta^3.$$

Zunächst soll δ^*A_i in den eingeführten zweidimensionalen Variablen formuliert werden. Hierzu bilden wir mit (8.3.10), (8.3.77)

$$\delta^*A_i = -\iiint_{\mathring{V}} \left(\sqrt{\frac{a^*}{\mathring{a}^*}}\,\tau^{ij}\right)\delta\gamma_{ij}\sqrt{\mathring{a}^*}\,d\Theta^1 d\Theta^2 d\Theta^3$$

$$= -\iiint_{\mathring{V}} s^{ij}\delta\gamma_{ij}\sqrt{\mathring{a}^*}\,d\Theta^1 d\Theta^2 d\Theta^3 = -\iiint_{\mathring{V}} \mathring{\mu} s^{ij}\delta\gamma_{ij}\sqrt{\mathring{a}}\,d\Theta^1 d\Theta^2 d\Theta^3$$

und erhalten nach Berücksichtigung des durch die Normalenhypothese $\gamma_{\alpha 3} = \gamma_{33} = 0$ vereinfachten Verzerrungstensors (8.3.43)

$$\delta^*A_i = -\iiint_{\mathring{V}} \mathring{\mu} s^{\alpha\beta}\delta\gamma_{\alpha\beta}\sqrt{\mathring{a}}\,d\Theta^1 d\Theta^2 d\Theta^3.$$

Durch Spezifizierung der Variation

$$\delta\gamma_{(\alpha\beta)} = \delta\alpha_{(\alpha\beta)} + \Theta^3\delta\omega_{(\alpha\beta)} \tag{8.3.95}$$

sowie Einführung des Flächenelementes $d\mathring{F} = \sqrt{\mathring{a}}\,d\Theta^1 d\Theta^2$ der unverformten Mittelfläche entsteht weiterhin:

$$\delta^*A_i = -\iint_{\mathring{F}}\left[\delta\alpha_{(\alpha\beta)}\int_{-\frac{h}{2}}^{\frac{h}{2}} \mathring{\mu} s^{\alpha\beta} d\Theta^3 + \delta\omega_{(\alpha\beta)}\int_{-\frac{h}{2}}^{\frac{h}{2}} \mathring{\mu} s^{\alpha\beta}\Theta^3 d\Theta^3\right] d\mathring{F}.$$

Hieraus gewinnen wir schließlich durch Substitution von (8.3.79, 80) die gesuchte Form der virtuellen Arbeit δ^*A_i

$$\delta^*A_i = \iint_{\mathring{F}} \delta^*a_i\,d\mathring{F} = -\iint_{\mathring{F}} (\tilde{N}^{(\alpha\beta)}\delta\alpha_{(\alpha\beta)} + M^{(\alpha\beta)}\delta\omega_{(\alpha\beta)})\,d\mathring{F}, \tag{8.3.96}$$

in welcher die Schnittgrößen $\tilde{N}^{(\alpha\beta)}$, $M^{(\alpha\beta)}$ mit ihren korrespondierenden (variierten) Variablen $\delta\alpha_{(\alpha\beta)}$, $\delta\omega_{(\alpha\beta)}$ verknüpft sind. Der Integrand

$$\delta^*a_i = -(\tilde{N}^{(\alpha\beta)}\delta\alpha_{(\alpha\beta)} + M^{(\alpha\beta)}\delta\omega_{(\alpha\beta)}) \tag{8.3.97}$$

beschreibt die *spezifische virtuelle Arbeit der inneren Kraftgrößen*, bezogen auf die Flächeneinheit von $\mathring{F}$.

Die für jedes zeitunabhängige Werkstoffgesetz gültigen Beziehungen (8.3.96, 97) sollen nun auf elastische Materialien spezialisiert werden. Nach Abschnitt 3.4.2 liegt ein solcher Werkstoff vor, wenn eine allein von den Verzerrungen $\alpha_{(\alpha\beta)}$ und $\omega_{(\alpha\beta)}$ abhängige Funktion, die *Formänderungsenergiedichte*

$$\pi_i = \pi_i(\alpha_{(\alpha\beta)},\ \omega_{(\alpha\beta)})$$

existiert, deren erste Variation mit dem negativen Wert von δ^*a_i übereinstimmt:

$$\delta\pi_i = \frac{\partial\pi_i}{\partial\alpha_{(\alpha\beta)}}\delta\alpha_{(\alpha\beta)} + \frac{\partial\pi_i}{\partial\omega_{(\alpha\beta)}}\delta\omega_{(\alpha\beta)} = -\delta^*a_i. \tag{8.3.98}$$

Damit – und infolge $\delta d\mathring{F} = 0$ – kann $\delta^* A_i$ nunmehr als vollständige Variation dargestellt werden:

$$\delta^* A_i = -\iint\limits_{\mathring{F}} \delta\pi_i d\mathring{F} = \delta \iint\limits_{\mathring{F}} \pi_i d\mathring{F} = -\delta\Pi_i, \tag{8.3.99}$$

worin

$$\Pi_i = \iint\limits_{\mathring{F}} \pi_i d\mathring{F} = \iint\limits_{\mathring{F}} \pi_i \sqrt{\mathring{a}}\, d\Theta^1 d\Theta^2 \tag{8.3.100}$$

die *Formänderungsenergie* (innere potentielle Energie) des elastischen Flächentragwerks darstellt. Der Vergleich von (8.3.98) mit (8.3.97) liefert – unter Betonung der Symmetrie von $\alpha_{(\alpha\beta)}$ und $\omega_{(\alpha\beta)}$ – die allgemeinen konstitutiven Beziehungen beliebig elastischer Flächentragwerke:

$$\tilde{N}^{(\alpha\beta)} = \frac{1}{2}\left(\frac{\partial\pi_i}{\partial\alpha_{\alpha\beta}} + \frac{\partial\pi_i}{\partial\alpha_{\beta\alpha}}\right), \quad M^{(\alpha\beta)} = \frac{1}{2}\left(\frac{\partial\pi_i}{\partial\omega_{\alpha\beta}} + \frac{\partial\pi_i}{\partial\omega_{\beta\alpha}}\right). \tag{8.3.101}$$

Diese Beziehungen gleichen formal den konstitutiven Gesetzen (3.4.20) des Kapitels 3.4.2, wenn wir die dort berücksichtigten Schubverzerrungen γ_α im Rahmen der hier behandelten Normalentheorie unterdrücken. Zwar sind die Schnittgrößen $\tilde{N}^{(\alpha\beta)}$, $M^{(\alpha\beta)}$ als *Piola-Kirchhoff-Größen 2. Art* von den dortigen $\tilde{n}^{(\alpha\beta)}$, $m^{(\alpha\beta)}$ verschieden, jedoch muß Π_i gemäß (8.3.100) ebenfalls über Elemente der unverformten Referenzfläche $\mathring{F}$ integriert werden. Laut Abschnitt 8.1.4 dürfen im inneren Potential außer den Verzerrungen höchstens noch differentialgeometrische Größen von $\mathring{F}$ auftreten. Daher ist unter Beschränkung auf kleine Verzerrungen – jedoch bei großen Verschiebungen – die auf die Volumeneinheit des unverformten Schalenkontinuums bezogene Formänderungsenergiedichte Π_i^* [12, 50] linear elastischer Werkstoffe

$$\pi_i^* = \frac{1}{2} E^{*ijrs} \gamma_{ij} \gamma_{rs}$$

wieder der geeignete Ausgangspunkt zur Bestimmung von Π_i.

Alle weiteren Herleitungen einer 1. Approximation der flächenhaften Formänderungsenergiedichte für geometrisch nichtlineare Flächentragwerke entsprechen daher völlig denjenigen der linearen Theorie im Abschnitt 3.4.3. Als Ergebnis erhalten wir die gesuchte Form

$$\pi_i = \frac{1}{2}\left(D H^{\alpha\beta\lambda\mu} \alpha_{(\alpha\beta)} \alpha_{(\lambda\mu)} + B H^{\alpha\beta\lambda\mu} \omega_{(\alpha\beta)} \omega_{(\lambda\mu)}\right) \tag{8.3.102}$$

der auf die Flächeneinheit von $\mathring{F}$ bezogenen Formänderungsenergie Π_i für isotrope Tragwerksquerschnitte. Hierin treten abkürzend der Elastizitätstensor (3.4.41) sowie die Dehn- und Biegesteifigkeit (3.4.40) der Schale auf:

$$H^{\alpha\beta\lambda\mu} = \frac{1-\nu}{2}\left(\mathring{a}^{\alpha\mu}\mathring{a}^{\beta\lambda} + \mathring{a}^{\alpha\lambda}\mathring{a}^{\beta\mu} + \frac{2\nu}{1-\nu}\mathring{a}^{\alpha\beta}\mathring{a}^{\lambda\mu}\right),$$

$$D = \frac{Eh}{1-\nu^2}, \quad B = \frac{Eh^3}{12(1-\nu^2)}. \tag{8.3.103}$$

Als letzten Schritt zur Herleitung expliziter konstitutiver Beziehungen bedarf es nur noch der Substitution von (8.3.102) in (8.3.101). Unter Beachtung der Symmetrieeigenschaften (3.4.42) von $H^{\alpha\beta\lambda\mu}$ entstehen diese

$$\tilde{N}^{(\alpha\beta)} = DH^{\alpha\beta\lambda\mu}\alpha_{(\lambda\mu)}, \quad M^{(\alpha\beta)} = BH^{\alpha\beta\lambda\mu}\omega_{(\lambda\mu)} \tag{8.3.104}$$

damit in vollständiger Analogie zu denjenigen einer linearen Theorie (4.1.39). In ihren inversen Gesetzen gemäß (4.1.42)

$$D\alpha_{(\lambda\mu)} = G_{\lambda\mu\rho\sigma}\tilde{N}^{(\rho\sigma)}, \quad B\omega_{(\lambda\mu)} = G_{\lambda\mu\rho\sigma}M^{(\rho\sigma)} \tag{8.3.105}$$

ist $G_{\lambda\mu\rho\sigma}$ wieder durch (4.1.43) definiert. Infolge der im Rahmen der *Kirchhoff-Love-Hypothese* vernachlässigten Schubverzerrung γ_α sind konstitutive Beziehungen für die Querkräfte Q^α nicht angebbar. Der Leser sei darauf hingewiesen, daß alle Ergänzungen dieser Gesetze – die im Abschnitt 3.4.4 integrierten Temperatureinwirkungen oder die im Kapitel 4.5 behandelten anisotropen bzw. inhomogenen Tragwerksquerschnitte – in gleicher Weise übertragen werden können.

8.3.8 Randvariablen und Randarbeit

Zu Beginn dieses Abschnittes werden aus den Feldgrößen entlang einer beliebigen Kurve $\mathring{C}$ auf der unverformten Mittelfläche $\mathring{F}$, welche nach einer Verformung die Lage C auf F annehme, die späteren Randvariablen definiert. Entsprechend Abschnitt 1.5.1 führen wir längs $\mathring{C}$ das *orthonormierte Dreibein* $\mathring{\mathbf{u}}, \mathring{\mathbf{t}}, \mathring{\mathbf{a}}_3$

$$\mathring{\mathbf{u}} = \mathring{\mathbf{t}} \times \mathring{\mathbf{a}}_3 = \mathring{u}^\alpha \mathring{\mathbf{a}}_\alpha = \mathring{u}_\alpha \mathring{\mathbf{a}}^\alpha, \quad \mathring{\mathbf{t}} = \frac{d\mathring{\mathbf{r}}}{d\mathring{s}} = \mathring{t}^\alpha \mathring{\mathbf{a}}_\alpha = \mathring{t}_\alpha \mathring{\mathbf{a}}^\alpha \tag{8.3.106}$$

ein, das aus dem Normalenvektor $\mathring{\mathbf{u}}$, dem Tangentenvektor $\mathring{\mathbf{t}}$ und dem Normaleneinheitsvektor $\mathring{\mathbf{a}}_3$ als Vektoren eines normierten Rechtssystems besteht. Längs der verformten Kurve C kann dementsprechend $\mathbf{u}, \mathbf{t}, \mathbf{a}_3$:

$$\mathbf{u} = \mathbf{t} \times \mathbf{a} = u^\alpha \mathbf{a}_\alpha = u_\alpha \mathbf{a}^\alpha, \quad \mathbf{t} = \frac{d\mathbf{r}}{ds} = t^\alpha \mathbf{a}_\alpha = t_\alpha \mathbf{a}^\alpha \tag{8.3.107}$$

eingeführt werden. Da laut (1.5.5, 6) für beide Dreibeine

$$\begin{aligned} \mathring{u}_\beta &= \mathring{\epsilon}_{\beta\alpha}\frac{d\Theta^\alpha}{d\mathring{s}} = \mathring{\epsilon}_{\beta\alpha}\mathring{t}^\alpha, \quad \mathring{t}^\alpha = \frac{d\Theta^\alpha}{d\mathring{s}} = \mathring{\epsilon}^{\beta\alpha}\mathring{u}_\beta, \\ u_\beta &= \epsilon_{\beta\alpha}\frac{d\Theta^\alpha}{ds} = \epsilon_{\beta\alpha}t^\alpha, \quad t^\alpha = \frac{d\Theta^\alpha}{ds} = \epsilon^{\beta\alpha}u_\beta \end{aligned} \tag{8.3.108}$$

gilt, lassen sich die Kopplungen

$$\begin{aligned} u_\beta &= \epsilon_{\beta\alpha}\frac{d\Theta^\alpha}{ds} = \sqrt{\frac{a}{\mathring{a}}}\,\mathring{\epsilon}_{\beta\alpha}\frac{d\Theta^\alpha}{d\mathring{s}}\frac{d\mathring{s}}{ds} = \sqrt{\frac{a}{\mathring{a}}}\,\frac{d\mathring{s}}{ds}\mathring{u}_\beta, \\ t^\alpha &= \frac{d\Theta^\alpha}{ds} = \frac{d\Theta^\alpha}{d\mathring{s}}\frac{d\mathring{s}}{ds} = \frac{d\mathring{s}}{ds}\mathring{t}^\alpha \end{aligned} \tag{8.3.109}$$

herleiten, in welchen $\mathring{s}$ bzw. s die Bogenlängen längs $\mathring{C}$ bzw. C angeben.

Der Kräftezustand längs C werde nun durch den invarianten Kraftvektor **n** und den Momentenvektor **m** beschrieben, welche sich beide auf die Längeneinheit der verformten Randkurve beziehen. Ihre Modifikationen zerlegen wir folgendermaßen:

$$\frac{ds}{d\overset{\circ}{s}}\mathbf{n} = n_t\overset{\circ}{\mathbf{t}} + n_u\overset{\circ}{\mathbf{u}} + n_3\overset{\circ}{\mathbf{a}}_3, \qquad \frac{ds}{d\overset{\circ}{s}}\mathbf{m} = m_t\overset{\circ}{\mathbf{t}} + m_u\overset{\circ}{\mathbf{u}} + m_3\overset{\circ}{\mathbf{a}}_3, \tag{8.3.110}$$

wodurch physikalische Schnittgrößen mit einer Intensität je Längeneinheit der unverformten Kurve $\overset{\circ}{C}$ definiert werden. Für beide Vektoren **n**, **m** lassen sich selbstverständlich erneut die Transformationen (3.2.28)

$$\mathbf{n} = \mathbf{n}^\alpha u_\alpha, \quad \mathbf{m} = \mathbf{m}^\alpha u_\alpha \tag{8.3.111}$$

herleiten, die man nach Einsetzen von u_α gemäß (8.3.109) auch in folgender Form angeben kann:

$$\frac{ds}{d\overset{\circ}{s}}\mathbf{n} = \sqrt{\frac{a}{\overset{\circ}{a}}}\,\mathbf{n}^\alpha\overset{\circ}{u}_\alpha, \quad \frac{ds}{d\overset{\circ}{s}}\mathbf{m} = \sqrt{\frac{a}{\overset{\circ}{a}}}\,\mathbf{m}^\alpha\overset{\circ}{u}_\alpha. \tag{8.3.112}$$

Hieraus finden wir als Verknüpfung der invarianten Schnittgrößen (8.3.110) mit den tensoriellen *Piola-Kirchhoff-Größen 1. Art* (8.3.82) unter Rückgriff auf (8.3.106) die zu (4.1.55) analogen Kopplungen:

$$\begin{aligned} n_t &= \left(\sqrt{\frac{a}{\overset{\circ}{a}}}\,\mathbf{n}^\alpha\overset{\circ}{u}_\alpha\right)\cdot\overset{\circ}{\mathbf{t}} = n^{\alpha\beta}\overset{\circ}{u}_\alpha\overset{\circ}{t}_\beta,\\ n_u &= \left(\sqrt{\frac{a}{\overset{\circ}{a}}}\,\mathbf{n}^\alpha\overset{\circ}{u}_\alpha\right)\cdot\overset{\circ}{\mathbf{u}} = n^{\alpha\beta}\overset{\circ}{u}_\alpha\overset{\circ}{u}_\beta,\\ n_3 &= \left(\sqrt{\frac{a}{\overset{\circ}{a}}}\,\mathbf{n}^\alpha\overset{\circ}{u}_\alpha\right)\cdot\overset{\circ}{\mathbf{a}}_3 = q^\alpha\overset{\circ}{u}_\alpha. \end{aligned} \tag{8.3.113}$$

Auf gleiche Weise entsteht für die Momente:

$$m_t = m^{\alpha\beta}\overset{\circ}{u}_\alpha\overset{\circ}{u}_\beta, \quad m_u = -m^{\alpha\beta}\overset{\circ}{u}_\alpha\overset{\circ}{t}_\beta, \quad m_3 = m^{\alpha 3}\overset{\circ}{u}_\alpha, \tag{8.3.114}$$

worin die ersten beiden Kopplungen mit denjenigen der linearen Theorie identisch sind, während die dritte Komponente m_3 dort natürlich entfällt.

Alle Transformationsbeziehungen (8.3.113, 114) können auch durch die *Piola-Kirchhoff-Schnittgrößen 2. Art* $\tilde{N}^{(\alpha\beta)}$, $N^{\alpha\beta}$, $M^{\alpha\beta}$, Q^α ausgedrückt werden. Verwenden wir hierzu (8.3.84), so erhalten wir

$$\begin{aligned} n_t &\approx [N^{\alpha\rho}(\delta^\beta_\rho + \varphi_\rho{}^\beta_{.}) - Q^\alpha\varphi^\beta_{.3}]\overset{\circ}{u}_\alpha\overset{\circ}{t}_\beta\\ &\approx [\tilde{N}^{(\alpha\rho)}(\delta^\beta_\rho + \varphi_\rho{}^\beta_{.}) - M^{(\alpha\rho)}(\overset{\circ}{b}{}^\beta_\rho + \varphi^\beta_{.3}|_\rho) - Q^\alpha\varphi^\beta_{.3}]\overset{\circ}{u}_\alpha\overset{\circ}{t}_\beta,\\ n_u &\approx [N^{\alpha\rho}(\delta^\beta_\rho + \varphi_\rho{}^\beta_{.}) - Q^\alpha\varphi^\beta_{.3}]\overset{\circ}{u}_\alpha\overset{\circ}{u}_\beta\\ &\approx [\tilde{N}^{(\alpha\rho)}(\delta^\beta_\rho + \varphi_\rho{}^\beta_{.}) - M^{(\alpha\rho)}(\overset{\circ}{b}{}^\beta_\rho + \varphi^\beta_{.3}|_\rho) - Q^\alpha\varphi^\beta_{.3}]\overset{\circ}{u}_\alpha\overset{\circ}{u}_\beta,\\ n_3 &\approx [Q^\alpha + N^{\alpha\rho}\varphi_{\rho 3}]\overset{\circ}{u}_\alpha\\ &\approx [Q^\alpha + \tilde{N}^{(\alpha\rho)}\varphi_{\rho 3} - \overset{\circ}{b}{}^\lambda_\rho M^{(\alpha\rho)}\varphi_{\lambda 3}]\overset{\circ}{u}_\alpha \end{aligned}$$

$$\begin{aligned} m_t &\approx \;\; M^{(\alpha\rho)}(\delta^\beta_\rho + \varphi_\rho{}^{\beta}_{\cdot})\mathring{u}_\alpha \mathring{u}_\beta, \\ m_u &\approx -M^{(\alpha\rho)}(\delta^\beta_\rho + \varphi_\rho{}^{\beta}_{\cdot})\mathring{u}_\alpha \mathring{t}_\beta, \\ m_3 &\approx \;\; M^{(\alpha\lambda)}\varphi^\rho_{\cdot 3}\mathring{\epsilon}_{\lambda\rho}\mathring{u}_\alpha, \end{aligned} \tag{8.3.115}$$

wieder gültig für mittlere Deformationsgradienten.

Auf der Weggrößenseite definieren wir durch Zerlegung der Vektoren $\mathbf{v}$ und $\boldsymbol{\omega}$ gemäß

$$\begin{aligned} \mathbf{v} &= v_t\mathring{\mathbf{t}} + v_u\mathring{\mathbf{u}} + v_3\mathring{\mathbf{a}}_3, \\ \boldsymbol{\omega} &= \omega_t\mathring{\mathbf{t}} + \omega_u\mathring{\mathbf{u}} \end{aligned} \tag{8.3.116}$$

invariante Weggrößenkomponenten längs C, für welche analog zu (3.2.93, 96) die Kopplungen

$$\begin{aligned} v_t &= v_\alpha\mathring{t}^\alpha, \quad v_u = v_\alpha\mathring{u}^\alpha, \quad v_3 = v^3, \\ \omega_t &= \omega_\alpha\mathring{t}^\alpha = w_\alpha\mathring{u}^\alpha, \quad \omega_u = \omega_\alpha\mathring{u}^\alpha = -w_\alpha\mathring{t}^\alpha \end{aligned} \tag{8.3.117}$$

herleitbar sind. Für die Verdrehungen lassen sich mit (8.3.19, 24) auch die Verknüpfungen

$$\begin{aligned} \omega_t &\approx -(\varphi_{\beta 3} - \varphi_\beta{}^{\lambda}_{\cdot}\varphi_{\lambda 3})\mathring{u}^\beta \\ &\approx -(v_{3,\beta} + v_\lambda\mathring{b}^\lambda_\beta)\mathring{u}^\beta + (v_{3,\lambda} + v_\rho\mathring{b}^\rho_\lambda)(v^\lambda|_\beta - v_3\mathring{b}^\lambda_\beta)\mathring{u}^\beta, \\ \omega_u &\approx (\varphi_{\beta 3} - \varphi_\beta{}^{\lambda}_{\cdot}\varphi_{\lambda 3})\mathring{t}^\beta \\ &\approx (v_{3,\beta} + v_\lambda\mathring{b}^\lambda_\beta)\mathring{t}^\beta - (v_{3,\lambda} + v_\rho\mathring{b}^\rho_\lambda)(v^\lambda|_\beta - v_3\mathring{b}^\lambda_\beta)\mathring{t}^\beta \end{aligned} \tag{8.3.118}$$

angeben, erneut für die Näherung mittlerer Deformationsgradienten (8.3.22). Wie wir erkennen, ordnet (8.3.118) der Momentenkomponente m_3 keine korrespondierende Variable zu: es wird sich noch zeigen, daß m_3 im Rahmen der Näherung (8.3.22) in der virtuellen Randarbeit nicht auftritt und somit zur Formulierung der Randbedingungen belanglos ist.

Die als nächstes erfolgende Formulierung der virtuellen Randarbeit soll erneut durch eine Herleitung aus der dreidimensionalen Kontinuumsmechanik abgesichert werden. Dabei werden wir die energetische Bedeutung des in (8.3.26) anschaulich definierten Verdrehungsvektors $\boldsymbol{\omega}$ erkennen, die Konsistenz der Schnittgrößendefinitionen (8.3.110) im Hinblick auf die gewählten Randdeformationen (8.3.116) feststellen und schließlich die vorschreibbaren Randvariablen der vorliegenden nichtlinearen Theorie gewinnen.

Wir beginnen mit einer Betrachtung der *unverformten* Mittelfläche $\mathring{F}$. Wird ein durch die Schalenlaibungen begrenztes Geradenstück in $\mathring{\mathbf{a}}_3$-Richtung längs der Tragwerksberandung $\mathring{C}$ geführt, so entsteht die Schalenrandfläche $\mathring{\Sigma}$. Aufgrund der Normalenhypothese wird auch die *verformte* Randfläche nach einer analogen Vorschrift erzeugt (Bild 8.9). Längs einer beliebigen Kurve $\mathring{C}^*$ auf $\mathring{\Sigma}$ im Abstand Θ^3 zu $\mathring{F}$ definieren wir – entsprechend (8.3.106) – den Tangentenvektor $\mathring{\mathbf{t}}^*$ sowie den Normalenvektor

$$\mathring{\mathbf{u}}^* = \mathring{\mathbf{t}}^* \times \mathring{\mathbf{a}}^*_3 = \mathring{u}^*_\alpha\mathring{\mathbf{a}}^{*\alpha} = \mathring{u}^{*\alpha}\mathring{\mathbf{a}}^*_\alpha, \tag{8.3.119}$$

welcher laut (8.3.10) und (8.3.108) durch

$$\mathring{u}^*_\beta = \mathring{\epsilon}^*_{\beta\alpha}\frac{d\Theta^\alpha}{d\mathring{s}^*} = \sqrt{\frac{\mathring{a}^*}{\mathring{a}}}\,\mathring{\epsilon}_{\beta\alpha}\frac{d\Theta^\alpha}{d\mathring{s}}\frac{d\mathring{s}}{d\mathring{s}^*} = \frac{d\mathring{s}}{d\mathring{s}^*}\mathring{\mu}\,\mathring{u}_\beta \tag{8.3.120}$$

mit dem Normalenvektor $\mathring{\mathbf{u}} = \mathring{u}_\alpha\mathring{\mathbf{a}}^\alpha$ der Mittelflächenberandung $\mathring{C}$ verknüpft ist.

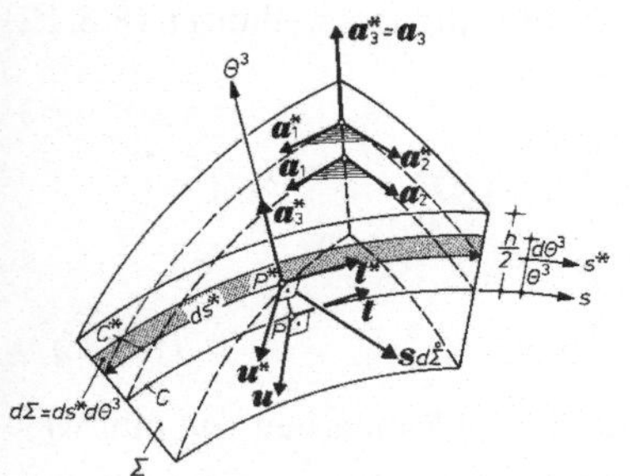

Bild 8.9 Die Schalenrandfläche im verformten Zustand

Die Intensität des Spannungsvektors s der betrachteten Randfläche Σ sei auf die Flächeneinheit von $\mathring{\Sigma}$ bezogen. Da $\mathring{\mathbf{u}}^*$ laut (8.3.119) zugleich den Normaleneinheitsvektor von $\mathring{\Sigma}$ darstellt, läßt sich s mit dem *2. Piola-Kirchhoff*schen Spannungstensor s^{ij} durch [31]:

$$\mathbf{s} = (s^{\alpha\beta}\mathbf{a}_\beta^* + s^{\alpha 3}\mathbf{a}_3^*)\,\mathring{u}_\alpha^* \tag{8.3.121}$$

verbinden, worin $\mathbf{a}_i^*$ die Basis des verformten Schalenkontinuums darstellt. Erleidet nun das Tragwerk eine virtuelle Verrückung

$$\delta\mathbf{v}^* = \delta\mathbf{v} + \Theta^3\delta\mathbf{w}, \tag{8.3.122}$$

so lautet die auf der Randfläche $\mathring{\Sigma}$ geleistete Arbeit

$$\delta^* A_c = \iint_{\mathring{\Sigma}} \mathbf{s}\cdot\delta\mathbf{v}^* d\mathring{\Sigma} = \oint_{\mathring{C}} \left(\int_{-h/2}^{h/2} \frac{d\mathring{s}^*}{d\mathring{s}}\, \mathbf{s}\cdot\delta\mathbf{v}^* d\Theta^3 \right) d\mathring{s}, \tag{8.3.123}$$

wobei $d\mathring{\Sigma} = d\mathring{s}^* d\Theta^3$ den Flächeninhalt eines infinitesimalen Streifens auf $\mathring{\Sigma}$ gemäß Bild 8.9 angibt. Substituieren wir (8.3.121) in $\delta^* A_c$ und ersetzen die Basis $\mathbf{a}_i^*$ durch (3.1.4, 6), so finden wir unter Berücksichtigung von (8.3.120):

$$\begin{aligned} \delta^* A_c = \oint_{\mathring{C}} \Big\{ & \delta\mathbf{v}\cdot\mathbf{a}_\rho \int_{-h/2}^{h/2} \mathring{\mu}\mu_\beta^\rho s^{\alpha\beta} d\Theta^3 + \delta\mathbf{v}\cdot\mathbf{a}_3 \int_{-h/2}^{h/2} \mathring{\mu} s^{\alpha 3} d\Theta^3 \\ & + \delta\mathbf{w}\cdot\mathbf{a}_\rho \int_{-h/2}^{h/2} \mathring{\mu}\mu_\beta^\rho s^{\alpha\beta}\Theta^3 d\Theta^3 + \delta\mathbf{w}\cdot\mathbf{a}_3 \int_{-h/2}^{h/2} \mathring{\mu} s^{\alpha 3}\Theta^3 d\Theta^3 \Big\}\, \mathring{u}_\alpha d\mathring{s}. \end{aligned} \tag{8.3.124}$$

Laut (8.3.20) gilt

$$\mathbf{a}_3\cdot\mathbf{a}_3 = 1 \rightarrow 2\delta\mathbf{a}_3\cdot\mathbf{a}_3 = 2\delta\mathbf{w}\cdot\mathbf{a}_3 = 0, \tag{8.3.125}$$

somit verschwindet hierin der letzte Summand. Berücksichtigen wir ferner in den verbleibenden Gliedern die Definitionen (8.3.78) der Schnittgrößen

$$\delta^* A_c = \oint_{\mathring{C}} [(N^{\alpha\rho}\mathbf{a}_\rho + Q^\alpha\mathbf{a}_3)\cdot\delta\mathbf{v} + M^{\alpha\rho}\mathbf{a}_\rho\cdot\delta\mathbf{w}]\,\mathring{u}_\alpha d\mathring{s}, \tag{8.3.126}$$

so erhalten wir unter Beachtung von (8.3.20) und mit den Komponentendarstellungen (8.3.12, 13) für $\delta\mathbf{v}$, $\delta\mathbf{w}$:

$$\delta^*A_c = \oint_{\mathring{C}} \{[N^{\alpha\rho}(\delta_\rho^\beta + \varphi_\rho{}^{\beta}_{.}) + Q^\alpha w^\beta]\delta v_\beta + [(1 + w_3)Q^\alpha + N^{\alpha\rho}\varphi_{\rho 3}]\delta v_3$$
$$+ M^{\alpha\rho}(\delta_\rho^\beta + \varphi_\rho{}^{\beta}_{.})\delta w_\beta + M^{\alpha\rho}\varphi_{\rho 3}\delta w_3\}\mathring{u}_\alpha d\mathring{s}. \tag{8.3.127}$$

Dieser für beliebig große Verformungen gültige Ausdruck für die Randarbeit soll nun wieder auf mittlere Deformationsgradienten spezialisiert werden. Zunächst finden wir mit (8.3.13), (8.3.20)

$$\begin{aligned} \mathbf{a}_\alpha \cdot \delta\mathbf{w} &= (\delta_\alpha^\rho + \varphi_\alpha{}^{\rho}_{.})\delta w_\rho + \varphi_{\alpha 3}\delta w_3, \\ (\mathbf{a}_3 \times \mathbf{a}_\alpha) \cdot \delta\boldsymbol{\omega} &= (1 + w_3)(\delta_\alpha^\rho + \varphi_\alpha{}^{\rho}_{.})\delta w_\rho - \varphi_{\alpha 3}w^\rho\delta w_\rho, \end{aligned} \tag{8.3.128}$$

letzteres unter Verwendung der Kopplungen (8.3.27, 28) für $\delta\boldsymbol{\omega}$. Mit den auf (8.3.22, 25) basierenden Näherungen

$$\left.\begin{aligned} 1 + w_3 &= 1 - \frac{1}{2}\varphi_{\alpha 3}\varphi^\alpha{}_{.3} \approx 1 \\ \delta w_3 &\approx -w^\rho\delta w_\rho \end{aligned}\right| \to \mathbf{a}_\alpha \cdot \delta\mathbf{w} \approx (\mathbf{a}_3 \times \mathbf{a}_\alpha) \cdot \delta\boldsymbol{\omega} \tag{8.3.129}$$

entsteht somit zusammenfassend unter Berücksichtigung von (8.3.74) und (8.3.112) aus (8.3.126)

$$\begin{aligned} \delta^*A_c &= \oint_{\mathring{C}} [\mathring{u}_\alpha(N^{\alpha\rho}\mathbf{a}_\rho + Q^\alpha\mathbf{a}_3) \cdot \delta\mathbf{v} + \mathring{u}_\alpha M^{\alpha\rho}(\mathbf{a}_3 \times \mathbf{a}_\rho) \cdot \delta\boldsymbol{\omega}]\,d\mathring{s} \\ &= \oint_{\mathring{C}} \left[\left(\frac{ds}{d\mathring{s}}\mathbf{n}\right) \cdot \delta\mathbf{v} + \left(\frac{ds}{d\mathring{s}}\mathbf{m}\right) \cdot \delta\boldsymbol{\omega}\right] d\mathring{s}. \end{aligned} \tag{8.3.130}$$

Demnach drückt das Skalarprodukt $\mathbf{m} \cdot \delta\boldsymbol{\omega}$ gerade die virtuelle Arbeit des Randmomentes $\mathbf{m}$ – je Längeneinheit von C – aus, und der Verdrehungsvektor $\boldsymbol{\omega}$ bildet das energetische Gegenstück zum Momentenvektor $\mathbf{m}$, was im Rahmen der linearen Theorie im Abschnitt 3.4.1 ohne nähere Begründung postuliert worden war.

Unter Verwendung der *Piola-Kirchhoff-Schnittgrößen 1. Art* (8.3.82) sowie von (8.3.12), (8.3.27, 28), (8.3.112) kann die Randarbeit (8.3.130) in die Komponentenform [10]:

$$\delta^*A_c = \oint_{\mathring{C}} (n^{\alpha\beta}\delta v_\beta + q^\alpha\delta v_3 + m^{\alpha\beta}\delta w_\beta)\,\mathring{u}_\alpha d\mathring{s} \tag{8.3.131}$$

überführt werden, woraus nach Substitution von (8.3.84) die äquivalente Darstellung in den gleichnamigen Schnittgrößen 2. Art

$$\delta^*A_c = \oint_{\mathring{C}} \{[N^{\alpha\rho}(\delta_\rho^\beta + \varphi_\rho{}^{\beta}_{.}) - Q^\alpha\varphi^\beta{}_{.3}]\delta v_\beta + [Q^\alpha + N^{\alpha\rho}\varphi_{\rho 3}]\delta v_3$$
$$+ M^{\alpha\rho}(\delta_\rho^\beta + \varphi_\rho{}^{\beta}_{.})\delta w_\beta\}\mathring{u}_\alpha d\mathring{s} \tag{8.3.132}$$

entsteht. Zerlegen wir die Variationen $\delta \mathbf{v}$, $\delta \boldsymbol{\omega}$ dagegen gemäß (8.3.116), so erhalten wir mit (8.3.110):

$$\delta^* A_c = \oint_{\mathring{C}} [n_t \delta v_t + n_u \delta v_u + n_3 \delta v_3 + m_t \delta \omega_t + m_u \delta \omega_u] \, d\mathring{s}. \tag{8.3.133}$$

Diese Darstellung verdeutlicht das energetische Zusammenwirken der in (8.3.110) und (8.3.116) definierten invarianten Kraft- und Verformungsvariablen. Wie vorhergesagt tritt in den für mittlere Deformationsgradienten gültigen Randarbeitsintegralen die Momentenkomponente m_3 (8.3.114) nicht auf.

Um schließlich noch die vorschreibbaren Randvariablen zu gewinnen, folgen wir auch hier dem Konzept des Abschnittes 4.1.4. Wir eliminieren in (8.3.133) die Komponente $\delta\omega_u$ mittels des linearisierten Anteils

$$\delta \omega_u \approx (\delta v_{3,\beta} + \delta v_\lambda \mathring{b}^\lambda_\beta) \mathring{t}^\beta = \frac{\partial \delta v_3}{\partial \mathring{s}} + \delta v_\lambda \mathring{b}^\lambda_\beta \mathring{t}^\beta \tag{8.3.134}$$

der Verknüpfung (8.3.118) und transformieren das mit $\delta v_{3,\mathring{s}}$ behaftete Glied gemäß (4.1.57). Unterdrücken wir sodann – unter Annahme einer geschlossenen und glatten Randkurve $\mathring{C}$ – das Glied $[m_u \delta v_3]_{\mathring{C}}$, so entsteht analog zu (4.1.58) für $\delta^* A_c$ sowie dessen Kraftgrößen:

$$\begin{aligned}
\delta^* A_c &= \oint_{\mathring{C}} [\tilde{n}_t \delta v_t + \tilde{n}_u \delta v_u + \tilde{n}_3 \delta v_3 + m_t \delta \omega_t] \, d\mathring{s}, \\
\tilde{n}_t &= n_t + \mathring{b}^\lambda_\beta \mathring{t}^\beta \mathring{t}_\lambda m_u, \\
\tilde{n}_u &= n_u + \mathring{b}^\lambda_\beta \mathring{t}^\beta \mathring{u}_\lambda m_u, \\
\tilde{n}_3 &= n_3 - \frac{\partial m_u}{\partial \mathring{s}} = n_3 - \frac{\partial m_u}{\partial \Theta^\beta} \mathring{t}^\beta.
\end{aligned} \tag{8.3.135}$$

Der Anteil des Drillmomentes m_u wird somit, wie im linearen Fall, implizit in den Ersatzkräften $\tilde{n}_t$, $\tilde{n}_u$ und $\tilde{n}_3$ berücksichtigt. Dieses Linienintegral beschreibt die virtuelle Randarbeit für mittlere Deformationsgradienten. Berücksichtigen wir noch die Arbeit des Belastungsvektors (8.3.59) längs eines Verschiebungsfeldes $\delta \mathbf{v}$ gemäß (8.3.12), so finden wir für die virtuelle Arbeit aller äußeren Variablen:

$$\begin{aligned}
\delta^* A_a &= \iint_{\mathring{F}} \left(\sqrt{\frac{a}{\mathring{a}}} \mathbf{p} \right) \cdot \delta \mathbf{v} \, d\mathring{F} + \oint_{\mathring{C}} \left[\left(\frac{ds}{d\mathring{s}} \tilde{\mathbf{n}} \right) \cdot \delta \mathbf{v} + \left(\frac{ds}{d\mathring{s}} \mathbf{m}_t \right) \cdot \delta \boldsymbol{\omega}_t \right] d\mathring{s} \\
&= \iint_{\mathring{F}} (p^\alpha \delta v_\alpha + p^3 \delta v_3) \, d\mathring{F} + \oint_{\mathring{C}} [n_t \delta v_t + n_u \delta v_u + n_3 \delta v_3 + m_t \delta \omega_t] \, d\mathring{s},
\end{aligned} \tag{8.3.136}$$

worin

$$\begin{aligned}
\frac{ds}{d\mathring{s}} \tilde{\mathbf{n}} &= \tilde{n}_t \mathring{\mathbf{t}} + \tilde{n}_u \mathring{\mathbf{u}} + \tilde{n}_3 \mathring{\mathbf{a}}_3, & \mathbf{v} &= v_t \mathring{\mathbf{t}} + v_u \mathring{\mathbf{u}} + v_3 \mathring{\mathbf{a}}_3, \\
\frac{ds}{d\mathring{s}} \mathbf{m}_t &= m_t \mathring{\mathbf{t}}, & \boldsymbol{\omega}_t &= \omega_t \mathring{\mathbf{t}}
\end{aligned} \tag{8.3.137}$$

die vorschreibbaren Randvariablen verkörpern.

Die Variablen der hergeleiteten nichtlinearen Flächentragwerkstheorie, gültig unter der Normalenhypothese für mittlere Rotationen, sind gemeinsam mit ihren Feld- und Randgleichungen in den Tafeln 8.4 und 8.5 zusammengestellt. Während Tafel 8.5 die Gleichgewichtsbedingungen in Richtung der *unverformten* Basis $\mathring{\mathbf{a}}_i$ enthält, ergänzt Tafel 8.6 diejenigen in Richtung der *verformten* Basis $\mathbf{a}_i$. Wie mehrfach betont, heben sich die vorgelegten Gleichungen von früheren Darstellungen durch ihre Konsistenz [2, 20, 108] und durch ihre rechenfähige Aufbereitung [102, 122] ab. Dem interessierten Leser seien die Monographien [64, 101] zur Vertiefung empfohlen.

Weggrößen	$\boldsymbol{v} = v_\alpha \mathring{\boldsymbol{a}}^\alpha + v_3 \mathring{\boldsymbol{a}}^3$ $\boldsymbol{w} = \boldsymbol{\omega} \times \mathring{\boldsymbol{a}}_3 + w_3 \mathring{\boldsymbol{a}}^3 = w_\alpha \mathring{\boldsymbol{a}}^\alpha + w_3 \mathring{\boldsymbol{a}}^3$ $w_\alpha = -\varphi_{\alpha 3} + \varphi_{\alpha \cdot}^{\ \lambda} \varphi_{\lambda 3}\,, \quad w_3 = -\frac{1}{2} \varphi_{\alpha 3} \varphi_{\cdot 3}^{\alpha}$ $w_\alpha = \mathring{\varepsilon}_{\alpha\beta} \omega^\beta\,, \quad \omega_\alpha = \mathring{\varepsilon}_{\beta\alpha} w^\beta$
Lastgrößen	$\sqrt{\frac{a}{\mathring{a}}}\, \boldsymbol{p} = p^\alpha \mathring{\boldsymbol{a}}_\alpha + p^3 \mathring{\boldsymbol{a}}_3 = P^\alpha \boldsymbol{a}_\alpha + P^3 \boldsymbol{a}_3$ $p^\alpha = P^\beta (\delta_\beta^\alpha + \varphi_{\beta \cdot}^{\ \alpha}) - P^3 \varphi_{\cdot 3}^{\alpha}\,, \quad p^3 = P^3 + P^\beta \varphi_{\beta 3}\,,$
Schnittgrößen	$\sqrt{\frac{a}{\mathring{a}}}\, \boldsymbol{n}^\alpha = n^{\alpha\beta} \mathring{\boldsymbol{a}}_\beta + q^\alpha \mathring{\boldsymbol{a}}_3 = N^{\alpha\beta} \boldsymbol{a}_\beta + Q^\alpha \boldsymbol{a}_3\,, \quad \sqrt{\frac{a}{\mathring{a}}}\, \boldsymbol{m}^\alpha = M^{\alpha\rho} \boldsymbol{a}_3 \times \boldsymbol{a}_\rho$ $n^{\alpha\beta} = \tilde{N}^{(\alpha\rho)} (\delta_\rho^\beta + \varphi_{\rho \cdot}^{\ \beta}) - M^{(\alpha\rho)} (\mathring{b}_\rho^\beta + \varphi_{\cdot 3 \mid \rho}^{\beta}) - Q^\alpha \varphi_{\cdot 3}^{\beta}$ $q^\alpha = Q^\alpha + \tilde{N}^{(\alpha\rho)} \varphi_{\rho 3} - \mathring{b}_\rho^\lambda M^{(\alpha\rho)} \varphi_{\lambda 3}$ $\tilde{N}^{(\alpha\beta)} = N^{\alpha\beta} + M^{(\alpha\rho)} (\mathring{b}_\rho^\beta + \varphi_{\cdot 3 \mid \rho}^{\beta} - \mathring{b}_\rho^\lambda \varphi_{\lambda \cdot}^{\ \beta})$
Verzerrungen	$\alpha_{(\alpha\beta)} = \frac{1}{2} (a_{\alpha\beta} - \mathring{a}_{\alpha\beta})$ $\omega_{\alpha\beta} = -(b_{\alpha\beta} - \mathring{b}_{\alpha\beta})$
invariante Randvariablen	$\frac{ds}{d\mathring{s}} \boldsymbol{n} = n_t \mathring{\boldsymbol{t}} + n_u \mathring{\boldsymbol{u}} + n_3 \mathring{\boldsymbol{a}}_3\,, \quad \frac{ds}{d\mathring{s}} \boldsymbol{m} = m_t \mathring{\boldsymbol{t}} + m_u \mathring{\boldsymbol{u}} + m_3 \mathring{\boldsymbol{a}}_3$ $\boldsymbol{v} = v_t \mathring{\boldsymbol{t}} + v_u \mathring{\boldsymbol{u}} + v_3 \mathring{\boldsymbol{a}}_3\,, \quad \boldsymbol{\omega} = \omega_t \mathring{\boldsymbol{t}} + \omega_u \mathring{\boldsymbol{u}}$

Tafel 8.4 Variablen einer geometrisch nichtlinearen Theorie unter der Kirchhoff-Love-Hypothese

8.3.9 Variationsprinzipe und Konsistenznachweis

Wir betrachten nun ein unter Flächenlasten $\sqrt{\frac{a}{\mathring{a}}}\,\mathbf{p}$ sowie Randeinwirkungen im Gleichgewicht befindliches Flächentragwerk. Die geschlossene, glatte Randkurve $\mathring{C} = \mathring{C}_t + \mathring{C}_r$ seiner Mittelfläche zerfalle in zwei Teilbereiche mit folgenden Randvorgaben (8.3.137):

$$\sqrt{\frac{ds}{d\mathring{s}}}\,\tilde{\mathbf{n}} = \tilde{\mathbf{n}}^\circ, \quad \sqrt{\frac{ds}{d\mathring{s}}}\,\mathbf{m}_t = \mathbf{m}_t^\circ:$$

$$\tilde{n}_t = \tilde{n}_t^\circ, \quad \tilde{n}_u = \tilde{n}_u^\circ, \quad \tilde{n}_3 = \tilde{n}_3^\circ, \quad m_t = m_t^\circ \quad \text{längs } \mathring{C}_t, \tag{8.3.138}$$

$$\mathbf{v} = \mathbf{v}^\circ, \quad \omega_t = \omega_t^\circ:$$

$$v_t = v_t^\circ, \quad v_u = v_u^\circ, \quad v_3 = v_3^\circ, \quad \omega_t = \omega_t^\circ \quad \text{längs } \mathring{C}_r. \tag{8.3.139}$$

Prinzip der virtuellen Verschiebungen:	
$\iint_{\mathring{F}} (p^{\alpha}\delta v_{\alpha} + p^{3}\delta v_{3}) d\mathring{F} + \oint_{\mathring{C}} (\tilde{n}_{t}\delta v_{t} + \tilde{n}_{u}\delta v_{u} + \tilde{n}_{3}\delta v_{3} + m_{t}\,\delta\omega_{t}) d\mathring{s} - \iint_{\mathring{F}} (\tilde{N}^{(\alpha\beta)}\delta\alpha_{(\alpha\beta)} + M^{(\alpha\beta)}\delta\omega_{(\alpha\beta)}) d\mathring{F} = 0$	
Gleichgewichtsbedingungen:	*Kinematische Beziehungen:*
$n^{\alpha\beta}\vert_{\alpha} - q^{\alpha}\mathring{b}_{\alpha}^{\beta} + p^{\beta} = 0$ $n^{\alpha\beta}\mathring{b}_{\alpha\beta} + q^{\alpha}\vert_{\alpha} + p^{3} = 0$ $[M^{(\alpha\varrho)}(\delta_{\varrho}^{\beta} + \varphi_{\varrho\cdot}^{\beta})]\vert_{\alpha} - Q^{\alpha}(\delta_{\alpha}^{\beta} + \varphi_{\alpha\cdot}^{\beta})$ $+ M^{(\alpha\lambda)}(\mathring{b}_{\alpha\lambda}\varphi_{\cdot 3}^{\beta} - \mathring{b}_{\lambda}^{\beta}\varphi_{\alpha 3}) = 0$	$\alpha_{(\alpha\beta)} = \frac{1}{2}(\varphi_{\alpha\beta} + \varphi_{\beta\alpha} + \varphi_{\alpha\lambda}\varphi_{\beta\cdot}^{\lambda} + \varphi_{\alpha 3}\varphi_{\beta 3})$ $\omega_{(\alpha\beta)} = -\frac{1}{2}[\varphi_{\alpha 3}\vert_{\beta} + \varphi_{\beta 3}\vert_{\alpha} + \mathring{b}_{\alpha}^{\lambda}\varphi_{\beta\lambda} + \mathring{b}_{\beta}^{\lambda}\varphi_{\alpha\lambda} - \varphi_{\cdot 3}^{\lambda}(\varphi_{\alpha\lambda}\vert_{\beta}$ $+ \varphi_{\beta\lambda}\vert_{\alpha} + \mathring{b}_{\alpha\beta}\varphi_{\lambda 3} - \mathring{b}_{\alpha\lambda}\varphi_{\beta 3} - \mathring{b}_{\beta\lambda}\varphi_{\alpha 3})]$
mit den Abkürzungen:	
$n^{\alpha\beta} = \tilde{N}^{(\alpha\varrho)}(\delta_{\varrho}^{\beta} + \varphi_{\varrho\cdot}^{\beta}) - M^{(\alpha\varrho)}(\mathring{b}_{\varrho}^{\beta} + \varphi_{\cdot 3}^{\beta}\vert_{\varrho}) - Q^{\alpha}\varphi_{\cdot 3}^{\beta}$ $q^{\alpha} = Q^{\alpha} + \tilde{N}^{(\alpha\varrho)}\varphi_{\varrho 3} - \mathring{b}_{\varrho}^{\lambda} M^{(\alpha\varrho)}\varphi_{\lambda 3}$	$\varphi_{\alpha\beta} = v_{\beta}\vert_{\alpha} - \mathring{b}_{\alpha\beta} v_{3}$ $\varphi_{\alpha 3} = v_{3,\alpha} + \mathring{b}_{\alpha}^{\lambda} v_{\lambda}$
Konstitutive Beziehungen isotroper Tragwerke:	
$\tilde{N}^{(\alpha\beta)} = DH^{\alpha\beta\varrho\lambda}\alpha_{(\varrho\lambda)}\,,\quad M^{(\alpha\beta)} = BH^{\alpha\beta\varrho\lambda}\omega_{(\varrho\lambda)}$ oder	$D\alpha_{(\alpha\beta)} = G_{\alpha\beta\varrho\lambda}\tilde{N}^{(\varrho\lambda)}\,,\quad B\omega_{(\alpha\beta)} = G_{\alpha\beta\varrho\lambda}M^{(\varrho\lambda)}$
Kraftgrößenrandbedingungen:	*Weggrößenrandbedingungen:*
$\tilde{n}_{t} = \tilde{n}_{t}^{\circ}\,,\quad \tilde{n}_{u} = \tilde{n}_{u}^{\circ}\,,\quad \tilde{n}_{3} = \tilde{n}_{3}^{\circ}\,,\quad m_{t} = m_{t}^{\circ}$	$v_{t} = v_{t}^{\circ},\quad v_{u} = v_{u}^{\circ},\quad v_{3} = v_{3}^{\circ},\quad \omega_{t} = \omega_{t}^{\circ}$
mit den Abkürzungen:	
$\tilde{n}_{t} = n^{\alpha\beta}\mathring{u}_{\alpha}\mathring{t}_{\beta} + \mathring{b}_{\beta}^{\lambda}\mathring{t}^{\beta}\mathring{t}_{\lambda} m_{u}$ $\tilde{n}_{u} = n^{\alpha\beta}\mathring{u}_{\alpha}\mathring{u}_{\beta} + \mathring{b}_{\beta}^{\lambda}\mathring{t}^{\beta}\mathring{u}_{\lambda} m_{u}$ $\tilde{n}_{3} = q^{\alpha}\mathring{u}_{\alpha} - \frac{\partial m_{u}}{\partial\Theta^{\beta}}\mathring{t}^{\beta}$ $m_{t} = M^{(\alpha\varrho)}(\delta_{\varrho}^{\beta} + \varphi_{\varrho\cdot}^{\beta})\mathring{u}_{\alpha}\mathring{u}_{\beta}\,,\quad m_{u} = -M^{(\alpha\varrho)}(\delta_{\varrho}^{\beta} + \varphi_{\varrho\cdot}^{\beta})\mathring{u}_{\alpha}\mathring{t}_{\beta}$	$v_{t} = v_{\alpha}\mathring{t}^{\alpha}$ $v_{u} = v_{\alpha}\mathring{u}^{\alpha}$ $v_{3} = v^{3}$ $\omega_{t} = \omega_{\alpha}\mathring{t}^{\alpha} = w_{\alpha}\mathring{u}^{\alpha} = -(\varphi_{\alpha 3} - \varphi_{\alpha\cdot}^{\lambda}\varphi_{\lambda 3})\mathring{u}^{\alpha}$

Tafel 8.5 Bestimmungsgleichungen und Randbedingungen einer geometrisch nichtlinearen Theorie unter der Kirchhoff-Love-Hypothese

Gleichgewichtsbedingungen:
$N^{\alpha\beta}\vert_{\alpha} - Q^{\alpha}\mathring{b}_{\alpha}^{\beta} + N^{\alpha\lambda}L_{\alpha\lambda}^{\beta} + Q^{\alpha}L_{\alpha}^{\beta} + P^{\beta} = 0$ $N^{\alpha\beta}\mathring{b}_{\alpha\beta} + Q^{\alpha}\vert_{\alpha} - N^{\alpha\beta}\omega_{\alpha\beta} + P^{3} = 0$ $M^{(\alpha\beta)}\vert_{\alpha} - Q^{\beta} + M^{(\alpha\lambda)}L_{\alpha\lambda}^{\beta} = 0$
Transformationskoeffizienten:
$\omega_{\alpha\beta} = -\varphi_{\alpha 3}\vert_{\beta} - \mathring{b}_{\beta}^{\lambda}\varphi_{\alpha\lambda} = -\frac{1}{2}(\varphi_{\alpha 3}\vert_{\beta} + \varphi_{\beta 3}\vert_{\alpha} + \mathring{b}_{\alpha}^{\lambda}\varphi_{\beta\lambda} + \mathring{b}_{\beta}^{\lambda}\varphi_{\alpha\lambda})$ $L_{\beta\gamma}^{\lambda} = \mathring{a}^{\alpha\lambda}(\alpha_{\alpha\beta}\vert_{\gamma} + \alpha_{\alpha\gamma}\vert_{\beta} - \alpha_{\beta\gamma}\vert_{\alpha}) = \varphi_{\beta\cdot}^{\lambda}\vert_{\gamma} - \varphi_{\beta 3}\mathring{b}_{\gamma}^{\lambda} + \varphi_{\cdot 3}^{\lambda}\mathring{b}_{\beta\gamma}$ $L_{\alpha}^{\beta} = \omega_{\alpha}^{\beta} + 2\mathring{b}_{\alpha}^{\varrho}\alpha_{\varrho}^{\beta} = -\varphi_{\cdot 3}^{\beta}\vert_{\alpha} + \mathring{b}_{\alpha}^{\lambda}\varphi_{\lambda\cdot}^{\beta}$
Symmetriebedingung:
$N^{\alpha\beta} = \tilde{N}^{(\alpha\beta)} - M^{(\alpha\varrho)}(\mathring{b}_{\varrho}^{\beta} + \varphi_{\cdot 3}^{\beta}\vert_{\varrho} - \mathring{b}_{\varrho}^{\lambda}\varphi_{\lambda\cdot}^{\beta})$

Tafel 8.6 Gleichgewichtsbedingungen in Richtung der verformten Basis und deren Abkürzungen

Da die Kreisindizes vorgegebene Funktionen kennzeichnen, werden durch die Bedingungen (8.3.138) konservative Randlasten beschrieben, die sich während der Verformungsphase nicht ändern und demnach nicht variierbar sind.

Wird nun das Tragwerk einer virtuellen Verschiebung (8.3.122), also einer kinematisch zulässigen Variation des wirklichen Verschiebungsfeldes (8.3.11) mit

$$\delta\mathbf{v} = \delta\boldsymbol{\omega}_{t} = 0: \quad \delta v_{t} = \delta v_{u} = \delta v_{3} = \delta\omega_{t} = 0 \quad \text{längs } \mathring{C}_{r} \tag{8.3.140}$$

unterworfen, so kann unter Berücksichtigung von (8.3.138, 140) die virtuelle Arbeit $\delta^* A_a$ der äußeren Kraftgrößen gemäß (8.3.136) unschwer auf die vorliegende Aufgabe spezialisiert werden. Andererseits gilt die virtuelle Arbeit $\delta^* A_i$ der inneren Kraftgrößen (8.3.96) unverändert, so daß man das *Prinzip der virtuellen Verrückungen* einer geometrisch nichtlinearen Theorie für mittlere Rotationen wie folgt angeben kann:

$$\begin{aligned} \delta^* A &= \delta^* A_a + \delta^* A_i \\ &= \iint_{\mathring{F}} (p^\alpha \delta v_\alpha + p^3 \delta v_3)\, d\mathring{F} + \int_{\mathring{C}_t} (\tilde{n}_t^\circ \delta v_t + \tilde{n}_u^\circ \delta v_u + \tilde{n}_3^\circ \delta v_3 + m_t^\circ \delta \omega_t)\, ds \\ &\quad - \iint_{\mathring{F}} (\tilde{N}^{(\alpha\beta)} \delta \alpha_{(\alpha\beta)} + M^{(\alpha\beta)} \delta \omega_{(\alpha\beta)})\, d\mathring{F} = 0. \end{aligned} \tag{8.3.141}$$

Es gilt bekanntlich für beliebige Werkstoffgesetze. Beschränkt man sich nun auf elastisches Materialverhalten, so kann in (8.3.141) $\delta^* A_i$ gemäß (8.3.99) erneut als negative Variation der potentiellen Energie Π_i dargestellt werden. Für linear elastische und isotrope Werkstoffe wird darüber hinaus Π_i laut (8.3.100, 102) durch

$$\begin{aligned} \delta^* A_i &= -\delta \Pi_i, \\ \Pi_i &= \frac{1}{2} \iint_{\mathring{F}} (D H^{\alpha\beta\lambda\mu} \alpha_{(\alpha\beta)} \alpha_{(\lambda\mu)} + B H^{\alpha\beta\lambda\mu} \omega_{(\alpha\beta)} \omega_{(\lambda\mu)})\, d\mathring{F} \end{aligned} \tag{8.3.142}$$

beschrieben. Konservative Flächen- sowie Randlasten gestatten ebenfalls für $\delta^* A_a$ – da $\delta d\mathring{F} = \delta d\mathring{s} = 0$ ist – eine Darstellung als Variation:

$$\begin{aligned} \delta^* A_a &= -\delta \Pi_a, \\ \Pi_a &= -\iint_{\mathring{F}} (\mathring{p}^\alpha v_\alpha + \mathring{p}^3 v_3)\, d\mathring{F} - \int_{\mathring{C}_t} (\tilde{n}_t^\circ v_t + \tilde{n}_u^\circ v_u + \tilde{n}_3^\circ v_3 + m_t^\circ \omega_t)\, d\mathring{s}. \end{aligned} \tag{8.3.143}$$

Hierin heißt Π_a die potentielle Energie der äußeren *konservativen* Kräfte. Durch diese beiden Umformungen (8.3.142, 143) entsteht nun aus (8.3.141)

$$\begin{aligned} \delta \Pi &= \delta \Pi_i + \delta \Pi_a = 0: \\ \Pi &= \Pi_i + \Pi_a = \frac{1}{2} \iint_{\mathring{F}} (D H^{\alpha\beta\lambda\mu} \alpha_{(\alpha\beta)} \alpha_{(\lambda\mu)} + B H^{\alpha\beta\lambda\mu} \omega_{(\alpha\beta)} \omega_{(\lambda\mu)})\, d\mathring{F} \\ &\quad - \iint_{\mathring{F}} (\mathring{p}^\alpha v_\alpha + \mathring{p}^3 v_3)\, d\mathring{F} - \int_{\mathring{C}_t} (\tilde{n}_t^\circ v_t + \tilde{n}_u^\circ v_u + \tilde{n}_3^\circ v_3 + m_t^\circ \omega_t)\, d\mathring{s} = \text{stat} \end{aligned} \tag{8.3.144}$$

das *Prinzip vom stationären Wert des Gesamtpotentials* Π. Als Nebenbedingungen dieses Variationsproblems müssen die kinematischen Kopplungen (8.3.38, 41) sowie die geometrischen Randbedingungen (8.3.139) eingehalten werden, und natürlich unterliegen die Randverformungen v_t, v_u, v_3 und ω_t den mit v_i bestehenden Kopplungen (8.3.117, 118). Für jeden derartigen kinematisch verträglichen Zustand werden die Kräftegleichgewichtsbedingungen (8.3.91) sowie die statischen Randbedingungen (8.3.138) durch dieses Prinzip automatisch erfüllt.

In dem Variationsprinzip (8.3.144) können nur die Verschiebungen v_i als unabhängige Variablen frei variiert werden. Erweitert man es jedoch um die Normalenhypothese (8.3.25)

$$\gamma_\alpha = w_\alpha + \varphi_{\alpha 3} + \varphi_{\alpha\lambda} w^\lambda = w_\alpha + (v_{3,\alpha} + \mathring{b}_\alpha^\lambda v_\lambda) + (v^\lambda|_\alpha - \mathring{b}_\alpha^\lambda v_3) w_\lambda = 0,$$

$$\Pi^* = \frac{1}{2} \iint\limits_{\mathring{F}} (DH^{\alpha\beta\lambda\mu} \alpha_{(\alpha\beta)} \alpha_{(\lambda\mu)} + BH^{\alpha\beta\lambda\mu} \omega_{(\alpha\beta)} \omega_{(\lambda\mu)})\, d\mathring{F}$$

$$+ \iint\limits_{\mathring{F}} Q^\alpha [w_\alpha + (v_{3,\alpha} + \mathring{b}_\alpha^\lambda v_\lambda) + (v^\lambda|_\alpha - \mathring{b}_\alpha^\lambda v_3) w_\lambda]\, d\mathring{F} \qquad (8.3.145)$$

$$- \iint\limits_{\mathring{F}} (\mathring{p}^\alpha v_\alpha + \mathring{p}^3 v_3)\, d\mathring{F} - \int\limits_{\mathring{C}_t} (\mathring{n}_t v_t + \mathring{n}_u v_u + \mathring{n}_3 v_3 + \mathring{m}_t \omega_t + \mathring{m}_u \omega_u)\, d\mathring{s} = \text{stat},$$

so dürfen hierin nunmehr alle Weggrößen v_i, w_α sowie die als *Lagrange*sche Multiplikatoren verwendeten Querkräfte Q^α unabhängig voneinander variiert werden. Da hierdurch ω_u – genau wie ω_t – eine unabhängige Randvariable darstellt, wurde das Linienintegral des ursprünglichen Prinzips durch (8.3.132) ersetzt.

Zur Herleitung der *Euler*schen Gleichungen sowie der natürlichen Randbedingungen dieses Variationsprinzips muß die Extremalbedingung $\delta\Pi^* = 0$ formuliert werden. Beachten wir dabei, daß infolge von (8.3.104) sowie der Symmetrie des Elastizitätstensors (8.3.103) die Beziehungen

$$\frac{1}{2}\delta(DH^{\alpha\beta\lambda\mu}\alpha_{(\alpha\beta)}\alpha_{(\lambda\mu)}) = \frac{1}{2}D(H^{\alpha\beta\lambda\mu}\delta\alpha_{(\alpha\beta)}\alpha_{(\lambda\mu)} + H^{\alpha\beta\lambda\mu}\alpha_{(\alpha\beta)}\delta\alpha_{(\lambda\mu)})$$

$$= \tilde{N}^{(\alpha\beta)}\delta\alpha_{(\alpha\beta)},$$

$$\frac{1}{2}\delta(BH^{\alpha\beta\lambda\mu}\omega_{(\alpha\beta)}\omega_{(\lambda\mu)}) = M^{(\alpha\beta)}\delta\omega_{(\alpha\beta)}$$

gelten, so erhalten wir mit den Abkürzungen (8.3.19) das Zwischenergebnis:

$$\delta\Pi^* = \iint\limits_{\mathring{F}} (\tilde{N}^{(\alpha\beta)}\delta\alpha_{(\alpha\beta)} + M^{(\alpha\beta)}\delta\omega_{(\alpha\beta)})\, d\mathring{F} + \iint\limits_{\mathring{F}} \{\delta Q^\alpha (w_\alpha + \varphi_{\alpha 3} + w^\lambda \varphi_{\alpha\lambda})$$

$$+ Q^\alpha[(\delta_\alpha^\lambda + \varphi_{\alpha\cdot}^{\ \lambda})\delta w_\lambda + \delta v_{3,\alpha} + \mathring{b}_\alpha^\lambda \delta v_\lambda + w^\lambda \delta v_\lambda|_\alpha - \mathring{b}_\alpha^\lambda w_\lambda \delta v_3]\}\, d\mathring{F}$$

$$- \iint (\mathring{p}^\alpha \delta v_\alpha + \mathring{p}^3 \delta v_3)\, d\mathring{F}$$

$$- \int\limits_{\mathring{C}_t} (\mathring{n}_t \delta v_t + \mathring{n}_u \delta v_u + \mathring{n}_3 \delta v_3 + \mathring{m}_t \delta\omega_t + \mathring{m}_u \delta\omega_u)\, d\mathring{s} = 0. \qquad (8.3.146)$$

Nach (8.3.19), (8.3.38, 40) sowie wegen der Symmetrie von $\tilde{N}^{(\alpha\beta)}$, $M^{(\alpha\beta)}$ gilt:

$$\begin{aligned}
\tilde{N}^{(\alpha\beta)}\delta\alpha_{(\alpha\beta)} &= \tilde{N}^{(\alpha\beta)}[(\delta_\alpha^\lambda + \varphi_{\alpha\cdot}{}^{\lambda})\delta v_\lambda|_\beta + \mathring{b}_\alpha^\lambda\varphi_{\beta 3}\delta v_\lambda + \varphi_{\beta 3}\delta v_{3,\alpha} - (\mathring{b}_{\alpha\beta} + \mathring{b}_\alpha^\lambda\varphi_{\beta\lambda})\delta v_3] \\
M^{(\alpha\beta)}\delta\omega_{(\alpha\beta)} &= M^{(\alpha\beta)}[(\delta_\alpha^\lambda + \varphi_{\alpha\cdot}{}^{\lambda})\delta w_\lambda|_\beta + (\mathring{b}_\beta^\lambda\varphi_{\alpha 3} + \mathring{b}_{\alpha\beta}w^\lambda)\delta w_\lambda \\
&\quad - (\mathring{b}_\beta^\lambda - w^\lambda|_\beta)\delta v_\lambda|_\alpha + \mathring{b}_\alpha^\rho\mathring{b}_\beta^\lambda w_\lambda\delta v_\rho + \mathring{b}_\beta^\lambda w_\lambda\delta v_{3,\alpha} \\
&\quad + (\mathring{b}_\alpha^\rho\mathring{b}_{\beta\rho} - \mathring{b}_\alpha^\rho w_\rho|_\beta)\delta v_3].
\end{aligned}$$

Substituieren wir nun beides in (8.3.146), so können alle Ableitungsglieder $\delta w_\alpha|_\beta$, $\delta v_\alpha|_\beta$, $\delta v_{3,\alpha}$ unter Anwendung des *Gauß*schen Integralsatzes (1.5.16) wie folgt umgeformt werden:

$$\begin{aligned}
\iint_{\mathring{F}} \tilde{N}^{(\alpha\beta)}\delta v_\alpha|_\beta d\mathring{F} &= \oint_{\mathring{C}} (\tilde{N}^{(\alpha\beta)}\mathring{u}_\beta\delta v_\alpha)\, d\mathring{s} - \iint_{\mathring{F}} \tilde{N}^{(\alpha\beta)}|_\beta\delta v_\alpha d\mathring{F}, \\
\iint_{\mathring{F}} M^{(\alpha\beta)}\delta w_\alpha|_\beta d\mathring{F} &= \oint_{\mathring{C}} (M^{(\alpha\beta)}\mathring{u}_\beta\delta w_\alpha)\, d\mathring{s} - \iint_{\mathring{F}} M^{(\alpha\beta)}|_\beta\delta w_\alpha d\mathring{F}, \qquad (8.3.147) \\
\iint_{\mathring{F}} Q^\alpha\delta v_3|_\alpha d\mathring{F} &= \oint_{\mathring{C}} Q^\alpha\mathring{u}_\alpha\delta v_3 d\mathring{s} - \iint_{\mathring{F}} Q^\alpha|_\alpha\delta v_3 d\mathring{F}.
\end{aligned}$$

Die hieraus entstehenden Linienintegrale drücken wir noch unter Berücksichtigung der Beziehungen

$$\delta w_\alpha = \mathring{\epsilon}_{\alpha\beta}\delta\omega^\beta, \quad \delta v_\alpha = \mathring{t}_\alpha\delta v_t + \mathring{u}_\alpha\delta v_u, \quad \delta\omega_\alpha = \mathring{t}_\alpha\delta\omega_t + \mathring{u}_\alpha\delta\omega_u$$

gemäß (4.1.50), (8.3.28) durch die physikalischen Randverformungen δv_t, δv_u, δv_3 und $\delta\omega_t$, $\delta\omega_u$ aus, um anschließend deren Integrationsbereich $\mathring{C}$ infolge der Randvorgaben

$$\delta \mathbf{v} = \delta \mathbf{v}^\circ, \quad \delta\boldsymbol{\omega} = \delta\boldsymbol{\omega}^\circ \rightarrow \delta v_t = \delta v_u = \delta v_3 = \delta\omega_t = \delta\omega_u = 0 \text{ längs } \mathring{C}_r$$

durch $\mathring{C}_t = \mathring{C} - \mathring{C}_r$ zu ersetzen. Nach diesen Umformungen erhalten wir schließlich [10]:

$$\begin{aligned}
\delta\Pi^* = &- \iint_{\mathring{F}} \{[(\tilde{N}^{(\alpha\rho)}(\delta_\rho^\beta + \varphi_{\rho\cdot}{}^{\beta}) - M^{(\alpha\rho)}(\mathring{b}_\rho^\beta - w^\beta|_\rho) + Q^\alpha w^\beta)|_\alpha \\
&\qquad - \mathring{b}_\alpha^\beta(Q^\alpha + \tilde{N}^{(\alpha\rho)}\varphi_{\rho 3} + \mathring{b}_\rho^\lambda M^{(\alpha\rho)}w_\lambda) + \mathring{p}^\beta]\delta v_\beta \\
&+ [\mathring{b}_{\alpha\beta}(\tilde{N}^{(\alpha\rho)}(\delta_\rho^\beta + \varphi_{\rho\cdot}{}^{\beta}) - M^{(\alpha\rho)}(\mathring{b}_\rho^\beta - w^\beta|_\rho) + Q^\alpha w^\beta) \\
&\qquad + (Q^\alpha + \tilde{N}^{(\alpha\rho)}\varphi_{\rho 3} + \mathring{b}_\rho^\lambda M^{(\alpha\rho)}w_\lambda)|_\alpha + \mathring{p}^3]\delta v_3 \\
&+ [(M^{(\alpha\rho)}(\delta_\rho^\beta + \varphi_{\rho\cdot}{}^{\beta}))|_\alpha - Q^\alpha(\delta_\alpha^\beta + \varphi_{\alpha\cdot}{}^{\beta}) - M^{\alpha\lambda}(\mathring{b}_{\alpha\lambda}w^\beta + \mathring{b}_\lambda^\beta\varphi_{\alpha 3})]\delta w_\beta \\
&+ [w_\alpha + \varphi_{\alpha 3} + \varphi_{\alpha\lambda}w^\lambda]\delta Q^\alpha\} d\mathring{F} \\
&+ \int_{\mathring{C}_t} \{[(\tilde{N}^{(\alpha\rho)}(\delta_\rho^\beta + \varphi_{\rho\cdot}{}^{\beta}) - M^{(\alpha\rho)}(\mathring{b}_\rho^\beta - w^\beta|_\rho) + Q^\alpha w^\beta)\mathring{u}_\alpha\mathring{t}_\beta - \mathring{n}_t]\delta v_t \\
&+ [(\tilde{N}^{(\alpha\rho)}(\delta_\rho^\beta + \varphi_{\rho\cdot}{}^{\beta}) - M^{(\alpha\rho)}(\mathring{b}_\rho^\beta - w^\beta|_\rho) + Q^\alpha w^\beta)\mathring{u}_\alpha\mathring{u}_\beta - \mathring{n}_u]\delta v_u \\
&+ [(Q^\alpha + \tilde{N}^{(\alpha\rho)}\varphi_{\rho 3} + \mathring{b}_\rho^\lambda M^{(\alpha\rho)}w_\lambda)\mathring{u}_\alpha - \mathring{n}_3]\delta v_3 + [M^{(\alpha\rho)}(\delta_\rho^\beta + \varphi_{\rho\cdot}{}^{\beta})\mathring{u}_\alpha\mathring{u}_\beta - \mathring{m}_t]\delta\omega_t \\
&+ [-M^{(\alpha\rho)}(\delta_\rho^\beta + \varphi_{\rho\cdot}{}^{\beta})\mathring{u}_\alpha\mathring{t}_\beta - \mathring{m}_u]\delta\omega_u\} d\mathring{s} = 0. \qquad (8.3.148)
\end{aligned}$$

Unter Berücksichtigung von (8.3.24) und (8.3.63) erkennen wir, daß als *Euler*sche Gleichungen hieraus gerade die Gleichgewichtsbedingungen (8.3.93) entstehen. Infolge der in das Funktional Π^* einbezogenen Normalenhypothese sind die natürlichen Randbedingungen in den wirklichen Kraftvariablen ausgedrückt, deren Definition jedoch im Hinblick auf (8.3.24) mit (8.3.115) identisch ist. In Verbindung mit δQ^α tritt schließlich die ursprüngliche Nebenbedingung (8.3.25) als zusätzliche *Euler*sche Gleichung auf. Die vorliegende Schalentheorie, deren kinematische und dynamische Bestimmungsgleichungen durch Umformung nach dem *Gauß*schen Integralsatz ineinander überführbar sind, deren kinematischer und Gleichgewichtsoperator somit *adjungiert* sind, dürfen wir daher als *konsistente* Theorie bezeichnen.

Nach dieser Erkenntnis wollen wir uns auf der Grundlage der im Prinzip der virtuellen Verrückungen (8.3.141) vertretenen Paare korrespondierender Feldvariablen

$$\mathbf{p} = \begin{bmatrix} p^1 \\ p^2 \\ p^3 \end{bmatrix}, \quad \mathbf{u} = \begin{bmatrix} v_1 \\ v_2 \\ v_3 \end{bmatrix}, \quad \boldsymbol{\sigma} = \begin{bmatrix} \tilde{\mathbf{N}}^{(\alpha\beta)} \\ \hline \mathbf{M}^{(\alpha\beta)} \end{bmatrix}, \quad \boldsymbol{\epsilon} = \begin{bmatrix} \alpha_{(\alpha\beta)} \\ \hline \omega_{(\alpha\beta)} \end{bmatrix} \tag{8.3.149}$$

und Randvariablen

$$\mathbf{t} = \begin{bmatrix} \tilde{n}_t \\ \tilde{n}_u \\ \tilde{n}_3 \\ m_t \end{bmatrix}, \quad \mathbf{r} = \begin{bmatrix} v_t \\ v_u \\ v_3 \\ \omega_t \end{bmatrix} \tag{8.3.150}$$

wie bereits in früheren Kapiteln einen Überblick über die Struktur auch dieser nichtlinearen Flächentragwerkstheorie verschaffen. Dies erfolgt in Bild 8.10, wobei man die wichtigsten Eigenschaften der beteiligten Operatoren den Zusammenhängen der beiden Tafeln 8.4 und 8.5 unschwer entnehmen kann. So weist Tafel 8.5 aus, daß der Gleichgewichtsoperator $\mathbf{D}_e$ aus dem bekannten linearen Anteil $\mathbf{D}_{eL}$ (siehe Abschnitt 4.1.6) sowie aus einem linear mit Verschiebungen (bzw. Verschiebungsableitungen) verknüpften nichtlinearen Anteil $\mathbf{D}_{eN}(\mathbf{u})$ zusammengesetzt ist:

$$-\mathbf{p} = \mathbf{D}_e \boldsymbol{\sigma} = (\mathbf{D}_{el} + \mathbf{D}_{eN}(\mathbf{u}))\,\boldsymbol{\sigma}. \tag{8.3.151}$$

Nach Tafel 8.5 besteht auch der kinematische Operator $\mathbf{D}_k$ aus dem bekannten linearen Anteil $\mathbf{D}_{kL}$, während man sich die quadratischen Verschiebungsglieder aus einem linear von Verschiebungen abhängigen Operator $\mathbf{D}_{kN}(\mathbf{u})$ erzeugt denken kann

$$\boldsymbol{\epsilon} = \mathbf{D}_k \mathbf{u} = (\mathbf{D}_{kL} + \mathbf{D}_{kN}(\mathbf{u}))\,\mathbf{u}. \tag{8.3.152}$$

Für eine Kreiszylinderschale sind diese Operatoren einer verwandten Theorie in [9] ausgeschrieben worden. Die Unterteilung in die Dehnungs- und Biegewirkungen durch die Indizes D und B auf Bild 8.10 betont wieder die beiden wichtigsten Klassen von Tragphänomen von Flächentragwerken.

Unter Verwendung der Abkürzungen (8.3.149, 150) können wir nun das Prinzip der virtuellen Verrückungen (8.3.141) und das Prinzip vom stationären Wert des Gesamtpotentials (8.3.144) wieder in folgenden Kurzformen schreiben, wobei $\mathbf{t}^\circ$ Randvorgaben längs $\mathring{C}_t$ bezeichnen:

$$\delta^* A = \iint\limits_{\mathring{F}} \delta \mathbf{u}^T \mathbf{p}\, d\mathring{F} + \int\limits_{\mathring{C}_t} \delta \mathbf{r}^T \mathbf{t}^\circ\, d\mathring{s} - \iint\limits_{\mathring{F}} \delta \boldsymbol{\epsilon}^T \boldsymbol{\sigma}\, d\mathring{F} = 0$$

$$\Pi = \frac{1}{2} \iint\limits_{\mathring{F}} \boldsymbol{\epsilon}^T \mathbf{DE} \boldsymbol{\epsilon}\, d\mathring{F} - \iint\limits_{\mathring{F}} \mathbf{u}^T \mathring{\mathbf{p}}\, d\mathring{F} - \int\limits_{\mathring{C}_t} \mathbf{r}^T \mathbf{t}^\circ\, d\mathring{s} = \text{stat.} \tag{8.3.153}$$

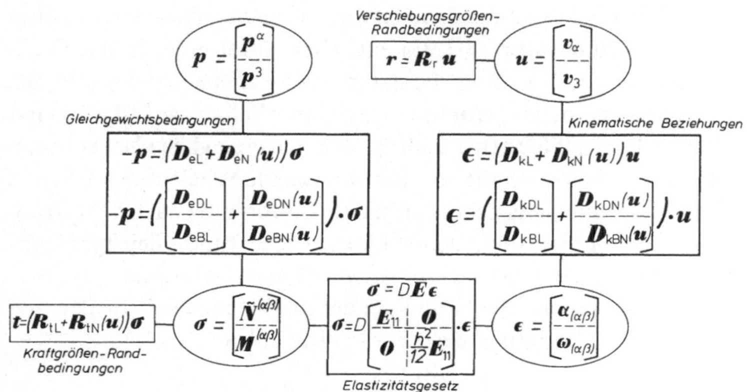

Bild 8.10 Strukturschema einer konsistent formulierten geometrisch nichtlinearen Flächentragwerkstheorie unter der Kirchhoff-Love-Hypothese

Diese symbolischen Formen der beiden Prinzipe entsprechen vollständig denjenigen der linearen Theorie in Kapitel 7.1. Im Vergleich zu Spezialarbeiten [114, 115, 125] wird somit der Vorteil der vorgestellten Theorie besonders deutlich: Alle früher hergeleiteten linearen Funktionale können unschwer in ihrer symbolischen Schreibweise ins Nichtlineare transscribiert werden. Als abschließendes Beispiel geben wir das Prinzip von *Hellinger-Reissner* für diese nichtlineare Schalentheorie an, übertragen aus (7.1.118):

$$\hat{\mathrm{I}}^* = \frac{1}{2}\iint_{\mathring{F}} \boldsymbol{\sigma}^{\mathrm{T}} \frac{1}{\mathrm{D}} \mathrm{E}^{-1} \boldsymbol{\sigma} \, d\mathring{F} - \iint_{\mathring{F}} \boldsymbol{\sigma}^{\mathrm{T}} \boldsymbol{\epsilon} \, d\mathring{F} + \iint_{\mathring{F}} \mathbf{p}^{\mathrm{T}} \mathbf{u} \, d\mathring{F}$$

$$+ \int_{\mathring{C}_t} \mathbf{t}^{\circ\,\mathrm{T}} \mathbf{r} \, d\mathring{s} + \int_{\mathring{C}_r} \mathbf{t}^{\mathrm{T}} (\mathbf{r} - \mathbf{r}^\circ) \, d\mathring{s} = \text{stat.} \qquad (8.3.154)$$

Der kritische Leser möge diese Vorgehensweise durch Erweiterung des Prinzips (8.3.145) mit

$$-\int_{\mathring{C}_t} [\tilde{n}_t(v_t - \mathring{v}_t) + \tilde{n}_u(v_u - \mathring{v}_u) + \tilde{n}_3(v_3 - \mathring{v}_3) + m_t(\omega_t - \mathring{\omega}_t)] \, d\mathring{s}$$

sowie eine Reihe von zusätzlichen Umformungen langschriftlich kontrollieren.

8.3.10 Die geometrisch nichtlineare Theorie flacher Schalen

Die hergeleitete Flächentragwerkstheorie mäßig großer Rotationen kann für Schalen mit schwach gekrümmten Mittelflächen erheblich vereinfacht werden, wenn man eine Annahme über das Verhältnis der tangentialen Verschiebungen v_α zu den Durchbiegungen v_3 trifft. Als einfachste Version einer geometrisch nichtlinearen Theorie entsteht dabei die von *Marguerre* erstmalig für gekrümmte Platten [82] und von *Donnell* für Kreiszylinderschalen [32] angegebene Approximationsstufe.

Für die folgenden Größenordnungsabschätzungen setzen wir erneut derart normierte Mittelflächenkoordinaten Θ^α voraus, daß die Größenordnungsbeziehungen (6.1.9)

$$\overset{\circ}{a}_{\alpha\beta} \sim \overset{\circ}{a}^{\alpha\beta} = O(1), \quad \overset{\circ}{b}_{\alpha\beta} \sim \overset{\circ}{b}^{\beta}_{\alpha} \sim \overset{\circ}{b}^{\alpha\beta} = O(1/R), \quad H^{\alpha\beta\lambda\mu} \sim G_{\lambda\mu\rho\sigma} = O(1) \tag{8.3.155}$$

erfüllt werden. Damit können wir zur Vereinfachung der Grundgleichungen analog zu Abschnitt 6.1.1 folgende Annahmen einführen:

a) Die Schalendicke h sei gegenüber dem kleinsten Wert R aller Hauptkrümmungsradien der Mittelfläche stets vernachlässigbar klein:

$$\lambda = \frac{h}{R} \ll 1 \rightarrow F + \lambda F = F(1+\lambda) \approx F. \tag{8.3.156}$$

b) Die Durchbiegung v_3 sei nunmehr maximal von der Größenordnung der Schalendicke h; die tangentialen Komponenten v_α seien jeweils um den Faktor $\frac{L_w}{R}$ kleiner:

$$v_3 = O(h), \quad v_\alpha = O\left(v_3 \frac{L_w}{R}\right) = O\left(h \frac{L_w}{R}\right). \tag{8.3.157}$$

L_w bezeichnet hierin wiederum die kleinste Wellenlänge des charakteristischen Verformungsmusters nach Bild 4.5 und unterliege der Forderung

$$L_w^2 = O(hR) \rightarrow \left(\frac{L_w}{R}\right)^2 = O\left(\frac{h}{R}\right) = O(\lambda). \tag{8.3.158}$$

c) Bei Differentiationen sei die Größenordnungsänderung aller Variablen durch L_w bestimmt:

$$\frac{\partial A_i}{\partial \Theta^\alpha} \sim A_i|_\alpha = O\left(\frac{A_i}{L_w}\right), \quad \frac{\partial^2 A_i}{\partial \Theta^\alpha \partial \Theta^\beta} \sim A_i|_{\alpha\beta} = O\left(\frac{A_i}{L_w^2}\right). \tag{8.3.159}$$

Damit folgt unter Berücksichtigung von (1.4.48) aus (1.4.40)

$$\begin{aligned} A_\alpha|_{\beta\gamma} &= A_\alpha|_{\gamma\beta} + R^{\rho}_{.\alpha\beta\gamma} A_\rho \\ &= O\left(\frac{A_\alpha}{L_w^2}\right) + O\left(\frac{1}{R^2} A_\rho\right) = O\left(\frac{A_\alpha}{L_w^2}\right) + O\left(\lambda \frac{A_\rho}{L_w^2}\right) \approx O\left(\frac{A_\alpha}{L_w^2}\right) \\ &\approx A_\alpha|_{\gamma\beta} \end{aligned} \tag{8.3.160}$$

die Zulässigkeit der Vertauschbarkeit der Indizes bei einer kovarianten Differentiation.

Durch die obigen Beziehungen können die Grundgleichungen der allgemeinen Theorie in ähnlicher Weise wie im Abschnitt 6.1.2 *systematisch* vereinfacht werden. Betrachten wir als erstes die Deformationsgradienten (8.3.19), so können wir in $\varphi_{\alpha 3}$ das zweite Glied infolge (8.3.156, 158) gegenüber dem ersten unterdrücken:

$$\begin{aligned} \varphi_{\alpha 3} &= v_{3,\alpha} + \overset{\circ}{b}^{\lambda}_{\alpha} v_\lambda = O\left(h \frac{1}{L_w}\right) + O\left(\frac{1}{R} h \frac{L_w}{R}\right) = O\left(h \frac{1}{L_w}(1+\lambda)\right) \\ &\approx v_{3,\alpha} = O\left(h \frac{1}{L_w}\right). \end{aligned} \tag{8.3.161}$$

In $\varphi_{\alpha\beta}$ sind dagegen beide Anteile von gleicher Größenordnung:

$$\varphi_{\alpha\beta} = v_\beta|_\alpha - \overset{\circ}{b}_{\alpha\beta} v_3 = O\left(h \frac{L_w}{R} \frac{1}{L_w}\right) - O\left(\frac{1}{R} h\right) = O(\lambda). \tag{8.3.162}$$

Damit entsteht aus (8.3.24) für den Differenzvektor w_i folgende Approximation

$$\begin{aligned} w_\alpha &= -\varphi_{\alpha 3} + \varphi_{\alpha}{}^{\lambda}_{.}\varphi_{\lambda 3} = -O\left(\frac{h}{L_w}\right) + O\left(\lambda\frac{h}{L_w}\right) \approx -O\left(\frac{h}{L_w}\right) \\ &\approx -\varphi_{\alpha 3} \approx -v_{3,\alpha}, \qquad (8.3.163) \\ w_3 &= -\frac{1}{2}\varphi_{\alpha 3}\varphi^{\alpha}_{.3} = -O\left(\frac{h^2}{L_w^2}\right) = -O(\lambda), \end{aligned}$$

dessen Komponente w_3 sich somit in der vorliegenden Theorie als belanglos erweist. Nach analogem Vorgehen können die kinematischen Beziehungen (8.3.38, 41) zu

$$\begin{aligned} \alpha_{(\alpha\beta)} &\approx \frac{1}{2}(\varphi_{\alpha\beta} + \varphi_{\beta\alpha} + \varphi_{\alpha 3}\varphi_{\beta 3}) \approx \frac{1}{2}(v_\alpha|_\beta + v_\beta|_\alpha - 2\mathring{b}_{\alpha\beta}v_3 + v_3|_\alpha v_3|_\beta) \\ &= O(\lambda), \qquad (8.3.164) \end{aligned}$$

$$\omega_{(\alpha\beta)} \approx -\frac{1}{2}(\varphi_{\alpha 3}|_\beta + \varphi_{\beta 3}|_\alpha) \approx -v_3|_{\alpha\beta} = O\left(\frac{h}{L_w^2}\right) = O\left(\frac{1}{R}\right) \qquad (8.3.165)$$

vereinfacht werden. Die Beziehungen (8.3.163, 165) stimmen mit den entsprechenden Kopplungen (6.1.10, 12) der linearen Theorie überein, während sich (8.3.164) von (6.1.11) durch ein von der endlichen Verbiegung v_3 bewirktes nichtlineares Glied unterscheidet.

Da $\alpha_{(\alpha\beta)}$ laut (8.3.156), (8.3.164) von infinitesimaler Größenordnung ist, können die differentialgeometrischen Elemente (8.3.44, 45, 47) durch ihre unverformten Größen approximiert werden:

$$a_{\alpha\beta} \approx \mathring{a}_{\alpha\beta}, \quad a^{\alpha\beta} \approx \mathring{a}^{\alpha\beta}, \quad a \approx \mathring{a}, \quad \sqrt{\frac{a}{\mathring{a}}} \approx 1. \qquad (8.3.166)$$

In der Kopplung (8.3.56) für das *Differenz-Christoffelsymbol* bleiben dagegen alle Glieder erhalten:

$$L^{\lambda}_{\beta\gamma} = \varphi_{\beta}{}^{\lambda}_{.}|_\gamma - \varphi_{\beta 3}\mathring{b}^{\lambda}_{\gamma} + \varphi^{\lambda}_{.3}\mathring{b}_{\beta\gamma} = O\left(\frac{\lambda}{L_w}\right). \qquad (8.3.167)$$

In der Transformationsbeziehung (8.3.57) dürfen dessen Anteile allerdings gestrichen werden:

$$\begin{aligned} A^{\alpha\beta}\|_\gamma &= A^{\alpha\beta}|_\gamma + L^{\alpha}_{\gamma\lambda}A^{\lambda\beta} + L^{\beta}_{\gamma\lambda}A^{\alpha\lambda} \\ &= O\left(\frac{A^{\alpha\beta}}{L_w}\right) + O\left(\frac{A^{\alpha\beta}}{L_w}\lambda\right) \approx O\left(\frac{A^{\alpha\beta}}{L_w}\right) \approx A^{\alpha\beta}|_\gamma, \end{aligned} \qquad (8.3.168)$$

wodurch die Gleichheit der kovarianten Ableitungen hinsichtlich der verformten Metrik zum Ausdruck kommt. Für die Krümmungstensoren (8.3.50, 51) finden wir mit (8.3.165, 166)

$$\begin{aligned} b_{\alpha\beta} &= \mathring{b}_{\alpha\beta} - \omega_{\alpha\beta} \approx \mathring{b}_{\alpha\beta} + v_3|_{\alpha\beta} = O\left(\frac{1}{R}\right), \\ b^{\beta}_{\alpha} &= \mathring{b}^{\beta}_{\alpha} - L^{\beta}_{\alpha} \approx b_{\alpha\rho}\mathring{a}^{\rho\beta} \approx \mathring{b}^{\beta}_{\alpha} + v_3|^{\beta}_{\alpha} = O\left(\frac{1}{R}\right). \end{aligned} \qquad (8.3.169)$$

Daher werden Krümmungsänderungen von $\mathring{F}$

$$L^{\beta}_{\alpha} = -v_3|_{\alpha}{}^{\beta}_{.} = -v_3|^{\beta}_{\alpha} = O\left(\frac{1}{R}\right) \qquad (8.3.170)$$

näherungsweise allein durch Verbiegungen v_3 erzeugt, welche jedoch die ursprüngliche Größenordnung der Mittelflächenkrümmungen nicht ändern.

Unter Berücksichtigung von (8.3.169) sowie der mit (8.3.103), (8.3.155) und (8.3.164, 165) aus (8.3.104) herleitbaren Größenordnungsbeziehung

$$\tilde{N}^{(\alpha\beta)} = O(Eh\lambda), \quad M^{(\alpha\beta)} = O(Eh^2\lambda) \tag{8.3.171}$$

kann in der Symmetriebedingung (8.3.81) der Anteil des Momententensors unterdrückt werden:

$$\begin{aligned} N^{\alpha\beta} &= \tilde{N}^{(\alpha\beta)} - M^{(\alpha\rho)} b^{\beta}_{\rho} = O(Eh\lambda) - O(Eh\lambda^2) \approx O(Eh\lambda) \\ &\approx \tilde{N}^{(\alpha\beta)} = N^{(\alpha\beta)}, \end{aligned} \tag{8.3.172}$$

wodurch der Längskrafttensor $N^{\alpha\beta}$ näherungsweise symmetrisch wird. Damit lauten die Elastizitätsgesetze (8.3.104, 105):

$$\begin{aligned} N^{\alpha\beta} &= N^{(\alpha\beta)} = DH^{\alpha\beta\lambda\mu} \alpha_{(\lambda\mu)}, & M^{(\alpha\beta)} &= BH^{\alpha\beta\lambda\mu} \omega_{(\lambda\mu)}, \\ D\alpha_{(\lambda\mu)} &= G_{\lambda\mu\rho\sigma} N^{(\rho\sigma)}, & B\omega_{(\lambda\mu)} &= G_{\lambda\mu\rho\sigma} M^{(\rho\sigma)}. \end{aligned} \tag{8.3.173}$$

Berücksichtigen wir die Größenordnungen (8.3.167), (8.3.171) in der Momentengleichgewichtsbedingung (8.3.89)

$$M^{(\alpha\beta)}|_{\alpha} - Q^{\beta} + M^{(\alpha\lambda)} L^{\beta}_{\alpha\lambda} = O\left(Eh^2 \frac{\lambda}{L_w}\right) - O(Q^{\beta}) + O\left(Eh^2 \frac{\lambda}{L_w} \lambda\right) = 0,$$

so darf diese offensichtlich zu

$$M^{(\alpha\beta)}|_{\alpha} - Q^{\beta} \approx 0 \tag{8.3.174}$$

linearisiert werden. Mit der hieraus entstehenden Relation

$$Q^{\beta} = M^{(\alpha\beta)}|_{\alpha} = O\left(Eh^2 \frac{\lambda}{L_w}\right) \tag{8.3.175}$$

für die Querkräfte Q^{α} können schließlich auch die Kräftegleichgewichtsbedingungen (8.3.89) entsprechend vereinfacht werden:

$$N^{(\alpha\beta)}|_{\alpha} + P^{\beta} = 0, \tag{8.3.176}$$

$$N^{(\alpha\beta)}(\overset{\circ}{b}_{\alpha\beta} - \omega_{\alpha\beta}) + Q^{\alpha}|_{\alpha} + P^3 = N^{(\alpha\beta)}(\overset{\circ}{b}_{\alpha\beta} + v_3|_{\alpha\beta}) + Q^{\alpha}|_{\alpha} + P^3 = 0. \tag{8.3.177}$$

Für die Lastkomponenten folgt dabei mit (8.3.161) bis (8.3.163) aus (8.3.61)

$$\begin{aligned} P^{\alpha} &\approx p^{\alpha}, \quad P^3 \approx p^3 - p^{\alpha}\varphi_{\alpha 3} = p^3 - p^{\alpha} v_{3,\alpha}, \\ p^3 &\approx P^3 + P^{\alpha}\varphi_{\alpha 3} = P^3 + P^{\alpha} v_{3,\alpha}. \end{aligned} \tag{8.3.178}$$

Nach entsprechenden Vereinfachungen der Transformationen (8.3.84)

$$n^{(\alpha\beta)} \approx N^{(\alpha\beta)}, \quad q^{\alpha} = Q^{\alpha} + N^{(\alpha\rho)}\varphi_{\rho 3}, \quad m^{(\alpha\beta)} = M^{(\alpha\beta)} \tag{8.3.179}$$

erkennen wir, daß im Rahmen dieser Theorie Unterschiede zwischen den Komponentendarstellungen (8.3.59) und (8.3.74) bzw. (8.3.82) hinsichtlich der verformten und unverformten Basis nur bei den jeweiligen Normalenkomponenten von Bedeutung sind. Dies gilt auch für die Kräftegleichgewichtsbedingungen: diejenigen für das tangentiale Gleichgewicht (8.3.176) sind im Hinblick auf (8.3.178, 179) mit denjenigen der linearen Theorie (6.1.20) identisch, während sich die Bedingungen (6.1.21) und (8.3.177) um den Verbiegungsanteil $N^{(\alpha\beta)} v_3|_{\alpha\beta}$, in der Definition der Querkräfte sowie in der Lastkomponente unterscheiden.

Mit (8.3.113, 114), (8.3.135) und (8.3.179) lassen sich die vorschreibbaren Kraftvariablen (8.3.137) nach ähnlichen Vereinfachungen wie oben in der Form

$$\begin{aligned} n_t &= N^{(\alpha\beta)}\mathring{u}_\alpha \mathring{t}_\beta, \\ n_u &= N^{(\alpha\beta)}\mathring{u}_\alpha \mathring{u}_\beta, \\ \tilde{n}_3 &= n_3 - m_{u,\mathring{s}} \approx (Q^\alpha + N^{(\alpha\rho)}\varphi_{\rho 3})\,\mathring{u}_\alpha + \frac{\partial(M^{(\alpha\beta)}\mathring{u}_\alpha \mathring{t}_\beta)}{\partial\Theta^\lambda}\mathring{t}^\lambda, \\ m_t &= M^{(\alpha\beta)}\mathring{u}_\alpha \mathring{u}_\beta \end{aligned} \tag{8.3.180}$$

angeben. Hierin enthält nur noch die Ersatzgröße $\tilde{n}_3$ einen Anteil des Drillmomentes m_u, während n_t und n_u – wie in (6.1.36) – mit den wirklichen Randkräften übereinstimmen. Die hierzu korrespondierenden Weggrößen lauten gemäß (8.3.117):

$$v_t = v_\alpha \mathring{t}^\alpha, \quad v_u = v_\alpha \mathring{u}^\alpha, \quad v_3 = v^3, \quad \omega_t = \omega_\alpha \mathring{t}^\alpha = w_\alpha \mathring{u}^\alpha. \tag{8.3.181}$$

Dabei gilt laut (8.3.28), (8.3.163) für die Verdrehung

$$\omega_\alpha = \mathring{\epsilon}_{\beta\alpha} w^\beta \approx -\mathring{\epsilon}_{\beta\alpha} v_3|^\beta = O\left(\frac{h}{L_w}\right) \tag{8.3.182}$$

und hiermit gemäß (8.3.33) für den Drehwinkel ω:

$$\omega \approx \sin\omega = \sqrt{\omega_\alpha \omega^\alpha} = O\left(\sqrt{\frac{h^2}{L_w^2}}\right) = O(\sqrt{\lambda}). \tag{8.3.183}$$

Die vorliegende Approximation überträgt demnach die Flächentragwerkstheorie mäßig großer Rotationen auf schwach gekrümmte Mittelflächen, welche diese Eigenschaft laut (8.3.169) während jeder denkbaren Verformung bewahren müssen. Die hergeleiteten Grundgleichungen dieser Theorie in Tafel 8.7 demonstrieren im Vergleich zu den Tafeln 8.5 und 8.6 sowie Bild 8.10, daß die Teiloperatoren $\mathbf{D}_{eBN}(\mathbf{u})$, $\mathbf{D}_{kBN}(\mathbf{u})$ Nulloperatoren sind und die Teiloperatoren $D_{eDN}(\mathbf{u})$, $D_{kDN}(\mathbf{u})$ nur durch je ein tensorielles Glied beschrieben werden. Die linearen Teiloperatoren entsprechen völlig denen der linearen Theorie im Abschnitt 6.1.2. Damit haben wir auch hier den Weg von einer vollständigen 1. Approximation bis zur weitestgehenden Näherungsstufe aufgezeigt.

In einem ähnlichen Vorgehen wie im Abschnitt 6.1.4 können die Grundgleichungen der *Donnell-Marguerre*schen Theorie wieder zu einem System von zwei simultanen Differentialgleichungen zusammengefaßt werden [2]:

$$\begin{aligned} &B\mathring{a}^{\alpha\beta}\mathring{a}^{\gamma\rho} v_3|_{\alpha\beta\gamma\rho} - \mathring{\epsilon}^{\alpha\gamma}\mathring{\epsilon}^{\beta\rho}(\mathring{b}_{\alpha\beta} + v_3|_{\alpha\beta})\,\phi_3|_{\gamma\rho} \\ &\qquad - P^3 + k^{(\alpha\beta)}(\mathring{b}_{\alpha\beta} + v_3|_{\alpha\beta}) = 0, \\ &\mathring{a}^{\alpha\beta}\mathring{a}^{\gamma\rho}\phi_3|_{\alpha\beta\gamma\rho} + Eh\mathring{\epsilon}^{\alpha\gamma}\mathring{\epsilon}^{\beta\rho}\left(\mathring{b}_{\alpha\beta} + \frac{1}{2}v_3|_{\alpha\beta}\right)v_3|_{\gamma\rho} \\ &\qquad - \mathring{\epsilon}^{\alpha\beta}\mathring{\epsilon}^{\gamma\rho}k_{(\alpha\gamma)}|_{\beta\rho} + \nu k^{(\alpha\beta)}|_{\alpha\beta} = 0. \end{aligned} \tag{8.3.184}$$

Prinzip der virtuellen Verschiebungen:	
$\iint_{\mathring{F}}(p^\alpha \delta v_\alpha + p^3 \delta v_3)d\mathring{F} + \oint_{\mathring{C}}(n_t \delta v_t + n_u \delta v_u + \tilde{n}_3 \delta v_3 + m_t \delta\omega_t)d\mathring{s} - \iint_{\mathring{F}}(N^{(\alpha\beta)}\delta\alpha_{(\alpha\beta)} + M^{(\alpha\beta)}\delta\omega_{(\alpha\beta)})d\mathring{F} = 0$	
Gleichgewichtsbedingungen:	Kinematische Beziehungen:
$N^{(\alpha\beta)}\vert_\alpha + P^\beta = 0$ $N^{(\alpha\beta)}(\mathring{b}_{\alpha\beta} + v_3\vert_{\alpha\beta}) + Q^\alpha\vert_\alpha + P^3 = 0$ $Q^\beta = M^{(\alpha\beta)}\vert_\alpha$	$\alpha_{(\alpha\beta)} = \frac{1}{2}(v_\alpha\vert_\beta + v_\beta\vert_\alpha - 2\mathring{b}_{\alpha\beta}v_3 + v_3\vert_\alpha v_3\vert_\beta)$ $\omega_{(\alpha\beta)} = -v_3\vert_{\alpha\beta}$
Konstitutive Beziehungen isotroper Tragwerke:	
$N^{(\alpha\beta)} = DH^{\alpha\beta\varrho\lambda}\alpha_{(\varrho\lambda)}$, $M^{(\alpha\beta)} = BH^{\alpha\beta\varrho\lambda}\omega_{(\varrho\lambda)}$ oder $D\alpha_{(\alpha\beta)} = G_{\alpha\beta\varrho\lambda}N^{(\varrho\lambda)}$, $B\omega_{(\alpha\beta)} = G_{\alpha\beta\varrho\lambda}M^{(\varrho\lambda)}$	
Kraftgrößenrandbedingungen:	Weggrößenrandbedingungen:
$n_t = n_t^\circ$, $n_u = n_u^\circ$, $\tilde{n}_3 = \tilde{n}_3^\circ$, $m_t = m_t^\circ$	$v_t = v_t^\circ$, $v_u = v_u^\circ$, $v_3 = v_3^\circ$, $\omega_t = \omega_t^\circ$
mit den Abkürzungen:	
$n_t = N^{(\alpha\beta)}\mathring{u}_\alpha\mathring{t}_\beta$, $n_u = N^{(\alpha\beta)}\mathring{u}_\alpha\mathring{u}_\beta$, $\tilde{n}_3 = (Q^\alpha + N^{(\alpha\varrho)}\varphi_{\varrho 3})\mathring{u}_\alpha - \frac{\partial m_u}{\partial\theta^\lambda}\mathring{t}^\lambda$ $m_t = M^{(\alpha\beta)}\mathring{u}_\alpha\mathring{u}_\beta$, $m_u = -M^{(\alpha\beta)}\mathring{u}_\alpha\mathring{t}_\beta$	$v_t = v_\alpha\mathring{t}^\alpha$, $v_u = v_\alpha\mathring{u}^\alpha$, $v_3 = v^3$ $\omega_t = \omega_\alpha\mathring{t}^\alpha = \mathring{\varepsilon}_{\alpha\beta}v_3\vert^\beta\mathring{t}^\alpha$

Tafel 8.7 Bestimmungsgleichungen und Randbedingungen einer geometrisch nichtlinearen Theorie vom Typ Donnell-Marguerre

In ihnen treten als Unbekannte die Durchbiegung v_3 sowie die entsprechend (6.1.40, 41) definierte Spannungsfunktion ϕ_3

$$N^{(\alpha\beta)} = \mathring{\varepsilon}^{\alpha\gamma}\mathring{\varepsilon}^{\beta\rho}\phi_3|_{\gamma\rho} - k^{(\alpha\beta)}, \quad k^{(\alpha\beta)}|_\alpha = P^\beta \tag{8.3.185}$$

auf, welche auch hier die tangentialen Kräftegleichgewichtsbedingungen (8.3.176) identisch erfüllt. In den beiden, analog zu (6.1.43, 47) strukturierten Differentialgleichungen (8.3.184) wird die Nichtlinearität lediglich durch die Krümmungsänderung $\omega_{\alpha\beta} = -v_3|_{\alpha\beta}$ erzeugt.

Abschließend sei das Differentialgleichungssystem (8.3.184) noch für eine Kreiszylinderschale unter Normallasten ausgeschrieben:

$$P^\alpha = 0 \rightarrow k^{(\alpha\beta)} = 0.$$

Für ihre differentialgeometrischen Elemente

$$\mathring{a}^{11} = \frac{1}{R^2}, \quad \mathring{a}^{12} = 0, \quad \mathring{a}^{22} = 1, \quad \mathring{b}_{11} = -R, \quad \mathring{b}_{12} = \mathring{b}_{22} = 0,$$

$$\mathring{\varepsilon}^{12} = -\mathring{\varepsilon}^{21} = \frac{1}{\sqrt{\mathring{a}}} = \frac{1}{R}, \quad \mathring{\Gamma}^\lambda_{\alpha\beta} = 0 \rightarrow (\ldots)|_\alpha = (\ldots)_{,\alpha}$$

gemäß Tafel 1.3 finden wir:

$$\begin{aligned} & v_{3;1111} + 2v_{3;1122} + v_{3;2222} \\ & \quad + \frac{1}{B}[(R - v_{3;11})\phi_{3;22} + 2v_{3;12}\phi_{3;12} - v_{3;22}\phi_{3;11}] - P^3\frac{R^4}{B} = 0, \\ & \phi_{3;1111} + 2\phi_{3;1122} + \phi_{3;2222} \\ & \quad - D(1-\nu^2)\left[\left(R - \frac{1}{2}v_{3;11}\right)v_{3;22} + v_{3;12}v_{3;12} - \frac{1}{2}v_{3;22}v_{3;11}\right] = 0, \end{aligned} \tag{8.3.186}$$

worin

$$(\ldots)_{;1} = (\ldots)_{,1} = \frac{\partial(\ldots)}{\partial\Theta^1}, \quad (\ldots)_{;2} = R(\ldots)_{,2} = R\frac{\partial(\ldots)}{\partial\Theta^2}$$

partielle Ableitungen nach den dimensionslosen Koordinaten Θ^1 und $\bar{\Theta}^2 = \Theta^2/R$ – siehe Abschnitt 6.2.5 – abkürzen. Für eine durch orthogonale kartesische Koordinaten x^α beschriebene ebene Platte, erneut unter Normallasten P^3, erhalten wir dementsprechend:

$$\begin{aligned} &v_{3,1111} + 2v_{3,1122} + v_{3,2222} \\ &\qquad - \frac{1}{B}[v_{3,11}\phi_{3,22} - 2v_{3,12}\phi_{3,12} + v_{3,22}\phi_{3,11}] - \frac{P^3}{B} = 0, \\ &\phi_{3,1111} + 2\phi_{3,1122} + \phi_{3,2222} \\ &\qquad + \frac{D(1-\nu^2)}{2}[v_{3,11}v_{3,22} - 2v_{3,12}v_{3,12} + v_{3,22}v_{3,11}] = 0 \end{aligned} \tag{8.3.187}$$

mit

$$(\ldots)_{,1} = \frac{\partial(\ldots)}{\partial x^1}, \quad (\ldots)_{,2} = \frac{\partial(\ldots)}{\partial x^2}.$$

8.4 Stabilitätstheorie

8.4.1 Vorbemerkung

Das Ziel einer geometrisch nichtlinearen Untersuchung ist in der Regel die Ermittlung eines *Last-Verschiebungsdiagrammes*, um daraus einen Versagensgrenzwert der Last, die *Traglast*, abzulesen. Ein solches Diagramm erhält man durch die Darstellung eines charakteristischen Lastwertes über der korrespondierenden Verschiebungsgröße. Je nach Verlauf des Last-Verschiebungsdiagrammes kann man geometrisch nichtlineare Probleme in zwei Gruppen, nämlich *Spannungs-* und *Stabilitätsprobleme*, eingliedern.

Im Gegensatz zu Spannungsproblemen mit ihrer eindeutigen Zuordnung von Last- und Verformungsverläufen ist eine Stabilitätsaufgabe ein *Mehrdeutigkeitsproblem*, wobei einem Lastniveau mehrere Gleichgewichtszustände zugeordnet sind. Gemäß Bild 8.11 kann man dabei zwei grundsätzlich unterschiedliche Instabilitätsphänomene unterscheiden: *Durchschlags-* und *Verzweigungsprobleme*. Bei einem Durchschlagsproblem werden alle Gleichgewichtszustände durch einen einzigen Pfad beschrieben. Nach Erreichen der *Durchschlagslast* P_{kr} verliert das System seine Stabilität dadurch, daß es in einem dynamischen Vorgang eine neue Gleichgewichtslage im Nachbeulbereich annimmt. Die Mehrdeutigkeit eines Verzweigungsproblems wird im Gegensatz dazu durch die Verzweigung des *primären* Gleichgewichtspfades in einen *sekundären* Ast verursacht. Ob damit ebenfalls ein dynamisches Durchschlagen verbunden ist, hängt vom Verlauf des Nachbeulpfades ab, der *stabil* oder *instabil* sein kann. Eine Beurteilung nach dem Systemversagen bedarf somit hier einer Analyse des Nachbeul-, zumindest des Anfangsnachbeulbereiches. Bei vielen Verzweigungsproblemen sind die Verformungen des durch die *Verzweigungslast* P_{kr} begrenzten *Vorbeulbereiches* so klein, daß man zu dessen Berechnung eine lineare Theorie zugrundelegen kann. Damit entstehen *lineare Verzweigungsprobleme* mit einem linearen Verhalten bis zur kritischen Last, wobei jedoch der Nachbeulbereich nach wie vor nichtlinear ist.

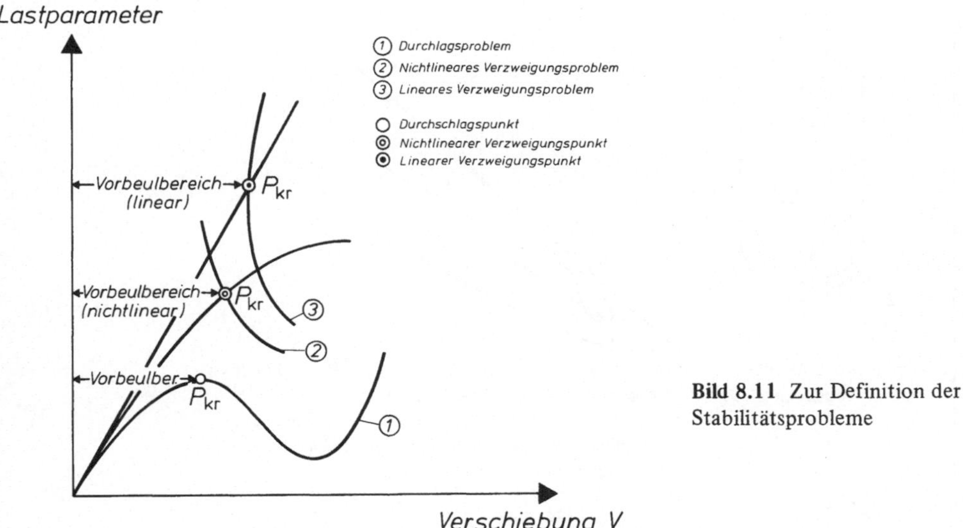

Bild 8.11 Zur Definition der Stabilitätsprobleme

Instabilitätsphänomene von Flächentragwerken können überaus vielfältige Erscheinungsformen aufweisen. So kann beispielsweise nach einem ersten Durchschlagen mit anschließendem geringfügigem Lastabfall ein weiterer Anstieg der Tragfähigkeit erfolgen, um dann erst das eigentliche Durchschlagen einzuleiten (z.B. flache Kugelschale über rechteckigem Grundriß [45]). An Verzweigungspunkten können sich mehrere Eigenwerte häufen, wodurch sich die Mehrdeutigkeit im Nachbeulbereich vervielfacht (Bild 8.12). Weiterhin kann die Nachbeulkurve einen treppenartigen Verlauf (*Beulkaskade*) annehmen, wobei das System durch einen sprunghaften Wechsel seiner Beulform das Beulminimum im Nachbeulbereich anstrebt. Schließlich kann bei Durchschlagsproblemen das Gleichgewicht auch vor dem Erreichen der Durchschlagslast in sekundäre Äste verzweigen.

Dem Auffinden kritischer Lasten kommt bei Stabilitätsuntersuchungen besondere Bedeutung zu. Während das Gesamttragverhalten Gegenstand geometrisch nichtlinearer Theorien ist, werden zur Bestimmung der kritischen Lasten spezielle *Stabilitäts-* oder *Indifferenztheorien* herangezogen, unterschieden in *lineare* und *nichtlineare* Indifferenztheorien. Als einer selbständigen linearen Berechnungsgrundlage kommt dabei der ersten Theorie bei Stabilitätsuntersuchungen eine besondere Bedeutung zu. Ihr haftet jedoch der Nachteil an, bei imperfektionsempfindlichen Strukturen deren kritische Werte nicht korrekt zu erfassen. Unter *Imperfektionen* werden dabei Abweichungen des Tragwerkes von idealen Verhältnissen verstanden, welche zu erheblichen Biegewirkungen und damit auch zu einem nichtlinearen Verhalten im Vorbeulbereich führen können: Abweichungen in der Geometrie, der Lasteintragung und den Materialeigenschaften. In welcher Form die Imperfektionen das Tragverhalten beeinflussen können, zeigt das kreiszylindrische Schalenfeld in Bild 8.13.

Geometrisch nichtlineare Theorien wurden bereits in Abschnitt 8.3 ausführlich dargestellt. Im folgenden entstehen hieraus unter Verwendung des Kriteriums für das indifferente Gleichgewicht die Grundgleichungen der nichtlinearen sowie der linearen Indifferenztheorie.

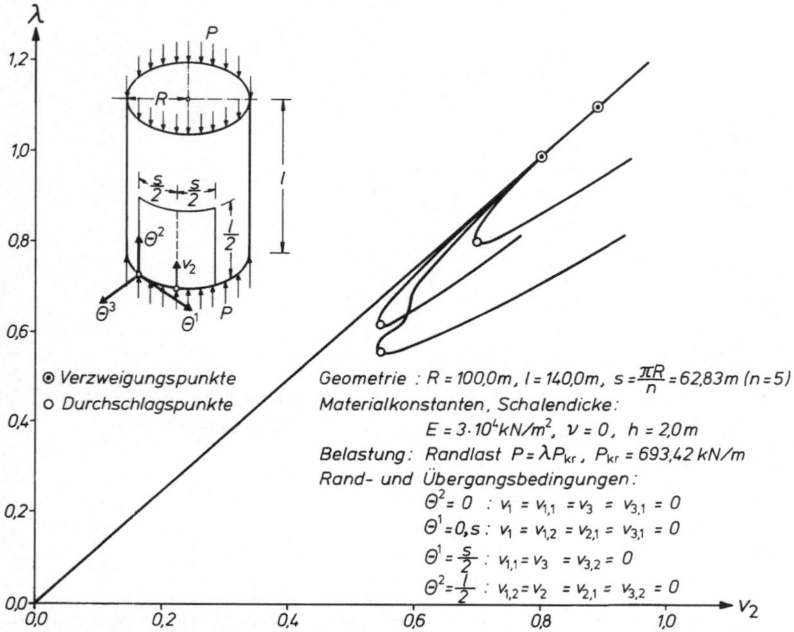

Bild 8.12 Last-Verschiebungsdiagramm einer perfekten Kreiszylinderschale unter Axialdruck

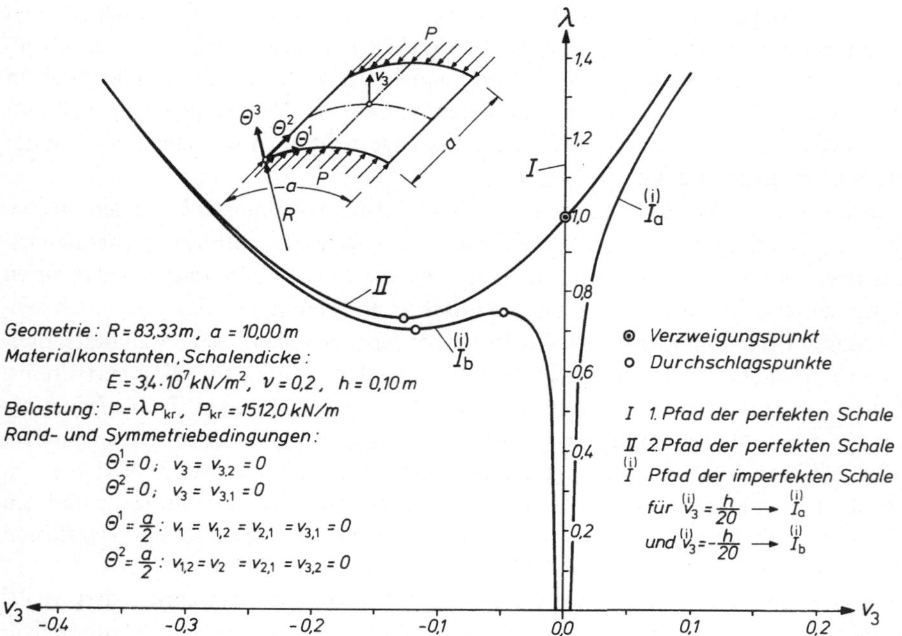

Bild 8.13 Last-Verschiebungsdiagramm eines perfekten und imperfekten Kreiszylindersegmentes unter Axialdruck

8.4.2 Die nichtlineare Indifferenztheorie

Zur Herleitung unterscheiden wir drei Verformungszustände, welche in Bild 8.14 dargestellt sind.

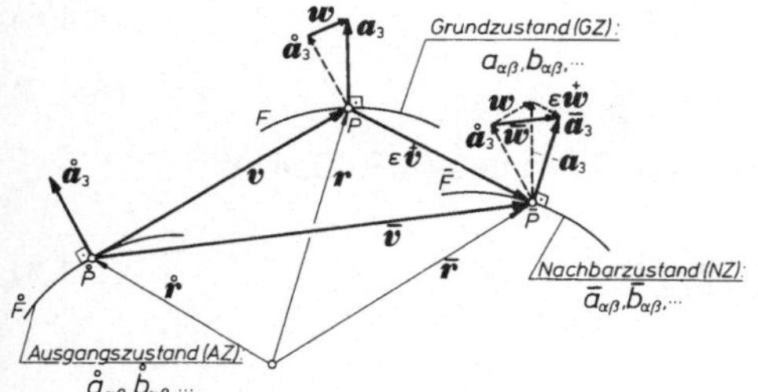

Bild 8.14 Zur Definition des Ausgangs-, Grund- und Nachbarzustandes

a) *Der Ausgangszustand* (AZ) repräsentiert den unbelasteten, unverformten und spannungsfreien Zustand des Schalenkontinuums.

b) *Der Grundzustand* (GZ) entsteht aus diesem durch Einwirkung einer Belastung. Dabei wird die Mittelfläche F durch den Verschiebungsvektor

$$\mathbf{v} = v_\alpha \mathring{\mathbf{a}}^\alpha + v_3 \mathring{\mathbf{a}}^3 \tag{8.4.1}$$

in Bezug auf den Ausgangszustand $\mathring{F}$ festgelegt. Dieser Zustand soll auf mögliche *indifferente* Gleichgewichtslagen hin untersucht werden.

c) *Der Nachbarzustand* (NZ) folgt aus dem Grundzustand durch eine erste Variation seines Verformungszustandes. Aufgrund dieser Definition gilt für den Verschiebungsvektor $\bar{\mathbf{v}}$ der Mittelfläche $\bar{F}$

$$\bar{\mathbf{v}} = \mathbf{v} + \delta\mathbf{v} = \mathbf{v} + \epsilon\overset{+}{\mathbf{v}}, \tag{8.4.2}$$

woraus nach Einführung der Komponentendarstellungen

$$\bar{\mathbf{v}} = \bar{v}_\alpha \mathring{\mathbf{a}}^\alpha + \bar{v}_3 \mathring{\mathbf{a}}^3, \quad \delta\mathbf{v} = \delta v_\alpha \mathring{\mathbf{a}}^\alpha + \delta v_3 \mathring{\mathbf{a}}^3 \tag{8.4.3}$$

sowie von (8.4.1) die für die Variablen des Nachbarzustandes typische Aufspaltung

$$\bar{v}_i = v_i + \delta v_i = v_i + \epsilon \overset{+}{v}_i \tag{8.4.4}$$

entsteht. Hierin stellt $\delta v_i = \epsilon \overset{+}{v}_i$ die Variation der Verschiebungen v_i des Grundzustandes dar. Die differentialgeometrischen Elemente der Mittelfläche werden im AZ mit $(\mathring{..})$, im GZ ohne Markierung und im NZ mit $(\bar{..})$ gekennzeichnet. Die mechanischen Variablen des NZ erhalten die Markierung $(\bar{..})$, während diejenigen des GZ wie in Abschnitt 8.3 unmarkiert bleiben. Für die inkrementellen Variablen, welche beim Übergang vom Grund- zum Nachbarzustand entstehen, wird die übliche Bezeichnung $\delta(...) = \epsilon(\overset{+}{..})$ der Variationsrechnung verwendet, worin ϵ eine beliebig kleine Zahl darstellt.

Die Verschiebungen v_i des Grundzustandes dürfen im Rahmen der bisher verwendeten Näherung (8.3.22) von endlicher Größe sein. Deren Inkremente $\epsilon\overset{+}{v}_i$ stellen als Variationen gedachte, durch ϵ beliebig klein wählbare Größen dar. Von den Variablen $\overset{+}{v}_i$ selbst setzen wir voraus, daß sie die Größenordnung der Verschiebungen v_i des GZ nicht übersteigen:

$$O(\overset{+}{v}_i) \leqslant O(v_i). \tag{8.4.5}$$

Die inkrementellen Verformungen – als erste Variationen – können aus den bekannten Beziehungen der geometrisch nichtlinearen Theorie unter Anwendung der Regeln der Variationsrechnung gewonnen werden. So gilt gemäß (8.3.19, 24) für die erste Variation der Deformationsgradienten sowie des Differenzvektors:

$$\overset{+}{\varphi}_{\alpha\rho} = \overset{+}{v}_{\rho}|_{\alpha} - \overset{\circ}{b}_{\rho\alpha}\overset{+}{v}_{3}, \quad \overset{+}{\varphi}_{\alpha 3} = \overset{+}{v}_{3,\alpha} + \overset{\circ}{b}{}^{\lambda}_{\alpha}\overset{+}{v}_{\lambda}, \tag{8.4.6}$$

$$\overset{+}{w}_{\alpha} = -\overset{+}{\varphi}_{\alpha 3} + \varphi_{\alpha\cdot}^{\ \lambda}\overset{+}{\varphi}_{\lambda 3} + \overset{+}{\varphi}_{\alpha\cdot}^{\ \lambda}\varphi_{\lambda 3}, \quad \overset{+}{w}_{3} = -\varphi_{\alpha 3}\overset{+}{\varphi}{}^{\alpha}_{\cdot 3}. \tag{8.4.7}$$

Die inkrementellen Verzerrungen lauten entsprechend (8.3.38) und (8.3.40, 41):

$$\overset{+}{\alpha}_{\alpha\beta} = \frac{1}{2}(\overset{+}{\varphi}_{\alpha\beta} + \overset{+}{\varphi}_{\beta\alpha} + \overset{+}{\varphi}_{\alpha\lambda}\varphi_{\beta\cdot}^{\ \lambda} + \varphi_{\alpha\lambda}\overset{+}{\varphi}_{\beta\cdot}^{\ \lambda} + \overset{+}{\varphi}_{\alpha 3}\varphi_{\beta 3} + \varphi_{\alpha 3}\overset{+}{\varphi}_{\beta 3}), \tag{8.4.8}$$

$$\begin{aligned}\overset{+}{\omega}_{\alpha\beta} = & -\frac{1}{2}\,[\overset{+}{\varphi}_{\alpha 3}|_{\beta} + \overset{+}{\varphi}_{\beta 3}|_{\alpha} + \overset{\circ}{b}{}^{\lambda}_{\alpha}\overset{+}{\varphi}_{\beta\lambda} + \overset{\circ}{b}{}^{\lambda}_{\beta}\overset{+}{\varphi}_{\alpha\lambda} - \overset{+}{\varphi}{}^{\lambda}_{\cdot 3}(\varphi_{\alpha\lambda}|_{\beta} + \varphi_{\beta\lambda}|_{\alpha} + \overset{\circ}{b}_{\alpha\beta}\varphi_{\lambda 3} \\ & - \overset{\circ}{b}_{\alpha\lambda}\varphi_{\beta 3} - \overset{\circ}{b}_{\beta\lambda}\varphi_{\alpha 3}) - \varphi^{\lambda}_{\cdot 3}(\overset{+}{\varphi}_{\alpha\lambda}|_{\beta} + \overset{+}{\varphi}_{\beta\lambda}|_{\alpha} + \overset{\circ}{b}_{\alpha\beta}\overset{+}{\varphi}_{\lambda 3} - \overset{\circ}{b}_{\alpha\lambda}\overset{+}{\varphi}_{\beta 3} - \overset{\circ}{b}_{\beta\lambda}\overset{+}{\varphi}_{\alpha 3})] \\ = & \ \frac{1}{2}\,[\overset{+}{w}_{\alpha}|_{\beta} + \overset{+}{w}_{\beta}|_{\alpha} - \overset{\circ}{b}{}^{\lambda}_{\alpha}\overset{+}{\varphi}_{\beta\lambda} - \overset{\circ}{b}{}^{\lambda}_{\beta}\overset{+}{\varphi}_{\alpha\lambda} + 2\overset{\circ}{b}_{\alpha\beta}\overset{+}{w}_{\lambda}w^{\lambda} + \overset{+}{w}{}^{\lambda}|_{\alpha}\varphi_{\beta\lambda} + w^{\lambda}|_{\alpha}\overset{+}{\varphi}_{\beta\lambda} \\ & + \overset{+}{w}{}^{\lambda}|_{\beta}\varphi_{\alpha\lambda} + w^{\lambda}|_{\beta}\overset{+}{\varphi}_{\alpha\lambda} + \overset{\circ}{b}{}^{\lambda}_{\alpha}\overset{+}{w}_{\lambda}\varphi_{\beta 3} + \overset{\circ}{b}{}^{\lambda}_{\alpha}w_{\lambda}\overset{+}{\varphi}_{\beta 3} + \overset{\circ}{b}{}^{\lambda}_{\beta}\overset{+}{w}_{\lambda}\varphi_{\alpha 3} + \overset{\circ}{b}{}^{\lambda}_{\beta}w_{\lambda}\overset{+}{\varphi}_{\alpha 3}]\,,\end{aligned} \tag{8.4.9}$$

wobei für $\overset{+}{\omega}_{\alpha\beta}$ gemäß (8.3.42) auch die unsymmetrische Beziehung

$$\begin{aligned}\overset{+}{\omega}_{\alpha\beta} = & -\overset{+}{\varphi}_{\alpha 3}|_{\beta} - \overset{\circ}{b}{}^{\lambda}_{\beta}\overset{+}{\varphi}_{\alpha\lambda} + \overset{+}{\varphi}{}^{\lambda}_{\cdot 3}\left(\varphi_{\alpha\lambda}|_{\beta} + \frac{1}{2}\overset{\circ}{b}_{\alpha\beta}\varphi_{\lambda 3} - \overset{\circ}{b}_{\beta\lambda}\varphi_{\alpha 3}\right) \\ & + \varphi^{\lambda}_{\cdot 3}\left(\overset{+}{\varphi}_{\alpha\lambda}|_{\beta} + \frac{1}{2}\overset{\circ}{b}_{\alpha\beta}\overset{+}{\varphi}_{\lambda 3} - \overset{\circ}{b}_{\beta\lambda}\overset{+}{\varphi}_{\alpha 3}\right)\end{aligned} \tag{8.4.10}$$

verwendet werden kann. Analog folgt schließlich aus (8.3.52) sowie (8.3.55, 56):

$$\overset{+}{L}{}^{\beta}_{\alpha} = \overset{+}{\omega}{}^{\beta}_{\alpha} + 2\overset{\circ}{b}{}^{\rho}_{\alpha}\overset{+}{\alpha}{}^{\beta}_{\rho} = \overset{+}{w}{}^{\beta}|_{\alpha} + \overset{\circ}{b}{}^{\lambda}_{\alpha}\overset{+}{\varphi}_{\lambda\cdot}^{\ \beta} = -\overset{+}{\varphi}{}^{\beta}_{\cdot 3}|_{\alpha} + \overset{\circ}{b}{}^{\lambda}_{\alpha}\overset{+}{\varphi}_{\lambda\cdot}^{\ \beta} \tag{8.4.11}$$

$$\begin{aligned}\overset{+}{L}{}^{\lambda}_{\beta\gamma} & = \overset{\circ}{a}{}^{\alpha\lambda}(\overset{+}{\alpha}_{\alpha\beta}|_{\gamma} + \overset{+}{\alpha}_{\alpha\gamma}|_{\beta} - \overset{+}{\alpha}_{\beta\gamma}|_{\alpha}) \\ & = \overset{+}{\varphi}_{\beta\cdot}^{\ \lambda}|_{\gamma} - \overset{+}{\varphi}_{\beta 3}\overset{\circ}{b}{}^{\lambda}_{\gamma} + \overset{+}{\varphi}{}^{\lambda}_{\cdot 3}\overset{\circ}{b}_{\beta\gamma} = \overset{+}{\varphi}_{\gamma\cdot}^{\ \lambda}|_{\beta} - \overset{+}{\varphi}_{\gamma 3}\overset{\circ}{b}{}^{\lambda}_{\beta} + \overset{+}{\varphi}{}^{\lambda}_{\cdot 3}\overset{\circ}{b}_{\gamma\beta} \\ & = \overset{+}{v}{}^{\lambda}|_{\beta\gamma} - (\overset{\circ}{b}{}^{\lambda}_{\beta}\overset{+}{v}_{3})|_{\gamma} - (\overset{+}{v}_{3,\beta} + \overset{\circ}{b}{}^{\rho}_{\beta}\overset{+}{v}_{\rho})\overset{\circ}{b}{}^{\lambda}_{\gamma} + (\overset{+}{v}_{3}|^{\lambda} + \overset{\circ}{b}{}^{\rho\lambda}\overset{+}{v}_{\rho})\overset{\circ}{b}_{\beta\gamma}.\end{aligned} \tag{8.4.12}$$

Jede Verformungsvariable des Nachbarzustandes setzt sich definitionsgemäß aus einem Anteil des Grundzustandes und dessen erster Variation zusammen, beispielsweise:

$$\overline{\varphi}_{\alpha\rho} = \varphi_{\alpha\rho} + \epsilon\overset{+}{\varphi}_{\alpha\rho}, \quad \overline{\varphi}_{\alpha 3} = \varphi_{\alpha 3} + \epsilon\overset{+}{\varphi}_{\alpha 3}, \tag{8.4.13}$$

$$\overline{\alpha}_{\alpha\beta} = \alpha_{\alpha\beta} + \epsilon\overset{+}{\alpha}_{\alpha\beta}, \quad \overline{\omega}_{\alpha\beta} = \omega_{\alpha\beta} + \epsilon\overset{+}{\omega}_{\alpha\beta}. \tag{8.4.14}$$

Fordern wir damit nun die Gültigkeit der konstitutiven Gleichungen (8.3.104) für den Nachbarzustand

$$\begin{aligned}\overline{\overline{N}}{}^{(\alpha\beta)} & = DH^{\alpha\beta\lambda\mu}\overline{\alpha}_{(\lambda\mu)} = DH^{\alpha\beta\lambda\mu}(\alpha_{(\lambda\mu)} + \epsilon\overset{+}{\alpha}_{(\lambda\mu)}), \\ \overline{M}{}^{(\alpha\beta)} & = BH^{\alpha\beta\lambda\mu}\overline{\omega}_{(\lambda\mu)} = BH^{\alpha\beta\lambda\mu}(\omega_{(\lambda\mu)} + \epsilon\overset{+}{\omega}_{(\lambda\mu)}),\end{aligned} \tag{8.4.15}$$

so erhalten wir:

$$\bar{\tilde{N}}^{(\alpha\beta)} = \tilde{N}^{(\alpha\beta)} + \epsilon\overset{+}{\tilde{N}}^{(\alpha\beta)}, \qquad \bar{M}^{(\alpha\beta)} = M^{(\alpha\beta)} + \epsilon\overset{+}{M}^{(\alpha\beta)}, \tag{8.4.16}$$

mit den Definitionen

$$\overset{+}{\tilde{N}}^{(\alpha\beta)} = DH^{\alpha\beta\lambda\mu}\overset{+}{\alpha}_{(\lambda\mu)}, \qquad \overset{+}{M}^{(\alpha\beta)} = BH^{\alpha\beta\lambda\mu}\overset{+}{\omega}_{(\lambda\mu)} \tag{8.4.17}$$

für die inkrementellen Schnittkräfte $\overset{+}{\tilde{N}}^{(\alpha\beta)}$ und $\overset{+}{M}^{(\alpha\beta)}$. Dementsprechend folgt aus der Symmetriebedingung (8.3.81):

$$\bar{N}^{\alpha\beta} = N^{\alpha\beta} + \epsilon\overset{+}{N}^{\alpha\beta}, \tag{8.4.18}$$

wobei

$$\overset{+}{\tilde{N}}^{(\alpha\beta)} = \overset{+}{N}^{\alpha\beta} + \overset{+}{M}^{(\alpha\rho)}(\overset{\circ}{b}{}^{\beta}_{\rho} + \varphi^{\beta}_{.\,3}|_{\rho} - \overset{\circ}{b}{}^{\lambda}_{\rho}\varphi_{\lambda}{}^{\beta}_{.}) + M^{(\alpha\rho)}(\overset{+}{\varphi}{}^{\beta}_{.\,3}|_{\rho} - \overset{\circ}{b}{}^{\lambda}_{\rho}\overset{+}{\varphi}_{\lambda}{}^{\beta}_{.}) \tag{8.4.19}$$

gilt. Selbstverständlich sind die quergestrichenen Schnittgrößen wieder *Piola-Kirchhoff*größen 2. Art (8.3.74), nunmehr bezogen auf den NZ.

Schließlich führen wir noch den im Nachbarzustand $\bar{F}$ wirkenden Lastvektor $\bar{p}$ mit auf die Flächeneinheit von $\bar{F}$ bezogener Intensität ein, dessen Komponenten wir entsprechend (8.3.59, 64) definieren:

$$\begin{aligned} \sqrt{\frac{\bar{a}}{\mathring{a}}}\,\bar{p} &= \bar{p}^{\alpha}\mathring{a}_{\alpha} + \bar{p}^{3}\mathring{a}_{3} = \bar{P}^{\alpha}\bar{a}_{\alpha} + \bar{P}^{3}\bar{a}_{3}, \\ \bar{p} &= \bar{\hat{p}}^{\alpha}\mathring{a}_{\alpha} + \bar{\hat{p}}^{3}\mathring{a}_{3} = \bar{\hat{P}}^{\alpha}\bar{a}_{\alpha} + \bar{\hat{P}}^{3}\bar{a}_{3}. \end{aligned} \tag{8.4.20}$$

Auch diese Lastkomponenten seien gemäß (8.4.16) aufgespalten:

$$\begin{aligned} \bar{p}^{i} &= p^{i} + \epsilon\overset{+}{p}{}^{i}, & \bar{P}^{i} &= P^{i} + \epsilon\overset{+}{P}{}^{i}, \\ \bar{\hat{p}}^{i} &= \hat{p}^{i} + \epsilon\overset{+}{\hat{p}}{}^{i}, & \bar{\hat{P}}^{i} &= \hat{P}^{i} + \epsilon\overset{+}{\hat{P}}{}^{i}. \end{aligned} \tag{8.4.21}$$

Hierin ist der jeweilige erste Anteil mit der entsprechenden Lastkomponente des GZ identisch, während der zweite die durch die Verschiebungen $\overset{+}{v}_{i}$ hervorgerufene Laständerung darstellt.

Der durch die Variation δv entstehende Nachbarzustand braucht im allgemeinen Fall keine Gleichgewichtslage darzustellen. In der Stabilitätstheorie wird jedoch der Grundzustand auf mögliche *indifferente* Gleichgewichtslagen hin untersucht. Ein Gleichgewichtszustand gilt dabei als indifferent, *wenn es mindestens eine spezielle Variation des Verformungszustandes gibt, nach deren Ausführung die Gleichgewichtsbedingungen ohne Änderung der Belastung erfüllt sind* [97]. Zur Herleitung der Stabilitätsgleichungen müssen somit die Gleichgewichtsbedingungen (8.3.92) mindestens für einen Nachbarzustand erfüllt sein. Die erste Gleichung liefert

$$[\bar{N}^{\alpha\rho}(\delta^{\beta}_{\rho} + \bar{\varphi}_{\rho}{}^{\beta}_{.}) - \bar{Q}^{\alpha}\bar{\varphi}^{\beta}_{.\,3}]|_{\alpha} - (\bar{Q}^{\alpha} + \bar{N}^{\alpha\rho}\bar{\varphi}_{\rho 3})\overset{\circ}{b}{}^{\beta}_{\alpha} + \bar{p}^{\beta} = 0.$$

Nach Aufspaltung aller quergestrichenen Variablen folgt hieraus, wenn wir die Gültigkeit der Gleichgewichtsbedingungen für den GZ beachten:

$$\begin{aligned} &[\overset{+}{N}^{\alpha\rho}(\delta^{\beta}_{\rho} + \varphi_{\rho}{}^{\beta}_{.}) + N^{\alpha\rho}\overset{+}{\varphi}_{\rho}{}^{\beta}_{.} - \overset{+}{Q}^{\alpha}\varphi^{\beta}_{.\,3} - Q^{\alpha}\overset{+}{\varphi}{}^{\beta}_{.\,3}]|_{\alpha} \\ &\qquad - (\overset{+}{Q}^{\alpha} + \overset{+}{N}^{\alpha\rho}\varphi_{\rho 3} + N^{\alpha\rho}\overset{+}{\varphi}_{\rho 3})\overset{\circ}{b}{}^{\beta}_{\alpha} + \overset{+}{p}{}^{\beta} = 0. \end{aligned} \tag{8.4.22}$$

Analog ergeben die verbleibenden Kräftegleichgewichtsbedingungen (8.3.93)

$$\begin{aligned} &[\overset{+}{N}^{\alpha\rho}(\delta^{\beta}_{\rho} + \varphi_{\rho}{}^{\beta}_{.}) + N^{\alpha\rho}\overset{+}{\varphi}_{\rho}{}^{\beta}_{.} - \overset{+}{Q}^{\alpha}\varphi^{\beta}_{.\,3} - Q^{\alpha}\overset{+}{\varphi}{}^{\beta}_{.\,3}]\overset{\circ}{b}_{\alpha\beta} \\ &\qquad + (\overset{+}{Q}^{\alpha} + \overset{+}{N}^{\alpha\rho}\varphi_{\rho 3} + N^{\alpha\rho}\overset{+}{\varphi}_{\rho 3})|_{\alpha} + \overset{+}{p}{}^{3} = 0 \end{aligned} \tag{8.4.23}$$

sowie die Momentengleichgewichtsbedingung (8.3.93)

$$\begin{aligned}&[\overset{+}{M}{}^{(\alpha\rho)}(\delta^\beta_\rho + \varphi_\rho{}^\beta_{.}) + M^{(\alpha\rho)}\overset{+}{\varphi}_\rho{}^\beta_{.}]|_\alpha - \overset{+}{Q}{}^\alpha(\delta^\beta_\alpha + \varphi_\alpha{}^\beta_{.}) - Q^\alpha\overset{+}{\varphi}_\alpha{}^\beta_{.}\\ &\quad + \overset{+}{M}{}^{(\alpha\lambda)}(\mathring{b}_{\alpha\lambda}\varphi^\beta_{.3} - \mathring{b}^\beta_\lambda\varphi_{\alpha3}) + M^{(\alpha\lambda)}(\mathring{b}_{\alpha\lambda}\overset{+}{\varphi}{}^\beta_{.3} - \mathring{b}^\beta_\lambda\overset{+}{\varphi}_{\alpha3}) = 0.\end{aligned} \tag{8.4.24}$$

Mit den Abkürzungen

$$\begin{aligned}\overset{+}{n}{}^{\alpha\beta} &= \overset{+}{N}{}^{\alpha\rho}(\delta^\beta_\rho + \varphi_\rho{}^\beta_{.}) + N^{\alpha\rho}\overset{+}{\varphi}_\rho{}^\beta_{.} - \overset{+}{Q}{}^\alpha\varphi^\beta_{.3} - Q^\alpha\overset{+}{\varphi}{}^\beta_{.3}\\ &= \overset{+}{\tilde{N}}{}^{(\alpha\rho)}(\delta^\beta_\rho + \varphi_\rho{}^\beta_{.}) + \tilde{N}^{(\alpha\rho)}\overset{+}{\varphi}_\rho{}^\beta_{.} - \overset{+}{M}{}^{(\alpha\rho)}(\mathring{b}^\beta_\rho + \varphi^\beta_{.3}|_\rho) - M^{(\alpha\rho)}\overset{+}{\varphi}{}^\beta_{.3}|_\rho\\ &\qquad - \overset{+}{Q}{}^\alpha\varphi^\beta_{.3} - Q^\alpha\overset{+}{\varphi}{}^\beta_{.3},\\ \overset{+}{q}{}^\alpha &= \overset{+}{Q}{}^\alpha + \overset{+}{N}{}^{\alpha\rho}\varphi_{\rho3} + N^{\alpha\rho}\overset{+}{\varphi}_{\rho3}\\ &= \overset{+}{Q}{}^\alpha + \overset{+}{\tilde{N}}{}^{(\alpha\rho)}\varphi_{\rho3} + \tilde{N}^{(\alpha\rho)}\overset{+}{\varphi}_{\rho3} - \mathring{b}^\lambda_\rho\overset{+}{M}{}^{(\alpha\rho)}\varphi_{\lambda3} - \mathring{b}^\lambda_\rho M^{(\alpha\rho)}\overset{+}{\varphi}_{\lambda3}\end{aligned} \tag{8.4.25}$$

gemäß (8.3.84) lauten die Kräftegleichgewichtsbedingungen (8.4.23, 24)

$$\begin{aligned}\overset{+}{n}{}^{\alpha\beta}|_\alpha - \overset{+}{q}{}^\alpha\mathring{b}^\beta_\alpha + \overset{+}{p}{}^\beta &= 0,\\ \overset{+}{n}{}^{\alpha\beta}\mathring{b}_{\alpha\beta} + \overset{+}{q}{}^\alpha|_\alpha + \overset{+}{p}{}^3 &= 0,\end{aligned} \tag{8.4.26}$$

worin sich die kovarianten Ableitungen nach wie vor auf den Ausgangszustand $\mathring{F}$ beziehen. Die Stabilitätsgleichungen können auch nach analogem Vorgehen aus den Varianten (8.3.89) hergeleitet werden, welche das Gleichgewicht in Richtung der verformten Basis ausdrücken [3, 9, 75]:

$$\overset{+}{N}{}^{\alpha\beta}|_\alpha - \overset{+}{Q}{}^\alpha\mathring{b}^\beta_\alpha + \overset{+}{N}{}^{\alpha\lambda}L^\beta_{\alpha\lambda} + N^{\alpha\lambda}\overset{+}{L}{}^\beta_{\alpha\lambda} + \overset{+}{Q}{}^\alpha L^\beta_\alpha + Q^\alpha\overset{+}{L}{}^\beta_\alpha + \overset{+}{P}{}^\beta = 0, \tag{8.4.27}$$

$$\overset{+}{N}{}^{\alpha\beta}\mathring{b}_{\alpha\beta} + \overset{+}{Q}{}^\alpha|_\alpha - \overset{+}{N}{}^{\alpha\beta}\omega_{\alpha\beta} - N^{\alpha\beta}\overset{+}{\omega}_{\alpha\beta} + \overset{+}{P}{}^3 = 0, \tag{8.4.28}$$

$$\overset{+}{M}{}^{(\alpha\beta)}|_\alpha - \overset{+}{Q}{}^\beta + \overset{+}{M}{}^{(\alpha\lambda)}L^\beta_{\alpha\lambda} + M^{\alpha\lambda}\overset{+}{L}{}^\beta_{\alpha\lambda} = 0. \tag{8.4.29}$$

Hierin werden die Koeffizienten $\overset{+}{L}{}^\beta_\alpha$ und $\overset{+}{L}{}^\beta_{\alpha\lambda}$ durch (8.4.11, 12) beschrieben; für $\overset{+}{\omega}_{\alpha\beta}$ gilt die Kopplung (8.4.9) bzw. (8.4.10), worin allerdings alle von den Verformungen des GZ abhängenden Anteile zu unterdrücken sind. Diese Glieder sind für das Materialgesetz (8.4.17) von Bedeutung.

Schließlich seien noch die in den obigen Stabilitätsgleichungen auftretenden Lastinkremente $\overset{+}{p}{}^i$ und $\overset{+}{P}{}^i$ für zwei wichtige Lastfälle angegeben. Aus den Kopplungen

$$\begin{aligned}&\text{GZ:}\quad p^\alpha = P^\beta(\delta^\alpha_\beta + \varphi_\beta{}^\alpha_{.}) - P^3\varphi^\alpha_{.3}, \qquad p^3 = P^3 + P^\beta\varphi_{\beta3},\\ &\text{NZ:}\quad \bar{p}^\alpha = \bar{P}^\beta(\delta^\alpha_\beta + \bar{\varphi}_\beta{}^\alpha_{.}) - \bar{P}^3\bar{\varphi}^\alpha_{.3}, \qquad \bar{p}^3 = \bar{P}^3 + \bar{P}^\beta\bar{\varphi}_{\beta3}\end{aligned}$$

gemäß (8.3.60) folgt zunächst nach Aufspaltung der quergestrichenen Variablen, wenn quadratische ϵ-Terme unterdrückt werden:

$$\begin{aligned}\overset{+}{p}{}^\alpha &= \overset{+}{P}{}^\beta(\delta^\alpha_\beta + \varphi_\beta{}^\alpha_{.}) + P^\beta\overset{+}{\varphi}_\beta{}^\alpha_{.} - \overset{+}{P}{}^3\varphi^\alpha_{.3} - P^3\overset{+}{\varphi}{}^\alpha_{.3}\\ \overset{+}{p}{}^3 &= \overset{+}{P}{}^3 + \overset{+}{P}{}^\beta\varphi_{\beta3} + P^\beta\overset{+}{\varphi}_{\beta3}.\end{aligned}$$

Da die $\overset{+}{P}{}^i$ von $\overset{+}{\varphi}_{\alpha\beta}$ und $\overset{+}{\varphi}_{\alpha3}$ abhängen, können diese Beziehungen aufgrund von (8.4.5) zu

$$\overset{+}{p}{}^\alpha = \overset{+}{P}{}^\alpha + P^\beta\overset{+}{\varphi}_\beta{}^\alpha_{.} - P^3\overset{+}{\varphi}{}^\alpha_{.3}, \qquad \overset{+}{p}{}^3 = \overset{+}{P}{}^3 + P^\beta\overset{+}{\varphi}_{\beta3} \tag{8.4.30}$$

vereinfacht werden. Analog läßt sich aus (8.3.61) ebenfalls herleiten:

$$\overset{+}{P}^{\alpha} = \overset{+}{p}^{\alpha} - p^{\beta}\overset{+}{\varphi}_{\beta\cdot}^{\ \alpha} + p^{3}\overset{+}{\varphi}^{\alpha}_{\cdot 3}, \qquad \overset{+}{P}^{3} = \overset{+}{p}^{3} - p^{\alpha}\overset{+}{\varphi}_{\alpha 3}. \tag{8.4.31}$$

Als Anwendung betrachten wir ein *konservatives* Lastfeld (8.3.63):

$$\text{GZ:}\quad p^{i} = \mathring{p}^{i}, \qquad \text{NZ:}\quad \bar{p}^{i} = \mathring{p}^{i},$$

woraus im Hinblick auf (8.4.21) zunächst

$$\overset{+}{p}^{\beta} = 0, \quad \overset{+}{p}^{3} = 0 \tag{8.4.32}$$

und damit aus (8.4.31)

$$\overset{+}{P}^{\alpha} = -\mathring{p}^{\beta}\overset{+}{\varphi}_{\beta\cdot}^{\ \alpha} + \mathring{p}^{3}\overset{+}{\varphi}^{\alpha}_{\cdot 3}, \qquad \overset{+}{P}^{3} = -\mathring{p}^{\alpha}\overset{+}{\varphi}_{\alpha 3} \tag{8.4.33}$$

entsteht. Für den Lastfall Außendruck mit der Intensität p je Einheit der verformten Mittelfläche gilt gemäß (8.3.72)

$$\text{GZ:}\quad p^{\alpha} = p\varphi^{\alpha}_{\cdot 3}, \qquad p^{3} = -p(1 + \varphi_{\alpha\cdot}^{\ \alpha}),$$

$$\text{NZ:}\quad \bar{p}^{\alpha} = p\bar{\varphi}^{\alpha}_{\cdot 3}, \qquad \bar{p}^{3} = -p(1 + \bar{\varphi}_{\alpha\cdot}^{\ \alpha}),$$

woraus nach Aufspaltung der quergestrichenen Variablen

$$\overset{+}{p}^{\alpha} = p\overset{+}{\varphi}^{\alpha}_{\cdot 3}, \qquad \overset{+}{p}^{3} = -p\overset{+}{\varphi}_{\alpha\cdot}^{\ \alpha} \tag{8.4.34}$$

entsteht. Analog liefert (8.3.72) auch

$$\overset{+}{P}^{\alpha} = 0, \qquad \overset{+}{P}^{3} = -p\overset{+}{\varphi}_{\alpha\cdot}^{\ \alpha}\ . \tag{8.4.35}$$

In den oben hergeleiteten Beziehungen stellen die unmarkierten Größen Variablen des Grundzustandes dar, die hier als bekannt vorausgesetzt werden. Die mit $(\overset{+}{\ldots})$ markierten Variablen dagegen sind die eigentlichen Unbekannten der Stabilitätstheorie. Da die Variablen des Grundzustandes nichtlineare Funktionen des Lastparameters darstellen, wird diese Theorie als *nichtlineare Indifferenztheorie* bezeichnet.

Abschließend sollen für konservative Randlasten $\mathbf{n}^{\circ}$, $\mathbf{m}_t^{\circ}$ noch die Randbedingungen dieser Theorie angegeben werden. Nach (8.3.138) müssen in diesem Fall längs $\mathring{C}$

$$\text{GZ:}\quad \tilde{n}_t = \tilde{n}_t^{\circ}, \quad \tilde{n}_u = \tilde{n}_u^{\circ}, \quad \tilde{n}_3 = \tilde{n}_3^{\circ}, \quad m_t = m_t^{\circ}$$

$$\text{NZ:}\quad \bar{\tilde{n}}_t = \tilde{n}_t^{\circ}, \quad \bar{\tilde{n}}_u = \tilde{n}_u^{\circ}, \quad \bar{\tilde{n}}_3 = \tilde{n}_3^{\circ}, \quad \bar{m}_t = m_t^{\circ}$$

und somit dort die homogenen Randbedingungen

$$\epsilon\overset{+}{\tilde{n}}_t \equiv \bar{\tilde{n}}_t - \tilde{n}_t = 0, \quad \epsilon\overset{+}{\tilde{n}}_u \equiv \bar{\tilde{n}}_u - \tilde{n}_u = 0, \quad \epsilon\overset{+}{\tilde{n}}_3 \equiv \bar{\tilde{n}}_3 - \tilde{n}_3 = 0, \quad \epsilon\overset{+}{m}_t = \bar{m}_t - m_t = 0 \ \text{ längs } \mathring{C}$$

erfüllt sein. Für diese inkrementellen Randkraftgrößen lassen sich dabei aus (8.3.113), (8.3.115), (8.3.135) folgende Kopplungen herleiten:

$$\overset{+}{\tilde{n}}_t = \overset{+}{n}^{\alpha\beta}\mathring{u}_{\alpha}\mathring{t}_{\beta} + \mathring{b}^{\lambda}_{\beta}\mathring{t}^{\beta}\mathring{t}_{\lambda}\overset{+}{m}_u,$$

$$\overset{+}{\tilde{n}}_u = \overset{+}{n}^{\alpha\beta}\mathring{u}_{\alpha}\mathring{u}_{\beta} + \mathring{b}^{\lambda}_{\beta}\mathring{t}^{\beta}\mathring{u}_{\lambda}\overset{+}{m}_u,$$

$$\overset{+}{\tilde{n}}_3 = \overset{+}{q}^{\alpha}\mathring{u}_{\alpha} - \frac{\partial\overset{+}{m}_u}{\partial\Theta^{\beta}}\mathring{t}^{\beta},$$

$$\overset{+}{m}_t = \overset{+}{M}^{(\alpha\rho)}(\delta^{\beta}_{\rho} + \varphi_{\rho\cdot}^{\ \beta})\mathring{u}_{\alpha}\mathring{u}_{\beta} + M^{(\alpha\rho)}\overset{+}{\varphi}_{\rho\cdot}^{\ \beta}\mathring{u}_{\alpha}\mathring{u}_{\beta},$$

$$\overset{+}{m}_u = -\overset{+}{M}^{(\alpha\rho)}(\delta^{\beta}_{\rho} + \varphi_{\rho\cdot}^{\ \beta})\mathring{u}_{\alpha}\mathring{t}_{\beta} - M^{(\alpha\rho)}\overset{+}{\varphi}_{\rho\cdot}^{\ \beta}\mathring{u}_{\alpha}\mathring{t}_{\beta}. \tag{8.4.36}$$

Dabei gelten die bekannten Verknüpfungen (8.4.25) für $\overset{+}{n}^{\alpha\beta}$ und $\overset{+}{q}^{\alpha}$. Die hierzu dualen Weggrößen lassen sich schließlich (8.3.117, 118) entnehmen:

$$\begin{aligned}
\overset{+}{v}_t &= \overset{+}{v}_\alpha \overset{\circ}{t}^\alpha, \\
\overset{+}{v}_u &= \overset{+}{v}_\alpha \overset{\circ}{u}^\alpha, \\
\overset{+}{v}_3 &= \overset{+}{v}^3, \\
\overset{+}{\omega}_t &= \overset{+}{\omega}_\alpha \overset{\circ}{t}^\alpha = \overset{+}{w}_\alpha \overset{\circ}{u}^\alpha = -(\overset{+}{\varphi}_{\alpha 3} - \overset{+}{\varphi}_\alpha{}^\lambda_{.} \varphi_{\lambda 3} - \varphi_\alpha{}^\lambda_{.} \overset{+}{\varphi}_{\lambda 3}) \overset{\circ}{u}^\alpha.
\end{aligned} \tag{8.4.37}$$

Die in diesem Abschnitt hergeleiteten Beziehungen stellen zugleich die inkrementelle Formulierung der geometrisch nichtlinearen Theorie aus Abschnitt 8.3 für mittlere Rotationen dar. Um dies zu erkennen, identifizieren wir die Variablen eines bereits erfolgten Iterationsschrittes mit denjenigen des GZes. Die Variablen mit der Markierung $(\overset{+}{\ldots})$ stellen dann die durch den neuen Iterationsschritt zu ermittelnden Korrekturwerte dar, wozu die Gleichungen dieses Abschnittes herangezogen werden können. Nach Abschluß des neuen Iterationsschrittes lassen sich die Variablen entsprechend

$$\bar{v}_i = v_i + \overset{+}{v}_i$$

zusammensetzen. Der Unterschied gegenüber Stabilitätstheorie besteht darin, daß die nicht exakt erfüllten nichtlinearen Beziehungen des GZes als bekannte Korrekturterme in den entsprechenden Gleichungen der Stabilitätstheorie berücksichtigt werden müssen. Die Iteration gilt als abgeschlossen, wenn diese Korrekturterme verschwinden.

8.4.3 Energetische Herleitung der nichtlinearen Indifferenztheorie

Das im vorigen Abschnitt verwendete Kriterium für das indifferente Gleichgewicht gilt für beliebige äußere Kräfte. Liegt dagegen ein Schalentragwerk unter konservativen Einwirkungen (8.3.63, 138) vor, so besitzt dieses in jeder Verformungsphase, insbesondere auch im Nachbarzustand, ein Potential, das gemäß (8.3.144) formulierbar ist. In diesem Fall nimmt das Kriterium für das indifferente Gleichgewicht eine besonders übersichtliche Form an: *Ein Gleichgewichtszustand ist indifferent, wenn für mindestens einen Nachbarzustand mit unveränderter Belastung die erste Variation seiner potentiellen Energie verschwindet* [97]. Mit dem Gesamtpotential $\bar{\Pi}$ des Nachbarzustandes läßt sich dies durch

$$\overset{+}{\delta}\bar{\Pi} = \overset{+}{\delta}\Pi(v_i + \epsilon\overset{+}{v}_i) = 0 \tag{8.4.38}$$

ausdrücken, wobei mit $\overset{+}{\delta}$ nach den inkrementellen Verschiebungen $\overset{+}{v}_i$ zu variieren ist. Ersetzen wir $\bar{\Pi}$ gemäß (2.2.41) durch die Reihenentwicklung

$$\bar{\Pi} = \Pi(v_i + \epsilon\overset{+}{v}_i) = \Pi + \delta\Pi + \frac{1}{2!}\delta^2\Pi + \frac{1}{3!}\delta^3\Pi + \ldots, \tag{8.4.39}$$

worin δ eine spezielle Variation des Verschiebungsfeldes v_i angibt, so nimmt (8.4.38) die Gestalt

$$\overset{+}{\delta}\bar{\Pi} = \overset{+}{\delta}\Pi(v_i + \epsilon\overset{+}{v}_i) = \overset{+}{\delta}\left(\Pi + \delta\Pi + \frac{1}{2!}\delta^2\Pi + \frac{1}{3!}\delta^3\Pi + \ldots\right) = 0 \tag{8.4.40}$$

an. Da die potentielle Energie des Grundzustandes $\Pi = \Pi(v_i)$ von den Inkrementen $\overset{+}{v}_i$ nicht abhängt, verschwindet hierin $\overset{+}{\delta}\Pi$. Infolge von (8.3.144) ist ebenfalls $\delta\Pi = 0$. Unterdrückt man schließlich die dritte sowie alle höheren Variationen gegenüber der zweiten $\delta^2\Pi$, so verbleibt

$$\overset{+}{\delta}(\delta^2\Pi) = 0, \tag{8.4.41}$$

als *energetisches Indifferenzkriterium. Ein Gleichgewichtszustand ist hiernach indifferent, wenn die erste Variation von mindestens einer speziellen zweiten Variation der potentiellen Energie des Systems bei ungeänderter Belastung verschwindet* [97].

Nun soll die zweite Variation $\delta^2\Pi = \epsilon^2\overset{++}{\Pi}$ des Gesamtpotentials Π für Schalentragwerke angegeben werden. Da infolge von (8.3.38, 41) die erste und die zweite Variation der Verzerrungen $\alpha_{\alpha\beta}$ und $\omega_{\alpha\beta}$ existieren, finden wir aus (8.3.144)

$$\begin{aligned}\overset{++}{\Pi} &= \iint_{\overset{\circ}{F}} [DH^{\alpha\beta\rho\lambda}(\overset{+}{\alpha}_{(\alpha\beta)}\overset{+}{\alpha}_{(\rho\lambda)} + \alpha_{(\rho\lambda)}\overset{++}{\alpha}_{(\alpha\beta)}) + BH^{\alpha\beta\rho\lambda}(\overset{+}{\omega}_{(\alpha\beta)}\overset{+}{\omega}_{(\rho\lambda)} + \omega_{(\rho\lambda)}\overset{++}{\omega}_{(\alpha\beta)})]\, d\overset{\circ}{F} \\ &= \iint_{\overset{\circ}{F}} [DH^{\alpha\beta\rho\lambda}\overset{+}{\alpha}_{(\alpha\beta)}\overset{+}{\alpha}_{(\rho\lambda)} + BH^{\alpha\beta\rho\lambda}\overset{+}{\omega}_{(\alpha\beta)}\overset{+}{\omega}_{(\rho\lambda)} + \tilde{N}^{(\alpha\beta)}\overset{++}{\alpha}_{(\alpha\beta)} + M^{(\alpha\beta)}\overset{++}{\omega}_{(\alpha\beta)}]\, d\overset{\circ}{F}.\end{aligned} \tag{8.4.42}$$

Für die ersten Variationen $\delta\alpha_{(\alpha\beta)} = \epsilon\overset{+}{\alpha}_{(\alpha\beta)}$, $\delta\omega_{(\alpha\beta)} = \epsilon\overset{+}{\omega}_{(\alpha\beta)}$ gelten dabei die Kopplungen (8.4.8, 9), woraus wir für die jeweilige zweite Variation – da laut (8.4.6) $\overset{++}{\varphi}_{\alpha\beta}$ und $\overset{++}{\varphi}_{\alpha 3}$ verschwinden – erhalten:

$$\begin{aligned}\overset{++}{\alpha}_{(\alpha\beta)} &= \overset{+}{\varphi}_{\alpha\lambda}\overset{+}{\varphi}_{\beta}{}^{\lambda}{}_{\cdot} + \overset{+}{\varphi}_{\alpha 3}\overset{+}{\varphi}_{\beta 3}, \\ \overset{++}{\omega}_{(\alpha\beta)} &= \overset{+}{\varphi}{}^{\lambda}_{\cdot 3}(\overset{+}{\varphi}_{\alpha\lambda}|_{\beta} + \overset{+}{\varphi}_{\beta\lambda}|_{\alpha} + \overset{\circ}{b}_{\alpha\beta}\overset{+}{\varphi}_{\lambda 3} - \overset{\circ}{b}_{\alpha\lambda}\overset{+}{\varphi}_{\beta 3} - \overset{\circ}{b}_{\beta\lambda}\overset{+}{\varphi}_{\alpha 3}).\end{aligned} \tag{8.4.43}$$

Im Hinblick auf die Kopplungen (8.4.6) entspricht das Indifferenzkriterium (8.4.41) einem Variationsproblem der Form

$$\overset{+}{\delta}\overset{++}{\Pi} = 0, \quad \overset{++}{\Pi} = \overset{++}{\Pi}(\overset{+}{v}_i, \overset{+}{v}_i|_{\beta}, \overset{+}{v}_3|_{\alpha\beta}), \tag{8.4.44}$$

worin die Verschiebungen $\overset{+}{v}_i$ die frei variierbaren Argumentfunktionen darstellen.

Bilden wir nun unter Berücksichtigung von (8.4.6) die zweite Variation des erweiterten Funktionals Π^* (8.3.145)

$$\begin{aligned}\overset{++}{\Pi}{}^* = &\iint_{\overset{\circ}{F}} [DH^{\alpha\beta\lambda\mu}\overset{+}{\alpha}_{(\alpha\beta)}\overset{+}{\alpha}_{(\lambda\mu)} + BH^{\alpha\beta\lambda\mu}\overset{+}{\omega}_{(\alpha\beta)}\overset{+}{\omega}_{(\lambda\mu)} + \tilde{N}^{(\alpha\beta)}\overset{++}{\alpha}_{(\alpha\beta)} + M^{(\alpha\beta)}\overset{++}{\omega}_{(\alpha\beta)}]\, d\overset{\circ}{F} \\ &+ 2\iint_{\overset{\circ}{F}} [\overset{+}{Q}{}^{\alpha}(\overset{+}{w}_{\lambda}(\delta^{\lambda}_{\alpha} + \varphi_{\alpha}{}^{\lambda}_{\cdot}) + \overset{+}{\varphi}_{\alpha 3} + \overset{+}{\varphi}_{\alpha}{}^{\lambda}_{\cdot} w_{\lambda}) + Q^{\alpha}\overset{+}{\varphi}_{\alpha}{}^{\lambda}_{\cdot}\overset{+}{w}_{\lambda}]\, d\overset{\circ}{F}\end{aligned} \tag{8.4.45}$$

mit den frei variierbaren Argumenten $\overset{+}{v}_i, \overset{+}{w}_{\alpha}$ und $\overset{+}{Q}{}^{\alpha}$, so können hieraus unter Anwendung des Indifferenzkriteriums $\overset{+}{\delta}\overset{++}{\Pi} = 0$ gerade die Stabilitätsgleichungen (8.4.24, 26) als *Euler*sche Gleichungen hergeleitet werden, was deren Konsistenz bestätigt. Dabei muß $\overset{++}{\omega}_{(\alpha\beta)}$, mit w_{α} als unabhängiger Variablen, aus (8.4.9) gebildet werden.

8.4.4 Die lineare Indifferenztheorie

Diese Theorie dient zur Bestimmung der kritischen Lasten linearer Verzweigungsprobleme gemäß Bild 8.11. Zu ihrer Herleitung setzen wir einen linearen Grundzustand mit infinitesimalen Verschiebungen voraus:

$$v_i = 0(\epsilon), \quad 1 + \epsilon \approx 1. \tag{8.4.46}$$

Damit können in allen Beziehungen des Abschnittes 8.4.2 die Verformungsanteile des Grundzustandes unterdrückt werden. So vereinfachen sich die Kopplungen (8.4.7) zu

$$\overset{+}{w}_\alpha = -\overset{+}{\varphi}_{\alpha 3} = -(\overset{+}{v}_{3,\alpha} + \overset{\circ}{b}{}^\lambda_\alpha \overset{+}{v}_\lambda), \quad \overset{+}{w}_3 \approx 0 \tag{8.4.47}$$

und hiermit die kinematischen Beziehungen (8.4.8, 9) zu:

$$\begin{aligned}
\overset{+}{\alpha}_{\alpha\beta} &= \frac{1}{2}(\overset{+}{\varphi}_{\alpha\beta} + \overset{+}{\varphi}_{\beta\alpha}) = \frac{1}{2}(\overset{+}{v}_\alpha|_\beta + \overset{+}{v}_\beta|_\alpha - 2\overset{\circ}{b}_{\alpha\beta}\overset{+}{v}_3),\\
\overset{+}{\omega}_{(\alpha\beta)} &= -\frac{1}{2}(\overset{+}{\varphi}_{\alpha 3}|_\beta + \overset{+}{\varphi}_{\beta 3}|_\alpha + \overset{\circ}{b}{}^\lambda_\alpha \overset{+}{\varphi}_{\beta\lambda} + \overset{\circ}{b}{}^\lambda_\beta \overset{+}{\varphi}_{\alpha\lambda})\\
&= \frac{1}{2}(\overset{+}{w}_\alpha|_\beta + \overset{+}{w}_\beta|_\alpha - \overset{\circ}{b}{}^\lambda_\alpha \overset{+}{v}_\lambda|_\beta - \overset{\circ}{b}{}^\lambda_\beta \overset{+}{v}_\lambda|_\alpha + 2\overset{\circ}{b}{}^\lambda_\alpha \overset{\circ}{b}_{\lambda\beta}\overset{+}{v}_3)\\
&= -(\overset{+}{v}_3|_{\alpha\beta} + \overset{\circ}{b}{}^\lambda_\alpha|_\beta \overset{+}{v}_\lambda + \overset{\circ}{b}{}^\lambda_\alpha \overset{+}{v}_\lambda|_\beta + \overset{\circ}{b}{}^\lambda_\beta \overset{+}{v}_\lambda|_\alpha - \overset{\circ}{b}{}^\lambda_\alpha \overset{\circ}{b}_{\lambda\beta}\overset{+}{v}_3).
\end{aligned} \tag{8.4.48}$$

Unverändert bleiben die konstitutiven Beziehungen (8.4.17)

$$\begin{aligned}
\overset{+}{\tilde{N}}{}^{(\alpha\beta)} &= DH^{\alpha\beta\lambda\mu}\overset{+}{\alpha}_{(\lambda\mu)}, & \overset{+}{M}{}^{(\alpha\beta)} &= BH^{\alpha\beta\lambda\mu}\overset{+}{\omega}_{(\lambda\mu)}\\
D\overset{+}{\alpha}_{(\alpha\beta)} &= G_{\alpha\beta\lambda\mu}\overset{+}{\tilde{N}}{}^{(\lambda\mu)}, & B\overset{+}{\omega}_{(\alpha\beta)} &= G_{\alpha\beta\lambda\mu}\overset{+}{M}{}^{(\lambda\mu)}
\end{aligned} \tag{8.4.49}$$

sowie deren inverse Form. Formal sind die obigen Beziehungen mit denjenigen der linearen Biegetheorie identisch (Abschnitt 4.4.1).

Nach entsprechender Vereinfachung liefert die Symmetriebedingung (8.4.19)

$$\tilde{N}^{(\alpha\beta)} = \overset{+}{N}{}^{\alpha\beta} + \overset{+}{M}{}^{(\alpha\rho)}\overset{\circ}{b}{}^\beta_\rho + M^{(\alpha\rho)}(\overset{+}{\varphi}{}^\beta_{\cdot 3}|_\rho - \overset{\circ}{b}{}^\lambda_\rho \overset{+}{\varphi}_\lambda{}^\beta_\cdot). \tag{8.4.50}$$

Werden noch die kovarianten Ableitungen ausgeführt, so lauten schließlich die Stabilitätsgleichungen (8.4.22) bis (8.4.24):

$$\begin{aligned}
&\overset{+}{N}{}^{\alpha\beta}|_\alpha - \overset{+}{Q}{}^\alpha \overset{\circ}{b}{}^\beta_\alpha + N^{\alpha\rho}(\overset{+}{\varphi}_\rho{}^\beta_\cdot|_\alpha - \overset{+}{\varphi}_{\rho 3}\overset{\circ}{b}{}^\beta_\alpha) - Q^\alpha \overset{+}{\varphi}{}^\beta_{\cdot 3}|_\alpha + N^{\alpha\rho}|_\alpha \overset{+}{\varphi}_\rho{}^\beta_\cdot - Q^\alpha|_\alpha \overset{+}{\varphi}{}^\beta_{\cdot 3} + \overset{+}{p}{}^\beta = 0,\\
&\overset{+}{N}{}^{\alpha\beta}\overset{\circ}{b}_{\alpha\beta} + \overset{+}{Q}{}^\alpha|_\alpha + N^{\alpha\rho}(\overset{+}{\varphi}_{\rho 3}|_\alpha + \overset{+}{\varphi}_{\rho\beta}\overset{\circ}{b}{}^\beta_\alpha) - Q^\alpha \overset{+}{\varphi}{}^\beta_{\cdot 3}\overset{\circ}{b}_{\alpha\beta} + N^{\alpha\rho}|_\alpha \overset{+}{\varphi}_{\rho 3} + \overset{+}{p}{}^3 = 0,\\
&\overset{+}{M}{}^{(\alpha\beta)}|_\alpha - \overset{+}{Q}{}^\beta + M^{(\alpha\lambda)}(\overset{+}{\varphi}_\lambda{}^\beta_\cdot|_\alpha - \overset{+}{\varphi}_{\lambda 3}\overset{\circ}{b}{}^\beta_\alpha + \overset{+}{\varphi}{}^\beta_{\cdot 3}\overset{\circ}{b}_{\alpha\lambda}) - Q^\alpha \overset{+}{\varphi}_\alpha{}^\beta_\cdot + M^{(\alpha\rho)}|_\alpha \overset{+}{\varphi}_\rho{}^\beta_\cdot = 0.
\end{aligned} \tag{8.4.51}$$

Da für einen als linear vorausgesetzten Grundzustand gemäß (4.1.10) bis (4.1.12) die Kopplungen

$$N^{\alpha\rho}|_\alpha = Q^\alpha \overset{\circ}{b}{}^\rho_\alpha - p^\rho, \quad Q^\alpha|_\alpha = -(N^{\alpha\beta}\overset{\circ}{b}_{\alpha\beta} + p^3), \quad M^{(\alpha\rho)}|_\alpha = Q^\rho \tag{8.4.52}$$

bestehen, können diese Beziehungen auch in der Form

$$\begin{aligned}
&\overset{+}{N}{}^{\alpha\beta}|_\alpha - \overset{+}{Q}{}^\alpha \overset{\circ}{b}{}^\beta_\alpha + N^{\alpha\rho}(\overset{+}{\varphi}_\rho{}^\beta_\cdot|_\alpha - \overset{+}{\varphi}_{\rho 3}\overset{\circ}{b}{}^\beta_\alpha + \overset{+}{\varphi}{}^\beta_{\cdot 3}\overset{\circ}{b}_{\alpha\rho}) - Q^\alpha(\overset{+}{\varphi}{}^\beta_{\cdot 3}|_\alpha - \overset{+}{\varphi}_\rho{}^\beta_\cdot \overset{\circ}{b}{}^\rho_\alpha)\\
&\qquad + \overset{+}{p}{}^\beta - p^\rho \overset{+}{\varphi}_\rho{}^\beta_\cdot + p^3 \overset{+}{\varphi}{}^\beta_{\cdot 3} = 0,\\
&\overset{+}{N}{}^{\alpha\beta}\overset{\circ}{b}_{\alpha\beta} + \overset{+}{Q}{}^\alpha|_\alpha + N^{\alpha\rho}(\overset{+}{\varphi}_{\rho 3}|_\alpha + \overset{+}{\varphi}_{\rho\beta}\overset{\circ}{b}{}^\beta_\alpha) + \overset{+}{p}{}^3 - p^\rho \overset{+}{\varphi}_{\rho 3} = 0,\\
&\overset{+}{M}{}^{\alpha\beta}|_\alpha - \overset{+}{Q}{}^\beta + M^{(\alpha\lambda)}(\overset{+}{\varphi}_\lambda{}^\beta_\cdot|_\alpha - \overset{+}{\varphi}_{\lambda 3}\overset{\circ}{b}{}^\beta_\alpha + \overset{+}{\varphi}{}^\beta_{\cdot 3}\overset{\circ}{b}_{\alpha\lambda}) = 0
\end{aligned} \tag{8.4.53}$$

dargestellt werden. Hierbei werden die Lastinkremente $\overset{+}{p}{}^{i}$ für konservative Lasten durch (8.4.32) und für Außendruck durch (8.4.34) beschrieben. Aus der zweiten Form (8.4.27) bis (8.4.29) der Stabilitätsbeziehungen folgt dementsprechend

$$\begin{aligned}
&\overset{+}{N}{}^{\alpha\beta}|_{\alpha} - \overset{+}{Q}{}^{\alpha}\mathring{b}^{\beta}_{\alpha} + N^{\alpha\rho}\overset{+}{L}{}^{\beta}_{\alpha\rho} + Q^{\alpha}\overset{+}{L}{}^{\beta}_{\alpha} + \overset{+}{P}{}^{\beta} = 0,\\
&\overset{+}{N}{}^{\alpha\beta}\mathring{b}_{\alpha\beta} + \overset{+}{Q}{}^{\alpha}|_{\alpha} - N^{\alpha\rho}\overset{+}{\omega}_{\alpha\rho} + \overset{+}{P}{}^{3} = 0, \qquad (8.4.54)\\
&\overset{+}{M}{}^{(\alpha\beta)}|_{\alpha} - \overset{+}{Q}{}^{\beta} + M^{(\alpha\lambda)}\overset{+}{L}{}^{\beta}_{\alpha\lambda} = 0
\end{aligned}$$

mit den unveränderten Kopplungen (8.4.11, 12) für $\overset{+}{L}{}^{\beta}_{\alpha}$, $\overset{+}{L}{}^{\beta}_{\alpha\rho}$, wobei für $\overset{+}{\omega}_{\alpha\beta}$

$$\overset{+}{\omega}_{\alpha\beta} = -\,(\overset{+}{\varphi}_{\alpha 3}|_{\beta} + \mathring{b}^{\lambda}_{\beta}\overset{+}{\varphi}_{\alpha\lambda}) = -(\overset{+}{\varphi}_{\beta 3}|_{\alpha} + \mathring{b}^{\lambda}_{\alpha}\overset{+}{\varphi}_{\beta\lambda}) \qquad (8.4.55)$$

herangezogen werden kann. Vergleichen wir nun unter Berücksichtigung der Kopplungen (8.4.11, 12), (8.4.31) sowie (8.4.55) die beiden Gleichungssätze (8.4.53) und (8.4.54) miteinander, so erkennen wir ihre Identität. Infolge (8.4.46) wird der Unterschied zwischen der Basis des AZ $\mathring{\mathbf{a}}_i$ und derjenigen des GZ $\mathbf{a}_i$ belanglos. Damit führen die beiden Formen (8.4.22) bis (8.4.42) sowie (8.4.27) bis (8.4.29) zu übereinstimmenden Beziehungen in der linearen Indifferenztheorie.

Aus (8.4.36, 37) können wir erneut die vorschreibbaren Randvariablen dieser Theorie

$$\begin{aligned}
\overset{+}{\tilde{n}}_{t} &= \overset{+}{n}{}^{\alpha\beta}\mathring{u}_{\alpha}\mathring{t}_{\beta} + \mathring{b}^{\lambda}_{\beta}\mathring{t}^{\beta}\mathring{t}_{\lambda}\overset{+}{m}_{u}, & \overset{+}{v}_{t} &= \overset{+}{v}_{\alpha}\mathring{t}^{\alpha},\\
\overset{+}{\tilde{n}}_{u} &= \overset{+}{n}{}^{\alpha\beta}\mathring{u}_{\alpha}\mathring{u}_{\beta} + \mathring{b}^{\lambda}_{\beta}\mathring{t}^{\beta}\mathring{u}_{\lambda}\overset{+}{m}_{u}, & \overset{+}{v}_{u} &= \overset{+}{v}_{\alpha}\mathring{u}^{\alpha},\\
\overset{+}{\tilde{n}}_{3} &= \overset{+}{q}{}^{\alpha}\mathring{u}_{\alpha} - \frac{\partial\overset{+}{m}_{u}}{\partial\Theta^{\beta}}\mathring{t}^{\beta}, & \overset{+}{v}_{3} &= \overset{+}{v}{}^{3}, \qquad (8.4.56)\\
\overset{+}{m}_{t} &= \overset{+}{M}{}^{(\alpha\beta)}\mathring{u}_{\alpha}\mathring{u}_{\beta} + M^{(\alpha\rho)}\overset{+}{\varphi}_{\rho}{}^{\beta}{}_{.}\mathring{u}_{\alpha}\mathring{u}_{\beta}, & \overset{+}{\omega}_{t} &= \overset{+}{\omega}_{\alpha}\mathring{t}^{\alpha} = \overset{+}{w}_{\alpha}\mathring{u}^{\alpha} = -\overset{+}{\varphi}_{\alpha 3}\mathring{u}^{\alpha},\\
\overset{+}{m}_{u} &= -\overset{+}{M}{}^{(\alpha\beta)}\mathring{u}_{\alpha}\mathring{t}_{\beta} - M^{(\alpha\rho)}\overset{+}{\varphi}_{\rho}{}^{\beta}{}_{.}\mathring{u}_{\alpha}\mathring{t}_{\beta}
\end{aligned}$$

und aus (8.4.25) die verwendeten Abkürzungen übernehmen:

$$\begin{aligned}
\overset{+}{n}{}^{\alpha\beta} &= \overset{+}{N}{}^{\alpha\beta} + N^{\alpha\rho}\overset{+}{\varphi}_{\rho}{}^{\beta}{}_{.} - Q^{\alpha}\overset{+}{\varphi}{}^{\beta}{}_{.3} = \overset{+}{\tilde{N}}{}^{(\alpha\beta)} + \tilde{N}^{(\alpha\rho)}\overset{+}{\varphi}_{\rho}{}^{\beta}{}_{.} - \overset{+}{M}{}^{(\alpha\rho)}\mathring{b}^{\beta}_{\rho} - M^{(\alpha\rho)}\overset{+}{\varphi}{}^{\beta}{}_{.3}|_{\rho} - Q^{\alpha}\overset{+}{\varphi}{}^{\beta}{}_{.3},\\
\overset{+}{q}{}^{\alpha} &= \overset{+}{Q}{}^{\alpha} + N^{\alpha\rho}\overset{+}{\varphi}_{\rho 3} = \overset{+}{Q}{}^{\alpha} + \tilde{N}^{(\alpha\rho)}\overset{+}{\varphi}_{\rho 3} - \mathring{b}^{\lambda}_{\rho}M^{(\lambda\rho)}\overset{+}{\varphi}_{\lambda 3}. \qquad (8.4.57)
\end{aligned}$$

Setzen wir schließlich den Grundzustand als Membranspannungszustand voraus:

$$M^{(\alpha\beta)} \approx 0, \quad Q^{\alpha} \approx 0 \rightarrow N^{\alpha\beta} \approx \tilde{N}^{(\alpha\beta)} = N^{(\alpha\beta)}, \qquad (8.4.58)$$

was für eine Vielzahl von Stabilitätsproblemen in guter Näherung zutrifft, so entstehen aus (8.4.54) die *klassischen* Stabilitätsgleichungen:

$$\begin{aligned}
&\overset{+}{N}{}^{\alpha\beta}|_{\alpha} - \overset{+}{Q}{}^{\alpha}\mathring{b}^{\beta}_{\alpha} + N^{(\alpha\rho)}\overset{+}{L}{}^{\beta}_{\alpha\rho} + \overset{+}{P}{}^{\beta} = 0,\\
&\overset{+}{N}{}^{\alpha\beta}\mathring{b}_{\alpha\beta} + \overset{+}{Q}{}^{\alpha}|_{\alpha} - N^{(\alpha\rho)}\overset{+}{\omega}_{\alpha\rho} + \overset{+}{P}{}^{3} = 0, \qquad (8.4.59)\\
&\overset{+}{M}{}^{(\alpha\beta)}|_{\alpha} - \overset{+}{Q}{}^{\beta} = 0
\end{aligned}$$

mit den unveränderten Abkürzungen (8.4.11, 12), (8.4.55). Formal stimmt nunmehr die Symmetriebedingung (8.4.50) mit derjenigen der linearen Theorie überein:

$$\overset{+}{\tilde{N}}{}^{(\alpha\beta)} = \overset{+}{N}{}^{\alpha\beta} + \overset{+}{M}{}^{(\alpha\rho)}\mathring{b}^{\beta}_{\rho}. \qquad (8.4.60)$$

Ferner sind die vorschreibbaren Randkraftgrößen (8.4.56, 57) dementsprechend zu vereinfachen. Unverändert bleiben jedoch die übrigen Beziehungen.

Betrachten wir abschließend erneut unter der Voraussetzung (8.4.46) die Formulierungsvariante vom Typ *Donnell-Marguerre*, so entsteht aus (8.3.176, 177) sowie (8.3.174):

$$\begin{aligned} &\overset{+}{N}{}^{(\alpha\beta)}|_\alpha + \overset{+}{P}{}^\beta = 0, \\ &\overset{+}{N}{}^{(\alpha\beta)}\overset{\circ}{b}_{\alpha\beta} - N^{(\alpha\beta)}\overset{+}{\omega}_{\alpha\beta} + \overset{+}{Q}{}^\alpha|_\alpha + \overset{+}{P}{}^3 = 0, \\ &\overset{+}{M}{}^{(\alpha\beta)}|_\alpha - \overset{+}{Q}{}^\beta = 0 \end{aligned} \tag{8.4.61}$$

mit dem nunmehr symmetrischen Längskrafttensor $\overset{+}{N}{}^{(\alpha\beta)}$. Durch Größenordnungsabschätzungen gemäß Abschnitt 8.3.16 kann gezeigt werden, daß im Rahmen dieser Theorie $\overset{+}{P}{}^\beta$ vernachlässigbar ist. Aus (8.3.164, 165) folgt:

$$\begin{aligned} \overset{+}{\alpha}_{\alpha\beta} &= \frac{1}{2}(\overset{+}{\varphi}_{\alpha\beta} + \overset{+}{\varphi}_{\beta\alpha}) = \frac{1}{2}(\overset{+}{v}_\alpha|_\beta + \overset{+}{v}_\beta|_\alpha - 2\overset{\circ}{b}_{\alpha\beta}\overset{+}{v}_3), \\ \overset{+}{\omega}_{\alpha\beta} &= -\frac{1}{2}(\overset{+}{\varphi}_{\alpha 3}|_\beta + \overset{+}{\varphi}_{\beta 3}|_\alpha) = -\overset{+}{v}_3|_{\alpha\beta}, \end{aligned} \tag{8.4.62}$$

wobei gemäß (8.3.161, 162) gilt:

$$\overset{+}{\varphi}_{\alpha 3} = \overset{+}{v}_3|_\alpha, \quad \overset{+}{\varphi}_{\alpha\beta} = \overset{+}{v}_\beta|_\alpha - \overset{\circ}{b}_{\alpha\beta}\overset{+}{v}_3. \tag{8.4.63}$$

In den konstitutiven Beziehungen (8.4.49) ist lediglich $\overset{+}{\tilde{N}}{}^{(\alpha\beta)}$ durch $\overset{+}{N}{}^{(\alpha\beta)}$ zu ersetzen. Die vorschreibbaren Randvariablen lassen sich schließlich aus (8.3.180) sowie (8.3.181, 182) gewinnen:

$$\begin{aligned} &\overset{+}{n}_t = \overset{+}{N}{}^{(\alpha\beta)}\overset{\circ}{u}_\alpha\overset{\circ}{t}_\beta, & &\overset{+}{v}_t = \overset{+}{v}_\alpha\overset{\circ}{t}{}^\alpha, \\ &\overset{+}{n}_u = \overset{+}{N}{}^{(\alpha\beta)}\overset{\circ}{u}_\alpha\overset{\circ}{u}_\beta, & &\overset{+}{v}_u = \overset{+}{v}_\alpha\overset{\circ}{u}{}^\alpha, \\ &\overset{+}{\tilde{n}}_3 = (\overset{+}{Q}{}^\alpha + N^{(\alpha\rho)}\overset{+}{\varphi}_{\rho 3})\overset{\circ}{u}_\alpha + \frac{\partial(\overset{+}{M}{}^{(\alpha\beta)}\overset{\circ}{u}_\alpha\overset{\circ}{t}_\beta)}{\partial\Theta^\lambda}\overset{\circ}{t}{}^\lambda, & &\overset{+}{v}_3 = \overset{+}{v}{}^3, \\ &\overset{+}{m}_t = \overset{+}{M}{}^{(\alpha\beta)}\overset{\circ}{u}_\alpha\overset{\circ}{u}_\beta, & &\omega_t = \overset{+}{\omega}_\alpha\overset{\circ}{t}{}^\alpha = \overset{+}{w}_\alpha\overset{\circ}{u}{}^\alpha = -\overset{+}{v}_{3,\alpha}\overset{\circ}{u}{}^\alpha. \end{aligned} \tag{8.4.64}$$

8.4.5 Anwendungsbeispiele der klassischen Stabilitätstheorie

Zur Erläuterung der entstandenen Beziehungen betrachten wir eine Kreiszylinderschale mit dem Radius R. Die Mittelfläche sei gemäß Bild 8.15 durch den Breitenkreiswinkel Θ^1 sowie die normierte Koordinate $\Theta^2 = \frac{x^3}{R}$ beschrieben. Unter Verwendung des Ortsvektors

$$\overset{\circ}{\mathbf{r}} = R(\cos\Theta^1\mathbf{i}_1 + \sin\Theta^1\mathbf{i}_2 + \Theta^2\mathbf{i}_3)$$

lassen sich in bekannter Weise folgende differentialgeometrischen Elemente

$$\overset{\circ}{a}_{\alpha\beta} = \begin{bmatrix} R^2 & 0 \\ 0 & R^2 \end{bmatrix}, \quad \overset{\circ}{a}{}^{\alpha\beta} = \begin{bmatrix} \frac{1}{R^2} & 0 \\ 0 & \frac{1}{R^2} \end{bmatrix}, \quad \overset{\circ}{a} = R^4,$$

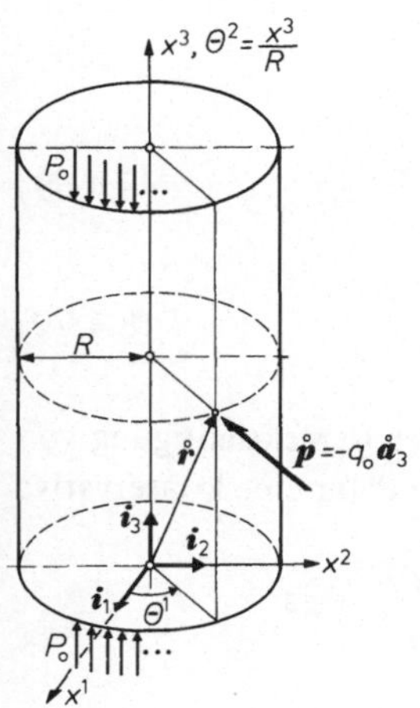

Bild 8.15 Kreiszylinderschale unter Axiallast P_0 sowie Außendruck q_0

$$\mathring{b}_{\alpha\beta} = \begin{bmatrix} -R & 0 \\ 0 & 0 \end{bmatrix}, \quad \mathring{b}_{\alpha}^{\beta} = \begin{bmatrix} -\frac{1}{R} & 0 \\ 0 & 0 \end{bmatrix}, \quad \mathring{\Gamma}_{\beta\gamma}^{\alpha} = 0 \tag{8.4.65}$$

herleiten, womit der Elastizitätstensor $H^{\alpha\beta\lambda\mu}$ (8.3.103) die Komponenten

$$H^{1111} = H^{2222} = \frac{1}{R^4}, \quad H^{1122} = \frac{\nu}{R^4}, \quad H^{1212} = \frac{1-\nu}{2R^4}, \quad H^{1112} = H^{1222} = 0 \tag{8.4.66}$$

erhält. Schreiben wir die Kopplungen (8.4.12) und (8.4.48) unter Berücksichtigung von (8.4.65) aus:

$$\overset{+}{\omega}_{11} = -\left(\overset{+}{v}_{3,11} - \frac{2}{R}\overset{+}{v}_{1,1} - \overset{+}{v}_3\right), \quad \overset{+}{\omega}_{12} = -\left(\overset{+}{v}_{3,12} - \frac{1}{R}\overset{+}{v}_{1,12}\right), \quad \overset{+}{\omega}_{22} = -\overset{+}{v}_{3,22}, \tag{8.4.67}$$

$$\begin{aligned} \overset{+}{L}{}^1_{11} &= \frac{1}{R^2}(\overset{+}{v}_{1,11} + R\overset{+}{v}_{3,1}), & \overset{+}{L}{}^1_{12} &= \frac{1}{R^2}(\overset{+}{v}_{1,12} + R\overset{+}{v}_{3,2}), & \overset{+}{L}{}^1_{22} &= \frac{1}{R^2}\overset{+}{v}_{1,22}, \\ \overset{+}{L}{}^2_{11} &= \frac{1}{R^2}(\overset{+}{v}_{2,11} - R\overset{+}{v}_{3,2}), & \overset{+}{L}{}^2_{12} &= \frac{1}{R^2}\overset{+}{v}_{2,12}, & \overset{+}{L}{}^2_{22} &= \frac{1}{R^2}\overset{+}{v}_{2,22}, \end{aligned} \tag{8.4.68}$$

so erhalten wir aus (8.4.59) die folgenden Stabilitätsgleichungen für die Kreiszylinderschale [4, 9]:

$$\begin{aligned} &\overset{+}{N}{}^{11}{}_{,1} + \overset{+}{N}{}^{21}{}_{,2} + \frac{1}{R}\overset{+}{Q}{}^1 + \frac{1}{R^2}(\overset{+}{v}_{1,11} + R\overset{+}{v}_{3,1})N^{(11)} \\ &\qquad + \frac{2}{R^2}(\overset{+}{v}_{1,12} + R\overset{+}{v}_{3,2})N^{(12)} + \frac{1}{R^2}\overset{+}{v}_{1,22}N^{(22)} + \overset{+}{P}{}^1 = 0, \end{aligned}$$

$$\overset{+}{N}{}^{12}{}_{,1} + \overset{+}{N}{}^{22}{}_{,2} + \frac{1}{R^2}(\overset{+}{v}_{2,11} - R\overset{+}{v}_{3,2})N^{(11)} + \frac{2}{R^2}\overset{+}{v}_{2,12}N^{(12)} + \frac{1}{R^2}\overset{+}{v}_{2,22}N^{(22)} + \overset{+}{P}{}^2 = 0,$$

$$R\overset{+}{N}{}^{11} - \overset{+}{Q}{}^{1}{}_{,1} - \overset{+}{Q}{}^{2}{}_{,2} - (\overset{+}{v}_{3,11} - \frac{2}{R}\overset{+}{v}_{1,1} - \overset{+}{v}_{3})N^{(11)}$$

$$- 2(\overset{+}{v}_{3,12} - \frac{1}{R}\overset{+}{v}_{1,2})N^{(12)} - \overset{+}{v}_{3,22}N^{(22)} - \overset{+}{P}{}^{3} = 0, \qquad (8.4.69)$$

$$\begin{aligned} \overset{+}{M}{}^{(11)}{}_{,1} + \overset{+}{M}{}^{(12)}{}_{,2} - \overset{+}{Q}{}^{1} &= 0, \\ \overset{+}{M}{}^{(12)}{}_{,1} + \overset{+}{M}{}^{(22)}{}_{,2} - \overset{+}{Q}{}^{2} &= 0, \end{aligned} \qquad (8.4.70)$$

in welchen der GZ als Membranzustand vorausgesetzt wurde. Unter Berücksichtigung von (8.4.6) sowie (8.4.33) lauten die hierin auftretenden Lastinkremente $\overset{+}{P}{}^{i}$ für eine konservative Belastung $\overset{\circ}{p}{}^{i}$:

$$\begin{aligned} \overset{+}{P}{}^{1} &= -\frac{1}{R^2}(\overset{+}{v}_{1,1} + R\overset{+}{v}_{3})\overset{\circ}{p}{}^{1} - \frac{1}{R^2}\overset{+}{v}_{1,2}\overset{\circ}{p}{}^{2} + \frac{1}{R^2}\left(\overset{+}{v}_{3,1} - \frac{1}{R}\overset{+}{v}_{1}\right)\overset{\circ}{p}{}^{3}, \\ \overset{+}{P}{}^{2} &= -\frac{1}{R^2}(\overset{+}{v}_{2,1}\overset{\circ}{p}{}^{1} + \overset{+}{v}_{2,2}\overset{\circ}{p}{}^{2} - \overset{+}{v}_{3,2}\overset{\circ}{p}{}^{3}), \\ \overset{+}{P}{}^{3} &= -\left(\overset{+}{v}_{3,1} - \frac{1}{R}\overset{+}{v}_{1}\right)\overset{\circ}{p}{}^{1} - \overset{+}{v}_{3,2}\overset{\circ}{p}{}^{2}. \end{aligned} \qquad (8.4.71)$$

Für Außendruck p gilt gemäß (8.4.35):

$$\overset{+}{P}{}^{1} = \overset{+}{P}{}^{2} = 0, \quad \overset{+}{P}{}^{3} = -\frac{1}{R^2}(\overset{+}{v}_{1,1} + \overset{+}{v}_{2,2} + R\overset{+}{v}_{3})p. \qquad (8.4.72)$$

Nach Einführung von (8.4.48) in (8.4.49) sowie unter Berücksichtigung von (8.4.66) finden wir schließlich als zusammengefaßte konstitutive Gleichungen:

$$\begin{aligned} \overset{+}{\tilde{N}}{}^{(11)} &= \frac{D}{R^4}[\overset{+}{v}_{1,1} + R\overset{+}{v}_{3} + \nu\overset{+}{v}_{2,2}], \\ \overset{+}{\tilde{N}}{}^{(12)} &= \frac{D(1-\nu)}{2R^4}[\overset{+}{v}_{1,2} + \overset{+}{v}_{2,1}], \\ \overset{+}{\tilde{N}}{}^{(22)} &= \frac{D}{R^4}[\overset{+}{v}_{2,2} + \nu(\overset{+}{v}_{1,1} + R\overset{+}{v}_{3})], \\ \overset{+}{M}{}^{(11)} &= -\frac{B}{R^4}\left[\overset{+}{v}_{3,11} - \frac{2}{R}\overset{+}{v}_{1,1} - \overset{+}{v}_{3} + \nu\overset{+}{v}_{3,22}\right], \\ \overset{+}{M}{}^{(12)} &= -\frac{B(1-\nu)}{R^4}\left[\overset{+}{v}_{3,12} - \frac{1}{R}\overset{+}{v}_{1,2}\right], \\ \overset{+}{M}{}^{(22)} &= -\frac{B}{R^4}\left[\overset{+}{v}_{3,22} + \nu\left(\overset{+}{v}_{3,11} - \frac{2}{R}\overset{+}{v}_{1,1} - \overset{+}{v}_{3}\right)\right], \end{aligned} \qquad (8.4.73)$$

worin der symmetrische Längskrafttensor $\overset{+}{\tilde{N}}{}^{(\alpha\beta)}$ gemäß (8.4.60) folgende Komponenten besitzt:

$$\overset{+}{\tilde{N}}{}^{(11)} = \overset{+}{N}{}^{11} - \frac{1}{R}\overset{+}{M}{}^{(11)}, \quad \overset{+}{\tilde{N}}{}^{(12)} = \overset{+}{N}{}^{12}, \quad \overset{+}{\tilde{N}}{}^{(21)} = \overset{+}{N}{}^{21} - \frac{1}{R}\overset{+}{M}{}^{(12)}, \quad \overset{+}{\tilde{N}}{}^{(22)} = \overset{+}{N}{}^{22}. \qquad (8.4.74)$$

Die Stabilitätsgleichungen (8.4.69) gelten für beliebige Belastungen. Für eine Kreiszylinderschale, die durch einen Außendruck $p = q_0$ sowie längs ihrer beiden Breitenkreisränder durch eine gleichmäßig verteilte Axiallast P_0 drehsymmetrisch beansprucht ist:

$$N^{(11)} = -\frac{q_0}{R}, \quad N^{(22)} = -\frac{P_0}{R^2}, \quad N^{(12)} = 0,$$

nehmen sie mit (8.4.72) die folgende Gestalt an:

$$\begin{aligned}
&\overset{+}{N}{}^{11}{}_{,1} + \overset{+}{N}{}^{21}{}_{,2} + \frac{1}{R}\overset{+}{Q}{}^{1} - \frac{q_0}{R^3}(\overset{+}{v}_{1,11} + R\overset{+}{v}_{3,1}) - \frac{P_0}{R^4}\overset{+}{v}_{1,22} = 0,\\
&\overset{+}{N}{}^{12}{}_{,1} + \overset{+}{N}{}^{22}{}_{,2} - \frac{q_0}{R^3}(\overset{+}{v}_{2,11} - R\overset{+}{v}_{3,2}) - \frac{P_0}{R^4}\overset{+}{v}_{2,22} = 0, \qquad (8.4.75)\\
&R\overset{+}{N}{}^{11} - \overset{+}{Q}{}^{1}{}_{,1} - \overset{+}{Q}{}^{2}{}_{,2} + \frac{q_0}{R}\left(\overset{+}{v}_{3,11} - \frac{1}{R}\overset{+}{v}_{1,1} + \frac{1}{R}\overset{+}{v}_{2,2}\right) + \frac{P_0}{R^2}\overset{+}{v}_{3,22} = 0.
\end{aligned}$$

Unter Verwendung der physikalischen Komponenten

$$\overset{+}{n}{}^{\langle\alpha\beta\rangle} = R^2\overset{+}{N}{}^{\alpha\beta}, \quad \overset{+}{q}{}^{\langle\alpha\rangle} = R\overset{+}{Q}{}^{\alpha}, \quad \overset{+}{v}_{\langle\alpha\rangle} = \frac{1}{R}\overset{+}{v}_{\alpha}, \quad \overset{+}{v}_{\langle 3\rangle} = \overset{+}{v}_3$$

gemäß (8.3.16), (8.3.76) entsteht schließlich in Übereinstimmung mit den Gleichungen [40] die Darstellung:

$$\begin{aligned}
&\overset{+}{n}{}^{\langle 11\rangle}{}_{,1} + \overset{+}{n}{}^{\langle 21\rangle}{}_{,2} + \overset{+}{q}{}^{\langle 1\rangle} - q_0(\overset{+}{v}_{\langle 1\rangle,11} + \overset{+}{v}_{\langle 3\rangle,1}) - \frac{P_0}{R}\overset{+}{v}_{\langle 1\rangle,22} = 0,\\
&\overset{+}{n}{}^{\langle 12\rangle}{}_{,1} + \overset{+}{n}{}^{\langle 22\rangle}{}_{,2} - q_0(\overset{+}{v}_{\langle 2\rangle,11} - \overset{+}{v}_{\langle 3\rangle,2}) - \frac{P_0}{R}\overset{+}{v}_{\langle 2\rangle,22} = 0, \qquad (8.4.76)\\
&\overset{+}{n}{}^{\langle 11\rangle} - \overset{+}{q}{}^{\langle 1\rangle}{}_{,1} - \overset{+}{q}{}^{\langle 2\rangle}{}_{,2} + q_0(\overset{+}{v}_{\langle 3\rangle,11} - \overset{+}{v}_{\langle 1\rangle,1} + \overset{+}{v}_{\langle 2\rangle,2}) + \frac{P_0}{R}\overset{+}{v}_{\langle 3\rangle,22} = 0.
\end{aligned}$$

Die Lösung dieses Problems findet der Leser beispielsweise in [4, 40, 97].

Als nächstes Beispiel diene die allgemeine Rotationsschale aus Tafel 1.2, wofür folgende differentialgeometrischen Elemente identisch verschwinden:

$$\mathring{a}_{12} = \mathring{a}^{12} = 0, \quad \mathring{b}_{12} = \mathring{b}^1_2 = \mathring{b}^2_1 = 0, \quad \mathring{\Gamma}^1_{11} = \mathring{\Gamma}^1_{22} = \mathring{\Gamma}^2_{12} = 0. \qquad (8.4.77)$$

Gemäß (7.4.19) gilt ferner:

$$\begin{aligned}
&G_{1111} = \frac{1}{1-\nu^2}\mathring{a}_{11}\mathring{a}_{11}, \quad G_{1122} = -\frac{\nu\mathring{a}}{1-\nu^2}, \quad G_{2222} = \frac{1}{1-\nu^2}\mathring{a}_{22}\mathring{a}_{22},\\
&G_{1212} = \frac{\mathring{a}}{2(1-\nu)}, \quad G_{1112} = G_{1222} = 0.
\end{aligned} \qquad (8.4.78)$$

Berücksichtigen wir die aus (1.4.53) sowie (1.4.41, 47) für die Rotationsschale herleitbaren Identitäten

$$\begin{aligned}
&\mathring{b}^1_{1,2} = \mathring{\Gamma}^1_{12}\mathring{b}^2_2 - \mathring{\Gamma}^1_{12}\mathring{b}^1_1,\\
&\mathring{\Gamma}^2_{11,2} - \mathring{\Gamma}^1_{12}\mathring{\Gamma}^2_{11} + \mathring{\Gamma}^2_{11}\mathring{\Gamma}^2_{22} = \mathring{b}_{11}\mathring{b}^2_2,\\
&\mathring{\Gamma}^1_{12,2} - \mathring{\Gamma}^2_{22}\mathring{\Gamma}^1_{12} + \mathring{\Gamma}^1_{12}\mathring{\Gamma}^1_{12} = -\mathring{b}^1_1\mathring{b}_{22}.
\end{aligned}$$

so lassen sich die Verformungsvariablen (8.4.11, 12) und (8.4.48) auch unter Verwendung des Differenzvektors $\overset{+}{w}_\alpha$ (8.4.47):

$$\overset{+}{w}_1 = -(\overset{+}{v}_{3,1} + \mathring{b}^1_1\overset{+}{v}_1), \quad \overset{+}{w}_2 = -(\overset{+}{v}_{3,2} + \mathring{b}^2_2\overset{+}{v}_2) \tag{8.4.79}$$

wie folgt angeben:

$$\begin{aligned}
\overset{+}{L}{}^1_{11} &= \overset{+}{v}_{1,11}\mathring{a}^{11} - \overset{+}{v}_{1,2}\mathring{\Gamma}^2_{11}\mathring{a}^{11} - 2\overset{+}{v}_{2,1}\mathring{\Gamma}^2_{11}\mathring{a}^{11} - \overset{+}{v}_{3,1}\mathring{b}^1_1 + 2\overset{+}{v}_1\mathring{\Gamma}^2_{11}\mathring{\Gamma}^1_{12}\mathring{a}^{11},\\
\overset{+}{L}{}^1_{12} &= \overset{+}{v}_{1,12}\mathring{a}^{11} - 2\overset{+}{v}_{1,1}\mathring{\Gamma}^1_{12} - \overset{+}{v}_{2,2}\mathring{\Gamma}^2_{11}\mathring{a}^{11} + \overset{+}{v}_2(\mathring{\Gamma}^2_{11}\mathring{\Gamma}^2_{22} + \mathring{\Gamma}^1_{12}\mathring{\Gamma}^2_{11})\mathring{a}^{11}\\
&\quad + \overset{+}{v}_3(\mathring{\Gamma}^1_{12}\mathring{b}^1_1 - \mathring{\Gamma}^1_{12}\mathring{b}^2_2) + \overset{+}{w}_2\mathring{b}^1_1,\\
\overset{+}{L}{}^1_{22} &= \overset{+}{v}_{1,22}\mathring{a}^{11} - \overset{+}{v}_{1,2}(2\mathring{\Gamma}^1_{12} + \mathring{\Gamma}^2_{22})\mathring{a}^{11} + \overset{+}{v}_1(2\mathring{\Gamma}^1_{12}\mathring{\Gamma}^1_{12} + \mathring{b}^1_1\mathring{b}_{22})\mathring{a}^{11} - \overset{+}{w}_1\mathring{a}^{11}\mathring{b}_{22},\\
\overset{+}{L}{}^2_{11} &= \overset{+}{v}_{2,11}\mathring{a}^{22} - 2\overset{+}{v}_{1,1}\mathring{\Gamma}^1_{12}\mathring{a}^{22} - \overset{+}{v}_{2,2}\mathring{\Gamma}^2_{11}\mathring{a}^{22} + \overset{+}{v}_2(\mathring{\Gamma}^1_{12}\mathring{\Gamma}^2_{11} + \mathring{\Gamma}^2_{11}\mathring{\Gamma}^2_{22})\mathring{a}^{22}\\
&\quad - \overset{+}{w}_2\mathring{a}^{22}\mathring{b}_{11} + \overset{+}{v}_3(\mathring{\Gamma}^2_{11}\mathring{b}^2_2 - \mathring{\Gamma}^2_{11}\mathring{b}^1_1),\\
\overset{+}{L}{}^2_{12} &= \overset{+}{v}_{2,12}\mathring{a}^{22} - \overset{+}{v}_{1,2}\mathring{\Gamma}^1_{12}\mathring{a}^{22} - \overset{+}{v}_{2,1}(\mathring{\Gamma}^2_{22} + \mathring{\Gamma}^1_{12})\mathring{a}^{22} - \overset{+}{v}_{3,1}\mathring{b}^2_2 + 2\overset{+}{v}_1\mathring{\Gamma}^1_{12}\mathring{\Gamma}^1_{12}\mathring{a}^{22}\\
\overset{+}{L}{}^2_{22} &= \overset{+}{v}_{2,22}\mathring{a}^{22} - 3\overset{+}{v}_{2,2}\mathring{\Gamma}^2_{22}\mathring{a}^{22} - \overset{+}{v}_2(\mathring{\Gamma}^2_{22,2}\mathring{a}^{22} - 2\mathring{\Gamma}^2_{22}\mathring{\Gamma}^2_{22}\mathring{a}^{22} - \mathring{b}^2_2\mathring{b}^2_2) + \overset{+}{w}_2\mathring{b}^2_2 - \overset{+}{v}_3\mathring{b}^2_{2,2},
\end{aligned}$$

$$\begin{aligned}
\overset{+}{L}{}^1_1 &= \overset{+}{w}_{1,1}\mathring{a}^{11} + \overset{+}{v}_{1,1}\mathring{a}^{11}\mathring{b}^1_1 - \overset{+}{w}_2\mathring{\Gamma}^2_{11}\mathring{a}^{11} - \overset{+}{v}_2\mathring{\Gamma}^2_{11}\mathring{a}^{11}\mathring{b}^1_1 - \overset{+}{v}_3\mathring{a}^{11}\mathring{b}^1_1\mathring{b}_{11},\\
\overset{+}{L}{}^2_1 &= \overset{+}{w}_{2,1}\mathring{a}^{22} + \overset{+}{v}_{2,1}\mathring{a}^{22}\mathring{b}^1_1 - \overset{+}{w}_1\mathring{\Gamma}^1_{12}\mathring{a}^{22} - \overset{+}{v}_1\mathring{\Gamma}^1_{12}\mathring{a}^{22}\mathring{b}^1_1,\\
\overset{+}{L}{}^1_2 &= \overset{+}{w}_{1,2}\mathring{a}^{11} + \overset{+}{v}_{1,2}\mathring{a}^{11}\mathring{b}^2_2 - \overset{+}{w}_1\mathring{\Gamma}^1_{12}\mathring{a}^{11} - \overset{+}{v}_1\mathring{\Gamma}^1_{12}\mathring{a}^{11}\mathring{b}^2_2,\\
\overset{+}{L}{}^2_2 &= \overset{+}{w}_{2,2}\mathring{a}^{22} + \overset{+}{v}_{2,2}\mathring{a}^{22}\mathring{b}^2_2 - \overset{+}{w}_2\mathring{\Gamma}^2_{22}\mathring{a}^{22} - \overset{+}{v}_2\mathring{\Gamma}^2_{22}\mathring{a}^{22}\mathring{b}^2_2 - \overset{+}{v}_3\mathring{a}^{22}\mathring{b}^2_2\mathring{b}_{22},
\end{aligned}$$

$$\begin{aligned}
\overset{+}{\omega}_{11} &= \overset{+}{w}_{1,1} - \overset{+}{v}_{1,1}\mathring{b}^1_1 - \overset{+}{w}_2\mathring{\Gamma}^2_{11} + \overset{+}{v}_2\mathring{\Gamma}^2_{11}\mathring{b}^1_1 + \overset{+}{v}_3\mathring{b}^1_1\mathring{b}_{11},\\
\overset{+}{\omega}_{12} &= \frac{1}{2}[\overset{+}{w}_{1,2} + \overset{+}{w}_{2,1} - 2\overset{+}{w}_1\mathring{\Gamma}^1_{12} - \overset{+}{v}_{1,2}\mathring{b}^1_1 - \overset{+}{v}_{2,1}\mathring{b}^2_2 + \overset{+}{v}_1(\mathring{\Gamma}^1_{12}\mathring{b}^1_1 + \mathring{\Gamma}^1_{12}\mathring{b}^2_2)]\\
\overset{+}{\omega}_{22} &= \overset{+}{w}_{2,2} - \overset{+}{v}_{2,2}\mathring{b}^2_2 - \overset{+}{w}_2\mathring{\Gamma}^2_{22} + \overset{+}{v}_2\mathring{\Gamma}^2_{22}\mathring{b}^2_2 + \overset{+}{v}_3\mathring{b}^2_2\mathring{b}_{22}.
\end{aligned} \tag{8.4.80}$$

Damit entstehen aus (8.4.54) die Stabilitätsgleichungen [7, 70]:

$$\begin{aligned}
&\overset{+}{N}{}^{11}{}_{,1} + \overset{+}{N}{}^{21}{}_{,2} + \overset{+}{N}{}^{12}\mathring{\Gamma}^1_{12} + \overset{+}{N}{}^{21}(2\mathring{\Gamma}^1_{12} + \mathring{\Gamma}^2_{22}) - \overset{+}{Q}{}^1\mathring{b}^1_1\\
&\quad + \overset{+}{v}_{1,11}\lambda_{111} + \overset{+}{v}_{1,12}\lambda^*_{112} + \overset{+}{v}_{1,22}\lambda_{122} + \overset{+}{v}_{1,1}\lambda^*_{11} + \overset{+}{v}_{1,2}\lambda_{12} + \overset{+}{v}_{2,1}\lambda_{21}\\
&\quad + \overset{+}{v}_{2,2}\lambda^*_{22} + \overset{+}{v}_{3,1}\lambda_{31} + \overset{+}{v}_1\lambda_1 + \overset{+}{v}_2\lambda^*_2 + \overset{+}{v}_3\lambda^*_3 + \overset{+}{w}_{1,1}\xi^*_{11}\\
&\quad + \overset{+}{w}_{1,2}\xi_{12} + \overset{+}{w}_1\xi_1 + \overset{+}{w}_2\xi^*_2 + \overset{+}{P}{}^1 = 0,\\
&\overset{+}{N}{}^{12}{}_{,1} + \overset{+}{N}{}^{22}{}_{,2} + \overset{+}{N}{}^{11}\mathring{\Gamma}^2_{11} + \overset{+}{N}{}^{22}(2\mathring{\Gamma}^2_{22} + \mathring{\Gamma}^1_{12}) - \overset{+}{Q}{}^2\mathring{b}^2_2\\
&\quad + \overset{+}{v}_{2,11}\beta_{211} + \overset{+}{v}_{2,12}\beta^*_{212} + \overset{+}{v}_{2,22}\beta_{222} + \overset{+}{v}_{1,1}\beta_{11} + \overset{+}{v}_{1,2}\beta^*_{12} + \overset{+}{v}_{2,1}\beta^*_{21}\\
&\quad + \overset{+}{v}_{2,2}\beta_{22} + \overset{+}{v}_{3,1}\beta^*_{31} + \overset{+}{v}_1\beta^*_1 + \overset{+}{v}_2\beta_2 + \overset{+}{v}_3\beta_3 + \overset{+}{w}_{2,1}\eta^*_{21}\\
&\quad + \overset{+}{w}_{2,2}\eta_{22} + \overset{+}{w}_1\eta^*_1 + \overset{+}{w}_2\eta_2 + \overset{+}{P}{}^2 = 0,
\end{aligned}$$

$$
\begin{aligned}
&\overset{+}{N}{}^{11}\mathring{b}_{11} + \overset{+}{N}{}^{22}\mathring{b}_{22} + \overset{+}{Q}{}^{1}{}_{,1} + \overset{+}{Q}{}^{2}{}_{,2} + \overset{+}{Q}{}^{2}(\mathring{\Gamma}^1_{12} + \mathring{\Gamma}^2_{22}) \\
&\qquad + \overset{+}{v}_{1,1}\rho_{11} + \overset{+}{v}_{1,2}\rho^*_{12} + \overset{+}{v}_{2,1}\rho^*_{21} + \overset{+}{v}_{2,2}\rho_{22} + \overset{+}{v}_1\rho^*_1 + \overset{+}{v}_2\rho_2 \\
&\qquad + \overset{+}{v}_3\rho_3 + \overset{+}{w}_{1,1}\kappa_{11} + \overset{+}{w}_{1,2}\kappa^*_{12} + \overset{+}{w}_{2,1}\kappa^*_{21} + \overset{+}{w}_{2,2}\kappa_{22} \\
&\qquad + \overset{+}{w}_1\kappa^*_1 + \overset{+}{w}_2\kappa_2 + \overset{+}{P}{}^3 = 0, \\
&\overset{+}{M}{}^{(11)}{}_{,1} + \overset{+}{M}{}^{(12)}{}_{,2} + \overset{+}{M}{}^{(12)}(3\mathring{\Gamma}^1_{12} + \mathring{\Gamma}^2_{22}) - \overset{+}{Q}{}^1 \\
&\qquad + \overset{+}{v}_{1,11}\bar{\lambda}_{111} + \overset{+}{v}_{1,12}\bar{\lambda}^*_{112} + \overset{+}{v}_{1,22}\bar{\lambda}_{122} + \overset{+}{v}_{1,1}\lambda^*_{11} + \overset{+}{v}_{1,2}\bar{\lambda}_{12} \\
&\qquad + \overset{+}{v}_{2,1}\bar{\lambda}_{21} + \overset{+}{v}_{2,2}\bar{\lambda}^*_{22} + \overset{+}{v}_{3,1}\bar{\lambda}_{31} + \overset{+}{v}_1\bar{\lambda}_1 + \overset{+}{v}_2\bar{\lambda}^*_2 + \overset{+}{v}_3\bar{\lambda}^*_3 \\
&\qquad + \overset{+}{w}_1\bar{\xi}_1 + \overset{+}{w}_2\bar{\xi}^*_2 = 0, \\
&\overset{+}{M}{}^{(12)}{}_{,1} + \overset{+}{M}{}^{(22)}{}_{,2} + \overset{+}{M}{}^{(11)}\mathring{\Gamma}^2_{11} + \overset{+}{M}{}^{(22)}(2\mathring{\Gamma}^2_{22} + \mathring{\Gamma}^1_{12}) - \overset{+}{Q}{}^2 \\
&\qquad + \overset{+}{v}_{2,11}\bar{\beta}_{211} + \overset{+}{v}_{2,12}\bar{\beta}^*_{212} + \overset{+}{v}_{2,22}\bar{\beta}_{222} + \overset{+}{v}_{1,1}\bar{\beta}_{11} + \overset{+}{v}_{1,2}\bar{\beta}^*_{12} \\
&\qquad + \overset{+}{v}_{2,1}\bar{\beta}^*_{21} + \overset{+}{v}_{2,2}\bar{\beta}_{22} + \overset{+}{v}_{3,1}\bar{\beta}^*_{31} + \overset{+}{v}_1\bar{\beta}^*_1 + \overset{+}{v}_2\bar{\beta}_2 \\
&\qquad + \overset{+}{v}_3\bar{\beta}_3 + \overset{+}{w}_2\bar{\eta}_2 = 0,
\end{aligned}
\tag{8.4.81}
$$

mit den Abkürzungen

$$
\begin{aligned}
\lambda_{111} &= N^{11}\mathring{a}^{11}, \quad \lambda^*_{112} = (N^{12} + N^{21})\mathring{a}^{11}, \quad \lambda_{122} = N^{22}\mathring{a}^{11}, \\
\lambda^*_{11} &= -2(N^{12} + N^{21})\mathring{\Gamma}^1_{12}\mathring{a}^{11} + Q^1\mathring{a}^{11}\mathring{b}^1_1, \\
\lambda_{12} &= -N^{11}\mathring{\Gamma}^2_{11}\mathring{a}^{11} - N^{22}(2\mathring{\Gamma}^1_{12} + \mathring{\Gamma}^2_{22})\mathring{a}^{11} + Q^2\mathring{a}^{11}\mathring{b}^2_2, \\
\lambda_{21} &= -2N^{11}\mathring{\Gamma}^2_{11}\mathring{a}^{11}, \quad \lambda^*_{22} = -(N^{12} + N^{21})\mathring{\Gamma}^2_{11}\mathring{a}^{11}, \quad \lambda_{31} = -N^{11}\mathring{b}^1_1, \\
\lambda_1 &= 2N^{11}\mathring{\Gamma}^2_{11}\mathring{\Gamma}^1_{12}\mathring{a}^{11} + N^{22}(2\mathring{\Gamma}^1_{12}\mathring{\Gamma}^1_{12} + \mathring{b}^1_1\mathring{b}_{22})\mathring{a}^{11} - Q^2\mathring{\Gamma}^1_{12}\mathring{a}^{11}\mathring{b}^2_2, \\
\lambda^*_2 &= (N^{12} + N^{21})(\mathring{\Gamma}^2_{11}\mathring{\Gamma}^2_{22} + \mathring{\Gamma}^1_{12}\mathring{\Gamma}^2_{11})\mathring{a}^{11} - Q^1\mathring{\Gamma}^2_{11}\mathring{a}^{11}\mathring{b}^1_1, \\
\lambda^*_3 &= (N^{12} + N^{21})(\mathring{b}^1_1 - \mathring{b}^2_2)\mathring{\Gamma}^1_{12} - Q^1\mathring{b}^1_1\mathring{b}_{11}\mathring{a}^{11},
\end{aligned}
$$

$$
\begin{aligned}
\xi^*_{11} &= Q^1\mathring{a}^{11}, \quad \xi_{12} = Q^2\mathring{a}^{11}, \quad \xi_1 = -Q^2\mathring{\Gamma}^1_{12}\mathring{a}^{11} - N^{22}\mathring{b}_{22}\mathring{a}^{11}, \\
\xi^*_2 &= (N^{12} + N^{21})\mathring{b}^1_1 - Q^1\mathring{\Gamma}^2_{11}\mathring{a}^{11},
\end{aligned}
$$

$$
\begin{aligned}
\beta_{211} &= N^{11}\mathring{a}^{22}, \quad \beta^*_{212} = (N^{12} + N^{21})\mathring{a}^{22}, \quad \beta_{222} = N^{22}\mathring{a}^{22}, \\
\beta_{11} &= -2N^{11}\mathring{\Gamma}^1_{12}\mathring{a}^{22}, \quad \beta^*_{12} = -(N^{12} + N^{21})\mathring{\Gamma}^1_{12}\mathring{a}^{22}, \\
\beta^*_{21} &= -(N^{12} + N^{21})(\mathring{\Gamma}^2_{22} + \mathring{\Gamma}^1_{12})\mathring{a}^{22} + Q^1\mathring{a}^{22}\mathring{b}^1_1, \\
\beta_{22} &= -3N^{22}\mathring{\Gamma}^2_{22}\mathring{a}^{22} - N^{11}\mathring{\Gamma}^2_{11}\mathring{a}^{22} + Q^2\mathring{a}^{22}\mathring{b}^2_2, \\
\beta^*_{31} &= -(N^{12} + N^{21})\mathring{b}^2_2, \\
\beta^*_1 &= 2(N^{12} + N^{21})\mathring{\Gamma}^1_{12}\mathring{\Gamma}^1_{12}\mathring{a}^{22} - Q^1\mathring{\Gamma}^1_{12}\mathring{a}^{22}\mathring{b}^1_1, \\
\beta_2 &= N^{11}(\mathring{\Gamma}^1_{12}\mathring{\Gamma}^2_{11} + \mathring{\Gamma}^2_{11}\mathring{\Gamma}^2_{22})\mathring{a}^{22} + N^{22}(2\mathring{\Gamma}^2_{22}\mathring{\Gamma}^2_{22}\mathring{a}^{22} - \mathring{\Gamma}^2_{22,2}\mathring{a}^{22} + \mathring{b}^2_2\mathring{b}^2_2) - Q^2\mathring{\Gamma}^2_{22}\mathring{a}^{22}\mathring{b}^2_2, \\
\beta_3 &= N^{11}(\mathring{b}^2_2 - \mathring{b}^1_1)\mathring{\Gamma}^2_{11} - N^{22}\mathring{b}^2_{2,2} - Q^2\mathring{a}^{22}\mathring{b}^2_2\mathring{b}_{22},
\end{aligned}
$$

$$\eta^*_{21} = Q^1 \mathring{a}^{22}, \quad \eta_{22} = Q^2 \mathring{a}^{22}, \quad \eta^*_1 = -Q^1 \mathring{\Gamma}^1_{12} \mathring{a}^{22},$$
$$\eta_2 = N^{22} \mathring{b}^2_2 - N^{11} \mathring{a}^{22} \mathring{b}_{11} - Q^2 \mathring{\Gamma}^2_{22} \mathring{a}^{22},$$

$$\rho_{11} = N^{11} \mathring{b}^1_1, \quad \rho^*_{12} = \frac{1}{2}(N^{12} + N^{21}) \mathring{b}^1_1, \quad \rho^*_{21} = \frac{1}{2}(N^{12} + N^{21}) \mathring{b}^2_2, \quad \rho_{22} = N^{22} \mathring{b}^2_2$$
$$\rho^*_1 = -\frac{1}{2}(N^{12} + N^{21})(\mathring{b}^1_1 + \mathring{b}^2_2) \mathring{\Gamma}^1_{12},$$
$$\rho_2 = -N^{11} \mathring{\Gamma}^2_{11} \mathring{b}^1_1 - N^{22} \mathring{\Gamma}^2_{22} \mathring{b}^2_2,$$
$$\rho_3 = -N^{11} \mathring{b}^1_1 \mathring{b}_{11} - N^{22} \mathring{b}^2_2 \mathring{b}_{22},$$

$$\kappa_{11} = -N^{11}, \quad \kappa^*_{12} = \kappa^*_{21} = -\frac{1}{2}(N^{12} + N^{21}), \quad \kappa_{22} = -N^{22},$$
$$\kappa^*_1 = (N^{12} + N^{21}) \mathring{\Gamma}^1_{12}, \quad \kappa_2 = N^{11} \mathring{\Gamma}^2_{11} + N^{22} \mathring{\Gamma}^2_{22}. \tag{8.4.82}$$

Die Kopplungen für die quergestrichenen Abkürzungen $\overline{\lambda}_{111}, \overline{\beta}_{111}, \ldots$ der Momentengleichgewichtsbedingungen können dabei aus den querstrichlosen Größen $\lambda_{111}, \beta_{111}, \ldots$ gewonnen werden, wenn man dort $Q^\alpha = 0$ setzt und $N^{\alpha\beta}$ jeweils durch $M^{(\alpha\beta)}$ ersetzt. Die zusammengefaßten konstitutiven Gleichungen können unter Berücksichtigung von (8.4.78) aus (8.4.48, 49) hergeleitet werden:

$$\overset{+}{v}_{1,1} - \overset{+}{v}_2 \mathring{\Gamma}^2_{11} - \overset{+}{v}_3 \mathring{b}_{11} = \frac{1}{D}(G_{1111} \overset{+}{\tilde{N}}{}^{(11)} + G_{1122} \overset{+}{\tilde{N}}{}^{(22)}),$$

$$\overset{+}{v}_{1,2} + \overset{+}{v}_{2,1} - 2\overset{+}{v}_1 \mathring{\Gamma}^1_{12} = \frac{4}{D} G_{1212} \overset{+}{\tilde{N}}{}^{(12)}$$

$$\overset{+}{v}_{2,2} - \overset{+}{v}_2 \mathring{\Gamma}^2_{22} - \overset{+}{v}_3 \mathring{b}_{22} = \frac{1}{D}(G_{1122} \overset{+}{\tilde{N}}{}^{(11)} + G_{2222} \overset{+}{\tilde{N}}{}^{(22)}),$$

$$\overset{+}{w}_{1,1} - \overset{+}{w}_2 \mathring{\Gamma}^2_{11} - \overset{+}{v}_{1,1} \mathring{b}^1_1 + \overset{+}{v}_2 \mathring{b}^1_1 \mathring{\Gamma}^2_{11} + \overset{+}{v}_3 \mathring{b}^1_1 \mathring{b}_{11} = \frac{1}{B}(G_{1111} \overset{+}{M}{}^{(11)} + G_{1122} \overset{+}{M}{}^{(22)}),$$
$$\overset{+}{w}_{1,2} + \overset{+}{w}_{2,1} - 2\overset{+}{w}_1 \mathring{\Gamma}^1_{12} - \overset{+}{v}_{1,2} \mathring{b}^1_1 - \overset{+}{v}_{2,1} \mathring{b}^2_2 + \overset{+}{v}_1 (\mathring{b}^1_1 \mathring{\Gamma}^1_{12} + \mathring{b}^2_2 \mathring{\Gamma}^1_{12}) = \frac{4}{B} G_{1212} \overset{+}{M}{}^{(12)},$$
$$\overset{+}{w}_{2,2} - \overset{+}{w}_2 \mathring{\Gamma}^2_{22} - \overset{+}{v}_{2,2} \mathring{b}^2_2 + \overset{+}{v}_2 \mathring{b}^2_2 \mathring{\Gamma}^2_{22} + \overset{+}{v}_3 \mathring{b}^2_2 \mathring{b}_{22} = \frac{1}{B}(G_{1122} \overset{+}{M}{}^{(11)} + G_{2222} \overset{+}{M}{}^{(22)}). \tag{8.4.83}$$

Laut (8.4.60) gilt hierbei:

$$\overset{+}{\tilde{N}}{}^{(11)} = \overset{+}{N}{}^{11} + \overset{+}{M}{}^{(11)} \mathring{b}^1_1, \quad \overset{+}{\tilde{N}}{}^{(12)} = \overset{+}{N}{}^{12} + \overset{+}{M}{}^{(12)} \mathring{b}^2_2,$$
$$\overset{+}{\tilde{N}}{}^{(21)} = \overset{+}{N}{}^{21} + \overset{+}{M}{}^{(12)} \mathring{b}^1_1, \quad \overset{+}{\tilde{N}}{}^{(22)} = \overset{+}{N}{}^{22} + \overset{+}{M}{}^{(22)} \mathring{b}^2_2. \tag{8.4.84}$$

Beschränkt man sich auf einen drehsymmetrischen Grundzustand:

$$N^{12} = N^{21} = Q^1 = M^{(12)} = 0,$$

so verschwinden alle mit Stern markierten Abkürzungen aus (8.4.82). Verwendet man dabei den Ansatz

$$\overset{+}{Y}{}^{(S)} = \overset{+}{Y}{}^{(S)}_n \cos n\Theta^1, \quad \overset{+}{Y}{}^{(A)} = \overset{+}{Y}{}^{(A)}_n \sin n\Theta^1$$

für die analog zu (7.4.25) definierbaren symmetrischen $\overset{+}{Y}{}^{(S)}$ und antimetrischen Variablen $\overset{+}{Y}{}^{(A)}$, so können in den obigen Beziehungen alle Ableitungen der Ringrichtung Θ^1 eliminiert werden. Die damit aus (8.4.79, 81) sowie (8.4.83, 84) entstehenden Beziehungen, die Stabilitätsgleichungen:

$$\begin{aligned}
&\overset{+}{N}{}^{21\prime}_n - n\overset{+}{N}{}^{11}_n + \overset{+}{N}{}^{12}_n \overset{\circ}{\Gamma}{}^1_{12} + \overset{+}{N}{}^{21}_n(2\overset{\circ}{\Gamma}{}^1_{12} + \overset{\circ}{\Gamma}{}^2_{22}) - \overset{+}{Q}{}^1_n \overset{\circ}{b}{}^1_1 \\
&\qquad + \overset{+}{S}_{1n}\lambda_{122} + \overset{+}{V}_{1n}\lambda_{12} + \overset{+}{v}_{1n}(\lambda_1 - n^2\lambda_{111}) - n\overset{+}{v}_{2n}\lambda_{21} + \overset{+}{W}_{1n}\xi_{12} \\
&\qquad + \overset{+}{w}_{1n}\xi_1 - n\overset{+}{v}_{3n}\lambda_{31} + \overset{+}{P}{}^1_n = 0, \\
&\overset{+}{N}{}^{22\prime}_n + \overset{+}{N}{}^{11}_n \overset{\circ}{\Gamma}{}^2_{11} + n\overset{+}{N}{}^{12}_n + \overset{+}{N}{}^{22}_n(2\overset{\circ}{\Gamma}{}^2_{22} + \overset{\circ}{\Gamma}{}^1_{12}) - \overset{+}{Q}{}^2_n \overset{\circ}{b}{}^2_2 \\
&\qquad + \overset{+}{S}_{2n}\beta_{222} + \overset{+}{V}_{2n}\beta_{22} + n\overset{+}{v}_{1n}\beta_{11} + \overset{+}{v}_{3n}\beta_3 + \overset{+}{v}_{2n}(\beta_2 - n^2\beta_{211}) \\
&\qquad + \overset{+}{W}_{2n}\eta_{22} + \overset{+}{w}_{2n}\eta_2 + \overset{+}{P}{}^2_n = 0, \\
&\overset{+}{N}{}^{11}_n \overset{\circ}{b}_{11} + \overset{+}{N}{}^{22}_n \overset{\circ}{b}_{22} + n\overset{+}{Q}{}^1_n + \overset{+}{Q}{}^{2\prime}_n + \overset{+}{Q}{}^2_n(\overset{\circ}{\Gamma}{}^1_{12} + \overset{\circ}{\Gamma}{}^2_{22}) \\
&\qquad + n\overset{+}{v}_{1n}\rho_{11} + \overset{+}{V}_{2n}\rho_{22} + \overset{+}{v}_{2n}\rho_2 + \overset{+}{v}_{3n}\rho_3 + \overset{+}{W}_{2n}\kappa_{22} \\
&\qquad + \overset{+}{w}_{2n}\kappa_2 + n\overset{+}{w}_{1n}\kappa_{11} + \overset{+}{P}{}^3_n = 0, \\
&\overset{+}{M}{}^{12\prime}_n - n\overset{+}{M}{}^{11}_n + \overset{+}{M}{}^{12}_n(3\overset{\circ}{\Gamma}{}^1_{12} + \overset{\circ}{\Gamma}{}^2_{22}) - \overset{+}{Q}{}^1_n \\
&\qquad + \overset{+}{S}_{1n}\overline{\lambda}_{122} + \overset{+}{V}_{1n}\overline{\lambda}_{12} + \overset{+}{v}_{1n}(\overline{\lambda}_1 - n^2\overline{\lambda}_{111}) - n\overset{+}{v}_{2n}\overline{\lambda}_{21} + \overset{+}{w}_{1n}\overline{\xi}_1 \\
&\qquad - n\overset{+}{v}_{3n}\overline{\lambda}_{31} = 0, \\
&\overset{+}{M}{}^{22\prime}_n + \overset{+}{M}{}^{11}_n \overset{\circ}{\Gamma}{}^2_{11} + n\overset{+}{M}{}^{12}_n + \overset{+}{M}{}^{22}_n(2\overset{\circ}{\Gamma}{}^2_{22} + \overset{\circ}{\Gamma}{}^1_{12}) - \overset{+}{Q}{}^2_n \\
&\qquad + \overset{+}{S}_{2n}\overline{\beta}_{222} + \overset{+}{V}_{2n}\overline{\beta}_{22} + n\overset{+}{v}_{1n}\overline{\beta}_{11} + \overset{+}{v}_{3n}\overline{\beta}_3 + \overset{+}{v}_{2n}(\overline{\beta}_2 - n^2\overline{\beta}_{211}) \\
&\qquad + \overset{+}{w}_{2n}\overline{\eta}_2 = 0,
\end{aligned} \tag{8.4.85}$$

die konstitutiven Gleichungen:

$$\begin{aligned}
n\overset{+}{v}_{1n} - \overset{+}{v}_{2n}\overset{\circ}{\Gamma}{}^2_{11} - \overset{+}{v}_{3n}\overset{\circ}{b}_{11} &= \frac{1}{D}(G_{1111}\overset{\pm}{\tilde{N}}{}^{(11)}_n + G_{1122}\overset{\pm}{\tilde{N}}{}^{(22)}_n), \\
\overset{+}{V}_{1n} - n\overset{+}{v}_{2n} - 2\overset{+}{v}_{1n}\overset{\circ}{\Gamma}{}^1_{12} &= \frac{4}{D}G_{1212}\overset{\pm}{\tilde{N}}{}^{(12)}_n, \\
\overset{+}{V}_{2n} - \overset{+}{v}_{2n}\overset{\circ}{\Gamma}{}^2_{22} - \overset{+}{v}_{3n}\overset{\circ}{b}_{22} &= \frac{1}{D}(G_{1122}\overset{\pm}{\tilde{N}}{}^{(11)}_n + G_{2222}\overset{\pm}{\tilde{N}}{}^{(22)}_n), \\
n\overset{+}{w}_{1n} - \overset{+}{w}_{2n}\overset{\circ}{\Gamma}{}^2_{11} - n\overset{+}{v}_{1n}\overset{\circ}{b}{}^1_1 + \overset{+}{v}_{3n}\overset{\circ}{b}{}^1_1\overset{\circ}{b}_{11} + \overset{+}{v}_{2n}\overset{\circ}{b}{}^1_1\overset{\circ}{\Gamma}{}^2_{11} &= \frac{1}{B}(G_{1111}\overset{+}{M}{}^{(11)}_n + G_{1122}\overset{+}{M}{}^{(22)}_n), \\
\overset{+}{W}_{1n} - n\overset{+}{w}_{2n} - 2\overset{+}{w}_{1n}\overset{\circ}{\Gamma}{}^1_{12} - \overset{+}{V}_{1n}\overset{\circ}{b}{}^1_1 + n\overset{+}{v}_{2n}\overset{\circ}{b}{}^2_2 + \overset{+}{v}_{1n}(\overset{\circ}{\Gamma}{}^1_{12}\overset{\circ}{b}{}^1_1 + \overset{\circ}{\Gamma}{}^1_{12}\overset{\circ}{b}{}^2_2) &= \frac{4}{B}G_{1212}\overset{+}{M}{}^{(12)}_n, \\
\overset{+}{W}_{2n} - \overset{+}{w}_{2n}\overset{\circ}{\Gamma}{}^2_{22} - \overset{+}{V}_{2n}\overset{\circ}{b}{}^2_2 + \overset{+}{v}_{2n}\overset{\circ}{\Gamma}{}^2_{22}\overset{\circ}{b}{}^2_2 + \overset{+}{v}_{3n}\overset{\circ}{b}{}^2_2\overset{\circ}{b}_{22} &= \frac{1}{B}(G_{1122}\overset{+}{M}{}^{(11)}_n + G_{2222}\overset{+}{M}{}^{(22)}_n),
\end{aligned} \tag{8.4.86}$$

die Symmetriebedingungen:

$$\begin{aligned}
\overset{\pm}{\tilde{N}}{}^{(11)}_n &= \overset{+}{N}{}^{11}_n + \overset{+}{M}{}^{(11)}_n\overset{\circ}{b}{}^1_1, \quad & \overset{\pm}{\tilde{N}}{}^{(12)}_n &= \overset{+}{N}{}^{12}_n + \overset{+}{M}{}^{(12)}_n\overset{\circ}{b}{}^2_2, \\
\overset{\pm}{\tilde{N}}{}^{(21)}_n &= \overset{+}{N}{}^{21}_n + \overset{+}{M}{}^{(12)}_n\overset{\circ}{b}{}^1_1, \quad & \overset{\pm}{\tilde{N}}{}^{(22)}_n &= \overset{+}{N}{}^{22}_n + \overset{+}{M}{}^{(22)}_n\overset{\circ}{b}{}^2_2,
\end{aligned} \tag{8.4.87}$$

und die Normalenhypothese

$$\overset{+}{w}_{1n} = n\overset{+}{v}_{3n} - \overset{+}{v}_{1n}\overset{\circ}{b}{}^{1}_{1}, \qquad \overset{+}{w}_{2n} = -(\overset{+}{v}{}'_{3n} + \overset{+}{v}_{2n}\overset{\circ}{b}{}^{2}_{2}) \tag{8.4.88}$$

bilden mit den Definitionsgleichungen

$$\overset{+}{S}_{\alpha n} = \overset{+}{V}{}'_{\alpha n}, \quad \overset{+}{V}_{\alpha n} = \overset{+}{v}{}'_{\alpha n}, \quad \overset{+}{W}_{\alpha n} = \overset{+}{w}{}'_{\alpha n} \quad (\alpha = 1{,}2) \tag{8.4.89}$$

für die eingeführten Unbekannten $\overset{+}{S}_{\alpha n}$, $\overset{+}{V}_{\alpha n}$, $\overset{+}{W}_{\alpha n}$ ein vollständiges, gewöhnliches Differentialgleichungssystem der Form

$$(\mathbf{A}\overset{+}{\mathbf{Y}})' + \mathbf{B}\overset{+}{\mathbf{Y}} + \lambda_{nkr}\mathbf{S}\overset{+}{\mathbf{Y}} = 0, \quad (\ldots)' = \frac{\partial(\ldots)}{\partial\Theta^{1}}$$

zur Bestimmung der Eigenwerte λ_{nkr} für die Wellenzahlen n = 0, 1, 2 ... Dabei repräsentiert $\overset{+}{\mathbf{Y}}$ wie in (7.4.27) den Vektor der unbekannten Funktionen. Die quadratischen Matrizen **A**, **B** besitzen den gleichen Aufbau wie in der Biegetheorie; die Stabilitätsmatrix **S** hängt von den Schnittgrößen sowie der Geometrie des GZ ab [7]. Diese Differentialgleichung kann durch das in Abschnitt 7.4.4 dargestellte Mehrstellenverfahren numerisch behandelt werden. Hier seien einige Ergebnisse vorgeführt.

Als Beispiel dient die in Bild 8.16 dargestellte Rotationsschale negativer *Gauß*scher Krümmung [1, 142]. Höhe und Randkreisradien seien konstant. Der Radius R_m des als Meridianlinie gewählten Kreisbogens werde dagegen derart variiert, daß der Parameter $\frac{R_T}{R_B}$ die Werte zwischen 0,60 und 0,85 annimmt. Als Lastfall wird gleichmäßiger Außendruck q sowie eine tangential zur Schale wirkende, ebenfalls gleichmäßig verteilte Randlast P untersucht, wobei q und P Lastintensitäten je Einheit der Mittelfläche bzw. der Randlänge bezeichnen. Das Beulverhalten wird für vier verschiedene Lagerungsarten mit den ebenfalls in Bild 8.16 angegebenen Randbedingungen untersucht.

Bild 8.17 enthält die über $\frac{R_T}{R_B}$ aufgetragenen Beulkurven der beiden Lastfälle mit der jeweiligen maßgebenden Wellenzahl n der Ringrichtung. Bei den Schalen S1, S2, S4 besitzen diese einen regelmäßigen Verlauf mit abnehmender (Außendruck) bzw. steigender Tendenz (Randlast) für wachsende Werte von $\frac{R_T}{R_m}$. Die geringsten Beulwerte ergeben sich für Schale S4, deren beide Ränder in Meridianrichtung verschieblich sind. Die zugehörigen Beulfiguren sind weitgehend dehnungslos ($\overset{+}{\alpha}_{\alpha\beta} \approx 0$). Eine hohe Empfindlichkeit gegenüber einer Variation von $\frac{R_T}{R_m}$ zeigt die Schale S3 mit klassischen Stabilitätslagerungen. Bei ihr besitzen die Beulkurven einen stark welligen Verlauf mit einem ebenfalls unregelmäßigen Wechsel der maßgebenden Wellenzahl n.

Den großen Einfluß der Meridianfunktion auf das Beulverhalten von negativ gekrümmten Rotationsschalen zeigt schließlich die Gegenüberstellung von Bild 8.18. Die Schale SH2 besitzt die gleichen Lagerungen wie die Schale S2. Ihre Meridiankurve ist jedoch nunmehr eine Hyperbel. Trotz der geringfügigen Formabweichung unterschieden sich die Ergebnisse für den Wert $\frac{R_T}{R_B} = 0{,}60$ erheblich voneinander, insbesondere für Außendruck.

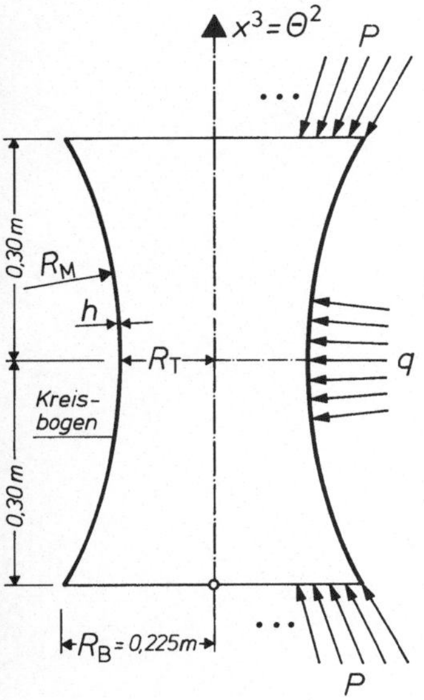

$x^3 = \Theta^2$, P, R_M, h, R_T, q, Kreisbogen, 0,30 m, 0,30 m, $R_B = 0{,}225\,m$

Materialkonstanten, Schalendicke: $E = 3650\ MN/m^2$, $\nu = 0{,}35$, $h = 0{,}0016\,m$

Belastung im GZ: Außendruck q, Randlast P

Symbol	Randbedingungen
	$\overset{+}{v}_t = \overset{+}{v}_u = \overset{+}{v}_3 = \overset{+}{\omega}_t = 0$
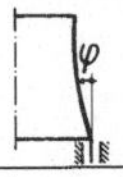 φ	$\overset{+}{v}_t = \overset{+}{\omega}_t = 0,\ \overset{+}{v}_3 + \overset{+}{v}_u \tan\varphi = 0,\ \overset{+}{n}_u - \overset{+}{n}_3 \tan\varphi = 0$
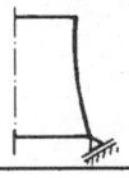	$\overset{+}{v}_t = \overset{+}{v}_u = \overset{+}{n}_3 = \overset{+}{m}_t = 0$
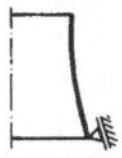	$\overset{+}{v}_t = \overset{+}{n}_u = \overset{+}{v}_3 = \overset{+}{m}_t = 0$
	$\overset{+}{n}_t = \overset{+}{n}_u = \overset{+}{n}_3 = \overset{+}{m}_t = 0$

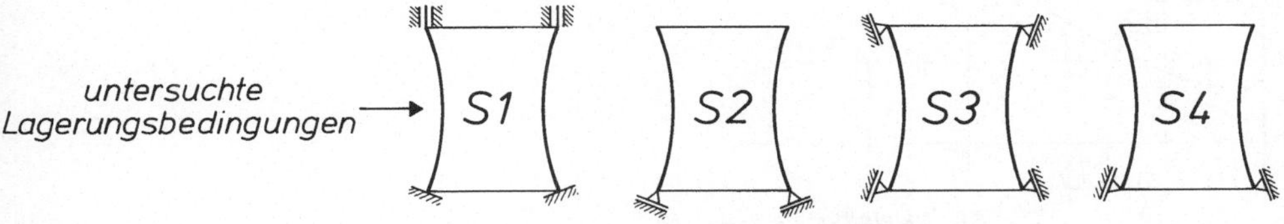

untersuchte Lagerungsbedingungen → S1, S2, S3, S4

Bild 8.16 Negativ gekrümmte Rotationsschalen als Anwendungsbeispiel für die lineare Indifferenztheorie

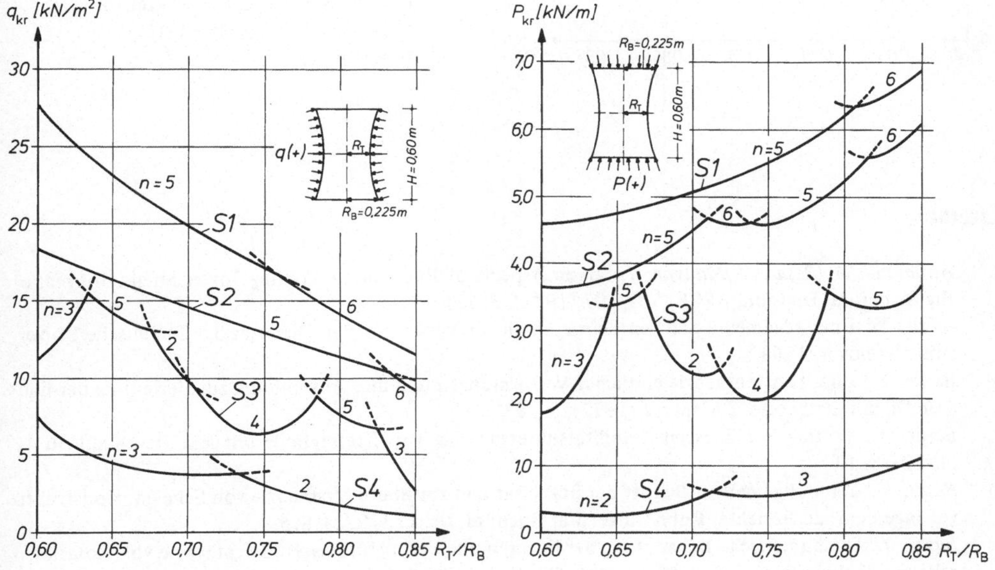

Bild 8.17 Beulwerte negativ gekrümmter Rotationsschalen (Bild 8.16) für Außendruck q und Randlast P

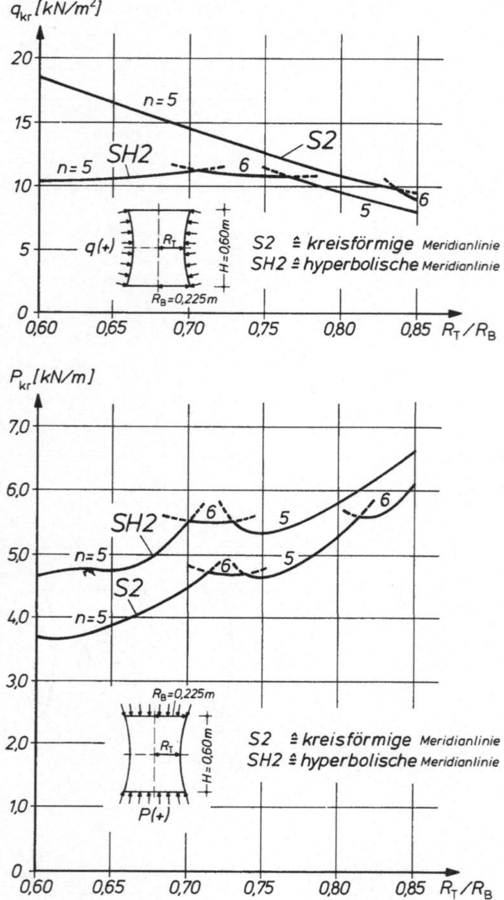

Bild 8.18 Beulwerte negativ gekrümmter Rotationsschalen mit einer kreisförmigen (S2) und hyperbolischen (SH2) Meridianlinie

Literatur

1 *Almannai, A./Başar, Y./Mungan, I.*: Basic Aspects of Buckling of Cooling-Tower Shells. Journal of the Structural Division, ASCE, Vol. 107 (1981), S. 521

2 *Başar, Y.*: Eine allgemeine Schalentheorie endlicher Verformungen. Dissertation, Technische Universität Hannover, 1964

3 *Başar, Y.*: Eine Schalentheorie endlicher Verformungen und ihre Anwendung zur Herleitung der linearen Stabilitätstheorie. ZAMM 52 (1972), S. 197

4 *Başar, Y.*: Beitrag zur linearen Stabilitätsuntersuchung von Kreiszylinderschalen. Der Stahlbau 42 (1972), S. 49

5 *Başar, Y.*: Zum allgemeinen Begriff der Stabilität und zur Stabilitätstheorie von Schalen. Konstruktiver Ingenieurbau Berichte, Ruhr-Universität Bochum, Nr. 17 (1973), S. 5

6 *Başar, Y.*: Die numerische Behandlung der linearen und der nichtlinearen Biegetheorie von Rotationsschalen. Technisch-wissenschaftliche Mitteilungen Nr. 74-7 des Instituts für Konstruktiven Ingenieurbau, Ruhr-Universität Bochum 1974

Gleichgewichtsbedingungen:

$$\overset{+}{n}^{\alpha\beta}|_{\alpha} - \overset{+}{q}^{\alpha}\,\mathring{b}^{\beta}_{\alpha} + \overset{+}{p}^{\beta} = 0$$

$$\overset{+}{n}^{\alpha\beta}\,\mathring{b}_{\alpha\beta} + \overset{+}{q}^{\alpha}|_{\alpha} + \overset{+}{p}^{3} = 0$$

$$[\overset{+}{M}^{(\alpha\beta)} + \underline{\overset{+}{M}^{(\alpha\varrho)}\varphi_{\varrho\cdot}^{\;\beta}} + \underline{M^{(\alpha\varrho)}\overset{+}{\varphi}_{\varrho\cdot}^{\;\beta}}]|_{\alpha} - \overset{+}{Q}^{\beta} - \underline{\overset{+}{Q}^{\alpha}\varphi_{\alpha\cdot}^{\;\beta}} - \underline{Q^{\alpha}\overset{+}{\varphi}_{\alpha\cdot}^{\;\beta}} + \underline{\overset{+}{M}^{(\alpha\lambda)}(\mathring{b}_{\alpha\lambda}\varphi^{\beta}_{\cdot 3} - \mathring{b}^{\beta}_{\lambda}\varphi_{\alpha 3})} + \underline{M^{(\alpha\lambda)}(\mathring{b}_{\alpha\lambda}\overset{+}{\varphi}^{\beta}_{\cdot 3} - \mathring{b}^{\beta}_{\lambda}\overset{+}{\varphi}_{\alpha 3})} = 0$$

Kinematische Beziehungen:

$$\overset{+}{\alpha}_{(\alpha\beta)} = \frac{1}{2}(\overset{+}{\varphi}_{\alpha\beta} + \overset{+}{\varphi}_{\beta\alpha} + \underline{\overset{+}{\varphi}_{\alpha\lambda}\varphi_{\beta\cdot}^{\;\lambda} + \varphi_{\alpha\lambda}\overset{+}{\varphi}_{\beta\cdot}^{\;\lambda} + \overset{+}{\varphi}_{\alpha 3}\varphi_{\beta 3} + \varphi_{\alpha 3}\overset{+}{\varphi}_{\beta 3}})$$

$$\overset{+}{\omega}_{(\alpha\beta)} = -\frac{1}{2}[\overset{+}{\varphi}_{\alpha 3}|_{\beta} + \overset{+}{\varphi}_{\beta 3}|_{\alpha} + \mathring{b}^{\lambda}_{\alpha}\overset{+}{\varphi}_{\beta\lambda} + \mathring{b}^{\lambda}_{\beta}\overset{+}{\varphi}_{\alpha\lambda} - \underline{\overset{+}{\varphi}^{\lambda}_{\cdot 3}(\varphi_{\alpha\lambda}|_{\beta} + \varphi_{\beta\lambda}|_{\alpha} + \mathring{b}_{\alpha\beta}\varphi_{\lambda 3} - \mathring{b}_{\alpha\lambda}\varphi_{\beta 3} - \mathring{b}_{\beta\lambda}\varphi_{\alpha 3})} - \underline{\varphi^{\lambda}_{\cdot 3}(\overset{+}{\varphi}_{\alpha\lambda}|_{\beta} + \overset{+}{\varphi}_{\beta\lambda}|_{\alpha} + \mathring{b}_{\alpha\beta}\overset{+}{\varphi}_{\lambda 3} - \mathring{b}_{\alpha\lambda}\overset{+}{\varphi}_{\beta 3} - \mathring{b}_{\beta\lambda}\overset{+}{\varphi}_{\alpha 3})}]$$

mit den Abkürzungen:

$$\overset{+}{n}^{\alpha\beta} = \overset{+}{N}^{\alpha\beta} + \underline{\overset{+}{N}^{\alpha\varrho}\varphi_{\varrho\cdot}^{\;\beta}} + N^{\alpha\varrho}\overset{+}{\varphi}_{\varrho\cdot}^{\;\beta} - \underline{\overset{+}{Q}^{\alpha}\varphi^{\beta}_{\cdot 3}} - \underline{Q^{\alpha}\overset{+}{\varphi}^{\beta}_{\cdot 3}}$$
$$= \overset{\pm}{\tilde{N}}^{(\alpha\beta)} + \underline{\overset{\pm}{\tilde{N}}^{(\alpha\varrho)}\varphi_{\varrho\cdot}^{\;\beta}} + \tilde{N}^{(\alpha\varrho)}\overset{+}{\varphi}_{\varrho\cdot}^{\;\beta} - \overset{+}{M}^{(\alpha\varrho)}\mathring{b}^{\beta}_{\varrho} - \underline{\overset{+}{M}^{(\alpha\varrho)}\varphi^{\beta}_{\cdot 3}|_{\varrho}} - \underline{M^{(\alpha\varrho)}\overset{+}{\varphi}^{\beta}_{\cdot 3}|_{\varrho}} - \underline{\overset{+}{Q}^{\alpha}\varphi^{\beta}_{\cdot 3}} - \underline{Q^{\alpha}\overset{+}{\varphi}^{\beta}_{\cdot 3}}$$

$$\overset{+}{q}^{\alpha} = \overset{+}{Q}^{\alpha} + \underline{\overset{+}{N}^{\alpha\varrho}\varphi_{\varrho 3}} + N^{\alpha\varrho}\overset{+}{\varphi}_{\varrho 3}$$
$$= \overset{+}{Q}^{\alpha} + \underline{\overset{\pm}{\tilde{N}}^{(\alpha\varrho)}\varphi_{\varrho 3}} + \tilde{N}^{(\alpha\varrho)}\overset{+}{\varphi}_{\varrho 3} - \underline{\mathring{b}^{\lambda}_{\varrho}\overset{+}{M}^{(\alpha\varrho)}\varphi_{\lambda 3}} - \underline{\mathring{b}^{\lambda}_{\varrho}M^{(\alpha\varrho)}\overset{+}{\varphi}_{\lambda 3}}$$

$$\overset{+}{\varphi}_{\alpha\beta} = \overset{+}{v}_{\beta}|_{\alpha} - \mathring{b}_{\alpha\beta}\overset{+}{v}_{3}$$

$$\overset{+}{\varphi}_{\alpha 3} = \overset{+}{v}_{3,\alpha} + \mathring{b}^{\lambda}_{\alpha}\overset{+}{v}_{\lambda}$$

Konstitutive Beziehungen isotroper Tragwerke:

$$\overset{\pm}{\tilde{N}}^{(\alpha\beta)} = DH^{\alpha\beta\varrho\lambda}\overset{+}{\alpha}_{(\varrho\lambda)}, \quad \overset{+}{M}^{(\alpha\beta)} = BH^{\alpha\beta\varrho\lambda}\overset{+}{\omega}_{(\varrho\lambda)} \quad \text{oder} \quad D\overset{+}{\alpha}_{(\alpha\beta)} = G_{\alpha\beta\varrho\lambda}\overset{\pm}{\tilde{N}}^{(\varrho\lambda)}, \quad B\overset{+}{\omega}_{(\alpha\beta)} = G_{\alpha\beta\varrho\lambda}\overset{+}{M}^{(\varrho\lambda)}$$

Vorschreibbare Randvariablen

Kräftevariablen:

$$\overset{\pm}{\tilde{n}}_{t} = \overset{+}{n}^{\alpha\beta}\mathring{u}_{\alpha}\mathring{t}_{\beta} + \mathring{b}^{\lambda}_{\beta}\mathring{t}^{\beta}\mathring{t}_{\lambda}\overset{+}{m}_{u}$$

$$\overset{\pm}{\tilde{n}}_{u} = \overset{+}{n}^{\alpha\beta}\mathring{u}_{\alpha}\mathring{u}_{\beta} + \mathring{b}^{\lambda}_{\beta}\mathring{t}^{\beta}\mathring{u}_{\lambda}\overset{+}{m}_{u}$$

$$\overset{\pm}{\tilde{n}}_{3} = \overset{+}{q}^{\alpha}\mathring{u}_{\alpha} - \frac{\partial\overset{+}{m}_{u}}{\partial\Theta^{\beta}}\mathring{t}^{\beta}$$

$$\overset{+}{m}_{t} = (\overset{+}{M}^{(\alpha\beta)} + \underline{\overset{+}{M}^{(\alpha\varrho)}\varphi_{\varrho\cdot}^{\;\beta}})\mathring{u}_{\alpha}\mathring{u}_{\beta} + \underline{M^{(\alpha\varrho)}\overset{+}{\varphi}_{\varrho\cdot}^{\;\beta}\mathring{u}_{\alpha}\mathring{u}_{\beta}}$$

$$\text{mit} \quad \overset{+}{m}_{u} = -(\overset{+}{M}^{(\alpha\beta)} + \underline{\overset{+}{M}^{(\alpha\varrho)}\varphi_{\varrho\cdot}^{\;\beta}})\mathring{u}_{\alpha}\mathring{t}_{\beta} - \underline{M^{(\alpha\varrho)}\overset{+}{\varphi}_{\varrho\cdot}^{\;\beta}\mathring{u}_{\alpha}\mathring{t}_{\beta}}$$

Weggrößenvariablen:

$$\overset{+}{v}_{t} = \overset{+}{v}_{\alpha}\mathring{t}^{\alpha}$$

$$\overset{+}{v}_{u} = \overset{+}{v}_{\alpha}\mathring{u}^{\alpha}$$

$$\overset{+}{v}_{3} = \overset{+}{v}^{3}$$

$$\omega_{t} = \overset{+}{\omega}_{\alpha}\mathring{t}^{\alpha} = w_{\alpha}\mathring{u}^{\alpha} = -(\overset{+}{\varphi}_{\alpha 3} - \underline{\overset{+}{\varphi}_{\alpha\cdot}^{\;\lambda}\varphi_{\lambda 3} - \varphi_{\alpha\cdot}^{\;\lambda}\overset{+}{\varphi}_{\lambda 3}})\mathring{u}^{\alpha}$$

Tafel 8.8 Bestimmungsgleichungen und vorschreibbare Randvariablen der nichtlinearen, linearen und klassischen Stabilitätstheorie (Für die lineare Stabilitätstheorie entfallen alle gestrichelt unterstrichenen Terme, für die klassische Stabilitätstheorie darüber hinaus die voll unterstrichenen)

7 *Başar, Y.:* Die numerische Behandlung der linearen Stabilitätstheorie allgemeiner Rotationsschalen. ZAMM 56 (1976), S. 287

8 *Başar, Y./Kreuz, B.:* Zur Stabilität hyperbolischer Rotationsschalen. Der Stahlbau 46 (1977), S. 80

9 *Başar, Y./Krätzig, W.B.:* Struktur konsistenter Grundgleichungen für das Beul- und Nachbeulverhalten allgemeiner Flächentragwerke. Der Stahlbau 46 (1977), S. 138

10 *Başar, Y.:* Eine geometrisch nichtlineare Schalentheorie. Konstruktiver Ingenieurbau Berichte Nr. 38/39 des Instituts für Konstruktiven Ingenieurbau, Ruhr-Universität Bochum 1981, S. 7

11 *Başar, Y./Krätzig, W.B.:* Energy-Consistent Linear and Nonlinear Stability Equations for Hyperelastic Shells. Stability in the Mechanics of Continua, 2nd Symposium, Nümbrecht, Germany. Springer-Verlag, Berlin 1982, S. 133

12 *Becker, E./Bürger, W.:* Kontinuumsmechanik. Teubner Studienbücher Mechanik (LAMM), B.G. Teubner, Stuttgart 1975

13 *Bieniek, M.P./Funaro, J.R.:* Elastic-Plastic Behavior of Plates and Shells. Techn. Rep. DNA 3954T, Weidlinger Associates, New York 1976

14 *Biron, A./Sawczuk, A.:* Plastic analysis of rib-reinforced cylindrical shells. Journ. Appl. Mech. 34 (1967), S. 37

15 *De Boer, R./Ehlers, W.:* Grundlagen der isothermen Plastizitäts- und Viskoplastizitätstheorie. Forschungsbericht Nr. 14 aus dem Fachbereich Bauwesen der Gesamthochschule Essen 1980

16 *Brendel, B.:* Geometrisch nichtlineare Elastostabilität. Bericht Nr. 79-1 aus dem Institut für Baustatik der Universität Stuttgart 1979

17 *Britvec, S.J.:* The Stability of Elastic Systems. Pergamon Press, New York 1973

18 *Brush, D.O./Almroth, B.O.:* Buckling of Bars, Plates and Shells. McGraw-Hill, New York 1975

19 *Buchdahl, H.A.:* The concepts of classical thermodynamics. Cambridge University Press, Cambridge 1966

20 *Budiansky, B.:* Notes on Non-linear Shell Theory. J. Appl. Mech., Trans. ASME, Ser. E, Vol 35 (1968), S. 393

21 *Bufler, H.:* Zur Variationsformulierung nichtlinearer Randwertprobleme. Ingenieur-Archiv 45 (1976), S. 17

22 *Bufler, H.:* Inkrementelle Variationsformulierung gewisser nichtlinearer Randwertprobleme, insbesondere in der Elastizitätstheorie. Ingenieur-Archiv 45 (1976), S. 229

23 *Burgoyne, C.J.:* Discussion on Paper 8154: Elasto-plastic buckling in short thin-walled beams and columns. Proc. Inst. Civ. Engrs. 65 (1978), S. 857 und 67 (1979), S. 559

24 *Bushnell, D./Almroth, B.O./Brogan, F.A.:* Finite Difference Energy Methods for Nonlinear Shell Analysis. Journal Computers Structures, Vol. 1 (1972), S. 361

25 *Calladine, C.R.:* On the derivation of yield conditions for shells. Journ. Appl. Mech. 39 (1972), S. 852

26 *Chien, W.Z.:* The Intrinsic Theory of Thin Shells and Plates. Quart. Appl. Math., Vol. 1 (1944), S. 297

27 *Cohen, H./De Silva, C.N.:* Nonlinear Theory of Elastic Directed Surfaces. Journ. Math. Phys. 7 (1966), S. 960

28 *Crisfield, M.A.:* Ivanov's yield criterion for thin plates and shells using finite elements. TRRL-Transport and Road Research Laboratory, Report 919, Crowthorne (GB) 1979

29 *Crisfield, M.A.:* Finite Element Analysis for Combined Material and Geometric Non-Linearities. Europe-US-Workshop on Nonlinear Finite Element Methods, Bochum 1980, S. 325, Springer, Berlin/Göttingen/Heidelberg 1981

30 *Danielson, D.A.:* Theory of Buckling and Post-Buckling Behavior of Elastic Structures. Advances Appl. Mech., Vol. 14 (1974)

31 *Dickel, T.:* Eine geometrisch-nichtlineare, schubelastische Flächentragwerkstheorie, ihre inkrementelle Form und numerische Behandlung mit dem Mehrstellenverfahren als Diskretisierungsmethode. Mitteilung aus dem Institut für Mechanik, Heft 2, Hochschule der Bundeswehr Hamburg 1980

32 *Donnell, L.H.:* A New Theory for the Buckling of Thin Cylinders under Axial Compression and Bending. Trans. ASME 56 (1934), S. 795

33 *Drucker, D.C.:* A more Fundamental Approach to Plastic Stress-Strain Relations. Proc. 1. US Nat. Congr. Appl. Mech., Chicago 1951, S. 487

34 *Eckstein, U.:* Nichtlineare Stabilitätsberechnung elastischer Schalentragwerke. TWM Nr. 83-3 des Instituts für Konstruktiven Ingenieurbau, Ruhr-Universität Bochum 1983

35 *Eggers, H.:* Variational principles for elastoplastic continua. Journ. Struct. Mech. 3 (1974/75), S. 345

36 *Eggers, H./Kröplin, B.:* Yielding of Plates with Hardening and Large Deformations. Int. Journ. Num. Meth. Eng. 12 (1978), S. 739

37 *Eidsheim, O.M./Larsen, P.K.:* A Study of some Generalized Models for Elastoplastic Shells. Europe-US-Workshop on Nonlinear Finite Element Methods, Bochum 1980, S. 364, Springer Berlin/Göttingen/Heidelberg 1981

38 *El Nashie, M.S.:* Nonlinear Isometric Bifurcation and Shell Buckling. ZAMM 57 (1977), S. 293

39 *Flügge, W./Nakamura, T.:* Plastic analysis of shells of revolution under axisymmetric loading. Ing.-Archiv 34 (1965), S. 238

40 *Flügge, W.:* Statik und Dynamik der Schalen. Springer-Verlag, Berlin 1962

41 *Fritz, H./Wittek, U.:* Verzerrungsfreie Verbiegungen und Stabilitätstheorie der Flächentragwerke. Ingenieurarchiv 44 (1975), S. 327

42 *Fritz, H./Wittek, U.:* Die Bedeutung dehnungsloser Beulzustände bei der Stabilitätsberechnung von Schalen. Der Stahlbau 47 (1977), S. 41

43 *Fung, Y.C.:* Foundations of solids mechanics. Prentice-Hall-Inc., Englewood Cliffs, New Jersey 1965

44 *Green, A.E./Adkins, J.E.:* Large Elastic Deformations. Second Edition, At the Clarendon-Press, Oxford 1970

45 *Green, A.E./Laws, N./Naghdi, P.M.:* Rods, plates and shells. Proc. Cambr. Phil. Soc. 64 (1968), S. 895

46 *Green, A.E./Naghdi, P.M.:* Theory of an Elastic-Plastic Cosserat Surface. Int. J. Solids Structures 4 (1968), S. 709

47 *Green, A.E./Naghdi, P.M.:* Non-Isothermal Theory of Rods, Plates and Shells. Int. J. Solids Struct. 6 (1970), S. 209

48 *Green, A.E./Naghdi, P.M./Osborn, R.B.:* Theory of an Elastic-Plastic Cosserat Surface. Int. J. Solids Struct. 4 (1968), S. 907

49 *Green, A.E./Naghdi, P.M./Wainwright, W.L.:* A General Theory of a Cosserat Surface. Arch. Rat. Mech. Anal. 20 (1965), S. 287

50 *Green, A.E./Zerna, W.:* Theoretical Elasticity. 2. Auflage, At the Clarendon-Press, Oxford 1968

51 *Habip, L.M.:* Theory of Elastic Shells in the Reference State. Ingenieur-Archiv 34 (1965), S. 228

52 *Habip, L.M./Ebcioglu, I.K.:* On the Equations of Motion of Shells in the Reference State. Ingenieur-Archiv 34 (1965), S. 28

53 *Harbord, R./Kröplin, B.:* Finite Elementmethode zur nichtlinearen Beulberechnung von Schalentragwerken. Der Stahlbau 46 (1976), S. 314

54 *Haydl, H.M./Sherbourne, A.N.:* Plastic analysis of shallow spherical shells. Journ. Appl. Mech. 40 (1974), S. 593

55 *Hill, R.:* The Mathematical Theory of Plasticity. Oxford University Press, London 1950

56 *Hodge, P.G.:* Rigid-plastic analysis of symmetrically loaded cylindrical shells. Journ. Appl. Mech. 23 (1956), S. 73

57 *Hodge, P.G.:* The Mises yield condition for rotationally symmetric shells. Quart. Appl. Math. 18 (1961), S. 305

58 *Hodge, P.G.:* Limit Analysis of Rotationally Symmetric Plates and Shells. Prentice Hall, Englewood Cliffs 1963

59 *Hutchinson, J.W./Koiter, W.T.:* Postbuckling Theory. Applied Mech. Reviews 23 (1970), S. 1353

60 *Ilyushin, A.A.:* Plasticité. Eyrolles, Paris 1956 (Französische Übersetzung des russischen Originalwerks), Moskau 1948

61 *Ismar, H./Mahrenholtz, O.:* Technische Plastomechanik. Fr. Vieweg & Sohn, Braunschweig 1979

62 *Ivanov, G.V.:* Inzhenernyi Zhurnal Mekhanika Tverdogo Tela, Nr. 6 (1967), S. 74

63 *Koiter, W.T.:* The Effect of Axisymmetric Imperfections on the Buckling of Cylindrical Shells under Axial Compression. Proc. Kon. Ned. Ak. Wet. B 66 (1963), S. 265

64 *Koiter, W.T.:* On the Nonlinear Theory of Thin Elastic Shells. Proc. Kon. Ned. Ak. Wet., B 69 (1966)

65 *Koiter, W.T.:* On the Stability of Elastic Equilibrium. NASA TTF-10-833 (1967)

66 *Koiter, W.T.:* General Equations of Elastic Stability for Thin Shells. Proc. Symp. "Theory of Shells", University of Houston, Texas 1967, S. 187

67 *Koiter, W.T./Simmonds, J.G.:* Foundations of Shell Theory. Theoretical and Applied Mechanics, Proc. 13th Int. Congr., 1972, Springer-Verlag, Berlin 1973, S. 150

68 *Koiter, W.T.:* On the Complementary Energy Theorem in Nonlinear Elasticity Theory. Report WTHD 43 (1973); Report WTHD 72 (1975)

69 *Kollár, L./Dulácska, E.:* Schalenbeulung. Werner-Verlag, Düsseldorf 1975.

70 *Köpper, H.-D.:* Theorie und numerische Lösung des Stabilitätsproblems allgemeiner Rotationsschalen. Techn.-wissenschaftliche Mitteilungen Nr. 74-2 des Instituts für Konstruktiven Ingenieurbau, Ruhr-Universität Bochum 1974

71 *Krätzig, W.B.:* Allgemeine Schalentheorie beliebiger Werkstoffe und Verformungen. Ing.-Archiv 40 (1971), S. 311

72 *Krätzig, W.B.:* Thermodynamics of Deformations and Shell Theory. Techn.-wissenschaftliche Mitteilungen Nr. 71-3 des Instituts für Konstruktiven Ingenieurbau, Ruhr-Universität Bochum 1971

73 *Krätzig, W.B.:* Einführung in die Thermodynamik der Deformationen. Beitrag im Seminarbericht Nr. 73-S1 des Lehrstuhls für Baumechanik, T. U. Hannover 1973

74 *Krätzig, W.B.:* Optimale Schalengrundgleichungen und deren Leistungsfähigkeit. ZAMM 54 (1974), S. 265

75 *Krätzig, W.B.:* Beitrag zu einer linearen Approximation der Stabilitätstheorie elastischer Flächentragwerke. Habilitationsschrift, Technische Universität Hannover 1968

76 *Krätzig, W.B./Waltersdorf, K.-P.:* On Thermodynamics of Deformation and Variational Methods in Reversible Thermoelasticity. Techn.-wiss. Mitteil. Nr. 72-4 des Instituts für Konstruktiven Ingenieurbau, Ruhr-Universität Bochum 1972

77 *Krätzig, W.B./Başar, Y./Wittek. U.:* Nonlinear Behavior and Elastic Stability of Shells. Beitrag in: Buckling of Shells, Ed.: E. Ramm, S. 19. Springer-Verlag Berlin 1982

78 *Kröplin, B./Duddeck, H.:* Simplified Calculation Models Applied to Post Buckling Analysis of Thin Plates. Europe-US-Workshop on Nonlinear Finite Element Methods, Bochum 1980, S. 435, Springer Berlin/Göttingen/Heidelberg 1981

79 *Lance, R.H./Chen-Hsiung Lee:* The yield point load of conical shells. Int. Journ. Mech. Sci. 11 (1969), S. 129

80 *Leicester, R.H.:* Finite Deformations of Shallow Shells. Proc. ASCE, J. Eng. Mech. Div. (1968), S. 1409

81 *Leigh, D.C.:* Nonlinear continuum mechanics. McGraw-Hill Book Company, New York 1968

82 *Marguerre, K.:* Zur Theorie der gekrümmten Platte großer Formänderung. Proc. 5th Int. Congr. Appl. Mech., Wiley, New York 1938, S. 93

83 *Mason, J.:* Variational, Incremental and Energy Methods in Solid Mechanics and Shell Theory. Elsevier Scientific Publishing Company, Amsterdam 1980

84 *Muensterer, H.F./Rimrott, F.P.J.:* Elastic-plastic response of a sandwich cylinder subjected to internal pressure. Journ. Strain Anal. 6 (1971), S. 273

85 *Müller, I.:* Thermodynamik. Die Grundlagen der Materialtheorie. Vieweg, Braunschweig 1973

86 *Nagarasan, S./Popov, E.P.:* Plastic and visco-plastic analysis of axisymmetric shells. Int. Journ. Solids Struct. 11 (1975), S. 1

87 *Naghdi, P.M./Nordgreen, R.P.:* On the Non-linear Theory of Elastic Shells under the Kirchhoff Hypothesis. Quart. Appl. Math., Vol. 21 (1963), S. 49

88 *Naghdi, P.M.:* On the Non-linear Thermoelastic Theory of Shells. Beitrag in: Non-classical Shell Problems, North-Holland Publishing Comp., Amsterdam 1964

89 *Naghdi, P.M.:* The Theory of Shells and Plates. Beitrag im Handbuch der Physik, Band VI, A2, S. 425. Springer-Verlag, Berlin 1972

90 *Naghdi, P.M./Orthwein, W.C.:* Response of shallow visco-elastic spherical shells to time-dependent axisymmetric loads. Quart. Appl. Math. 18 (1960), S. 107

91 *Nemirovsky, Y. V.:* Limit analysis of stiffened axisymmetric shells. Int. Journ. Solids Struct. 5 (1969), S. 1037

92 *Neuber, H.:* Statische Stabilität nichtlinearer elastischer Kontinua mit Anwendung auf Schalen. ZAMM 46 (1966), S. 211

93 *Noll, W.:* The Foundations of Mechanics and Thermodynamics. Springer-Verlag, Berlin 1974

94 *Oden, J.T.:* A linear theory of coupled thermoelastic behaviour and heat conduction in thin shells. Proc. Intern. Colloqu. Progr. Shell Struct. Vol. 3, IASS Madrid 1969

95 *Onat, E.T.:* Plastic Shells. Beitrag in: Non-Classical Shell Problems, North-Holland Publ. Comp., Amsterdam 1964

96 *Olszak, W./Sawczuk, A.:* Inelastic Behaviour in Shells. Noordhoff Ltd., Groningen 1967

97 *Pflüger, A.:* Stabilitätsprobleme der Elastostatik. 2. Auflage, Springer Verlag, Berlin 1964

98 *Pflüger, A.:* Zur plastischen Beulung der Rechteckplatte. Ing.-Archiv 41 (1972), S. 258

99 *Pietraszkiewicz, W.:* Material Equations of Motion for the Nonlinear Theory of Thin Shells. Bull. Acad. Polon. Sci., Ser. Sci. Techn., Vol. 19 (1971), S. 261

100 *Pietraszkiewicz, W.:* Lagrangian Non-linear Theory of Shells. Archives of Mechanics 26 (1974), S. 221

101 *Pietraszkiewicz, W.:* Introduction to the Non-linear Theory of Shells. Mitteilungen aus dem Institut für Mechanik, Ruhr-Universität Bochum, Nr. 10, 1977

102 *Pietraszkiewicz, W.:* Finite Rotations and Lagrangean Description in the Non-linear Theory of Shells. Polish Scientific Publishers, Warschau 1979

103 *Ramm, E.:* Geometrisch nichtlineare Elastostatik und finite Elemente. Bericht Nr. 76-2 aus dem Institut für Baustatik der Universität Stuttgart (1976)

104 *Robinson, A.:* A comparison of yield surfaces for thin shells. Int. Journ. Mech. Sci. 15 (1971), S. 345

105 *Robinson, A.:* The effect of transverse shear stresses on the yield surface for thin shells. Int. Journ. Solids Struct. 9 (1973), S. 810

106 *Rothert, H.:* Direkte Theorie von Linien- und Flächentragwerken bei viskoelastischem Werkstoffverhalten. Techn.-wissensch. Mitteilungen, Nr. 73-2, Institut für Konstruktiven Ingenieurbau, Ruhr-Universität Bochum 1973

107 *Rüdiger, D.:* Eine geometrisch nichtlineare Schalentheorie. ZAMM 41 (1961), S. 198

108 *Sanders, J.L.:* Non-linear Theories for Thin Shells. Quart. Appl. Math. 21 (1963), S. 21

109 *Sattler, K.:* Lehrbuch der Statik, 2. Band. Springer-Verlag, Berlin 1974
110 *Sawczuk, A.:* On plastic analysis of shells. Beitrag in: Koiter, W.T./Mikhailow, G.K., Theory of Shells, S. 27. North-Holland Publ. Comp. 1980
111 *Sawczuk, A./Hodge, P.G.:* Comparison of yield conditions for circular cylindrical shells. Journ. Franklin Inst. 269 (1960), S. 362
112 *Sayir, M.:* Kollapsbelastung von rotations-symmetrischen Schalen. ZAMP 17 (1966), S. 353
113 *Sayir, M.:* Die rotations-symmetrische dünne Zylinderschale aus idealplastischem Material. ZAMP 19 (1968), S. 185 und S. 447
114 *Schmidt, R.:* Variationsprinzipe für geometrisch nichtlineare Schalentheorien bei Rotationen mittlerer Größenordnung. Dissertation Ruhr-Universität Bochum 1980
115 *Schmidt, R./Pietraskiewicz, W.:* Variational Principles in the Geometrically Non-linear Theory of Shells Undergoing Moderate Rotations. Ing.-Arch. 50 (1981), S. 187
116 *Schroeder, F.H.:* Die linearen Stabilitätsgleichungen der technischen Schalentheorie. ZAMM 51 (1971), S. 132
117 *Schroeder, F.H.:* Die linearen Stabilitätsgleichungen der technischen Schalentheorie. Z. Flugwiss. 20 (1972), S. 430
118 *Schroeder, J./Sherbourne, A.N.:* A general theorem for thin shells in classical plasticity. Journ. Math. Phys. 47 (1968), S. 85
119 *Schwarze, G.:* Allgemeine Stabilitätstheorie der Schalen. Ingenieur-Archiv 25 (1957), S. 278
120 *Shapiro, G.S.:* On yield surfaces for ideally plastic shells. Beitrag in: Probl. in Cont. Mech., SIAM, Philadelphia 1961
121 *Sherbourne, A.N./Haydl, H.M.:* Limits loads of edge restrained shallow shells. Int. Journ. Solids Struct. 10 (1974), S. 873
122 *Simmonds, J.G./Danielson, D.A.:* Nonlinear Shell Theory with a Finite Rotation Vector. Proc. Koninkl. Nederl. Akad. v. Wetensch., Series B, 73 (1970), S. 461
123 *Simmonds, J.G./Danielson, D.A.:* Nonlinear Shell Theory with Finite Rotation and Stress-function Vectors. Journ. Appl. Mech., Transactions of the ASME (1972), S. 1085
124 *Stumpf, H.:* The Derivation of Dual Extremum and Complementary Stationarity Principles in Geometrical Non-linear Shell Theory, Ing.-Archiv 48 (1979), S. 221
125 *Stumpf, H.:* On the Linear and Nonlinear Stability Analysis in the Theory of Thin Elastic Shells. Ingenieur-Archiv 51 (1981), S. 195
126 *Talaslidis, D.:* Eine Methode zur Bestimmung des Nachbeulbereiches von Schalentragwerken. ZAMM 56 (1976), S. 155
127 *Talaslidis, D.:* Inkrementelle Schalentheorien und numerische Behandlung diskretisierter Eigenwertprobleme der Strukturmechanik auf der Grundlage verallgemeinerter Arbeitsaussagen. Dissertation der Ruhr-Universität Bochum 1978
128 *Thompson, J.M.T./Hunt, G.W.:* A General Theory of Elastic Stability. J. Wiley & Sons 1973
129 *Timoshenko, S.P./Gere, J.M.:* Theory of Elastic Stability. Second Edition, McGraw Hill, New York 1961
130 *Waltersdorf, K.P.:* Beitrag zur Frage konsistenter, geometrisch nichtlinearer Theorien dünner elastischer Flächentragwerke. Werner Verlag Düsseldorf 1971
131 *Wempner, G.:* Theory for Moderately Large Deflections of Sandwich Shells. Int. Journ. Solids Struct. 3 (1967), S. 367
132 *Wempner, G.:* Mechanics of Solids. McGraw-Hill Book Company, New York 1973
133 *Wempner, G.:* Mechanics of Shells in the Age of Computation. Beitrag in: Pister, K.S.: Structural Engineering and Structural Mechanics, Prentice-Hall, Inc., Englewood Cliffs, N.J. 1980
134 *Wempner, G./Hwang, C.-M.:* A derived theory of elastic-plastic shells. Int. Journ. Solids Structures 13 (1977), S. 1123
135 *Wittek, U.:* Zum Einfluß der Gaußschen Flächenkrümmung auf das Gesamtbeulverhalten der Schalen. ZAMM 57 (1977), T. 97
136 *Wittek, U.:* Die Stabilitätsgleichungen der Schalentheorie und ihre Anwendung zur Beurteilung des Schwingungs- und Stabilitätsverhaltens der Rotationsschalen. Beitrag in: Konstruktiver Ingenieurbau, Herausg. W.B. Krätzig et al., Werner-Verlag, Düsseldorf 1976

137 *Wittek, U.:* Beitrag zum Tragverhalten der Strukturen bei endlichen Verformungen unter besonderer Beachtung des Nachbeulmechanismus dünner Flächentragwerke. Technisch-wissenschaftliche Mitteilungen des Instituts für Konstruktiven Ingenieurbau, Ruhr-Universität Bochum, Nr. 80-1 (1980)
138 *Wolmir, A.S.:* Biegsame Platten und Schalen. VEB Verlag für Bauwesen, Berlin 1962
139 *Wunderlich, W.:* Incremental Formulations for Geometrically Nonlinear Problems. Proc. US-Germany Symposium: "Formulation and Computational Algorithms in Finite Element Analyis" MIT, Boston 1976
140 *Yokoo, Y./Matsunaga, H.:* A General Nonlinear Theory of Elastic Shells. Int. Journ. Solids Struct. 10 (1974), S. 261
141 *Yoshimura, Y.:* On the Mechanism of Buckling of a Circular Cylinder Shell Under Axial Compression. NACA TM 1390 (1955)
142 *Zerna, W./Almannai, A./Başar, Y./Mungan, I.:* Randbedingungen und Beulverhalten von Kühlturmschalen. Beton- und Stahlbetonbau 74 (1979), S. 200
143 *Ziegler, H.:* Thermodynamik der Deformationen. Proceed. 11. Int. Congr. Appl. Mech. 1964, Springer Berlin, S. 99

Stichwortverzeichnis